国家出版基金项目
NATIONAL PUBLICATION FOUNDATION

国家自然科学基金（地区基金）项目（41362014）
甘肃省科学院应用研究与开发项目（2022JK-04）
科研成果

甘肃滑坡灾害与防治

上册

吴玮江　郭富赟　安玉科　著

兰州大学出版社
LANZHOU UNIVERSITY PRESS

图书在版编目（CIP）数据

甘肃滑坡灾害与防治 / 吴玮江，郭富赟，安玉科著. -- 兰州 : 兰州大学出版社，2024.12
（西北地区自然灾害应急管理研究丛书 / 赖远明总主编）
ISBN 978-7-311-06624-6

Ⅰ. ①甘… Ⅱ. ①吴… ②郭… ③安… Ⅲ. ①滑坡—灾害防治—甘肃 Ⅳ. ①P642.22

中国国家版本馆CIP数据核字(2024)第023774号

责任编辑 赵 方 魏春玲
封面设计 汪如祥

丛 书 名 西北地区自然灾害应急管理研究丛书
丛书主编 赖远明 总主编
（第一辑共5册）
本册书名 甘肃滑坡灾害与防治(上、下册)
GANSU HUAPO ZAIHAI YU FANGZHI(SHANG,XIA CE)
本册作者 吴玮江 郭富赟 安玉科 著
出版发行 兰州大学出版社 (地址:兰州市天水南路222号 730000)
电 话 0931-8912613(总编办公室) 0931-8617156(营销中心)
网 址 http://press.lzu.edu.cn
电子信箱 press@lzu.edu.cn
印 刷 广西昭泰子隆彩印有限责任公司
开 本 787 mm×1092 mm 1/16
成品尺寸 185 mm×260 mm
总 印 张 41.75
总 字 数 1062千
版 次 2024年12月第1版
印 次 2024年12月第1次印刷
审 图 号 甘S(2024)2号
书 号 ISBN 978-7-311-06624-6
定 价 248.00元(上、下册)

丛书序言

近年来，在气候变化与地质新构造运动的双重影响下，我国西北地区生态脆性日益突出，山体滑坡、泥石流、地震、沙尘暴等自然灾害时有发生，给当地人民的生命财产和工农业生产带来了严重威胁和危害。西北地区是基础设施建设的重镇，其经济社会发展是国家“十四五”规划战略的重要组成部分，但自然灾害的频发，严重影响和制约了当地国民经济和社会的发展。

《中共中央关于制定国民经济和社会发展第十四个五年规划和二〇三五年远景目标的建议》提出“统筹推进基础设施建设。构建系统完备、高效实用、智能绿色、安全可靠的现代化基础设施体系”的战略要求；党的二十大报告强调了构建国家大安全大应急框架，提升防灾救灾以及重大突发公共事件处置和保障能力；《中共中央关于进一步全面深化改革、推进中国式现代化的决定》对“推进国家安全体系和能力现代化”作出系统部署，提出“强化基层应急基础和力量，提高防灾减灾救灾能力”；国务院发布的《“十四五”国家应急体系规划》，提出了2025年显著提高自然灾害防御能力和社会灾害事故防范及应急能力的具体目标。这些战略目标的制定和推出，对我国尤其是西北地区自然灾害防范及应急管理能力的提升提供了根本遵循。

在全球化背景下，科技创新是当今世界各国综合国力的重要体现，也是各国竞争的主要焦点，科技创新在我国全面进行社会主义现代化建设中具有核心地位。为了顺利实现国家“十四五”规划目标，迫切需要对自然灾害产生的影响因素及发生机理进行研究，创新预防自然灾害的防治技术，以降低自然灾害的发生率；迫切需要构建我国西北地区自然灾害应急管理能力评估的知识框架与指标体系，提高灾后应急管理能力，做到早预防、早处理，以提升人民的幸福感和安全感。

为了呼应和服务西部大开发、西气东输等国家重大战略的实施，为西北地区自然灾害防治提供技术支持，为西北地区的工程建设提供实验数据、理论支持和实践保障，我们在研究防治自然灾害的同时，也重视对自然环境的保护和修复，协调人与自然的关系。基于此，我们以专业学术机构为依托，以研究团队的研究成果为基础，融合自然科学与社会科学、技术与管理多学科交叉成果，策划编写了“西北地区自然灾害应急管理研究丛书”，力图从学理上分析西北地区自然灾害发生的原因和机理，创新西北地区自然灾害的防治技术，提升自然灾害防御的现代化能力和自然灾害的危机管理水平，为国家“十四五”规划中重大工程项目在西北地区的顺利实施提供技术支持。本丛书从科学角度阐释了西北地区自然灾害发生的影响因素和机理，并运用高科技手段提升对自然灾害的防治能力和应急管理水平。

本丛书为开放式系列丛书，按研究成果的进度，分辑陆续出版。

是为序。

中国科学院院士 赵远明

2024.11.29

序 一

滑坡是最常见和最频发的地质灾害之一，严重危害和威胁人类社会的经济发展和生态地质环境安全。甘肃省地处青藏高原、黄土高原和内蒙古高原的交会地区，境内地貌类型多样、地形起伏，地质构造复杂、断裂发育，新构造运动强烈、地震多发且强度高，加上近年来极端降水、地震的增多和人类工程活动的增加，使得甘肃滑坡异常发育，具有类型多样、分布广泛、发生频繁、危害严重等特点，是我国滑坡灾害最为严重的省份之一。1983年3月7日发生的东乡族自治县洒勒山灾难性滑坡、长期灌溉引发的永靖县黑方台频发性滑坡灾害等为国内外广泛关注。

滑坡是山地演化过程中的不良地质作用，破坏力巨大。因此，滑坡灾害与防治研究既是一门复杂的自然科学，也是一项特殊的地质工程，具有很强的探索性和实践性。如同疾病治疗首先要查明病情一样，其关键在于对滑坡的客观认识和科学分析，这是滑坡灾害防治工作者的重要使命和任务。

吴玮江研究员以著名的洒勒山滑坡研究为起点，40年来专注于甘肃滑坡灾害研究与防治事业。先后主持和参与了东乡巴谢河流域、甘肃东部、祁连山、兰州、天水等区域滑坡调查研究；天水锻压机床厂滑坡、舟曲泄流坡滑坡、岷县永光地震滑坡、永靖黑方台灌溉滑坡群等典型滑坡研究；武都三家地滑坡、兰州石峡口滑坡、舟曲江顶崖滑坡、牙豁口和立节北山滑坡、天水中梁在建机场滑坡的应急处置、永久性治理工程的勘察设计和咨询等工作300余项。吴玮江研究员长期致力于滑坡分类、发育分布规律、影响因素、形成机理和不同类型滑坡活动致灾特征的科学研究，足迹遍布甘肃的山山水水，把地质灾害防治的文章写在了陇原大地；在长期的滑坡灾害调查研究与防治工程实践中，形成了独到的野外发现能力、综合分析能力和理论创新能力，以及丰富的防治经验，为甘肃地质灾害防治做出了突出贡献。

《甘肃滑坡灾害与防治》（上、下册）基于作者多年在甘肃滑坡调查研究和防治工程实践中积累的丰富资料和成果，从工程地质学的角度，全面、深入地总结研究了甘肃滑坡的类型、活动特征、发育分布规律和影响因素，剖析了主要城市、交通、水利、矿山等工程中的重大滑坡灾害和近年来地震、暴雨引发的群发性滑坡灾害；总结了甘肃滑坡灾害风险防控体系，并介绍了不同类型滑坡灾害应急处置和治理工程的典型实例；深入探讨了甘肃易滑地层的工程地质性质、黄土滑坡分类和不同类型滑坡的活动特征，提出了季节性冻结滞水促滑效应、黄土地区降水入渗引发滑坡方式、饱和黄土滑坡形成中的侧压力作用和高速远程滑坡的块体冲撞加速作用机理等诸多新观点、新理论，特别是在黄土滑坡研究方面建树颇丰，拓展了滑坡灾害防治的科学理论。

本书是系统研究甘肃滑坡灾害与防治的专著，内容丰富、资料翔实、图文并茂，理论研究与工程实践相结合，是一部综合性、创新性、实用性的滑坡灾害与防治研究成果，具有较高的理论水平和实用价值，对新时代甘肃省乃至全国的滑坡灾害防治、生态地质环境保护具有积极的推动和借鉴作用。

特为之序。

中国科学院院士 

2023年4月8日

序　二

吴玮江同志是甘肃省科学院地质自然灾害防治研究所二级研究员，国家注册土木工程师（岩土），甘肃省领军人才、地质灾害防治与应急管理专家。我到省科学院任职以来，注意和科研人员多交往、多交流，注重了解他们的工作生活情况，力所能及帮助解决一些工作和职称晋升方面的问题。在工作接触中，我觉得玮江同志专业能力强，始终秉持科学严谨、实事求是的作风，不怕艰险，跋山涉水，栉风沐雨，长期深入野外滑坡调查和灾害应急处置现场，细致调查研判灾情险情，提出科学合理的处置措施。足迹遍布黄土高原、陇南山地、祁连雪山等甘肃的山山水水，为我院科研事业发展和甘肃地质灾害防治做出了重要贡献。

甘肃是中华文明的主要发祥地之一，几千年来先民们在这片土地繁衍生息，创造了辉煌灿烂的文化。由于地处青藏高原、黄土高原和内蒙古高原的交汇地带，地质环境条件复杂而脆弱，滑坡、崩塌、泥石流等地质灾害发生频繁，长期以来给人民生命财产和经济社会发展带来了严重威胁和危害。特别是1983年3月7日发生的东乡县洒勒山特大型灾难性滑坡，刹那间摧毁4个村庄，造成220人丧生，震惊国内外。为此，1984年甘肃省政府成立了专门的地质灾害防治研究机构——甘肃省科学院地质自然灾害防治研究所，主要开展我省滑坡、泥石流等地质灾害的发育分布特征、形成机理研究，为防灾减灾和救灾提供科学指导和技术支撑。通过多年发展，地质灾害防治已成为我院重要的特色优势学科之一，为我省经济社会建设发挥了保驾护航的作用。

40年来，玮江同志以洒勒山滑坡研究为开端，孜孜不倦地奔波在我省滑坡等地质灾害防治工作一线，矢志投身于地质灾害防治这一艰苦且与人民生命财产安全和经济社会建设密切相关的科学技术工作中，执着探索地质灾害成因和防治技术，取得了一系列创新性研究成果并积累了丰富的实践经验。他勇于担当，躬身实干，用实际行动默默守护着甘肃父老乡亲的生命财产安全。真可谓是：

栉风沐雨四十年，跋山涉水不畏难。

探究滑坡揭奥秘，科学防灾护陇原。

在长期的滑坡灾害防治研究与实践中，玮江同志收集积累了大量滑坡灾害与防治方面的第一手资料。通过潜心整理和归纳，科学系统地研究了甘肃滑坡灾害的类型、发育分布特征和成因，并总结了滑坡灾害防治取得的成果和经验，撰写了《甘肃滑坡灾害与防治》（上、下册）这套专著。这是一部立足于甘肃实际，富有甘肃特色的系统性、创新性、实用性的滑坡灾害与防治研究成果，对提高广大地质灾害防治科研人员和工程技术人员现场正确认识和研判滑坡灾害的能力，提高甘肃地质灾害防治水平具有很好的帮助和借鉴作用。

愿本书的出版为新时代甘肃滑坡灾害防治提供智力借鉴和技术支持，为推进中国式现代化甘肃实践做出贡献！

甘肃省科学院党委书记、院长 陳富榮

2023年4月8日

前　言

滑坡是最常见和最频发的地质灾害之一，严重危害、威胁人民群众的生命财产安全，影响社会经济发展和生态地质环境。

甘肃省地处青藏高原、黄土高原和内蒙古高原的交会地区，境内地貌类型多样、地形起伏，地质构造复杂、断裂发育，新构造运动强烈、地震多发而且强度高，黄土、红层、千枚岩和炭质板岩等软弱易滑地层广泛分布。使得甘肃滑坡异常发育，具有类型多样、分布广泛、发生频繁、危害严重等特点，是我国滑坡灾害最为严重的省份之一。长期以来，频繁发生的滑坡灾害给我省人民生命财产和工农业生产建设带来了严重危害和威胁，造成了大量人员伤亡和巨大经济损失。例如：1983年3月7日发生的东乡族自治县洒勒山特大型滑坡，体积达$3.1\times10^7\ m^3$，在约1 min的时间内高速远程滑动约1 000 m，压埋4个村庄，造成220人死亡，震惊中外。永靖县黑方台长期灌溉引发的滑坡累计达160余起，几乎年年发生，引起了国内外广泛关注。

随着丝绸之路经济带建设、黄河流域生态保护和高质量发展战略的实施，美丽乡村建设和城市化发展进程加快，人类工程活动进一步加剧，加上近年来极端降水、地震等自然灾害的增多，滑坡灾害也更加突出，已成为我省主要的地质灾害，严重制约了社会经济的可持续发展。党中央、国务院和各级政府历来都十分重视地质灾害防治工作，国家“十四五”发展规划提出：坚持人民至上、生命至上，把保护人民生命财产摆在首位，提高防灾、减灾、抗灾、救灾能力。

目前，地质灾害防治工作日益受到广泛关注和重视，防治工作不断加强和完善，滑坡调查研究和防治方面取得了大量新成果。而滑坡灾害形成条件和成因十分复杂，受地质环境条件的控制，滑坡灾害也具有明显的地区特点，差异较大。客观正确地认识滑坡特征和形成机理是有效防灾减灾的基础，需要科学理论的指导和实践经验的积累。因此，编著有关甘肃滑坡灾害与防治方面的著作，进行甘肃滑坡灾害研究、防治成果和工作经验的系统科学总结，对指导今后滑坡灾害防治工作，进一步提高甘肃滑坡灾害防治水平和效果，保护人民生命财产安全，具有重要的科学价值和现实的指导意义，也可为中国式现代化甘肃实践、社会经济发展贡献力量。

1983年，以著名的洒勒山滑坡研究为开端，作者们长期致力于甘肃滑坡灾害防治研究工作。先后主持或参与了洒勒山滑坡形成机理及巴谢河流域滑坡研究、甘肃省东部地质灾害调查研究、黄土滑坡中短期预报的理论与实践、冻融期滑坡形成机理研究、易滑地层工程地质性质研究、白龙江干流滑坡泥石流堵江风险研究、甘肃省不同类型黄土滑坡的滑动致灾空间预测研究等20余项科研课题；兰州石峡口滑坡，陇南市武都区三家地滑坡，舟曲县龙江新村、牙豁口和公路滑坡等200余项治理工程勘察设计项目；兰州市地质灾害防治规划、“5·12”地震甘肃省地质灾害防治规划、舟曲“8·8”山洪泥石流防治规划，1：5万地质灾害详查和风险评价，1：1万城镇风险调查与区划；参加了黄茨、石峡口等滑坡灾害，2008年“5·12”汶川8级地震，2013年“7·22”岷县漳县6.6级地震，2013年“7·25”天水特大暴雨，2017年和2020年陇东南大暴雨等引发的多次群发性滑坡灾害的应急调查和处置工作；为天水中梁机场等重大工程滑坡灾害防治提供技术咨询，积累了丰富的滑坡灾害研究成果和成功的防治案例。

《甘肃滑坡灾害与防治》（上、下册）在分析甘肃滑坡发育的地质环境条件的基础上，应用工程地质学的理论方法，全面、深入地总结研究了甘肃滑坡的类型与活动特征、发育分布规律和影响因素；剖析了主要城市、交通、水利、矿山等工程建设中的重大滑坡灾害问题和近年来地震、暴雨引发的群发性滑坡灾害；深入探讨了各类易滑地层的工程地质性质、不同类型黄土滑坡的活动特征和形成机理；对季节性冻结滞水促滑效应、黄土地区降水入渗引发的滑坡方式、饱和黄土滑坡形成中的侧压力作用、高速远程滑坡的冲撞加速作用机理、滑坡引起的主要链式次生灾害等问题进行了专门研究，提出了诸多创新性的观点和理论，填补了滑坡科学研究的空白。同时，通过长期的滑坡灾害防治工作实践，总结了甘肃滑坡防治的思路与技术工作体系，并列举了不同类型的滑坡防治工程的典型实例。本书内容丰富、资料翔实、图文并茂，理论与实践结合，是一部集综合性、实用性、创新性的滑坡灾害与防治的研究成果，具有较高的实用价值和理论意义。成果已应用和指导了甘肃滑坡灾害防治和应急处置工作，取得了良好的防灾减灾效果。对进一步提高甘肃滑坡灾害防治水平，减轻灾害损失具有积极的指导和借鉴作用。

本书共16章，分上、下两册，第1～8章为上册，第9～16章为下册。第6章、第12章和第16章第4节由甘肃省交通规划勘测设计院有限公司安玉科撰写，第11章第3、4节、第13章第1节和第15章部分内容由甘肃省自然资源厅地质灾害防治技术指导中心郭富赟撰写，其余部分由甘肃省科学院地质自然灾害防治研究所吴玮江撰写。全书最终由吴玮江统稿和定稿。

科学系统地研究和总结甘肃滑坡灾害与防治工作是一项非常复杂和庞大的系统工作，离不开广大地质灾害防治同行和专家各方面的支持。王世宇、李海军、郭树清、孟兴民、谌文武、周自强、方建生、孙治国、张永军、董抗甲、丁仁平、庄飞舟、张永安、张毅、侯小强、张彦林、李长虹、孙勇、王云、万朝东、杨殿哲、邓育博、崔军强、武燕强、杨三顺、张文学、郭红东、李松、李国营、简鹏、刘强、董毅兵、吴正军、李瑞冬、何斌、陈世昌、从凯、窦晓东、李攀龙、李保强、张治中、梁瑞、杨玉红、刘佳海、严旭德、唐家凯、刘兴荣、马伊明、刘迪等专家学者和同事们提供了部分宝贵资料和帮助。穆鹏、宋丙辉、刘伟等博士参与完成了部分科研工作。冯乐涛、吕红艳清绘了部分图件。姜才文、李生永、张家峰、朱文忠、史向阳审阅和校对了全部稿件，并提出了许多宝贵的修改意见。对他（她）们为本书付出的辛勤劳动和做出的贡献表示诚挚的感谢。

十分感谢甘肃省科学院陈富荣院长及该院科研处郑伟丽处长、刘金鹏副处长的关心和支持。感谢陈瑾、程建祥、李生永、王兴林、何琼、姚正学、魏万鸿、冯乐涛、王国亚、宿星、杨涛、叶伟林、白晓华等在长期的滑坡等地质灾害调查研究与防治工作中的合作和帮助。感谢甘肃省自然资源厅、市（州）、县（区）自然资源局相关部门的大力支持。

特别感谢尊敬的中国科学院院士彭建兵先生对作者的关心与鼓励，并为本书作序。

最后，对长期理解和默默支持作者专心开展滑坡灾害研究与防治工作的家人们表示由衷的感谢。

甘肃滑坡灾害非常发育，调查研究和防治工作十分艰巨，任重道远。本书仅是滑坡灾害研究和防治的阶段性成果总结，还有许多滑坡科学问题和防治技术需要进一步深入研究和提高，这也正是滑坡科学研究、防治技术发展的动力所在。同时，作者深感业务水平有限，书中不妥之处在所难免，敬请专家学者和同行批评指正，并在新时代甘肃滑坡灾害调查研究和防治的实践中不断完善和提高。

作 者

2023年4月于兰州

总目录

上册目录

第1章　绪　论

甘肃省地处青藏高原、黄土高原和内蒙古高原的交会地带，总面积4.258×10^5 km^2。其中黄土高原和基岩山地面积约3.2×10^5 km^2，占全省总面积的75%以上，属典型的高原山地型省份，境内山高谷深，沟壑纵横。甘肃省位于多种构造体系的复合部位，地质构造复杂、断裂发育，新构造运动强烈、地震频繁且强度大。省内广泛分布着黄土、泥岩、千枚岩、页岩、炭质板岩等软弱易滑岩土体，为滑坡发育提供了有利的地形地貌条件和岩土条件。加之区内降水集中、局地性暴雨多，植被稀疏，土体裸露，滑坡引发因素活跃，使得甘肃滑坡异常发育，具有滑坡类型多样、分布广泛、发生频繁、危害严重等特点，是我国滑坡灾害最为严重的省份之一。

据有关资料，甘肃省有各类大小滑坡约4×10^4处。经航片解译、实地调查统计，其中体积大于5×10^5 m^3的滑坡6 000余处。截至2021年底，甘肃省地质灾害数据库中有各类滑坡隐患点13 978处，涉及全省75个县（市、区）。滑坡主要分布于乌鞘岭以东的甘肃东部地区，特别是陇中黄土高原和陇南基岩山区。按滑坡体的岩土组成，主要滑坡类型为黄土滑坡、黄土-泥岩滑坡、岩质滑坡和堆积层滑坡等。

滑坡是山区最为常见的突发性地质灾害，也是主要的工程地质问题和生态环境地质问题。滑坡经常压埋城镇村庄、毁坏道路、摧毁工厂矿山、堵塞江河、破坏农田和森林草地，还可引发泥石流等链式灾害和次生灾害，破坏生态环境，使人类辛勤的劳动成果、多年积累的物质财富毁于一旦，甚至造成重大人员伤亡。单个的滑坡虽不像地震那样破坏力巨大和影响广泛，但对某一滑坡区局部地段来说，则可造成严重的甚至是毁灭性的破坏。由于滑坡分布范围广、发生频率高、影响时间长，累计造成的灾害损失十分严重。

1.1　甘肃滑坡灾害的严重性

历史上，甘肃人民长期深受滑坡灾害之苦，有关史料中记载了大量甘肃滑坡及灾害损失的事例。如《元史》（卷二十五本纪第二十五）中记载，元仁宗延祐二年（公元1315年）五月戊申朔，乙丑，秦州成纪县山移。是夜，疾风电雹，北山南移至夕河川，次日再移，平地突出土阜，高者二三丈，陷没民居。清康熙四年（公元1665年）八月，雷雨暴起，东乡干头沟发生滑坡，二山相合，压埋村民七十一口。

甘肃省的一些县名也与滑坡有关。据史料记载，武山县原称宁远县，与湖南省宁远县重名，民国初期改名为武山县，有一种民间传说是，此名因这里的山体多滑动而来。临潭县原称水池县，其新旧两个县名均可能与该县境内滑坡形成的常爷池（现称为冶海）有关。

70多年来，随着社会经济建设迅速发展，在山区工农业建设活动中不可避免地遇到了大量自然滑坡灾害和斜坡稳定问题，也因不合理的人为活动引发了大量的滑坡灾害，造成严重的经济损失和人员伤亡，长期制约和影响着甘肃省的工农业生产、人民生活和发展环境。

1.1.1　滑坡对农村的危害

甘肃是一个以农业为主的省份，目前居住在农村地区的人口占全省人口的2/3左右。受气候、水资源等自然环境因素的制约，农村人口在地域分布上很不均匀。在乌鞘岭以东的甘肃省东部地区39%的土地面积上聚集着全省80%以上的人口，且主要分布在陇中黄土高原和陇南基岩山区，而这些地区地形起伏、沟谷纵横，也正是滑坡灾害最为发育的地区。因此，滑坡对广大山区农村造成的危害和威胁十分严重，主要表现为摧毁村庄、破坏道路设施等，蚕食、破坏耕地以及造成人员伤亡（图1-1～图1-2）。由于自然条件恶劣，区内大多数人民的生活水平相对较低，滑坡灾害长期而频繁的袭扰，更是“雪上加霜”，也是部分农村因灾致贫返贫的主要因素之一。

图1-1　成县鸡峰镇西山村滑坡

图1-2　舟曲县憨班乡果者村滑坡

1966年8月，岷县西江镇白家山发生体积为$5.63×10^5$ m^{3}的滑坡，造成66人死亡。

1979年11月，兰州市七里河区金沟乡常湾村发生特大型黄土滑坡，东西长1 000 m，南北宽650 m，体积达$2×10^7$ m^3。毁坏了大量农田和房屋，迫使村庄搬迁。由于及时发现了滑坡险情，才避免了人员伤亡。

1983年3月7日，东乡族自治县境内发生的洒勒山特大型灾难性滑坡，刹那间使1.4 km^{2}的范围变成一片“土海”，4个村庄被毁，220人丧生、22人受重伤，4家绝户。破坏房屋500多间，压埋粮食$7×10^4$ kg，摧毁小型水库1座、农田100余hm^2、公路1 km，死亡牲畜423头，是中华人民共和国成立以来甘肃省伤亡人数最多的一次滑坡灾害，震惊国内外，从此引起了甘肃省各级政府及社会各界对滑坡灾害的高度关注。

1984年7月，清水县柏树村山体发生大规模滑动，面积约1.2 km^2，滑体由北东向南西缓慢滑动，80%的房屋被破坏，倒塌房屋907间，压死家畜（禽）1 077头（只），埋没粮食近$1×10^4$ kg，破坏农田88 hm^2，大量树木倾倒枯死，道路和高压电线被切断，1 002人无家可归，直接经济损失达百万元。

1984年8月，陇南、天水两市普降区域性大暴雨，引发了大范围的滑坡灾害，大小滑坡数以千计，给农村地区造成了严重的经济损失。其中武都区发生灾害性滑坡570处，23处滑坡危险区的6 000余名居民需要搬迁；西和县有滑坡220处；礼县有滑坡196处。天水市的麦积区发生威胁村民安全的滑坡80多处。

永靖县盐锅峡镇黑方台，由于长期“引黄”提水灌溉，大量水体渗入、软化台缘斜坡土体，10 km长的台缘地带年年发生数次滑坡。自1984年以来，已发生滑坡160余次。其中，1994年5月永靖县盐锅峡镇黄茨村北部的黑方台台缘出现滑坡险情，变形迹象和滑坡周界十分清晰，3.6×10^6 m^3的岩土体随时有发生大规模滑动的可能。滑坡危险区内的黄茨村63户居民忍痛割爱，放弃自己双手建起并生活多年的家园，全部避险搬迁。结果该滑坡于1995年1月30日发生大规模滑动。

1995年9月，东乡、永靖两县普降大暴雨，降水量达100 mm以上，引发了大量黄土滑坡及古老滑坡复活，毁坏村庄、学校多处。其中，东乡县红庄滑坡使该村12户居民的96间房屋被毁；永靖县王坪乡三社村8户村民房屋和11间小学校舍被毁，致使学生无法上课，政府组织村民搬迁。

2003年7月29日19时20分—20时30分，定西市安定区葛家岔镇大营村薛家洼社遭遇特大暴雨，70 min降水量达80 mm。7月30日6时许，强降水引发薛家洼社北侧山体大规模滑坡，致使44户187人受灾，倒塌房屋176间，粮食、家具、牲畜等全部受损，毁坏耕地约90 hm^2，毁坏高压农用线路2 km、低压线路3 km、道路1.8 km，造成直接经济损失297.36万元。由于当地国土资源主管部门对地质灾害防治宣传到位，群众警觉性高，报警及时，撤离迅速，因此未造成人员伤亡。

甘肃东部的农村居民大多因地形限制而切坡建房，降低斜坡稳定性，房前屋后小型崩塌、滑坡时有发生，常造成严重人员伤亡。例如，2019年发生的5起黄土小型崩塌、滑坡造成19人死亡。其中2019年4月20日，通渭县榜罗镇张湾村史家庙社一农户房后发生体积约200 m^3 的滑坡，造成2人死亡、5人受伤。

近年来，甘肃东南部降水明显增多，极端降水天气发生频率增高，2013年、2018年、2020年雨季，天水、陇南和临夏地区出现大面积集中降水，降水量高于正常年份。暴雨、连阴雨在广大农村引发了大量滑坡灾害，摧毁房屋、破坏农田、中断道路、堵塞河道，造成严重的经济损失（图1-3～图1-6）。

图1-3　天水市麦积区大沟滑坡破坏的房屋

图1-4　天水市麦积区新胜滑坡破坏的房屋

图1-5　临夏县韩集镇北山滑坡破坏的房屋

图1-6　陇南市武都区裕河乡滑坡堵沟成灾

2020年10月23日，迭部县洛大镇嘉布村西侧老滑坡局部发生复活滑动，破坏通村道路，并对坡脚嘉布村三组村民构成严重威胁。2021年10月以来，受连续降水影响，10月22日6时左右，该滑坡再次发生滑动，滑坡长285 m，宽70～140 m，体积约3.5×10^5 m^3，滑动距离20～30 m。摧毁了前缘3户居民房屋、1处养殖场和1座通信铁塔（图1-7）。

受降水、地下水等因素的影响，有的滑坡体长期蠕滑变形，破坏房屋、农田。如舟曲县锁儿头巨型滑坡体上有4个村庄、2 000多居民，因滑坡长期蠕动，每3～5年需修缮和重建房屋。2021年1月，长期蠕动变形的舟曲县立节镇北山滑坡变形加剧，滑坡范围也不断向北扩大。该滑坡为剪出口高于白龙江近550 m的高位滑坡，遇暴雨时部分滑体可转化为泥石流，形成滑坡-泥石流灾害链，严重威胁下部立节镇152户751人的生命财产安全。2021年2月舟曲县果耶镇磨里老滑坡发生蠕滑变形，坡体裂缝发育，变形迹象明显，使92户402人受灾，直接经济损失约1 446.3万元。同时，还威胁果耶镇磨里村、果耶村282户1 119人生命财产安全，威胁资产约1.1亿元。

图1-7　迭部县洛大镇嘉布村滑坡

陇中黄土高原和陇南基岩山区地形起伏，近年来，新农村建设、易地扶贫搬迁工程中一些场地选址在山坡或沟谷区，地质环境条件差，部分村庄建在地形相对平缓的老滑坡体上（图1-8），或场地周边存在滑坡隐患（图1-9）。加之建设中的开挖、加载，以及排水设施不完善等原因，也引发和加剧了较多的滑坡灾害，破坏和威胁新农村，造成严重的经济损失（图1-10～图1-11）。

图1-8 陇南市武都区老滑坡体上的新农村

图1-9 东乡县他家塬新农村滑坡隐患

图1-10 原华亭县砚峡乡滑坡破坏的村庄

图1-11 清水县陇东乡滑坡破坏的新农村

1.1.2 滑坡对城市的危害

据史料记载，甘肃省武都、天水、兰州、西和、通渭等县市历史上都曾遭受过滑坡的侵袭，有的几乎被滑坡摧毁。如同治十三年（1874年）秋八月间，西和昼夜大风，其声如吼；至十一日昼晦，西山崩裂，走入城中压倒西城墙垣二百四十余丈，民房九十余院，压毙男妇大小共四十九人，受害者二百一十余户。清康熙五十七年（1718年），通渭夏五月二十一日地大震，山崩。城北笔架山崩没，城东北隅平地陷裂口深尺余，黄沙黑水涌出，南乡尤甚。土山多崩，压死居民四万有奇，官署民舍、庙宇仓库尽毁没，只存城西之一隅。1718年甘肃通渭县城北部地震原址如图1-12。

城市是人口、社会财富和各类工程建筑高度集中的地区，滑坡的危害和威胁，会造成严重的经济损失和人员伤亡。兰州、天水、平凉等市分别位于黄河、渭河、泾河等河谷地带，均为山间河谷盆地型城市，周边多被高陡的黄土斜坡环绕，滑坡灾害时有发生。随着城市化进程的加快，城市规模不断扩大，城市工程建设逐渐向斜坡区和沟谷地带发展，城市滑坡灾害也日益突出，兰州、天水等市是我国滑坡等地质灾害最为严重的城市。此外，城市生产力发达，工程活动强烈，不合理的人为活动也常导致滑坡灾害发生。

中华人民共和国成立以来，兰州市区发生灾害性滑坡百余次，造成了较大的经济损失和人员伤亡，滑坡灾害发生的频率逐步上升。2001年由于降水偏多，仅城关区发生大小滑

图1-12　通渭县城北部1718年地震滑坡

坡11次。滑坡严重威胁着城市、工厂和人民群众的生命财产安全，兰州市最为严重的几次滑坡灾害有：

（1）1964年7月20日夜，西固区杏胡台一带4 h降水量达150 mm（调查值），洪水沟左岸发生体积约4×10^5 m^3的黄土滑坡，滑体堵塞沟道形成堰塞湖。4 h后，由滑坡松散堆积体形成的土坝突然溃决，形成大规模黏性泥流，以8～10 m高的浪头涌出沟后，多处破堤外溢，淹没城区面积达4.3×10^5 m^2，最大淤积厚度2.5 m，毁坏房屋20余栋，淹没陈官营车站及铁路3.6 km，死亡157人，是典型的滑坡-泥流链式灾害。

（2）1986年11月，白塔山186号大院发生体积近2 000 m^3的黄土滑坡，造成7人死亡，毁坏房屋10间。该滑坡灾害体现出城市滑坡的特点：第一，滑坡的产生主要是人为开挖坡脚，使斜坡变陡，坡体上生活废水乱排乱倒，软化了斜坡土体，城市建设中不合理的人为活动对滑坡的引发作用强烈；第二，城市发生很小规模的滑坡却造成非常严重的人员伤亡，城市滑坡对生命财产的危害和威胁十分严重。

（3）兰州市伏龙坪高出市区60～80 m，黄土分布较厚，人口密度较大。斜坡区居民建房过程中的乱挖乱填现象严重，加之排水设施不全，生活废水、雨水长期大量渗入坡内，软化土体，降低了斜坡稳定性。因此，伏龙坪曾是兰州市滑坡灾害最为频繁的地段，基本上每年都有滑坡发生。其中2001年发生滑坡8次，虽然规模一般仅为数百至数千立方米，但也造成了严重的生命财产损失（图1-13）。

图1-13　兰州市伏龙坪滑坡压埋民房

（4）2007年9月17日，兰州市九州石峡口发生体积约6.2×10^4 m^3的黄土滑坡，致使九州大道交通中断，堵塞了罗锅沟泄洪通道，并威胁到对面武警加油站的安全。2009年5月16日21时05分，石峡口小区西侧再次发生黄土滑坡，体积

$2×10^4$ m^3。推倒了石峡口小区一栋2个单元的6层住宅楼和一座锅炉房；另一栋住宅楼受损，造成7人死亡、1人受伤，经济损失严重（图1–14）。引起了党中央、国务院的关注。

（5）北环路修建过程中因工程开挖引发了7次大、中型滑坡灾害，严重影响和破坏道路建设（图1–15），累计投资2亿多元进行工程治理，大大增加了建设投资并拖延了工期。近10年来，兰州市在北山低丘缓坡区进行大规模的平山造地，以拓展城市用地，工程活动也引发了多处滑坡。

图1–14　兰州市石峡口"5·16"滑坡

图1–15　兰州市北环路九州东滑坡

天水市区南北两山的滑坡也十分发育。天水市的厂矿企业大多数是在20世纪60年代中期开展"三线"建设时期，按照"靠山、分散、隐蔽"的原则，沿山脚建设在滑坡易发区内的，滑坡灾害时有发生。1990年8月11日天水市区普降大暴雨，3 h降水量达113 mm，引发了天水锻压机床厂、塑料厂、泰山庙、椒树湾等十几处滑坡灾害。天水锻压机床厂滑坡体积达$1.8×10^6$ m^3，瞬间使该厂遭到毁灭性破坏，7个主要车间、车库、材料库及公路、专用铁路线被毁，7人丧生，直接经济损失达2 067万元，工厂陷于瘫痪状态，是甘肃省直接经济损失最为惨重的一次滑坡灾害之一（图1–16）。庆幸当时停电，千余名职工未在车间上班，避免了重大人员伤亡，否则后果不堪设想。灾后国家投资5 000余万元另选新址建厂。椒树湾、泰山庙滑坡险情直接威胁到秦州区1 970户7 780名居民和天水火柴厂等单位的生命财产安全，由于及时采取了反压等应急工程措施，险情被初步控制，未进一步发展。最终投资450万元，采用抗滑桩、截水盲沟等综合治理措施，有效地防治了这两处滑坡灾害，保护了城市安全。

2021年9—10月，受大量集中降水入渗软化作用的影响，天水市秦州区瀛池社区宝翠苑小区西南侧高约27 m、坡度40°～50°的斜坡顶出现明显裂缝，并缓慢发展。2021年12月14日22时，该斜坡整体失稳滑动4～5 m，滑坡平面呈簸箕状，长36 m，东西宽约40 m，厚度约8 m，体积$1.15×10^4$ m^3，属小型浅层强风化泥岩滑坡（图1–17）。滑坡造成水、电、天然气管网以及监控设施不同程度受损，损毁原有锚杆框架和挡土墙等治理工程，直接经济损失500万元，严重威胁坡脚宝翠苑小区一栋17层的综合住宅楼、坡顶建筑物和250余人的生命财产安全。

东乡族自治县县城位于四周切割强烈的黄土梁顶，地质环境条件差，人类工程活动强烈，滑坡等地质灾害严重威胁县城的安全。2011年3月2日，县城南部的撒尔塔文体广场北侧发生黄土滑坡，长度约210 m，宽度85～123 m，厚度4～15 m，滑坡方量约$1.8×10^5$ m^3，

图1-16　天水锻压机床厂滑坡破坏的厂房

图1-17　天水市秦州区宝翠苑小区滑坡

破坏了道路、楼房和体育场（图1-18）。2015年8月6日，县城东部儿童福利院一带又发生黄土滑坡，长约134 m，宽56 m，平均厚8 m，滑坡方量约6×10^4 m^3，造成严重经济损失。

另外，陇南市武都区、西和县，甘南藏族自治州舟曲县，庆阳市华池县，平凉市灵台县等地也曾发生过较严重的滑坡灾害，造成不同程度的损失。其中西和县西山、鱼山滑坡对县城构成较大威胁和危害，1995年原国家计委等部委投资600多万元地质灾害治理专项资金，进行了综合治理。

图1-18　东乡县撒尔塔文体广场滑坡

1.1.3　滑坡对交通运输的危害

甘肃东部地区的铁路、公路多穿行于高山峡谷和黄土丘陵地区。在工程建设和运营中都曾出现大量滑坡并造成严重损失，不但使建设投资增大，而且长期影响交通运输安全。其中滑坡灾害较为严重的主要有陇海铁路宝天段，G212线陇南段、G316线天水稍子坡段、G310线段、G30线宝鸡至天水段和G70线十堰至天水段等。

陇海铁路宝天段是我国著名的滑坡灾害多发路段，素有“盲肠路段”之称。在渭河峡谷120余km的线路上，直接危害和威胁铁路安全的大、中型活动滑坡有22处，经常因滑坡造成断道停运事故。据有关资料记载，宝天段分别于1954年和1981年中断运输1 080 h和1 025 h，相当于1年中有45 d和43 d不能通车。1950—1981年陇海铁路宝天段治理滑坡等灾害的费用达2.49亿元，平均169.4万元/km。陇海铁路宝天段K1362处的葡萄园巨型古滑坡多次局部复活滑动破坏铁路。最严重的是1985年9月17日古滑体东部1#滑坡突然整体下滑（图1-19），破坏铁路70 m，中断行车66 h。为了彻底避开此古滑坡对铁路的长期影响，不得不改线4 km，以高架桥形式两跨渭河，耗资3 000余万元。在K1367处原线路以路堑形式从滑坡前部通过，由于挖方破坏了滑坡的平衡状态，长期蠕滑影响正常运营，迫使铁路向外侧改线20 m，以填方形式通过，并将老路堑全部回填，滑体上部采取削方减重、地表排水等措施。为了摆脱K1350处滑坡对铁路的影响，也改用隧道方式通过。

图1-19　葡萄园滑坡破坏陇海铁路

1978年7月12日，宝天段伯阳一带2 h降水量105 mm，1 h最大降水量达60 mm，由于降水入渗和沟道洪水猛烈侵蚀冲刷，距铁路500 m的菜子沟近沟脑部位发生崩塌性黄土滑坡。在沟道洪水的润滑作用下，滑体沿沟底咆哮而下，翻过路堤，直冲下方村庄，埋没大片房屋，毁坏铁路250 m，滑出土体达$1.8×10^5$ m³。7月16日，沟脑又发生$5×10^4$～$6×10^4$ m³的滑坡，滑体冲出沟口，以强大的推动力冲击前次堆积泥土，来不及躲避的抢险工人与设备一起被冲到数十米以外。7月12日暴雨0.5 h后，刘家沟东侧因大量水体沿裂隙、落水洞入渗软化土体，顷刻间约$2.5×10^6$ m³的土体下滑，摧毁民房，前部含水率高的土体顺沟流滑1.5 km出沟口后，摧毁了一座10 m长的钢筋混凝土桥梁，东侧桥台被拦腰切断，堆积在路基上的泥土厚5～8 m，体积$2×10^5$ m³，埋没铁路150 m。滑体前缘越过铁路，堵塞渭河造成短时间断流。该滑坡使宝天段铁路中断运营达360 h，国内罕见。

1981年11月29日，宝天段黄龙西村发生体积$6×10^5$ m³的黄土滑坡，破坏铁路的同时还破坏耕地4.3 hm²，房屋56间，农电线路150 m，造成3人死亡、1人受伤。黄龙西村是滑坡多发地段，1963年9月27日也曾发生过体积为$3.9×10^5$ m³的高速黄土滑坡，破坏了铁路。

2000年9月12日，陇海铁路宝天段渭滩至伯阳段发生大面积山体滑坡，造成503次列车被撞脱轨，部分司乘人员受伤，中断陇海铁路运行45 h。

20世纪50年代修建宝成铁路时，因对徽县境内复杂的西坡大型堆积层古、老滑坡群认识不足，线路刚建成后该古、老滑坡群便开始复活，破坏铁路，影响运营，多次被迫进行重新勘查和治理，造成严重浪费。该路段每逢雨季或丰水年，多有滑坡毁坏线路的断道事故发生。最终被迫改线，以隧道形式从嘉陵江对岸通过。

1990年8月20日，兰州市红古区海石湾至连城铁路与G109线公路交会处发生滑坡，滑体长150 m，宽83 m，摧毁G109线100 m，破坏了公路与铁路的立交桥墩，中断铁路运行10余d。G109线的交通受阻不畅，使连城工业区的生产受到影响，各种经济损失达千万元。

2014年8月16日凌晨，正在修建的宝鸡—兰州客运专线，榆中洪亮营隧道出口山体发生错落式黄土滑坡，体积$6×10^5$ m³，掩埋隧道口，5名施工人员被困其中，压埋施工机械和设施，并使山顶高压输电线路铁塔倾倒（图1-20）。

图1-20　宝鸡—兰州客运专线榆中洪亮营滑坡

G212线岷江—白龙江段长期遭受滑坡、泥石流灾害的破坏，断道阻车现象时有发生，道路等级和质量难以提高。秦峪、大峪、刘家湾、中牌、柏林坪、陶家坝路段的滑坡体长期滑动变形，使路基屡遭破坏，路面起伏变形，影响车辆通行（图1–21）。1976年7月25日宕昌县化马乡一带突降大暴雨，中心区降水量达330 mm（调查值），引发了大量滑坡和泥石流，岷江东岸的新声老滑坡在泥石流的强烈侵蚀下，发生局部复活，将下部200 m长的G212线公路路基推入岷江之中（图1–22）。

图1–21　G212线宕昌县秦峪滑坡

图1–22　G212线宕昌县新声滑坡

陇南两河口—郎木寺公路是舟曲县通往外界的主要通道，而在舟曲县城东西两侧公路沿线发育有南峪、泄流坡、咀疙瘩、锁儿头等长期活动的大型、特大型滑坡，经常毁坏公路，中断交通，危害严重。

G316线稍子坡滑坡群位于天水市南约30 km。5 km长的路段沿线分布有大小滑坡15处，每逢雨季或降大雨时，便产生滑动和坍塌，造成路面、路基陷落变形，长期影响交通运输。1999年该公路改扩建时，大部分滑坡发生滑动，破坏路基，增加滑坡治理投资3 000余万元，拖延工期一年多。

在甘肃东南部地区，2003年、2013年为丰水年，这两年8月、9月的大量降水使G310线牛背—北道段和天水—巉口高速段发生10余起滑坡断道事故，严重影响了公路交通运输，造成严重经济损失，并有人员伤亡（图1–23）。

图1–23　G310线天水市潘集寨段滑坡群

2004年1月13日，G312线会宁县太平乡境内K1967+800处发生滑坡，体积达4×10^5 m^3，100余m长的公路下滑20 m。正在该路段行驶的3辆汽车中有1辆被推翻，中断交通4 d，长期影响正常通行。同时也使连接亚欧大陆的主通信光缆遭到破坏（图1–24）。

近20年来，在兰州—临洮、兰州—海石湾、武都—罐子沟、渭源—武都、G30宝天段、十堰—天水成县段、静宁—天水、临夏—大河家等高速公路的建设和运营中均发生了滑坡灾害，影响工程正常建设和安全运营（图1–25）。

另外，滑坡对分布在山区的输气、输油管道，输电线路，通信光缆等线状工程也有很大的危害和威胁，造成的社会影响和间接损失也非常大（图1–26～图1–27）。

图1–24　滑坡切断G312线

图1–25　兰州—海石湾高速公路滑坡

图1–26　兰州—定西输气管道K21+200处滑坡

图1–27　榆中洪亮营滑坡破坏的输电线路

1.1.4　滑坡对水利工程的危害

滑坡对甘肃省水利工程建设运营带来的危害和损失也非常严重。巴家咀、刘家峡、碧口、鹦歌咀、瓦房城等水库，以及引大入秦、靖会渠、南阳渠等引水灌溉渠线中出现了大量滑坡灾害。20世纪50年代引洮工程的下马，除有经济、政策方面的原因外，滑坡灾害对工程的影响也是重要因素之一，从洮河渠首至岷县维新镇的20余km长的主渠道发育大小滑坡近30处，渠基开挖过程中也引发了大量滑坡。

1973年4月27日，静宁、庄浪两县5 h最大降水量85.4 mm，1 h最大降水量42.3 mm。

庄浪县20世纪70年代初修建的9座小型水库，其中，有6座在这次暴雨中因滑坡使坝体摧毁或淤满。

史家沟水库坝体左侧山体发生大规模滑坡，滑体与库水混合形成巨大泥流顺沟而下，形成链式灾害，淹埋下游村庄，造成100多人死亡，成为甘肃水利工程史上的悲剧。另外，这次暴雨在静宁、庄浪两县引发滑坡180多处。

西和县晚家峡水库库岸长期坍塌不断，导致凤凰山发生滑坡，迫使139户村民搬迁。

庆阳市巴家咀水库位于董志塬西侧蒲河中游，1962年建成，坝高74 m，库容约为4.9×10^8 m^3，为西峰区的供水水源地。其库岸大部分由黄土组成，水库蓄水后，引发大量黄土滑坡和滑塌，造成水库淤积严重。由于输水系统及水库长期渗水的软化作用，2016年以来，一泵站边坡出现滑坡险情，地表、挡土墙开裂变形加剧，严重威胁泵站和输水管道安全，后期采取了锚索框架、仰斜排水孔等措施进行治理。

民乐县瓦房城水库位于祁连山中段北坡浅山区的黑河支流大堵麻河上，库区发育一系列的老滑坡体。1980年6月—1982年8月，在左岸坝轴线上游50～190 m范围内发生了3次较大规模的老滑体局部复活滑动，体积分别为5×10^5 m^3、1.6×10^5 m^3和8×10^4 m^3，严重威胁水库安全。因此，于1983—1985年采取了削坡减重、挡土墙、地表排水、抗滑桩、锚索框架和延长输水洞进口等治理措施。1986—1989年12月，又发生了5次小规模的滑动。观测资料表明：治理工程取得了一定效果，大规模滑动尚未发生，但有的滑坡体还未完全稳定，部分地段一直处于缓慢蠕滑状态（图1-28）。

图1-28　民乐县瓦房城水库滑坡

2000年以来，白龙江、洮河等河流上建设了大量水电站，建设和运营过程中因坡脚开挖和库水浸泡等引发和加剧了多起滑坡和库岸变形，威胁水库安全，如白龙江旺藏水电站右岸滑坡（图1-29）。

图1-29　白龙江旺藏水电站右岸滑坡

1.1.5 滑坡对矿山的危害

甘肃矿产资源丰富，矿产开发是重要的经济产业。露天矿坑采掘过程中，人为塑造了高陡的工程边坡。例如，金川露天矿设计边坡高达310 m，白银露天矿设计边坡高达260 m。由于矿区地质构造复杂，岩体结构破碎，矿山开采中经常出现强烈的边坡变形和滑坡灾害。因此，露天矿高边坡的优化设计及稳定问题，不仅关系到矿山的安全和采掘工程的顺利进行，而且还关系到资源开发利用和经济效益问题。窑街、阿干镇、华亭等煤矿区形成大范围地下采空区，以及大量矿渣的堆放等对斜坡稳定性产生很大影响，滑坡和斜坡变形破坏问题也较突出。

1. 白银有色金属公司折腰山露天矿

折腰山露天矿边坡高达250余m，开采的28年中经常发生变形破坏。其中，发生较大规模的边坡滑坡10次，小规模的滑塌、坍塌多达数十次，给矿山开采造成了较大危害和损失。1983年7月10日发生的X号滑坡体积达$1×10^6$ m^3（图1–30），破坏了通风管、排水管和房屋，切断了运输干道，使采矿生产停工3个月，少采铜矿石约3 000 t，是该矿经济损失最为严重的一次滑坡灾害。该滑坡发生前，进行了长期观测，及时发现了滑坡险情并作出较准确的判断预报，采取了果断有效的预防措施，最大限度地降低了经济损失，避免了人员伤亡。

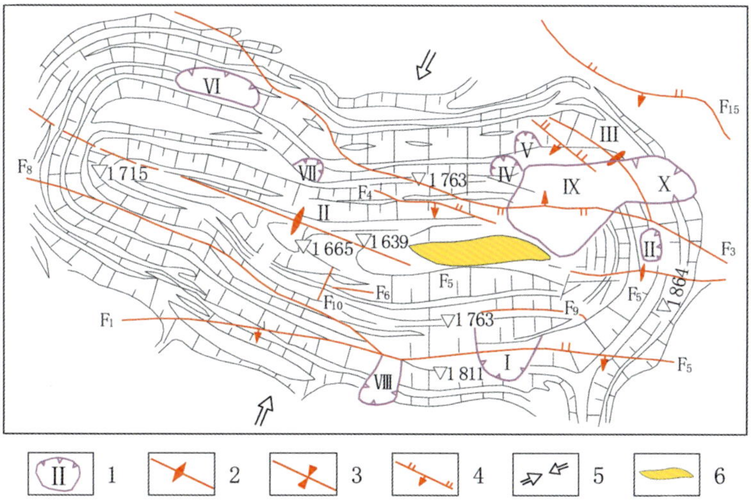

1—滑坡与编号；2—背斜；3—向斜；4—断层；5—构造应力方向；6—矿体。

图1–30 白银露天矿滑坡分布图（据成岗）

2. 金川露天矿

金川露天矿设计最大矿帮边坡高达310 m，位于高地应力地区，地质构造复杂，岩体破碎，开采过程中一直存在边坡变形破坏问题。主要表现为呈碎裂结构的边坡岩体在地应力和自重应力的作用下，沿断层等结构面倾倒–滑移，最大滑移变形量达10余m。由于前期进行了细致的勘查研究，并采取了削坡卸荷、保留安全平台、改变运输线路等技术对策和工程措施，使边坡变形未造成停产、毁矿等重大灾害事故发生，保证了采矿安全。但由于常有小型塌落及道路变形，用于边坡防治工程的投资巨大。

3. 兰州阿干煤矿

阿干煤矿由于长期大量地下采煤，采空区不断扩大，加之矿渣的不合理堆放等原因，引起了矿区一带山体的应力重分布和调整，斜坡大范围出现开裂变形，贯通性裂缝十分发育，有的从山顶直达坡底，延伸数百米（图1-31）。滑坡时有发生，矿区地表建筑、房屋开裂破坏，危害非常严重。

图1-31　阿干镇地下采煤引起山体开裂

4. 窑街煤矿

由于大面积地下采煤，窑街煤矿区引发了严重的山体滑坡和地面塌陷。1994年8月12日，正在建设中的窑街矿务局海石湾矿井山上工业广场发生滑坡，使1/3的场地随滑坡下滑8～10 m，破坏了已建成的200 m^3灌浆水池、锅炉房及部分临时建筑，主井施工井架的一条塔腿悬空7 m而无法生产，运输公路被毁，投资上亿元的采煤工程项目受到严重威胁和干扰。之后采取抗滑桩、抗滑键地表排水等治理措施，耗资2 000余万元，才保证了采煤工程场地的建设。2018年4月9日13—16时，由于加载和地表水渗漏等原因，该滑坡再次发生大规模滑动，体积为4.4×10^6 m^3，滑坡破坏工业广场并堵塞沟道，存在形成泥石流链式灾害的风险，迫使再次投巨资对其进行综合治理。

5. 白银厂坝铅锌矿露天矿

厂坝铅锌矿露天矿边坡平均设计坡角43°～49°，最陡达60°以上，最终边坡高度达528 m。高陡边坡的稳定问题成了能否持续安全生产的一大难题。自1982年人工剥离以来，边坡地段变形开裂、滑坡时有发生，到1990年大小滑坡已达16次，最大的体积达3×10^4 m^3以上。最不稳定的是北侧边坡和东侧边坡，1985年7月28日，因降水沿节理、裂隙大量渗入，在北侧边坡中部1 610～1 538 m高程段发生体积约2×10^4 m^3的滑坡，对采场的安全生产造成重大影响，迫使增加处理土石体积近4×10^5 m^3，增加投资300万元。

6. 甘谷县南部县办某矿山

1993年，该矿山边坡突然失稳滑动，造成20多名矿工丧生，毁埋大量设备。

7. 天祝华隆煤业有限公司大滩露天煤矿

天祝华隆煤业有限公司大滩露天煤矿位于天祝县南部，露天矿设计最大开采深度180 m，最终帮坡角为32°，边坡为煤层、破碎状砂砾岩组成的混合类型露天矿。2012年剥离开采以来，在露天矿南部多次发生滑坡灾害，其中规模较大的有4处（图1–32），严重威胁煤矿正常建设和生产。

图1–32　天祝大滩露天煤矿滑坡群

1.1.6　滑坡对生态环境的危害

滑坡的强烈变形和滑动，严重破坏山区地表森林、草地资源，造成大面积植被枯萎死亡，想恢复再生很困难，形成松散和裸露的滑坡堆积体，降低水源涵养能力并使水质恶化，加剧水土流失、泥石流等次生灾害及冻土的局部融化（图1–33）。同时，还可引发森林病虫害等衍生灾害，增加有机物的分解，释放二氧化碳和甲烷，进而影响碳循环。滑坡对小陇山、秦岭、甘南、祁连山生态屏障和水源涵养地的生态环境造成的危害较为严重，是主要的生态环境地质问题之一。

图1–33　祁连山滑坡破坏的森林和草地

1.2　甘肃滑坡灾害研究与防治概况

甘肃是我国开展滑坡研究与防治较早的省份之一。滑坡的科学调查与研究始于20世纪20年代，地质学家翁文灏、谢家荣等在海原大地震灾情考察时，对地震滑坡的数量、规模、形态、滑动距离、滑坡形成过程及造成的灾害有较详细的调查和描述，并在《科学》《地学杂志》上发表了考察结果，这也是真正意义上甘肃地学研究的肇始。20世纪40年代我国公路地质工程师林文英对宝天铁路修建过程中遇到的滑坡灾害进行调查研究，提交了铁路建设中滑坡、泥石流防治问题的报告。

甘肃滑坡灾害全面系统的研究和防治工作是在中华人民共和国成立后随社会经济建设的发展才逐渐开展起来的。中华人民共和国成立以来，为满足山区工程建设和保护人民生命财产的需要，滑坡研究与防治工作逐步深入和加强。结合工程实际，解决了工程建设中遇到的滑坡和斜（边）坡变形破坏问题，有效地保证了工程建设的顺利进行，保护了人民生命财产和城市、工矿、道路、农村的安全，取得了良好的经济效益和社会效益。同时，在滑坡防治研究方面也取得了丰硕成果，并培养了一批滑坡防治科研人才和工作队伍。21世纪以来，随着社会经济的发展和综合国力的不断增强，党和国家越来越重视滑坡等地质灾害防治工作，国务院于2003年11月颁布了《地质灾害防治条例》，将地质灾害防治逐步纳入到社会经济发展规划中。在国家的大力支持下，甘肃地质灾害调查研究、防治和管理工作已成为社会经济建设和生态文明建设的常态化工作，正在积极主动地全面推进和稳步发展。

1.2.1　甘肃滑坡研究与防治发展历史

20世纪50年代，为实现山区经济发展，滑坡研究与防治工作逐步开展，主要解决铁路、公路、矿山、水利等行业在各自的工程建设中遇到的滑坡问题。1956年，为解决陇海铁路宝天段改建工程中遇到的大量滑坡灾害，成立了我国最早的滑坡研究和防治机构——坍方研究站（中铁西北科学研究院前身），专门从事铁路沿线滑坡勘查、治理工作，同时，也服务于甘肃经济建设中的滑坡防治。

20世纪60—70年代，随着工程实践和理论研究的不断深化，对滑坡类型、分布规律、形成条件、影响因素、稳定性评价及防治措施等问题进行了专题研究和总结，取得了基础性成果。同时，中国地震局兰州地震研究所对省内地震滑坡进行了考察研究；中国科学院兰州冰川冻土研究所、兰州大学等单位对天水、陇南的滑坡进行了考察研究。铁路系统于1973年在兰州召开全国铁路滑坡防治经验交流及科研协作会议，进一步推动了铁路系统滑坡防治的科学研究。另外，根据省内发生的一些重大滑坡灾害，开展了应急救灾与科研考察工作，积累了一些滑坡资料与成果。通过艰苦的滑坡防治工程实践和探索，保证了工程建设的顺利进行。但由于对滑坡形成条件、影响因素、发生机理认识不足以及治理措施单一等原因，工程建设中的一些大型复杂滑坡还难以彻底预防和避绕。区域滑坡调查研究基本为空白，从而处于被动应对的救灾状态。

20世纪80年代以来，甘肃滑坡灾害进入频繁、活跃期，先后发生了泄流坡、洒勒山、葡萄园、天水锻压机床厂、椒树湾、泰山庙、江顶崖等一系列重大滑坡灾害。滑坡破坏城市工厂、毁埋村庄、中断交通、堵塞江河，造成了巨大经济损失和人员伤亡，给改革开放初期的甘肃社会经济发展带来了严重威胁和危害，成为重大的环境地质问题，从而引起了各级政府和社会各界的高度重视和广泛关注。特别是著名的1983年洒勒山灾难性滑坡的发生，使甘肃省和原地矿部首次投入了大量科研经费和人力资源，开展了洒勒山典型滑坡形成机理和巴谢河流域黄土滑坡的系统研究。鉴于甘肃滑坡灾害的严重性，1984年成立甘肃省科学院地质自然灾害防治研究所，是专门研究滑坡、泥石流等地质灾害的科研单位，为甘肃滑坡灾害应急处置和防治工作起到了技术支撑作用。社会经济发展的客观现实需要有力地推动甘肃滑坡研究与防治工作，掀起广泛性的滑坡研究高潮，滑坡灾害研究与防治进入了一个新的发展时期。

1987年第42届联合国大会将20世纪最后10年定为“国际减轻自然灾害十年”（International Decade for Natural Disaster Reduction，缩写：IDNDR），旨在通过全球的一致行动，使自然灾害对人类生命和财产的损失降至最低程度。“国际减灾十年（IDNDR）”活动再次成为甘肃滑坡研究与防治的推动力。甘肃省地矿局、甘肃省水土保持局、甘肃省科学院地质自然灾害防治研究所、中科院兰州冰川冻土研究所等单位积极开展滑坡等地质灾害研究，特别是甘肃省地矿局开展了甘肃省东部地质灾害调查研究工作，并提交了相关研究报告，对乌鞘岭以东1.82×10^5 km^2的甘肃滑坡灾害主要发育区进行了首次较全面系统的调查研究，是甘肃区域地质灾害调查的基础性工作和初步成果。

20世纪90年代，为配合甘肃社会经济发展的实际需要，原地矿部906水文地质工程地质大队和兰州水文地质工程地质中心等单位，先后对黄河中上游干流段和陇海铁路宝兰段的滑坡等地质灾害进行了勘查评价。甘肃省科学院地质自然灾害防治研究所完成了《兰州市滑坡泥石流灾害防灾规划》，天水市建设委员会组织有关单位对天水市南北两山的滑坡进行了综合风险普查。原甘肃省计划委员会、中国科学院兰州冰川冻土研究所完成了《陇南地区滑坡泥石流整治规划》。甘肃省科学院地质自然灾害防治研究所对甘肃省县以上城镇滑坡、泥石流灾害进行了调查，完成了《甘肃省县以上城镇滑坡泥石流防治规划》。原甘肃省地质环境监测总站完成了《甘肃省1：50万环境地质调查报告》，对全省滑坡的分布规律进行了初步总结。在国家地质灾害防治专项资金的支持下，陆续对甘肃省内一些危害性大的滑坡灾害进行了治理，保护了人民生命财产安全，推动了甘肃滑坡灾害防治工作。

2000年以来，按照中华人民共和国国土资源部的部署，甘肃省国土资源厅组织有关单位开展了1：10万县（市）地质灾害调查与区划工作。主要目的是查明地质灾害隐患点的分布状况，在此基础上进行地质灾害防治区划，并协助当地政府制定防灾方案，建立重要地质灾害隐患点的群测群防网络，以实现减灾防灾效益，保护人民生命财产安全。截至2009年基本完成了甘肃中东部重点防治县区的地质灾害调查工作。该工作突出了“以人为本”的原则和宗旨，为开展积极主动防灾减灾工作奠定了基础。

2005年，按照国土资源部部署，甘肃省启动了1：5万县市区地质灾害详细调查工作，在前期1：10万地质灾害调查工作的基础上，进一步细化了地质灾害成灾背景的调查，加强区域成灾规律和典型地质灾害的研究，为地质灾害防治提供更为翔实的技术资料，推动地质灾害防治工作向更高水平发展。

2008年，“5·12”汶川地震发生后，甘肃省国土资源厅迅速部署了地震引发的次生地质灾害排查和灾后重建地质灾害防治规划工作。国家下达地质灾害专项治理资金28.3亿元，开展了滑坡泥石流综合治理、监测预警和防治能力建设项目296项。同时，鉴于地震造成地质环境条件的变化，对文县、武都区等8个重灾县（区）再次开展1：5万地质灾害详细调查工作，重新划分了易发区和防治区，并开展了武都北峪河流域等地质灾害监测预警示范区建设，进一步完善震区地质灾害群测群防体系和监测预警体系，开启了甘肃地质灾害防治工作的新篇章。

2010年，舟曲“8·8”特大山洪泥石流灾害后，国家投入8.5亿元地质灾害防治专项资金，对舟曲县城和峰迭新区周围的26处滑坡、泥石流灾害进行工程治理，建立了舟曲县地质灾害防治信息系统，泄流坡、锁儿头等活动性滑坡得到专业监测。随后，国土资源部又部署了白龙江流域环境地质勘查项目，其中包括50个重要城镇1：1万重点调查和风险区划工作，逐步探索地质灾害精细化调查技术方法。

2011年，国务院发布了《国务院关于加强地质灾害防治工作的决定》，提出到2020年底初步完成地质灾害调查评价、监测预警、综合治理和应急能力等四大体系建设。为贯彻落实国务院决定的精神，甘肃省继续推动1：5万县市地质灾害详细调查工作，并于2012年启动1：5千～1：1万重要城镇地质灾害调查与风险区划工作，共完成283个山区城镇地质灾害调查与风险区划，逐步推动地质灾害调查进一步向精细化方向发展，加强隐患的动态化管理。

2014年，甘肃省入围中央财政支持地质灾害防治体系建设首批重点省份，共投入资金38.56亿元，陆续对280余处滑坡、泥石流灾害进行工程治理。在监测预警、应急能力建设等方面取得积极进展。

2020年，自然资源部印发《地质灾害防治三年行动实施纲要》，甘肃省启动自然灾害综合风险普查工作，完成了覆盖全省的1：5万地质灾害风险调查评价工作，重点聚焦地质灾害孕灾条件、地质结构特点，为地质灾害的早期识别和监测预警体系建设服务。

截至2020年底，甘肃省1：5万地质灾害详细调查工作覆盖了全省，完成了283个重要城镇1：5千～1：1万地质灾害调查与风险区划。在此基础上部署普适性仪器监测点2 001处，专业监测点15处，开展了重点项目的治理和248个隐患点的排危除险工作。自2022年起，以乡镇为单元的1：1万地质灾害精细化调查和风险双控工作也逐步开展，推动地质灾害防治由被动的防治向主动的风险管理转变。目前，甘肃省地质灾害综合防治体系已初步建成。

在滑坡灾害和险情应急处置等方面，20世纪80年代以前，主要由政府部门组织相关技术单位到滑坡灾害和险情现场开展调查并提出处置建议及措施。1983年洒勒山灾难性滑坡发生后，甘肃省政府组织了17家单位的61名专家开展多次调查与研讨，为灾后重建提供技术支撑。20世纪80—90年代，应急处置技术工作主要由甘肃省科学院地质自然灾害防治研究所、原甘肃省地质环境监测总站等单位承担。2000年以后，根据政府部门职责，应急处置工作主要由甘肃省国土资源厅组织甘肃省地质灾害应急中心等单位完成。甘肃省大规模的地质灾害应急排查工作始于2008年“5·12”汶川地震之后，除甘肃本省的地质灾害防治队伍外，还得到北京、福建、内蒙古等市、省、自治区的支援，开展次生地质灾害应急排查，为灾后重建地质灾害防治工作奠定了坚实基础。之后又开展了2010年舟曲“8·8”

特大山洪泥石流灾害，2013年陇东南“7·25”群发性滑坡、“8·7”泥石流灾害，2013年岷县、漳县交界“7·22”6.6级地震（以下简称岷漳地震）群发性滑坡，2017年陇南“8·17”群发性地质灾害，2018年临夏“7·18”群发性地质灾害，2020年陇南“8·13”群发性地质灾害，2021年陇东南“10·3”群发性地质灾害的应急排查工作，以及兰州石峡口，舟曲江顶崖、果耶磨里等600多次重大滑坡灾害和险情应急处置工作，为地质灾害防治提供技术支撑。

进入21世纪以来，特别是“5·12”汶川地震以后，滑坡灾害防治研究工作取得了许多重要进展，针对陇南山地、白龙江流域、黑方台等重点区域及兰州市、天水市等滑坡灾害严重城市、重大建设工程和典型滑坡，开展了大量科学研究工作。甘肃省自然资源厅地质灾害防治技术指导中心在系统总结甘肃地质灾害发育规律的基础上，研发了甘肃省地质灾害气象风险精细化预警系统，提出了分区域、分灾种的区域预警模型，并对阈值做了初步研究。在兰州市主城区实施了“空天地”一体化监测试验研究，取得了良好的进展。针对舟曲江顶崖滑坡、牙豁口滑坡、立节北山滑坡开展了“空天地”一体化应急技术应用研究，在地质灾害应急处置中形成了产学研用一体化的技术流程和机制。甘肃省交通厅、兰州大学等单位开展了兰海高速甘肃段滑坡等地质灾害的系统研究。兰州大学依托国家和甘肃省科研项目，对兰州市区、黑方台区域、白龙江流域地质灾害开展了科学研究，取得了重要的研究成果。甘肃省科学院地质自然灾害防治研究所开展了冻融期滑坡形成机理、易滑地层工程地质性质、黄土滑坡的基本类型与活动特征、白龙江干流滑坡泥石流堵江风险与处置技术等专题研究，取得了大量富有甘肃特色的创新性成果。此外，成都理工大学、长安大学、中国地质大学（北京）、中国地质科学院地质力学研究所等高校及科研院所也在甘肃开展了卓有成效的科学研究工作，有力推动了甘肃滑坡灾害防治工作向更高水平的发展。

改革开放以来，有关单位和学术团体还邀请日本、韩国、英国、法国、奥地利、加拿大、马来西亚等国家的有关组织和学者开展了学术交流和现场考察。甘肃地质灾害防治学者和技术人员也到日本、欧洲等国家和香港地区参观考察，学习和吸收先进技术，促进了甘肃滑坡研究与防治技术的发展。

1.2.2　取得的主要成果

通过数十年努力，特别是近20年来自然资源管理部门等诸多单位全方位、多层次开展的滑坡调查和研究，基本查清了甘肃的滑坡类型、发育分布规律、成因、影响因素和危害情况，建立了专群结合的地质灾害监测预警系统，滑坡预报方面也取得了可喜进展，甘肃滑坡灾害预防、治理水平、应急调查、排查和处置能力有了较大提高。滑坡研究领域更加广阔，理论研究更加深入，滑坡资料更加丰富，为甘肃省社会经济建设和防灾减灾工作发挥了重要作用，取得了良好的经济效益和社会效益。

1. 基本查清了全省滑坡分布状况

甘肃滑坡灾害分布广泛、数量多、危害严重，查清全省滑坡发育分布是滑坡研究与防治的基础，此任务十分艰巨。长期以来“家底不清”，缺乏反映甘肃滑坡总体情况的资料、图件，难以满足甘肃省国民经济发展规划和建设布局的需要，区域滑坡防治工作处于盲从应急状态，也影响滑坡研究总体水平的提高，是一个薄弱环节。甘肃省地矿局于1989—1992年在滑坡主要发育的乌鞘岭以东的甘肃东部地区开展了大区域的滑坡调查研究，采用遥感影像解译、实地调查和收集前人资料相结合的方法，取得了较全面系统的资料，并建立了滑坡档案。历经4年，初步查明了甘肃省主要滑坡地区的滑坡发育分布基本情况，编制了《甘肃省东部滑坡发育程度图》（1∶50万）和《甘肃省东部地质灾害调查研究报告》，是甘肃区域滑坡类型、发育分布特征和成因研究方面的基础性成果。2009年，甘肃省地质环境监测院以县（市）地质灾害调查与区划、1∶5万县市地质灾害详细调查等工作成果为基础进行了集成研究，编制完成了省级、市州1∶25万、县区1∶5万数字化地质灾害分布图，并研发了相应的信息化管理平台，为指导全省、市州、县区滑坡灾害防治和社会经济发展规划提供了重要基础资料。

2.理论研究逐步深入、成果丰富

甘肃滑坡类型繁多、成因复杂，开展滑坡理论研究非常重要。近年来，甘肃滑坡灾害研究方面的成果非常丰富，通过洒勒山、泄流坡、天水锻压机床厂、黑方台等典型滑坡的研究，许多学者在黄土滑坡类型、形成机理、高速远程滑动机制、稳定性评价和影响因素等方面进行了深入研究。代表性的成果有：冯学才、张振中等（1985）对地震滑坡的特征、成因及分布进行了研究。李鸿琏等（1985）对天水、武都地区的降水滑坡进行了较深入的研究。吴玮江等（1985、1987）提出了洒勒山滑坡滑动面渐进发展、锁固段泥岩脆性破坏的形成机理和前后块体间相互冲撞、能量传递的高速远程滑动机理。徐峻龄（1989）提出了黄土滑坡形成的“闸门效应”。王家鼎（1990）研究了黑方台高速远程黄土滑坡，提出了饱和黄土蠕滑动液化的形成机制。吴玮江（1996）提出了季节性冻结滞水促滑效应的观点，较为合理地解释了甘肃省及西北黄土高原地区冬、春季灾害性黄土滑坡发生频率较高的现象。在区域斜坡稳定性评价方面，王家鼎、王念秦等（1988）利用模糊数学方法进行了探讨。吴玮江（2002）根据黄土滑坡的滑动面与斜坡地层结构的关系，提出了两型四类黄土滑坡分类方案，对黄土滑坡灾害预防和治理具有指导意义和实用价值，被普遍认同和采纳。2011年以来，孟兴民等开展白龙江流域滑坡等地质灾害研究，利用InSAR技术进行了滑坡早期识别和变形分析，并开展了滑坡堵江建模分析。王兰民（2000、2019）对黄土地震滑坡的发育特征和机理开展了系统研究。袁道阳等（2014、2017）对1879年武都8级地震、1654年天水8级地震等历史引发的滑坡再次进行了深入研究，进一步梳理了地震引发滑坡的特点。张帆宇（2012）开展了流动型黄土滑坡液化致灾机理研究。郭富赟（2013、2015）对“7·25”天水暴雨、“7·22”岷县、漳县交界地震群发性滑坡进行研究，总结出较为系统的滑坡应急监测、调查与处置技术。王骑虎（2016）深入研究了红层软岩易滑地层的工程地质性质和滑坡特征。安玉科（2015）对十天高速甘肃段等公路建设中的滑坡灾害特征和防治技术进行了研究和实践。吴玮江（2018）提出了黑方台饱和黄土滑坡形成中的侧压力作用。吴玮江（2021）对祁连山区滑坡类型、发育分布与成因进行了探讨。以上研究成果展现了甘肃滑坡灾害的实际情况和特色，丰富和完善了滑坡防治的科学理论，有力地支撑和指导了甘肃滑坡灾害防治的实际工作。

3.滑坡监测预警和预报研究取得重要进展

滑坡预测预报是最为有效的减灾途径之一，也是世界性的科学难题。甘肃滑坡工作者对此进行了不懈努力和探索，白银有色金属公司成岗等人（1983）根据监测资料及宏观变形迹象综合分析，成功地预警了1983年7月10日发生的折腰山露天矿边坡滑坡。

自20世纪90年代以来，甘肃省水土保持局对甘肃省长江流域的舟曲县泄流坡、锁儿头，西和县西山等9处重大滑坡进行了近20年的长期专业化监测，积累了宝贵资料和经验。

中铁西北科学研究院的徐峻龄、廖小平等（1995）利用变形功率、数理统计等方法，通过计算分析，对1995年1月30日发生的永靖县黑方台黄茨滑坡进行了准确的临滑预报。之后，在该地区又进行了两次成功的临滑预报，开创了甘肃滑坡科学预测预报和减轻灾害的先例。近10年来，成都理工大学许强、长安大学张勤等滑坡研究团队在黑方台全面开展黄土滑坡变形过程和发生时间的监测预报研究，取得了7次成功临滑预报，为甘肃省乃至全国滑坡灾害监测预报提供了典型的成功案例。

2020年以来，甘肃省实施的普适性仪器滑坡监测预警项目，也取得了较好的预警成效。2021年成功预警滑坡灾害7次，避免了289人受到滑坡伤害。

4.新技术、新方法得到应用

20世纪80年代以来，滑坡调查、勘查和科学研究中逐步采用了“3S”（RS、GIS、GPS）等多种新技术、新方法，提高了成果质量和工作效率。在区域滑坡调查中广泛地应用了航卫片等遥感资料（RS），使调查精度、工作效率大幅提高，同时还利用不同时期的影像资料进行滑坡动态研究。在洒勒山滑坡等研究中，将电阻应变仪、地面倾斜仪、微地震仪、井中测斜仪、地面位移无线遥测仪及声发射接收仪等用于滑坡监测预报，以便深入研究滑坡变形位移的全过程，为滑坡形成机理研究、滑坡防治和预测预报提供基础资料。在滑带土物理力学性质测试方面，逐步应用了残余强度、三轴、环剪、原位大剪等测试方法，使滑带土的力学试验指标更加符合实际，为滑坡稳定性评价、防治工程设计提供了更为合理可靠的参数。利用地理信息系统（GIS）、MapGIS等建立省、市、县各级地质灾害信息系统，专业数据库和矢量图件，使滑坡调查、监测与防治中的资料管理、储存、查询、统计和制图工作更加方便、准确。

进入21世纪以来，随着星载、无人机机载和地面测量技术的发展，“空天地”一体化协同技术在滑坡早期识别和监测预警，调查、勘查和应急处置中得到逐步应用。近年来，无人机的发展和普及为滑坡等地质灾害的调查研究提供了更高、更开阔的视野，可以全方位、多视角更全面、更清晰地观测滑坡形态特征、变形迹象和地质环境条件，并获得正射、三维、倾斜等全景影像，快速完成更精准的大比例尺地形图，大幅提高外业工作效率和成果精度，减轻了野外工作强度，是滑坡外业调查研究的得力设备。InSAR技术和遥感影像资料开始广泛应用于区域性滑坡调查研究、滑坡隐患点早期识别和变形动态分析，提高了调查精度和识别水平。GNSS、深部位移、多参数一体化监测仪、三维激光扫描仪等先进监测技术广泛应用于滑坡变形监测。以地质雷达、滑坡地下成像仪等为主的滑坡结构快速探测技术近年来也有所发展，特别是数据分析能力方面取得了较大幅度的提升，为滑坡应急处置提供了有力的支撑。ArcGIS具有强大的建模、统计分析和制图功能，是区域滑坡发育程度和影响因素统计分析的重要工具，广泛用于地质灾害调查评价和区域滑坡灾害研究工作，提高了成果质量。三轴剪切仪、环剪仪、室内大型直剪仪和现场原位大型直剪仪等先进的滑带土抗剪强度试验仪器设备，主要用于科学研究中滑带土的参数指标测试与滑坡机理探索，今后应逐步加强在滑坡治理工程中的实际应用。GEO-SLOPE、Slide和理正等滑坡稳定性计算分析软件广泛应用于滑坡、边坡治理工程勘察设计中的稳定性计算、滑坡区地下水渗流场分析等，使过去烦琐而重要的滑坡稳定性计算工作不再费工费时，大幅提高了室内工作效率和计算精度。FLAC3D、FLOW3D、ANSYS、GDEM等软件应用于斜坡变形破坏、滑坡演化过程研究的模拟计算与仿真分析，再现滑坡机理和形成过程。目前，神经网络技术、人工智能技术、大数据也逐步应用于地质灾害防治领域。随着物联网技术的不断推进，在滑坡监测领域实现了数据的无线传输、自动接收和自动分析。基于ArcGIS等地理信息平台、移动通信技术和云计算技术，分布式和基于移动端、云端的地质灾害监测、防治信息管理系统得以开发应用，推进了地质灾害的防治管理信息化、可视化。以上诸多方面取得的明显技术进步，有力地促进了甘肃滑坡研究与防治工作。

5.滑坡预防、治理水平逐步提高

随着甘肃省社会经济的发展和地质环境保护、防灾减灾意识的增强，各有关部门对山区铁路、公路、水利、矿山、城镇和新农村等建设工程在前期选址、规划和可研阶段对滑坡等地质灾害问题给予了充分重视，加强地质灾害危险性评估、专题研究和方案比选，进行科学合理的避绕，做到防患于未然，尽可能避免和减少滑坡灾害，保障了建设工程的顺利进行和后期运营安全，也降低了工程造价和投资。同时，交通、水利和城建等部门对各类工程建设中遇到的一些滑坡灾害也进行了科学合理的预防和工程治理，积累了较丰富的实践资料，促进了滑坡防治的科学发展。

近年来，国家对滑坡等地质灾害防治的力度不断加大。特别是在“5·12”汶川地震、“8·8”舟曲泥石流灾后重建工作中，国家投入大量资金，对甘肃重灾区的260余处滑坡、泥石流进行工程治理。2014年以来的地质灾害综合防治体系建设，实施治理工程280余处。滑坡等地质灾害防治设施和工程后期维护工作也逐步受到重视，确保其安全运行和正常发挥效果。治理工程应用多种符合甘肃省实际的滑坡防治新理念、新技术、新方法，解决了诸多技术难题，许多大型复杂滑坡得到科学有效治理。在东乡县城、会宁县城等部分区域实施开发式综合治理模式，取得了很好的效果。对于治理难度大、投资高、危害对象少的滑坡，采取避险搬迁等更为科学合理的措施。特别是2021年1月舟曲县果耶镇磨里村大型滑坡灾害的发生，使地质灾害避险搬迁工作得到了高度重视。滑坡治理工程勘查、设计、施工、监理和管理的水平和能力在不断提高。

6.滑坡灾害群测群防、监测预警体系运行并不断优化

甘肃滑坡灾害分布广泛、危害严重，防灾形势严峻，任务艰巨。预防是有效减轻甘肃滑坡灾害损失的重要措施。近20年来，按照《地质灾害防治条例》的要求，结合甘肃滑坡灾害的发育及危害状况，逐步建立了覆盖全省的省、市、县三级地质灾害监测预警体系，并不断优化完善。

首先，按照“政府负责、站点预警、以点带面、群测群防”和“谁受威胁、谁负责监测”的原则，所有地质灾害隐患点都落实了预防责任人和群防员，建立了较系统的群测群防管理制度，并向受威胁群众发放防灾明白卡和避险明白卡等。经过多年努力，地质灾害群测群防实现全覆盖。

2010年、2011年先后在陇南、舟曲布设了专业监测点47处。建设武都北峪河、文县关家沟等预警试验区，以舟曲灾后重建项目为依托，建成了舟曲群专结合监测预警系统，并进行了群专结合系统的探索研究。2012年以来，建立兰州、陇南两个国家级地质灾害监测预警示范区和天水、临夏、定西、张掖4个省级地质灾害监测预警示范区，全省建成317处重大地质灾害专业监测点，形成了群专结合的地质灾害监测系统。防灾效果显著，成功预报地质灾害144起，避险转移4.05万人，避免经济损失7.64亿元。

2020年以来，开始进行自然资源部倡导的以普适性专业监测设备为主要措施的群专结合地质灾害监测点建设，到2022年已建成2 016处。期间，专业监测成功预警7次，避险转移群众1 486人，避免经济损失1.76亿元。

甘肃地质灾害气象风险预警系统已建成并不断开发完善，及时准确地对2013年天水、陇南，2018年临夏和2020年天水、陇南汛期的群发性地质灾害进行了预警，发挥了良好的防灾减灾效果。

地质灾害防治知识宣传培训和实地防灾演练等工作，为群众学习防灾减灾知识、提高防灾减灾意识发挥了重要作用。正在开展的隐患点和风险区地质灾害风险双控工作将更好地发挥监测预警工作在地质灾害防治中的作用。

7.滑坡应急排查和处置能力不断提高

长期以来开展的滑坡等地质灾害灾情、险情应急处置和排查工作，特别是2008年“5·12”汶川地震以来，完成近10次地震和暴雨引发的大范围地质灾害应急排查，完成兰州石峡口，舟曲牙豁口、果耶磨里等重大滑坡灾害应急处置600余次，为灾后重建地质灾害防治等工作奠定了坚实基础。

通过上述工作，培养和锻炼了一批地质灾害应急技术队伍和高水平的技术专家，形成了符合甘肃实际的地质灾害排查和应急处置工作程序，也推动了甘肃自然灾害应急体系的逐步完善。成立了甘肃省省级地质灾害防治技术指导中心，地质灾害严重的9个市州成立了地质灾害应急中心，36个县（市、区）成立了地质环境监测站。依托国有地勘单位、科研院所形成了省、市、县三级技术支撑队伍汛期驻守机制，利用“空天地”一体化技术体系、车载综合应急装备等，在专家组的技术指导下，完成了应急处置中快速精准获取数据、远程会商决策、灾害快速定性等工作，形成了一支技术过硬、设备精良、组织有序、保障有力、响应迅速、吃苦耐劳的地质灾害防治的快速反应队伍，服务于甘肃防灾减灾工作。

甘肃滑坡研究与防治任务十分繁重和复杂，通过数十年多方面的艰苦努力，各方面都取得了一定的成绩，但还有许多实际工作和理论问题需要进一步深入探讨和总结，以更好地指导甘肃滑坡灾害防治工作。随着国民经济的发展和社会的进步，对滑坡灾害研究与防治也提出了更高的要求，减轻滑坡灾害损失，保护人民生命财产安全，营造良好的经济建设和社会发展环境，是新时代甘肃滑坡灾害防治、研究和管理工作的一项长期而艰巨的任务。

第2章　滑坡发育的自然环境

滑坡是在一定的地形地貌、地层岩性、地质构造和气候等自然环境条件下发育发生的地质作用和现象，滑坡类型、发育分布特征及活动规律等均受区域自然环境条件的制约和影响。

甘肃省位于黄土高原、青藏高原和内蒙古高原的交会处。地理坐标介于北纬32°36′～42°57′，东经92°13′～108°46′之间，呈北西-南东向的狭长条状展布，东西长1 655 km，南北最宽处530 km，最窄处仅25 km。由于地理跨度较大，因此地域辽阔，自然环境复杂多变。甘肃省分属长江、黄河和内陆河三大流域，地跨东部季风区、西北干旱区和青藏高寒区三大气候区，地处西伯利亚板块、塔里木板块、柴达木—华北板块及羌塘—扬子—华南板块4大板块构造部位。独特的地理位置、复杂多变的自然环境，决定了甘肃滑坡灾害非常发育，且在区域分布上具有多样性、广泛性、复杂性、差异性和不均匀性等特点。

2.1　地形地貌

甘肃省地处我国大陆阶梯地形的第一阶梯、第二阶梯及之间的过渡带。各种动力地质作用强烈，地貌类型繁多，地势起伏，高差大，地形复杂。甘肃省除陇南部分谷地和疏勒河下游谷地地势较低外，大部分地区海拔都在1 000 m以上，山地和高原是主要地貌形态，约占全省总面积的75%（图2-1）。

2.1.1　地貌类型

地貌是在漫长的地质演化过程中，由内外动力地质作用形成的各种地表形态，是自然环境的组成要素之一。甘肃地貌可划分为平原、高原与台地、丘陵和山地4种基本类型。而多种较小的地貌形态叠加于这4种基本形态之上，使甘肃地貌类型更加复杂多样。

1. 平原

主要分布在大中型河谷地带和河西的山前地带，有以下5种类型：

（1）冲积平原。分布在外流河、内陆河流域各干、支流的中下游谷地。

（2）洪积冲积平原。主要分布在河西走廊合黎山、龙首山以北，张掖、酒泉以及疏勒河下游一带。此外，在祁连山脉的山间谷地中也有分布。

（3）洪积倾斜平原。分布在祁连山脉北麓和北山南麓的山前地段，与冲积平原相间分布，组成物质为晚更新世以来的砂砾石，由水流从山地搬运、堆积而成。

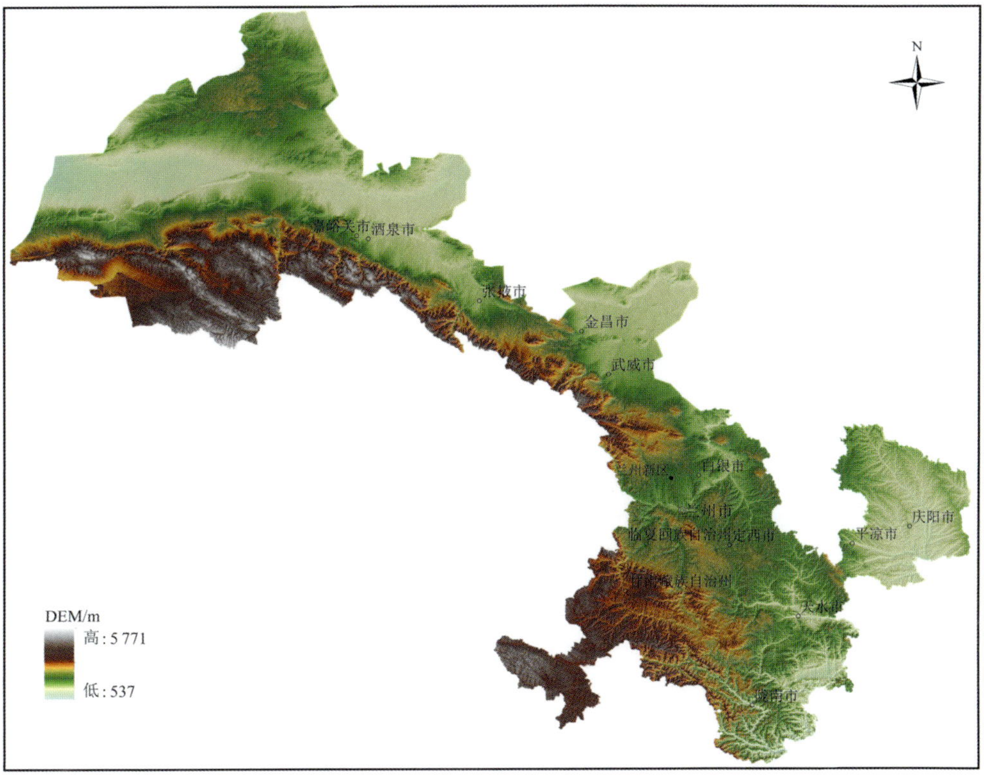

图2-1　甘肃省DEM影像图

（4）干燥剥蚀平原。在干燥环境下，受各种外营力的剥蚀作用形成的平原。地表覆盖薄层碎石，植被稀少，多分布在黑河下游两岸和马鬃山南缘一带。

（5）沙丘平原。干旱地区受风力吹扬和堆积作用，由松散物质形成波状沙地和沙丘。主要分布在河西走廊的武威市凉州区、民勤的东北部、酒泉东和敦煌西等地。

2. 高原与台地

主要是黄土塬，是厚层黄土覆盖在古地形上受水流切割形成的。目前省内残存面积较大的黄土塬主要分布在六盘山以东地区，如董志塬、早胜塬、草峰塬、什字塬等，其中董志塬面积达828 km^2。六盘山以西的黄土塬仅分布在祖厉河下游，具代表性的有会宁白草塬、靖远三场塬等。

3. 丘陵

主要分布在陇中黄土地区、陇南的山间盆地和河西的马鬃山一带，可分为下列3类：

（1）流水侵蚀的黄土丘陵。分布在天水、定西、临夏、兰州以及平凉西部、庆阳北部黄土分布区。境内黄土梁、峁发育，沟壑纵横，流水侵蚀强烈，地表支离破碎，海拔1 100～2 500 m。兰州附近黄土最厚可达400 m左右。黄土丘陵区黄土滑坡、崩塌和落水洞都较发育。

（2）流水侵蚀的红色丘陵。分布在徽成盆地、西礼盆地中部和北秦岭北麓。地面主要由新近系红层软岩构成，局部覆有薄层黄土，受流水侵蚀形成丘陵地形，相对高度

200～500 m。

（3）干燥剥蚀丘陵。分布在河西的马鬃山和合黎山、龙首山部分地段。马鬃山一带是比较典型的夷平面和岛山组成的地貌景观，岛山组成的丘陵海拔一般在1 500～2 000 m，而相对高度仅100～500 m。地面岩石裸露，植被稀少，多为石质荒漠、戈壁。

4.山地

甘肃山地分布广泛，成因类型繁多，主要有：

（1）干燥剥蚀低山。海拔2 000 m以下，年降水量一般在200 mm以下，为干燥剥蚀作用形成的低山。如鸣沙山、三危山、黑山、合黎山等，皆呈荒漠山地景观。

（2）干燥剥蚀中山。海拔2 000～2 500 m，主要分布在河西地区及白银市北部。

（3）流水侵蚀中山。海拔3 000 m左右，年降水量200～400 mm，分布在河西走廊和陇南山区，以及兰州南部的马啣山。

（4）流水侵蚀高山。海拔>3 500 m，为青藏高原东缘的山地。临夏以西的达里加山，最高峰海拔4 636 m，悬崖峭壁，巍峨高耸，有冰斗和U形谷等冰川地貌。迭山和岷山均属于南秦岭山地南部的高山，主峰海拔4 920 m，角峰、刃脊和冰斗地形十分明显。

（5）冰川冰缘作用高山。包括祁连山脉和阿尔金山主体部分，祁连山东段的冷龙岭、毛毛山，一般海拔高于4 000 m，高峰多在5 000 m左右，雪线4 400～4 600 m，少数高峰终年积雪，并有现代冰川发育；中段走廊南山，海拔4 500 m以上，主峰海拔5 547 m，雪线4 600 m，山脊高峻狭长，冰川发育较多；西段大雪山、疏勒南山、党河南山与疏勒河、党河的谷地相间排列，山脊海拔均在4 500 m以上，最高峰宰吾结勒峰（团结峰）海拔5 808 m，为甘肃省最高山峰。雪线以上终年积雪，为河西走廊和柴达木盆地的水源。

2.1.2　地貌分区

根据地势高低、地形地貌特征，全省可分为六大地貌单元区（图2-2），不同的地貌单元内滑坡发育程度有较大差异。

1.陇中黄土高原区

位于甘肃省东部和中部，陇南山地以北地区，东起陕甘边界，西至乌鞘岭。属于我国黄河中游黄土高原的最西部分。面积约9×10^4 km^2，占全省面积的21.13%，海拔1 200～2 200 m，相对高差500～1 000 m。在构造上属鄂尔多斯台地、祁连山褶皱带和秦岭褶皱带的交接地段。第四纪以来，区内堆积了较厚的午城黄土、离石黄土和马兰黄土。近南北走向的六盘山将其分为陇东黄土高原和陇西黄土高原。

陇东黄土高原位于六盘山以东，普遍分布厚达百米的黄土，地势大致由东、北、西3面向东南部缓慢倾斜。四周被子午岭、白于山、六盘山和关山等环绕，形如向南开口的簸箕状盆地，故也称陇东盆地。由于流水的长期侵蚀、切割，黄土高原被分割为大小不等的塬、梁、峁和纵横深切的沟壑地形（图2-3）。中部和南部分布有董志塬、早胜塬、什字塬等26个较大的塬，其中著名的董志塬面积达828 km^2，为典型的黄土塬区地貌，地势平坦开阔，海拔1 350～1 450 m。塬区的东、北、西3面逐渐过渡为起伏较大，切割强烈的黄

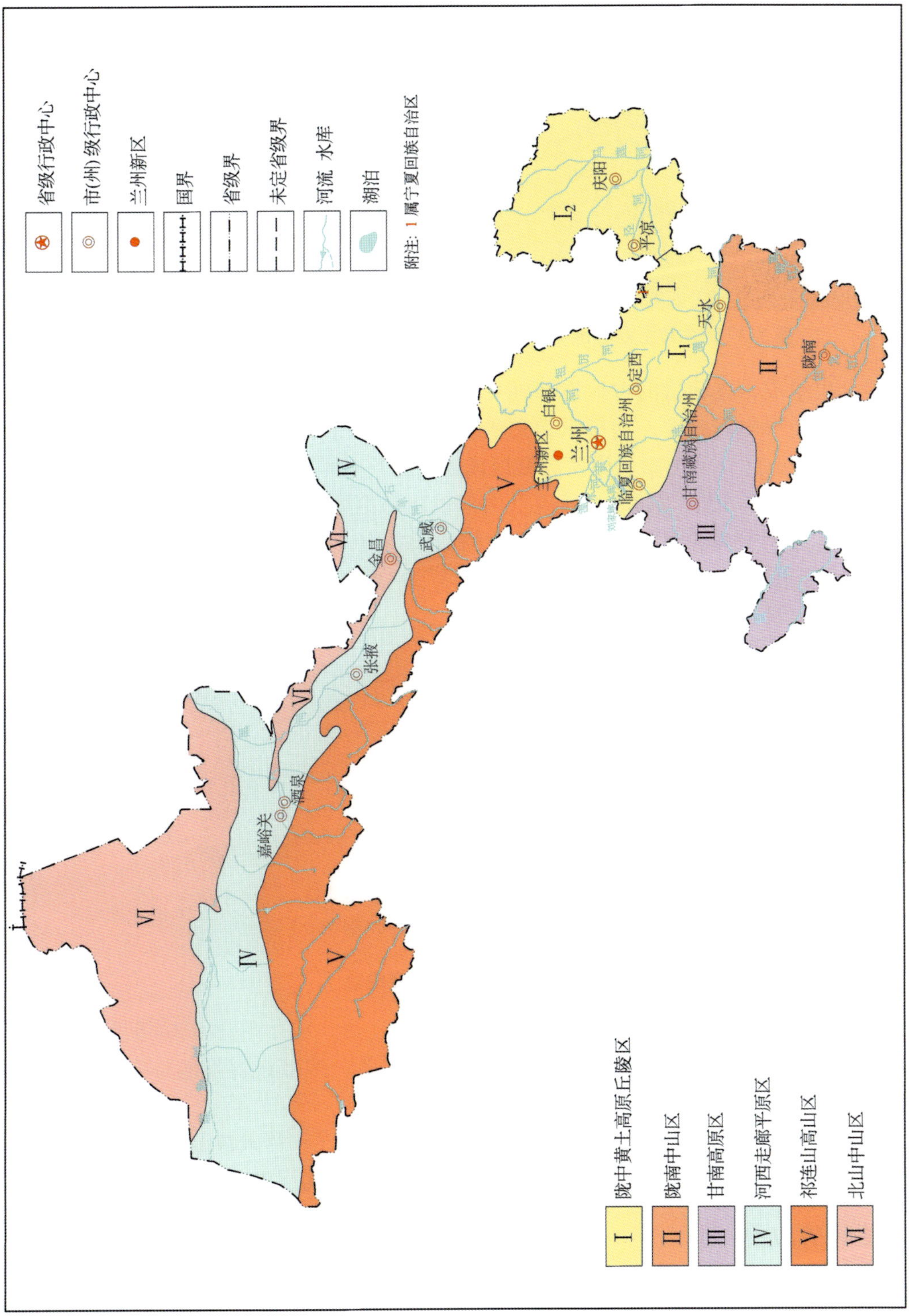

图2-2　甘肃省地貌分区图

图 2–3　陇东黄土残塬地貌

土梁、峁地貌，相对高差在150～250 m。区内中小型黄土滑坡、崩塌发育。此外，该地区发育有泾河、马莲河等河谷地貌，河谷宽度多在1～6 km，一般发育有Ⅰ～Ⅴ级阶地，地形平坦开阔，延伸性好。

陇西黄土高原属于我国黄土高原最西部分，四周被祁连山、崛崆山、六盘山和秦岭等山脉环绕，也称陇西盆地。陇西黄土高原的基底地层主要由白垩系、古近系、新近系等红层软岩组成，在起伏的古地形基础上披覆式堆积了第四系厚层黄土。后经流水的长期侵蚀切割，地形支离破碎，沟壑纵横交错。除北部有白草塬、三场塬等面积较大的黄土塬外，绝大部分地区为黄土梁、峁及沟壑组成的黄土丘陵地貌，一般海拔在1 200～2 300 m之间，切割深度多为200～400 m。其地形南部较北部更为破碎，切割深度更大，水土流失严重，为滑坡等地质灾害的发育提供了有利的地形条件（图2–4）。祁连山余脉向东延入本区，成为黄土包围的基岩山地，犹如"黄土海洋"中高高隆起的"岩岛"，如老虎山、崛崆山、马啣山、华家岭等。

图 2–4　陇西黄土丘陵地貌

该区内还发育有靖远、景泰、永登、秦王川、兰州、榆中等多个构造盆地，以及黄河、渭河、洮河等河谷地貌，一般发育有Ⅳ～Ⅵ级阶地，多呈宽阔谷地与狭谷相间的串珠状分布。

陇中黄土高原地区广泛分布的黄土具有自重湿陷性，在水体入渗等作用下发育落水洞、碟形洼地等微地貌，为各种地表水流入渗创造了宏观通道，易引发黄土斜坡失稳滑动。

2.陇南中山区

位于渭河以南，临潭、迭部一线以东地区，为秦岭的西延部分，又称西秦岭山地。面积4.7×10^4 km^2，占全省面积的11.04%。由于新构造运动强烈隆升和流水急剧下切，形成山高谷深、峰锐坡陡的景观，河流多有峡谷和险滩急流（图2–5）。地势西高东低，南高北低。海拔从东部的800 m上升到西部的3 500 m左右，相对高差500～1 500 m。在地域上以白龙江—徽成盆地为界，可将陇南山地分为南、北两支。北支为北秦岭山地，属褶皱剥蚀中山地貌。山势较为低缓，海拔在2 000～3 000 m，相对高差500～1 000 m，少数山峰海拔超过3 500 m，如露骨山（3 941 m）等。南支为南秦岭山地，属典型的褶皱断块侵蚀中高山地貌。巍峨壮观，地势高峻，相对高差较大，海拔在3 000～4 000 m。甘肃省海拔最低点也分布于该区，白龙江出省境处的罐子沟海拔仅550 m左右，而介于洮河、白龙江之间的迭山及甘川交界一带的岷山，一般海拔在4 000 m以上，最高达4 920 m，滑坡、崩塌等地质灾害普遍发育。徽成、西礼盆地是2个充填有红色软弱岩层的丘陵盆地，海拔1 000～1 500 m。

图2-5　陇南基岩山区地貌

3. 甘南高原区

位于甘肃省南部、陇南山地以西，属青藏高原的东缘部分，面积3.1×10^4 km^2，占全省面积的7.28%。区内海拔从东部的3 500 m逐渐向西部上升到4 000 m，地势高亢、坦荡，切割轻微（图2-6）。西部分布有大片的平坦滩地，地面坡度<3°，局部有沼泽分布，

图2-6　甘南高原丘陵地貌

黄河蜿蜒曲折，水草丰美，为天然牧场，属典型的强烈上升的剥蚀地貌景观。阿尼玛卿山系的最东端伸入本区西南部，乔本格日峰海拔4 806 m，是甘南高原区的最高峰。此外，区内还分布有碌曲盆地、夏河盆地等，其内有新近系红层软岩沉积。甘南高原北部和南部分别为西秦岭和迭山中山区，东部卓尼和临潭多为丘陵和中山相间分布，一般高差100～250 m。

4. 河西走廊平原区

位于甘肃省西部，祁连山山地以北、北山山地以南，东起乌鞘岭，西迄甘、新边界，是一个长约1 000 km，宽数千米至百余千米的狭长地带，面积约1.125×10^5 km^2，占全省面积的26.42%。该区大部分海拔在1 000～1 500 m之间，地势自东向西、由南而北倾斜，由冲积、洪积山前倾斜平原组成，地势平坦、开阔，有大片绿洲。受地质构造的影响，其被分割为酒泉、张掖、武威等数个盆地。

5. 祁连山高山区

位于河西走廊南部、甘青两省的交界处。山脉东起乌鞘岭，西止当金山口，东西长约1 000 km，面积约8×10^4 km^2，占全省面积的18.79%。甘肃省的高山、极高山几乎全部集中于该区，区内山地海拔多为4 000～4 500 m。祁连山山地由一系列平行山岭和山间盆地组成，大致呈北西-南东走向。如苏干湖盆地介于阿尔金山、党河南山与赛什腾山之间。区内主要山岭有：走廊南山、冷龙岭、讨赖山、野马山、大雪山、讨赖南山、疏勒南山、赛什腾山等；主要河流有石羊河、黑河、讨赖河、疏勒河、党河、大哈尔腾河等。山地北坡相对高差在2 000 m左右，南坡高差一般不到1 000 m，为强烈褶皱的断块式高山区。祁连山许多山峰终年积雪，发育着总面积近2 000 km^2的现代冰川，是河西走廊农耕区的天然“高山固体水库”，也是内陆河的发源地（图2-7）。海拔5 808 m的宰吾结勒峰（团结峰）是区内的最高峰，也是全省的海拔之最。

图2-7　祁连山高山地貌

6. 北山中山区

位于河西走廊平原以北，包括北山（马鬃山）、合黎山、龙首山等，为一系列断续分布的构造剥蚀中山。面积6.53×10^4 km^2，占全省面积的15.34%。海拔1 500～2 500 m，相对高差500～1 000 m，地势东低西高，北山已达夷平状态，洪积与剥蚀平原面积超过干燥剥蚀山地。由于气候干燥，风蚀严重，山地岩石与山麓砾石裸露，形成典型的戈壁景观。

2.2　气象水文与植被

2.2.1　气象

1. 气候分区

甘肃省地域辽阔，地形条件复杂，气候类型多样，有北亚热带、暖温带、冷温带和高寒带等多种气候类型。省内大部分地区具有气候干燥，气温年、日较差大，光照充足，水热同季，降水、气温由东南向西北递减等主要气候特征（表2-1）。根据不同的水热条件，甘肃省可划分为陇南南部北亚热带半湿润区、陇南北部暖温带湿润区、陇中南部冷温带半湿润区、陇中北部冷温带半干旱区、河西走廊冷温带干旱区、河西西部暖温带干旱区、祁连山高寒带半干旱半湿润区、甘南高寒带湿润区等8个气候分区（图2-8）。

表2-1　甘肃省主要地点冬季和夏季气温　单位：℃

地名	纬度（北纬）	最冷月（1月）气温		年极端最低气温	最热月（7月）气温		年极端最高气温
		平均	平均最低		平均	平均最高	
瓜州	40°32′	−10.4	−16.9	−29.3	24.9	32.4	42.8
酒泉	39°46′	−9.7	−15.6	−31.6	21.8	28.7	38.4
张掖	38°56′	−10.2	−17.1	−28.7	21.4	29.0	38.6
武威	37°55′	−8.7	−14.9	−29.5	21.9	29.1	38.5
乌鞘岭	37°12′	−12.2	−17.4	−30.6	11.3	16.3	26.7
白银	36°33′	−7.8	−13.4	−26.0	21.3	27.9	37.3
兰州	36°03′	−6.9	−12.6	−21.7	22.2	29.2	39.1
定西	35°35′	−8.0	−14	−27.1	18.4	25.1	34.3
华家岭	35°23′	−8.8	−12.2	−25.7	14.9	19.6	28.2
临夏	35°35′	−7.4	−13.5	−27.8	18.1	25.0	36.2
合作	35°00′	−10.4	−18.3	−28.5	12.6	19.6	28.4
天水	34°35′	−2.8	−6.9	−19.2	22.6	28.4	37.2
平凉	35°33′	−5.1	−10.3	−24.3	21.0	26.9	35.3
西峰	35°44′	−5.6	−10.0	−22.6	20.9	26.3	35.7
武都	33°24′	2.8	−1.0	−8.1	24.8	30.2	40.0

（1）陇南南部北亚热带半湿润区（ⅠN_2）：包括武都、文县东南大部分及康县东南一小部分河谷地带，海拔均＜1 000 m，是省内唯一亚热带气候区。年平均气温＞14 ℃，年降水量450～800 mm，无霜期＞280 d，干燥度＜1。

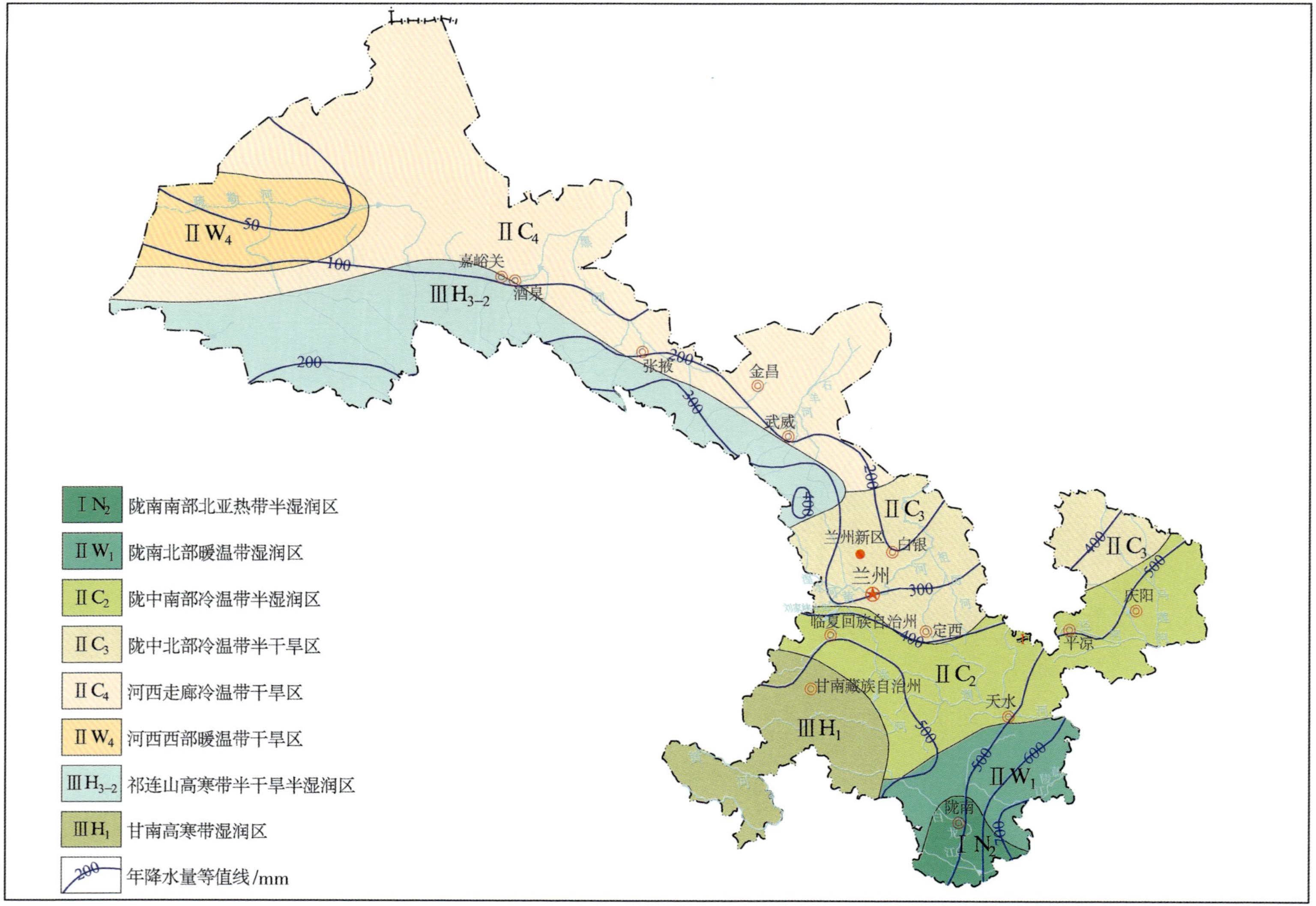

图2-8　甘肃省气候分区与年降水量等值线图

（2）陇南北部暖温带湿润区（ⅡW_1）：包括天水市的渭河和西汉水分水岭以南部分，甘南州的舟曲县东南部和陇南市中北部。年平均气温8～12 ℃，年降水量550～850 mm，无霜期220～240 d，干燥度<1。

（3）陇中南部冷温带半湿润区（ⅡC_2）：包括渭河、西汉水的分水岭以北，积石峡、马啣山、华家岭、驿马镇、荔园堡一线以南的平凉市全部，庆阳、定西、临夏三市州南部及天水市北部。年平均气温6～10 ℃，年降水量500～600 mm，干燥度1～1.5。

（4）陇中北部冷温带半干旱区（ⅡC_3）：包括陇中南部温带半湿润区以北，乌鞘岭、毛毛山、老虎山、一条山一线以南的兰州、白银全部及庆阳、定西、临夏三市州北部，即陇中黄土高原北部，通称“中部干旱区”。年平均气温6～9 ℃，年降水量200～500 mm，干燥度1.5～4，降水量由南至北迅速减少，而且变率较大。

（5）河西走廊冷温带干旱区（ⅡC_4）：包括陇中北部温带半干旱区西北部除疏勒河下游盆地以外的河西走廊、北山区及走廊北山与民勤绿洲荒漠区，即武威、张掖及酒泉三市的北部及金昌、嘉峪关两市全部。年平均气温5～8 ℃，年降水量50～200 mm，无霜期140～160 d，干燥度4～15。

（6）河西西部暖温带干旱区（ⅡW_4）：仅限于河西走廊西端的疏勒河下游盆地，即酒泉市的瓜州、敦煌，海拔约在1 200 m以下地区。年平均气温8～10 ℃，年降水量不到50 mm，无霜期160～170 d，干燥度>15。

（7）祁连山高寒带半干旱半湿润区（ⅢH_{3-2}）：包括河西走廊以南的祁连山地、阿尔金山东段与苏干湖盆地，即武威、张掖、酒泉三市南部的南山区，由于地势高，气候寒冷，年平均气温<4 ℃，年降水量100～500 mm，无霜期<140 d，干燥度1～4。

（8）甘南高寒带湿润区（ⅢH_1）：包括甘肃省太子山、积石山、莲花山一线以南，岷山、迭山两山东段腊子沟及大峪沟以西的甘南州全部，海拔约在3 000 m以上。年平均气温1～6 ℃，年降水量550～800 mm，无霜期<140 d，干燥度<1。本区东部由河谷到高山的垂直气候分带性显著。

2.降水

甘肃远离海洋，总体降水较少，年降水量介于36～800 mm之间。72%的地区年降水量不足500 mm，58%的地区年降水量在300 mm以下，少于同纬度的东部各省。随着夏季季风影响由东南向西北逐渐减弱，至河西走廊中部基本终止。受六盘山—秦岭、华家岭—马啣山、祁连山—乌鞘岭等山脉的阻隔，年降水量也由东南向西北递减。自东向西经度每减1°，河东地区年降水量减少约70 mm，河西地区减少约150 mm。但在103°～106°之间（包括陇西和陇南的一部分）存在一个自北向南伸展的相对少雨带（干舌），它是青藏高原外围相对少雨带的一个组成部分，大多数地区年降水量<450 mm，不仅比同纬度的陇东少，还比其西部的祁连山东段和青海省东部地区少，偏少的程度愈往北愈严重。

陇南地区年降水量500～800 mm，甘南地区500～700 mm，为全省降水量最多的地区；陇西地区200～600 mm；陇东地区400～600 mm；河西走廊36～200 mm，祁连山北坡200～600 mm。省内年降水量有两个高值区，一个在康县南部（808 mm），另一个在甘南东南部的郎木寺附近（783 mm）；还有两个降水量的低值区，分别在瓜敦盆地和苏干湖盆地，年降水量<50 mm。

受地形高程的影响，在同一地区降水具有明显的垂直变化性，随着海拔的增高，降水量迅速增加，如太子山、马啣山、华家岭、六盘山、乌鞘岭和祁连山等山区的降水量都明显比四周大，形成封闭型的高值区，成为半干旱区的“湿岛”。其中太子山山顶的年降水量高达900 mm以上。降水受地形坡向的影响也很明显，迎风坡降水量明显多于背风坡。如武都和康县直线距离仅60 km左右，位于白龙江谷地背风坡的武都年降水量为475 mm，而位于迎风坡的康县则高达808 mm。

降水量不仅地域差异显著，其年际变化也很大（图2-9）。最大与最小年降水量的倍比，河西走廊约在3倍以上，其中瓜敦盆地达10～17倍；陇中和陇东为2.3～3.0倍。年降水量离差系数（Cv），陇中和陇东0.22～0.33，河西走廊0.30～0.65，敦煌0.65接近全国Cv的最大值。降水量的年际变化，在降水愈少的地区变幅愈大。

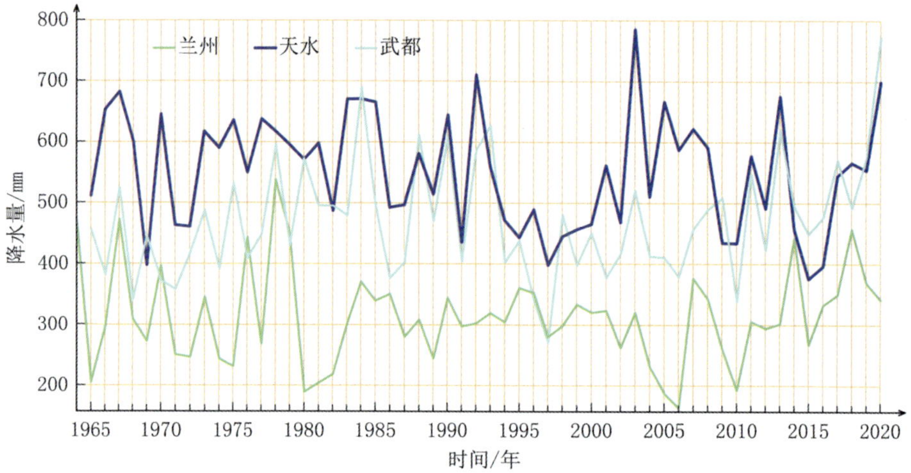

图2-9　甘肃省东部典型地区多年降水量曲线

甘肃受东亚大陆季风气候的影响，降水的季节分配极不均匀，具有很强的季节性（表2-2）。各地夏、秋季降水较多，尤其是7—9月3个月的降水量占年降水量的46%～66%（图2-10）。武都、天水一带秋季连阴雨较多，连续多日最大降水量达286 mm，有利于水分入渗软化斜坡土体。春季降水较少，冬季降雪也较少。11月—翌年3月为冬旱期，降水量仅占5%左右。这种现象越往西北，特别是在河西地区和黄土高原北部表现越为明显。

表2-2　降水量逐月分布表

单位：mm

地区＼月份	1	2	3	4	5	6	7	8	9	10	11	12	全年
兰州	1.4	2.7	9.2	14.7	33.2	44.0	67.0	73.8	40.7	21.3	2.8	0.9	311.7
天水	2.7	4.2	14.8	39.8	50.1	61.6	96.6	80.1	100.3	46.4	12.2	2.1	510.9
武都	1.8	2.7	16.1	37.2	58.2	76.0	87.5	69.0	70.1	36.8	8.5	0.6	464.5
庆阳	4.2	6.8	19.8	34.2	52.4	65.8	109.7	100.4	73.1	41.2	15.2	3.9	526.7

甘肃1 d最大降水量在23～190 mm之间。河西地区23～66 mm；陇西地区68～100 mm，其中临洮143.8 mm；陇东地区73～100 mm，其中庆城190.2 mm；陇南大部分地区53～116 mm，

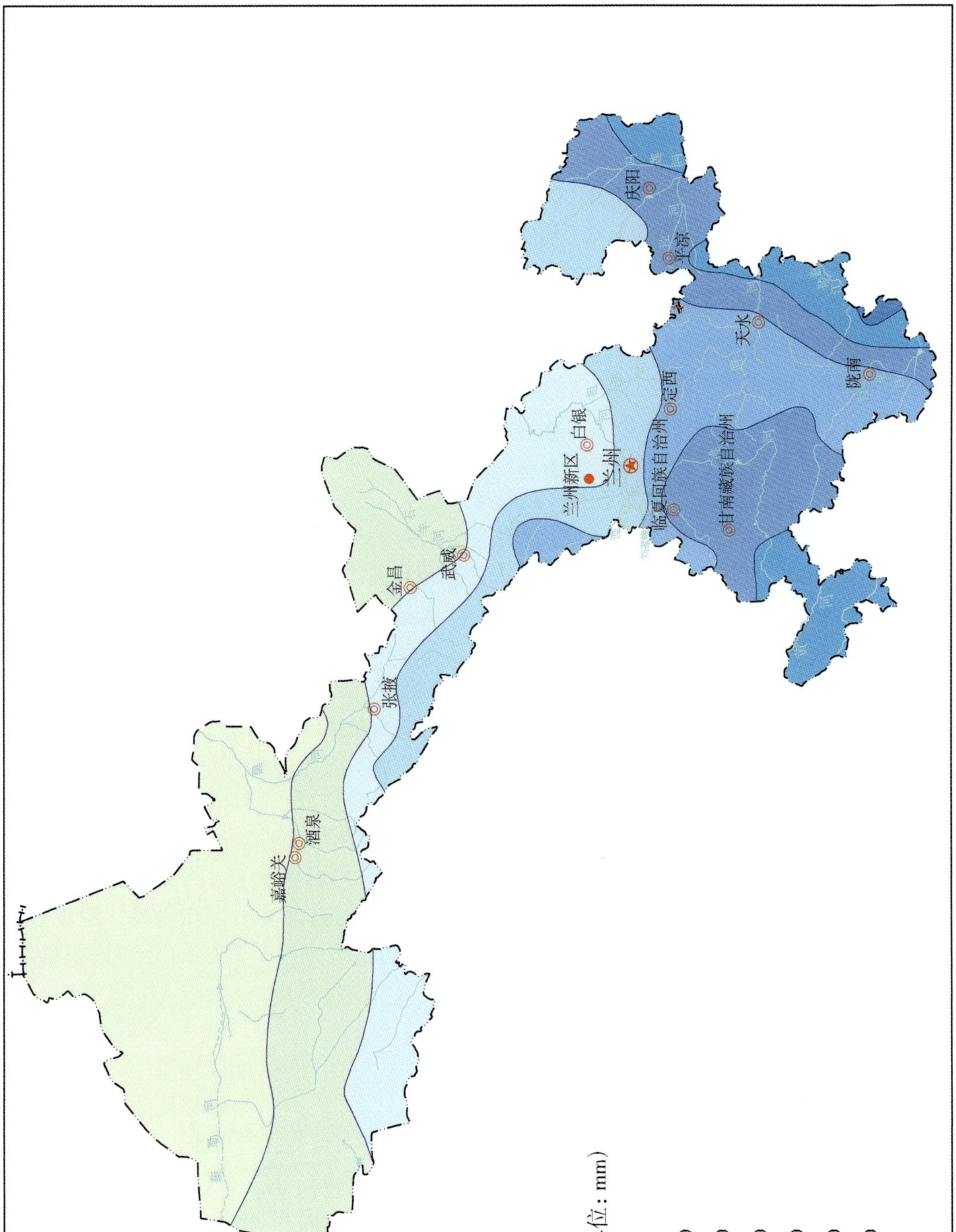

图2-10　甘肃省夏季降水量分布图

其中成县180.7 mm；甘南地区64～73 mm。

区内局地性短历时集中暴雨较多，具有强度大、范围小、易成灾的特点。如：1976年7月25日夜间—26日清晨，宕昌县化马地区7 h降水量达330 mm（调查值）；1985年8月12日21时—22时10分的70 min内，武山县天局村一带降水量达440 mm（调查值），超过了世界降水强度图的上包络线。甘肃省暴雨频次分布具有东多西少、南多北少的特点。暴雨多发生在7月、8月，占全年的68%。强降水可引发大量滑坡、泥石流灾害。

近年来，局地性、极端性暴雨天气发生频繁，由此引发了滑坡、泥石流灾害。如：2012年5月10日，岷县东北部的茶埠—申都一带降水量94 mm，45 min降水量达69.2 mm。

2013年7月25日0时35分—16时，天水市出现大范围罕见暴雨，降水量达93.4～369 mm；秦州区钱家坝24 h最大降水量152.2 mm，1 h最大降水量48.4 mm。2020年8月以来，天水地区普降中到大雨，局地大暴雨，8月3—6日、10—12日、14—17日连续出现3次暴雨天气过程，天水市秦州区累计降水量为1961年以来同期第一位，较历年同期增加约1.8倍。其中8月14日8时—17日12时，秦州区16个气象观测站累计降水量均超过100 mm，城区累计降水量达102.4 mm。最大降水中心位于秦州区大门镇长官村降水量达176.5 mm。娘娘坝镇长河村、李子村累计降水量163 mm，张家山村累计降水量136.2 mm。

2018年7月以来，临夏州境内连续出现了前所未有的9次暴雨-特大暴雨。日最大降水量达180.8 mm，1 h最大降水量达100.8 mm。临夏县和积石山县4—8月降水量超过1 000 mm，是夏季平均降水量的3倍，甚至超过了往年的全年降水量，最大降水量和降水总量等多项统计数据均超过历史极值。

2020年8月3—6日、10—12日、14—17日陇南连续出现3次暴雨天气，白龙江流域降水量232.2 mm，较历年同期增长3.2倍；白水江流域降水量273.7 mm，较历年同期增长4.5倍；嘉陵江流域降水量293.9 mm，较历年同期增长3.2倍，均为历史同期最大降水量。3个流域各站点累计降水量（除宕昌外）均为1961年以来同期第一位。日降水量较大站点为文县口头坝乡188.4 mm、文县碧口镇146.1 mm，均超历史极值。

与一般性降水相比，各地暴雨更集中于夜间，出现于20时—次日8时的暴雨量占全日降水量的70%左右。但各地暴雨的日变化也有差异，陇中的暴雨多出现在傍晚，陇南和庆阳两市多出现在凌晨前后，而平凉则在傍晚和凌晨前后出现较多。暴雨的时间分布特点，增加了由其引发滑坡等地质灾害的危险性。

2.2.2　水文

甘肃省境内分属黄河、长江和内陆河三大流域。主要河流有450余条，年径流量在1×10^8 m^3以上的河流有78条，其中内陆河流域15条，黄河流域36条，长江流域27条。甘肃省境内的长江流域位于陇南山地和甘南高原部分地区，汇水面积3.83×10^4 km^2，由嘉陵江支流西汉水、永宁河、青泥河和白龙江及支流白水江等河流组成。流域植被较好，冬季不封冻，流量较大，随季节性变化相对较小，河水含沙量低，平均输沙量为0.499×10^8 t/a，占全省总输沙量的8.61%。甘肃省境内的黄河流域包括甘南高原大部地区和陇中黄土高原，汇水面积1.427×10^5 km^2，主要有黄河干流以及支流大夏河、洮河、湟水河、渭河、祖厉河，渭河支流泾河、马莲河等。流域内黄土广泛分布，植被稀疏，河水随季节性涨落变化大，含沙量高，水土流失严重，20世纪50—90年代初平均输沙量5.18×10^{8} t/a，占全省总输沙量的89.5%。近30年来，随着退耕还林、天然林保护工程、水土保持等政策和措施逐步发挥作用，河流输沙量明显减少。内陆河流域位于河西地区，汇水面积2.448×10^{5} km^2，由石羊河、黑河、疏勒河（含苏干湖）三大水系构成，均发源于南部祁连山区，主要为冰雪消融水，由南向北径流，消失于干旱沙漠之中，平均输沙量1.1×10^{7} t/a，占全省总输沙量的1.92%。

全省地表水平均年径流量6.007×10^{10} m^3，其中自产水量2.972×10^{10} m^3/a。各河流径流量见表2-3。

表2-3　甘肃省地表水资源表

流域	自产水量/(m^3/a)	入境水量/(m^3/a)	合计/(m^3/a)	备注
一、内陆河	5.81×10^{9}	1.49×10^{9}	7.3×10^{9}	
1.石羊河	1.57×10^{9}		1.57×10^{9}	
2.黑河	2.17×10^{9}	1.49×10^{9}	3.66×10^{9}	
3.疏勒河	2.07×10^{9}		2.07×10^{9}	含苏干湖4.35×10^{8} m^3/a
二、黄河流域	1.309×10^{10}	2.516×10^{10}	3.825×10^{10}	
1.黄河干流	3.18×10^{9}	1.99×10^{10}	2.308×10^{10}	
2.大夏河	9.9×10^{8}	1.63×10^{8}	1.153×10^{9}	
3.洮河	4.98×10^{9}	1.54×10^{8}	5.134×10^{9}	
4.湟水河	3.12×10^{8}	4.26×10^{9}	4.572×10^{9}	
5.渭河	2.33×10^{9}	2.3×10^{8}	2.56×10^{9}	
6.泾河	1.3×10^{9}	4.5×10^{8}	1.75×10^{9}	
三、长江流域	1.079×10^{10}	3.7×10^{9}	1.449×10^{10}	
四、全省合计	2.969×10^{10}	3.035×10^{10}	6.004×10^{10}	

地表水的分布在时间和空间上有很大的不均匀性。地表径流深度的分布与降水量的空间分布大体一致，即由东南向西北逐渐递减。河西走廊及北山地区几乎不产生地表径流。在乌鞘岭以东的黄河流域和长江流域，其南部径流深度远大于北部，最大相差可达10倍以上。陇南基岩山区径流深度多在200 mm以上，最高达600 mm；陇中黄土地区径流深度一般$<$50 mm，西北部的白银、景泰等地也为不产流区。形成南部水多土少，北部土多水少的水文格局。

2.2.3　植被

由于气候干旱，生态环境脆弱，甘肃省天然植被总体稀少，森林资源贫乏，森林覆盖率远低于全国平均水平。通过30多年的退耕还林和天然林保护工程建设，森林覆盖率由20世纪90年代初的6.9%提高到目前的11.33%。由于纬度、气候、地貌、海拔的差异，植被覆盖度从东向西、由南向北逐渐变低，呈现出较明显的水平分带性及垂直分带性。在水平分带性方面，自南而北可分为：

1.常绿阔叶、落叶阔叶混交林带

分布在陇南的文县、康县、武都、徽县以及西和、两当县的部分地区，是我国亚热带常绿阔叶、落叶阔叶林带向西北延伸的部分，以落叶阔叶树为主，常绿阔叶树残存较少。目前自然植被在深山地区保存较好，植被覆盖率一般为30%～80%。在人口集中的近河谷地带，由于20世纪60—80年代的过度采伐，植被覆盖率较低，如白龙江两岸的武都等地为10%左右。

2.落叶阔叶林带

分布在天水以南的北秦岭和徽成盆地一带，是华北落叶阔叶林带的西延部分，属温带气候植被类型，以落叶阔叶林和针阔叶混交林为主，植被覆盖率多为30%～70%。

3.森林草原带

主要分布在陇中黄土高原南部的临夏、康乐、渭源、秦安、平凉、庆阳以南，上述落叶阔叶林带以北地区，是温带落叶林带向草原带的过渡带。由于历史上长期的人为垦植活动，植被遭到严重破坏，仅在子午岭、六盘山等个别山岭区残存小片森林，植被覆盖率达40%～80%。在广大黄土高原地区，地表大部分为农田，仅在荒坡陡岭和田间地埂部位生长有酸刺，白、黄蒿为主的灌丛草原和草地，植被覆盖率一般在10%左右。

4.草原带

分布在森林草原植被带以北，兰州—会宁—环县一线以南地区，地处陇中黄土高原中北部。本区主要为农田，属季节性植被，自然植被仅残留在黄土荒坡和石质山地的局部地带，植被覆盖率<10%，但横亘于黄土高原的马啣山、子午岭林区植被覆盖率却高达70%～80%。

5.荒漠草原带

分布于草原带的北部，景泰县一条山以南区域。除乌鞘岭为山地森林植被，植被覆盖率在30%～80%外，其余地区植被覆盖率均<10%，仅有稀疏的短花针茅、沙生针茅、盐爪爪等耐旱抗碱植物生长。

6.荒漠带

位于甘肃西北部的河西走廊及北山地区。由于气候非常干旱，形成广阔的戈壁和沙漠，植被十分稀少，具典型的荒漠植被特征，仅在东部祁连山、龙首山等地区分布有草原、森林、草甸等植被类型。走廊绿洲区有较发达的灌溉农田。

植被的垂直分带性也很明显，受所处纬度的不同而略有差别。祁连山区海拔1 800 m以下一般为荒漠带，1 800～2 700 m为草原带，2 700～3 300 m为森林草原带，3 300～3 900 m为高山灌丛草甸带，3 900 m以上为常年冰雪地带，植被稀疏。甘南高原区海拔2 200～2 600 m为针叶、阔叶混交林带；海拔2 600～3 600 m为暗针叶林带，是构成本区山地森林的主体；海拔3 600～3 800 m为高山针叶疏林带，海拔3 800 m以上为高山灌丛草甸带。

2.3　地层与岩土体工程地质类型

2.3.1　地层岩性

1.区域地层

甘肃省从前中元古界到第四系有较完整的地层系统，在各地区的地层发育程度有所差异，具有海相、陆相的各种沉积，并经历后期各次地壳运动和岩浆侵入等。由北到南跨越5个不同的地质构造单元，各个单元在同一地质时代中，具有不同的岩性特征、多种类型的沉积建造及沉积相分区。因此，根据各地区地层岩性等的差异，将全省地层划分为5个地层区：

1）天山—兴安地层区（北山区）

该地层区横贯甘肃省肃北县、瓜州县北部，相当于疏勒河至桥湾以北，也统称为北山地层区。地层发育较全，除下元古界及古近系以外，其他各系均有分布。中、上元古界为海相碳酸盐岩及碎屑岩沉积；古生界是本区出露最广的地层，为海相及少量海陆交互相的碎屑岩、碳酸盐岩、火山岩及火山碎屑岩沉积。中生界多为河湖、洪积及沼泽相沉积，主要由砂岩、砾岩、页岩及灰岩组成，夹有煤层及煤线；新生界广泛分布于河段和低洼地带，一般厚度较小，多系洪积、冲积和湖沼堆积，以及风成沙堆。

2）塔里木地层区

该区由新疆东延进入甘肃省敦煌市、瓜州县一带。在甘肃省主要分布下元古界，瓜州县桥湾和干峡地区有少量中元古界，缺失古生界，中、新生界广泛分布，下、中元古界为中、深变质岩及混合杂岩；侏罗系有陆相火山碎屑岩；古近系、新近系零星分布，为河湖相沉积；第四系成因类型繁多，分布广泛。

3）华北地层区（阿拉善、龙首山、陇东）

甘肃省的龙首山至平凉以北属华北地层区西部。基底由前长城系变质杂岩构成，硬化程度较高，其上不整合覆盖着未变质及浅变质的上元古界地层，广泛沉积了海相寒武系、奥陶系，以及海陆交互相含煤地层和陆相碎屑岩沉积的石炭系、二叠系，广大地区缺失上奥陶统、志留系、泥盆系和下石炭统。

地层主要特点是：西部龙首山一带以出露元古界和中、新生界为主，第四系为风成砂；东部陇东一带，下三叠统至中侏罗统含石油和煤，第四系以黄土为主，其分布连续、厚度大。

4）祁连山地层区

祁连山地层区在甘肃省境内位于河西走廊和祁连山北缘，即玉门、肃南至兰州以东一带，呈北西-南东向展布。元古界属变质岩系，构成古老基底，缺失下寒武统；早古生代为典型的活动性沉积，海底火山活动频繁，以浅变质火山岩为主，沉积厚度巨大；志留系为稳定的海相沉积，泥盆系为陆相沉积，石炭系属海相和海陆交互相沉积，以后皆为陆相沉积。

5）巴颜喀拉—西秦岭地层区

分布于甘肃省境内的临夏—天水一线以南，西邻青海省的巴颜喀拉区，东接陕西省的秦岭区。中、上元古界至新生界地层均有不同程度出露，以古生界和三叠系最发育，前者为海相碎屑岩、灰岩，早期是火山岩；后者为海陆交互相的碎屑岩、灰岩。侏罗系、白垩系和古近系零星发育，属内陆河湖碎屑岩、灰岩沉积。

2.岩浆岩

甘肃省岩浆活动强烈，岩浆侵入与喷发有多期次的特点。岩浆岩分布广泛，侵入岩出露面积约 $3.5\times10^4\ km^2$，占全省面积的8.22%；火山岩与沉积岩相伴出露，面积广大，岩石类型从超基性到酸性基本齐全，在地质时代分布有元古代、早古生代、晚古生代、中新生代。除陇东无岩浆岩出露外，其他地区均有分布，可划分为北山区、祁连山区、西秦岭3个岩浆岩区。

北山区，相当于敦煌、阿拉善、龙首山以北地区，以晚古生代岩浆作用为主，次为早古生代岩浆作用，再次为元古代和中生代岩浆作用；祁连山区，以早古生代岩浆作用为主，次为晚古生代岩浆作用，再次为元古代和中生代岩浆作用；西秦岭区，以中生代岩浆作用为主，次为古生代岩浆作用，再次为新生代岩浆作用。

2.3.2　岩土体工程地质类型

按照岩土体工程地质类型划分标准，甘肃省岩体类型有岩浆岩建造、碎屑岩建造、碳酸盐岩建造和变质岩建造；土体类型分一般土体和特殊土体两类。一般土体类型包括碎石土、砂性土、黏性土等，特殊土体类型包括黄土、淤泥质土、冻胀土、盐渍土等。

1.岩体类型

（1）岩浆岩建造（Y）：以坚硬块状侵入岩为主，喷出岩次之。广泛分布于山区（陇东除外），主要岩性为花岗岩、安山岩、流纹岩等。

（2）碎屑岩建造（S）：祁连山西部疏勒山一带为厚层状砂砾岩；六盘山以东为层状砂岩；陇南山地、陇西地区为砂岩、砂砾岩夹黏土岩，其中黏土岩力学强度低，遇水易软化，往往易造成滑坡、斜（边）坡失稳等地质灾害；徽成盆地、桑科盆地等地主要为黏土岩，风化层深度可达5～40 m。含煤碎屑岩分布在华亭、靖远、窑街、天祝等地，由炭质页岩、泥质砂岩夹煤层组成，采煤过程中常遇坑道底鼓、山体滑坡和地面塌陷等现象。

（3）碳酸盐岩建造（T）：包括以碳酸盐岩为主的岩组和碳酸盐岩与碎屑岩互层岩组，前者分布在白龙江中上游、北山等地，后者分布在尕海、冶力关—漳县、文县等地。

（4）变质岩建造（B）：以块状混合岩、片麻岩和石英岩为主的岩组，分布于马啣山、北山、祁连山西段，片麻岩构造节理发育、抗风化性强弱不均；以层状片岩、板岩、千枚岩、大理岩为主的岩组，分布于陇南白龙江流域和祁连山、崛岷山等地，该岩组呈中厚层-薄层状，属软岩类，表层风化强烈，风化带深度可达20 m，易形成滑坡等灾害。

2. 土体类型

1）一般土体类型

（1）碎石土（SST）：广泛分布于河西走廊山前洪积扇地带，各大河谷地带亦有分布，以砂砾卵石为主。前者为洪积物，后者则为冲积物。在白龙江、白水江、西汉水等河流两侧及坡脚处除分布冲洪积碎石土外，还广泛发育滑坡、崩塌重力堆积物和坡残积碎石土，其结构松散、大小混杂、磨圆度差、厚度较大、透水性强。

（2）砂性土（ST）：分布于武威—民勤以东的腾格里沙漠，民勤以北的巴丹吉林沙漠以及敦煌以西的库姆塔格沙漠等地，走廊内部亦有断续分布，如高台以西、金塔花海地区、张掖、临泽等地，由风成中细粉砂组成。一些河流两岸的砂性土则由冲积粉细砂组成。砂性土是造成土地沙漠化的主要岩土。

（3）黏性土（NT）：指粉质黏土和黏土等。分布于走廊平原细土带和较大河流的阶地之上，土地肥沃，农业发达。

2）特殊土体类型

（1）黄土（HT）：主要分布在甘肃省东部、中部的黄土高原地区，在陇南、河西地区也有少量分布。其特点是分布广、厚度大、岩性疏松，具有湿陷性，遇水易崩解，是黄土滑坡、水土流失等地质灾害的主要载体。按湿陷系数分为强湿陷、中等湿陷、弱湿陷和不湿陷4类，其湿陷系数分别为>0.07，0.07～0.03，0.03～0.015和<0.015。

（2）盐渍土（YZT）：在民勤、高台、酒泉、玉门、安西、敦煌等地及引黄灌区均有分布。其含盐量>2%，最高达30%以上。盐类成分复杂，主要为氯化物和硫酸盐。盐渍土广泛危害工程建设、农业生产和生态环境。

（3）淤泥土（YNT）：主要分布在黄河及其支流大夏河、洮河等河流沿岸，尕海盆地、黑河、疏勒河沿岸，张掖、武威城区附近亦有分布。其特征是分布范围小，厚度小，一般仅为数米。

（4）冻土（DT）：仅分布于祁连山、阿尼玛卿山等高山区。分为季节性冻土和永久性冻土，季节性冻土一般分布在海拔4 000 m左右，永久性冻土分布在海拔4 500 m以上。是冻融滑坡、泥流灾害发育的主要载体。

2.4　地质构造与地震

2.4.1　地质构造

甘肃在大地构造上属青藏高原东北缘。根据新版《中国区域地质志·甘肃志》，按板块构造理论，甘肃省大地构造单元跨及西伯利亚板块、塔里木板块、柴达木—华北板块及羌塘—扬子—华南板块4大板块，为区内一级构造单元。在此基础上，进一步划分为10个二级构造单元、18个三级构造单元和31个四级构造单元（含6个未再细分的三级构造单元），构成错综复杂的板块构造格局（图2-11、表2-4）。

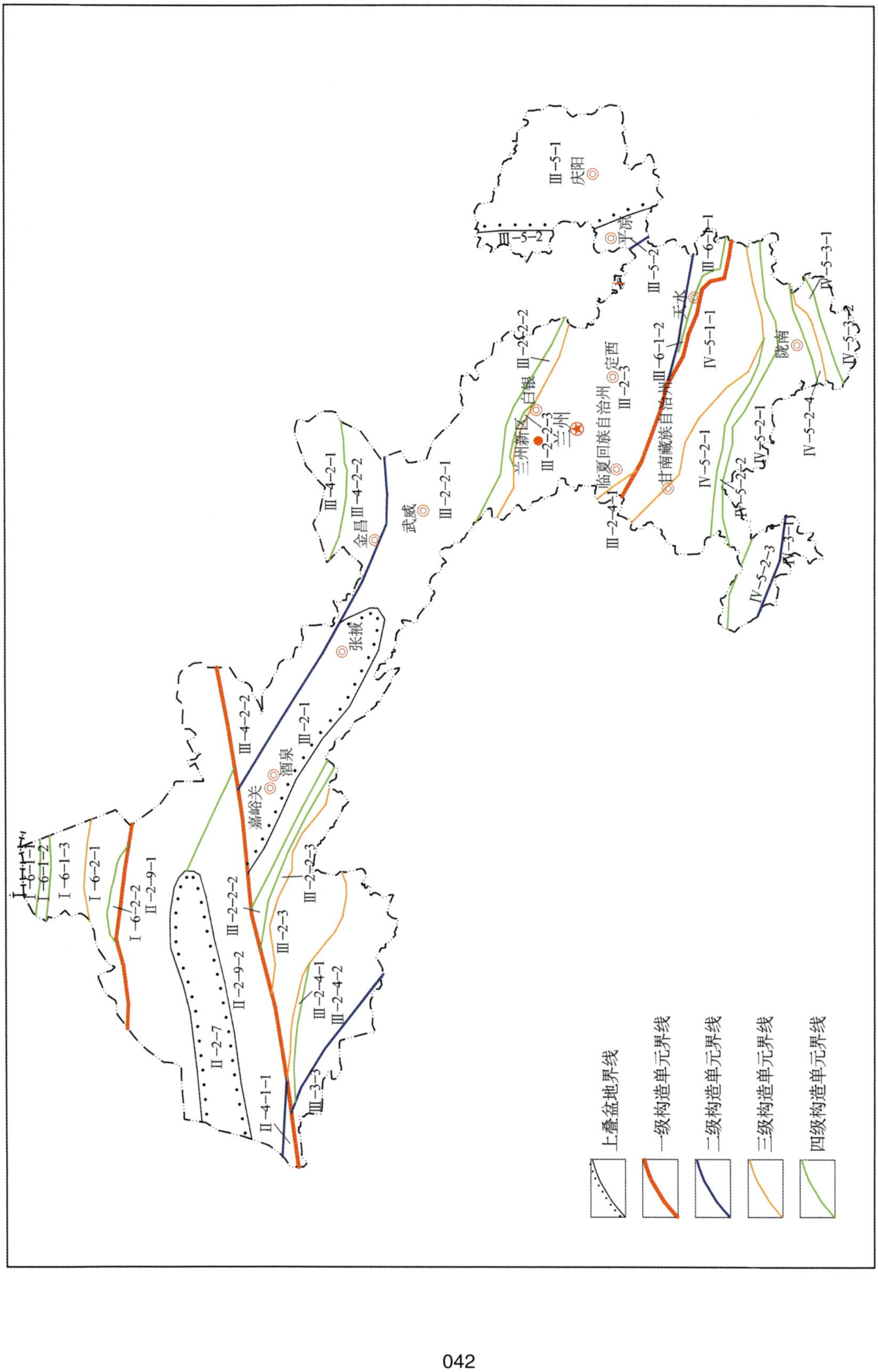

图2-11　甘肃省大地构造分区图

表2-4　甘肃省大地构造单元划分简表

一级构造单元	二级构造单元	三级构造单元	四级构造单元
Ⅰ西伯利亚板块	Ⅰ-6 北山古生代造山带	Ⅰ-6-1 红石山晚古生代弧盆系	Ⅰ-6-1-1 圆包山(中蒙边境)岩浆弧
			Ⅰ-6-1-2 红石山蛇绿混杂岩
			Ⅰ-6-1-3 明水岩浆弧
		Ⅰ-6-2 马鬃山早古生代弧沟系	Ⅰ-6-2-1 公婆泉岩浆弧
			Ⅰ-6-2-2 红柳河—洗肠井蛇绿混杂岩
Ⅱ塔里木板块	Ⅱ-2 塔里木盆地(克拉通)	Ⅱ-2-7 东南坳陷	
		Ⅱ-2-9 敦煌地块	Ⅱ-2-9-1 柳园裂谷
			Ⅱ-2-9-2 敦煌基底杂岩
	Ⅱ-4 阿尔金古生代造山带	Ⅱ-4-1 阿尔金古生代造山带	Ⅱ-4-1-1 红柳沟—拉配泉蛇绿混杂岩
Ⅲ柴达木—华北板块	Ⅲ-2 祁连早古生代造山带	Ⅲ-2-1 河西走廊新生代盆地	
		Ⅲ-2-2 北祁连新元古代—早古生代沟弧盆系	Ⅲ-2-2-1 走廊弧后盆地
			Ⅲ-2-2-2 走廊南山岩浆弧
			Ⅲ-2-2-3 北祁连蛇绿混杂岩
		Ⅲ-2-3 中祁连岩浆弧	
		Ⅲ-2-4 南祁连早古生代裂陷大陆边缘	Ⅲ-2-4-1 党河南山—拉脊山蛇绿杂岩
			Ⅲ-2-4-2 南祁连岩浆弧
	Ⅲ-3 柴达木微陆块	Ⅲ-3-3 柴北缘新元古代—早古生代沉降带	
	Ⅲ-4 阿拉善微陆块	Ⅲ-4-2 龙首山—雅布赖山地块	Ⅲ-4-2-1 迭布斯格—阿拉善右旗沉积区
			Ⅲ-4-2-2 龙首山变质基底杂岩
	Ⅲ-5 华北陆块(克拉通)	Ⅲ-5-1 鄂尔多斯中生代坳陷	
		Ⅲ-5-2 鄂尔多斯西缘新元古代—早古生代裂陷带	
	Ⅲ-6 北秦岭新元古代—早古生代造山带	Ⅲ-6-1 北秦岭早古生代弧沟系	Ⅲ-6-1-1 党川—利桥岩浆弧
			Ⅲ-6-1-2 鸳鸯镇—关子镇蛇绿混杂岩

续表2-4

一级构造单元	二级构造单元	三级构造单元	四级构造单元
Ⅳ羌塘—扬子—华南板块	Ⅳ-5 秦岭—大别新元古代—古生代造山带	Ⅳ-5-1 中秦岭—北大别—鲁南新元古代—晚古生代裂陷大陆边缘	Ⅳ-5-1-1 夏河—礼县陆缘沉积区
		Ⅳ-5-2 南秦岭—大巴山—南大别新元古代—早中生代裂陷大陆边缘	Ⅳ-5-2-1 泽库、武都裂陷沉积区
			Ⅳ-5-2-2 白龙江隆起带
			Ⅳ-5-2-3 阿尼玛卿裂陷沉积区
			Ⅳ-5-2-4 三河口裂陷沉积区
		Ⅳ-5-3 摩天岭地块	Ⅳ-5-3-1 碧口古陆北缘
			Ⅳ-5-3-2 碧口古陆
	Ⅳ-3 可可西里—巴颜喀拉中生代造山带	Ⅳ-3-1 松潘三叠纪盆地	

各级板块构造单元之间以不同级别的断裂带、蛇绿混杂岩带为边界，切割成了不同级别的活动地块。各地块的构造运动、形变场等是通过各板块边界活动断裂的差异性相对运动、逆冲挤压和块体旋转共同作用形成。在各级构造单元边界部位活动断裂的差异性最为明显，控制和影响区内地形地貌、新构造运动和地震活动、滑坡等地质灾害的发育分布。

现将一～三级构造单元边界的空间展布简述如下：

1. 一级构造单元边界

在省内出露3条：①红柳河—洗肠井蛇绿混杂岩带，是西伯利亚板块与塔里木板块的地壳对接带，走向近东西；②鸳鸯镇—关子镇蛇绿混杂岩带，属柴达木—华北板块及羌塘—扬子—华南板块的地壳对接带，走向北西西-南东东；③阿尔金断裂带，是由大型后期走滑断裂带构成的板块边界，走向南西西-北东东，断裂带北侧为塔里木板块、南侧为柴达木—华北板块。

2. 二级构造单元边界

在省内出露6条：①红柳沟—拉配泉蛇绿混杂岩带，是塔里木板块南部敦煌地块与新疆阿尔金地块的地壳叠接带，走向近东西，向东被阿尔金断裂带截切；②达肯达坂断裂带，为祁连早古生代造山带与柴达木微陆块间的二级断裂带，走向近北西-南东，向北西被阿尔金断裂带截切；③龙首山逆冲-走滑断裂带，属祁连早古生代造山带与阿拉善微陆块间的二级断裂带，走向近北西-南东，向北西被阿尔金断裂带截切；④六盘山东麓右行走滑断裂带，为祁连早古生代造山带与华北陆块间的二级断裂带，走向近南-北；⑤新阳—元龙大型韧性走滑剪切断裂带，是祁连早古生代造山带与北秦岭新元古代-早古生代造山带间的二级断裂带，走向近北西西-南东东，向西延伸在鸳鸯镇西北与鸳鸯镇—关子镇蛇绿混杂岩带重合；⑥阿尼玛卿山对冲断裂带，属秦岭—大别新元古代-古生代造山带与可可西里—巴颜喀拉中生代造山带间的二级断裂带，呈北西西-南东东走向。

3.三级构造单元边界

在省内出露8条：①破城山逆冲断裂带，属北山古生代造山带中的三级构造单元分界断裂，即红石山晚古生代弧盆系与马鬃山早古生代弧盆系的分界断裂，走向近东西，甘肃省内长约120 km，总体呈一向北凸出的弧形逆冲断裂带；②东南坳陷盆地边界，是塔里木盆地上的三级构造单元沉积分界，沿坳陷盆地周边出露；③河西走廊新生代盆地边界，为祁连早古生代造山带上的三级构造单元上叠盆地沉积分界；④北祁连蛇绿混杂岩带，属祁连早古生代造山带上的三级构造单元分界，北侧为北祁连早古生代沟弧盆系，南侧为中祁连岩浆弧，走向近北西-南东，在省内分东、西两段，西段向北西被阿尔金断裂带所切；⑤党河南山—拉脊山蛇绿混杂岩带，属祁连早古生代造山带上的三级构造单元分界蛇绿混杂岩带，北侧为中祁连岩浆弧，南侧为南祁连早古生代沟弧系，走向近北西-南东，向北西被阿尔金断裂带所切，向南东延伸段被临夏南逆冲断裂带所切；⑥鄂尔多斯西缘逆冲断裂带，为华北陆块中的三级构造单元分界断裂，即鄂尔多斯中生代坳陷盆地与鄂尔多斯西缘新元古代-早古生代裂陷带的分界断裂，走向近南-北；⑦合作—岷县—礼县王坝乡—喜家集—左家坪逆冲断裂带，是秦岭—大别新元古代-古生代造山带中分隔中秦岭—北大别—鲁南新元古代-晚古生代裂陷大陆边缘与南秦岭—大巴山—南大别新元古代-早中生代裂陷大陆边缘的分界断裂带，总体呈向南凸出的弧形逆冲断裂带；⑧勉略逆冲—走滑断裂带，是秦岭—大别新元古代-古生代造山带中分隔西秦岭—大巴山—南大别新元古代-早中生代裂陷大陆边缘与摩天岭地块的分界断裂带，总体呈北东东走向。

2.4.2　新构造运动

新近纪以来的新构造运动是奠定现代地貌轮廓的构造运动，与老构造有着密切的联系。甘肃省新构造运动表现为升降运动、褶皱运动和断裂运动。受青藏高原强烈隆起的影响，地壳上升是甘肃省新构造运动的主要表现形式，在上升过程中又有相对沉降区域，如河西走廊诸盆地以及众多的小型山间盆地。上升区中风的剥蚀作用为沉降区的堆积提供了丰富的物质来源，在上升区与沉降区的过渡地带，往往会产生一系列褶皱和断裂，许多断裂具有继承性，同时伴有地震发生（图2-12）。新构造运动强度自南而北、自西而东呈逐渐减弱的趋势，南部祁连山、西秦岭的上升幅度远大于北山和阿拉善地区，挽近以来总的上升幅度约3 000 m。甘肃省东部地区第四纪以来的地壳上升幅度见表2-5。

表2-5　甘肃省东部地区第四纪以来地壳上升幅度表　　单位：m

时代＼地区	兰州	靖远	天水	陇西	平凉	武都
Q_4	12.5	8	30.8	36.7	5	30
Q_3	64.5	24	67.5	60.5	20	70
Q_2	91.5	28	123.7	85	—	70
Q_1	69.5	64	134	>80	>100	190
合计	238	124	356	>262.2	>125	360

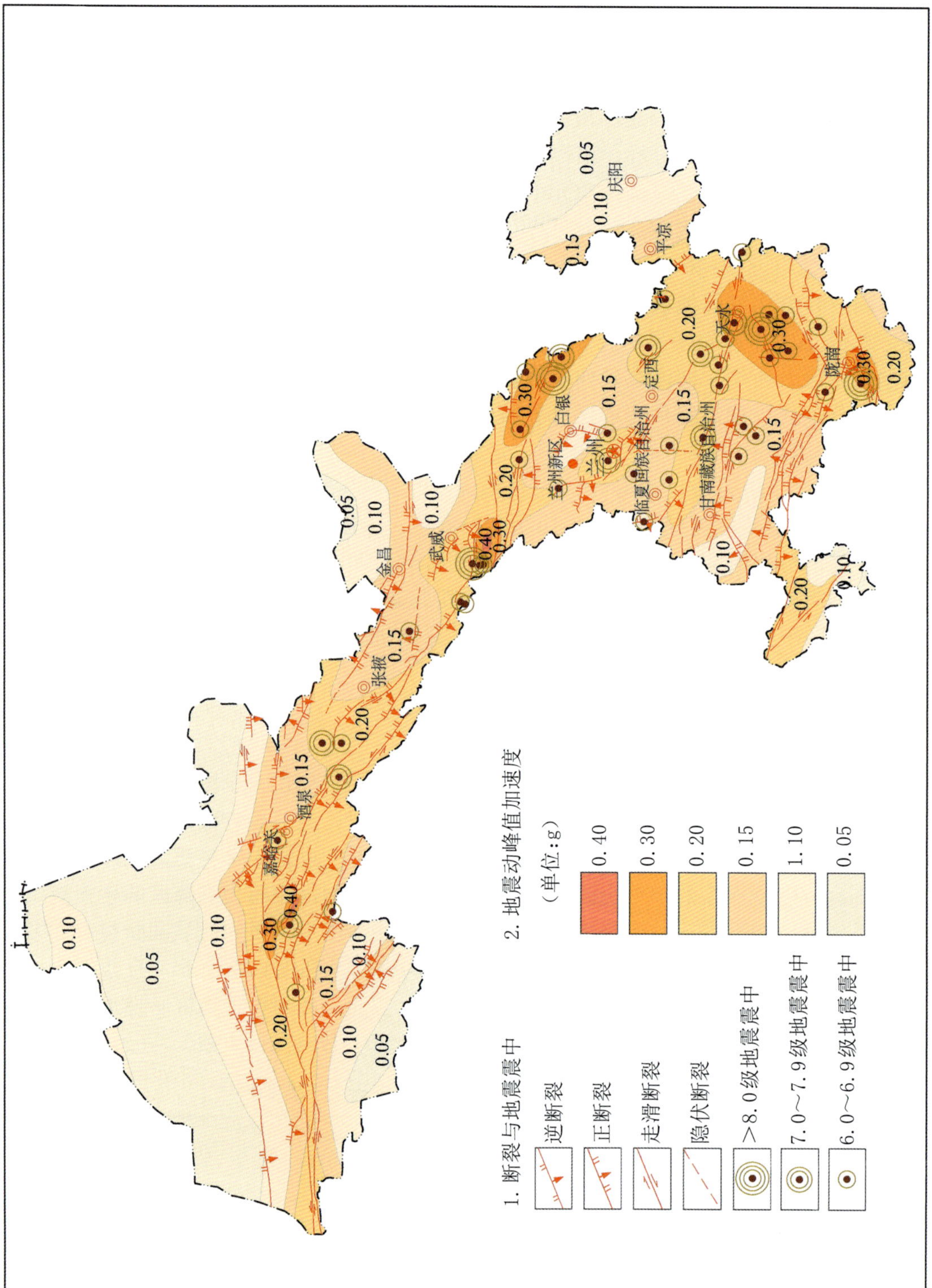

图2-12 甘肃省活动构造、强震震中与地震动峰值加速度分布图

从第四纪中、晚更新世以来，本区新构造运动开始转为以水平运动为主，如老虎山—毛毛山断块相对平城堡断块向西北水平位移1 500 m；阿克塞断块相对阿尔金山断块向西南水平位移6 000～7 000 m；历史地震变形破裂带资料也证明水平运动大于垂直运动。

新近纪以来的活动断裂主要展布方向为北西（NW）和北西西（NWW）。第四纪以来活动明显，如清水断裂、梨坪—堡子坝断裂、临潭—岷县断裂、迭部—舟曲断裂、西汉水断裂、西秦岭北麓断裂等。祁连山北缘断裂位于河西走廊与祁连山交接处，经古浪、景泰到宁夏的海原一带，全长1 000余 km，断层面倾向南西方向，断距自西向东减小，全新世以来活动强烈，其平均水平及垂直滑动速率分别为3.35～4.62 mm/a和0.38 mm/a，该断层东段共发生5次8级左右地震。走廊北缘断裂西起酒泉以北，经龙首山、红崖山进入腾格里沙漠，长600 km以上，1954年山丹7.5级地震与此断裂有关。庄浪河西断裂北起永登，南至河口以西，全长约90 km，1995年永登县七山乡5.8级地震与此断裂有关。

甘肃活动断裂发育，挽近活动强烈。新近系红层、第四系阶地堆积物常被错断，形成结构面，影响斜坡稳定性（图2-13）。

图2-13　活动断裂错断新近纪、第四纪地层

甘肃地处青藏高原隆起区的东北边缘地区。据有关资料，印度板块以50 mm/a的速度向北东方向的青藏高原挤压推进，是本区构造应力场的动力来源，决定了本区主压应力方向为北东-南西向，且分布较稳定。从现有震源机制解资料分析，主压应力迹线仰角<35°者约占80%，反映出区内主压应力以水平分量占主导地位。

自20世纪80年代末以来，随着高精度、大密度GPS监测网的建立，使得大陆现时地壳形变的研究进入了定量研究阶段。青藏高原北部和东北缘地区积累了大量的GPS观测资料，获得了省内主要活动断裂滑动速度的GPS形变测量结果（图2-14），为甘肃省GPS观测研究提供了大量基础数据和成果资料。

图2-14中，黑红色箭头表示扣除区域内整体旋转运动后的无旋转GPS速度场，误差椭圆为1σ，置信区间为95%。

2.4.3　地震

受强烈新构造运动影响，甘肃省地震活动频繁，强度高，是我国主要强震活动区之一。从公元前193年临洮地震到2023年12月18日积石山发生6.2级地震的2 200多年间，共发生5.0级以上地震143次。其中67%的地震发生于活动断裂上或与活动断裂直接有关，

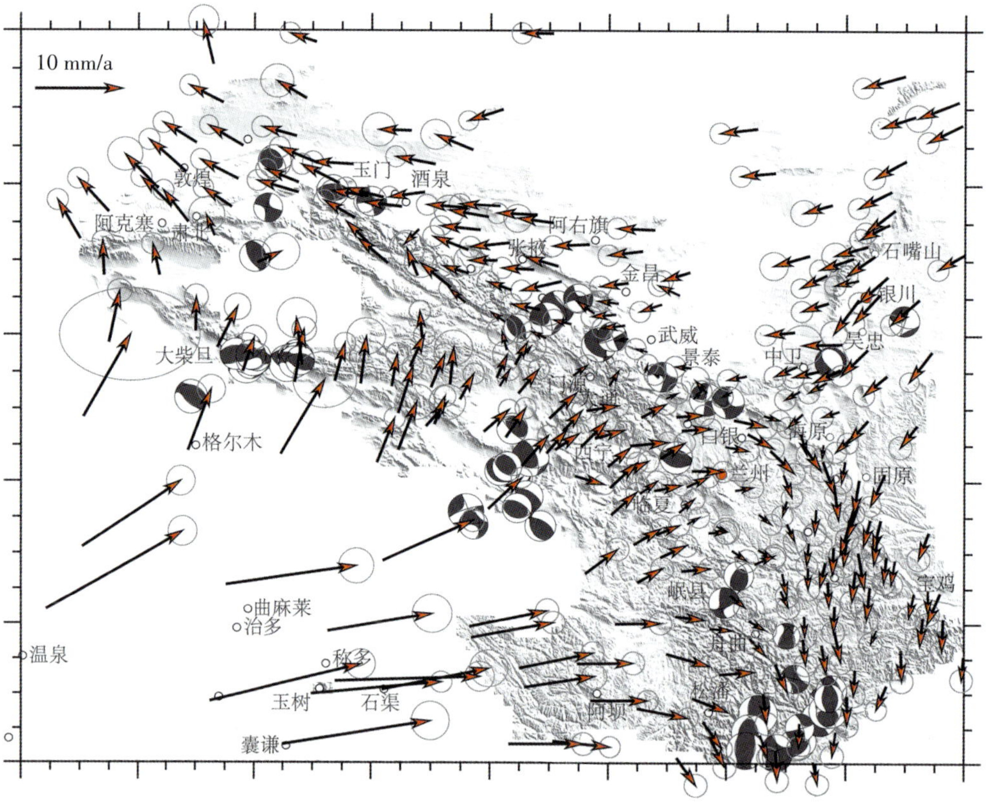

图 2–14　青藏高原北部及东北缘移除旋转场的GPS运动学速度场图（据葛伟鹏等，2013年）

30%的地震与活动断裂控制的复合型活动盆地有关。甘肃地震带主要划分为：①天水—兰州—河西走廊带（此带又可细分为东、中、西3段，东段为天水—康乐亚带，中段为兰州—榆中亚带，西段为河西走廊亚带）；②武都—天水带；③山丹—民勤带；④海原—景泰带；⑤野马河—党河带。前2个地震带是甘肃省长期活动的主要地震带，前者呈北西西向展布，后者呈北北东向延展。这两大地震带既受老构造控制，又沿新构造继续发展。后3个地震带的地震活动较弱。

甘肃地震在空间分布上主要集中在东部武都至天水的北北东方向上和贯穿中部及河西走廊的北西西方向上，构成省内两大主要地震带。地震在时间分布上从公元前193年临洮地震至今，大体上可分为4个地震活动期，每个活动期又可进一步分为活跃期和平静期。第1活动期（公元前193年—公元733年），活跃期地震活动震级大，而平静期震级小；第2活动期（734—1351年），活跃期6级以上地震4次，平静期没有地震记录；第3活动期（1352—1878年），活跃期的特征是地震频次大，地震活动总数达31次，强度大，而平静期地震活动总数仅10次；第4活动期（1879年至今），该期地震活动距今最近，由于经济和科技发展以及人口增加的原因，这期地震活动记录较为详细。

地震造成的灾害程度与震中位置、震级、震源深度、地形地貌条件有关。甘肃绝大多数地震为浅源地震（一般在5～25 km），极震区范围大，损失一般较为严重。例如：1920年12月16日发生的海原（当时属甘肃省管辖）8.5级地震，强烈的震动持续了10余min，全球96个地震台观测到此次地震，余震持续3 a时间，造成28.82万人死亡，约30万人受伤。2003年11月13日、7月22日岷县发生5.2级和6.6级地震，在震中区造成多处山体裂缝和滑坡。

综合上述因素并考虑地震烈度区域分区，可将全省区域稳定程度分为不稳定区、相对稳定区和基本稳定区。

1.不稳定区

包括陇南山地，祁连山地、龙首山、崛崆山、六盘山等，地震烈度Ⅶ～Ⅸ度，挽近期以来上述地区断裂活动强烈，断裂密度大，地质体破碎，岩土体不均，软弱夹层多，地震强度大、频次高，祁连山、龙首山地震烈度在Ⅷ度以上，陇南山区可达Ⅺ度，水热活动和岩浆活动极为明显，区域物理地质作用极为发育，地貌反差强烈。

2.相对稳定区

为北山和陇东地区，地震烈度＜Ⅵ度，地震强度＜5级，第四纪以来断裂活动微弱，地震稀少，地质体较为完整坚硬，水热活动极不明显，物理地质现象主要为水土流失，地形变化微弱。

3.基本稳定区

介于稳定区和不稳定区之间，地震烈度一般在Ⅵ～Ⅶ度，包括河西走廊、陇西黄土高原及临夏等地。

2.5　区域水文地质概况

2.5.1　地下水类型

按地下水的赋存条件和水力特征，地下水的主要类型有：

1.基岩裂隙水

包括变质岩、火成岩裂隙水，地下水的赋存和富水性差异较大。主要分布在秦岭、祁连山、阿尔金山基岩山区，以及马啣山、华家岭等地区，有热水矿泉分布。

2.碳酸盐岩岩溶裂隙水

主要为前寒武系、泥盆系和石炭系的大理岩、石灰岩中的岩溶裂隙水，富水性差异很大。主要分布在陇南基岩山区，在平凉、华家岭等地也有少量分布，埋深数百米。

3.碎屑岩类孔隙裂隙水

为侏罗系、白垩系、古近系和新近系等中、新生界碎屑岩中的地下水，含水岩层为砾岩、砂岩，主要分布在陇东、临夏等中新生代断陷盆地，具承压性。在山丘地区为层间孔隙裂隙水。

4. 松散岩类孔隙水

为第四系冲积、冲洪积成因的松散砂砾卵石层中的地下水，主要分布在河西走廊第四纪各断陷盆地，兰州、秦王川、榆中、内官营等断陷盆地，以及各大河流的河谷地带，水量较为丰富。

5. 黄土孔隙裂隙水

为第四系黄土层中的地下水，含水层主要为中更新统离石黄土和上更新统马兰黄土。黄土梁峁丘陵区沟谷发育，地形起伏破碎，含水层不均匀且不连续，呈脉状、囊状分布，水量有限。黄土塬区含水层分布连续，水量较丰富，陇东地区优于陇西地区。从工程地质的角度，这类地下水之所以能够引起重视并不在水量的大小，而在于对黄土的软化，而且常赋存于斜坡区黄土与下伏基岩地层的接触面附近，对黄土斜坡的稳定性影响很大，易促发滑坡。

2.5.2 水文地质分区

根据区域水文地质特征，全省可分为五大水文地质区，各区水文地质条件概述如下：

1. 祁连山—阿尔金山水文地质区

祁连山—阿尔金山属强烈上升的断块山地，地下水具明显的垂直分带性。海拔3 600 m以上为高山多年冻结层水带，地下水矿化度<0.5 g/L，为重碳酸型水；多年冻层以下，海拔3 000 m以上属中高山裂隙水带，包括基岩裂隙水和断层脉状水，含水层厚度一般在50～100 m，富水性较强，单泉流量0.5～1.0 L/s，最大达4.3 L/s，矿化度<0.5 g/L；海拔3 000 m以下属低山裂隙水带，受气候条件限制，含水层富水性明显减弱，地下水径流模数<0.5 L/km^2·s，矿化度1～5 g/L。该区地下水受大气降水补给，并以地下径流和地表径流的方式排泄。

2. 河西走廊水文地质区

新近纪以来，河西走廊总体上属强烈沉降区，局部的基岩隆起将走廊分成若干盆地，各盆地沉积了巨厚的冰水相-洪积相、河湖相和湖相第四系松散地层，为地下水提供了良好的贮水空间，主要含水层为中更新统-全新统地层。自山前向平原形成了“潜水-承压水”系统。该系统富水性强，单井涌水量300～10 000 m^3/d，水质良好，矿化度<1 g/L，仅南盆地北部和北盆地部分地区表层潜水矿化度较高，达10 g/L左右。地表水入渗和降水入渗是本区地下水的主要补给来源，南部山区的侧向补给甚微。蒸发、蒸腾和人工开采是本区地下水的主要排泄途径。

3.北山水文地质区

北山属荒漠化低山残山区，按含水层性质分为基岩裂隙水，中、新生界碎屑岩层间水和第四系松散岩类孔隙水。由于气候干燥，降水稀少，蒸发量大，地下水资源贫乏，一般单井涌水量<500 m^3/d，个别地段可达1 000 m^3/d，水质较差，矿化度1～5 g/L。本区地下水完全靠降水补给，其排泄方式为侧向流出、蒸发、蒸腾和人工开采。

4.陇中黄土高原水文地质区

本区水文地质条件复杂，富水性、水质变化很大。

陇东地区主要含水岩层为第四系中更新统黄土和下白垩系志丹群砂岩。中更新统黄土含水层主要分布在面积较大的塬区，含水层厚10～70 m，单井涌水量100～400 m^3/d，水质良好，矿化度<0.5 g/L。其补给来源为大气降水，以泉水溢出的方式排泄于塬边沟谷，也有人工开采。下白垩统呈向斜构造，含承压水，自上而下富水性由弱变强，单井涌水量100～2 200 m^3/d，水质由好变差，矿化度1～10 g/L。

陇西地区地下水类型多，总的规律是水量贫乏，水质较差。但在黄河、渭河、洮河等一些河谷地段及新生代断陷盆地内，水量丰富，单井涌水量1 000～5 000 m^3/d，矿化度0.5～1 g/L，成为当地的重要供水水源。

黄土丘陵区沟谷发育，切割强烈，地形破碎，含水层多为马兰黄土，呈脉状分布，具有不连续和不均匀的特点，隔水底板大多为新生界红层软岩。永靖—定西—华家岭以北地区，黄土零星含水；以南地区，特别是渭河以南地区，黄土地下水较普遍，尤其是“掌形地”、地形低洼平缓区或古老滑坡体，常有泉水出露，一般单泉流量<0.1 L/s。此类地下水发育在黄土与红层软岩的接触面附近，由于水的软化、润滑作用，容易形成滑动面，造成斜坡失稳。

六盘山区含基岩裂隙水和白垩系-新近系孔隙裂隙水，单井涌水量10～500 m^3/d，矿化度<1 g/L。

5.陇南水文地质区

包括西秦岭山地和甘南高原两部分。基岩裂隙水与岩溶裂隙水并重，其补给来源为大气降水。基岩裂隙水富水性较强，平均单泉流量1.15 L/s，地下水径流模数一般在1～3 $L/km^2·s$，个别可达10 $L/km^2·s$。岩溶裂隙含水岩组富水性不均匀，大泉和特大泉仅占泉水总数的22%，而流量却占泉水总量的95%～99%，地下水径流模数5～10 $L/km^2·s$，水质良好，矿化度<1 g/L。

第3章 甘肃滑坡的基本类型与特征

滑坡分类是滑坡调查研究与防治中最基础、最重要的内容之一。其目的就在于对滑坡作用的各种表象特征以及促使其产生的各种因素进行高度组合与概括，简明扼要地反映滑坡的主要特征、成因和发育规律。科学的滑坡分类不仅能深化对滑坡特征的认识，而且能有效指导滑坡调查评价、勘查、监测预警和防治工作。甘肃地域广阔，自然环境和地质条件差异大，因此，滑坡类型繁多，而不同类型的滑坡又有不同的形成环境、成因机制、滑动特征及不同的危害方式，发育分布上亦有一定的地域性差异。通过总结分析甘肃省大量滑坡调查研究成果，并参照国内外滑坡分类方案，特别是在国家相关规范的滑坡分类的基础上，本章对甘肃滑坡的基本类型和特征进行了全面系统的总结。

3.1 滑坡的基本类型

3.1.1 国内外滑坡分类方法与现状

滑坡形成于不同的地质环境，受各种自然条件的综合影响，并表现出各种不同的形式，呈现出千差万别的特征。同其他任何学科一样，滑坡类型划分与分类是滑坡研究的基础。实践证明，符合客观实际且能反映滑坡主要特征的科学分类，对滑坡研究与防治是十分有益的。按照各类滑坡的特点，有针对性地开展勘查工作，既可确定滑坡的基本性质和特征，正确预测其发展趋势、危害方式和风险大小，又便于科学制定避让减灾对策、防治措施和方案等。因此，滑坡分类在认识滑坡机理、区域分布和滑坡治理中具有重要意义。国内外学者对此都十分重视，从不同角度出发，采用不同的滑坡分类指标，提出的滑坡分类已经有几十种。尽管国际工程地质协会曾对滑坡分类原则和统一分类方案进行过专门性讨论，但由于这些分类方案各有其特点，仍沿用至今。

国际上较为流行的是Varnes（1978）的斜坡移动类型，分别为：崩塌（Falls）、倾倒（Topples）、滑动（Slides）、侧向扩展（Lateralspreads）、流动（Flows）和复合移动（Complex）。20世纪90年代，国际工程地质协会（IAEG）建议将其作为国际标准方案。该分类是总的斜坡变形破坏类型的划分，包括了泥石流在内的斜坡所有的变形破坏方式，但与我国的滑坡概念和分类有一定的差异。对于某一地区或具体的滑坡，应用时还可进一步具体细化。

斜坡变形破坏力学机制的传统经典分类将滑坡简单分为牵引式（后退式）和推移式（前进式）两种基本形式。这种分类形象、简单、实用，在宏观上突出斜坡变形受力状况及发展方向。但是有些滑坡在形成和滑动过程中，上下滑坡块体的相互作用方式和受力状况可能发生变化，牵引式滑坡和推移式滑坡存在类型转化，致灾方式和结果大不相同，分析评价时应引起足够重视。

按滑体厚度分为：浅层滑坡（<6 m）、中层滑坡（6～20 m）、厚层滑坡（20～50 m）、巨厚层滑坡（>50 m）；按滑坡体积大小分为：小型滑坡、中型滑坡、大型滑坡、特大型滑坡、巨型滑坡。随着滑坡防治技术的进步，当前浅层滑坡、中层滑坡和厚层滑坡的厚度界限有所增大。

斜坡岩土体运动速率分为：极慢、很慢、慢、中快、快、很快、极快。这种分类方案是对斜坡运动形式的总体概括。

波波夫（1951）按滑坡时代分为：现代滑坡、老滑坡、古滑坡、埋藏滑坡。

成都理工大学王兰生、张倬元教授主要针对层状或含层状岩体组成的斜坡变形机制提出了5种基本组合模式：蠕滑-拉裂、滑移-压致拉裂、弯曲-拉裂、塑流-拉裂、滑移-弯曲。充分考虑了斜坡演化中内部应力状态的调整轨迹、途径和现象，表征直观。

刘广润院士将国内外滑坡分类的主要考虑因素、分类方法和体系归纳总结于图3-1。

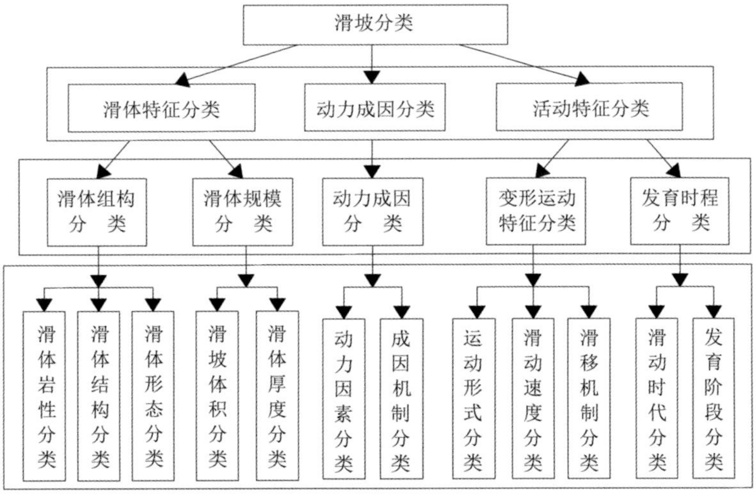

图3-1 滑坡综合性分类体系框图(据刘广润，略修改)

在上述综合性滑坡分类体系基础上，按照不同地区滑坡的具体特征，根据滑坡各种要素，针对不同的应用目的，选择能够表征其滑坡特点的主要因素，作为分类的基本要素，形成反映滑坡主要特征的地质模型体系。这样就能为滑坡调查评价、监测预报、治理等提供重要的信息基础，并提高滑坡分类的科学性、系统性和实用性。

我国现行的《滑坡防治工程勘查规范》(GB/T 32864—2016)，按照滑坡的各种要素确定了分类方案和方法（表3-1、表3-2）。其中，按照滑坡岩土体类型、结构和规模进行分类是我国滑坡分类的主导方案。

表3-1 滑坡岩土体和结构因素分类

类型	亚类	特征描述
堆积层（土质）滑坡	滑坡堆积体滑坡	由前期滑坡形成的块碎石堆积体，沿下伏基岩顶面或滑坡体内软弱面滑动
	崩塌堆积体滑坡	由前期崩塌等形成的块碎石堆积体，沿下伏基岩或滑坡体内软弱面滑动
	黄土滑坡	由黄土构成，大多发生在黄土体中，或沿下伏基岩面滑动

续表3–1

类型	亚类	特征描述
堆积层（土质）滑坡	黏土滑坡	由具有特殊性质的黏土构成，如昔格达组、成都黏土等
	残坡积层滑坡	由基岩风化壳、残坡积土等构成，通常为浅表层滑动
	冰水（碛）堆积物滑坡	冰川消融沉积的松散堆积物，沿下伏基岩或滑坡体内软弱面滑动
	人工填土滑坡	由人工开挖堆填弃渣构成，沿下伏基岩面或滑坡体内软弱面滑动
岩质滑坡	近水平层状滑坡	沿缓倾岩层或裂隙滑动，滑动面倾角不大于10°
	顺层滑坡	沿顺坡岩层层面滑动
	切层滑坡	沿倾向坡外的软弱面滑动，滑动面与岩层层面相切
	逆层滑坡	沿倾向坡外的软弱面滑动，岩层倾向山内，滑动面与岩层层面倾向相反
	楔体滑坡	厚层块状结构岩体中多组弱面切割分离楔形体的滑动
变形体	岩质变形体	由岩体构成，受多组软弱面控制，存在潜在滑面，已发生局部变形破坏，但边界特征不明显
	堆积层变形体	由堆积体构成（包括土体），以蠕滑变形为主，边界特征和滑动面不明显

表3–2　滑坡其他要素分类

有关因素	名称类别	特征说明
滑体厚度	浅层滑坡	滑坡体厚度在10 m以内
	中层滑坡	滑坡体厚度在10～25 m之间
	深层滑坡	滑坡体厚度在25～50 m之间
	超深层滑坡	滑坡体厚度超过50 m
滑动形式	推移式滑坡	上部岩（土）层滑动，挤压下部产生变形，滑动速度较快，滑体表面波状起伏，多见于有堆积物分布的斜坡地段
	牵引式滑坡	下部先滑，使上部失去支撑而变形滑动，一般速度较慢，多具上小下大的塔式外貌，横向张性裂隙发育，表面多呈阶梯状或陡坎状
发生原因	工程滑坡	由于切脚或加载等人类工程活动引起的滑坡
	自然滑坡	由于自然地质作用产生的滑坡
现今活动程度	活动滑坡	发生后仍然继续活动的滑坡，或暂时停止活动，但在近年内活动过的滑坡
	不活动滑坡	发生后已停止发展
发生年代	新滑坡	现今正在发生滑动的滑坡
	老滑坡	全新世以来发生滑动，现今整体稳定的滑坡
	古滑坡	全新世以前发生滑动的滑坡，现今整体稳定的滑坡
滑坡体积 V/m^3	小型滑坡	$V<1\times10^5$
	中型滑坡	$1\times10^5\leqslant V<1\times10^6$
	大型滑坡	$1\times10^6\leqslant V<1\times10^7$
	特大型滑坡	$1\times10^7\leqslant V<1\times10^8$
	巨型滑坡	$V\geqslant1\times10^8$

3.1.2　甘肃滑坡基本类型

统一的滑坡分类虽然有助于全国乃至全世界的滑坡调查、编目、数据库信息格式和内容的统一，不同地区滑坡防治研究者之间的学术交流，但是滑坡特征是由所在地区的地质环境条件决定的，因此，世界各地的滑坡特征差异很大。实际上，我国地域辽阔，各地的滑坡特征千差万别。适用于全国性的滑坡分类，也是概括性的分类，不可能包罗万象。在总体遵循全国滑坡分类的基础上，按照地区滑坡特点开展反映地区滑坡特征的特色分类研究，有助于地区滑坡的研究与防治工作，也是十分必要的。例如，在进行黄土高原地区滑坡的深入研究时，全国性的滑坡分类则显得过于笼统，不够细致，不能反映不同黄土滑坡的形成、滑动与致灾特征，有必要根据黄土滑坡的实际情况和特点进一步细分。

甘肃地域广阔，不同区域地质环境条件差异大。因此，甘肃滑坡类型繁多、性质复杂，不同类型的滑坡有不同的形成环境、成因机制、滑动特征及不同的危害方式，发育分布上亦有一定的地域性差异。根据甘肃滑坡发育的实际情况，在国家滑坡分类的基础上，参照和引用国内常用的滑坡分类方法，按滑坡的不同要素和特征，甘肃滑坡类型划分见表3-3。

表3-3　甘肃滑坡分类简表

分类依据	滑坡类型	指标及特征
物质组成	黄土滑坡	滑体主要由第四系黄土组成
	黄土-红层滑坡	滑体主要由第四系黄土和中、新生界红层软岩等组成
	堆积层滑坡	滑体由坡残积、冰水堆积、崩滑堆积、人工堆积土等组成
	岩质滑坡	滑体主要由岩石组成，滑面受软弱层面和其他结构面控制
滑面位置	同类土滑坡	发生于相对均质土中
	接触面滑坡	沿倾向坡外的土岩接触面滑动
	顺层滑坡	沿倾向坡外的岩层层面滑动
	切层滑坡	主滑面切割层状岩体
滑体厚度	浅层滑坡	＜10 m
	中层滑坡	10～25 m
	深层滑坡	25～50 m
	超深层滑坡	＞50 m
滑体规模	小型滑坡	$<1\times10^5$ m^3
	中型滑坡	$1\times10^5\sim1\times10^6$ m^3
	大型滑坡	$1\times10^6\sim1\times10^7$ m^3
	特大型滑坡	$1\times10^7\sim1\times10^8$ m^3
	巨型滑坡	$>1\times10^8$ m^3
动力成因	牵引式滑坡	前部先滑引起后部滑动
	推移式滑坡	后部推动前部整体滑动
稳定性	活动滑坡	长期蠕动或间歇性快速滑动
	稳定滑坡	长期整体稳定，无明显变形，其上常有居民点

续表3–3

分类依据	滑坡类型	指标及特征
形成时代	现代滑坡	发生于1950年以来
	新滑坡	发生于全新世晚期(Q_4^2)
	老滑坡	发生于全新世早期(Q_4^1)
	古滑坡	发生于晚更新世早期(Q_3^1)及以前
引发因素	降水滑坡	由降水入渗、软化岩土引发，表现为群发性特征
	冻融滑坡	由冻融作用引发，发生在冻融季节
	地震滑坡	由地震引发，一般分布于Ⅶ度区
	河流冲刷滑坡	由河流冲刷侵蚀坡脚形成
	人为滑坡	主要由开挖、加载、振动、灌溉等不合理人为作用引发
	无明显引发因素滑坡	由斜坡自重长期作用形成
滑动特征	滑动型滑坡	普通滑坡，滑体向斜坡下部和前部的滑动。主要有滑移、错落、滑塌、倾倒等
	流滑型滑坡	小型沟谷、沟脑或上游沟岸发生的滑坡并沿沟道长距离滑动，主要有流滑型黄土滑坡、碎石流型滑坡、碎屑流型滑坡

在单因素滑坡分类的基础上，根据滑坡的特点和研究需要，可进一步将几种分类结果进行组合，对滑坡综合分类定名，以进一步描述和表示滑坡的特征。如大型深层黄土-红层切层滑坡、中型浅层堆积层滑坡等。

区域性、大范围滑坡研究工作中，滑坡分类应以滑坡物质组成、规模、发育时代等要素为主，以此探讨区域滑坡发育分布特征、成因和发育历史。

另外，近年来也发现了一种特殊的流滑型滑坡，即在一些小型沟道的沟脑或上游地形陡峻的沟岸发生滑坡，滑体整体或部分再沿沟道向下远距离滑动数百米甚至上千米，滑体堆积于沟道下游或沟口地带（图3–2），其形成条件、成因和运动特征特殊，常造成意想不到的严重灾害损失。一般具有明显的滑源区、滑移通道区和沟口扇形堆积区，有的沟道堆积物沿沟道长期缓慢滑动。

图3–2　夏河切龙沟流滑型滑坡

3.1.3　黄土滑坡的基本类型

按岩土性质分类是最能反映滑坡基本特征的分类方法。广泛分布于我国西北黄土高原地区的黄土滑坡是主要的特殊土质滑坡类型。受区域地层岩性条件组合的控制，黄土高原地区除不同时期的黄土属易滑地层，发育纯黄土滑坡外，广泛分布的新近系、古近系、白垩系及侏罗系等中、新生界泥质岩岩组地层，因胶结程度差、力学强度低、水敏性强、遇水易软化，也属软弱易滑地层（也称红层软岩）。所以该地区的许多滑坡，特别是一些大型滑坡的滑体常是由黄土和下伏泥岩岩组共同组成，属黄土-红层混合型滑坡，但因发生在黄土地区，一些学者也将其笼统称为黄土滑坡，已超出狭义的由纯黄土组成的黄土滑坡概念。

根据黄土高原地区滑坡的岩土类型，提出了广义黄土滑坡概念和分类方案。广义黄土滑坡是指发生在黄土地区的主要由黄土或黄土和下伏中、新生界红层软岩组成的滑坡，即包括表3-3中的黄土滑坡和黄土-红层滑坡。根据滑体物质组成及滑面的发育位置，将其进一步划分为黄土层内滑坡、黄土接触面滑坡、黄土-红层顺层滑坡和黄土-红层切层滑坡4种基本类型，也就是两型四类广义黄土滑坡。其各种类型黄土滑坡的基本特征综合于表3-4。

表3-4　黄土滑坡基本类型表

滑坡类型		滑动面位置	基本特征	典型示意剖面图
黄土滑坡	黄土层内滑坡	主滑面发育在相对均匀的黄土层内	滑体基本全由不同时代黄土及黄土状土组成；滑动面近似圆弧形，光滑，后部受垂直节理控制，较陡直	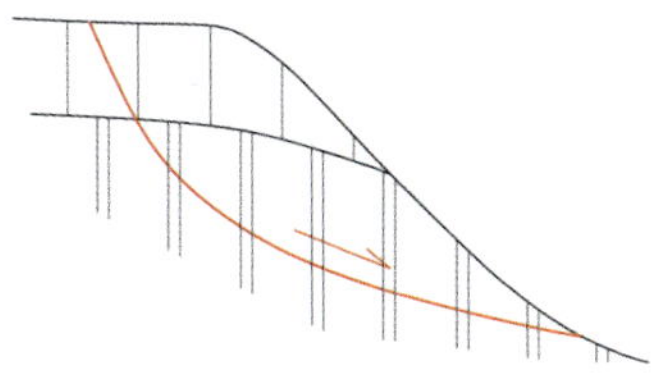
	黄土接触面滑坡	主滑面位于含水率高或饱水的黄土、红层等接触面处	滑体主要由马兰黄土组成，常带动少量接触面顶部强风化层；滑动面较为平直，倾角多在10°～20°；地下水较丰富	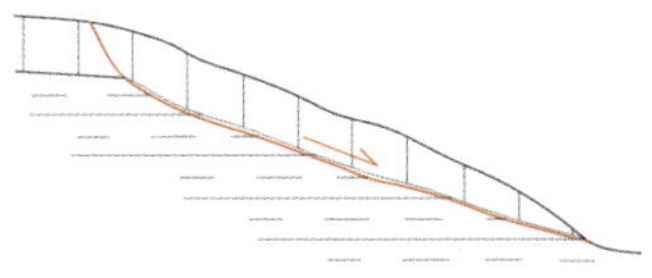
黄土-红层滑坡	黄土-红层顺层滑坡	主滑面沿倾向坡外的岩层中软弱层面及夹层发育，上部黄土中滑面为拉裂面	滑体主要由黄土和中、新生界岩层组成；主滑面平直，受岩层产状控制，倾角一般为10°～20°	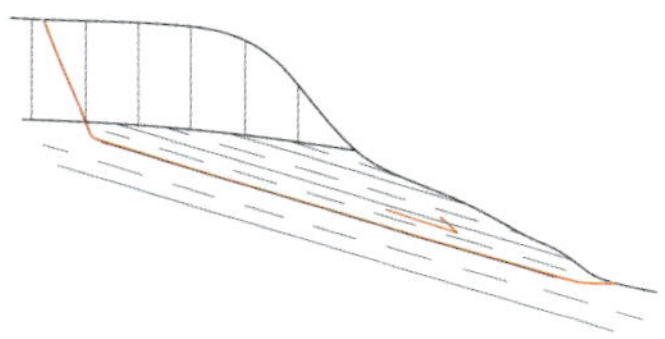
	黄土-红层切层滑坡	主滑面斜切岩层，在斜坡自重作用下沿节理、裂隙等结构面发育	滑体主要由黄土和中、新生界岩层组成；主滑面后部较陡，规模多在百万立方米以上	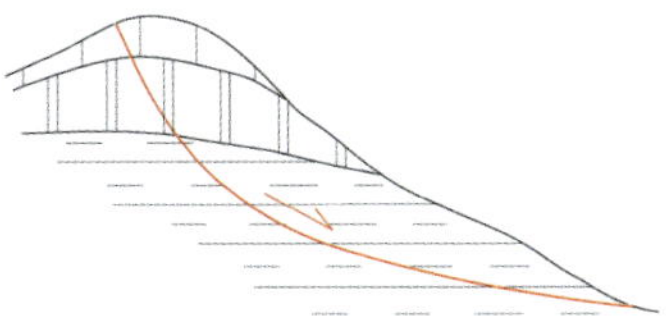

甘肃滑坡分类方法主要对黄土滑坡的类型进行了进一步的详细划分，体现了甘肃黄土高原区黄土滑坡发育的地质结构特征和滑坡滑动、复活的活动特征。在黄土滑坡灾害和险

情应急处置中，根据黄土滑坡类型和特征的快速定性研判，可初步宏观预测滑坡的滑速、滑距和致灾范围，以及滑坡滑动后滑体、后壁的稳定性和复活特征，科学指导滑坡灾害应急处置工作。该分类具有鲜明的地区特色和实际应用价值，在甘肃黄土地区滑坡的研究和防灾减灾中发挥了积极作用，也被学术界普遍认同和广泛引用。

3.2 黄土滑坡的基本特征

狭义上黄土滑坡的滑体基本由黄土及黄土状土组成，广泛发育于陇中黄土高原地区，是甘肃滑坡的主要类型。按滑面的发育位置和斜坡岩土体的关系，进一步可划分为黄土层内滑坡和黄土接触面滑坡两种类型。

3.2.1 黄土层内滑坡

1. 黄土层内滑坡的基本特征与分布

黄土层内滑坡一般发育在由厚层黄土组成的陡坡部位，主滑面发育在相对均匀的黄土层内，近似于光滑的圆弧形，受垂直节理控制，后壁较陡直，形成初期坡度可达60°～70°，多呈圈椅状，其平面形态较规则，变形破坏方式多为滑移-拉裂型。黄土层内滑坡主要分布在黄土沉积较厚的陇东地区黄土塬边及陇西地区的黄河、渭河、洮河等大型河流的高阶地前缘陡坎部位。如：西峰火巷沟滑坡、崇信县切岖滑坡、天水锻压机床厂滑坡、黑方台焦家崖头和碳化硅厂滑坡、东乡县大坊滑坡等（图3-3～图3-5）。

图3-3 西峰火巷沟黄土层内滑坡

图3-4 黑方台黄土层内滑坡

2. 黄土层内滑坡的活动特征

黄土层内滑坡一般具有较大的滑动势能，滑面比较平直光滑且组成物质粒度细小，有利于滑动势能的快速释放，常形成高速滑坡。当前部有开阔地形条件时，其滑动距离一般较远，形成高速远程滑坡。例如，天水锻压机床厂滑坡坡高80 m，滑距近200 m，滑速在10 m/s左右。G310线天水潘集寨滑坡前后缘高差90 m，部分滑体从南岸快速越过渭河到达北岸，滑距达300 m。

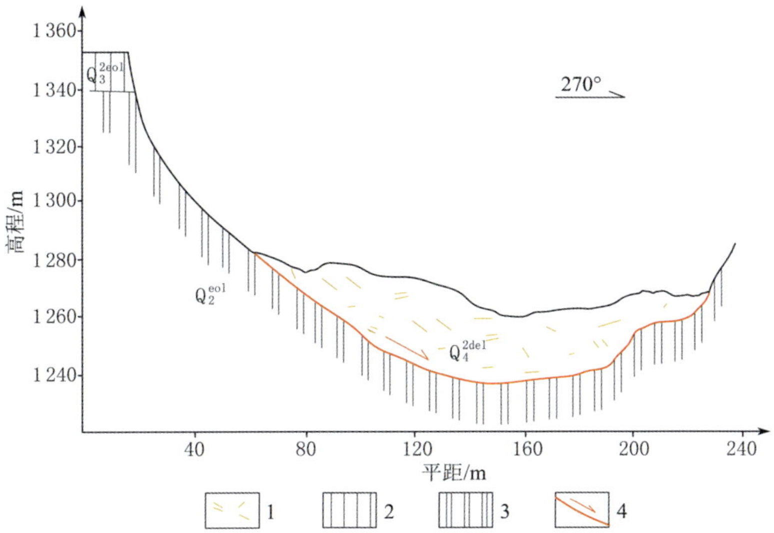

1—滑坡堆积物；2—马兰黄土；3—离石黄土；4—滑动面。

图3-5　崇信县柏树镇切岵黄土层内滑坡剖面图

黄土层内滑坡经过高速远程滑动后，滑体的滑动势能已基本释放，稳定性较高，一般不会有大面积的整体复活，有时前缘有小面积的局部滑塌。例如，天水锻压机床厂滑坡体的稳定系数为2.3，厂区重建时将滑体前部清除了60 m，滑体还处于稳定状态。但由于滑体大规模滑动后，形成的高陡后壁的稳定性较差，常发生再次滑动。锻压机床厂滑坡后壁高50 m，坡度55°，后部30 m范围内拉张裂缝、落水洞发育，大规模滑动后在当年11月又发生了小规模的滑动。G310线天水潘集寨滑坡因高速滑动的滑体基本脱离滑床，1985—2000年期间，高陡的黄土后壁部位发生9次滑动，而且规模越来越大，目前，后壁还不稳定，给G310线交通带来很大危害。此类滑坡在著名的甘肃黑方台台缘发生频繁，相互叠置，形成滑坡密集带。

另外，在坡度较陡的黄土斜坡上常发育一类错落型黄土滑坡，其滑动面总体较陡，只在前部很短部分突然变缓，其垂直滑距一般大于水平滑距（图3-6～图3-7）。错落型黄土滑坡的形成主要是在上部坡体自重或坡脚黄土遇水软化作用下，坡脚黄土发生结构性破坏的结果。

图3-6　错落型黄土滑坡

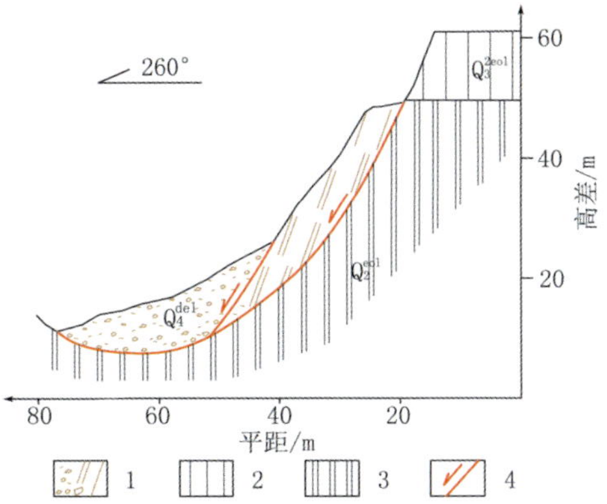

1—错落体；2—马兰黄土；3—离石黄土；4—滑动面。

图3-7　错落型黄土滑坡剖面图

3.2.2 黄土接触面滑坡

1. 黄土接触面滑坡的基本特征

黄土接触面滑坡一般发育在黄土丘陵区坡度为10°～20°的黄土斜坡区。由于第四系风成黄土多以披覆形式沉积在不同时代基岩组成的高低起伏的古地形之上，上部黄土的渗透性较好，下部基岩为渗透性差的隔水层，且土岩接触面也以10°～20°的坡度倾向坡外，从而构成上覆黄土下伏基岩的“双层异质”斜坡结构，其接触面的低洼部位易汇集地下水，使黄土底部接触面一带岩土长期处于过湿-饱和软塑状态，构成软弱结构面，成为滑坡发育的潜在滑动面，为黄土接触面滑坡的发育形成奠定了基本的地形地貌和有利的斜坡地质结构（图3-8）。在陇中黄土高原地区，下伏基岩以新近系、白垩系等红色泥质软岩分布面积最广，因此，也称为黄土-泥岩接触面滑坡或黄土-红层接触面滑坡（图3-9）。老基岩顶面多发育一定厚度的风化残积层，岩土性质与强风化泥岩类似，也有利于上覆黄土沿接触面发生滑坡。

图3-8 黄土-红层“双层异质”斜坡结构

图3-9 黄土接触面滑坡

黄土接触面滑坡是黄土高原地区主要的滑坡类型之一，并具有一些特殊特征。

1）形态特征

黄土接触面滑坡由滑坡后壁和侧壁组成的圈椅状地形较明显，滑坡后壁和侧壁呈直立状，一般高10～20 m，坡度60°～70°，有的滑坡后壁的平面形态不规则。在黄土接触面滑坡呈群分布的地段，滑坡相互叠置与嵌套，使得滑坡边界不甚明显。滑体表面波状起伏，田坎地埂弯曲不直，地块呈不规则状，较零乱，特别是卫片和航片影像上滑坡与周边原始斜坡的地形地貌有较大差异（图3-10）。剖面上黄土接触面滑坡的坡度较为平缓，一般10°～20°，地表呈波状起伏，有数级滑坡平台和洼地。

图3-10　黄土接触面滑坡群

2）滑体组成与结构特征

受黄土厚度的控制，黄土接触面滑坡的滑体厚度一般在10～20 m，略厚于风积黄土厚度，滑体主要由马兰黄土及离石黄土组成，底部会经常带动少量饱水的强风化泥岩或强风化层，厚度一般在2～5 m（图3-11）。

图3-11　变形扰动的黄土-泥岩接触带

3）滑面（带）特征

黄土接触面滑坡的主滑面（带）总体受土岩接触面控制，常位于含水率高或饱和的土岩接触面稍下的强风化层内（图3-12）。倾角10°～15°者居多，最小的如2019年9月发生的通渭县常河滑坡的滑面倾角仅为7°，主滑面总体较为平直，有的受土岩界面起伏影响，有一定起伏，滑带厚度较大，一般2～3 m，滑带物质多为呈黏土状的强风化层，或为强风化层与黄土的混合物，由于两种土体颜色不同，在滑动过程中挤压和扰动强烈，常形成“云雾状”滑带土结构。滑坡后壁是滑动面最上部的拉裂破坏部分，坡度60°～70°，在主剪切滑面（带）与后壁拉裂面交会处，滑动面有突变的“拐点”（图3-13）。

图3-12　黄土接触面滑坡的滑动面

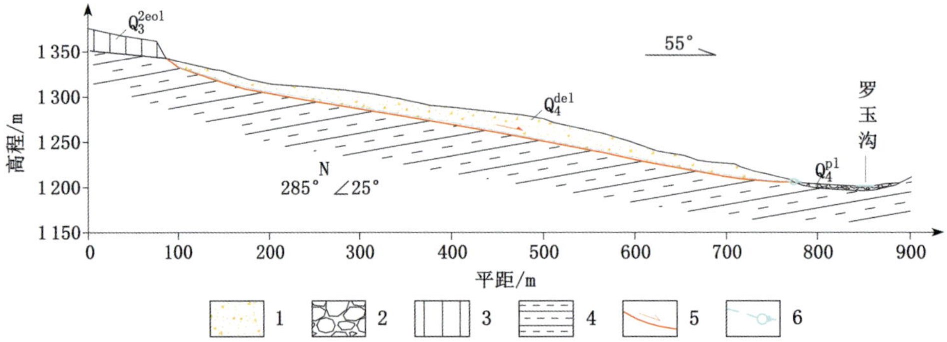

1—滑坡体；2—卵石；3—马兰黄土；4—泥岩；5—滑动面；6—地下水位与泉。

图3-13　天水罗玉沟黄土-红层接触面滑坡剖面图

2. 黄土接触面滑坡的发育分布特征

（1）黄土接触面滑坡的发育分布具有一定的区域性特征，主要分布在陇西黄土高原东南部红层沉积盆地边缘的天水地区，平凉市的庄浪、静宁和临夏南部的黄土丘陵区，黄土高原内部的华家岭等侵蚀-构造隆起的山麓过渡地带的通渭等地，以及陇南市礼县、西和县，定西市岷县黄土丘陵地区。第四纪中、晚更新世以来，这些地区受构造隆起和水流侵蚀的共同作用，形成由新近系、古近系、白垩系等黏土岩类组成的高低起伏的“古红土丘陵”地貌，中、晚更新世以来风成马兰黄土及部分离石黄土多以披覆形式沉积在古地形之上，形成黄土丘陵，构成上覆黄土、下伏泥岩的“双层异质”斜坡结构，为黄土接触面滑坡的发育形成奠定了地质基础。此类滑坡在陇东黄土高原南部的华亭、灵台等地也有分布。

（2）黄土接触面滑坡一般发育在黄土丘陵区坡度10°～20°的黄土斜坡上。据统计，天水地区黄土滑坡发育的斜坡坡度多在10°～20°，滑坡坡度较其他地区的缓，坡度多为10°～15°（图3-14），主要原因是发育有大量黄土接触面滑坡。与一般滑坡对地形的选择不同，黄土接触面滑坡并不是发育在地形陡峭且凸出的斜坡部位，而是多发育在黄土斜坡区地势较为低洼的部位，而且斜坡上部多为黄土残塬或宽梁地貌，这种地形有利于斜坡区地下水的富集，并长期软化斜坡岩土体，不利于斜坡稳定。黄土接触面滑坡多在斜坡的中下部发生，并逐级向斜坡上部及两侧牵引发展（图3-15）。

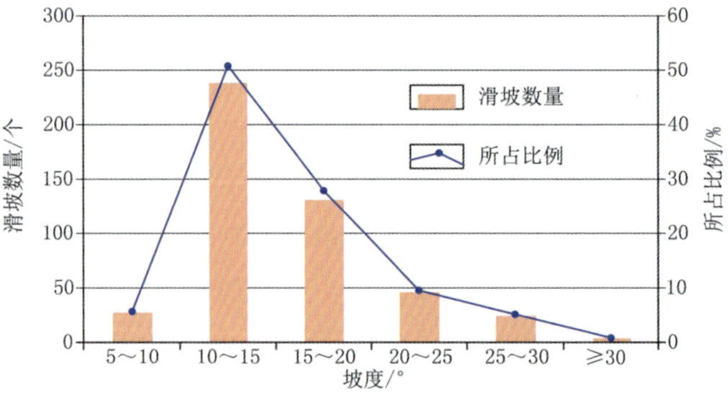

图3-14　天水市滑坡频率与坡度关系图

图3-15　缓坡低洼处黄土接触面滑坡

（3）在地形地貌、坡体地质结构类似、年降水量一般在500 mm左右的黄土丘陵区，黄土接触面滑坡有成群发育分布的特点。天水罗玉沟、东柯河流域此类滑坡成群分布。特别在阴坡区黄土接触面滑坡相对更加发育，在一些小型沟道两侧群带状分布，以致滑坡体相互叠置与嵌套，滑坡边界难以区分。在一些沟脑地带，连续集中发育数个形态和规模相似的黄土接触面滑坡，形成圆形“环滑”现象，如天水市麦积区北山张家沟沟脑，由多个连续分布的黄土接触面滑坡形成直径750 m的圆形“环滑”区（图3-16）。

图3-16　天水市麦积区张家沟沟脑的“环滑”区

（4）在时间上，黄土接触面滑坡的发生主要集中在雨季和丰水年，表现出集中群发性特点。1976年、1984年、1990年、2003年、2013年和2020年天水地区为丰水年，降水引发了大量黄土接触面滑坡的滑动与复活。有的发生时间相对降水有一定的滞后性，如天水市麦积区甘泉镇贾沟里滑坡发生于2013年雨季结束后的10月2日。

3.黄土接触面滑坡的活动特征

滑坡的活动特征主要指滑坡首次滑动、滑体复活滑动和后部坡体再次继发滑坡等。黄土接触面滑坡有其独特的自身活动特征。

1）低速近程滑动性

由于黄土接触面滑坡发育的斜坡坡度缓，滑动势能小，主滑面的坡度也在15°左右，能量释放条件差。主滑面（带）位于含水率高或饱和的黄土接触面处，力学强度低，滑面贯通时抗滑力降低较少，所以黄土接触面滑坡的滑动速度一般较低，滑动距离也较短，常为数米至数十米。如天水一带的椒树湾滑坡、张家半山滑坡、曹王滑坡。曹王滑坡于2013年7月由降水引发，滑坡长1 000 m、宽550 m、体积约8×10^6 m^3，滑坡平均坡度10°，滑坡后缘下错3～4 m，形成一系列宽0.3～2.0 m、垂直滑动方向的拉张裂缝，总计水平滑距10～20 m，滑动时间为数小时，43户居民的住宅开裂或倒塌。

2）复活性

黄土接触面滑坡由于滑速低、滑距短，滑动势能释放不彻底，滑体的稳定性差。当遇到连阴雨、大雨或前部被水流冲刷侵蚀、人为开挖时，滑体常会再次复活滑动（图3-17）。复活滑动的特点也是滑速低、滑距短，有些甚至常年处于缓慢蠕滑之中，只是在雨季或大雨期间蠕滑速度有所加快。例如天水南河川上山公路滑坡等长期缓慢蠕滑，使道路变形。天水张家半山滑坡50年来较大规模的滑动有3次。天水王家半坡老滑坡于1973—1974年局部滑动，下错14 cm，破坏房屋5间；1990年8月大暴雨后，出现了多条裂缝，其中一条宽7 cm、长60 m、下错40～50 cm；2001年又复活滑动。1984年8月、2013年7—8月、2020年暴雨期间，天水、礼县、西和等地发生的大量滑坡，多数为黄土接触面滑坡的整体或局部复活。1990年秋季，天水椒树湾黄土接触面滑坡发生大面积复活，给城市带来严重威胁，投巨资治理。

图3-17 会宁县复活的黄土接触面滑坡

受滑面形态及边界条件等的影响，随着黄土接触面滑坡的长期活动，滑体逐渐解体，整体活动能力减弱，逐步变为分块式的活动，一般复活滑动的规模不断减小。复活部位主要是地下水等自然作用和人为活动强烈的地段。

3）继发性

黄土接触面滑坡一般首先发生在斜坡的中下部，滑坡的滑动在后部和两侧形成高20 m左右的陡立滑壁，后部和两侧斜坡进一步临空，也使地下水的排泄条件发生改变，地下水对斜坡的不利作用也进一步加强，后部和两侧斜坡稳定性变差，滑坡逐级向斜坡上部及两侧牵引发展，再次发生继发性滑坡。但继发滑坡的规模一般相对较小。

4）隐蔽性

由于黄土接触面滑坡发育的地形平缓，而且滑动距离小，加之滑体含水率高，塑性蠕变能力强，后期各种地质作用和人为活动使滑坡裂缝等外观特征易于愈合而消失，滑坡的形态和特征不明显，有一定的隐蔽性，难以判识且容易被忽视（图3-18）。

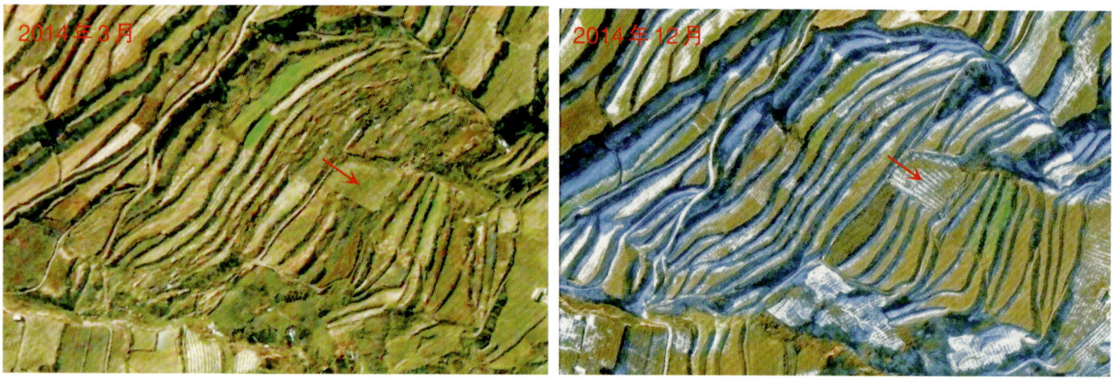

图3-18 天水市麦积区北山黄土接触面滑坡卫星影像

有些较为平缓的黄土接触面滑坡体常被作为居民地和建设用地。而此类滑坡的稳定性差、复活性很强，会造成严重的灾害和隐患。如天水工业职业技术学院南侧黄土接触面滑坡由于前缘工程场地开挖引发了复活滑动。

斜（滑）坡的坡度陡缓是判别斜（滑）坡稳定性的重要因素之一，有关规范中一般认为斜（滑）坡坡度$<15°$是稳定的。由上可以看出，其不符合甘肃黄土接触面滑坡发育的实际情况，由上覆黄土、下伏泥岩构成的坡度15°左右（有的小于10°）的斜坡稳定性

差，不但易沿黄土接触面发生滑坡，而且滑体的复活性也很强。因此，用斜（滑）坡的坡度陡缓来判别斜（滑）坡稳定性的标准不能一概而论，要根据不同地区的斜坡结构、滑坡类型和发育的实际情况具体分析和确定。否则会出现错判和误判，对此问题应引起高度重视。

4. 黄土接触面滑坡的成因与变形破坏模式

（1）黄土丘陵区斜坡的坡度一般为15°左右，坡体结构为上覆黄土、下伏泥岩，从而构成“双层异质”斜坡结构，二者的接触面也以15°左右的坡度倾向坡外，构成软弱结构面，为黄土接触面滑坡的发育形成奠定了基本的地形地貌和有利的地质结构。

（2）组成黄土丘陵区斜坡的第四系黄土、新近系、古近系、白垩系黏土岩均为黄土高原地区的主要易滑地层，岩土体物理力学性质较差，抗剪强度低，且水敏性强，遇水软化强度进一步降低（表3–5）。所以，在降水量较大的陇东南地区由第四系黄土、新近系、古近系、白垩系黏土岩组成的斜坡的稳定性差。

表3–5　天水黄土接触面滑坡滑带土抗剪强度指标值

滑坡名称	c/kPa	φ/°	试验类型
花南村滑坡	36.86	11.21	固结不排水试验
半山村滑坡	18.68	13.35	固结不排水试验
咀头村滑坡	30.37	12.27	固结不排水试验

（3）地下水作用是黄土–红层接触面滑坡的重要引发因素。斜坡上覆黄土的渗透性较好，一般渗透系数为2×10^{-4}～6×10^{-4} cm/s，同时，黄土中垂直节理和落水洞发育，是大气降水入渗的快捷通道；下伏泥岩的渗透性差，一般渗透系数为5×10^{-6}～8×10^{-6} cm/s，为隔水层。这样的坡体结构更加有利于大气降水的入渗，连阴雨沿孔隙长期缓慢入渗，暴雨则沿落水洞大量快速“灌入”坡体深部，入渗水体长期储存于黄土层中并不断向下入渗，在黄土接触面的低洼部位易汇集形成地下水，并沿接触面向下游渗流，坡脚及沟谷中常有泉水出露。使黄土底部接触面一带的岩土长期处于软塑–饱和状态，抗剪强度很低，成为滑坡发育有利的软弱结构面，雨季随着入渗补给量的增大，地下水位上升，土体含水软化范围扩大，同时可产生一定的静水压力和动水压力，促发滑坡发生（图3–19）。天水曹王滑坡区民井水位在2013年雨季滑坡发生后上升约3 m。已滑动的滑体结构破碎，裂隙、落水洞等更加发育，更有利于大气降水的入渗，引发滑体再次复活滑动。

图3–19　崇信县黄土接触面滑坡与地下水

因此，在降水较为丰富的天水地区，陇南市礼县、西和，平凉市庄浪、静宁等黄土丘陵地区，黄土斜坡上部的马兰黄土极易沿该软弱层面滑动，形成黄土接触面滑坡。此类滑坡常发生在雨季和丰水年，特别是连阴雨较多的情况下。

（4）受斜坡地层结构和水文地质条件的控制，黄土接触面滑坡变形破坏的地质力学模式为滑移-拉裂型或塑流-拉裂型。在自重作用下，上覆黄土沿倾角15°左右、含水率高或饱和的软弱黄土接触面长期蠕滑变形，形成黄土接触面滑坡的主滑面（带）。滑体蠕滑变形的结果，在上部斜坡黄土中出现拉裂破坏区和多条陡直的拉张裂缝，角度一般达60°～70°，最后主拉张裂缝演变为滑坡后壁。因此，黄土接触面滑坡主滑面（带）的形成方式主要为剪切破坏，后壁为典型的拉裂破坏，滑坡变形破坏的地质力学模式为滑移-拉裂型（图3-20）。在一些地势较低、黄土较薄、地下水丰富的斜坡地带和部位，黄土-红层接触面处的土体呈饱和塑流状，在土体自重作用下，长期塑流变形，滑坡变形破坏的地质力学模式为塑流-拉裂型。

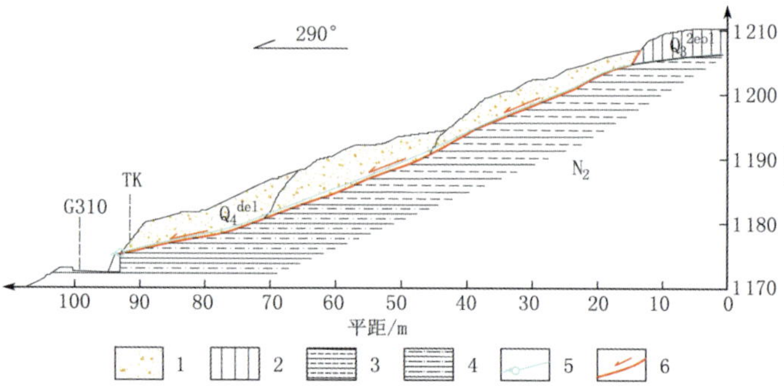

1—滑坡体；2—马兰黄土；3—泥岩；
4—泥质砂岩；5—地下水位与泉；6—滑动面。

图3-20　黄土接触面滑坡变形实例与模式图

3.3　黄土-红层滑坡的基本特征

黄土-红层滑坡的滑体主要由第四系黄土和新近系、古近系、白垩系红色泥质软岩等组成，也称黄土-泥岩滑坡，属混合型黄土滑坡。此类滑坡广泛分布于陇中黄土高原地区，特别是陇西地区，以及西和县、礼县和岷县等地，武都区也有少量分布。黄土-红层滑坡的表面多为黄土类土覆盖，因此，在以前的滑坡研究中，黄土滑坡、黄土-红层滑坡常笼统地称为黄土滑坡。因此，广义的黄土滑坡不仅仅是滑体全由黄土组成的纯黄土滑坡，还应包括黄土滑坡和黄土-红层滑坡。黄土-红层规模一般为大、中型和特大型；根据滑动面与红层层面的关系，可进一步划分为黄土-红层顺层滑坡和黄土-红层切层滑坡两类，其成因与分布、活动特征有较大差异。

3.3.1　黄土–红层顺层滑坡

黄土–红层顺层滑坡指黄土与下伏红层主要沿外倾的泥质岩层面滑动（图3–21～图3–22），是黄土高原地区主要的滑坡类型之一。受特殊斜坡地质结构的控制，黄土–红层顺层滑坡的滑坡形态、滑体结构、活动特征与黄土高原地区的黄土层内滑坡、黄土–红层切层滑坡等有较大的差异，具有滑动速度缓慢、滑距短、复活性强等特征，其与黄土–红层接触面滑坡有类似之处。该类滑坡在空间发育分布上也受到一定地质环境条件的控制，在兰州、永靖、临洮、漳县、武山等黄土丘陵地区，黄土–红层顺层滑坡分布广泛、发生频繁，特别是在新构造运动强烈地区和活动断裂带附近常呈群发性分布，且在灌溉、挖填等人为工程活动影响下，即使很缓的坡度，也易发生滑坡或复活滑动，造成的损失十分严重。

图3–21　岷县洮河右岸黄土–红层顺层滑坡

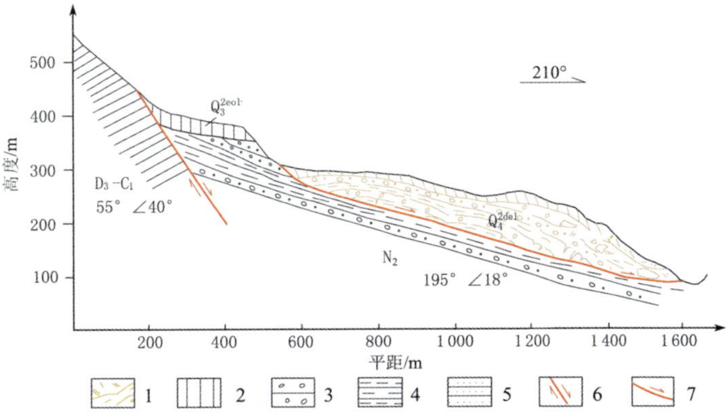

1—滑坡堆积；2—马兰黄土；3—砂砾岩；
4—泥岩；5—砂岩；6—断层；7—滑动面。

图3–22　武山县丁家门黄土–红层顺层滑坡

1. 黄土–红层顺层滑坡的基本特征

1）形态特征

黄土–红层顺层滑坡的平面形态较为典型，滑坡壁陡直，坡度60°～70°，主要由黄土组成，滑坡壁属拉裂型破坏面。黄土–红层顺层滑坡的侧边界一般受斜坡区两侧冲沟控制，剪张裂隙发育。滑坡体表面波状起伏，呈多级台阶状，特别是在滑坡体后部一带滑坡洼地和鼓丘相间分布，其一般有两种形成方式。一种由滑动过程中滑坡体沿多个次级滑动面的差异滑动和逐步解体，形成数个相间排列的平行槽状洼地与鼓丘（图3–23）；另一种为在滑动过程中后部滑体的多级反向滑动而在后壁和滑体间形成鼓丘与洼地。

2）滑体组成与结构特征

受斜坡地层结构的控制，黄土–红层顺层滑坡的滑体主要由黄土和泥岩组成。由于黄土–红层顺层滑坡滑动缓慢且滑距较短，滑体一般还较好保留了原来的地层顺序，上部和后部为扰动的碎裂状黄土，下部和前部主要为扰动的泥岩块体，保持一定的层状结构，但产状已发生较大变化，结构较为混杂，在滑坡前缘一带岩层常为反倾状（图3–24）。

图3–23　滑坡体上槽状洼地与鼓丘

图3–24　滑坡前缘反倾结构

3）滑面（带）特征

受斜坡地质结构和变形破坏方式的控制，黄土–红层顺层滑坡的主滑面（带）沿外倾的红层层面发育，倾角一般受红层产状控制，多为10°～20°，总体较为平直，剪切变形特征明显（图3–25）；有时主滑面也沿多个外倾的红层层面发育，则主滑面倾角陡于岩层倾角。滑壁坡度60°～70°，常发育在黄土层中，是主滑动面上部的拉裂破坏部分，在主剪切滑面（带）与后壁拉裂面交会处，滑动面有突变的“拐点”，剖面上呈L形。

图3–25　黄土–红层顺层滑坡的主滑动面

2.黄土–红层顺层滑坡的发育分布特征

1）区域发育分布特征

黄土–红层顺层滑坡是黄土高原地区重要的一类广义黄土滑坡类型，主要分布在陇西黄土高原西南部边缘的兰州、永靖、临洮、漳县、武山等黄土丘陵区，以及黄土高原内部构造隆起的山麓过渡地带。第四纪以来这些地区受新构造运动的强烈影响，中、新生界泥质岩类地层发生构造变形，岩层倾斜甚至褶皱，并在水流的长期侵蚀作用下形成高低起伏的“古红色丘陵”地貌，为黄土–红层顺层滑坡的发育形成奠定了地质基础（图3–26）。

图3–26　黄土–红层顺层滑坡的坡体结构

黄土-红层顺层滑坡发生频繁、分布广泛，特别是新构造运动强烈地区、褶皱两翼和活动断裂带常呈群发性分布。

2）河谷、沟谷两侧发育分布的不对称性

受下伏红层产状的控制，河谷、沟谷两侧斜坡常常表现出一侧为红层基本倾向坡外的顺向坡，一侧为红层基本倾向坡内的反向坡，坡体地质结构决定了河谷、沟谷两岸斜坡的稳定性差异较大，顺向坡一岸则常沿倾向坡外的泥岩层面发生变形和滑动，滑坡明显多于反向坡一岸。如漳县县城段漳河左岸、武山县何家沟右岸、永登县庄浪河苦水段右岸、兰州市西固区张家沟右岸和永靖县红泉一带黄土-红层顺层滑坡非常发育，有的地段滑坡成群分布，而另一岸则较为稳定（图3-27～图3-28）。

图3-27　西固张家沟右岸黄土-红层顺层滑坡群

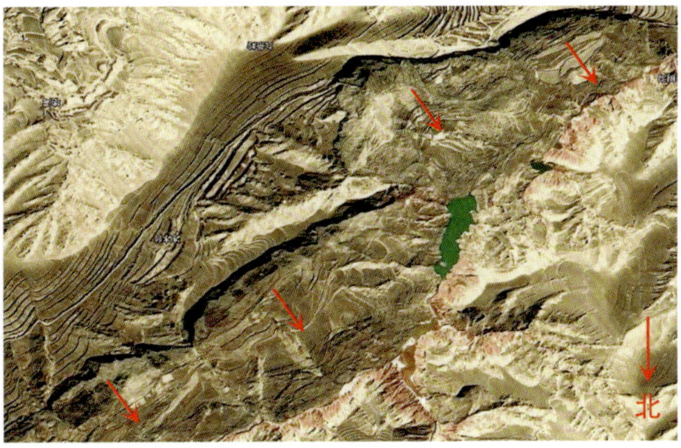

图3-28　永靖县红泉一带黄土-红层顺层滑坡群

3）不同时代红层中滑坡发育的差异性

新近系、古近系、白垩系等不同时代的红层软岩的岩性、结构构造等有较大的差异，对斜坡稳定性、滑坡类型和发育程度有一定影响。古近系、白垩系层理发育，单层厚度变化大，岩相、岩性及成分变化较大，夹有多层砂岩、砂砾岩，软硬相间，物理力学性质变化和差异也较大，各向异性特征和软弱层面的控滑作用更加显著，且经受的地质构造作用也较强烈，节理发育，岩层倾角大而多变，地下水易于渗透和运移，差异性风化明显（图3-29）。因此，在古近系、白垩系红层软岩中，黄土-红层顺层滑坡较为常见。如盐锅峡、湟水河一带白垩系红层中广泛发育的顺层滑坡。

图3-29　兰州青白石大浪沟左岸黄土-红层顺层滑坡

新近系红层岩性以泥岩、砂质泥岩为主，相对单一，多为厚层状，层理不发育，岩相岩性及成分变化较小，物理力学性质变化不大，各向异性特征和软弱层面的控滑作用不甚明显。因此，在新近纪地层中黄土-红层顺层滑坡相对较少。

3. 黄土-红层顺层滑坡的活动特征

1）滑速低、滑距短

黄土-红层顺层滑坡的主滑面一般沿斜坡下部外倾的红层层面发育，岩层倾角一般为10°～20°，因此主滑面的角度也在15°左右，能量释放条件差。同时，岩层层面本身就是天然的软弱结构面，而且地下水活动较强烈，力学强度低，滑面沿其发展贯通时，由峰残强度差引起的锁固效应则不明显，抗滑力降低较少，因此黄土-红层顺层滑坡的滑动速度一般较低，滑动距离也较短，常为数小时滑动数米至数十米。如永靖县黑方台地区的黄茨、加油站、水管所滑坡，兰州市西固区文昌阁、城关区徐家山和青白石黄土-红层顺层滑坡的滑距多为10～50 m，滑动时间多在数十分钟至数小时，滑速一般<1 m/min。

2）滑体复活性强

黄土-红层顺层滑坡由于滑速低、滑距短，滑动势能释放不彻底，滑体的稳定性差，对外部影响因素的变化反应敏感。在降水以及灌溉水的长期入渗软化、滑坡前部水流冲刷侵蚀和人为开挖等外部因素作用下，滑体常会再次复活滑动，复活滑动的特点也是滑速低、滑距短。如黑方台地区1989年3月发生的加油站黄土-红层顺层滑坡，水平滑距35～45 m，滑速较低，时隔5年后于1994年8月再次发生大规模复活滑动；1995年1月发生的黄茨黄土-红层顺层滑坡，也于2006年5月再次发生大规模复活滑动，水平滑距30～60 m，滑速也较低；1999年7月发生的兰州市西固区张家台文昌阁黄土-红层顺层滑坡，于2008年5月11日再次复活滑动，3 h滑动10 m左右（图3-30）。

图3-30　兰州市西固区文昌阁黄土-红层顺层滑坡

3）对外界因素响应敏感

黄土-红层顺层滑坡的稳定性较差，且对外界因素响应敏感，地震、开挖、灌溉等工程活动易引发黄土-红层顺层滑坡，也易加剧黄土-红层顺层滑坡复活。如兰州—永靖沿黄公路建设中，盐锅峡镇西黄河边的白垩系砂质泥岩中因路堑开挖，引发路堑沿倾角仅5°的层面发生滑动（图3-31）。西固区吊庄黄土-红层顺层老滑坡长120 m，宽180 m，平均厚度15 m，体积3.5×10^5 m³，因前缘挖土7 000 m³，于2013年4月13日滑体产生复活滑动，3 h滑动5～8 m（图3-32）。黑方台盐锅峡镇北黄土-红层顺层老滑坡，因台塬区灌溉水的长期入渗软化，于2006年3月30日发生大规模复活滑动。永登县苦水镇庄浪河西岸黄土-红层顺层滑坡群前缘受庄浪河洪水的冲刷侵蚀，长期变形和蠕滑。临洮—渭源高速公路K138+500～K139一带连续发育4处黄土-红层顺层滑坡，其中3#滑坡长期蠕滑变形，平均每年滑移0.3 m；受开挖和2013年7月22日岷漳6.6级地震的影响，整体复活滑动0.5～1.0 m，对以路堑形式从滑坡中部通过的高速公路造成严重危害和威胁。

图3-31　兰州—永靖公路黄土-红层顺层滑坡

图3-32　西固区吊庄黄土-红层顺层滑坡

4.黄土-红层顺层滑坡的成因与变形破坏模式

（1）斜坡形态上，黄土-红层顺层滑坡多发育在上陡下缓的斜坡上，上部坡度一般在35°～45°，由黄土组成；下部坡度一般在20°～30°，由中、新生界黏土岩类组成，而且泥质岩以10°～20°的坡度倾向坡外，层面构成软弱结构面，为黄土-红层顺层滑坡的发育形成奠定了基本地形地貌和有利地质结构基础。

（2）组成黄土丘陵区斜坡的第四系黄土、新近系、古近系、白垩系黏土岩均为黄土高原地区的主要易滑地层，岩土体物理力学性质较差，抗剪强度低，且水敏性强，遇水软化，强度进一步降低，而且层面更是易滑地层中最为薄弱的结构面。因此，由第四系黄土、新近系、古近系、白垩系黏土岩组成的顺向坡的稳定性差，特别是易沿倾角10°～20°的外倾层面发生黄土-红层顺层滑坡。

（3）地下水作用是黄土-红层顺层滑坡的重要引发因素。斜坡上部黄土垂直节理和落水洞发育，渗透性较好，此类坡体结构更有利于大气降水的入渗，连阴雨沿孔隙长期缓慢呈面状入渗，暴雨则沿落水洞大量快速“灌入”坡体深部，入渗水体储存于上部黄土中长期向下入渗，并沿砂岩夹层中的裂隙、孔隙等向斜坡下部渗流，常有泉水出露，使泥岩软化，强度降低，成为滑坡发育的有利软弱结构面，促发滑坡发生。已滑动的滑体结构更加破碎，裂缝、落水洞等发育，更有利于大气降水的入渗，引发滑体复活滑动。

（4）受斜坡地层结构和水文地质条件的控制，黄土-红层顺层滑坡变形破坏的地质力学模式为滑移-拉裂型。在自重作用下，斜坡岩土体沿倾角15°左右、含水率高或饱和的软弱红层层面长期蠕滑变形，形成黄土-红层顺层滑坡的主滑面（带）。滑体蠕滑变形的结果，在斜坡上部黄土中形成多条陡直的拉张裂缝，角度一般达60°～70°，最后主拉张裂缝演变为滑坡后壁。因此，黄土-红层顺层滑坡主滑面（带）的形成方式为剪切破坏，后壁为典型的拉裂破坏，滑坡变形破坏的地质力学模式为滑移-拉裂型（图3-33）。

沿层面发育的主滑动面，多沿单一的一个层面发育，个别也可沿多个层面发育，每一个相邻层面之间沿剪张裂缝拉裂，最终演化为统一的滑动面而失稳滑动（图3-34）。

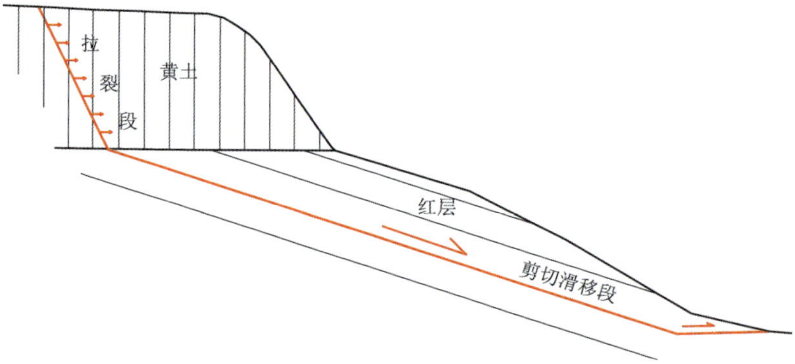

图3-33　黄土-红层顺层滑坡变形破坏机理

图3-34　沿多个层面剪切滑动的黄土-红层顺层滑坡

3.3.2　黄土-红层切层滑坡

黄土-红层切层滑坡一般发育于下伏岩层向坡内倾或近水平状的高陡斜坡地段，呈群分布，规模较大，多属大型或特大型滑坡。滑坡轮廓形态特征明显，特别是黄土-红层切层滑坡具有高陡的滑坡后壁、巨大的滑坡体、多级滑坡平台及后部封闭洼地等滑坡地貌（图3-35～图3-36）。

图3-35　黄土-红层切层滑坡

黄土-红层切层滑坡一般是在自重、地下水等长期作用下，渐进性变形、破坏发展而来。首先，坡脚一带由于卸荷回弹裂隙相对发育、地下水作用相对活跃、坡体应力相对集中等原因，坡脚处的剪切蠕变程度也相对强烈，形成剪切蠕滑段。其发

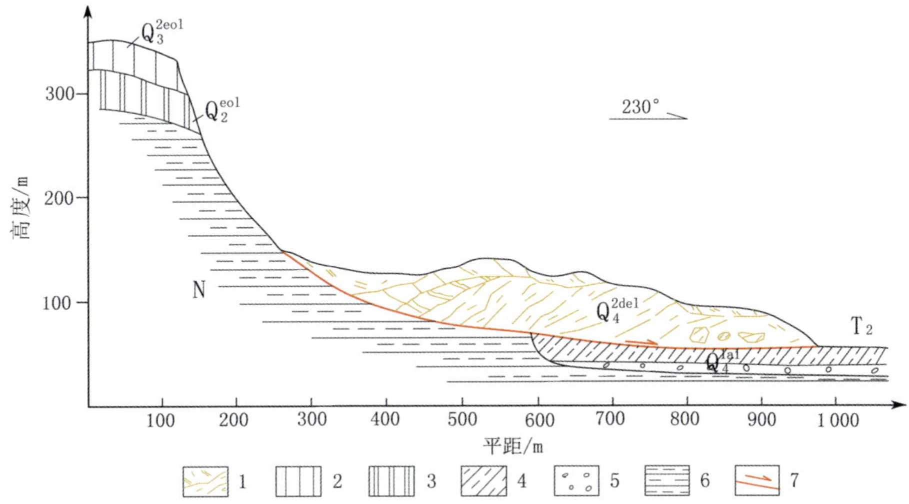

1—滑坡堆积；2—马兰黄土；3—离石黄土；4—粉质黏土；5—卵石；6—泥岩；7—滑动面。

图3–36　秦安县黄土–红层切层滑坡

展结果引起中上部黄土斜坡段应力和变形状态变化，在坡顶区形成拉张应力区，并出现后缘拉张裂缝，形成坡顶拉裂段，更有利于大气降水的入渗和软化岩土体。下部剪切蠕滑段和上部拉裂段两个破坏区的不断发展，应力不断集中在斜坡中部的锁固段泥岩上。随着时间推移，斜坡上下两破坏区段渐进发展，其规模及破坏速度不断加大加快，锁固段泥岩上应力则不断集中、长度不断变短，当达到临界长度后突然破坏，斜坡完全失稳滑动。黄土–红层切层滑坡的变形破坏方式一般是蠕滑–拉裂–剪断型，滑动面多沿泥岩中的节理、裂隙等结构面发展形成。

泥岩具有较高的内聚力，其峰残强度效应较大且呈脆性破坏。因此，锁固段破坏时滑体失去了很大的抗滑力，同时滑体也相应获得了很大的下滑力，使之处于力的极不平衡状态，发生急剧滑动。此类滑坡通常有很大的滑动势能，且后部滑面较陡，有利于形成高速滑动。加上高速滑动时的汽化、气垫、液化等持速效应，当前部地形开阔时，多形成高速远程滑坡。前缘滑体中因高速滑动常见有逆冲现象（图3–37）。

图3–37　天水市石马坪古滑坡前缘逆冲现象

黄土–红层切层滑坡经高速远程滑动后，滑体大面积散开堆积在前部平坦的河谷区，其滑动势能已基本完全释放（图3–38）。因此，大滑动后的滑体有较高的稳定性，即使前缘滑体遭受一定水流侵蚀冲刷、人工开挖，滑体仍处于稳定状态。但黄土–红层切层滑坡剧滑后多又形成高陡的滑坡后壁，并受强烈滑动的影响，后部还常发育有近于平行的拉张裂缝，所以此类滑坡的后壁稳定性差，有再次滑动的可能。利用改进的毕晓普斜坡稳定性计算公式计算，1983年发生的洒勒山黄土-红层滑坡体的稳定系数达6.5。可见，此类滑坡的滑体稳定性很高。洒勒山滑坡后壁常发生小规模滑塌，并于1986年3月再次发生大规模滑动，体积达2.4×10^6 m^3。

图3-38　黄土-红层切层滑坡

在陇中黄土地区，不同地质历史时期的黄土-红层切层滑坡分布广泛，且规模多为大型和特大型，其成因可能与古地震有关。

3.4　岩质滑坡的基本特征

岩质滑坡的滑体主要由中生代以前的基岩组成，一般具有滑体规模大、滑动势能高的特点。以大型和特大型滑坡为主，如柏林坪、立亭、外纳、三河、金条山、石鸡坝、葡萄园等岩质滑坡。岩质滑坡广泛分布在陇南、祁连山等基岩区，特别是白龙江、白水江中下游地段。根据滑动面发育的位置也可分为岩质切层滑坡和岩质顺层滑坡两类（图3-39～图3-44）。

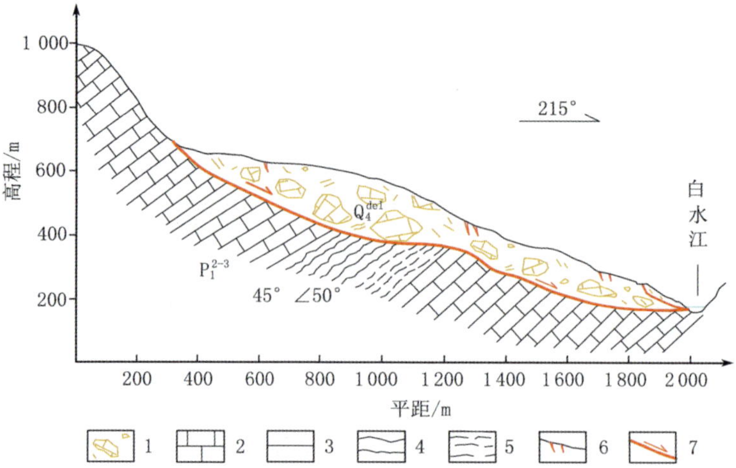

1—滑坡堆积；2—灰岩；3—砂岩；4—页岩；5—千枚岩；6—拉张裂缝；7—滑动面。

图3-39　文县高家山岩质切层滑坡剖面图

图3-40　宕昌县白龙江右岸沙湾岩质切层滑坡

图3-41　康县望关附近岩质切层滑坡

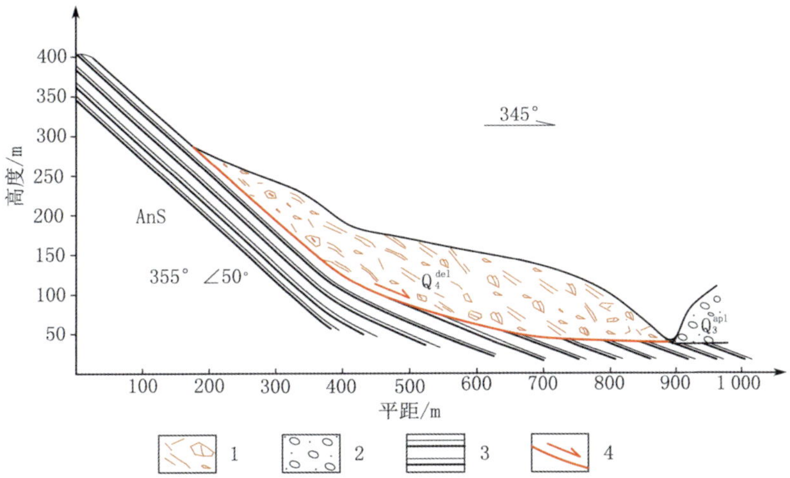

1—滑坡堆积；2—卵石；3—板岩；4—滑动面。

图3-42　文县羊汤河岩质顺层滑坡剖面图

图3-43　文县羊汤河岩质顺层滑坡

图3-44　华亭市安口镇岩质顺层滑坡

岩质滑坡主要分布于岩性较为软弱或软硬相间、结构破碎的沉积岩和变质岩地层中，其发育形成主要受斜坡岩层中的构造裂隙、层面软弱夹层等结构面控制，地震、降水、地下水活动是主要引发因素。其变形破坏方式比较复杂，类型较多，主要有塑流-拉裂型、滑移-拉裂型、弯曲-拉裂型和滑移-弯曲型等（图3-45）。

图3-45　岩质斜坡弯曲-拉裂型变形破坏

图3-46　舟曲县巴藏镇宾革堆积层滑坡

3.5　堆积层滑坡的基本特征

堆积层滑坡为发育在斜坡中下部第四系各种松散堆积物之中的土质滑坡。堆积层的成因类型主要为：坡积、残积、洪积、冰水堆积及各种重力堆积物等，在陇南基岩山区的白龙江、白水江、岷江等大型河谷及支沟两侧谷坡地带和祁连山区分布较为广泛。因此，堆积层滑坡也主要发育在陇南基岩山区的大型河谷、沟谷两侧谷坡的中下部位（图3-46）。祁连山区堆积层滑坡也较发育，有的冰水堆积层滑坡沿沟底呈长条状发育。

堆积层一般较为松散，土质混杂，底部与基岩的接触面倾向坡外，其内部常分布倾向坡外且较连续的由千枚岩、页岩等风化岩屑构成的细粒土透镜体或夹层，抗剪强度较低，且相对隔水。由于大气降水及后部山坡区的径流易于渗入，细粒土夹层部位地下水富集且比较活跃，在水的软化、动水压力和前部河流的强烈侵蚀等作用下，促使松散堆积层沿这些软弱层（带）发生滑动。近年来发生的宕昌县鲁班阁滑坡、邓桥村岷江西岸滑坡等即为堆积层滑坡（图3-47～图3-48）。堆积层滑坡滑距一般较短，滑速较低，但滑体复活性强，且易堵塞江河和沟道。

堆积层滑坡的形成与降水入渗、斜坡前缘河流长期侵蚀冲刷以及人为切坡或加载有关。例如G316线天水稍子坡滑坡群中的2#滑坡即属堆积层滑坡，1999年公路修建时在堆积层上部筑填路基，大量加载而促发滑动。

图3-47　宕昌县邓桥村岷江西岸堆积层滑坡

白龙江两岸的武都、舟曲一带，因地壳上升强烈，河流下切迅速，第四纪早期的各类堆积层被抬升分布在斜坡的较高处，滑坡剪出口位于半坡，形成“悬挂式”滑坡。这类滑坡与泥石流有类似之处，有滑源区、滑移通道区和堆积区，具有继发性和复活滑动的特点。

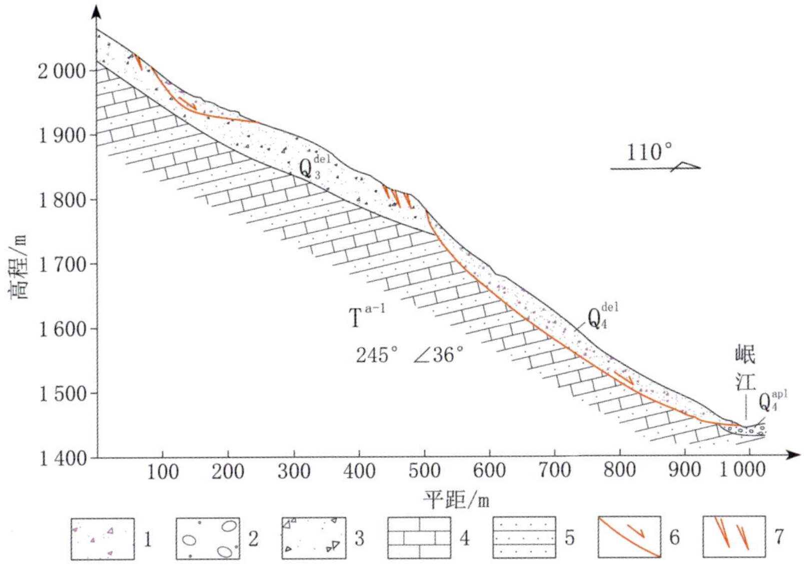

1—新滑坡堆积；2—冲洪积碎石；3—古滑坡堆积；

4—灰岩；5—砂岩；6—滑动面；7—裂缝。

图3-48　宕昌县邓桥村岷江西岸堆积层滑坡剖面图

白龙江中游深大断裂破碎带内发育的泄流坡、锁儿头、化马、中牌、秋林等滑坡，其滑体物质除断层破碎带强风化千枚岩、板岩及黄土外，还有两侧断崖部位崩塌、滑坡群的补给，混杂破碎，具有多次复活滑动的特点，其性质与堆积层滑坡更为接近，滑坡类型上也可将其归属为一类特殊的堆积层滑坡。

3.6　流滑型滑坡的特征与成因

3.6.1　流滑型滑坡概念

近年来，野外调查发现了一种特殊的滑坡类型，即在一些小型沟道的沟脑或上游地形陡峻的沟岸发生滑坡，滑体再沿沟道整体或部分向下滑动数百米甚至上千米，滑体堆积于道沟下游或沟口地带，沿沟道形成长条形滑体，犹如“蛟龙出沟”。一般具有明显的滑坡源区（形成区）、滑移通道区和沟口扇形堆积区。其平面形态及组合形式与泥石流非常相似，表现出既有滑坡的特征，还有泥石流的特点（图3-49）。在甘肃东部黄土高原和陇南、甘南以及祁连山基岩山区此类滑坡均有发育，近年来多有发生。其特征与一般概念上的滑坡有显著的差异。

2021年11月23日23时，静宁县余湾乡韩店村突发黄土滑坡，体积约$3×10^5$ m³。滑坡剪出口高程1 735 m，滑坡堆积区前缘高程1 585 m。沿坡率约14.5%的沟道滑动1 080 m。滑坡长度与宽度比值（简称长宽比）达30，为典型的长条状流滑型黄土滑坡（图3-50）。

图3–49　典型流滑型滑坡

图3–50　静宁县余湾乡韩店村流滑型黄土滑坡

国内外也有此类滑坡的报道。国内，如1920年12月海原8.5级地震引发了大量流滑型黄土滑坡并形成许多堰塞湖，其中孟家沟滑坡沿沟道滑动2 000 m（如图5–59）。新疆新源、巩留伊犁河谷两岸黄土丘陵区流滑型黄土滑坡亦十分发育，有的沿沟道滑移1 000 m以上，其成因多与季节性冻结滞水作用有关。1981年8月23日陕西宁强县石家坡滑坡发生于冷水河左岸125 m高的千枚岩斜坡区，体积$4.8×10^5$ m^3，滑体沿冷水河向下游分5级俯冲、仰冲，总滑动1 060 m，滑动历时不足10 min，造成13人死亡。著名的云南昭通头寨滑坡和西藏易贡滑坡也是典型的高速流滑型滑坡。国外，如1989年苏联塔吉克境内发生5.5级地震，位于震中的吉萨尔村形成了沙拉拉、菲尔马等4处大型流滑型黄土滑坡，造成200余人死亡。流滑型滑坡虽然在数量上相对较少，但有其特殊的形成条件和机理，而且具有突发性、远程性和难以预测性，常会造成重大的人员伤亡和经济损失。因此，单独划分为特殊的滑坡类型，对其进行深入研究十分必要。

由于此类滑坡多由降水引发且表现出泥石流的某些特征，泥石流研究方面的学者从滑坡转化为泥石流的角度进行研究，称之为滑坡型泥石流。滑坡研究方面的学者称为塑流型滑坡、黄土流或流动性滑坡、碎屑流，其中碎屑流在学术界一般公认为是具有特殊运动形式和机理的高速远程滑坡。而调查发现此类滑坡中有的虽然沿沟道总体滑动距离较远，但滑速较低，甚至长期缓慢蠕动，也形成特殊的低速远程滑坡。此类滑坡的形成除了在暴雨期间发生外，有的滞后降水发生或由连阴雨引发，还可由地震、灌溉、水管渗漏等引发。土体沿沟道运动的过程中有明显和相对固定的滑面或滑带，因此，其成因、运动特征等与滑坡更为相近，更具滑坡的特征。此类滑坡发育的地质环境、成因、运动过程、运动机理、致灾特征等具有其特殊性，与一般滑坡、泥石流相比具有较大差异，属于一种在沟谷地形条件下形成并具有特殊运动方式和堆积形态的滑坡类型——流滑型滑坡（Flow slides）。甘肃省的流滑型滑坡可进一步细分为流滑型黄土滑坡、碎石流型滑坡和碎屑流型滑坡3类。流滑型黄土滑坡滑体以黄土为主，主要分布在黄土高原区，也称泥流型黄土滑坡；碎石流型滑坡既有堆积层滑坡，也有岩质滑坡沿沟道的滑动，运动速度较慢，或长期缓慢蠕滑，复活性较强；碎屑流型滑坡以岩质滑坡为主，运动速度一般很快。碎石流型滑坡和碎屑流型滑坡的主要区别是滑动速度的差异，二者主要分布在陇南、甘南及祁连山区。

3.6.2 流滑型滑坡实例与分布

1.流滑型黄土滑坡

（1）1978年7月12日晚，天水市麦积区伯阳至社棠一带2 h降水量为105 mm，1 h最大降水量约60 mm。伯阳附近的刘家湾沟和菜子沟发生2处流滑型黄土滑坡，体积分别约为2.5×10^6 m^3和1.8×10^5 m^3，部分滑体依赖较陡的沟底地形并在水的作用下，以平均6 m/s的速度沿沟向南远程滑动，距离分别为1 550 m和450 m，滑出沟口的滑体达2×10^5 m^3和8×10^4 m^3，大量滑体堆积于宝天铁路路基上，刘家湾沟摧毁铁路桥涵，埋没路面150 m，滑坡前舌越过铁路滑入渭河，造成短时间断流（图3-51）。菜子沟滑坡埋没铁路站房和路面100 m，还破坏村庄和铁路工区房屋80多间，损失粮食45 000 kg，压死牲畜40多头。滑坡中断行车360 h，是该铁路运营中停车时间最长、损失最大的地质灾害之一，世界上也少见。

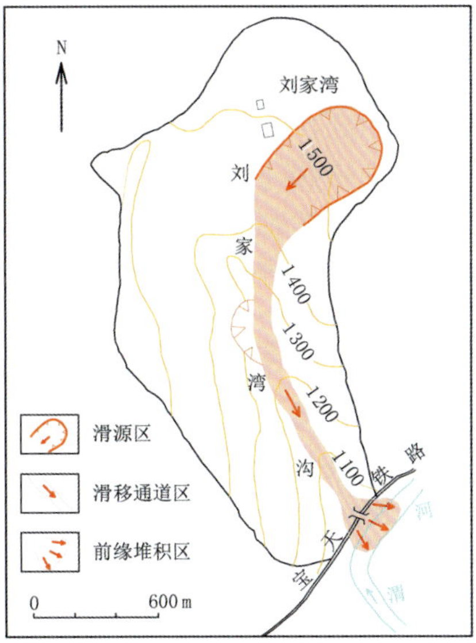

图3-51 刘家湾沟流滑型黄土滑坡平面图

（2）2013年7月中旬以来天水市连续降水，21日

16—20时，马跑泉镇短时间内降水量超过101.8 mm，大沟沟脑东侧山体发生体积约2.97×10^{5} m^{3}的滑坡，大部分滑体沿坡降16%左右的沟道向北滑动850 m，滑出沟口形成长200 m、宽60～120 m的堆积区，厚度4～6 m。滑坡摧毁、淤埋9户村民房屋137间，3户村民房屋严重受损，摧毁大沟村民委员会3层在建办公楼、旧村民委员会8间办公室和舞台，给当地居民的生命和财产安全带来了严重危害，直接经济损失约1 000万元（图3-52）。由于发现及时，未造成人员伤亡。据灾后访问，该滑坡进入村庄时，滑动速度慢于人跑的速度，快于人走的速度。由此估计滑速为3～4 m/s。在沟道中上游，由于坡降大，滑速要更快一些。

图3-52　天水市麦积区大沟流滑型黄土滑坡

（3）2013年7月22日7时45分发生岷漳地震，距震中4 km的梅川镇永光村发生的永光1#滑坡，体积2.3×10^{5} m^{3}左右，滑坡在平台区整体滑动50～130 m，压埋村庄，12人遇难。由于黄土中地下水发育，并受前期降水影响，高含水滑体具有流滑型黄土滑坡的特征。前缘约6×10^{4} m^{3}滑体沿宽25～40 m、坡度14.5°的支沟滑动150 m后，转弯75°，又沿比降约11.4%的主沟缓慢滑动590 m，总滑距达870 m。整个滑动历时约7 h，平均滑速仅为0.034 m/s。

2.碎石流型滑坡

（1）迭部县腊子口乡黑多碎石流型滑坡位于面积约1.3 km^{2}的宽缓沟谷中，滑体为残积、坡积混合土和黄土，滑坡由西北向东南方向呈长条状延伸，长约1 150 m，宽40～70 m，体积约3.5×10^{5} m^3。滑体中地下水较丰富，大多呈饱和状态，滑坡沿沟道呈长条状长期缓慢滑动，破坏农田和村道。另外，该滑坡南侧面积约0.9 km^{2}的支沟中还发育一处碎石流滑坡，由东向西方向呈长条状延伸，滑坡体长约1 300 m，宽70～110 m，体积约1.3×10^{6} m^3，也长期缓慢滑动。两处长条状碎石流型滑坡在黑多沟主沟道相会，呈现“二龙相争”的景观（图3-53～图3-54）。

（2）夏河县麻当碎石流型滑坡位于大夏河东岸面积约1.1 km^{2}的宽缓沟谷中下部，滑体为断层带破碎岩石和残坡积土，滑坡沿坡降约22.5%的沟道由东向西呈长条状延伸，前缘到达大夏河岸边，长约1 080 m，宽4～70 m，体积约2×10^{6} m^3。滑源区主要位于沟脑南侧部位；滑移通道长约300 m，宽45～90 m，两侧滑动痕迹非常明显，滑坡沿沟道呈长条状长期缓慢滑动。滑坡堆积区平面形态呈长500 m、前缘宽460 m、扩散角约56°的扇形，非常类似泥石流堆积扇，从滑体表面呈波状堆积的形态分析，为长期多次滑动堆积而成，该滑坡威胁G213线（图3-55）。据调查，夏河县北部还有多处此类长期缓慢滑动的碎石流型滑坡。

图3-53　迭部县黑多村碎石流型滑坡

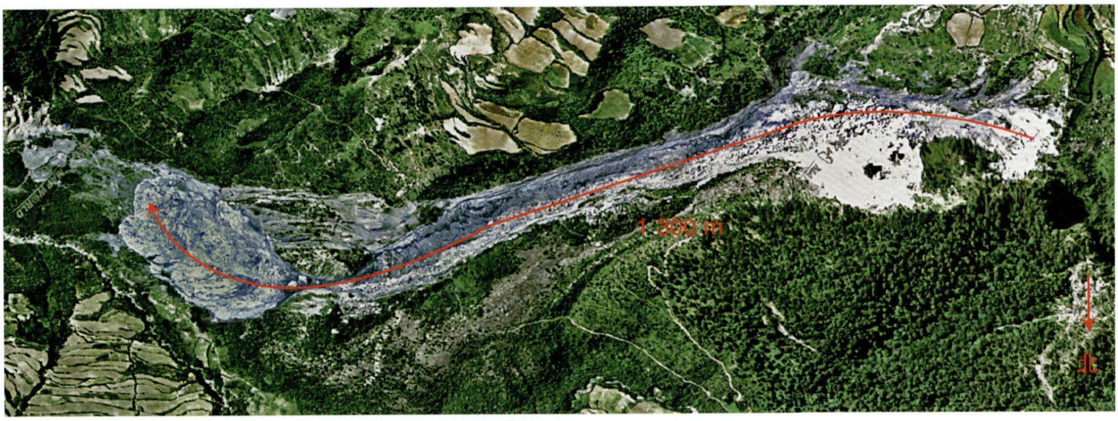

图3-54　迭部县黑多村南部碎石流型滑坡

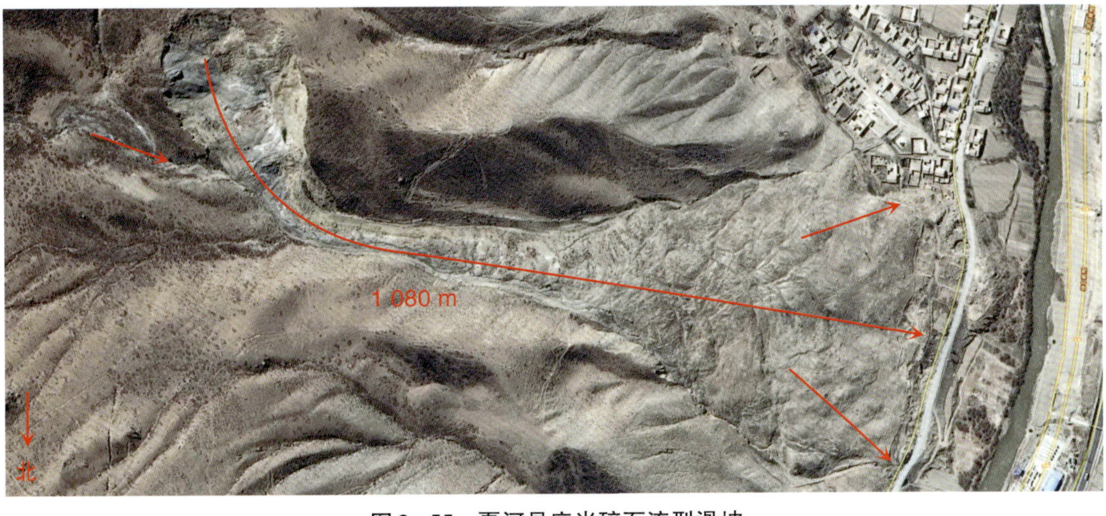

图3-55　夏河县麻当碎石流型滑坡

祁连山区一些沟道中大量堆积着冰水堆积物，其中地下水丰富，在重力和地下水作用下，也发育大量碎石流型滑坡。有的长期缓慢蠕滑，滑体及两侧滑动痕迹非常明显（图3-56）。

图 3-56　祁连山区的碎石流型滑坡

3. 碎屑流型滑坡

（1）康县周家坝镇柏杨村碎屑流型滑坡的滑源区位于纸槽沟左岸面积约 0.15 km^{2}的小型冲沟的沟脑部位。2020年8月18日在连降暴雨的作用下，滑源区白垩系发生岩质切层滑坡，并带动上部坡、残积堆积物，总体积 8.5×10^5 m^3，其中约 5×10^5 m^{3}的滑体沿坡降33%左右的顺直沟道向北快速滑动850 m后，到达沟口并冲向对岸堵塞纸槽沟形成体积约 5.9×10^5 m^{3}的堰塞湖，同时部分滑体再转向下游滑动250 m，形成扇状堆积体，最大滑距1 100 m。有明显的滑源区、滑移通道区和堆积区。滑移通道区宽度 50～70 m，两侧滑动擦痕明显（图3-57）。

另外，在康县城关镇还发育3处类似的规模较小的碎屑流型滑坡。

图 3-57　2020年8月康县周家坝镇柏杨村碎屑流型滑坡及堰塞湖

（2）祁连山毛藏碎屑流型滑坡位于武威市天祝县杂木河上游右岸毛藏寺附近的支沟沟脑部位。支沟流域面积0.9 km^2，分水岭高程约3 300 m，沟口高程2 650 m，高差650 m，沟道平均坡降35%左右，沟谷宽度 50～100 m，在近沟脑支沟又分为东、西两条冲沟。近年来在两条冲沟的沟脑分别发生两处大小相近的岩质碎屑流型滑坡。其中西侧滑坡长700 m，宽 60～100 m，体积约 5×10^5 m^3，沿方向 14°、沟道比降 35.5%的冲沟滑动约450 m后，滑坡前缘进入主沟道。东侧滑坡长800 m，宽 70～100 m，体积约 6×10^5 m^3，沿方向 300°、比降约37%的冲沟滑动500 m后，向北转向65°，进入主沟道再滑动近200 m。东、西两处滑体在主沟道叠加为一体，平面形态组合呈非常特殊的“人”字形（图3–58）。据当地牧民介绍，西侧滑坡发生于2008年汶川地震的当晚，东侧滑坡发生于2009年，从滑体表面滑动迹象判断，东侧滑坡的发生时间晚于西侧滑坡。

另外，祁连山西营河支流响水河上游左岸支沟、黑河支流大长干河也发育典型的碎屑流型滑坡。

图3–58　祁连山毛藏碎屑流型滑坡

临潭县冶海巨型崩塌体堵塞石门沟后，又转向沿沟道向下游滑移1 200 m。祁连山区的肃南县观山河特大型滑坡堆积并堵塞观山沟后，又沿沟道向下游滑移约2 000 m。均表现出碎屑流型滑坡的特征。

4.流滑型滑坡的区域分布

流滑型滑坡虽然在数量上相对较少，但区域分布范围较广。在黄土高原区和陇南地区、甘南地区及祁连山基岩山区流滑型滑坡均有发育分布，且在局部地段较为密集。黄土高原区主要分布于陇西黄土高原的天水市麦积区、秦州区、清水县、秦安县和平凉市静宁县，以及定西市通渭县、兰州市榆中县；陇南市主要分布在康县、武都区和宕昌县；甘南主要分布在夏河县北部、卓尼县和迭部县；以及祁连山区。甘肃省部分典型流滑型滑坡特征统计于表3–6。

表3–6　典型流滑型滑坡特征统计表

序号	滑坡名称	滑坡体积/m^3	滑距/m	流域面积/km^2	沟道比降/%	沟道宽度/m	长宽比	滑坡类型
1	天水刘家沟	2.5×10^6	1 550	2	20	60～70	26	流滑型黄土滑坡
2	天水菜子沟	1.8×10^5	450	0.6	21	40～50	10	
3	天水别川河支沟	1×10^5	400	—	35	30	14	
4	天水马跑泉大沟	2.97×10^5	850	0.488	16	30～50	20	
5	天水花牛槐树湾	1.2×10^5	340	0.16	50	10～30	12	
6	天水社棠大湾里	2×10^4	600	0.79	25	15～30	20	
7	天水甘泉莫家庄	2.4×10^5	400	0.1	30	30～50	13	
8	静宁余湾乡韩店村	3×10^5	1 080	0.58	14.5	30～60	30	
9	通渭马营沟	2×10^4	360	0.2	10	25～35	12	
10	榆中碱沟	3×10^4	1 070	1.13	6	30～100	20	
11	岷县永光	2.3×10^5	900	1.3	13.5	15～40	30	
12	武都马街对面	1.2×10^6	640	0.4	20	80～100	11	

续表3-6

序号	滑坡名称	滑坡体积/m³	滑距/m	流域面积/km²	沟道比降/%	沟道宽度/m	长宽比	滑坡类型
13	迭部黑多村	3.5×10^5	1 150	1.3	21.2	40～70	21	碎石流型滑坡
14	迭部黑多村南	1.3×10^6	1 300	0.9	31.1	70～110	17	
15	迭部桑坝	1.3×10^6	1 150	3	41.5	60～110	16	
16	夏河麻当G213东	2×10^6	1 080	1.1	22.5	50～120	11	
17	夏河麻当拉浪囊	3×10^6	1 250	1.5	20.8	70～110	14	
18	夏河切龙沟	2.2×10^6	1 250	1.4	30.5	50～120	14	
19	夏河观音河	1.4×10^6	1 150	0.5	16.7	80～120	13	
20	夏河完格尔	4×10^4	350	—	36.4	25～40	11	
21	临潭县石门乡	3.5×10^5	600	0.2	34.6	40～60	11	
22	祁连山八个台子	2.4×10^6	—	0.4	18	150～250	15	
23	康县柏杨村	8.5×10^5	1 100	0.15	33	50～70	18	碎屑流型滑坡
24	祁连山响水河	3.5×10^6	1 620	2.0	24.5	80～110	18	
25	祁连山毛藏滑坡	5×10^5～6×10^5	450～700	0.9	36.5	70～100	9～11	
26	祁连山大长干河	2.5×10^6	1 050	0.4	28.5	130～180	14.5	

流滑型滑坡多发生在面积<2 km²、主沟长几百米至1～2 km、纵坡比降20%～30%的小型沟谷中，碎石流型滑坡发育的沟道比降一般较流滑型黄土滑坡发育的沟道比降较陡。有的流滑型滑坡也发生在沟道形态不明显的低洼沟坡区。

从滑坡形态和运动特征上看，白龙江断裂带上发育的舟曲县锁儿头、泄流坡、牙豁口等滑坡呈长条形，有滑源区、滑移通道区和堆积区，且长期缓慢滑动和间歇性加速滑动，也具有碎石流型滑坡的性质和特点。

另外，在地质历史上甘肃也有较多的流滑型滑坡发育，常表现为沟底和沟口分布大量结构破碎的黄土或碎石土堆积，有的现今还处于活动状态。

3.6.3　流滑型滑坡的特征

1. 流滑型滑坡的形态与结构特征

流滑型滑坡的平面形态最大特点是呈长条形，长宽比一般>10，有的达30左右。其大部分有滑源区、滑移通道区和扇形堆积区，多呈哑铃状，有的呈扇状。流滑型滑坡一般在地形陡峻的沟谷沟脑或中、上游沟岸发生，再沿沟道滑动数百米甚至上千米，滑体常堆积于沟道下游或沟口，有的堵塞主沟道，甚至形成堰塞湖。冲沟沟道为滑坡滑动提供了良好的滑移通道，可简称为“滑通区”，相对目前常用的“流通区”，更加符合和突出沿其滑动的特征，也区别于泥石流的流通区。滑坡沿沟道滑动过程中，经狭窄沟道的调节使滑坡的宽度变小，长度大为增加，沿沟形成长条状滑体，其长度远大于宽度，如静宁县余湾乡韩店村流滑型黄土滑坡的长宽比为30，康县柏杨村、祁连山西营河响水河碎屑流型滑坡的长宽比均达18。

滑坡体表面呈波浪状，表现出塑性流动或滑坡多次叠加的特征，两侧有明显且延伸较长的滑动擦痕、剪切滑移带和垄岗状堆积（图3-59～图3-60）。流滑型黄土滑坡的滑体中多有干土块，呈包裹状。而滑体中含水率很不均匀，一般滑体底部滑道附近的含水率较高，多呈饱和状态，厚度约1～2 m。

图3-59　流滑型黄土滑坡的滑道及擦痕

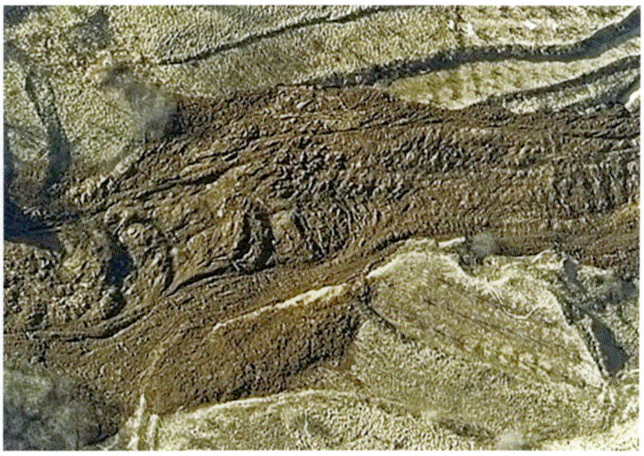

图3-60　流滑型黄土滑坡起伏的表面

2.运动特征

流滑型滑坡沿沟道的滑动多是整体连续的运动，一般不出现黏性泥石流波状阵性流动的现象，并在较短的时间内集中完成滑动-堆积过程。流滑型滑坡的滑动距离一般在400～1 000 m，沟谷中上游沟岸滑坡滑至沟底后，常以90°左右的大角度转弯并再沿沟道向下游运动，转弯处外侧有逆冲或爬高现象。流滑型滑坡沿沟道滑动过程中，不断冲击、刮铲两侧沟岸土体，甚至发生小型滑坡，一并汇入沿沟道滑动。

流滑型滑坡的滑动速度差异很大。根据现有资料，一般碎屑流型滑坡和流滑型黄土滑坡的滑速较快，有的滑速可达20～30 m/s，有的滑速只有1～2 m/d。碎石流型滑坡的滑速较低，甚至长期缓慢滑动，如2020年10月25日在小雨的情况下，舟曲虎家崖东侧山顶发生中型碎石流型滑坡，其中约2×10^4 m^3呈流塑状的滑体，沿老滑坡北侧边缘坡降约60%的小型冲沟滑动了800 m，历时近1 d，平均滑动速度0.5 m/min左右（如图7-16）。由此可见，该碎石流型滑坡与泥石流有明显的差异，首先其为非暴雨引发，其次是在较陡的冲沟中运动速度很慢，不像泥石流那样剧烈。

3.活动特征

流滑型滑坡具有群发性和继发性的特征。区域地质环境条件相似的小型沟谷内可同时发生流滑型滑坡，具有群发性特点。如天水地区2013年7月暴雨引发了7处流滑型黄土滑坡；康县2020年8月连续大暴雨期间发生4处流滑型滑坡。流滑型滑坡也具有继发性的特点，如天水大沟村于1984年和2013年雨季发生过两次类似的流滑型黄土滑坡。

有的滑体堆积于沟道中或沟口，在降水、沟道汇水作用下，或在沟脑沟岸再次滑坡、崩塌的加载推挤作用下，滑体再次复活滑动，或长期处于缓慢蠕滑状态。如图3-55，呈扇形的夏河县麻当碎石流型滑坡体是多次碎石流型滑坡长期活动和堆积的结果。

3.6.4　流滑型滑坡的成因

流滑型滑坡的成因有其独特的地质条件，与一般滑坡相比，其主要是滑坡在沟道中运动和沟口堆积条件差异较大。碎屑流滑坡的成因和机理已有大量的专门研究成果，这里只简要分析流滑型滑坡、碎石流滑坡形成的地形地貌、水文和水文地质条件。

1.地形地貌

流域面积较小的冲沟一般是正在发育的青壮年期沟道，下切和向源侵蚀作用强烈，在沟脑及沟道上游多形成陡峻的沟坡，稳定性差，常发生中、小型滑坡，具有较高的滑动势能，启程滑动速度较快。沟道一般宽度30～50 m，长度400～1 000 m，坡降10%～30%，狭窄、坡降较大的沟道类似于物料运输皮带，为沟脑及沟道上游滑体继续沿下游沟道远程滑动提供了良好的滑道，形成沟道远程流滑效应。沟口一带由于地形开阔、平缓，滑坡失去滑动力和沟道的侧向约束，便在沟口堆积并向两侧扩展，形成扇状滑坡堆积体。

2.水文和水文地质条件

沟道是流域内地表水、地下水的排泄总通道，流域上游地表水、地下水汇集后沿沟道排泄的过程中，部分沿途入渗到洪积、坡积物中，形成沟谷潜水，沟道土体长期处于饱和状态，内摩擦角等抗剪强度指标低，为流滑型滑坡的滑动提供了润滑的滑道。沟道在横剖面上形成特殊的半封闭U形滑槽，且滑带土扰动后发生定向排列，孔隙度减小，渗透系数降低，更容易在滑道上产生超孔隙水压力，且短期难以消散，甚至在滑坡的振动作用下发生液化，有效应力降低，大幅降低滑道的摩擦系数，擎托滑体，沿沟道发生远程滑动。降水也使沟底土体表面含水率增高，起到润滑滑道的作用。

祁连山区沟谷中堆积的高含水冰水堆积物，在重力和水的综合作用下，有的长期缓慢蠕滑。

3.6.5　流滑型滑坡与黏性泥石流的主要区别

滑坡和泥石流是两类不同的山区主要地质灾害，但二者之间有着密切的内在联系，特别是由暴雨引发的流滑型滑坡兼具滑坡与泥石流的特点，但在成因及运动特征等方面，流滑型滑坡失稳后沿沟道的运动更具有滑坡的特征和属性，与黏性泥石流相比有以下主要区别。

（1）滑体在沟道的运动主要是土体在重力作用下沿沟底和沟岸的剪切运动，有明显和相对固定的滑动面，滑动作用主要集中于滑动面或滑动带上。土体内虽有块体间的相对运动，但整体还是相对稳定，并且有些块体一直处于干燥状态，不同于紊流状流体内部频繁的物质间的混合与交互，也没有内部颗粒间碰撞离散力的支持和泥浆悬浮力。

（2）流滑型滑坡的运动速度有快有慢，有的远低于黏性泥石流的运动速度，有的远高于黏性泥石流的运动速度，二者差异较大。

（3）降水、地震、季节性冻融和农业灌溉等均可引发流滑型滑坡，有的滞后暴雨发生，有的甚至无明显引发因素。而泥石流则是在暴雨、冰川消融、溃坝等提供的强大水源条件下发生，水是不可缺少的物质组成和动力来源。因此，从引发因素上看，流滑型滑坡更具有滑坡的特征，而与黏性泥石流有较大的差异。

（4）从治理方面来看，如果按黏性泥石流考虑，洪峰流量等水力计算困难。由于流滑型滑坡以滑动的形式集中在沟道中运动，单位时间通过某断面的泥土体通量很大，可达到流域清水流量的40～60倍，而相对清水流量，考虑固体物质的增流系数（$1+\varphi$）和堵塞系数（D）的双重作用，一般黏性泥石流的流量为清水流量的2～6倍。可见，流滑型滑坡运动时沟道断面的泥土体通量为一般黏性泥石流流量的10～15倍。这样的“泥石流”也非一般排导沟和桥涵所能排泄，而且破坏力很大，一般的拦挡工程难以抵挡，其流速、流量等特征参数的确定也十分困难。

同时也要看到，由暴雨引发的流滑型滑坡沿沟滑动过程中，有时有大量洪水参与其中，与滑体拌合，前缘部分可转化为泥石流，从而形成滑坡-泥石流灾害链，兼具滑坡和泥石流的特点。流滑型滑坡虽然在数量上相对较少，但由于其突发性和远程性，会造成极大的人员伤亡和经济损失。综合上述分析，从成因及运动特征等方面充分认识其灾害属性，并采取相应的防治措施，对减少此类灾害造成的损失意义重大。

3.7 崩塌类型及基本特征

除滑坡外，崩塌也是斜坡变形破坏的一种常见形式。主要分布于坡度>60°的陡坡地带，根据崩塌体物质组成，甘肃地区的崩塌主要为黄土崩塌和岩质崩塌两类。这里进行简要介绍。

3.7.1 黄土崩塌

主要发育于由黄土和黄土状土构成的陡坡部位。陇中黄土高原地处我国黄土高原的最西部，气候干燥，黄土含水率较低，直立性好，在高阶地前缘陡坎、黄土塬边，可形成高度达数十米至近百米的黄土陡崖，在降水、地震等因素的作用下常产生黄土崩塌。崩塌体规模多在数千至数万立方米之间。个别规模较大，如陇海铁路天水—兰州段沿线发育有黄土崩塌9处，最大的天水渭南镇马家咀黄土崩塌体积达$6\times10^5\ m^3$。

陇东黄土高原区，黄土堆积厚度大，黄土塬边斜坡坡度一般达60°左右，为黄土崩塌的发育提供了良好的地形条件和物质基础。因此，塬边发育大量黄土崩塌，一般规模为数千至数万立方米。董志塬边的火巷沟黄土崩塌非常发育（图3-61）；高家坳黄土崩塌宽度200 m，体积约为$2\times10^5\ m^3$（图3-62）。

黄土崩塌形成过程多具有滑坡-崩塌转化的性质。特别是大型黄土崩塌，形成初期类似于从坡面上剪出的滑坡，首先沿前部较陡的滑动面滑移脱离坡体，最后翻转而下，以崩塌的形式结束其运动，崩塌体非常破碎（图3-63）。

“5·12”汶川地震在陇南市引发了大量的小型黄土崩塌，破坏房屋和道路（图3-64）。

图3-61　董志塬边火巷沟黄土崩塌

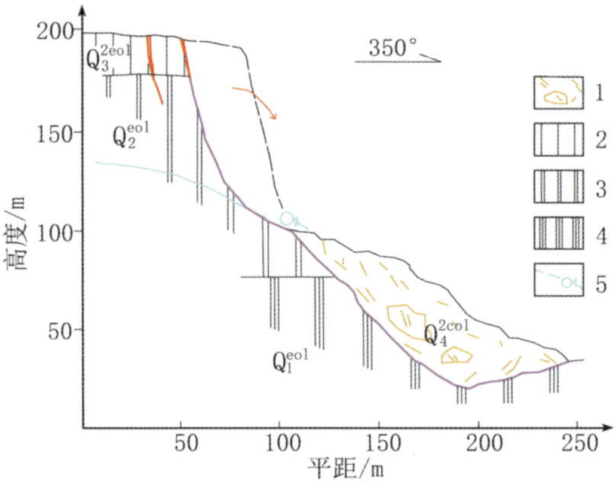

1—崩塌体；2—马兰黄土；3—离石黄土；4—午城黄土；5—地下水位与泉。

图3-62　董志塬边高家坳黄土崩塌剖面图

图3-63　兰州鱼儿沟口黄土崩塌

图3-64　“5·12”汶川地震引发的黄土崩塌

3.7.2　岩质崩塌

岩质崩塌主要发育于陇南、祁连山等基岩山区，由灰岩、花岗岩、变质砂岩等坚硬岩石组成的高陡斜坡，特别是断裂带附近，地形高差较大，节理裂隙发育，岩体破碎，是崩塌发育的有利场所。近年来，区内岩质崩塌以小型和中型为主，有的仅为数块崩落的岩块。例如：1990年9月8日武都黄鹿坝水电站仅270 m^{3}的岩体崩落，堵塞并毁坏了渠道，迫使电站停止运行。又如：同年10月武都民政局橘园崩塌，数块巨大的灰岩块体翻滚而下，冲击下部老滑体，使其上的橘园和建筑物受到破坏。这类小型岩质崩塌在山区时有发生，因其发生突然、迅猛，造成的危害很大（图3-65）。

图3-65　武都拱坝河北岸黄鹿坝水电站崩塌

2008年“5·12”汶川地震引发徽县嘉陵镇宝成铁路109隧道、武都区城关镇店沟等大量崩塌。其中，G212线武都区至文县段的临江附近发生小型岩质崩塌，最大块石达20 m^3，将正在通过的一辆面包车砸翻，导致10人死亡、14人受伤。宝成铁路109隧道崩塌造成正在通过此隧道的油罐列车爆炸起火，宝成铁路中断运输，并堵塞嘉陵江，形成堰塞湖，严重影响抗震救灾工作（图3-66）。2018年5月舟曲县峰迭新区白龙江北部高山区发生灰岩崩塌，在下部沟谷中堆积形成大量堆积体（图3-67）。

图3-66　宝成铁路109隧道崩塌

图3-67　舟曲县峰迭新区白龙江北部崩塌

在陇南基岩山区，历史上曾发育有一些巨型崩塌，如宕昌县化马崩塌、临潭县冶海崩塌等。这类大型崩塌多发育于由灰岩等坚硬岩石构成的高陡斜坡上，有的高差达800～1 200 m，在地震等因素引发下，突然失稳，直冲沟底，堵塞沟谷，形成高大的碎石坝体和堰塞湖。

祁连山区崩塌也较发育。肃南县隆畅河九个泉北岸山体高约450 m，由奥陶系阴沟群硅质岩夹砂板岩组成的坡体发育1处巨型老崩塌，体积约3×10^6 m^3，部分崩塌体冲向对岸堵塞隆畅河，形成堰塞湖，后期被隆畅河切开，深度20 m左右。利用崩塌堵塞体形成的落差曾修建了九个泉水电站，其引水枢纽低、渠道短，节省了大量工程和投资（图3-68）。

另外，在祁连山区和陇中地区基岩出露的高陡斜坡地段也有崩塌发生。如2003年10月12日兰州市红古区享堂峡301省道8K+200处发生的岩质崩塌，摧毁公路导致交通中断，压埋9辆汽车，造成4人死亡，2人失踪，直接经济损失200万元（图3-69）。

图3-68　祁连山隆畅河九个泉岩质老崩塌

图3-69　红古区享堂峡岩质崩塌

第4章　甘肃滑坡发育分布特征

甘肃滑坡的发育分布受地貌单元的控制非常明显，不同地貌单元内滑坡发育程度有很大差异，其中陇中黄土高原和陇南基岩山区两大地貌单元滑坡最为发育，甘南高原也和祁连山区两大地貌单元有少量滑坡发育，河西走廊平原区、北山中山区两大地貌单元滑坡基本不发育，仅个别地段发育近年来采矿活动引发的少量滑坡。本章首先论述各地貌单元的滑坡发育特征，在此基础上总结甘肃滑坡总体发育程度和分布规律，最后探讨滑坡发育历史分期。

4.1　陇中黄土高原滑坡

4.1.1　陇西黄土高原滑坡

陇西黄土高原地形破碎，沟谷发育，切割强烈，地质构造复杂，新构造运动强烈，历史上地震发生频率高且震级大，第四系黄土和新近系、白垩系黏土岩类等易滑地层分布广泛，且黄土多披覆在起伏的古地形上。特殊的地质环境条件决定了陇西黄土高原是甘肃滑坡最为发育的地区之一。

受地形切割程度、地质构造与地震，以及地下水和降水量的综合影响，陇西黄土高原滑坡发育程度总体由东南向西北递减，大致以中部近东西向展布的马啣山、华家岭为界，其南部地区滑坡明显较北部地区发育，差异较大。天水市五县两区滑坡总体较为发育，定西市通渭县、陇西县、漳县、渭源县和临洮县，平凉市庄浪县、静宁县，临夏州东乡县、永靖县、积石山县、临夏县、广河县，以及康乐县的东北部滑坡较为发育。

滑坡主要分布在渭河干流及牛头河、葫芦河、散渡河、漳河、耤河等支流，洮河干流下游段及广通河、大夏河等，黄河干流大河家—兰州段（图4-1～图4-2）。在许多地段滑坡集中成群分布（图4-3）。形成时代上既有新近发生的现代滑坡、新滑坡，也有地质历史时期

图4-1　秦安县葫芦河郭嘉镇北滑坡群

形成的大量古、老滑坡。

图4–2　临洮县东峪沟滑坡群

图4–3　通渭县南部散渡河流域滑坡群

陇西黄土高原主要发育黄土层内滑坡、黄土–红层接触面滑坡、黄土–红层顺层滑坡和黄土–红层切层滑坡，滑坡类型多、规模巨大。如东乡县巴谢河口北岸上正特大型滑坡体积约$2.5\times10^{7}\ m^{3}$（图4–4）。永靖县黄河西岸孔家寺巨型滑坡，长约1 800 m、宽约2 700 m，面积3.7 km^{2}，体积约$2\times10^{8}\ m^{3}$，是甘肃黄土高原地区规模最大的滑坡之一（图4–5）。陇西黄土高原北部的定西市安定区、白银市会宁县也发育一定数量的滑坡。

图4–4　东乡县巴谢河口北岸上正特大型滑坡

图4–5　永靖县黄河西岸孔家寺巨型滑坡

在陇西黄土高原的马啣山基岩山区和黄河、大通河、渭河、葫芦河、牛头河等基岩峡谷地段也发育少量岩质滑坡和崩塌，对公路等常造成危害（图4-6～图4-7）。

黄土滑坡成群分布的地区，滑坡作为一种重力侵蚀因素，使黄土丘陵区的黄土斜坡地形更加破碎，形成典型的滑坡地貌景观（图4-8）。

图4-6　临洮县马啣山南麓岩质滑坡

图4-7　秦安县叶莲公路岩土质崩塌

图4-8　水洛河庄浪县城—万泉段西岸滑坡群

陇西黄土高原地质环境条件差，滑坡灾害发生频繁（图4-9～图4-10）。近年来该地区的新农村、城市、公路、水利、采矿和垃圾填埋场等工程建设中引发了大量滑坡灾害，影响工程建设，造成巨大经济损失及一定人员伤亡。

图4-9　天水市麦积区王旗滑坡

图4-10　永靖县大方台滑坡

2019年9月14日上午11时50分，通渭县常河镇前进砖瓦厂发生黄土接触面滑坡，平均长度600 m，平均宽度660 m，平均厚度约20 m，体积约8×10^{6} m^{3}（图4-11）。滑坡损坏S565公路约1 000 m、桥梁1座，破坏砖瓦厂和3.667×10^{5} m^{2}耕地，堵塞苦水河形成堰塞湖，回水长度1 300 m。该斜坡区老滑坡地貌较为明显，2003年起即有变形迹象，近年来滑坡一直缓慢蠕动，位于其上的S565公路长期下错、开裂变形。2019年雨季降水较多，坡体持续缓慢变形。其中9月8日17时—9日14时降水72.6 mm。滑坡区落水洞非常发育，大量降水渗入斜坡深部，软化土体，引发大规模整体滑动，最大滑距40 m，滑动历时约1 d，滑速较为缓慢。

图4-11　通渭县常河镇前进砖瓦厂滑坡

2019年11月21日，静宁县仁大采石场斜坡因下部采石活动和降水共同引发上部坡体发生高位黄土滑坡，体积约5×10^4 m^3，剪出口高于沟底约150 m，滑体沿50°的山坡快速下滑，压埋下部采石区和设备，造成4人死亡（图4-12）。同时受其牵引，后部黄土缓坡区大范围出现密集裂缝，最长达180 m，裂缝宽度0.2～0.8 m，后壁下错2～5 m，圈椅状滑坡雏形已形成，滑坡长205 m，宽约225 m，体积约9×10^5 m^3，在降水等引发下可能再次大规模失稳滑动。

图4-12　静宁县仁大采石场滑坡

2020年8月17日，降水引发张家川回族自治县张川镇东关村滑坡，主滑方向170°。前缘坡脚最低海拔1 654 m，后缘最高海拔1 720 m，相对高差66 m。后壁高10～20 m，坡度55°左右。滑体平均长约180 m，宽约300 m，平均厚度15 m，体积约8×10^5 m^3。滑坡损毁前缘坡脚厂房及部分设备，财产损失约120万元（图4-13）。

2020年8月31日上午9时，庄浪县郑河乡下寨村对面山坡出现裂缝，12—15时发生缓慢滑动。滑坡前后缘相对高差60 m，平均坡度10°，滑坡长355 m，宽220 m，滑坡体厚度15 m，体积约1×10^6 m^3。滑坡前缘堵塞窑家河及右侧支流，形成两处小型堰塞湖，危及新农村安全（图4-14）。

图4-13　张家川回族自治县张川镇东关村滑坡

图4-14　庄浪县郑河乡下寨村滑坡及堰塞湖

平凉—天水高速公路天水罗玉沟收费站位于老滑坡前部，其上建有临时混凝土拌合站，部分水体长期渗漏软化滑坡体，加上收费站建设场地的开挖，使老滑坡稳定性降低，于2020年雨季发生复活滑动，破坏拌合站和临时治理工程，严重威胁收费站建设，投资2 000多万元采用抗滑桩等措施进行了综合治理（图4-15）。

图4-15　平凉—天水高速公路天水罗玉沟收费站滑坡

4.1.2　陇东黄土高原滑坡

陇东黄土高原地处鄂尔多斯盆地，地质构造较为简单，新构造运动以长期整体均匀抬升为主，第四系黄土分布连续、厚度大，基底为广泛分布的白垩系砂岩、新近系泥岩、砂岩，产状近水平。区内地形起伏，沟谷发育，沟坡陡峻，切割较为强烈，滑坡较为发育，主要沿董志塬、草峰塬、平泉塬、屯子塬、早胜塬等黄土塬边和黄土丘陵区发育，部分地段成群分布（图4-16～图4-19）。多沿泾河、黑河、汭河、马莲河、蒲河、茹河等较大支流和沟谷两岸呈带状分布。滑坡发育程度总体由南向北逐渐减弱。北部镇原县殷家城一带、华池县、庆城县北部为古、老滑坡发育区。

图4-16　董志塬边西峰区人民公园黄土滑坡群

图4-17　镇原县屯子塬翟池沟下游滑坡群

图4-18　平凉市崆峒区古家湾滑坡群

图4-19　环县八珠塬边黄土滑坡群

陇东黄土高原主要发育黄土层内滑坡、崩塌、黄土接触面滑坡和黄土-红层滑坡。黄土层内滑坡、崩塌普遍发育在黄土塬边、黄土梁区，主要由沟道洪水的强烈侵蚀作用引发，是陇东黄土高原的主要滑坡类型，规模以中、小型为主。黄土-红层滑坡主要发育在切割较深的泾河、汭河等河谷两岸，以及六盘山、子午岭等盆地边缘基岩分布较高的华亭、正宁等地。陇东黄土高原区的基底主要为近水平的白垩系碎屑岩，发育黄土-红层切层滑坡，规模以大、中型为主（图4-20）。

图4-20　泾川县县城南部黄土-红层切层滑坡

滑坡经常堵塞小型黄土沟谷，形成堰塞湖（图4-21），且有的保留时间较长，已达数百年之久，著名的有镇原县翟池、白马池、太阳池等，当地称之为“湫”。

近年来，陇东黄土高原地区的新农村、城市、公路、油田等工程建设中引发的滑坡灾害也较为频繁，影响工程建设，造成严重人员伤亡和经济损失。如2018年7月11日上午，崇信县锦屏电厂南侧因长期降水引发黄土-红层滑坡，滑坡宽230 m，长200 m，体积约5×10^5 m^3，主滑方向320°。滑坡损毁道路300 m，前缘滑坡体涌入汭河河道，挤占河床25～30 m，影响汛期行洪，也直接威胁附近电厂、建材厂的安全（图4-22）。

图4-21　镇原县寨子坬滑坡及堰塞湖

崇信县、灵台县、泾川县、华池县、庆城县等县城均位于较狭窄的河谷区，两侧为黄土梁。近20年来，城市建设发展很快，其规模不断扩大，由于建设用地紧张，均有不同程度的开挖两侧黄土梁及扩大建设用地的现象，由此引发了许多滑坡灾害，造成了严重的经济损失。河谷区部分新农村建设中的坡脚开挖也引发了滑坡灾害（图4-23～图4-27）。

图4-22　崇信县锦屏电厂南侧滑坡(2018年7月)

图4-23　灵台县水泉村滑坡(2022年8月)

图4-24　平凉市监狱滑坡(2010年)

图4-25　庆城县城东侧滑坡(2021年10月)

图4-26　庆城县城南部黄土滑坡(2010年)

图4-27　正宁县西渠村坡底滑坡(2013年7月)

4.2　陇南山区滑坡

陇南山区地形陡峻、高差大，切割强烈，地质构造复杂，断裂发育，志留系、泥盆系炭质板岩、千枚岩等易滑地层分布较广。主要发育岩质崩塌、滑坡和堆积层滑坡及部分黄土滑坡、黄土-红层滑坡。滑坡主要沿白龙江、白水江、岷江、西汉水及较大支流多呈带状分布。同时，滑坡分布也受到白龙江等大型断裂带的控制。

白龙江迭部县旺藏—文县临江段干流两岸岩质滑坡和堆积层滑坡非常发育，规模巨大，如两水—稻畦子段滑坡密集分布，部分滑坡稳定性差，长期活动（图4-28～图4-32）。

图4-28　武都区白龙江左岸稻畦子滑坡

图4-29　武都区两水镇杜家沟滑坡

图4-30　武都区白龙江右岸稻畦子滑坡

图4-31　武都区渭子沟口滑坡

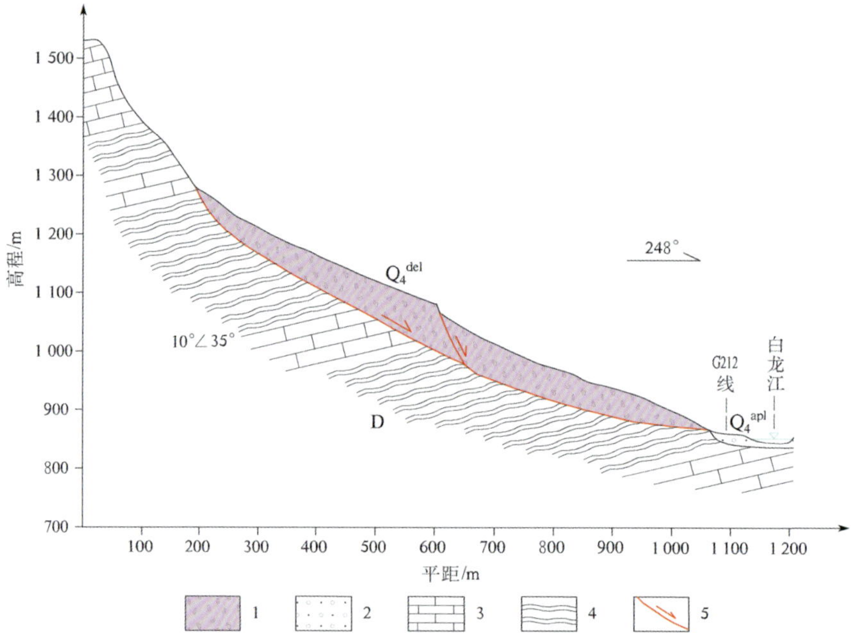

1—滑坡堆积物；2—卵石；3—灰岩；4—板岩；5—滑动面。

图4-32　武都区白龙江左岸稻畦子滑坡剖面图

白龙江两岸拱坝河、北峪河、三河、磨坝河、梨坪河、舍书河、羊汤河等较大支流滑坡也非常发育、局部地段集中发育，形成滑坡群（图4-33～图4-34）。

图4-33　武都区磨坝乡王家寨滑坡

图4-34　宕昌县新寨乡范家那堆积层滑坡

武都北峪河流域面积432 km^2，大部属于安化—马街新生代断陷盆地，发育大小滑坡约200处，其中大型滑坡87处，总面积53.7 km^2，滑坡体积1.6×10^9 m^3，其中活动的6.3×10^8 m^3。主要为黄土-红层滑坡和黄土滑坡（图4-35～图4-36）。

图4-35　武都区马街镇半山黄土滑坡

图4-36　武都区汉林镇黄土-红层滑坡群

白水江干流两岸及部分支流岩质滑坡和堆积层滑坡非常发育，特别是文县哈南—尚德段滑坡更为密集，部分滑坡稳定性差，长期活动，推挤桥梁变形（图4-37～图4-41）。

图4-37　文县石鸡坝白水江北岸沙渠村滑坡

图4-38　文县尚德白水江南岸老滑坡

图4-39 文县中路河中寨龙头山庄滑坡

图4-40 文县堡子坝滑坡群

图4-41 文县石鸡坝哈南白水江北岸巨型滑坡

岷江流域滑坡主要发育在宕昌县县城—两河口干流两岸，其北部为发育在白垩系、三叠系砂岩中的大中型岩质滑坡（图4-42），如民福新村东侧滑坡对新农村和G212线造成威胁。南部主要受断裂带影响，发育岩质滑坡和堆积层滑坡，如秦峪、大峪、牙豁口、鲁班阁等滑坡（图4-43），有的长期活动，威胁村庄、道路，牙豁口、鲁班阁滑坡都曾堵塞岷江形成堰塞湖。另外，在岷江上游的理川等地也有滑坡零星发育。

图4-42 宕昌县岷江东岸曲头山滑坡

图4-43　宕昌县岷江东岸鲁班阁滑坡

西汉水流域滑坡主要发育在其中上游的西和县、礼县地区，其中礼县江口上游段为黄土高原在长江流域的南延部分，主要发育黄土接触面滑坡、黄土-红层滑坡，西汉水干流罗家堡—江口段及支流地区滑坡密集发育（图4-44）。

图4-44　西汉水北岸礼县收费站一带老滑坡群

西汉水江口以下主要发育岩质滑坡，如礼县雷坝镇清水沟滑坡（图4-45），并有少量黄土滑坡。滑坡总体较为发育且分布不均，受断裂影响，局部地段滑坡较为密集且长期活动。礼县桥头乡南峪村宦尧段滑坡位于西汉水三级支流南峪河西岸，坡脚紧邻S208省道。所在山体坡高约300 m，坡度约35°，斜坡上部覆盖马兰黄土和残坡积碎石土，其下为泥盆系西汉水群薄-中厚层钙质砂岩、夹千枚岩和薄层灰岩。宦尧段滑坡为岩质老滑坡，滑坡宽200～320 m，长约400 m，体积2.5×10^6 m^3。滑壁和滑坡堆积体平台明显，剪出口北高南低，高出河道约100 m。滑壁多处出现小型崩塌，滑体破碎，发育多条贯通性拉张裂缝，滑体前缘发生多处小型滑坡，沿剪出口以下陡坡堆积至坡脚。宦尧段老滑坡复活变形迹象强烈，整体处于不稳定状态（图4-46）。

徽县、成县、康县、两当县等地滑坡发育程度总体相对较低，有少量分布。一般规模为中、小型，也有个别大型滑坡。宝成铁路沿线发育有西坡滑坡、谈家庄滑坡等，曾对该铁路运输造成严重危害。徽县—成县新近纪断陷盆地区小型红层滑坡较为发育，对G316线、十天高速公路等造成威胁（图4-47～图4-48）。

图4-45　礼县雷坝镇清水沟滑坡

图4-46　礼县桥头乡南峪村宦尧段滑坡

图4-47　G316线K2393+600处高嘴子滑坡

图4-48　江洛—武都公路泥阳段滑坡

4.3　甘南高原滑坡

甘南高原地势高亢，南北边缘地带发育中高山，地形高差大，地质构造复杂。滑坡、崩塌主要分布在高原周边的夏河县北部西秦岭南坡的央曲河、观音河流域和冶力关冶木河流域（图4-49～图4-51）；临潭—新城新生代盆地的羊永、新城和石门等地，卓尼县洮砚乡和洮河九甸峡水库沿岸（图4-52～图4-53）；玛曲县欧拉秀玛阿尼玛卿山、尕玛梁等基岩山区也零星发育岩质滑坡和崩塌，以及长期缓慢滑动的冻融滑坡（图4-54～图4-55）。甘南高原滑坡分布的区域性差异较大，总体上东部较西部发育，部分地质环境条件与影响因素相似的地段滑坡较为集中发育。滑坡形成时代上既有新近发生的滑坡，也有古、老滑坡。

甘南高原周边山地区的滑坡类型主要有岩质滑坡、堆积层滑坡，在高原东部的临潭—新城新生代盆地多为黄土-红层滑坡。滑坡的成因除与地形高差大、断裂构造发育、岩土体结构破碎相关外，由于甘南高原高寒湿冷，滑坡还与季节性冻融作用有关，因长期缓慢蠕动，其表面形态波状起伏，破坏草原。

图4–49　临潭县冶木河峡口左岸岩质滑坡

图4–50　夏河县大夏河右岸岩质滑坡

图4–51　夏河县北部切龙沟断层带滑坡

图4-52　临潭县羊永镇青泥沟滑坡

图4-53　卓尼县喀尔钦镇录日滑坡

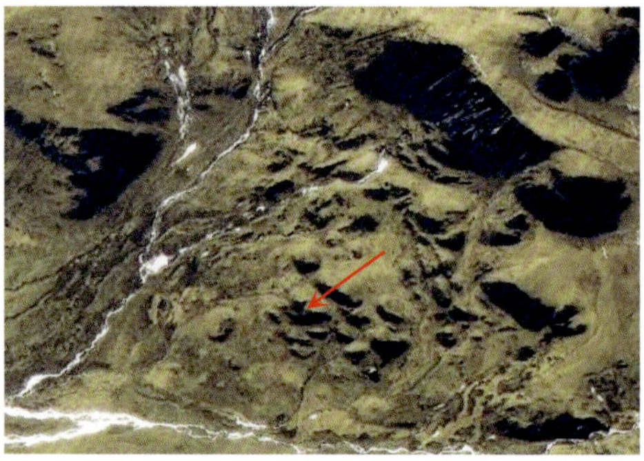

图4-54　玛曲县欧拉秀玛岩质滑坡

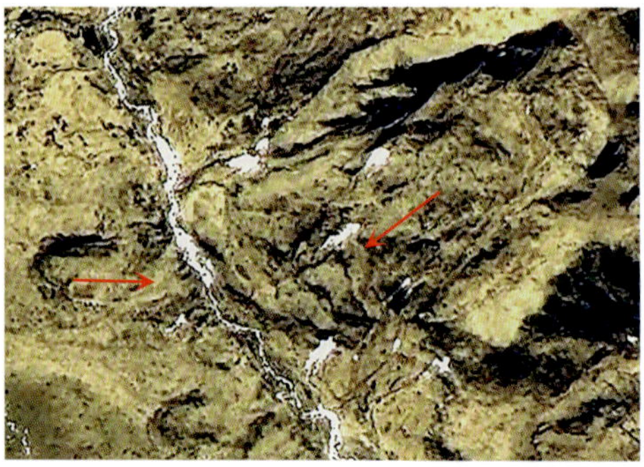

图4-55　玛曲县欧拉秀玛冻融滑坡

近年来，公路、城市、水电站和采矿等工程建设中也引发了诸多滑坡灾害。如临潭县城引洮供水工程新水厂建设中由于开挖引发山体滑坡，威胁水厂安全，投巨资进行治理。

临潭县新城镇西南部王家山高差约250 m，平均坡度11°，由新近系砂质泥岩和砂岩组成，岩层倾向坡外，倾角约10°，发育老滑坡和残坡积土，南部山顶一带开采石膏矿，斜坡上部大量堆放弃渣。2014年1月9日斜坡中上部发生滑坡，后缘宽约80 m，前缘宽110 m，长约400 m，平均厚6 m，体积约2.5×10^5 m^3。滑体上发育大量与滑向近于垂直的拉张裂缝，前缘隆起并发育放射状鼓胀裂缝，南北两侧均有多处泉水，斜坡上部约2×10^4 m^3采矿弃渣的加载，冬季坡脚泉水的冻结断流使地下水位上升和软化斜坡岩土体是本次滑坡形成的主要原因。

2020年8月25日，受长期连续降水的影响，王家山再次发生更大规模滑坡。滑坡后缘高程

2 935 m，前缘高程2 775 m，相对高差约160 m。滑坡宽420～580 m，长760～880 m，面积约0.44 km^2，平均厚度15 m，体积约6×10^6 m^3，主滑方向58°，为新近系红层顺层滑坡，分级分块滑动特征明显。据8月27日18时—8月29日12时42 h的监测数据，滑距8.8～19.6 m，滑速较为缓慢。滑坡损毁大量耕地和草地，堵塞前缘南门河60 m，同时滑坡东北侧前缘破坏在建的G248线的大桥南侧桥台、部分桥墩、路基和砼加工厂房（图4-56），造成严重经济损失，迫使在建公路改线。

图4-56　临潭县新城镇王家山滑坡

4.4　祁连山区滑坡

祁连山地处青藏高原北部边缘，为强烈褶皱的断块式高山，由一系列大致呈北西—南东走向的平行山岭和山间盆地组成。祁连山山高谷深，地质构造发育，新构造运动强烈，地震频繁且强度大，高寒低温季节性冻融作用强烈，滑坡、崩塌等地质灾害较为发育，对祁连山生态屏障和水源涵养林以及道路等产生较为严重的破坏和不利影响。

4.4.1　祁连山区滑坡类型与特征

祁连山区滑坡以岩质滑坡和堆积层滑坡为主，也发育少量黄土-红层滑坡。受特殊地貌和内外动力条件的影响，祁连山滑坡具有特殊的形态、发育分布特征。

（1）岩质滑坡主要发育在地形高差大，坡度较陡，软弱岩层分布或岩体结构破碎的岩质山体上，切层滑坡和顺层滑坡均有发育，规模以大、中型为主，如隆畅河右岸岩质滑坡（图4-57）。祁连山高大雄浑的山脉，为大规模滑坡的孕育提供了有利的地形条件，发育多处特大型、巨型岩质滑坡。如马营河上游发育3处岩质大规模滑坡，其中右岸一处古滑坡前后缘高差1 040 m，滑坡长2 000 m，宽2 500 m，面积约4.5 km^2，体积约3.0×10^8 m^3，其滑坡壁高近700 m，发育宽约400 m，高出沟底340 m的滑坡平台，前缘滑体多次复活滑动（图4-58～图4-59）。黑河西侧石窝滑坡平均长1 700 m，宽1 500 m，面积约2.5 km^2，体积约1×10^8 m^3。肃南县梨园河西侧支流隆畅河右岸八个台子滑坡前后缘高差600 m，滑坡长2 800 m，平均宽1 300 m，面积约3.5 km^2，体积也在1×10^8 m^3以上。肃南县祁丰乡观山河左岸巨型古滑坡体积约3.5×10^8 m^3。部分岩质滑坡运动形式上表现出典型的高速远程碎屑流型滑坡特征。

图4-57　隆畅河右岸岩质滑坡

图4-58　马营河上游巨型岩质滑坡

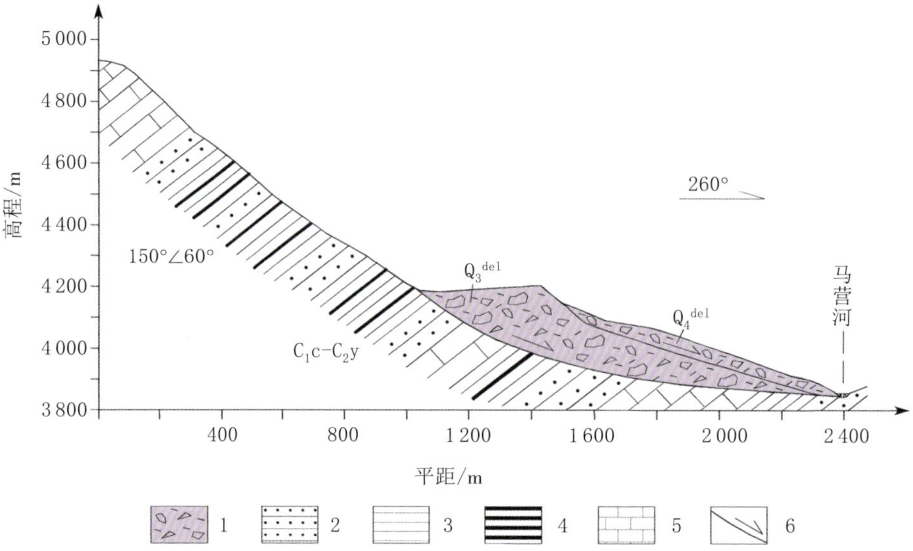

1—滑坡堆积物；2—砂岩；3—页岩；4—煤层；5—灰岩；6—滑动面。

图4-59　马营河上游巨型岩质滑坡剖面图

（2）堆积层滑坡发育在缓坡洼地区，部分沿沟谷发育，这些地貌部位不但有风化坡残积物、崩塌体和冰水堆积物等大量富集，而且也是地下水的富集带，再加上季节性冻结滞水促滑作用的影响，孕育了大量堆积层滑坡，其规模以中、小型为主，个别为大型。运动形式上，大多数堆积层滑坡在地下水和季节性冻融作用下表现为长期蠕动和低速滑动的特征，滑体滑舌和两侧常发育弧形波浪状和线状滑动痕迹，表现为典型的低速滑动的碎石流型滑坡特征（图4-60）。如黑河支流迪亚河右岸堆积层滑坡，长约700 m，宽60～80 m，体积约3×10^5 m^3，前舌滑入河道，形成小型堰塞湖（图4-61～图4-62）。

祁连山区滑坡发育历史悠久，滑坡形成时代上，除新近发生的各类现代滑坡、新滑坡外，在一些较大规模的河谷两侧还发育大量更新世以来形成的古、老滑坡，以大型、特大型岩质滑坡为主，其大多滑坡外形特征保留完整，清晰可辨，部分滑体还多次发生整体或局部复活滑动（图4-63）。

图4-60　丰乐河上游堆积层滑坡

图4-61　黑河支流迪亚河右岸堆积层滑坡

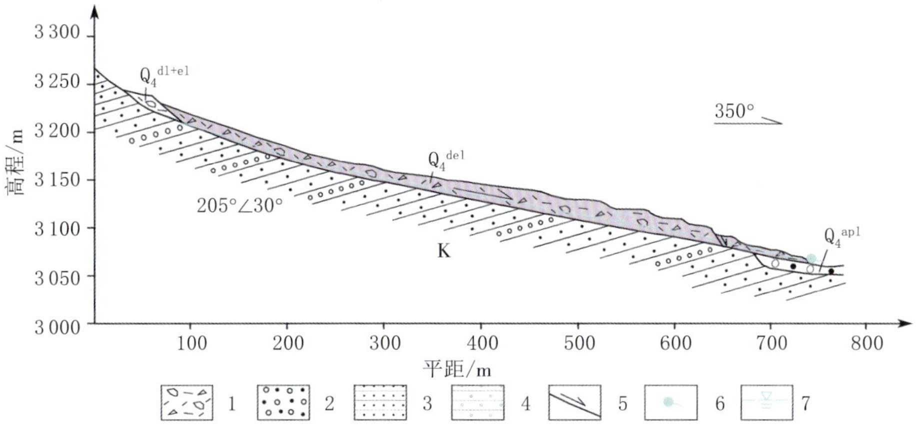

1—滑坡堆积物；2—冲洪积物；3—砂岩；4—砾岩；5—滑动面；6—下降泉；7—地下水位线。

图4-62　黑河支流迪亚河右岸堆积层滑坡剖面图

图4-63　大长干河大型老滑坡群

（3）滑坡形态特殊，祁连山山大谷深的特殊地形地貌和强烈的地震、冻融动力地质作用，共同塑造了一些特殊形态的滑坡，独具特色。有的岩质滑坡以碎屑流形式沿沟道滑动很远，有的堆积层滑坡以冻融流滑形式沿沟道长期缓慢滑动，累计滑距较大，滑坡呈长条状，长宽比大。如八个台子滑坡西侧滑坡长度2 100 m，平均宽度仅140 m，长宽比达15，沿20%坡降的山坡长期缓慢滑动，表面起伏呈波浪状。大长干河长条形碎屑流型滑坡沿20%坡降的沟谷滑动，滑坡长度1 750 m，平均宽度120 m，长宽比14.5（图4–64）。北大河西侧小山岔子冻融流滑型滑坡沿宽50 m、坡降30%的沟底展布，长度1 000 m，长期处于蠕滑状态，长宽比达20（图4–65）。

图4–64　大长干河长条形碎屑流型滑坡

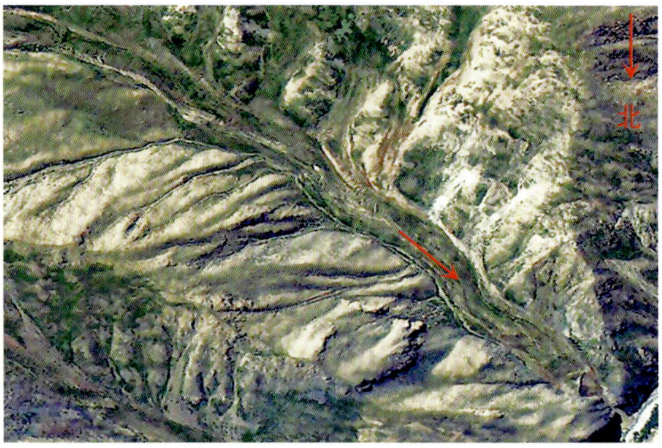

图4–65　北大河西侧小山岔子流滑型滑坡

祁连山高陡山体的地表形态复杂，有的山顶区岩质斜坡失稳下滑过程中受下部山梁等微地形的分隔，滑体沿低洼山坡呈分叉状向下运动，形成特殊形态的山坡分叉型滑坡。另外，相邻两条形态和规模相近的沟谷、沟脑或沟底均发生岩质滑坡或堆积层滑坡，其前滑舌进入主沟道，两滑坡在主沟道汇合，组合形成特殊形态的沟谷汇合型滑坡。祁连山区还发育一些呈S形、扇形、弓形或不规则形等特殊形态且保存较完整的典型滑坡（图4–66～图4–67）。

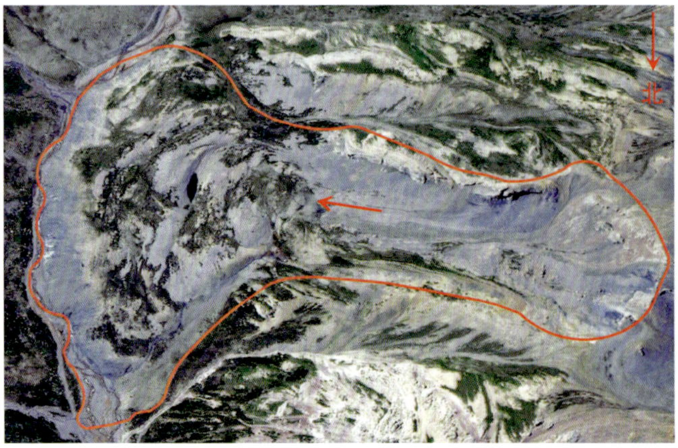

图4–66　马营河上游左岸扇形滑坡

图4–67　不规则复杂形态滑坡群

4.4.2　祁连山区滑坡发育分布特征

1.滑坡分布特征

祁连山区滑坡发育主要受断裂和山脉走向控制，总体呈北西向条带状分布，与其延伸方向一致（图4-68）。滑坡主要分布在白杨河大泉口—红沟一带，北大河支沟臭水柳沟，洪水坝河上游大卡洼支岔，肃南县梨园河上游西侧支流隆畅河、东侧支流白泉河两岸，大磁窑河上游巴音村—泉源沟门一带，黑河上游及西侧支流荣沟河、大长干河大岔村—杨哥村，寺大隆河土圈台—盖纳萨和红石窝一带，西营河支流响水河上游，黄羊河上游，杂木河天祝县毛藏寺等地区。滑坡分布高程一般在2 800～3 800 m。在民乐县县城西南部—瓦房城水库山前、肃南县县城等新生代断陷盆地、凉州区灯山村等浅山区也有滑坡发育。

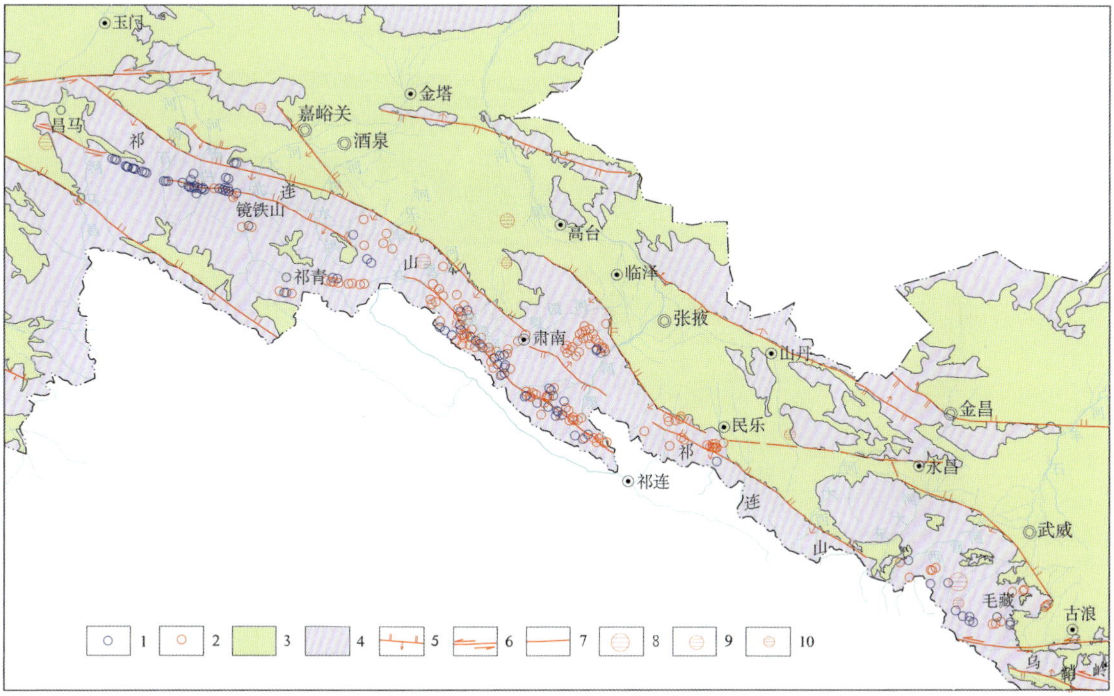

1—堆积层滑坡；2—岩质滑坡；3—第四系；4—基岩；5—第四纪活动逆断层；6—第四纪活动走滑断裂；7—第四纪性质不明断裂；8—8级地震震中；9—7级地震震中；10—6级地震震中。

图4-68　祁连山滑坡分布略图

行政区域上，滑坡主要分布在祁连山腹地的肃南县境内。肃北、民乐、天祝、凉州区等地也有少量分布。

2.滑坡发育特征

祁连山区滑坡发育不均匀，局部地段集中分布，如肃南县梨园河西侧支流隆畅河右岸八个台子集中发育4处滑坡（图4-69）；黑河西岸石窝一带除发育1处巨型滑坡且多次复活滑动外，还集中发育8处滑坡（图4-70）。

图4–69　隆畅河右岸八个台子滑坡群

图4–70　黑河西岸石窝滑坡群

特别是祁连山区的冻融流滑型堆积层滑坡，在地形、地层岩性和水文地质等条件组合有利的类似地段密集成群发育。如北大河西岸—白杨河大泉口—红沟一带长约40 km的北麓山坡发育大小冻融流滑型堆积层滑坡百余处，相互叠加、成群分布（图4–71）。隆畅河流域面积约550 km²，发育各类滑坡80余处，特别是干流两侧滑坡不仅发育密度大，而且活动强烈，近年来新发生滑坡约10次，另外还有许多堆积层滑坡长期缓慢蠕动。祁连山滑坡的滑动方向主要是北东向或南西向，与祁连山主体构造线垂直，也有个别平行断裂带发育。滑坡在阴坡相对发育，如北大河西岸—白杨河大泉口—红沟、隆畅河干流一带密集发育的滑坡主要分布在阴坡。

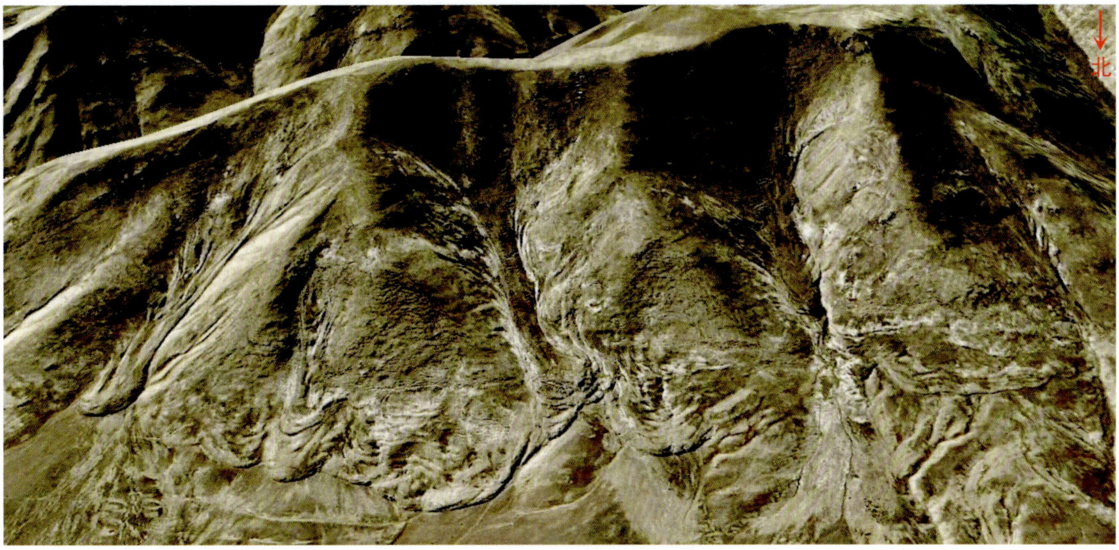

图4-71　白杨河大泉口冻融滑坡群

祁连山滑坡的复活性也较强，许多古、老滑坡表现出整体或局部复活滑动的迹象和特征。如八个台子滑坡、石窝滑坡等。冻融流滑型滑坡则长期蠕动或缓慢滑动。

祁连山是我国西北地区的重要生态屏障和水源涵养地，人烟稀少，滑坡主要破坏森林、草地（图4-72～图4-74），且恢复再生困难，同时降低水源涵养能力并使水质恶化，对祁连山的生态环境造成较为严重的危害，是主要的生态环境地质问题。毛藏寺、寺大隆等地曾发生破坏森林的滑坡11处，累计面积220 hm^2。近年来隆畅河流域也有10处滑坡破坏森林草地。梨园河南岸白泉门东山坡坡度约35°，斜坡区中部凹槽中的堆积层长期蠕动变形，2021年3月发生明显滑动，滑坡长约300 m，平均宽度90 m，毁坏松树约1 500棵，严重威胁坡脚G213道路安全（图4-75）。滑坡破坏植被和岩土结构，加剧水土流失、泥石流等次生灾害。同时，还可引发森林病虫害等衍生灾害，增加有机物的分解，释放二氧化碳和甲烷，进而影响碳循环系统。

图4-72　黑河支流萨纳盖河滑坡群

图4-73　杂木河毛藏水库东侧滑坡

图4-74　洪水坝河上游大卡洼支岔滑坡

图4-75　肃南县白泉门东滑坡

4.5　北山、河西走廊滑坡

河西走廊总体地势平坦，北山断续分布有马鬃山、合黎山、龙首山等构造剥蚀中山，相对高度500～1 000 m。由于气候干燥，仅在金川峡等个别地段发育少量岩质崩塌、滑坡，因人烟稀少，造成的危害很小。但近年来北山地区由于采矿活动也引发了一些滑坡灾害，严重影响矿山开采和安全。

天宝煤业有限公司马鬃山露天煤矿位于肃北县北山的吐鲁—红沙梁井田北部，地处戈壁荒滩，上覆地层主要为全新统洪积堆积物、白垩系。采煤形成2处露天采坑，边坡高15～30 m，坡度60°左右，其中1#采坑南北边坡发生强烈变形和滑坡，对煤矿开采造成一定威胁（图4-76）。

甘肃易阳煤炭有限责任公司露天煤矿位于民勤县红沙岗镇，地貌单元属山前冲洪积倾斜戈壁滩，地势北高南低，地层从新到老为：第四系全新统杂填土、粉土和砾砂，新近系上新统泥岩层，侏罗系粗砂岩、粉砂岩和煤层地层。煤矿东西长约2 170 m，南北宽约870 m，开采标高为1 500～1 230 m，设计最大开采深度135 m。目前矿坑深度80～100 m，矿帮坡度约30°～60°。露天矿揭露过程中在西侧、南侧和北侧矿帮发生3处滑坡，体积在1.6×

10^5～5×10^5 m^3，其中北侧矿帮滑坡体积最大，严重影响煤矿的正常开采（图4-77）。

图4-76　天宝煤业有限公司马鬃山露天煤矿滑坡

图4-77　民勤红沙岗易阳露天煤矿滑坡

4.6　滑坡发育程度评价

甘肃滑坡区域发育分布受地貌单元控制非常明显，陇中黄土高原区和陇南基岩山区两大地貌单元为主要集中分布区，甘南高原和祁连山区也较发育，北山和河西走廊仅有几处露天矿开采引发的滑坡。实际上，滑坡主要分布在乌鞘岭以东的甘肃东部地区。

通过全面系统的遥感解译、实地调查等工作，统计到甘肃省体积大于5×10^5 m^3的各类滑坡约有6 000处。以其为基础，进行甘肃滑坡发育程度分区评价。

4.6.1　区域滑坡发育程度分级指标

滑坡发育程度是指某一地区内滑坡发育数量的多少与活跃程度。目前，有两种常用区域滑坡发育程度的评价方法：一是滑坡面积变形率，利用单位面积内滑坡面积所占的比率来衡量其发育程度，一般用于小范围、调查精度高的滑坡统计评价研究；二是滑坡发育密度，利用单位面积内滑坡发育的数量多少来表示滑坡发育程度，一般用于大范围的区域性滑坡统计评价研究。甘肃省面积达4.258×10^5 km^2，滑坡调查统计工作十分繁重，属大范围区域性滑坡发育程度评价工作。因此，本书采用后一种方法来进行甘肃滑坡发育程度分级和评价。从区内滑坡实际发育状况和已有资料等考虑，按100 km^2（10 km×10 km）面积内滑坡发育的数量多少，滑坡发育程度可分为5级：

滑坡强烈发育区　　＞20个/100 km^2
滑坡发育区　　10～20个/100 km^2
滑坡中等发育区　　5～10个/100 km^2
滑坡弱发育区　　1～5个/100 km^2
滑坡不发育区　　＜1个/100 km^2

4.6.2　评价单元划分

滑坡发育程度分区评价的结果能否准确地反映区内滑坡发育分布的客观实际情况，是否能够概括总结出其发育分布规律，除与分区评价指标有关外，还与评价单元划分有关。本研究的具体做法是：将研究区1：50万地理底图剖分为2 cm×2 cm的单元，即实地上10 km×10 km的地域。以1：5万滑坡调查、解译的实际材料图为依据，将滑坡点转绘在1：20万地形图上，也对其作对应的单元剖分，将每个单元上的滑坡发育数量再对应表示在1：50万底图的单元上，并考虑单元内滑坡分布的不均匀性和地质条件对滑坡分布的控制作用，以此来评价各单元的滑坡发育程度等级，确定不同发育级别之间的分区界线。

滑坡发育程度分区评价应充分考虑地质条件是滑坡发育的基础以及控制区域滑坡的实际情况，据此对滑坡发育程度的分区界线进行适当调整。

4.6.3　滑坡发育程度分区评价

按照上述滑坡发育程度分级指标和分区评价方法，对甘肃滑坡发育程度进行分区评价。其中北山和河西走廊可直接划为滑坡不发育区。经统计整理，得到反映甘肃全省滑坡发育分布总体情况的图件——甘肃滑坡发育程度图（图4-78），不同滑坡发育程度区的分布面积及所占比例统计于表4-1。

表4-1　甘肃滑坡发育程度分区统计表

发育等级	陇中黄土高原区		陇南基岩山区		甘南高原区		祁连山区		河西走廊、北山区		总面积/km^2	占比/%
	面积/km^2	占比/%	面积/km^2	占比/%	面积/km^2	占比/%	面积/km^2	占比/%	面积/km^2	占比/%		
强烈发育区	7 606	8.45	2 167	4.60			1 470	1.83			11 243	2.64
发育区	18 068	20.08	4 578	9.73	203	0.65					22 849	5.37
中等发育区	29 041	32.27	8 607	18.29	380	1.23	1 846	2.30			39 874	9.36
弱发育区	21 545	23.94	29 632	62.97	10 450	33.69	66 737	83.19			128 364	30.15
不发育区	13 730	15.26	2 076	4.41	19 987	64.43	10 167	12.68	177 510	100	223 470	52.48
合计	89 990	100	47 060	100	31 020	100	80 220	100	177 510	100	425 800	100

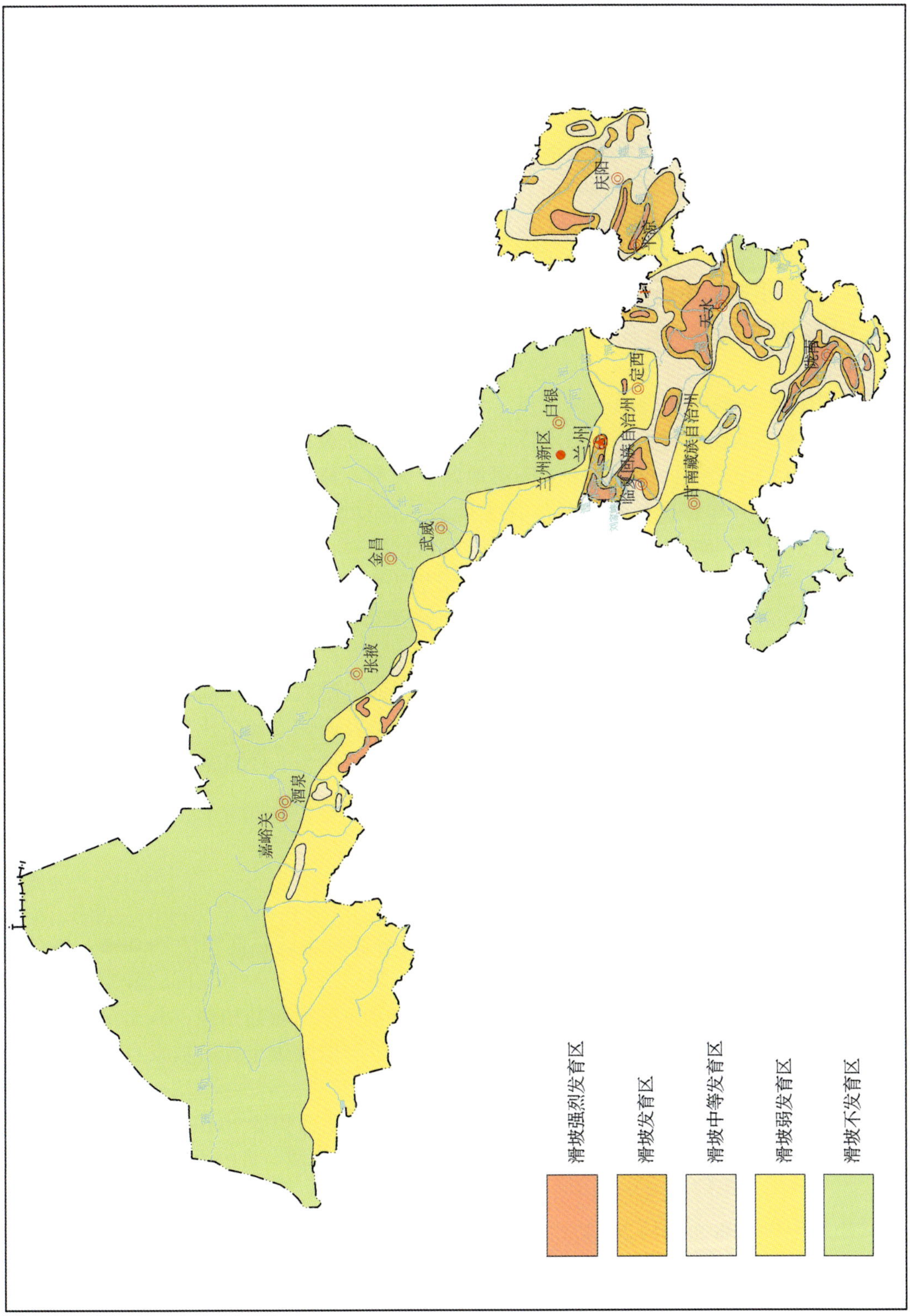

图4-78　甘肃滑坡发育程度图

1.滑坡强烈发育区

总面积为11 243 km²，占甘肃省总面积的2.64%，为甘肃省滑坡最发育的地区。

在陇中黄土高原区分布面积为7 606 km²，占滑坡强烈发育区总面积的67.65%。陇西黄土高原区主要分布于东乡县、永靖县西北部，武山—甘谷—秦安—天水及静宁等地的渭河流域。其中武山—甘谷—秦安—天水滑坡强烈发育区面积达3 780 km²，为甘肃省滑坡最为集中发育的地区之一，总体呈北西西向展布于陇西黄土高原东南部，以大、中型黄土层内滑坡、黄土接触面滑坡、黄土-红层滑坡为主要类型。陇东黄土高原区主要分布合道—三岔、茹河—蒲河、泾河干流、黑河及正宁等滑坡强烈发育区。其分布具有沿河谷顺流延展的特点，以中、小型黄土层内滑坡为主要类型，泾河、汭河等干流及大型支沟中也有黄土-红层滑坡。其中合道—三岔滑坡强烈发育区的滑坡多为古、老滑坡，近期内滑坡活动不甚明显。

在陇南山区，主要分布舟曲—两河口、角弓—武都、石鸡坝—羊汤河和西汉水上游等滑坡强烈发育区，也有沿白龙江、白水江、西汉水等大江大河两侧集中分布的特点。在舟曲—两河口、角弓—武都、石鸡坝—羊汤河地区以大型、特大型岩质滑坡和大、中型堆积层滑坡为主。滑坡分布多受软弱岩层、深大断裂、活动断裂和地震的控制，发育有泄流坡、锁儿头、刘家湾、南峪、红土坡、柏林坪、石鸡坝等著名大型、特大型滑坡。西汉水上游滑坡密集区，以黄土接触面滑坡和黄土-红层滑坡为主要类型。滑坡发育主要与黄土、新近系红层软岩广布，地震频繁，降水较多有关。陇南市滑坡强烈发育区面积为2 167 km²，占滑坡强烈发育区总面积的19.27%。

祁连山区滑坡强烈发育区主要分布于肃南县梨园河上游西侧支流隆畅河、东侧支流白泉河两岸，大磁窑河上游巴音村—泉源沟门，黑河上游及西侧支流荣沟河、大长干河大岔村—杨哥村，寺大隆河土圈台—盖纳萨和红石窝一带。面积为1 470 km²，占滑坡强烈发育区总面积的13.07%。

2.滑坡发育区

总面积为22 849 km²，占甘肃省总面积的5.37%。

陇中黄土高原区滑坡发育区面积18 068 km²，占滑坡发育区总面积的79.08%。陇西地区主要有临夏—临洮、渭源—陇西、武山—甘谷—通渭—秦安—天水北部、静宁以及兰州等滑坡发育区，大多数分布于滑坡强烈发育区外围，分布特征与其相似，只是范围有所扩大。陇东地区主要分布有平凉—镇原—泾川、环县—庆阳以及正宁等滑坡发育区，在子午岭天然林区也有零星分布。

陇南山区滑坡发育区面积约4 578 km²，占滑坡发育区总面积的20.03%。主要沿白龙江中游干流及西汉水上游分布于滑坡强烈发育区的外围，岷县县城一带的洮河沿岸也是滑坡发育区。

在甘南高原区分布面积约203 km²，占滑坡发育区总面积的0.89%。主要分布在夏河县安多—切龙沟和卓尼县洮河九甸峡水库一带。

3.滑坡中等发育区

总面积为39 874 km^2，占甘肃省总面积的9.36%。

陇中黄土高原地区滑坡中等发育区总面积为29 041 km^2，占滑坡中等发育区总面积的72.83%。陇西地区滑坡中等发育区主要分布于临夏—陇西—天水以及静宁—天水一带，分布范围受流域的控制较为明显，主要发育在洮河、渭河、散渡河、葫芦河流域北部，陇东地区主要分布于盆地中部一带。

陇南山区主要分布于白龙江两岸和大型支流地区，西汉水中下游地区以及徽成盆地边缘，面积约8 607 km^2，占滑坡中等发育区总面积的21.59%。

在甘南高原区分布面积约380 km^2，占滑坡中等发育区总面积约0.95%。主要分布在夏河县安多—切龙沟和卓尼县洮河九甸峡水库一带。

祁连山滑坡中等发育区主要分布于白杨河大泉口—红沟、北大河支沟臭水柳沟、洪水坝河上游大卡洼支岔、西营河支流响水河上游、黄羊河上游、杂木河天祝县毛藏寺、民乐县县城西南部—瓦房城等地区，面积为1 846 km^2，占滑坡中等发育区总面积的4.63%。

4.滑坡弱发育区

总面积为128 364 km^2，占甘肃省总面积的30.15%。

陇中黄土高原区滑坡弱发育区面积为21 545 km^2，占滑坡弱发育区总面积的16.78%。在陇西地区主要分布于降水量较少的兰州—榆中—定西—会宁地区，滑坡呈零星状分布；陇东地区主要分布于环县东北部和子午岭地区。在陇南市分布面积约29 632 km^2，占滑坡弱发育区总面积的23.08%。除白龙江、西汉水、白水江上游一带外，分布于礼县—武都滑坡中等发育区的东西两侧，东侧主要分布于两当县、徽县、成县、康县、文县东南的大部分地区，西侧主要分布于临潭县、卓尼县、岷县、宕昌县、舟曲县和迭部县等大部分地区。

其余主要分布在甘南高原东北部和祁连山区，面积分别为10 450 km^2和66 737 km^2，分别占滑坡弱发育区总面积的8.14%和51.99%。

5.滑坡不发育区

总面积为223 470 km^2，占甘肃省总面积的52.48%。

主要为河西走廊和北山两大地貌单元区、甘南高原西部的合作—玛曲等大部分地区。在陇西地区主要分布于永登—白银—靖远等地，这里降水量少，地形高差较小，滑坡也不甚发育。该区与滑坡弱发育区构成甘肃滑坡相对稀疏分布的地区。

滑坡强烈发育区、滑坡发育区与滑坡中等发育区三者基本构成了甘肃东部滑坡主要发育和分布地区，约占甘肃省总面积的17.37%。主要分布在甘肃东部的陇中黄土高原和陇南山区。

对比图4-78、图4-79和图4-80，发现三者具有较好的吻合性，说明甘肃东部滑坡发育的地区在历史上滑坡灾害就发生得很频繁，分布很集中，本区的滑坡是在地质历史时期长期累积形成的，滑坡的发育也具有一定的历史继承性，目前的滑坡灾害隐患点也主要集中在这些地区。同时也说明图4-78甘肃滑坡发育程度分区评价结果与实际相符。

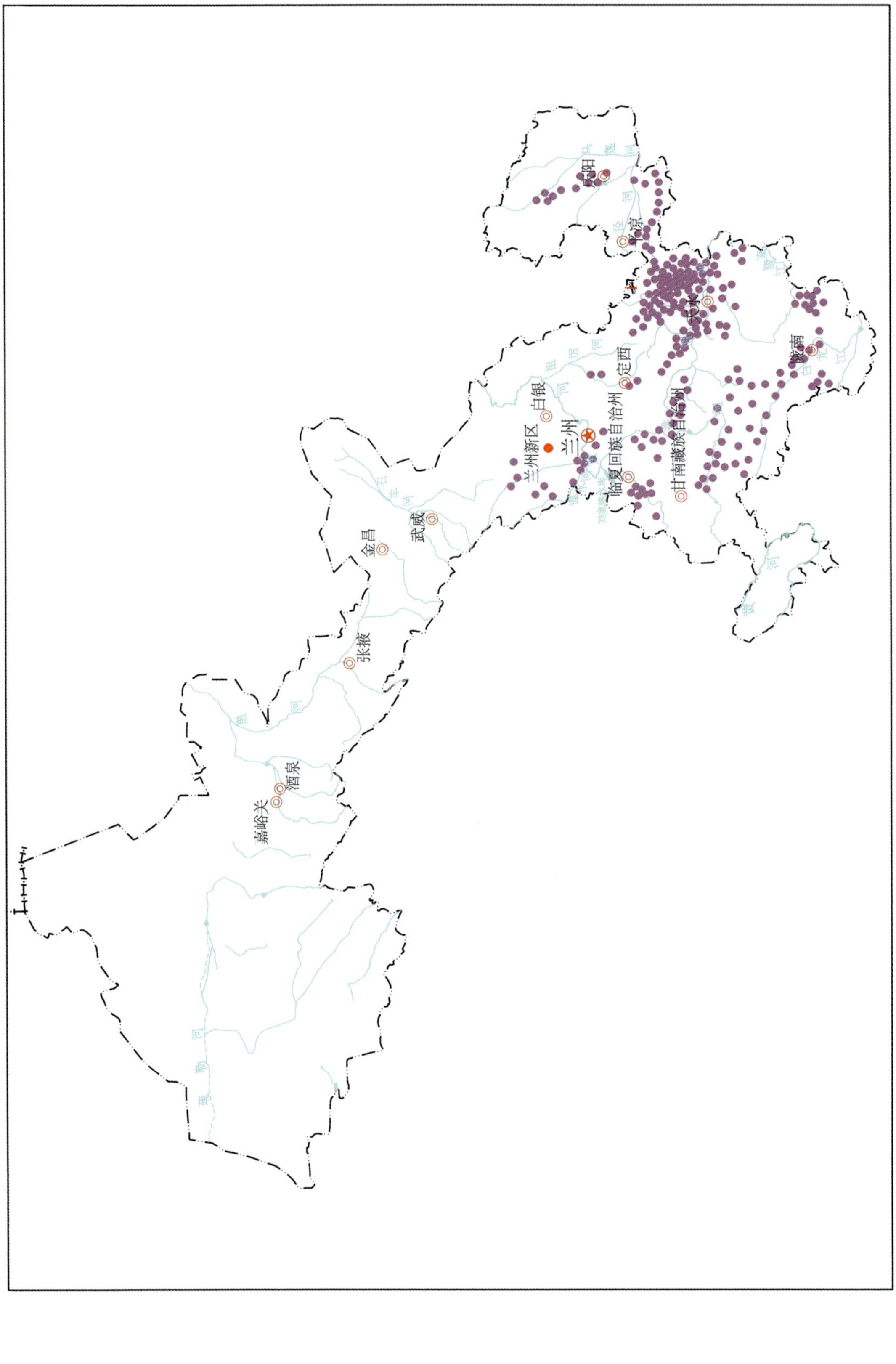

图4-79　甘肃历史滑坡分布简图（据洪嘉祥等，略修改）

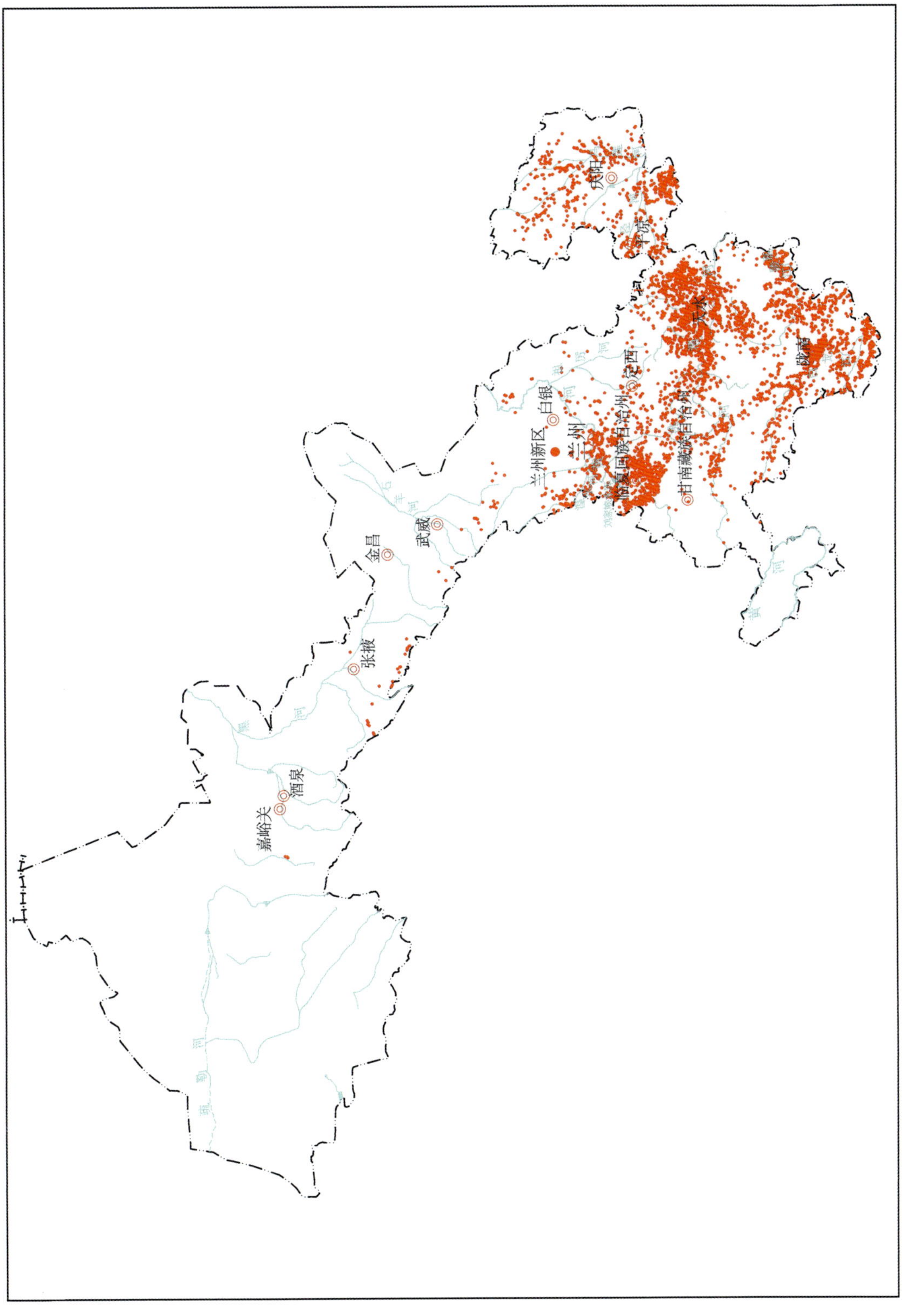

图4-80　甘肃滑坡隐患点分布图

4.7 滑坡发育规律

受地形地貌、地质构造、降水等自然因素的控制和制约，区域滑坡具有一定的空间、时间发育分布规律。甘肃滑坡发育分布具有区域分布的不均衡性、流域的集中性、河谷两侧的不对称性、沟谷两侧的对生性、同一地点的多发性和复活性等特点与规律。认识这些规律对区域滑坡灾害防治、社会经济建设布局有重要指导意义。

4.7.1 滑坡空间发育规律

1.滑坡区域分布的不均衡性

从图4-78甘肃滑坡发育程度图可以看出，甘肃的滑坡发育分布在区域上很不均衡。主要表现为：

（1）滑坡主要分布于甘肃省东部地区的陇中黄土高原和陇南基岩山区两大地貌单元区，甘南高原、祁连山区也有少量滑坡分布，部分地段较为发育。因此，从防灾减灾角度，陇中黄土高原和陇南基岩山区是甘肃滑坡灾害防治与研究的重点。

（2）滑坡类型的区域差异明显，受岩性分布的控制，陇中黄土高原区主要发育黄土滑坡、黄土-泥岩滑坡。陇南基岩山区以岩质滑坡和堆积层滑坡为主，发育少量黄土滑坡，在西礼盆地黄土滑坡、黄土-泥岩滑坡较为发育。甘南高原、祁连山区的滑坡类型也主要为岩质滑坡和堆积层滑坡。

（3）同一地貌单元内滑坡发育也不均衡，在陇西黄土高原区表现尤为明显。马啣山—华家岭以南的临夏—陇西—天水一带为滑坡集中发育区之一，滑坡远比其北部的定西—会宁—靖远等地发育。该地貌单元区的滑坡总体发育规律是：由东南向西北滑坡发育程度逐渐降低。其主要原因是由东南向西北降水逐渐减少，新构造运动的上升幅度、沟谷切割程度也逐渐减弱。陇东黄土高原的情况与陇西黄土高原类似，滑坡发育程度总体由南向北逐渐减弱。甘南高原滑坡主要分布在东部临潭、卓尼及周边基岩山区。祁连山区滑坡主要沿断裂带呈北西向展布，隆畅河等地集中发育。

（4）在陇南基岩山区，滑坡主要沿白龙江、白水江、西汉水干流及较大支流发育，更能表现出滑坡发育分布的不均衡性特点。主要原因是河流发育及受到软弱地层岩性、断裂分布的控制，且河流侵蚀切割深度较大的地区滑坡发育更为集中。

2.流域内滑坡的集中性

甘肃滑坡分布有以河流流域为单元集中发育的特点。滑坡主要集中于渭河干流、散渡河、葫芦河、洮河中下游、泾河、马莲河、白龙江、白水江中下游和西汉水中上游地区，在这些地区内滑坡密集发育、连片成群分布。如洮河下游二级支流巴谢河流域面积432 km^2，发育有大小滑坡224处（图4-81）。渭河流域天水市区280 km^2的面积内有滑坡200余处。祁连山区隆畅河流域面积550 km^2，发育大小滑坡80余处，其中近年来发生10处。在一些小型沟谷内滑坡也成群连片发育（图4-82～图4-83）。而在祖厉河、关川河、宛川河、庄浪河等流域滑坡不甚发育，仅零星分布。

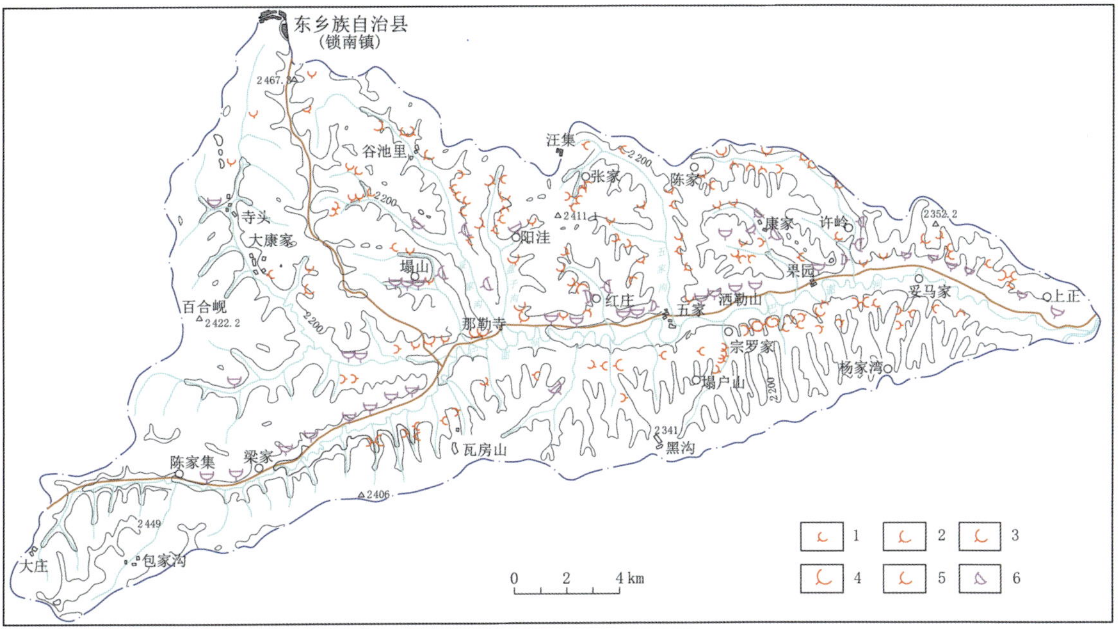

1—小型滑坡；2—中型滑坡；3—大型滑坡；4—特大型滑坡；5—黄土滑坡；6—黄土-泥岩滑坡。

图4-81　东乡县巴谢河流域滑坡分布图

图4-82　永靖县西河乡白川村南沟滑坡群

图4-83　天水市麦积区保峪沟滑坡群

3.河谷两侧滑坡发育的不对称性

大、中型河谷干流两岸谷坡区是滑坡的主要发育地段。由于河流两岸谷坡坡度和地质结构的差异，大多河谷两岸滑坡分布具有不对称性的特点，一般北岸谷坡较陡，滑坡发育程度高于南岸，且北岸滑坡的规模较大。陇西黄土高原渭河、漳河、散渡河、葫芦河、耤河、清水河、水洛河、广通河、巴谢河、东峪沟、关川河，陇东黄土高原泾河、汭河、达溪河，陇南山区白龙江、西汉水等部分河谷地段都显示出这种规律。如渭河干流渭源—天水段长240 km，北岸山体一般明显陡于南岸（图4–84），北岸分布大型黄土–泥岩滑坡群74处（图4–85）。巴谢河主流长37 km，北岸山体也明显陡于南岸（图4–86），其北岸分布有52处滑坡（图4–87），著名的洒勒山巨型高速远程滑坡位于该河流中游北岸。漳县县城—孙家峡口段的漳河北岸滑坡成群分布。泾河平凉—四十里铺段，北岸有大小滑坡21处（图4–88～图4–90）。白龙江中游北岸与南岸的滑坡数量比为3∶1（表4–2）。在一些中、小型支流和大型支沟中也有类似滑坡不对称发育的情况。

图4–84 渭河干流陇西段DEM影像

图4–85 渭河干流天水三阳川段北岸滑坡群

图4-86　东乡县巴谢河两岸不对称河谷地貌

图4-87　东乡县巴谢河北岸滑坡群

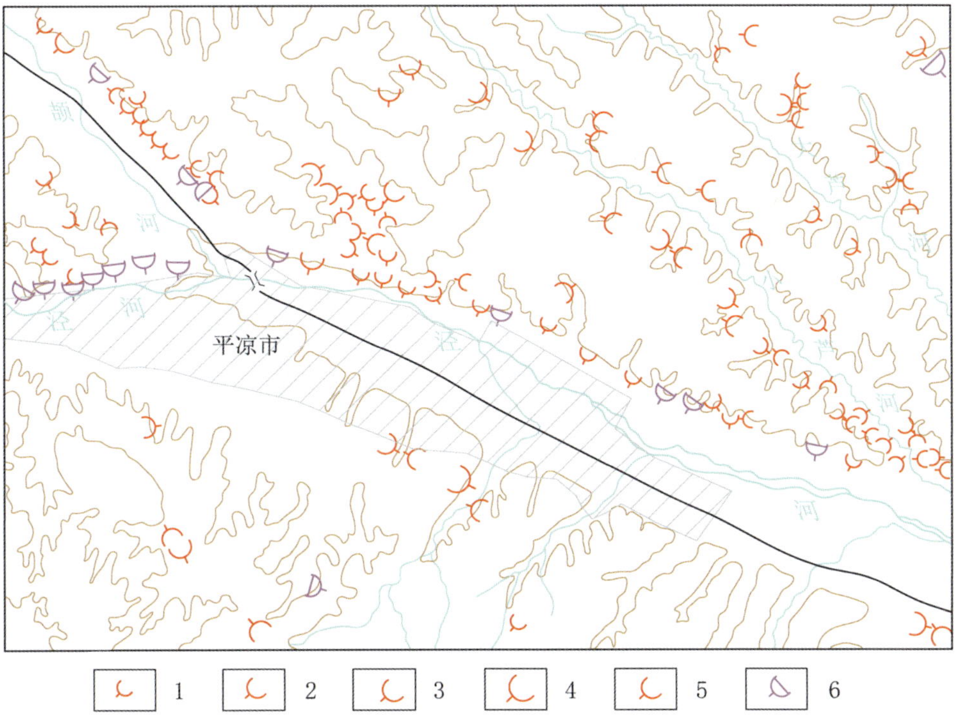

1—小型滑坡；2—中型滑坡；3—大型滑坡；4—特大型滑坡；5—黄土滑坡；6—黄土-泥岩滑坡。

图4-88　平凉市滑坡分布图

图4-89　平凉泾河北岸(市区上游)滑坡群

图4-90 平凉泾河北岸(市区下游)滑坡群

表4-2 白龙江中游两岸滑坡统计表

岸别	滑坡数量/个	滑坡面积/km^2	斜坡坡度/°	平均海拔/m
北岸	119	25.6	30.6	1 500
南岸	36	3.9	38.3	1 500

河谷两岸滑坡发育的不对称性，与区域性掀斜式新构造运动产生的差异性上升有关。甘肃位于青藏高原强烈隆起区的东北边缘，受其影响，一般河流南岸上升较快，由此导致河流对北岸的强烈侵蚀，阶地不发育，谷坡较陡。

但湟水河沿岸滑坡分布与其相反，南岸谷坡陡峭，发育有许多大型滑坡，北岸仅在高阶地前缘有少量中、小型滑坡，这可能与北部祁连山的隆起相对较快有关。祁连山区也是南坡较北坡的滑坡更发育，其原因可能还与阴坡地下水丰富、土体含水量高、季节性冻融作用强烈有关。

在近南北向展布的葫芦河静宁县县城—威戎段、水洛河庄浪县城—万泉段等地段，水洛河西北岸滑坡非常发育，成群分布（图4-91），这可能与东部六盘山的强烈隆起有关。

图4-91 水洛河西北岸万泉段滑坡群

4.沟谷两侧滑坡发育的对生性

在陇中黄土高原地区河流的一些近南北向的支沟中，特别是南岸的支沟中，常在沟口附近两侧斜坡对称发育有大小和形态相近的滑坡。在陇西黄土高原巴谢河、东峪沟，陇东黄土高原黑河、茹河和陇南山区的礼县西汉水等流域内多见，称为“对生滑坡”（图4-92～图4-96）。其形成主要是此类沟谷两岸斜坡的地形地貌、地质结构基本相同，一岸发生滑坡后，滑坡体将沟道挤向对岸，水流对其加剧侵蚀，对岸也发生类似的滑坡。

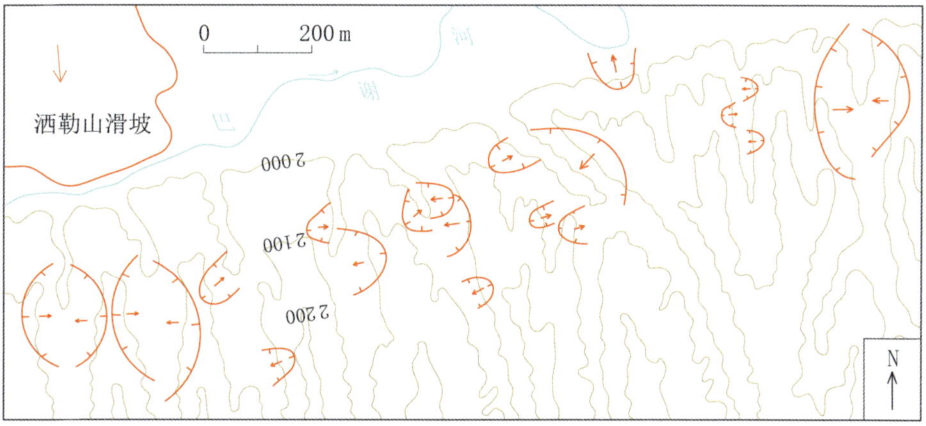

图4-92　东乡县巴谢河南岸对生滑坡分布图

图4-93　东乡县巴谢河南岸对生滑坡

图4-94　崆峒区草峰乡段洼沟对生滑坡

图4-95　临洮县东峪沟张嘴对生滑坡

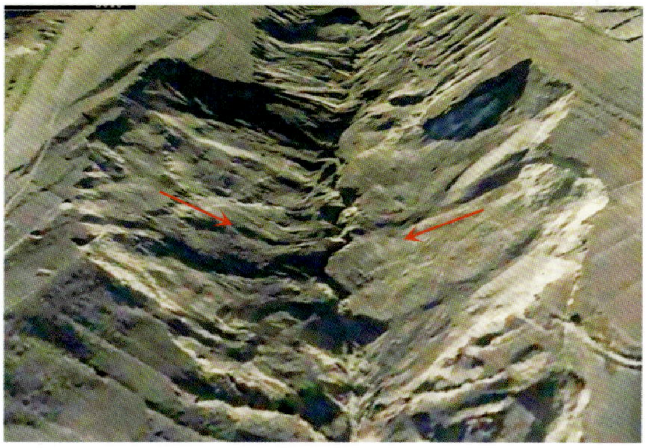

图4-96　东乡县碾子沟对生滑坡

5.同一斜坡部位滑坡的多发性与复活性

同一地点滑坡的多发性是在地质历史时期同一斜坡部位多次失稳滑动，形成继发性滑坡。滑坡复活性则是已滑动的滑坡体后来整体或局部再次失稳滑动。

省内许多斜坡地段，在地质历史时期具有发生多期滑坡的特点，不同地质时期的古、老、新滑坡在同一个斜坡地点发育齐全，新老叠置。如东乡县洒勒山、王家山，镇原县殷家城，安定区巉口镇赵家铺滑坡，文县白马河等地斜坡均有这种现象（图4-97～图4-101），反映出在地质历史时期，同一斜坡部位发生过多期滑坡。

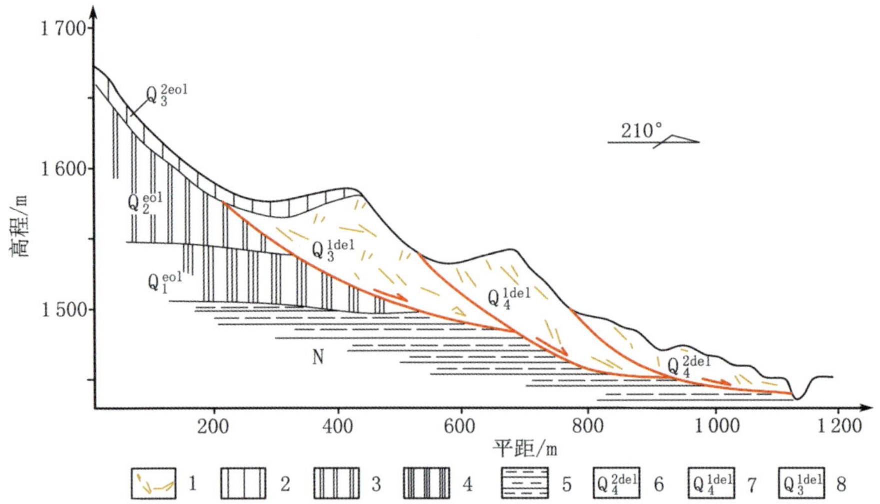

1—滑坡体；2—马兰黄土；3—离石黄土；4—午城黄土；
5—泥岩；6—新滑坡；7—老滑坡；8—古滑坡。

图4-97　镇原县殷家城古、老、新滑坡剖面图

图4-98　平凉市崆峒区寨河乡荒草湾滑坡

图4-99　环县合道乡浪沟滑坡

图4-100　定西市安定区巉口镇赵家铺老滑坡与新滑坡

图4-101　文县白马河左岸肖家山古、老滑坡

天水潘集寨黄土斜坡自1984—2001年发生大小滑动8次（图4-102）。黑方台频发的黄土层内滑坡在同一台缘部位大多发生2～4次。洒勒山特大型高速远程滑坡后壁于1986年3月再次大规模滑动，体积达$2.4\times10^6\ m^3$，是后壁的再次失稳滑动，也属同一地点的多发性滑动。此类高速远程滑坡的滑体具有超稳性，复活性差，但高大后壁的稳定性一般较差，可发生多次滑动，形成新的滑坡，也是滑坡在同一地点的多发性，但这并不是滑体的复活。黄土层内滑坡、黄土-红层切层滑坡发育的地段常有此类现象和规律。

图4-102　多次滑动的G310线潘集寨滑坡

甘肃省内的许多滑坡体具有多次复活滑动的特点（图4-103）。著名的舟曲县泄流坡在20世纪先后有8次较大规模的复活滑动。武都区红土坡滑坡、舟曲县江顶崖滑坡等均在短期内产生了复活滑动。特别是降水引起的黄土接触面滑坡和断层破碎带滑坡，更具复活性，每逢雨季或丰水年都会产生滑动。如天水秦州区余坪村黄土接触面滑坡于1959年6月、1964年5月、1966年8月3次复活滑动。天水麦积区张家半山黄土接触面滑坡，中华人民共和国成立以来也有4次大的复活滑动。许多早期发生的滑坡随着水流侵蚀等引发因素的变异，稳定性降低而产生复活滑动。如甘谷县渭水峪北大沟长10 km，面积24 km²，流域内分布有大小滑坡29处，其中8处是早期滑坡的复活（图4-104）。1976年四川省松潘地震，2008年“5·12”汶川地震在文县、武都引起的滑坡多为早期滑坡的复活，如武都三家地滑坡。黄土接触面滑坡、黄土-红层顺层滑坡、堆积层滑坡和断层破碎带滑坡等缓动式非高速滑坡的滑体一般不稳定，具有复活性强的特点。

图4-103　多次滑动的后壁

由于大规模的人工开挖等，使一些大型老滑坡重新复活，造成巨大灾害。如陇海铁路宝天段葡萄园滑坡，宝成铁路西坡滑坡，G316线天水稍子坡滑坡群，兰州西果园南滑坡、兰州北环路报恩寺滑坡和九州东滑坡，天水

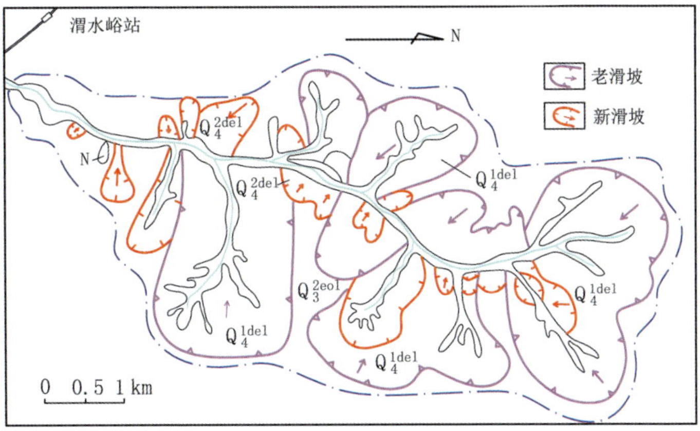

图4-104　甘谷县渭水峪大沟滑坡分布图

图4-105　G244线灵台县城西达溪河右岸老滑坡复活滑动

市泰山庙、椒树湾滑坡、礼县县城东烂山滑坡等均属工程建设等引发的老滑坡复活。灵台县城西达溪河右岸在河流侵蚀作用下发育一处大型老滑坡，G244线修建时，对滑坡前缘进行了较大规模的开挖，受2021年9—10月大量连续降水影响，于10月15日前缘发生大规模复活滑动，破坏公路，中断交通（图4-105）。

6.滑坡发育与人口分布的一致性

研究对比发现，甘肃东部的滑坡发育密度与人口分布密度在区域上有较强的一致性，滑坡强烈发育区、发育区和中等发育区，是人口分布的相对密集区（图4-106）。对比图4-78和图4-106可以看出，陇中黄土高原的临夏—陇西—天水、静宁—天水—礼县、平凉—泾川—镇原等滑坡发育的地区，是甘肃农村人口的主要分布区；舟曲—武都的白龙江中游滑坡发育区，也是该地区人口相对密集区。

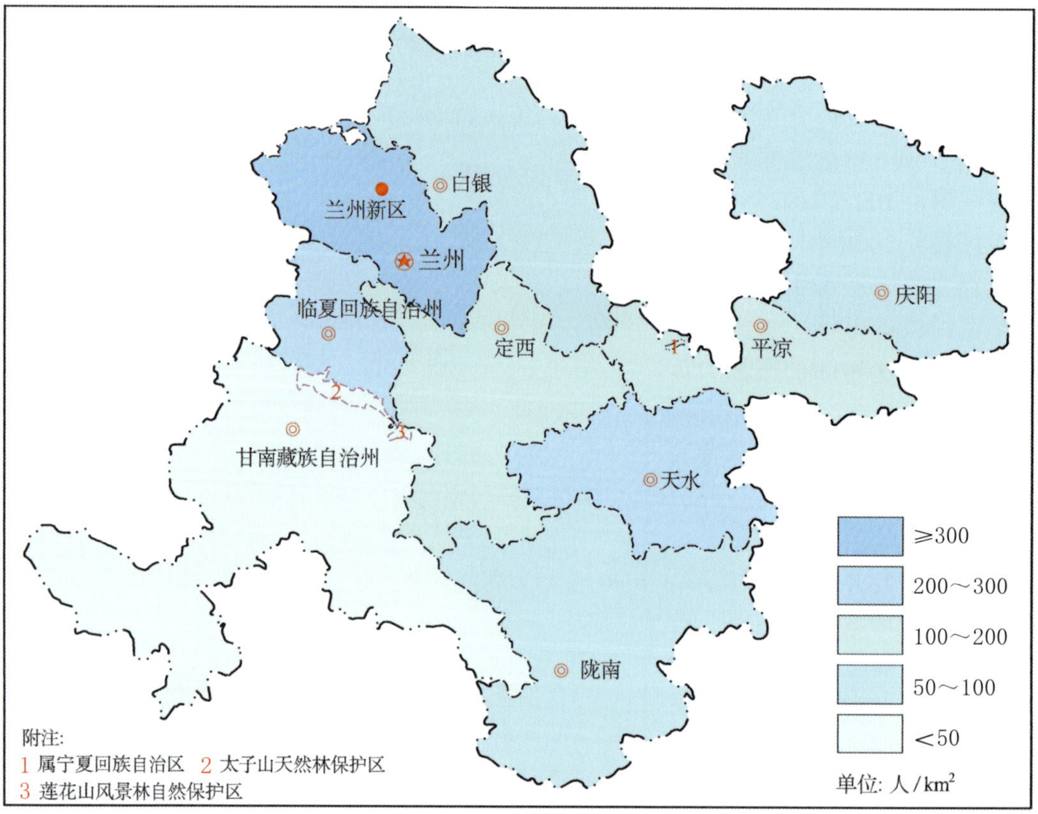

图4-106　甘肃东部人口密度图

这种不协调的人地关系是由多种因素造成的，其中，水可能是主要原因。水是人类生存所必需的自然资源，甘肃省气候总体干旱，水资源的多少决定着人口的分布，在降水较多的陇中黄土高原南部、陇南基岩山区，适宜人类生存、生活，人口密集；但水也是本区滑坡的重要引发因素，从而导致甘肃人口密集的地区也是滑坡发育区。这种在同一地区人口密集且滑坡发育的现象，一方面使滑坡给人类带来更大的灾害，另一方面人类活动可能会引发更多的滑坡，使得区内滑坡灾害防治更加必要而又十分困难。祁连山区部分地段滑坡发育，但由于海拔高，气候条件恶劣，不宜居住，不符合上述规律。

4.7.2　滑坡时间发育规律

受气候、新构造运动等滑坡引发因素变化的影响，甘肃滑坡发育在不同时间尺度上表现出一定周期性和集中性的特点。

从地质历史观点研究，甘肃滑坡具有悠久的发育历史，但受新构造运动和气候干湿的周期性波动变化影响，滑坡在时间分布上具有某一时期相对集中发育的周期性变化特点，大致可分为4期：即古滑坡活跃期（Q_3^1）、老滑坡活跃期（Q_4^1）、新滑坡活跃期（Q_4^2）和现代滑坡活跃期（Q_4^3），将在本章第4.8节详细讨论。

甘肃省东部的滑坡大多由降水和地震引发，据粗略统计占90%左右。降水、地震一般涉及的范围较大，因此，同一时间可以在较大范围内引发大量的群发性滑坡。1965年、1978年、1984年、1990年、2003年、2013年、2018年和2020年为丰水年，其雨季在天水、陇南、临夏等地均发生了非常严重的群发性滑坡等灾害。如1984年秋，因降水较多，在天水、武都地区大范围内发生了大小滑坡千余处。1990年8月11日，天水市区降水量最高达113 mm，引发了天水锻压机床厂等十几处滑坡。2013年夏季，连续降水在天水引发大小300余处群发性滑坡灾害。

1654年天水8.0级地震、1718年通渭7.5级地震、1879年武都8.0级地震、1920年海原8.5级地震，2008年汶川8.0级地震和2013年岷漳6.6级地震，均在区内集中引发了大范围的地震滑坡群。

甘肃滑坡在年内每月都有发生，但以雨季和冻融季节发生更为集中。省内降水多集中在7—9月，降水滑坡在时间上也有集中在这些月份的特点，占每年发生滑坡总数量的68%以上（图4–107）。

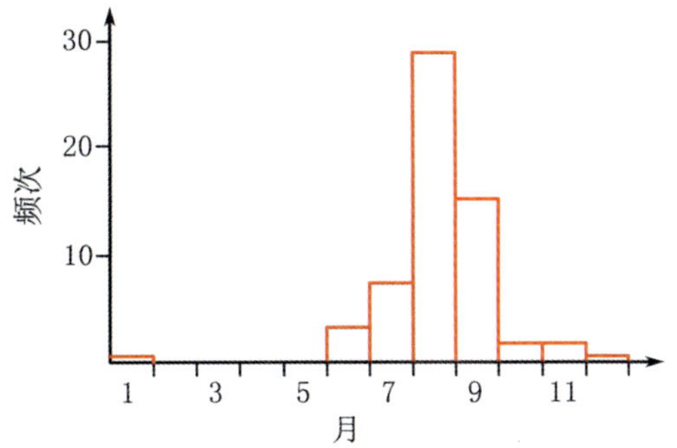

图4–107　陇南滑坡逐月频次图

2013年“7·22”岷漳地震发生在雨季，与近2倍7月份多年平均降水量的降水作用叠加耦合，使本次地震引发的滑坡数量明显增多。受季节性冻融作用的影响，冻融季节滑坡发生也较频繁。如东乡县洒勒山滑坡的两次大规模滑动都发生在季节性冻土融化的3月，近30年来，永靖县黑方台滑坡也主要集中在雨季和冻融季节。

4.8　滑坡发育历史与分期

甘肃省不但滑坡分布广泛，而且具有悠久的地质发育历史。目前区内广泛分布的滑坡是第四纪晚期以来不同时期形成的滑坡遗存，是地貌演化过程中长期不断积累和集成的结果。根据大量滑坡调查和年代测试资料，以及和邻区有关滑坡发育历史资料综合分析对比，甘肃省广泛分布有晚更新世以来不同时期形成的滑坡。早期形成的古、老滑坡遭受了后期侵蚀搬运、堆积掩埋等多种地质营力的改造，滑坡形态和要素等特征大多较为模糊，更具隐蔽性，有时不易辨认。在山区工程建设中，古、老滑坡常被忽视和漏判，也未被重视和防护，甚至进行大规模的挖填方活动，易引起复活滑动，常造成危害和损失。

G312线会宁县境内的翟所滑坡、K1967+800处滑坡、兰临高速西果园大桥南滑坡、兰州北环路九州东滑坡、天水机场2#滑坡、礼县县城东侧烂山滑坡（图4-108）等均属工程建设开挖或加载使古、老滑体引起的复活滑动，破坏了公路。陇西县巩昌镇二十里铺红土岘新农村建设中，为了拓展4户住宅地，对老滑坡南侧前缘进行大量开挖，结果引发其复活滑动，造成险情，投资300余万元采用锚索框架进行治理（图4-109）。永靖县盐锅峡镇下铨村在老滑坡发育的沟谷中建设工厂，对老滑坡前缘进行开挖，降低了其稳定性。2019年11月10日，黄土-红层顺层老滑坡发生大范围复活滑动，滑坡长200～300 m，宽770 m，体积约3×10^6 m^3，破坏厂房，造成严重损失（图4-110）。因此，研究滑坡发育历史并根据滑坡活动时间规律分期，对识别和预防古、老滑坡具有重大的实际意义。

图4-108　礼县县城东侧烂山滑坡

图4-109　陇西县巩昌镇二十里铺红土岘滑坡

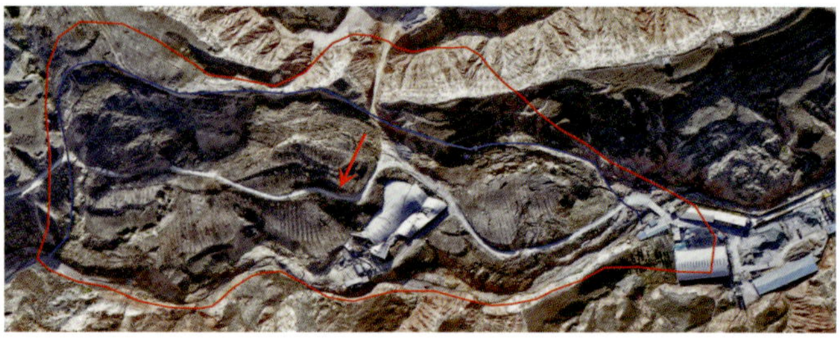

图4-110　永靖县盐锅峡镇下铨村滑坡

近年来，有关学者对西北黄土高原地区的滑坡发育历史进行了研究，也提出了滑坡分期方案。但大都是地区性的，且在时代、分期界限、定名上尚不统一，存在分歧，从而很难进行区域滑坡发育历史的对比和资料引用。对甘肃滑坡发育历史的进一步研究和分期，统一概念和认识，将有助于提高甘肃地质灾害防治、山区工程建设中滑坡的识别、调查工作，以及对滑坡发育环境与时空演变规律的认识。

4.8.1　滑坡发育历史分期

滑坡是在新构造运动长期上升、河流水系不断侵蚀下切的地质背景条件下，发育的区域性重力地质作用现象和演化过程。受区域新构造运动、气候及河流侵蚀等内外动力地质作用周期性变化的控制和影响，地质历史中滑坡的发育演变也呈现出与其相关联的相对活跃和平静的周期性变化。第四纪以来，受青藏高原强烈隆起的影响，甘肃地区长期处于新构造运动上升、河流下切的环境之中，加之广泛分布第四系黄土，中、新生界泥岩，古生界炭质板岩等易滑地层，因此，在甘肃地区发育了大量不同时期的滑坡。野外经常可以看到某一地区甚至同一斜坡上发育有2～3期不同时期形成的滑坡相互叠置、共同存在的地质现象。国内外滑坡文献资料关于滑坡发育历史的分期（分类）研究中，一般采用古滑坡、老滑坡、新滑坡等概念。

地质历史中，滑坡的发育、活跃与新构造运动、气候演变、河流侵蚀等的变化有非常密切的相关关系。因此，区域性滑坡发育历史的研究方法和途径，应借助已经较成熟的第四纪地质、区域河流地貌发育史、古气候史和新构造运动演化史的研究方法和理论，并在利用其成果的基础上，根据不同时期的滑坡体与区内已知形成时代的第四系堆积物、河谷阶地的相互接触关系，特别在黄土高原地区，主要根据不同时期的滑坡堆积体与研究程度较高、已知地质时代的黄土地层之间的相互接触关系，研究区内滑坡发育历史并进行相应分期。同时，对一些典型滑坡，当滑体内发现可代表该滑坡形成时代的动、植物遗骸等有机物，或在一些大型高速滑坡的滑面（滑带）中发现滑动中高温变质的滑带土或滑体的滑动中压埋的陶片时，还可进一步应用^{14}C、热释光以及光释光等现代地质学中的绝对测年方法，测定其更为精确的滑坡发生时代。侯圣山等利用^{14}C和光释光测年方法的资料显示，晚更新世以来东乡巴谢河流域存在100～63 kaBP、45.2～41.5 kaBP、33.3～28.2 kaBP、22.5～15.2 kaBP和10.4～0.2 kaBP的5个滑坡多发时段，测试结果多为晚更新世滑坡（图4-111）。

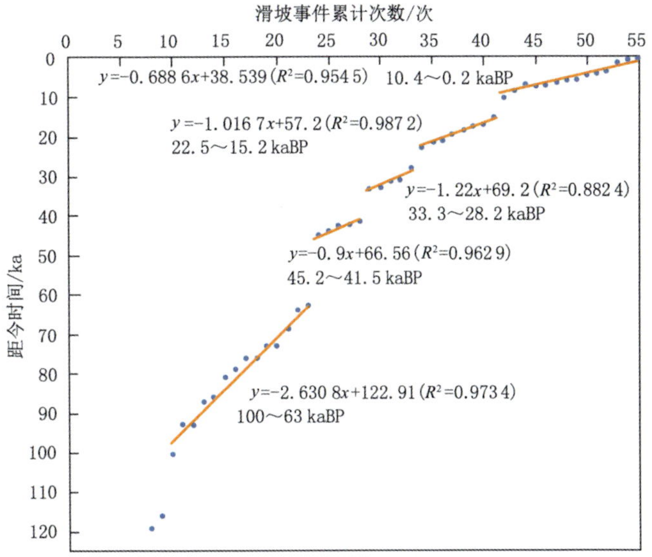

图4-111　巴谢河流域滑坡测年结果(据侯圣山等)

根据甘肃第四纪，特别是晚更新世以来的各地质历史时期滑坡发育和残留滑体的分布情况等，发育的滑坡按形成时代可划分为古滑坡（Q_3^1）、老滑坡（Q_4^1）、新滑坡（Q_4^2）和现代滑坡（Q_4^3），即4个滑坡活跃期。将各期滑坡的特征及区域分布情况汇总于表4-3。

表4-3　甘肃各期滑坡特征综合表

地质时代		滑坡期	滑坡基本特征	分布与实例
第四纪（Q）	全新世（Q_4）	现代滑坡期（Q_4^3）	外部轮廓很清楚，形态特征很明显，滑体表面起伏。可访问或查询到发生时间、灾害情况等	主要分布在陇中黄土高原、陇南山区；甘南高原和祁连山区有一定数量分布。如：洒勒山、红土坡、切丐、天水锻压机床厂、黄龙、黄茨、享堂峡、毛藏寺、隆畅河等滑坡
		新滑坡期（Q_4^2）	外部轮廓清楚，形态特征明显，滑坡规模从巨型到小型均有。滑舌可超覆于Ⅰ级阶地及河漫滩上	陇中黄土高原区、陇南山区广泛分布；甘南高原、祁连山区有一定数量分布
		老滑坡期（Q_4^1）	外部轮廓较清楚，较易辨认，滑坡要素遭受较严重的破坏，后壁较清楚，但发育小冲沟。滑舌可夹于Ⅱ级阶地堆积物之中，一般现存为大型以上滑坡	陇西：巴峰山、王家山、石拉泉山、上正、石家坡、巉口镇赵家铺、红庄、陇西北站、下衙、葡萄园、何家坡、高家磨、西山、皋兰山； 陇东：磨坪、下李、乔家庄、王家沟、虎洞、殷家城； 陇南：柏林坪、肖家山、金条山、泄流坡、锁儿头、龙江新村、中牌、石坪里、梨坪； 甘南高原：冶海、冶力关峡口； 祁连山：大长干河、康乐草原
	晚更新世（Q_3^1）	古滑坡期（Q_3^1）	外部轮廓不甚清楚，破坏严重，黄土地区被马兰黄土覆盖，在冲沟中可见杂乱的滑体，在地形上表现为高平台，且被较大冲沟切割。陇南活动古滑坡在地形上常表现为凹槽	陇西：巴峰山、王家山、石拉泉山、红庄、三甲集广通河北岸、葡萄园、周家山、养老基地； 陇东：殷家城、老虎台、谢家咀； 陇南：立节北山、泄流坡、锁儿头、中牌、化马、西坡、肖家山、金条山、梨坪、三家地； 甘南高原：大夏河、切龙沟； 祁连山：马营河、八个台子、康乐草原

4.8.2　各期滑坡的特征与分布

1. 古滑坡（Q_3^1）

古滑坡是区内分布较多的最早一期滑坡，一般仅保留一些混杂的滑坡残体，外部形态特征大多不甚明显也不易辨认，只有通过实地仔细调查发现混杂的滑坡体后加以确定。古滑坡与地貌、地层的相互关系方面，陇中黄土地区古滑坡体均被马兰黄土（Q_3^{2eol}）覆盖（图4-112），古滑坡舌有的被Ⅲ级阶地冲积物（Q_3^{1al}）覆盖（图4-113）。利用滑体内压埋树干进行^{14}C测定，天水养老示范基地古滑坡的年龄为28.8 ka，东乡县城古滑坡的年龄为18.0 ka，巴谢河流域古滑坡体上覆盖的马兰黄土年龄为25～37.5 ka。陇南市大型古滑坡平台上也多有马兰黄土沉积，其中武都三家地古滑坡体中压埋有大量古树木，有的直径达60 cm，年轮清晰，材质坚硬（图4-114），^{14}C测定年龄为42～44.8 ka。在陇东黄土地区特

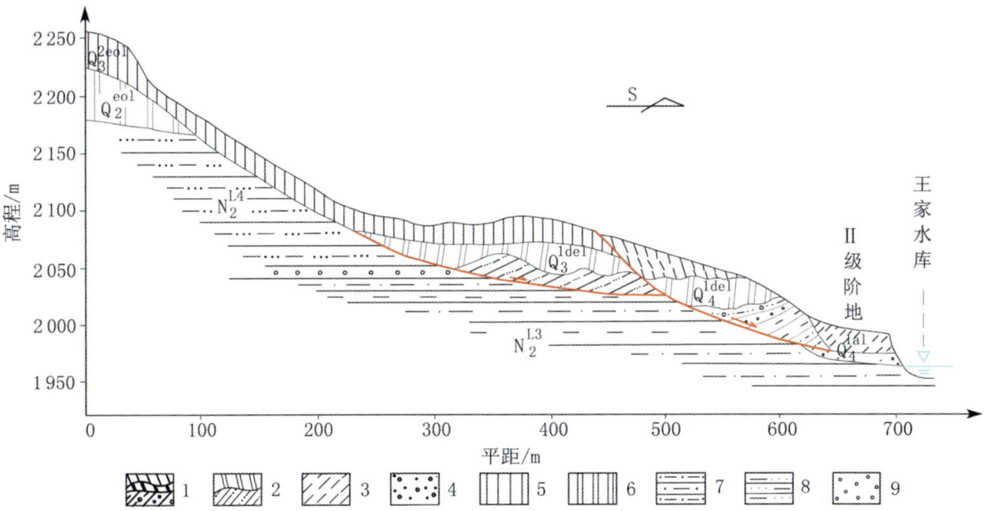

1—老滑坡堆积；2—古滑坡堆积；3—粉土；4—砾石；

5—马兰黄土；6—离石黄土；7—砂质泥岩；8—泥质砂岩；9—砾岩。

图4-112　东乡县王家山古、老滑坡剖面图

图4-113　广河县三甲集广通河北岸古滑坡前缘

图4-114　武都三家地古、老滑坡

别是环县西部一带，古滑坡体与萨拉乌苏组湖沼相沉积物（Q_3^{11}）关系密切，有该类沉积物分布的沟谷中下游也多发育古滑坡，分析认为这些沉积湖盆是古滑坡堵塞河谷后形成的堰塞湖。因此，进一步证实了该期古滑坡形成于晚更新世早期。也说明晚更新世早期本区气候较为湿润，水力侵蚀作用强烈，有利于促发斜坡的变形破坏，所以晚更新世早期滑坡比较发育，即为古滑坡活跃期。

古滑坡在甘肃的分布范围较为广泛，如陇西黄土高原地区的东乡县巴峰山、石拉泉山、王家山、红庄，天水耤河北岸周家山等地；陇东黄土高原地区的殷家城、老虎台、谢家咀等古滑坡。本区现存古滑坡均是当时发生的一些大型滑坡体，多保留于水流侵蚀较弱的小型河谷两岸，在渭河、泾河、洮河等大型河谷干流两岸因侵蚀强烈而保留较少。可以断定当时大型河谷两岸滑坡也很发育，只是因后期强烈侵蚀大部分未保留下来。

2.老滑坡（Q_4^1）

即发育于全新世早期的滑坡。根据古地理、古气候研究资料，全新世早期本区也相当湿润，降水量大，水力侵蚀作用强烈，河流长期侧向侵蚀，形成了现今各大河谷普遍分布得较为宽阔的Ⅱ级阶地，也使两岸斜坡变陡，其斜坡高度基本与现代斜坡高度接近。因此全新世早期区内斜坡破坏现象强烈，进入了第二个滑坡活跃期，即老滑坡活跃期。老滑坡的外部形态相对较明显，可辨认，在降水较多的地区，老滑坡后壁上冲沟较发育，野外调查和室内判读较容易。老滑坡前舌堆积于Ⅱ级阶地的砂砾卵石层之上，而被其阶地粉质黏土或粉土等细粒物质所覆盖，也就是混杂的老滑坡体前舌堆积于Ⅱ级阶地的二元结构之中（图4-115～图4-119）。由此可以确定，老滑坡的形成时代与本区Ⅱ级阶地形成时代一致，这是野外实地调查时根据滑坡体与其所在地貌部位相对关系确定老滑坡的主要标志。另外，还可测定有关地层的绝对年龄加以确定。例如：据^{14}C测定，积石山县大河家老滑坡形成的年龄为6.7 ka；兰州皋兰山北部老滑坡群形成的年龄为4～7 ka；巴谢河流域Ⅱ级阶地上粉质黏土测定年龄为5 ka左右，从而可以根据其与老滑坡体的接触关系确定老滑坡的形成年代约在5～10 ka之间。

图4-115　张家川县城老滑坡舌夹于Ⅱ级阶地堆积物

图4-116　静宁县老滑坡前舌与Ⅱ级阶地堆积物的关系

图4-117　武都汉林沟Ⅱ级阶地堆积物覆盖的老滑体

图4-118　兰州西固徐家大山老滑体与湖积物

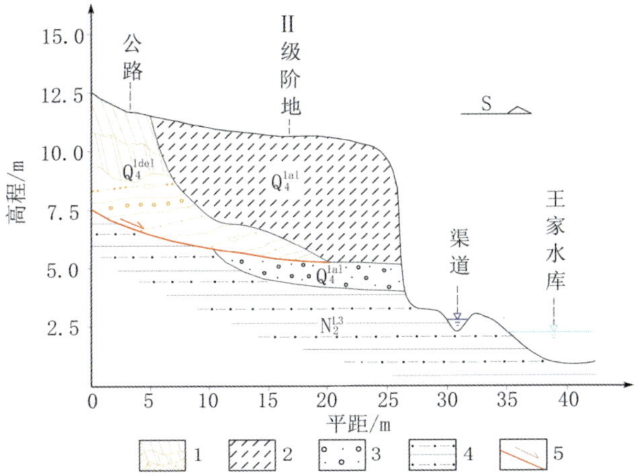

1—老滑坡堆积；2—粉土；3—卵石；4—砂质泥岩；5—滑动面。

图4-119　东乡县王家山老滑坡前缘剖面图

老滑坡在区内保存下来的较多（图4-120～图4-121），其分布范围较目前滑坡活动范围也更大，除在上述古滑坡分布区发育外，在定西石家坡、巉口镇，通渭李店，陇西云田，武山下衙，秦安高家磨、何家坡，兰州皋兰山，平凉泾河北岸的磨坪、下李、乔家庄，镇原王家沟，华池县城，陇南柏林坪、北峪河和祁连山等地也有大量分布。而且老滑坡也有河谷北岸较南岸发育的特点。

图4-120　黄土地区老滑坡

图4-121　祁连山大磁窑河老滑坡

3.新滑坡（Q_4^2）

形成于全新世中期。与本区Ⅰ级阶地及河漫滩相对应，由于此期斜坡变得更高更陡，加之各种水体侵蚀冲刷和频繁地震的引发作用，其稳定性更差，滑坡则广泛发育，本区又进入了第三个滑坡活跃期，即新滑坡活跃期。由于形成时代较晚，保存完整，所以目前区内广泛分布的滑坡多属此期新滑坡，其滑体大多分布于Ⅰ、Ⅱ级阶地和河漫滩上（图4-122）。新滑坡形态特征明显，是区域滑坡类型、成因和分布规律研究的主要对象，多由地震和降水引发。人类历史上发生的一些重大滑坡灾害也有简单的文字记载。

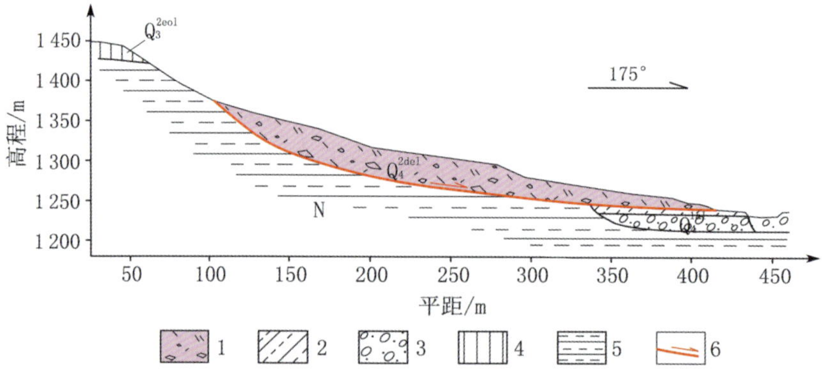

1—滑坡堆积；2—粉质黏土；3—卵石；4—马兰黄土；5—泥岩；6—滑动面。

图4-122　天水市秦州区郑家磨滑坡剖面图

4.现代滑坡（Q_4^3）

主要是指20世纪50年代以来发生的滑坡。划分此期滑坡主要是出于其特殊性和研究的需要。中华人民共和国成立以来的70多年在地质历史中虽极为短暂，但该时期以来滑坡的发育因素、危害程度发生了较大变化，人类对滑坡灾害的重视程度、研究和防治情况也有较大变化，有别于过去的地质历史。首先，山区工程建设规模和范围不断增大，滑坡给工程活动和人民生命财产带来的危害程度迅速增大。其次，人类对自然环境作用的深度和广度空前增加，人类活动已成为一种强大的特殊地质营力，不合理的人类活动也引发了大量滑坡发生，成为滑坡的重要引发因素之一。再者，该时期发生的滑坡不但有较清楚的记载或记忆，而且也逐步开始专门的科学研究以及防治工作，标志着滑坡研究与防治进入了一个新阶段。晏同珍教授也曾提出过类似的划分方案。

鉴于人类活动已成为十分活跃的地质营力，多国科学家经过近20年倡导和讨论，2018年5月21日，国际科学家研究小组的26位科学家经过投票将20世纪中期以来确定为“人类世”，具体起点大多倾向于1945年或1950年。虽然“人类世”最终被国际地层委员会否决，但其确定的时间起点与作者1997年提出的现代滑坡时段基本吻合。

上述可知，本区早期发育的滑坡，由于后来流水的侵蚀搬运等作用，仅现存了一些大型古、老滑坡，而中小型古、老滑坡体被侵蚀殆尽。因此，不能仅根据现存古、老滑坡的数量多少来判别当时本区滑坡的发育程度，由现存古、老滑坡的发育分布范围来看，向北可达定西—环县一带，其中环县西北部古、老滑坡较为发育。可见，古、老滑坡的发育分布范围与新滑坡和现代滑坡的发育分布范围相当，甚至更大。

4.8.3 古、老滑坡调查研究应注意的问题

古、老滑坡的现场识别非常重要，但也存在一定难度。是否存在古、老滑坡，稳定性如何，在实际工作中主要通过以下3个方面进行综合调查分析和判定。

一是从地形地貌上，是否存在圈椅状滑坡壁、台阶状或舌状滑坡堆积体等，并发育滑坡洼地、鼓丘和双沟同源等微地貌现象，尽管模糊不全，也留有一些痕迹，并与上下游斜坡地貌有一定差异。如舟曲县憨班白龙江北岸斜坡坡脚处有一个凸起的鼓丘状山包，与后部坡体之间呈槽状洼地分开，上部山顶有较明显的圈椅状滑坡壁，具有古、老滑坡的地形特征，再加上山坡区巨石遍布，且局部覆盖黄土，因此判定为古滑坡（图4-123）。但需要注意的是，黄土丘陵区有的流水侵蚀地貌也形成类似的圈椅状地形，而并非滑坡形成。

图4-123 舟曲县憨班白龙江北岸古滑坡

二是从地层岩性和产状方面判断。如斜坡区岩土体中存在多组不规则和不均匀的密集结构面、岩土结构破碎，局部呈碎裂状，或者岩土体结构混杂，不同性质的岩土体相互包裹、交替出现。地层产状不稳定，或与下伏地层有明显差异（图4-124）。

图4-124　古、老滑坡体中破碎、混杂岩土体结构及地层产状差异

三是在滑体上发育的冲沟沟壁等部位有时可寻找到滑动面方面的证据（图4-125）。

图4-125　混杂的老滑坡体与滑动面

当有第二、三方面的证据之一时，可基本确定古滑坡或老滑坡的存在。究竟是古滑坡还是老滑坡，还需按前述介绍的古、老滑坡的形态特征及与周围地貌、地层的相互关系等方面再进一步确定，如舟曲县憨班乡白龙江北岸古滑坡、江顶崖古滑坡的判定依据是滑坡平台上分布有较大面积的马兰黄土。对于某一地区的古、老滑坡而言，并不是所有的古、老滑坡都能有充分的依据判定是古滑坡还是老滑坡，要与该区已确定的典型古、老滑坡外貌特征的相似性等多方面进行对比分析和确定。

目前对古、老滑坡存在两种较为极端的认识。一种是对古、老滑坡非常谨慎，不管稳定与否，认为其存在隐患，工程建设必须避开或进行专业、群专结合的监测预警，这对于稳定性好的古、老滑坡来说，会造成不必要的浪费。另一种是对古、老滑坡及稳定性不加重视，工程建设随意对其开挖或加载，导致滑坡复活或稳定性降低，造成灾害或隐患。因此，加强古、老滑坡稳定性的调查评价和研究非常重要。

关于古、老滑坡的稳定性，有的自发生后长期稳定，平缓的滑坡体上建有村庄，或被工程建设安全合理地开发利用；有的在自然条件下则再次或多次复活滑动；有的受不合理的开挖、加载等人类工程影响而复活滑动。可见，古、老滑坡的稳定性差异很大。现场调查分析时，一是要仔细调查分析滑坡的类型、形态和滑距等初始滑动特征，当前滑体的变形破坏、复活滑动情况；二是调查地下水、河流侵蚀和人类工程活动等引发因素和对滑坡的影响程度。另外，要重视对当地居民的调查访问。在此基础上进行综合分析评价，必要时，可适当进行专门的勘查与监测工作。

稳定性差，长期活动的古、老滑坡体上冲沟切割较浅、较窄，甚至因滑动而使部分沟道堵塞，其上发育马刀树或醉汉林（图4-126）。滑坡体上冲沟发育，切割较深、较宽，则说明其整体稳定性好。

图4-126　老滑坡长期蠕动堵塞沟道

第5章　滑坡发育的影响因素

滑坡的形成和时空发育分布，均受地形地貌、地层岩性、地质构造、地下水、气候等环境因素的影响和制约，区域环境条件的差异和变化，决定了滑坡发育的差异性。而对于某一地区的滑坡，诸因素对斜坡稳定性的影响程度和作用方式各不相同，山区大规模的人类工程活动也是发生滑坡的重要引发因素。本章对甘肃滑坡发育和形成的各因素从影响方式、作用机理等方面进行了分析。实际上，滑坡是在这些因素的综合作用下发生、发展，甚至有的因素相互关联和协同发挥作用。因此，对于具体的滑坡问题要从系统工程地质的原理进行综合分析和研究。

5.1　地形地貌对滑坡的控制作用

地形地貌是滑坡发育的基本空间因素，具有一定高度和坡度的斜坡是滑坡发生的必要条件。甘肃不同地貌单元区滑坡的类型、发育程度等差异明显，同一地貌单元区不同规模和形态的斜坡区段，滑坡的类型、发育程度等也不尽相同。

5.1.1　不同地貌单元滑坡的差异性

甘肃基岩山地和黄土丘陵地貌分布广泛，地形起伏、沟谷发育，具有滑坡发育的地形条件，但在区域上有很大差异。大的地貌单元和格局明显地控制着甘肃滑坡的区域分布，不同地貌单元内的滑坡类型、发育程度和分布特征等都有较大差异。

陇西黄土高原区，以黄土丘陵地貌为主，起伏较大，地貌骨架多为中、新生界红层软岩组成。主要发育有黄土接触面滑坡和黄土-红层滑坡。以马啣山—华家岭为界，南部的临夏—陇西—天水一带，地形更加起伏，沟谷发育，斜坡高度一般达200～300 m，整体坡度多在15°～30°，且黄土落水洞发育，是滑坡最为发育的地区。而北部的定西、会宁、靖远等地，斜坡一般高200 m，坡度多为10°～25°，黄土斜坡相对低缓，所以滑坡不甚发育。陇东黄土高原区，特别是董志塬等塬边地带，以黄土斜坡为主，坡度较陡，可达50°以上，个别近于直立，坡高达200 m，滑坡一般以中、小型黄土层内滑坡和崩塌为主，也有少量黄土-红层滑坡，沿塬边、河谷两岸呈带状发育。

陇南山地为一古老的陆块，处于长期的上升过程之中，经历了多期构造运动。斜坡也经历了各种地质作用的长期累进性破坏，现已处于老化阶段，因此，滑坡较发育。但区内也有差异，高差大的南秦岭地区比高差小的北秦岭地区滑坡更为发育。南秦岭地区山高坡陡，相对高差可达1 000 m以上，因此，白龙江流域的文县、武都、舟曲等地多发育大型、特大型岩质滑坡和中小型堆积层滑坡。北秦岭相对较缓，滑坡较稀疏，主要集中在西汉水中上游西和县和礼县及洮河流域的岷县，徽成盆地也有少量分布。

甘南高原地势高亢，一般海拔在3 000 m以上，但受地区性侵蚀基准面的控制，高原腹地河流切割深度较浅，地形总体平缓，在高原腹地滑坡不甚发育，仅在临潭—新城新生代盆地的羊永、新城一带滑坡较为发育，玛曲县欧拉秀玛阿尼玛卿山、尕玛梁基岩山区也零星发育冻融滑坡、岩质崩塌。滑坡、崩塌主要分布在高差较大的高原周边地区，如西秦岭南坡的夏河县央曲河、观音河流域和临潭县冶力关一带；东部的洮河九甸峡水库沿岸、石门乡和洮砚乡等地；南部主要分布在切割深度较大的白龙江上游两岸及腊子河等支流。

祁连山高大雄浑的山脉，为大规模滑坡的孕育提供了有利的地形条件，多发育特大型、巨型岩质滑坡。祁连山各类松散堆积物分布广泛，厚度大，发育中小型堆积层滑坡，特别是阴坡和沟道中高含水率的堆积层滑坡非常发育，部分地段成群分布。祁连山滑坡发育区主要受山脉和断裂走向控制，总体呈北西向展布的条带状分布，发育程度差异较大。

由于特殊的高寒气候条件，祁连山和甘南高原区冻融滑坡是主要类型之一。

同样，滑坡的发育对地貌形态也产生着较大影响，滑坡发育的陇西黄土高原南部天水—临夏一带，斜坡坡面起伏且零乱破碎。而北部会宁、靖远等地山体多呈浑圆状，坡面相对完整。另外，舟曲一带白龙江河床地貌的特点之一是急滩密布，这些急滩均是滑坡的直接或间接产物。泄流坡、锁儿头等特大型滑坡的滑舌都伸入河床之中，经河流侵蚀搬运后常留下大量巨石，剧烈滑动时也势必推挤河床堆积物使之隆起形成急滩。滑坡也为泥石流提供了丰富的松散固体物质，也是本区泥石流发育的主要原因之一。大量泥石流体一旦进入白龙江，极易堵江形成急滩，因此滑坡又成为某些急滩形成的间接原因。

5.1.2　滑坡对地形的选择性

斜坡的坡度、坡高和坡形等几何形状，不但决定着斜坡体内的应力大小和分布状态，而且决定着斜坡的稳定性及破坏类型等。斜坡越高越陡，其坡脚处应力越集中，稳定性越差，发生变形破坏的可能性更大。当斜坡坡度＞60°时，一般破坏形式为崩塌，在陇南、祁连山区和陇东黄土地区较为常见。

据统计，天水地区黄土滑坡发育的斜坡坡度多在10°～30°，坡高在150～300 m之间（图5-1）；兰州地区坡度多在35°～50°（图5-2），坡高在150～300 m之间；陇东地区坡度多在30°～50°，坡高100～200 m；陇南岩质滑坡多发育在坡度20°～40°（图5-3），高200～500 m的斜坡区。可见，天水地区滑坡发育的斜坡坡度较其他地区缓，主要是由于天水地区黄土和红层软岩组成的双层异质结构的斜坡坡度较缓，且降水量较大，土体含水率高，发育有大量坡度较缓的黄土接触面滑坡。兰州地区气候干燥，土体含水率低，强度较高，斜坡的坡度较陡。

斜坡的剖面形状对滑坡发育有一定的影响。根据王念秦等1995年7月永登七山5.8级地震滑坡统计资料，滑坡主要分布在凸形坡上，直形坡上也较发育，凹形坡相对稳定，滑坡较少（图5-4）。

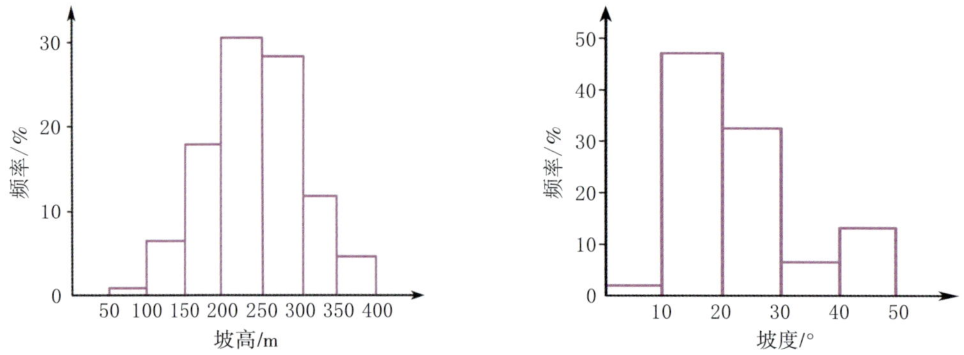

图5-1　天水滑坡频率与坡高、坡度的关系

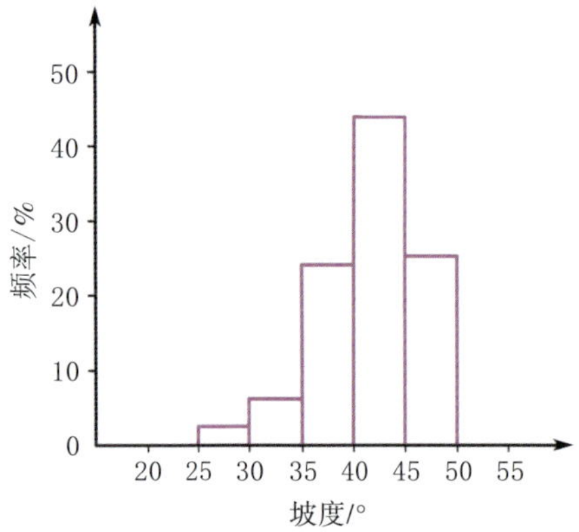

图5-2　兰州滑坡频率与坡度的关系

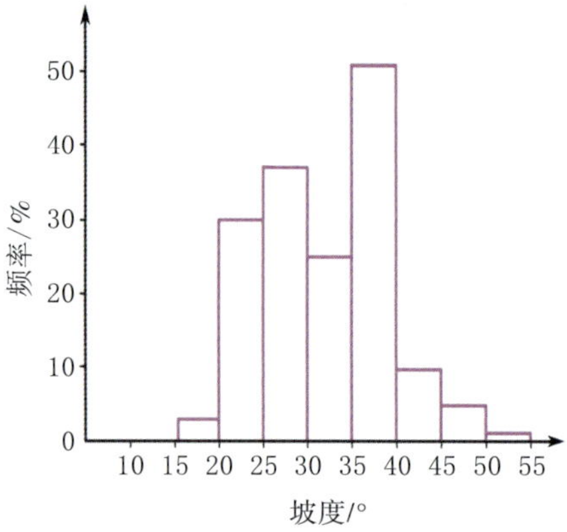

图5-3　陇南滑坡频率与坡度的关系

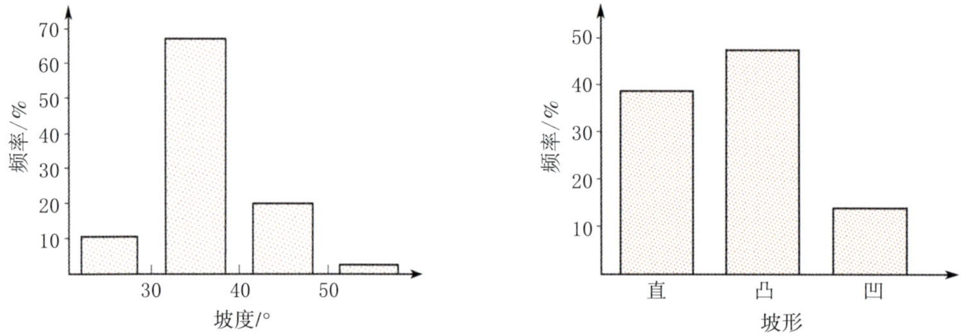

图5-4　永登七山地震滑坡与地形关系统计图

除黄土接触面滑坡外，在相同条件下，斜坡凸出部位或斜坡坡向变化部位的稳定性较差，较易发生滑坡。如天水的红山咀滑坡、刘家山滑坡，东乡的上正滑坡、塌山子滑坡，兰州的簸箕掌滑坡，平凉泾河崆峒山附近北岸和天水东柯河滑坡都位于斜坡坡向变化的凸出部位（图5-5～图5-6）。

图5-5　平凉泾河崆峒山附近北岸滑坡

坡向对滑坡发育也有一定的影响。前述河谷两侧滑坡分布的不对称性，就是滑坡对地形选择性的明显例子。渭河、广通河、巴谢河、关川河、泾河等河流，由于长期侧蚀北岸，使其形成不对称性的河谷地貌，北岸明显较南岸高陡，导致了滑坡在北岸十分发育。

但对于天水等地的黄土接触面滑坡，在汇水条件好的平缓和低洼的黄土斜坡段，因地下水较丰富而更易发育黄土接触面滑坡。

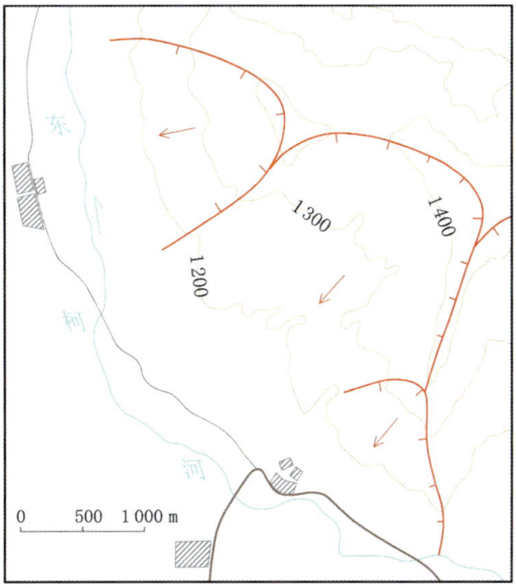

图5-6　天水东柯河凸岸滑坡平面图

5.1.3　黄土落水洞对滑坡的影响

黄土落水洞是黄土地区的特殊微地貌，一般发育在具有自重湿陷性的马兰黄土中（图5-7）。落水洞直径小的数十厘米，大的10 m以上，一般为1～5 m，深度多为数米至十余米。既有垂直落水洞，也有沿斜坡斜向发育近水平落水洞。黄土落水洞虽然规模小，但是大气降水渗入斜坡深部的宏观优势通道，对黄土地区降水引发滑坡有非常重要的作用。

图5-7　黄土斜坡区沿冲沟发育的落水洞

黄土落水洞在黄土地区广泛分布，区域上总体由西部向东南发育程度逐渐降低。从地貌上看，黄土梁峁斜坡区最为发育，黄土塬区、台地区较为稀疏。落水洞主要发育特点是：（1）黄土斜坡区小型冲沟底部，沿沟道呈串珠状发育；（2）沿垂直节理裂隙发育；（3）沿滑坡后缘裂缝弧形状发育；（4）水平洞沿岩土界面发育（图5-8）。

图5-8　斜坡区不同形式黄土落水洞

垂直落水洞与水平落水洞大多连通，构成落水洞系统。洞穴内土体疏松、含水率较高，洞底植被发育，洞口一般地势低洼，有利于周围斜坡区地表径流的汇集，也是地表径流集中、快速向斜坡深部入渗、转化为地下水的宏观优势通道。同时，地下水在黄土中发生机械潜蚀和化学溶滤作用，破坏土体结构和强度。因此，黄土落水洞是降水引发黄土滑坡的重要“帮手”。如东乡县三塬光伏发电厂的地表水集中排入塬边的小型沟道中，该沟道在下游斜坡区地表无明显沟形，仅为较深的落水洞（暗沟）且无出口，地表水集中进入沟道后直接汇入落水洞且滞留于斜坡底部的黄土中，使其含水率增高，抗剪强度降低，引发斜坡失稳滑动。

5.2　地层岩性、坡体结构对滑坡的控制作用

地层岩性是滑坡发生、发展的重要内部因素和物质基础。不同的岩土体具有不同的力学性质，不同岩土相互组合形成的不同地质结构的斜坡具有不同的稳定性，其发育的滑坡类型也不同。区内易滑岩土体空间分布的差异，也控制着滑坡的空间分布。

5.2.1　易滑地层

易滑地层强度低、遇水易软化，由其组成的斜坡稳定性差，发生滑坡的频率高，是滑坡发育的关键因素，起控制作用。甘肃地区与滑坡关系密切的易滑地层主要有第四系黄土，中、新生界泥质红层软岩，志留系和泥盆系千枚岩、炭质千枚岩、板岩等三大类型。第四系黄土，中、新生界泥质红层软岩主要分布在陇中黄土地区，其他常见于陇南基岩山区。祁连山区石炭系煤系软弱地层也是孕育滑坡的易滑地层。易滑地层作为构成斜坡的主体或以软弱夹层的形式存在于斜坡体中，影响和破坏斜坡的完整性和连续性，控制斜坡整体结构，常沿其发生变形破坏，使斜坡稳定性降低，形成滑坡。从外观上看，这3类易滑地层的颜色分别为浅灰黄色、橘红色（天水、西礼盆地一带上部有的呈灰绿色）、青灰色或黑色，野外很易辨认（图5-9）。

图5-9　不同易滑地层的滑动面及擦痕

1. 第四系黄土

黄土滑坡是甘肃滑坡的主要类型，占滑坡总数的近一半，主要分布于斜坡由黄土构成的陇西、陇东黄土高原地区。可见，黄土是甘肃的主要易滑地层，与滑坡关系密切。由于

黄土在陇西、陇东地区分布的广泛性和连续性，决定了黄土滑坡普遍发育，使其对滑坡区域分布的控制作用表现得不明显，但对区域黄土滑坡的发育类型有重要影响。

2. 中、新生界红层软岩

甘肃黄土-红层滑坡主要分布于斜坡由黄土和泥岩构成的陇中黄土地区，红层软岩也是区内的主要易滑地层。中、新生界红层软岩主要包括新近系、白垩系等，在甘肃地区多为内陆湖相沉积的红色碎屑岩，以泥岩、砂质泥岩为主，胶结物以泥质为主，胶结程度差，强度低，遇水易软化，属软岩类或极软岩类岩石。泥岩、砂质泥岩因其具有独特的组构、物理力学性质及水理性质而易发生滑坡。红层软岩主要分布在陇西、陇东地区和西礼盆地、徽成盆地，在陇南、甘南、河西走廊也有少量出露。

不同时代红层软岩的岩性、结构构造和产状有较大的差异，对斜坡稳定性、滑坡类型和发育程度有一定影响（图5-10）。白垩系层理发育，单层厚度变化大，一般厚度较小；岩相岩性变化较大，夹有多层砂岩、砂砾岩，软硬相间；物理力学性质变化也较大，且经受的地质构造作用也较强烈，节理发育，岩层倾角大而多变，且差异性风化明显。在长期应力作用下，白垩系沿其中软弱泥质岩层常发生层间错动，且结构破碎（图5-11）。因此，白垩系红层软岩中滑面沿层理发育的顺层滑坡较常见。如兰州、盐锅峡、湟水河一带白垩系中的顺层滑坡。陇东地区的白垩系以灰白色为主，产状近水平，与滑坡关系不甚密切。

新近系泥岩岩性相对单一，以泥岩、砂质泥岩为主，多为厚层状，层理不甚发育，物理力学性质变化不大。除盆地边缘、断层带附近外，岩层一般呈近水平状。

图5-10　白垩系、新近系红层软岩的层理

图5-11　白垩系层间错动

3. 中-古生界页岩、千枚岩、炭质千枚岩、板岩

陇南山地，由基岩组成的斜坡，地势高陡，但部分斜坡体中分布有相对软弱的岩层，如志留系、泥盆系、二叠系等地层中的劣煤、炭质千枚岩、千枚岩、页岩、板岩等均为软弱易滑地层。受长期构造作用和强烈风化作用的影响，表部多呈粉土状，强度很低。这些

岩性软弱、强度低的岩层的存在，使岩质斜坡的稳定性大为降低。陇南武都、文县一带的岩质滑坡与上述软弱易滑地层，特别是与劣煤、炭质千枚岩的关系极为密切，几乎所有大型滑坡体中前部均可以发现这类青灰色、黑色软弱易滑岩类分布，它们不但是陇南市控制滑坡区域分布的主要因素之一，也是控制滑坡剪出口的部位，当其位于斜坡中部时，常形成“悬挂式”坡面滑坡。祁连山区的滑坡也类似，大型滑坡主要与石炭系中上统羊虎沟组和太原组软弱煤系地层有关。

易滑地层的工程地质性质和特征是滑坡发育的重要因素，将在第6章专门进行研究。

5.2.2　坡体地质结构对滑坡发育的影响

大型斜坡常是由多种性质不同的岩土体组成的非均质体，各种类型的岩土体在坡体内的不同组合，构成不同结构类型的斜坡，其非常多样且十分复杂，稳定性、变形破坏方式和滑坡类型等均有所不同。这里仅从岩土类型对斜坡结构、稳定性、滑坡发育和影响的角度，按照岩土体特征及在斜坡中的组合、岩层产状与斜坡坡向的关系，将斜坡岩土结构简略进行划分。

首先，按照组成斜坡的岩土体类型，将斜坡划分为3大类（图5-12）：

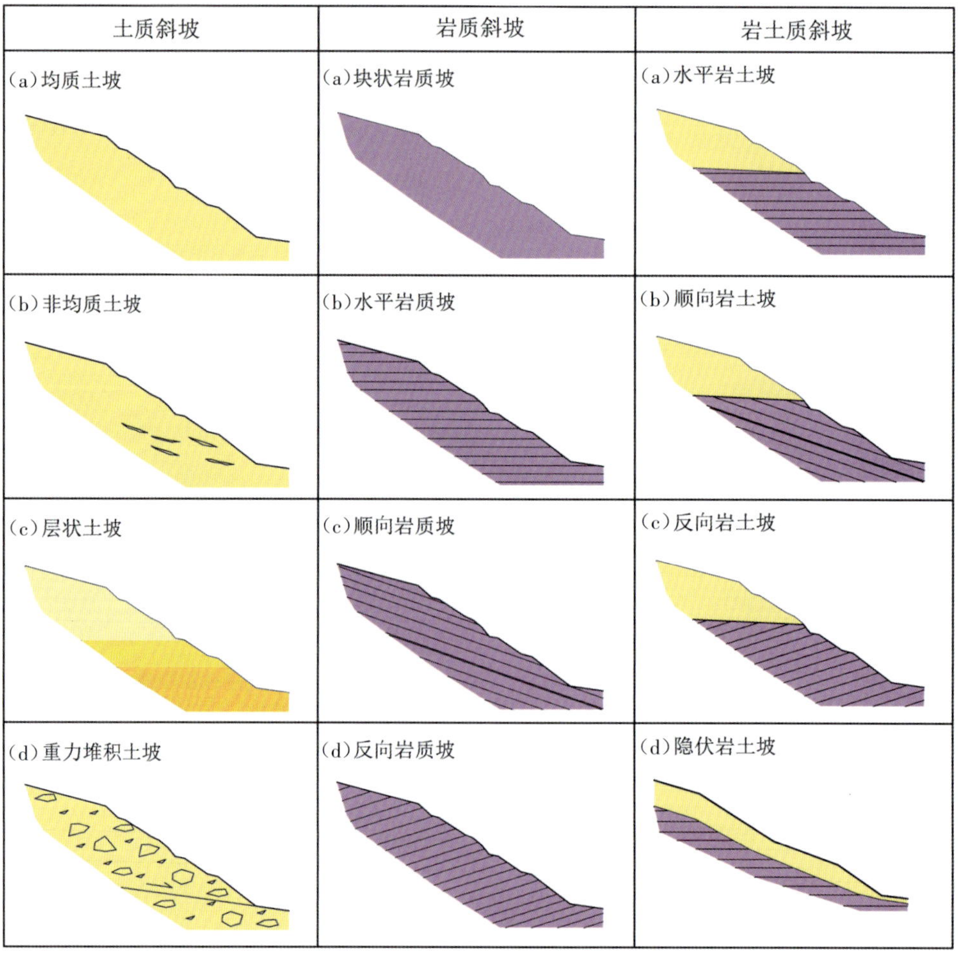

图5-12　斜坡岩土结构基本类型简图

（1）土质斜坡：由第四系松散堆积物、全风化岩组成，强度较低；

（2）岩质斜坡：主要由碎屑岩、碳酸盐岩、岩浆岩、变质岩等组成；

（3）岩土质斜坡：下部为基岩，上覆松散堆积物。

在上述斜坡岩土类型划分的基础上，依据土体性质、地层岩性、产状及组合等要素，每一大类斜坡均再分为4个亚类。

土质斜坡可根据斜坡土层层数、土质均匀情况等划分为：均质土坡、非均质土坡、层状土坡和重力堆积土坡4个亚类。均质土坡是由马兰黄土、冲洪积粉土等单一土层组成的高度较低的斜坡。层状土坡一般是由两层以上性质差异较大的土层组成的斜坡，如不同时代黄土组成的黄土斜坡、河流阶地前缘二元结构斜坡等（图5-13）。基岩山区坡麓堆积物一般成因复杂、岩性混杂，为非均质土坡，其碎石土中常有倾向坡外的黏性土软弱透镜体（图5-14），稳定性较差，在降水入渗、前缘河流侵蚀等因素共同作用下，易发生滑坡。重力堆积土坡的成分和结构更加混杂，且发育老滑动面、滑坡裂缝等软弱面，是一类特殊的土质斜坡。区内由全风化花岗岩、碎裂状岩石组成的斜坡，其结构和失稳特征等均与土质斜坡类似，斜坡结构类型和稳定性计算等一般可按照土质斜坡考虑。

图5-13　层状黄土坡

图5-14　非均质土坡

岩质斜坡可根据岩性、岩层倾向与斜坡坡向组合关系进一步划分为：块状岩质坡、水平岩质坡、顺向岩质坡和反向岩质坡4个亚类。块状岩质坡主要由花岗岩等不发育层理的岩石组成，稳定性主要受节理等控制。水平岩质坡为岩层倾角$<5°$的斜坡。顺向岩质坡其岩层的倾向与斜坡坡向越一致，层面对斜坡的稳定性影响越大。反向岩质坡的情况也类似。有关规范和文献进一步进行了详细划分。

岩土质斜坡可根据下部岩层倾向与斜坡坡向组合关系、上部土层覆盖情况进一步划分为：水平岩土坡、顺向岩土坡、反向岩土坡和隐伏岩土坡4个亚类。陇中黄土高原黄土广泛分布，特别是马兰黄土多披覆在各类老地层之上，多形成隐伏岩土坡，是黄土丘陵区的主要斜坡结构类型，滑坡发育。但有时因其组成斜坡的下部岩层不见出露，因此，常误定为土质斜坡，影响滑坡特征和稳定性的正确研判。

在上述斜坡岩土结构组合分类的基础上，还可根据岩土体类型、岩层产状等进一步划分。

岩土类型与性质对斜坡的影响很大，甘肃的3类易滑地层中，第四系黄土，中、新生界红层软岩发育厚度大，不但可以形成均一的黄土质斜坡和红层软岩斜坡，而且二者还经常组合形成黄土-红层“双层异质”岩土质斜坡，其稳定性均较差，易发生滑坡。在陇中地区广泛分布，陇南和祁连山区局部地段也有分布。

陇西地区西部有的斜坡主要由新近系、白垩系红层软岩组成，黄土覆盖很薄。特别是层理发育的白垩系红层顺向坡，稳定性差，沿层理易发生变形和顺层滑坡（图5-15）。

图5-15 沿白垩系层理滑动的滑坡

陇南和祁连山区山体雄伟，多为不同时代硬、软岩层相间组成的斜坡，硬岩主要为灰岩、砂岩等，软岩主要为中-古生界页岩、千枚岩、炭质千枚岩、板岩，以及断层破碎岩，岩体结构复杂。坡体稳定性取决于其中的软弱岩层，这些软弱岩层在斜坡中具有一定厚度或倾向坡外时最有利于滑坡发生，陇南、祁连山滑坡密集区主要与上述软岩分布有关。

岩体结构的完整性对斜坡稳定性影响很大，已有很多研究。由碎裂结构岩体组成的岩质斜坡主要分布在断层带附近，节理裂隙发育，岩体结构非常破碎，稳定性差，易发生变形和滑坡（图5-16）。

图5-16 碎裂结构斜坡及变形体

块状结构斜坡，一般由较完整的花岗岩、闪长岩等坚硬岩组成，强度高且遇水不易软化，稳定性较高，花岗岩岩体分布地区滑坡则较为少见。节理发育的硬岩陡坡则多发育崩塌。

近年来，殷跃平院士对斜坡地质结构类型及滑坡发育的关系、机理等进行了深入研究，提出了易滑地质结构的概念和分析方法。

自然界的斜坡岩土组合与结构复杂多样，并受到产状、接触关系和地质构造的影响，要根据所研究斜坡的实际情况详细分析。以上仅是斜坡基本岩土类型的划分和初步研究，并有待于进一步探讨和细化。

5.3 地质构造对滑坡的控制作用

地质构造条件对滑坡的发育分布也有重要影响，主要包括构造格局、新构造运动、断裂等方面对滑坡的控制作用。

5.3.1　构造格局和新构造运动控制滑坡总体分布

甘肃省地质构造非常复杂，主要由西伯利亚板块、塔里木板块、柴达木—华北板块及羌塘—扬子—华南板块组成，它们控制了区内地形地貌、地层岩性和地震分布，进而也不同程度地控制了滑坡的发育程度和分布规律。受青藏高原强烈隆起之影响，总体上以强烈的区域性、长期性、差异性上升为主的新构造运动，是甘肃地区滑坡发育的主要内动力来源。

陇西黄土高原区大量发育的滑坡，其分布明显受展布于本区的柴达木—华北板块的中祁连岩浆弧南缘断裂的控制，滑坡发育带的总体分布方向与构造带方向一致，呈北西向带状展布，并受中部马啣山—华家岭隆起带的分隔，南北两侧的新构造运动强度有所差异，其南部较强，北部较弱。加上降水等外动力作用的差异，导致南部的临夏—陇西—天水一带滑坡强烈发育，而北部的榆中—定西一带滑坡则不甚发育。

陇东黄土高原地处华北板块鄂尔多斯陆块，地质构造简单，新构造运动相对微弱，岩层产状水平、岩性单一，地形地貌类型变化不大，构造对滑坡的控制作用不明显。仅在正宁滑坡密集区，有北东向活动断裂，二者展布方向一致，有一定的相关性。区内总体为北东或北西向发育的河流，可能与构造有关，一定程度上也控制滑坡的分布。但目前尚缺乏资料，有待以后深入研究。

陇南山地位于华南板块的西秦岭构造带，经受了多期强烈的构造运动，多种构造体系在此复合，新构造运动强烈，断裂构造发育而且方向变化较大，为本区岩质滑坡发育创造了有利条件。在陇南山区，滑坡主要分布于羌塘—扬子—华南板块西秦岭构造带摩天岭地块北缘及西秦岭裂陷构造带。

甘南高原夏河县北部集中发育的滑坡与西秦岭断裂带有关。祁连山区主要分布有北祁连缝合带及中祁连—柴达木板块，滑坡发育的总体分布方向呈北西向，与构造带和山脉展布方向一致。

按构造应力场与河谷延伸方向的关系，省内黄河兰州段、洮河下游段、渭河、泾河、白龙江等干流河谷的延伸方向基本与现代构造应力场方向正交，受其影响斜坡稳定性较差，有利于滑坡的发生。所以这些河谷地段滑坡相对发育，沿其分布的铁路、公路等易遭受滑坡的威胁和破坏。如陇海铁路宝天段、G30高速公路和G310线，G212线岷江和白龙江段等。

5.3.2　断裂对滑坡的控制作用

断裂，特别是深大断裂带和活动断裂，使岩体节理裂隙发育、结构破碎，应力集中、地形陡变、地下水和风化作用活跃，决定了滑坡沿大断裂发育分布，尤其是在断裂的支、叉、拐、端部位集中分布的特点，从而控制一定范围的滑坡分布（图5-17～图5-20）。

1.武山—鸳鸯断裂带滑坡集中发育

武山—鸳鸯断裂发育于陇西黄土高原的南部边缘，渭河南岸，走向300°，倾向南西，倾角50°～60°，长约30 km。断层切穿新近系泥岩，将古近系砾岩逆推其上，为挽近期活动断裂。

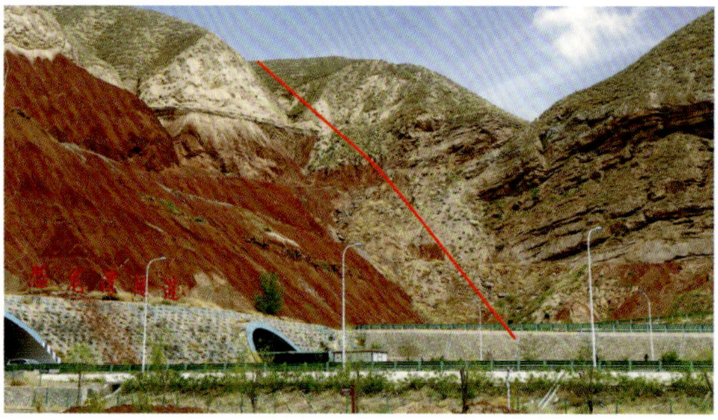

图5–17　永靖县恐龙公园附近断裂与滑坡

图5–18　岷县洮河西岸断裂与滑坡

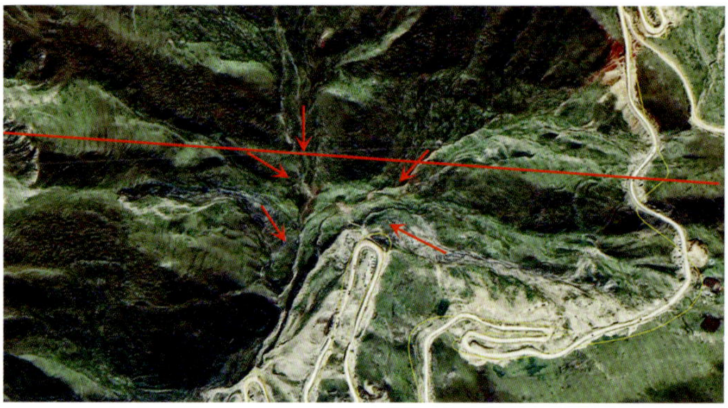

图5–19　临潭县新城北部分水岭断裂与滑坡

图5–20　迭部县扎尕那益哇断裂与崩塌

由于断裂西南盘强烈上升，使新近系泥岩倾向坡外，倾角达40°。因此，沿该断裂在武山县城西—鸳鸯镇东9 km长的区段内，分布有较大规模滑坡18处，形成一个滑坡密集带（图5–21～图5–22），使定（西）—天（水）公路、陇海铁路和原武山毛纺厂等受到威胁。通过该区段的陇海铁路二线、G30高速公路的隧道在修建时，均受到不同程度的影响，以致改变进口位置。由于该断裂的影响，此段内渭河南岸的滑坡数量多于北岸。

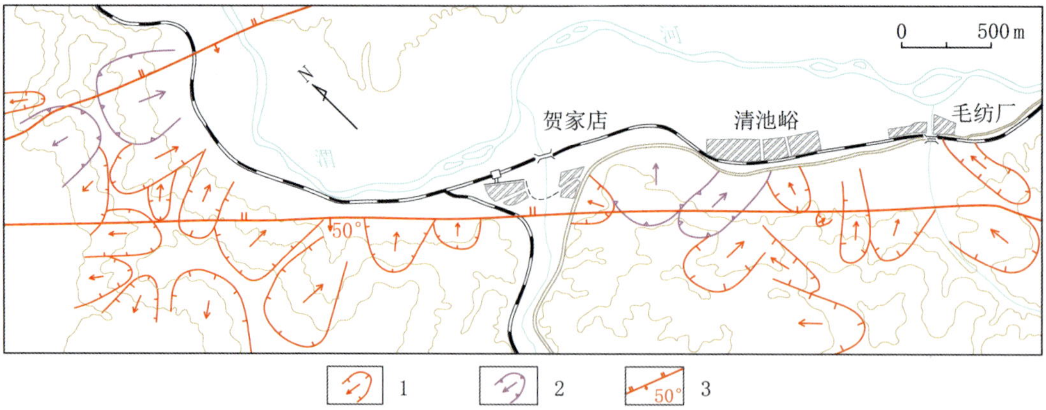

1—新滑坡；2—老滑坡；3—逆断层及产状。

图5–21　武山—鸳鸯断裂与滑坡分布图

图5-22　武山—鸳鸯断裂与滑坡(局部)

2.祁连山昌马断裂带滑坡集中发育

祁连山区滑坡的发育主要受祁连山断裂的控制，空间上呈北西向沿断裂带展布。昌马断裂位于祁连山北部，呈北西向展布，延伸长度200 km，倾向北东，为祁连山主干断裂，地形上南侧为基岩山体，北侧多发育新近纪断陷盆地，断裂南侧地下水较发育。受地形、地层岩性、断裂和地下水的综合影响，处于阴坡的断裂南盘冻融流滑型滑坡非常发育，也有少量岩质滑坡，以中小型为主，滑坡沿断裂带呈带状集中分布。1932年昌马7.6级地震加剧了已有冻融流滑型滑坡的复活滑动（图5-23）。

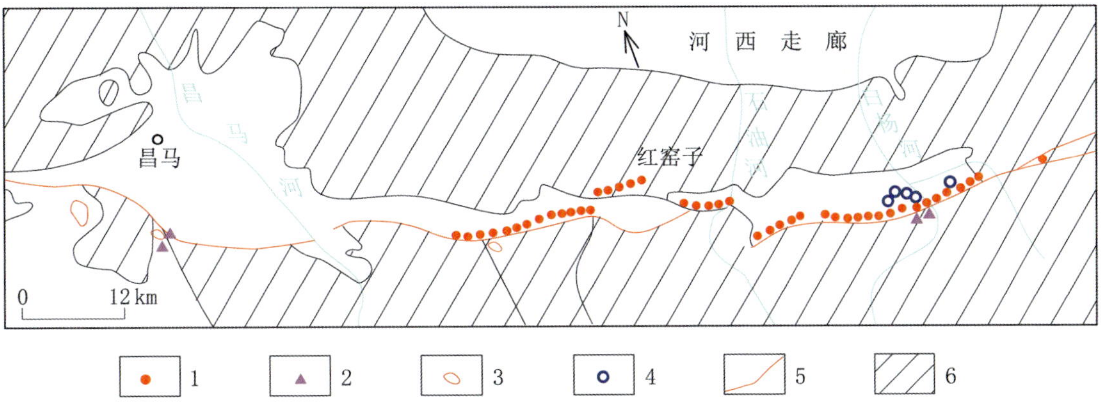

1—地震滑坡；2—冻融泥流；3—冻融流滑型滑坡；4—地震崩塌；5—断裂；6—隆起区。

图5-23　祁连山昌马断裂滑坡分布略图(据康来迅，略修改)

类似的还有天水渭南镇—三阳川段，受凤凰山断裂构造影响，在渭河南岸滑坡也非常发育。

礼县南部的白关弧形构造部位，滑坡也较发育，且空间分布受断裂展布控制（图5-24）。兰州西部庄浪河断裂带南端的八盘峡段，滑坡也很发育，且兰青铁路等工程建设对其前缘开挖扰动，对该铁路安全运营存在一定威胁。G310线K68～K70段走向与渭河断裂大致平行，滑坡灾害严重（图5-25）。

斜坡岩土体中的节理、错动面等规模较小的结构面对单体岩质滑坡的发育也有很大作用和影响。一些岩质滑坡的主滑面、两侧边界常受控于这些结构面（图5-26）。

白龙江断裂是控制滑坡发育分布的典型构造，将在第7章专门进行研究。

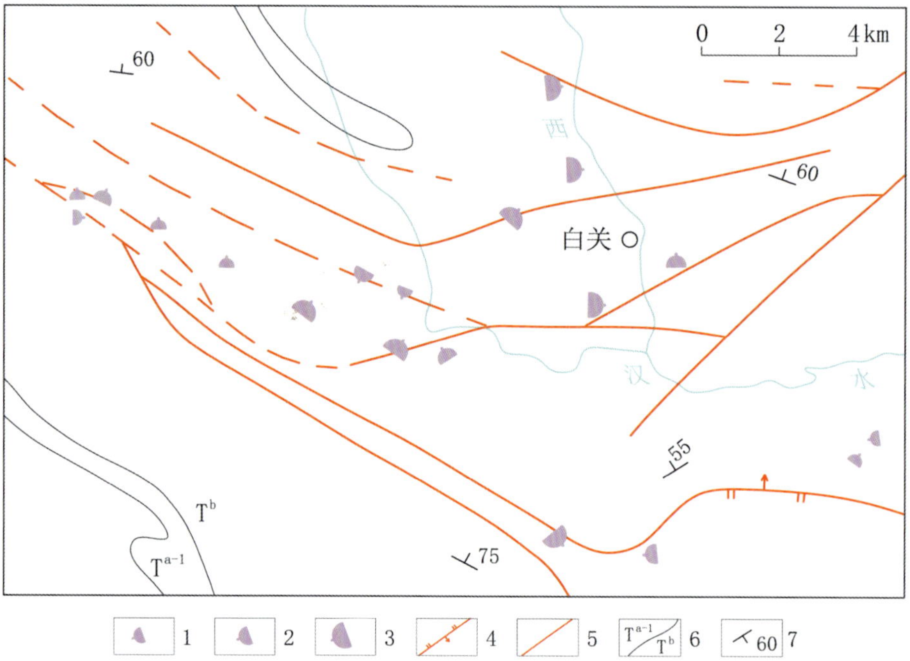

1—中型滑坡；2—大型滑坡；3—特大型滑坡；4—逆断层；
5—性质不明断层；6—地层界线；7—地层产状。

图5-24　礼县白关弧形构造与滑坡分布

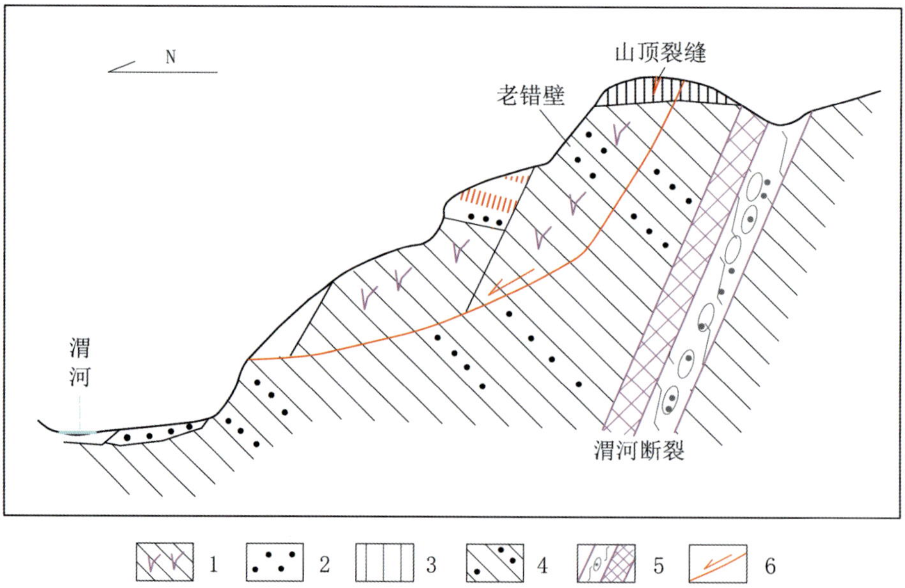

1—变形体；2—卵石；3—马兰黄土；4—变质岩；5—断裂带；6—滑动面。

图5-25　G310线K68～K70段构造与滑坡

图5-26　构造节理控制的滑坡和边坡

5.3.3　褶皱对滑坡的控制作用

褶皱构造对斜坡地质结构有重要影响，从而对滑坡的发育分布也有控制作用。最为典型的是临洮县红旗乡洮河北岸发育宽缓向斜构造，其轴部沿柳沟呈北东向展布，向斜两翼地层均为白垩系互层状紫红色泥岩、砂岩，倾角12°～17°，上覆5～20 m厚的马兰黄土。在向斜两翼发育数条延伸方向与向斜轴向近于一致的沟谷与山梁，其中池长沟位于向斜西北翼，小圈沟位于向斜东南翼，切割深度100～180 m，为黄土丘陵地貌。受地形地貌、地层岩性和地质构造等因素的综合作用，该地区发育大、中型黄土-红层顺层滑坡22处，成群成带分布。以沿向斜轴部发育的柳沟主沟道为界，西北部滑坡发育在向斜西北翼的柳沟、池长沟及支沟的右岸，共10处；东南部滑坡发育在向斜东南翼的柳沟、小圈沟及支沟的左岸，共12处（图5-27～图5-28）。滑坡在池长沟、柳沟也曾堵塞沟道，形成堰塞湖。

由此可见，柳沟向斜构造严格控制了该地区黄土-红层顺层滑坡的发育分布。相对向斜构造而言：两翼滑坡对称分布，滑动方向均指向向斜轴部。相对沟道而言：位于向斜构造轴部的柳沟沟道两岸滑坡也呈对称分布，而发育在向斜两翼的池长沟、小圈沟及支沟的沟道两岸滑坡则呈不对称分布。相对斜坡形态和结构而言：滑坡主要发育在地形坡度较缓的顺向坡，为黄土-红层顺层滑坡，而在地形坡度较陡的逆向坡滑坡并不发育。

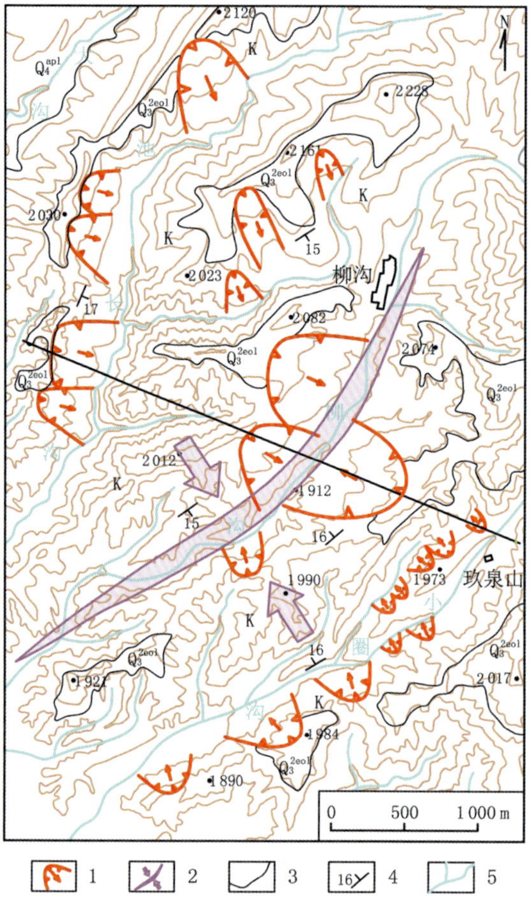

1—滑坡；2—向斜；3—地层界线；
4—地层产状；5—沟道。

图5-27　临洮县红旗乡柳沟向斜构造与滑坡分布图

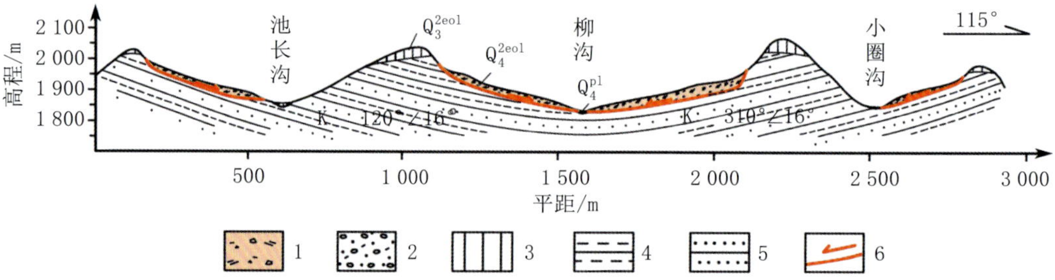

1—滑坡体；2—碎石；3—马兰黄土；4—泥岩；5—砂岩；6—滑动面。

图5-28　临洮县红旗乡柳沟向斜构造与滑坡剖面图

5.4　地震引发大范围群发性滑坡

地震是甘肃滑坡的主要引发因素，也影响着滑坡的区域分布，地震滑坡也是地震的主要次生灾害，加重了人员伤亡和经济损失。区内兰州—天水地震带和天水—武都地震带是我国著名的地震多发区，历史上的一些大地震均引发了大量的滑坡，地震滑坡是区内的主要滑坡类型。冯学才、张振中、袁道阳等对甘肃地震滑坡的分布、类型和特征进行了较深入的研究。王家鼎、王兰民等深入探讨了黄土地震滑坡的形成机理。

5.4.1 历史上大地震引发的滑坡实例

（1）1654年7月21日天水8.0级地震引发的滑坡分布面积达1 000 km²，造成宽度>500 m的滑坡59处，主要分布在极震区范围内。极震区面积为158 km²，滑坡面积为40 km²，占极震区面积的25%（图5-29）。其中礼县罗家堡滑坡规模最大。据史料记载“罗家堡七十峪，两山拽成一处，壅河成潭，木门里山崩水涌，压埋村落近十里，村落聚为海，名曰海子”。该滑坡体宽达4.5 km，长2 km，地震时东山向西滑移，堵塞稠泥河形成堰塞湖，受滑动作用、滑体扰动强烈，结构混杂（图5-30～图5-31）。

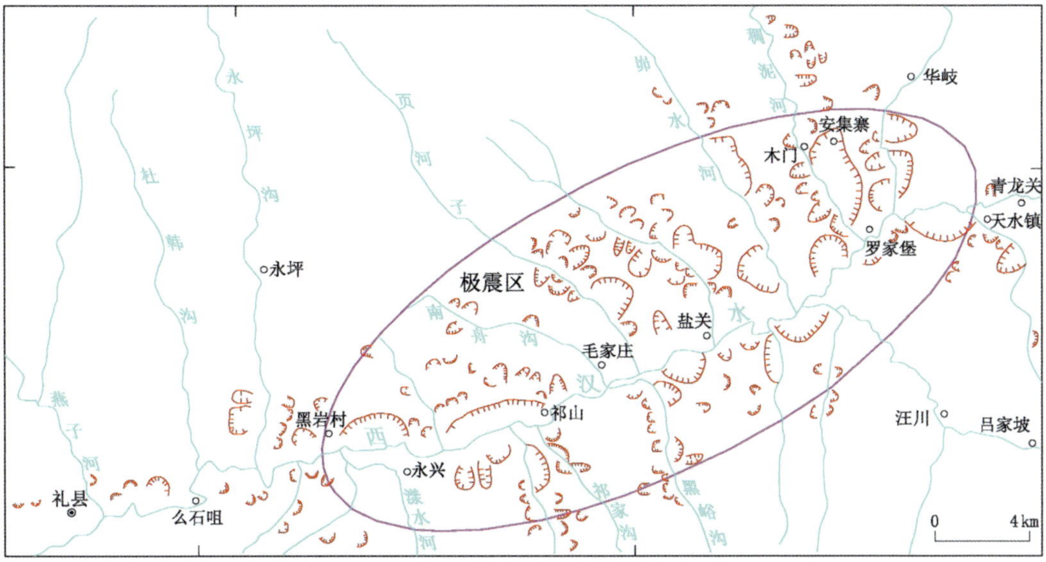

图5-29 1654年天水地震滑坡分布图(据袁道阳,略修改)

图5-30 1654年天水地震引发的礼县罗家堡滑坡

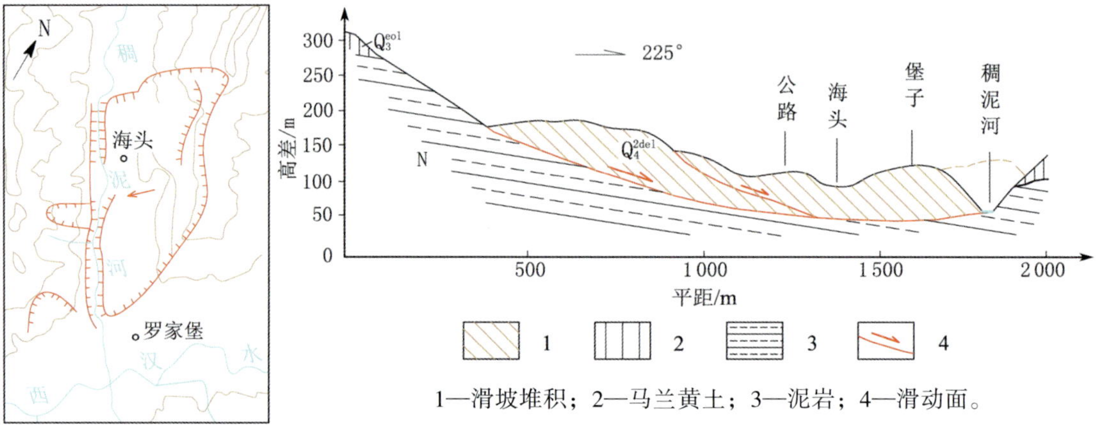

图5-31　罗家堡地震滑坡平面、剖面图(据甘肃省地震局,修编)

（2）1718年6月19日通渭7.5级地震，在3 500 km^2范围内，滑坡面积665 km^2（图5-32）。极震区内滑坡规模巨大，在长40 km，宽18 km的范围内，滑坡密集成片出现，滑坡面积达512 km^2，占总面积的近80%，仅保留一些山脊未滑（图5-33）。这次地震造成宽度>500 m的滑坡337处。其中甘谷永宁镇巨型滑坡是最大的一处。据史料记载，伏邑西四十里许有永宁镇，本依南山下，距北山十五里许，地当孔道，固一邑之钜也，是日日出寅刻，震声便轰轰不绝，过凡雷十倍，而北山一带，山崩土飞，雍滑而奔，直扑南山腰，将环镇廿里属人压之，其平地冲为高阜，倾陷坳垤，淤泥如粪，令人忧目而惨心者，一如通渭（史料中“永宁镇”为今甘谷县磐安镇东）。该滑坡群东西宽4.2 km，南北长3.5 km，面积13.5 km^2。滑体从北向南越过渭河谷，直抵南山脚下，滑移距离2.2 km，将永宁镇2 000余户人家全部压埋（图5-34）。

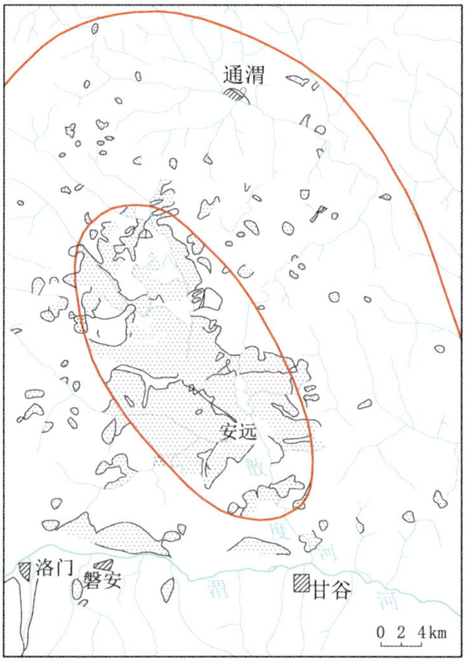

图5-32　1718年通渭地震滑坡分布图
（据冯学才,修编）

图5-33　通渭县常河地震滑坡群

图5-34　甘谷县磐安镇渭河北岸地震滑坡现貌

（3）1879年7月1日武都8.0级地震，武都史料记载，南山崩塌，早西南十城数十丈，居民二百余家，各处山飞石走。上下游各处，节节土石堆塞，积潦纵横，五月二十九、六月初一等大雨如注，山谷积水横决四出，将州城西南隅新筑溃口冲塌，并落入城池，城中游击衙署及房屋数百所遭淹没。据15个县、区史料统计，这次地震滑坡分布范围南北长400 km，东西宽200 km，集中分布在武都以南至文县以北的南北宽24 km，哈南以东至梨坪以西的东西长48 km区域内，面积达1 152 km^2（图5-35）。不但滑坡数量多，而且规模大，很多滑坡体长达1 km以上，并形成许多堰塞湖（图5-36～图5-37）。

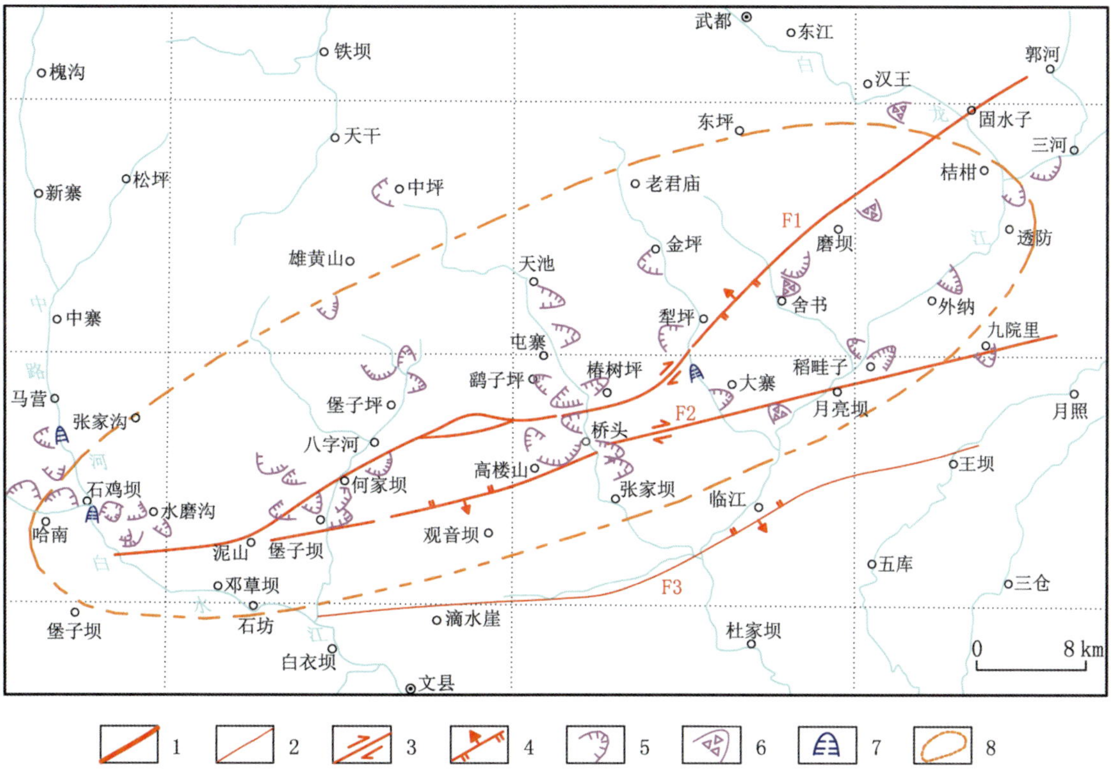

F1—哈南—青山湾—磨坝断裂；F2—堡子坝—高楼山—稻畦子断裂；F3—临江—范家坝断裂

1—全新世断裂；2—晚更新世断裂；3—走滑断裂；4—逆断裂；

5—滑坡；6—崩塌；7—堰塞湖；8—极震区。

图5-35　1879年武都地震滑坡分布图（据袁道阳，修编）

图5-36　文县堡子坝乡陶家坝地震滑坡

图5-37　武都区汉王镇陈龙村地震崩塌

（4）1920年12月16日海原8.5级地震，造成直接经济损失的地震滑坡灾害非常严重，滑坡分布范围达5×10^4 km^2，有较大规模的滑坡657处，主要分布在Ⅷ度以上烈度区，特别是Ⅸ度烈度区内，其中有3个滑坡密集区（图5-38）。一个是在地震Ⅺ～Ⅻ度的极震区内；一个是在宁夏西吉以南，甘肃会宁以东与静宁以北的广大地区，滑坡面积1 000余km^2；另一个是在甘肃通渭县南部的碧玉、马家店、常河一带。这3个滑坡密集区滑坡密度达0.45 km^2/ km^2，不但滑坡数量多，而且规模巨大，有的滑坡体长达千余米。甘肃也是本次地震滑坡的主要发育区。地震时滑坡体犹如瀑布飞泻，有的滑移几千米，有的滑体越过河谷直冲到对面半山腰，许多滑坡堵塞河道，形成堰塞湖。曾被美国记者U·克劳斯等（1922）报道为“山走动的地方（Where the mountains Walked）”，也被称之为“黄土流（Flow of loess）。”我国地质学家翁文灏等也开展了地震滑坡调查，在国际刊物上发表相关调查研究成果，是甘肃地质工作的先河。

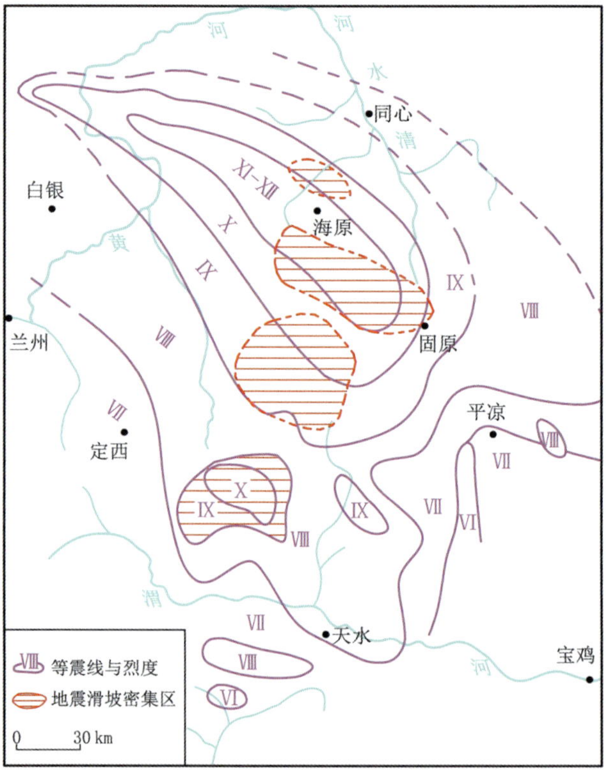

图5-38　1920年海原地震滑坡分布图
（据甘肃省地震局，修编）

许多地震滑坡的滑源区位于黄土斜坡区小型冲沟沟脑的地势低洼部位，而且常在相邻两个支沟的沟脑连续发育两处滑坡，其滑源区被与滑动方向基本一致的未滑动的小黄土梁分开，两滑坡同时失稳滑动后，在下部沟道区滑体汇合混为一体，共同向前滑动，形成独特的“双滑型”地震滑坡，这种现象在静宁、会宁一带较为普遍。有会宁青江驿滑坡，静宁县孙家沟、七里铺等滑坡（图5-39）。其成因可能与沟脑地势低洼处地下水发育、环谷状地形使地震波聚集等因素有关。

图5-39　1920年海原地震引发的双滑型滑坡

会宁青江驿滑坡，滑源区位于清水河北部小型黄土冲沟沟脑，滑坡沿冲沟向南滑动出沟口，到达对岸阶地区，滑距达1 000 m，堵塞清水河形成堰塞湖（图5-40）。

图5-40　1920年海原地震引发的会宁青江驿双滑型滑坡

（5）1927年5月23日古浪8.0级地震引发96处滑坡（图5-41），这些地震滑坡主要分布于Ⅸ度以上烈度区，南北宽约30 km，东西长约160 km。武威以南的黑沟滑坡阻塞札里木河，形成地震堰塞湖，震后24 d湖坝决口，高大的洪峰卷带土石泻流而下，淹没两岸村庄田舍。而黄羊河下游右岸灯山村一带3.5 km范围引发6处地震滑坡群，其中一处滑坡将该村庄掩埋，104人全部丧生（图5-42）。

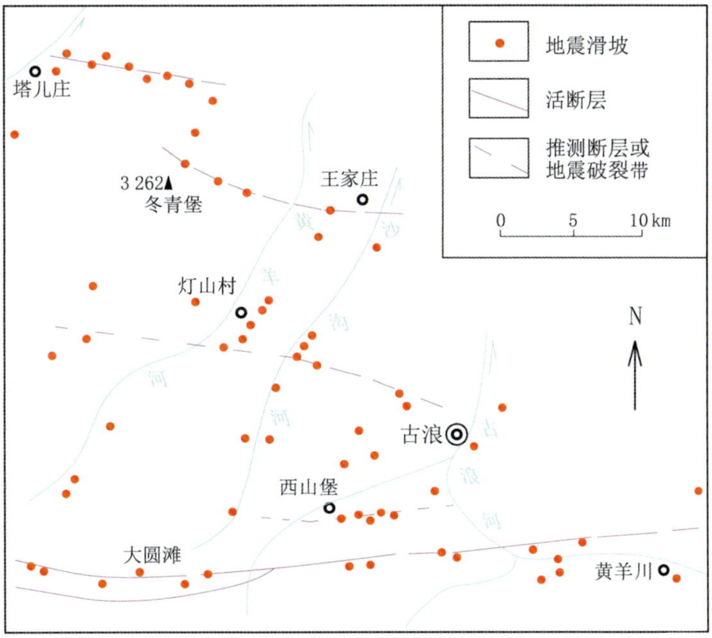

图5-41　1927年古浪地震滑坡分布示意图（据邹谨敞，修编）

图5-42　1927年古浪地震灯山村滑坡群

由此可见，历史上地震引发滑坡的事例很多。据史料记载的滑坡资料统计，地震滑坡占49.2%。每次大地震引发的滑坡灾害都非常严重，是造成本区地震灾害损失的重要原因。区内目前分布的一些大型、特大型滑坡主要为历史地震滑坡。这里需指出，上述历史地震区在漫长的地质历史中，经各种地质作用已形成了大量的滑坡，交互分布在同一地区，具体哪一个滑坡是由上述历史地震引发，有时很难确定，要根据有确切历史记载的相关典型地震滑坡的现今形貌和滑移特征，进行综合对比分析和判定。

（6）2008年5月12日汶川8.0级地震破坏力巨大，在临近震中的甘肃陇南、甘南、天水、庆阳、平凉和定西等6个市、州的38个县区引发和加剧的大小滑坡共974处（图5-43），其中

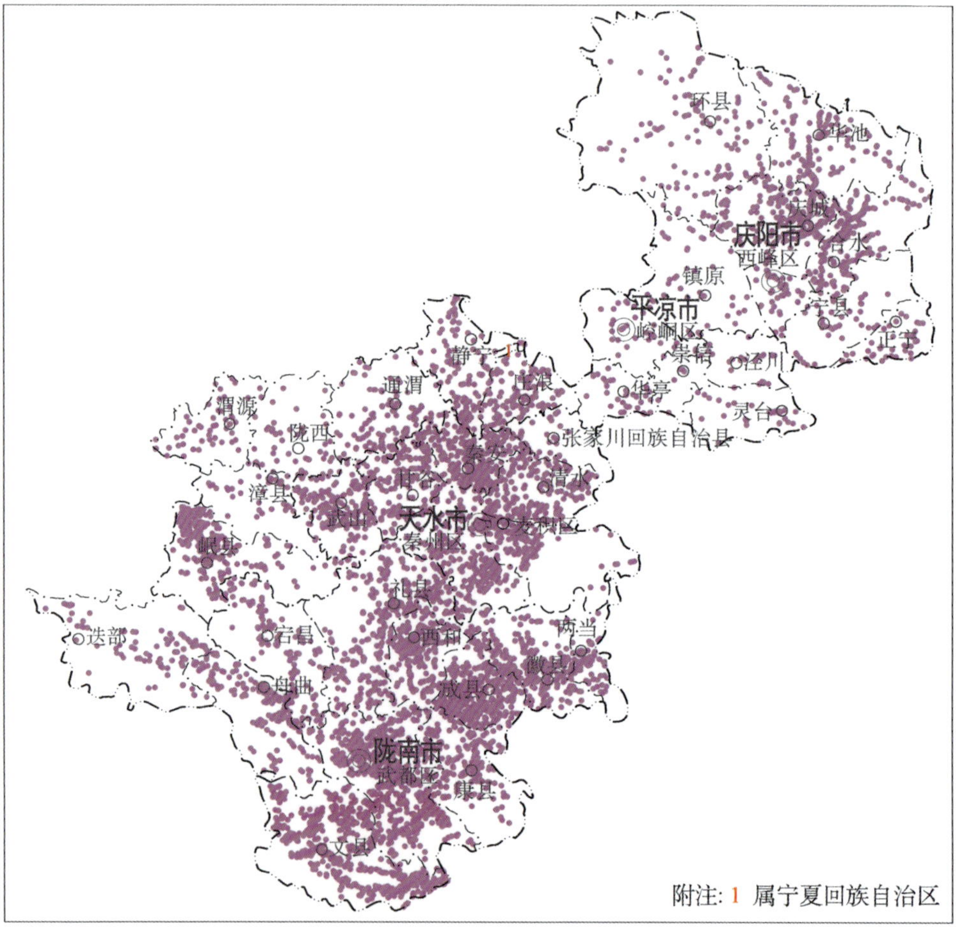

图5-43　汶川地震甘肃境内滑坡分布图

陇南市达680处，占总数近70%，天水、庆阳、平凉和定西等地主要为小型滑塌和坍塌。地震滑坡造成89人死亡，占“5·12”汶川地震甘肃总死亡人数的33%，经济损失也十分严重。

“5·12”汶川地震在甘肃引发的次生滑坡主要分布在距震中较近的陇南市文县和武都区等重灾区，由南向北发育密度逐渐降低。武都区北峪河流域是本次地震滑坡最为密集的地区之一，其中三家地老滑坡前缘发生3处复活滑动的滑坡，总体积近$2.07×10^6$ m^3，堵塞汉林沟支沟，是汶川地震在甘肃境内引发的最大滑坡。安化镇甘树湾村滑坡造成2人死亡（图5-44），成县厂坝铅锌矿尾矿库边坡发生失稳滑动（图5-45）。地震在陇南市也形成大量崩塌和危岩体。另外，在烈度仅为Ⅵ度的天水市武山、清水等地个别斜坡区也出现大规模裂缝和饱和黄土液化滑动。

图5-44　武都区安化镇甘树湾村滑坡

图5-45　成县厂坝铅锌矿尾矿库滑坡

G212线武都—碧口段、江洛—武都、徽县—谈家庄段等公路沿线滑坡崩塌发育，严重危害和影响交通运输。地震时G212线文县临江冷堡子山体发生的一处小型高位岩质崩塌，砸中客车，造成8人死亡，12人重伤。地震引发宝成铁路109隧道（K150～K151）附近嘉陵江两岸山体发生3处灰岩崩塌。其中隧道出口段崩塌体积约$2×10^4$ m^3，致使正在运行中的21043次货物列车碰撞巨石脱线，12节航空汽油罐车在109隧道中起火燃烧，造成通往四川抗震救灾前线的宝成铁路中断。隧道进口段发生体积约$1.2×10^4$ m^3的中型崩塌，堵塞嘉陵江形成堰塞湖，堰塞体长约100 m，宽约50 m，高约12～30 m，堰塞湖长1.3 km，最宽处约250 m，堰前最大水深12 m，最大蓄水量$1.07×10^6$ m^3。严重威胁上下游村庄、公路、铁路的安全（图5-46～图5-47）。对岸另一处体积约$2×10^4$ m^3的崩塌，破坏公路，给抢险救灾工作带来很大困难。

图5-46　宝成铁路109隧道进口崩塌

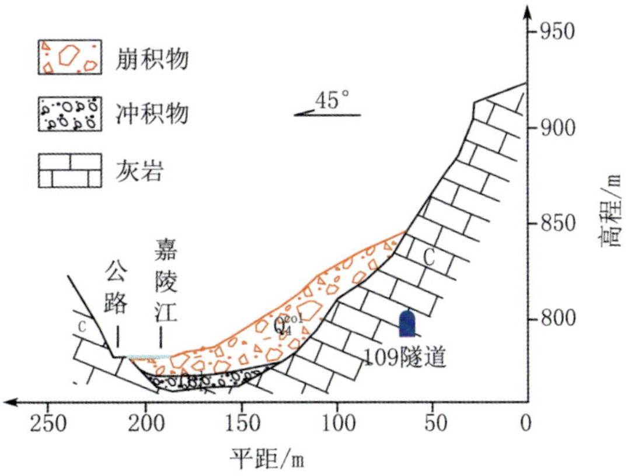

图5-47　宝成铁路109隧道进口崩塌剖面图

汶川地震引发大量同震型滑坡剧烈滑动的同时，还有许多斜坡也出现了明显的变形破坏，有的坡顶发育数十米至数百米长的贯通性裂缝；有的坡体变形严重，滑坡雏形已形成并发生明显开裂和下错（图5–48）；有的斜坡受强烈振动影响岩土体节理裂隙发育，结构被震酥、震裂，完整性受到严重破坏（图5–49）。斜坡受到严重“内伤”，稳定性大为降低，形成滑坡、崩塌隐患。在后期降水、地震等引发因素的再次作用下，滑坡、崩塌频繁发生。许多学者研究认为：震后20年内将是地震后发型滑坡和泥石流灾害的集中高发期。

图5–48　舟曲县城南牡丹坡滑坡险情

图5–49　武都区震酥、震裂的黄土斜坡

（7）2013年7月22日7时45分定西市岷县、漳县交界处发生6.6级地震，震中位置在北纬34.5°，东经104.2°，震源深度20 km，90 min内又发生5.6级强余震，发震断裂为临潭—宕昌断裂的中东段。本次地震引发较大规模滑坡145处，崩塌80处，滑坡造成15人死亡。滑坡主要分布于岷县中寨、维新、梅川及西江境内（图5–50）。

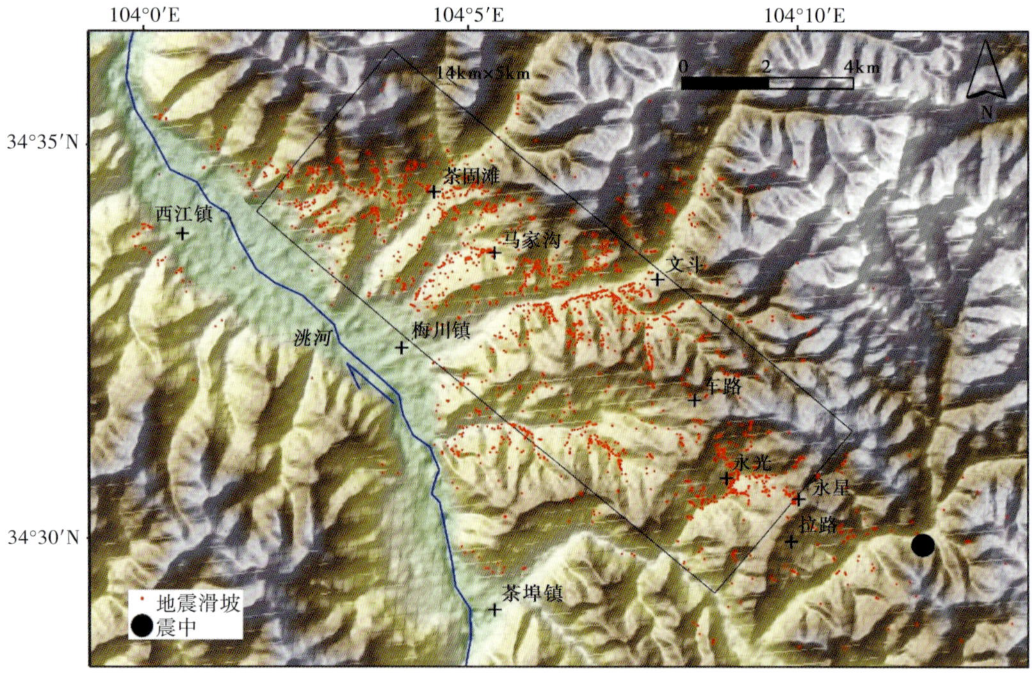

图5–50　甘肃岷漳6.6级地震滑坡分布图（据许冲）

“7·22”岷漳地震引发的滑坡、崩塌有以下特点：一是滑坡类型以黄土滑坡为主，堆积层滑坡次之；滑坡规模以小型为主，中型次之。二是集中发育于发震断裂沿线，极震区内更为集中，且表现为震中西侧较东侧更为密集的特征。滑坡、崩塌集中分布于近北西向展布的发震断裂上盘，数量占86%左右。三是2013年5月中旬—7月26日岷县阴雨连绵，降水达314.8 mm，高于往年同期，斜坡土体含水率高。地震与降水两个不利因素的耦合叠加，共同降低斜坡稳定性，引发了大量滑坡。特别是引发了永光1#液化流滑型黄土滑坡，沿沟道滑动约870 m，造成12人死亡。

中寨镇施旗滑坡位于洮河右岸（图5-51），发生时间滞后地震，为黄土-泥岩老滑坡的部分复活滑动，后部垂直滑距60 m。滑坡长约230 m，平均宽度200 m，厚度20 m，体积约9×10^5 m^3，是“7·22”岷漳地震引发的规模最大的滑坡。该滑坡造成2人死亡，前部压埋大量村民房屋和药材，损失严重。

地震滑坡破坏通往永光的道路、梅川—中寨公路（图5-52）；另外，部分地段黄土滑坡成群分布（图5-53）。地震后约10 d岷县—蒲麻公路边坡发生岩质滑坡，也为典型的滞后型地震滑坡（图5-54）。

图5-51　中寨镇施旗滑坡

图5-52　滑坡破坏梅川—中寨公路

图5-53　岷漳地震引发的黄土滑坡群

图5-54　岷县—蒲麻公路岩质滑坡

根据有关资料，甘肃省历史地震引发的滑坡情况统计于表5-1。

表5-1　甘肃省历史地震滑坡情况统计表

时间	位置	震级	地震滑坡情况
公元前186年	武都	6～7	山崩压死760人
1654年7月21日	天水	8.0	滑坡集中发育，特别是礼县罗家堡一带
1718年6月19日	通渭	7.5	滑坡十分发育，散渡河安远带为集中区，滑坡面积约占80%
1879年7月1日	武都	8.0	滑坡十分发育，规模巨大，主要分布于石鸡坝—武都一带
1920年12月16日	海原	8.5	在通渭、会宁、静宁等地发生较多滑坡，河流被堵成湖
1927年5月23日	古浪	8.0	在古浪西部祁连山前等地发生较多滑坡，河流被堵成湖
1932年12月25日	昌马	7.6	在祁连山北麓山区发生较多滑坡
1961年10月1日	岷县	5.4	震中发生小型滑坡
1962年12月1日	武山	5.0	发生滑坡1处，面积约1×10^4 m^2
1976年8月16日	松潘	7.2	文县、武都等地，发生大规模裂缝和早期滑坡复活约600处
1990年10月20日	古浪	6.2	毛毛山前局部发生滑坡和裂缝
1995年7月22日	永登	5.8	震中区发生大小黄土滑坡150余处，造成7人死亡
2008年5月12日	汶川	8.0	文县、武都、徽县等地发生崩塌、滑坡和老滑坡复活共974处，压埋89人
2013年7月22日	岷县、漳县交界	6.6	岷县、漳县等地发生崩塌、滑坡和老滑坡复活约145处，压埋15人

5.4.2　地震滑坡的特点与分布

1.地震滑坡的特点

地震引发的滑坡除具有一般滑坡的特征外，还有以下特点：

（1）规模大。滑坡体一般长1～2 km，如甘谷磐安镇北山的巨型地震滑坡宽4.2 km，长3.5 km，总面积达13.5 km^2（图5-55）。省内一些大型、特大型滑坡多由历史地震引发。

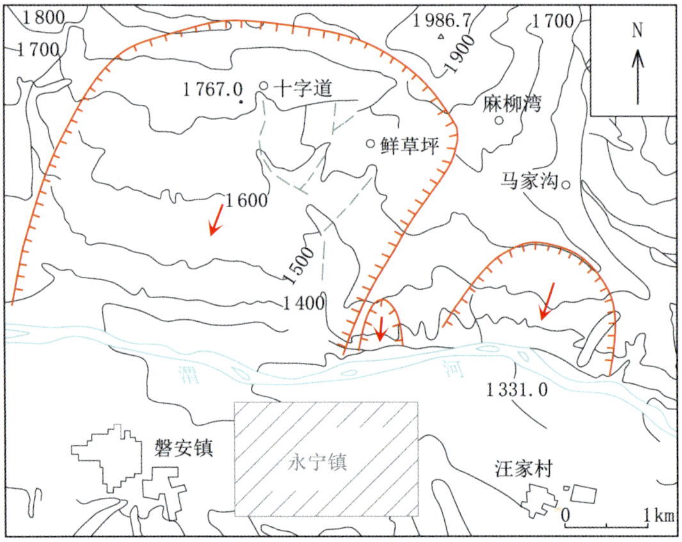

图5-55　甘谷磐安镇北山1718年地震滑坡群

（2）地震滑坡滑速快、滑距远。地震时滑坡体犹如瀑布飞泻，其滑动距离可达1～3 km。如静宁七里铺滑坡（图5-56）和甘谷磐安镇北山滑坡等（图5-57）。滑坡体大多脱离滑床，堆积在前部河谷阶地上，有的越过河谷，滑体推向对岸坡脚处，滑坡到处堵河成湖。在黄土地区，含水率较高的黄土滑坡在滑动过程中有的还表现出液化流滑的特征（图5-58～图5-59）。

（3）地震滑坡的滑动面较缓，多为5°～10°，较一般滑坡的坡度缓。如甘谷四十里铺地震滑坡和礼县罗家堡地震滑坡的滑面倾角分别为9°和7°。2023年12月18日积石山6.2级地震，在青海省民和县中川乡金田村一带引发滑坡，滑源区位于黄河左岸Ⅲ级阶地区，灌溉水长期渗漏。饱和的土层发生严重液化，形成液化流滑型滑坡并转化为泥流，沿坡度仅1°～3°的沟道和Ⅱ级阶地流滑约2～5 km。

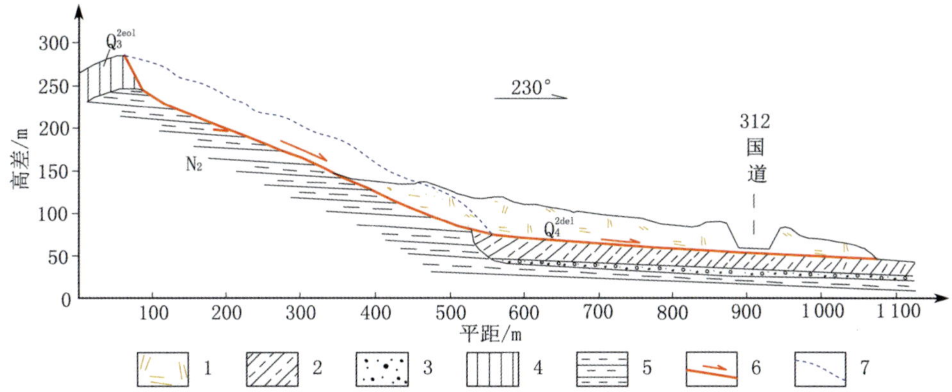

1—滑坡堆积；2—粉质黏土；3—砂砾石；4—马兰黄土；

5—泥岩；6—滑动面；7—原地面线。

图5-56　静宁七里铺北山地震滑坡剖面图

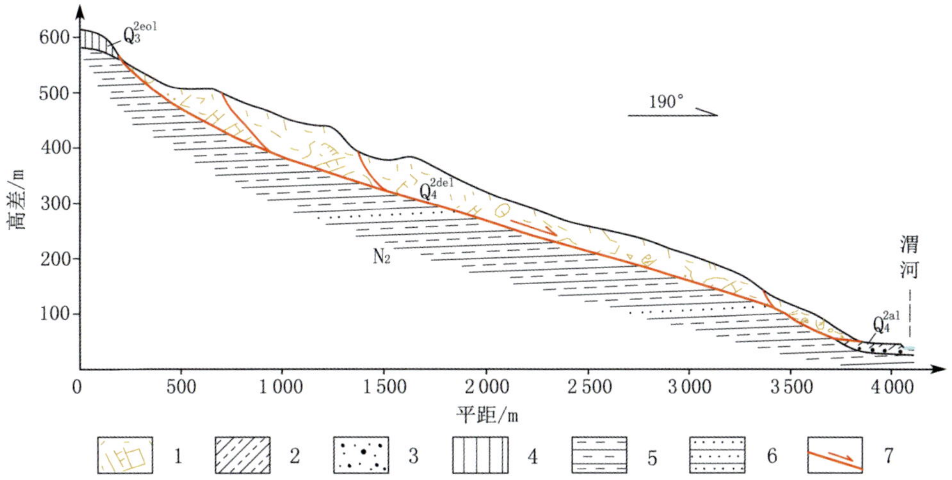

1—滑坡堆积；2—粉质黏土；3—卵石；4—马兰黄土；

5—泥岩；6—砂岩；7—滑动面。

图5-57　甘谷磐安镇北山地震滑坡剖面图

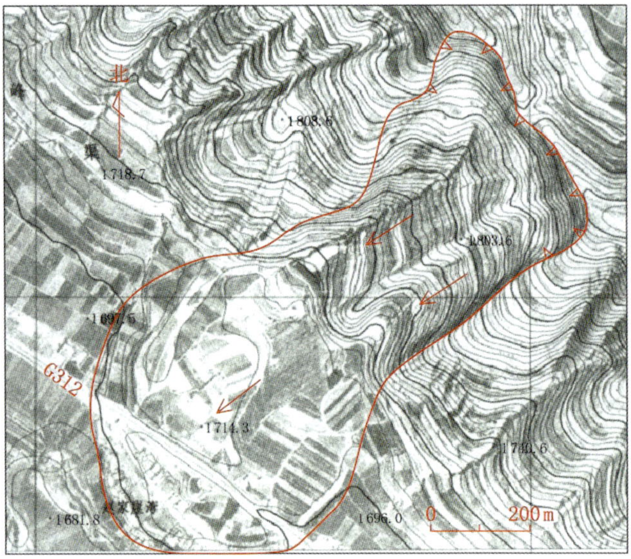

图 5-58　静宁七里铺北山地震滑坡平面图

图 5-59　海原地震液化流滑型滑坡

（4）地震滑坡多呈群体分布，范围广、数量多、密度大。一次大地震可同时引发上千个滑坡，在极震区内每平方千米的滑坡密度约占 0.45～0.9 km^2。一般从震中向外围地震滑坡发育密度有减少的规律。但也受地形地貌和地质条件等的控制，有时可形成不连续的几个地震滑坡密集区。

（5）地震滑坡沿断裂带呈带状集中发育。如 1932 年昌马 7.6 级地震使沿祁连山北麓的北西向断裂带南部连续分布的冻融流滑型滑坡大量复活滑动（如图 5-23）；古浪的 96 处地震滑坡中，有 66 处位于地震断裂带附近，占地震滑坡总数的 69%。2013 年“7·22”岷漳 6.6 级地震滑坡也主要沿发震断裂呈北西向的带状分布。

2.地震滑坡的分布

据有关资料，5 级以上地震或Ⅶ度以上烈度区可引发地震滑坡。黄土地区Ⅵ度区就可产生滑坡。如 1995 年永登七山 5.8 级地震引发了大量滑坡（图 5-60）。但区内大范围的地震滑坡群则主要由 7 级以上地震引发或发生于Ⅷ度烈度区。因此，在地震预报的基础上，进行地震引发滑坡灾害的预报也非常重要。

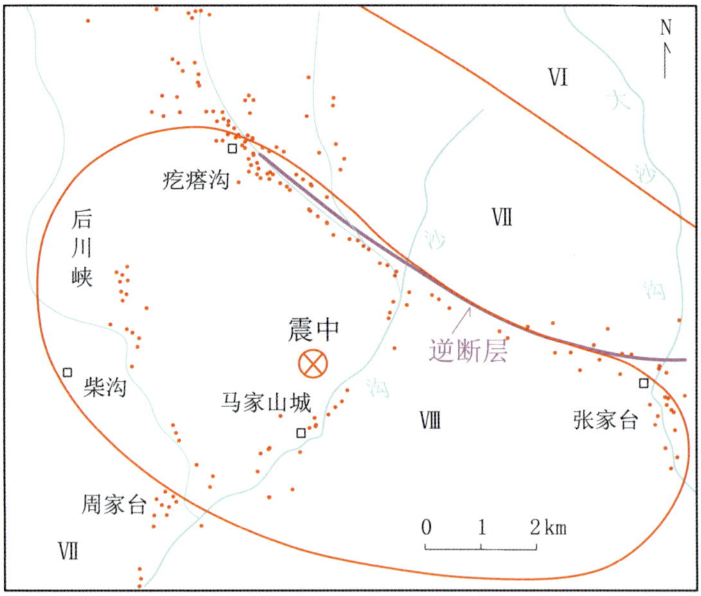

图 5-60　永登七山地震滑坡分布图

东经 105°附近，为我国著名的南北地震带，甘肃省的文县、武都、舟曲、宕昌、西和、礼县、天水、甘谷、武山、通渭、静宁等县、市，即位于该地震带上。同时，天水、甘谷、武山、西和、礼县、通渭、陇西、漳县、兰州、临洮、东乡、临夏、永靖等县、市、州又处于秦岭北缘的东西向地震带。这两个地震带内地震活动频率高、强度大，引发地震滑坡的数量多。因此，这些地区滑坡发育，分布密度高。尤其是天水、甘谷、武山、西和、礼县、通渭等县、市处于两个地震带的交会部位，滑坡极其发育，分布密度也最高。对比图2-12和图4-78可知，地震震中、高烈度区的分布与滑坡分布范围非常吻合。另外，河西走廊祁连山区的滑坡也主要发生在祁连山地震带上。地震对甘肃滑坡的分布有显著的控制作用，区内许多大型和特大型滑坡主要由历史大地震引发。

由于区内的地震均为构造地震，其震源多为沿断层错动，所形成的等震线也呈与地震断裂带方向一致的椭圆状分布。因此，决定了每次地震引发滑坡的分布范围一般也呈与等震线一致的椭圆状，多从中心向外围滑坡密度依次减弱。地震时，与地震波传播方向垂直的斜坡破坏程度较高。据艾南山等研究，1654年天水地震和1718年通渭地震所产生的411处滑坡的滑动方向，其优势为N75°E，与这两次地震的地震波传播方向一致。

5.4.3　地震滑坡的成因

甘肃地震滑坡发育是由特定的地质环境条件所决定的。

（1）甘肃大部属地震频发区，而且强度较高，每次地震从震源发出的弹性振动向周围介质传递时，具有一定的加速度。因此，将在斜坡内产生惯性力，使下滑力、抗滑力在瞬间发生很大的变化，产生强烈的地面破坏。

（2）地震引起的强振动作用致使黄土抗剪强度指标的c、φ值在振动过程中突然降低，产生“震陷”等残余变形、液化作用。黄土的动摩擦角φ_d一般比静摩擦角小3°～7°；动内聚力c_d比静内聚力降低很多。

（3）在地形高低起伏的山区，地震作用力和破坏程度（烈度）有随地形起伏、斜坡高度增高而增大的放大效应，这样更有利于造成斜坡的破坏和失稳。由图5-61可见，地震时，黄土梁区地表最大加速度随地形高度和坡度变化明显，梁顶地表最大加速度放大系数为3倍左右。殷跃平院士对汶川地震的地形放大效应研究认为，地震峰值加速度放大系数可达1～6倍，其主要与斜坡形态、岩土体类型和结构等有关。同时，在震中区地震垂直加速度对滑坡的作用不容忽视。汶川8.0级地震在甘肃陇南造成斜坡中上部大量房前屋后数米高的陡坡破

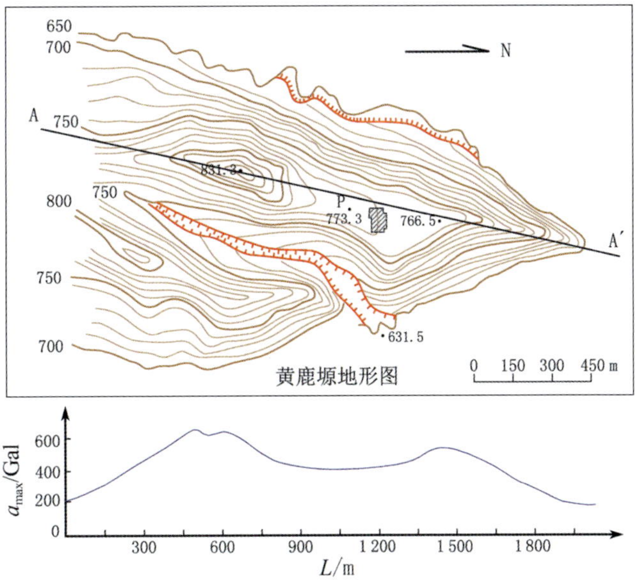

图5-61　地形对地震加速度的影响（据张振中）

坏、压埋房屋，梯田田坎滑塌（图5-62），“7·22”岷漳6.6级地震也有类似的情况，均是地形效应的表现（图5-63）。

图5-62　“5·12”地震武都斜坡上部陡坎滑塌

图5-63　“7·22”岷漳地震斜坡上部陡坎滑塌

（4）黄土地区斜坡表层均覆盖较厚的黄土，结构疏松，易吸收地震能量而被破坏。当黄土底部有地下水分布时，在地震中极易发生液化，引发滑坡。

（5）地震的强烈振动，会使斜坡的坡度伴随地震过程发生暂时的倾角增量$\Delta\beta$。表5-2为苏联有关标准中不同地震烈度下斜坡坡度的增量$\Delta\beta$。可以看出，当烈度达Ⅹ～Ⅺ度时，坡度增量值高达15°～30°。尽管坡度增量的效果持续的时间很短，但对于斜坡稳定性的影响非常显著。这种伴随着地震的坡度增量$\Delta\beta$，是解释那些干燥而密实的低角度黄土斜坡在地震中发生“倾泻”式失稳、滑动现象的一个重要原因。

表5-2　地震作用下的斜坡坡度暂时增量$\Delta\beta$

苏联标准地震烈度(6294—52)	地震系数a/g	斜坡坡度暂时增量$\Delta\beta$
Ⅴ	0.005	15′
Ⅵ	0.01	30′
Ⅶ	0.02	1°10′
Ⅷ	0.05	3°
Ⅸ	0.1	6°
Ⅹ	0.25	15°
Ⅺ	0.5	30°
Ⅻ	>0.5	>30°

（6）区内地震带地震频率和震级高，小震更是频繁发生，每次地震都对斜坡岩土体产生一定的破坏，斜坡经历多次地震所产生的累积性破坏对其稳定性也有很大的影响。由于疏松黄土具有的特殊土动力性质——地震易损性和敏感性，在黄土地区，即使在较小的地震作用下，也常会引发较严重的斜坡失稳。

5.4.4　黄土地震滑坡的类型及机理

兰州地震研究所张振中、黄雅虹等在对1920年海原地震滑坡密集区（甘肃静宁、会宁，宁夏西吉等地）及1718年通渭地震滑坡密集区进行多次考察后发现：在黄土地区，有些滑坡的坡角平缓，土质疏松，滑动规模巨大，表现出了震陷滑动的失稳机理；而有些滑坡土质密实，其滑动面沿着基岩甚至切入了基岩，表现出在地震力与重力叠加作用下，土体发生剪切变形的滑动机理；还有些滑坡规模很大，其底部土层的含水率较高，地震作用下发生的液化是其失稳滑动的机理。这些地震滑坡实例表明：黄土地震滑坡的滑动形式和机理并不相同。初步将黄土地震滑坡划分为黄土液化型滑坡、黄土震陷型滑坡和地震力（加速度）引发型滑坡三大类型。

1.黄土液化型滑坡

近年来的震害实例和室内试验研究表明，黄土具有很大的液化势和流态破坏势。当含水率较高时，在一定强度的地震作用下，黄土将发生液化或流动，它可引起黄土斜坡的流滑和滑动。

液化型地震滑坡，即使坡角非常平缓，也可能发生。在地震等作用下，黄土的变形表现为震陷和液化，这是由于黄土颗粒间具弱胶结、孔隙发育所致。黄土为低塑性土，塑性指数一般为9～12。当土体含水率高于塑限含水率时，在动应力和水的共同作用下，孔隙水压力就会上升，有效应力降低，抗剪强度减小，最终表现出低抗剪性和高流动性，导致大面积黄土的下沉或流滑，多形成黄土层内滑坡和黄土接触面滑坡。因此，在地震作用下，缓坡地段含水率高的黄土层也容易发生流滑和滑动，宁夏固原石碑塬滑坡是由黄土液化引起的典型液化型滑坡。黄土液化是高速远程滑坡的一种重要形成机理。

2.黄土震陷型滑坡

黄土震陷型滑坡是指完全发生于黄土层中，无地下水作用，也非完全丧失剪切强度，但却呈现出流滑形态等一系列宏观特征的地震滑坡，多为黄土层内滑坡。

张振中（1984）考察黄土地震滑坡后发现，有许多滑坡现象似乎应归因于黄土的“震陷”。发生在黄土地区的历次大震史料记载和保留至今的许多滑坡现象都证实了这一点。如1920年海原8.5级地震时，在Ⅷ度以上的高烈度区的黄土丘陵地带形成的区域性黄土地震滑坡，其总面积可达4 000 km^{2}以上。仅在会宁以东、静宁以北、西吉以南的广大地区，滑坡密集区的面积达1 000多km^2。这里为Ⅸ、Ⅹ度烈度区，虽然低于极震区的烈度，但地震滑坡的规模不仅巨大，而且密集分布的范围也很广。显然与这里山坡上披覆有20～50 m厚的风成黄土层所构成的丘陵地形有密切的关系。1995年永登七山5.8级地震引发的有些黄土滑坡也是典型的黄土震陷型滑坡。

黄土震陷型滑坡一般具有滑带土含水率低、坡角平缓、滑速高及永久性变形破坏的特点。

黄土动力特性研究表明，晚更新世马兰黄土和全新世黄土状土是具有大孔结构的弱黏性土。在地震作用下，因大孔结构崩溃性破坏，会产生急剧的残余变形——震陷。黄土扫描电镜分析结果表明：凡是震陷性强的黄土都具有明显的架空孔隙结构，导致了其力学性质的特殊性，在震陷试验中显示出很低的临界动应力。又因粒间胶结很弱，结构强度很低，所以一旦受力，大孔隙结构便产生崩溃性破坏。而破碎的土体很容易沿其底部的滑动面“流滑”。黄土在地震作用下的震陷是黄土斜坡失稳滑动的另一种重要机理。

3. 地震力引发型滑坡

这种类型的黄土地震滑坡，因黄土本身相对较干燥、密实，故前述的震陷、液化现象在此类滑坡中并不明显。其失稳主要是由于坡体本身的稳定性较低，由于地震力的作用及地震过程中“坡度”的瞬时增加，从而使斜坡的稳定性进一步降低，而发生失稳滑动，即为通常概念的地震滑坡。除黄土层内滑坡和黄土接触面滑坡外，滑面也可深入到下部的泥岩等地层，形成黄土-泥岩滑坡。这种斜坡失稳滑动又可进一步分为两类：一类是同发型滑坡，指在地震的过程中，由于地震的触发作用，斜坡发生整体滑动，伴随地震同时产生滑坡，有的也称同震滑坡；另一类是后发型滑坡，指在地震的过程中，斜坡岩土体未发生明显的滑动，仅沿着最危险滑动面发生了小量的滑移，在坡顶及坡体内形成大量裂缝，斜坡岩土体结构严重破坏，当后期再有地震或集中降水沿已生成的裂缝渗入，或其他自然和人为因素破坏稳定条件时，将产生整体或局部滑动。据“5·12”汶川地震和“7·22”岷漳地震等调查资料显示，此类因地震使坡体结构损伤的斜坡数量很多。

由于地震的作用，处于“准失稳状态”的斜坡，当遇到以下3种情况时，很容易进一步发生滑动，即产生后发型滑坡。

（1）当有较集中的降水时，由于原来地震时所产生的裂缝为降水入渗提供了良好的通道，当雨水沿裂隙渗入时，老滑裂面附近的黄土含水率增高，抗剪强度降低，从而使土体发生滑动。“7·22”岷漳6.6级地震造成震中的永光村南部一带斜坡严重震裂，近年来在降水等因素的影响下，长期缓慢蠕滑，威胁公路等安全（图5-64）。

图5-64　岷漳地震震中区的后发型滑坡

1984年甘肃礼县一带，在连降数天暴雨后，发生了数百处滑坡。显然，有些为1654年天水地震的后发型滑坡，其中1654年天水地震造成的罗家堡大滑坡，在这次暴雨后局部发生了再次活动，即老滑坡的局部复活。2003年8月、2004年6月通渭县境内因降水引发的30余处滑坡和斜坡开裂变形现象，多数也是在地震滑坡基础上的进一步发展和复活。2019年9月14日，降水引发的通渭县常河镇前进砖瓦厂滑坡，体积约8×10^6 m^3，而所在斜坡坡度仅为10°，有的学者认为也是1718年通渭地震的后发型滑坡。

（2）当再次遭受地震作用时，这些斜坡部位将很容易发生滑动。如1920年海原地震时，西吉地区是滑坡高发区，而1970年西吉仅发生5.5级地震，却使该区又引发了规模较大的滑坡，其中许多滑坡是1920年海原地震时留下的后发型滑坡的新活动。再如1718年通渭7.5级地震的滑坡区，在1920年海原8.5级地震时也形成了一个滑坡密集区，成为地震烈度比周围高两度的X度高异常区。其中许多滑坡也应在1718年地震的后发型滑坡的基础上发生。

（3）地震之后，由于滑体前部不断遭受冲刷剥蚀，滑体上缘向山脊的发展，造成坡体形态变化，导致稳定性降低，最终产生滑动。例如庄浪县南梁公社魏家山，秦安县兴丰乡一带，通渭县常河、文树等地，在1920年海原地震时产生的同震滑坡很少，而自地震之后，滑坡却明显增多。显然，其中的一些滑坡属1920年海原地震后发型滑坡的继续滑动。1976年8月16日四川松潘发生7.2级地震，距震中120 km的武都地区的多处老地震滑坡也发生复活滑动。

需要强调的是：地震是引起斜坡失稳滑动的重要动力因素，但地震滑坡的规模和密度并非只随地震动强度的增高而增高，它还受到水文地质、工程地质条件及地貌因素的综合控制。事实上，滑坡最发育的地区，其烈度未必最高。如海原地震时，其滑坡最密集的地区不是在沿断裂带Ⅺ～Ⅻ度区，而是在宁夏干盐池以南、西吉和甘肃静宁及祖厉河流域一带的Ⅸ、Ⅹ度区。因此，研究地震作用下黄土斜坡的失稳滑动，应当将诸多因素综合起来考虑。

5.5　水对滑坡的促发作用

水是滑坡发育最为活跃的动力因素之一，有“无水不滑”之说。大气降水、地表水、地下水均可引发滑坡发生，并对滑坡的滑速、滑距等运动特征产生重要影响。另外，也影响和控制滑坡的时空发育分布。

5.5.1　大气降水引发滑坡

1.降水引发的群发性滑坡概况

降水引发滑坡的事例很多，每年雨季，特别是丰水年，在甘肃东南部降水引发的滑坡常呈群发性分布，近年来甘肃发生的滑坡灾害大多与降水有关。因此，每年5—9月的雨季是甘肃滑坡、泥石流灾害的高发期，也是重点防范期。特别是7月下半月—8月上半月（简称“七下八上”）更是滑坡、泥石流灾害最为频发、群发的时段，汛期防灾任务非常繁重。

1981年雨季，在植被良好的徽县、两当等地发生了数千处小型浅层滑坡。1984年雨季降水量较高，天水、陇南两地区发生了大量滑坡，仅危害村庄的大小滑坡灾害近2 000处，受灾人口达20万人，迫使近千户居民搬迁。

近20年来，甘肃极端降水事件频发，连续暴雨或长期连阴雨多次引发区域群发性滑坡。

2003年、2013年雨季，天水地区降水量大且非常集中。其中，2013年6月19日—7月25日，天水市秦州、麦积、张家川、清水4个县（区）降水日数达24～26 d，降水日数高出常年同期的1倍，降水量是常年同期的2.2～3.4倍，并有4次强降水过程，累计降水量为229.6～423.5 mm，1 h最大降水量达65 mm，秦州区钱家坝24 h最大降水量152.2 mm。降水中心在麦积区、秦州区南部（表5-3）。

表5-3　天水2013年6—7月4次强降水降水量统计表　　单位：mm

气象站名	6月19—20日	7月7—8日	7月21—22日	7月24—25日	累计
李子园	198.2	128.6	22.7	29.8	379.3
钱家坝	114.9	119.4	37.0	152.2	423.5
舒家坝	91.8	109.9	32.9	48.5	283.1
庙川	83.6	65.3	37.9	42.8	229.6
长官	28.1	95.2	26.0	102.9	252.2
张家山	51.8	109.2	30.4	102.2	293.6

"7·25"天水暴洪灾害，大量集中降水使表层土体饱和、岩体裂隙充水，抗剪强度显著降低，引发群发性滑坡、泥石流等地质灾害（图5-65），共造成24人死亡，直接经济损失达82.75亿元。发生较大规模滑坡415处，其中黄土滑坡326处，黄土-红层滑坡39处，堆积层滑坡37处，岩质滑坡13处，以小型浅层滑坡为主。82.6%的滑坡主要集中分布于降水量大的秦州区、麦积区、张家川县和清水县。植被茂密的南部小陇山森林区也发生了大量浅层残坡积土滑坡，严重破坏森林植被，其中，秦州区娘娘坝镇刘家河一处滑坡摧毁农家乐，压埋13人（图5-66）。降水还引发麦积区大沟等多处流滑型黄土滑坡，以及滑坡-堰塞湖等链式灾害。如7月29日上午10时40分发生的麦积区伯阳榆树村滑坡，体积约8×10^5 m^3，滑坡堵塞毛峪河形成堰塞湖，水位最高处抬升约14 m，估计蓄水量约3.5×10^5 m^3。对下游的韩河村、下河村406户村民，2 082人的生命及财产安全构成严重威胁（图5-67）。另外，在以后的数月内降水滞后型滑坡也时有发生，如10月2日发生的麦积区街子贾沟里滑坡，体积达5×10^5 m^3，大面积破坏农田。

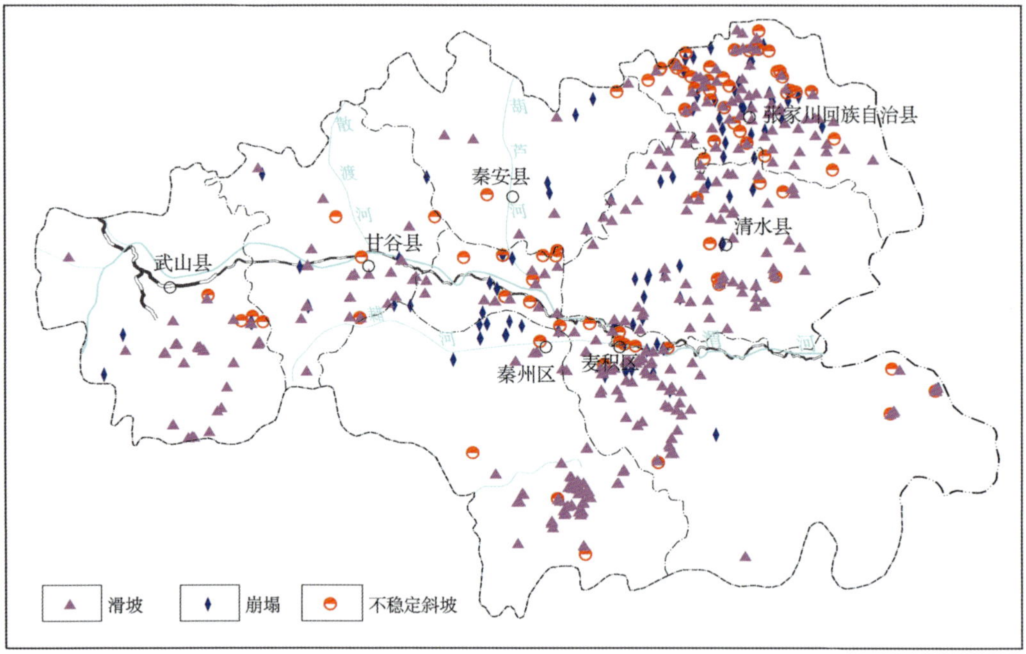

图5-65　天水2013年7月25日降水引发地质灾害分布图

图5-66　秦州区娘娘坝镇刘家河浅层滑坡群

图5-67　麦积区伯阳榆树村滑坡及堰塞湖

2018年7月中旬—8月底，临夏州境内出现了前所未有的9次暴雨-特大暴雨降水过程，日最大降水量达180.8 mm，小时最大降水量100.8 mm，降水强度很大（表5-4）。至8月底，南部太子山山前大部分地区累计降水量大都超过700 mm，其中临夏县和积石山县累计降水量超过1 000 mm，是临夏州夏季平均降水量的3倍，甚至超过了往年的全年降水量，最大降水量和降水总量等超过历史极值。

表5-4　临夏州各县市2018年主汛期降水情况统计表

日期	降水量>50(100)/mm观测站/个	最大降水量区域	最大降水量/mm	最大雨强区域	最大雨强/(mm/h)
7月18—19日	33(5)	和政县梁家寺水库	166.4	东乡那勒寺	82.8
7月22—23日	14(7)	永靖县坪沟罗山村	164.3	永靖县杨塔乡	49.7
8月2—4日	75(22)	广河县买家巷镇马家咀	207.2	康乐县八松乡那尼头	81.7
8月7—8日	4(0)	康乐县胭脂镇郭家麻村	57.9	康乐县胭脂镇郭家麻村	52.7
8月9—10日	8(1)	康乐县附城镇石王村	136.8	康乐县附城镇石王村	100.8
8月15—16日	14(0)	和政县半草岭水厂	78.7	康乐县八松乡那尼头	34.9
8月20—21日	57(3)	东乡县关卜	114.7	广河县阿里麻土	55
8月29—30日	1(0)	临夏县莲花镇	90.9	临夏县莲花镇	56.5
8月30—31日	2(0)	和政县云海闲庭	71.3	和政县云海闲庭	44.9

据调查统计，“7·18”暴雨在临夏州引发地质灾害483处（图5-68），其中滑坡238处，崩塌52处，不稳定斜坡134处，泥石流56处，地面塌陷等3处，紧急避险2 256户10 662人，2人死亡，财产损失6 742.2万元。

7月22日暴雨在永靖县红泉镇、坪沟乡引发2处大规模滑坡（图5-69）。8月24日临夏县韩集镇北山大型滑坡群发生复活滑动，其中H_4滑坡损坏坡脚65间居民房屋、33间商铺和自来水管道与蓄水池等，S310线长约700 m边沟及部分路面被掩埋（图5-70）。因预警及时，未造成人员伤亡。8月31日继续出现强降水天气，临夏县新庄乡将台村娘娘池社滑坡造成45户村民的房屋损毁。

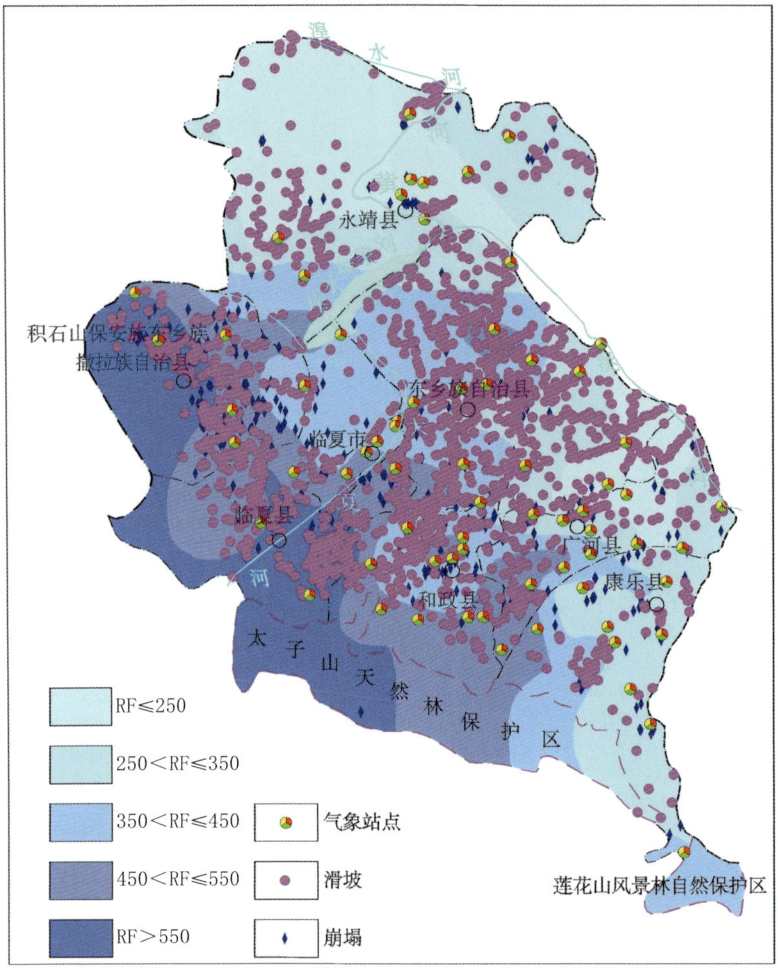

图5-68　临夏州2018年汛期降水与地质灾害分布图

图5-69　永靖县红泉镇黄土滑坡（2018年7月）

图5-70　临夏县城北山滑坡群（2018年8月）

2020年雨季，陇东南地区普降中到大雨，局地大暴雨，降水量和降水范围都很大。8月3—17日连续出现3次暴雨天气过程，天水市秦州区累计降水量为1961年以来同期最高，较常年同期偏多约1.8倍。其中8月14日8时—17日12时，秦州区大门镇长官降水量达176.5 mm，长河、李子园累计降水量163 mm，张家山累计降水量136.2 mm。白龙江流域降水量232.2 mm，较常年同期偏多3.2倍；白水江流域降水量273.7 mm，较常年同期偏多

4.5倍；嘉陵江流域降水量293.9 mm，较常年同期偏多3.2倍。3个流域各站点累计降水量（除宕昌外）均为1961年以来同期第1位。日降水量较大站点为文县口头坝188.4 mm，文县碧口146.1 mm，均超历史极值，其中康县等地累计降水量达500 mm以上，引发了大量滑坡和泥石流灾害，造成严重经济损失（图5-71）。

2021年10月3日8时—4日8时，甘肃省河东大部分地区出现强降水，有583个降水量站记录为大雨-大暴雨。其中文县碧口最大降水量167.2 mm，清水县关山最大降水量128.5 mm，灵台县上良最大降水量121.2 mm，华池县太阳最大降水量67.4 mm。最大小时雨强为平凉灵台郑家洼42.9 mm。多地创下有记录以来的10月份最大降水纪录或年最大降水量（图5-72）。再加上9月长期的连阴雨，本次降水在天水市麦积区、清水县等地引发了大量滑坡灾害，造成陇海铁路、G310等道路交通中断。平凉市发生滑坡21处，其中灵台县发生3处灾害性滑坡，最严重的为灵台县城中台镇南店子黄土-泥岩接触面滑坡，大量房屋被破坏（图5-73）。

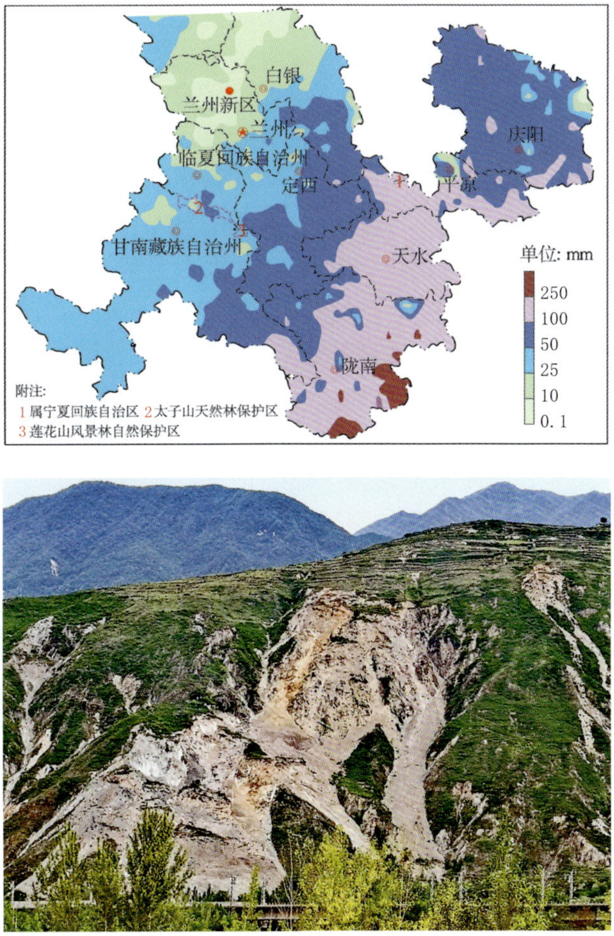

图5-71　陇东南地区2020年8月降水分布与引发的滑坡

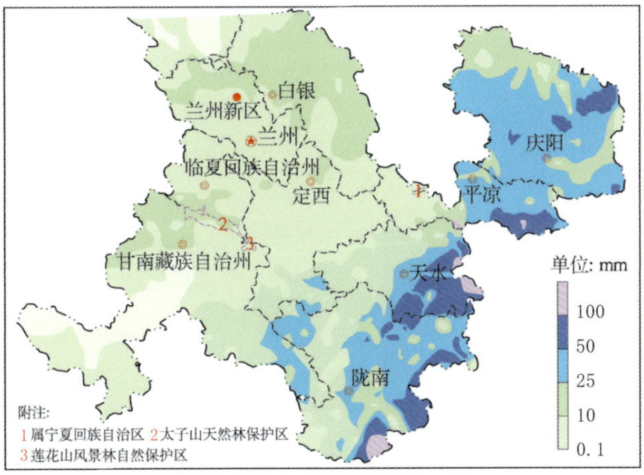

图5-72　2021年10月3—4日河东地区降水量图

（据甘肃省气象局）

图5-73　灵台县中台镇南店子滑坡

省内著名的天水锻压机床厂滑坡、椒树湾滑坡、泰山庙滑坡、舟曲县南峪滑坡、牙豁口滑坡、武都红土坡滑坡、清水柏树滑坡、兰州洪水沟滑坡、宝天铁路段葡萄园滑坡、东乡红庄滑坡、平凉杨庄滑坡、积石山魏家阴山滑坡等都由降水引发。史料所记载的滑坡中，降水引发的滑坡占40.3%。可见，降水引发滑坡的比例较高。

在甘肃东部，特别是陇中黄土地区，大量分布的疏松黄土及早期滑坡堆积物，渗透性较强，易软化，下部多为不透水的新近系、白垩系泥岩等。在长期总体干燥的内陆气候环境中逐渐塑造而成的高陡斜坡，当遇到较强的降水过程或连阴雨时，降水入渗，地表浅部土层首先达到饱和，土体强度降低，发生大量浅层小型土质滑坡，有的地方连片密集分布。2013年7月的大量降水在天水南部娘娘坝、李子园等植被茂密的岩质山林区也引发了许多小型浅层残坡积层滑坡，大量植被被破坏，形象比喻为“山剥皮”或“猫抓脸”。2020年陇南大暴雨引发的滑坡也有类似情况（图5-74）。部分滑坡转化为泥石流，并携带大量树木，形成了严重的滑坡-泥石流链式灾害。由此可见，植被对滑坡、泥石流的拟制作用还要进一步研究。

图5-74　降水引发的群发性浅层滑坡

暴雨产生的地表径流有的直接通过黄土落水洞、裂缝灌入坡体并下渗（图5-75）。斜坡深部黄土、泥岩等岩土体易被软化，强度降低，特别是在黄土-红层接触面形成软塑状软化带，从而降低整体斜坡稳定性，其引发的滑坡一般规模较大。

图5-75　暴雨期间形成的黄土落水洞和裂缝

在陇东黄土高原，特别是黄土塬区，黄土堆积厚度大，大气降水主要通过孔隙面状入渗，最大影响深度一般仅为2 m左右，使其抗剪强度降低，在黄土塬边一带引发浅层黄土滑坡。因此，2021年雨季的大量降水在正宁、宁县等地黄土斜坡区引发了许多浅层黄土滑坡和小型崩塌。

引发滑坡的临界降水量是滑坡气象预警的重要参数，称之为“阈值”。近年来，随着专业和普适性监测预警的实施，引发滑坡等灾害的降水预警阈值问题更加凸显。但问题非常复杂，不但受斜坡地形、岩土类型与组构、植被等的影响，也与降水类型、前期降水量等有关。不同区域降水引发的群发性滑坡发生情况很不一致，降水引发滑坡的阈值仍在探索之中。甘肃20世纪的一些降水引发群发性滑坡的资料统计于表5-5。李鸿琏（1985）研究认为，雨季降水量超出多年同期平均值100～200 mm，连阴雨6～10 d降水量>60 mm，或当日降水量在50 mm以上，就可引发滑坡。实际上，只是降水引发滑坡发生的概率较高而已。

表5-5　甘肃20世纪几次群发性滑坡发生时降水特征统计表

日期	年		雨季		前期6—10日降水量/mm	当日降水量/mm	雨型或降水强度	滑坡情况
	降水量/mm	为年平均值/%	降水量/mm	为年平均值/%				
1965年7月7日	466.5	92	372.2	76	94.8	100.0	暴雨	天水罗玉沟
1978年7月1日	586	115	526.1	122	82.9	120.0	暴雨	天水伯阳铁路中断
1981年8月21日	782	154	625.6	145	360.0	80	连阴雨暴雨	武都、两当
1983年7月28日	952.1	195	445.6	103	77.1	50.8	阴雨暴雨	陇南地区
1984年8月3日						86.9	20 mm/h	武都558处
1984年8月3日						113	17 mm/h	西和220处礼县450处
1984年8月3日	738.7	145	618.4	157	61.7	52.7	阴雨暴雨	天水80处
1990年8月11日	580	100			较高	113	50 mm/h	天水19处

随着气候的变化，近年来甘肃地区极端性降水事件增多，甚至连年发生，由此也引发了严重的群发性滑坡灾害。根据近20年来甘肃东部几次降水引发大范围群发性滑坡的资料统计（表5-6），当年降水量超过多年平均值的50%，或雨季降水量超过当年降水总量的50%时，出现大范围群发性滑坡的概率很高。

表5-6　甘肃近20年群发性滑坡发生年份降水特征统计表

县区	年份/年	降水量/mm	年均降水量/mm	与年均降水量比率/%	最大3个月降水量占比/%
天水市麦积区	2003	816.2	510.9	159.8	53.67
	2013	774.9		151.9	59.7
	2018	746.6		146.3	53.9
	2020	699.0		136.8	69.1
武都区	2018	676.3	464.2	145.7	57.1
	2020	773.4		166.6	64.7
文县	2013	823.6	454.1	181.4	55.0
	2020	726.1		159.9	65.3
舟曲县	2019	776.2	447.0	173.6	47.8
	2020	859.9		192.4	59.7
临夏县	2018	710.8	639.1	111.2	69.7
灵台县	2021	872.7	654.4	133.3	69.3

2.降水控制滑坡时空分布

降水量的空间变化影响滑坡的区域分布。甘肃东部由南而北随着降水量的减小，滑坡的发育程度亦降低，这种规律在陇西黄土地区更为明显。在斜坡组构大体相同的条件下，南部的天水、武山、漳县、康乐、临夏、积石山一带（包括西和、礼县黄土地区），年降水量为500～600 mm，降水引发形成滑坡强烈发育区。马啣山—华家岭以北地区，年降水量减少，滑坡发育程度也较低，过渡为滑坡中等发育区或弱发育区。降水量<400 mm的榆中、靖远、会宁北部等地多为滑坡不发育区。陇东地区年降水量较大，一般大于400 mm，因此滑坡普遍发育。仅在环县北部地区降水量<400 mm，滑坡较为稀疏。可见，甘肃东部滑坡的分布与降水关系较为密切。

降水在时间上的集中性决定了滑坡发生时间的集中性。甘肃东部的雨季一般为7月、8月、9月这3个月，是滑坡、崩塌等地质灾害的高发期和重点预防期（图5-76～图5-77）。

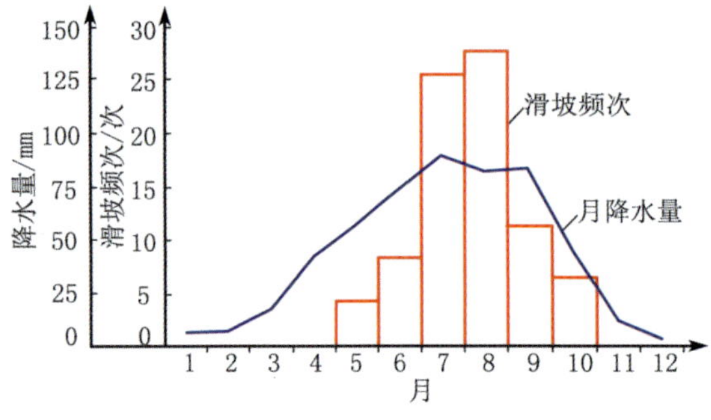

图5-76　天水市月降水量与滑坡频次

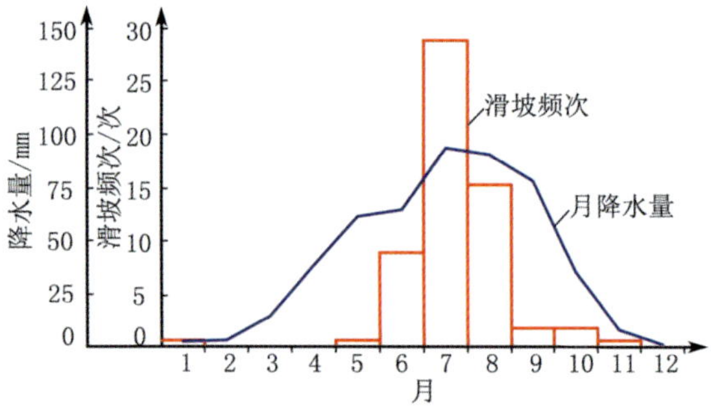

图5-77　陇南市月降水量与滑坡频次

据统计，该时段的滑坡占68%以上。但有的年份灾害性天气过程也有提前或滞后，如1974年4月底庄浪县和静宁县，2014年5月10日岷县出现暴雨过程，2021年10月初河东大部分地区出现的强降水，均引发大量群发性滑坡、泥石流等灾害。

降水滑坡一般发生在降水期间或降水之后的一定时间内。区内的天水锻压机床厂滑坡、伯阳菜子沟滑坡、东乡县红庄滑坡等发生于暴雨期间。舟曲县南峪滑坡，陇南市武都区红土坡滑坡、宕昌县的鲁班阁滑坡、秋林滑坡，天水葡萄园滑坡、柏树滑坡、街子莫家庄和贾沟里滑坡等均滞后于降水而发生（图5-78）。滞后时段为数小时至两个月，差异较大，这与斜坡区具体水文地质条件和降水入渗过程等有关。如陇海铁路宝天段原K1357滑坡，在其钻孔中观测到的地下水高水位时段出现在雨季后的两个多月，于1981年11月29日滞后发生滑动。

图5-78　滞后降水发生的麦积区莫家庄、贾沟里滑坡

综上所述，降水引发的滑坡有以下特点：

（1）滑坡发育密集，集中群发，以小型浅层滑坡为主。

（2）森林覆盖率高的基岩斜坡区可发生大量浅层堆积层滑坡，破坏植被和生态环境。

（3）多形成滑坡-泥石流或滑坡-堰塞湖等链式灾害。

（4）降水除集中引发同发性滑坡外，也形成部分滞后性滑坡。

5.5.2　地下水促发滑坡

地下水发育的斜坡，其稳定性较低，“无水不滑”在某种程度上主要是针对斜坡区地下水发育情况而言。甘肃地区，特别是黄土丘陵区，地形起伏破碎，包气带土体干燥，降水入渗深度有限，地下水比较贫乏，仅在陇西黄土高原南部天水—临夏、礼县一带黄土斜坡区有不均匀脉状分布的地下水，在汇流条件好的低洼缓坡区较丰富。该区广泛发育的黄土接触面滑坡，并不是发育在坡陡的斜坡部位，而是主要发育在低洼缓坡区，这与此类斜坡体内地下水较丰富有关。定西、会宁等北部地区黄土基本不含地下水，斜坡也比较稳定，滑坡不甚发育。陇东等地区，特别是较大的黄土塬区，黄土地下水较丰富，在塬边斜坡中下部呈带状溢出，所以黄土塬边中小型黄土滑坡发育（图5-79）。最有说服力的是黄河沿岸的黑方台、张家台等黄土台塬边的斜坡，自然条件下，地下水不发育，高百米左右，坡度40°～50°的坡体处于稳定状态，很少发生滑坡；但50多年来灌溉水的大量下渗，地下水发育且水位不断上升，使坡体稳定性降低，滑坡频繁发生（图5-80）。陇南、甘南和祁连山的滑坡大多也与地下水活动有关（图5-81）。

图5-79　董志塬边潜水溢出带与滑坡

图5-80　黑方台台缘潜水溢出带与滑坡

地下水的作用主要是对水敏性强的黄土、泥岩等产生软化，降低其抗剪强度，并在后部土体产生向外的侧压力作用于前部滑体，促发滑坡发生。受地形影响，斜坡区地下水的水力梯度较大，渗流速度快，可在粗粒土产生较大的静水压力和动水压力。同时，对黄土、堆积层中细粒土产生机械潜蚀和化学溶蚀作用，破坏斜坡土体结构，降低抗剪强度，产生滑坡。地下水丰富的滑坡滑动时，可在其滑带饱和附近土体中产生超孔隙水压力，降低滑阻力，常发生高速远程滑动，或沿平缓的地面滑动。

另外，季节性冻融作用引起斜坡土体含水率、地下水汽的运移变化，影响浅表层土体斜坡稳定性。在祁连山、甘南高原和黄土高原部分含水率较高的斜坡地段，可大量引发一般概念上的浅层冻融流滑型滑坡，有的随季节往复式长期缓慢滑动（图5-82）。20世纪80—90年代，G309线会宁岗平三岔桥两岸坡体在春季解冻期经常发生滑移破坏。季节性冻融作用也可影响和改变斜坡区深部地下水的排泄状态与赋存范围，产生“季节性冻结滞水促滑效应”，扩大斜坡区地下水的作用范围，加强地下水对斜坡的不利作用，可引发深层滑坡发生。1983年3月7日和1986年3月26日洒勒山滑坡的两次深层大滑动，巴峰山顶裂缝在冻融期发展较快，黑方台滑坡在冻融期也是高发期，均与季节性冻融作用有关，其机理将在第10章专门研究探讨。

图5-81　隆昌河右岸滑坡体中的地下水

图5-82　甘南高原西倾山冻融滑坡

5.5.3 河流侵蚀引发滑坡

河流侵蚀（侧蚀和下切）塑造了山谷地貌，是斜坡形成的主导外动力，也是滑坡发生的主要影响因素。山区河流的河床比降大，流速快，洪水涨落变化大，水力作用对山体坡脚和滑坡体前缘的侵蚀强烈，易引发滑坡发生。一般在河流侵蚀强烈的一岸或凹岸部位，滑坡比较发育，且易发生复活滑动（图5-83～图5-88）。河谷两侧滑坡分布的不对称性，就与地质历史时期的河流侧蚀作用的差异性有关。

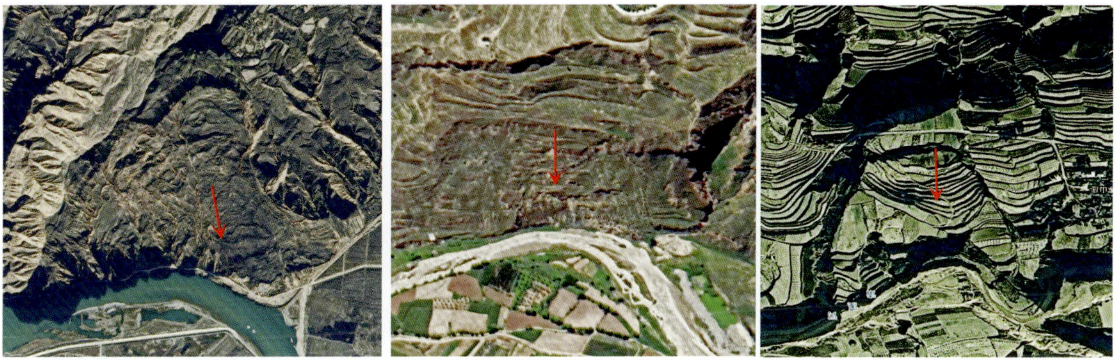

图5-83 河流凹岸侵蚀引发滑坡群

图5-84 湟水河右岸滑坡群

图5-85 文县白水江侵蚀南岸尚德老滑坡

图5-86 祁连山隆畅河侵蚀右岸老滑坡

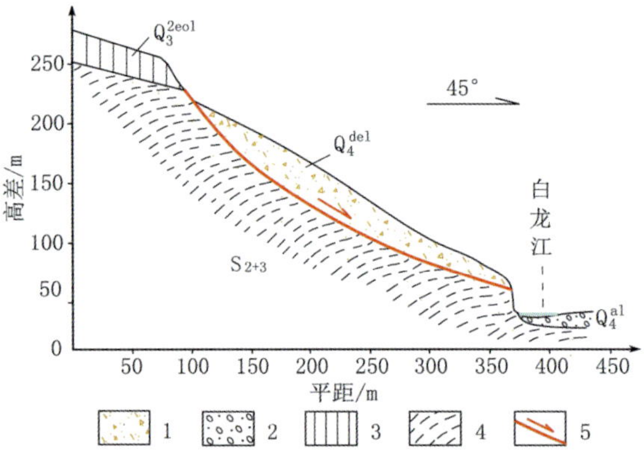

1—滑坡堆积；2—卵石；3—马兰黄土；
4—千枚岩；5—滑动面。

图5-87　武都白龙江南岸固水子滑坡剖面图

图5-88　河水侵蚀使老滑坡复活

图5-89　老滑坡体因侵蚀而部分复活

另外，大型滑坡体上发育的冲沟虽多为季节性洪水沟道，但由于沟道狭窄，比降大，沟谷的集中水流对松散破碎滑体的侵蚀作用极为强烈，可引发滑坡的部分复活滑动（图5-89）。

大气降水、地表水、地下水对滑坡的引发作用可归纳为：①软化斜坡岩土体，降低强度并使土体产生向外的侧压力；②产生静水、动水压力，降低有效应力；③潜蚀和溶蚀斜坡岩土体，破坏土体结构；④增大岩土体自重，增加下滑力；⑤侵蚀冲刷坡脚，改变斜坡形状，使其变高变陡，降低抗滑力。

5.6　人为活动对滑坡的引发作用

随着生产力的不断发展，人类对大自然的作用能力迅速增强，人为活动已成为不可忽视的地质营力加入到地球表面演化的行列。在山区的工程-经济活动中，也不可避免地引发了一些滑坡灾害，且随着工程规模加大，这种现象有进一步恶化的趋势。

5.6.1　坡脚开挖、坡顶加载

甘肃省多为山区，区内的城建、铁路、公路、工矿、水电以及农业基本建设等活动，大多涉及削坡挖方、填方加载问题，而且规模越来越大。挖填作用主要改变了斜坡坡度、高度和形状等几何形态、应力状态与分布，影响斜坡的稳定性。不合理坡脚过度开挖坡脚，降低滑坡的抗滑力，大规模坡顶填方加载，增加滑坡的下滑力，对斜坡的稳定性影响甚为明显，特别是坡脚开挖，经常引发边坡失稳或早期滑坡复活滑动，破坏、威胁建设工程，影响工期，甚至造成严重的经济损失和人员伤亡，这种事例屡见不鲜。

在兰州市、天水市多年来的城建活动中，因开挖坡脚引发了多处滑坡灾害。如1987年9月，兰州东岗大雁湾因坡脚不合理人工取土造成滑坡，使2人丧生。工程建设过度开挖坡脚是1990年8月天水锻压机床厂滑坡、2020年8月秦州区北山某安置小区滑坡的形成原因之一。近30年来，随着城市规模的迅速扩大，大量工程建设向南北山区和沟道延伸，由此引发的滑坡灾害和隐患也更加严重（图5-90）。为了拓展兰州市的城市发展空间，20世纪90年代在罗锅沟大规模进行挖山填沟，建设九州开发区。2010年以来，在黄河北低丘缓坡未利用荒坡地区开展了更大规模的平山造地工程，均在场地周边形成了大量高陡的挖、填方边坡，引发了很多滑坡灾害（图5-91）。如兰州九州主食厨房场地周边发育7处不稳定斜坡，以土质斜坡为主，部分坡脚出露古近系砂岩（表5-7、图5-92），呈马蹄形分布于建设场地的东北、西北和西南侧，稳定性差，部分上部黄土已出现变形和滑塌，严重威胁主食厨房安全。

图5-90　兰州市厨余垃圾处理厂边坡

图5-91　兰州市安宁区平山造地引发的滑坡群

表5-7　兰州九州主食厨房不稳定斜坡基本特征一览表

编号	位　置	岩 性	长度/m	坡高/m	坡度/°	变形破坏情况
X_1	场地西南部	马兰黄土	415	40	30～50	发育4处小型浅层滑塌体
X_2	场地西部	马兰、离石黄土，黄土状粉质黏土	250	130	30～55	坡体局部地段发育长5 m，宽15 cm左右的裂缝，发育1处滑塌体
X_3	场地西北部	马兰、离石黄土，黄土状粉质黏土	120	60～80	20～55	坡体呈凸形，陡峻，局部已崩塌、滑落
X_4	场地北部	马兰黄土、黄土状粉质黏土	190	90～100	25～55	发育小型崩塌和滑坡各1处，坡面冲沟发育、切割较深
X_5	场地东北部	马兰、离石黄土，黄土状粉质黏土	510	100～120	25～55	采砂洞顶部有坍塌现象，坡体局部地段发育长5～10 m，宽10～20 cm的裂缝
X_6	场地东部	马兰、离石黄土，黄土状粉质黏土	280	30～60	45	发育1处小型坍塌体，北侧坡体陡，有溜土现象
X_7	场地南部	素填土	150	20～35	30	坡体中下部有挤压变形裂缝和向坡外凸出现象

平凉市区南部的平凉监狱东西两侧均为30 m左右高的黄土斜坡，建设时坡脚进行了开挖，形成稳定性差的陡坡，曾发生较大规模错落型黄土滑坡，威胁监狱安全。

庆城、华池、灵台、华亭、张家川、东乡、礼县、宕昌、庄浪等县城建设中的开挖、加载也曾引发和加剧滑坡灾害。如2008年礼县县城东大门城市道路升级拓宽时，对北侧烂山大型老滑坡前缘进行了大量开挖，于2009年雨季发生大规模复活滑动。由于工程建设需要，之后对老滑坡坡脚又进行了开挖，同时，也进行了部分削坡减载、挡土墙等工程治理，但限于投资等原因，治理不彻底，目前还处于不断缓慢变形状态，挡土墙倾倒，坡体开裂，险情依然存在（图5-93）。

图5-92　兰州市九州主食厨房周围边坡

图5-93　开挖引发礼县县城烂山滑坡复活

垃圾填埋场是城镇的重要基础环保设施，近年来建设数量较多。甘肃东部地区主要为沟谷型垃圾填埋场，合水、庄浪、临夏、天水秦州区等垃圾填埋场库区整理过程中，均引发滑坡或老滑坡复活，严重影响工程建设和工期，以及后期安全运行（图5-94～图5-95）。

图5-94　合水县垃圾填埋场滑坡

图5-95　临夏县垃圾填埋场滑坡

陇南成州机场、天水中梁机场分别建在红土丘陵和黄土丘陵区，挖方、填方边坡一般高达数十米，部分达100余m，填方基底发育老滑坡或软弱易滑地层，存在严重的边坡变形和滑坡灾害风险，投巨资进行加固和治理。

铁路、公路建设中也出现了大量新滑坡和早期滑坡复活，如陇海线葡萄园滑坡，铁路修建时前缘挖方，破坏了自然平衡，造成了一系列以路基为剪出口的大规模局部复活；宝成铁路西坡古滑坡也因前缘开挖复活，以致长期影响铁路运营，不得不加以改线避绕，耗资巨大。近年来山区公路建设中滑坡灾害也很常见，人工挖填对滑坡的促发性更明显。如1990年8月20日G109线海石湾段一边坡发生整体下滑，致使连海铁路等中断运营，造成经济损失数千万元。G316线天水稍子坡滑坡群、临大公路和兰海、兰临、十天、宝天等高速公路的边坡失稳滑动多由大规模人工开挖和加载引起（图5-96）。

图5-96　公路路基填方加载引发的滑坡

兰州—临洮高速公路K14+460～K16+250段从兰州西果园沟西岸半山腰处挖方填沟通过，挖方段有4段，总长1 270 m。在公路西侧形成人工高边坡，高度达60～80 m，原设计为7～10级台阶状边坡，每级边坡高度为8 m，除上、下两级外，其余坡比均为1∶0.75，每级之间设有2 m宽的碎落卸荷平台。2003年修建时，当大部分路基已挖至或接近设计高度时，在路堑开挖过程中该路段已发生较大规模红层软岩滑坡6次，其中K15+000～480段发生3次，第一次发生于2003年5月底，沿线路方向滑坡宽约70 m；第二次发生于2003年7月22日；第三次发生于2003年8月29日。由于滑坡的长期影响，路堑很难挖至设计高程。该段公路高边坡变形破坏、滑坡频繁发生的内在因素是：①表层岩体风化强烈、结构破碎；②岩层产状倾向坡外；③岩性软弱，抗风化能力差，遇水软化。其直接促发原因是：人工大规模挖方，使强风化的白垩系砂砾岩出露于地表，由松散破碎、强风化的泥岩组成的高陡边坡稳定性很差，由于开挖坡体松动和重力的长期作用，加之雨季降水的入渗软化、加载作用和施工振动，产生变形破坏，最终失稳滑动，滑面主要受控于砂砾岩强风化层的界面和层理。运营期间也曾发生滑动，影响交通安全（图5-97）。

图5-97　兰临高速K14+460～K16+250段路堑开挖引发的多次滑坡

2017年以来，康乐县沿太子山北麓山前修建旅游观光道路，道路等级为三级，穿行于山前近南北向展布的山梁沟谷区，地形起伏，高差在200 m左右，地层主要为新近系临夏组砂质泥岩，表部覆盖第四系马兰黄土或坡残积物，区内高寒阴湿、降水量大，土体含水率高，浅层地下水较丰富，地质环境条件差。该公路路基大部分为半挖半填方式，挖填深度一般为5 m左右，局部＞10 m。在35 km长的道路施工中，频繁发生大小滑坡50余处，严重破坏路基、挡土墙。如位于低洼缓坡地带的某段填方路基段，坡残积物中地下水较为丰富，设计填方高度4～7 m，填方施工未达到设计高度，长50～60 m的填方路基就向下部发生滑动，且多次填方、多次滑动，以致填土滑动至坡下200 m处（图5-98）。

图5-98　康乐县太子山旅游公路填土滑坡

5.6.2　农业灌溉

甘肃大部分地区干旱少雨，水资源贫乏，多年来兴修了大量的水利提灌工程，保证了农业生产。但黄土地区的长期灌溉使水沿裂缝和落水洞等大量渗入深部，软化了斜坡岩土体，造成黄土斜坡的抗滑力减弱，引发了大量的滑坡灾害，造成了严重的经济损失和人员伤亡。1979年11月发生的兰州金沟乡常湾滑坡，1989年11月发生的兰州青白石大浪沟滑坡等均由灌溉水入渗软化土体引起。临夏北塬、会宁白草塬、靖远沿黄台塬等灌区，均有类似的斜坡条件，应以此为鉴。最为典型的是永靖县盐锅峡黑方台黄土台塬灌区的滑坡群，将在第8章专门进行研究。

调查发现，除灌溉可引起地势较高的黄土台塬边滑坡外，地势较低的黄土沟谷、河流阶地区的灌溉、蓄水坑中水体的渗漏也可引起黄土斜坡开裂变形和滑坡。皋兰县水阜一带为低缓的黄土梁峁沟壑区，广泛分布有厚20～30 m的马兰黄土，属强自重湿陷性黄土。黄土山坡的坡度一般为10°～20°，高度60～150 m。自然条件下，因降水稀少，黄土山体呈浑圆状，很少发生滑坡。但在黄土沟台地区引水灌溉后，使两侧黄土斜坡坡脚处的黄土产生自重湿陷下沉，导致后部黄土坡体失去支撑而变形开裂（图5-99）。裂缝一般宽0.3～0.5 m，下错0.5～1.2 m，位移特点是以下错为主，总体延伸方向与沟道方向平行，一般长度为100～300 m，在多个黄土山坡均有分布。若进一步发展和解体，将发生滑坡。

山区绿化灌溉工程中的管道渗漏，灌溉水沿落水洞、裂缝的集中入渗也可引发滑坡灾害（图5-100）。

湟水河南岸Ⅲ级阶地后缘黄土山坡上发生的翠泉砖厂滑坡（图5-101～图5-102），滑坡后缘主裂缝宽度多在30～40 cm，一般垂直下错70～110 cm，最大150 cm，可见深度3～4 m，裂缝倾角70°左右，总长约200 m，贯通性好。使2003年架设其上的高压线铁塔倾斜，被迫改线。对从坡脚处通过的涩宁兰输气管线造成很大威胁。

砖厂蓄水池及输气管线北侧的农灌渠对该滑坡的形成具有重要影响。蓄水池开挖在Ⅲ级阶地后部具有自重湿陷性的黄土状粉土中，无衬砌，距坡脚5～10 m。蓄水池水体长期

图5-99　坡脚一带灌溉引发的山体开裂

图5-100　灌溉管道漏水引发的滑坡

下渗，土层含水率增大，产生自重湿陷，导致坡脚下部的土体发生沉陷，土体软化、强度降低，使上部斜坡的支撑力减小，改变并调整坡体应力，发生下错和侧向滑移变形，坡顶出现拉张裂缝，引发滑坡发生。砖厂原蓄水池位于斜坡东段坡脚处，东段坡体首先出现裂缝并发生小规模滑坡；2004年在中段斜坡脚下新修更大面积的蓄水池后，坡体中、西部也相应出现裂缝并贯通，滑坡范围进一步扩大。可见，滑坡的形成与砖厂蓄水池渗漏有很大关系。

图5-101　翠泉砖厂坡脚蓄水渗漏引发的滑坡

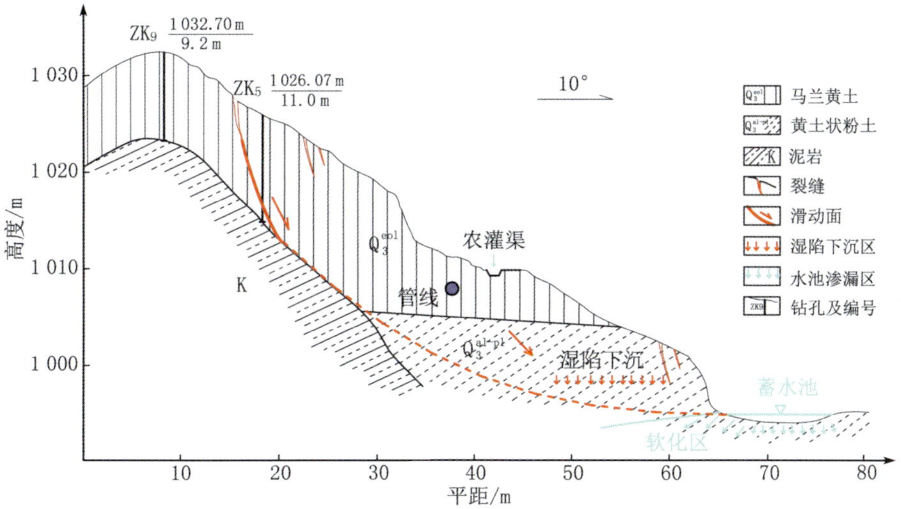

图5-102　翠泉砖厂坡脚蓄水渗漏引发的滑坡剖面图

为了改善和美化生态环境，提高植被覆盖率，40多年来兰州市在南北两山开展了大规模的植树造林绿化山坡工程，使过去兰州荒山秃岭的面貌得到了很大改变。但绿化灌溉中有大量的水体渗入斜坡内，增加了坡体的含水率，降低了土体的强度，引发了多处崩塌、滑坡灾害。近几年来九州石峡口、皋兰山北麓和黄河北徐家湾—白塔山公园、忠和镇一带发生的多起滑坡灾害与该地区山坡绿化灌溉有很大关系。根据黑方台黄土台灌区的经验，灌溉引发滑坡的作用有较长的滞后期，最初不易发现和引起注意，今后黄土地区的生态环境建设中对此类问题应给予高度重视。

陇南山区石多土少，地形陡峭，许多山坡地和居民点分布在土层较厚、地形较缓的老滑坡体上，小规模的农业灌溉也易引发老滑坡体的复活滑动，造成灾害，如江顶崖滑坡。

另外，陇东黄土塬区的合水、正宁县城和西峰区的城市污水、雨水大多就近排入附近的黄土沟道中，水流长期侵蚀和软化黄土斜坡坡脚土体，引发严重的滑坡灾害。如庆阳市西峰区城市污水沿北畔沟排放，在沟道两岸1 km范围连续引发了10余处中小型黄土滑坡，形成滑坡群（图5-103）。

图5-103　庆阳市西峰区污水排放引发的北畔滑坡群

5.6.3　矿山开采

阿干镇、窑街、华亭、靖远煤矿等矿区，由于长期地下采煤，采空区不断扩大，改变了坡体的应力状态，山体多处开裂、变形，引发了大量滑坡，造成重大经济损失（图5-104～图5-105）。随着开采时间的推移和开采强度的增加，煤矿区的斜坡变形和滑坡灾害问题日趋严重。

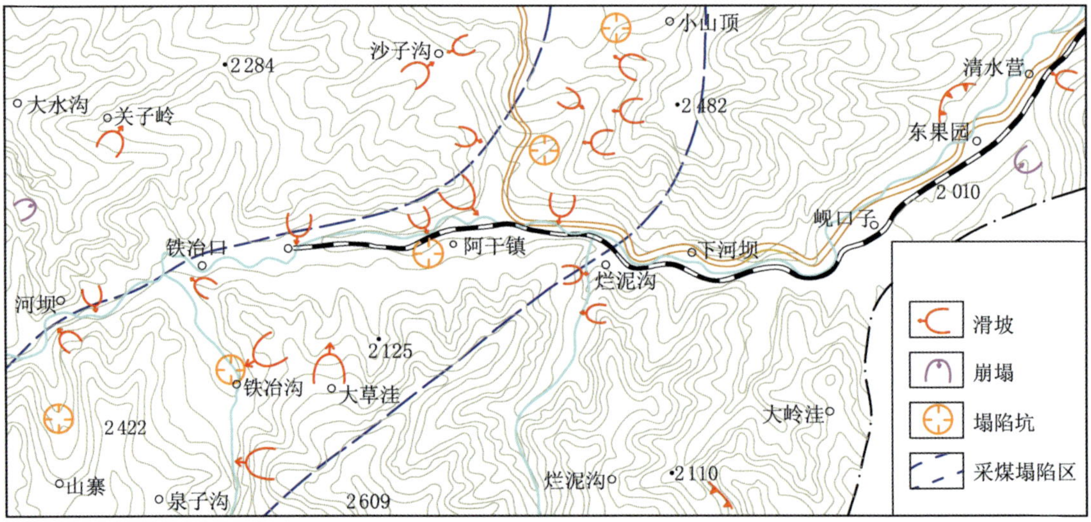

图5-104　阿干镇矿区滑坡分布简图(据甘肃省地质环境监测院修编)

另外，在一些露天矿开采过程中也出现边坡变形和滑坡灾害，如1985年7月28日厂坝铅锌矿边坡失稳，造成严重损失。河西北山地区自然滑坡基本不发育，但该地区许多露天矿山开采引发了较严重的滑坡灾害，如金川公司露天矿的矿帮也曾发生严重的变形和多起滑坡灾害，威胁矿山生产（图5-106）。

图5-105　窑街煤矿采煤引发的滑坡

图5-106　金川露天矿矿帮滑坡

一些砂石料建材开采区，如兰州西果园李家庄采砂场（图5-107），兰州大红沟砖厂，天水左家场、石咀等砖瓦厂，张家川县龙山镇砖厂等因在斜坡下过度取土或掏空坡脚，引发滑坡或斜坡开裂变形，造成了一定的危害和威胁（图5-108）。兰州市红古区享堂峡、城关区桑园子峡，秦安、静宁等地，因大量开采石料，引发山体崩塌和滑坡，造成严重人员伤亡和经济损失。

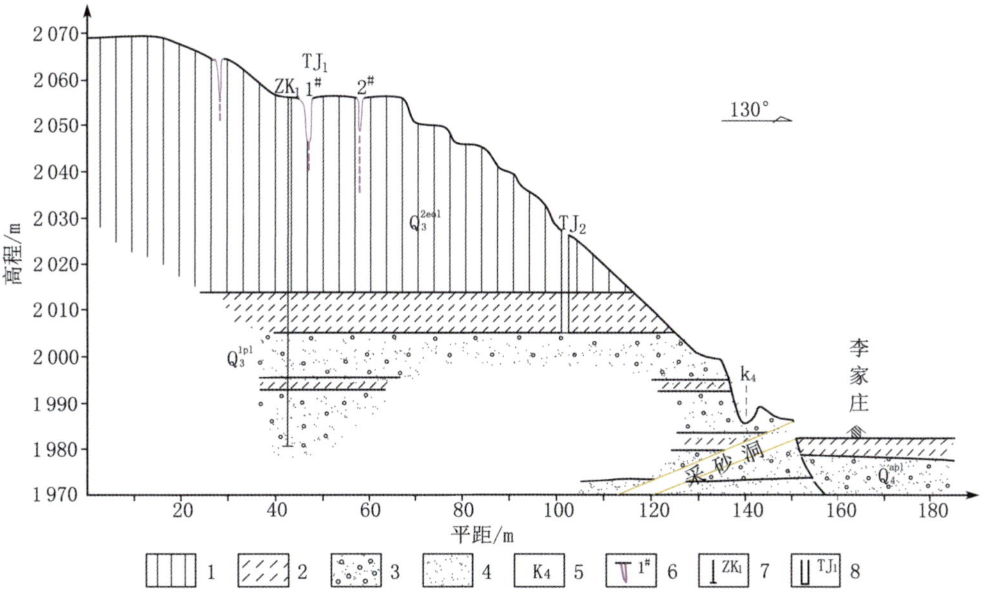

1—马兰黄土；2—黄土状粉土；3—卵石层；4—砂砾；5—陷坑编号；
6—裂缝及编号；7—钻孔及编号；8—探井及编号。

图5-107　兰州西果园李家庄采砂引发的滑坡剖面图（据甘肃省地质环境监测院）

图5-108　砖厂取土引发的滑坡

5.6.4　工程爆破

与地震引发滑坡类似，斜坡区大规模工程爆破的振动作用也可降低斜坡的稳定性，引发斜坡开裂和滑坡，矿区、山区土建工程中的爆破曾引发较多滑坡灾害（图5-109）。G310线天水—宝鸡段某花岗岩边坡中发育一组贯通性良好、倾向坡外30°的不利结构面，其上富含鳞片状矿物，厚5～20 cm。开挖路堑时的爆破振动引起滑坡，被迫改移了线路。

图5-109　夏河县扎油乡仁尕玛采石场爆破引发滑坡

据徐峻龄等资料，兰州市西固区八浪沟滑坡是一处由人为爆破引起的典型滑坡。其位于庄浪河右岸支沟的八浪沟左岸，为高不足百米的近南北向山梁，当地称古城坪，山梁上部披覆马兰黄土，下伏白垩系紫红色泥岩、砂岩，夹两层绿色薄层砂岩，产状310°∠24°。岩层中有两组高角度共轭X节理。山梁西侧长1 720 m的沟谷即八浪沟。

1975年为“搬山造田”，在山梁西侧进行大爆破，将山梁的土石填入八浪沟中。8月20日之前已进行了两次大爆破，第1次用药量5.83 t，设计爆破10 000余m^3；第2次用药量5.85 t，设计爆破16 800 m^3。8月20日进行第3次爆破，用药量10 t，设计爆破32 000 m^3。

当日上午10时半左右定向爆破成功，10多min后，前去检查爆破效果。据一位技术人员介绍，他首先看到地面上有蓝光，万里无云的蓝天，紧接着又看到山坡上闪现波状光芒，甚感异常，以为是地震，大喊“地震，快跑!”此时觉得头晕、恶心，同时听到山洪暴发般的巨响，山体开始滑动。在逃离过程中，他的腿曾两次被土石夹住。有几个人同时看到在斜坡下缘曾爆出两股气浪，将很大的石块抛了数米高。另一位技术人员侥幸站在一大块土石上被抬高30余m，竟看到了东边不远处被山梁遮挡而原来看不到的兰新铁路。当时他清醒地意识到是滑坡，但由于受到强烈刺激和惊吓，没走到沟口就瘫倒了。

该滑坡南北长近500 m，东西宽近200 m，顺岩层倾斜方向向南西方向滑动，为白垩系泥岩顺层滑坡。在山梁北端形成一条上口宽70余m，深60余m的V形拉裂槽横切整个山梁，在山梁北端东坡中下部的泥岩层面上可见宽约10 m的滑动面，滑动面上擦痕光亮清晰。

自然条件下，永登地区很少发生如此规模的滑坡，这是一处非常典型的由爆破引发的滑坡事例。黄土下伏的白垩系红层以单斜状倾向八浪沟，软弱泥岩层面易于形成滑面，是产生滑坡的基本地质条件。前两次爆破不仅严重松动了岩体，对岩体结构产生了极大破坏，而且很可能已造成了上覆岩体沿层面的少量滑动或蠕动，已到达临界平衡状态，第三次大爆破终于加速了破坏，最终酿成大规模滑坡和剧烈滑动。

此外，白龙江左岸一级支流的拱坝河中游，由于过度采伐森林，使岩土裸露，大多古、老滑坡复活，形成以大年为中心的滑坡发育区。刘家峡、九甸峡、碧口库区因水库蓄水也发生了一些库岸滑坡。由此可见，人类活动已是区内不可忽视的一种滑坡引发因素，使滑坡灾害的发育范围、活动强度和危害性不断增大。

由上述讨论可知，区内滑坡是在多种因素的综合作用下发生发展的，其中地形地貌、地层岩性、地质构造是滑坡发育的重要地质基础，地震和降水是主要引发因素，近年来人类工程活动对滑坡的引发作用也不断增强。在黄土高原、西汉水、白龙江干流及白水江、岷江等各大支流地区，这些不利因素的组合与叠加，对斜坡稳定性十分不利，滑坡最为密集发育。

5.7 区域滑坡易发性评价

区域滑坡易发性评价是区域地质灾害、环境地质调查评价的重要工作，是对研究区、调查区斜坡稳定性、滑坡发育情况和未来发生滑坡可能性的综合性判定和认识，有助于区域滑坡灾害防治和国土空间规划。在查明区域滑坡发育发布程度、斜坡形态特征、地质结构、地下水和降水、地震等影响因素（孕灾条件）的基础上，确定影响斜坡稳定性、滑坡发育的主要内在地质因素和外部影响因素，建立评价指标体系和分级标准，将调查区划分为一定面积的评价单元，并统计获取诸个单元各项评价指标，采用工程地质比拟法、统计分析法和模糊数学等方法，分区进行定性、定量综合评价。近年来，在全国开展的以县域为单位的地质灾害调查与区划、地质灾害详查和风险评价等工作，其核心工作之一就是区域滑坡易发性的分区评价。根据甘肃滑坡研究程度和资料情况，本书仅对甘肃东部滑坡易发性进行评价，以探讨大面积区域性滑坡易发性评价的方法。

5.7.1 区域滑坡易发性分级

由于不同区域的地形地貌、地层岩性、地质构造、斜坡地质结构以及地震、降水等不同，滑坡发育情况、斜坡稳定性差异较大，不可能形成统一定量的分级标准，只是一个滑坡易发性的相对程度的概念分级。根据评价区滑坡发育实际和资料情况，滑坡易发性分级的级数要适度，分级太多，各级之间的程度和差异有时难以界定，具体工作中也难以掌握，评价效果不一定与实际相符，且工作量大；分级太少，难以体现其差异性，也降低了评价精度。根据甘肃区域滑坡发育状况和斜坡稳定情况，一般分为4个等级，即高易发区、中易发区、低易发区和不易发区，各易发区斜坡、滑坡发育基本特征见表5-8。

表5-8　各易发区斜坡、滑坡发育基本特征

分级	特征
高易发区	斜坡高陡、岩体结构破碎，地下水发育，易滑地层分布广泛，地震、降水、河流侵蚀、人为活动等引发因素强烈，个别因素很强烈，变形体较多，滑坡密集发育，且规模大
中易发区	斜坡较高陡、岩体结构较破碎，地下水较发育，易滑地层局部分布，地震、降水、河流侵蚀、人为活动等引发因素较强烈，已发育大量滑坡现象，且规模较大
低易发区	斜坡较低缓、岩体结构较完整，地下水不甚发育，地震、降水、河流侵蚀、人为活动等引发因素较弱，有少量滑坡现象，规模较小
不易发区	斜坡较低缓、岩体结构较完整，地下水不发育，地震、降水、河流侵蚀、人为活动等引发因素微弱，有零星滑坡现象，且规模小

5.7.2　区域滑坡易发性评价的动态聚类法

目前，用于区域斜坡稳定性、滑坡易发性评价的方法很多。模糊是自然界普遍存在的一种现象，模糊性是客观事物本身具有的一种属性。区域滑坡易发性、斜坡稳定性、滑坡易发性分级与评价实际上也都是一个模糊概念。影响斜坡稳定、滑坡发育的因素很多，而且相互关联，共同影响，目前无法给出某种因素确定性的影响程度和某一区域斜坡稳定性、滑坡易发性的等级。因此，近年来开展的以县域为单位的地质灾害调查与区划、地质灾害详查和风险评价工作都采用综合指数法、信息量法等模糊数学评价方法评价区域斜坡稳定性和滑坡易发性。这里，采用动态模糊聚类分析法对甘肃东部地区滑坡易发性进行分区分级评价的探讨。

模糊聚类分析是一种较为广泛应用的数学分类方法，其数学基础是数理统计的多元分析方法。模糊聚类分析是依据客观事物间的特征、亲疏程度和相似性，通过建立模糊相似关系对客观事物进行分类的数学方法，用该方法处理带有模糊性的聚类问题较为客观、灵活、直观、简捷。模糊聚类分析方法大致分为两大类：一类是等价矩阵动态聚类分析法；另一类是模糊ISODATA（迭代自组织数据分析方法）聚类分析法。

在模糊聚类分析中，将要进行分析的对象称为样本。影响样本的各个因素称为特性指标。动态聚类分析法的基本思想是：开始按一定方法选取一批凝聚点，使样本向最近的凝聚点凝聚成类，初始分类结果不一定合理，再按最近距离原则对其进行修改，直到分类结果比较合理为止，于是，得到一个最终分类结果（图5-110）。

1.分类函数的确定

假设样本X_1，X_2，…，X_n的初始分类为K类：A_1，A_2，…，A_K，其重心分别为x_1，x_2，…，x_K，每类样本记作n_1，n_2，…，n_K。

用$l(i)$表示X_i所属的类的标号。采用距离法计算两个样本点之间的距离，距离越近表示两个样本越具相似性。X_i与A_j类的距离用d_{ij}表示，则：

$$d_{ij}^2=\left(X_i-x_j\right)\cdot\left(X_i-x_j\right) \qquad (5\text{-}1)$$

定义分类函数为：

$$F(A_1,\ A_2,\ \cdots,\ A_K)=\sum_{i=1}^{n}d_{i,\ l(i)}^2 \qquad (5\text{-}2)$$

在计算中，应用批修改法反复迭代，使F值逐渐变小，直到最终一次F_{j+1}前次F_j之差为零或很小时为止，一般使$\left|F_{j+1}-F_j\right|<0.001$。

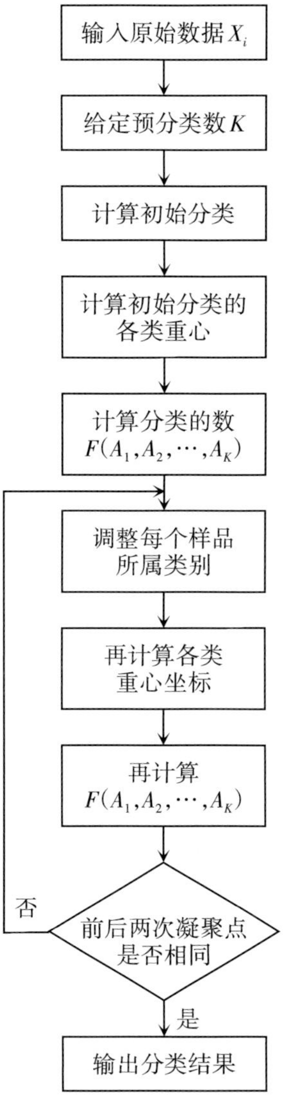

图5-110　动态模糊聚类法程序框图

2. 计算步骤

第1步：原始数据正规化。

为了消除特性指标单位的差别和特性指标量级不同的影响，必须对各指标值进行数据正规化处理，使每一指标值统一于某种共同的数值特性范围内。这里采用数据正规化方法进行指标值正规化。

设有n个单元，每个单元有m个指标，其原数据为$X_{ij}(i=1,\ 2,\ \cdots,\ m;\ j=1,\ 2,\ \cdots,\ n)$，其标准化后的数据为：

$$y_{ij}=\frac{\mathrm{X}_{ij}-x_{ij}}{s} \qquad (5\text{-}3)$$

式中：$x_{ij}=\frac{1}{m}\sum_{i=1}^{m}\mathrm{X}_{ij}$；$s^2=\frac{1}{m-1}\sum_{i=1}^{m}\left(\mathrm{X}_{ij}-x_{ij}\right)^2$。

显然，变换后的每个指标值的平均值为零，方差为1。

第2步：选取预分类数K，计算凝聚点，对单元进行初始分类。

凝聚点是一批被视为待形成类型的中心代表点。凝聚点的选取方法，是根据区内的斜坡影响因素，给出预分类数$K(=4)$。计算每一类的重心，把这些重心作为凝聚点。预分类数K给定后，按以下公式计算初始分类值。

$$P(i)=\sum_{j=1}^{n}y_{ij} \qquad (5\text{-}4)$$

$M=\max\limits_{1\leqslant i\leqslant n}P(i)$；$N=\min\limits_{1\leqslant i\leqslant n}P(i)$。

那么，对每一个样本X_i计算：

$$\frac{(K-1)\left[P(i)-N\right]}{(M-N)}+1 \qquad (5\text{-}5)$$

假定对式（5-5）值取整数，其值为R，则将样本X_i归入第R类（$1\leqslant R\leqslant K$）。

第3步：计算每一类的重心，并把该重心作为新的凝聚点，然后计算每一个样本至新凝聚点的距离，并将它划入最近的凝聚点所属的类别中，如果某一次计算的重心与原来的凝聚点完全相同，则迭代过程终止，否则重复第3步。

每重复第3步1次，都将使分类函数缩小，当前后两次的重心完全相同时，计算过程收敛，此时分类函数为定值。在计算过程中，选择两次分类函数的绝对值之差≤0.001时，满足精度要求，终止计算过程，并输出最终分类结果。

5.7.3　区域滑坡易发性评价

1.评价单元划分

本次区域滑坡易发性评价的单元划分，其方法与第4章中的滑坡发育程度评价相同，将所评价的区域划分为10 km×10 km的网格单元，并考虑每个单元内各种地质环境条件（孕灾条件）的变化。

2.评价因素指标量化

在分析滑坡和斜坡变形破坏影响因素的基础上，确定斜坡的坡高、坡度、岩土组构、降水量、地质构造（地震、活动断裂）及变形破坏程度6个因素为区域滑坡易发性评价的主要因素。

在6个评价因素中，坡高、坡度、变形破坏程度、降水量及地质构造（地震）5个因素可根据实际资料直接将其用数量指标表示。斜坡岩土组构，目前较难直接取得量化指标，因此，根据组成斜坡的岩土物理力学性质、斜坡体的地质结构特征和类型，按专家打分的方法，对其影响程度进行量化，综合列于表5-9。

表5-9　甘肃东部滑坡孕灾因素量化指标表

因素	量化方法				
坡高	用单元内斜坡坡高特征值表示，1:5万地形图数据提取				
坡度	用单元内斜坡坡度特征值表示，1:5万地形图数据提取				
岩土组构	极易变形	易变形	中等变形	不易变形	极不易变形
	5	4	3	2	1
降水量	用年降水量等值线图像差分求取				
地质构造	用地震动峰值加速度区划图获取，并考虑断裂影响				
变形破坏程度	用单元内已发生滑坡的数量表示				

甘肃东部地域辽阔，滑坡孕灾条件差异很大。影响斜坡稳定的因素在不同的地区变化较大，作用程度有主次之分。因此，在统一评价方法和标准的前提下，将甘肃东部分为陇东区、陇西区、陇南区和甘南区4大片区评价研究。在综合分析对比实际资料的基础上，对各区斜坡稳定性的影响因素分别给出了权值（表5-10）。陇东地区黄土塬边斜坡主要为第四系黄土、河谷区主要为第四系黄土和中、新生界近水平互层状泥岩砂岩组成，岩土结构较为单一，其地质构造简单、地震活动性弱，因此，陇东地区斜坡稳定性影响因素中岩

土组构和地震的权值较低，而坡度的权值相对较高。陇南市易滑地层、地质构造对滑坡的影响和控制作用明显，其权值也相对较高。这样按各分区的实际情况对影响因素权值分别取值更加符合实际。

表5-10　甘肃东部滑坡各影响因素权值分配表

因素	坡高	坡度	岩土组构	变形破坏程度	降水量	地质构造	合计
陇东	0.15	0.20	0.15	0.30	0.15	0.05	1.00
陇西	0.10	0.10	0.20	0.25	0.15	0.20	1.00
陇南	0.10	0.10	0.22	0.20	0.15	0.23	1.00
甘南	0.10	0.15	0.20	0. 25	0.15	0.15	1.00

3.评价结果

根据上述方法对每个单元的因素进行统计量化，并以此为原始资料，分区输入计算机进行动态聚类计算。按照计算结果，结合区内相近、区际相异的原则，对每一单元的滑坡易发性进行统计归类，最终评价结果如图5-111及表5-11。

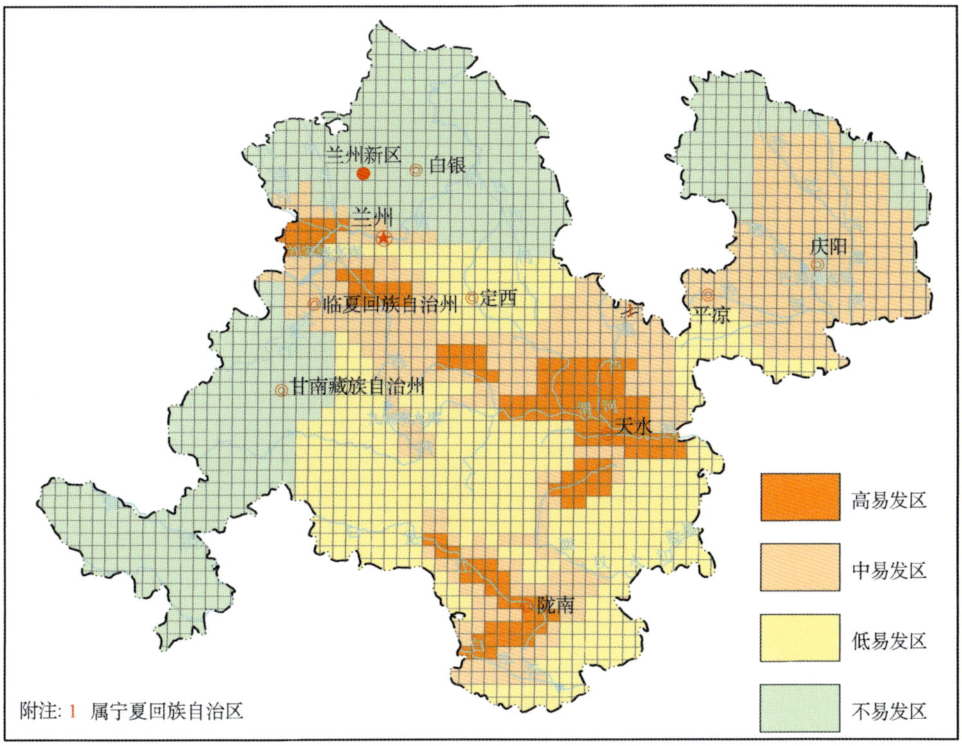

图5-111　甘肃东部滑坡易发性分区图

评价结果与甘肃东部滑坡发育特征调查及系统遥感解译资料吻合较好，历史上滑坡发育的天水、陇南等地区仍是当前斜坡稳定性差的滑坡易发地区，也与近年来区内滑坡发生的区域分布情况基本一致。

表5-11 甘肃东部滑坡易发性评价统计表

稳定性分区	面积/km²	比例/%	主要分布地区
高易发区	12 360	6.74	天水、秦安、东乡、永靖、渭源、武都、文县、礼县、舟曲
中易发区	48 120	22.80	岷县、通渭、临夏、平凉、静宁、灵台、庄浪、西峰、镇原
低易发区	59 780	32.60	定西、卓尼、临潭、成县、徽县、庆城
不易发区	69 440	37.86	永登、白银、靖远、会宁、环县、子午岭、甘南高原西部

随着地质灾害调查评价工作的深入、调查精度的提高、资料的丰富和数字化，以及评价参数取值方法、分析计算系统的进步和人工智能的应用，区域性地质灾害易发性、危险性和风险评价方法将更加完善，精度进一步提高。

第6章　易滑地层的工程地质特征

地层岩性是滑坡发生、发育的重要内因和物质基础，滑坡的形成过程主要是斜坡体沿其中的软弱易滑地层的变形破坏过程，软弱易滑地层相对于整个滑坡体的体积所占比例很小，但其在滑坡发育过程中却起到了关键性控制作用。不同的岩土体具有不同的物理力学和水理性质，由不同岩土体组成的斜坡也具有不同的稳定性，其发育的滑坡类型也不同。甘肃地区易滑地层类型空间分布的差异，也控制着滑坡的空间分布。对滑坡而言，研究其滑动面（带）土体的物质成分、物理力学性状和变形破坏规律极其重要。

易滑地层具有抗剪强度低、遇水易软化的重要特征，由其组成的斜坡稳定性差，发生滑坡的频率高。甘肃地区与滑坡关系密切的易滑地层主要有第四系黄土，中、新生界红层软岩，古生界志留系和泥盆系的页岩、千枚岩、炭质千枚岩、炭质板岩等三大类型。第四系黄土，中、新生界红层软岩主要分布在陇中黄土地区，其他常见于陇南和祁连山基岩山区。它们作为构成斜坡的主体或以软弱夹层的形式存在于斜坡体中，使斜坡稳定性降低，沿其变形破坏形成滑坡（图6-1）。

图6-1　不同易滑地层的滑动面及擦痕

6.1　第四系黄土

6.1.1　分布特征

1.黄土分布

甘肃是我国黄土主要分布地区，分布范围东起子午岭，西至陇西盆地西缘，北界腾格里沙漠南缘，南抵渭河谷地，面积约1×10^5 km^2，占甘肃省国土总面积的23.49%。黄土是第四纪干旱气候条件下的特殊沉积物，六盘山是现代气候分界线，也是黄土形成过程中的古气候分界线。六盘山以西由于古气候干燥，黄土色浅，质地疏松，黄土中的古土壤色调浅或不清，无大的碳酸钙结核；六盘山以东黄土色略深，胶结较好，夹多层古土壤和钙质结核。甘肃黄土以六盘山为界划分为陇西和陇东黄土，陇西黄土主要分布在天水、定西、兰州、白银和临夏等地区，陇东黄土连续分布在平凉和庆阳地区。

2.地层划分

黄土按形成年代可分为老黄土和新黄土。老黄土包括午城黄土和离石黄土，新黄土包括马兰黄土及新近堆积黄土，不同年代的黄土其特性具有明显的差异（表6-1）。

表6-1　黄土地层划分和特性

<table>
<tr><th>年代</th><th colspan="3">黄土名称</th><th>物理力学性质</th></tr>
<tr><td>全新世Q_4</td><td>新近堆积黄土</td><td rowspan="2">新黄土</td><td rowspan="2">湿陷性黄土</td><td>具不均匀性、高压缩性、强湿陷性，强度低，易软化、崩解</td></tr>
<tr><td>晚更新世Q_3</td><td>马兰黄土</td><td>浅灰黄色，疏松，一般具湿陷性，强度低，易软化、崩解</td></tr>
<tr><td>中更新世Q_2</td><td>离石黄土</td><td rowspan="2">老黄土</td><td rowspan="2">非湿陷性黄土</td><td rowspan="2">浅橘黄色，较致密，一般不具湿陷性或在高压下具轻微湿陷性，强度较低</td></tr>
<tr><td>早更新世Q_1</td><td>午城黄土</td></tr>
</table>

全新世黄土为新近堆积黄土（Q_4），多分布在塬、梁、峁表层及河谷阶地上，受各种自然营力的影响，其物理、力学性质的差异较大。总体上质地疏松，湿陷性强。

晚更新世马兰黄土（Q_3^{eol}）构成黄土层的上部，为典型风成黄土，浅灰黄色，质地均匀，结构疏松，孔隙发育，有垂直节理，有较强的湿陷性或自重湿陷性，广泛披覆在各种老地层和古地形之上。

中更新世离石黄土（Q_2），为马兰黄土下部的埋藏黄土层，其间有多层古土壤层和钙质结核，厚度较大，是构成黄土塬的主体。质地较密实，一般无湿陷性，但在高压下仍具一定的湿陷性。

早更新世（Q_1）午城黄土，为老黄土的下部，淡红色，含有棕红色的埋藏古土壤层。质地密实，强度大，压缩性小，无湿陷性。

6.1.2　黄土颗粒组成

黄土中已发现的矿物达60余种，石英、长石、云母约占碎屑矿物总量的80%～90%，构成黄土的骨架颗粒。

黄土颗粒成分主要由砂粒（>0.05 mm）、粉粒（0.005～0.05 mm）与黏粒（<0.005 mm）组成。砂粒主要为细砂，含量一般介于10%～25%；粉粒含量相对较高，含量普遍介于60%～70%；黄土的黏粒（<0.005 mm）基本上由黏土矿物组成，主要为伊利石、高岭石、蒙脱石等。黏粒含量变化相对较大，一般含量介于12%～20%，>0.1 mm的砂粒含量很少（图6-2），也显示出不同地区马兰黄土颗粒组成的基本一致性。同时，由西北向东南其颗粒略有逐渐变细的趋势。古土壤中黏粒含量较高，老黄土的古土壤中黏粒含量可达55%。

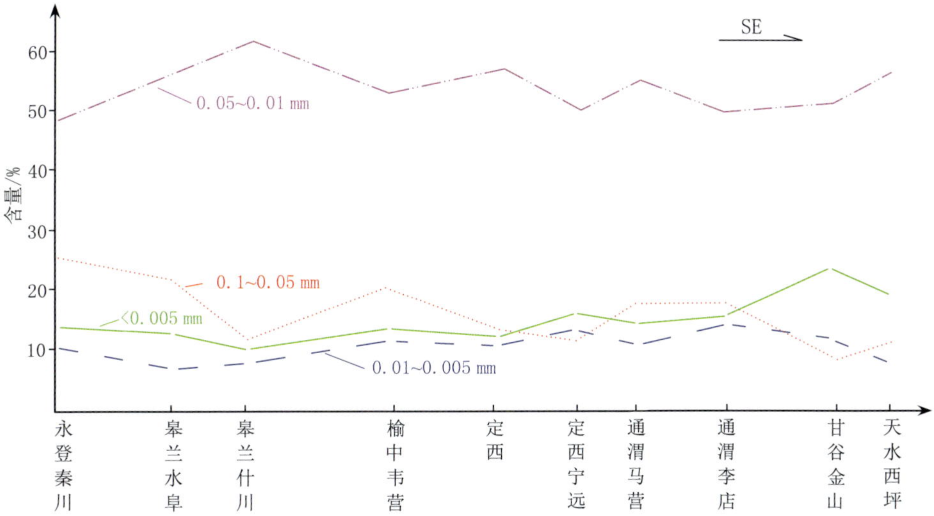

图6-2　陇西黄土高原马兰黄土颗粒含量变化曲线

不同时代黄土的颗粒成分亦有所区别，新黄土中砂粒含量明显偏高，老黄土中砂粒含量明显偏低。新黄土黏粒的含量明显低于老黄土中黏粒的含量。新黄土与老黄土的粉粒含量比较接近（表6-2）。

表6-2　不同时代黄土颗粒组成统计表

黄土时代	颗粒组成/%			
	>0.05 mm	0.05～0.01 mm	0.01～0.005 mm	<0.005 mm
新黄土上部(Q_4)	13.3	61.4	7.7	17.6
新黄土下部(Q_3)	11.8	59.1	8.6	20.5
老黄土上部(Q_2)	10.6	56.7	6.9	25.8
老黄土下部(Q_1)	7.9	56.1	9.8	26.2

黄土中的碳酸钙含量很高（10.75%～15.8%），对黄土强度的影响也较大，其可溶性很低，能够在黄土中长期保留下来。干旱地区黄土中的碳酸钙，常呈零星小片或小块黏附在颗粒表面，但当孔隙水溶液中游离二氧化碳增加时，碳酸钙溶解沉淀与黏粒的富集相互结合，往往形成集粒，分布于粗颗粒之间的孔隙中。

6.1.3 黄土物理力学特征

由于黄土的特殊成因和干燥的赋存环境，决定了黄土是一种结构性土，具有显著的结构强度，即在干燥条件下具有保持土的原始基本单元结构不被破坏的能力，常表现出压缩性较低、强度较高的特性。但结构一旦遭到破坏，其力学性质将呈现出屈服、软化、崩解、湿陷等特征。同时，黄土沉积过程一般比较缓慢，其上覆压力的增长速率比颗粒间固化联结键强度的增长速率要慢得多，颗粒接触点间的结构强度始终高于上覆荷重，使得黄土颗粒间保持着比较疏松的高孔隙度结构，因而在上覆荷载作用下未被固结压密；在外力或水的作用下黄土的结构性将遭受破坏而使强度降低。

陇中黄土高原马兰黄土的有关物理力学性质指标见表6–3。

表6–3 陇中黄土高原马兰黄土物理力学性质统计表

位置	天然重度 $\gamma/(kN/m^3)$	含水率 $w/\%$	孔隙比 e	塑限 $w_P/\%$	液限 $w_L/\%$	湿陷系数 δs	内聚力 c/kPa	内摩擦角 φ
东乡	15.39	10.8	0.902	17.3	26.6	0.057	44.39	28°00′
陇西	16.17	12.4	0.869	18.1	25.9	0.061	61.76	26°40′
天水	13.72	12.3	1.182	19.4	29.3	0.058	33.33	30°00′
兰州	12.45	3.5	1.217	17.3	26.2	0.062	38.82	26°30′
通渭	14.60	13.8	1.085	18.1	25.7	0.042	34.31	29°30′
环县	13.72	2.4	0.975	13.8	27.0	0.083	24.51	35°00′
庆阳	12.64	5.7	1.229	18.8	26.2	0.064	91.18	24°10′
平凉	14.90	16.3	1.081	19.8	28.4	0.036	34.71	27°20′

黄土的抗剪强度直接影响斜坡稳定性和滑坡的形成，不同时代、不同地区黄土的抗剪强度有所差异（图6–3）。时代越老的黄土的内聚力相应增大，这个关系甚为明显。还可看出，陇东地区不同时代黄土的内聚力均比陇西地区的高。而不同时代、不同地区黄土内摩擦角的差异远比内聚力的差异小。

含水率对黄土抗剪强度的影响很大。由表6–4可知，黄土的内聚力随含水率的增高而显著减小，大部分相差10倍以上；内摩擦角也随含水率的增高而减小，但其降低的幅度相对较小。同时，也可以看出，随着重度的增大，黄土的内聚力也有增高的趋势。

对取自兰州市九州黄河V级阶地的原状Q_2黄土分别进行了不同含水率、不同剪切速率和不同法向压力下的直接剪切试验，不同含水率下原状Q_2黄土不固结快速剪切试验结果如图6–4所示。不同固结压力下原状Q_2黄土快速剪切试验结果如图6–5所示。

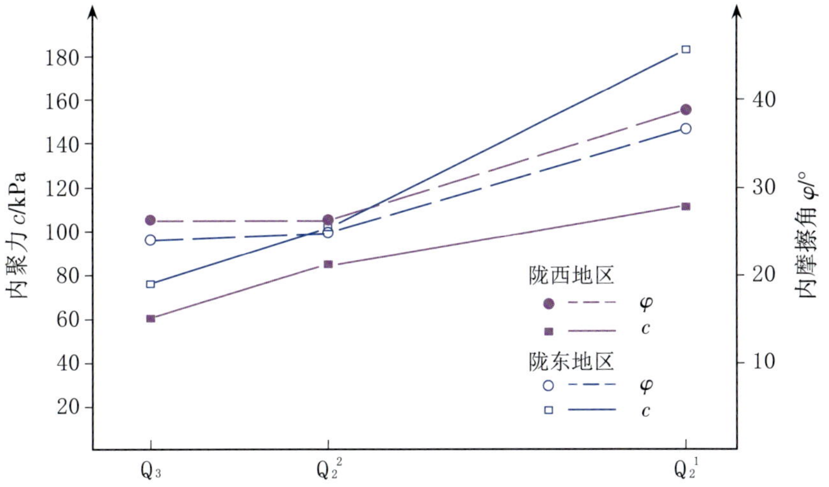

图6–3　不同时代黄土天然含水率条件下的抗剪强度指标(据王永焱等)

表6–4　含水率对不同干重度黄土抗剪强度的影响(据王永焱等)

干重度γ_d/(kN/m^3)	含水率w/%	内聚力c/kPa	内摩擦角φ
12.5～12.7	3.9	70	39°20′
	8.6	52	33°50′
	14.5	32	31°20′
	19.2	21	30°10′
	23.8	6	26°20′
	27.0	2	26°00′
13.6～13.8	6.1	80	36°50′
	9.5	65	35°00′
	12.8	46	31°20′
	15.1	35	29°00′
	20.6	20	28°20′
	25.4	10	26°30′
	26.5	5	25°20′
14.2～14.4	7.0	96	34°10′
	12.1	58	28°50′
	15.5	46	28°30′
	18.3	40	29°20′
	21.9	26	27°00′
	25.6	10	25°50′
14.8～15.0	7.8	157	37°10′
	10.0	120	33°00′
	14.4	80	28°20′
	18.5	52	26°30′
	24.4	20	26°00′

续表6-4

干重度γ_d/(kN/m³)	含水率w/%	内聚力c/kPa	内摩擦角φ
15.3～15.5	14.3	132	36°10′
	17.7	100	34°30′
	21.6	70	31°20′
	23.9	42	26°10′
	25.6	31	25°40′
	26.8	26	25°10′

基于以上直接剪切试验结果可以看出，低含水率下原状Q_2黄土的剪切脆性破坏特征非常明显，随着含水率的增大，脆性破坏特征逐渐减弱，当Q_2黄土含水率进一步增大，超过了塑限，黄土剪切脆性破坏特征完全消失而呈塑性破坏特征；原状Q_2黄土剪切脆性特征随剪切速率的增大呈先减弱后增强趋势；原状Q_2黄土剪切脆性破坏特征随固结压力的增大呈不断衰减的趋势。

剪切破坏剪应变是指对应于峰值抗剪强度处的剪应变，是描述土体剪切破坏行为的一个重要应变参照点。对于结构性较强的原状黄土而言，破坏剪应变同时代表着黄土原始结构发生破坏，结构强度开始丧失的转折点。原状Q_2黄土结构强度随着含水率的增大呈不断衰减的趋势（图6-6）。

对于多期次滑坡或者复活的老滑坡，滑带土的残余抗剪强度对该类滑坡的稳定性往往起着决定性作用。图6-7为不同含水率下原状Q_2黄土反复剪切残余剪应力-剪切位移关系曲线。从图中可知，与峰值剪应力-剪切位移关系的脆性破坏特征不同，黄土残余剪应力-剪切位移关系呈现塑性破坏特征，这主要是因为黄土经历反复剪切破坏后其结构强度损失殆尽，残余抗剪强度主要来源于剪切面上颗粒间的摩擦阻力。同时也应注意到随着含水率的增大，黄土的残余抗剪强度呈不断减小趋势，表明滑带处土体遇水强度软化是多期次滑坡失稳滑动或老滑坡复活的重要机制。

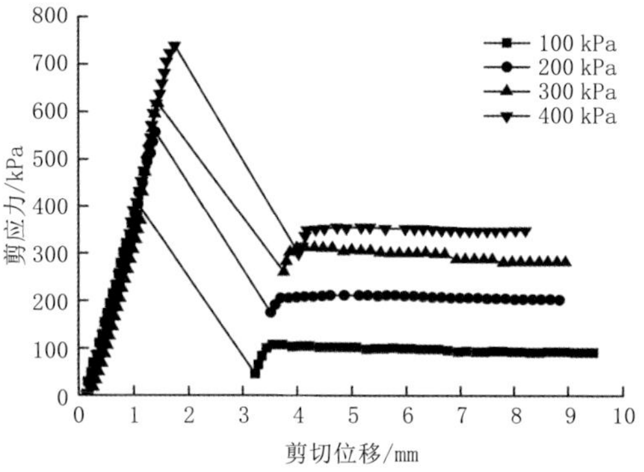

（a）w=2.45%

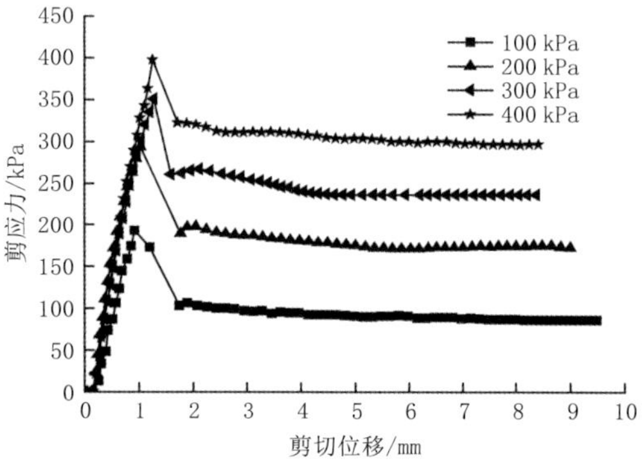

（b）w=7.61%

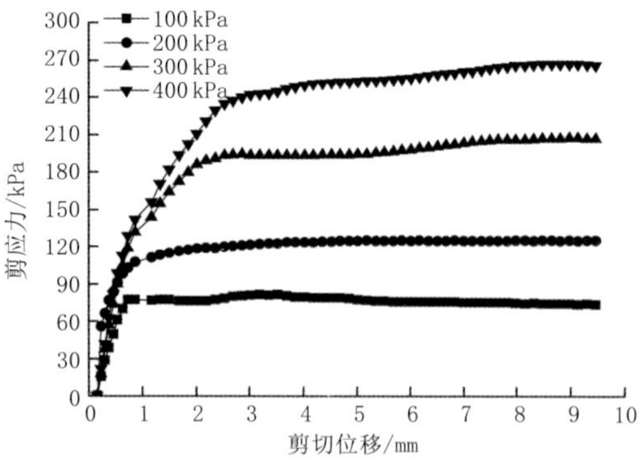

（c）w=21.69%

图6-4　不同含水率下Q_2黄土剪应力-剪切位移关系曲线

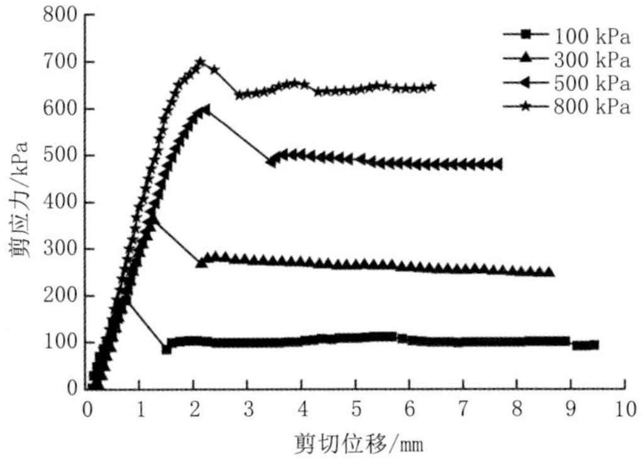

图6-5 不同固结压力下Q_2黄土剪应力-剪切位移关系曲线

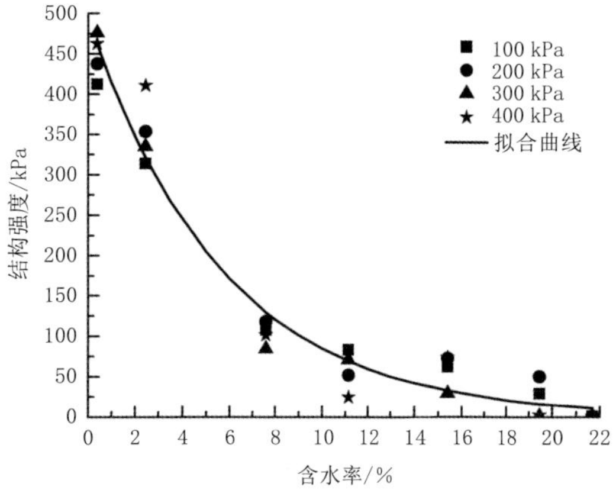

图6-6 原状Q_2黄土结构强度-含水率关系曲线

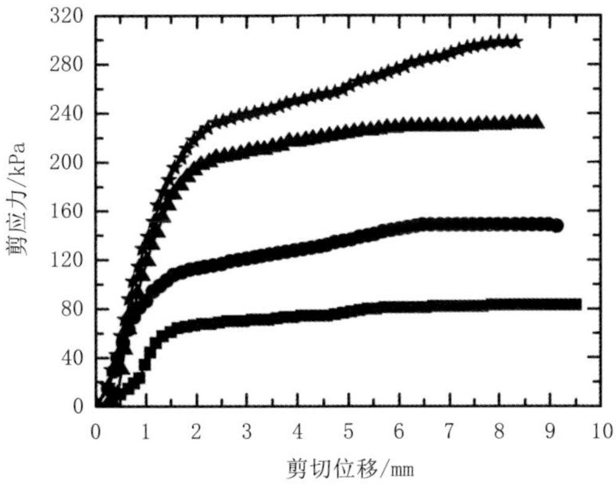

（a）w=11.15%

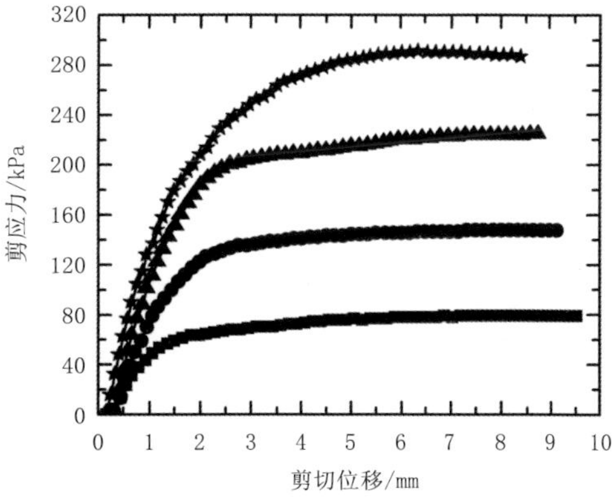

（b）w=15.41%

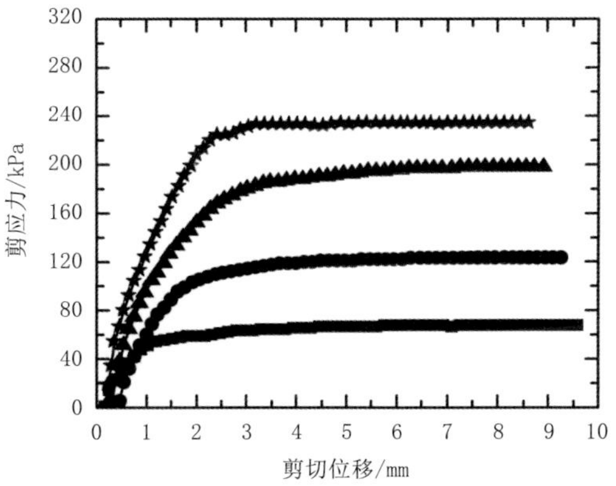

（c）w=19.46%

—■—100 kPa —●—200 kPa —▲—300 kPa —★—400 kPa

图6-7 不同含水率下Q_2黄土反复剪切残余剪应力-剪切位移关系曲线（第五次剪切）

为了更直观地对比黄土峰值和残余抗剪强度的水敏性特征，图6-8为Q_2黄土抗剪强度指标（内聚力c和内摩擦角φ）随含水率的变化曲线。从图6-8可知，黄土的内聚力和内摩擦角均随含水率的增大呈不断减小趋势，显示黄土抗剪强度具有较强的水敏性。另外黄土的峰值内聚力远大于其残余内聚力，由于黄土原始结构的损伤，剪切破坏后黄土的残余内聚力几乎完全丧失。与之相反，峰值和残余状态下的内摩擦角相差不大，说明黄土首次剪切破坏主要是内聚力的丧失，后续反复多次剪切破坏时颗粒间的摩擦效应将起主导作用，该研究有助于加深对黄土滑坡失稳机理和滑动特征的理解。

黄土的这一系列特殊物理、力学性质为滑坡发生提供了必要的基本条件。疏松、不稳定的结构，决定其内聚力较低；以粉粒为主的均匀细粒成分，使黄土内摩擦角较小，易软化的性质使得遇水后强度更低；而且当含水率接近饱和时在蠕滑、振动作用下可能产生液化。黄土中的各类孔隙以及垂直节理的发育、落水洞的存在，使其完整性被破坏，并具有良好的水体入渗的优势通道。再者黄土的崩解性很强，易被水流侵蚀切割，形成良好的临空条件。因此，由黄土地层构成的斜坡，在地震、降水、河流侵蚀等外部因素的作用下，易产生黄土滑坡。由于黄土在陇西、陇东地区分布的广泛性和连续性，决定了黄土滑坡普遍发育，使其对滑坡区域分布的控制作用表现得不明显。

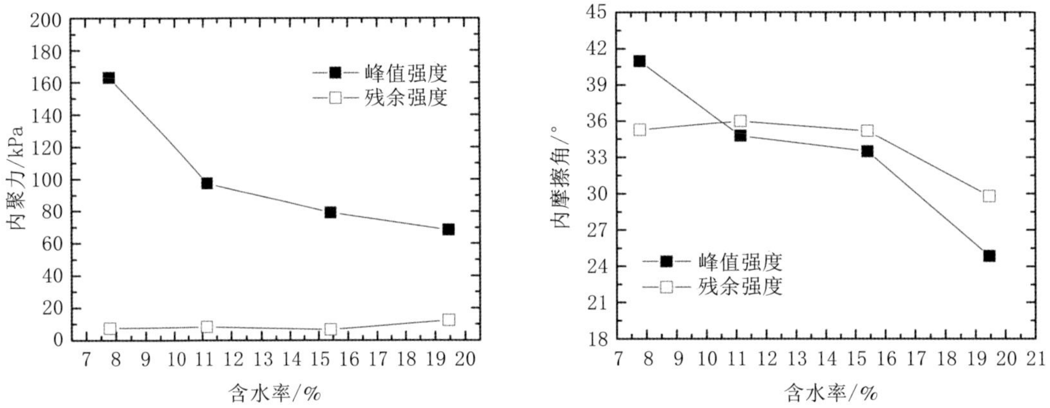

图6-8　Q_2黄土峰值和残余强度参数水敏性特征

6.2　中、新生界红层软岩

6.2.1　分布特征

甘肃红层主要是沉积于新近纪、白垩纪和侏罗纪河湖相、河流相和山麓相的碎屑岩和黏土岩，分布面积约7.97×10^4 km^2，占全省总面积的18.72%。其中，新近系红层分布面积约4.0×10^4 km^2，占红层面积的50.2%；白垩系红层分布面积约3.5×10^4 km^2，占红层面积的43.9%（图6-9）。新近系、白垩系红层软岩是研究的重点。

不同时代红层软岩的岩性、结构构造和产状有较大的差异，对斜坡稳定性、滑坡类型和发育程度亦有一定影响。白垩系红层层理发育，单层厚度变化大，一般厚度较小，岩相岩性变化较大，黏土岩中夹有多层砂岩、砂砾岩，软硬相间，物理、力学性质变化也较

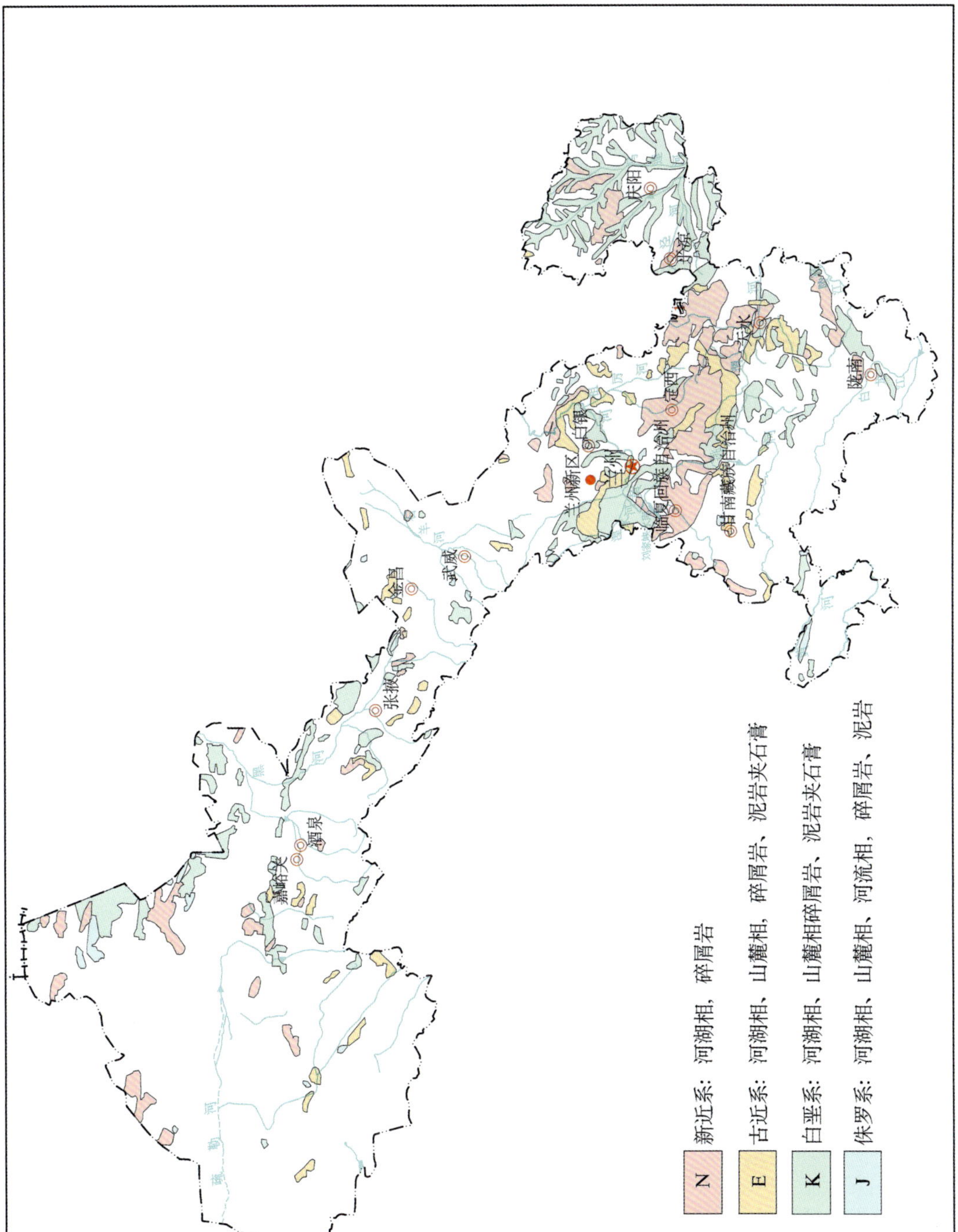

图6-9　甘肃红层分布图(王骑虎,2016)

大，且经受的地质构造作用也较强烈，节理发育，岩层倾角大而多变，差异性风化明显，层理常是控滑结构面。新近系红层岩性相对单一，以泥岩、砂质泥岩为主，多为厚层状，层理不发育，物理、力学性质变化不大（图6-10）。除盆地边缘、断层带附近外，岩层一般近水平状，多发育切层滑坡。

图6-10　白垩系、新近系红层软岩的层理

甘肃境内分布大量的黄土-红层滑坡，占滑坡总数的1/3以上，主要分布于斜坡由黄土和红层构成的陇中黄土地区。可见，红层软岩也是主要易滑地层之一。

甘肃红层滑坡主要发育于新近系红层中，白垩系红层滑坡也有分布，特别是工程建设引发的顺层滑坡时有发生，侏罗系红层滑坡相对较为少见。因此，甘肃红色易滑地层主要是新近系、白垩系红层。此类易滑地层指沉积于新近纪、白垩纪湖盆相、山麓相的棕红色泥岩、砂质泥岩和橘红色泥质砂岩、砂岩，其分布和发育状况完全受当时沉积环境的控制，主要分布于天水、定西、兰州、临夏和陇南北部的徽县、成县、礼县和西和等地区。

白垩系红层中滑面沿层理发育的顺层滑坡较常见。如盐锅峡、湟水河一带白垩系红层中的顺层滑坡（图6-11）。临渭高速公路祁家庙隧道附近也发生了顺层滑坡（图6-12）。

图6-11　盐锅峡顺层滑坡

图6-12　临渭高速公路顺层滑坡

新近系红层中滑面发育情况较为多样，有沿层理面、石膏夹层发育的顺层滑坡，有沿构造节理裂隙面发育的切层滑坡，还有沿风化带发育的滑坡。如徽成盆地红川镇新近系红层中的顺层滑坡的滑动面上大多伴随着石膏夹层（图6-13～图6-14）。

图6-13　十天高速公路成县红川镇顺层滑坡

图6-14　沿石膏层的滑动面

6.2.2　物理力学特性

中、新生界红层软岩在甘肃地区多为内陆湖相沉积的红色碎屑岩，以泥岩、砂质泥岩为主，胶结物以泥质为主，胶结程度差，强度低，属软岩类岩石，遇水易软化，暴露地表后易风化，同时，具有崩解性和膨胀性。红层因具有独特的组构、物理力学性质及水理性质而易发生滑坡。

1. 基本物理特征

区内新近系、白垩系泥岩中黏粒含量一般大于50%，黏粒中黏土矿物含量又在55%以上，且以片状伊利石为主（表6-5～表6-7，图6-15），其表面粗糙度在10^3A左右，在薄膜水的作用下，粒间的有效接触面积不足1%～2%，故粒间摩擦系数较小。由黏粒特别是黏土矿物组成的黏胶粒，比表面积大，活性度大，具有较强的亲水性和水敏性，软化系数很低，仅为0.15～0.3（表6-8）。在水的作用下，强度急剧大幅降低，产生滑坡，而成为易滑地层。

表6-5　新近系泥岩颗粒成分统计表

取样地点	粒径/mm				膨胀率/%	岩石定名
	重量百分比/%			最大粒径		
	≥0.05	0.05～0.005	<0.005			
东乡县五家乡	0.98	39.50	59.92	2		粉砂质泥岩
东乡县五家乡	0.87	38.13	61.09	1		粉砂质泥岩
东乡县果园乡	1.50	50.00	48.50	0.4		黏土质粉砂岩
洒勒山滑坡东侧	4.53	22.80	72.67	0.4		含粉砂泥岩
洒勒山滑坡东侧	2.48	20.07	77.45	1.2	61.0	含粉砂泥岩
洒勒山滑坡东侧	2.40	35.80	61.8	0.5	49.5	粉砂质泥岩

续表6–5

取样地点	粒径/mm				膨胀率/%	岩石定名
	重量百分比/%			最大粒径		
	≥0.05	0.05～0.005	＜0.005			
果园乡胡浪沟	1.10	58.00	40.90	0.8	32.0	黏土质粉砂岩
果园乡胡浪沟	4.00	48.50	47.50	4.2	48.5	黏土质粉砂岩
果园乡胡浪沟	1.65	30.70	67.65	1.5	62.0	粉砂质泥岩
平均值	2.33	38.61	59.06	1.64	50.6	

表6–6　新近系泥岩主要矿物成分统计表

取样地点	主要矿物含量/%					其他矿物含量	岩石定名
	伊利石	绿泥石	石英	长石	方解石		
东乡县五家乡	31	13	17	13	19	高岭石6%	粉砂质泥岩
东乡县五家乡	38	26	14	8	13		粉砂质泥岩
东乡县果园乡	17	7	28	11	17	白云石19%	黏土质粉砂岩
洒勒山滑坡东侧	34	19	25	10	11		含粉砂泥岩
洒勒山滑坡东侧	29	13	16	10	14	半水石膏5%，石膏2%	含粉砂泥岩
洒勒山滑坡东侧	30	12	21	12		白云石17%，蒙脱石4% 天青石2%，霓石1%	粉砂质泥岩
果园乡胡浪沟	31	13	23	12	20		黏土质粉砂岩
果园乡胡浪沟	30	14	23	6	6	白云石8%，蒙脱石2%	黏土质粉砂岩
果园乡胡浪沟	41	19	15	5	13	铁白云石5%	粉砂质泥岩
平均值	31.2	15.1	20.2	9.7	14.1		

表6–7　白垩系泥岩黏土矿物X射线鉴定结果表

地点	岩性	编号	取样深度/m	主要黏土矿物/%		粒径＜2 μm含量/%	粒径＜5 μm含量/%
				伊利石	高岭石		
兰州胡洼山	泥岩	1	49.8～50.1	51	49	20.5	＞50
兰州胡洼山	泥岩	2	45.4～45.7	54	46	20.0	＞50
兰州胡洼山	砂质泥岩	3	15.5～29.9	39	61	31.0	＞50
兰州胡洼山	泥岩	4	27.5～49.8	55	45	42.5	＞50

注：本资料来源于兰州—海石湾高速公路设计文件。

表6-8　红层软岩物理力学性质统计表

编号	岩性	时代	重度/(kN/m³)	含水率/%	孔隙比/%	干抗压强度/MPa	湿抗压强度/MPa	软化系数	抗拉强度/MPa	内聚力/MPa	内摩擦角/°
GL01	泥岩	N_1^X	22.66	12.73	27.7	7.08	1.12	0.16		0.62	37.12
GL02	泥岩	N_1^X	23.47	7.67	21.6	9.51	2.38	0.25		0.92	33.27
GL03	泥岩	N_1^X	22.98	11.0	25.5	6.07	1.84	0.30		0.91	33.28
GL04	泥岩	N_1^X	23.45	10.7	24.5	6.25	1.23	0.20		0.40	39.11
GL05	泥岩	N_1^X	23.57	9.10	22.3	14.55	2.36	0.25		1.70	35.60
GL06	泥岩	N_1^X	23.32	10.5	24.1	0.84	0.07	0.08		0.11	38.51
GL07	泥岩	N_1^X	22.58	10.7	26.6	4.66	0.94	0.20		0.23	36.58
GL08	泥岩	N_1^X	23.15	9.7	24.1	5.87	0.76	0.06		1.05	35.37
GL09	泥岩	N_1^X	23.54	9.0	22.3	3.48	0.22	0.16		1.57	28.60
GL10	砂岩	K_{1hk}	29.16	17.6	8.1	26.17	8.06	0.31	1.83	10.6	34.00
GL15	砂岩	K_{1hk}	25.98	1.5	5.9	42.7	6.41	0.15	1.35	3.97	39.00
GL16	砂岩	K_{1hk}	25.93	2.1	6.3	40.7	5.42	0.13	1.05	5.02	39.00
GL18	砂质泥岩	K_{1hk}	26.28	0.8	6.1	68.15	15.78	0.23	3.79	8.34	37.00
GL19	砂质泥岩	K_{1hk}	26.83	0.5	4.0	57.13	8.48	0.15	1.10	10.14	38.00

注：本资料来源于兰州—海石湾、兰州—临洮高速公路设计文件。

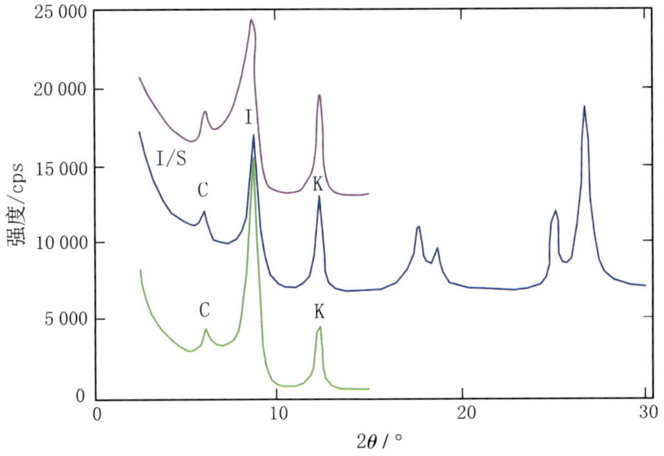

I—伊利石；K—高岭石；C—绿泥石；
I/S—伊利石与蒙脱石混层黏土矿物。

图6-15　白垩系黏土矿物X射线衍射谱(据张加桂)

另外，在水的作用下泥岩还具有膨胀性，自由膨胀率一般为30%～40%，产生的膨胀压力200～300 kPa，有的甚至更高（表6-9）。图6-16显示徽成盆地新近系红层黏粒含量越高其膨胀性越大。因此，当水进入泥岩变形破坏区产生软化的同时，发生体积膨胀，劈裂岩体，加速变形破坏和滑面的发育，膨胀压力作用于上部变形体（滑体），降低滑面（带）

上的有效应力，促发滑坡。

表6-9　红层软岩膨胀试验成果表

地点	岩性	编号	膨胀率/%	膨胀力/kPa	自由膨胀率/%
兰州大红山	泥岩	ZK_{1-1}	12.1	315	
兰州大红山	泥岩	ZK_{4-1}	1.1	193	
兰州大红山	砂质泥岩	ZK_{22-1}	2.0	270	
兰州大红山	泥岩	ZK_{7-1}	1.2	330	
兰州胡洼山	泥岩	1	4.88	400	28
兰州胡洼山	泥岩	2	1.95	930	44
兰州胡洼山	砂质泥岩	3	1.0	75	56
兰州胡洼山	泥岩	4	0.97	150	39

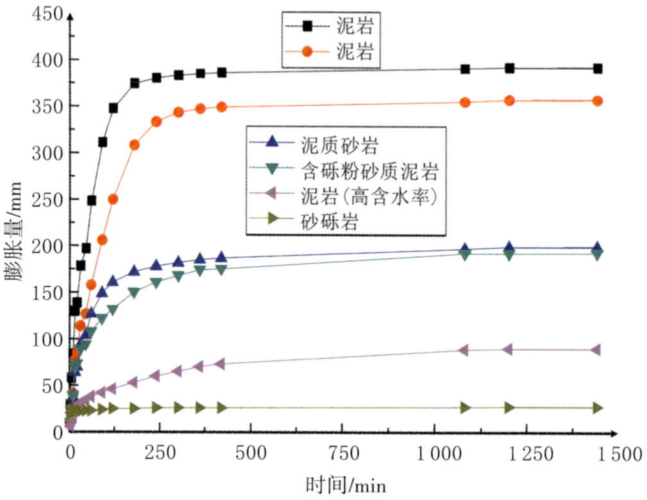

图6-16　徽成盆地红层轴向膨胀量随时间变化关系(据王骑虎)

据电镜观察，新近系泥岩具有半定向-定向排列的微结构特点，从而发育天然软弱面，产生岩性的各向异性和沿定向排列方向的蠕变性和易滑性。

图6-17为东乡洒勒山新近系泥岩蠕变试验曲线。可以看出，变形随时间缓慢增加，泥岩具明显的流变性，剪切模量随时间大幅度降低，长期强度指标也远低于峰值强度指标。

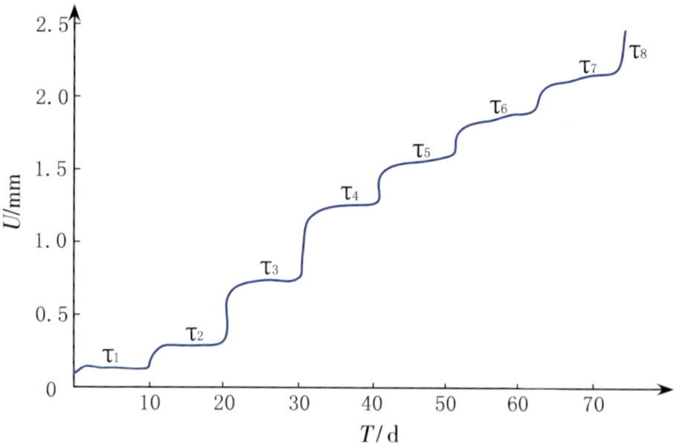

图6-17　新近系泥岩蠕变曲线

表6-10为甘肃东部地区红层软岩构成的滑带土的基本物理性质指标。从表中可以看出，此类滑带土为低液限粉质黏土、

粉土，相比黄土而言，其天然密度更大，孔隙比更小，说明其内部结构比较致密。另外，天然状态下滑带土的饱和度比较高，有些甚至出现了过饱和的情况，这与红层软岩富含亲水性黏土矿物有关。值得注意的是，受赋存环境的影响，不同地区的红层软岩彼此间物理性质存在较明显的差异，因此不能采用统一强度指标来评估红层软岩滑坡的稳定性，而应该有针对性地开展相关抗剪强度试验和滑坡稳定性分析工作。

表6-10　红层软岩类滑带土基本物理性质统计表

滑坡	含水率/%	密度/(g/cm³)	孔隙比 e	比重 G_s	饱和度 S_r/%	液限/%	塑限/%
兰州文昌阁	11.3～14.03	2.11～2.25	0.43	2.70	71.92～87.69	28.7	19.8
兰州黄茨	19.3～21.72	2.15～2.20	0.50	2.70	104.60～118.75	29.3	19.3
天水稍子坡	27.12～28.78	2.02～2.06	0.70	2.72	103.65～111.77	45.5	22.6
陇南三家地	4.68～5.28	2.16～2.19	0.30	2.73	39.55～46.14	34.5	17.8
东乡洒勒山	7.52～7.58	2.12～2.13	0.36	2.71	54.43～55.71	32.3	15.4

甘肃东部地区典型红层软岩滑坡滑带土颗粒组成特征如图6-18所示。可以看出，滑带土的粉粒与黏粒组颗粒质量百分比多大于90%，缺少粗粒组颗粒，级配属不良，碎屑含量较少、黏粒含量较多。对该类滑带土进行薄片鉴定，岩矿鉴定结果见表6-11，同样表现在物相组分中泥质的含量都是最高，占据主导地位。值得注意的是陇南三家地滑坡滑带土含有特殊的碳酸盐碎屑，且这种泥质团沉积的团状碳酸盐容易发生定向，可能加剧滑坡的失稳破坏。

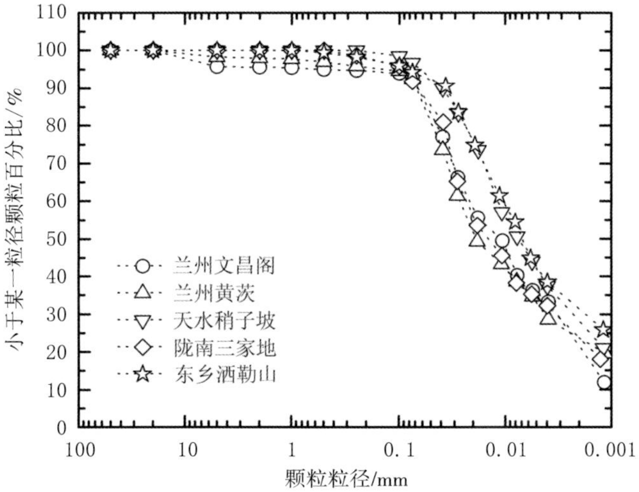

图6-18　红层软岩颗粒级配曲线

2. 剪切强度特征

新近系红层遇水易软化、易崩解、易风化，力学特性长期稳定性很差，尤其在干湿循环和冻融循环环境下，其强度迅速降低，很容易形成滑坡，具有代表性的地区有徽成盆地、西礼盆地、兰州盆地、临夏盆地和渭源盆地以及天水市区。分布于兰州、临夏和定西

表6-11　红层软岩类滑带土岩矿鉴定表

样品名称	物相组分	结构构造	命名
文昌阁滑坡	石英砂质 13% 钾长石碎屑 4% 变砂岩碎屑 19% 泥质岩碎屑 17% 泥质 45% 火成岩碎屑 2%	同生砂泥质结构 岩石的物相组成十分复杂，粒度分布范围也比较宽，其中碎屑组成可见火成岩以及单矿物和变砂岩等。粒径从小于0.1～1.2 mm不等，结构从浑圆到棱角状均可见到。所有碎屑全部以漂浮形式出现于泥质中。其中，石英砂质粒径在0.25～0.70 mm之间；变砂岩碎粒粒径0.5～1.2 mm；泥质碎屑富有机质，粒径0.25～0.5 mm不等；火成岩碎屑仅见一粒，粒径1.15 mm，主要以细晶岩为主。综合以上结构特征，岩石主要以沉积形成为主	泥质不等粒砂岩
黄茨滑坡	石英岩角砾 11% 构造泥岩碎屑 37% 水云母化泥质 52%	复构造角砾结构 岩石中早期构造影响十分强烈，早期构造主要以碎屑形态出现，其成分以构造泥岩形成的角砾为主，属于构造带环境的快速堆积区特征，而且可以见到沉积过程中的流动遗迹。沉积后至成岩阶段，岩石始终受构造影响，使得早期碎块形成不同程度的定向，并且泥理化十分发育，使岩石中早期构造叠加，岩石结构十分复杂	含砾砂质泥岩
三家地滑坡	炭质构造泥岩角砾 32% 石英岩角砾 13% 石英碎屑 15% 碳酸盐碎屑 6% 水云母化泥质 44%	复构造角砾结构 岩石从结构构造上看，长期处于构造活动带，而且无论未固结成岩还是成岩后，构造作用均对岩石有强烈影响。岩石组成的碎屑中，主要为早期构造泥岩形成的角砾，以及早期石英岩的破碎产物。在沉积后，早期碎屑由于流动而不同程度磨圆但无分选性，沉积成岩后，构造作用对岩石影响也比较强烈，原岩中沉积的泥质组分转变为水云母并且在动力作用下形成变形泥理，泥质团沉积的团状碳酸盐发生定向	复构造角砾质构造泥岩

地区的疏松砂岩为泥质胶结，胶结物含量少，遇水或人工扰动后就会呈散砂状，当该地层与泥岩呈互层结构，且发育构造裂隙时，一般会发育大规模的滑坡，其原因是构造裂隙将地表水直接灌入疏松砂岩层后沿砂岩层运移，导致砂岩解体和其下泥岩软化，在砂、泥岩接触面形成顺层面的软化带，最终形成切穿砂岩顺泥岩层面的滑动面，临渭高速公路K138处滑坡二次滑动破坏时发育该类型滑面。

甘肃红层沉积环境和后期赋存环境的差异性较大，物理力学特性分散性也较大。在现有工作基础上，很难按照沉积时代和地区总结出较强的规律性，甘肃公路工程勘查中的相关试验结果见表6-12。

对于发育在红层软岩易滑地层中的滑坡，选取具有代表性的文昌阁滑坡、黄茨滑坡滑带土分别进行不同状态下的重塑样直接剪切试验研究，其剪应力-剪切位移关系曲线如图6-19所示。文昌阁滑坡滑带土剪应力-剪切位移关系曲线在含水率较低时，表现出一定的弱应变软化现象，随着土样含水率的不断增大，剪应力-应变曲线的应变硬化特征越来越强，且随着法向压力的增大，曲线应变硬化特征也越显著。整体来看，滑带土峰值强度无法根据曲线峰值点原则进行确定，只能根据设定的界限剪切位移求得。这种剪应力-应变关系和黄土完全不同，体现了红层软岩类易滑地层的抗剪强度特性。

表6-12　甘肃红层力学参数统计表

地层时代	岩性	抗剪强度指标		抗压强度/MPa	软化系数	自由膨胀率/%
		c/MPa	φ/°			
K	砂岩	5.0～15.0	25～50	10～45	0.37～0.9	0～2
N	泥岩	0.3～4.2	12～42	0.2～18	0.1～0.63	5～30
	粉砂岩	0.1～1.2	30～43	0.1～20		0～10

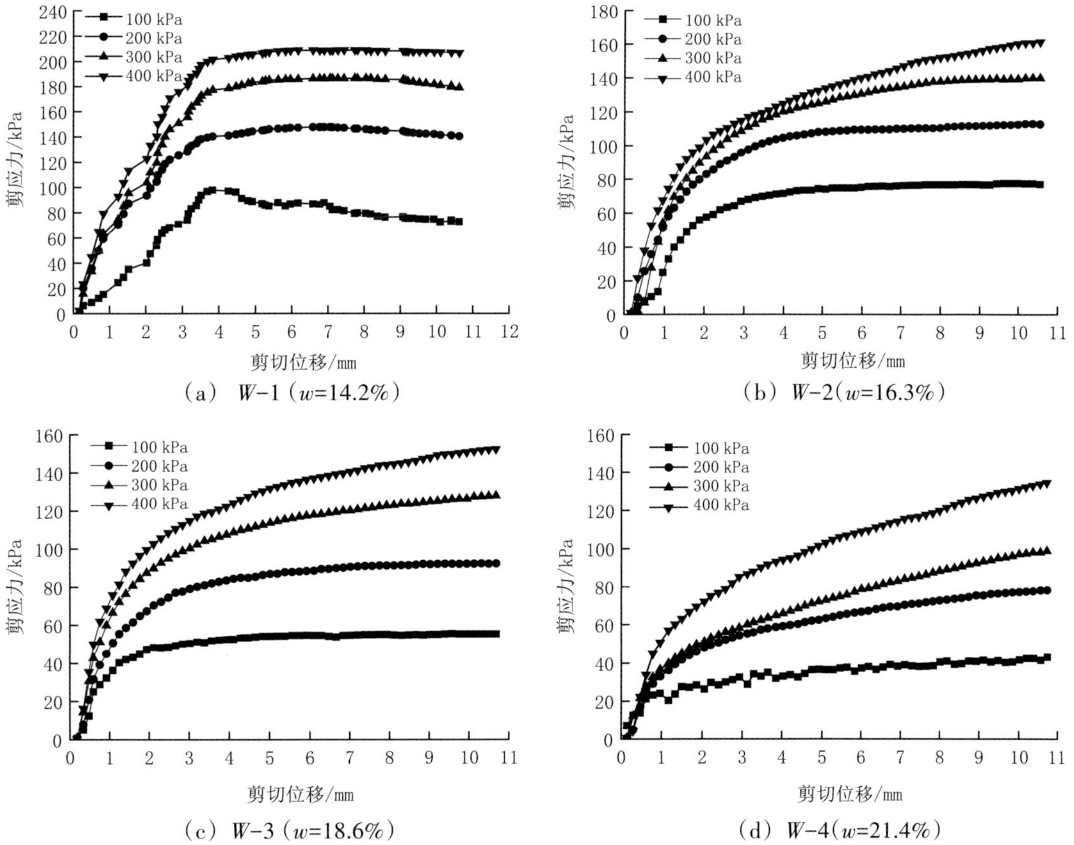

图6-19　文昌阁滑坡滑带土不同含水率直剪剪应力-剪切位移曲线

注：其中（a）～（c）为含水率低于塑限情况，（d）为含水率高于塑限情况。

如前所述，红层软岩内部富含亲水性黏土矿物，因此探讨红层软岩抗剪强度水敏性特征是十分必要的。前人对此开展了一定的研究工作，但多数研究仅关注红层软岩的峰值抗剪强度，缺乏对其残余抗剪强度的认识。通过室内反复剪切试验研究兰州地区文昌阁和黄茨滑坡所发育的红层软岩抗剪强度水敏性，反复剪应力-剪切位移关系曲线如图6-20所示。

不同含水率下红层软岩剪应力-应变关系曲线均表现出应变硬化特征，不存在峰值强度点，经历反复多次剪切后红层软岩的应变硬化特征逐渐减弱，至残余剪切状态时表现出理想塑性破坏特征，这与反复剪切使得剪切面上颗粒发生定向排列有关（图6-21），反复剪切试验结果有助于红层软岩滑坡的复活滑动特征和机理的认识。

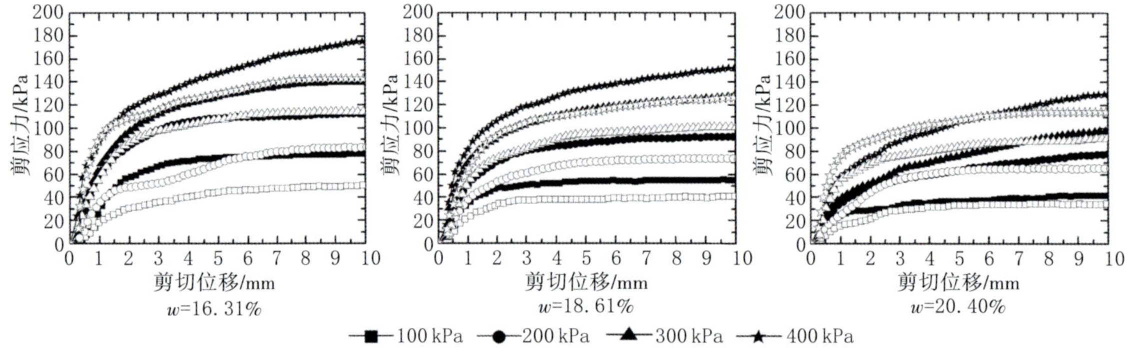

（a）文昌阁滑坡

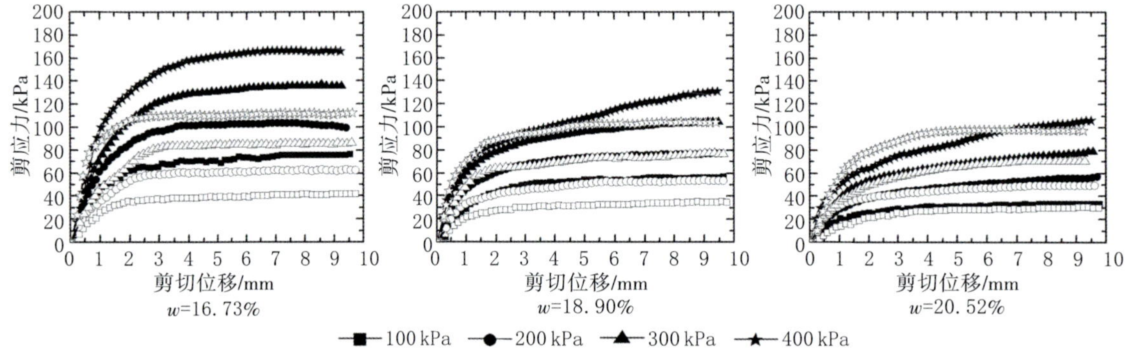

（b）黄茨滑坡

图6-20　红层软岩反复剪切剪应力-剪切位移关系曲线

注：实心数据点代表第1次剪切过程，空心数据点代表第5次剪切过程。

基于室内反复剪切试验结果，红层软岩抗剪强度指标（内聚力和内摩擦角）与含水率关系如图6-22所示。随着含水率的增大红层软岩的内聚力和内摩擦角均呈不断减小趋势，相对而言内聚力减小得更加明显，说明红层软岩内聚力的水敏性更强，而内摩擦角受含水率的影响不甚明显。通过对比峰值和残余剪切状态可以看出，二者间内聚力的差异在含水率较低时比较明显，随着含水率增大这种差异逐渐减小，而峰值和残余状态间的内摩擦角差异始终比较小，可以采用较少的往复剪切次数以获得红层软岩的残余内摩擦角。

图6-21　红层软岩代表性剪切面

（文昌阁滑坡，w=20.40%，σ=400 kPa）

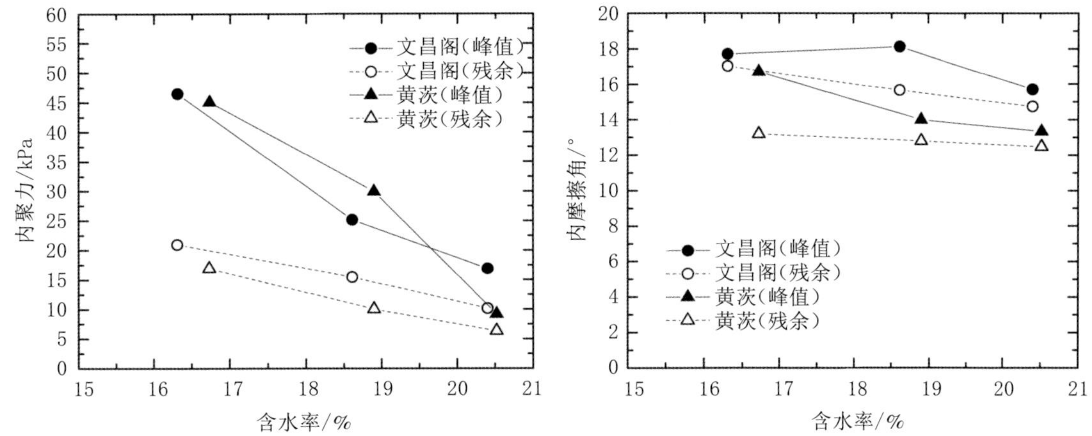

图6-22　红层软岩抗剪强度参数水敏性特征

前人曾针对长江三峡地区泥岩滑坡的滑带土开展了大量室内试验研究，重点探讨了滑带土残余抗剪强度的水敏性特征，并总结提出了一系列经验关系式。鉴于泥岩类型比较接近，将兰州地区红层软岩残余强度指标与前人总结经验关系式进行了对比，结果如图6-23所示。可见，兰州地区红层软岩残余内摩擦角与前人总结提出的泥岩残余内摩擦角经验公式吻合较好，一定程度上证明了该类经验公式在兰州地区的适用性，后续还需开展更多相关研究以提供更丰富的佐证。

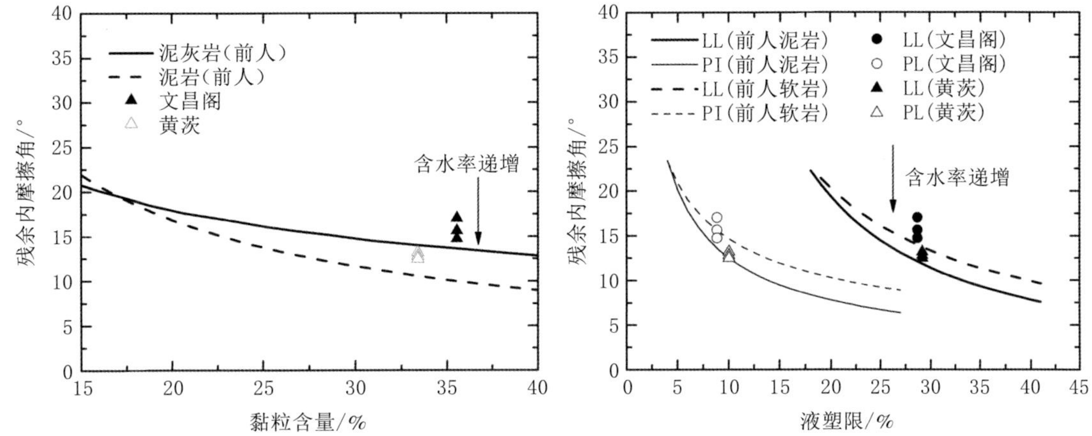

图6-23　红层软岩残余内摩擦角与前人经验公式对比

6.3　古生界变质岩系软岩

6.3.1　分布特征

甘肃南部的陇南和甘南地区，尤其是白龙江流域，由基岩组成的斜坡，在地形深切及降水、地震等因素的作用下，产生大量大规模滑坡，是甘肃滑坡灾害最严重和最典型的地区之一。其中滑坡分布与地层岩性有密切的相关性，主要集中在志留系、泥盆系、二叠系等地层中的千枚岩、炭质千枚岩、板岩等变质岩系的软弱易滑地层。

该类易滑地层基本位于岷县、宕昌、两当一线以南区域，主要集中在白龙江两岸的迭部、舟曲和武都。岩层结构以层状为主，作为构成斜坡的主体或以软弱夹层的形式存在于斜坡中，常成为斜坡滑动的主控结构面。如武都、文县一带的基岩滑坡与上述软弱易滑地层，特别是与劣煤、炭质千枚岩的关系极为密切，几乎所有大型滑坡体中前部都可以发现这类青灰色、黑色的软弱岩类分布。它们不但控制滑坡的区域分布，而且还控制滑坡剪出口的部位。当这类易滑地层位于斜坡中部时，常形成“悬挂式”坡面滑坡；当位于相对较硬的岩石之下形成“上硬下软”的软弱基座边坡时，下部软弱基底易产生塑性流动并导致上部较坚硬岩石的开裂和不均匀下沉等，常形成塑流-拉裂型或平推式滑坡；当坡体内板岩、千枚岩等软岩层倾角较陡时，易形成滑移-弯曲（溃曲）型变形破坏。

6.3.2　物理力学特性

该类易滑地层岩性软弱，为典型的软岩层，易风化，抗剪强度低，同时又是较好的隔水层，可以为滑面形成提供良好的地质结构条件。以甘肃南部白龙江流域的舟曲泄流坡、锁儿头滑坡滑带土为研究对象，开展了大量室内试验，揭示了该类滑带土的工程特性及变形破坏机理。

1. 基本物理特征

泄流坡和锁儿头滑坡的滑带土由炭质千枚岩、页岩等软弱岩的风化物构成，基本物理性质指标见表6-13。此类滑带土为低液限粉质黏土、粉土，相比起黄土和红层软岩构成的滑带土，炭质软岩类的比重更大，说明其富含的矿物成分有所不同，这与其形成时代和特殊的赋存环境有关。其滑带土颗粒组成特征如图6-24所示。由于该类软岩风化程度的不同，滑带土中含有较多粒径>0.075 mm的粗颗粒，这是与黄土和红层软岩在颗粒组成上的明显区别，这种特殊性对其剪切强度的影响不容忽视。

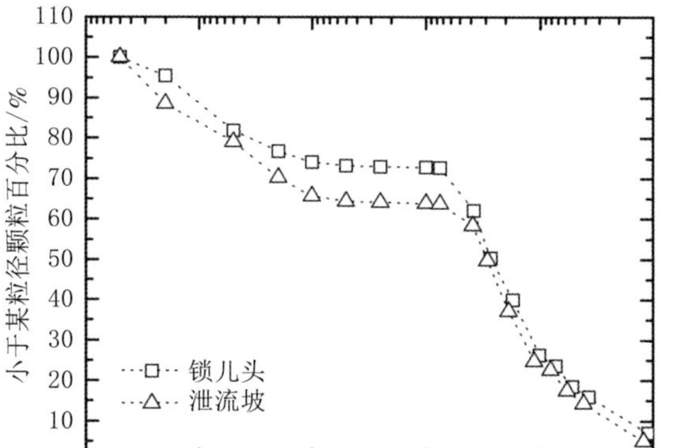

图6-24　炭质软岩类滑带土颗粒组成

表6-13　炭质软岩滑带土基本物理性质指标

滑坡	含水率/%	密度/(g/cm³)	孔隙比 e	比重 G_s	饱和度 S_r /%	液限/%	塑限/%
锁儿头	4.57～5.35	1.97～2.23	0.35	2.73	27.78～50.41	27.8	17.0
泄流坡	3.87～4.45	1.95～2.14	0.40	2.74	23.08～36.14	27.4	17.3

对该类滑带土进行薄片鉴定，岩矿鉴定结果见表6-14。两种滑带土的主要物相组分相同，均是灰泥和泥质，主要是因为两种滑带土的母岩岩性相同，并且具有相同的赋存环境-氧化环境。其中富含有机质的炭化现象是其呈现灰黑色的主要原因。但二者物相组分也存在一定的差异，锁儿头滑坡滑带土在沉积过程中将原来泥质石灰形成泥质团分散于灰泥中，流动构造发育；而泄流坡滑坡滑带土泥质砂屑的结构比较致密，同时和灰泥混合的泥质以胶状结构为主，质点状累积，可以提高土体的内聚力。

表6-14　炭质软岩类滑带土岩矿鉴定表

样品名称	物相组分	结构构造	命名
锁儿头滑坡	石英碎屑 3% 泥质 34% 泥屑 6% 灰泥 57%	含砂灰泥结构。岩石为水下平台沉积的高灰泥和泥质组分为主的较深水产物。碎屑成分主要以石英为主，泥质组分以两种结构为主，一种为泥质团块（泥屑），主要为深水相，氧化环境为主的沉积环境；另一种为泥质胶团，以质点状为主。灰泥为平台沉积，流动至深水环境的石灰质组合，流动后将原来泥质石灰形成泥质团分散于灰泥中，流动构造发育	泥质灰泥岩 （浊积相）
泄流坡滑坡	泥质砂屑 24% 灰泥 43% 泥质 33%	砂屑泥质结构。岩石为深水环境下沉积的以泥质为主的岩石，其中泥质组分以两种结构出现，一种为泥质砂屑和泥质团成分，且在氧化条件下被氧化成褐色。泥质砂屑的结构比较致密，另一种和灰泥混合的红褐色泥质以胶状结构为主，质点状累积。灰泥组分和泥质成混合共存，多以质点状为主。岩石整体结构松散，砂屑在泥质中呈漂浮状，原始沉积环境中，有机质含量比较高	砂屑灰泥岩

2. 剪切强度特征

土的力学性质从本质上来说取决于其微观结构，微观结构在外力作用下又不断发生变化。滑带土受剪切力作用，土颗粒发生相对运动，孔隙趋于不规则，颗粒产生定向排列，其微观结构明显异于周围物质，抗剪强度也异于周围岩土体。对泄流坡滑坡天然原状滑带土切取的SEM试样，进行扫描电镜观测，微观结构照片如图6-25所示，滑带土颗粒的定向排列较为明显。

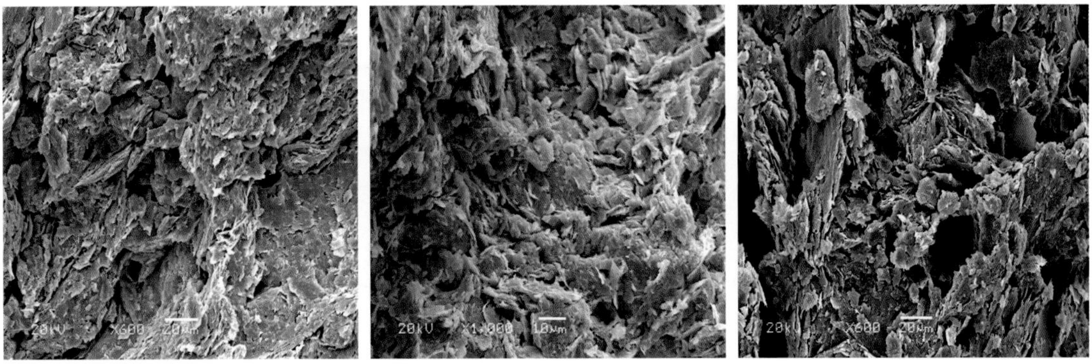

（a）滑带土SEM照片　　（b）絮状微结构　　（c）滑带土SEM照片

图6-25　泄流坡滑坡原状滑带土样SEM照片

利用直接剪切、反复剪切、室内大型剪切等多种试验方法，对炭质软岩类滑带土的剪切强度特征进行了室内试验。

1）直接剪切试验

对泄流坡滑坡滑带土重塑样分别进行了不同含水率、不同法向压力下的直接剪切试验，其剪应力-剪切位移关系曲线如图6-26所示。当土样含水率较小，一般低于塑限时，滑带土具有擦痕清晰的剪破面，抗剪强度从峰值到残余衰减明显，呈现出应变软化特征，而且法向压力越大，在弹性和应变硬化阶段剪应力增长越快，曲线的切线模量越大。土样含水率接近于塑限时，滑带土的应力-应变关系既不是应变软化也不是应变硬化，而是处于一种临界的状态，随剪切位移的增大，其剪应力-剪切位移关系曲线逐渐趋于平缓，滑带土强度从峰值强度到残余强度衰减不明显，甚至出现峰值强度近似等于残余强度的现象；土样含水率高于塑限时，剪应力-剪切位移关系曲线又出现新的变化特点，此时，试样剪切面不甚平整，上下剪切面土样相互黏着，不易分开，土样的应力-应变关系没有峰值出现，呈现出明显的应变硬化特征，滑带土峰值强度无法根据曲线峰值点进行确定，只能根据要求达到的剪切位移限值得到。

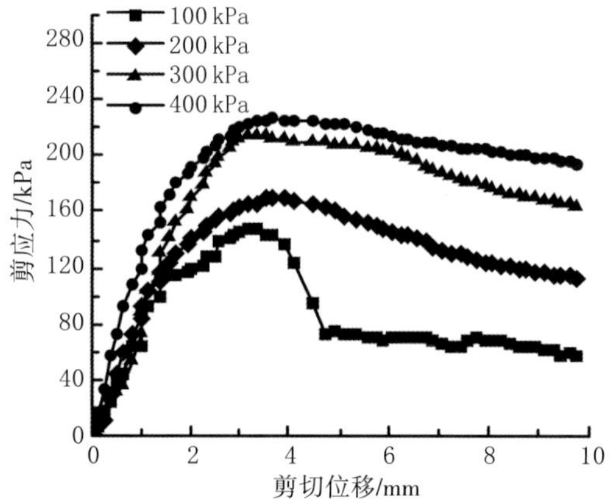

（a）X-1（w=13.1%）

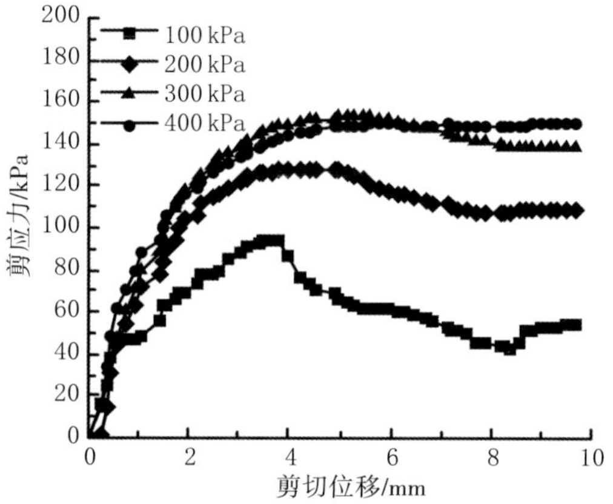

（b）X-2（w=14.4%）

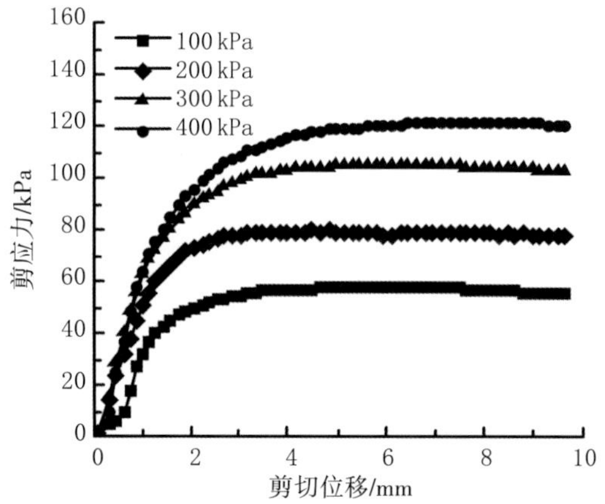

（c）X-3（w=16.5%）

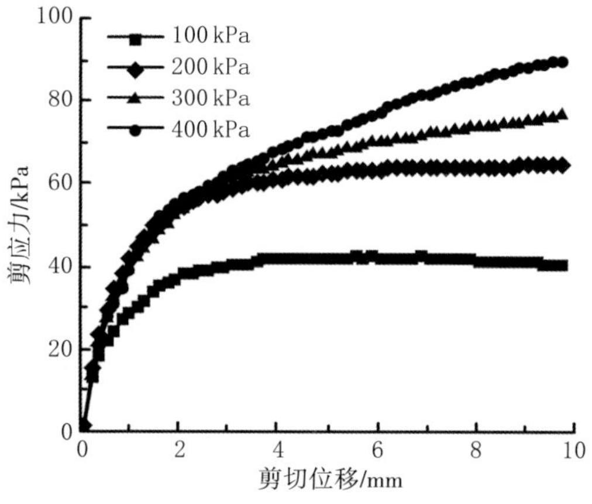

（d）X-4（w=18.3%）

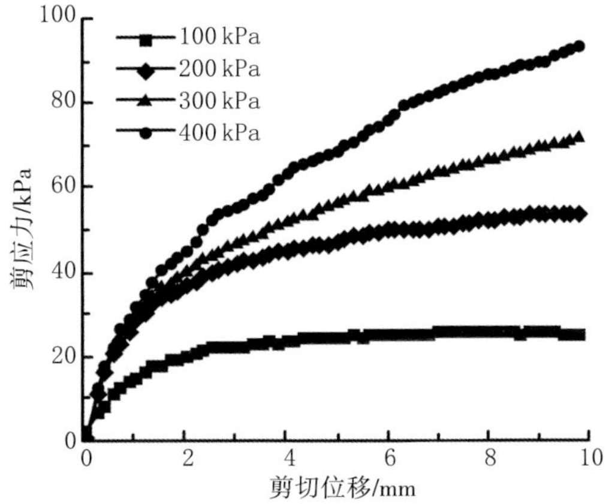

（e） X–5（w=20.5%）

图6–26　泄流坡滑坡不同含水率滑带土直剪剪应力–剪切位移曲线

注：其中（a）～（c）为含水率低于塑限情况；（d）～（e）为含水率高于塑限情况。

2）反复剪切试验

炭质软岩类滑带土反复剪应力–剪切位移关系曲线如图6–27所示。与红层软岩类似，不同含水率下炭质软岩剪应力–应变关系曲线也表现出应变硬化特征，经历反复多次剪切后炭质软岩的应变硬化特征也逐渐减弱，至残余剪切状态时表现出理想塑性破坏特征。

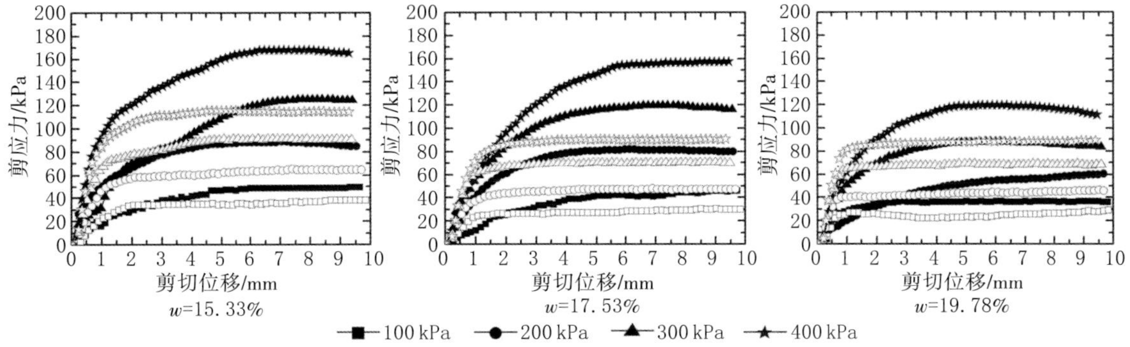

（a）锁儿头滑坡

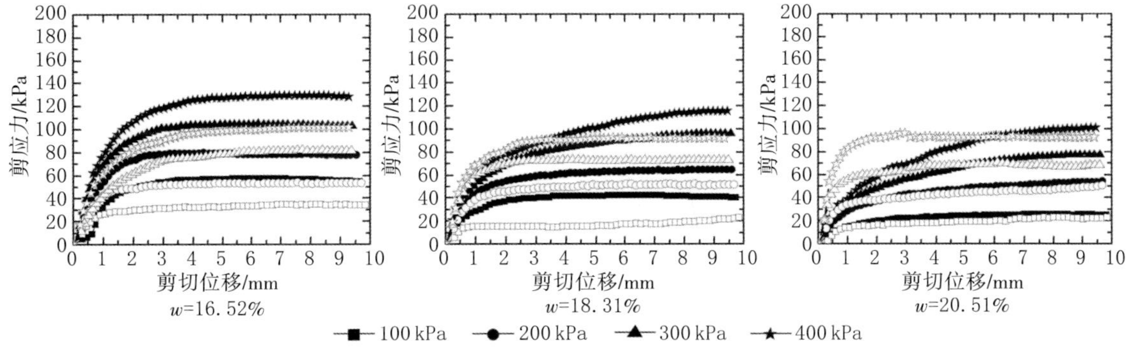

（b）泄流坡滑坡

图6–27　炭质软岩类滑带土反复剪切剪应力–剪切位移关系曲线

注：实心数据点代表第1次剪切过程，空心数据点代表第5次剪切过程。

基于室内反复剪切试验结果，炭质软岩类滑带土抗剪强度指标（内聚力和内摩擦角）与含水率关系如图6-28所示。可见，随着含水率的增大炭质软岩的内聚力和内摩擦角均呈不断减小趋势，相对而言泄流坡滑坡滑带土的内聚力减小更加明显，而锁儿头滑坡滑带土的内摩擦角受含水率影响更加明显。

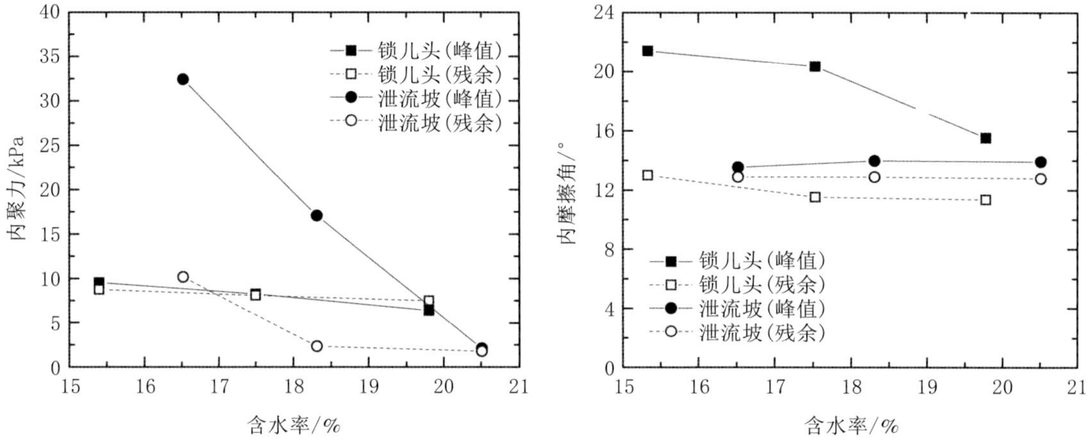

图6-28　炭质软岩类滑带土抗剪强度参数水敏性特征

3）大尺寸界面剪切试验

鉴于炭质软岩类滑带土中存在较多的粗颗粒，采用常规直剪试验手段研究其抗剪强度特性具有较大局限性，利用室内大剪试验设备测试锁儿头滑坡滑带土的大位移剪切强度，试验结果如图6-29所示。不同含水率滑带土大剪试验的剪应力-应变关系均呈现出弱应变硬化特征。通常在剪应变<0.02（对应水平剪切位移6 mm）时，剪应力快速增大，而后随着剪应变的进一步增大，剪应力增大速率逐渐减小，剪应力-应变关系曲线没有明显的峰值出现。通过对比4组不同含水率下剪应力-应变关系曲线可知，曲线形态受含水率的影响较大。在含水率较低时，如w=8.1%的试样，剪应力-应变关系表现出比较明显的应变硬化特征，当含水率增大至10.4%时，剪应力-应变关系的应变硬化特征不甚明显，随着含水率的进一步增大，剪应力-应变关系又表现出较明显的应变硬化特征。

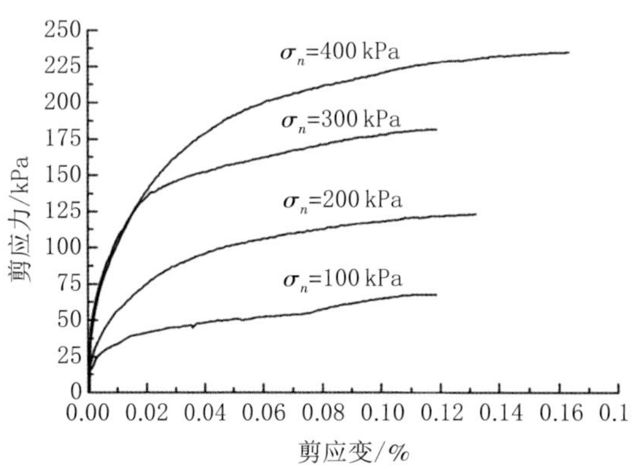

（a）w=8.1%

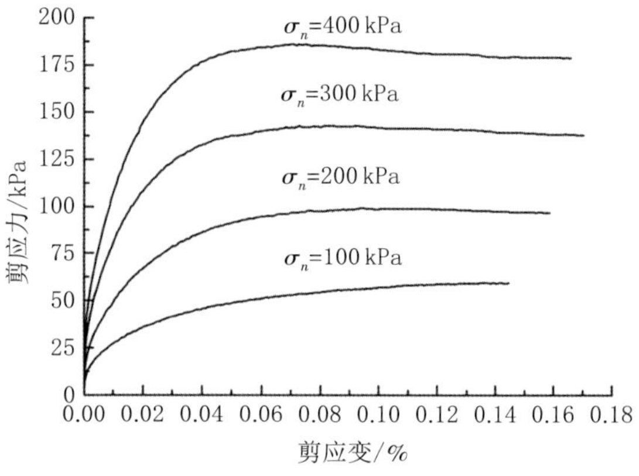

（b）w=10.4%

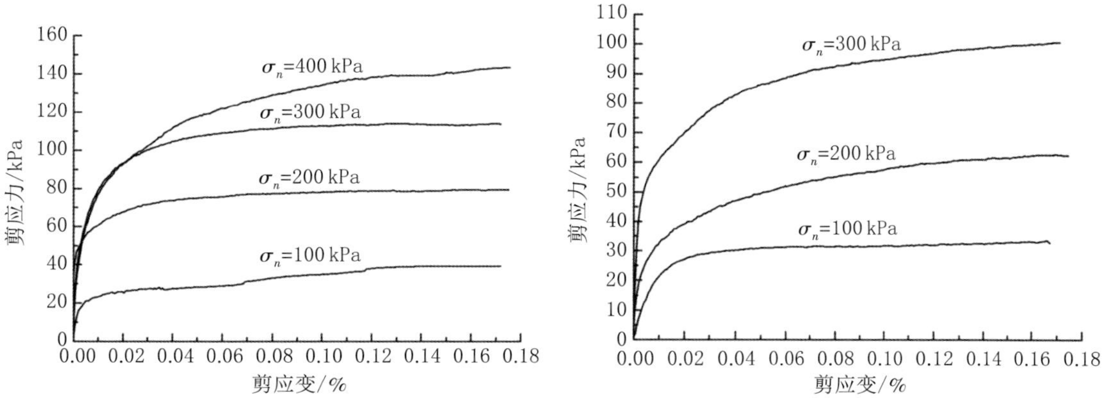

（c）w=13.2%　　（d）w=15.4%

图6-29　锁儿头滑坡不同含水率滑带土大剪剪应力-应变关系

为了探讨含水率变化对滑带土大剪试验强度指标的影响程度，根据图6-29中拟合参数绘制含水率与强度指标关系图（图6-30～图6-31）。

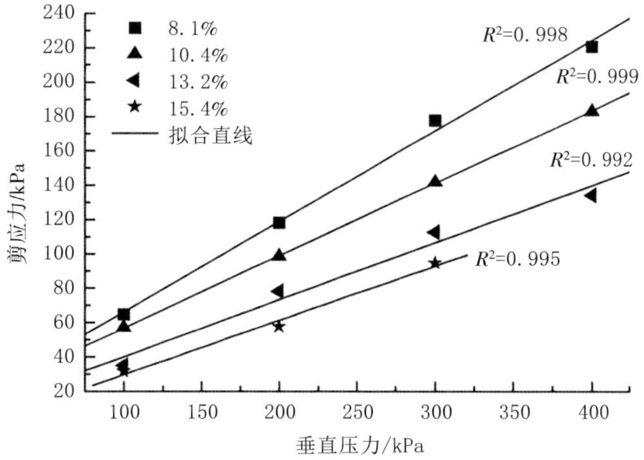

图6-30　锁儿头滑坡滑带土大剪强度图

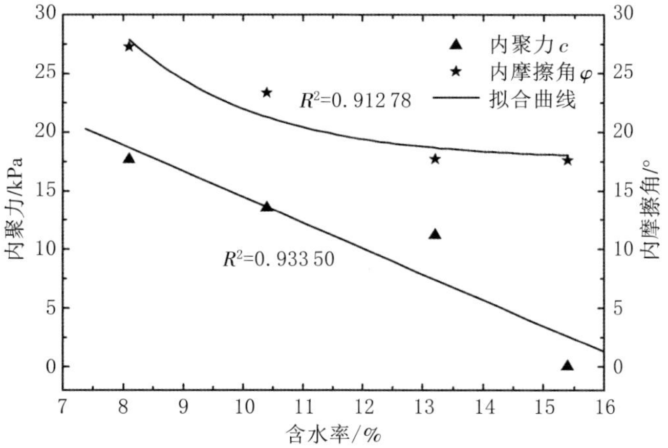

图6-31　大剪试验强度指标随含水率变化曲线

由图可知，锁儿头滑坡滑带土大剪强度指标受含水率影响较大。内聚力c随含水率增加不断减小，含水率较低时，衰减比较慢，当含水率超过13.2%后，衰减速率增大，至含水率达到15.4%时，几乎接近0，土样基本丧失内聚力。内摩擦角φ随含水率增大也不断减小，但变化趋势和内聚力c明显不同，含水率较低时，内摩擦角φ减小速率较大，当含水率超过13.2%后，减小速率变小，并有逐渐趋于稳定的趋势。分别对大剪强度指标与含水率间关系进行曲线拟合，结果见表6-15。

表6-15　大剪强度指标与含水率关系拟合结果

类别	拟合曲线
$c-w$关系曲线	$c=36.527-2.204w$　$R^2=0.933\ 50$
$\varphi-w$关系曲线	$\varphi=59.04-5.19w+0.16w^2$　$R^2=0.912\ 78$

从表6-15可知，锁儿头滑坡滑带土内聚力c与含水率间较好的符合线性相关关系，内摩擦角φ与含水率间较好的符合多项式相关关系。这种试验结果和常规剪切试验结果不甚相同，体现了颗粒级配组成对滑带土抗剪强度特性的影响。

另外，祁连山区岩质滑坡的发育与碳系中上统羊虎组和太原组的软弱煤系地层关系密切，许多岩质滑坡前缘分布有混杂破碎的灰黑色炭质岩屑。可见，石炭系软弱煤层地层是祁连山区的易滑地层。但目前尚缺乏相关研究资料，有待今后给予关注。

第7章　白龙江断裂带舟曲—化马段滑坡

7.1　白龙江断裂带舟曲—化马段滑坡发育特征

7.1.1　断裂带滑坡发育分布特征

1. 白龙江断裂带与滑坡概况

白龙江压扭性深大断裂是青藏高原东北边缘的一条长期活动的区域性走滑逆冲断裂，由南北两支断裂组成，从甘南的西倾山—武都沿白龙江北岸中高山区分布，全长约250 km，断裂带宽度1～3 km，总体走向130°，倾向SW或NE，倾角40°～70°。断层性质主要表现为逆冲（局部正断）兼具左旋走滑，切割了志留系、泥盆系的炭质千枚岩、页岩等软弱易滑地层。该断裂具有分段差异性活动特征，迭部—白龙江南支断裂中段的活动性明显强于东段，晚第四纪以来有过明显活动，最新活动时间为1300年左右，属全新世活动断裂；东段活动性明显减弱，未发现断错全新世地层的证据。据有关资料，迭部—白龙江南支断裂中段左旋滑动速率为每年（1.3±0.1）mm，垂直滑动速率为每年（0.39±0.04）mm。

在青藏高原整体上升、白龙江及支流支沟强烈下切共同形成的中高山构造侵蚀地貌的背景条件下，由于活动断裂、软弱易滑地层和丰富地下水的不利叠加组合，以及白龙江的长期强烈侵蚀作用，沿白龙江深大断裂带发育了一系列大型、特大型滑坡，并且具有悠久的滑动历史和现今强烈的活动性。其中白龙江断裂带中部的舟曲—化马段全长约55 km，由数条近于平行的断层组成，并受北东向次级断层影响，平面上走向发生S形扭转变化，构造应力集中且活动性强，断层带内的炭质板岩、千枚岩深度断层泥化。据调查，舟曲—化马段断裂带发育60余处滑坡并受其控制。著名的锁儿头、咀疙瘩（大小湾）、舟曲县城南山滑坡群、泄流坡、江顶崖、牙豁口、新声（石阏子）、秋林等滑坡均位于此断裂带内（图7-1）。这些滑坡规模巨大、稳定性差，活动性很强，长期缓慢蠕滑。近年来，多数滑坡都发生过多次大规模复活滑动，并堵塞白龙江，常形成滑坡-堰塞湖灾害链，破坏农田、毁坏房屋，威胁县城、村庄、公路和水电站等安全，是白龙江断裂带乃至陇南山区滑坡灾害最为严重的地段。

2. 滑坡类型与发育分布特征

白龙江断裂带滑坡是一类特殊的滑坡类型。从滑坡岩土类型与滑动面特征看，大部分

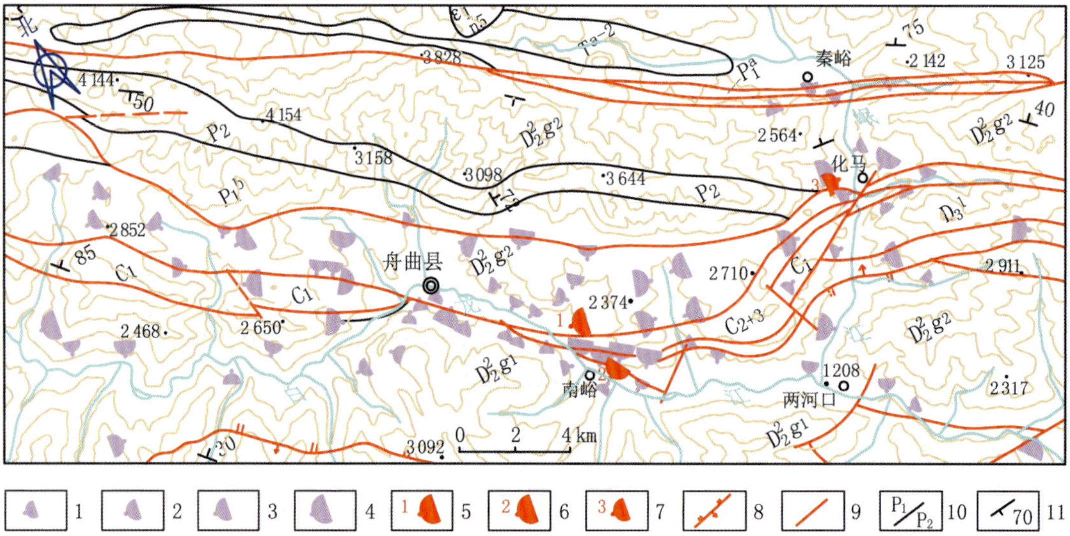

1—小型滑坡；2—中型滑坡；3—大型滑坡；4—特大型滑坡；5—泄流坡滑坡；6—南峪滑坡；7—牙豁口滑坡；8—压性断层；9—活动断层；10—地层界线；11—地层产状。

图7-1　白龙江舟曲—化马段断裂带与滑坡分布图

滑动面虽然主要发育在断层带内的志留系、泥盆系炭质板岩中，但其岩性软弱，并经受了强烈的构造挤压和风化作用，结构破碎且强度低，已无原岩的特征和性质。滑体物质除强风化破碎炭质板岩碎屑和少量黄土外，还叠加了两侧断崖部位的崩塌、滑坡堆积物。因此，大部分白龙江断裂带滑坡的特征和性质与堆积层滑坡更加接近和类似，将其归属为一类特殊的断层破碎带堆积层滑坡更为合理。杨为民也将其定为断层破碎带滑坡。

从滑坡形成时代、规模和活动性方面考量，白龙江断裂带滑坡大多属于现今活动性很强的大型、特大型古老滑坡。每个滑坡的分级分块与活动特点也不尽相同，差异较大，需分别研究其具体特征。

另外，根据滑坡的主滑方向与断裂走向的相互关系，将白龙江断裂带舟曲—化马段受断裂控制和影响的滑坡分为两类：一类为滑动方向与断裂走向一致或接近一致的滑坡，另一类为滑动方向与断裂走向正交或接近正交的滑坡。两类滑坡在形态、规模等方面有一定的差异。

滑动方向与断裂走向一致的滑坡发育在断裂带内，地貌上常表现为沿断裂带展布的长条状凹槽，长宽比一般为10：1～5：1。滑坡侧壁多受断层面控制，形态高大而不规则，反而多数滑坡的后壁并不明显，一般为低矮的垭口。该类滑坡规模以特大型、大型为主，发育分布数量较多。

在舟曲县城以西，顺断裂向白龙江上游，断裂分成南、北两支。沿北支发育了长约4 000 m，宽约500 m，体积约8×10^{7} m^3的锁儿头滑坡；顺南支发育了长约2 000 m，宽约400 m的大小湾（咀疙瘩）滑坡，均为典型长条形凹槽状特大型滑坡。过锁儿头滑坡顶部的低矮垭口出现一处与之对应的逆向滑动的靖边滑坡，长约2 200 m，宽约500 m。和靖边滑坡隔沟相对的是武滩山滑坡，长约3 000 m，宽约300 m，两者构成一对“对生滑坡”。在武滩山滑坡北侧又有换坪滑坡。舟曲县城以东泄流坡滑坡后缘为低矮垭口，垭口东面发育有与泄流坡滑坡对称的、向南东东方向滑动的真节滑坡。真节滑坡长约1 800 m，宽约400 m，也是典型的长条形凹槽状特大型滑坡。滑体由破碎的古道岭组浅变质岩系组成，滑坡范围与断层破碎带的展布一致。地貌形态上，这两个滑坡表现为一直线延伸的凹槽，与本段断层破碎带分布完全一致。与真节滑坡隔沟相对又发育着一处特大型滑坡——石家山滑坡，长约2 600 m，宽约400 m，外形与真节滑坡类似，两者滑舌在沟底相会，也构成一对“对生滑坡”。白龙江支流岷江两岸沿该断裂发育牙豁口、毛家、新声、中牌等滑坡（图7–2），以及东部发育的宕昌县新寨乡秋林特大型滑坡。

图7–2　中牌滑坡全貌

滑动方向与断裂走向正交或接近正交的滑坡主要有舟曲县城白龙江南岸南山滑坡群、白龙江北岸南峪滑坡群，为两个滑坡密集分布地段，位于同一断层破碎带上，滑动方向几乎与断层走向正交，空间分布具有不对称性，滑坡地层为古道岭组下段、第四系崩坡积和滑坡堆积物。此类滑坡以大、中型为主，也有个别特大型滑坡，地貌上滑坡多为沿河谷两岸分布的凸出扇形地貌。

南山滑坡群主要在县城南部白龙江右岸连续发育，有南桥滑坡、龙江新村滑坡、牡丹坡滑坡和河南村滑坡等，均向白龙江滑动（图7–3）。南峪滑坡群主要在南峪段白龙江左岸自上游向下游连续发育有虎家崖滑坡、虎家崖下滑坡、门头坪滑坡和江顶崖滑坡等，也均向白龙江滑动（图7–4～图7–5）。

图7–3　舟曲县城白龙江右岸南山滑坡群

图7-4　舟曲南峪白龙江左岸滑坡群卫星影像

图7-5　舟曲南峪白龙江北岸滑坡群

除了上述县城和南峪两个滑向垂直断裂带的滑坡群外，近年来还发育其他一些类似的新滑坡（图7-6）。

图7-6　舟曲县城东部白龙江南岸新滑坡

7.1.2　滑坡发育过程与活动特征

白龙江断裂带滑坡多是具有非常悠久滑动历史的古滑坡。地质历史上，在青藏高原长期不断强烈上升的大地质背景下，当白龙江及支流下切到一定深度时，白龙江断裂带滑坡大多就开始发育形成，并不断活动与演化。因此，查明其发育历史全过程非常困难。滑坡发育演化的地质历史过程中，随着滑坡上部滑体长期向下滑动和前缘滑体被白龙江及冲沟侵蚀搬运，使滑体逐渐变薄。因此，各种风化营力，特别是地下水软化作用也随之长期缓慢地向滑床下部的断层带破碎炭质板岩中发展，滑动面也逐步下移，长期不断滑动，滑体被水流侵蚀搬运，沿断层带形成狭长形凹槽状滑坡地貌。

滑体岩性主要为经断层破碎并强烈风化的炭质板岩、风积黄土，并有滑坡两侧高陡山体的崩塌、滑坡块石的汇集加积，结构混杂。狭长凹槽状滑坡地形非常类似于传送带式的岩土输移通道，长期不断输移断裂带和两侧滑坡、崩塌物。白龙江断裂带地下水普遍发育，滑坡体上出露泉水较多，还长有喜水植物。受地质构造和地下水等的共同作用，断裂破碎带内的炭质板岩碎屑已大多风化成黏土状，长期软化，强度很低，是本区广泛分布的软弱易滑地层，构成了此类滑坡的滑带（图7–7～图7–8）。

图7–7　强风化炭质板岩碎屑及滑面

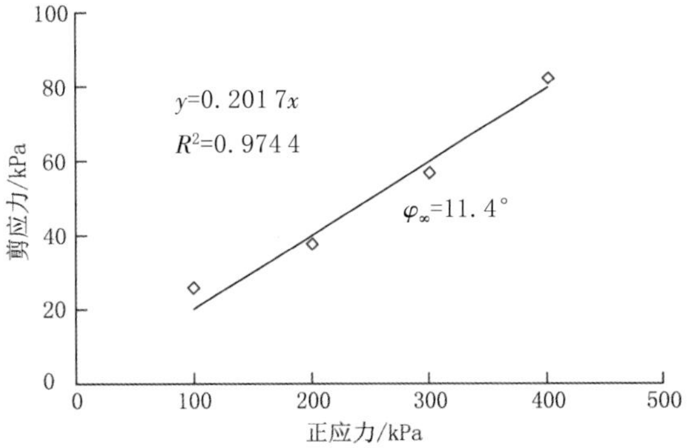

图7–8　滑带土长期强度包络线（据蒋秀姿）

由于平行断裂带的滑坡长宽比大，此类滑坡体一般具有分级分块变形和滑移的特征。据长期监测和历史滑动资料显示，不同时期、不同部位滑体的稳定性和变形速率差异较大（图7–9）。单个滑坡一般由多级相对独立而又相互作用的滑体组成，或者是多个滑坡组成的滑坡群。目前多为上部滑体的变形速度大于下部，上部滑体失稳滑动，加载在下部滑体，可能继续推移下部滑体滑动。下部滑体失稳滑动，使上部滑体失去支撑并更加临空，又可能牵引上部滑体再次滑动。历史上此类滑坡多存在推移式和牵引式滑动方式的转换。

滑动方向与断裂走向垂直的滑坡也大多是古、老滑坡，也是当白龙江下切到一定深度后，白龙江两岸高陡灰岩斜坡沿构造结构面和下部软弱炭质板岩滑动或崩塌，滑体堆积于沿江两岸。如江顶崖滑坡就是滑向垂直断裂走向的特大型岩质古滑坡。南山滑坡、虎头崖滑坡由多期滑坡叠加形成。据钻探资料，龙江新村等老滑体的前舌低于现代河床15 m。

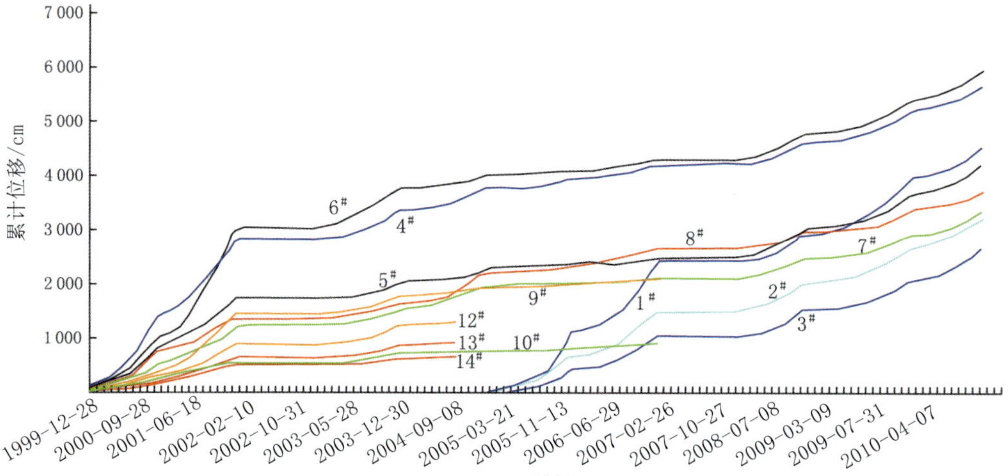

图7-9　锁儿头滑坡2000—2010年不同部位监测点累计位移曲线

白龙江断裂带复杂构造、软弱易滑地层与丰富地下水背景中发育的滑坡，其遭受的外部动力地质作用也非常强烈。许多滑坡前缘受江水长期侵蚀冲刷，降低抗滑力（图7-10）；滑坡两侧也时有来自上部斜坡失稳崩塌、滑坡体的加载，增加下滑力，均改变了滑坡体的力学平衡状态，对滑坡的稳定性产生不利影响。白龙江断裂带滑坡稳定性差，具有明显的长期缓慢蠕滑变形和频繁强烈复活滑动特性。另外，县城一带滑体上开挖加载、灌溉等强烈人为活动也成为重要的加剧因素。

图7-10　锁儿头滑坡前缘侵蚀与次级滑坡

咀疙瘩、南桥滑坡、南山滑坡、中牌滑坡、新声滑坡等也都处于长期缓慢的蠕动变形状态，挤占河道，破坏公路（图7-11～图7-12）。

图7-11　咀疙瘩滑坡西侧边界处错断公路

图7-12　新声滑坡蠕滑拉裂上山公路

近年来，InSAR监测结果也显示舟曲—化马断裂带的多处滑坡体不稳定，长期蠕动变形（图7-13）。

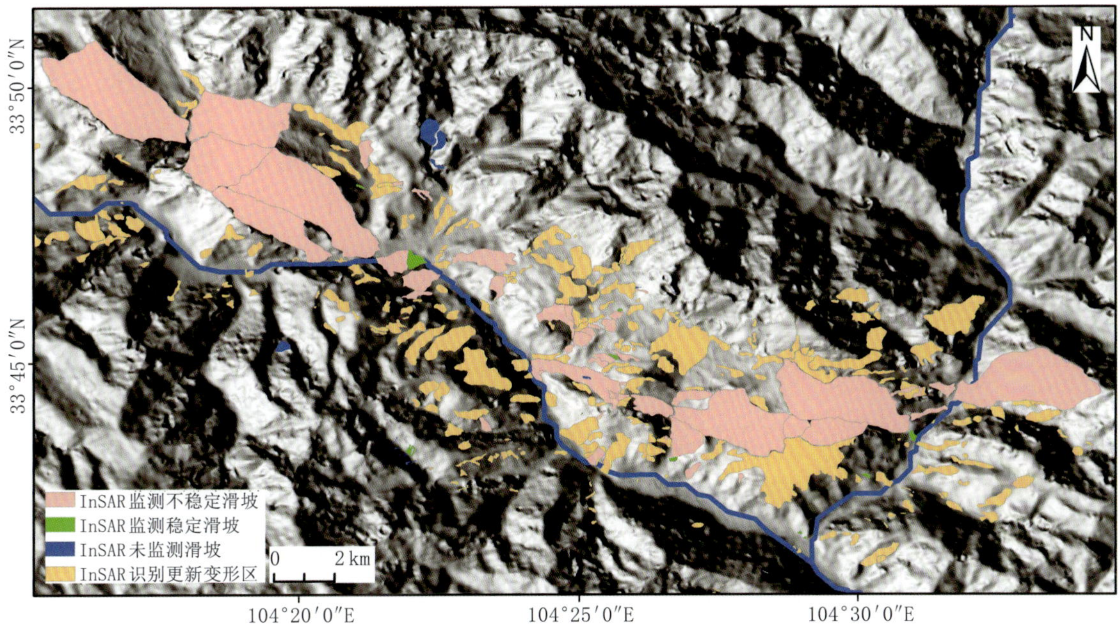

图7-13　舟曲—化马断裂带滑坡变形InSAR监测结果图（据张毅）

历史上，除了本章要专门研究的泄流坡、江顶崖和牙豁口滑坡曾多次发生强烈复活滑动，堵塞白龙江、岷江外，龙江新村、南山、中牌、新声、秋林等滑坡也都发生过整体或局部的大规模复活滑动。1998年2月舟曲县南山滑坡上山公路上部约1.2×10^6 m^{3}的土体失稳向下滑动，加载在下方的河南村大型老滑坡上，使其稳定性降低，发生变形和滑移。2019年由于城市建设活动在滑坡前缘人为开挖，引发河南村滑坡前缘西部复活滑动，舌部反翘拱起并破坏新建公路（图7-14）。1984年宕昌县新寨乡秋林滑坡发生大规模复活滑动，体积约2×10^7 m^3，破坏村庄，“5·12”地震灾后重建时，由于选址不当，修建在该滑坡区的房屋建筑出现开裂变形（图7-15）。

图7-14　舟曲县城河南村滑坡破坏公路

图7-15　宕昌县新寨乡秋林滑坡

虎家崖南侧滑坡位于泄流坡滑坡下游约1 km的白龙江左岸，平面形态呈扇形，滑坡长约600 m，前缘宽600 m，体积约8×10^6 m^3，由碎石土组成。其滑源区高陡灰岩山体中沿次级断裂发育一条狭长槽谷，谷脑与泄流坡滑坡相通，地质历史中槽谷区有多次崩滑体沿此通道滑移并堆积叠加在虎家崖南侧滑坡的顶部。2020年秋季舟曲县降水量较大，10月25日在下小雨的情况下，虎家崖东侧山顶发生体积约2×10^5 m^3的碎石流型滑坡，沿底宽30～50 m，长约400 m的槽谷滑出，滑体呈不规则扇形堆积于老滑坡顶部，其中约2×10^4 m^3呈流塑状的滑体沿老滑坡北侧边缘坡降约60%的小型冲沟滑动了近800 m，约1 000 m^3的滑坡前舌呈扇状堆积于G345路面（图7-16）。

图7-16　舟曲县虎家崖南侧滑坡影像

虎家崖南侧老滑坡前缘受白龙江冲刷，后缘受来自上部滑坡的加载等不利因素的影响，老滑坡的整体稳定性将逐步恶化，滑体上部已出现多条贯通性拉张裂缝和剪切裂缝，形成重大滑坡隐患。在暴雨或地震等外部因素作用下，可能失稳滑动，将危及G345线和堵塞白龙江，险情严重。

由图7-4可以看出，南峪镇对面的门头坪老滑坡上部山体也发育有长250 m，平均宽80 m，体积约1×10^5 m^3的潜在滑坡体，变形强烈，滑坡周界明显，稳定性差，剪出口位置高于门头坪老滑坡240 m左右，在降水和地震的促发作用下，可能失稳剧滑，将对下部门头坪老滑坡体产生强烈冲击和加载，可能产生复活滑动。

7.2　泄流坡滑坡

泄流坡滑坡位于舟曲县境内的白龙江北岸，距县城6 km（图7-17～图7-18）。地理坐标：104°25′E，33°45′N。滑坡长2 900 m，平均宽450 m，平均厚48 m，体积约6×10^7 m^3。泄流坡滑坡是典型的平行断裂带发育并受其控制的特大型古滑坡，具有悠久发育历史且长期缓慢蠕动变形、多次剧烈复活滑动等特点。20世纪曾发生8次大的滑动，每次滑动均不同程度地堵塞白龙江并中断交通，回水也危及舟曲县城，造成重大经济损失。该滑坡稳定性差，还可能再次发生大规模复活滑动。与其类似的还有锁儿头、中牌、刘家湾、秋林等滑坡。

图7-17　泄流坡滑坡全貌

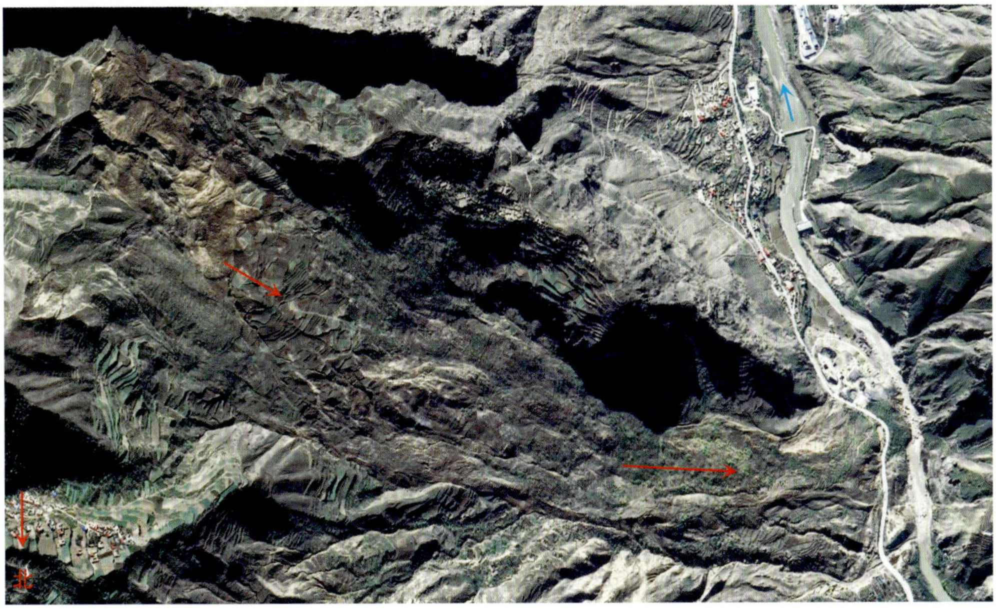

图7-18　泄流坡滑坡卫星影像

7.2.1　滑坡发育环境

泄流坡滑坡区出露的地层主要有：

1. 中泥盆统中部古道岭组（D_2^2g）

为一套浅变质岩系，可大致分为两个岩性段：

（1）古道岭组下段（$D_2^{2-1}g$）：下部为黄褐色中厚层含砾砂岩，灰紫色、黄绿色千枚岩，含钙砂质板岩，长石石英砂岩，浅褐色、灰色钙质页岩夹中薄层泥砂质灰岩，扁豆状灰岩；上部为灰色、深灰色中薄层-厚层块状泥砂质灰岩，疙瘩状泥砂质生物灰岩，含白云质灰岩，燧石条带灰岩，夹炭质板岩、千枚岩、砂岩，厚约483 m。

（2）古道岭组上段（$D_2^{2-2}g$）：下部为炭质板岩、千枚岩、砂岩夹薄层硅质灰岩，薄层泥砂质灰岩；中部为深灰色厚层状灰岩，灰色薄层状灰岩，疙瘩状生物灰岩夹角砾状灰岩及炭质千枚岩、板岩；上部为灰色千枚岩，含炭板岩夹中薄层生物灰岩及薄层泥砂质条带灰岩和灰岩透镜体，厚约1 410 m，是一套以千枚岩、板岩为主的浅变质岩。

2. 下石炭统（C_1）

下部为中厚层灰岩，局部夹黄褐色板岩；中部为炭质千枚岩、板岩、砂岩；上部为中厚层灰岩，局部夹砂岩、千枚岩、板岩。

3. 中上石炭统（C_{2+3}）

中厚层块状灰岩，硅质条带灰岩，鲕状灰岩及少量钙质砂岩，千枚岩、板岩。

4. 中、上更新统（Q_{2+3}）

主要为浅黄色黄土状粉质黏土，含少量角砾和碎石块。含钙质较高，淋滤富集后生成形状不规则及不稳定的钙质结核层。

5. 全新统（Q_4）

以白龙江及其支沟堆积为主，多为卵石层、砾石层和碎石土。

滑坡上段的岩土体结构为：上部分布较广的原马兰黄土，一般厚度7～10 m；下部主要由原中、上志留统的炭质千枚岩、板岩等构成，结构杂乱，劈理、揉皱等变形现象非常发育，而且风化严重，多呈鳞片状和泥状，手感极滑腻，其风化土的颗粒特征见表7-1。滑坡下段的基底为泥盆系古道岭组第二岩性段，主要为千枚岩、板岩，岩石变形、破碎强烈。其上滑体大多是由上段滑落下来的黄土、黄土状土、灰黑色片状岩屑、灰岩岩块等组成，整个滑体内部结构絮乱，岩性混杂。

表7-1　泄流坡滑坡风化土颗粒特征统计表

岩土名称	颗粒组成/%			粒径中值/mm	液限/%	塑限/%	定名
	>0.05 mm	0.05～0.005 mm	<0.005 mm				
风成黄土	47.0	36.6	16.4	0.043	26.2	19.1	粉土
千枚岩风化土1	26.3	42.7	31.0	0.011 7	38.6	23.5	粉质黏土
千枚岩风化土2	16.0	39.8	46.2	0.006 0	34.8	21.4	粉质黏土
炭质板岩风化土	39.1	32.7	28.2	0.018 3	24.5	16.1	粉土

地质构造上，泄流坡滑坡位于白龙江北岸的舟曲—化马深大断裂破碎带内，断裂带内的岩体结构变形破坏强烈，风化作用及地下水活动十分活跃，在地表沿断裂带呈规模较大的槽状负地形。泄流坡滑坡的南北两侧边界均受两条走向近于平行的陡倾断层面控制，其南北两侧地层分别为中上石炭统（C_{2+3}）和泥盆系中统古道岭组上段（$D_2^{2-2}g$）。破碎带内还发育有数条次级走向断层，在黑山咀下有一北东向正断层通过滑体。

泄流坡滑坡体内地下水比较丰富，平时可见泉水6处，总流量8～10 L/s，对土体的软化作用明显，是促使滑坡长期变形和滑动的主要因素。

滑体两侧发育有纵向冲沟，地表水流强烈侵蚀松散的滑坡体。在前缘，滑坡每次大的滑动都会侵占或堵塞白龙江河道，并受江水侵蚀，形成陡坡。当滑坡下滑完全堵江时，为降低水位，常进行人工爆破。因此，滑坡前缘总是不断出现临空陡面并发育多处小型滑坡，目前，前缘已被冲刷成高30 m左右的陡坎。

总之，断裂破碎带及软弱易滑的岩土体条件，地下水的长期作用和白龙江对滑坡前缘的强烈冲刷侵蚀，均是泄流坡滑坡长期变形和复活滑动的有利因素。

7.2.2　滑坡形态与结构

泄流坡滑坡属特大型滑坡。平面上呈长条状，形态不很规则，两侧受断裂控制，后部为一分水岭哑口，没有高大明显的滑坡后壁，前部向左侧略有转向，滑舌直达白龙江边。滑坡后缘高程2 100 m，前缘高程1 300 m，高差约800 m，平均坡度15.5°。泄流坡滑坡可分为上、下两个滑坡段（图7-19～图7-20）。

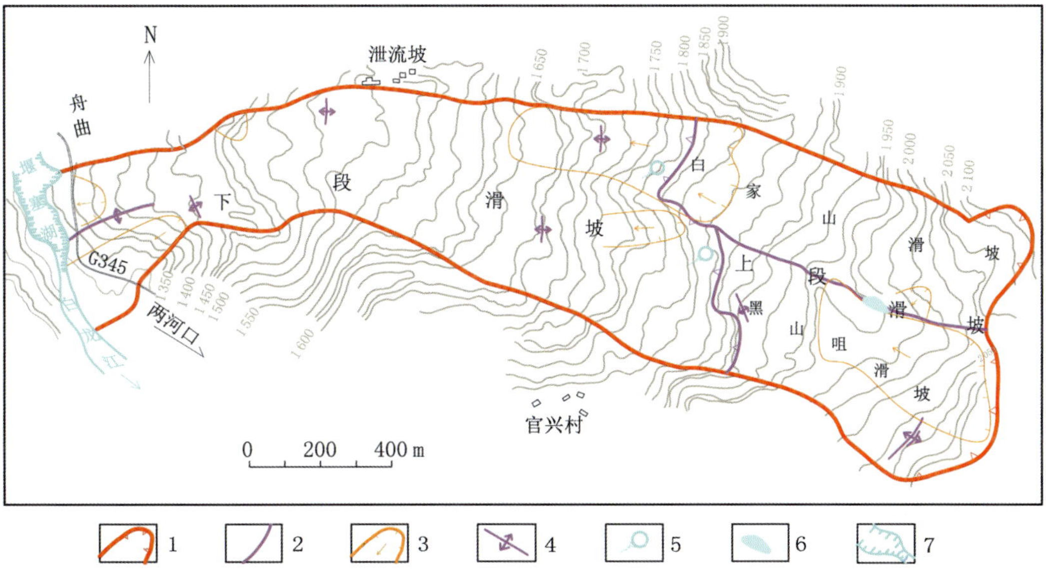

1—滑坡边界；2—分级界线；3—次级滑坡；4—裂缝；5—泉；6—积水洼地；7—1981年堰塞湖。

图7-19　泄流坡滑坡平面图（据曾思伟修编）

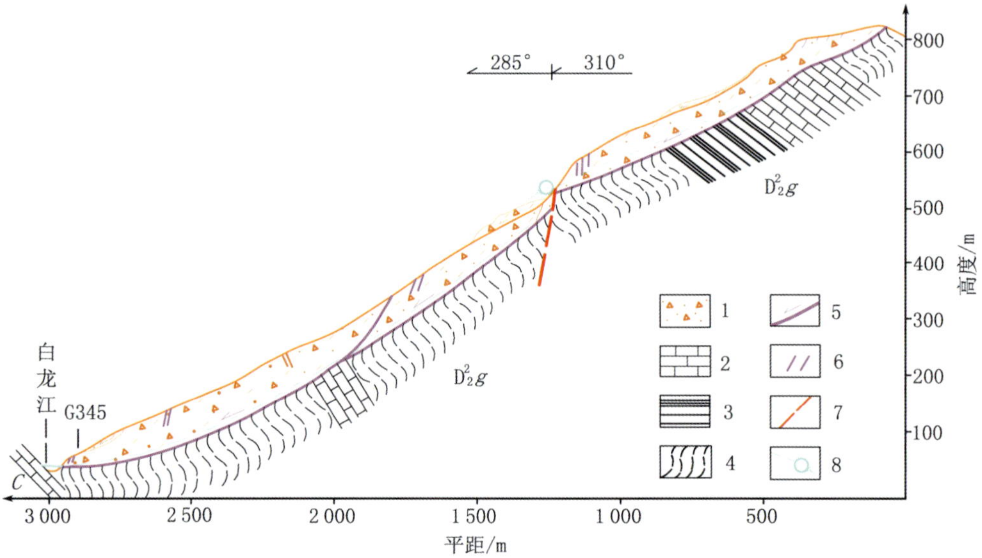

1—滑坡堆积；2—灰岩；3—炭质板岩；4—炭质千枚岩；
5—滑动面；6—裂缝；7—推测断层；8—地下水位与泉。

图7-20　泄流坡滑坡剖面图

1.上段滑坡

上段滑坡平均长约1 000 m，宽约620 m，主滑方向310°。也可分为南北两部分（图7-21），北侧为白家山滑坡，宽约320 m，主滑坡长约1 000 m，上缘高程为2 100 m，剪出口高程1 750 m，相对高差350 m，该滑坡在1981年前未发生过大规模滑动。南侧为黑山咀滑坡，长约800 m，宽约300 m，相对高差达350 m。

图7-21　泄流坡滑坡上段全貌（2020年）

上段滑坡体地表波状起伏、裂缝发育，黑山咀滑坡中北部有一处深约10 m的滑坡洼地，平时有蓄水，夏季时水深可达6～8 m（图7-22）。本区南北两侧山坡发育多处滑坡和崩塌，崩滑体不断地向中间滑坡凹槽内滑动和堆积，当凹槽内堆积物汇集增加到一定程度，滑坡的抗滑力与下滑力之间的平衡关系被打破时，则沿滑坡凹槽发生向下滑动。

图7-22　起伏的黑山咀滑坡体与洼地

根据1991年的调查，上段黑山咀

滑坡体的中后部和前缘陡坎后部都发育较大规模的弧形张裂缝。近年来，其上段北侧白家山滑坡和南侧黑山咀滑坡均出现蠕动变形和局部滑动，白家山滑坡主要是前、后部的失稳滑动，中部树木茂密，较为稳定。黑山咀滑坡的滑动主要集中于北部与白家山滑坡的交界处，变形和滑动最为活跃，最近一次滑坡宽约180 m，长700 m，体积约1.3×10^6 m^3，滑体以黄土为主，滑距300～400 m，近几年滑动较为剧烈(图7-23)。黑山咀滑坡也可分为上、下两级，近几年滑坡后缘也逐步向东部分水岭发展。

图7-23　泄流坡滑坡上段黑山咀滑坡的次级滑动

由图7-20和图7-21可见，上段滑坡前缘发育与滑坡方向基本垂直，高约100 m的陡坎平均坡度约38°，前缘陡坎处发育有大量中、小型次级滑坡群。该陡坎原来高度不大，1963年滑动后高度为45 m，1981年滑动后增加了1倍多，使上段滑坡前缘处于更加临空状态，也说明1963年、1981年的两次大滑动，下段滑坡的滑距大于上段，近年来高度还在增大。陡坎为上、下两段滑坡的分界线，既是上段滑坡的前缘和剪出口位置所在，也是下段滑坡的后壁。同时，也是上段滑坡的滑移通道，上段滑坡前缘失稳滑动的滑体，不断经此滑移通道下滑后加载和推挤下段滑坡（图7-24）。

图7-24　泄流坡滑坡下段上部及裂缝

图7-21也反映出，该陡坎平面形态为中部向下方凸出的弧形，中部小山咀相对较为稳定，形成南北两个滑移通道。南部为圈椅状地形，曾发生过大规模次级滑坡，目前其上植被恢复良好，说明近年来黑山咀滑坡前缘南部也较为稳定。近年来，北部滑移通道上部已发生2～3次较大规模滑动，表现最为积极活跃，这与上段白家山滑坡后部的长期蠕动与频繁强烈的局部滑动，加载挤压上段滑坡前缘陡坎处的滑体有关。

2. 下段滑坡

下段滑坡长约1 800 m，宽250～400 m，相对高差450 m，泄流坡村以上主滑方向300°，以下变为285°，并在转向后滑体的宽度变窄。上段滑坡滑落的土体都堆于其上部，厚度不断增加，目前滑体厚度超过40 m，是造成本段滑坡滑动的原因之一。滑体呈多级台阶状，各种裂缝发育，公路内侧中、小型次级滑坡频繁发生（图7-25），滑动面主要位于青灰色炭质板岩碎屑中（图7-26）。下段滑坡南北两侧发育有纵向冲沟，地表水流强烈侵蚀、搬运松散的滑坡体，转化为泥石流。滑坡前缘伸入白龙江边，挤占压缩河道，遭受江水侵蚀，形成20～30 m高的陡坎，陡坎部位小型滑坡和裂缝发育，该段河道中分布较多灰岩大块石，从前缘通过的G345线经常开裂变形（图7-27）。

图7-25　滑坡前部公路内侧中小型次级滑坡

图7-26　次级滑坡的滑动面

图7-27　滑坡体上长期变形的公路

7.2.3　滑动历史及现状滑移变形分析

泄流坡滑坡为活动性强、稳定性差的古滑坡。20世纪以来，滑坡前缘伸入白龙江，造成较大灾害的滑动就有8次，即1904年、1907年、1922年9月、1931年、1949年（农历十月初一）、1961年10月4日、1963年9月12日及1981年4月。每次滑动范围不尽相同，一般是滑坡前缘首先滑动，且规模较小，其范围逐渐向后部发展。1949年以前，南部官兴村位于下段滑坡体的后缘，1949年的滑动迫使村庄搬迁。因此，从近期的滑坡活动历史来看，上段滑坡形成较早，但1949年以后又开始活跃起来。

1961年9月下旬，舟曲县境内发生一次小地震，震后几天泄流坡滑坡便发生复活滑动。10月4日滑速加快，7日中断公路，8日滑坡舌部进入白龙江，13日白龙江被堵断流。因堵坝高度较小，很快被江水冲开，造成的损失较小。

1963年9月12—14日，下段滑坡的前部首先开始滑动，逐渐向后发展，不断地缓慢滑动，为牵引式滑坡。9月30日滑坡下部的公路完全破坏，10月2日滑舌进入白龙江，将原60 m宽的江面压缩到7～12 m。至10月15日前部已滑动101 m，实测最大滑速为19.5 m/d，到10月底滑坡基本趋于稳定。总滑动距离：下段滑坡后缘约300 m，中部约200 m，前部约150 m，滑坡中部明显有3级反坡台地。此次滑动中，白家山滑坡未有明显滑动，黑山咀滑坡的变化较小，主要是下段滑坡滑动，主滑段长度1 800 m，宽度282～450 m，滑体厚度约35 m，总体积约2.5×10^7 m^3。滑坡前舌堵塞了白龙江，水位抬高17.85 m，回水长度4.5 km，形成库容近6.5×10^6 m^3的堰塞湖，造成淹没公路等灾害，威胁舟曲县城安全。

1981年2月8日，上段白家山滑坡开始明显滑动，滑体宽度约150 m，之后滑速减慢，而4月4日以后又明显加快。4月9日凌晨3时，上段黑山咀滑坡也发生滑动，其前缘陡坎处的小型滑坡群活动尤为剧烈。沿滑动方向，滑体宽度由近100 m逐渐增加到200 m。上段滑坡滑落的大量土体堆积在下段滑坡的后部，又促发了下段滑坡的滑动，4月9日上午9时公路开始变形，下午交通中断，并堵塞了白龙江。本次滑动滑速最快的是白家山滑坡，4月9—12日的4天中平均滑速为30 m/d。黑山咀滑坡除前缘近150 m宽下滑外，其他滑移甚少。下段滑坡滑速一般为3～5 m/d，4月22日后，滑速已小于1 m/d，最大滑距为400 m，本次滑动总体积约4×10^7 m^3。破坏了泄流坡村的部分房屋，前部堵江高度达21 m，回水7 km，形成蓄水量达2.1×10^7 m^3的堰塞湖，淹没了公路和农田，危及舟曲县城，经济损失达1 000万元以上。

自1981年泄流坡滑坡大滑动后，40多年来虽再未发生大规模的灾害性滑动，但是泄流坡滑坡长期缓慢的蠕动变形从未停止，滑坡体上局部频繁发生中、小型及个别大型滑坡，活动非常强烈，1998年下部滑体也曾出现明显的大面积滑动。

1991年以来，甘肃省水土保持局对泄流坡滑坡的位移变形动态进行了监测，监测资料表明，泄流坡滑坡一直处于蠕动滑移状态，各部位的位移量差异很大。1991年8月—1995年底上段滑坡的累计位移量达94 m，下段滑坡的累计位移量为13～17 m，相差5～7倍（图7-28）。进入21世纪以来的变形还延续着上述动态特征和差异（图7-29）。

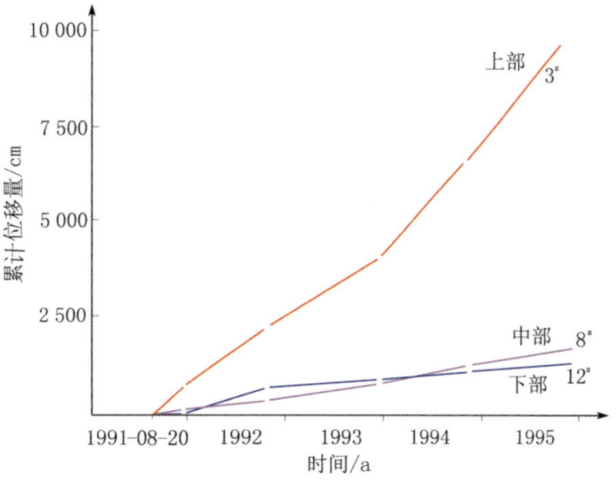

图7-28　泄流坡滑坡1991—1995年位移动态曲线

7.2.4　滑坡的基本特点

（1）泄流坡滑坡两侧边界明显受断裂控制，如此大规模的滑坡却无明显滑坡后壁。

（2）滑坡平面形态呈长条状，长度远大于宽度，长宽比约为6：1～7：1，属典型的长条状滑坡。

（3）泄流坡滑坡体积达6×10^7 m^3，属特大型滑坡，分级分块特征明显。滑坡体分为上、下相对独立的两个滑坡段，上段滑坡又可分为白家山滑坡和黑山咀滑坡两部分，各滑坡块体间既相对独立又相互影响。

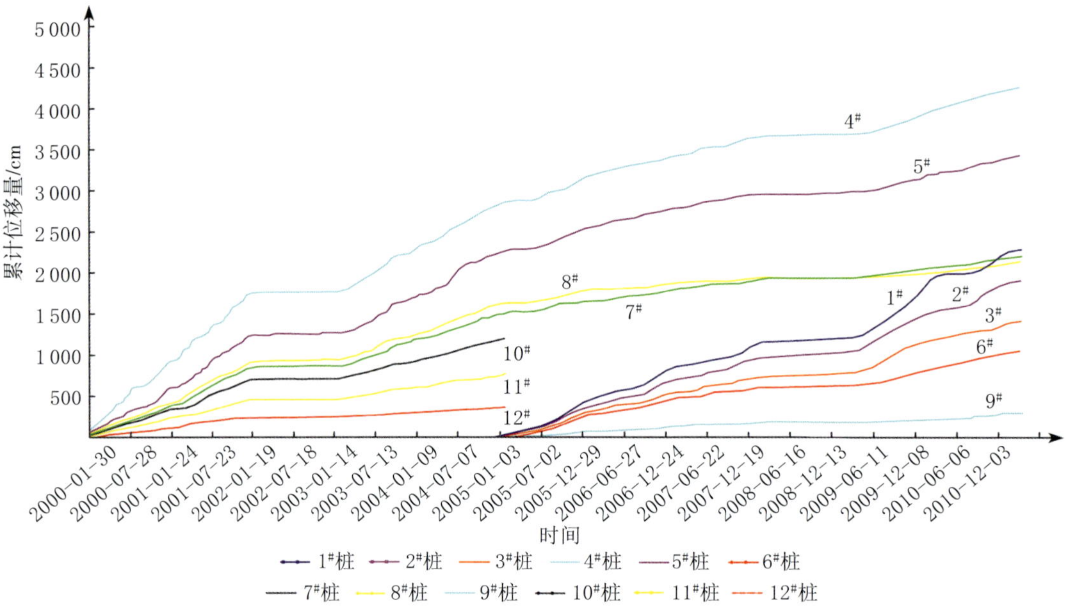

图7-29　泄流坡滑坡2000—2010年不同部位监测桩累计位移曲线（蒋树，2013）

（4）泄流坡滑坡长期处于滑移变形状态，各段滑坡块体的变形滑移差异较大，局部中、小型次级滑坡发生频繁。

（5）历史上泄流坡滑坡多次复活，发生大规模的滑动，但滑速一般较低，持续时间长。滑动方式具有牵引式滑动与推移式滑动相间发生的特点。

（6）泄流坡滑坡每次大规模滑动都堵断白龙江，形成滑坡-堰塞湖灾害链，造成淹没等灾害，危及白龙江沿岸县城、村庄、道路、水电站等的安全。

7.2.5　滑坡成因和机理分析

1.易滑的地层条件

组成斜坡的古道岭组浅变质地层中，以风化破碎炭质板岩、炭质千枚岩岩屑为主，多为薄层状或透镜体状。富含泥粒和黏土矿物，遇水软化，强度很低，是陇南山区的主要易滑地层，其主滑面和次级滑动面的发育均与该地层有关。

2.分割岩体的构造条件

泄流坡沿舟曲—化马活动性深大断裂破碎带发育，其控制了该滑坡的发育和基本特征。滑坡侧壁受北西西向断层和节理控制，后缘受北北东向陡倾节理控制。

3.地形地貌条件

在强烈上升的新构造运动和白龙江急剧下切的共同作用下，本区形成了高差1 000 m以上的陡峭中高山地貌，为滑坡发育提供了良好的地形条件。泄流坡为沿断裂破碎带形成的槽状低凹缓坡地形，是本区滑坡的主要发育地段。

4.地下水丰富

滑坡区地势低凹，地表起伏、裂缝发育，土体疏松，非常有利于大气降水的汇集和入渗，大量补给滑坡体内的地下水，使得断层破碎带的滑坡体内有较丰富的地下水，长期软化滑带土体，对滑坡长期缓慢蠕滑起到重要作用。泄流坡滑坡大规模复活滑动多发生在雨季后的9月、10月，可见与地表水下渗至滑面有关。

5.两侧山体崩滑体的加载

泄流坡滑坡两侧是由灰岩等组成的高陡山体，受断裂影响，崩塌、滑坡发育，崩滑体堆积叠加在中部相对低凹的泄流坡滑坡体上，增大了滑坡推力，活跃的两侧山体崩滑体的加载作用也是泄流坡滑坡长期缓慢蠕滑和多次间歇性大规模复活滑动的因素之一。

6.白龙江的强烈侵蚀作用

泄流坡对岸山坡为坚硬的灰岩岩体，而泄流坡坡脚出露的是受断裂影响而破碎的炭质板岩、千枚岩，极易受冲刷破坏。每次大滑动时堆积在白龙江河道的松散滑体更易被水流冲刷带走，使坡体失去支撑，产生长期缓慢蠕滑和大规模复活滑动。另外，泄流坡滑坡下段滑体两侧发育的纵向冲沟对滑体的侵蚀作用，对滑坡的稳定性也有较大的影响。

泄流坡滑坡的滑动机理和过程可总结为：上段滑坡体的下滑，滑体加载在下段滑坡体的后部，增大下滑力，1981年上段滑坡的白家山滑坡，大规模滑动则直接对下段滑体产生推力。下段滑坡体前缘受白龙江等的侵蚀和地下水的软化作用，抗滑力降低，使下段滑坡在前拉后推的作用下失稳而复活滑动。下段滑坡体的滑动，使上段滑坡体前缘更加临空，失去支撑，稳定性降低，长期蠕动变形，前缘频繁滑塌，甚至发生大规模滑动。根据以往滑坡资料分析，泄流坡滑坡具有牵引式滑动与推移式滑动相间发生的特点。

由上可知，目前泄流坡滑坡的位移速度和位移量由上部向下部减弱，说明下段滑坡体的物质处于不断加积和推挤状态，体积不断增加，滑坡推力也在不断增大，稳定性逐渐降低，呈推移式滑动变形。根据泄流坡滑坡区的地质、构造、地形地貌、降水、河流侵蚀等因素和滑体的变形迹象，结合滑动历史分析认为，此滑坡尚不稳定，并在不断积蓄滑动能量，有再次发生大规模复活滑动的可能。这里特别指出，近年来上段滑坡的后缘和前缘多次剧烈滑动，使上段滑坡的稳定性明显恶化，而且，与1981年滑动前相比，上段滑坡与下段滑坡之间陡坎的高度增加了2倍以上。因此，上段滑坡一旦失稳则具有更大的滑动势能和推挤力，将对下段滑体施加更大的推力。可见，泄流坡滑坡的险情非常严重，形成滑坡-堰塞湖灾害链的可能性更大，危害更严重，应引起高度重视。

7.3　江顶崖滑坡

江顶崖滑坡也称南峪滑坡，位于舟曲县南峪镇白龙江北岸，距县城8 km，该滑坡历史上也曾发生多次滑动。近30年来，1991年6月和2018年7月发生两次大规模复活滑动并堵塞白龙江。

1991年6月13日下午6时40分江顶崖滑坡发生大规模滑动，主滑过程约1 h。滑体冲过白龙江抵达南岸，堵断了白龙江，堰塞坝高20 m，回水3 km，形成蓄水量达$4×10^6$ m^3的滑坡堰塞湖（图7–30～图7–31），淹没南峪乡政府及村庄193户，869人受灾，倒塌房屋1 403间，淹没农田$1×10^5$ m^2，吊桥1座，两河口—郎木寺公路被毁2 km，直接经济损失200万元，造成了重大滑坡灾害。

图7–30　江顶崖滑坡及堰塞湖（1991年6月）

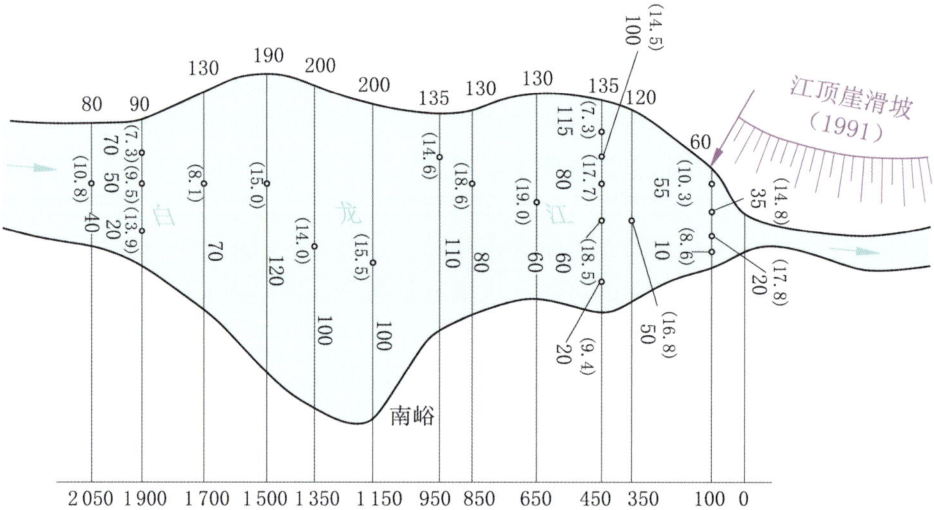

注：( ) 内为水深/m，其余为距离/m。

图7–31　1991年堰塞湖平面形态图（据赵映东）

2018年7月12日，受汛期连续降水和白龙江洪水冲刷坡脚的影响，江顶崖滑坡再次发生大规模缓慢复活滑动，滑体前缘又堵断了白龙江，堰塞坝高约13 m，淹没南峪镇部分村庄、桥梁和南峪水电站引水枢纽，破坏G345线路桥约2 km，交通中断，造成了重大滑坡灾害（图7–32）。

图7-32　江顶崖滑坡及堰塞湖（2018年7月）

7.3.1　环境地质条件与古滑坡

江顶崖滑坡所在白龙江为高山峡谷地貌。由于地壳强烈上升，白龙江急剧下切，形成了高山陡坡、河谷狭窄的地貌景观，地形高差达1 200 m，平均坡度30°，最陡处>60°，白龙江河谷底宽100～700 m，滑坡地段白龙江河谷横断面为上部宽谷套下部狭谷的复式断面。上部宽谷与上下游河谷形态基本保持一致；下部100～150 m为深切狭谷，其南岸为略显层理的碎石土组成的Ⅳ级阶地，前缘陡坎近于直立，北岸被江顶崖巨型古滑坡堆积体占据。从下游大川村沿江向上到此，河谷宽度由100～700 m突然变窄为狭谷，局部地段宽度仅50 m，到上游南峪镇又变得相对开阔。这种河谷宽度的异常变化，与北岸江顶崖巨型古滑坡有很大的关系（图7-33）。

图7-33　江顶崖古滑坡及河谷地貌

江顶崖古滑坡区的斜坡为上部高560 m，平均坡度达45°的基岩陡崖，实为江顶崖古滑坡的后壁；下部为高400 m，坡度为20°左右的碎石土坡，由混杂滑坡堆积物组成。坡体前缘受白龙江直接冲刷，形成高50～100 m，坡度40°～50°的高陡临空坡面，为滑坡形成创造了有利地形条件。近年来的江顶崖滑坡就发育在巨型古滑坡体的中下部。

滑坡区出露的地层主要有志留系中上统白龙江群（$S_{2\text{-}3}b_1$）含炭质千枚岩、板岩，泥盆系中统古道岭组（$D^2{}_2g$）炭质板岩、千枚岩、砂岩及灰岩，还有石炭系中上统（C_{2+3}）灰岩。石炭系灰岩组成北部高陡的山体，斜坡下部发育有第四系古滑坡堆积的碎石土以及后期崩坡积物等重力堆积物（Q_{3-4}^{col}）。重力堆积物的成分与结构复杂，以粗颗粒碎石土为主，含大量直径1～5 m的灰岩巨石，夹倾向斜坡外的灰黑色炭质板岩风化碎屑和粉质黏土组成的细粒透镜体，厚度>50 m，东侧部分地段在130 m左右。

根据斜坡上部灰岩陡崖呈圈椅状地形和下部大量杂乱碎石土堆积等情况分析，地质历史时期江顶崖曾发生过大规模滑坡（图7-34～图7-35）。滑坡前、后缘高差约920 m，主轴长度1 900 m，前缘宽度2 150 m，面积约2.5 km²，估计滑坡体积在1×10⁸ m³以上，为巨型滑坡。滑坡东侧前缘至今保留宽300 m，长250 m的滑坡大平台，高出现在的白龙江江面130 m。

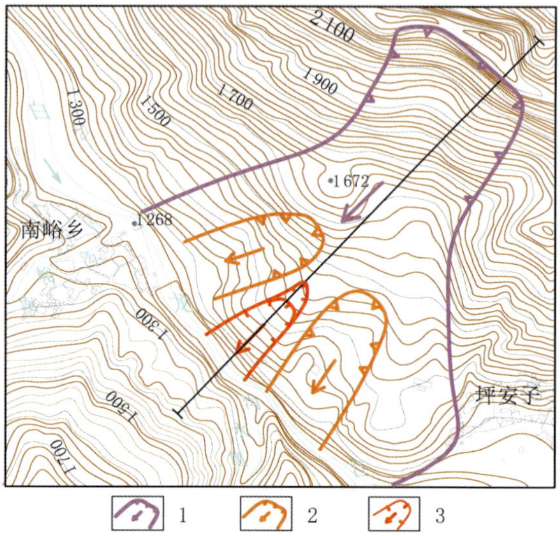

1—古滑坡；2—老滑坡；3—新滑坡。

图7-34　江顶崖古滑坡平面图

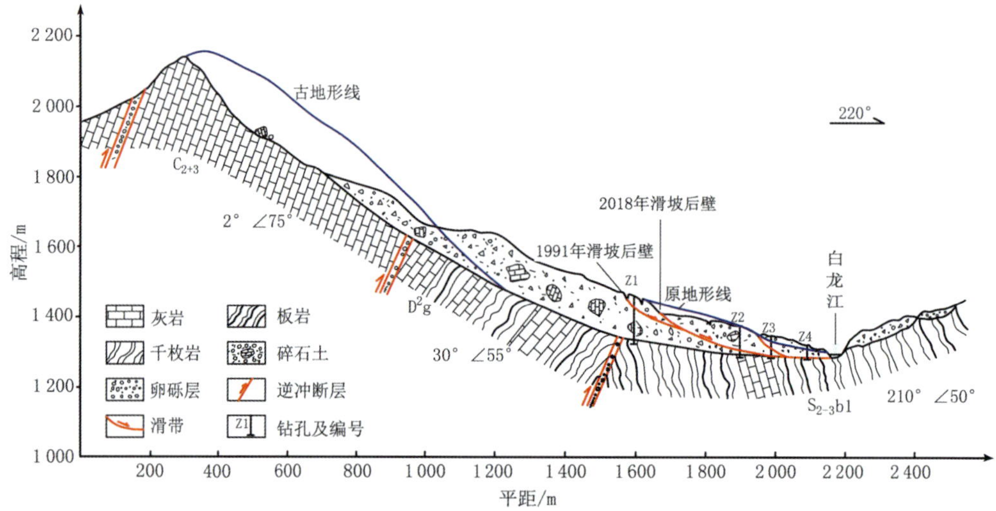

图7-35　江顶崖古滑坡剖面图（据郭长宝，修编）

江顶崖滑坡东侧滑坡大平台区覆盖大面积马兰黄土，厚度5～8 m，说明江顶崖巨型滑坡形成于晚更新世早期，由此判断该滑坡为古滑坡（图7-36）。

江顶崖古滑坡位于白龙江断裂带上，滑动方向与断裂带垂直，有多条分支断层横切山体，岩体结构较为破碎，而且坡体下部由炭质板岩软弱地层组成，难以承受上部灰岩组成的高陡斜坡的巨大重力，再加地震和地下水等动力作用影响，进而产生变形破坏而发生失稳滑动。

图7-36　江顶崖古滑坡东侧平台

图7–37　江顶崖滑坡上游2 km处白龙江右岸湖积物

江顶崖古滑坡前、后缘高差大、规模大，滑动势能高，其滑动过程可能非常剧烈，曾严重堵塞白龙江形成堰塞湖。在江顶崖滑坡上游2 km处白龙江右岸高出江面15 m的陡坎上，分布有锈黄色粉质黏土、粉砂堆积物，厚度>6 m，水平层理发育，为静水环境沉积物（图7–37）。分析可能是江顶崖古滑坡堰塞湖的湖积物，其上还覆盖厚层的后期坡洪积物。

受白龙江强烈侵蚀，古滑坡体前缘曾多次复活滑动，使其地形更加破碎，滑体结构更加杂乱。由图7–34可以看出，受对岸南峪沟、黑水沟洪水泥石流的顶冲，古滑坡体西侧和中部前缘遭受白龙江的强烈侵蚀，早期发生过大规模复活滑动，表现为低洼的圈椅状或簸箕状滑坡地形。西侧前缘发育Ⅱ级阶地，白龙江侵蚀作用减弱，滑坡活动性减弱；中部黑水沟对面近年来还发生过小规模滑动。在两个复活滑动区外，形成两个向南凸出的山梁，东侧为大平台所在山梁，前缘遭受白龙江侵蚀作用较弱，还保持较稳定状态，中部前缘受白龙江强烈侵蚀，稳定性差，即为现今江顶崖滑坡强烈复活滑动的地段。

近代江顶崖古滑坡前缘也发生了数次大规模复活滑动。据有关史料记载，江顶崖滑坡曾于1807年发生大规模滑动，估计体积1.5×10^7 m^3左右，堵塞白龙江达8个月之久，后自行冲开，推测当时堵江规模也很大。

滑坡区内有少量地下水分布，有两处泉点，分布于滑坡的顶部及中部，流量不大，由于20世纪70年代以来滑坡体上的引水灌溉，水体渗漏补给地下水的软化作用也变得活跃。

7.3.2　1991年江顶崖滑坡特征

1991年发生的江顶崖滑坡总体呈不规则簸箕状（图7–38），主体滑动部分呈长条形，滑坡长700 m，平均宽250 m，下部宽达440 m，估测平均厚度约30 m，体积约5.3×10^6 m^3，主滑方向240°，西侧尚有长400 m，底宽160 m，平面上呈三角形的一部分土体，在本次滑动中有明显错动，但滑距较小，体积约1×10^6 m^3，也是本次滑动的一部分。因此，江顶崖滑坡总体积达6.3×10^6 m^3。

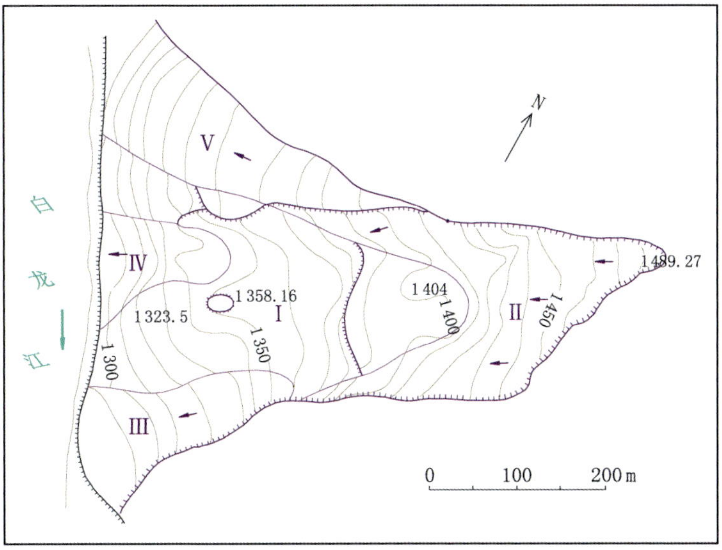

图7–38　江顶崖1991年滑坡平面图（据曾思伟，修编）

根据滑体内各部分的滑

移特征，将其分为5个块体。Ⅰ为主滑块体，1990年9月10日已向下滑移，形成高3 m的后壁，裂缝宽达2 m。1991年滑动时Ⅰ块体首先开始滑动，形成高30 m的次级滑壁，坡度约30°，平均最大滑速为1 m/min，滑距约70 m。根据滑体形态及东侧滑壁擦痕发育的特点分析，Ⅰ块体滑动时有西部快于东部的特点；Ⅱ块体是在Ⅰ块体的牵引作用下陆续发生的，因此，本滑坡属牵引式堆积层滑坡；Ⅲ、Ⅳ块体系1990年9月11日和13日快速滑动部分；Ⅴ块体已形成滑体，但未彻底滑落。此外，滑坡周围有大量的张性裂缝发育，特别是后部，裂缝发育范围可达26 m（图7-39）。

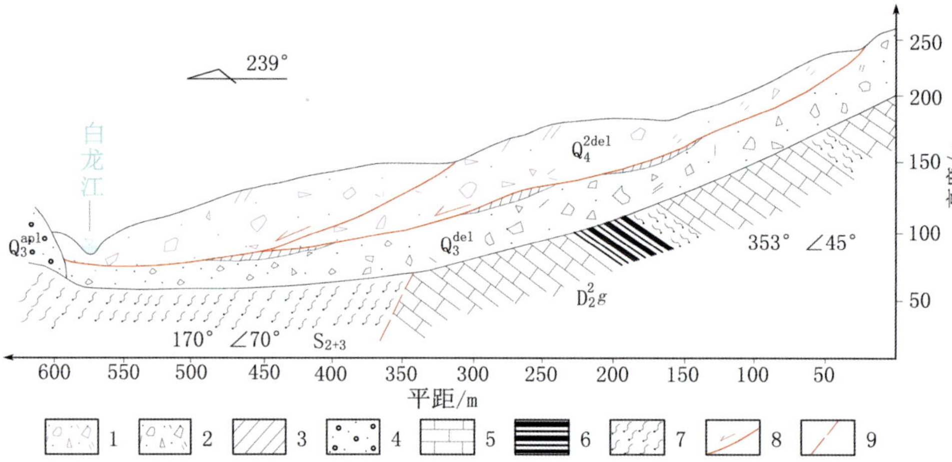

1—新滑坡堆积；2—老滑坡堆积；3—黏性土；4—卵石；
5—灰岩；6—板岩；7—千枚岩；8—滑动面；9—推测断层。

图7-39　江顶崖1991年滑坡剖面图

7.3.3　滑动原因分析

如前所述，近年来发生的江顶崖滑坡是其巨型古滑坡前部的复活滑动。白龙江对其前缘的长期冲刷，形成了宽50 m的河床，其临空面高达60 m，坡度达50°，为该滑坡的复活滑动创造了有利地形条件。江顶崖滑坡1985年已开始活动，1986年和1988年东侧部分的公路上已发生体积达数万立方米的小型滑坡。1990年9月11日16时，东侧部分首先发生滑动，滑体长约100 m，宽约40 m，平均厚度约50 m，体积达2×10^5 m^3。前舌伸入白龙江，由于厚度仅3～5 m，堰塞体很快被冲开。9月13日11时，滑坡整体下错3 m，水平位移不足10 m，其西侧发生宽50 m，长近70 m的小滑坡，体积为2×10^5 m^3，滑距近50 m，将公路连同停放的推土机推到江心，河床抬高5～15 m，白龙江被堵塞近10 min，造成回水淹没。在后来的15 d内还时有滑动，每天平均滑移5 cm。

造成复活滑动的引发因素主要是地下水，20世纪70年代舟曲县的多年平均降水量为436.7 mm，而进入20世纪80年代，年降水量增加到499.8 mm，由于降水增多，加上斜坡区的引水灌溉，都增加了地下水的补给量。古滑坡堆积物颗粒粗大，渗透性能良好，但其中分布的灰黑色细粒透镜体则相对隔水，形成上层滞水。炭质千枚岩风化物的强度低，易软化，又有倾向坡外的有利坡度，是滑坡复活滑动的良好软弱结构面。根据滑入江中的滑体长期使水色变黑和滑坡侧壁上此类透镜体的分布，判定1991年6月13日的滑动就是沿此类软弱透镜体发生。6月8日，即滑动前5 d，该地区降暴雨，降水量达39 mm，降水强度达15 mm/h以上，这无疑是本次滑动的直接引发因素。

7.3.4　稳定性分析预测

实地调查分析认为，1991年6月13日发生的江顶崖滑坡区存在多方面的不稳定因素。首先是滑体，滑坡前舌已滑至白龙江对岸，但受地形条件限制，其势能没有完全释放，前缘坡度仍达35°，随着白龙江的冲刷，滑坡稳定性会降低，将再次滑动，1992年6月又发生了小规模滑动。第二是西部的V块体下错体积达1×10^6 m^3，裂缝已基本贯通，前缘受已抬高的滑坡湖水的长期浸泡，降低其稳定性，有可能发生大的滑动。第三是滑坡后缘26 m宽的裂缝带，由于滑动临空条件较好，也处于不稳定状态，有可能下滑并推动前部滑体。第四是本次滑坡东侧的斜坡，也由古滑体组成，地质环境条件与江顶崖滑坡区相似，前缘地形坡度较大，也有可能发生滑坡。

1991年江顶崖复活滑动的滑体稳定性差，前缘滑体被白龙江不断侵蚀搬运，长期处于蠕滑变形状态（图7-40）。

图7-40　江顶崖滑坡长期蠕滑变形(2014)

2018年发生的江顶崖滑坡，基本上是在1991年滑坡基础上的再次复活滑动。其复活范围最上部部分未滑动，滑坡长度有所变短，1991年西侧三角形错动体的变形不甚明显，总体规模变小。滑坡整体还是沿1991年的原滑面复活滑动，滑速也较低。

2018年江顶崖滑坡复活滑动的引发因素与1991年江顶崖滑坡的情况非常相似，主要还是降水和人为引水灌溉。2018年6月以来舟曲降水较多，其中6月25日、28日和29日接连出现强降水，降水量分别为33 mm、48 mm和48 mm，7月10日的降水量达到65 mm，降水入渗软化滑面。同时，大范围强降水使白龙江流量增大，水位上升，强烈侵蚀滑坡前缘。加上滑坡区因种植无花果等经济林，建立了灌溉管网进行灌溉，增加了地下水的补给量和软化促滑作用。

2018年江顶崖滑坡东侧滑壁及擦痕明显（图7-41），也更加证实了1991年滑坡调查时沿较弱透镜体夹层滑动的判断。也就是黑灰色强风化炭质板岩碎屑透镜体，饱和强度低，滑动过程中沿滑动面铺开，附着其上类似于机械运转中的润滑油，起到了很好的润滑、降低摩擦力的作用，滑坡主要沿此低强度滑带土并托浮上部碎石土滑动。其上擦痕顺直反映出了滑面平顺的特征，条纹较粗，说明滑带土中含有部分碎块石。

图 7–41　东侧滑壁上附着的炭质板岩碎屑与擦痕（2018 年 7 月）

2018 年江顶崖滑坡复活滑动后，采用抗滑桩、锚索框架等对滑体和后壁进行了工程治理，对稳定滑坡起到了一定作用。但其前缘还在遭受白龙江的冲刷，稳定性差，抗滑桩前下部滑体又出现较多规模拉张裂缝（图 7–42）。另外，近年来在 2018 年江顶崖滑坡的东侧，早期也大规模复活滑动的滑坡区，修建了面积约 1×10^4 m^2 的垃圾填埋场，大规模的挖填、加载等工程活动很可能引发其再次复活滑动。要引起高度重视，加强监测和预防工作。

图 7–42　江顶崖滑坡治理工程及抗滑桩下部裂缝

7.4　牙豁口滑坡

2019年7月16日，舟曲县牙豁口滑坡发生复活滑动，体积约2.12×10^6 m^3，滑体主要由灰黑色炭质板岩碎屑、灰岩块体组成。滑坡自上而下分级分块逐级滑动，历时近50 d，最大滑移距离500 m，破坏X414县道、养鸡场等，并使岷江呈半堵塞状态，影响汛期行洪，并危及岷江对岸化马村的安全。

牙豁口滑坡为典型的沿舟曲—化马深大断裂带发育的长条状滑坡，滑坡自上而下分级分块逐步滑动发育形成，其总体具有孕育过程和滑动历时长、滑速较低、分级分块差异性滑动明显的特点。作者参加了牙豁口滑坡现场应急处置工作，在现场调查、监测、无人机测量、岩土试验和收集历史滑坡资料的基础上，对牙豁口滑坡形成的地质环境、滑坡发育历史、滑坡分级分块特征、滑动过程和成因进行了系统研究。

7.4.1　滑坡区地质环境条件

1. 气象水文

舟曲县属北亚热带向北温带过渡区，多年平均降水量为447.0 mm，降水多集中于6—9月。日最大降水量63.3 mm，小时最大降水量47.0 mm。岷江从牙豁口滑坡东侧坡脚由北向南流过，流域面积2 239.3 km^2，属长江流域嘉陵江上游白龙江的一级支流，岷江多年平均流量16.7 m^3/s，最大洪峰流量673 m^3/s。

2. 地形地貌

牙豁口滑坡位于陇南中山区，为软弱破碎炭质板岩等组成的近东西向的宽缓凹槽状地形，滑坡后缘海拔1 857 m，前缘岷江海拔1 305 m，高差552 m，平均坡度约16°。受凹槽中部局部分布硬质灰岩的影响，斜坡分为上、下两级，上级斜坡长约850 m，相对高差227 m，地形上陡下缓，上部25°，下部12°，为滑坡源区。南北两侧均为灰岩组成的高陡山体，崩塌发育。下级斜坡为以古老滑坡堆积为主形成的缓坡，相对高差255 m，平均坡度14°，为滑坡运动和堆积区。

上、下两级斜坡之间为硬质灰岩高陡悬壁，在其北部为高差约70 m，坡度22°，长度约200 m的狭窄沟谷，为上级滑坡向下滑动的滑移通道。

3. 地层岩性

（1）泥盆系中统古道岭组（D_2^2g）：为以千枚岩、炭质板岩为主的浅变质岩。结构破碎，表层风化强烈。

（2）石炭系（C）：为中厚层灰岩，局部夹钙质板岩、千枚岩。

（3）二叠系（P）：为灰白色-浅红色中厚层灰岩。

（4）冲洪积物（Q_{3-4}^{apl}）：主要分布于滑坡前缘两侧和岷江河谷阶地区，以卵石、碎石为主，含少量漂石。

（5）重力堆积物（Q_4^{del}、Q_4^{col}）：岩性主要为灰黑色炭质板岩碎屑、灰黄色风化坡残积土，含大量灰岩块体，结构混杂。崩塌堆积物分布于两侧陡峭山体坡脚，岩性主要为灰岩块体，直径大者2～3 m。

4. 地质构造

牙豁口滑坡位于白龙江北岸的舟曲—化马深大断裂破碎带，牙豁口一带断裂走向发生较大变化，次级分支断裂发育，在地表沿断裂带形成规模较大的槽状凹地。

5. 水文地质

滑坡区发育基岩裂隙水和松散岩类孔隙水两类地下水。松散岩类孔隙水主要分布在地势低洼的滑坡体内，主要接收大气降水和基岩裂隙水的补给，水量较丰富，平时可见泉水11处，总流量约1.5 L/s。

7.4.2　滑坡发育历史

牙豁口滑坡具有发育历史悠久，长期处于活动状态，且大规模复活滑动频繁的特点。据调查访问，该滑坡曾于1913年发生过大规模滑动，1984年雨季该滑坡又突然大规模、长距离缓慢复活滑动，前舌抵达岷江西岸河漫滩。1989年7月，化马一带雨水较丰，致使滑坡重新复活缓慢滑动，自7月19日发现下滑开始，21日滑速达到高峰，每天下滑5 m，以后逐渐变慢，到24日以后，基本每天下滑1～1.5 m，使1984年已滑入岷江西岸河漫滩的滑坡前舌持续向岷江推进，挤压岷江主流导向东岸，河床宽度仅剩10 m左右，河水强烈淘刷东岸，危及化马村、G212线（图7–43）。当地居民总结为“10年一小滑，30年一大滑”。1989年7月的大规模滑动到2019年7月的再次大规模滑动时间间隔为整整30 a。而且每次复活滑动的滑移路径和滑坡堆积形态非常相似（图7–44）。

图7–43　1989年发生的牙豁口滑坡全貌

图7-44　1989年、2019年牙豁口下级滑坡

7.4.3　滑坡形态与分级分块特征

2019年7月发生的牙豁口滑坡长1 920 m，宽50～190 m，平均宽度103 m，长宽比达18.5。滑坡面积0.204 km^2，厚度5～25 m，平均厚度约10.5 m，体积2.12×10^6 m^3。滑坡前、后缘相对高差552 m，平均坡度16°；平面上滑动方向多次发生转向变化，总体滑动方向77°，滑体主要由灰黑色炭质板岩碎屑和灰岩块体组成（图7-45～图7-47）。

图7-45　牙豁口滑坡全貌影像

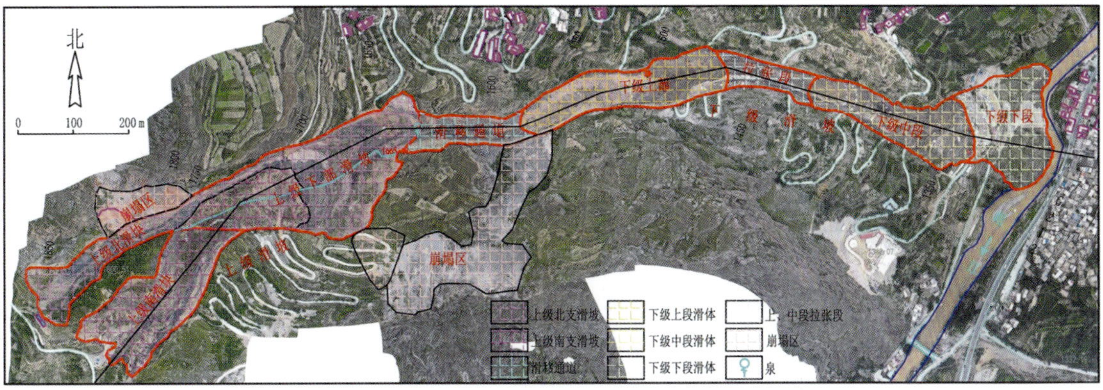

图7-46　牙豁口滑坡平面与分区图

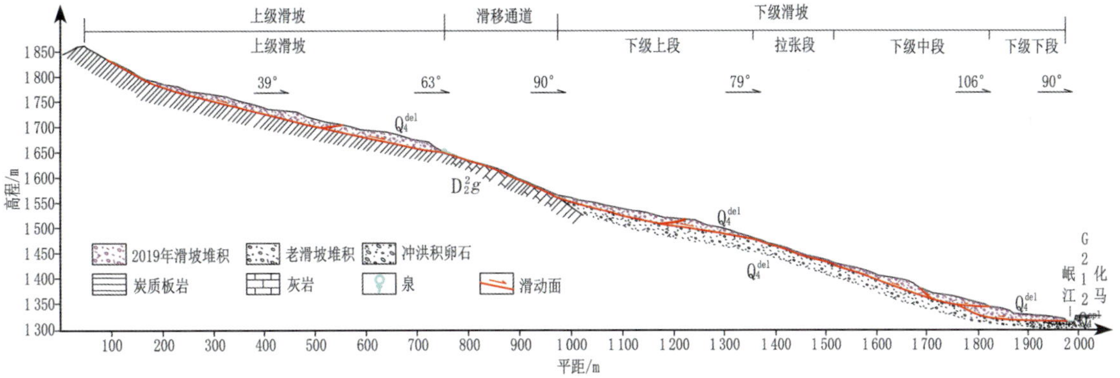

图7-47　牙豁口滑坡剖面图

受地形、地质构造等影响，牙豁口滑坡的形态、滑动时间、滑动特征和滑坡堆积等差异较大，存在明显的分级分块特征。受滑坡区地形影响和滑坡成因、滑动过程的不同，牙豁口滑坡总体上分为上、下两级。上级滑坡体首先发生滑动，其前缘北侧约 1×10^5 m^3滑体沿宽40～80 m，高差70 m，坡度22°的狭窄沟谷向下滑动，堆积在下级老滑坡体上，推动下级滑坡滑动。因此，该狭窄沟谷段为上级滑坡体向下滑动的滑移通道。通过滑移通道下滑的物质基本都叠加在下级滑坡上，而滑移通道上堆积的滑体很薄，大部分滑床裸露，形成非常壮观的滑坡擦痕（图7-48）。

图7-48　上、下级滑坡体之间滑移通道段及擦痕（2019年8月）

1.上级滑坡体

上级滑坡体位于长条状断裂带凹槽内，是本次滑坡的主要滑源区，南北两侧为灰岩组成的高陡山体［如图7-45(a)］。上级滑坡长750～800 m，宽100～190 m，平均宽度130 m，面积0.103 km^2，滑体平均厚度12 m，总体积约1.2×10^6 m^3。前后缘相对高差227 m，地形上陡下缓，上部25°，下部12°。总体滑动方向60°。

上级滑坡上部明显分为南、北两支滑块，其中间为一条长260 m，宽45～60 m，高约10 m的未滑动的小山梁，分隔了上级滑坡。

北支滑块长800 m，宽40～195 m，上窄下宽，面积0.055 km^2，滑体平均厚度约12.5 m，体积约7×10^5 m^3，总体滑动方向65°。卫星影像资料显示该滑块长期缓慢滑动，大量滑体堆积在下部缓坡区。

南支滑块长480 m，宽85～120 m，平均宽度100 m，面积0.048 km^2，滑体平均厚度约10 m，体积约5×10^5 m^3。总体滑动方向40°，南支滑坡前缘为北支滑坡右侧边界。受降水影响，2019年7月16日南支滑块发生剧烈滑动，上部滑源区形成凹槽状地形，大部分滑床外露，其上滑动擦痕也非常明显。

南支滑块的快速滑动，推挤并叠加在北支滑块下部，共同形成上级滑坡的下部，整体向下滑动，上级滑坡的大部分滑体堆积在下部缓坡地带。受地形、地下水的影响，上级滑坡下部滑体也有明显差异，也可分为南部和北部两部分，二者之间差异性滑动形成的滑移剪切带非常明显。南部前缘滑体主要堆积在地势平缓开阔的南部缓坡区，滑距较短，局部形成鼓丘和洼地。灰黑色炭质板岩岩屑与灰岩块体呈垂直滑动方向的条带状相间分布，滑体前缘厚度最大为20 m左右，受后部滑体强烈推挤作用，放射状裂缝较发育。北部滑体前缘正对狭窄沟谷且地下水较为丰富，其为滑移通道在上级滑坡区的上延段，存在老滑坡的滑动面，前缘滑体通过滑移通道向下剧烈滑动，形成宽70～80 m，长220 m，深3～5 m，与滑动方向平行的洼地。受前缘沿滑移通道剧烈滑动的影响，前部滑体40 m范围拉张裂缝发育。

另外，受地形的影响，在上部滑体推挤作用下，北部前缘滑体部分向北侧低洼区扩散，在相对平缓的农田区形成半径约30 m，厚2～5 m的半圆形堆积体。

牙豁口2019年滑坡与1989年滑坡的不同之处是，1989年滑坡的主要滑源区为北支滑块和滑移通道附近南侧的崩塌体，南支滑块未参与滑动。而滑移通道附近南侧的崩塌体未参与2019年牙豁口滑坡的滑动。可见，牙豁口滑坡的滑源区不是固定的，与不同部位的斜坡变形、松散物的富集和稳定性有关。

2.下级滑坡体

下级滑坡体位于滑移通道以下，滑坡长1 020 m，宽40～120 m，平均宽度90 m，面积0.093 km^2，滑体平均厚度约10 m，体积约9.2×10^5 m^3。下级滑坡体基本沿1989年滑坡范围滑动（如图7-45～图7-47）。前后缘相对高差255 m，其上部和下部地形相对较缓，坡度分别为10.5°和13.5°，中部一带较陡，为17°。前缘临近岷江段为1989年滑坡的扇形滑舌，地形较缓，坡度9°。

受地形坡度、滑坡所受推力作用方式等影响，下级滑坡出现明显差异性滑动和滑体分解现象，下级滑坡体又可分为上、中、下3段。下级滑坡上段堆积于1 560～1 475 m高程，坡度11°，长380 m，宽50～85 m，平均厚度8 m，体积约$2×10^5$ m^3。滑体主要为上级滑坡沿滑移通道下滑的滑体和沿途刮铲的早期滑坡堆积物。由于后部的强烈推挤作用，滑体前部厚度、宽度增大，地表高出两侧坡面［如图7-45(c)］。下级滑坡中段滑体堆积于1 425～1 335 m高程，坡度14°，长300 m，宽60～120 m，体积约$2.2×10^5$ m^3，其前部堆积在早期滑坡的扇形滑舌上。上段和中段滑体之间为差异滑动形成的长约160 m的拉张段，滑体较薄，部分滑床裸露（图7-49）。下级滑坡下段主要为1989年滑坡的扇形滑舌部分的滑动，前缘紧临岷江，前缘宽250 m，长170 m，厚度10～35 m，体积约$5×10^5$ m^3。下级滑坡下段地形平缓，受下级中段滑体加载推挤作用而缓慢滑动，滑距较短，其地表形态基本保持原状，剪切、拉张、放射状等各类裂缝非常发育，破坏其上养鸡场、公路（图7-50）。滑坡前缘强烈压缩岷江河床，特别是北部河床宽度不足6 m，呈半堵塞状态（图7-51）。

图7-49　下级滑坡中段拉伸段擦痕(2019年8月)

图7-50　滑坡破坏的公路

图7-51　滑坡前缘堵塞岷江

7.4.4　滑坡滑动过程与特征

2019年牙豁口滑坡由上向下逐级逐段启动发展、变形滑移，总体具有滑动历时漫长、滑动速度缓慢、滑距较大，且各级各段的启动时间、滑距、滑速差异明显的特点。根据不同时期卫星影像、道路等地物位置资料分析其滑动过程与特征。

1.上级滑坡体

自1989年滑动以后，牙豁口滑坡的上级滑坡北支滑块长期处于缓慢滑动状态，2010年在北支滑块下部修建的X414县道于2013年因滑坡破坏而改道重修。据卫星影像，至2014年9月北支滑块上部滑体已滑移约100 m，滑体下部的X414县道已滑移约20 m；2014年9月与2017年8月两期卫星影像资料对比发现，3年间北支滑块上部滑体又滑移约95 m，

X414县道又滑移约35 m，平均每年滑移12～32 m，上部滑距大于下部滑距；南支滑块活动较弱，位于其上部的X414县道仅局部错开（图7-52）。

图7-52　2017年8月上级滑坡变形影像

2019年7月16日南支滑块首先开始大规模滑动，8月5日后基本停止，滑距130～235 m，总体其后部首先启动且较前部滑移距离大，南支滑块前部叠加于北支滑块前部一同滑动。上级滑坡下部南北侧的滑动差异也较大，下部南侧滑距较短，其上道路滑距仅40～60 m；下部北侧正对滑移通道，滑距185～215 m，为南侧滑距的4～5倍，平均滑速约17 m/d。据甘肃省自然资源厅地质灾害防治技术指导中心的GNSS监测资料显示，7月25—29日该段滑移剧烈，最快35.5 m/d，为平均滑速的2倍（图7-53）。

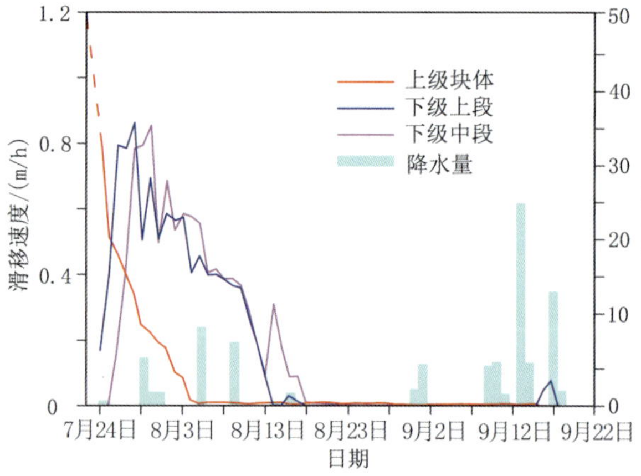

图7-53　牙豁口各级滑体位移速度图

按照上级滑坡下部北侧滑体滑距215 m，平均宽度50 m，厚度10 m计算，7月19—30日总共约1×10^5 m^3的滑体通过滑移通道下滑并加载在下级滑坡上段，推动下级滑坡失稳滑动。

南、北滑块汇合处以上的北支滑块上部300 m长的滑体本次仅有很小滑动。

2.下级滑坡体

由于上级滑坡通过滑移通道逐渐下滑堆积加载在下级滑坡顶部产生的推挤作用，7月23日开始下级滑坡由上向下逐渐变形破坏和滑动。滑坡前部的斜坡首先出现鼓胀和剪切裂缝等变形，其后在进一步的推挤作用下开始剧烈滑动，滑坡前舌位置沿斜坡逐步下移，滑坡范围和体积不断扩展和加大。因此，下级滑坡的形成过程包括滑坡前舌变形扩展和滑坡滑移两方面的特征。

滑坡前舌变形扩展方面，受7月21日晚和24日降水的影响，滑坡前舌变形扩展的速度很快，24日17时左右下级滑体最上部1 515 m高程的X414县道变形破坏，滑体两侧羽状剪切裂缝发育，部分泉水消失，滑坡前舌水平扩展速度约100 m/d；25—27日下级滑体变形区发展迅速，25日前舌达到1 495 m高程，滑坡前舌扩展速度约100 m/d；27日前舌达到1 420 m高程，滑坡体加长约250 m，滑坡前舌扩展速度125 m/d，其加快的主要原因是该段斜坡坡度较陡，达17°左右。1 420 m高程以下由于地形坡度变缓为14°，且滑坡滑动方向向南转27°，加上10余d无降水作用，滑舌向下扩展的速度明显减缓，8月4日滑坡前舌达到1 375 m高程（毛家公路处），7月27日—8月4日的8 d时间内滑坡舌变形区共加长约160 m，滑坡前舌扩展速度降低为20 m/d。由于下部地形坡度达21°，此后滑坡前舌扩展速度又加快，8月6日滑坡前舌达到1 335 m（养鸡场）高程，滑坡体加长110 m左右，滑坡前舌扩展速度55 m/d，下级中段滑体成形。8月6日以后下级中段滑体加载推挤较平缓的下级下段（1989年滑坡扇形滑舌）开始变形，8月10日下级下段变形区到达岷江边，滑坡体加长160 m左右，滑坡前舌扩展速度40 m/d（图7-54～图7-55）。

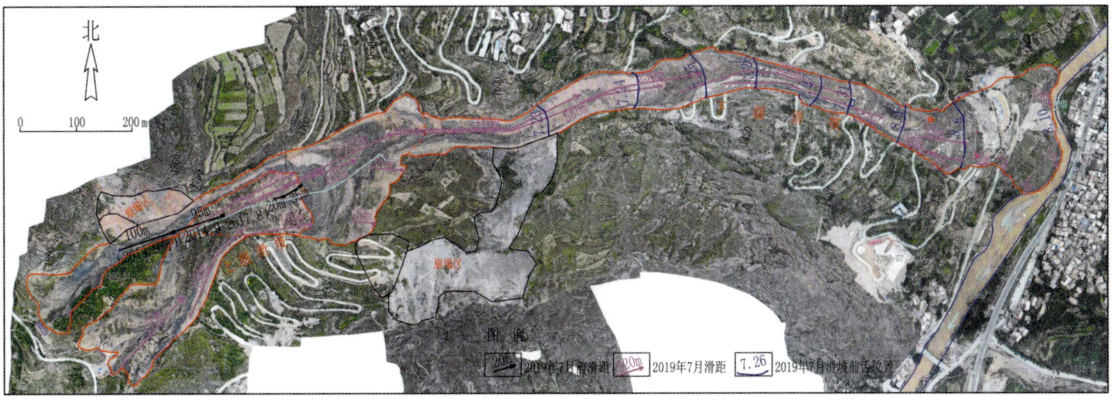

图7-54　牙豁口滑坡发展过程与滑移矢量图

滑坡滑速和滑距方面，7月23—31日下级滑坡上段滑体的滑距约410 m，平均滑速约40 m/d，是推挤下级滑坡变形和滑动的重要动力源。到8月13日下级滑坡上段的累计滑距约500 m，增加了90 m，该时段平均滑速约7 m/d，以后滑速逐渐减缓。7月25—31日位于下级滑坡中段的3段X414县道盘山路自上而下的滑距分别为82 m、60 m和40 m，滑速13.7～6.7 m/d。8月13日滑距分别达到265 m、290 m和220 m，滑距分别增加183 m、230 m和180 m，滑速14～18 m/d。可见，8月1—13日下级滑坡中段滑速相对加快，滑距比上段滑距大100～150 m，因此，在下级滑坡上段和中段滑体之间形成拉张段，上段滑体对中段滑体的推挤作用消失。8月10日前后是拉张区形成的主要时段。

8月10日下级滑坡下段（1989年滑坡扇形滑舌）开始滑动，挤压岷江河床，其中，北部滑动最为强烈，滑速1.5～3.0 m/d，总滑距约18 m，河床宽度仅剩6 m，南部滑动较弱，总滑距约3 m。9月初滑坡前缘才基本趋于稳定。

由上可见，下级滑坡的滑动过程中滑坡前舌的变形扩展速度、滑坡的滑动速度均与斜坡坡度和降水情况有关。同时也体现了牙豁口滑坡的范围和规模在滑动过程中不断扩展和加大，有别于一般概念和认识的滑坡发育形成。

注：↘下级滑坡上段前舌；↘下级滑坡中段前舌；↘下级滑坡前段前舌。

图7–55　2019年下级滑坡滑动过程影像

7.4.5　滑坡成因分析

牙豁口滑坡属典型的沿断裂带发育的推移式大型长条状断层破碎带堆积层滑坡，是在特殊的地形、地层岩性、地质构造和水文地质条件的组合和长期综合作用下孕育发生。

1.地形地貌条件

在强烈新构造上升背景下，白龙江、岷江急剧深切，形成了高差550 m，平均坡度16°的斜坡，且为沿断裂带发育的长条形凹槽状地形，有利于两侧陡坡区崩塌、风化坡残积物等各类松散固体物质和地表水、地下水的汇集与排泄。为堆积层滑坡的发育提供了良好的地形条件。另外，牙豁口滑坡历史上多次滑动形成的特殊滑坡地形与地质结构，有利于滑坡的长期蠕动、复活与长距离缓慢滑动。

2.易滑的地层岩性

牙豁口斜坡主要由泥盆系炭质板岩、炭质千枚岩组成，多为薄层状，受断裂挤压和滑坡滑动等的长期影响，破碎且极易风化，大量堆积于凹槽内。风化破碎物为灰黑色炭质板岩碎屑，富含黏粒和黏土矿物，黏粒含量28.2%～46.2%，塑性指数13.1～13.4，滑带擦痕明显，土体微结构定向排列明显（表7-2、图7-56），手感极为滑腻，抗剪强度低且遇水易软化，工程地质性质很差，属于易滑地层，且分布于滑体底部，托浮着上部灰岩、炭质板岩块体滑动，是滑坡发育的物质基础和润滑剂（图7-57）。

表7-2　灰黑色炭质板岩风化物颗粒特征统计表

颗粒组成/%			中值粒径/mm	液限/%	塑限/%	定名
>0.05 mm	0.05～0.005 mm	<0.005 mm				
26.3	42.7	31.0	0.011 7	38.6	23.5	粉质黏土
16.0	39.8	46.2	0.006 0	34.8	21.4	粉质黏土
39.1	32.7	28.2	0.018 3	24.5	16.1	粉土

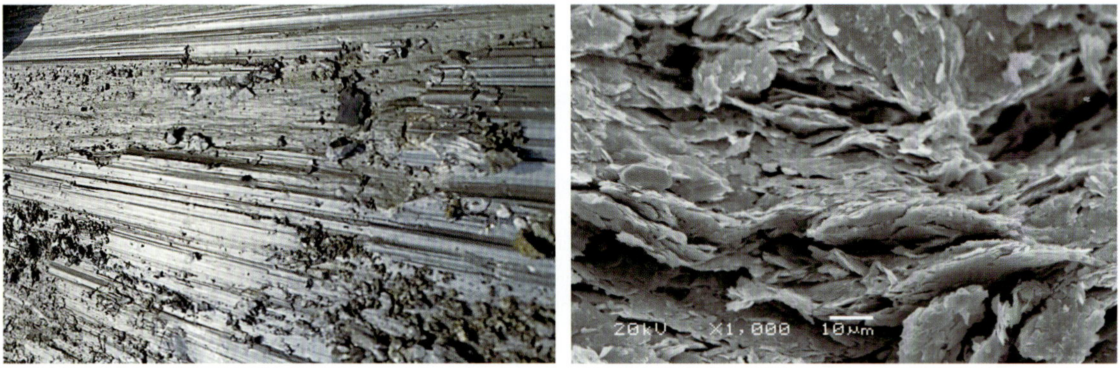

图7-56　滑带土擦痕与微结构

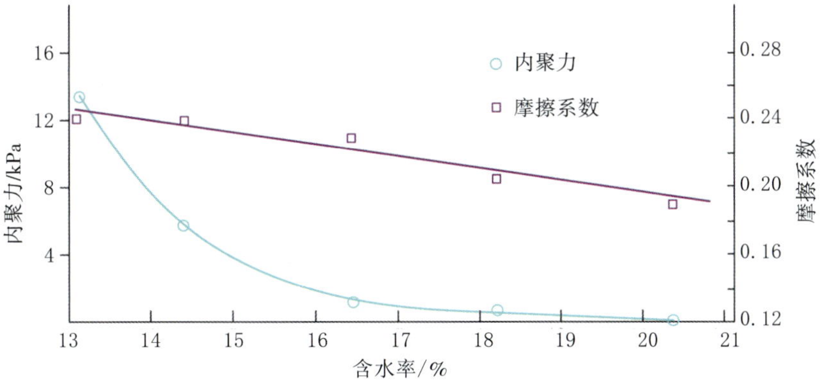

图7-57　滑带土残余抗剪强度指标与含水率关系曲线

3. 地质构造与地震

牙豁口滑坡一带，舟曲—化马深大活动断裂带的走向发生较大变化，滑坡沿次级分支断裂发育，控制了滑坡的基本特征和滑坡发育的地形条件。2008年“5·12”汶川8.0级地震、2017年“8·7”九寨沟7.0级地震等也使牙豁口坡体结构进一步松动，稳定性降低。

4. 地下水的长期作用

滑坡区地势低洼，滑体结构松散，裂缝发育，非常有利于大气降水入渗补给滑坡体内的地下水，并接收两侧高陡山区基岩裂隙水的补给，使得滑体内地下水较为丰富。平时可见泉水11处，总流量约1.5 L/s，沿滑坡带多处有芦苇等喜水植物，地下水对灰黑色炭质板岩碎屑土体的长期软化、泥化作用明显，滑动过程中在滑带内产生孔隙水压力或部分发生液化，是滑坡形成的重要因素。牙豁口滑坡与地下水的关系密切，当地群众根据历次滑坡现象总结出：滑坡滑动过程中原来的泉水消失，当泉水再次出现时，滑坡即将停止滑动。这可能与滑坡滑动过程中地下水径流通道和孔隙水压力变化有关。

5. 两侧崩滑体的堆积加载

牙豁口滑坡滑源区两侧是由灰岩等组成的高陡山体，受断裂影响，崩塌、滑坡发育，崩滑体堆积、加载在中部相对低洼的牙豁口滑坡体上，牙豁口滑坡体中的灰岩块石主要来源于两侧山体崩塌，活跃的两侧山体崩滑体加载作用增大了滑坡推力和滑坡规模，也是牙豁口滑坡多次复活滑动的因素之一（图7-58）。

图7-58　牙豁口滑坡上段两侧崩滑体

6. 降水

牙豁口滑坡的历次大规模滑动都与降水有关，多发生在雨季。由于滑体结构松散，裂缝发育，为降水入渗提供了宏观通道，大量水体迅速渗入坡体深部，使地下水位升高，进一步软化底部灰黑色炭质板岩碎屑，降低抗剪强度，同时增加岩土体重量和动水压力。据舟曲县东山气象站资料，截至2019年7月25日累计降水量已达439.9 mm，接近全年降水量，其中6月累计降水量达147.9 mm。7月1—25日滑坡区累计降水量103.1 mm（图7-59）。

滑坡的滑速也与降水关系密切，7月21—25日因降水，滑坡的滑速较快。

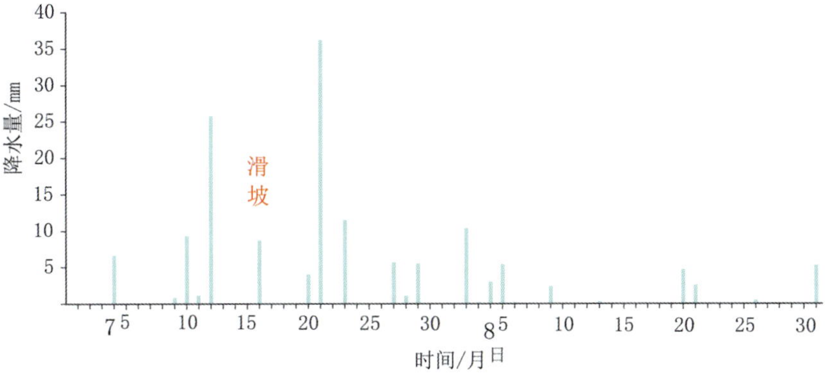

图7-59　滑坡区2019年7—8月降水量

2019年牙豁口滑坡的大规模复活滑动与上半年特别是6—7月的降水量较大有直接关系，在大量水体的入渗软化作用下，引发体积约5×10^5 m^3的上级滑坡南支滑块首先发生失稳滑动，叠加并推挤缓慢滑动的北支滑块下部一同滑动，形成上级滑坡。上级滑坡前缘北侧滑体通过滑移通道继续下滑，约1×10^5 m^3的滑体加载在下部1989年滑坡堆积形成的斜坡体上，推挤其向下逐级扩展变形和滑动，形成下级滑坡。下级滑坡基本沿1989年滑坡的范围复活滑动。受地形坡度、滑坡所受推力作用方式等影响，下级滑坡的滑动、堆积存在明显的差异，分为上、中、下3段。中段滑体后期的继续滑动，与上段滑体分离，二者之间形成160 m长的拉张段，并且使中段滑体大量加载在1989年滑坡堆积的扇形滑舌后部，又推挤其缓慢向前滑动，使岷江呈半堵状态。

由上可见，舟曲—化马深大活动断裂带与泥盆系炭质板岩软弱易滑地层的特殊不利组合是牙豁口滑坡形成的主要控制因素和地质基础；沿断裂带发育的长条形凹槽状地形有利于松散堆积物和各类水体的富集，地表水、地下水的长期作用和两侧山体崩塌的加载是滑坡的主要引发因素。受特殊地质环境条件的控制和作用，牙豁口滑坡稳定性差，具有长期缓慢蠕动和间歇性大规模复活滑动的特点。2019年6—7月的大量降水是牙豁口滑坡发生本次复活滑动的主要引发因素。

7.4.6　主要结论与认识

（1）2019年7月16日发生的牙豁口滑坡沿舟曲—化马深大活动断裂破碎带发育，长1 920 m，长宽比达18.5，体积2.12×10^6 m^3，滑体主要由风化破碎灰黑色炭质板岩碎屑、灰岩块石组成，为典型的沿断裂带发育的推移式大型断层破碎带堆积层滑坡。

（2）牙豁口滑坡分为相对独立的上、下两级滑坡。上级滑坡又分为南支滑块和北支滑块两部分；下级滑坡也分为上、中、下3段。上级北支滑块长期缓慢滑动，切割南支滑坡舌部，牵引其变形。2019年7月16日南支滑块大规模滑动并推挤北支滑块前部一同复活滑动。上级滑坡约1×10^5 m^3滑体加载在下级滑坡，于7月24日推移下级滑坡由上向下逐级变形和滑动，滑坡范围不断扩大。滑坡前缘于8月10日到达岷江岸边，使岷江呈半堵状态。

（3）舟曲—化马深大活动断裂带与泥盆系炭质板岩软弱易滑地层的特殊不利组合是牙豁口滑坡形成的主控因素和地质基础；沿断裂带发育的长条形凹槽状地形有利于松散堆积

物和各类水体的富集，地表水、地下水的长期作用和两侧山体崩滑体的加载是滑坡主要的引发因素。2019年6—7月的大量降水引发了牙豁口滑坡大规模复活滑动。

（4）牙豁口滑坡发育历史悠久，稳定性差，具有长期缓慢蠕动和间歇性大规模复活滑动的特点，且易堵塞岷江，形成链式灾害，应加强监测预警、工程治理工作。

（5）2019年牙豁口滑坡在近50 d漫长的复活滑动过程中，滑坡的范围和规模不断扩展加大，是一个特殊的滑动动态发育过程，与一般概念和常见的滑坡发育过程有很大的不同。许多专业技术人员现场亲眼目睹了这一过程，并利用多种专业仪器设备进行了实时监测，取得了系统而丰富的资料。牙豁口滑坡是深入全面认识滑坡形成与滑动过程的典型实例。

第8章　农业灌溉引发的黑方台滑坡

西北黄土高原区气候干旱、降水稀少，在黄土台塬区兴修农田水利灌溉工程发展农业的过程中，引发了大量滑坡灾害，造成严重的人员伤亡和财产损失。以甘肃省永靖县黑方台和陕西省泾阳县南塬灌区的滑坡灾害最为典型，甘肃省永靖县大方台、二方台，兰州市西固区张家台和皋兰县什川泥湾等黄土台地区也有类似农业灌溉引发滑坡的情况。

永靖县盐锅峡镇黑方台位于兰州市西40 km的黄河左岸（图8-1）。20世纪60年代，为安置刘家峡等库区移民，在黑方台黄土台塬区建成了农业提水灌溉工程。由于大面积灌溉水的长期入渗软化作用，自1984年以来台缘已频繁发生滑坡灾害160余次，造成30余人死亡，100多人受伤，直接经济损失约2亿元。黑方台是近年来我国黄土滑坡灾害发生最为频繁和损失最为严重的地段，为滑坡研究的"天然实验室"。

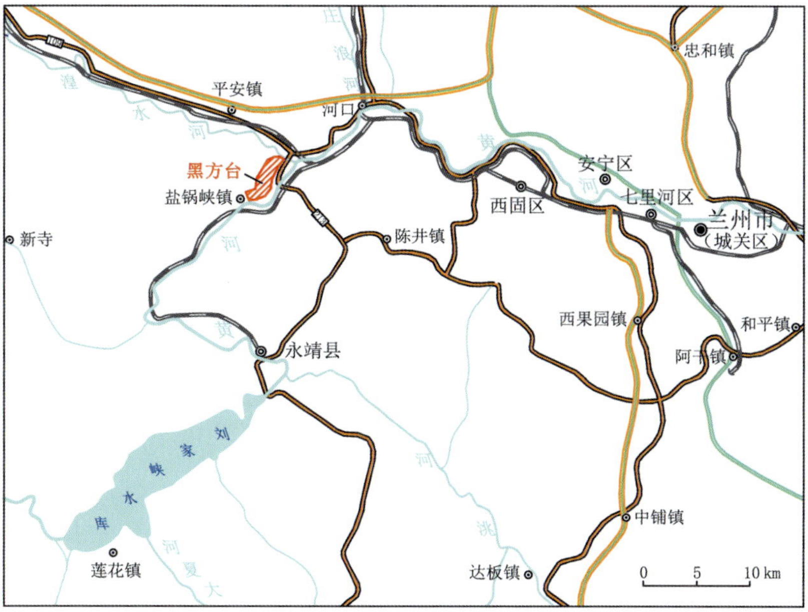

图8-1　黑方台交通位置图

黑方台滑坡灾害引起国内外广泛关注，先后有许多学者对其进行了研究，王家鼎提出饱和黄土蠕滑液化的滑动机理；金艳丽、武彩霞等研究了饱和黄土静态液化等作用和泥流型滑坡形成机理；20世纪90年代，铁道科学院西北分院采用多种监测手段对黑方台黄茨滑坡和焦家村3#滑坡进行了系统监测，依据滑体变形功率和岩土蠕变理论，对其剧滑时间做出了准确的临滑预报；吴玮江等对区内滑坡类型、分布特征、形成机理和活动特征进行了较全面系统的研究，认为黑方台滑坡的类型主要有黄土层内滑坡和黄土-泥岩顺层滑坡，黄土层内滑坡具有高速远程和继发性强的特点，黄土-泥岩顺层滑坡具有低速近程和复活性强的特点，并初次提出了滑坡后部台塬区饱和黄土层中侧压力对滑坡形成的作用。2010年以来黑方台滑坡研究的单位更多，研究手段更加齐全和先进。张茂省等较为系统地开展了黑方台地区地质环境、水文地质、滑坡启动机理、冻结引起的地下水位壅高幅度和范围等研究；成都理工大学、长安大学等对区内滑坡特征、灌溉水入渗机制、成因机理等进行了深入研究，并重点开展了滑坡变形过程和发生时间的监测预报研究，取得了多次临滑预报的成功事例。

随着资料的积累和研究工作的深入，大面积灌溉水的长期入渗，引起地下水位升高和对斜坡岩土体的软化作用已成为大家公认的黑方台滑坡的主要引发因素，但对滑坡类型、滑动、复活等活动特征、形成机理、防治措施等方面的认识存在不同看法和差异。通过多年调查研究和同行已发表文献资料的综合分析，本章进一步深入总结和研究黑方台滑坡特征，为黑方台滑坡灾害防治提供科学依据。

8.1　黑方台地质环境条件

8.1.1　气候

黑方台地区属冷温带半干旱气候区，干旱少雨，多年平均降水量为316.3 mm，丰水年可达400 mm以上，年内降水分配不均，6—9月降水量约占全年降水总量的70%～80%，日最大降水量可达50 mm。年均蒸发量为1 689 mm，为降水量的5.3倍。年平均气温9 ℃左右，1月气温最低，可达-23.1 ℃，最大冻土深度92 cm（图8-2）。

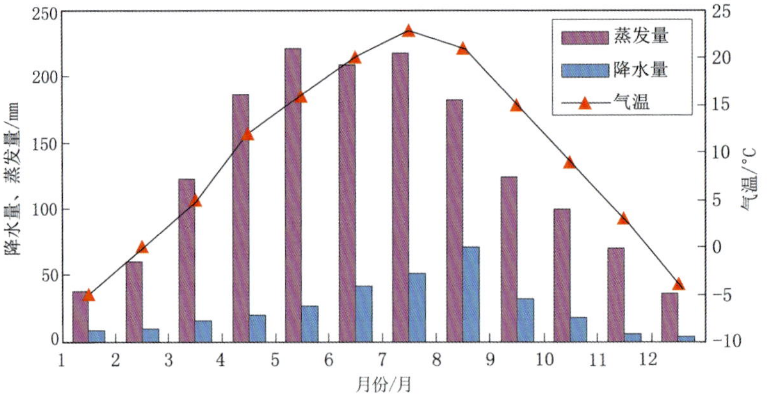

图8-2　黑方台地区气象要素图

8.1.2　地形地貌

黑方台位于黄河与湟水河交汇处的三角地带，属黄河左岸Ⅳ级基座阶地（图8-3）。其上堆积有中、上更新统黄土，形成黄土台塬地貌。台面平整开阔，东西长约10 km，南北宽0.5～3.0 km，呈长条状展布，台塬面积11.58 km²。盐锅峡镇附近的虎狼沟将黑方台切割成两块，西侧为方台，面积1.7 km²；东侧为黑台，面积9.88 km²，统称黑方台。黑台北部发育有近东西向的磨石沟，切割深度30～100 m，至阶地基座以下，所以，黑台是一个四面被切割分离的“孤岛”。黑方台前缘直接与Ⅱ级阶地相接，形成高差达100～125 m的斜坡地形，坡体上陡下缓，上部一般为40°～45°，下部为20°～35°，平均坡度35°左右。

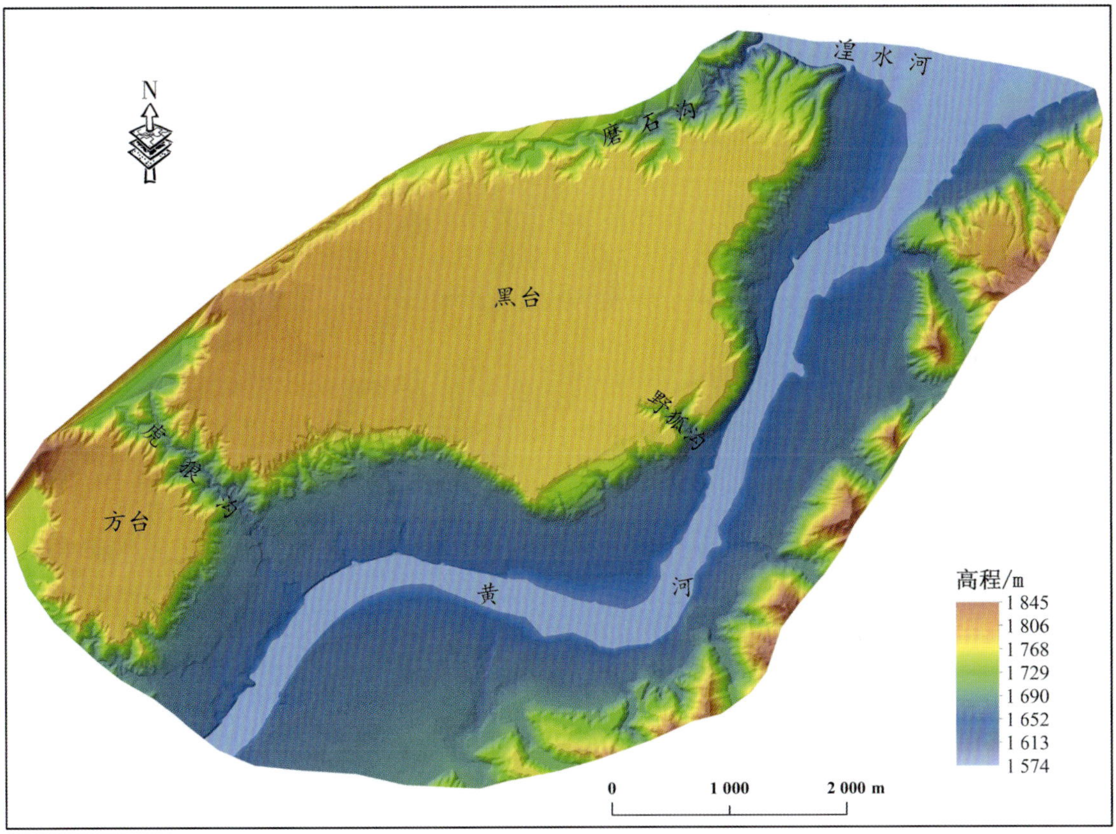

图8-3　黑方台DEM数字高程模型

8.1.3　地层岩性

黑方台地区出露地层从老到新分别为：

（1）白垩系河口群（K_{1hk}）：为紫红色-暗红色泥岩、砂质泥岩，夹砂砾岩及灰白色砂岩，胶结程度低，属软弱岩层。表层因强烈风化而破碎。岩层产状变化较大，黑方台台缘一带大多倾向南东，产状130°～185°∠6°～15°。台缘斜坡下部地带该地层出露厚度70 m，为Ⅳ级阶地的基座。

（2）中更新统冲积物（Q_2^{al}）：为黄河冲积所成，具明显的二元结构，上部为橘红色粉质黏土，略具水平层理，结构较为致密，厚度5～20 m，西厚东薄，可能与虎狼沟洪积物的叠加堆积有关。下部为青灰色卵石层，磨圆度好，粒径以5～10 cm为主，成分主要为石英砂岩、花岗岩、变质岩等，砂质充填。厚3～8 m，东厚西薄。

（3）中、上更新统风积黄土（Q_{2-3}^{eol}）：灰黄色，成分以粉粒为主，土质均一、上部疏松多孔、下部较为致密、缘边一带垂直节理发育，遇水易软化，强度低，具强湿陷性，广泛覆盖于台面及斜坡上部。厚25～45 m。

（4）全新统冲积物（Q_4^{al}）：分布于黄河和湟水河两岸Ⅱ级阶地区。二元结构明显，下部为青灰色砾卵石，厚度约5 m；上部为土黄色-橘红色粉质黏土，厚度3～8 m。

（5）全新统滑坡堆积物（Q_4^{del}）：包括老滑坡和新滑坡。由扰动后的黄土、粉质黏土、泥岩及砾卵石组成，土体相对混杂、破碎，呈带状分布于黑方台斜坡中下部。

8.1.4　地质构造与新构造运动

黑方台区域地质构造较复杂（图8-4）。黑方台地段虽无大的区域性断裂构造，但小型断裂较为发育。新构造运动以差异性上升为主要特征，使白垩纪地层强烈倾斜，局部褶皱构造较发育。由于黄河的侵蚀下切，形成了多级阶地地貌。据有关资料，晚更新世以来本区地壳的抬升速度为37 cm/ka。受构造运动的影响，白垩纪地层中节理比较发育，主要有65°∠72°和335°∠65°两组。

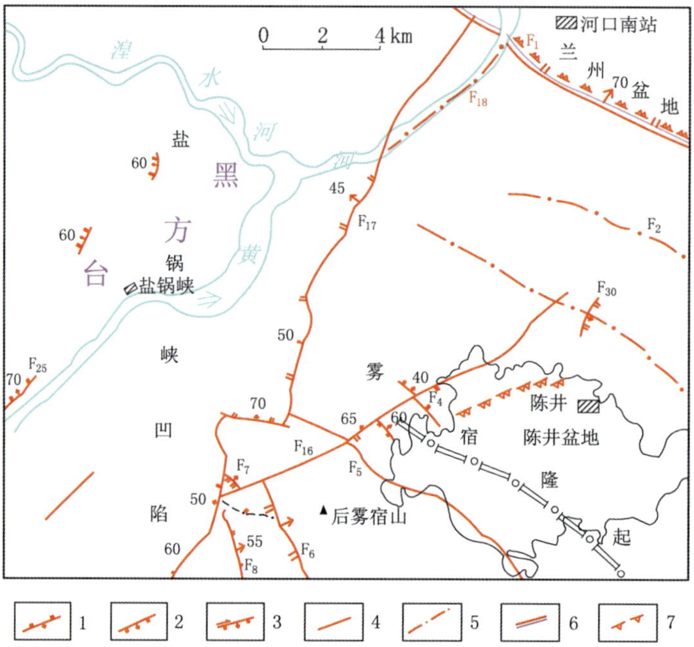

1—逆断层；2—正断层；3—平推断层；4—性质不明断层；
5—隐伏断层；6—活动断层；7—第四纪盆地边缘。

图8-4　黑方台区域地质构造略图

8.1.5　水文地质条件

黑方台高出现代河床120余m且四周孤立，原为无人居住的旱台。天然条件下地下水的唯一补给来源是大气降水。由于气候干燥，降水稀少，黑方台上部的黄土层长期处于干燥状态，天然含水率一般为10%左右，远小于最大分子持水量（即田间持水量，一般为21.5%左右）。黄土包气带水分运移特征的研究也表明：在干旱地区，尽管黄土具有较强的渗透性能，但由于干燥包气带黄土层对水的大量吸收作用及大气蒸发，有限的降水很难通过巨厚、干燥的黄土包气带层大面积入渗形成地下水。据西北水土保持研究所的观测资料，类似条件下，大气降水在黄土层中的入渗深度仅为1.5～2.6 m。水只有通过垂直裂缝、落水洞等局部优势通道入渗到深部形成地下潜水。因此，天然条件下黑方台地区地下水不甚发育，在台缘带虽有少量泉水分布，但水量很小，年排泄总量约为3.2×10^4 m^3。

20世纪60年代中期，为了安置刘家峡、盐锅峡水库区的移民，在黑方台建成了提水灌溉工程，灌溉面积为753 hm^2，年提水总量为6×10^6～8×10^6 m^3。由于长期的大面积大水漫灌，产生了大量落水洞和塌陷坑（图8-5），成为灌溉水直接入渗的宏观性、贯通性垂直通道，致使大量水体渗入地下，增大了地下水的补给来源，改变了黑方台的天然水文地质条件。目前，在黄土层底部及卵石层中已形成了20余m厚的潜水含水层，并在台缘一带以泉和面状渗出的形式排泄（图8-6～图8-7）。1989年有泉水63处，年溢出量达4.4×10^5～4.9×10^5 m^3，占年提水量的7.5%左右，为原溢出量的15倍。2000年以来年溢出量达9.146×10^5 m^3，为原溢出量的28.6倍。剖面上，泉水主要分布在斜坡中部的黄土、卵石层底面，在局部地段地下水沿下部白垩系红层（主要为砂岩夹层）中的裂隙或老滑移带向下渗透，甚至可达坡脚地带。平面上，受地形、隔水底板高程变化等的控制，地下水总体由西北向东南径流排泄。泉水主要分布在下游焦家河湾地段及一些冲沟的近沟脑等部位。

图8-5　黑方台台塬区的黄土落水洞

图8-6　黑方台台缘黄土下部地下水呈面状渗出

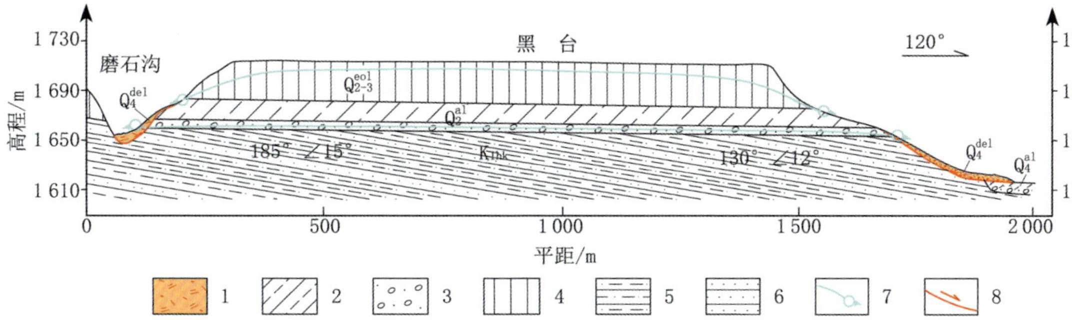

1—滑坡堆积；2—粉质黏土；3—卵石；4—风积黄土；
5—砂质泥岩；6—砂岩；7—地下水位与泉；8—滑动面。

图8-7　黑方台台塬区水文地质剖面图

8.2　滑坡类型与发育分布特征

8.2.1　滑坡类型

根据黑方台台缘上部黄土、下部泥岩的坡体组成及结构特点，按照滑坡物质组成和滑动面的位置，黑方台台缘滑坡类型主要有黄土层内滑坡和黄土-泥岩顺层滑坡两类（图8-8）。

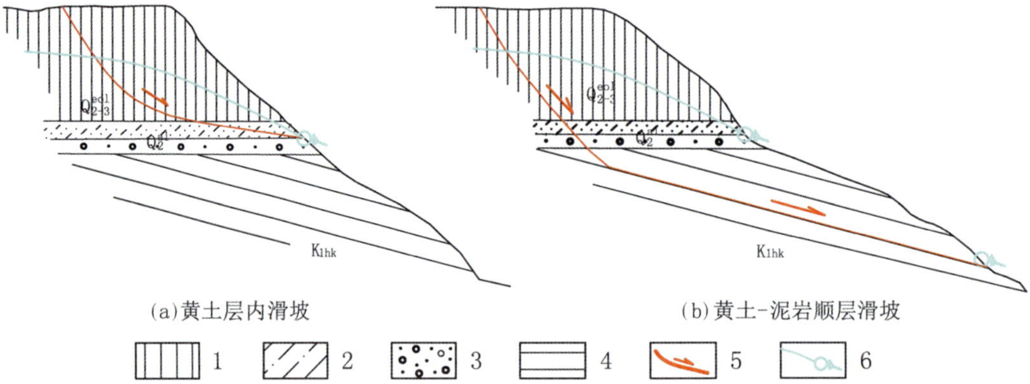

1—风积黄土；2—粉质黏土；3—卵石；4—砂质泥岩；5—滑动面；6—地下水位与泉。

图8-8　黑方台典型滑坡示意剖面图

黄土层内滑坡是台缘上部黄土和部分粉质黏土的滑动，剪出口位于斜坡中部饱和软弱土层中，位置较高（图8-9），是黑方台台缘滑坡的主要类型，占滑坡总数的90%以上。滑坡规模多为中、小型，体积一般在数万至数十万立方米，以焦家黄土滑坡群、党川黄土滑坡群为典型代表。

图8-9　黑方台党川段典型黄土层内滑坡

黄土-泥岩顺层滑坡由黄土和下伏泥岩沿泥岩中的外倾15°左右的软弱层面一同整体发生滑动，剪出口位于斜坡下部坡脚一带，位置较低，滑坡规模多为大、中型，体积一般在数十万至数百万立方米。黑方台台缘近年来发生的水管所滑坡（图8-10）、加油站滑坡和黄茨滑坡等即为此类，共计滑动9次。苹牲、折达公路上山段等几处大型老滑坡也为此类滑坡。

图8-10　黑方台1991年发生的水管所黄土-泥岩顺层滑坡

上述按照滑坡物质组成和滑动面位置进行滑坡分类，符合黑方台滑坡发育的实际情况，较好地反映了两类滑坡的发育分布、滑动及稳定性等方面的特征与差异（表8-1），既简单明了，又科学实用，有利于指导黑方台滑坡灾害的预防和应急处置。例如，1995年黄茨滑坡发生时，根据黄土-泥岩顺层滑坡滑速慢、滑距近的特点，科学合理地确定了避险范围，有效保护了人民财产安全，最大程度降低了滑坡灾害损失。

表8-1　黑方台两类滑坡基本特征对比表

滑坡类型	黄土层内滑坡	黄土-泥岩顺层滑坡
剪出口位置	位于斜坡中部饱和黄土、粉土一带	位于斜坡下部坡脚部位
规模	小、中型，体积一般在数万至数十万立方米	中、大型，体积一般在数十万至数百万立方米
滑坡岩土体	黄土、粉质黏土	黄土、粉质黏土和泥岩
发生频率	频繁发生，多于150次，占总数的90%以上	频率较低，仅9次，占总数不足10%
滑动特征	发生突然，滑速快、滑距远。一般滑速10 m/s，滑距300～500 m	孕育时间较长，滑速慢、滑距近。一般滑速10 m/h，滑距30～50 m
稳定性	滑坡体稳定性好，后壁稳定性差，可再次继发性滑动，同一斜坡部位可滑动3～4次	滑坡体稳定性差，可再次发生复活性滑动。黄茨、水管所等此类滑坡均发生了复活滑动
危害方式	对生命、财产造成威胁	主要对财产造成威胁

8.2.2　滑坡空间发育分布特征

截至2022年，黑方台台缘地带分布有大小、新老滑坡160余处，沿10 km长的台缘构成密集的滑坡发育群带（图8-11）。可分为焦家村—野狐沟黄土层内滑坡密集段、虎狼沟—黄茨黄土层内滑坡与黄土-泥岩顺层滑坡密集段、磨石沟黄土层内滑坡密集段和方台黄土层内滑坡发育段。焦家、党川等部分地段黄土层内滑坡彼此相连、左右镶嵌、多次叠置、大小相套，尤以焦家村—焦家崖头地段滑坡最为密集，以致在现场难以区分单个滑坡体和调查统计到所有滑动的160余处滑坡。

随着时间的推移，黑方台滑坡的空间发育特征变化较为明显。1998年以前，滑坡主要发育在黄河一侧的南部台缘区，其中野狐沟—焦家村为集中频发地段（图8-12）。1998年以后，磨石沟下游一侧的北部台缘也开始发育黄土层内滑坡。2010年以来，野狐沟—焦家村段滑坡发生频率明显降低，而在党川一带为近年来黄土层内滑坡的频发地段（图8-13），已发生滑坡约30次，平均每年2～3次，滑坡发生情况和发展趋势类似于野狐沟—焦家村地段。其原因可能与台塬区地下水位逐年上升、滑坡对台缘斜坡地形的改变等有关。方台台缘滑坡也较发育，且近年来时有发生（图8-14）。

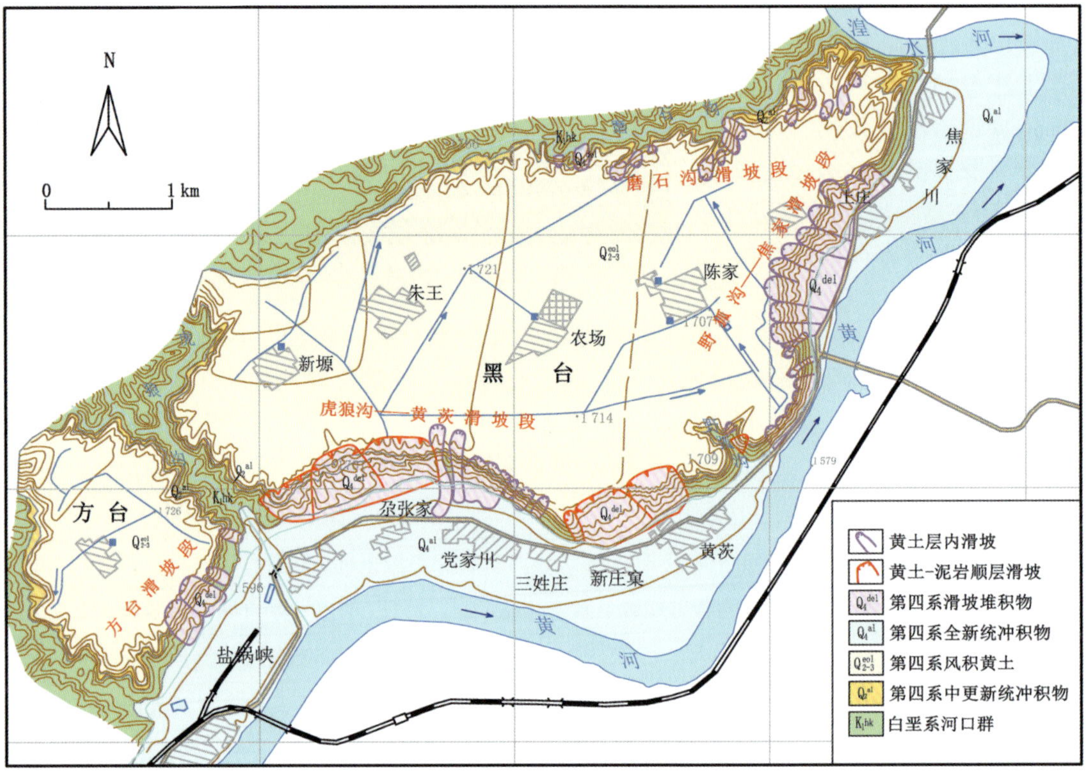

图8-11　黑方台滑坡分布图

图8-12　焦家村—焦家崖头滑坡群

图8-13　党川—黄茨滑坡群

图8-14　方台滑坡群

黄土-泥岩顺层滑坡主要发育在虎狼沟—黄茨之间的黑台斜坡地段。除其他因素外，白垩系的倾向与坡向的一致性是主要控制因素，虎狼沟—黄茨段台缘斜坡的坡向基本为南，而下部白垩系泥岩产状为150°～200°∠10°～15°，总体形成黄土-泥岩顺向坡，有利于黄土-泥岩顺层滑坡的形成。除近年来发生的黄茨、加油站、水管所大型黄土-泥岩顺层新滑坡外，还发育苹牲、折达公路上山段、盐集村等大型黄土泥岩顺层老滑坡（图8-15）。

图8-15　黑方台黄土-泥岩顺层老滑坡

8.2.3　滑坡形态特征

黑方台两类滑坡的形态特征有较大差异。

由于黄土层内滑坡的远程滑动，黑方台黄土层内滑坡平面上属典型的长条形滑坡，滑坡长宽比一般大于3，最大达5.2。随着继发性滑动的发生，每次滑坡的长宽比多为增大。在台塬区为“勺状”“椭圆状”的滑源区，形成高陡滑坡壁和滑坡凹槽。坡脚前Ⅱ级阶地为滑坡堆积区，滑体地形平缓，土体结构破坏严重，表面呈极为疏松的散粒状黄土，在滑坡前部发育垂直滑动方向、相间排列的弧形鼓丘和洼地，呈波浪状，多表现出流滑的特征。台缘下部斜坡段常为滑移通道，即滑通区。

黑方台黄土-泥岩顺层滑坡的长度和宽度大体相当，有的甚至宽度大于长度。滑坡壁较为平直，剖面上滑坡堆积体地形较陡，一般发育2～3级宽大的滑坡平台，有的向后反倾，发育滑坡洼地。由于黄土-泥岩顺层滑坡滑速低，滑坡体结构破坏轻微，基本保持原来地层层序，表面各类裂缝密集发育，有的土体被切割成林立的土柱。

8.3　滑坡活动特征

8.3.1　黄土层内滑坡的频发性

从1968年开始提水灌溉到1984年大量发生滑坡相隔16年，可见，黄土台塬灌溉引起的滑坡发生时间有较长滞后期。而一旦具备滑坡形成条件后则具有频发性、群发性的特点，且以黄土层内滑坡为主。据不完全统计：1984年以来基本上每年都有滑坡发生，已累计发生大小滑坡160余次，其中1984—1989年发生了9次，平均每年1.5次；1990—2000年发生了36次，平均每年3.3次，其中1988年和1992年每年多达5次；2001—2009年滑坡发生频率相对较低；2010年以来又趋于活跃；2015年发生黄土层内滑坡多达8次。2017年10月1日夜晚的数小时内，党川段罗家坡接连发生了3次黄土层内滑坡（图8-16）。2019年1—3月发生大小黄土层内滑坡6次。2019年8月以来由于灌溉锐减，滑坡频率明显降低。黑方台滑坡在年内每月均有发生，以3月和7月频率最高（图8-17）。

图8-16　2017年10月1日党川段罗家坡滑坡群

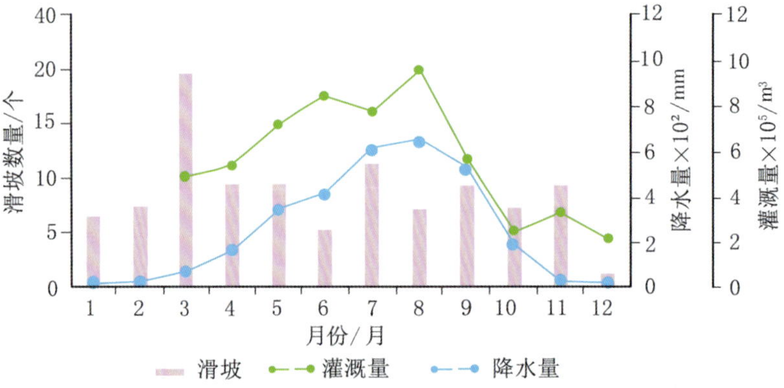

图8-17　黑方台滑坡逐月频次图（据许强）

8.3.2　黄土层内滑坡的突发性

黑方台黄土层内滑坡具有突发性，有的滑坡虽有较长的孕育期，但加速变形阶段很短，常会突然发生剧滑。2015年4月29日，发生罗家坡1 d内2次滑坡的典型事例。2013年9月的Google影像资料显示，第1次滑坡的后缘一带就有弧形拉张裂缝，但后来安装其上的滑坡位移监测仪器均未监测到这次滑坡的加速变形和剧滑时间。而第2次滑坡的发生则更加突然，据现场的国土资源管理部门地质灾害预防人员介绍，第1次大滑动后的9时许，他们在上部台塬区查看险情并布设警戒线时，滑坡后缘一带并未发现明显裂缝和变形迹象，而此后一段时间斜坡突然快速变形，100 min后便发生了第2次更大规模滑动，刚布设的警戒线也被滑落。第2次滑坡后缘范围延伸很远，不同于其他同类滑坡，超出了人们的前期判断。由此可见，第2次滑坡的加速变形时间很短，发生非常突然。

成都理工大学、长安大学获得了黑方台多处滑坡位移监测资料，成功临滑预报了7次。位移监测资料显示，在加速变形阶段位移突然加速，显示了黄土层内滑坡的突发性（图8-18）。可见，黑方台黄土层内滑坡发生时间临滑预报难度很大。

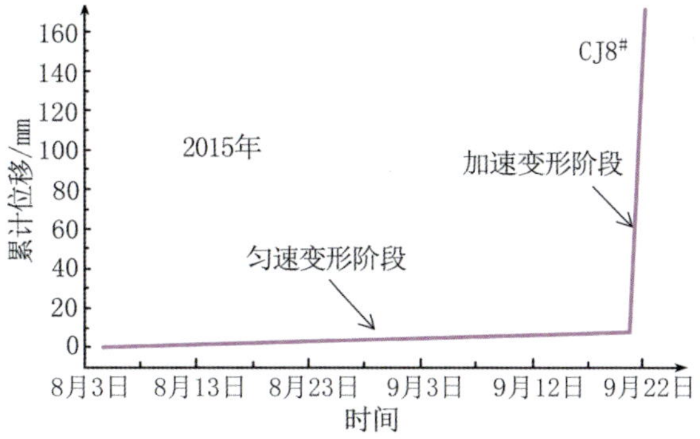

图8-18 黑方台CJ8#滑坡变形曲线（据许强）

8.3.3 黄土层内滑坡的继发性

黑方台许多同一斜坡部位具有多次发生黄土层内滑坡的特点，称其为继发性或多发性，也有学者称为后退式滑动或多序次滑动。如：焦家村碳化硅厂滑坡区台缘部位先后发生了4次滑坡；在焦家崖头的同一斜坡部位于1997年11月、2003年5月、2012年2月7日发生了至少3次滑坡。2015年4月29日，党川罗家坡地段同一斜坡部位3 h内发生2次大规模滑动，在这样短的时间内相继发生2次滑坡，在黑方台滑坡发育历史记录中尚属首次，加上2009年前后的1次滑坡，该斜坡部位同一位置发生了3次滑坡。党川罗家坡东侧另一斜坡地段在同一部位于2012年、2014年、2015年8月和2017年2月19日同样发生了4次滑坡（图8-19）。

图8-19 党川罗家坡继发性滑坡演化过程影像图

8.3.4　黄土-泥岩顺层滑坡的复活性

由于黑方台黄土-泥岩顺层滑坡滑速低、滑距短，滑体的滑动势能释放不彻底，稳定性差，对外部影响因素的变化反应敏感。在灌溉水的长期入渗软化、前缘人为开挖等外部作用下，黄土-泥岩顺层滑坡的滑体均发生再次复活滑动。近年来，黑方台发生的9次黄土-泥岩顺层滑坡中，4处首次发生的黄土-泥岩顺层滑坡的滑体全都发生了二次复活滑动。如1989年3月发生的加油站黄土-泥岩顺层滑坡（图8-20），时隔5年后于1994年8月再次大规模复活滑动。加油站滑坡可能是苹牲老滑坡西侧部分的复活滑动（图8-21）。1991年5月发生的水管所黄土-泥岩顺层滑坡，于2000年7月再次复活滑动，其规模扩大，体积达$4\times10^6\ m^3$（图8-22）。1995年1月发生的黄茨黄土-泥岩顺层滑坡的体积达$3.6\times10^6\ m^3$，于2006年5月14日再次大规模复活滑动。另外1次是盐集村黄土-泥岩顺层老滑坡受黑方台灌溉水入渗软化作用的长期影响，于2006年3月30日发生缓慢的复活滑动，体积达$1\times10^6\ m^3$。

图8-20　1989年加油站黄土-泥岩顺层滑坡

图8-21　加油站滑坡与苹牲老滑坡

黑方台附近与其地质环境类似的兰州市西固区张家台，由于长期台塬农业灌溉作用，1999年7月发生文昌阁黄土-泥岩顺层滑坡，于2008年5月11日再次复活滑动。

图8-22　2000年复活的水管所黄土-泥岩顺层滑坡

8.4　滑坡成因分析

8.4.1　滑坡形成条件和引发因素

黑方台台缘斜坡高差达100～125 m，上陡下缓，平均坡度35°左右。斜坡自上而下主要由黄土、粉质黏土、卵石和泥岩组成，岩土体天然抗剪强度低，水敏性强，遇水易软化使强度降低（表8-2），且大部分地段泥岩以15°左右的倾角倾向坡外，形成顺向坡。特殊的地形地貌、岩土性质和坡体结构是黑方台台缘滑坡发育的基本内在地质条件，历史上也曾发育了苹牲、盐集村等几处大型黄土-泥岩顺层老滑坡。

表8-2　黑方台黄土物理力学性质统计表

层位	上部非饱和黄土	下部饱和黄土	饱和粉质黏土
含水率ω/%	6.3～8.8	18.20～24.40	21.40～25.60
密度ρ/(g/cm^3)	1.44～1.54	1.67～1.82	1.90～2.05
孔隙比e	0.929～0.993	0.814～0.873	0.630～0.811
饱和度n/%	17.1～33.2	73.7～95.6	89.3～97.1
液限ω_L/%	24.9～26.5	24.2～29.2	25.3～33.4
塑限ω_P/%	16.1～18.3	15.5～17.2	17.3～18.6
塑性指数I_p	8.2～9.2	7.7～10.3	10.5～14.8
液性指数I_L	-0.5～-1.3	0.4～0.9	0.4～0.6
内聚力c/kPa	20～30	5～10	5～15
内摩擦角φ/°	25～30	10～15	10～15

显而易见，50多年来在台塬区的长期大规模农业灌溉是黑方台台缘频繁滑坡的重要引发因素（图8-23）。黑方台灌区年提水总量为6×10^6～8×10^6 m^3，平均每公顷每年灌水量约9 000 m^3。由于长期的大面积大水漫灌和入渗，使下部土体含水率增大，自重增加。同时上部黄土层产生大面积的强烈湿陷，使台面整体下沉4 m左右，还形成大量塌陷坑、陷穴和裂缝，为灌溉水的入渗提供了大量宏观性、贯通性垂直通道，使更多的灌溉水渗入深部（图8-24），增大地下水的补给量，地下水位逐年上升。目前，黑方台塬区粉质黏土、黄土底部已形成20～30 m厚的含水层，地下水以泉和面状渗出的形式在台缘斜坡地带的黄土底部、泥质砂岩等部位排泄，其矿化度高达40 g/L左右，灌溉水长期入渗、地下水位不断上升，不但软化斜坡土体、降低强度，促发斜坡变形与破坏。同时还产生侧压力推挤作用、静态液化、机械潜蚀和化学溶蚀作用、季节性冻结滞水促滑效应（图8-25）等与地下水位上升有关的动力地质作用，对黑方台斜坡变形与破坏也有重要影响。

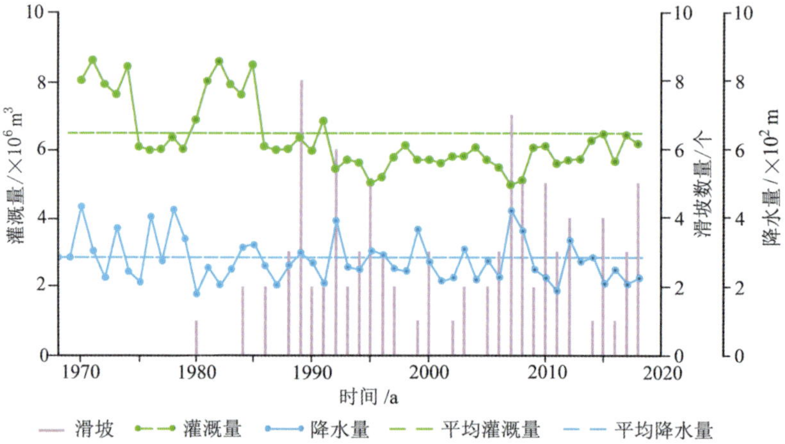

图8-23　黑方台历年滑坡发生数量与灌溉量、降水量关系图（据许强）

图8-24　灌溉水沿黄土落水洞渗入

图8-25　冬季斜坡区泉水冻结滞水现象

由图8-17可知，季节性冻融作用强烈的3月，黑方台滑坡的发生频率较高。2020年11月以来甘肃东部地区气温偏低，黑方台季节性冻结滞水作用强烈，部分泉水冻结，地下水排泄减弱，斜坡地带地下水位上升，党川、焦家泵站和方台部分斜坡变形加速，裂缝明显扩大。2021年1月1日党川发生第1次滑坡，体积1×10^4 m^3；长安大学据GNSS监测资料，于2020年12月23日、2021年1月14日两次发出预警，1月27日20时53分发出红色临滑预警，结果于当天21时发生第2次滑坡，体积约1×10^5 m^3；2021年2月11日（大年三十）凌晨方台又发生体积1.6×10^4 m^3的滑坡。

由于黄土层内滑坡的滑体远距离滑动后，在台塬区形成高陡的滑坡后壁和侧壁，其稳定性差，同时使滑坡后壁一带地下水径流途径变短，水力坡度变大，对坡体的渗透破坏作用也有所加强，滑坡后壁短期内可再次失稳，产生继发性滑动。随着继发性滑坡的不断发生，该部位斜坡坡度逐渐变缓并趋于稳定，如焦家村一带，20世纪90年代多处斜坡发生继发性滑动，滑坡非常频繁，而近10年来发生频率有所降低。

8.4.2　滑坡形成机理和变形破坏方式

黄土层内滑坡在上部黄土层自重压力作用下，下部厚20余 m的饱和黄土、粉质黏土软弱土层向坡外产生塑性流变，上部非饱和黄土的底部出现拉裂和下错，滑坡后缘拉张裂缝从下向上发展，下错更为明显。黄土滑坡变形破坏的地质力学模式为塑流-拉裂型。

继发性黄土层内滑坡中，不同期次黄土层内滑坡的形态特征差异较大。首次滑动黄土层内滑坡一般规模较小，后壁平直、高陡，滑动形式具有崩塌式或错落式滑坡特点，符合一般概念上的黄土滑坡。随着在同一位置滑坡的继发性发生，滑坡范围向台塬区后部及两侧发展，逐级逐块滑动，类似于四周向中心低洼区滑动的“环滑”[图8-26(a)]，在塬面上形成特殊的近椭圆状长条形凹槽，一般深20～40 m，长120～200 m，宽100～150 m，甚至在滑坡前缘出口处形成较窄的锁口状，三面为滑坡后壁和侧壁，高度20～40 m，坡度60°～65°，上部近于直立，中下部主滑动面倾角11°左右［图8-26(b)］。因此，剖面上黑方台黄土层内滑坡的滑面是上陡下缓的两段式，整体呈L形的折线形，转折点位于饱和黄土与非饱和黄土的界面附近，变形破坏的地质力学模式为塑流-拉裂型。可见，黑方台黄土层内滑坡实际上是由非饱和黄土和饱和黄土两种物理力学性质差异较大的土层组成的层状结构滑坡，已不是一般概念上的均质黄土层内滑坡。

图8-26　黄土层内滑坡在台面形成的椭圆形滑源区

黄土-泥岩顺层滑坡的主滑面一般沿斜坡下部外倾的泥岩层面发育，岩层倾角一般为15°左右。岩层层面本身就是天然的软弱结构面，力学强度低，而且地下水沿其活动强烈，在上部岩土自重压力和地下水的软化作用下，滑体沿外倾泥岩层面长期累进性剪切变形和滑移，使主滑面内聚力、内摩擦力逐渐降低，随之在上部黄土层中出现拉裂和下错，形成多道较陡的滑坡后缘拉张裂缝。黄土-泥岩顺层滑坡变形破坏的地质力学模式为滑移-拉裂型（图8-27）。

图8-27　黄土-泥岩顺层滑坡的主滑动面

黑方台等黄土台塬在灌溉用水沿着各种裂缝和落水洞大量下渗到黄土底部或泥岩层面后，由于其为相对隔水层，水体因无法继续下渗而滞留在岩土体内，一方面软化和潜蚀斜坡岩土体，降低强度，形成饱和软弱基座，同时也加大了岩土体的自重，增加了水压力和土侧压力，产生塑性蠕动，促使滑动面的形成和贯通，导致坡体的失稳滑动。黑方台黄土台塬过量灌溉引发的滑坡形成机理归纳如图8-28所示。

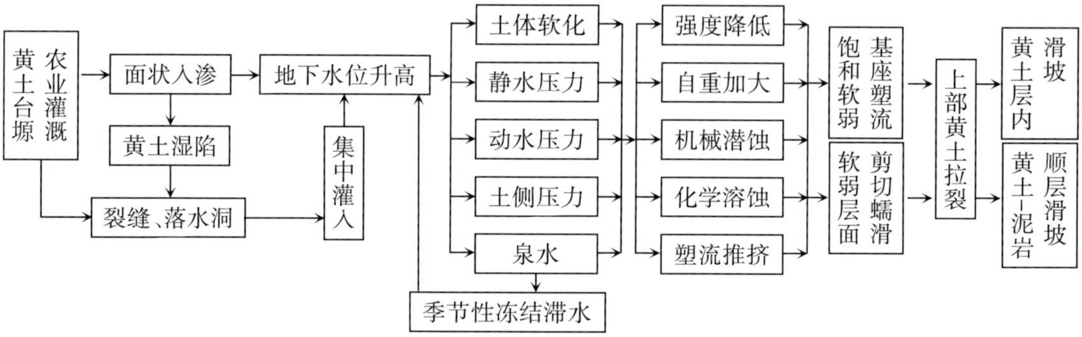

图8-28　黑方台滑坡形成机理框图

8.5　滑坡滑动特征与机理

黑方台两类滑坡的滑动特征差异明显，黄土层内滑坡的滑速快、滑距远，黄土-泥岩顺层滑坡的滑速低、滑距短。为不同类型黄土滑坡滑动特征的研究提供了典型事例。

8.5.1　黄土层内滑坡的高速远程滑动机理

黑方台黄土层内滑坡有滑速快、滑距远的特点。1996年2月13日焦家村发生体积为$4\times10^5\ m^3$的碳化硅厂黄土层内滑坡（图8-29），在不到1 min的时间内滑动500 m；2005年10月1日焦家村发生体积为$4\times10^5\ m^3$的电石厂黄土层内滑坡，在约1 min的时间内滑动550 m（图8-30）。平均滑速10～15 m/s，最高滑速可达20～30 m/s。

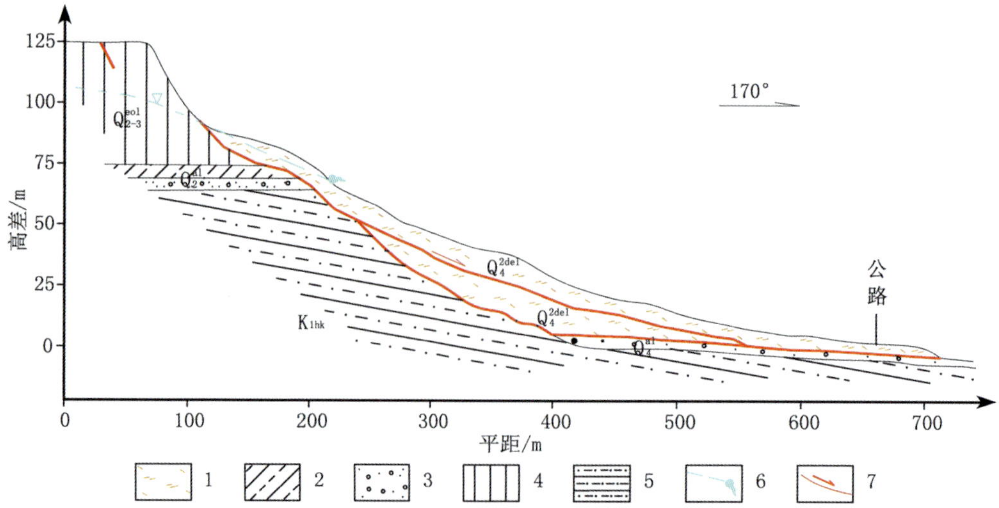

1—滑坡堆积；2—粉质黏土；3—卵石；4—风积黄土；

5—砂质泥岩；6—地下水位与泉；7—滑动面。

图8-29　焦家村碳化硅厂黄土层内滑坡剖面图

图8-30　焦家村电石厂黄土层内滑坡

根据西北黄土高原区的陕西泾阳、甘肃天水等地的高速远程黄土层内滑坡资料显示（表8-3），大部分黄土层内滑坡的滑动距离为前后缘高差的2～3.5倍。而黑方台黄土层内滑坡的滑动距离多为前后缘高差的5倍以上，其中4月29日罗家坡第2次滑坡为11.45倍，黑方台黄土层内滑坡的滑距明显更远。

表8-3　典型黄土层内滑坡滑动特征统计表

滑坡		发生日期	体积/m^3	滑距 L_a/m	前后缘高差 H/m	L_a/H	滑动历时
黑方台	焦家村滑坡	1989年3月21日	1×10^5	385	60	6.42	20 s
	老泵房滑坡	1989年7月22日	1.29×10^5	500	60	8.33	<1 min
	上滩滑坡	1992年9月2日	7×10^4	320	60	5.33	15 s
	碳化硅厂滑坡	1996年2月13日	4×10^5	500	60	8.33	<1 min
	电石厂滑坡	1999年3月12日	4×10^5	500	60	8.33	30 s
	电石厂滑坡	2005年10月1日	4×10^5	550	60	9.17	40 s
	焦家村滑坡	2015年1月29日	1.05×10^5	460	60	7.67	40 s
	党川罗家坡滑坡	2015年4月29日	2×10^5	350	55	6.36	60 s
	党川罗家坡滑坡	2015年4月29日	4.5×10^5	630	55	11.45	15 min
	党川罗家坡东滑坡	2017年2月19日	1.4×10^5	370	50	7.4	
	焦家村泵站西滑坡	2019年2月28日	2.2×10^5	400	60	6.67	30 s
宝天铁路K1357滑坡		1981年11月29日	6×10^5	400	180	2.22	

续表8-3

滑坡	发生日期	体积/m^3	滑距 L_a/m	前后缘高差 H/m	L_a/H	滑动历时
天水市潘集寨滑坡	2001年9月12日	5×10^5	300	80	3.75	
东乡县大房滑坡	1995年9月1日	5.5×10^6	600	200	3.0	
天水锻压机床厂滑坡	1990年8月11日	1.8×10^6	155	80	1.94	
陕西泾阳蒋刘滑坡	1984年12月2日	1×10^6	240	80	3.0	
陕西泾阳东风滑坡	2003年7月23日	9.96×10^5	252	72	3.5	
陕西泾阳大堡子滑坡	2012年4月10日	2.06×10^5	210	70	3.0	

随着近年来党川一带台缘黄土层内滑坡的增多，黑方台黄土层内滑坡的首次滑动与继发性滑动的特征也有所差异。首次滑动的黄土层内滑坡尽管地形较陡，具崩塌式或错落式快速滑动的特点，但由于下部堆积区斜坡上发育小型冲沟，地表凹凸不平，前部滑道的地形条件较差，再加上滑体大部分为斜坡表层较干燥的黄土，滑动时产生的超孔隙水压力微弱，摩擦阻力较大，所以首次滑动的黄土层内滑坡滑距相对较小，大多只滑至坡脚一带，滑距200 m左右。大量滑体堆积于斜坡区及坡面小型冲沟内，使凹凸不平的地表变得顺滑通畅，为该斜坡地段下一次继发性黄土层内滑坡的高速远程滑动提供了良好的滑道，起到了铺路开道的作用。

同一斜坡部位再次发生继发性黄土层内滑坡时，滑体中饱和土体的比例增加，在滑动过程中饱和土体沿滑道铺开，饱和滑带土受到强烈剪切和压缩，孔隙减少，在渗透性差的细粒土滑带中产生大面积超孔隙水压力。室内环剪试验证实了超孔隙水压力的存在，其最大接近正应力的80%（图8-31）。由此推断，在整个滑动过程中细粒滑带土中存在超孔隙水压力且难以消散。由于黄土以粉土为主，结构疏松，滑带附近还可能产生液化，始终起到润滑作用，摩擦阻力大幅降低，导致滑体在前部平缓的Ⅱ级阶地区继续保持滑移（图8-32），也使继发性滑坡的滑距大多逐次不断增大（图8-33）。

据罗家坡两个斜坡区近期发生的6次滑坡资料显示，继发性黄土层内滑坡后一次的滑距是前一次滑距的1.5～1.7倍（表8-4）。与陕西省泾阳县南塬灌溉引发的继发性黄土层内滑坡滑距逐次减小的特点相反。

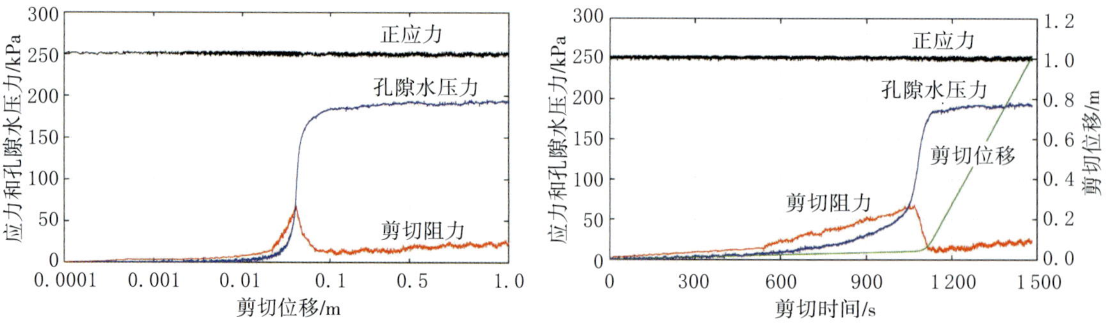

图8-31　黑方台饱和黄土环剪试验曲线（据张帆宇）

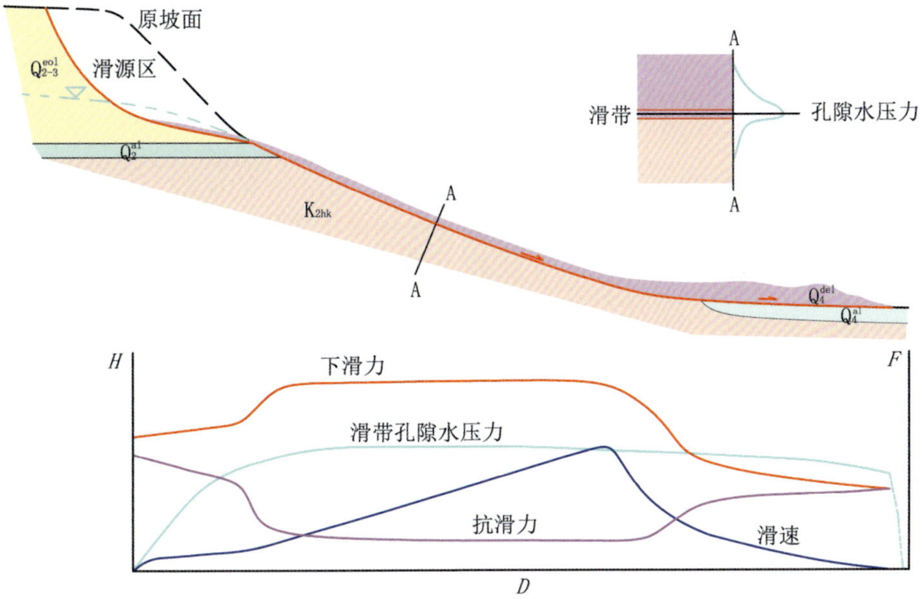

图8-32　黑方台黄土层内滑坡滑动过程中滑带孔隙水压力变化示意图

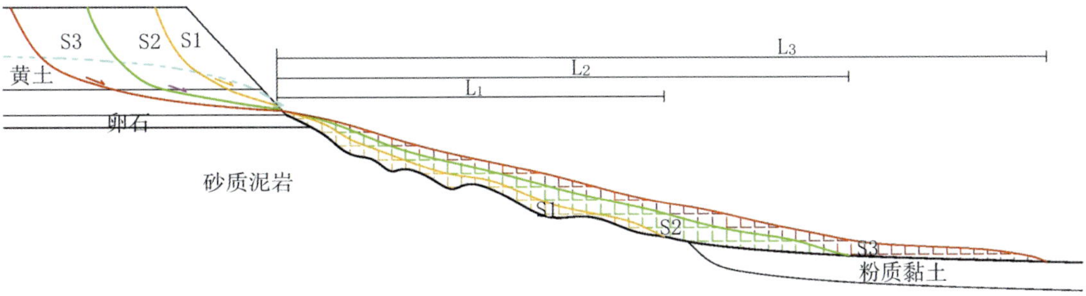

图8-33　黑方台继发性黄土层内滑坡演化示意剖面图

表8-4　黑方台继发性黄土层内滑坡逐次滑距统计表　　单位：m

滑坡名称	第1次滑距	第2次滑距	第3次滑距
4月29日罗家坡	230	380	630
2月19日罗家坡	210	300	390

“4·29”罗家坡第2次滑坡的录像资料记录了其滑动过程和特征。第2次滑坡在第1次滑坡的后部坡体分6次滑动，滑坡过程历时15 min左右，滑体在剪出口下部长200 m的泥岩陡坡段的滑速较快，平均滑速达10 m/s左右，而在前部坡度1°～3°的Ⅱ级阶区的滑速仅为0.5～1.0 m/s，虽然滑速较低，但持续向前滑动约400 m，总体最大滑距630 m，也形成了远程滑坡，其滑动过程十分复杂。这与滑坡滑动过程中在饱和黏性滑带土中产生超孔隙水压力，减小有效应力，且孔隙水压力消散速度慢，持速效应明显有关。由此可见，远程滑坡并非全由高速滑动形成。

黄土层内滑坡滑动后，滑坡体及前缘滑动后经常会很快出现失水现象（图8-34），可能与滑动后的饱和滑带土及上下土体中的水在超孔隙水压力作用下的缓慢释放有关。

图8-34　滑坡前缘滑带土失水现象

另外，随着继发性黄土层内滑坡的逐次发生，滑坡在饱水滑源区的滑动距离增加，有助于滑带土孔隙水压力的快速增加和摩阻力降低，使滑坡快速进入下部滑通区并进一步加速滑动。

鉴于首次滑坡和继发性黄土层内滑坡形态、滑动特征等的差异，有学者也将其进一步细分为崩塌性黄土滑坡和流滑型黄土滑坡。

由上述分析可知，黑方台黄土层内滑坡的高速远程滑动有以下特殊原因：

（1）黄土层内滑坡的滑源区地形高陡且剪出口位置高，滑动势能大且释放条件良好。黑方台黄土层内滑坡的剪出口位于斜坡中部，高出前部Ⅱ级阶地60 m左右，且上部斜坡较陡，因此，滑坡体具有较大的滑动势能和良好的临空释放条件。

（2）黄土层内滑坡剪出口下部为高差50～60 m，坡度20°～30°的良好滑移通道-滑通区，非常有利于滑坡在重力作用下加速滑动，是该类滑坡形成高速滑动的重要加速地段和关键部位。陕西泾阳南塬灌溉引发的黄土滑坡群的其他条件与黑方台类似，但其滑距相对黑方台黄土层内滑坡要小很多，主要原因可能是陕西泾阳南塬黄土滑坡群的剪出口位于坡脚一带，缺乏该陡坡加速段。

（3）前期滑体沿坡面堆积，使斜坡中下部的滑道变得平顺通畅，起到铺路开道作用，为同一斜坡段再次继发性黄土层内滑坡的高速远程滑动提供了良好的滑道。

（4）滑体下部厚达20 m以上的饱和黄土的内摩擦角小，滑动过程中不断铺垫在滑道上，在细粒滑带土中产生超孔隙水压力和液化，且消散困难，在全滑程产生低摩阻持速效应，起到了关键的润滑剂作用。

（5）前部有宽阔平坦的滑动空间。斜坡前部Ⅱ级阶地区宽300～800 m，坡度1°～5°，地表为粉质黏土，为黄土层内滑坡的高速远程滑动提供了充分的滑动空间和低摩阻滑道（图8-35）。

另外，高速滑动的黄土层内滑坡的滑体之间，还存在宏观块体的冲击碰撞、能量传递形式的加速作用机理。

由此可知，超孔隙水压力在黄土层内滑坡的高速远程滑动过程中扮演着重要角色。目前仅从野外现象和室内试验进行了分析和解释，而高速滑动过程中孔隙水压力的真实情况还难以获得，今后应给予关注。

图 8-35　2019 年 2 月 28 日焦家村泵站西黄土层内滑坡

8.5.2　黄土-泥岩顺层滑坡的低速近程滑动机理

黑方台黄土-泥岩顺层滑坡的滑速较低，滑距也较短，常为数小时滑动数米至数十米（表 8-5）。1989 年 3 月发生的加油站黄土-泥岩顺层滑坡，水平滑距 35～45 m，滑速也较低，是黑方台灌溉以来发生的第 1 例黄土-泥岩顺层滑坡。1991 年 5 月 1 日发生的水管所滑坡整体滑动时间经历了5 h，前缘水平滑距仅20～35 m。1995年1月30日发生的黄茨滑坡体积达3.6×10^6 m^3，其整体滑动时间经历了90 min，而后缘整体下错仅10 m左右，前缘水平滑距仅30～60 m，滑速<1 m/min；2006年5月14日该滑坡复活，3 h滑动60～70 m，滑速也<1 m/min。1997年7月23日在黑方台附近发生的文昌阁滑坡，属同类黄土–泥岩顺层滑坡，3.5 h滑动距离仅为30 m左右。

表8–5　黑方台黄土–泥岩顺层滑坡滑动特征统计表

滑坡	体积/m^3	滑距/m	滑动历时	发生日期	备注
黄茨滑坡	3.6×10^6	30～60	90 min	1995年1月30日	
		60～70	3 h	2006年5月14日	复活滑动
水管所滑坡	5×10^5	20～35	5 h	1991年5月1日	
	4×10^6	50	4 h	2000年7月20日	复活滑动
加油站滑坡	5×10^5	35～45	4 h	1989年3月30日	
		30～40	4 h	1994年8月	复活滑动
盐集村滑坡	1×10^6	20～30	3 h	2006年3月30日	老滑坡复活
野狐沟东侧滑坡	3×10^5	15		2004年6月	
		20		2016年7月24日	复活滑动
文昌阁滑坡（张家台）	4.8×10^5	30	3.5 h	1997年7月23日	
		10	3 h	2008年5月11日	复活滑动

黄土–泥岩顺层滑坡的主滑面一般沿斜坡下部外倾的泥岩层面发育，岩层倾角一般为10°～20°，因此主滑面的角度在15°左右，剪出口位于斜坡下部坡脚部位，有的反翘，能量释放条件差。同时，岩层层面本身就是天然的软弱结构面，而且地下水活动强烈，力学强度低，滑面沿其发展贯通时，由峰残强度差引起的锁固效应则不明显，滑坡以主滑段内摩擦力为主的抗滑作用下维持着近极限平衡状态。在低洼部位的地下水软化作用下，长期累进性剪切变形，主滑面内摩擦力逐渐降低而失稳，发生缓慢滑动，堆积于前缘平缓地面的滑体起到阻滑制动作用。虽然黄土–泥岩顺层滑坡具有较大的体积和重力滑动势能，但主滑面的形状和特点决定了其不能高速滑动，且仅在低洼部位可能产生孔隙水压力，滑动摩擦系数较大。因此黄土–泥岩顺层滑坡的滑动速度一般较低，滑动距离也较短，滑体势能释放不彻底，其再次复活滑动的特点也是滑速低、滑距短。

由上可知，黑方台两类滑坡的滑速、滑距差异十分显著。黑方台滑坡前后缘高差均在120 m左右，变化不大，两类滑坡显著的滑距差异，不能用目前常用的森协宽计算公式解释并预测未来滑坡的滑距。黄土–泥岩顺层滑坡的体积一般为黄土层内滑坡体积的10倍，但黄土–泥岩顺层滑坡的滑距一般仅为黄土层内滑坡滑距的1/10，也不能用目前另一常用的谢德格尔计算公式解释并预测未来滑坡的滑距。可见，黑方台两类滑坡的滑速、滑距与滑坡类型明显有关，具有不同的特殊滑动机理，这对黑方台及类似地区滑坡致灾范围确定和险情应急处置有非常重要的意义，其机理还需进一步深入研究。

8.6　罗家坡“4·29”黄土层内滑坡

2015年4月29日7时55分和10时40分，黑方台党川村罗家坡同一斜坡处接连发生2次大规模黄土层内滑坡。滑坡总体积约$6.5×10^5$ m^3，最大滑距达630 m。滑坡摧毁居民房屋14间、工厂3家，破坏道路、输电线路、供水管道和引水渠道等，直接经济损失5 654万元。严重影响周围近万人的正常生活和生产。

由前述可知，黑方台农业灌溉引发的滑坡群以黄土层内滑坡为主，党川村罗家坡黄土滑坡是黑方台滑坡群中规模最大、滑距最远的黄土层内滑坡。3 h内在同一斜坡处发生2次大规模滑动，在黑方台滑坡历史上尚属首次。而且罗家坡2次黄土滑坡的变形过程和滑动特征存在明显差异，第1次滑坡经过近两年变形后，整体突然失稳，高速远程滑动；第2次滑坡变形时间仅100 min，分块逐步失稳，滑动历时长且过程复杂，总体为低速远程滑动。

通过现场调查、测量和滑坡视频资料的综合分析，对罗家坡黄土滑坡的形态特征、滑动过程和形成机理等进行了分析和研究。

8.6.1　斜坡地质环境

党川村罗家坡滑坡位于黄河北岸的黑方台南缘斜坡区，党川村北部，黑方台台面高程1 720 m，其南缘直接与Ⅱ级阶地相接，Ⅱ级阶地后缘高程1 610 m，高差110 m，上陡下缓，上部坡度36°～45°，下部坡度15°，平均坡度约27°。该坡面上发育近南北向的小冲沟，沟脑一带发育黄土层内滑坡（图8-36）。

图8-36　“4·29”罗家坡滑坡滑动前、后影像

8.6.2　滑坡特征

1.滑坡形态特征

罗家坡滑坡总长740 m；宽度变化较大，北部宽125～170 m，中部宽65～90 m，南部宽120～200 m，平均宽140 m；滑坡总面积$1.06×10^5$ m^2；滑体厚度中后部为4～10 m，前部为3～6 m，平均厚6 m；滑坡总体积约$6.5×10^5$ m^3。其中，第1次滑坡体积约$2.5×10^5$ m^3，第2次滑坡体积约$4.5×10^5$ m^3。滑坡长宽比达5.2，属典型的长条形滑坡。滑坡后缘高程

为1 719.0 m，前缘高程为1 595.5 m，高差123.5 m。滑坡总的滑动方向为186°，变化较大，后部滑源区的滑动方向为200°，受滑坡剪出口下部西侧小山包的阻挡和小冲沟的限制，中部滑动方向为170°，前部滑动方向为200°，前缘向西偏转。因此，滑坡滑动轨迹和平面形态整体均呈独特的S形（图8-37～图8-38）。

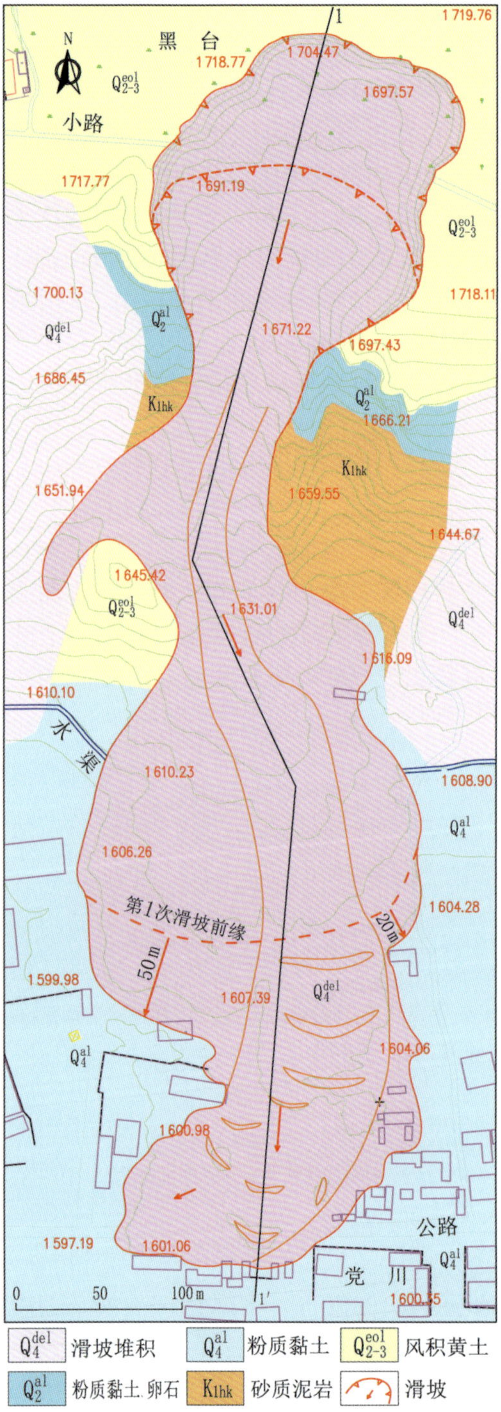

图8-37　罗家坡滑坡平面图

图8-38　罗家坡滑坡无人机影像

由于两次滑坡的叠加，罗家坡滑坡平面形态特殊，可分为滑源区、滑移通道区和滑坡堆积区。其中滑坡堆积区进一步分为扇形堆积区和长舌形堆积区（图8-39）。

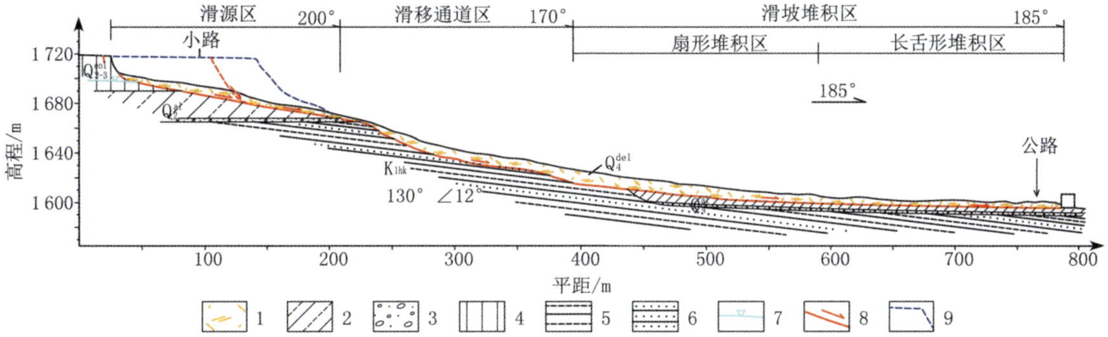

1—滑坡堆积；2—粉质黏土；3—卵石；4—风积黄土；5—砂质泥岩；
6—砂岩；7—地下水位与泉；8—滑动面；9—原地面线。

图8-39　罗家坡滑坡剖面图

滑源区位于北部黑方台台面区和斜坡上部，在台面上形成类似于椭圆形的凹槽，深20～30 m，南北长200 m，东西宽125～170 m，滑坡后壁可见高度18 m，坡度60°～65°，上部近于直立。剪出口位于泥岩顶面，高程1 665 m，与后缘高差54 m，主滑动面倾角11°左右。滑源区有4～7 m厚的残留滑体。

滑移通道区主要位于剪出口下部斜坡地段，原地形为小型沟道，且西侧下部有一独立小山包，受其限制，形成长185 m，宽65～90 m的弧形狭窄滑移通道区，高差49 m，平均坡度15.6°，最陡处25°，为滑坡体的重要滑移通道和加速地段。

滑坡堆积区位于南部Ⅱ级阶地区，扇形堆积区形状较规则，扇轴长230 m，扇缘宽200 m，扇顶角80°，主要为第1次滑坡的滑体，第2次滑坡的部分滑体也叠加其上。长舌形堆积区嵌套在扇形堆积区的中部，并向南延伸，南北长380 m，东西宽50～150 m，冲出扇形滑体后，向两侧扩散，南部滑体宽度明显增加。长舌形滑坡堆积区与扇形滑坡堆积区叠加的两侧边界上剪切现象非常明显，延伸很长而且方向稳定，成为第2次滑坡后期的主要活动区（图8-40）。滑体表面平均坡度3°，有大量相间排列并向南凸出的隆岗和洼地。前缘因受房屋等阻挡，滑体东侧局部有逆冲抬高现象，逆冲角度约5°～10°。

图8-40　罗家坡滑坡堆积区

2.滑体岩土组成

罗家坡滑坡发育在黑方台台缘斜坡的上部，滑体主要由原风积黄土和粉质黏土组成，较为均一，由于多次滑动的原因，滑坡堆积体上风积黄土和粉质黏土呈相间分布的特点，结构破碎和疏松，滑体总体为灰黄色。另外，有棕红色粉质黏土呈弧形条带堆积在第2次滑坡的东侧前缘，宽10～15 m，与灰黄色主滑体形成明显区别，为该次滑坡滑动时前缘铲动的Ⅱ级阶地表部土体。

8.6.3　滑坡变形与滑动过程特征

1. 滑坡变形过程

第1次滑坡有较长的孕育期，2013年9月的影像资料显示其后缘一带就有弧形拉张裂缝；而第2次滑坡的发生很突然，第1次滑坡发生后其滑动迹象和范围还不明显。据现场地质灾害预防人员介绍，第1次大滑动后的9时许，他们在上部台塬区查看险情并布设警戒线时，北侧距第1次滑坡后缘7 m的便道上仅发现有宽5 mm左右的裂缝，而此后斜坡突然快速变形，100 min后便发生了第2次大规模滑动。由此可见，第2次滑坡的前期变形迹象不明显，发生非常突然。刚布设的警戒线被滑落，说明滑坡后缘范围延伸很远，不同于其他同类滑坡，超出了人们的前期判断。

可见，4月29日发生的两次滑坡的滑动特征差异较大，第1次滑坡的滑动过程为简单的一次性高速远程滑动；第2次滑坡的滑动过程复杂，速度变化较大，在剪出口以上的滑动面上滑速较低，在剪出口下部陡坡段高速滑动，之后将部分能量传递给前部第1次滑坡已堆积的滑体，使其再次以较低速度向前滑动。由于黏性滑带土中孔隙水压力消散速度慢，持速效应明显，虽然滑速较低，但也形成了远程滑动，总滑距达630 m，产生了更大范围的破坏。这不同于过去黑方台远程滑坡均为高速滑动的认识。

据影像资料，党川村罗家坡斜坡上部曾于2009年发生过1次小型黄土滑坡，体积约5×10^4 m^3。2015年4月29日短短3 h内在同一斜坡处又连续发生2次更大规模的滑坡，在黑方台30多年滑坡频发的历史上还是首次，充分体现了黑方台高速远程黄土滑坡的后壁高陡，稳定性差，短时期内在同一斜坡处连续多次滑动的继发性特征。

2.滑坡滑动过程

滑坡现场视频、目击者的描述、滑坡前后1∶500地形图及滑坡形态调查等资料，为分析研究党川村罗家坡滑坡的独特发生过程提供了依据。党川村罗家坡滑坡分多次滑动，首先7时15分在坡体前缘下部发生少量滑动，7时55分发生第1次大滑动。据当时在附近田间劳动的村民介绍，其滑动速度很快，主滑过程历时约90 s，前缘达到碳化硅厂北侧，破坏部分厂房，滑距380 m左右。平均滑速4.2 m/s。

第1次大滑动后，形成高陡的滑坡后壁不稳定，于10时40分在第1次滑源区后部坡体又发生了第2次滑坡，过程历时约15 min左右。据目击者介绍，第2次滑坡先是分6块快速滑落到椭圆形凹槽内，再逐步沿平均坡度11°的第1次滑坡形成的滑面间歇性、缓慢地从卵石层顶部滑出，再进入下部较陡的滑移通道段加速向下滑动。据录像资料分析，到达坡脚处的最大滑速约15 m/s，呈分块脉冲式快速冲向先期扇形堆积体，叠加堆积其上，并产生强烈推挤和连续多次脉冲式冲击挤压作用，刚滑动停息的扇形滑体便又获得动力，再次以较缓慢的速度向前滑动并呈扇形扩展，扇形滑体西侧向前滑动50 m，东侧向前滑动20～30 m，最终在中部受力较大的主滑方向突破，形成滑移通道而滑出，形成宽80 m的长舌形滑体，继续沿坡度仅为1.5°的Ⅱ级阶地面缓慢而不断地向南滑动，并像推土机一样，铲动东侧地表的棕红色粉质黏土和房屋，相对扇形滑体前缘，滑距约200 m，滑动时间10时49分—10时55分，约6 min，滑速约0.5 m/s。长舌状滑体东侧因铲动棕红色粉质黏土，能量消耗较大，再加上受房屋的阻挡，使得前缘滑体绕过西侧厂房，滑动方向转向西，又滑动50 m。总体最大滑动距离630 m（图8-41）。

8.6.4　滑坡成因

特殊的地形和地质结构条件是滑坡发育的地质基础，罗家坡斜坡高达110 m，上部坡度为36°～45°，下部坡度为15°，平均坡度约27°。上部陡坡主要由风积黄土和冲积粉质黏土组成，土体结构疏松、强度低，水敏性强，遇水强度大幅降低。

党川村罗家坡滑坡发生前在该滑坡后缘一带的农田中进行了大面积、长时间灌溉，滑壁上部1～3 m的黄土含水率很高，并有部分沿落水洞渗入到深部（图8-42），进一步软化了土体，降低了强度，在上覆土体重力作用下，下部厚层饱和软弱土体向临空方向发生蠕动剪切变形，主滑带土体结构首先发生破坏，内聚力降低。同时，产生孔隙水压力，有效应力降低。从滑动后的地形判断，其主滑面较为平缓，倾角11°左右。沿平缓主滑面滑移导致在上部非饱和土体中产生拉张裂缝，倾角65°左右，并自下而上发展，最终演化为陡立的滑壁，坡体从前至后大范围接连失稳滑动，形成特殊的椭圆形滑源区。这也是本次滑坡后缘裂缝出现较晚，滑坡后缘难以确定，前兆不易发现的原因之一。

图8-42　党川罗家坡滑坡后壁及灌溉水入渗

罗家坡滑坡滑动过程中，在饱和细粒滑带土中产生孔隙水压力（图8-43），且消散困难，全程降低摩擦阻力并可能发生液化，浮拖滑体在坡度仅为1.5°的Ⅱ级阶地面缓慢滑动，形成黑方台滑动距离最大的黄土层内滑坡。

时间	实时照片	平面图
10:30		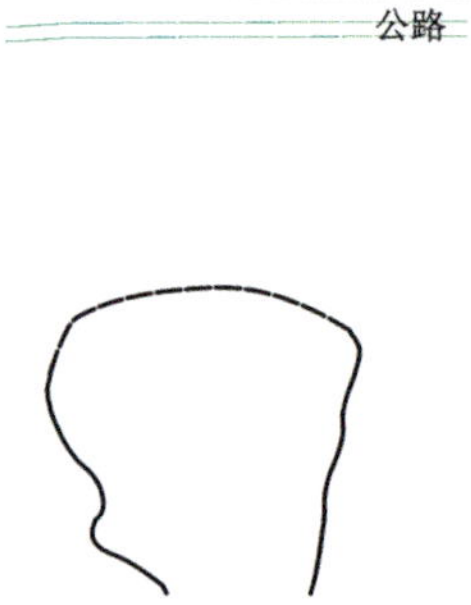
10:40—10:49		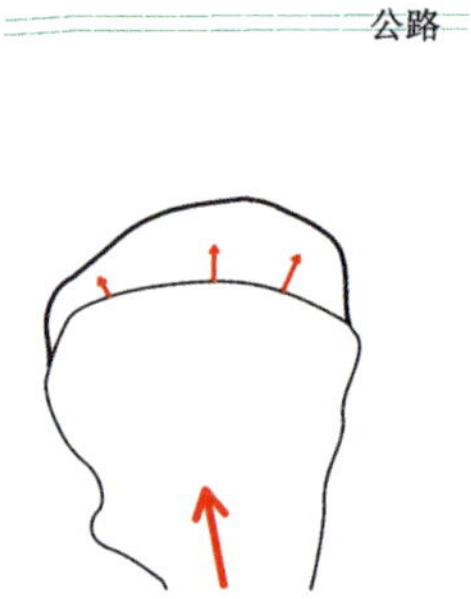
10:49—10:55		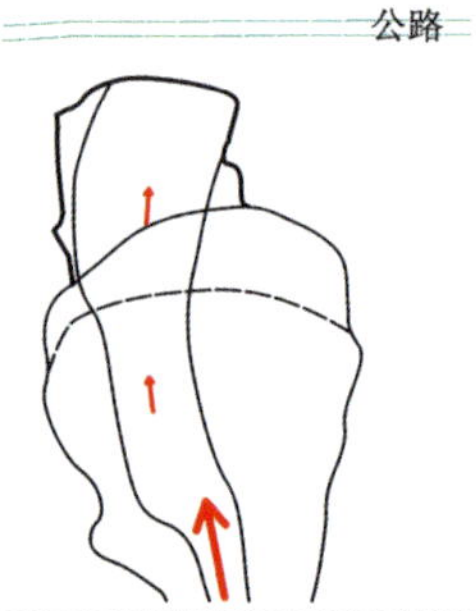
		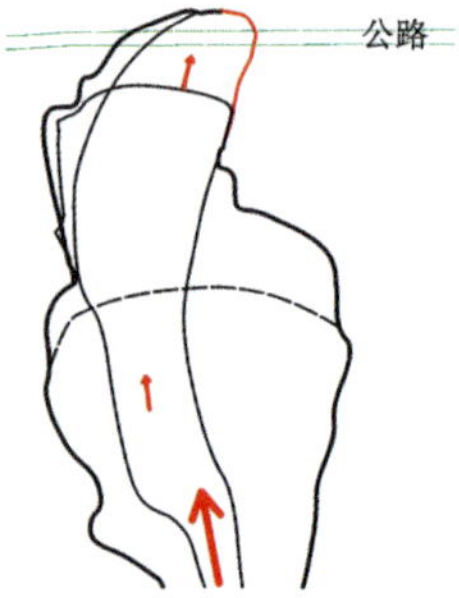
11:00		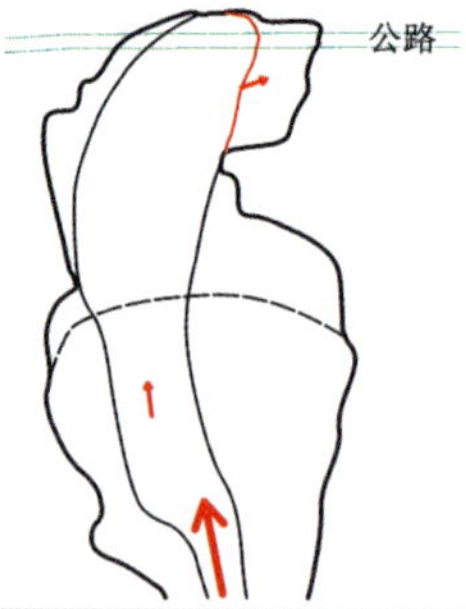

图 **8-41**　滑坡滑动过程示意图

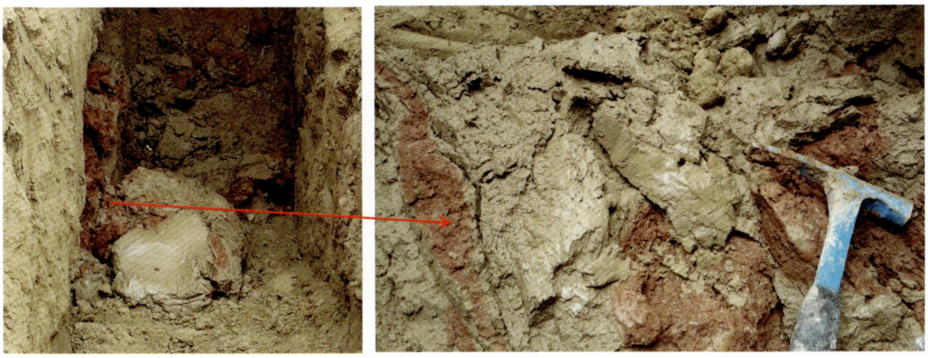

图8-43　党川罗家坡滑坡前缘饱和液化状滑带

8.7　黄茨黄土-泥岩顺层滑坡

1995年1月30日凌晨2时许，永靖县黑方台发生黄茨滑坡（图8-44～图8-45）。

1994年5月群众发现了黄茨滑坡活动迹象并及时上报，甘肃省政府立即组织有关单位到现场进行实地滑坡险情应急考察。考察结果表明：黄茨滑坡属典型的黄土-泥岩顺层滑坡，滑动面已基本贯通，稳定性很差，有随时滑动的可能，并将危及黄茨村371户，1 838人的生命财产安全，险情严重。而滑坡体积达3.6×10^6 m^3，治理工程投资巨大。因此，果断采取避险搬迁措施，加之长期监测和成功的临滑预报，使滑坡灾害损失降到最低程度。

由于特殊的地质结构、地形条件和变形方式，滑动前，沿原坡体下部河口群泥岩软弱层面发育的主剪切滑动面在东西两侧冲沟沟坡上出露长度达240 m，滑动变形特征明显，为研究黄土-泥岩顺层滑坡的变形过程提供了典型实例。

图8-44　黄茨滑坡

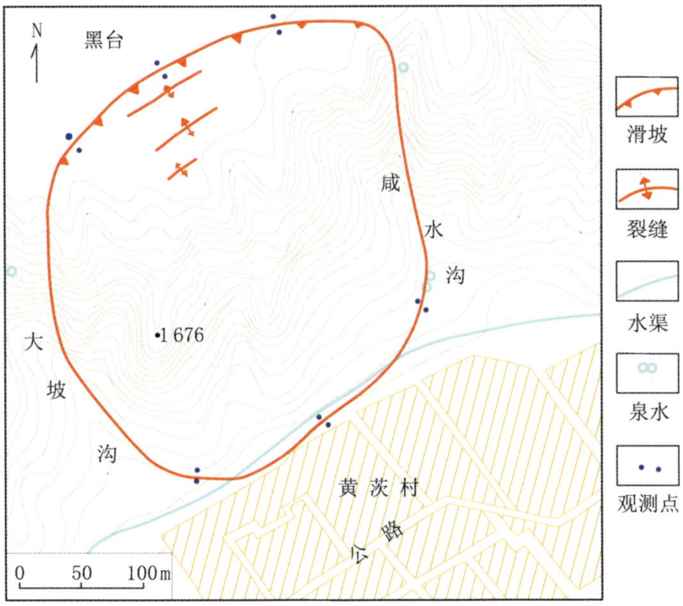

图8-45　黄茨滑坡平面图

8.7.1　滑坡的变形特征

黄茨滑坡经历了长期的蠕动变形，其变形特征非常典型。最初发现变形迹象是在20世纪80年代末期。现将滑坡不同部位的变形情况分述如下：

1.后缘拉张变形带

滑坡后缘位于黑方台台面区（图8-46～图8-47），在距台缘120 m的范围内发育有4组弧形拉张裂缝带，其中最后部两组规模较大。裂缝总体走向220°～240°，长380～420 m，每组裂缝带内有4～8条裂缝。1994年6月底，裂缝一般宽20～40 cm，最宽52 cm，下错量15～35 cm，整体累计下错量达1 m以上。由于黄土湿陷下沉等原因，裂缝发育的部位在地形上相对低洼。黄茨滑坡后缘拉张裂缝发育深度较大，向下贯通了整个风成黄土层和橘红色粉质黏土层。在滑体东西两侧的咸水沟和大坡沟沟头，可清晰地观察到从滑坡后缘下延的裂缝，倾角达70°。另外，在西侧山梁中部也发育有一条拉张裂缝，倾角与后缘裂缝基本相同，切断了老滑坡体和泥岩，向下延伸与主滑带相接。

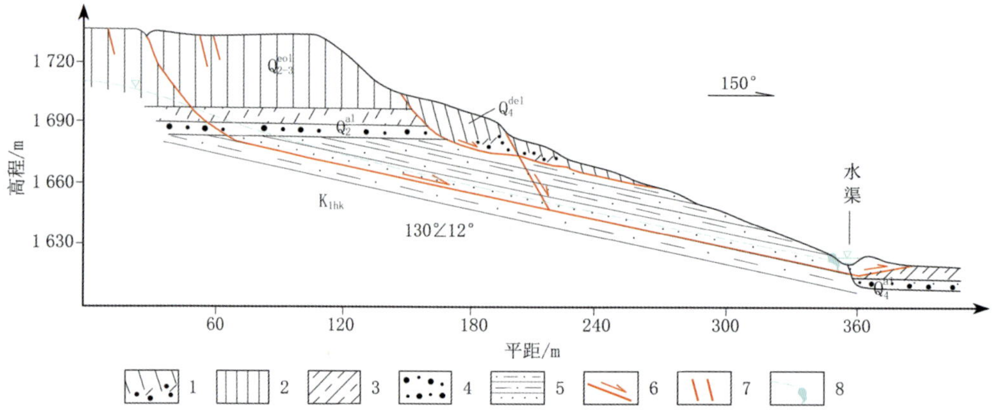

1—滑坡堆积；2—风积黄土；3—粉质黏土；4—卵石；5—泥岩与砂岩；6—滑面；7—裂缝；8—地下水位与泉。

图8-46　黄茨滑坡滑前地质剖面图

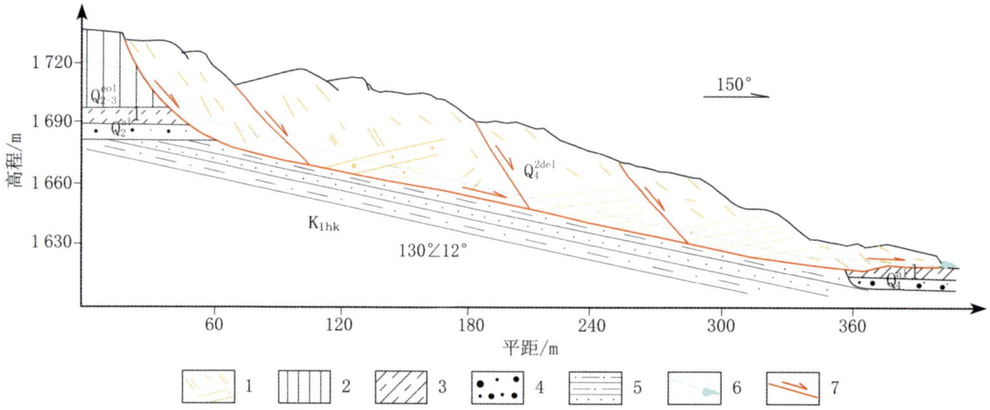

1—滑坡堆积；2—风积黄土；3—粉质黏土；4—卵石；5—泥岩与砂岩；6—地下水位与泉；7—滑面。

图8-47　黄茨滑坡剖面图

2. 中部剪切滑移带

黄茨滑坡东、西两沟谷中，可清楚地看到沿白垩系红色泥岩、砂质泥岩层面发育的剪切滑动带，特别是在西侧大坡沟沟坡上连续延伸长度达240 m（图8–48），这是黄茨滑坡的主滑带。如此发育规模和明显特征且可直接观察到的滑动带在野外十分少见，为黄茨滑坡类型和滑动面位置的确定，提供了直接的可靠证据。滑动带内部岩土体被强烈剪切挤压，呈鳞片状，表面光亮平滑，擦痕清晰，方向120°，倾角12°，与岩层产状大体一致。滑动带内有些部位架空呈“虚脱”状态，局部夹有1 cm厚的纤维状石膏。剪切带的特征证明：第一，黄茨滑坡的主滑面沿下部白垩系红色泥岩、砂质泥岩层面发育，为顺层滑坡；第二，滑体剪切滑移过程中有地下水参与；第三，该剪切滑移带具有较长的发育历史；第四，本次滑动面继承了早期的剪切滑移带。在主滑动面以上岩体中形成了厚约1 m的羽状剪张裂缝带。该剪切滑移带沿着层面贯通于坡体上出露的整个白垩纪地层，上连后缘主拉张裂缝带，下接前缘剪出口，在整个斜坡变形过程中起着极为重要的作用，它的发展变化决定着整个斜坡的稳定状态。

图8–48　沿层面发育的剪切滑动带

3. 前缘剪出口特征

黄茨滑坡的前缘剪出口位于坡脚处的水渠一带，形成了近东西向的长条状弧形鼓张和挤压裂缝带，平面上向南凸出，坡脚部位土体因滑移覆盖了原地面上生长的草坪。西部滑坡前缘大坡沟口一带，1986年修筑的近东西向的土墙横跨了滑坡边界，至1994年5月滑体上的部分墙体因滑坡体长期蠕动向南错开达1.5 m（图8–49），平均每年向前蠕动20 cm。中部一带剪出口穿过水渠并向南发展，渠埂上和农田中有裂缝断续分布，使水渠挤压变窄30 cm，而且中部滑动面较深，明显呈反翘状剪出（图8–50）。东部剪出口出露在坡面上，蠕动使圆形的树坑从几年前开始变为椭圆状，笔直的块石砌墙变为弯曲状。

1994年6—9月的监测资料表明（图8–51），4个月的累计位移量为：后缘10～25 cm，前缘10～30 cm；日均位移量后缘0.9～1.6 mm，前缘1.0～2.1 mm，前缘位移量大于后缘。另外，滑坡后缘西部位移量大于东部，其主要原因是西部距黑方台农灌区较近。在前缘则东部位移量明显大于西部位移量，其主要原因是东部前缘滑带的位置较高，临空条件较好，且地下水作用相对强烈。

图8-49　滑动错开的墙体

图8-50　滑坡前缘中部反翘状剪出

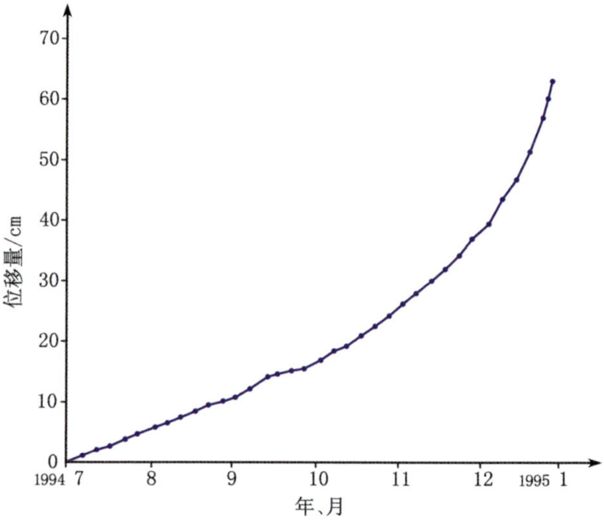

图8-51　黄茨滑坡位移曲线(据中铁西北院)

由上可见，黄茨滑坡经历了长期的蠕动变形过程，1994年春融后各种滑坡迹象更加明显地表现出来，滑动面已基本贯通。沿泥岩层面发育的剪切滑移带是主滑动面，占主导地位，坡体沿其长期剪切滑移的结果，在上部台塬区黄土中形成了贯通性拉张裂缝。黄茨滑坡的变形方式属典型的滑移——拉裂型，为斜坡变形破坏的地质力学模式理论提供了有力佐证。

由黄茨滑坡的变形过程可以看出，滑坡前缘剪出口一带的蠕滑变形发展较早，且变形量较大，如果没有适宜的地物等标志或监测，一般难以察觉和发现。后缘拉张裂缝形成相对较晚，但发展较快，也较明显，易被发现并引起注意。

8.7.2　滑坡成因与滑动特征分析

黑方台台缘具有滑坡发育的地质及地形地貌条件，大面积提水灌溉使大量水体长期入渗形成地下水是滑坡形成的重要引发因素。20世纪80年代以来黄茨滑坡两侧咸水沟、大坡沟沟脑的黄土底部均出现泉水，并在咸水沟西坡区地下水沿基岩层面渗流至坡脚一带，呈面状渗出，其中咸水沟泉水流量大于大坡沟的流量。

前已述及，黄茨滑坡的主滑面继承了原来已具有一定程度蠕滑变形的软弱层面。地下水沿此软弱层面长期大范围活动，在东侧坡脚一带呈面状渗出，流量为0.31 m^3/h，使滑带岩土体软化，强度降低。在坡体重力作用下，长期累进性剪切变形，最终失稳滑动。黄茨滑坡的滑动具有分块滑动的特点，其起滑时间也有差异。该滑坡的滑动首先是西山梁前部自1月23日来变形速度最快，日位移量都在15 mm左右。大滑动使西侧山梁前部首先产生较大的滑移，导致其后部失去支撑，抗滑力进一步降低，从而带动整个滑坡的滑动。同时后部滑体的大滑动又对西侧山梁前部施加了巨大的推挤力。

黄茨滑坡的整体滑动经历了90 min，后缘整体下错仅10 m左右，前缘水平滑距30～60 m，滑动速度较低。前缘中部一带土体反翘滑出，将水渠抬高5～7 m。西部一带由于强大的滑坡推动和冲击力作用，在滑体未达到的百余米范围内冻结的地表形成了大量裂缝，房屋开裂。虽然黄茨滑坡具有较大的重力滑动势能，但主滑面的形状和特点决定其不能高速滑动。首先，主滑面倾角只有12°，较平直，不利于滑动，失稳滑动过程中的加速度增量很小。其次，早已贯通的滑动面上的内聚力较低，滑体仅在主滑段内以摩擦阻力为主的抗滑力维持着近极限平衡状态。因此，滑体失稳滑动时，滑面上再无锁固段岩土体突然破坏而引起内聚力的大幅降低，不可能产生巨大的加速度使滑体高速远程滑动。而是在地下水的软化作用下，使主滑面摩擦阻力逐渐降低，滑体达到极限平衡状态时便开始缓慢滑动。滑动30～60 m后，因前部平缓区堆积滑体的抗滑力增大而趋于稳定（图8-52）。

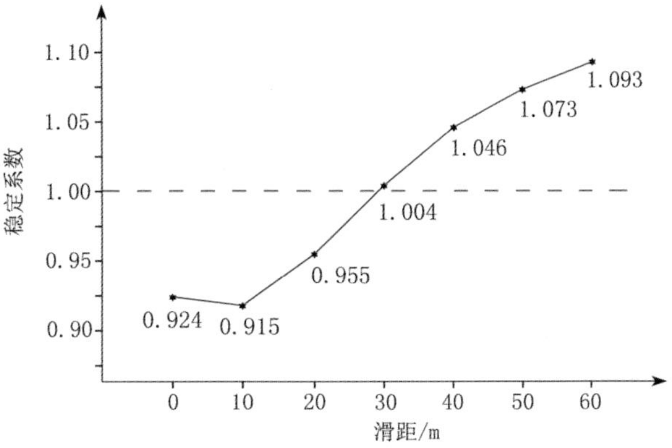

图8-52　黄茨滑坡滑距-稳定系数变化曲线

至于为什么该滑坡发生在严冬季节，作者根据西北地区冻融季节多次发生重大滑坡灾害的事实，认为这与季节性冻结和融化作用有关。本区1月为年最低气温期，月平均气温为-8.6 ℃，冻结深度为1 m。虽然冬季表部土体强度因冻结有所提高，但对斜坡整体稳定性的作用甚微，而台缘坡体一带流量0.1 L/s左右，且呈面状渗出的小泉群常因冻结而断流，排泄减弱。而坡体后部台内的地下水仍源源不断地流入斜坡区并滞留于其中。斜坡则处于地下水富集状态，使坡体岩土含水和软化范围扩大，同时也增大了静水压力，形成斜坡破坏的不利因素，即产生冻结滞水促滑效应。这种作用主要发生在滑动面一带，对滑坡的形成影响甚大，使本来接近极限平衡状态坡体的稳定性更进一步降低，最终导致冻融期内发生整体滑动，季节性冻结滞水促滑效应在黄茨滑坡表现得较为典型。

8.7.3　滑坡致灾范围的预测

黄茨滑坡是甘肃早期滑坡险情处置和监测预报的典型成功案例。中铁西北科学研究院通过监测和研究，对黄茨滑坡的剧滑时间作出了成功的临滑预报，为减轻灾害损失起到了非常重要的作用。实际上，该滑坡险情应急处置时滑坡致灾范围的预测对减轻滑坡灾害损失同样有非常重要的作用。这里就黄茨滑坡险情处置时的灾害范围预测情况进行论述，以供今后类似的滑坡应急处置工作参考。

前已述及，1994年5月群众发现了黄茨滑坡活动迹象并及时上报，通过专业技术人员实际调查认为，黄茨滑坡属典型的黄土-泥岩顺层滑坡，滑动面已基本贯通，还在不断变形，稳定性很差，3.6×10^6 m^3的滑体可能随时滑动，严重威胁滑坡前部黄茨村村民的生命财产安全。滑坡规模大，险情严重，且即将进入雨季，工程治理费用很大，时间难以保证。因此，政府果断决定采取避险搬迁措施。

避险搬迁的一项重要工作是避险搬迁范围的确定。黄茨村有村民371户、1 838人，黄茨滑坡的滑动致灾范围有多大？威胁到多少户村民需要避险搬迁？这关系到既要成功避免滑坡灾害、保护人民生命财产安全；又要尽可能地保留不受滑坡威胁区的村民住宅，减轻村民损失和政府安置压力。

对地质灾害应急科技人员来说，搬迁避险范围的确定就是黄茨滑坡的滑动距离和波及范围的预测问题，这项任务由甘肃省科学院地质自然灾害防治研究所负责完成。由于滑坡运动过程、影响因素的复杂性，在滑坡防治学科还不成熟的今天，滑坡滑动、致灾范围预测问题非常棘手且责任重大，需承担很大的风险。

黑方台当时已发生的数十次黄土滑坡绝大多数剧烈滑动300～400 m，面对规模更大的黄茨滑坡，不敢掉以轻心。根据上述情况，并参照日本学者斋藤的滑距预测公式，最初按照2.5倍的坡高确定的滑坡危害范围为300 m，结果有近2/3的黄茨村民需要搬迁避险。依据这个结论确定的搬迁避险范围能够达到避免滑坡灾害、保护人民生命财产安全的目标，但村民搬迁数量很大，滑坡发生后不受威胁的村民宅院可能枉自拆除，村民既不情愿，政府安置中的各种压力也很大。

通过进一步仔细调查和总结分析发现，1989年3月黑方台缘发生的加油站黄土-泥岩顺层滑坡，水平滑距35～45 m，不到坡高的一半，滑速也较低，甘肃其他地区发生的黄土-泥岩顺层滑坡的滑距都较小，与黑方台地区近年来发生的大多数黄土滑坡的滑动特征完全不同。用工程地质类比法，黄茨滑坡的形成条件和加油站滑坡的相似，同属黄土-泥岩顺层滑坡类型。由第3章内容可知，不同类型的滑坡的滑动特征差异较大，黄土-泥岩顺层滑坡的滑动距离远小于黄土层内滑坡的滑动距离。但也有不同的意见，基于这种分析和防灾减灾的需要，对原来的预测危害范围进行了核对和修订。最终确定公路以北约120 m临近滑坡范围内的63户村民立即搬迁避险，公路以南的村民做好避险准备，同时，加强监测预警工作，当滑坡变形加剧并发出临滑预警时，及时撤离到预定安全区避险（图8-53）。

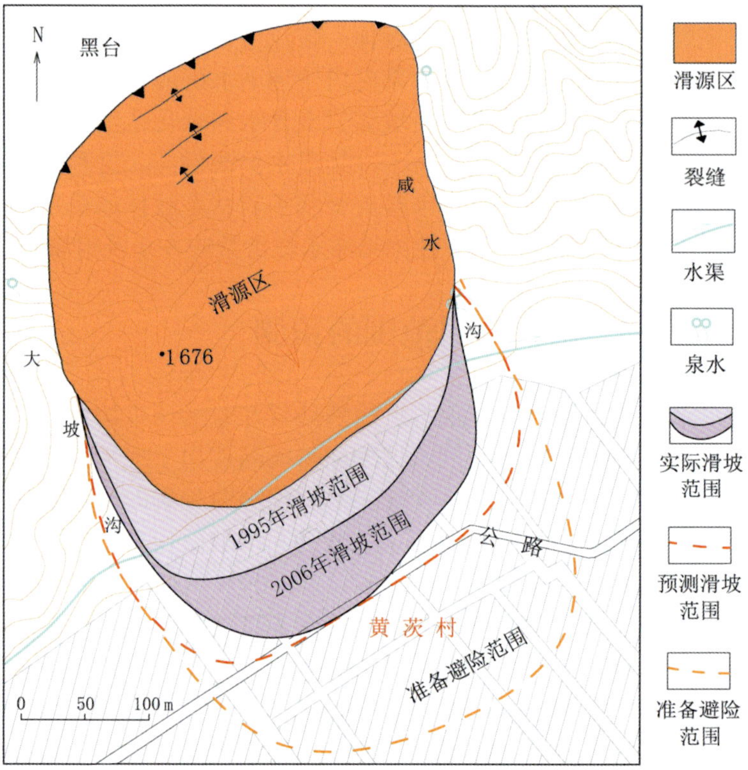

图8-53　黄茨滑坡预测危害范围和实际滑动范围

上述应急处置工作是1994年5月进行的。1995年1月黄茨滑坡实际滑动的情况是，前缘水平滑距仅30～60 m，滑动速度很低，滑坡过程经历了90 min。

这与加油站黄土-泥岩顺层滑坡的滑动特征基本一致，小于1994年5月预测的避险搬迁范围，有效降低了黄茨滑坡灾害的损失。

另据调查，黑方台缘的黄土-泥岩顺层滑坡的滑距都较小，但滑体稳定性较差。1989年3月发生的加油站黄土-泥岩顺层滑坡，时隔5年后于1994年8月再次发生局部复活滑动。黄茨滑坡的形成条件和滑动情况与其相似。因此，1995年黄茨滑坡发生后分析认为：黄茨滑坡的重心较高，滑动势能未彻底释放，且地下水作用较强烈，滑体仍不稳定，具有再次复活滑动的特性和可能，应引起当地居民和政府的重视。

2006年5月14日13时30分，在黄茨滑坡首次滑动11年后，该滑坡又一次发生大规模复活滑动（图8-54）。中部滑舌最大滑距60～70 m，滑动时间持续了约3 h，滑体前部抬高3～6 m，部分滑体越过公路，使10户居民的房屋倒塌，60余户转移，破坏公路约100 m，使交通中断（图8-55）。滑坡危害范围与1994年5月预测的达到公路一带的结果基本一致，两次滑动均未造成人员伤亡，既减轻了滑坡灾害损失，又减少了村民搬迁数量和成本，达到了科学防灾减灾的目标。

图8-54　黄茨滑坡第2次滑动全景

图8-55　第2次滑动的黄茨滑坡前缘

2006年5月14日黄茨滑坡的大规模复活滑动，进一步说明本地区的黄土-泥岩顺层滑坡具有滑速低、滑距短、复活性强的特点。但后来该滑坡前缘抗滑段200 m宽的范围被大规模开挖50～60 m（图8-56），使滑体稳定性再次降低，且前缘地下水较为丰富（图8-57），滑体还有再次复活滑动的可能，应加强监测预警和管理工作，公路以北临近滑坡前缘地带应禁止工程建设。

图8-56　黄茨滑坡第2次滑动后前缘开挖情况

图8-57　黄茨滑坡前缘溢出的地下水

8.7.4　结论与认识

（1）黄茨滑坡具有较长的孕育历史，各种变形、破坏迹象和特征明显。1994年5月前，滑动面已基本贯通，并伴有地下水活动。滑体仅靠滑面上的摩擦力维持着极限平衡状态。由于发现及时，提早采取了合理的避险措施，加之成功的临滑预报，使灾害损失降到了最低程度。

（2）黄茨滑坡属典型的黄土-泥岩顺层滑坡，体积达3.6×10^6 m^3。其变形破坏的地质力学模式为滑移-拉裂型，沿白垩系泥岩层面发育的剪切滑移带是主滑动面，顶部黄土层的变形为拉裂破坏方式。

（3）主滑动面继承了早期呈一定程度蠕滑变形的老滑面或软弱层面，其在沟坡上出露长达240 m，为研究黄土-泥岩顺层滑坡的变形过程和特点提供了典型实例。

（4）台面过量灌溉入渗形成的地下水长期软化作用是黄茨滑坡形成的主要原因。季节性冻结作用阻止坡体内地下水向外排泄，使坡体内地下水不断富集，增大了土体软化范围和静水压力，产生冻结滞水促滑效应，导致坡体在冻融期发生了整体滑动。

（5）黄茨滑坡属低速短程滑坡，第2次滑动后滑坡前缘又被大规模开挖减载，使得滑体重心较高，且地下水较为丰富。因此，该滑体稳定性较差，还有再次大规模复活滑动的可能，须加强监测预警和管理工作。

长期以来，各方面都十分重视黑方台滑坡灾害防治工作。20世纪90年代以来，主要采取削坡减载等工程治理措施，一定程度上缓解了治理地段的滑坡灾害，但由于斜坡中部厚层饱和软弱土层的存在和农业灌溉的不断进行，滑坡灾害难以根治，甚至治理过的地段还会再次发生滑坡。2013年以来，逐步实施了设施农业和避险搬迁工程，一是减少台塬区农业灌溉用水量，二是将台塬下部危险区的居民整体搬迁，为降低黑方台滑坡灾害损失迈出了坚实的步伐。

经过长期的科学研究和工程实践证明，黑方台滑坡防治的根本措施和途径要以改变台塬区土地利用方式、农作物类型和灌溉方式为主，严格控制农业灌溉用水量，以工程治理为辅，并加强监测预警工作。

2019年8月以来，黑方台台塬区停止大面积农业灌溉，大力推广旱作农业，并扩大黑方台金银花种植面积，对黑方台老果园进行升级改造，全面铺设节水滴灌带，推广需水量少的矮砧密植苹果种植产业，持续加大耐旱经济作物的推广种植。初步显示出较好的滑坡灾害防治效果，台塬区地下水位开始缓慢下降（图8-58），台缘滑坡发生频率明显降低。但由于水源不足和作物种类单一，台塬区居民的农业生产和收益受到较大影响。

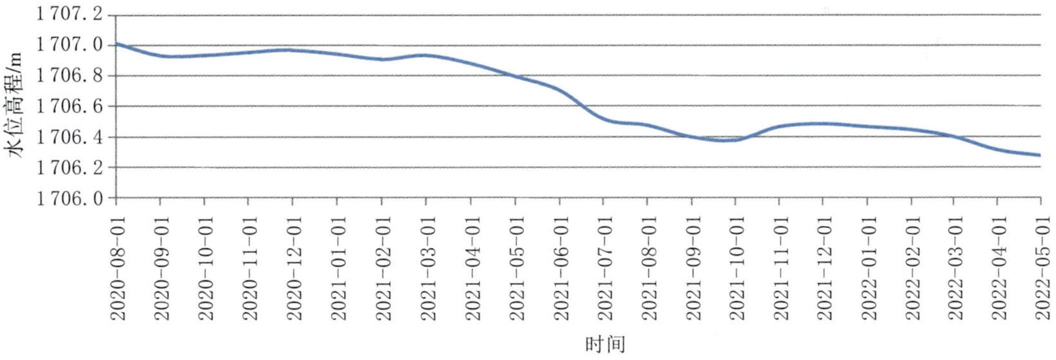

图8-58　黑方台停止灌溉后HFT1-2监测井地下水位动态曲线

2022年以来，在黑方台等黄土台塬区广泛实施"永靖县台塬片区地质灾害综合治理与现代高效农业融合发展示范基地建设项目"，主要为温室大棚+滴灌和无土栽培等先进的高效型、节水型设施农业（图8-59）。该项目设计年用水量为1.728×10^6 m^3，其中大棚顶面收集雨水量1.2×10^5 m^3，提水量1.608×10^6 m^3，为相对同样大田灌溉用水量的58.4%，节水率达到41.6%，是黑方台原来年均提水灌溉量5×10^6～6×10^6 m^{3}的约30%，用水量大幅减小，节水效果显著。基本消除了灌溉水向深部土体的渗漏软化作用，使台缘滑坡引发因素从源头得到有效遏制，改变了过去因台塬大水漫灌而频繁引发台缘滑坡的状态。同时，黑方台优良的土地资源也得到高效利用，在农业增收、乡村振兴中发挥了自身优势，使农业生产和滑坡灾害防治达到和谐统一，形成可持续发展的高效型、节水型、生态型农业系统。

图8-59　黑方台现代高效农业项目

自采取节水灌溉和现代高效农业以来，除2021年1月发生了大小3次滑坡外，滑坡的频率和规模明显减小，黑方台台缘滑坡灾害基本得到有效遏制。但目前台缘一带还有多处斜坡出现开裂变形，数十年来大面积灌溉形成的20多m厚的饱和黄土层的含水率难以在短期内大幅度降低，使斜坡土体抗剪强度、稳定性明显提高。在停止大面积农业灌溉后的一定时期内，滑坡发生的情况难以彻底改变，还存在发生滑坡灾害的可能，因此要继续加强黑方台台缘滑坡的监测预警等工作。

国家出版基金项目
NATIONAL PUBLICATION FOUNDATION

国家自然科学基金（地区基金）项目（41362014）
甘肃省科学院应用研究与开发项目（2022JK-04）
科研成果

甘肃滑坡灾害与防治

下册

吴玮江　郭富赟　安玉科　著

蘭州大學出版社
LANZHOU UNIVERSITY PRESS

图书在版编目（CIP）数据

甘肃滑坡灾害与防治 / 吴玮江，郭富赟，安玉科著
. -- 兰州 : 兰州大学出版社，2024.12
（西北地区自然灾害应急管理研究丛书 / 赖远明总
主编）
ISBN 978-7-311-06624-6

Ⅰ. ①甘… Ⅱ. ①吴… ②郭… ③安… Ⅲ. ①滑坡－
灾害防治－甘肃 Ⅳ. ①P642.22

中国国家版本馆CIP数据核字(2024)第023774号

责任编辑 赵 方 魏春玲
封面设计 汪如祥

丛 书 名 西北地区自然灾害应急管理研究丛书
丛书主编 赖远明 总主编
（第一辑共5册）
本册书名 甘肃滑坡灾害与防治(上、下册)
GANSU HUAPO ZAIHAI YU FANGZHI(SHANG,XIA CE)
本册作者 吴玮江 郭富赟 安玉科 著
出版发行 兰州大学出版社 （地址:兰州市天水南路222号 730000）
电 话 0931-8912613(总编办公室) 0931-8617156(营销中心)
网 址 http://press.lzu.edu.cn
电子信箱 press@lzu.edu.cn
印 刷 广西昭泰子隆彩印有限责任公司
开 本 787 mm×1092 mm 1/16
成品尺寸 185 mm×260 mm
总 印 张 41.75
总 字 数 1062千
版 次 2024年12月第1版
印 次 2024年12月第1次印刷
审 图 号 甘S(2024)2号
书 号 ISBN 978-7-311-06624-6
定 价 248.00元(上、下册)

总目录

下册目录

第9章　典型滑坡灾害实例研究

近40年来，甘肃滑坡灾害频发，其中洒勒山、红土坡、葡萄园、天水锻压机床厂、江顶崖、黄茨、石峡口、永光、牙豁口和南店子等著名滑坡灾害，非常具有典型性和代表性，其形成机理、滑动过程各有特色，引起了学术界的广泛关注，学术界对其进行了较深入的研究。为了对省内滑坡形成条件和发生机理等有更深入的认识，提高滑坡研究和防治水平，本章将选择近年来甘肃省发生的不同类型的典型重大滑坡灾害进一步综合研究和探讨。

9.1　天水锻压机床厂滑坡

天水锻压机床厂滑坡位于天水市麦积区天水锻压机床厂北侧（图9-1），地理坐标：105°52′18″～105°52′33″E，34°48′49″～34°49′12″N。发生于1990年8月11日11时45分左右的暴雨期间，该滑坡使天水锻压机床厂遭到毁灭性破坏，6个车间、3个库房、1个锅炉房等24座建筑被毁，300 m铁路专用线、50 t龙门吊、2台800门电话自动交换机和大量产品、原材料被压埋，7人丧生，4人受伤，直接经济损失达2 067万元（图9-2）。同时使麦积区—清水县的公路被毁700 m，中断交通，并破坏农田10.12 hm^2，是甘肃省历史上直接经济损失最为惨重的滑坡灾害之一。庆幸的是，当时因暴雨造成停电及家属区进水，近千名工人离开车间到家属区抢险，避免了不堪设想的人员伤亡。

该滑坡的典型性在于引发因素明显，为暴雨直接引发；发生突然，滑速快；破坏力大，直接经济损失严重。

图9-1　天水锻压机床厂滑坡全貌

图9-2　滑坡破坏的锅炉房与厂房

9.1.1　斜坡工程地质条件

1.地形地貌

天水锻压机床厂位于渭河北岸Ⅰ级阶地后部，由于缺失Ⅱ、Ⅲ级阶地，厂区北部紧靠Ⅳ级阶地。Ⅳ级阶地阶面较为平缓宽阔，总体以5°左右向南倾斜，为大片台阶状农田，上部是黄土缓坡区。阶地前缘相对高差90 m左右，平均坡度40°，滑坡发育于Ⅳ级阶地的前缘陡坡处。平面上，滑坡发育部位原地形呈圈椅状的凹形斜坡，由此判定曾发育老滑坡，受渭河侵蚀及后期人为改造，老滑坡堆积体已侵蚀殆尽，不甚明显。麦积—清水的公路在此盘山而上。坡脚下的厂区属宽阔平坦的渭河Ⅰ级阶地。

2.斜坡地质结构及岩土物理力学性质

根据调查、实测资料，并结合Ⅳ级阶地上已有钻孔资料，天水锻压机床厂滑坡的斜坡岩土组成由上至下依次为：

（1）晚更新统风积黄土（Q_3^{2eol}）：马兰黄土，广泛披覆于坡体顶部及以上斜坡区，浅灰黄色，土质均一，质地疏松多孔，虫孔、结构性孔隙，垂直节理发育。具湿陷性，遇水强度大幅度降低。厚度约12 m。

（2）中更新统风积黄土（Q_2^{2eol}）：离石黄土，是构成坡体的主要地层，灰黄色，较密实，垂直节理发育，土质较为均匀，夹有5层褐红色古土壤层，厚度53 m左右，遇水后强度降低，其顶部古土壤层是与上部马兰黄土的分界线。

（3）中更新统冲积物（Q_2^{1al}）：位于离石黄土与下伏基岩之间，为渭河冲积而成，具二元结构。上部为浅棕黄色粉质黏土，略显层理，厚约10 m；下部为土灰色卵石层，粒径多在3～10 cm之间，磨圆度及分选性较好，结构密实，局部呈胶结状。厚度2.5～3.5 m。

（4）新近系泥岩（N_2^1）：棕红色，局部青灰色，成岩程度低，属软岩，遇水易崩解、软化，构成Ⅳ级阶地的基座，在西侧坡脚处出露厚度约10 m。

斜坡南部厂区为Ⅰ级阶地全新统，表层5～10 m为粉质黏土，以下系厚层阶地卵石。

斜坡下部及两侧沟谷未见地下水出露。

斜坡区主要岩土层的物理力学性质指标见表9-1、表9-2。

表9-1　岩土的物理性质指标

指标 地层	液限 w_l/%	塑限 w_p/%	塑性指数 I_p	含水率 w/%	重度 γ/(kN/m³)
离石黄土	27.9	18.3	9.6	20.1	19.2
泥岩	51.7	27.1	24.6	34.4	18.5

表9-2　岩土的抗剪强度指标

类型 地层	原状土		重塑土		饱和重塑土	
	c/kPa	φ/°	c_r/kPa	φ_r/°	c_r/kPa	φ_r/°
离石黄土	85	17	50	13.5	15	4
泥岩	45	13.5	20	4.5	13	2.5

9.1.2　滑坡特征

天水锻压机床厂滑坡长280 m，宽330 m，滑坡体前部厚5～15 m，后部厚20～30 m，平均厚度约20 m，体积约1.8×10^6 m³，主滑方向200°。滑坡后壁呈扁宽的圈椅形，西侧高度约45 m，东侧高度约30 m，平均坡度50°以上，其上擦痕、水迹明显。滑动面上陡下缓，总体近似圆弧形，顶部受黄土垂直节理的控制，较为陡直（图9-3～图9-4）。滑体表面为近东西走向的带状波浪地形，发育两级滑坡平台，其中低一级平台规模较大。两平台之间为一次级滑坡壁，高5～10 m，陡立且延伸长度大，擦痕清晰。滑体后部有2个深约3 m的封闭洼地。在滑坡后壁以北30 m范围的坡顶区发现有数条张裂缝存在，最后一条宽2～20 cm，延伸长达40余m，沿裂缝发育有大量落水洞。

该滑坡的最大水平滑距为150 m左右，滑体东侧的锅炉房水平位移20余m，抬高5～6 m，50 t龙门吊水平位移40～50 m。据现场目击者介绍，快速下滑持续时间约十几秒，估计平均滑速10 m/s左右，属高速滑坡。其后，滑体及滑壁的局部坍塌、滑落等稳定性调整过程延续了一个多小时。从地面物体相对位置及滑体堆积地形判断，滑坡的前部位移量大于后部；从滑坡平台东部高于西部、滑坡洼地向西敞开，且西部滑体相对更为破碎等特点判断，滑坡西部的位移量大于东部。从坡体地层结构和滑坡体的岩土性质看，滑动面大部分位于黄土层中，所以天水锻压机床厂滑坡属黄土层内滑坡。从后来清理滑坡土方时看到，原厂区最北部的水泥路面未被破坏，滑体前部有少量青灰色泥岩和卵石，分析判断滑坡的剪出口位于下部泥岩顶面附近，滑动时局部带动了少部分卵石和泥岩。在厂区铁路线以南滑体基本以原地面为滑道，沿其滑动。

受天水锻压机床厂滑坡的牵引，滑坡东西两侧黄土斜坡均出现明显变形开裂和滑动。东侧明显有近1×10^4 m³的危险坡体整体下滑，后部大部分地段下错30 cm，十分危险（图9-5）。西侧公路上也有数条贯通裂缝，延伸长达50 m以上，前部坡脚出现鼓起，挡土墙开裂，危及前方的陇海铁路（图9-6）。

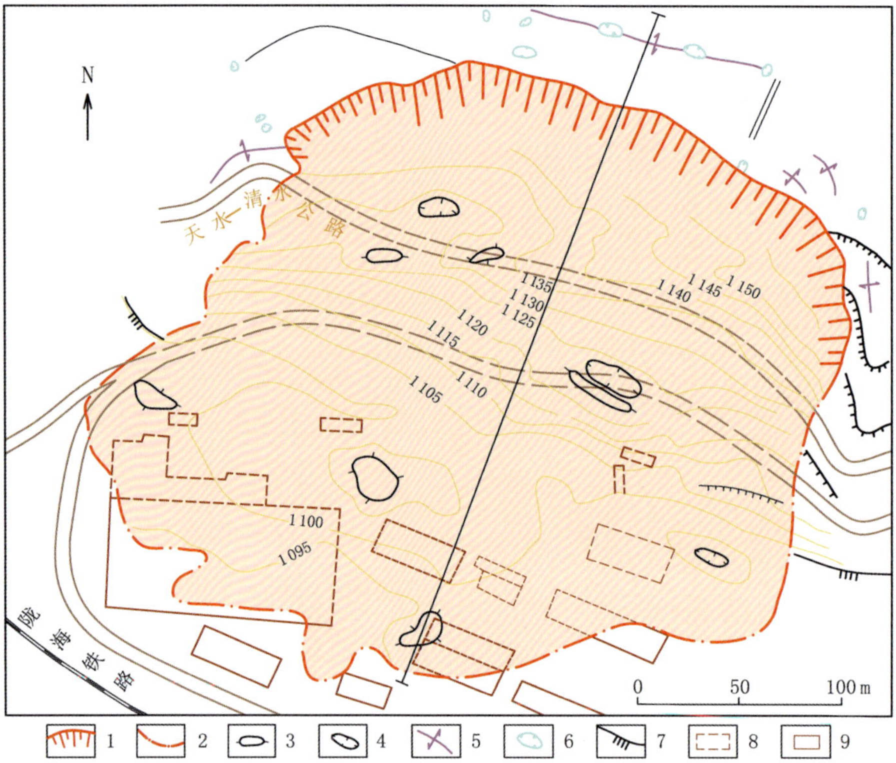

1—滑坡后壁；2—滑坡边界；3—鼓丘；4—洼地；5—拉张裂缝；
6—落水洞；7—Ⅳ级阶地；8—被破坏的厂房；9—未破坏的厂房。

图 9-3　天水锻压机床厂滑坡平面图

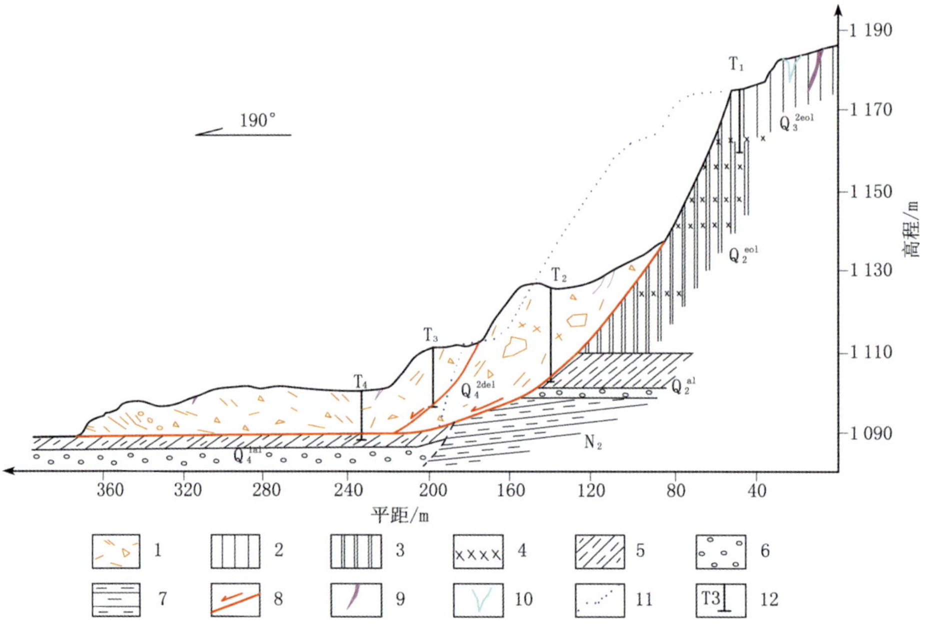

1—滑坡体；2—马兰黄土；3—离石黄土；4—古土壤；5—粉质黏土；6—卵石；
7—泥岩；8—滑动面；9—裂缝；10—落水洞；11—原地面线；12—探井及编号。

图 9-4　天水锻压机床厂滑坡剖面图

图9-5　滑坡东侧小型滑坡及裂缝

图9-6　滑坡西侧斜坡变形及坡脚鼓起

9.1.3　滑坡成因分析

天水锻压机床厂滑坡形成的原因，首先是具有滑坡发生的基本地质条件，该斜坡为渭河Ⅲ级阶地前缘高陡坡，高差90 m，坡度40°，主要由疏松、强度低、遇水易软化的黄土组成，上部马兰黄土湿陷系数达0.083，属强湿陷性黄土。马兰黄土和离石黄土中垂直节理和落水洞发育，这里也是老滑坡的后壁，老滑坡滑动时对这些垂直节理有一定的牵动作用，使其张开，后部滑壁基本上沿这些垂直节理追踪发育（图9-7）。

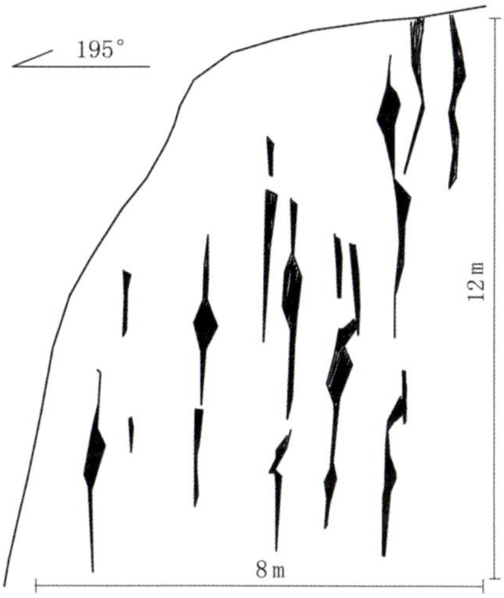

图9-7　黄土垂直节理拉张扩展图

人为因素降低了斜坡稳定性，厂区建设时，大量开挖此段斜坡下部坡脚，使其变陡，下部形成坡度70°～80°，高15～20 m的陡坡，抗滑力进一步降低，后来修建天水—清水公路过程中，又有较大规模的挖方活动。其次是斜坡下部绿化灌溉和上部Ⅳ级阶地区农田灌溉的不利影响，1983年建成的提水灌溉工程的质量较低，加上田地不平，采用大水漫灌，使灌溉水沿落水洞和垂直节理渗入到斜坡深部，长期软化土体，降低斜坡稳定性。

降水是本次滑坡的直接引发因素，1990年8月上旬，天水市区连续降水偏多，高于正常年份40%，使表层土体处于较高含水状态。8月11日9时20分—11时50分降特大暴雨，降水量达113 mm，引发了本次滑坡的发生和剧烈滑动。由于Ⅳ级阶地区灌溉渠道的汇水作用，使上部缓坡区近40 hm^2汇水面积范围内的地表径流汇集于斜坡顶部一带4 hm^2的田地内，形成大量积水，表面马兰黄土有较强的渗透能力，沿垂直节理下渗并发生强烈的潜蚀，在农田内形成了多处新的落水洞，直径约0.5～5 m（图9-8～图9-9），更使大量洪水直接灌入坡体深处，使斜坡自重不断加大，而且土体软化范围也迅速扩大，加上动水压力作用，斜坡稳定性迅速降低，最终在暴雨期间产生了剧烈滑动，造成了重大灾害。坡顶西部落水洞发育，灌入水量较多，润滑作用明显，西部滑体的滑距也较大。2016年3月，修建公路时对该滑体前缘进行了大规模开挖，滑坡西部前缘滑体底部8 m一带明显有近水平带状分布的含水率较高的土体（图9-10），从而证实了上述的分析，也说明一定深度以下的粉质黏土等细粒土中水分蒸发排泄的缓慢性。

综上所述，天水锻压机床厂滑坡属降水引发的大型高速黄土层内滑坡。

图9-8　滑坡后壁的落水洞

图9-9　滑坡后壁的水迹

图9-10　滑坡西部前缘高含水滑体（2016年3月）

9.1.4　滑动过程模拟计算

滑坡的滑动过程实际上是滑体重力势能、动能之间的相互转化，以及滑面上摩擦、滑体变形耗能的过程。将天水锻压机床厂滑坡剖面简化为图9-11的质点运动，忽略滑体变形等能量的消耗，根据能量守恒原理建立滑坡运动方程：

$$mg\left(h_1-h_2\right)=\int_0^s mg\cos\alpha\cdot\tan\varphi_{\mathrm{r}}\mathrm{d}s+\frac{1}{2}mv^2 \tag{9-1}$$

由 $\cos\alpha\mathrm{d}s=\mathrm{d}L$，代入式（9-1）得

$$mg\left(h_1-h_2\right)=\int_0^L mg\cdot\tan\varphi_{\mathrm{r}}\mathrm{d}L+\frac{1}{2}mv^2 \tag{9-2}$$

$$mg\left(h_1 - h_2\right) = mg \times L \times \tan\varphi_r + \frac{1}{2}mv^2 \tag{9-3}$$

$$v = \sqrt{2g\left(h_1 - h_2 - L \times \tan\varphi_r\right)} \tag{9-4}$$

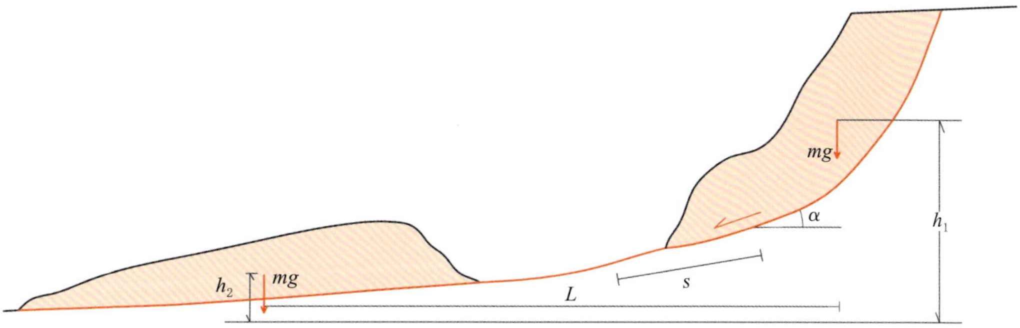

图9-11　滑坡滑速计算模型简图

滑坡停止滑动时即达到最终的滑距。因此，令式（9-4）的v=0，则最大滑距为：

$$L_{max} = \frac{h_1 - h_2}{\tan\varphi_r} \tag{9-5}$$

式中：m为滑坡体质量（t）；h_1、h_2为滑动前、后的滑体重心高度（m）；α为滑面倾角（°）；s为沿滑面的滑距（m）；L为水平滑距（m）；φ_r为滑带土残余摩擦角（°）。

根据天水锻压机床厂滑坡实测剖面及岩土试验资料，h_1−h_2=45 m，φ_r=13.5°，按式（9-5）计算最大滑距L_{max}为187.5 m。实际滑距为150 m，较计算值小，原因是滑动过程中滑体受到大量建筑物的阻挡等。

当滑体重心滑过剪出口后，前部滑道近于水平，再无下滑力的加速作用，滑体仅受到摩擦力及建筑物的阻挡而减速。所以，滑体重心滑至剪出口时的滑速最大。按h_1−h_2=30 m，L=40 m，φ_r=13.5°，代入式（9-4）计算，最大滑速为20.2 m/s。

9.1.5　滑坡稳定性分析

天水锻压机床厂滑坡发生后，滑体的稳定性是最为重要的问题，关系到该厂灾后重建方案的决策。由于天水锻压机床厂滑坡为高速黄土层内滑坡，剧烈的滑动已使能量较彻底地释放，滑体多堆积于前部平缓的Ⅰ级阶地上。按高速远程滑坡的超稳性理论宏观定性判断，该滑体具有较高的稳定性。根据勘查资料，采用毕晓普稳定性计算公式计算，其稳定系数达2.3。因此，工厂灾后重建时，在原厂区建设了部分车间，将前缘的滑体清除了60 m，滑体仍保持稳定状态（图9-12）。

值得指出的是：天水锻压机床厂滑坡的剧烈滑动，在后壁及东、西两侧区域形成了大量的拉张性裂缝和牵引变形体，稳定性差，处于危险状态。1990年11月高陡的滑坡后壁数千立方米土体再次失稳滑动，压死农妇1人。但规模较小，滑动距离短，因此对厂区未构成危害。东、西两侧区域如遇大暴雨、地震等引发作用，可能再次发生滑坡，对下部城市道路和陇海铁路的危害较大。

图9-12　天水锻压机床厂滑坡(2014年3月)

9.2　灵台县城南店子滑坡

2021年10月3日22时，因暴雨引发，灵台县城达溪河右岸的中台镇南店子村发生滑坡，体积约$3.65\times10^6\ m^3$，为大型推移式黄土-泥岩接触面滑坡（图9-13）。地理坐标：107°35′43″E，35°3′47″N。滑坡破坏18户居民的房屋443间、G244线等道路450 m和10 kV输电线路500 m、农田7.39 hm^2，直接经济损失7 970万元。由于预警及时，未造成人员伤亡，被评为“2021年度全国地质灾害成功避险十大典型案例”。

图9-13　南店子滑坡全景

灵台县黄土滑坡较为发育，近年来，滑坡灾害频发，损失严重。灵台县中台镇南店子滑坡具有规模大、影响因素和成因复杂，滑体稳定性差，造成的经济损失和潜在威胁严重的特点，非常具有代表性。在现场调查、勘探、无人机测量的基础上，对南店子滑坡形成的地质环境、滑坡分级分块与滑移特征、影响因素与成因、滑坡稳定性与危害进行了系统研究，取得了一些重要认识，供类似滑坡灾害的防治和研究参考。

9.2.1　地质环境条件概况

1. 气象水文

灵台县多年平均降水量654.4 mm，最大降水量812.2 mm（1975年），降水多集中于7—9月。近年来，极端性降水事件频发，如2010年7月22—25日，灵台县城降水达189.4 mm，特别是7月23日1 d降水156.1 mm，朝那一带降水达到314 mm，创有气象记录以来的极值。2013年7月21日16时—22日6时，全县10个乡镇降水超过100 mm，中台等3个乡镇超过

200 mm，其中，中台镇东王沟村达到287.8 mm，1 h最大降水量82.3 mm，也为历史极值。

2.地形地貌

灵台县地处陇东黄土高原东南部，主要为黄土残塬、黄土梁状丘陵构成的典型黄土高原地貌景观，并受达溪河、黑河等河谷及沟谷切割。中台镇南店子滑坡位于达溪河南岸黄土斜坡的中下部，斜坡近东西向延伸，地势南高北低，高差150 m，上陡下缓，平均坡度15°。滑坡区自然地形较为完整，为台阶状梯田，植被较茂密，两侧冲沟发育。前部达溪河Ⅰ、Ⅱ级阶地宽度600～1 000 m，为县城新的开发建设区。

3.地层岩性

滑坡区出露地层由老到新主要有：

1）白垩系泾川组（K_{1j}）

棕褐-棕红色泥质砂岩和砂质泥岩，薄-中厚层状构造，层理发育，产状近水平。遇水易软化，属软弱岩组。

2）第四系（Q）

（1）中更新统离石黄土（Q_2^{eol}）：浅黄、浅棕黄色，土质均匀，结构较致密，夹杂数层褐红色古土壤和钙质结核层。厚度10～60 m，分布于黄土梁中下部。

（2）上更新统马兰黄土（Q_3^{eol}）：浅黄色，质地均匀，结构疏松，一般厚度10 m左右，广泛披覆于黄土梁地表。

（3）全新统冲洪积物（Q_4^{apl}）：上部为浅黄色粉质黏土，厚度约10 m，下部为卵石层，厚度5 m左右，分布于达溪河Ⅰ、Ⅱ级阶地区。

4.水文地质

灵台县地下水主要有第四系松散岩类孔隙水、新生界碎屑岩类孔隙裂隙水两大类型。其中第四系松散岩类孔隙水包括河（沟）谷区砂砾卵石孔隙潜水；黄土残塬区、丘陵区黄土孔隙裂隙潜水，在黄土残塬区较为丰富。

5.人类工程活动

南店子村地处灵台县城区，随着近年来县城规模的迅速扩大，人类工程活动强烈，达溪河南北两岸开挖坡脚、扩大建设用地的现象较为普遍，对斜坡稳定性产生不利影响。

9.2.2 滑坡与分级分块特征

1.滑坡总体特征

南店子滑坡发育在达溪河南岸黄土斜坡的中下部，滑坡长约342 m，后缘宽365 m，前缘宽530 m，中部最宽处635 m，滑坡面积1.59×10^5 m²，滑体平均厚度约23 m，体积约3.65×10^6 m³（图9-14）。滑体主要由原马兰黄土、离石黄土组成，为大型中层推移式黄土-泥岩接触面滑坡，主滑方向5°（图9-15）。滑坡后缘高程1 018 m，前缘高程935 m，高差

83 m，平均坡度13°，滑坡体由3～4级平台构成，并在后部滑体与滑壁之间形成深3～5 m、长100 m的滑坡洼地，中部形成反坡地形和错台，滑体表面各种滑坡裂缝发育。

1—滑坡后壁；2—分块界线及编号；3—滑动方向；4—位移矢量；5—放射状裂缝；6—拉张裂缝。

图9-14　南店子滑坡分级分块与地物位移矢量图

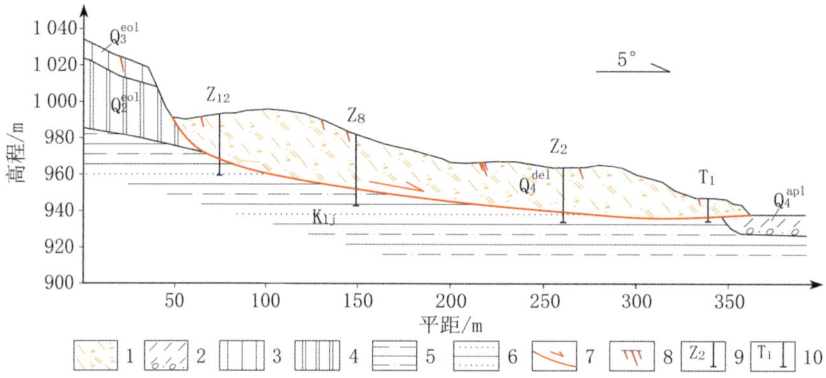

1—滑坡堆积物；2—冲洪积物；3—马兰黄土；4—离石黄土；5—泥岩；6—砂岩；7—滑动面；8—裂缝；9—钻孔；10—探井。

图9-15　南店子滑坡剖面图

根据钻探资料，南店子滑坡的主滑面发育于含水率高、抗剪强度低的强风化白垩系泥岩顶部，其形状主要受黄土与泥岩接触面控制，总体较为平缓，平均倾角6°，后部主滑段倾角10°，中前部抗滑段倾角3°，前缘部分呈反翘状，倾角-2°，前部滑面平均倾角只有1°。剪出口位于G244线南侧一带，受推挤影响形成鼓胀隆起，裂缝发育，破坏坡脚道路，房屋开裂、倾斜、倒塌（图9-16）。滑坡后部滑动面为发育于黄土层中的陡直拉裂面。

南店子滑坡后壁由马兰黄土和离石黄土组成，高差20～35 m，坡度约65°，近东西向延伸，滑壁较为平直，其上条带状擦痕清晰（图9-17）。滑坡壁后部20～35 m范围发育2～3条平行后壁的牵引性拉张裂缝，长度50～100 m，宽20～50 cm，下错30～100 cm。其东侧部分宽100 m的范围于10月10日失稳滑动，体积约2×10^4 m^3。

图9-16　滑坡前缘破坏情况

图9-17　滑坡后壁擦痕与次级滑坡

2. 滑坡分级分块特征

南店子滑坡的分级分块特征明显，利用滑坡前后影像资料对比，根据滑坡裂缝发育分布、滑壁形态、滑体地物位移等特征和差异，将该滑坡体分为5个滑块（见图9-14）。

（1）1#滑块位于滑坡中后部，体积约2.55×10^6 m^3，为本次滑坡的主推滑体，滑动方向基本正北。后部与滑坡壁相接，之间为滑坡洼地，该滑块中前部发育平面呈弧形展布的放射状鼓胀裂缝带，裂缝延伸方向与滑动方向大体一致（图9-18），反映出该滑块的前部受后部滑体推挤变形的特点。前部东、西两侧为尖角状向前伸出。其中西侧部分长150 m，平均宽90 m，体积约1.5×10^5 m^3，展布方向317°，受前部2#滑块的阻挡，再加地形相对低洼且有积水，抗滑能力弱，西侧部分沿展布方向也发生滑移，使前缘近70 m长的道路向前滑移并鼓起，路面出现10条垂直道路的放射状裂缝；东侧部分长150 m，平均宽120 m，体积约2×10^5 m^3，展布方向32°，地形相对低洼。

图9-18　1#滑块中前部放射状裂缝带

（2）2#滑块位于滑坡中前部，1#滑块的正前方，夹于1#滑块前部东、西两尖角之间，滑块近东西向展布，平面呈枣核形，平均长270 m，中间宽160 m，东、西两侧宽50 m左右，体积约5×10^5 m^3，与南部1#滑块主体之间为挖方平台，发育一条基本连续的向南凸出的弧形裂缝带，长280 m，宽2～5 m（图9-19～图9-20），裂缝带表现出鼓胀的特点，这一带原近水平地面有明显鼓起和反翘的现象（图9-21），是坡体中因挖坡取土和洼地渗水软化形成的薄弱部位。受1#滑块的推挤而滑动，为本次滑坡的前部被推动体，滑动方向基本向北。2#滑块内部裂缝不甚发育，地表较为完整，后部一些房屋破坏较轻，而最前部鼓胀、剪张裂缝发育，变形强烈，破坏G244线、商铺和居民住宅等，为本次滑坡破坏和损失最严重的部位（图9-22）。

图9-19　1#、2#滑块之间裂缝及相对错动

图9-20　1#、2#滑块之间裂缝及地面拱起

图9-21　1#、2#滑块部位平台反翘

图9-22　2#滑块前部拱起及破坏楼房

（3）3#滑块位于滑坡西侧后部，前缘临沟，平面呈不规则三角形，前缘北侧在小桥附近。滑块长160 m，平均宽160 m，体积约2.5×10^5 m^3。滑块中前部发育与沟道近于垂直展布的放射状裂缝带，单条裂缝宽0.3 m左右。其滑坡后壁与主滑壁相连，主滑壁向西延伸部分实际上为3#滑块的北侧侧壁，影像图上显示其方向和高度有一定差异，表现出该滑块后部受到1#滑块滑动时的侧向推挤作用，向西侧沟道临空方向滑动，其总体滑动方向约310°，与主滑方向差异较大，为一相对独立的滑块。

（4）4#滑块位于滑坡东侧，与3#滑块基本呈对称状分布，平面为较规则的等腰三角形，滑块长155 m，平均宽80 m，体积约2.5×10^5 m^3。4#滑块为夹于两条小冲沟之间的高平台，因人工开挖，使得4#滑块西侧地势呈陡崖状，高出1#滑块5～15 m，也使4#滑块的西侧界、东侧界与主滑坡西侧界重叠；平台植被茂密，近东西向的拉张裂缝发育，单条裂缝宽1～2 m，东侧边界地带也发育剪张裂缝。其滑动距离相对较小，前缘15 m高的黄土陡坡发生滑塌，摧毁挡土墙，滑体前缘堆压在天泰嘉苑住宅小区两栋在建住宅楼外墙处。表现出该滑块后部受到1#滑块滑动时的牵引和推挤作用，向西北临空方向滑动，滑动方向约30°，与主滑方向差异较大，也为一相对独立的滑块。

（5）5#滑块位于滑坡前部东侧，1#滑块与2#滑块之间，实为1#滑块中滑动更剧烈的一块。平面形态呈簸箕状，滑块长100 m，平均宽80 m，体积约1×10^5 m^3。位于其上的输电线路一基铁塔滑移40 m，是本次滑坡滑动最远的一块特殊滑块，滑动方向约30°，为一相对独立的滑块。其原因与坡脚大规模开挖和顶部洼坑积水下渗有关。

3.滑坡滑移特征

据现场目击者介绍，南店子滑坡滑动时间经历了约30 min，滑动速度较为缓慢。利用南店子滑坡发生前2021年6月和发生后2021年10月4日的两期无人机正射影像资料，根据滑坡区建筑物、道路、电杆、铁塔、独立树木等30多处明显标志物滑动前后的位置，确定本次滑坡的水平滑动距离和方向（如图9-14），分析不同滑坡部位的具体滑动情况，为滑坡分级分块的客观合理性和滑坡机理分析提供证据。

南店子滑坡1#滑块的水平滑距中后部一般为16～27 m，东部滑距大于西部，最大垂直滑距也就是后壁高度20～36 m，是垂直滑距最大的区域，因此，总滑距较大，是滑动最为剧烈的部位之一，总体滑动方向5°。西侧前部水平滑距5～19 m，其后部滑距也大于前部，滑动方向317°。东侧前部水平滑距9.5～23 m，其后部滑距大于前部，滑动方向32°。说明东、西两个尖角滑动时滑块内部处于挤压状态，为典型的推移式滑动。

2#滑块的水平滑距一般为19～29 m，也是东部滑距大于西部，后部滑距大于前部，滑动方向总体向北。从地物相对位置判断，2#滑块的地面总体垂直拱起1～5 m。在1#滑块的推挤作用下失稳，该滑块的阻滑作用明显，前部道路、楼房部分拱起1～3 m。

3#滑块的水平滑距一般为9～17 m，也是后部滑距大于前部。因此，在滑块中前部发育放射状裂缝带，滑动方向总体为北西310°。

4#滑块为东侧滑距相对最小的侧向牵引部分，中部水平滑距约10 m，前部8～9 m，滑距也是后部大于前部，滑动方向总体为北东32°，滑块中前部发育数条规模较大的垂直滑动方向的拉张裂缝。

5#滑块为东侧前部滑距相对最大的滑移部分，中部一处输电线路铁塔水平滑距约39 m，滑动方向约30°。受其影响，相邻的2#滑块西侧的滑距也较大。

南店子滑坡的滑距一般为30 m左右，平均滑速1 m/ min，总体滑距较短、滑速较低。为滑坡区居民及时转移、安全避险提供了时间。

9.2.3　滑坡影响因素与形成机制

1.滑坡影响因素

南店子滑坡发育在达溪河南岸黄土缓坡中下部，斜坡高度83 m，平均坡度13°，主要由马兰黄土和离石黄土组成，基底为近水平状白垩系泥岩、砂质泥岩。自然条件下，斜坡的稳定性较高。本次滑坡的发生主要是斜坡中下部和坡脚抗滑段不合理大规模挖坡取土等人为活动使斜坡变陡、抗滑力减小，并在坡面留有多处积水洼坑，导致排水不畅，长期大量入渗软化，人为降低了斜坡的稳定性，再由暴雨直接引发，并造成重大灾害损失。

1）斜坡中下部和坡脚大规模挖坡取土

据多期卫星影像资料（图9-23），自然状态下南店子村南侧为平均坡度约13°的黄土缓坡，冲沟不甚发育，坡面完整，其上为农田及少量植被，形状较为规则，人类活动对斜坡的影响轻微。据2008年灵台县地质灾害详细调查成果显示，灵台县黄土滑坡多发生在坡度25°～40°的斜坡。因此，该斜坡坡度缓，整体稳定性较好。但自2010年以来，在斜坡中下部长期进行了大规模的挖坡取土，挖土范围东西长近400 m，南北宽50～180 m，面积约4.4×10^4 m^2。特别是东部的挖土规模最大，参照现场残留地形估算，平均开挖深度7 m，估算挖方量约3×10^5 m^3。同时，前缘中部坡脚处楼房建设也对坡脚部位进行了开挖，开挖长度120 m，平均宽度16 m，厚度按6 m估算，挖方量约1.2×10^4 m^3。

图9-23　滑坡区中下部、坡脚开挖取土历史影像

2017年以来，位于斜坡东部前缘的天泰嘉苑住宅小区建设中，对东部坡脚又进行大规模开挖，形成低于道路的洼坑，东西长约135 m，平均宽50 m，其南部形成高约20 m的陡坡。平均开挖深度12 m，估算挖方量约9×10^4 m^3（图9-24）。

以上总计挖方量达4×10^5 m^{3}左右，约为本次滑坡体积的11%，沿斜坡中下部及坡脚平均每延米宽度的开挖量达800 m^3/m，使斜坡变陡、抗滑段抗滑力大幅减小。因此，挖方取土对斜坡稳定性产生严重不利影响。本次滑坡的滑移特征与挖方情况也密切相关，挖方规模越大的部位，滑移越强烈。如5#滑块前缘开挖成30余m高的陡坡，临空条件好，是本次滑坡的最大滑移部位，水平滑距达39 m。前部滑动面的反翘也可能与开挖较深的取土坑有关。

2）斜坡中部积水下渗软化土体

斜坡中下部开挖取土后地面留有洼坑，且未进行平整，导致地表排水不畅，形成多处积水洼地，汇集斜坡上部和周围大面积的地表径流。据影像资料，积水面积约1 000 m²（图9-25）。洼地积水长期大量渗入、软化斜坡深部土体，降低土体抗剪强度和斜坡稳定性。

3）连阴雨及暴雨引发

2021年9月以来陇东地区阴雨连绵，降水量高于同期平均值，9—10月的降水量达400 mm以上，占全年降水量的一半左右（2021年4月开始观测）（图9-26），大量降水入渗地下软化土体，降低斜坡稳定性。据调查，9月底天泰嘉苑住宅小区在地下室施工的工人曾听到山体有变形的异常声音，并将此情况告知工地相关负责人，说明坡体已开始蠕动变形，但未引起重视。10月3日陇东南地区出现罕见的大面积暴雨，其中灵台县城降水量97.5 mm，坡体中部洼地区大量积水并下渗（图9-27），部分地段发育落水洞，更使大量水体渗入斜坡深部，软化土体，降低土体强度和斜坡稳定性。最终引发斜坡整体大规模失稳滑动，发生严重的滑坡灾害。

由上可见，斜坡中下部及前缘不合理的大规模挖坡、挖方区地面洼坑导致地表排水不畅，多处洼地长期积水下渗并软化土体，降低了斜坡稳定性，埋下了重大隐患和苦果，是本次滑坡灾害发生的重要原因。

2.滑坡形成机制

根据南店子滑坡发育的斜坡地质结构、滑坡结构、分级分块特征和滑移矢量分析，该滑坡为推移式黄土-

图9-24　滑坡区东部坡脚开挖取土

图9-25　滑坡前斜坡区地表积水洼地

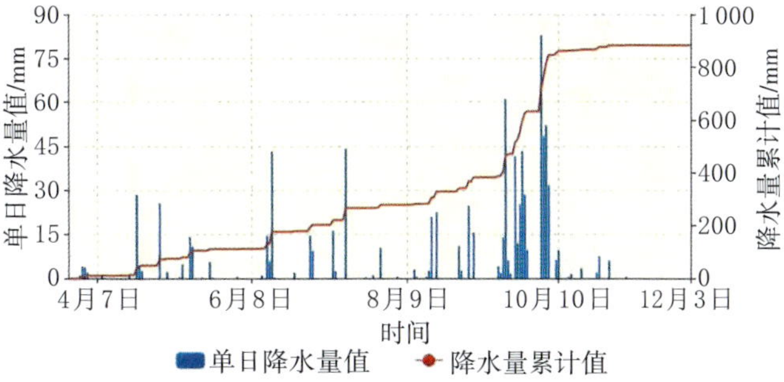

图9-26　灵台县2021年4—11月降水量分布图

图9-27　滑坡体地表积水洼地

泥岩接触面滑坡，其成因具有特殊性。斜坡中下部的大规模挖坡使上部斜坡坡度和临空面增大，形成主动下滑段，并减小了中下部斜坡的抗滑力。其挖方区为多处洼地积水下渗区，长期入渗软化至深部土岩界面处，由于下部泥岩的隔水作用，地下水在土岩界面一带富集，黄土和泥岩顶部强风化层软化后，抗剪强度大幅降低，使斜坡的稳定性大幅降低。2021年9月以来的连阴雨和10月3日的暴雨引发上部1#滑块首先沿坡度10°、抗剪强度低的白垩系顶部强风化层向北发生滑动，是本次滑坡的主动推滑体，产生巨大的推滑作用。由于前部受到2#滑块的阻挡，1#滑块中前部形成垂直滑动方向、呈弧形展布的放射状鼓胀裂缝带，地面也有拱起。2#滑块是被动推滑体，其后部土岩界面坡度3°，且最前部呈反翘状态，平均坡度只有1°，有较大的抗滑力，对1#滑块起到阻滑作用。二者相持的结果是：2#滑块最终未能阻挡住1#滑块的滑动，在1#滑块的推挤下也向北发生滑动，地面大幅拱起变形，严重破坏建筑物和道路。

滑动期间，1#滑块前部的东、西两个尖角区由于人工开挖强烈，滑体厚度小，抗滑能力差，在1#滑块后部的推挤下，分别向北东和北西方向发生滑动，西侧部分滑动破坏次级道路，东侧前伸部分滑至天泰嘉苑住宅小区在建住宅楼处。

西侧3#滑块的形成相对更为特殊，因其西侧沟道切割，临空条件好，1#后部主滑块对其产生北西向的侧向推挤作用，使3#滑块向西侧沟道方向滑动。东侧4#滑块地势较高，相对独立，受1#主滑块的后部推挤和侧向牵引作用，产生滑动，其滑距较小。

5#滑块的滑距最大达39 m，其形成也有特殊原因。一是近年来天泰嘉苑住宅小区一带前缘开挖强烈，临空条件最好。二是5#滑块后部是洼地长期积水最严重地区，土体含水率高，钻探时全孔严重缩径，深部土体软化，抗剪强度低，因此5#滑块稳定性差，后部又受1#主滑块的推挤作用，滑动较远，滑体填满了前部取土洼坑。

另外，在应急治理工程完成后滑坡后壁东侧的新鲜剖面上可见，除马兰黄土及第一层古土壤外，其下部离石黄土中的古土壤层起伏杂乱，可能有古滑坡发育。

9.2.4　滑坡稳定性与危害性

南店子滑坡经过本次大规模滑动，目前滑体整体较为稳定，但前缘东侧天泰嘉苑住宅小区段、滑坡后壁等部位的稳定性差，裂缝发育，降水易入渗软化土体，局部再次失稳复活滑动的可能性大，危害严重。

滑坡前缘东侧天泰嘉苑住宅小区段主要包括4#滑块至5#滑块及之间的滑坡前缘，其中最东侧的4#滑块为本次滑坡推挤牵引部分，滑距短，重心位置高，能量释放不彻底，地表拉张裂缝发育，稳定性差，严重威胁前缘紧邻住宅楼的安全。5#滑块尽管本次滑动较为剧烈，但前部地形高陡，临空条件好，滑体结构破碎，稳定性也差；4#滑块至5#滑块之间为1#滑块东侧前伸部分，地势低洼，易汇集地表水，滑体含水率高，稳定性差。均对前部天泰嘉苑住宅小区的建设和运营造成严重威胁。

西侧3#滑块前缘位于冲沟沟底，直接受洪水冲刷，也可能再次失稳滑动，并转化为泥石流，形成链式灾害，威胁沟口县城安全。

另外，南店子滑坡后壁高陡，后部拉张裂缝发育且规模大，上部坡面径流很易沿其渗入，稳定性差，局部已发生小规模失稳滑动，还可能再次发生小规模失稳滑动。

南店子滑坡发生后，对滑坡进行了后壁削坡、滑坡体上部减载，并对西侧前缘回填反压，使滑坡险情得到很大缓解，并形成两级宽平台，有利于今后开发利用（图9-28）。滑坡东侧天泰嘉苑住宅小区一带将采取以抗滑桩为主的永久性支挡工程进行综合治理。

图9-28　应急治理后的滑坡状况

9.2.5　结论与认识

（1）灵台县城南店子滑坡位于达溪河南岸，滑坡长342 m，宽365～650 m，面积1.59×10^5 m^2，平均厚度约23 m，体积约3.65×10^6 m^3。主滑方向5°，滑动面受土岩界面控制，为大型中层推移式黄土-泥岩接触面滑坡。滑坡破坏楼房、G244线和输电线路等，直接经济损失7 970万元。由于预警及时，未造成人员伤亡。

（2）南店子滑坡分级分块特征明显，分为5个滑块。位于中后部的1#滑块规模最大，为主动滑移块体，水平滑距16～17 m，垂直滑距20～36 m，推挤其他滑块滑动。前部2#滑块向北滑动19～29 m，西侧3#滑块向西北侧临沟方向滑动9～17 m，东侧4#滑块向北东方向滑动10 m。位于2#滑块东侧临空条件好、含水率高的5#滑块向北滑动39 m。整个滑坡滑动时间约30 min，总体滑速较为缓慢。

（3）南店子滑坡发育于黄土斜坡中下部平均坡度13°的缓坡区，坡体主要由马兰黄土和离石黄土组成，基底为近水平状白垩系泥岩和砂岩，自然状态下整体稳定性较好。近年来斜坡中下部和坡脚大规模挖方取土总计达4×10^5 m^3，对斜坡整体稳定性产生严重不利影响。取土洼地内长期积水并下渗，降低了土体、强风化泥岩的抗剪强度和斜坡稳定性。2021年9月的连阴雨和10月3日的暴雨是本次滑坡的直接引发因素。

（4）南店子滑坡目前滑体整体较为稳定，但东侧天泰嘉苑住宅小区段、滑坡后壁稳定性差，局部再次失稳滑动的可能性大，对天泰嘉苑住宅小区等威胁严重。西侧3#滑体前缘受沟道洪水冲刷，可能形成滑坡-泥石流链式灾害，威胁县城安全。建议加强监测预警，并及时采取减重反压、抗滑桩、地表排水等综合措施，进行永久性工程治理。

（5）灵台县南店子滑坡由于预警及时，未造成人员伤亡，是地质灾害群测群防的成功事例，值得庆幸。但不合理的大规模挖坡活动在该滑坡的形成中扮有重要角色，造成严重的经济损失，又一次为今后更加科学规范的山区城镇、乡村振兴等工程建设活动提供了典型案例和警示，应深刻汲取惨重的教训。

9.3　东乡族自治县洒勒山滑坡

1983年3月7日17时46分，东乡族自治县巴谢河北岸发生了世界著名的洒勒山特大型灾难性滑坡，体积达3.1×10^7 m^3（图9-29）。在不到1 min的时间内洒勒山滑坡急剧向南滑动1 000 m左右，使1.3 km²范围内的土地变成一片“土海”，瞬间摧毁洒勒、新庄、苦顺3个自然村庄，死亡220人，重伤22人，埋没牲畜400余头（只），粮食7×10⁴ kg，毁坏小型水库1座及公路、供电线路等。

图9-29　洒勒山滑坡全景及堰塞湖（1983年）

洒勒山滑坡前兆明显、规模巨大、滑速极快、滑程甚远、伤亡惨重，引起了国内外广泛关注，先后有50多个科研、教学和生产单位，以及多个国家的学者进行过现场考察、研究，也进行了专项研究工作。洒勒山滑坡是我国黄土地区研究程度最高的滑坡之一，也是罕见的特大型高速远程滑坡，具有非常独特、典型的形成和运动机理。对其深入研究，不仅有助于推动黄土地区滑坡灾害防治，而且可丰富、完善滑坡成因等方向的理论。

9.3.1　斜坡环境工程地质条件

1.地形地貌

洒勒山位于东乡县巴谢河北岸，地理坐标：103°35′10″E，35°33′40″N（图9-30）。洒勒山山梁走向近东西，为厚层黄土覆盖，山顶高程2 283 m，巴谢河河床高程1 962 m，相对高差321 m，平均坡度20°左右，上部最陡处达45°以上。洒勒山为三级台阶构成的阶梯状斜坡，其中第一级和第二级分别为古、老滑坡形成的平台，第一级古滑坡平台规模较大，宽100～200 m，主要分布于斜坡东部。第三级平台为巴谢河Ⅱ级阶地。斜坡中上部黄土陷穴和落水洞发育，一般深5～8 m，直径1～3 m，多呈串珠状分布。斜坡中下部发育3条近南北向的冲沟，切割侵蚀深度20～40 m，以中西部切割侵蚀最为强烈（图9-31）。

图9-30　洒勒山滑坡位置图

巴谢河河谷宽750～900 m，主要由河漫滩及Ⅰ、Ⅱ级阶地组成，平坦开阔（图9-32）。Ⅱ级阶地主要分布于坡体东侧，呈尖嘴状向南凸出，宽200～300 m，西中部宽仅70～100 m，阶地面高程1 980 m，高出Ⅰ级阶地15 m左右，滑动前的新庄、洒勒村坐落其上。滑坡东侧为利用Ⅱ级阶地前的河湾地形修筑的九二水库。

洒勒山斜坡下部人为活动较强烈，一是在西侧沟道筑坝蓄水，二是在古、老滑坡平台地区提水灌溉，均对洒勒山斜坡的稳定性有较大影响。

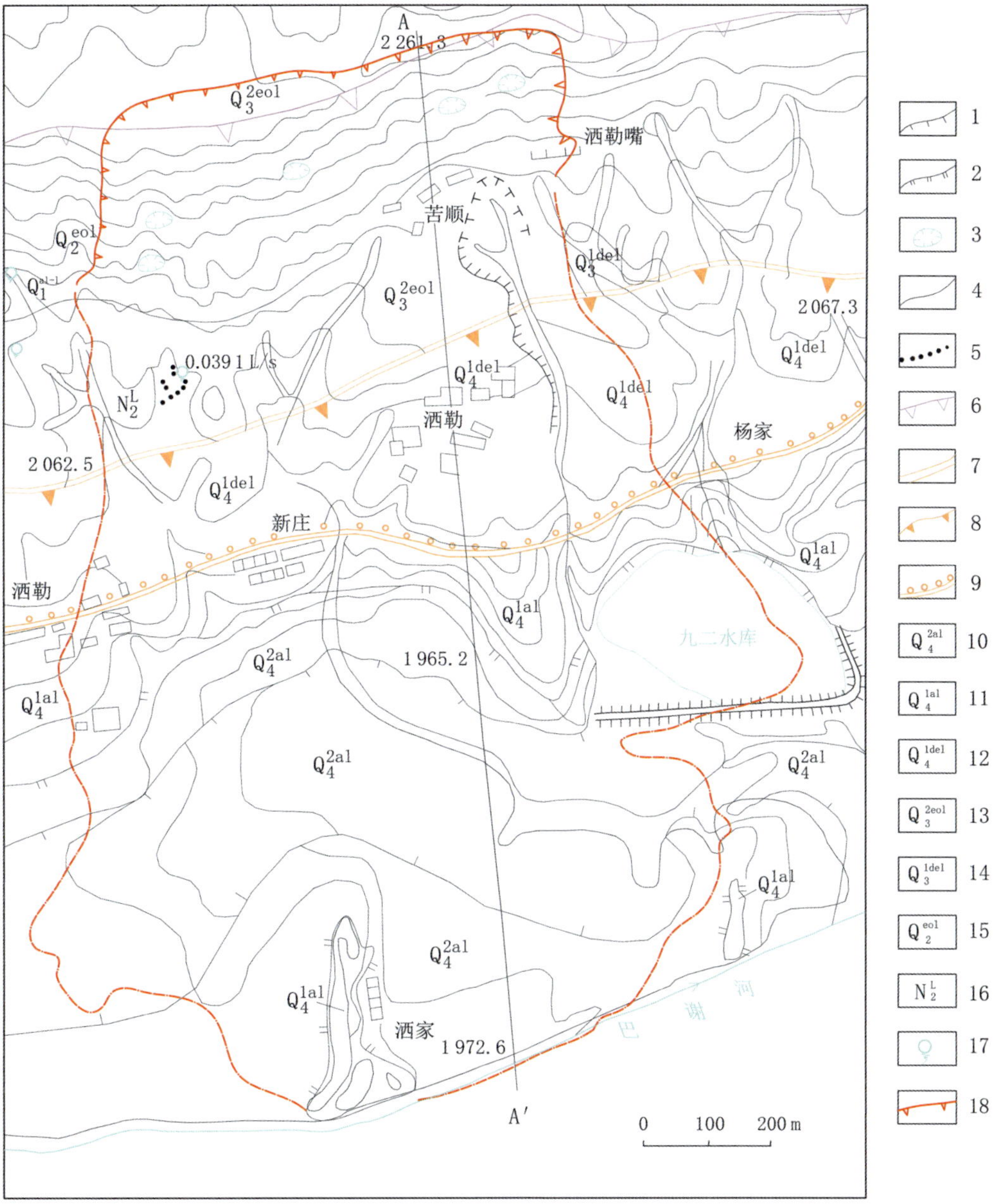

1—Ⅰ级阶地；2—Ⅱ级阶地；3—落水洞；4—地貌界线；5—地质界线；6—古滑坡后壁；7—古滑坡平台；8—老滑坡后壁；9—老滑坡平台；10—全新统冲积物；11—全新统冲积物；12—全新统滑坡堆积；13—马兰黄土；14—上更新统滑坡堆积；15—离石黄土；16—新近系临夏组；17—下降泉；18—1983年滑坡。

图9-31　洒勒山滑坡滑前地质地貌图

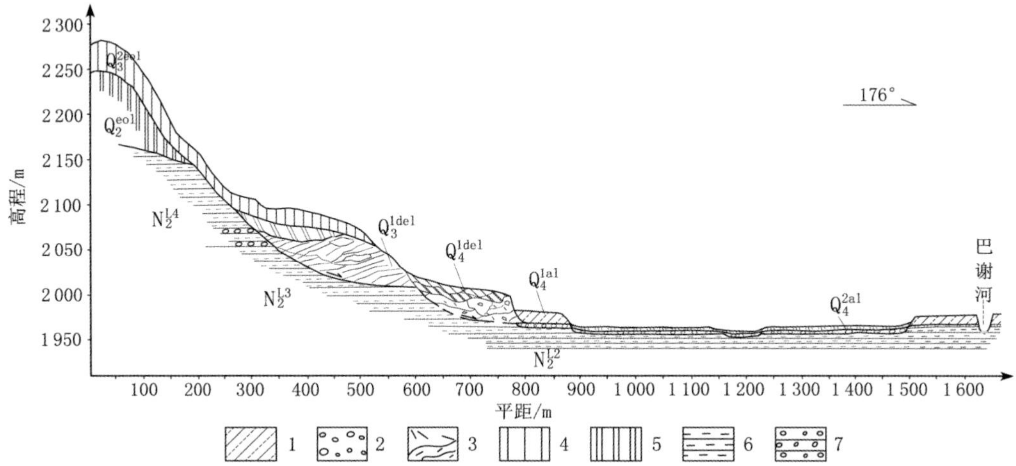

1—粉质黏土；2—卵石；3—滑坡堆积；4—马兰黄土；5—离石黄土；6—砂质泥岩；7—砾岩。

图9-32 洒勒山滑坡滑前地质地貌剖面图

2.地层岩性与地质构造

洒勒山斜坡为非均质多层状黄土-红层泥岩类斜坡，主要由以下地层组成：

（1）新近系临夏组第三段泥岩（N_2^{l3}）：棕红色厚层状粉砂质泥岩，夹灰绿色泥岩条带，略具水平层理，岩层倾角2°～3°，倾向NE。成岩程度低，干时坚硬，遇水易软化，可呈泥状，强度降低。层厚93 m。

（2）新近系临夏组第四段泥岩（N_2^{l4}）：橘红色厚层状粉砂质泥岩，略具水平层理，岩层倾角2°～3°，倾向NE。成岩程度低，干时坚硬，遇水易软化，可呈泥状，强度降低。层厚103 m，底部高程2 075 m左右。底部有两层厚2～3 m的灰色砾岩，其中上部一层胶结较好。

（3）第四系中更新统离石黄土（Q_2^{eol}）：浅橘黄色粉质黏土，土质均匀，含钙质结核，垂直节理发育，结构密实，干时较坚硬，断口呈贝壳状，顶部有一层厚3.5 m的棕黄色古土壤。总厚70 m左右。

（4）第四系上更新统马兰黄土（Q_3^{2eol}）：浅灰黄色粉土，结构疏松，土质均匀，大孔隙和垂直节理发育，并发育大量落水洞，具湿陷性，大面积披覆在古滑坡平台及以上的山坡和山顶地区。厚15～55 m。

此外，斜坡中下部发育有古滑坡（Q_3^{1del}）、老滑坡（Q_4^{1del}）堆积物，由破碎泥岩和黄土组成，结构混杂破碎。各地层物理力学性质统计于表9-3。

表9-3 洒勒山滑坡岩土物理力学性质统计表

指标 岩组	孔隙度 n/%	天然容重 γ/(kN/m³)	黏粒含量 l/%	液限 w_l	塑限 w_p	塑性指数 I_p	内聚力 c/kPa	内摩擦角 φ/°
马兰黄土	47.32	16.73	19.64	26.62	17.26	9.36	44.39	28.13
离石黄土	39.74	18.38	29.52	27.80	17.07	10.73	154.64	30.82
泥岩	29.62	20.15	59.7	34.69	18.04	16.65	633.96	29.25
粉砂岩	34.14	20.54	43.36				210.7	34.39

中铁西北科学研究院进行了残余强度等试验，结果见表9-4。

表9-4　洒勒山滑坡岩土残余强度等试验结果统计表

参数/地层	液限/%	塑限/%	塑性指数	颗粒成分/%			抗剪强度参数				
				>0.05 mm	0.05～0.005 mm	<0.005 mm	含水率/%	c_f/kPa	φ_f/°	c_r/kPa	φ_r/°
马兰黄土	26.8	17.6	9.2	14.5	70.5	16.0	24.52 26.39 29.89	33 30 32	30.7 28.7 26.3	1 2 2	26.5 27.1 27.8
离石黄土	28.2	16.5	11.7	6.2	59.0	34.8	26.30 33.34	82 68	10.2 9.6	21 16	6.9 8.5
泥岩	31.2	18.8	12.4	10.0	47.0	43.0	24.52 31.25	77 83	10.6 8.7	33 8	9.3 9.0

新近系临夏组泥岩中发育有两组构造裂隙，其中一组走向83°～108°，倾角73°～86°，倾向南，与洒勒山斜坡走向大体一致。此裂隙对斜坡稳定性十分不利，有助于滑坡的发生、发展。

3.水文地质

本区气候干旱，斜坡土体含水率较低。洒勒山滑坡区有两类地下水，一类含水层为斜坡中上部临夏组第四段底部的砾岩，属层间孔隙裂隙潜水，不构成统一的潜水面，呈脉状不均匀分布于较低洼的部位，在沟谷上游以泉的形式排泄，流量为2.07～9.85 m^3/d，出露高程2 075～2 085 m。另一类是斜坡前部的河谷孔隙潜水，含水层为河漫滩和Ⅰ级阶地的卵石层，水位埋深1.7～3.4 m，含水层厚度1.2～6.1 m，Ⅱ级阶地只在基座低洼处局部含水。斜坡中段古、老滑坡体基本不含水。

9.3.2　洒勒山滑坡的形态特征

平面上，洒勒山滑坡总体形如掌状（图9-33～图9-34），滑坡体东西宽700～1 100 m，南北长1 100～1 400 m，滑坡舌部直抵巴谢河南岸Ⅱ级阶地陡坎处，并堵塞巴谢河240 m，堵高10余m，形成堰塞湖。剖面上，由北向南明显可分为两级平台，高差50～70 m，地形呈波浪状（图9-35）。据钻探资料，新公路以北地区滑体厚30～75 m，以南地区滑体厚5～25 m。滑坡面积1.3 km^2，总体积约3.1×10^7 m^3。

按滑坡体地表形态、滑体结构和滑动特征等的差异，将洒勒山滑坡分为：后部块体滑动区（Ⅰ）和前部碎块滑动区（Ⅱ）。

后部块体滑动区（Ⅰ），主要由一个滑坡后部主洼地和主平台（鼓丘）构成，高出前部碎块滑动区70余m，前部为坡度35°的斜坡。滑体物质是原组成洒勒山斜坡上部及山顶区的马兰黄土、离石黄土和新近系泥岩。具有滑距相对较短、地层层序扰动较轻、岩体块体较大等特点。

图 9-33　洒勒山滑坡前、后航片

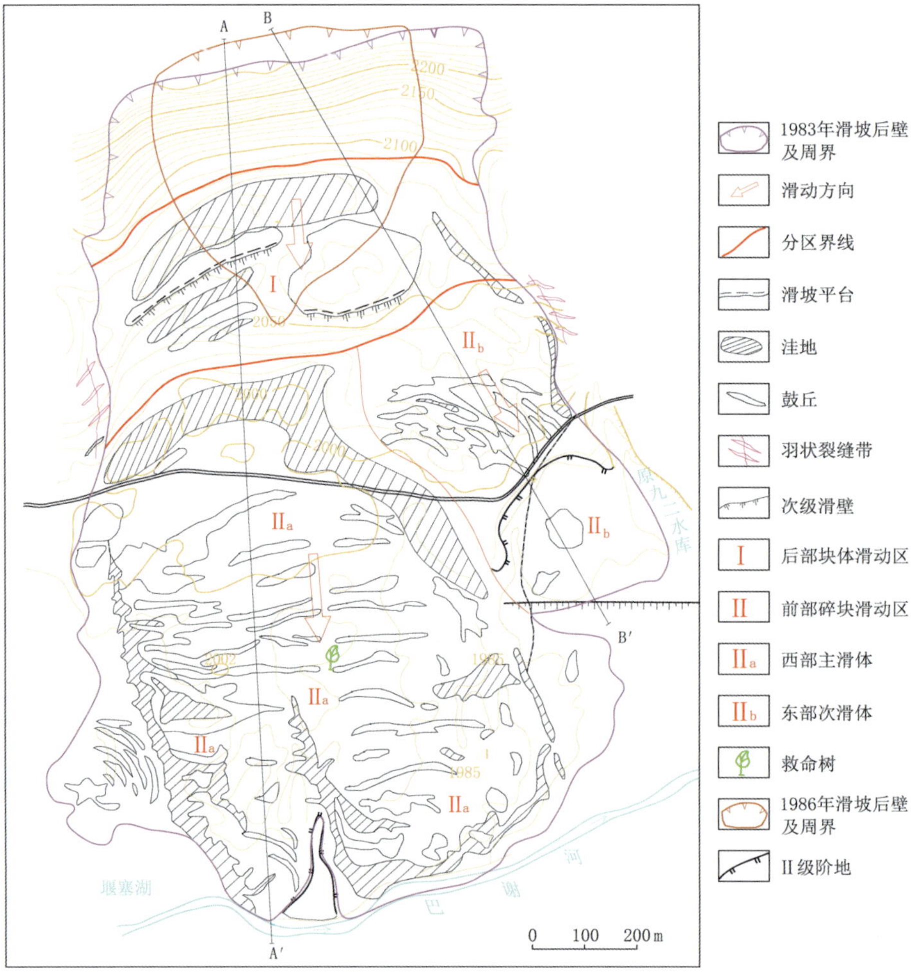

图 9-34　洒勒山滑坡平面形态图

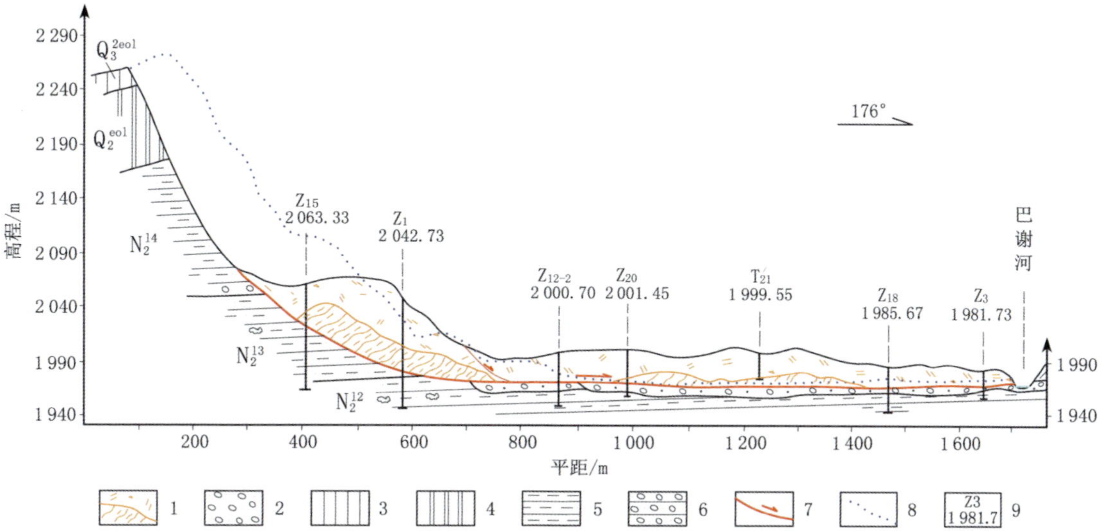

1—滑坡堆积；2—卵石；3—马兰黄土；4—离石黄土；5—泥岩；
6—砾岩；7—滑动面；8—原地面线；9—探孔编号及孔口高程。

图9-35　洒勒山滑坡主剖面图

前部碎块滑动区（Ⅱ），地形总体较为平缓，又分为西部主滑体（$Ⅱ_a$）和东部次滑体（$Ⅱ_b$），二者的形态、滑动特征也存在明显差异。其中西部主滑体（$Ⅱ_a$）规模较大，滑动方向176°，前缘直达巴谢河对岸Ⅱ级阶地陡坎处，爬高20 m。滑体厚度15～25 m，地表为一系列近东西向长条状洼地和垄岗相间的波浪状地形，垂直于滑动方向，洼地、垄岗长80～200 m，宽20～40 m，相对高差5～10 m；组成物质为原马兰黄土，古、老滑坡体和Ⅱ级阶地堆积物。显示出滑动速度快、距离长的特点。其前部东西两侧滑体也明显向两侧扩展，西侧扩展部分的表面洼地、垄岗呈旋涡状排列，可能是由于受到主滑体中部滑速相对更快的影响，使其在滑动过程中产生顺时针的水平旋转。

后部块体滑动区（Ⅰ）和前部碎块滑动区（Ⅱ）二者之间为规模较大的弧形拉张洼地，南北宽100 m左右，东西长300 m，地形上明显低于前部碎块滑动区10 m左右，后期曾有大量积水，形成滑坡湖（图9-36）。拉张区部分滑体的结构局部表现出滑动过程中也曾受到强烈挤压破碎的特征（图9-37）。

图9-36　前、后部滑坡块体间的洼地

图9-37　拉张区挤压碎裂状的黄土滑体

东部次滑体（$Ⅱ_b$）滑动方向150°，堆积于九二水库中，东部、西部与主滑体之间的Ⅱ级阶地陡坎保留完好，阶地面上滑体堆积很薄（图9-38）。由此分析，东部次滑体是从Ⅱ级阶地后部剪出后的空中飞出，越过Ⅱ级阶地陡坎，最后落入前部的九二水库中，滑体厚度3～6 m，地势较低。可见，东部次滑体与西部主滑体在滑动方式上有显著差异。

图9-38　洒勒山滑坡东部次滑体

洒勒山滑坡后壁宽700 m，高达220 m，坡度达60°左右（图9-39），滑壁下部泥岩表层被剧滑时滑落的约1 m厚的黄土覆盖（由此也有人误认为洒勒山滑壁全由黄土组成），其上擦痕清晰，指向176°左右。受滑动时的巨大剪切和挤压作用，滑壁上泥岩片理化现象明显，且受剧滑产生的高温烘烤使颜色变深（图9-40）。由于上部滑壁后期不断滑塌，滑壁坡度降为45°～50°。

图9-39　洒勒山滑坡后壁

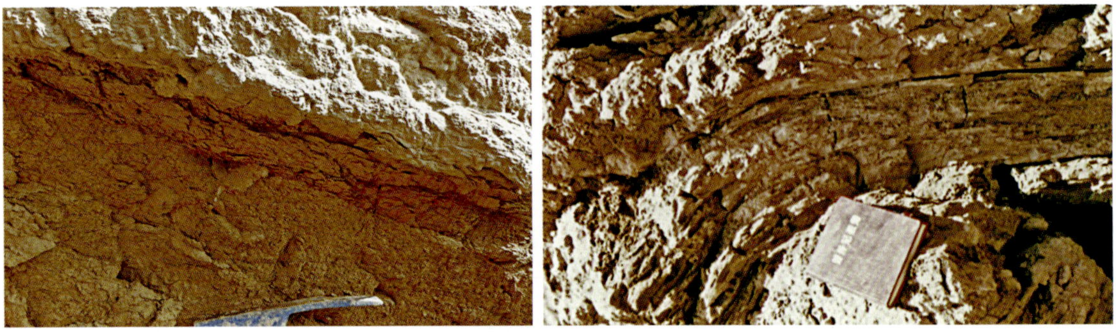

图9-40　滑坡壁表部泥岩中的剪切挤压片理与烘烤现象

洒勒山滑坡壁顶部已越过分水岭30 m，其后部30 m范围内发育有数条近于平行的牵引性拉张裂缝，长30～100 m，宽0.2～0.5 m，下错0.2～0.8 m。滑坡两侧斜坡中部受滑动力偶的剪扭及滑体的强烈冲击等作用，剪张裂缝也很发育（图9-41）。

图9-41　滑坡东侧的剪张裂缝

9.3.3　洒勒山滑坡变形过程

洒勒山滑坡的形成具有较长的孕育过程。据调查访问，洒勒山山顶部位早在1979年9—10月即见“山头开裂”，山顶西北部出现宽约10 cm的拉张裂缝，走向近东西，长数十米。同时，在古滑坡平台上的苦顺村后部也出现近东西向裂缝。1982年5月，山顶裂缝加宽至20 cm左右，并出现新裂缝，7—8月间裂缝加宽至40 cm，延伸长达100 m以上。1983年2月裂缝继续加宽，向东延伸发展，苦顺村水窖受南北向挤压变扁；3月2日感到山体颤动；3月3日出现声如牛吼的山鸣，陡崖部位掉土，泉水变浑，东侧沟边出现南北向裂缝；3月5日山顶主裂缝加宽近1 m，长达数百米，有的裂缝相互贯通，夜间鸡犬异常；3月7日上午崖畔、沟边多处出现坍塌，下午2时许山顶主裂缝宽达1 m以上，深不见底，落石无声，行人难以跳过。下午4时许，东侧上山小路已无法通行；下午5时46分，洒勒山整体失稳发生剧烈滑动，顿时大地抖动，黄尘滚滚，一场灾难发生了。

早在1982年春季东乡族自治县政府对洒勒山滑坡就有所重视，将住在半山腰陡坡下洒勒咀的7户村民从山上搬到了山下。1983年3月初，滑坡险情加剧时，政府也采取了搬迁疏散及简易监测等措施。但由于当时缺乏滑坡灾害预防的知识，也无相关专业人员到现场调查和指导，对本次滑坡的范围、滑动速度估计不足，居民虽几次搬迁仍未迁出危险区，并且部分居民存在侥幸心理，致使损失惨重。

9.3.4　洒勒山滑坡形成机制

洒勒山滑坡经过长时间变形后，在没有明显引发因素的情况下，于1983年3月7日发生剧烈滑动，其是在斜坡自身重力、地下水、人为活动等动力地质因素的长期累进性作用下形成的。在不断上升的西北黄土高原地区，由于巴谢河的侵蚀下切，逐渐形成了高大而陡峻的洒勒山斜坡和前部平坦开阔的河谷，在此过程中由于卸荷作用，使坡体内原来的陡倾裂隙不断加深变宽，并在位于坡脚下近水平的泥岩中产生了水平卸荷回弹裂隙。同时，在坡脚处剪应力相对集中，形成一个最大剪应力区，使坡脚处的第三段泥岩经历了漫长且相对斜坡整体而言强烈向临空方向的蠕变、滑移，其岩体完整性和强度不断降低，从而坡脚处形成剪切蠕滑段［图9-42（a)］。由此引起中上部斜坡的变形和应力状态调整，导致坡顶附近形成拉张应力区。据临近的广河县气象局资料，1978年和1979年为丰水年，年降水量分别为646.4 mm和649.5 mm。斜坡表部垂直节理、落水洞发育的马兰黄土接收了大量降水，从而加速了上述作用过程。于是，在1979年9—10月，坡顶出现了近东西向的后缘张裂缝，形成坡顶蠕滑拉裂段。同时，在古滑坡体后缘也出现了张裂缝。

随着剪切蠕滑段和蠕滑拉裂段两破坏区段的不断发展，应力不断集中在斜坡中部的新近系临夏组第三段和第四段泥岩之上，这部分泥岩起到锁固作用而使斜坡整体维持其稳定。随着时间的推移，斜坡上、下两破坏区段的规模以及破坏速度不断加大加快，锁固段不断加速变短，剪应力不断集中于其上，斜坡稳定性不断降低。

据调查，20世纪70年代在斜坡下部冲沟中人为地筑坝拦水，大量水体沿古、老滑坡体中的裂缝渗入斜坡内部，使坡脚处泥岩受到长期软化。同时，古滑坡体后缘的裂缝也不断发展，达到第四段底部砾岩含水层处，地下水沿裂缝进入破坏区，增强了破坏作用。这样前部斜坡受到上述两种水的软化作用，使岩体强度不断降低。另外，东乡地区1982—1983年冬季为历史上较为寒冷的一个冬季，产生的季节性冻结滞水促滑效应强烈。1983年2月以后，受冻融作用的影响，使已出现明显变形、处于临界状态的洒勒山斜坡的变形破坏速度更为加剧，坡顶裂缝迅速变宽、变长。结果，前部斜坡首先失稳向前发生滑动；此时后部斜坡更加临空，抗滑力减小，锁固段泥岩上应力更加集中，锁固段急骤变短并达到临界长度瞬时被完全破坏，抗滑力突然大幅度降低，整个斜坡失稳滑动，发生了著名的洒勒山滑坡［图9-42（b）～图9-42（c）］。可见，洒勒山滑坡为特大型黄土-泥岩切层滑坡。

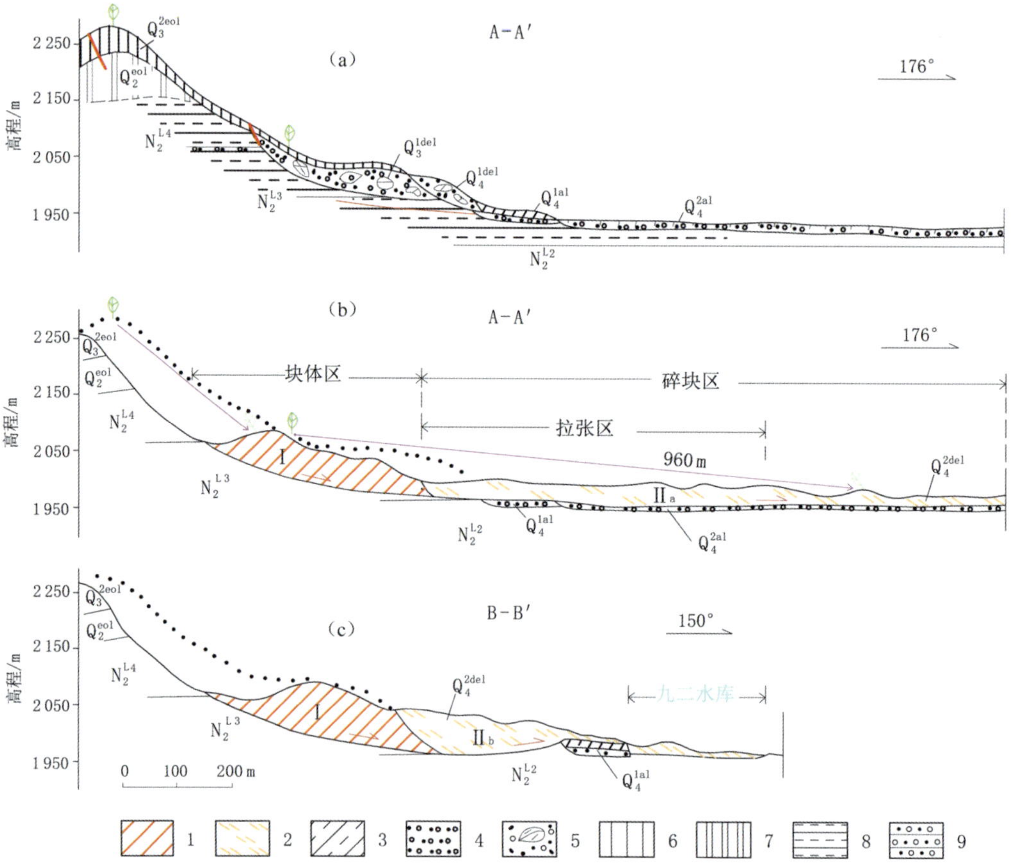

1—后部块体区；2—前部碎块区；3—粉质黏土；4—卵石；5—滑坡堆积物；6—马兰黄土；7—离石黄土；8—泥岩；9—砾岩。

图9-42　洒勒山滑坡形成演化图

由上述讨论可知：洒勒山斜坡累进性变形破坏过程中，坡脚处的剪切蠕滑段和坡顶蠕滑拉裂段长期不断地向斜坡中部锁固段发展，处于两破坏区段的岩土抗剪强度指标c、φ值降低，转化为残余强度指标c_r、φ_r。一般近似值$c_r\approx0$，φ_r有一定程度降低。在坡体整体失稳大滑动前，锁固段岩土的抗剪强度基本保持不变。可见，斜坡稳定性计算公式（按洒勒山条件简化的毕晓普条分法）中某些条块上的抗剪强度指标逐渐被残余强度指标代替。

$$F_s = \sum_{i=1}^{n}(c_i X_i + W_i \cdot \tan\varphi_i)\left[\frac{1}{\cos\alpha_i + \tan\varphi_i/F_s}\right] \Bigg/ \sum_{i=1}^{n} W_i \sin\alpha_i \tag{9-6}$$

式中：W_i为第i条块的自重；X_i为第i条块的宽度；α_i为第i条块滑面的倾角；c_i为第i条块滑面的内聚力；φ_i为第i条块滑面的内摩擦角。

因此，斜坡的稳定性总体趋势随时间逐渐降低，滑坡是斜坡在漫长的地质历史时期中由稳定向不稳定演化的结果。据此，在模拟计算某一时刻斜坡稳定性时，将位于上述两破坏区段的潜在滑面上的抗剪强度指标采用残余强度指标，由于锁固段上、下两侧滑面的岩土体破坏程度处于过渡状态，其上的抗剪强度可一定程度降低，并逐渐从两侧向中部锁固段上的条块发展。这样，在稳定性计算公式中，用残余强度指标依次逐渐代替锁固段中两端条块上的强度指标（图9-43），反复计算斜坡不同破坏程度时的稳定系数，当所计算的稳定系数与临界稳定系数（1）之间的差值小于一定数值时（给定），此时的岩土抗剪强度指标未降低部分的锁固段长度即为临界锁固段长度。按上述方法对洒勒山滑坡的临界锁固段长度进行了计算，其结果见表9-5。

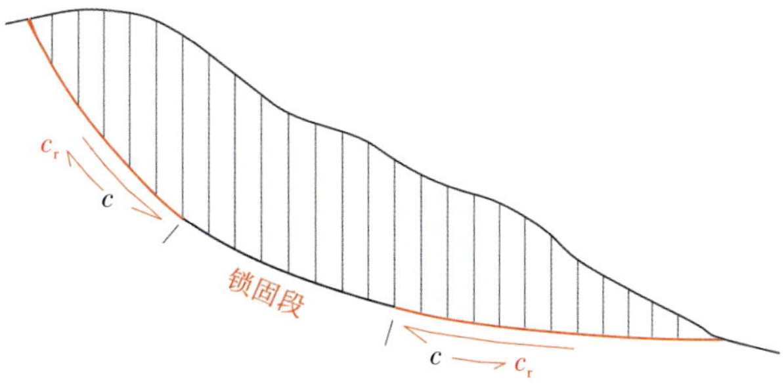

图9-43　锁固段发展计算模式图

表9-5　临界锁固段长度计算强度参数及结果表

地层	Q_3^{2eol}	Q_2^{eol}	N_2^{l4}	N_2^{l3}	计算分区	锁固段长度L/m
φ/°	26.9	23.4	26.1	22.9	东	50
φ_r/°	18.8	16.4	17.6	16.3	中	185
c/kPa	0	0	0	122.5	西	143

累进性滑坡滑动面的发展形成、锁固段的逐渐变短以致破坏是随时间的延续而不断发生、发展，由于岩土变形破坏时间效应的复杂性，上述计算中目前还难以考虑时间因素；进一步研究中将时间因素给予考虑，对累进性滑坡的形成机理和演化过程、斜坡变形动态、稳定性分析等滑坡问题的研究具有重要的理论意义，也可指导滑坡预测预报工作。

前已述及，洒勒山滑坡滑速快、滑程远。滑坡发生时，当地村民马维英抱住位于古滑坡平台后部的一棵柳树，如同坐土飞机似的随滑坡滑动960 m，而得以幸存，这棵柳树被称为“救命树”（图9-44）。许多现场目击者描述，当发现滑坡时，向前只跑了40～50步，滑坡就跟来了。临夏地震台记录到洒勒山滑坡造成南北向振动的震动波，震级为1.4级，持续时间55 s（图9-45）。据上，粗略推算洒勒山滑坡的平均滑速近20 m/s。其高速远程滑动机理将在第10章进行专门的探讨。

9.3.5　滑坡的稳定性分析

酒勒山滑坡发生后，在地貌上形成了长达700 m，高220 m，平均坡度50°的高陡滑坡壁和高低起伏的土丘状滑坡体。滑坡壁后部30 m范围内牵引性拉张裂缝发育，有的长30～100 m，宽0.2～0.5 m，下错0.2～0.8 m，可见深度1～2 m，后壁上常有小规模的滑塌。滑坡体前缘受到巴谢河水流的冲刷。灾后重建时，在刚发生大规模滑坡的地质环境中修建新的居民点、公路和其他设施，必须对滑坡壁的稳定性及是否再次发生大规模滑动、新滑坡体的稳定性及是否产生复活滑动、影响范围和地基特性等问题进行专门研究和论证。

图9-44　滑动960 m的“救命树”

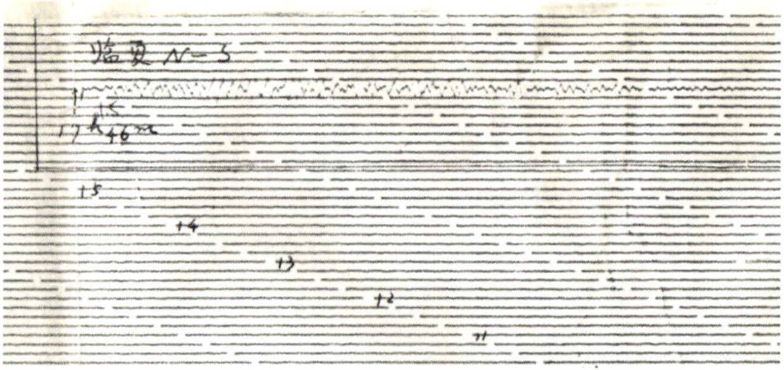

图9-45　临夏地震台记录的滑坡震动波

1.滑坡后壁的稳定性

根据酒勒山滑坡壁后部30 m范围拉张裂缝发育，下部砾岩中有泉水出露的特点，确定潜在滑动面的位置，以此为基础，在剖面上综合分析确定3条潜在危险滑动面并进行条分，选取相关地层的物理力学参数，也按式（9-6）计算现状条件下滑坡后壁的稳定系数F_s，结果列于表9-6。

表9-6　酒勒山滑坡后壁稳定性计算结果表

地层及时代	重度 γ/(kN/m³)	抗剪强度参数		稳定系数F_s	
		c/kPa	φ/°		
Q_3^{2eol}	16.4	25	21.5	1滑面	1.32
Q_2^{eol}	18.1	265	18.5	2滑面	1.07
N_2^{l4}	19.8	310	20.0	3滑面	1.56

由表9-6可以看出，酒勒山滑坡壁现状下的稳定系数最小为1.07，处于次稳定状态，其后部裂缝发育，坡脚处有地下水分布，在自重的长期作用和降水、冻融等外因的影响下，累进性破坏，逐渐向不稳定方向发展，近期可能失稳滑动，但其波及范围在公路以北地区，对公路以南地区新建的村庄没有威胁。

据监测资料，自大滑动后，酒勒山滑坡后壁长期处在滑塌、变形的调整状态，1984年、1985年3月均发生规模数万立方米的小型滑塌。1986年3月26日下午1时43分滑坡后壁区再次发生大规模滑动，体积约2.4×10⁶ m³，滑动距离250 m，根据滑坡附近专门安装的微地震仪记录资料显示，滑动过程持续了1 min17 s，新滑体主要堆积在原滑坡后部的洼地内（图9-46～图9-47），前缘堆积的泥岩块体的形状类似金字塔样。本次滑坡没有造成任何损失。

图9-46　洒勒山新滑坡（1986年3月）

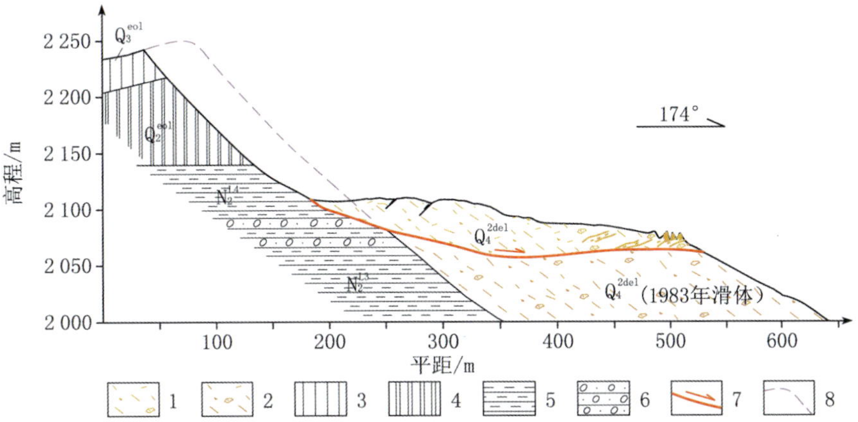

1—1986年滑体；2—1983年滑体；3—马兰黄土；4—离石黄土；

5—泥岩；6—砾岩；7—滑动面；8—原地面。

图9-47　洒勒山新滑坡剖面图（1986年3月）

2.滑坡体的稳定性

洒勒山滑坡剧烈滑动后，大部分滑体堆积在平缓的巴谢河河谷区，滑体平均坡度仅为5°，能量释放彻底，定性分析判定滑体整体稳定性高。同样，按式（9-6）计算滑坡体的稳定系数为6.53，说明洒勒山滑坡体处于超稳定状态，滑体沿已有滑面不可能复活滑动。随着滑体土的压实固结，稳定性还将进一步提高。滑坡发生后滑体上3年多的应变仪监测、定位测量等观测资料也反映滑体稳定。滑体前缘巴谢河的长期冲刷、1986年3月滑坡后壁大规模失稳滑动的巨大冲击力作用也未对其产生大的影响。近40年来，村庄地质环境安全，说明1983年灾后重建时在滑体中部开阔地区新建居民点的决策正确。2021年以来，新建的安家嘴—临夏一级公路从滑坡体中部通过（图9–48）。但新滑坡土体松散且不均匀，各类建设工程要加强地基处理和地表排水等工作。

图9–48　2024年洒勒山滑坡全貌

9.4　陇南市武都区红土坡滑坡

红土坡滑坡位于陇南市武都城北7 km处的北峪河右岸（图9–49）。地理坐标：104° 54′25″E，33° 27′02″N。红土坡滑坡为典型的大型红层软岩顺层滑坡，稳定性差，曾多次发生复活滑动。1983年12月16日发生大规模复活滑动，滑坡长610 m，前缘宽620 m，面积约$2.39\times10^5\ m^2$，滑体平均厚度约20 m，体积约$4.33\times10^6\ m^3$。1990年9月10日再次发生大面积复活滑动，并堵塞了北峪河部分河道。此滑坡仅破坏了少量农田和树木，但存在的严重隐患是将堵塞北峪河，滑体转化为泥石流，对下游武都城区产生严重威胁和危害。

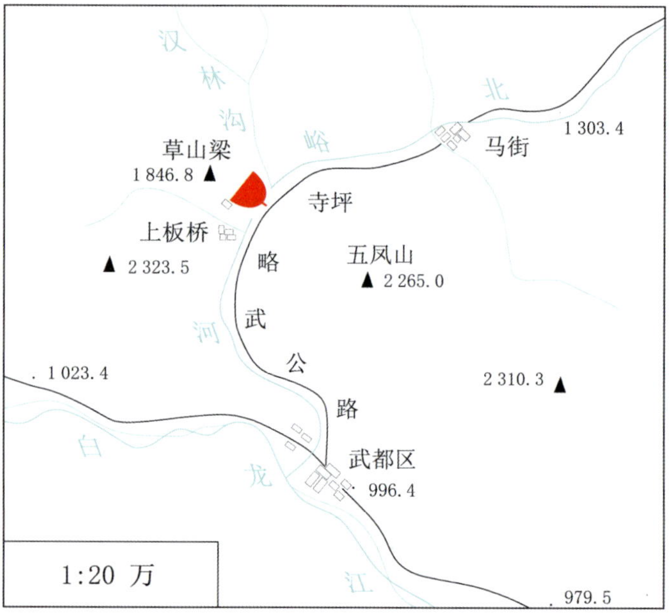

图9–49　红土坡滑坡交通位置图

红土坡滑坡体长期处于不稳定状态，前缘遭受北峪河侵蚀。北峪河是一条大型泥石流河谷，在泥石流的强烈冲刷作用下，松散破碎的滑体将源源不断地为北峪河提供固体物质。同时，也使滑体稳定性降低，产生大规模的复活滑动，将堵塞北峪河，形成堰塞湖，一旦溃决会形成更大规模的泥石流，并可能堵塞白龙江，从而危及下游武都城区，形成滑坡-泥石流-堵江灾害链。因此，红土坡滑坡是典型的补给泥石流固体物质的滑坡，且威胁和危害巨大。

9.4.1　滑坡形成条件

红土坡滑坡位于陇南基岩山区的安化新近纪断陷盆地的西缘，后部的草山梁海拔1 847 m，相对北峪河高差达727 m，具有山高、坡陡、谷深的地形条件（图9-50）。草山梁东坡半山腰（海拔约1 400 m）发育有高20～40 m，走向北东，延伸上千米的断崖峭壁，便是该断陷盆地的西缘边界主断层所在。以此为界，上部坡体由老基岩构成，并为大面积黄土覆盖，平均坡度40°，坡体稳定，很少见滑坡等灾害现象。断崖以下坡体由红层软岩组成，平均坡度小于35°，是滑坡发育的有利场所。

图9-50　红土坡滑坡全景

滑坡发育于新近系红层之中，岩性为紫红-棕红色中厚层砾岩、砂砾岩与砂岩互层，夹粉砂质泥岩和少量灰绿色泥岩，胶结物主要为泥质和钙质及少量铁质，强度较低，遇水易软化。新近纪地层倾角在斜坡上部可达53°，中部变为20°左右，倾向坡外。此外，在滑坡的后部有志留系深灰-灰黑色中厚层泥砂质灰岩及薄层灰岩夹炭质千枚岩等，与新近纪地层呈断层接触。滑坡位于武都弧形构造的前弧地带，新构造运动强烈，斜坡一带小型断层构造也较发育，有利于斜坡变形破坏。

北峪河流域面积432 km^2，年平均流量1.01 m^3/s，50年、100年一遇的流量分别为733 m^3/s、900 m^3/s，年平均径流量3.21×10^7 m^3。主河床平均比降1.77%，水土流失严重，且多暴发稀性泥石流，重度15 kN/m^{3}左右。红土坡坡脚一带长期遭受北峪河强烈侵蚀，易改变坡形并降低坡体稳定性。

9.4.2　滑坡特征

红土坡滑坡总体形态如图9-51。滑坡后缘位于草山梁东坡半山腰，受断层及地层岩性控制，新近系红层出露最高处的高程1 400 m；滑坡前缘直抵北峪河河床，高程1 100 m，相对高差达290 m，后部主滑区平均坡度25°，前缘坡度一般在40°以上。滑动面主要受红层中泥质岩层层面及构造结构面控制，为典型的顺层滑坡。钻孔、探槽等资料证实，主滑面倾角与岩层倾角大体一致，介于20°～24°之间，滑体平均厚度20.4 m，属中层滑坡，其南部滑体较厚，可达32 m左右，且滑距较大。滑体上各类剪切、拉张裂缝纵横交错，十分发育。

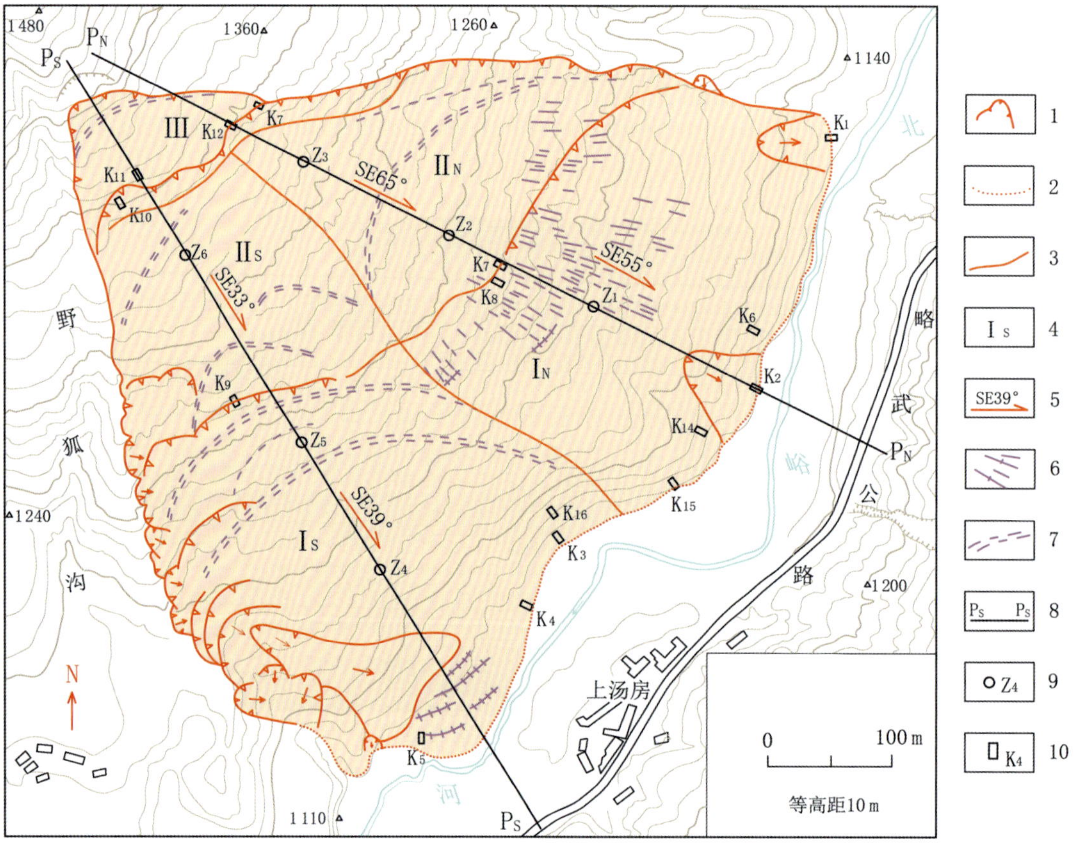

1—滑坡周界；2—滑坡前缘；3—滑坡分块界线；4—滑坡分块编号；5—滑动方向；
6—放射状裂缝；7—拉张裂缝；8—剖面线及编号；9—钻孔及编号；10—探井及编号。

图9-51　红土坡滑坡平面图（据郭涛，修编）

红土坡滑坡分级分块特征明显。因受到与后缘断壁大致平行的两条次级走向断层的切割，使滑坡沿纵向由下而上分三级发育，滑动面依次错落成阶梯状。此外，第Ⅰ级和第Ⅱ级滑坡大致以其中轴为界，可分为南北两块。因此，红土坡滑坡从纵横两个方向将整个滑坡分成相对独立的5大块。即：北块Ⅰ级滑体（$Ⅰ_N$）、南块Ⅰ级滑体（$Ⅰ_S$）、北块Ⅱ级滑体（$Ⅱ_N$）、南块Ⅱ级滑体（$Ⅱ_S$）和Ⅲ级滑体（Ⅲ）。受其控制，每块滑体具有相对统一的变形破坏特点，而块与块之间则产生一定的相互作用。红土坡滑坡的演变过程实质上就是这5大块滑体演变并相互作用的综合过程。尽管各滑体之间尚无明显界线，但它们彼此的主滑方向及其变形破坏所造成的地形、地貌差异比较明显。分块的原因主要与滑床产状的差异有关，这种差异由断裂作用造成（图9-52～图9-53）。

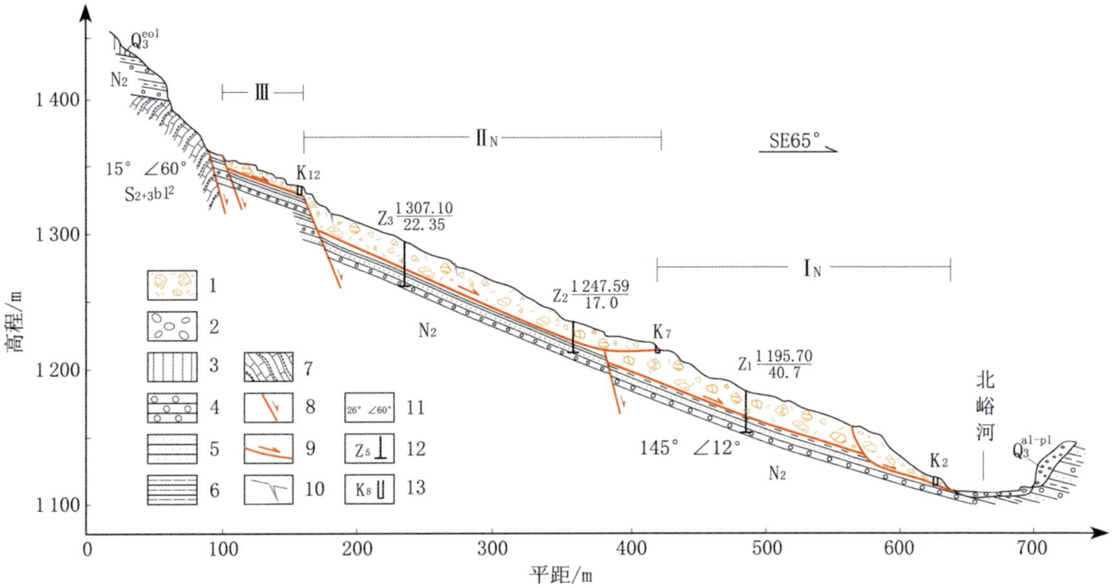

1—滑坡堆积；2—卵石；3—马兰黄土；4—砾岩；5—砂岩；6—砂质泥岩；7—千枚岩、灰岩；8—断层；9—滑动面；10—裂缝；11—地层产状；12—钻孔及编号；13—探槽及编号。

图9-52　红土坡滑坡 P_N–P_N′剖面图（据郭涛，修编）

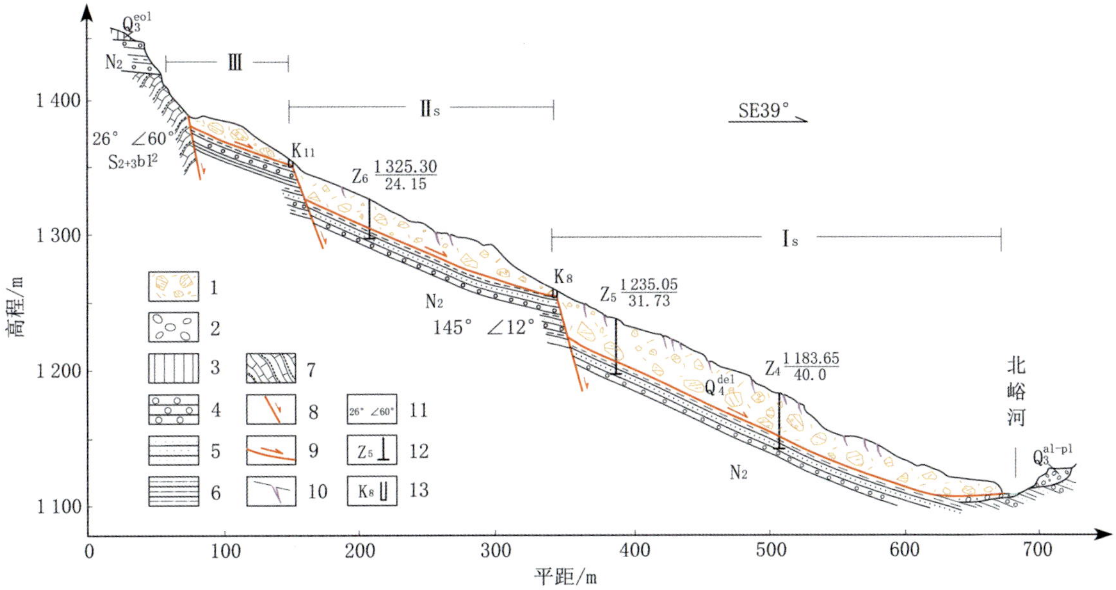

（图例同图9-52）

图9-53　红土坡滑坡 P_S–P_S′剖面图（据郭涛，修编）

9.4.3 成因分析

红土坡滑坡是特定地质构造和地层岩性等内部因素条件下，由降水、农田灌溉水的长期入渗引发而形成。1983年滑坡是老滑坡的全面复活，而1990年滑坡则是在1983年滑坡基础上的继续。不同时期引发滑坡的原因和因素有一定差异。

1.老滑坡

确定老滑坡存在的主要依据是对1957年航片的解译和实地访问，以及根据目前滑坡前缘主滑面剪出口位置所作的推断。顺层滑坡在岩层抗剪强度等条件相似的情况下，常选择更接近坡脚底部的位置剪出。现主滑面从高于现河床十多米的陡坡带上剪出，剪出口以下残留有未被推移改造过的北峪河阶地，这表明老滑坡发生时，是从当时的斜坡脚下，亦即当时的北峪河河床上剪出，后来因地壳上升，河流下切，使得老滑动面及当时的河床面相对抬升至现在的位置。引起红土坡最初发生大规模滑坡的原因很可能是强地震。红土坡一带坡体结构虽然具备滑坡的有利条件，但是，坡体内地下水不很发育，而地表坡度较陡，流程较短，并且不是主要的地表汇水通过地带，降水渗入量比较有限，自然条件下地表水很难对埋深20～30 m以下的红层发生有效的助滑作用。然而处于断裂带尤其是不同方向断层的交会带控制下的斜坡，对地震反应十分敏感，容易受其激发产生滑坡。武都地区是我国著名的强震区之一，许多地震都曾引发山崩、滑坡，红土坡滑坡附近的北峪河两岸及支沟林沟内，由地震引发的大型古、老滑坡非常发育。

2. 1983年12月16日滑坡

引起这次大规模滑坡复活的原因主要是水的作用。滑坡动因的这一转化是由于人为活动改造了斜坡环境，由此改变了红土坡原有变形破坏的自然历史进程。

20世纪70年代中后期，上板桥村在红土坡滑坡区中下部以及滑坡右界外侧的野狐沟一带填沟、平坡造田，并开渠从南侧上板桥沟引水浇灌。同时，为确保野狐沟中下部新平造出的农田不被洪水冲毁，将位于该沟上部陡崖，即边缘主断层壁以上的一条汇水面积约0.11 km^2的小沟截流，向北引至滑坡后壁一带排流，造成大量地表水泄入滑坡区。另外，野狐沟上游约0.16 km^2的汇水通过上述沟中部的引灌渠也被大量排入滑坡区。这一作用使得被灌坡体接收到的水量比未引灌之前大幅增加，足以沿裂隙迅速下渗至老滑面处，长期软化岩土体，从而导致滑坡稳定性降低。

1980年7月14日，该地普降百年一遇的大暴雨，1 h降水量达42.7 mm。暴雨后，红土坡老滑坡体后缘便产生裂缝。此后，裂缝逐年加长加宽，1982年裂缝宽达30 cm，1983年2月达60 cm，并下错1 m左右。1983年雨水较多，至11月降水量537.3 mm，高于多年平均降水量467.4 mm的12%。这样，再加上农田引灌，使大量水体注入滑坡区，滑体含水率增高，抗剪强度降低，最终导致了滑坡剧滑。北峪河对滑坡前缘的长期侵蚀，也降低了老滑坡体的稳定性，为其复活创造了条件。这次滑坡后缘滑移18 m，前缘滑移35 m，堵塞北峪河50余m，滑速较低。

3. 1990年9月10日滑坡

自1983年大滑动以来，红土坡滑坡区长期变形，尤其是滑坡前缘陡坡带、两侧界以及滑坡后壁上常有土体裂开、垮落。可见，1983年滑坡后并未稳定，而是处于蠕变状态。其主要原因有以下几方面：

（1）1983年滑坡后，滑坡体大部分已解体，变得更加破碎、松散，裂缝十分发育，使得坡体具有良好的渗透性，有利于大量降水、地表水入渗。

（2）滑坡后缘及滑坡右侧仍然保留引排水道。每逢降水，滑坡外围的大量汇水灌入滑坡区，软化、破坏了岩土体结构，降低滑带土抗剪强度。1990年8月下旬降水量45 mm，9月上旬降水量111.9 mm，达到正常年份的3倍。

（3）1983年滑坡后，各分级滑坡前缘由于前一级滑体后缘滑落而成陡坡带，后级滑动面从前一级滑壁上部剪出，没有或仅剩较弱的抗滑段；滑坡最前缘，即Ⅰ级滑坡前缘，北部仍从高于现河床10余m的陡坡上剪出，南部曾因剧滑形成高10～14 m、宽50 m的拦堵河坝，该河坝已在之后几年里被河水冲蚀，再度成为陡坡。

这次滑坡的主要引发因素仍是大量降水，其次为北峪河对南块滑坡前缘的冲刷。由于滑坡原因与1983年滑坡原因相似，因此，这次滑坡的主要下滑区仍是Ⅲ级滑坡、$Ⅱ_N$滑坡和$Ⅰ_S$滑坡，并由此造成北块滑坡Ⅰ～Ⅱ级之间变形破坏的推移式发展和南块滑坡Ⅰ～Ⅱ级滑体之间变形破坏的牵引式发展。前缘滑动较剧烈，形成坡度达40°以上的松散土坡。其中南部前缘宽150 m，长200 m的土体滑落后，直抵对岸30 m高的陡坎下，将北峪河拦腰堵断，堵高10～15 m。滑坡北部宽近100 m，长约150 m的土体也发生滑动，滑距20余m，严重挤压北峪河河道，后被洪水冲开。

9.4.4　滑坡的稳定性与危害性

1. 滑坡稳定性分析

红土坡滑坡经数次滑动，滑坡体已变得非常松散破碎，易受降水和滑坡上缘及侧界外围汇水的灌入，加之几次下滑量相对较小，所以该滑坡仍具有大规模活动的空间条件和物质基础。红土坡滑坡还处于不稳定状态，有整体或局部复活滑动的可能，特别是前缘处于不稳定状态，北峪河洪水对南块滑坡前缘的冲刷，将会导致处在微动状态中的$Ⅰ_S$滑坡因失去前缘支挡而下滑，并可能牵引$Ⅱ_S$滑坡活动，进而影响北块滑坡。滑坡小规模分块滑动的活动方式将趋于频繁，而大规模滑坡的发生相对具有较长的周期。

红土坡滑坡为红层软岩顺层滑坡，采用折线法公式计算稳定系数，公式为：

一般情况下：

$$F_S = \frac{\sum(N_i \tan\varphi_i + c_i l_i)\cos\alpha_i}{\sum T_i \cos\alpha_i} \tag{9-7}$$

地震情况下：

$$F_S = \frac{\sum[(N_i - c_z \cdot a/g \cdot T_i)\tan\varphi_i + c_i l_i]\cos a_i}{\sum(T_i + c_z \cdot a/g \cdot N_i)\cos a_i} \tag{9-8}$$

式中：N_i为第i块滑体重量垂直滑面方向的分量；T_i为第i块滑体重量平行滑面方向的分量；α_i为第i块滑体滑面的倾角；l_i为第i块滑体滑面的长度；c_i为第i块滑体滑面的内聚力；φ_i为第i块滑体滑面的内摩擦角；a/g为水平地震加速度系数，取0.2；c_z为综合影响系数，取1/4。

计算中所采用的抗剪强度指标c、φ值，是根据三轴固结不排水试验和反算结果综合确定的。计算剖面按各分级分块确定。计算中除考虑了一般工况和地震工况外，还考虑了降水工况和加载工况下的稳定性。水对滑坡稳定性的影响还难以定量计算，本次降水工况下的稳定性计算是在一般工况下的基础上加了20%的安全系数。加载工况下的稳定性计算主要考虑到红土坡滑坡分级分块滑动的特点，假设后一级滑体先滑动，并将其1/3的滑体加载到前一级滑体上。计算结果见表9–7。

表9–7　红土坡滑坡稳定性计算表

滑坡编号	计算剖面	容重 $\gamma/(kN/m^3)$	内聚力 c/kPa	内摩擦角 $\varphi/°$	不同工况的稳定系数F_S			
					一般	地震	降水	加载
Ⅰ$_S$	P_S	21.8	20	20	1.06	0.92	0.88	1.02
Ⅰ$_N$	P_N	21.8	20	20	1.17	0.98	1.02	1.11
Ⅱ$_S$	P_S	21.8	20	20	1.06	0.92	0.94	1.02
Ⅱ$_N$	P_S	21.8	20	20	1.07	0.92	0.89	1.05
Ⅰ$_N$–Ⅱ$_N$	P_S	21.8	20	20	1.06	0.90	0.88	1.05
Ⅲ	P_S	21.8	20	20	1.08	0.91	0.86	

由表9–7可见，红土坡滑坡稳定性定量计算结果与宏观定性分析评价基本一致，一般工况下各分块滑体的稳定系数多在1.05～1.1之间，处于蠕动变形状态，在连续降水、暴雨或地震作用下，各分块滑体的稳定系数均<1，将失稳滑动，以致整体复活。

2.滑坡危害性分析

红土坡滑坡一旦大规模复活滑动，必将堵塞其前部狭窄的北峪河河谷，而且滑坡很可能发生在雨季或大暴雨期间，形成溃坝，泥砂洪水俱下，将会对下游的武都城区及村庄造成巨大威胁和危害。

武都城区位于白龙江北岸的北峪河洪积扇上，城区低于白龙江河床1.3 m，低于北峪河河床2～6 m，北峪河河床平均每年淤高0.4 m，因此，武都城区经常遭受洪水淹没灾害。据《明一统志》记载“北峪河水势汹涌时冲决为患”，据《陈志》记载“道光八年（1828年）北峪河堤决，西关铺舍田园尽成砂碛”。1911年北峪河暴发泥石流，城内居民400余人死亡。1980年7月14日北峪河泥石流堵塞白龙江，使白龙江水位上升，淹没了部分城区和农田。1984年8月3日北峪河泥石流流量760 m^3/s，与白龙江洪峰相遇，使白龙江水位上升，洪水涌入城区，121个机关单位被淹，倒塌房屋13 200余间，积水深达1.45 m。

红土坡滑坡位于北峪河下游，洪水流量大，流速快，前缘直接遭受其强烈侵蚀冲刷，松散破碎的滑体将源源不断地为北峪河提供固体物质。同时，也降低滑体稳定性，大规模复活滑动，以致堵塞北峪河，形成堰塞湖，一旦溃决，估算到达城区时的洪峰流量将达1 350 m^3/s，为北峪河百年一遇泥石流流量的1.5倍，将形成大规模的滑坡-泥石流-堵江灾害链，严重威胁下游武都城区。其危害方式有两种，一是大流量泥石流溢出横穿城区的排导沟，直接淹埋城区；二是泥石流堵塞或部分堵塞白龙江，使水位上升，淹没城区。

9.4.5　防灾对策与工程治理

1. 防治对策

长期以来，各级政府对红土坡滑坡灾害隐患都非常重视，20世纪90年代通过多次勘查和专家论证认为：红土坡滑坡的治理应以确保下游武都城区的安全为基本原则。要避免出现北峪河泥石流堵塞白龙江，须防止红土坡滑坡大规模下滑。鉴于红土坡滑坡的特征、危害情况和当时的治理水平，认为采取一般支挡工程稳定滑坡难度较大，建议通过改善斜坡环境来加以控制滑坡变形的破坏进程，也可以避免大规模滑动的发生，再加以适当的应急工程措施，即可达到防灾目的。主要建议采取以下防治措施：

（1）截水：阻止滑坡区外围地表水进入滑坡区，避免水体渗入，保持滑带土体有较高的强度。

（2）回淤反压：在滑坡下游河道上修建拦挡坝，使滑坡段河道淤积回填，提高侵蚀基准面，起到反压和支挡作用，并避免河水对滑坡的冲刷，增加滑坡体稳定性。

（3）疏通河道：为了提高防洪能力，需对武都城区一带的北峪河河道定期清淤。1983年红土坡滑坡后曾进行过一次清淤，即下挖河床1 m，效果较好。

2. 工程治理

陇南市武都区是2008年“5·12”汶川大地震重灾区。红土坡滑坡列为灾后重建的地质灾害治理项目，在原勘查工作的基础上，进一步进行了治理工程勘查。根据红土坡滑坡的特点、危害性和危险性，按照传递系数法计算公式计算滑坡推力。安全系数在一般工况下取1.2，地震工况下取1.05。计算结果见表9-8。

表9-8　红土坡滑坡推力计算结果表

滑块＼工况	一般工况/(kN/m)	地震工况/(kN/m)
北块	1 401.4	1 496.3
南块	2 314.9	2 394.4

综合分析认为，红土坡滑坡南、北滑块的下部Ⅰ级滑体的滑坡推力远大于上部Ⅱ级滑体的滑坡推力，下部Ⅰ级滑体又直接受到北峪河的侵蚀冲刷，稳定性更差，下部Ⅰ级滑体的滑动将牵引上部Ⅱ级滑体滑动。因此，下部Ⅰ级滑体是工程治理的重点，结合治理工程投资情况，主要采取锚索框架、拦挡坝回淤反压和地表排水等措施进行治理。

在北块滑坡剪出口以上设置二级锚索框架加固。每一级框架设3排锚索，锚索水平间距3.0 m，框架梁截面尺寸0.6 m×0.7 m，采用C30混凝土浇筑。锚孔孔径ϕ130 mm，倾角20°，锚筋为9ϕ15.2高强度低松弛钢绞线，单孔锚索设计拉力900 kN，锚孔内压力灌注1：1水泥砂浆，采用抗腐蚀水泥。第一级框架的锚索长度17～22 m，第二级框架的锚索长度24～30 m。坡脚设置护岸墙，并用混凝土对第一级框架下部充填，防止洪水冲蚀。

南块滑坡推力较大，采取抗滑桩工程投资较高。根据滑坡南侧河谷地形窄深的特点，右岸为上更新统卵石层，结构密实，左岸为新近系砂岩，岸坡稳定，建坝工程地质条件较好，且该段北峪河河床比降较缓，平均比降仅为1.83%，回淤效果好的实际情况，在南块滑坡下游35 m处修建拦挡坝，主要拦淤北峪河输移的碎石土，对南块滑坡进行回淤反压。回淤土综合内摩擦角取30°，重度取20 kN/m³。根据回淤土产生的被动土压力大于滑坡推力的要求（参见第16.3节），计算稳定滑坡所需回淤土厚度H_h>8.9 m。

按照式（9-9）计算拦挡坝有效设计高度H_b。

$$H_b = H_h + (i - i_0)\times L \tag{9-9}$$

式中：i为河道原比降，取0.018 3；i_0为回淤河道比降，取现河床比降0.018 3的0.7倍；L为滑坡主轴线与拦挡坝的距离，取120 m。

根据计算设计拦挡坝有效坝高为9.5 m，基础埋深4 m，采用C25混凝土浇筑，并在下游设两道副坝，两侧设护岸墙。

目前，南块滑坡前缘北峪河河床已淤高5～6 m，宽度明显加大，洪水对滑坡前缘的侵蚀作用减弱并得到一定反压，治理效果较好（图9-54）。

红土坡滑坡规模较大，分级分块特征明显，治理难度较大。受投资等限制，上述治理工程以防止滑坡下部滑动堵塞北峪河、溃决和加剧泥石流，保护下游武都城区的安全为目的，发挥了积极作用。但红土坡滑坡还未全面根治，上部滑坡还有变形，遇到特殊工况可能局部失稳滑动。同时，北峪河流域面积大，一座拦挡坝的防灾能力有限，建议今后继续加强和完善综合治理工作。另外，北峪河是一条常年性河流，拦挡坝上要在不同高度设置较大的泄水洞，以保证北峪河平水期水流正常排泄，坝后不出现积水。

图9-54　治理后的红土坡滑坡全貌

9.5　岷县永光1#地震滑坡

2013年7月22日7时45分，甘肃省发生6.6级岷漳地震，震中地理坐标104.21°E，34.54°N，震源深度20 km。由于地震和前期大量降水的耦合作用，在岷县梅川、中寨一带极震区引发了大量滑坡灾害。距震中4 km的梅川镇永光村发生2处黄土滑坡，体积均在2.3×10^5 m^3左右。受地下水和前期降水影响，土体含水率较高，2处滑坡均具有流滑型黄土滑坡的特征。其中西侧1#滑坡在平台区滑动130 m左右，压埋村庄，12人遇难。该滑坡前缘约6×10^4 m^3滑体沿前部宽浅支沟滑动150 m后，大角度转弯进入狭窄的主沟道，又缓慢滑动590 m，总滑距达870 m（图9-55）。

图9-55　岷县永光滑坡全景

永光1#滑坡前、后缘高差175 m，总长1 030 m，二者之比为0.17，小于0.33，属典型的地震引发的流滑型远程黄土滑坡，具有特殊的形态特征和滑动机理。许多学者开展了成因和滑动特征的研究，但在永光1#滑坡的滑动过程、历时长短和滑速大小等方面有不同认识。作者通过现场调查、影像对比和滑动过程观察资料的综合分析，探讨了其滑动过程的特征、不同部位的滑速及变化情况，并简要分析了滑动机理。

9.5.1　滑坡区地质环境条件概况

岷县地处青藏高原东北边缘阶梯地形带，是甘南高原、陇西黄土高原和陇南山地的过渡地带，海拔2 040～3 872 m，切割深度500～1 000 m。南部为迭山山系，北部为西秦岭山地，中部为相对低缓的洮河谷地。

本区属西秦岭构造带的北支西伸部分，地质构造总体展布方向为北西西向（图9-56）。其中，临潭—岷县—宕昌活动断裂带全新世以来活动强烈，地震频发。历史上区内曾发生过3次6.0级以上强震，2003年以来岷县发生5.0级以上中强震4次。地震动峰值加速度为0.15 g。

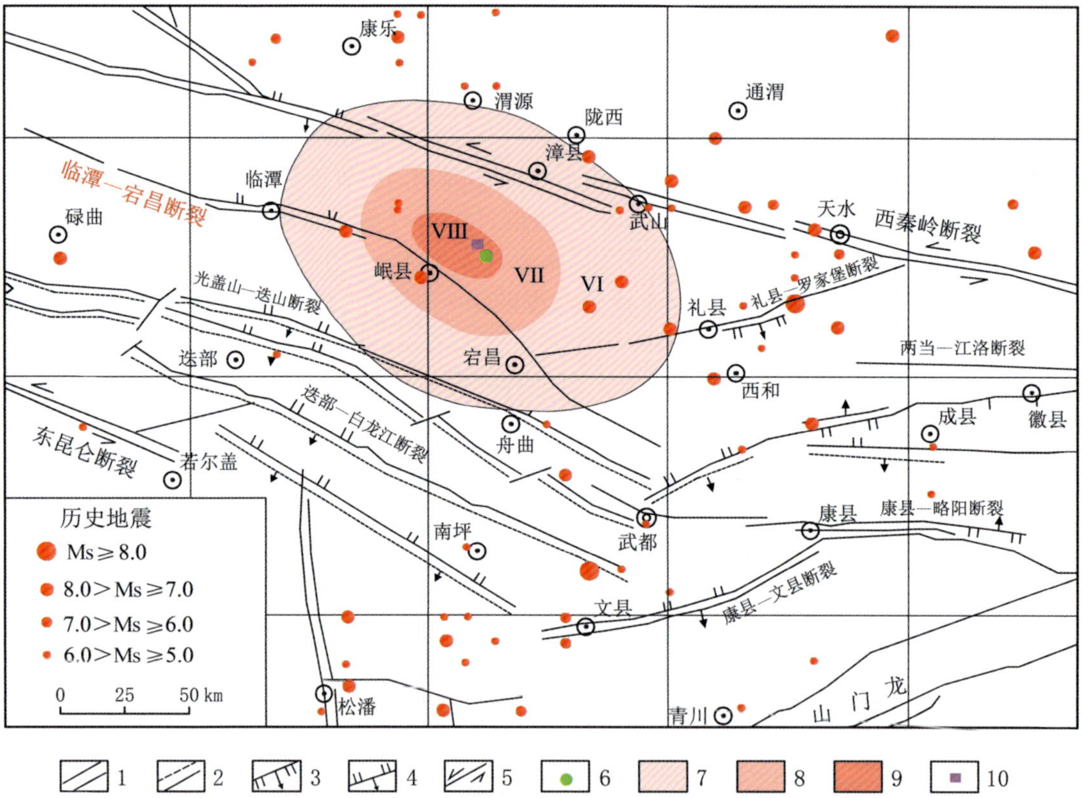

1—全新世活动断裂；2—晚更新世活动断裂；3—正断层；4—逆断层；5—走滑断层；
6—“7·22”地震震中；7—Ⅵ度区；8—Ⅶ度区；9—Ⅷ度区；10—永光1#滑坡。

图9–56　“7·22”岷漳地震烈度与构造背景图

岷县高寒阴湿，年均降水量560.8 mm，年最大降水量709.3 mm，5—9月降水量占全年的78%以上，随着海拔的升高降水量增加明显。日最大降水量94 mm，1 h最大降水量69.2 mm。

永光1#滑坡位于岷县北部西秦岭南麓黄土覆盖的斜坡区，斜坡坡向朝南，平均坡度11.5°。斜坡上部为南北长700 m，东西宽约500 m的缓坡，冲沟不甚发育，坡面较为完整；斜坡下部冲沟较发育，切割深度20～150 m，地形较为破碎。斜坡主要由上更新统马兰黄土和古近系泥岩组成，马兰黄土一般厚度5～20 m。黄土底部地下水较丰富，含水层厚度2～3 m，隔水层为泥岩。永光1#滑坡位于黄土斜坡中下部近南北向小型冲沟的沟脑部位，坡脚曾有泉水分布。

9.5.2　滑坡特征

1. 滑坡总体特征

永光1#滑坡发生于岷县梅川镇永光村四社北部黄土斜坡的中下部，地理坐标：104°09′02″E，34°31′14″N。滑坡总面积4.2×10^4 m²，平均厚度约5 m，总体积2.3×10^5 m³，滑体主要由马兰黄土组成，局部夹少量泥岩碎块，为中型黄土滑坡。“7·22”岷漳地震引发其剧烈滑动，大量堆积在下部平台村庄区，破坏8户村民房屋，造成12人死亡。前缘约6×10^4 m^3滑体滑入前部近南北向较宽缓的小型冲沟，再转向进入主沟道远程流滑并沿沟底不断堆积，其前舌直达沟口乡村公路小桥处。滑坡总长1 030 m，滑坡后缘高程约2 702 m，滑舌处高程约2 527 m，前、后缘高差175 m，滑坡前、后缘高差与滑坡总长之比（*H*/*L*）为0.17，小于0.33，属远程滑坡。

永光$1^{\#}$滑坡平面形态复杂，总体呈不规则的L形（图9-57～图9-58）。根据滑坡形态、堆积特征和滑动的地形环境，将滑坡分为滑源区-平台堆积区和滑通区-沟道堆积区两大部分（图9-59）。

图9-57　永光$1^{\#}$滑坡正射影像图

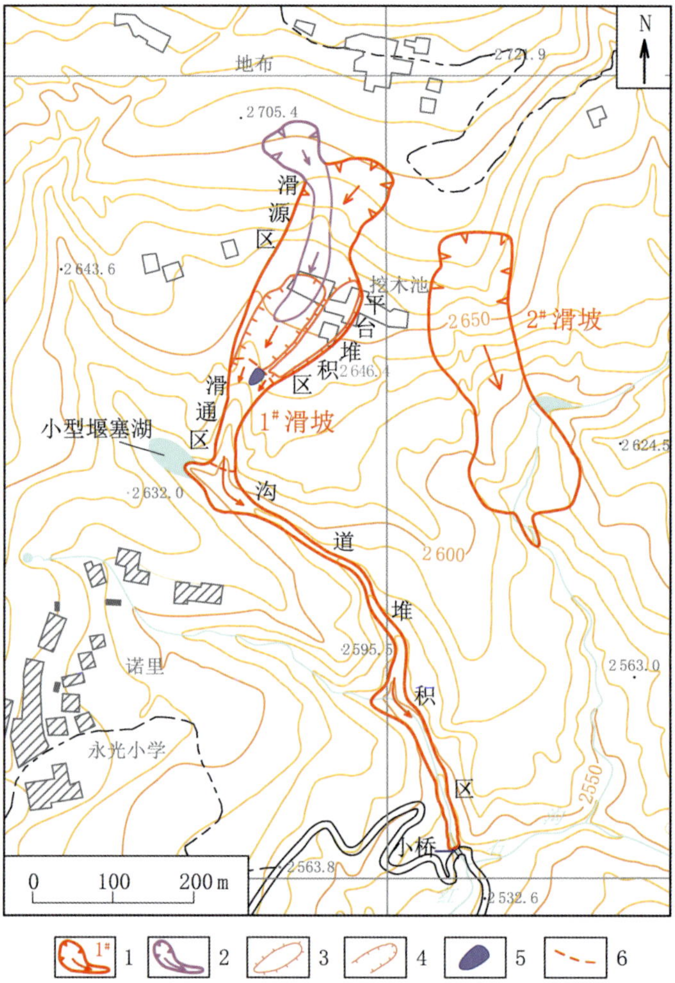

1—永光1#滑坡；2—次级滑坡；3—鼓丘；
4—洼地；5—未滑动土体；6—分区界线。

图9-58　永光1#滑坡平面图

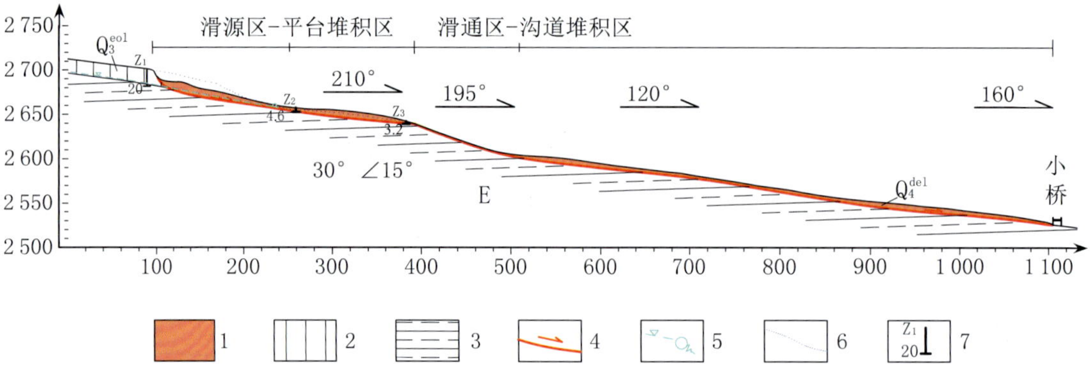

1—滑坡堆积物；2—马兰黄土；3—泥岩；4—滑动面；
5—地下水位与泉；6—原地面线；7—钻孔编号与深度。

图9-59　永光1#滑坡工程地质剖面图

2. 滑源区–平台堆积区特征

滑源区–平台堆积区为滑坡上部（图9–60）。平面形态近似矩形，南北长290 m，东西宽75～110 m，面积约2.76×10^4 m^2，平均厚度6 m，堆积方量约1.7×10^5 m^3，主滑方向210°。后壁高程2 702 m，前部高程2 645 m，高差约57 m，平均坡度13°。上部斜坡较陡，坡度18°左右；下部较缓，坡度约6°，为南北宽度约180 m的平台，是永光四社村民院落区。地震首先促发上部黄土陡坡段失稳滑动，为永光1#滑坡的滑源区，滑动面位于饱和黄土与泥岩接触面附近。滑坡在前部较宽缓的平台区大量堆积。由图9–57和图9–58可看出，滑动过程中，滑坡向东侧地形较低的村民院落区扩散和堆积，形成长约150 m，宽20～40 m，高3～5 m的鼓丘，展布方向与滑动方向近于一致，压埋了村庄。滑坡西侧中前部长约130 m，宽50 m，深3～5 m，为向南部冲沟敞开的洼地，洼地内横向拉张裂缝发育。鼓丘与洼地之间因差异滑动形成明显的剪切带。

图9–60　永光1#滑坡滑源区–平台堆积区

前缘中下部有部分坡体保留了滑坡前的原地形，宽约15 m、高约12 m的可见范围土体结构和地表植被完整，说明未发生滑动。其顶部有6～8 m厚的滑坡堆积，地面局部反翘。

永光1#滑坡后壁平面形态呈圈椅状弧形，高10～15 m，坡度约55°，由马兰黄土组成，其上擦痕较为清晰。

另外，永光1#滑坡西北部还发生1处相对独立的次级黄土滑坡。滑源区前部宽30 m，后部宽55 m，长60 m，面积2 800 m^2，体积约1.2×10^4 m^3。宽20～30 m，长约190 m的滑体呈长条状叠加堆积在已滑的滑坡体上，滑动方向由160°向南偏转为210°。从滑坡叠加堆积次序分析，该次级黄土滑坡发生时间稍晚。

由上可见，永光1#滑坡的滑源区–平台堆积区滑坡堆积量较大，为该滑坡的主体部分，属地震引发的黄土–泥岩接触面滑坡。此类滑坡在岷县地区发育较广泛。

3. 滑通区–沟道堆积区特征

为永光1#滑坡前缘滑体沿沟道发生特殊流滑型远程滑动的部分，以南部正对的小型宽浅冲沟作为滑移通道区（简称滑通区），呈流滑状向南滑动，并进入狭窄的主沟道继续向下游东南方向发生远程流滑，沿沟道不断堆积形成长条状滑体，其沿沟道两侧的堆积界线较为规整，未出现因快速滑动刮铲两岸沟坡的滑塌和弯道外侧明显超高的现象（图9–61）。

图 9-61　滑通区-沟道堆积区及堰塞湖

滑通区沟道地形较宽缓顺直，沟道坡度大。塑流状滑体沿滑通区快速向下游滑移，在滑通区滑坡堆积物较少，厚度2 m左右。

滑坡主要沿主沟道堆积，长590 m，宽10～35 m，面积1.5×10^4 m^2，平均厚度4 m，体积约6×10^4 m^3，占永光1$^{\#}$滑坡总体积的1/4。滑坡长宽比达24，呈典型的长条状，平面形态及滑动方向主要受沟道控制。主沟道平均坡度6.5°，最陡段9.3°，最缓段5.5°，在滑通区与主沟交会处、沟道较缓地段滑坡堆积厚度较大，最厚处6 m左右。滑坡前舌位于主沟沟口小桥处，厚度2 m左右，表面散布破坏民房的木材，小桥受滑坡推挤而拱起、开裂（图9-62）。

图 9-62　滑坡前舌及挤压变形的小桥

同时，在滑通区与主沟会合处有部分滑体向上游滑动约40 m，堵塞沟道，形成小型堰塞湖。

9.5.3　滑坡滑动特征

根据滑坡形态特征、滑坡前后遥感影像、地质环境条件和观察到的部分滑动过程资料分析认为：永光1$^{\#}$滑坡在滑源区-平台堆积区和滑通区-沟道堆积区经历了2次加速-减速过程，滑动过程复杂多变、特征差异明显。

1.滑源区-平台堆积区滑动特征

在强烈地震、滑坡灾害叠加的情景下，永光1$^{\#}$滑坡最初的滑动情况难以知晓。根据树木、滑坡迹象调查对比分析，滑源区-平台堆积区的滑距多为50～100 m，主滑方向210°。滑坡后部及东侧滑距50 m左右，滑速相对较低，东侧形成鼓丘，压埋村民院落。西侧中前部滑动相对强烈，最大滑距约130 m，估计最大滑速3～4 m/s，部分滑体滑入下部沟道，形成向南敞开的长条状洼地。受强烈地震作用，永光1#滑坡失稳后快速滑动，但加速阶段持续时间短。而后期减速阶段在孔隙水压力作用下，滑速较低而持续滑动时间较长。

在平台南部与滑通区上部衔接处的中部有未滑动坡体，顶部滑坡堆积较厚、地面反翘；滑坡前缘从其东西两侧分两股滑入滑通区，而且下滑的滑体只占滑坡总量的25%。据此分析认为，滑坡前缘一带在平台区的滑速较低且部分已发生制动，部分滑体以较低速度持续滑入下部冲沟。否则，前缘中部临空条件好、强度低的未滑动坡体很难抵抗上部快速滑坡的推力而保留下来，也将有更多滑体来不及制动而滑入前部滑通区。

2. 滑通区滑动特征

为滑坡南部小型冲沟，高差40 m，水平长度约150 m，沟道坡度14.5°。冲沟呈上部宽浅、下部窄深的漏斗状，方向195°。漏斗口正对滑坡前缘西侧，成为永光1#滑坡前缘部分滑体进入冲沟继续滑动的通道，是该滑坡继续滑动的重要加速地段。滑坡分两股从未滑动坡体的两侧进入滑通区，以西侧通道为主。到达沟底时有部分堆积，并在对岸坡度斜坡区形成垂直高度约4 m的逆冲超高（图9-63～图9-64）。

图9-63　滑通区下段与主沟道处滑坡堆积

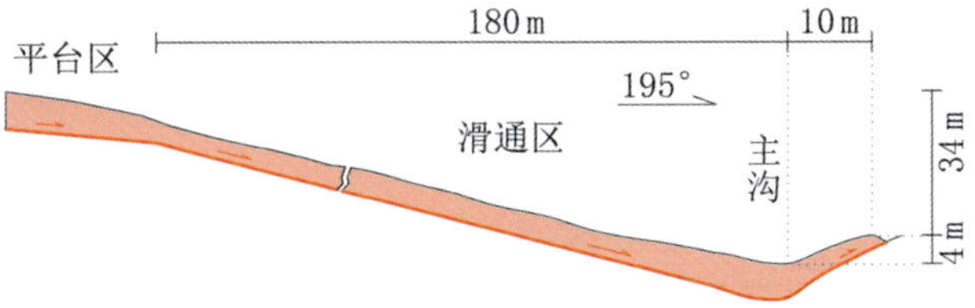

图9-64　滑通区滑速计算剖面简图

永光1#滑坡前缘部分滑体从滑通区上部到对岸停滑处的高差Δh为34 m，水平滑距L_{max}为190 m，根据常用的架空坡理论，按式（9-10）计算：

$$\tan\varphi_r = \frac{\Delta h}{L_{max}} = \frac{34}{190} \approx 0.179 \qquad (9-10)$$

得出滑通区滑带土的滑动摩擦角φ_r为10.1°。

滑坡到达滑通区底部时滑速最大。高差取38 m，滑距取180 m。滑速按式（9-11）计算：

$$v = \sqrt{2g\left(\Delta h - L \times \tan\varphi_{r}\right)} = 10.6\ \mathrm{m/s} \qquad (9\text{-}11)$$

滑坡从滑通区底部急剧转弯75°进入主沟道时，弯道外侧超高（d）为4 m，转弯半径（r）为23 m，滑体宽度（b）为16 m。按照Evans等（2001）滑坡弯道处滑速计算公式：

$$v = \left[\left(g \times d \times r\right) \div b\right]^{0.5} = \left[\left(9.8 \times 4 \times 23\right) \div 16\right]^{0.5} = 7.5\ \mathrm{m/s} \qquad (9\text{-}12)$$

以上两种方法计算得到永光1[#]滑坡前缘部分到达滑通区底部时的滑速为7.5～10.6 m/s。实际上，本滑坡为黏滞性较高的流滑型黄土滑坡，上述两种方法计算的滑速均可能大于实际滑速。式（9-11）也未考虑滑动过程中滑体变形等耗能，计算滑速更大。

由图9-63也可看出，滑坡在滑通区下部与主沟交会处受到对面斜坡区的迎头阻拦，发生逆冲爬高、大角度转弯和部分滑体突然制动堆积，滑坡运动状态发生了剧烈变化。但爬高堆积物边界较为规整，并未出现抛出、边缘溅起散落等现象，说明滑速不是很快，本文计算结果基本符合实际。也与黑方台罗家坡“4·29”滑坡在高差50 m、坡度15.6°的类似滑通区滑动时，由录像资料推算的15 m/s滑速相仿。而已发表的有关文献中，模拟计算的永光1[#]滑坡在滑通区底部的滑速达25～28 m/s，与实际差异较大。

3. 沟道堆积区滑动特征

受地形条件控制，从滑通区进入主沟道的大部分滑坡转向75°，滑向下游主沟道。由于滑向剧烈变化和主沟道变窄，滑速降低，部分滑体在主沟道堆积，使沟道坡降增大，加上受滑通区后来快速下滑滑体的冲击和推挤，该处的滑体还具有较高的滑动势能，滑坡在主沟道中起初的滑速也较快，估计为4～5 m/s，否则在支沟与主沟交会处将有更多的滑坡堆积。滑坡沿主沟下滑200 m后再转向160°滑至沟口小桥处，沿途滑速逐渐减缓并堆积。

地震当天，地质灾害应急调查的专业人员在赶往永光1[#]滑坡灾害点的途中，中午12时许观察到滑坡前舌距小桥还有80 m左右（如图9-62），下午3时返回滑坡前舌到达小桥处。地震当天拍摄的图9-57中也显示滑坡前舌还未到达小桥处。这为分析永光1[#]滑坡在主沟道中的实际滑动状态和过程提供了现场依据。从地震引发滑坡发生到下午3时，滑坡在主沟道的滑动时间总体经历了约7 h，滑距590 m，平均滑速0.023 m/s。其中，前4 h的平均滑速约0.035 m/s，后3 h的平均滑速约0.007 5 m/s。可见，滑坡在主沟道中处于较为缓慢的流滑状态。而有关文献模拟计算的永光1[#]滑坡的整体滑动过程仅为85～120 s，平均滑速在8.3 m/s以上，与实际滑动情况差异甚大。其原因可能与对永光1[#]滑坡的实际滑动过程与特征调查分析不够，以及模型计算参数取值有关。

将上述永光1[#]滑坡的滑动过程和滑速变化情况分析总结如图9-65，建立滑动过程的地质概念模型，显示出该滑坡经历了2次加速-减速的滑动过程。尽管是调查分析和推断的结果，在精确性方面存在不足，但较客观地反映了其真实的复杂滑动过程，为认识永光1[#]滑坡的滑动过程和机理，进一步进行数值模拟提供了基础参考资料。

9.5.4　远程滑动机理分析

永光1[#]滑坡在前期降水入渗和地震的耦合作用下发生，其远程滑动主要与地震、高含水率滑带土孔隙水压力升高、液化和特殊沟道地形有关。

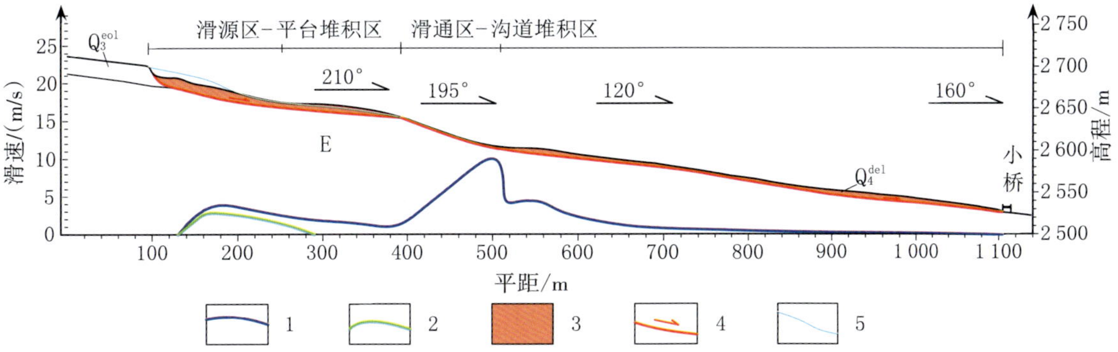

1—前部滑速；2—后部及边缘滑速；3—滑坡堆积物；4—滑动面；5—原地面线。

图9-65　永光1#滑坡滑速分析图

1.强烈地震触发滑坡快速失稳滑动

2013年岷县降水量高于年平均值，其中7月高出当月平均值100 mm（图9-66）。降水增加坡体自重的同时，也有部分入渗补给地下水，对斜坡稳定性产生不利影响。

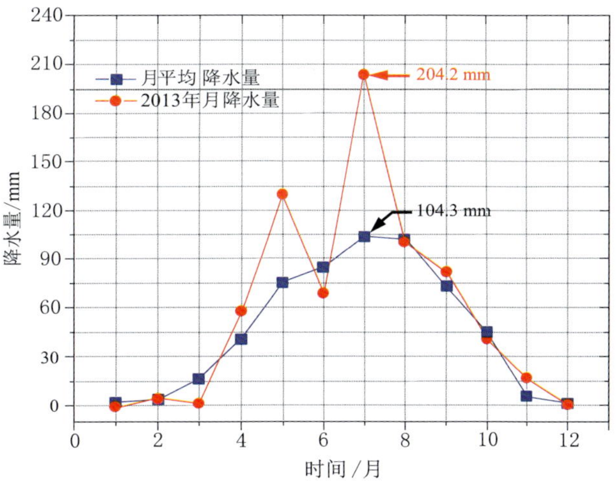

图9-66　2013年岷县降水量曲线

永光1#滑坡距“7·22”岷漳6.6级地震震中仅4 km，地震场地效应明显。据甘肃省地震局王谦模拟，该黄土斜坡地表加速度PGA达0.291～0.355 g。黄土孔隙发育且底部地下水较丰富，强烈地震使黄土结构破坏并产生体积剪缩，产生孔隙水压力，导致斜坡稳定性急剧降低，发生失稳滑动。结合滑源区地质条件进行动三轴试验，振动作用下饱和滑体产生的动孔隙水压力情况如图9-67所示。动应力为20 kPa时，最大动孔隙水压力比为0.53；动应力为25 kPa时，试样破坏时的动孔隙水压力比为0.6；动应力为30 kPa时，试样破坏时的动孔隙水压力比为0.41；动应力为35 kPa时，试样破坏时的动孔隙水压力比仅为0.31。随着循环振次的增加动孔隙水压力增长速率总体加快。

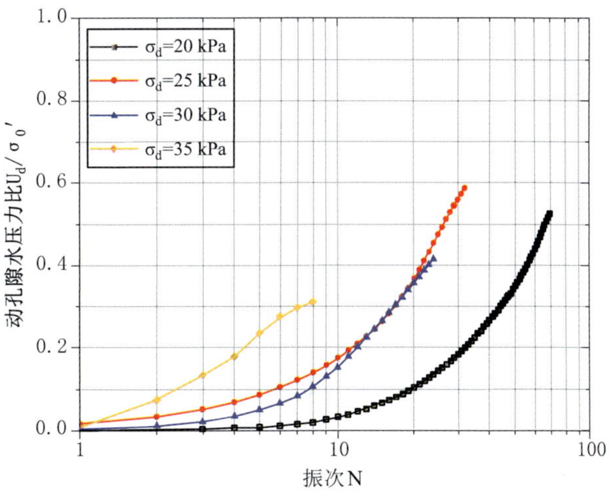

图9-67　滑体土动三轴试验曲线(据王谦)

滑动过程中饱和滑带土孔隙水压力进一步升高或发生液化，摩阻力大幅降低，饱和黄土滑带的孔隙水压力消散缓慢，持速效应明显。另外，滑源区后期发生的小型黄土滑坡叠加在滑坡洼地区，对中前部滑体产生推挤作用，也进一步加剧了其滑动。使永光1#滑坡在宽缓的平台区滑距达130 m，最大滑速3～4 m/s。为滑坡前缘部分进入沟道继续滑动创造了条件，提供了动力。

永光1#滑坡滑源区的滑动面受黄土与泥岩接触面控制，属黄土-泥岩接触面滑坡。甘肃黄土地区由降水引发的此类滑坡的滑速较低，滑距一般为数十米。“7·22”岷漳6.6级地震加速了滑源区黄土斜坡的失稳和快速滑动。相对区内一般黄土-泥岩接触面滑坡，在降水和地震的耦合作用下，地震触发的永光1#滑坡在平台区的滑速和滑距均明显较大。

2.湿润的沟道提供了低摩阻滑移通道

滑坡平台前部的滑通区高差40 m，坡度14.5°，上部漏斗状开口正对滑坡前缘，延伸方向与滑动方向基本一致，顺直通畅，有利于滑坡的滑入和快速滑动。在较陡滑通区的滑动过程中，高含水率滑带土因快速滑动而进一步产生孔隙水压力并部分液化，滑坡再次加速滑动，在下部与主沟交会处的滑速达7.5～10.6 m/s，是永光1#滑坡滑速最大的部位，也为滑坡沿主沟道继续滑动提供了动力。

高含水率滑带土中产生的孔隙水压力，在永光1#滑坡的滑动过程中始终起着重要的减阻作用。据试验，滑体的含水率普遍在25%～30%，洛阳铲取出的岩心呈泥状，敲击振动时液化严重（图9-68）。

图9-68　饱和滑体振动液化现象

滑坡沿主沟道滑动过程中孔隙水压力的作用更加明显。主沟道沟底平均坡度6.5°，最大坡度9.3°。而滑体在滑通区滑动时，受孔隙水压力作用的影响，滑带土滑动摩擦角为10.1°。按照此滑动摩擦角，滑坡不会沿主沟道滑动，且滑坡沿主沟道滑动时主地震的作用过程也已结束。所以，滑坡沿较缓主沟道的滑动可能存在更高的孔隙水压力。

7月21日8时—7月22日8时，永光村周围降水量站记录的降水量为11～24 mm，使地表土体处于高含水状态。沟底主要由吸水性和膨胀性强、渗透性弱的古近系软弱泥岩组成，地震前期的大量降水和沟道洪水的浸泡，使沟道泥岩表层非常湿滑，摩阻力很低。当滑坡借助在流通区形成的较高滑速进入表部高含水的主沟道时，强烈的剪切和挤压使沟底浸泡软化的泥岩发生剪缩，在滑带土中进一步产生较高孔隙水压力，甚至部分发生液化，摩擦力大幅降低（图9-69），使其沿主沟道缓慢滑动。主震后频繁发生的余震（包括90 min后的5.6级强余震）也有助于滑带土的液化和滑坡继续滑动。

降水入渗条件下，圈闭的沟底地形、滑带土的低渗透性，易在滑带产生孔隙水压力且消散非常缓慢，托浮滑体缓慢向下滑动，持速效应更加明显（图9–70）。因此，在圈闭的沟底，渗透性差且高含水率的滑道和滑体的有利组合会产生孔隙水压力，降低有效应力和摩阻力，为滑坡的滑动提供湿润的滑道，沿主沟道缓慢而持续地发生远程滑动。

图9–69　主沟道饱和泥岩滑带及擦痕

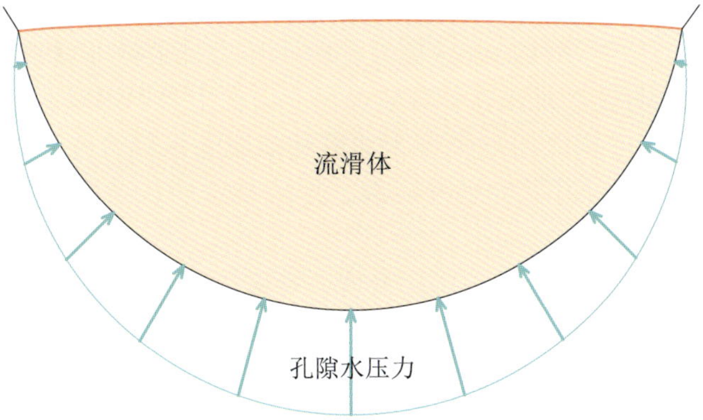

图9–70　沟道中滑带孔隙水压力作用模式图

滑坡在沟道中缓慢滑动，说明其重力产生的下滑力略大于滑带土摩阻力，接近平衡状态，由于滑动状态的滑带土内聚力近似于零，滑动摩擦角略小于沟道坡度。考虑滑带土孔隙水压力作用时，受力状态简化为：

$$W\sin\alpha>(W\cos\alpha-P_w)\tan\varphi \tag{9-13}$$

式中：W为单位面积滑带上部滑体重量（kPa）；P_w为单位面积滑带土孔隙水压力（kPa）；α为滑道倾角（°）；φ为滑带土摩擦角（°）。

由于$P_w/W\cos\alpha=r_u$，r_u为孔隙水压力比。代入式（9–13）整理后得：

$$r_u>1-\tan\alpha/\tan\varphi \tag{9-14}$$

根据资料并参考永光1#滑坡的有关文献，α取6.5°，φ取20°。按照式（9–14）计算，主沟道滑带土中孔隙水压力比r_u的平均值>0.68。可见，孔隙水压力是永光1#滑坡在主沟道缓慢滑动的重要因素。

随着滑坡在滑通区和主沟道中累计740 m的远程滑动，该滑坡由最初的黄土–泥岩接触面滑坡转化为流滑型黄土滑坡，也是永光1#滑坡的重要滑动特征之一。

综上所述，永光1#滑坡总滑距870 m，滑动总历时7 h，属远程非高速滑坡。近年来，黄土高原区此类滑坡时有发生，需引起重视和深入研究。

9.5.5　结论与认识

（1）“7·22”岷漳6.6级地震触发的永光1#滑坡总体积2.3×10^5 m^3，滑坡主要由马兰黄土组成，平面形态呈不规则的L形。大部分滑体堆积在前部平台区，摧毁民房院落，造成12人死亡，前缘6×10^4 m^3滑体沿下部沟道远程滑动并不断堆积。可分为滑源区-平台堆积区和滑通区-沟道堆积区两部分。

（2）永光1#滑坡最大滑距870 m，前、后缘高差与长度比为0.17，属远程滑坡。该滑坡经历了两次加速-减速的复杂滑动过程，不同部位滑动特征差异较大。滑源区-平台堆积区滑距50～130 m，最大滑速3～4 m/s。滑通区-沟道堆积区滑坡沿顺直较陡的滑通区加速滑动150 m，最大滑速7.5～10.6 m/s；主沟道滑距590 m，滑动持续时间7 h，平均滑速0.023 m/s。

（3）滑源区底部饱和黄土广泛分布，地震前连续降水和沟道洪水对沟底古近系泥岩的浸泡和软化，高含水率滑带土在地震和滑动过程中产生孔隙水压力及部分发生液化。圈闭的沟底地形和滑带土的低渗透性，产生更高孔隙水压力且消散非常缓慢，使整个滑程摩擦力大幅降低，持速效应明显，是永光1#滑坡远程滑动的主要原因。

（4）在滑源区-平台堆积区滑坡类型为地震和前期降水耦合作用触发的黄土-泥岩接触面滑坡；前缘部分滑体沿沟道发生远程流滑，形成特殊的长条状滑通区-沟道堆积区，最终转化为流滑型黄土滑坡。

（5）永光1#滑坡属典型的远程非高速滑坡，有多方面的滑坡现象和证据充分支持。但许多数值模拟结果为高速远程滑坡，与该滑坡的实际滑动过程差异甚大。可见，深入调查分析滑坡的地质结构、滑动过程，建立符合实际的滑坡地质与滑动过程概念模型，是进行数值模拟的重要基础。

第10章　关于滑坡的几个专门问题研究

滑坡是一类非常复杂的地质灾害，不同地区、不同类型的滑坡千差万别，有各自的发育条件、形成机理和影响因素。尽管经过了100多年的研究，但仍有许多滑坡现象和问题还在不断地探讨之中。在对甘肃滑坡类型、发育分布及典型滑坡等系统总结的基础上，结合国内外相关滑坡的研究资料，本章将对滑坡形成的季节性冻结滞水促滑效应、黄土地区降水入渗与引发滑坡机理、饱和黄土滑坡形成中的侧压力作用、高速远程滑坡滑动块体间的冲撞加速作用机理、滑坡堰塞湖等问题进行专门探讨。

10.1　季节性冻结滞水促滑效应

季节性冻融作用是斜坡变形破坏的重要外动力因素之一，有关教科书及文献资料中已有论述，为大家所熟知。但大多只讲述了其在斜坡浅表层季节性冻结深度范围内的冻融岩土体中发生的冻胀、冰劈、冻融泥流、冻融滑塌、冻融滑坡等浅表部冻融现象，影响深度一般1～3 m，规模较小。在甘肃省祁连山、甘南高原和陇中黄土高原北部等高寒地区较为普遍，有些地下水较丰富的斜坡地段浅层冻融滑坡集中连续分布，常年处于缓慢蠕动滑移状态（图10–1）。

图10–1　浅表层季节性冻融滑坡

另外，西部高寒地区滑坡调查研究发现，冻融季节也是大规模滑坡的高发期，季节性冻融作用也是斜坡深部变形、整体破坏和滑坡形成的外动力因素。但作用机理如何，长期困扰着人们。近几十年来，滑坡、崩塌等斜坡整体变形破坏机理和影响因素方面的研究取得了很大进展，季节性冻融作用对厚度大于其冻融深度的滑坡形成的作用机理研究也逐渐受到重视。作者自20世纪90年代以来对其作用机理进行了长期研究，取得了滑坡成因方面的“季节性冻结滞水促滑效应”创新性成果，已被学术界普遍认同，并广泛应用和指导季节性冻土地区的滑坡灾害防治工作，取得了良好的效果。

10.1.1　冻融期滑坡灾害频繁

在季节性冻融作用强烈的北方地区，每年10—11月开始冻结，翌年2—4月解冻（图10–2）。最低气温可达–30 ℃以下，最大季节性冻土深度为1.0～2.5 m。西北黄土高原地区既是季节性冻融作用强烈地区，又是滑坡灾害最为发育的地区。20世纪80年代以来，西北地区相继发生了洒勒山、蒋刘、古刘、龙西、黄茨、肃南白泉门等一系列大、中型灾害性滑坡，造成了严重经济损失和人员伤亡。统计资料表明，滑坡发生时段每年有两个高峰期，除集中在雨季外，还集中在干冷的冻融季节（表10–1）。

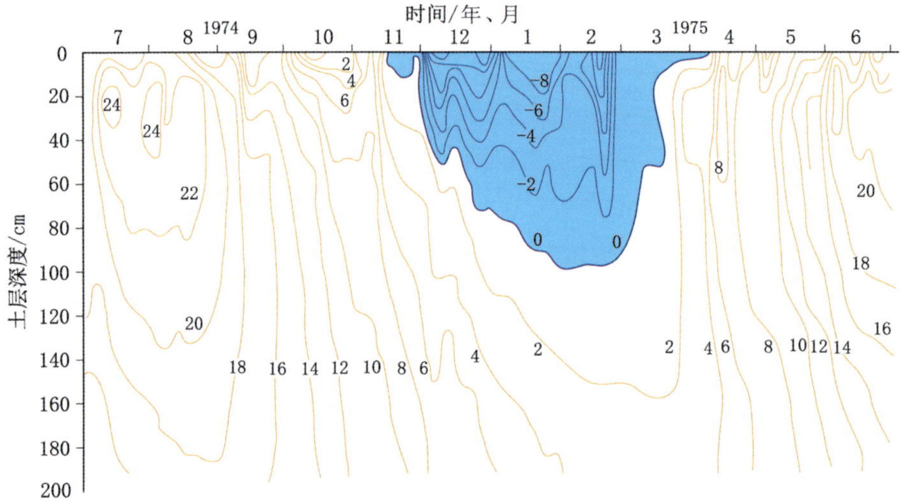

图10–2　黄土斜坡区地温年际变化图(据杨文治修编)

表10–1　国内冻融季节发生的主要滑坡一览表

省份	滑坡名称	发生日期	规模/m³	地层岩性	水文地质条件	最低气温/℃
甘肃	洒勒山滑坡	1983年3月7日	3.1×10^7	黄土、泥岩	泥岩所夹砾岩中含脉状地下水，泉流量<0.1 L/s	–27.8
	洒勒山新滑坡	1986年3月26日	2.4×10^6	黄土、泥岩	剪出口砾岩中含脉状地下水，泉流量<0.1 L/s	–27.8
	崇信切ഥ滑坡	1983年11月1日	1.5×10^6	新老黄土	黄土中地下水较丰富，沟底有泉水	–19.9

续表10-1

省份	滑坡名称	发生日期	规模/m^3	地层岩性	水文地质条件	最低气温/℃
甘肃	黑方台焦家滑坡1	1989年3月15日	2×10^5	黄土	黄土底部含水，以泉形式排泄	−23.1
	黑方台黄茨滑坡	1995年1月30日	3.6×10^5	黄土、砂质泥岩	黄土中含地下水，顺泥岩层面的滑带上面状渗出	−23.1
	黑方台焦家滑坡2	2015年1月29日	2.4×10^5	黄土	黄土底部含水，以泉形式排泄	−23.1
	黑方台罗家坡滑坡1	2017年2月19日	2.6×10^5	黄土	黄土底部含水，以泉形式排泄	−23.1
	黑方台焦家滑坡3	2015年1月29日	2.4×10^5	黄土	黄土底部含水，以泉形式排泄	−23.1
	黑方台罗家坡滑坡2	2017年2月19日	2.6×10^5	黄土	黄土底部含水，以泉形式排泄	−23.1
	陇海线K1357滑坡	1981年11月29日	6×10^5	黄土	前部滑面附近有少量地下水活动	−19.1
	镇原高庙滑坡	1984年2月26日	5×10^5	黄土	黄土中地下水较丰富，沟底有泉水	−22.4
	会宁太平滑坡	2004年1月13日	4×10^5	黄土、泥岩	地下水不甚发育，沟底有积水	−22.8
	天巉路通渭滑坡	2005年1月23日	1.2×10^4	破碎基岩	地下水不甚发育	−22.8
	东乡县城滑坡	2011年3月2日	1.8×10^5	黄土	黄土底部含脉状地下水，坡脚处面状渗出	−23.0
	临潭新城石膏矿滑坡	2014年1月9日	1.8×10^5	黄土、弃渣	黄土底部含脉状地下水，以泉的形式排泄	−27.8
	肃南白泉门滑坡	2021年2月	1.5×10^5	碎石、基岩	多年冻土层地下水	−31.6
	静宁县韩店滑坡	2021年11月23日	3×10^5	黄土、泥岩	黄土底部含脉状地下水，以泉的形式排泄，水管渗漏	−25.6
	天水机场滑坡	2021年12月21日	2×10^5	黄土、泥岩	黄土底部地下水较丰富，以泉的形式排泄	−17.8
青海	查纳滑坡	1943年2月7日	1.6×10^8	红色黏土、砂土	前部滑面附近砂岩中有少量地下水活动	−28.9
	龙西滑坡	1986年1月25日	1.5×10^6	红色黏土、砂土	前部滑面附近砂岩中有少量地下水活动	−28.9
	黄南中学滑坡	1984年12月21日	2×10^6	黄土、泥岩	地下水不甚发育	−8.0*
陕西	蒋刘滑坡	1984年12月2日	1×10^6	新、老黄土	黄土中地下水较丰富	−18.2
	古刘滑坡	1984年12月16日	3.97×10^6	黄土、泥岩	黄土中地下水较丰富	−20.6
	三社滑坡	1982年冬	7×10^5	黄土	黄土中地下水较丰富，下部有泉水	−18.2
西藏	波密易贡滑坡	2000年4月9日	3×10^8	基岩、老滑体	有基岩裂隙水，山顶大面积终年积雪	

注：*为1月平均气温。

《陕西省滑坡分布图说明书》中描述到“滑坡、崩塌活动频次年内分配呈单峰型或双峰型，高峰或只出现在7—9月即单峰型，或分别出现在2—4月和7—9月即双峰型，其他时段则较平缓。每年冬去春来，冰雪消融，日温差变化大，物理风化作用强烈，致使陕北、渭北稳定性较差的黄土斜坡连续发生滑坡”。

新疆伊犁谷地黄土滑坡发育，近20年来发生频繁，每年3—5月的融雪期为高发期。

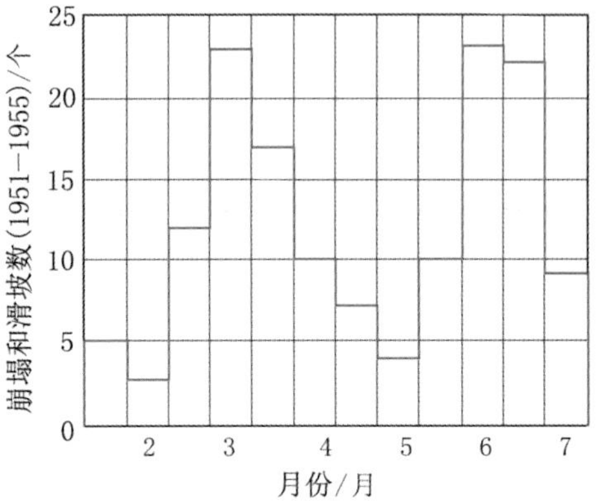

图10-3　挪威海湾崩塌和滑坡频率的季节变化

（据Bjerrum and Jovstad，1957）

国外相关文献也有类似报道。在挪威海湾地区岩质斜坡上的崩塌和滑坡在融雪季节的4月前后也有一个与冻融作用有关的频发期（图10-3）。乌克兰基辅、克里米亚地区也存在此类现象（图10-4）。

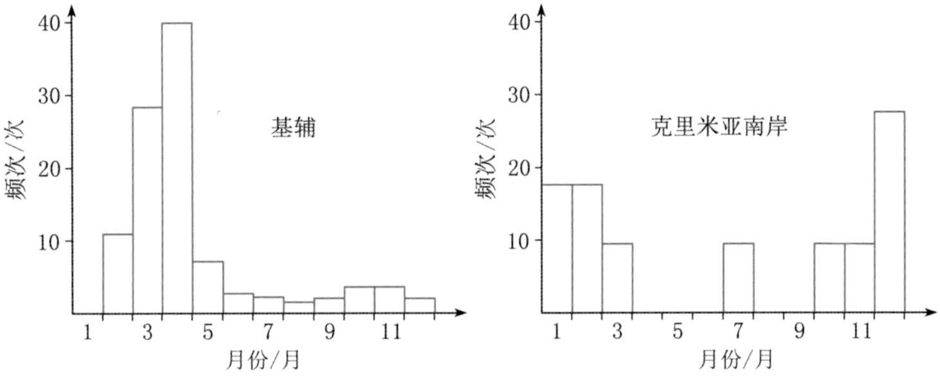

图10-4　乌克兰一些地区滑坡月频次图（据叶米里亚诺娃）

由此可见，冻融期大规模滑坡频繁发生是一种较为普遍的现象和规律。其主滑面发育深度一般达数米至数十米，远大于季节性冻土深度，成因不同于一般的浅表层斜坡冻融破坏，也难以用通常的季节性冻融破坏作用的方式和原理解释。降水稀少的冻融季节为什么滑坡频繁发生？季节性冻融作用是否为中、深层滑坡的影响因素？发生在地表浅部1～3 m深的季节性冻融作用如何能够影响到斜坡的深部？其作用形式和机理如何？过去对这类问题的专门研究甚少，影响着滑坡认识水平和防治水平的提高。为此，早在1987年著名的洒勒山滑坡研究成果鉴定会上，有近20位国内知名的滑坡防治专家、教授，建议对冻融期滑坡形成机理等列专题进行深入研究。

根据非线性动力学理论，滑坡孕育过程是一个开放的非线性动力学过程，系统中某些因素的微小变化可能导致系统的巨大响应和变化。作者通过长期的实地调查和研究认为：季节性冻融作用是季节性冻土地区滑坡发育形成的重要外动力因素之一，在一定条件下季节性冻融作用可导致斜坡体内地下水的富集和扩展，斜坡土体大范围软化、强度降低、静水压力和动水压力增大等季节性冻结滞水效应，会影响到斜坡深部，降低其整体稳定性，加速斜坡变形破坏进程，从而促发稳定性较差的斜坡变形加剧和滑坡发生。

10.1.2　季节性冻结滞水促滑效应机理

1.冻结使斜坡体内地下水富集

水是斜坡变形破坏中最为活跃的因素之一，有“无水不滑”之说。季节性冻结作用主要通过改变斜坡体内地下水的分布状态而降低斜坡整体稳定性。西北干旱地区斜坡中地下水不甚丰富，但也有少量分布，大多数不构成具有统一潜水面的大面积含水层，多呈脉状或囊状不均匀分布于斜坡低洼部位，并在斜坡中下部低洼处或沟谷地带以股状泉水或面状渗出的形式排泄，流量一般为0.1 L/s左右。非冻结季节其排泄通畅，对斜坡整体变形破坏的影响程度较低。冬季流量较小，特别是呈面状渗出的泉水，常因泉口被冻结而断流，加之泉水周围斜坡表部土体的冻结，空隙被冰充填，渗透性减弱或消失，便在地下水下游排泄处形成季节性“拦水坝”，阻滞地下水向外排泄，整个坡体则成为一个完整的贮水囊（图10-5）。而斜坡深部并未冻结，其中的地下水还继续源源不断地向下部坡体运移，使下部坡体内低洼部位土体中地下水逐渐富集，扩大了斜坡区土体的含水层范围，并抬高了地下水位（图10-6）。地下水波及范围的水敏性岩土体被软化，强度降低，构成潜在滑动面。

图10-5　斜坡区冬季冻结的泉口

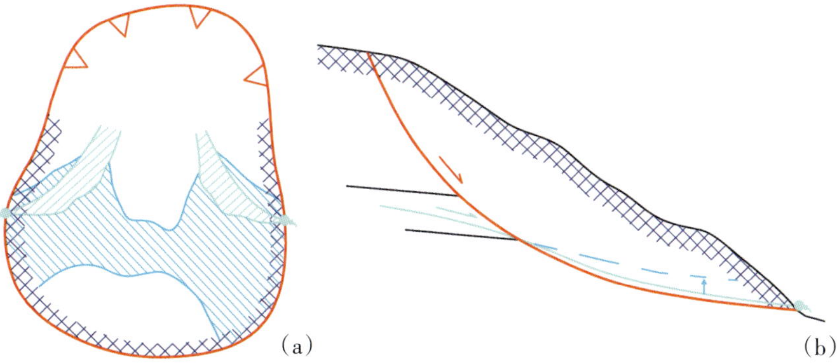

1　2　3　4　5　6　7

1—非冻结期含水范围；2—冻结期含水范围；3—非冻结期水位与泉水；4—冻结期水位；5—季节性冻土层；6—潜在滑坡；7—潜在滑动面。

图10-6　斜坡区冻结滞水促滑效应模式图

坡体内低洼部位土体中地下水的富集，斜坡区土体的含水层范围扩大和地下水位的抬高，发生在坡体内部，一般情况下难以观测。其形成过程和机理类似于高寒区地表小型常流水沟道，冬季因水流冻结，在沟底和沟口缓坡区泛滥而形成大面积冰幔（图10-7）。

图10-7　高寒区小型常流水沟口冻结泛滥冰幔

按泉水一般流量0.1 L/s，冻结断流期为3个月计算，则斜坡体在冻结期内可增加水体约800 m³。尽管水量不是太多，但因斜坡水敏性岩土体的储水空隙一般细小，泉水冻结引起的地下水位升高所波及的范围较大。更为重要的是，地下水大多发育在斜坡土岩界面处，常是斜坡变形破坏的关键部位——滑动面一带，对斜坡稳定性的影响非常大。

2. 季节性冻融作用降低斜坡土体强度

季节性冻融作用降低斜坡土体强度的作用方式有两种：一种是发生在地表冻结范围内，土体因含水率增大，冻胀破坏其结构，融化后强度降低，可引起小规模浅层滑塌、泥流等，即斜坡浅表层的季节性冻融破坏作用类型，不再赘述。对斜坡整体变形破坏、大规模滑坡来说，重要的是第二种，即由于冻结滞水作用，导致坡体内含水层范围扩大，土体大范围软化，强度降低。这种作用可影响到斜坡深部，对降低斜坡整体稳定性，促发较大规模崩塌、滑坡的发生具有非常显著的作用。甘肃东部黄土地区斜坡多由白垩系、新近系泥岩、第四系黄土等构成，其水敏性强，遇水易软化，岩土体强度降低（图10-8）。季节性冻融作用主要是通过这种方式和途径来加剧斜坡整体变形和破坏。

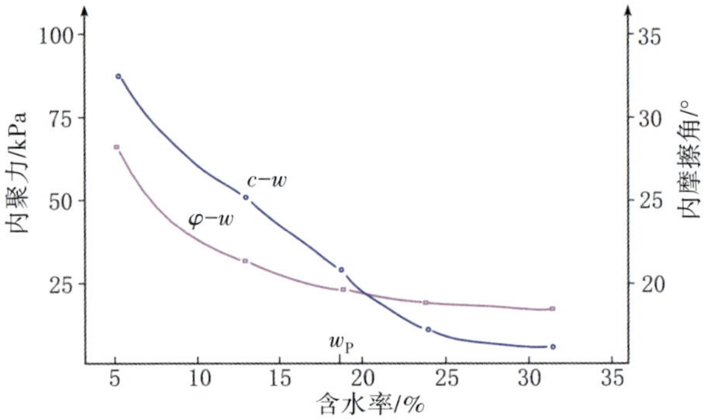

图10-8　黄土抗剪强度指标与含水率变化关系曲线

3. 冻融作用增大斜坡区静、动水压力

冻结期间斜坡体内地下水位升高，不但软化岩土体，同时还产生较大的静水压力，浮托坡体，使坡体有效压力降低，起到降低斜坡整体稳定性的效果。冻结期由于地下水渗流较弱，动水压力较小。在春季融化后，泉水重新出现，初期因坡体内积存水量较大，泉水流量也大，地下水的渗流范围和水头差也较大，所以这个时期内可产生较大的动水压力和

机械潜蚀作用，相反静水压力则逐渐降低。可见，季节性冻融作用可引起坡体内静、动水压力季节性的增大或减小，以影响斜坡的应力状态和稳定性。

4.综合分析

季节性冻融作用包含冻结作用和融化作用两个相反的过程，其加剧斜坡整体变形破坏的作用机理和方式有多种，在冻结和融化先后两个过程中有所不同。主要以增大斜坡体内地下水富集、土体软化范围和静、动水压力变化的作用方式影响到斜坡深部，对斜坡整体稳定性产生重要影响，我们将其称为“季节性冻结滞水促滑效应”。

由上可知，“季节性冻结滞水促滑效应”主要通过改变斜坡区地下水赋存状态而作用于斜坡深部。因此，斜坡中具有一定地下水分布并以泉的形式排泄是产生“季节性冻结滞水促滑效应”，加剧斜坡整体变形，促发崩塌、滑坡发生的必要条件。

由于季节性冻融作用在时间分布上具有一定的周期性，所以，对斜坡整体稳定性的作用和影响也具有一定的周期性。每一冻融期所发生的冻结滞水促滑效应，都一定程度地降低了岩土体的强度，累进性地降低斜坡的稳定性。在季节性冻土地区，虽然影响斜坡整体稳定性的主导因素为重力、降水等，但也普遍受到季节性冻融作用的影响。特别是对已出现明显变形，稳定性接近临界状态的斜坡，“季节性冻结滞水促滑效应”的作用尽管微弱，但一般作用于滑坡的滑带关键部位，其作用和影响更加明显，常可引起斜坡稳定性的明显变化，甚至整体失稳滑动，成为“压垮骆驼的最后一根稻草”。因此，在冻融季节，由于冻融作用的加入，斜坡的总体变形加剧，崩塌、滑坡发生频率增加。可见，相对干冷的冬春季节，斜坡地表看似整体稳定，平安无事，实际上地下却暗流涌动，潜伏着滑坡的危险。

阴坡地区气温相对更低，阴冷潮湿，地下水较为发育，季节性冻结滞水促滑效应对斜坡稳定性的影响更严重。甘南、祁连山区与季节性冻融作用有关的浅层和深层滑坡主要发育在阴坡的低洼部位。斜坡区地下水发育且呈不均匀脉状分布的情况下，季节性冻结滞水效应更加强烈，影响更加明显。另外，部分坡降较大的沟谷中不但各类松散堆积物丰富，且地下水也较发育，在季节性冻结滞水效应等因素的共同作用下，松散堆积物沿沟常年周期性地蠕动和低速滑动，累积形成了较大滑距。

甘南、祁连山区有些地段季节性冻融作用进行时间长，引起的浅表层与深层滑动共存，季节性冻结融化层的浅表部滑坡的滑体在斜坡下部不断堆积，厚度累积加大，转化为季节性冻结滞水效应引发的厚度大于冻土深度的滑坡（图10-9）。

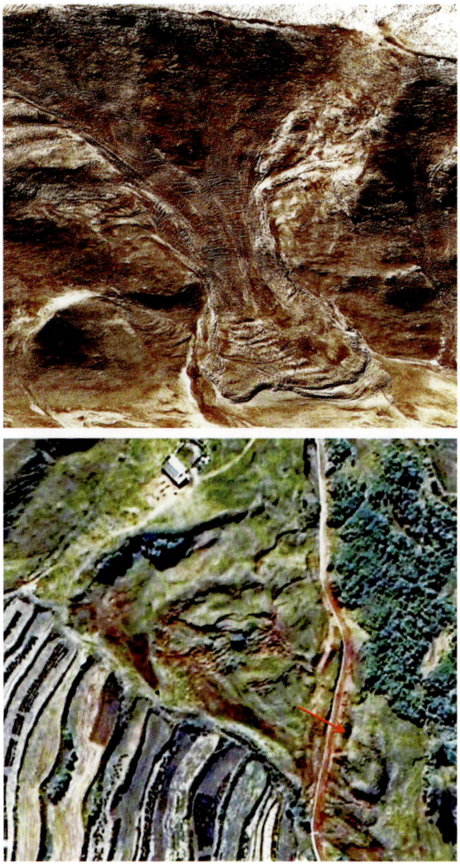

图10-9　长期蠕动的浅表层滑坡堆积

祁连山多年冻土区的滑坡，因破坏地表森林和草地，使地表直接接受阳光照射，改变了冻土的赋存环境，冻土融化，使滑坡不断蠕滑并可能向深部发展。如肃南县白泉门一带滑坡由浅层季节性冻融滑坡长期发展演化为厚度达10～15 m的滑坡（图10-10）。

图10-10　肃南县白泉门一带滑坡中冻土融化

有人认为，冻结期因表层土体冻结，其强度增大，有利于提高斜坡稳定性，“季节性冻结滞水促滑效应”引发的滑坡主要是发生在融化期。这种认识是片面的，表10-1中的滑坡在冻结期和融化期均有发生。由图10-6可知，冻结期强度较高的季节性冻土只在滑坡前缘剪出口和后缘拉张裂缝局部地段对滑面的抗剪强度有影响，其作用范围有限，一般仅为1～2 m，而冻土深度以下的其他部位，滑面的抗剪强度不受影响，对于长度上百米、规模较大的滑坡的稳定性而言，其影响常可忽略。

10.1.3　冻融期滑坡及斜坡变形实例分析

1. 洒勒山滑坡

洒勒山滑坡发生于1983年3月7日，正值解冻融化期。该滑坡属黄土-泥岩切层滑坡，体积达3.1×10^{7} m^3。如此特大型滑坡的发生，其引发因素却很不明显，这一现象长期困惑着研究者。洒勒山斜坡中部2 050 m高程处新近系泥岩所夹砾岩层中含有脉状地下水，并以泉的形式排泄（图10-11），流量0.1 L/s左右。大滑动前泉水流量变大、水体变混。滑坡发生后，当地群众对早已出现的山顶裂缝发展变化情况的回忆，多为描述冻融季节的2、3月。据气象资料，1982—1983年的冬季是该地区多年来气温

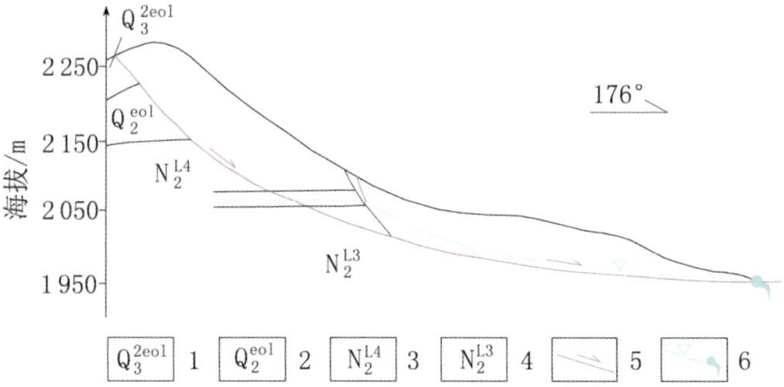

1—马兰黄土；2—离石黄土；3—第四段泥岩；4—第三段泥岩；5—滑动面；6—潜水位及泉。

图10-11　洒勒山斜坡结构简图

较低的冬季之一，季节性冻结作用强烈。1986年3月26日中午该滑坡后壁又再次大规模滑动。其剪出口位于含水层附近，有泉水分布，冬季泉水长时间冻结断流，3月26日上午滑动前观测发现泉水因解冻，所以流量变大、水体变浑。可见，季节性冻结滞水效应是洒勒山滑坡的重要引发因素之一。

2.黑方台碳化硅厂滑坡

1984年以来，永靖县盐锅峡黑方台台缘一带开始频繁发生滑坡灾害，近40年来，在约10 km长的台缘地带已发生滑坡160余次。由于灌溉水的长期大量入渗，黄土底部呈饱和状态，并有大量泉水从黄土底部渗出，冬季面状渗出部位和部分泉水冻结，其冻融季节为滑坡高发期（图8-17），黄茨滑坡、加油站滑坡、焦家村滑坡等均与季节性冻融作用有关。张茂省等通过观测证实了冬季因台缘泉水冻结引起斜坡区地下水位升高约1.0 m。

1999年3月12日，黑方台台缘发生的碳化硅厂黄土滑坡，体积约5×10^5 m^3，该滑坡在30 s左右的时间高速滑动500 m，造成2人死亡，并毁坏大量厂房和设备。现场调查发现滑体前缘存在大量的冰体和冻土。

斜坡区地下水发育且呈不均匀脉状分布时，因泉水冻结，地下水排泄减弱，斜坡区地下水位升高，含水量和软化范围发生较大变化，季节性冻结滞水促滑效应明显。而黑方台斜坡区地质结构和水文地质条件较为均一，灌溉水入渗形成的地下水呈层状大范围连续分布，季节性冻结滞水促滑效应引起的地下水位升高幅度较小，但影响范围大。在冻融季节滑坡高发的现象，可能与黑方台台缘斜坡区地下水普遍发育，稳定性差，对季节性冻结滞水促滑效应沿剪出口一带影响范围较大且反应敏感有关。

3.龙西滑坡

1986年1月25日晚，即将蓄水的青海龙羊峡库区南岸发生了龙西滑坡，体积约1.5×10^6 m^3，斜坡坡度50°，由第四系中下更新统内陆湖相沉积的红色黏土、砂土组成。斜坡2 450～2 500 m高程处砂岩中有潜水分布，水力坡度约10%。这里气候寒冷、冻融作用强烈，且冻结时间长，最低气温可达-20～-30 ℃，11月—翌年3月为冻结期，4—5月为解冻融化期。据监测资料，龙西斜坡的变形规律也是在冻融期相对强烈，最终该斜坡在冻结期内沿地下水软化带发生了滑动。事后调查发现在地下水面附近坡体普遍有冻融现象，解冻后高含水的冻融黏性土体被塑流挤出，并使坡脚处地面出现强烈隆起变形。

4.巴峰山不稳定斜坡变形动态

据西北黄土地区一些不稳定斜坡或长期活动滑坡的变形位移监测资料显示，在冻融期内斜坡变形动态相对强烈，位移量大。如洒勒山滑坡西侧的巴峰山不稳定斜坡由新、老黄土和新近系泥岩组成，自20世纪70年代末山顶就出现了裂缝。不稳定斜坡东西宽约200 m，南北长300 m，平均厚度40 m，体积2.4×10^6 m^3。洒勒山滑坡发生后，随即对该不稳定坡体进行了变形位移动态监测（图10-12）。1984年3月—1988年10月，后缘裂缝共加宽122 cm，平均发展速率为2 cm/mon。位移曲线有一定波动，除个别因雨季，大雨沿裂缝灌入加剧变形外，在观测期内的所有冻融季节裂缝的发展速率明显较快。例如1986年3月融化期该裂缝加宽8 cm，为平均变形速度的4倍。

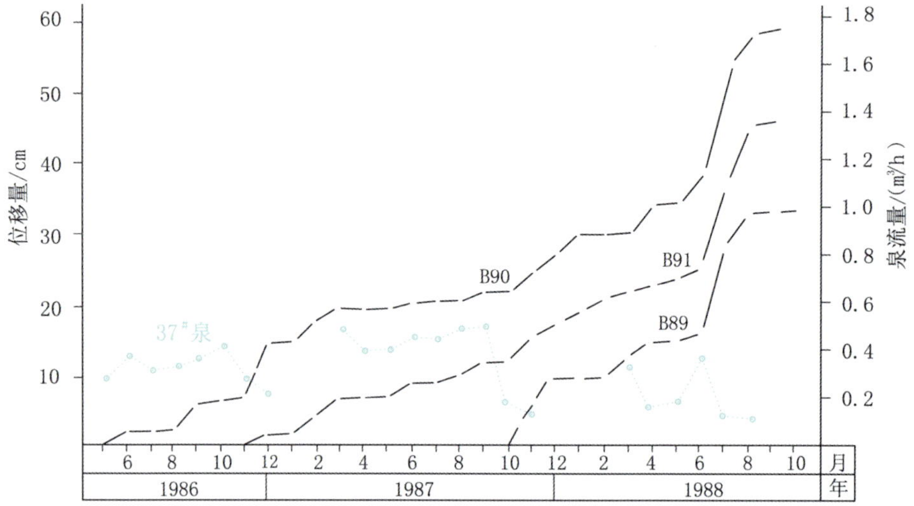

图10-12　东乡县巴峰山不稳定斜坡位移曲线

与洒勒山一样，巴峰山不稳定斜坡中部新近系泥岩所夹的砾岩中含有层间孔隙裂隙潜水，呈不均匀脉状分布，主要分布在隔水底板相对低洼的部位，该地下水补给来源遥远，补给区主要位于30 km远的南部太子山区。在斜坡中下部有37#泉水出露，平均流量8 m³/d。其变化动态是11月—翌年2月的冻结期，流量较小，甚至因泉口冻结而断流。3月中旬解冻后，流量增大。由此可见，该泉水流量的动态变化与斜坡裂缝的变形速率之间存在一定的反相关关系。也反映出泉水流量变化受到季节性冻融作用的影响，即冬季冻结时泉水流量变小，春季解冻消融时泉水流量变大。

1995年1月30日发生的黄茨滑坡的变形动态也是在前一年3月、4月和11月有明显的加速现象。陕西铜川市川口滑坡为一处长期缓慢蠕滑的大型黄土-泥岩接触面滑坡，滑体内有地下水分布，滑体上建筑物裂缝的逐月开裂量也是在冻融期的1—3月有一个变化相对强烈的高峰期（图10-13）。

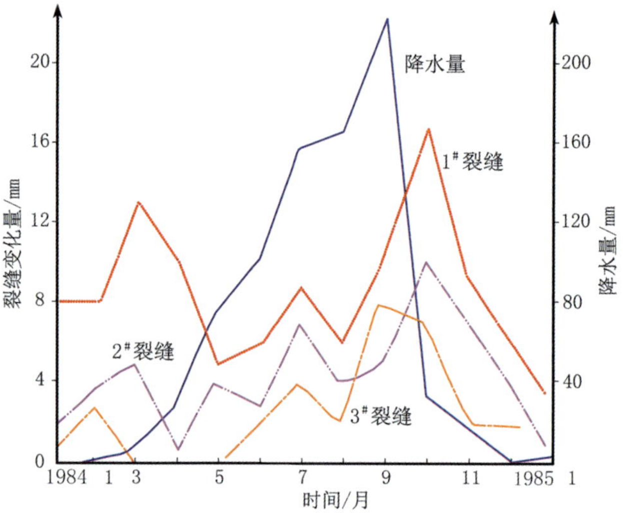

图10-13　陕西川口滑体上建筑物裂缝变化曲线

（据胡广韬）

10.1.4　小结

基于上述季节性冻融作用促进斜坡整体变形，促发滑坡、崩塌形成的现象和机理的分析，可得出如下结论和认识：

（1）季节性冻融作用是季节性冻土地区斜坡变形、破坏的重要外动力因素之一，不但作用于斜坡表面，而且还可影响到斜坡深处，以致加剧斜坡整体变形并促发大规模崩塌、滑坡灾害。因此，冻融季节也是滑坡、崩塌的多发季节。

（2）季节性冻融作用主要是通过冻结作用改变斜坡区地下水的排泄条件，使斜坡区地下水富集，土体含水量和软化范围扩大，强度降低，以及引起地下水静、动水压力变化，即产生“季节性冻结滞水促滑效应”来降低斜坡整体稳定性。斜坡区具有一定的地下水分布并以泉的形式排泄是产生“季节性冻结滞水促滑效应”的必要条件。

（3）季节性冻融作用促进斜坡整体变形，促发滑坡、崩塌发生的现象在季节性冻土地区具有普遍性，其作用方式也具有特殊性。在时间上具有周期性反复作用和累进性破坏的特点。对处于临界稳定状态的斜坡的影响更为明显。

（4）鉴于季节性冻融期内滑坡、崩塌灾害多发的特点，将冻融期作为滑坡灾害重点防范期，加强季节性冻融作用强烈地区冻融期滑坡的监测预警工作，对减轻滑坡灾害具有重要的实际意义。用于此类滑坡防治的排水措施，应保证在冻结期内能够畅通排出斜坡区的地下水。

10.2　黄土地区降水入渗与引发滑坡问题

黄土滑坡是我国主要的滑坡类型，黄土的水敏性很强，降水、灌溉水入渗是黄土滑坡的主要引发因素。但滑坡发育的黄土丘陵区黄土包气带厚度大且含水率低，有限的降水主要被表层1～2 m干燥的黄土包气带吸收，很难通过黄土孔隙渗入到其深部。事实上，降水特别是暴雨或连阴雨在黄土地区引发了大量滑坡，而一些文献对降水引发的黄土滑坡笼统地归结为降水入渗和软化引发，甚至将冻融期滑坡也简单地认为是由很少的积雪融化渗入地下的缘故。对黄土地区降水入渗方式、途径和引发滑坡等问题的深入研究，有助于提高黄土滑坡的科学认识、监测预警和治理工程的排水设计等。

十几年来，随着优先流、优势通道等新理论和扫描电镜、CT等先进微观测试技术的引入，黄土地区降水入渗与引发滑坡研究取得了一些重要认识。普遍认为降水、灌溉水主要通过黄土节理裂隙、落水洞等宏观优势通道，产生优先流入渗、软化深部土体而引发滑坡。但对降水沿节理裂隙、落水洞等宏观优势通道入渗方式、引发滑坡的过程和特征方面的研究还不够。同时也弱化了降水沿黄土孔隙微观通道的面状入渗补给作用，与黄土地区降水补给黄土潜水和引发滑坡的实际情况有所出入，缺乏全面系统的认识。如在半湿润区的天水、礼县等黄土厚度较薄且地势低洼的黄土丘陵区，长期连阴雨也可以通过黄土孔隙面状入渗到斜坡一定深度，大范围软化和降低黄土与下伏岩土界面处土体的强度，引发群发性黄土滑坡和黄土-泥岩接触面滑坡。

通过长期野外调查和试验，收集了不同学科、不同地区的相关资料，综合研究认为，受地形地貌、气候和降水类型等因素影响，黄土包气带水分运移具有地带性、区域性差异。在降水量较大的黄土高原的黄土塬、台地和黄土宽梁区，大气降水、灌溉水主要通过具有一定湿度的黄土包气带中的孔隙，呈面状长期缓慢入渗补给黄土潜水，形成较丰富的黄土潜水，并可在丰水年、连阴雨季引发群发性浅层及中层黄土滑坡。在降水量较小的黄土丘陵区，暴雨时产生的地表径流主要通过节理裂隙和落水洞等宏观优势通道，短期呈点状集中快速入渗软化黄土，引发滑坡。

10.2.1　黄土节理裂隙与降水入渗

1. 黄土节理裂隙发育情况

垂直节理发育是黄土的主要特征之一。长期以来，许多学者对黄土垂直节理的类型、分布和成因进行了广泛的研究，取得了重要成果和认识。彭建兵院士将黄土垂直节理划分为原生节理、构造节理、风化节理、卸荷节理、滑动节理、湿陷节理等。但目前对黄土垂直节理在不同地貌部位的空间发育分布情况有不同认识。

据野外观察，黄土节理裂隙主要发育在地质历史过程中形成的黄土丘陵区和黄土塬边陡崖等特殊地貌部位，由土体产生侧向卸荷、含水率降低、体积收缩等综合作用形成，各种节理裂隙发育且开启程度较高（图10–14）。

黄土丘陵区地质构造相对发育、新构造运动强烈，个别地段构造节理裂隙发育。斜坡、陡崖部位在重力作用下卸荷强烈而普遍，有的斜坡区的黄土因坡体蠕动形成一系列宽度较大的拉张裂隙带，其内节理裂隙一般近于直立，宽度多在0.2～3 cm，个别达10 cm，间距1～3 m（图10–15）。

图10–14　黄土陡崖与垂直节理

图10–15　黄土斜坡蠕滑拉裂形成的裂隙带

黄土节理裂隙主要发育在黄土陡崖和塬边局部地段，总体数量有限。根据彭建兵院士在泾阳南塬、白鹿塬边离石黄土中开挖的3处节理裂隙较发育的平硐资料统计，在35～40 m长的平硐内一般发育8～12条节理裂隙，宽度多在0.5～2 cm，个别>10 cm，线裂隙率为0.5%～0.65%。李云峰对洛川塬边10处马兰黄土中节理裂隙进行统计，统计面积85 m^2，裂隙236条，裂隙面积0.228 62 m^2，面裂隙率仅为0.26%。作者对几处黄土陡崖节理裂隙发育情况的统计，垂直节理线裂隙率仅在0.5%～0.8%之间。

长期以来，黄土丘陵区斜坡体内部、黄土塬、台地中心地带和深部黄土垂直节理的发育情况还未完全掌握。近年来，黄土地区工程建设中，人工大规模开挖形成了许多新黄土边坡，为研究黄土垂直节理深部发育情况提供了机会。调查发现，新黄土边坡的土体结构较为完整，并未发现类似于黄土陡崖部位垂直节理发育的现象，即使发育个别垂直节理，也多处于闭合状态或张开度很小，向下延伸也不深（图10–16）。

图10–16　黄土丘陵区新开挖的边坡

董志塬等黄土塬区赋存较丰富的黄土潜水，2020年建成的银西高铁在董志塬南、北均为黄土隧道穿越，有数千米长的隧道位于黄土含水层，施工中虽然发现有部分节理裂隙，但宽度很小，多处于闭合状态，探地雷达资料也反映宏观节理裂隙不发育。施工掌子面软塑性黄土向临空侧的塑性挤出严重。从土力学理论可知，在黄土塬、台塬中心地带和深部，由于饱和或含水率较高的黄土处于可塑–软塑状态，在上部土体自重的长期作用下可产生强烈的塑性变形，节理裂隙不甚发育。即使黄土中原来发育的构造节理、原生节理等也多处于闭合状态。据黄土水文地质资料，黄土含水层的给水度通常为0.1左右，对比可见，黄土塬边发育的节理裂隙对黄土含水层给水度的贡献率仅为5%左右，在黄土潜水主要分布的塬中心区，节理裂隙对黄土含水层给水度的贡献更加微不足道。

不可否认，受基底断裂构造第四纪以来的活动影响，黄土中发育一定的构造节理，对黄土结构有一定的破坏，在地表形成冲沟或洼地，但分布间距较大。在甘肃黑方台黄土台灌区，下部白垩系中的小型断层向上发育错断上部沉积物和黄土，其张开度小，发育密度很低（图10–17）。董志塬基底白垩系中的节理裂隙大多未影响到上部第四系黄土。

图10–17　黑方台东侧断层与构造节理

2.降水沿黄土节理裂隙的入渗

不同大小的空隙在饱水带、包气带地下水运移中的作用有一定差异。黄土饱水带中潜水主要是在重力作用下运移，大孔隙、孔洞和节理裂隙均是地下水赋存、运移的良好空间和通道。但在黄土包气带中，水分主要是在重力和基质吸力的共同作用下运移，中小型空隙的基质吸力较大，在包气带中水分运移作用活跃。大孔隙、孔洞和节理裂隙产生的基质吸力微弱，一般不是包气带中水分运移的主要空间通道，甚至阻止或绕开其运移。如西北干旱区或地下水位较高的农田区，为了减少耕作层水分或浅层地下水的蒸发和运移，应用这一原理，在耕作层表面或下部铺设一层砂砾，阻断和减缓包气带水分的垂向运移。

黄土丘陵地区，特别是半干旱区，降水量小、蒸发强烈，黄土丘陵地形破碎，蒸发面大，浅部黄土长期处于干燥状态，含水率一般在8%～15%，饱和度30%～45%；仅在东南部宽大平坦的黄土台塬区包气带黄土的含水率及饱和度较高；西北部兰州、定西一带斜坡地带黄土的含水率一般在10%左右，饱和度15%～20%（表10-2、图10-18）。

表10-2　甘肃东部马兰黄土上部含水率及水理特征统计表

位置	天然重度/(kN/m³)	干重度/(kN/m³)	塑性指数/%	孔隙度/%	含水率/%	最大持水量/%	饱和度/%
兰州	13.2	12.3	8.2	54.4	7.3	22.0	16.5
定西	12.9	11.9	9.0	55.9	8.4	22.9	17.9
会宁	13.1	12.0	9.2	55.6	9.2		19.8
天水	14.0	12.1	9.4	55.2	15.7	21.1	34.4
平凉	14.9	12.5	9.1	53.7	18.2	20.9	42.4
庆阳	14.1	12.6	9.6	53.5	11.9		28.1
环县	14.1	13.3	8.1	50.9	6.0		15.8

黄土地区非饱和黄土（包气带）的厚度一般十几米至几十米，有的达百米。有限的不连续降水多被上部包气带黄土吸收，并蒸发排泄，很难通过黄土包气带渗入到斜坡深部软化土体或形成黄土潜水。按一般黄土干密度为1.3，天然含水率10%计算，当吸收水分后含水率达到一般最大分子持水量22%时，含水率增加12%。则单位面积黄土层在2.5 m深度内可吸收的水量按照2.5×1.3×(0.22−0.1)计算，约为0.4 m³，相当于甘肃黄土地区的全年降水量。

据中国科学院西北水土保持研究所的有关试验资料显示，降水的有效渗透深度仅为1.5～2.6 m（图10-19）。自然情况下，黄土包气带土体的含水率在浅表部2～3 m的范围内受大气降水、蒸发等的影响，呈现出季节性的干湿交替变化。深部土体的含水率变化甚微，基本不受大气降水、蒸发等的影响。

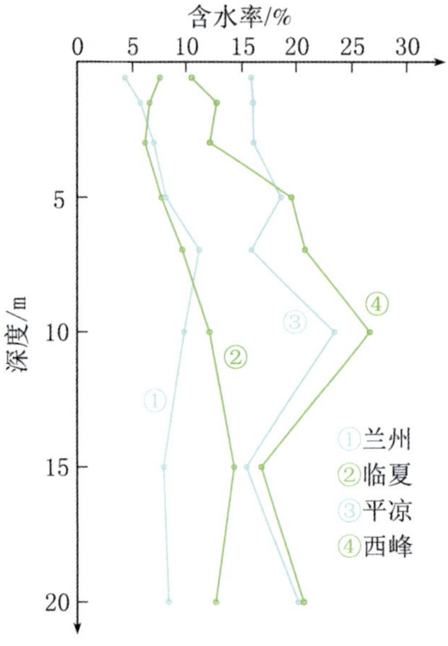

图10-18　不同地区黄土含水率随深度变化图

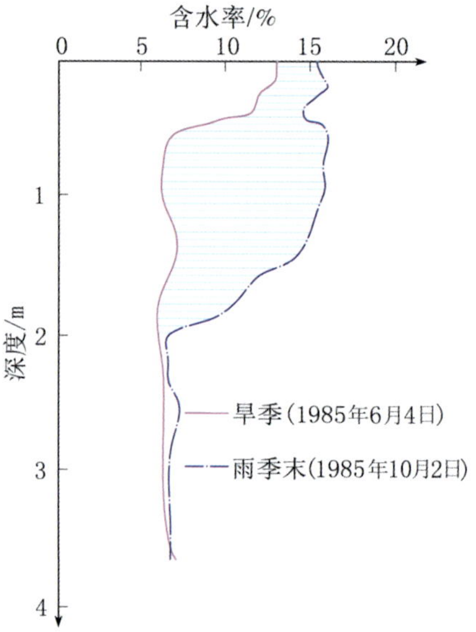

图10-19　不同季节黄土含水率随深度变化图

可见，在干旱的黄土地区有限的降水首先通过孔隙等被表层包气带干燥黄土吸收，并在重力和基质吸力的共同作用下较均匀地向下渗透。只有当降水强度超过表层黄土的入渗率产生地表径流时，位于低洼汇流区的节理裂隙等大型宏观通道才能接受水流的灌入式入渗，起到优势入渗通道的作用。其他较高部位的节理裂隙因无入渗水源，所以未必有水流沿优势通道入渗形成优先流（图10–20）。

另外，近地表部位的细小节理裂隙，大部分经常被雨水、风力等携带的黄土或耕植土所充填，处于闭合状态，也影响其优势通道入渗作用的发挥。

降水期间，在水的作用下黄土表层可形成湿陷陷穴、沿节理裂隙发生潜蚀并演化为新的落水洞，或出现滑坡裂缝等新生的宏观通道，形成有利于降水入渗的宏观优势通道，大量地表径流沿其渗入，引发斜坡变形与滑坡（图10–21）。

图10–20　黄土中降水入渗

图10–21　暴雨期间形成的裂缝和落水洞

10.2.2　黄土落水洞与降水入渗

1.落水洞发育特征

落水洞是黄土地区的特殊微地貌，一般发育在具有自重湿陷性的马兰黄土和离石黄土上部。落水洞直径小的数十厘米，大的10 m以上，多为1～5 m，深度数米至二十余米。一般是在湿陷黄土中已有垂直节理和生物洞穴等的基础上在各种水流侵蚀、潜蚀作用下发育演化而来。台塬农业灌溉加剧黄土落水洞的形成和发展。

从地貌类型上看，黄土落水洞主要发育部位有：(1) 黄土斜坡区小型冲沟沟底，沿沟底呈串珠状发育(图10–22)；(2) 黄土塬边；(3) 沿垂直节理裂隙发育(图10–23)；(4) 沿滑坡后缘及拉张裂缝弧形状发育；(5) 沿斜坡顺坡向岩土界面发育水平落水洞（图10–24）。

图10–22　黄土斜坡区串珠状落水洞

发育方向上既有垂直落水洞，也有近水平落水洞，垂直落水洞与水平落水洞大多连通，构成发育完整的落水洞系统（图10–25）。

图10–23　沿垂直节理发育的落水洞

图10–24　岩土界面处发育的落水洞

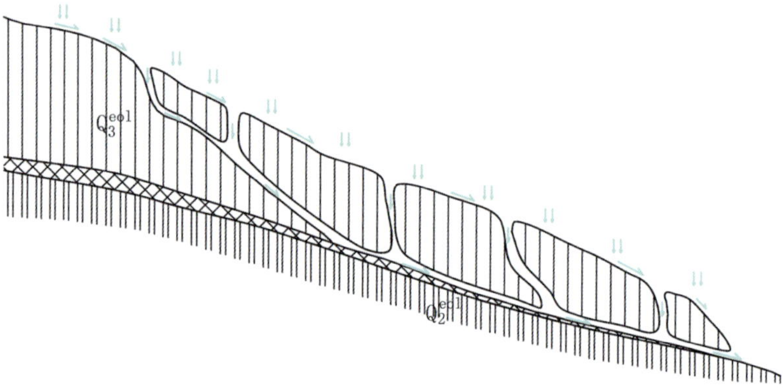

图10–25　斜坡区黄土落水洞系统

区域上，黄土落水洞发育程度总体西北部较东南部发育。地貌类型上，黄土丘陵斜坡区落水洞最为发育，黄土塬区、台地区较为稀疏，一般仅发育在近塬边一带。

落水洞进口一般位于地势相对低洼地带，有利于周围地表径流的汇集，是地表径流集中快速向黄土深部入渗、转化为地下水的主要特殊宏观优势通道。洞穴底部土体疏松、含水率较高，植被发育。

黄土落水洞的发育与黄土节理裂隙密切相关，黄土节理裂隙是落水洞发育的有利条件，黄土落水洞是黄土节理裂隙等在水流长期潜蚀、软化崩解等作用下不断扩展形成的。

2.降水沿落水洞的灌入

落水洞是降水入渗过程中黄土湿陷、潜蚀等作用形成的特殊黄土微地貌，是降水入渗的宏观优势通道，已被人们所认识。但只有当降水强度超过表层黄土的入渗率产生地表径流时，落水洞才能接受水流灌入，起到宏观优势入渗通道的作用（图10–26）。

黄土斜坡区落水洞普遍发育，且易产生地表径流，使大量水体通过低洼处落水洞以灌入方式快速顺利到达斜坡深部，突破了上部大厚度干燥包气带瓶颈地段，减少了大气蒸发和上部包气带黄土的吸收，在落水洞底部聚集入渗和再分配，不断转化为孔隙水，长期缓慢地补给落水洞深部包气带土体和地下水（图10–27）。最终软化斜坡深部部分土体，引发斜坡失稳滑动（图10–28）。

图10–26 地表径流沿黄土落水洞灌入

图10–27 地表径流沿黄土落水洞灌入示意图

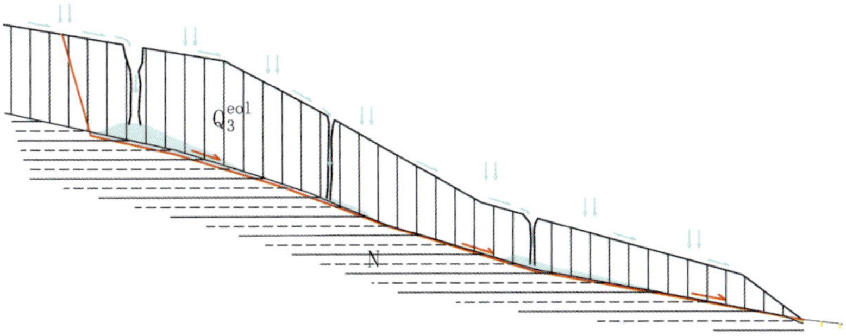

图10–28 黄土斜坡区地表径流沿落水洞灌入引发滑坡模式图

通过图10–28可进一步探讨水对滑带土的不均匀软化模式、降水工况下滑坡稳定性计算的抗剪强度参数的取值问题。在平坦的黄土塬区，落水洞发育稀疏，不是黄土塬区丰富地下水的主要补给通道。

3. 落水洞与滑坡

落水洞系统有漫长的形成-发展-成形的地质演化过程。处于形成与发展阶段的落水洞一般进口已形成并具一定规模，但出口发育还不完善，进口进水但无出口，排泄不畅通，大量入渗水体滞留落水洞中，再沿孔隙及微裂隙入渗，进行包气带水分的再分配，且受蒸发影响小，对补给黄土地下水、软化土体、引发黄土滑坡、崩塌的作用重大。如东乡县三塬降水集中排入塬边小型沟道和落水洞中，而斜坡区无明显沟形和落水洞出口，灌入的地表水滞留于斜坡区深部黄土中，使土体含水率增高并软化，抗剪强度降低，引发斜坡失稳滑动（图10-29）。

处于消亡阶段的落水洞一般已形成出口，形成连通性的地下通道，水流快进快出，呈管道式畅通排泄，灌入的部分水流又很快排泄于地表，对补给黄土地下水、软化土体、引发黄土滑坡、崩塌的作用有较大减弱（图10-30）。

图10-29　沿无出口落水洞入渗引发滑坡

图10-30　落水洞出口及排泄水流

调查发现，一次大的降水过程，在黄土斜坡区垂直节理发育的低洼地区，当有大量地表汇水或水流时，水体沿节理裂隙入渗，产生软化和潜蚀，经常在暴雨期间突然形成落水洞，进一步为地表水大量入渗创造了更大规模、更加便捷的优势通道。刚形成的落水洞，其进口发育，深部规模较小且无出口，灌入落水洞的水流则主要滞留于斜坡深部，快速扩散并大范围软化黄土体，引发黄土滑坡。因此，黄土丘陵区降水汇流并通过落水洞灌入方式而引发的黄土滑坡多发生在暴雨期间。

如1990年8月11日天水市大暴雨期间，天水锻压机床厂北部黄土缓坡区的梯田地中汇集了大量降水，沿黄土垂直节理入渗和潜蚀，在耕地内形成数个直径0.5～5 m的落水洞，导致大量降水快速渗入斜坡深部，暴雨期间引发了著名的天水锻压机床厂黄土层内滑坡，体积达1.8×10^{6} m^3，造成严重经济损失和人员伤亡（图10-31）。

滑坡体中裂缝发育、地形起伏、土体疏松，有利于落水洞的发育，大气降水的汇流和入渗，易促发滑坡再次复活滑动（图10-32）。

这里特别指出，降水沿落水洞的入渗是点状不均匀快速灌入，使部分斜坡局部的黄土含水率增高和软化，抗剪强度锐减，进而导致斜坡整体稳定性降低，引发大规模失稳滑动。暴雨沿落水洞灌入引发的黄土滑坡多为落水洞发育的黄土斜坡部位的单体滑坡。

图10-31　天水锻压机床厂滑坡与落水洞

黑方台等黄土台塬灌溉区，农业灌溉面积大、强度高且时间集中。灌溉水入渗可产生碟形黄土湿陷洼地和裂缝，部分发展为落水洞，为灌溉水入渗提供宏观优势通道，使大量灌溉水灌入包气带深部，大面积软化台缘斜坡土体。灌溉水长期大量渗漏的结果，形成连续分布的饱和黄土层，影响整个台缘斜坡稳定性，引发大量而频发的黄土滑坡灾害。

图10-32　滑坡区的落水洞

10.2.3　降水沿黄土孔隙入渗与引发滑坡

1.降水沿黄土孔隙入渗的认识

近年来降水引发黄土滑坡的研究中，节理裂隙和落水洞优势流的观点占主导地位，孔隙的入渗作用有所忽视。但规模较大且四周孤立的董志塬、洛川塬等黄土塬区的黄土中赋存较丰富的黄土潜水资源，地下水由塬中心向塬边径流，在塬边以股状泉水和面状渗出的形式排泄（图10-33～图10-34）。董志塬近年来开采量在3×10^7 m³/a左右，最大单井出水量达1 000 m³/d以上。因大气降水在巨厚而复杂的黄土包气带中的运移机理长期认识不清，被称为“黑箱”。多年的黄土水文地质研究认为，其补给来源和入渗方式主要是大气降水沿黄土孔隙的面状垂直入渗，其关键问题是黄土包气带中水分入渗的水源、孔隙通道和动力。

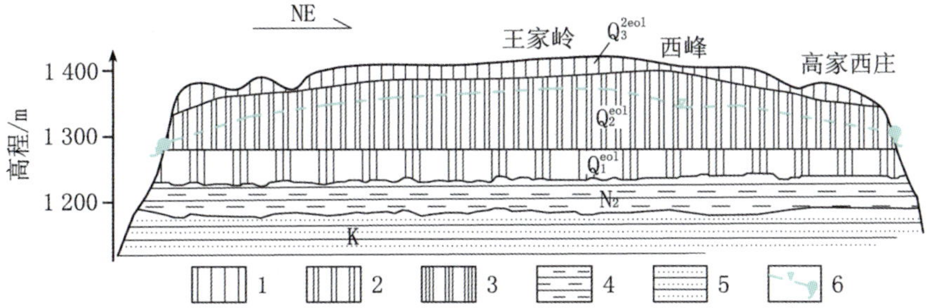

1—马兰黄土；2—离石黄土；3—午城黄土；4—泥岩；5—砂岩；6—潜水位与泉。

图10-33　董志塬水文地质剖面图

1）黄土中存在重力水渗透的孔隙通道

图10-34　董志塬边黄土潜水面状渗出

黄土结构疏松，粒间孔隙、结构孔隙、架空孔隙等发育（图10-35）。黄土含水层中储存并能够释放一定数量的重力水，前已述及黄土含水层中裂隙不发育，储水空隙主要为黄土孔隙。黄土塬区弥散试验显示地下水径流缓慢，塬边黄土潜水多沿孔隙面状渗出且动态稳定。穿越董志塬的银西高铁数千米长的隧道位于黄土含水层中，施工中掌子面地下水主要沿孔隙呈面状渗水，流量总体稳定。以上情况说明黄土潜水主要是赋存在黄土孔隙中并运移的孔隙水，黄土孔隙含水介质的特点明显。由此推断位于黄土塬区顶部更为疏松的包气带黄土中也存在重力水入渗运移的孔隙通道。黄土包气带上部为孔隙发育的马兰黄土，其垂向地层结构有利于大气降水沿黄土孔隙面状垂直入渗。

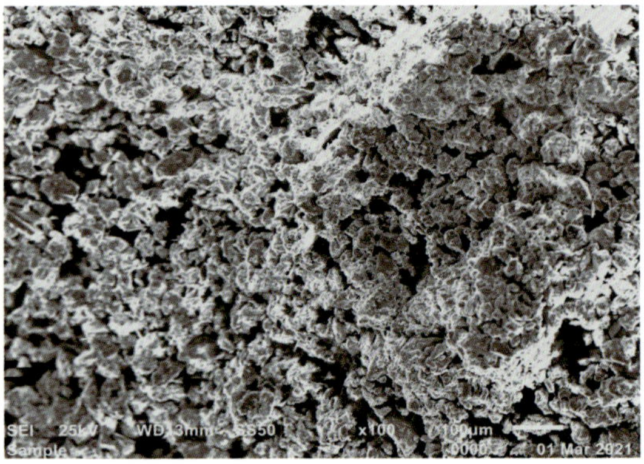

图10-35　黄土中的孔洞与孔隙

确定黄土中地下水可以运移的最小孔径非常重要，许多学者进行了探索。有关文献表明，当孔喉半径<2.75 μm时，孔隙中的液体基本上不发生渗流。李云峰通过压汞试验认为：直径>5 μm的孔隙是导水孔隙；用微机图像测孔方法，通过单个黄土孔隙面积与渗透系数的统计分析认为，面积>557 μm²的孔隙是透水孔隙。但两种方法得出的结果差异较大。李鑫通过CT测试和孔隙网络模型计算并判定黄土中发生优先流的临界孔隙直径为13.9 μm。可见，临界孔隙直径的数值和以前的结论也有较大差异。

给水度是衡量单位体积土体中储存并释放重力水多少的重要参数，也反映了土体中孔隙的连通性。据资料统计，黄土含水层的给水度一般为0.07～0.15，即黄土饱水带中7%～15%的孔隙中的重力水可以运移并释放。银西高铁驿马1#隧道施工中采取管井抽水降低地下水位，疏干黄土含水层。经检测，隧道掌子面黄土的重量含水率（w_g）平均值由31.14%降低到24.4%，减少6.74%。黄土干密度（γ_d）为1.591，按照公式$w_v=w_g\gamma_d$计算，掌子面黄土体积释水率（w_v）为10.75%，与董志塬黄土含水层0.1的给水度相当，进一步验证了董志塬饱水带黄土含水层给水度的可靠性。

由此可见，饱水带黄土水分可运移的孔隙体积含量为7%～15%，其中水分可运移的孔隙含量越高对应的渗透等效孔径越小，选取上限值15%对应的孔隙等效直径作为饱水带黄土释水的最小渗透等效孔径，由于天然黄土孔隙率一般在42%～55%之间，因此可运移水分的孔隙含量约占天然黄土孔隙率的1/3。

不同于三维概念的黄土给水度，扫描电镜获取的是黄土二维平面微观结构，为将给水度概念推广应用于二维空间，假定黄土二维孔隙率（孔隙面积/土样面积）等效于黄土给水度，以二维累计孔隙率占总孔隙率的1/3为标准来评估黄土水分可运移的最小孔隙等效直径。分别在董志塬中心的西峰城区南部和北部驿马镇的探井中取马兰黄土、离石黄土上部原状样品6组，利用扫描电子显微镜获取每组土样的典型微结构图像，根据黄土颗粒及其孔隙大小，选择代表性微结构图像（放大200倍），利用定量化图像分析软件ImageJ开展黄土孔隙特性测量和统计分析，结果列于表10-3。孔隙特性测量包括图像校准、比例尺设定、二值化分割以及孔隙特性统计分析等步骤。

表10-3 董志塬黄土电镜图像与孔隙分布曲线

编号	电镜图像	孔隙分布曲线
1# 西峰 马兰黄土 （埋深4 m）		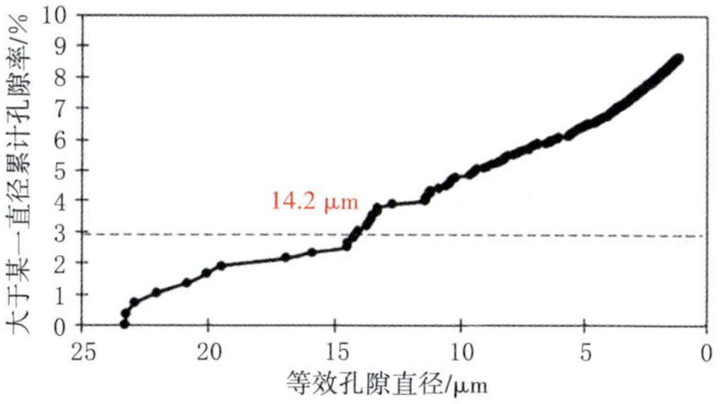
2# 西峰 马兰黄土 （埋深8 m）	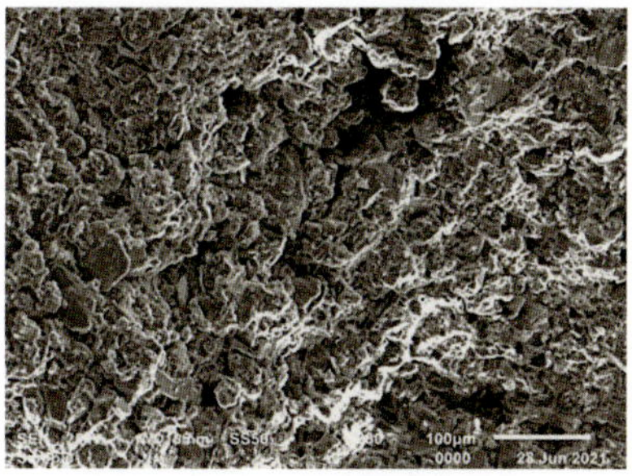	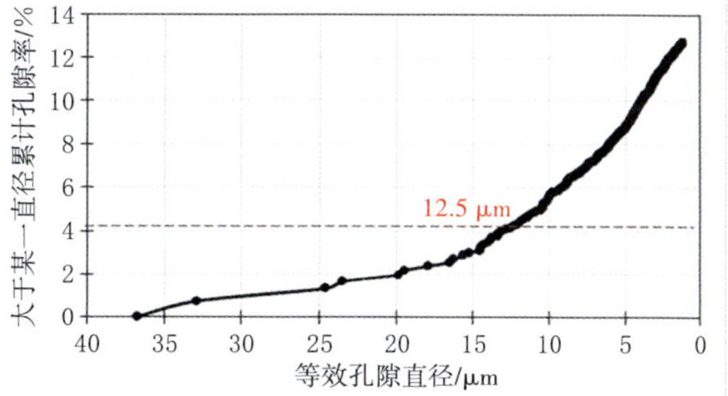
5# 西峰 离石黄土 （埋深15 m）		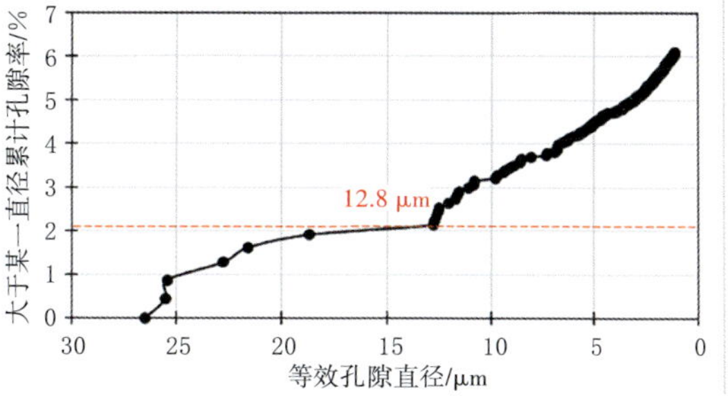

续表10-3

<table>
<tr><th>编号</th><th>电镜图像</th><th>孔隙分布曲线</th></tr>
<tr><td>7#
驿马
马兰黄土
（埋深5 m）</td><td></td><td>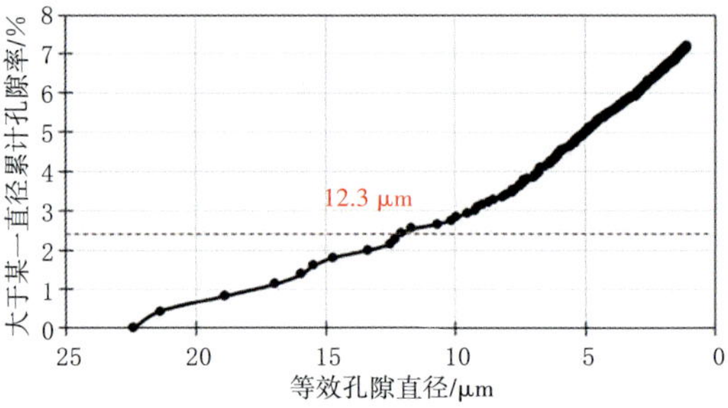</td></tr>
<tr><td>8#
驿马
马兰黄土
（埋深8 m）</td><td>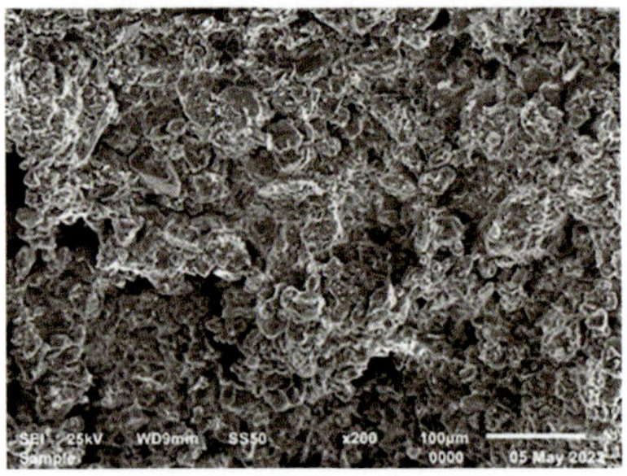</td><td>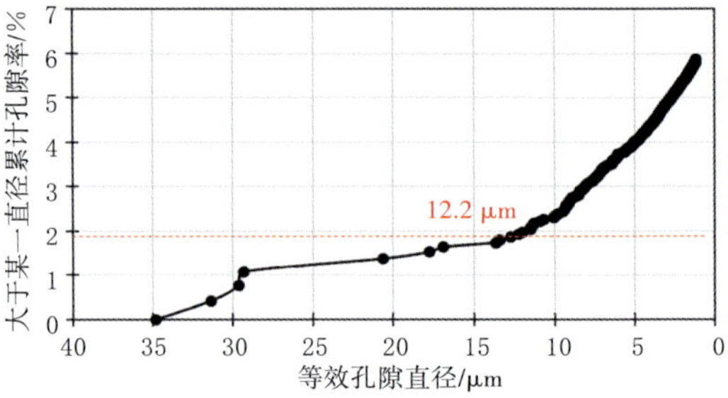</td></tr>
<tr><td>9#
驿马
离石黄土
（埋深25 m）</td><td></td><td>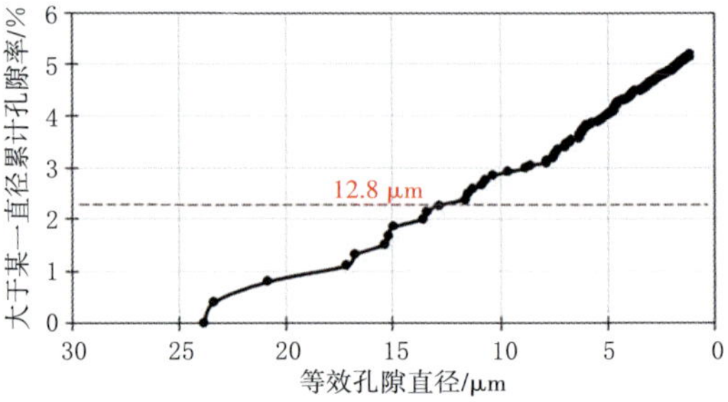</td></tr>
</table>

根据表10-3中的累计孔隙率分布曲线，由大到小统计黄土可渗透最小等效孔隙直径，1#样为最大值14.2 μm，8#样为最小值12.2 μm，黄土对应的可渗透最小等效孔隙直径一般在12.2～14.2 μm之间（表10-4），由此认为黄土饱水带可渗透最小等效孔隙直径为12 μm。

表10-4　董志塬黄土孔隙测试结果统计表

编号	地层	平面总孔隙率/%	可渗透等效孔隙直径/μm
1	1#西峰马兰黄土(L_1)	8.9	14.2
2	2#西峰马兰黄土(L_1)	13.0	12.5
3	5#西峰离石黄土(L_2)	6.1	12.8
4	7#驿马马兰黄土(L_1)	7.3	12.3
5	8#驿马马兰黄土(L_1)	6.0	12.2
6	9#驿马离石黄土(L_2)	5.2	12.8

2）黄土塬区包气带中赋存可供下渗的重力水源

董志塬地处半湿润区，多年平均降水量550 mm，年最大降水量828.2 mm（2003年）。经过漫长的地质历史形成的黄土包气带具有较高含水率，重量含水率一般长期维持在20%以上（图10-36）。降水通过黄土包气带孔隙、表部节理裂隙入渗到一定深度，在丰水年雨季连续降水的入渗深度更大，下渗至蒸发极限深度（一般为3.5 m左右）以下的水，难以向上蒸发排泄，储存于其中，成为包气带中水分长期向下运移和补给黄土潜水的来源。2021年9—10月陇东黄土高原累计降水量达540 mm，占全年降水量的近62%，其中9月15日—10月10日累计降水量达475 mm。11月在什字塬等黄土塬开挖探井取样测试，降水入渗深度达7～9 m。2003年洛川塬区降水量达877 mm，入渗深度达5～7 m。重量含水率均在23%～25%以上，高于21.5%的最大分子持水量（图10-37）。为包气带中水分长期缓慢向下运移和补给黄土潜水提供了重力水源。当暴雨在塬面低洼部位形成地表积水时，更有利于降水入渗。

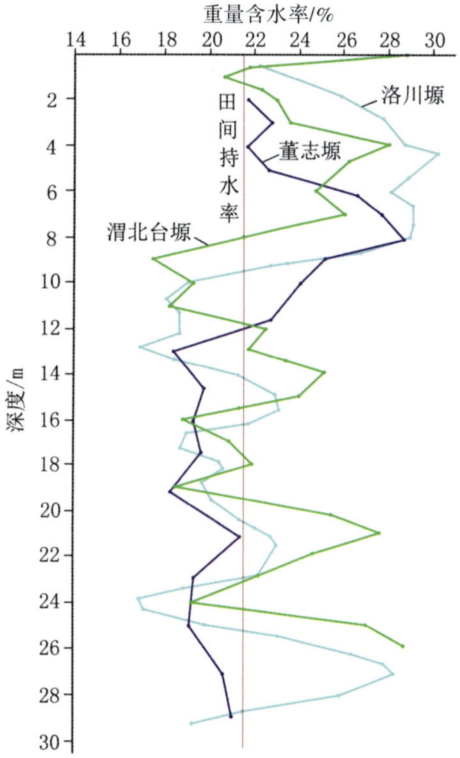

图10-36　黄土包气带含水率变化曲线

3）黄土包气带水分运移的动力是重力和基质吸力

在重力和基质吸力作用下降水主要通过包气带孔隙垂直入渗、缓慢运移补给黄土潜水。从图10-37可见，由于黄土包气带中黄土-古土壤序列的存在，黄土包气带含水率垂向呈现出波浪式的特点，水分运移过程十分曲折复杂。同时可见，在水分总体向下运移的过程中，存在水分由含水率低的土体向含水率高的土体运移的“反常”现象。这与黄土包气带中黄土、古土壤的层序叠置、土质结构和基质吸力差异有关，也说明基质吸力在包气带中有重要作用，经过漫长地质历史形成的处于自身动平衡状态的黄土包气带水分运移系统中，基质吸力主要调节着其运移的平衡状态。从能量的角度，黄土包气带水分是在重力势和基质势的共同作用下，由能量高的地方向能量低的地方长期缓慢运移。另外，气候季节变化、微地震和地脉动等也可能影响黄土包气带水的缓慢运移，有待于进一步专门研究。

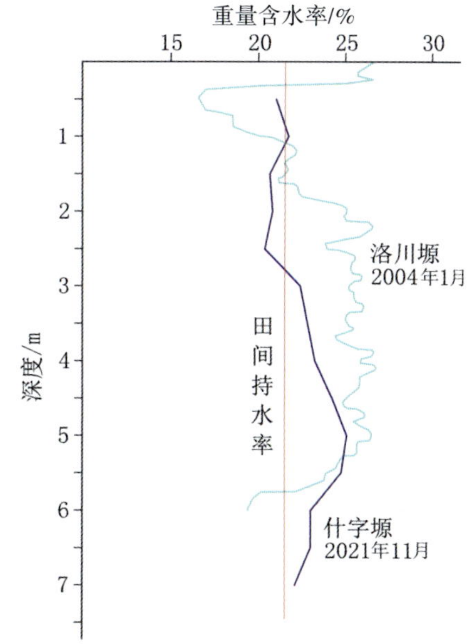

图10-37　黄土塬区包气带上部含水率曲线

董志塬降水入渗系数为0.11，年平均可补给黄土潜水的入渗量约60 mm/a，即塬面单位面积的入渗量为0.06 $m^3/m^2·a$。假设其均匀分配在一年365天内，则包气带单位面积的垂直渗流量为0.17 $L/m^2·d$，相当于人体输液速度4 mL/min的3%。按照包气带水运移的实际孔隙为7.5%（可运移孔隙的一半）计算，黄土包气带水分的实际运移速度为2.3 mm/d，即0.83 m/a。对于20～40 m厚的黄土包气带来说，水分要在其中最少经历30～50 a的时间才能补给下部黄土潜水。可见，黄土包气带水分运移非常微弱和缓慢。黑方台于1968年农业灌溉，6年后台缘斜坡上普遍出水。陕西渭北黄土台塬区自1972年大面积引水灌溉后，到1975年地下水位开始大幅上升，也说明黄土包气带水分运移非常缓慢。

在黄土塬区，受地质、气候等因素的共同作用和影响，黄土地层由上至下依次为疏松、孔隙裂隙发育的马兰黄土和离石黄土上部，较为致密、孔隙不甚发育的离石黄土下部和午城黄土，并在漫长的地质历史过程中形成具有一定湿度的黄土包气带的特殊水-土环境，有利于大气降水的入渗。水分在重力和基质吸力的共同作用下，沿黄土孔隙通道处于长期缓慢而稳定运移的动平衡过程和状态。塬区接受其补给的黄土潜水位的动态也较稳定，基本不受季节性影响（图10-38）。

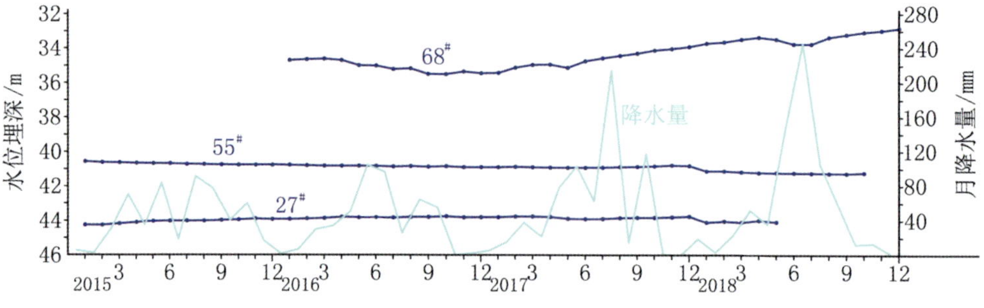

图10-38　董志塬黄土潜水位动态变化曲线

黄土包气带厚度大，结构复杂，不同深度的黄土包气带有不同的功能作用和水分运移特点，因此，黄土包气带垂向存在一定的分带性。根据黄土包气带水分赋存状态、运移特征和影响因素，并综合前人的认识，将其自上而下分为气候影响带、储存调节带、缓慢运移带和毛细接收带4带（图10-39）。上部气候影响带直接接收大气降水入渗补给和蒸发排泄，含水率变化较为剧烈；储存调节带大部位于极限蒸发深度以下，接收和储存的水分长期滞留于其中，土体的含水率较高，成为包气带水分常年连续、缓慢、均匀向下运移的重要来源，进行着包气带水分的再分配，克服了大气降水时间分布的不均性，在黄土包气带水分运移中起到重要调节作用。下部两带处于基本稳定的动平衡状态（详细内容请参考作者相关论文）。

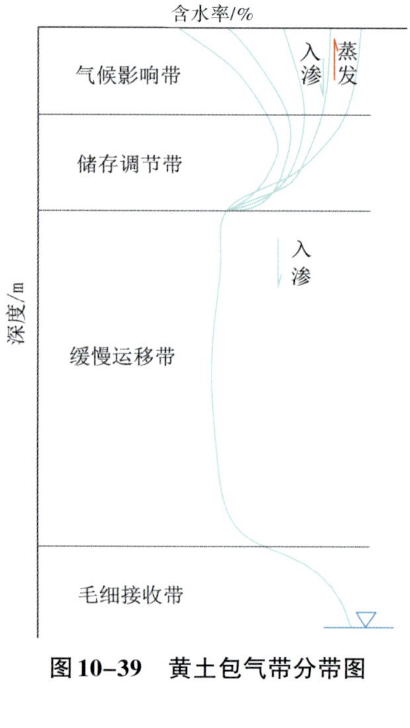

图10-39　黄土包气带分带图

以上是在宏观水文地质特征和微观结构综合分析的

基础上，对黄土包气带水分运移机理的初步探索。同时也可见，黄土包气带水分运移是漫长地质历史形成的动平衡状态过程，非常微弱和缓慢，且对外界影响敏感，现有仪器难以精确观测，这也是黄土包气带研究的难点所在。黄土包气带水分运移的深入研究，要重新建立新的科学视野和符合其特征的观测技术与方法。

2. 降水沿黄土孔隙面状入渗引发的滑坡

由上述降水沿黄土包气带孔隙面状入渗和运移特点可知，其降水入渗和软化深度仅为数米且过程非常缓慢，黄土塬区黄土层厚度一般在100 m以上，且塬边土体干燥，含水率低，降水沿坡顶黄土包气带孔隙面状入渗的深度更为有限，也不会引起坡脚地下水位升高。因此，降水对黄土塬边厚层黄土斜坡的整体稳定性影响较小，较少引发规模较大的黄土滑坡，一般引发浅表层小型黄土滑塌或崩塌。如2021年9—10月，庆阳、平凉连续大量降水，主要引发浅表层黄土滑坡和滑塌。另外，陇东地区黄土塬边的一些高陡黄土斜坡，其下部坡脚处离石黄土中常有地下水呈面状渗出，与黑方台水文地质结构类似，但黄土斜坡一般长期保持稳定，滑坡发生频率低，其原因需进一步深入研究。

陇西黄土高原南部天水—临夏一带及西礼盆地等黄土丘陵区，黄土厚度较薄且底部多为新近系红层。气候较为湿润，多年平均降水量550～700 mm，8—9月经常出现连阴雨，在黄土厚度较薄且地势低洼、汇水条件好的黄土斜坡区，黄土含水率较高，如天水中梁黄土的含水率多保持在24%左右。局部分布较连续的黄土潜水，低洼处多有泉水。由于黄土厚度小且以渗透性较好的马兰黄土为主，长期连阴雨通过孔隙大范围面状入渗到斜坡较深处，并可与下部已有饱水带相互连为一体，使斜坡区大范围黄土含水率增高甚至饱和，土体强度降低，自重加大，导致整体稳定性降低，引发失稳滑动（图10-40～图10-41）。特别是在丰水年、连阴雨季可引发群发性黄土层内滑坡、黄土接触面滑坡。如1990年、2003年、2013年、2020年雨季大量降水在天水等地引发数以百计的群发性中浅层黄土滑坡。其中，天水中梁某阴坡发育的一处黄土接触面滑坡体基本处于饱水状态，钻孔中的地下水位距地表不到1 m。黄土丘陵区通过大范围面状入渗引发的滑坡发生时间多在连阴雨的后期，或存在一定的滞后性。

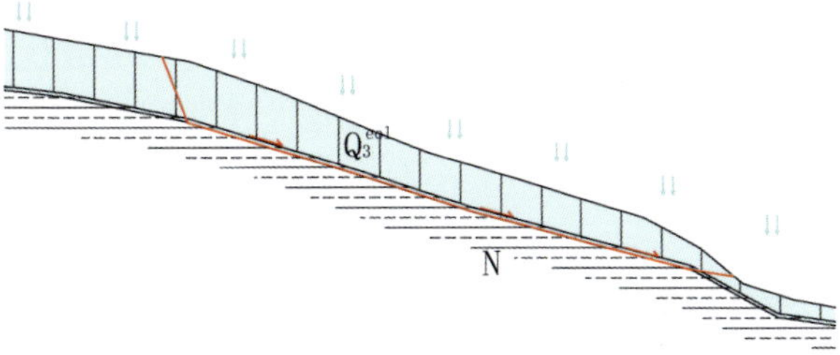

图10-40　黄土斜坡区面状入渗引发滑坡示意图

图10-41　低洼黄土斜坡区面状入渗引发滑坡

当然，黄土斜坡区面状入渗的同时，若发育节理裂隙、落水洞，降水产生的地表径流、洼地积水也可沿这些优势通道快速渗入到部分斜坡深部，引发黄土滑坡。

陇东黄土高原地区黄土中古土壤较发育，黄土丘陵区、塬边地带黄土层内滑坡由沿黄土中向坡外倾斜的古土壤层发育而成，滑面形状受古土壤层产状控制（图10-42）。这是由于古土壤层在包气带中起隔水作用，古土壤层上部黄土含水率高、抗剪强度低。

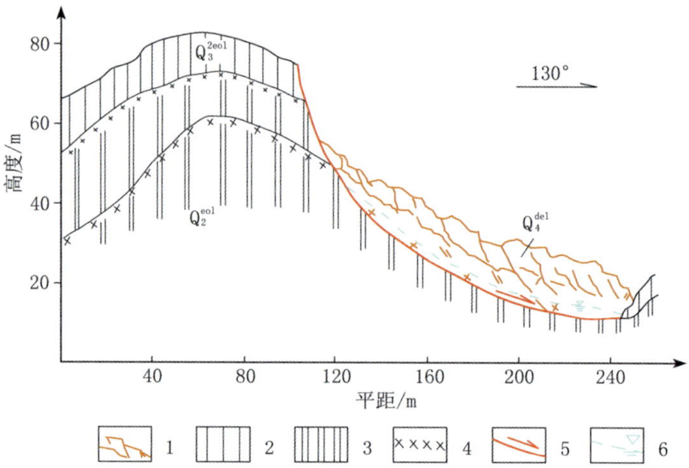

1—滑坡堆积；2—马兰黄土；3.离石黄土；
4—古土壤；5—滑动面；6—地下水位。

图10-42　庆城太白曹湾黄土滑坡剖面图（据李坤）

10.2.4　结论与认识

（1）黄土地区降水入渗方式多样，既有沿落水洞、节理裂隙宏观优势通道的集中快速灌入，也有沿微观孔隙的面状缓慢入渗。受地貌、气候等条件影响，西北部半干旱黄土区降水以沿节理裂隙、落水洞宏观优势通道向深部入渗为主，东南部半湿润黄土区降水除沿节理裂隙和落水洞宏观优势通道入渗外，通过微观孔隙的面状长期缓慢入渗也可达较大深度。

（2）降水沿黄土节理裂隙、落水洞形成优先流，除存在宏观优势通道外，还需可供集中入渗的水源条件，只有当降水强度或灌溉水超过黄土的入渗能力，产生地表径流或积水并灌入节理裂隙、落水洞时，才能形成优先流。

（3）黄土节理裂隙规模较小、数量少且常被充填，单一节理裂隙在降水入渗中的宏观优势通道作用有限，但在水流潜蚀作用下，常演化为落水洞，起到宏观优势通道的作用。

（4）黄土落水洞是黄土丘陵区的主要宏观优势通道，地表水常以灌入方式快速到达斜坡深部，初期发育和暴雨期间形成的新落水洞，灌入的水流可全部滞留于黄土斜坡深部，不均匀软化并降低部分黄土的强度，引发黄土滑坡。

（5）降水通过微观孔隙的面状入渗是黄土塬区黄土潜水的主要补给方式，但入渗和软化深度有限且缓慢，对黄土塬边厚层黄土斜坡的整体稳定性影响较小。在黄土高原东南部降水量较大、黄土厚度较小的丘陵缓坡区，连续降水通过微观孔隙面状入渗方式入渗的深度较大，使斜坡的黄土含水率大范围增高甚至饱和，软化和降低土体强度，引发失稳滑动，常发生区域群发性黄土滑坡。

10.3　饱和黄土滑坡形成中的侧压力作用

目前，地下水作用下滑坡形成机理的研究方面，国内外学者主要侧重滑坡形成中的孔隙水压力变化、饱和土静态液化、液态水汽化等作用。在黑方台滑坡研究中，“大面积灌溉水的长期入渗，引起地下水位升高，对斜坡岩土体的软化作用是黑方台滑坡主要引发因素”等已被大家所公认。但在滑坡形成机理方面，特别是黄土层内滑坡的突发性、继发性等特点的认识方面则显得较为不足。2004年作者在黑方台滑坡相关研究成果中初次提到了滑坡后部台塬区饱和黄土层中的侧压力对滑坡形成的作用，并通过土工试验和土侧压力现场监测，对此问题进一步深入地研究，全面揭示黑方台黄土滑坡的形成过程和机理，为此类滑坡灾害的防治提供科学依据。

10.3.1　滑坡形成中的侧压力作用分析

土的侧压力（静止、主动）在地下普遍存在，如引洮工程某隧道施工过程中，在上覆土体产生的侧压力作用下掌子面饱和黄土大量涌入隧道，严重影响隧道施工（图10-43）。因此，地下硐室、支挡结构等工程中对土的各种侧压力均非常重视。

图10-43　引洮隧道掌子面饱和黄土涌入隧道

实际上，当斜坡下部有饱和塑流性土体时，后部土层产生的侧压力对前部斜坡的变形和滑坡形成非常重要的助滑作用，但仍未引起滑坡研究者的足够关注。对于厚层饱和黄土滑坡而言，滑坡形成过程中，滑体与滑床、滑壁之间并不是简单的主动变形与被动支撑的关系，滑坡后部的厚层饱和黄土层的侧压力对前部滑坡体产生水平推挤作用，二者之间在斜坡变形过程中还存在不断的相互作用，在侧压力的驱动下，后部饱和黄土层长期缓慢流塑变形，也不断跟随斜坡变形体向临空面位移，出现多次后缘拉裂-黏合的往复过程，直到滑坡剧烈滑动。该类滑坡中的侧压力作用机理与平推式滑坡中的滑坡后部裂缝充水形成的静水压力作用机理具有相似之处。

饱和黄土滑坡形成中的侧压力作用机理如图10-44所示。

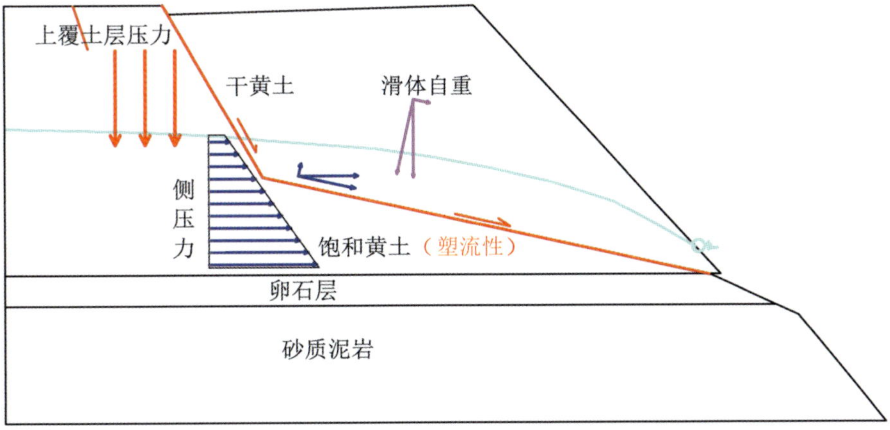

图10-44　饱和黄土滑坡形成中的侧压力作用机理简图

滑坡剧滑后，滑坡后壁处形成新的临空面，滑坡后缘一带土层继续受到来自其后部饱和土层的侧压力作用，不断塑流变形直至形成新的滑坡。因此，黑方台地区黄土层内滑坡具有典型的继发性和多发性，尤其是同一地点滑坡的多期多次后退式发展演化特征。

滑坡后部饱和黄土含水率高，抗压强度低，塑流变形能力强，在上部土体的自重作用下，下部饱和黄土层产生较大的侧压力。黑方台黄土台塬区20世纪80、90年代和2010年前后的几次钻孔施工中，在下部饱和黄土层中均出现严重的缩孔和卡钻现象，导致许多钻孔施工困难，以致报废，也说明在上覆土体的重力作用下，下部饱和黄土层中侧压力的存在和塑流变形的严重性。

另外，滑坡壁后部台面一般多出现开裂和下沉，其形成除了前部滑坡的牵引向前滑移外，也是下部饱和黄土层塑流挤出变形的表现形式之一（图10–45）。

图10–45　滑坡壁后部台塬区裂缝与下沉

受地形控制，黑方台台缘一带形成三面约束、一面临空的边界条件，致使下伏土体的围压不对称，斜坡临空一侧相对较小。因此，在侧压力作用下，饱和黄土则更容易向临空的斜坡外侧塑流变形，对斜坡施加一定的侧压力，助推变形破坏和高速启程滑动。

基于上述认识和分析，本节通过土工试验和现场土侧压力监测等方法研究黑方台黄土滑坡形成过程中的侧压力作用。

10.3.2　侧压力监测试验

1. 侧压力监测试验方法

K_0试验是室内常规的土压力测试方法，本研究中在黑方台焦家崖头取不同深度的非饱和黄土、饱和黄土原状试样12组，采用DF3型土压力仪测试其静止侧压力系数和无侧限抗压强度。总体上，所获得的侧压力系数测试数据离散性较大，与理论认识存在一定差异。产生该问题的原因可能与室内K_0试验的垂向荷载作用方式及实际有所差异。而野外钻孔中K_0试验的旁压试验、扁铲试验使用较少。因此，在上述室内土工试验的基础上，考虑到饱和黄土具有塑流性、钻孔缩孔严重的特点，主要采用现场钻孔监测土压力的测试方法对黑方台饱和土体的土压力进行实时监测，真实反映侧压力在滑坡形成中所起的作用。

土侧压力野外现场监测的试验是在钻孔中安放土压力盒及传感器，后在孔内填满细砂，当钻孔周围塑流性饱和黄土在侧压力作用时，向钻孔方向位移而不断缩径，短时间内则对垂直安放的土压力盒产生水平向的土压力，通过无线传输系统对其进行连续自动监测。当土压力盒安装完成且周围土压力调整一定时间后，则基本消除了钻孔施工对土压力的扰动和影响，达到天然稳定的土压力状态，通过长时间的连续自动监测，最终获得的土压力观测数据更具真实性、代表性和可靠性。

为了定量分析黑方台灌区饱和土体的侧压力对滑坡的影响作用，在距2015年4月29日罗家坡滑坡西侧约160 m的试验基地内，分别布设1个52 m深的土侧压力监测孔和1个40 m深的水位监测孔，监测黑方台台缘区饱和土体不同深度的侧压力及水位变化，实时获取监测数据。在土侧压力监测孔中自上而下共布置14个智能土压力盒传感器（型号：JMZX-5040A），布置深度分别为14 m、17 m、18 m、20 m、21 m、23 m、26 m、29 m、32 m、35 m、39 m、42 m、45 m、48 m。土压力盒按布置深度竖直固定于钻孔中槽钢的外侧面，与所监测的水平向土侧压力方向垂直，钻孔采用细砂均匀回填（图10-46）。

图10-46　侧压力监测仪器与安装

2.监测结果分析

从2015年9月开始监测，总体监测时间超过7个月。监测数据显示，钻孔中饱和黄土侧压力快速作用于土压力盒，在开始监测后的10 d左右，每个土压力盒的土压力观测数据均基本趋于稳定，其后增幅甚微。监测数据揭示的黑方台台缘区黄土层中的土侧压力分布如图10-47所示。

从土侧压力随钻孔深度的变化曲线可以看出，在10～23 m深度范围内土侧压力很小，所测得的土侧压力基本在5 kPa以内，变化较小；23～48 m范围内土侧压力明显增大，并随着深度的增加，土侧压力基本呈线性逐渐增大，48 m处测得的最大值为233 kPa。从水位监测孔测得的地下水位为23.5 m，即上部23.5 m厚的土体为非饱和黄土，下部27.7 m厚的土体为饱和黄土。由钻孔土压力监测数据可知，非饱和黄土层的土侧压力很小；而饱和黄土层的土压力随着深度的增加逐渐增大。可见，钻孔中所测的黄土侧压力与含水率有很大关系，含水率小于塑限（w_p）时，基本不产生侧压力，含水率大于塑限时，产生明显的侧压力。黄土的侧压力产生与否也可能与黄土的结构强度（无侧限抗压强度）以及本测试方法在不同含水状态土层中的适用性等有关，将有待今后进一步专门研究。

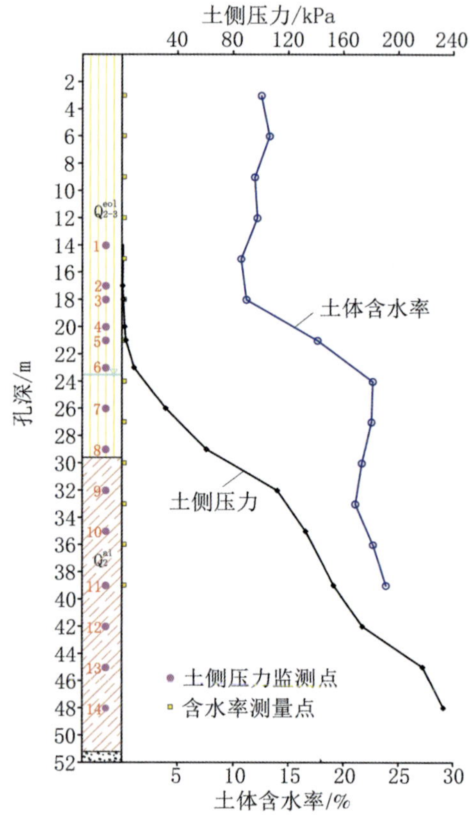

图10-47　土侧压力、含水率随深度变化曲线

滑坡后部土体对滑体产生的是静止土压力（E_0），还是主动土压力（E_a），主要取决于滑坡发育的阶段以及滑坡体的位移大小。前部滑坡体向外位移相当于挡土墙外移，当位移<0.004H时，产生静止土压力；当位移>0.004H时，产生主动土压力。由于滑坡形成初期的缓慢位移，以及饱和黄土层的高塑流性，后部饱和黄土产生的土压力可能介于二者之间，随着滑坡的变形发展，一般分析认为可能是从较大的静止土压力逐渐变为较小的主动土压力。当滑坡剧滑后，作用于滑坡体上的土压力则逐渐消失（图10-48）。

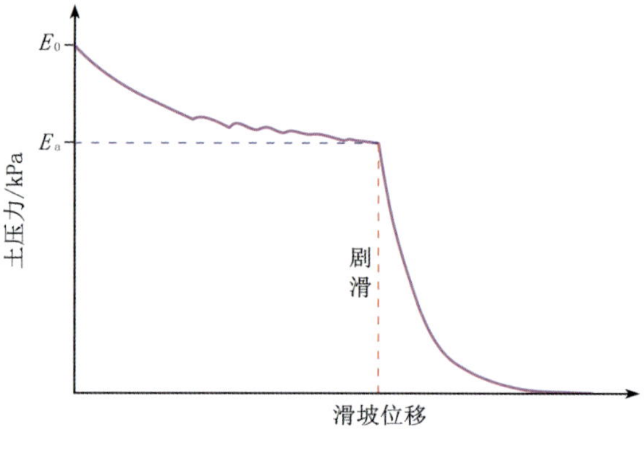

图10-48　滑坡后部土压力与滑坡位移的变化关系

10.3.3　考虑土侧压力的滑坡稳定性实例分析

1.黑方台党川段典型黄土层内滑坡

由第8章可知，黑方台地区发育的黄土层内滑坡具有滑距长、破坏性强、突发性等特点，同时具有同一地点的继发性和多发性等特点。主要原因是在一次滑坡发生后，滑坡后壁高陡，再次形成临空面，坡体下部黄土层仍处于饱和软化状态，在自重、侧压力及超孔隙水压力综合作用下，后缘坡体变形破坏，再次发生滑坡，形成同一地点多期多次滑坡的特征。

相对于一般黄土滑坡而言，灌溉引发的黄土层内滑坡后壁位置距台缘边较远，在平面上形成明显的向台塬内延伸的凹槽形状，下部常有地下水渗出（图10-49）。

近年来，黑方台党川段是黄土层内滑坡的高发地段，已发生滑坡约20次。2015年4月29日党川村罗家坡同一斜坡处连续发生2次大规模黄土滑坡。滑坡总体积约6.5×10^5 m³，最大滑距630 m。2017年2月19日凌晨罗家坡段发生滑坡（“4·29”滑坡点以东100 m处），滑坡总体积约2.6×10^5 m³，滑距约400 m。2017年10月1日又连续发生3次滑坡。

图10-49　滑源区凹槽形状与地下水

在上部黄土层自重压力的作用下，下部厚20余m的饱和黄土软弱基座向外侧产生塑性流变，并导致上部低含水黄土出现拉裂和下错，裂缝从下向上发展，下错更为明显。黑方台黄土层内滑坡是由非饱和黄土和饱和黄土两种物理力学性质差异较大的土层组成的层状结构滑坡，已不是一般概念上的纯黄土滑坡，下部饱和黄土层的整体塑性流动变形是其控制因素。因此，黑方台黄土层内滑坡的滑面特征并非圆弧形，而是下缓上陡的两段式，整体呈L形折线，转折点位于饱和黄土与非饱和黄土的界面附近；下部坡体变形发生在饱和黄土层内，并受其控制，初期为饱和黄土层的整体塑性流动变形，并非一个理想的面或带，随着饱和黄土结构强度的破坏和丧失，最终发展为较为平直的滑面，坡度15°左右；上部滑壁坡度60°左右，较为陡直，也可能受到黄土垂直节理的控制。

2.“4·29”罗家坡滑坡滑前稳定性分析

根据2015年“4·29”罗家坡黄土滑坡现场勘查资料分析，滑体主要由第四系黄土、冲积粉土组成，滑面并非圆弧形，而是呈上陡下缓的L形折线。因此，采用刚体极限平衡法中广泛应用的传递系数法，分别计算一般工况下考虑后部土侧压力作用和不考虑后部土侧压力时滑坡前斜坡的稳定性。考虑后部土侧压力时，其计算公式为：

$$F_s = \frac{\sum_{i=1}^{n-1}\left(R_i \prod_{j=i}^{n-1}\psi_j\right) + R_n}{\sum_{i=1}^{n-1}\left(T_i \prod_{j=i}^{n-1}\psi_j\right) + T_n} \tag{10-1}$$

$$\psi_j = \cos\left(\theta_i - \theta_{i+1}\right) - \sin\left(\theta_i - \theta_{i+1}\right)\tan\varphi_{i+1} \tag{10-2}$$

$$R_i = \left(G_i\cos\theta_i - E_i\sin\theta_i\right)\tan\varphi_i + c_i L_i \tag{10-3}$$

$$T_i = G_i\sin\theta_i + E_i\cos\theta_i \tag{10-4}$$

公式中，F_s为稳定系数；R_i为作用于第i块段的抗滑力（kN/m）；T_i为作用于第i块段滑动面上的滑动分力（kN/m）；ψ_j为第i块段的剩余下滑力传递至i+1块段时的传递系数（$j=i$）；θ_i为第i块段滑动面与水平面的夹角（°）；φ_i为第i块段土的内摩擦角（°）；c_i为第i块段土的内聚力（kPa）；L_i为第i块段滑动面长度（m）；G_i为第i块段滑体重力（kN/m）；E_i为作用于第i块段的土侧压力（kN/m），当不考虑土侧压力时，该值取0。

结合滑坡前1∶1 000地形图，绘制“4·29”罗家坡滑坡滑前斜坡地质剖面图（图10-50），作为稳定性计算剖面。

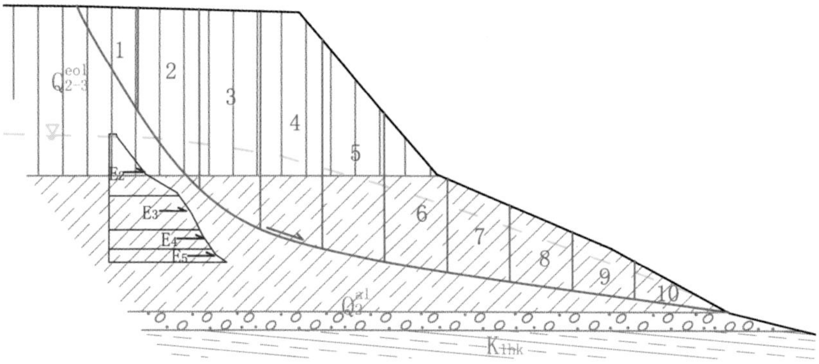

图10-50　罗家坡滑坡前斜坡稳定性计算剖面简图

稳定性计算中的有关参数是根据该斜坡的岩土体组成，参考了黑方台有关岩土体抗剪强度试验值，合理选取和综合确定。根据钻孔中侧压力观测数据，对应于罗家坡斜坡剖面图10-50，侧压力主要分布于下部饱和土层内。因此，首先对侧压力主要作用的2～5条块进行侧压力计算分析（表10-5），然后将侧压力作为作用于相应条块的一项水平作用力，代入上述稳定性计算公式，计算出原斜坡的稳定性（表10-6）。

表10-5　作用于罗家坡斜坡的侧压力计算表

条块编号	垂直厚度/m	上部侧压力/kPa	下部侧压力/kPa	平均侧压力/kPa	作用于滑坡的侧压力/(kN/m)
2	10.0	12	116	64	640.0
3	5.4	116	148	132	712.8
4	3.2	148	168	158	505.6
5	2.1	168	192	180	378.0
合计					2 236.4

表10-6　罗家坡斜坡稳定性计算表

条块编号	条块重量/kN	滑面长度/m	滑面倾角α/°	内聚力c/kPa	内摩擦角φ/°	侧压力/(kN/m)	累计抗滑力/(kN/m)	累计下滑力/(kN/m)	稳定系数F_s（不考虑/考虑侧压力）
1	1 413.6	20.5	60.5	20.0	30.0		811.9	1 230.3	
2	3 886.8	16.5	52.3	15.0	25.0	640.0	1 750.8	4 211.3	
3	5 245.6	10.5	28.5	15.0	17.0	712.8	2 326.2	5 836.5	
4	5 735.4	10.5	13.8	15.0	17.0	505.6	3 439.5	6 560.8	
5	4 597.8	10.5	12.0	15.0	17.0	378.0	4 567.5	7 450.5	

续表10-6

条块编号	条块重量/kN	滑面长度/m	滑面倾角 α/°	内聚力 c/kPa	内摩擦角 φ/°	侧压力/(kN/m)	累计抗滑力/(kN/m)	累计下滑力/(kN/m)	稳定系数 F_s（不考虑/考虑侧压力）
6	3 129.6	10.3	9.3	15.0	17.0		5 595.4	7 840.7	
7	2 249.4	10.1	8.2	15.0	17.0		6 393.7	8 114.0	
8	1 815.0	10.1	8.1	15.0	17.0		7 091.2	8 365.4	
9	1 320.0	10.1	8.0	15.0	17.0		7 638.5	8 544.7	
10	775.5	15.2	8.0	15.0	17.0		8 101.3	8 652.6	1.12/0.94

从稳定性计算结果可以看出，在不考虑侧压力作用的状态下，斜坡的稳定系数为1.12，处于基本稳定状态；考虑侧压力作用的状态下，稳定系数为0.94，斜坡不稳定，将失稳滑动。可见，饱和黄土中的侧压力对“4·29”罗家坡滑坡的形成有重要影响。作用于台缘外部斜坡的侧压力总值为2 236 kN/m，相当于常用截面1.8 m×2.4 m抗滑桩抗滑能力的2倍，由此表明侧压力作用在饱和黄土滑坡形成中的作用不可忽视。

永靖县二房台、兰州市西固区扎马台的地质环境条件与黑方台类似，分别属湟水河、黄河右岸四级阶地，台塬面宽500～1 000 m，平坦开阔，覆盖有厚层第四系黄土，是发展农业的良好地段，多年来还在进行大面积农业灌溉，水体的长期大量入渗软化作用，在高差100多m的台缘引发了多次黄土滑坡灾害，威胁村庄、输气管道等安全，其成因也可能与下部饱和黄土中的侧压力有关。

另外，尾矿库中排放的尾矿体固结成度低、含水率高，可产生较大的侧压力，对尾矿库边坡产生不利影响。如2022年3月27日发生的山西省交口县某铝业公司的尾矿库滑坡，其滑体含水率高，滑壁后部尾矿体下沉开裂严重。尾矿库区高含水尾矿产生的侧压力作用也可能是该尾矿库滑坡形成的重要因素之一。

10.4　高速远程滑坡块体间的冲撞加速作用机理

高速远程滑坡滑动速度快，滑动距离远，破坏范围大，危害严重。高速远程滑坡的形成机理复杂多样，是当前滑坡研究中极为关注的问题之一。国内外许多学者从不同方面进行研究，提出了碎屑流、气垫效应、高势能、峰残强度效应、启程剧动、饱和滑带土滑动液化等多种形成机理。但至今对其形成机理还处在假说阶段，尚未形成公认的理论。甘肃高速远程滑坡时有发生，常常造成重大人员伤亡和经济损失。洒勒山滑坡是典型的特大型高速远程滑坡，集多种形成机理于一身，非常具有代表性和特殊性。作者20世纪80年代通过长期调查认为，洒勒山滑坡形成高速远程滑动的重要机理之一是滑坡块体间的冲撞加速和能量传递。

据有关资料显示，这种作用现象在大型高速远程滑坡中较为普遍，并提出了类似的观点。如Heim最早在调查瑞士Elm滑坡时，就提出滑体的运动类似于“接力赛”，后部滑体的动能通过挤压撞击不断传递给前部滑体，使得前部滑体获得能量后继续向前运动。Eisbacher对加拿大西北部Mackenzie Mountain的众多高速远程滑坡-碎屑流研究发现，滑体高速运动过程中，前、后颗粒间频繁碰撞所引起的动量传递作用是实现滑体远程运动的重要原因，后部碎屑物质把能量传递给前部碎屑，停止运动，而前部接受能量的碎屑物质继续向前运动，因此，这种运动方式比滑体作为一个整体运动的距离更长。T.R.Davies认为在整个高速远程滑坡运动过程中块体碰撞和能量传递普遍发生，接受能量的部分会高速向前运动。刘传正研究员认为，2010年6月28日发生的贵州关岭大寨村滑坡-碎屑流和2016年9月28日发生的浙江遂昌县苏村崩塌-滑坡，均存在前后块体间的冲击碰撞。

近年来，滑坡块体间的冲撞加速和能量传递机理已是较为公认的高速远程滑坡形成的宏观力学理论之一。本节结合酒勒山滑坡资料，就此滑动机理做重点探讨。

10.4.1　滑坡速度与高速远程滑坡

1.滑坡速度及高速滑坡

自然界中，滑坡的滑动速度变化很大，千差万别。有的滑坡长期缓慢蠕动，每年只滑移数毫米至数厘米，肉眼难以察觉变形破坏情况，须借助仪器观测或根据累积观测资料判定。有的滑坡则突然发生，滑速可达每秒几十米，据资料，世界上最快的滑坡速度可达278 m/s。高速滑坡以迅雷不及掩耳的排山倒海之势而来，所到之处，摧毁一切。有关滑坡滑速等级分类国内外有多种方案（表10-7）。

表10-7　滑坡滑速等级分类方案对比表（据张倬元等）

滑速等级	Varnes（平均速度）	IAEG滑坡委员会（最大速度）	滑速档次（最大速度）		
			档次	等级	备注
			高速	超高速＞25～30 m/s	可能转化为碎屑流
极快的	3 m/s	5 m/s		极高速＞10 m/s	
				高速＞5 m/s	一般人奔跑速度
很快的	0.3 m/min	＞3 m/min	快速	很快的＞1 m/s	
快的	1.5 m/d	＞43 m/d		快速＞1 cm/s	
				次快速＞1 mm/s	人有直接感觉
中等的	1.5 m/mon	＞13 m/mon	中速	中速＞1 mm/min	
				次中速＞1 mm/h	可察觉变形破裂情况
慢的	1.5 m/a	＞1.6 m/a	慢速	慢速＞1 mm/d	
很慢的	0.06 m/a	＞0.016 m/a		很慢的＞0.016 m/a	仪器判定或根据累积
极慢的		＜0.016 m/a		极慢的＜0.016 m/a	变形破裂迹象识别

目前，高速滑坡的滑速下限大多以IAEG滑坡委员会确定的5 m/s滑速为标准。国际上也有观点认为高速滑坡的速度下限为10 m/s、20 m/s等。主要原因：一是缺乏足够的高速

滑坡的观测数据；二是用来确定滑速下限的目的有所不同。3 m/s、5 m/s的滑速主要参照多数人在滑坡灾害发生时的现场逃离速度，对滑坡灾害避险有指导意义，比较合理。滑速＞10 m/s的下限则考虑高速滑坡的特殊滑动机理和效应。这里主要侧重研究一些速度很高的典型滑坡的滑动机理和过程。

2.远程滑坡

自然界滑坡的滑动距离差异也很大，有的滑距仅数米，有的则达数百米至数千米，甚至数十千米，目前已知世界上滑距最大的滑坡是发生于30万年前的美国Mount Shasta滑坡-碎屑流，在近乎水平的地表滑动了约43 km。普遍研究认为滑坡的远程和高速密切关联，一般高速滑动多产生较远的滑动距离，但远程滑坡的概念还不是很清晰。

国际上，一般用等值摩擦系数（equivalent coefficient of friction），即滑体重心垂直位移与水平位移的比值H/L作为判别远程滑坡的标准，当H/L值＜0.6（≈tan32°，为国际公认的岩质材料摩擦系数经验值）时，即为远程滑坡。实际应用时，滑动前后滑体的重心难以及时准确确定，这个判别标准也不适用于土质滑坡。另外，还有利用滑源区最高点至堆积区最前缘连线与水平线夹角的正切值＜0.33（≈tan18.3°）作为判别远程滑坡的标准。在国内，刘传正研究员也建议将滑坡源区最高点至堆积区最前缘连线与水平线夹角的正切值＜0.4作为判别远程滑坡的标准，这对滑坡致灾范围预测有重要的实际意义。而在黄土地区许多滑坡发生的斜坡坡度很缓，即使很小的短距离滑动也可满足＜0.33的标准，但实际并非远程滑动。如2019年9月14日发生的通渭县常河镇前进砖瓦厂黄土-红层接触面滑坡，体积约8×10^6 m³，滑坡前后缘高差120 m，长670 m，二者之比为0.179，远＜0.33，而实际最大滑距只有40～50 m。

徐峻龄等提出了远程滑坡的衡量指标（图10-51），L_a为滑坡发生后在原斜坡前方平坦开阔地面上滑坡堆积物的堆积长度，L_b为原斜坡前方堆积的滑体物质于滑坡发生前在原斜坡上分布范围的水平投影。若

$$\frac{L_a}{L_b}=S'\geqslant(1.5\sim2.0) \qquad (10\text{-}5)$$

则认为是远程滑坡。

实际上，L_b的概念和意义不明确，不易确定，与远程滑坡形成的关系也不密切。因此，用式（10-5）来划定远程滑坡存在一定问题和难度，更不便于滑动前进行滑距预测。

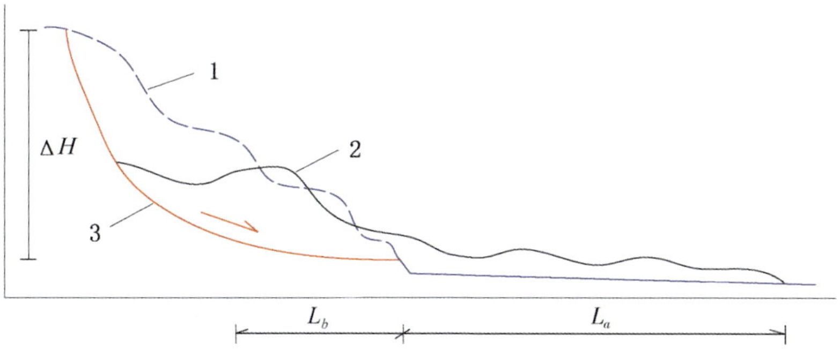

1—滑动前地面线；2—滑动后地面线；3—滑动面。

图10-51　远程滑坡衡量指标示意图(据徐峻龄修编)

根据黄土地区近年发生的一些较为公认的远程滑坡资料（表10-8），用滑坡前后缘之间的高差ΔH代替L_b，若

$$L_a \geqslant 2\Delta H \tag{10-6}$$

则为远程滑坡。

ΔH和L_a的概念和意义明确，很容易确定，便于滑坡发生前进行危害范围预测和确定。式（10-6）说明滑坡前后缘高差ΔH越大，滑动势能越大，滑坡的水平滑动距离L_a将越大，其危害范围也越大，符合能量转化定理。当然，二者之间的比例系数取2，仅是根据甘肃、陕西等地已发生的公认的远程滑坡资料初步统计而来，还有待进一步探讨。

表10-8　国内一些远程滑坡的特征值统计表

滑坡名称	发生时间	体积/m^3	滑坡类型	H/m	L_a/m	L_a/H
东乡县洒勒山滑坡	1983年3月7日	3.1×10^7	黄土-泥岩切层	310	1 090	3.52
宝天铁路K1357处滑坡	1981年11月29日	6×10^5	黄土	180	400	2.22
天水市麦积区潘集寨滑坡	2001年9月12日	5×10^5	黄土	80	300	3.75
东乡县大房滑坡	1995年9月1日	6×10^6	黄土	200	550	2.75
永靖县黑方台碳化硅厂滑坡	1999年3月12日	5×10^5	黄土	60	500	8.3
永靖县黑方台焦家3#滑坡	1996年2月13日	4×10^5	黄土	60	500	8.3
永靖县黑方台焦家滑坡	2015年1月29日	1.05×10^5	黄土	60	460	7.67
永靖县黑方台党川罗家坡东滑坡	2017年2月19日	1.4×10^5	黄土	50	370	7.4
永靖县黑方台焦家泵站西滑坡	2019年2月28日	2.2×10^5	黄土	60	400	6.67
天水锻压机床厂滑坡	1990年8月11日	1.8×10^6	黄土	80	155	1.94
青海黄河查纳滑坡	1943年2月7日	1.6×10^8	坚硬黏性土	500	2 600	5.2
陕西关中蒋刘滑坡	1984年12月2日	1×10^6	黄土	80	240	3.0
陕西泾阳东风滑坡	2003年7月23日	9.96×10^5	黄土	72	252	3.5
陕西泾阳大堡子滑坡	2012年4月10日	2.06×10^5	黄土	70	210	3.0

10.4.2　高速远程滑坡事例及块体间的冲撞现象

1.历史上的高速远程滑坡事例

历史资料记载的滑坡中，有一些属高速或高速远程滑坡。如：公元1505年，临夏县沙子沟发生一岩质滑坡，滑移8里，滑坡所到之处，田地、房屋和人畜皆被埋没。公元1642年（明崇祯十五年）秦州虎头山崩，山下关家庄埋压无遗，唯一佛寺移数里外一椽未损，视为奇观。公元1665年（清康熙四年）秋八月河州雷电交加山洪暴发，东乡干头沟二山相合，压没哈剌禅家民七十一口，牲畜无数，独一妇女抱幼子手把马莲草卧于山傍之顶，视之居外莫辨人，以为异事云。强烈地震可引起大量的高速远程滑坡，已在第5章进行了描述和讨论。

历史上发生的有些高速远程滑坡的形貌特征至今清晰可辨。图10-52为广河县城西广通河北岸历史上发生的特大型高速远程滑坡，滑体由北向南直达广通河边，明显分为前后滑体两部分，前部较后部滑距远，滑体前缘滑距达1 500 m，异常地高出两侧河谷阶地15～25 m。图10-53为秦安县叶家堡北山历史上发生的高速远程滑坡，情况与广河县城西滑坡相似。

图10-52　广河县广通河北岸滑坡

图10-53　秦安县叶家堡北山滑坡

2.省内近年来的高速远程滑坡事例

1981年11月29日，陇海铁路K1357处发生黄土滑坡，体积为6×10^5 m^3。该滑坡发生突然，最大滑距达400 m，前缘堵塞了渭河，造成短时断流（图10-54）。

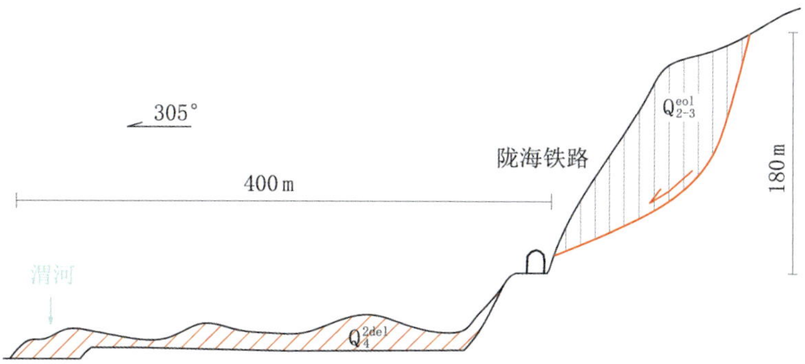

图10-54　陇海铁路K1357滑坡剖面图(据王恭先，略修改)

天水市麦积区潘集寨滑坡位于渭河南岸的G310线边。2001年9月12日8时40分滑坡大规模下滑，土方量达$5×10^5$ m^3。因高速滑动，近一半滑体越过渭河到达北岸，堵塞河道，致使渭河短时改道，滑距达300 m（图10-55）。该滑坡的剪出口高出路面20 m。

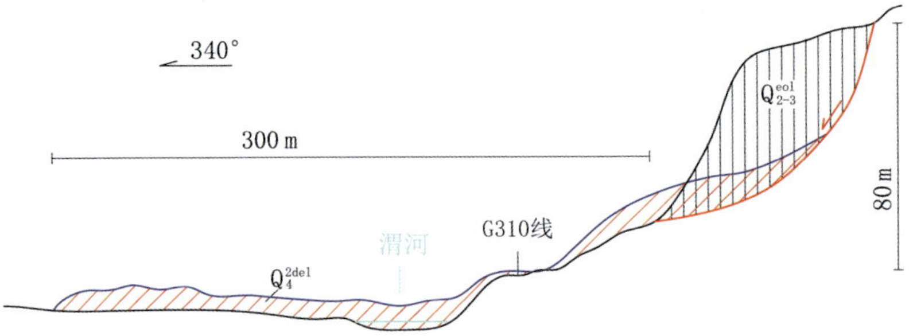

图10-55　G310线潘集寨滑坡剖面图

1995年9月1日，东乡县春台乡大房村发生黄土高速远程滑坡，体积约$6×10^6$ m^3。该斜坡地形上陡下缓，上部黄土首先失稳滑动，以巨大的动能冲击下部坡体高速滑动。滑坡上部的滑距为200～250 m，而前部被冲撞，最大滑距达500 m。前缘部分到达沟底后转向顺沟道滑至下游，堵塞沟道200 m，并形成堰塞湖（2012年9月溃决）（图10-56）。

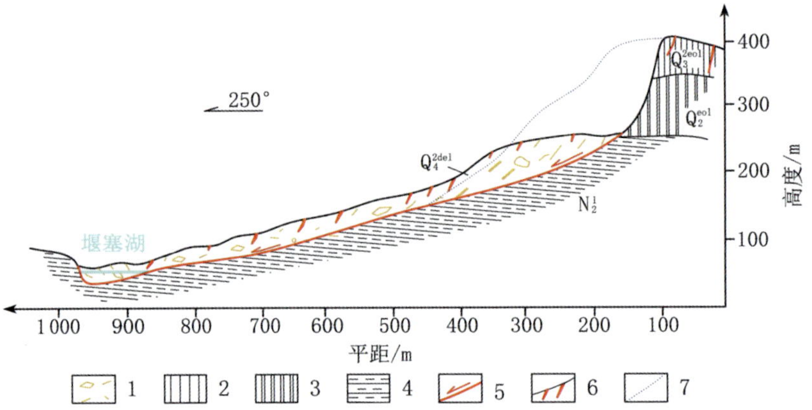

1—滑坡体；2—马兰黄土；3—离石黄土；4—泥岩；5—滑动面；6—裂缝；7—原地面线。

图10-56　东乡县大房村滑坡剖面图

1985年9月17日发生陇海铁路葡萄园1#滑坡。根据滑坡的破坏及滑移特征分析，该滑坡的滑动过程是在长期降水入渗软化的作用下，铁路以北的山体稳定性降低，滑坡体从稍高出路基部位剪出，快速滑动。滑坡体强烈冲击高于南侧地面35 m的路基，并从路基半坡处再次剪出，发生滑动，将铁轨推移百余米远。同时，在原线路位置形成一深约12 m的弧形冲击洼地。路基两侧裂缝非常发育（图10-57，如图1-19）。

3.国内其他高速滑坡事例

1943年2月7日发生在青海龙羊峡的查纳滑坡，体积达$1.6×10^8$ m^3，最高滑速达到40 m/s。滑坡的分块运动特征明显，前部滑体呈碎屑状，后部滑体为块体状，前部滑速快于后部且滑距远，部分滑体越过黄河直达对岸，滑距达2 000～3 000 m。随前部滑体一同滑走的王士臣老汉，在滑动过程中感到2次剧烈滑动，即有2次加速过程，曾昏而复醒，醒而又昏。张成琪等人的多次模拟试验也证实该滑坡前部滑体有二次加速现象。所有这些都说明查纳滑坡滑动过程中存在前后块体之间的冲撞加速和能量传递作用。

1974年7月8日云南省昭通老寨堡也曾发生非常类似的滑坡。仅2.6级的地震导致了村南山崖发生崩塌，新发生的崩塌体撞击在其下的老崩塌体上，连同老崩塌体上的村庄一起顺坡向下滑动，造成全村73人遇难，仅住在崩塌体外的一户人家幸免躲过此劫。

2000年4月9日西藏波密发生的易贡高速特大型滑坡，历时约10 min，滑距约8 km。其主要滑动过程是：上部高陡的基岩体首先失稳，高速崩滑而下，崩滑体猛烈冲击碰撞下部的冰水堆积物和老滑坡体，将巨大的动能传递于其上，使其高速抛射入江，由于空气的浮托作用，高速堆积体具有“飞行”的特点。

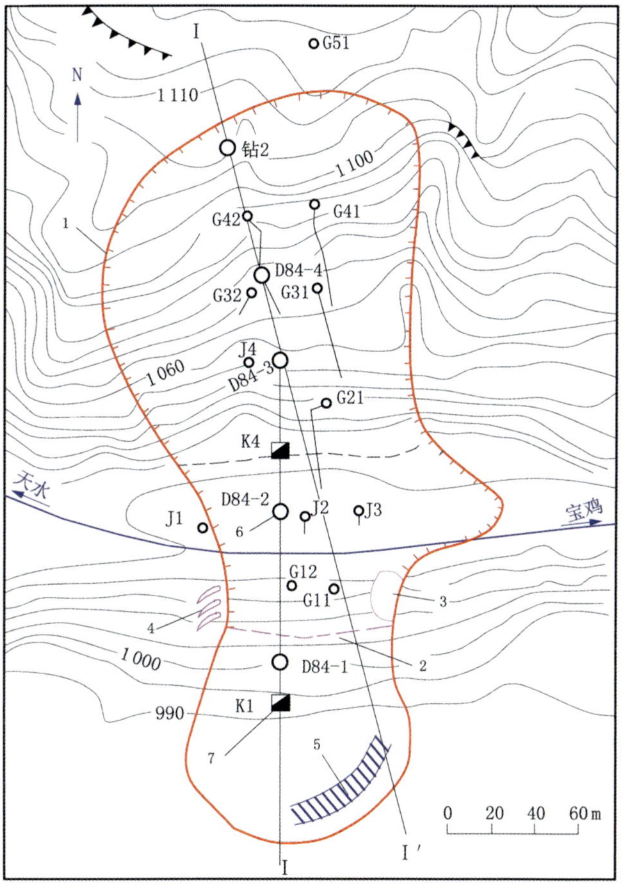

1—滑坡周界；2—滑坡剪出口；3—隆起的土丘；4—羽状裂缝；5—破坏的铁路；6—钻孔；7—探坑。

图10–57 葡萄园1#滑坡平面图（据徐峻龄修编）

2004年12月3日，贵州省纳雍县鬃岭镇左家营村岩脚寨后山灰岩陡崖危岩体发生崩塌。高40 m，宽35 m，厚3 m，体积仅4 000 m^3的崩塌体冲击碰撞了山下土坡，使大量土坡和崩塌体一起向前水平滑动约500 m。压埋了岩脚寨部分村民院落，死亡44人，受伤13人，造成特大型地质灾害。此类崩塌–滑坡灾害在贵州上陡下缓的山区发生频繁。

从以上高速滑坡的事例可以看出，滑坡体宏观分块滑动现象在高速滑坡中普遍存在，且各块体间的滑速有较大的差异，滑动过程中各宏观块体间相互冲击碰撞，进行能量传递，往往使前部滑体获得更大的能量和速度，滑动更远。

2001年7月1日，涩北—西宁—兰州输气管线兰州西固吊岭沟上山段近南北向管沟开挖时引发黄土–红层顺层滑坡（图10–58）。按滑体的滑移与变形特征，吊岭沟滑坡明显分为上部滑体和下部滑体两块。下部岩质滑体首先沿软弱泥岩层面发生明显滑动，体积约5 000 m^3，最大滑距15 m。滑体强烈挤压与滑动方向近于平行的正在输气的兰州市煤气管道，使其变形量达1.54 m。上部陡坡段黄土滑体后缘出现弧形裂缝，宽0.2～0.4 m，下错0.3 m，基本贯通。因下部滑体的滑动，上部滑体前部形成高5 m，长20 m的临空陡坎，滑体已失去支撑，后部出现数条断续延伸的裂缝，稳定性很差，岌岌可危。一旦上部滑体失稳滑动，将对下部滑体产生剧烈冲击碰撞，使其再次发生滑动，对煤气管道的威胁十分严重。及时采取滑体锚固和管沟回填支撑措施进行了应急处置，防止了上部滑体的再次滑动。该滑坡为认识滑坡宏观块体间的差异滑动过程，相互冲击碰撞和能量传递机理提供了典型地质模型。

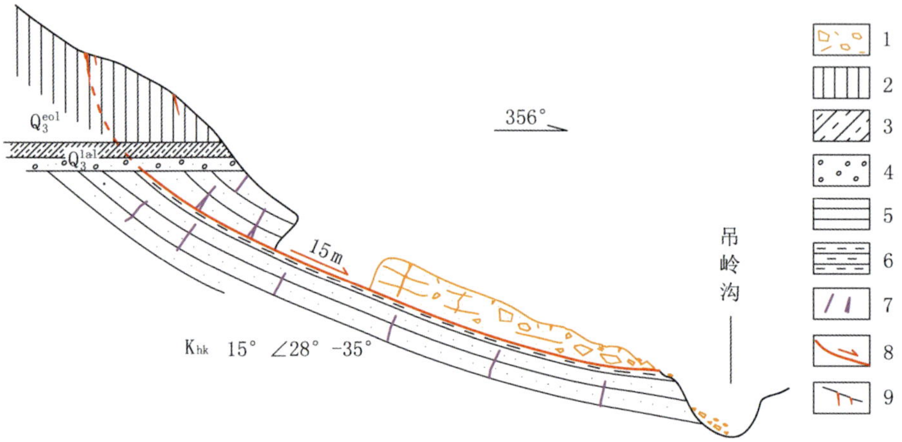

1—滑体；2—马兰黄土；3—粉质黏土；4—卵石；
5—砂岩；6—泥岩；7—节理；8—滑动面；9—裂缝。

图10-58　兰州吊岭沟滑坡剖面图

10.4.3　洒勒山滑坡的高速远程滑动机理

1.洒勒山滑坡的滑动特征

速度快、滑程远是洒勒山滑坡的主要特征之一，在不到1 min的时间内，滑坡急剧启程滑动，直冲河对岸，最大滑距达1 060 m，平均滑速近20 m/s，为高速远程滑坡。

洒勒山是由三级台阶构成的相对高差达321 m的阶梯状斜坡，平均坡度20°左右，上部最陡处可达45°以上。前部巴谢河河谷宽700～900 m，主要由Ⅰ、Ⅱ级阶地及河漫滩组成，平坦开阔，为洒勒山高速远程滑坡的形成提供了必要的地形条件和滑动势能。

根据洒勒山滑坡结构、滑动方式的差异，滑体可分为：后部块体滑动区（Ⅰ）和前部碎块滑动区（Ⅱ）；后者又分为西部主滑体（$Ⅱ_a$）和东部次滑体（$Ⅱ_b$）（图10-59）。

通过调查访问滑坡体上房屋、树木等地物滑动前、后的位置，获得其滑动造成的水平和垂直滑移矢量。从滑坡各块体的滑移矢量分析，前部碎块滑动区垂直滑距仅为13～117 m，而水平滑距却长达370～1 090 m；后部块体滑动区垂直滑距达200 m左右，但水平滑距仅为250 m，二者之间的滑动特征具有明显差异，并且前、后滑体间有一较宽的拉张区和80 m左右高的陡坎，地形上前、后滑体较为分明。为什么滑动势能较低的前部斜坡的水平滑动距离远大于滑动势能较高的后部斜坡的水平滑动距离呢？一般滑坡整体滑动的高速远程理论难以解释。在综合分析滑坡启程滑动方式，前、后两滑体区岩土体结构完整性、地形高程明显差异，以及滑坡体两侧滑程250 m一带侧向羽状剪张裂隙发育等其他现象的基础上，分析认为：洒勒山滑坡的失稳滑动过程中，存在前、后滑体间冲击碰撞，引起滑动能量传递、滑动速度转化的加速作用机理。

2.洒勒山滑坡高速远程滑动机理

由第9.3节分析可知，洒勒山滑坡是在自重应力、地下水等的作用下长期累进性发展，最终使泥岩锁固段突然破坏的结果。在滑坡形成过程中，坡脚处的蠕变程度相对强烈，加之在斜坡西部的几个冲沟中人为筑坝蓄水，使其岩土受到长期软化作用，加速了蠕变进程，从而导致在坡顶及古滑坡后缘出现拉张裂缝。后者的不断发展，当达到新近系临夏组第四段底部砾岩含水层时，地下水沿裂缝进入破坏区，加剧了锁固段的破坏。这样前部斜坡受到上述两种水体的软化作用，使其稳定性大幅降低，结果前部斜坡首先失稳滑动（滑坡开始时有村民也看见前部斜坡先滑动）。由于前部斜坡滑动，使后部斜坡更加临空，抗滑力更加降低，锁固段泥岩上应力更加集中，长度更加变短，迅速达到临界长度而瞬时破坏，整个后部斜坡完全失稳，紧接着急剧滑动。

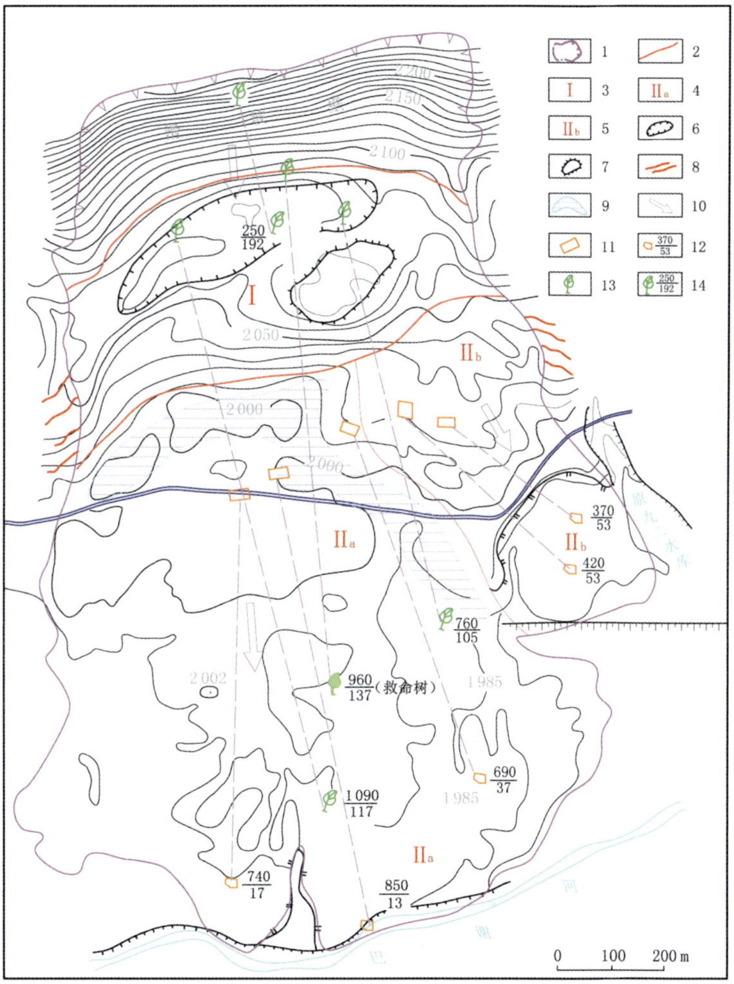

1—滑坡周界；2—分区界线；3—后部块体滑动区；4—西部主滑体；5—东部次滑体；6—滑坡洼地；7—滑坡鼓丘；8—羽状裂缝；9—拉张区；10—滑向；11—滑前房屋位置；12—滑后房屋位置；13—滑前树木位置；14—滑后树木位置。

图10-59　洒勒山滑坡形态及地物位移矢量图

首先滑动的前部斜坡开始时的滑速不是很快，当有人发现滑坡时，还可从其中部逃出，而后部滑体的速度一开始就很快。首先，后部斜坡高陡有很大的重力滑动势能，且滑面较陡，便于快速释放。再者，最后破坏的锁固段泥岩的内聚力较高，产生了较大的峰残强降效应。据试验资料，由于锁固段的破坏，使后部斜坡的抗滑力迅速降低44%～69%（图10-60），从而使后部斜坡处于力的极不平衡状态，向平衡稳定方向发展的动力更大、趋势更强、速度更快。这样后部斜坡一旦失稳，便获得了一个较大的启动加速度，沿陡立的滑面快速启动下滑并不断加速，向前冲去。不久，在滑距210 m左右时，追上前部滑体，两者发生碰撞，将其巨大的能量传递给前部滑体，各滑体滑动速度瞬时发生突变。其前部滑体因冲击碰撞获得能量，滑动速度突然大增，并继续向前滑动。而后部滑体自身因能量损失，滑速降低，不久后便停止滑动。

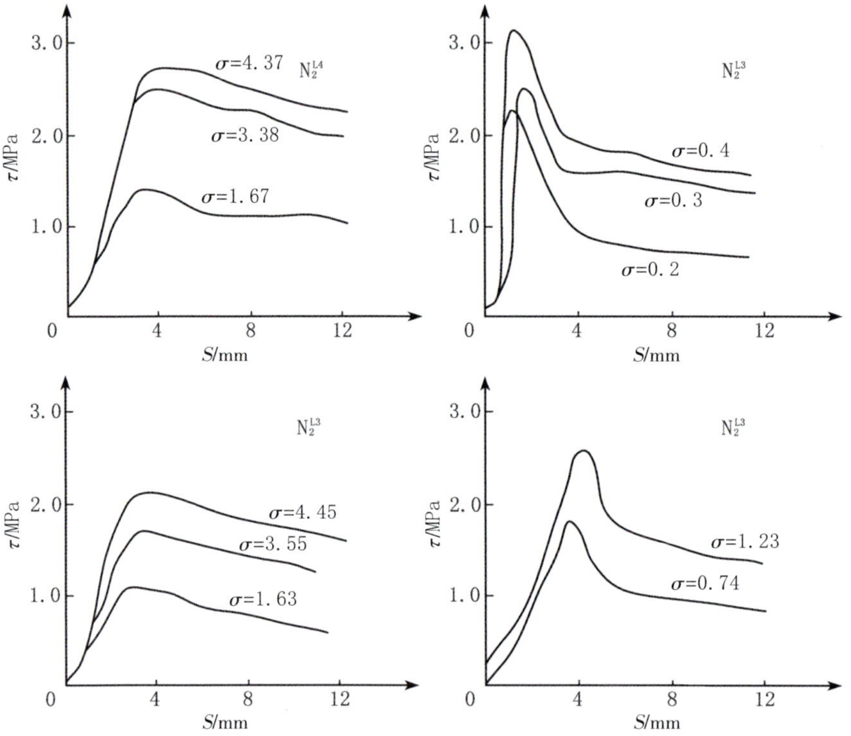

图 10-60　临夏组泥岩剪应力-应变曲线

由于滑速的差异，在前、后两滑体之间形成一拉张区，并在地形、滑体结构等方面产生明显差异。由于巨大的冲击作用，出现了在碰撞处两侧斜坡部位产生大量羽状剪张裂隙，以及在滑动22.5 s时滑坡引起的地震动波幅增强的现象。

调查发现，前部碎块滑动区的西部主滑体和东部次滑体的滑动方式、方向、距离等也有明显差异。前、后滑体碰撞使西部主滑体获得很高的速度继续沿开阔的河漫滩向南滑动并逐步解体和堆积。河漫滩表层黏性土因冬季冻结储存了大量水分，3月初正值春融和春灌时期，表层土体含水率高。在这段滑动过程中滑带土可能发生液化，滑动后在西部主滑体的边缘发现了高含水滑带土的液化塑流现象（图10-61）。另外，由于滑体的高速滑动，在滑动面附近产生了巨大的摩擦热能，使黏性滑带土中的水分汽化并封闭于其中，形成大面积的气垫效应，滑带土液化、汽化使滑带摩擦力大幅降低，擎托土体保持高速滑动，也是保持高速滑动的重要原因之一。最终滑过巴谢河对岸，受其Ⅱ级阶地前缘陡坎的阻挡，爬高20余m后才停止滑动。

图 10-61　前部滑动液化的土体

东部次滑体在滑动过程中与西部主滑体相对独立，滑动方式更具特色。东部次滑体的启程滑动时间可能与后部滑体接近，受后部滑体的作用，一开始就获得了较高的滑动速度。在后部滑体高速启动的强大推力和前部较宽Ⅱ级阶地阻拦的综合作用下，前部部分滑体从Ⅱ级阶地后缘快速剪出，越过Ⅱ级阶地，进入空中，大面积压缩底部空气产生气垫效应，使前部部分滑体在空中浮托向前“飞行”300余m，堆积抛撒于九二水库之中。

可见，洒勒山滑坡的滑动过程比较复杂。可总结为如下滑动过程框图（图10-62）。

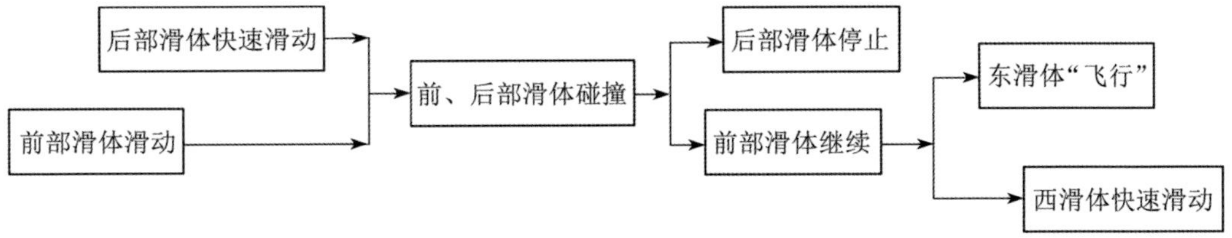

图10-62　洒勒山滑坡滑动过程框图

由上述分析可知，洒勒山滑坡高速远程滑动是在前、后滑体差异性分块启动、宏观块体间冲撞加速作用、滑带土液化和汽化气垫持速效应等机理的综合作用下形成，非常具有特色和典型性。其中，宏观块体冲撞和能量传递加速作用机理还具有特殊性。

10.4.4　洒勒山滑坡滑动过程模拟

根据上述洒勒山滑坡分块启动，块体冲撞加速作用，滑带土液化、汽化，气垫持速效应等特点，结合斜坡工程地质条件，采用潘家铮院士提出的滑速计算公式，并考虑滑体间相互冲撞转化滑速的作用，模拟计算洒勒山滑坡的高速远程滑动过程。计算公式为：

$$a_{i-1} = \frac{\sum\left(\frac{W_i - U_i\cos\alpha_i}{W}\right)D_i - \sum\frac{c_i}{W}\left(D_i\sin\alpha_i + \cos\alpha_i\right) + \sum\frac{U_i}{W}\sin\alpha_i}{1 + \sum\frac{W_i}{W}D_i\tan\alpha_i}g \qquad (10\text{-}7)$$

$$v_i = \sqrt{v_{i-1}^2 + 2a_{i-1} \times \Delta L} \qquad (10\text{-}8)$$

式中：W_i为分条自重（kN）；W为滑体总重（kN）；a_{i-1}为水平加速度（m/s^2）；g为重力加速度，为9.8 m/s^2；U_i为孔隙水压力（kPa）；c_i为内聚力（kPa）；α_i为滑动面倾角（°）；v_i为滑速（m/s）；ΔL为分条宽度（m）。

$$D_i = \frac{\sin\alpha_i - f_i\cos\alpha_i}{\cos\alpha_i + f_i\sin\alpha_i} \qquad (10\text{-}9)$$

式中：f_i为滑带土内摩擦系数。

$$\tan\alpha_i = \frac{\Delta Y}{\Delta X} \qquad (10\text{-}10)$$

按以上公式分别计算前、后滑体的滑速。计算滑动过程是以剖面上的分条宽度ΔL为单位，计算中ΔL取30 m，计算每滑动ΔL时所需的时间、加速度和速度。

根据前述的滑动过程等分析，假定当计算至前部滑体滑距达210 m时，高速滑动的后部滑体追上了前部滑体，并发生碰撞，使各滑体的滑速突然转化，碰撞发生时间为前部滑体滑动后的22 s左右。按动量、能量守恒原理计算碰撞后各滑体的速度。其计算公式为：

$$m_1 \times v_1 + m_2 \times v_2 = m_1 \times v_1' + m_2 \times v_2'$$
$$\frac{1}{2}m_1 \times v_1^2 + \frac{1}{2}m_2 \times v_2^2 = \frac{1}{2}m_1 \times v_1'^2 + \frac{1}{2}m_2 \times v_2'^2 + E + Q \qquad (10-11)$$

式中：m_1为前部滑体质量（kg）；m_2为后部滑体质量（kg）；v_1、v_1'为前部滑体碰撞前、后滑速（m/s）；v_2、v_2'为后部滑体碰撞前、后滑速（m/s）；E为地震动消耗能（J）；Q为摩擦热能及变形能（J）。

然后，将碰撞后各滑体的滑动速度再分别代入滑速计算公式，计算各滑体在以后时段的滑速，直到滑体的滑速为零。其计算结果见表10-9、图10-63所示。

表10-9　东乡县洒勒山滑坡滑速计算结果表

滑体	滑动时间/s	滑距/m	最大滑速/(m/s)	平均滑速/(m/s)	碰撞发生时间/s	碰撞时滑距/m	碰撞前后各滑体滑速(前/后)/(m/s)
前部滑体	60.55	930	32.67	15.36	22.91	210	13.99/32.67
后部滑体	11.94	210	32.68	17.59	22.91	210	32.68/13.44

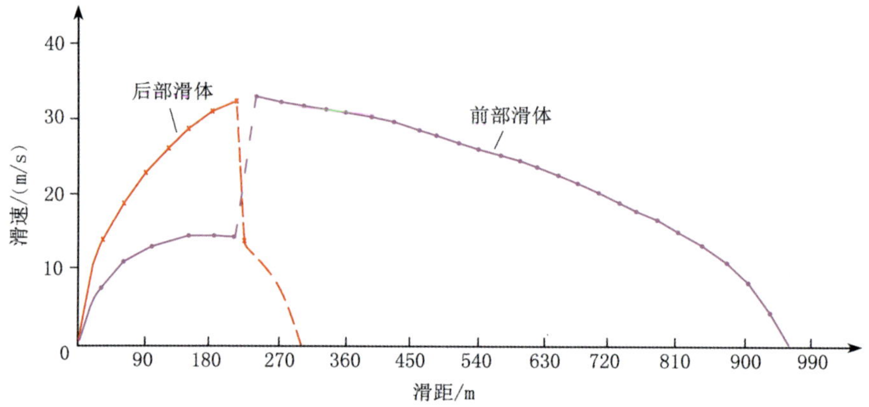

图10-63　洒勒山滑坡滑速计算结果

根据计算结果显示，滑动初期前部滑体的滑速比较小，碰撞前已开始减速，如果没有后部滑体的冲撞加速作用和能量传递，前部滑体绝对不会有其1 000 m左右的滑距，也不会形成远程。据计算，前、后两滑体的质量相当，碰撞后滑速大致交换，最大滑速出现在碰撞时，达32 m/s以上。所计算的滑距和滑动时间与调查访问的资料比较吻合，碰撞发生时间亦与滑坡振动波形中22.5 s时振幅加大的时间一致。特别是，上述计算结果清楚地反映了滑体间相互冲撞加速机理在洒勒山滑坡高速远程滑动中的重要性。虽然上述计算是一个概化了的模型，与实际情况有所出入，但并不影响所研究问题的实质。

近年来，岩土数值计算与仿真技术发展迅速，基于连续介质力学的离散元方法（discrete element method），是中国科学院力学研究所非连续介质力学及工程灾害联合实验室研制开发的一种CDEM数值算法。该方法将有限元与离散元进行耦合，包括弹性模型、塑性模型、断裂模型、蠕变模型、渗流模型等多种模型。不仅可以模拟材料在静、动载荷作用下连续或非连续的变形以及运动特性，还可以实现模拟材料由连续体到非连续体的渐进破坏过程。为此，在综合分析前期研究成果的基础上，采用CDEM软件进一步对洒勒山滑坡主滑体的滑动机制和滑动过程特征进行数值仿真分析。

基于洒勒山滑坡主滑体的工程地质剖面图及滑坡的滑动特征，建立仿真计算模型（图10-64）。CDEM计算中，颗粒与颗粒间、颗粒与块体间的接触模型选用Drucker-Prager模型。计算中考虑自重应力场，左右两侧边界X方向约束，底部设置X、Y方向约束，上部为自由边界。在滑体前部和后部共布设6个监测点，记录相关运动参数，以进行滑体运动特征分析。

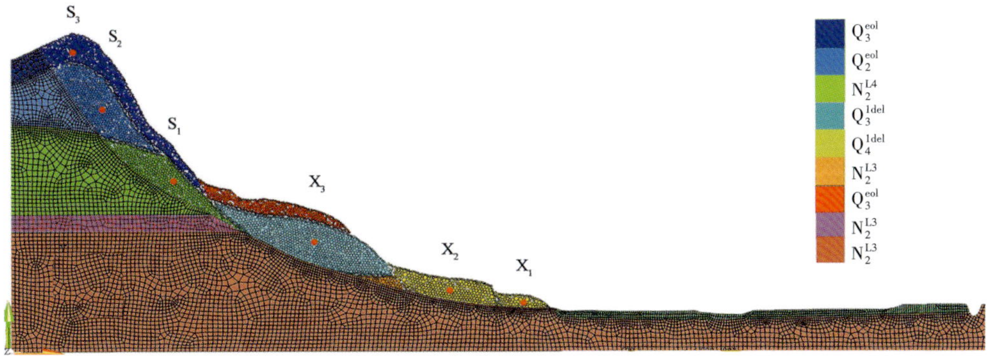

图10-64　计算模型及测点布置

CDEM仿真的洒勒山滑坡主滑体的滑动过程如图10-65所示，结果与实际基本相符。

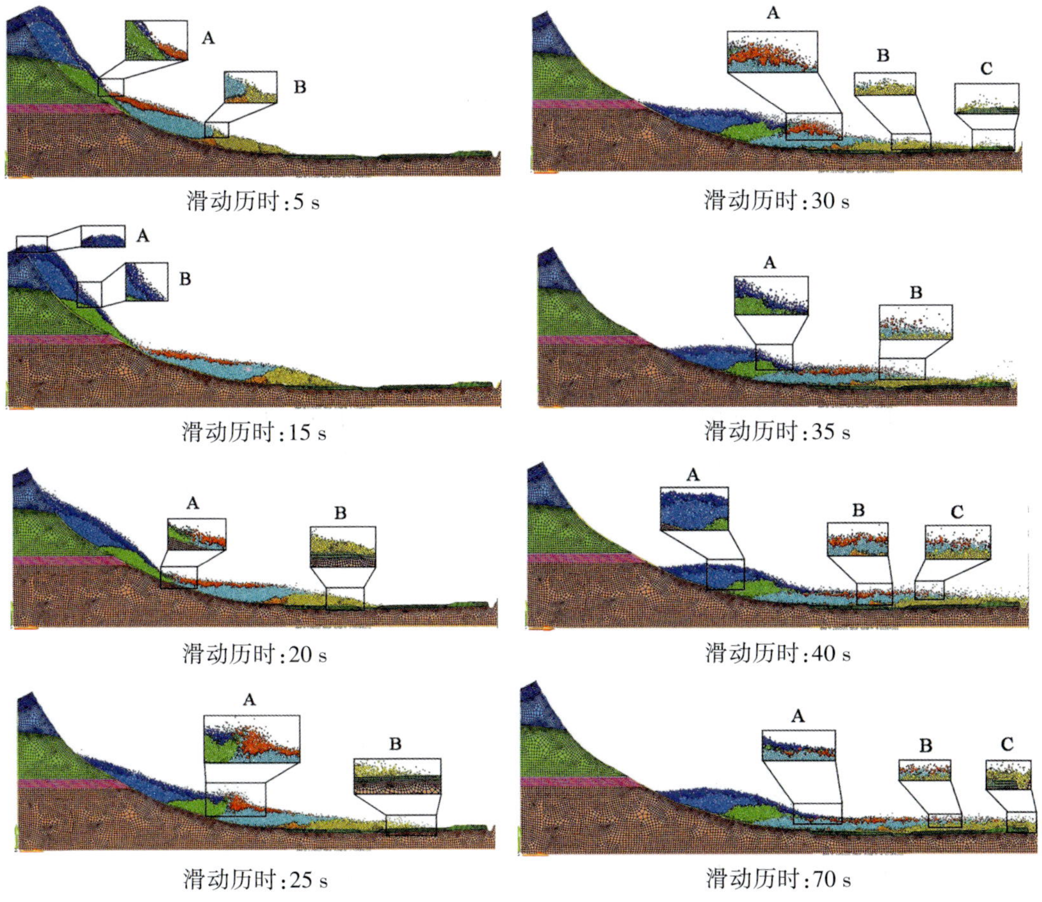

图10-65　洒勒山滑坡滑动过程CDEM仿真结果

这里特别指出，从能量守恒和转化原理出发，滑坡滑动过程中只有宏观块体间发生相互冲击碰撞时，后部滑体将部分能量传递给前部滑体，使前部滑体因受到冲击碰撞而获得更多能量，部分滑体发生了高速远程滑动。对于大多数滑坡，特别是高速远程滑坡在滑动过程中，除了宏观块体间的相互冲击碰撞外，还存在频繁的细观块体间的无序碰撞和变形解体。实际上，滑坡滑动过程中块体的相互无序碰撞并非完全弹性碰撞，是能量消耗过程，是内耗或“内卷”，特别是滑体运动过程中与前部山体的冲击碰撞等更是造成能量的外损，通常不利于滑坡的高速远程滑动。除非滑体间的冲击碰撞如同起到枪的撞针、爆炸物引信的作用，引发其他有利加速滑坡滑动的能量加入，或导致滑面摩阻力的降低。

10.4.5　高速远程滑坡形成的基本条件

高速远程滑坡是在一定的地质环境条件下由多种因素综合形成，根据有关高速远程滑坡的灾害现象和研究成果，其形成的基本条件可概括为：

1.高陡的斜坡地形

形成高速远程滑坡的坡体，相对高差多在100 m以上，有的达200～500 m或更高。如洒勒山滑坡高差321 m，龙羊峡查纳滑坡、龙羊滑坡高差500 m。斜坡平均坡度25°以上，上部更陡，达35°～45°。上陡下缓的高陡斜坡形成的滑坡体规模较大，具有较高的势能，滑动时转化为动能，从而形成高速。Scheidegger在等效摩擦系数计算中，统计的33个高速滑坡的体积多在$1\times10^6\ m^3$以上，有的达数千万立方米。当条件适宜时，小于$1\times10^6\ m^3$的黄土滑坡也可产生高速。如1963年9月发生在陇海铁路宝天段K1358处的黄土滑坡，体积只有$3\times10^5\ m^3$，滑距达400 m；1981年11月29日发生在该线K1357处的黄土滑坡，体积约$6\times10^5\ m^3$，也滑出400 m，使渭河断流；2001年发生在G310线的天水潘集寨崩塌性黄土滑坡，仅$5\times10^5\ m^3$土体下滑，却滑至300 m以外的渭河对岸。干旱少雨的陇中黄土高原地区，土体含水率低，有利于形成高陡的黄土、黄土-红层斜坡地形，储存较大势能，常发生高速远程滑坡。1718年通渭7.5级地震、1920年海原8.5级地震等引起的许多高速远程滑坡，体积有大有小，主要是地震造成黏性滑带土孔隙水压力升高或液化的结果。

2.滑坡剪出口位置较高

滑坡若从当地最低侵蚀基准面以下反翘剪出时，由于前部阻滑力较大，通常不易形成高速滑动。多数高速滑坡的剪出口高于当地侵蚀基准面，并在坡面一定高度处剪出，滑动势能大且释放条件好，利于高速远程滑动。河谷两岸基座高阶地前缘等陡坎处的地质结构为上部是厚层疏松的黄土、黏性土，下部为基岩，滑坡剪出口位置常位于斜坡中部的岩土分界处。如1963年9月发生在宝天铁路的K1358处黄土滑坡、1981年11月29日发生在该线K1357处的黄土滑坡、2001年发生在G310线的天水潘集寨崩塌性黄土滑坡的剪出口都位于高出坡脚20～30 m的岩土界面处。黑方台黄土层内滑坡的高速远程滑动更为典型，剪出口下部高60～70 m，坡度20°左右的陡坡段是形成高速远程滑动的重要地段。

当滑体冲出滑床时，有时可能呈凌空抛物线运动，并在空气中运动的滑体下部形成“气垫效应”而滑动很远，如洒勒山东部次滑体在空中的飞行式滑动。

3.滑坡前方地形开阔

滑坡前方为地形开阔平坦的河谷，使高速滑坡具有较大的运动空间，因而可滑出数百米至数千米，呈波状起伏地堆积于前方较平坦的地面上。如广河县城北山老滑坡和秦安县叶家堡北山老滑坡远程滑动形成的滑体横亘于河谷之中；洒勒山滑坡和宝天铁路K1357处滑坡前方均有较平坦开阔的河谷，黑方台台缘前部为宽300～800 m的黄河Ⅱ级阶地。

当滑坡前方为较开阔平坦且有一定缓倾坡度的地形时，高速滑动的滑坡体可沿缓倾斜坡滑动很远。如东乡县大房村的高速远程黄土滑坡，其前部就是沿坡度为15°的斜坡滑动。黑方台的继发性高速远程黄土滑坡也多沿前部缓坡滑动。

近年来，沿沟道滑动的流滑型远程滑坡也时有发生。若滑坡位于自然沟的沟头，滑坡可沿下游沟道远距离滑动，如祁连山毛藏乡的人字形岩质碎屑流型滑坡和响水河岩质碎屑流型滑坡。斜向沟谷的沟岸滑坡失稳后撞在沟岸而破碎成碎屑流，顺沟运动也可达数百米至数千米。如临潭冶海崩塌-碎屑流。天水伯阳刘家沟等黄土滑坡在降水、地表水的润滑作用下，沿沟道滑动数百米并部分转化为泥流。若沟谷较窄时，滑坡前舌则会爬上对岸山坡相当高度，而后部分再转向沟谷下游运动并堆积，如崇信县切岵滑坡。

4.地层岩性条件

高速滑坡发生的地层，国外多为岩层，且以石灰岩类居多。如意大利的Vojant滑坡（1963年）和加拿大的Frank滑坡（1903年）。国内则岩质滑坡和土质滑坡均有，土质滑坡多数为黄土滑坡、冰碛层滑坡和黄土-红层滑坡。近年来，甘肃高速滑坡主要发生在黄土高原地区的黄土、红层软岩地层中，如洒勒山滑坡、天水锻压机床厂滑坡等。黄土、红层软岩的含水率较低，峰、残强度差异较大，且常呈脆性破坏。当斜坡进入临界状态即将失稳滑动时，锁固段岩土体突然破坏贯通，抗滑力迅速降低，滑体处于力的极不平衡状态，同时还可获得滑床岩体应力状态调整而释放的弹性应变能，开始便以很大的加速度启程高速滑动。

据试验资料，滑面上的摩擦系数随滑速增高而降低，滑动过程中在细粒滑带土中也很易产生汽化、气垫和液化等效应。因此，一开始就处于高速滑动状态的滑坡在滑动的全过程中所克服的摩阻力小，有利于滑坡保持较高速度滑动，并达到较远的滑程。洒勒山滑坡新近系泥岩滑带土的峰值抗剪强度与残余强度之比>2（即峰残强降率在50%以上），后部滑体失稳后一开始就高速滑动，说明滑带土强度的大幅度降低是形成高速滑坡的原因之一。

5.水的作用

如同滑坡形成一样，各类水体在滑坡的滑动过程中常起到关键的润滑作用，是高速远程滑坡形成的重要因素。水主要在滑带土一带发挥作用，除润滑土粒表面降低摩擦系数，还在滑带土中因剪切和挤压产生超孔隙水压力、液化、汽化，进一步降低滑带土有效应力和摩擦力，而增大滑坡运动的动力。

滑坡区常发育地下水，长期润滑土体颗粒表面降低内摩擦角，其影响已通过各类试验和滑坡事实所证实。滑坡产生超孔隙水压力、液化虽然也可通过环剪等室内试验测得，但由于其在滑坡滑动过程中的实际情况难以观测，作用如何只能通过现象分析和反演。黑方台下部厚达20～30 m的饱和土体在滑动过程中不断铺垫在滑道上，产生超孔隙水压力和液化，是黄土层内滑坡远程滑动的主要因素，第8章中已介绍了黑方台一些滑坡滑动后的孔隙水压力引起的滑带土释水现象。

2021年4月，陇西县通安驿发生一处体积不足2×10^4 m^{3}的滑坡，其滑距也很小，但由于滑体的挤压和扰动，滑体后部饱水土体局部发生严重液化，呈青灰色泥浆状，沿滑坡侧壁低洼处流动到沟底（图10-66）。为认识和理解饱和滑坡土体的液化提供了典型事例。

图10-66　陇西县通安驿某滑坡的液化现象

饱和黏性滑带土中的超孔隙水压力等消散困难，相当于不排水剪切，在滑坡整个滑程发挥低摩阻持速效应，不但有利于高速滑坡形成远程滑动，一些非高速滑坡也可形成远程滑动。如永光1#滑坡。

滑体越过河流时，河水的润滑和漂浮作用有助于形成远程滑动，滑体如同抛出的水漂在水面一样漂浮滑动。如龙羊峡查纳滑坡越过数百米宽的黄河、G310线天水潘集寨滑坡越过渭河、岷县狼肚崖滑坡越过近百米宽的洮河，部分堆积于对岸。

降水增加滑道表层土体含水率，降低摩擦阻力，当滑体在其上滑动时甚至会产生超孔隙水压力，也有利于滑坡高速远程滑动，降水引发的滑坡的滑距相对较远。永光1#滑坡的滑动也与此有关。

6. 高速远程滑坡与滑坡类型有关

根据甘肃滑坡资料统计分析，高速远程滑坡一般为黄土层内滑坡和黄土-红层切层滑坡。黄土-红层接触面滑坡、黄土-红层顺层滑坡、堆积层滑坡以及各类复活滑坡的滑速一般较低，滑距较短。近年来省内基岩滑坡发生较少，其滑移特征研究尚不深入。

另外，滑坡滑动时还存在滑体之间的冲击碰撞、能量传递等加速作用机理。

由前述讨论可知，滑坡滑动时高含水率滑带土中产生的孔隙水压力对滑坡的滑动状态，特别是远程滑坡的影响很大，滑速、滑程计算中必须考虑孔隙水压力的作用。滑动过程中，滑体发生不同程度的解体变形，并对周围岩土体产生震动等也均为滑体势能的耗散。在本书第9.1节中滑速计算方法的基础上，建立考虑上述因素的滑坡计算公式：

$$\begin{aligned} mg\left(h_1-h_2\right) &= \int_0^s \left(mg\cos\alpha-P_w\right)\times\tan\varphi_r \mathrm{d}s+\frac{1}{2}mv^2+E+Q \\ mg\left(h_1-h_2\right)-E-Q &= \int_0^s \left(mg\cos\alpha-P_w\right)\times\tan\varphi_r \mathrm{d}s+\frac{1}{2}mv^2 \end{aligned} \quad (10\text{-}12)$$

滑体的解体变形、震动等所消耗能量求取困难。因此，为了便于计算，将滑体沿滑面滑动消耗的势能按一定的折减系数δ适当折减。则式（10-12）变为：

$$\delta mg\left(h_1 - h_2\right) = \int_0^s (mg\cos\alpha - P_w) \times \tan\varphi_r \mathrm{d}s + \frac{1}{2}mv^2 \quad (10\text{-}13)$$

由于 $P_w = r_u mg\cos\alpha$，r_u为孔隙水压力比。代入式（10–13）整理后得：

$$\delta mg\left(h_1 - h_2\right) = \int_0^s mg(1 - r_u)\cos\alpha \times \tan\varphi_r \mathrm{d}s + \frac{1}{2}mv^2 \quad (10\text{-}14)$$

由 $\cos\alpha\mathrm{d}s = \mathrm{d}L$，代入式（10–14）得

$$\delta mg\left(h_1 - h_2\right) = \int_0^L mg(1 - r_u) \times \tan\varphi_r \mathrm{d}L + \frac{1}{2}mv^2 \quad (10\text{-}15)$$

$$\delta mg\left(h_1 - h_2\right) = mg(1 - r_u) \times L \times \tan\varphi_r + \frac{1}{2}mv^2 \quad (10\text{-}16)$$

$$v = \sqrt{2g\left(\delta(h_1 - h_2) - (1 - r_u)L \times \tan\varphi_r\right)} \quad (10\text{-}17)$$

滑坡停止滑动时即达到最远滑距。因此，令式（10–17）中v=0，则最大滑距为：

$$L_{\max} = \delta\frac{h_1 - h_2}{(1 - \mathrm{r_u})\tan\varphi_r} \quad (10\text{-}18)$$

式中：m为滑体质量（t）；h_1、h_2为滑动前、后的滑体重心高度（m）；α为滑面倾角（°）；s为沿滑面的滑距（m）；L为水平滑距（m）；v为滑速（m/s）；φ_r为滑带土不固结排水快剪内摩擦角（°）；P_w为滑带土孔隙水压力（t）；E为滑体变形能；Q为震动能；r_u为孔隙水压力比；δ为势能折减系数。根据永光1#滑坡不同公式计算的滑速对比，δ约为0.5。

由式（10–17）和式（10–18）看出，滑坡的滑速、滑距与滑动前、后滑体的重心落差有关，落差越大，越可能形成高速远程滑动。滑带土中产生的孔隙水压力越高，滑速越快，滑距也越远，大多数高速远程滑坡与此有关。

目前，δ、φ_r、r_u三个参数均难以准确测定，所以滑坡的滑速、滑距的准确计算和预测非常困难。实际上，在滑坡发生前的滑动特征分析预测中，滑动前、后滑体的重心落差（h_1–h_2）的确定也非易事。因此，上述计算方法的应用受到了很大限制。

10.5 甘肃滑坡堰塞湖研究

滑坡堵塞河道形成堰塞湖，在陇南称为“海子”或“天池”，在陇东亦称“聚湫”。前已述及，泄流坡、江顶崖等滑坡多次堵塞白龙江形成滑坡–堰塞湖链式灾害，造成严重的经济损失和危害。

滑坡堰塞湖也有可以开发利用的有利方面。历史上，大多数滑坡堰塞湖形成后，常因滑体被冲蚀切割和上游淤积而消失。但有部分滑坡堰塞湖已存在数百年，甚至数千年。出现高峡平湖，再加上滑坡形成的一些其他特殊地质地貌现象，构成奇异的自然山水景观，是难得的水体资源和旅游观光胜地，也是滑坡灾害研究和科普宣传的场所。甘肃具有旅游观光价值的滑坡堰塞湖有文县天池、临潭县冶海等。另外，堰塞湖和水库一样能够蓄水，改造加固后可用于农田水利灌溉、水生养殖，对提高干旱缺水地区，特别是黄土高原地区的农业产量和水土保持有着重要的作用，甚至还可以进行水电站建设。本节对甘肃主要滑坡堰塞湖的特征、成因及开发利用方面的问题进行讨论。

10.5.1 文县天池

文县天池，亦称洋汤天池，古称“天魏湫”，为文县八景之一，也是我国四大天池之一。文县天池位于县城以北直线距离约30 km处的洋汤河上游北岸，地理坐标：104.74°E，33.24°N。水面最宽处宽550 m，长2 500 m，面积约0.9 km²，湖面海拔约1 745 m，最大水深82.1 m。湖水蔚蓝、烟波浩渺，风光旖旎。文县旧志载，“文县天池，碧波万顷，如揩新绿，微风鼓浪，势若海潮，岩树倒影，隐如龙跃”。池畔峰峦围绕，林木茂密，狮子峰、月流山、仙女岩、象嘴石、饮马池、捉鱼沟等自然景观各具神态，景色优美。堪称镶嵌在陇南万山丛中的一颗璀璨明珠，是旅游观光的胜地（图10-67）。

图10-67　文县天池(滑坡堰塞湖)

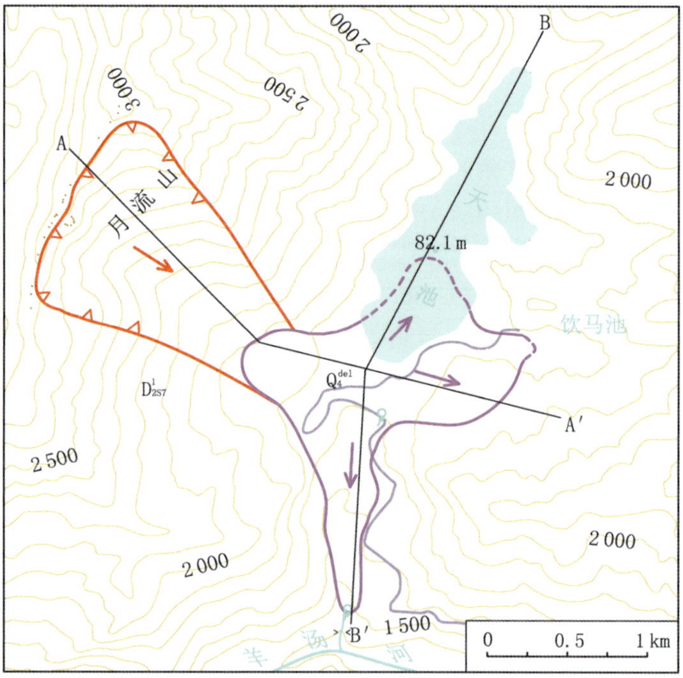

图10-68　文县天池滑坡平面图

文县天池地处中高山区，峡谷深切，天池沟西侧山梁高程2 750～3 700 m，东侧山梁高程2 150～2 950 m，最大相对高差1 300 m左右，山体坡度30°～40°之间，局部达60°以上，北部沟脑附近山顶海拔3 700 m（图10-68）。山体主要由泥盆系三河口组7段（$D_2^1s_7$）灰色薄-厚层状灰岩组成，夹黑色千枚岩，产状332°∠46°。区内地质构造复杂，北东东向活动断裂发育，地震频繁，大型崩塌滑坡非常发育。天池的形成是天池沟西侧山体发生高位滑坡，堵塞沟谷而形成的滑坡堰塞湖（图10-69）。

图10-69　文县天池滑坡全貌

天池堰塞坝近东西向，长约

500 m，顶宽200 m。坝顶较平坦，总体由西向东倾斜，中部高出天池水面约30 m。坝体临池一侧坡度约8°，背池一侧坡度约12.8°，按天池沟上下游沟底线推测堰塞坝最大高度200 m左右，底宽约2 400 m（图10–70）。

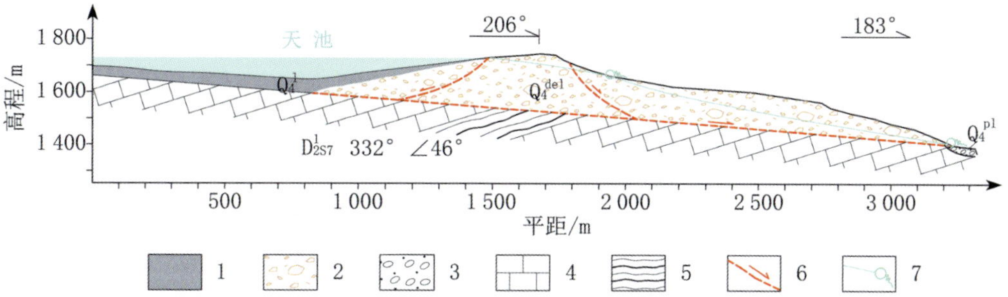

1—湖积物；2—滑坡堆积物；3—卵石；4—灰岩；

5—千枚岩；6—滑动面；7— 地下水位与泉。

图10–70　文县天池滑坡B–B′剖面图

滑坡同时堵塞东侧支沟响水沟，形成饮马池，现已基本淤满（图10–71）。据成都理工大学对饮马池底最下层淤泥的C^{14}测年资料，天池形成于6 450±73年。滑体沿沟堆积长度和体积均很大且坡度缓，稳定性高，堰塞湖保存历史悠久。

图10–71　文县天池饮马池

因形成年代久远，有关文献对形成天池堰塞湖滑坡的发育情况有不同的认识。一种认识是由地震引发天池沟西侧月流山山体滑坡堵沟而成（图10–72）。

图10–72　天池西侧月流山滑坡及堵沟成湖

另一种认识是，天池主要由天池沟东、西两侧地震同时引发的两个高速远程滑坡堵塞造成，另外在左岸的下游还发育一处滑坡，共同堵沟形成堰塞体。这种观点可能主要考虑了东侧饮马池的形成，虽然对各滑坡体之间相互关系进行了详细分析，但依据不甚充分，各滑坡之间的界线和微地貌不明显，也很难解释形态规整且总体向东延伸和倾斜的主堰塞坝体的成因。

作者调查分析认为，天池是由西侧高陡的月流山滑坡堵塞天池沟而形成的滑坡堰塞湖（图10–73）。第一，月流山有明显的圈椅状滑坡后壁地形，其凹形的滑源区体积与天池滑坡堆积体体积相当，约为1×10^8 m^3。第二，月流山山体高陡，相对天池原沟底高出近1 500 m，平均坡度约35°，高度是周围其他山梁的2倍，坡度也更陡。因此，其稳定性相对更差，且地震时的地形放大效应更加强烈，山体结构破坏严重，更易发生滑坡。第三，总体向东延伸和倾斜的主堰塞坝体与滑坡滑动方向一致，由一次滑坡形成。第四，月流山山体高陡，为高位高势能滑坡，在地震等动力作用下，滑体从高位剪出高速滑动，堵塞天池沟形成天池滑坡堰塞湖的同时，也可冲向对岸，大量滑体堆积于对岸并堵塞支沟响水沟，形成饮马池堰塞湖。由于月流山滑坡壁岩体节理发育、结构破碎，至今小规模的崩塌仍然不断发生。

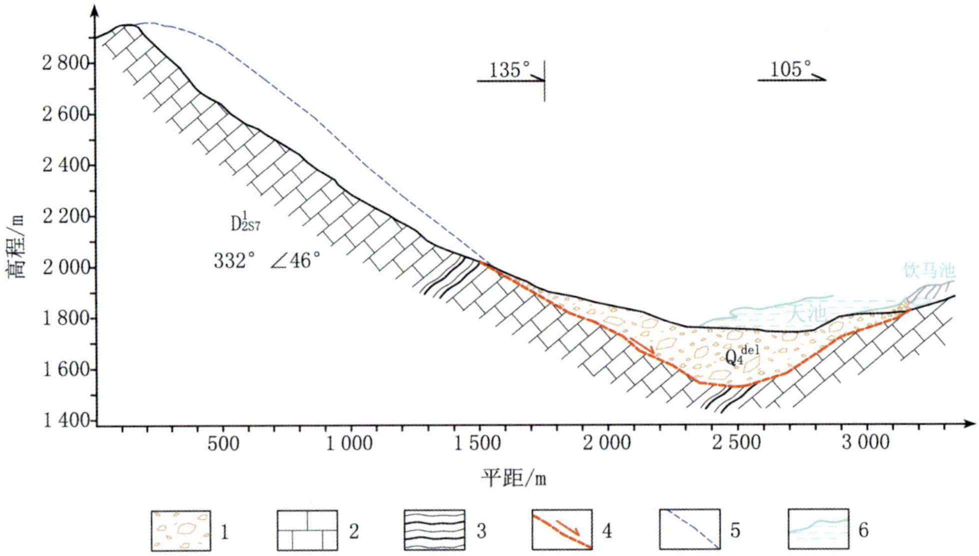

1—滑坡堆积物；2—灰岩；3—千枚岩；4—滑动面；5—原地面线；6—堰塞湖。

图10-73　文县天池滑坡A-A′剖面图

另外，大部分滑体还转向下游，沿坡降8.2%的沟道发生碎屑流，滑距达1 200 m，堆积体坡度12.8°，坡体较为平顺，形态上很难确定为东侧另一滑坡形成。滑入响水沟的部分滑体也可能回返滑动至天池沟上游，堆积于现今天池的池底一带。高速滑动的结果，使滑坡堆积体的灰岩块体更加破碎。

上述天池月流山高位滑坡的形成过程，以及堵塞主沟和支沟形成堰塞湖、部分滑体沿主沟向下游的远距离碎屑流滑动等特征，与甘肃冶海、观山海子以及“5·12”汶川地震形成的四川大光包滑坡堰塞湖的形成情况非常类似。

10.5.2　临潭县冶海

冶海，原称常爷池，位于临潭县冶力关石门河峡谷之中，地理坐标：103.63°E，35.01°N。由崩塌-碎屑流堵塞石门河而成，堰塞湖面积0.32 km^2，水面高程2 610 m，水深15～50 m。冬季水面冻结，形成厚层冰，也是天然的高山滑冰场。还有望夫石、蟾蜍探路、企鹅观海、饮马泉等地质遗迹和自然景观，高峡平湖，怪石林立，山水相映（图10-74），是冶力关自然风景旅游区的重要组成部分。

图10–74　临潭县冶海崩塌堰塞湖

冶海地处中山区深切峡谷的南部沟口，属太子山山系中的白石山余脉，山顶海拔3 100 m以上，相对高差700 m左右，山体坡度一般在40°～50°之间，局部达60°以上（图10–75）。山体主要由石炭系上加岭组（C_{3s}）厚层状灰岩组成，产状16°∠30°。岩体结构较为完整，但大型节理较为发育。冶海崩塌–碎屑流南部山体相对低缓。

图10–75　冶海灰岩崩塌–碎屑流全景

冶海高峡平湖的形成归功于石门河左岸的灰岩巨型崩塌–碎屑流。崩塌后壁高约350 m，坡度>60°，高大雄宏，具有明显的“圈椅状”地貌。崩塌源区平均宽约600 m，长650 m（图10–76）。

由于剧烈崩塌，高速运动的崩塌体到达谷底后，与对岸山体碰撞，部分崩塌体破碎且转向90°沿河谷下游再次产生碎屑流式的滑动，在坡降8%左右的沟道中运动距离长达1 200 m，形成一片“石海”，堆积体地面坡度11.5°。崩滑体主要由灰岩块石组成，一般块石直径0.5～1.0 m，上部块石直径最大者10 m左右。堆积区面积约0.83 km^2，崩滑体积3×10^7 m^{3}左右。巨大的崩滑体把石门河堵塞得严严实实，形成堰塞湖（冶海）（图10–77～图10–78），当地称崩滑体为石门坎。该崩滑体的运动形式、过程和外部形态与著名的瑞士Elm滑坡有类似之处。

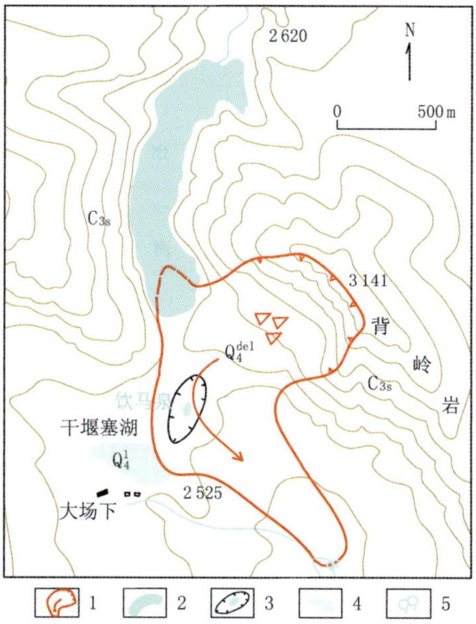

1—滑坡；2—堰塞湖；3—滑坡洼地；4—干堰塞湖；5—泉。

图10–76　冶海崩塌–碎屑流平面图

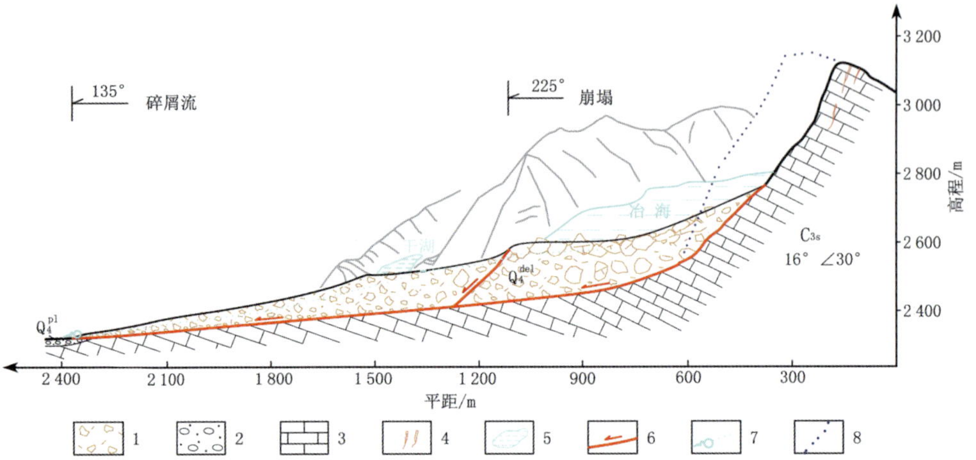

1—崩滑堆积物；2—卵石；3—灰岩；4—裂缝；
5—堰塞湖；6—滑动面；7—泉及地下水位；8—原地面线。

图 10-77　冶海崩塌-碎屑流剖面图

图 10-78　冶海灰岩崩塌堰塞坝体

在崩塌体与碎屑流堆积体之间形成较宽缓的平台和洼地，东南部形成饮马泉（图10-79）。

另外，崩滑体还堵塞了石门河右岸的另一条支沟，也形成小型堰塞湖，现已淤满干涸，在山区沟谷中形成长400 m，宽100～200 m的特殊淤积平缓地形，其中淤积土水平层理发育。为冶海景区旅游设施建设提供了良好的建设用地（图10-80）。

图 10-79　冶海崩塌洼地中的饮马泉

图 10-80　冶海干涸的小堰塞湖

北魏时期，临潭县称之为“水池县”，很可能就是因常爷池而得名。由此推断冶海崩塌-滑坡至少有1 500年的历史。崩滑体沿沟堆积的长度很大且坡度缓，稳定性高。

冶海崩滑堆积体的前缘有水体向下游排泄，常年流动不息，水温较低，无污染，具有得天独厚的养殖虹鳟鱼等冷水鱼类的自然条件，建有虹鳟鱼养殖场。

10.5.3　祁连山观山河滑坡与堰塞湖

祁连山观山河滑坡与堰塞湖位于肃南县祁丰乡观山村观山河左岸，地理坐标99.67°E，39.26°N。坡体由奥陶系上统南石门子群（O_3nn）灰绿色中酸性火山岩夹灰岩、板岩组成，南北两侧为北西向断裂，为断块式高山，山体高大。滑坡后缘高程约4 560 m，剪出口高程约3 300 m，前、后缘高差1 260 m，滑源区宽度600～1 300 m，长度2 800 m，呈典型的簸箕状。滑坡体积约$3.5\times 10^8\ m^3$，属巨型岩质切层古滑坡（图10-81～图10-82）。

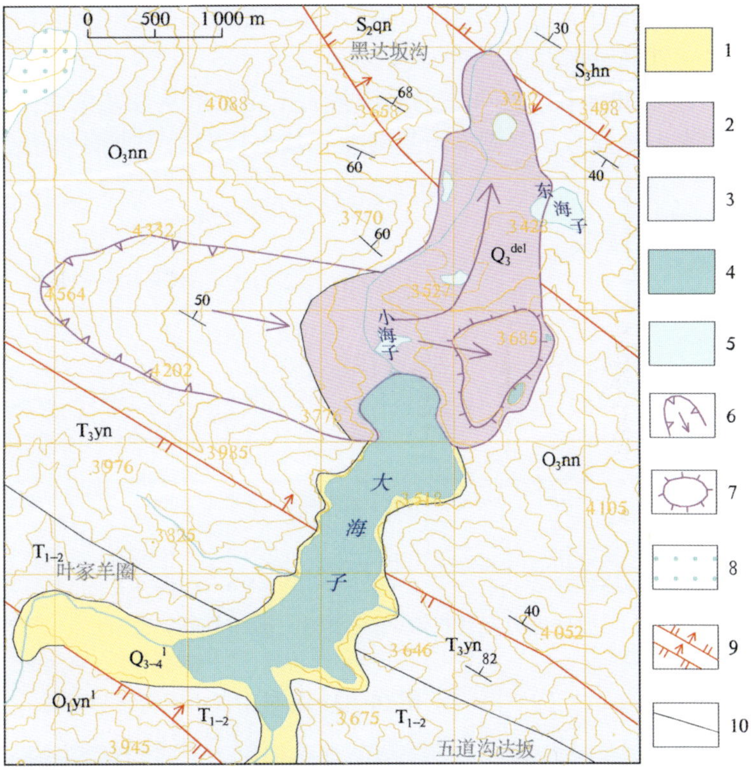

1—湖积物；2—滑坡堆积物；3—基岩；4—堰塞湖；5—干湖；6—滑坡；7—滑坡鼓丘；8—现代冰川；9—断裂；10—地层界线。

图10-81　祁连山观山河滑坡平面图

图10-82　祁连山观山河滑坡北侧全景

滑坡主滑方向105°，滑体快速冲向对岸，逆冲高度达200余m，将观山河堵塞，并形成巨大鼓丘。在强烈下滑冲击力的作用下，北侧部分滑体转弯90°，再沿坡降8%的观山河主沟向下游滑动约2 km，堆积体坡度13.5°，并发育两级高陡的次级滑坡壁（图10-83）。滑坡堵塞观山河主沟及对岸2条支沟，形成3个堰塞湖，观山河主沟堰塞湖为大海子，也称观山海子，最大时长度达4 km，大海子淤积面积约2.2 km²，根据上下游沟底高程推算最大淤积厚度达200 m左右。滑坡堵塞下游对岸沟谷形成东海子，现已淤满干涸（图10-84）。同时在滑坡体内形成5个滑坡洼地，部分积水形成滑坡湖，如小海子。祁连山观山河滑坡与堰塞湖形成非常独特和壮观的滑坡地貌景观。滑体沿沟堆积长度和体积均很大且坡度缓，稳定性高，保存历史悠久。

20世纪70年代，堰塞湖的水源被人工用渠道从堰塞湖西侧上游截引至下游，使补给大海子的水量大幅减少，湖面严重萎缩，基本长期处于干涸的状态。

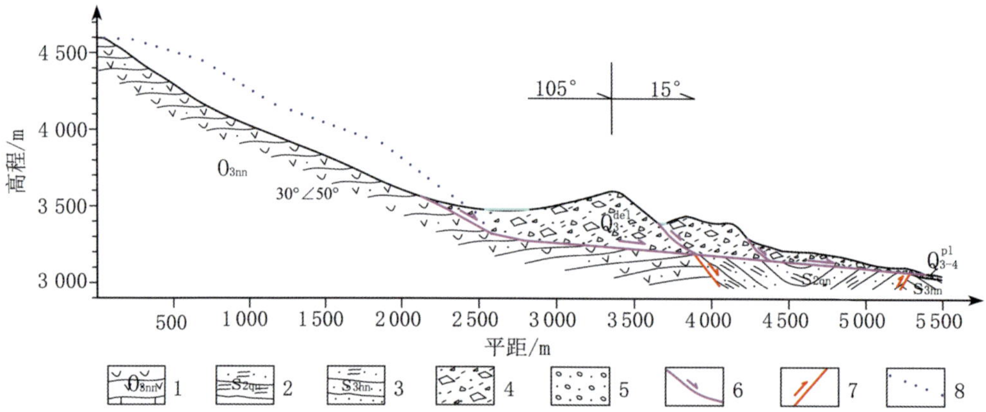

1—火山岩夹灰岩；2—砂岩、砂质板岩；3—砂岩；4—滑坡堆积物；
5—卵石；6—滑动面；7—断裂；8—原地面线。

图10-83　祁连山观山河滑坡剖面图

图10-84　祁连山观山河滑坡形成的东海子(干涸)

10.5.4　陇中黄土高原滑坡堰塞湖

陇中黄土高原区也有大量历史滑坡堰塞湖，长存至今的滑坡堰塞湖，主要分布在陇东地区。周边土壤水分充足，植被发育，树木成荫，空气湿润清新，成为黄土高原上的颗颗明珠。常被用于农田水利灌溉，近年来，部分堰塞湖也开始旅游开发。

据西峰水土保持科学试验站调查，庆阳地区有黄土滑坡堰塞湖39处（表10-10），其中29处滑坡体比较完整，湖内有蓄水的17处，共蓄水7.09×10^6 m^3，湖水面积7.6×10^5 m^2。其他堰塞湖已淤成滩地，湖水干涸，辟为农田。经调查，滑坡堰塞湖于1700年以前形成的3处，有2处年代久远，时间不明；1700—1800年间形成4处；1800—1900年间形成12处；1900—1950年间形成5处；1950年以后形成5处。

表10-10　庆阳地区黄土滑坡堰塞湖情况一览表（据王德贤）

名称	地点	形成时间/年	集水面积/km^2	滑坡体厚度/m	滑坡体积/m^3	堰塞湖容积/m^3	堰塞湖蓄水量/m^3	堰塞湖淤地面积/hm^2	利用情况
崔家池	镇原屯子乡	1913	1.2	35	6×10^5	1.15×10^6	1×10^6	13.1	蓄水提灌
太阳池	镇原屯子乡		1.5	（90）	7.25×10^6	6×10^5		13.8	耕种
翟池	镇原屯子乡	1849	1.3	（100）	1×10^7	2.71×10^6	2.56×10^6	20.3	蓄水
白马池	镇原屯子乡	1803	1.0	（20）	3.5×10^5	2.73×10^6	2.7×10^6	14	蓄水
常堡池	镇原三岔乡	1920	3.3		8.7×10^5	4.3×10^4	2.6×10^4	1.3	蓄水
下李家池	镇原中原乡	1951	25		1×10^5	8.6×10^4	8.6×10^4	1.6	蓄水
党原池	泾川县	1951	6		1.5×10^5	1.24×10^5	7.1×10^4	2.6	蓄水
小湫沟	庆城县心堡	1853	1.1		1.5×10^4	3.9×10^4	3.1×10^4	1.5	蓄水
吴家原湫沟	庆城县心堡	1763	1.2		4.6×10^4	9×10^3		4.8	耕种
牟家湫池	庆阳县	1653	1.0		1.94×10^5	2×10^5		4	耕种
大湫沟	合水花豹湾		1.3		9.6×10^4	2.1×10^5	1.95×10^5	4.3	蓄水
华林小湫	合水县	1823	0.4		1.2×10^4	8×10^3	6×10^3	0.6	蓄水
华林大湫	合水县	1823	1.5		1.12×10^5	1.79×10^5	3.9×10^4	4.8	蓄水
寨子沟	合水县	1753	0.75		3.9×10^4	1.54×10^5	8.8×10^4	1.9	蓄水
桃树沟	合水县	1753	1.00		2.1×10^5	2.61×10^5	1.3×10^5	1.7	蓄水
李家原	合水县	1853	0.5		6.4×10^4	8×10^3	6×10^3	2.4	蓄水
潘村池	宁县	1853	0.24		5×10^5	7.5×10^4	2.9×10^4	1.0	蓄水
杨家西庄池	宁县	1833	0.75		4.5×10^4	9×10^4	8.3×10^4	3.0	蓄水
大王岭池	宁县	1873	0.18		2×10^5	6.1×10^4	2.8×10^4	0.6	蓄水
大家洼池	宁县	1952	0.36		1×10^3	8×10^3		0.2	蓄水
瓦家沟	正宁县	1853	0.2		5×10^4	2.2×10^4	1.5×10^4	1.5	蓄水
湫沟滩	环县八珠乡	1774	1.2			6.8×10^5		10.7	耕种
曲家湾	环县四合塬	1920	1.4	36	（6×10^5）	2.2×10^5		5.1	耕种

续表10–10

名称	地点	形成时间/年	集水面积/km^2	滑坡体厚度/m	滑坡体积/m^3	堰塞湖容积/m^3	堰塞湖蓄水量/m^3	堰塞湖淤地面积/hm^2	利用情况
安乐掌	环县四合塬	1920	9.7	26	($2×10^5$)			17.2	耕种
涝巴沟	环县曲子乡	1973	3	15				4.3	耕种
涝巴滩	环县环城	1860	2.7					8	耕种
王西咀	环县环城	1860	1.9					6.7	耕种
芦案沟	环县西川	1979	5						耕种
大庄台	环县天池	1920	1	13				1.3	耕种
说明	1.堰塞湖淤地面积栏数字，有蓄水者为蓄水面积 2.滑坡体厚度与滑坡体积两栏数字，有括号者为推算值，其他为现场调查值								

镇原县茹河流域集中分布有翟池、太阳池和白马池等滑坡堰塞湖（图10–85～图10–87），传说形成于明朝万历八年（公元1580年），距今至少已有400余年。

图10–85　镇原县翟池(滑坡堰塞湖)

图10–86　镇原县太阳池(滑坡堰塞湖)

图10–87　镇原县白马池(滑坡堰塞湖)

至今尚存的29处滑坡堰塞湖，全都位居黄土沟道的上游，汇水面积大多1～2 km^2。林区的堰塞湖，泥沙淤积较轻，例如，合水县境内林区的几个堰塞湖，虽历经百余年，但水深尚有30余m。无林区的堰塞湖，泥沙淤积较严重，合水县华林大湫，历时130年，湖内水深仅有1.2 m，苇蒲丛生。堰塞湖内生有少量的鱼、鳖、蛇等水生动物。环县干旱丘陵沟窰区的8处堰塞湖全部淤为沟滩地。

滑坡堰塞湖可用于蓄水和拦泥造田等方面。20世纪50年代，群众在堰塞湖下游开渠，引湖水发展小片水地，成为当地种植蔬菜的田园。20世纪70年代，一些堰塞湖边安装抽水机泵，扬水上塬，发展塬区水浇地，开源增收，起到了示范作用。镇原县屯子乡的高家池堰塞湖，兴建电力提灌站，安装7台340 kW的泵组，三级提水，总扬程137 m，流量0.133 m^3/s，在塬区发展水浇地110 hm^2，连年稳产高产，粮食产量提高50%～100%。

黄土地区滑坡堰塞湖能长期存在，需有以下条件：

首先，堰塞湖要有足够大的容积，能拦蓄汇水区内的径流。据庆阳市资料，29处堰塞湖平均每平方千米汇水面积的湖容积2.87×10^5 m^3，可拦蓄径流深为387 mm，是年降水量550 mm的70%，是500年一遇洪水径流深的4倍，堰塞湖的容积比土坝水库容积大12.8倍。按年平均3 000 t/km^2的泥沙淤积，可以拦淤58年。可见，21处堰塞湖之所以能够保存至今，主要是有足够大的蓄水容积。

其次，黄土滑坡体有庞大的滑体可以拦阻洪水径流的侵袭。调查的29处滑坡堰塞湖，平均每立方米滑坡体有蓄水容积0.42 m^3，4座人工修筑的土坝水库为4.91 m^3。可见，每立方米滑坡体所负担的拦水量不及土坝的1/10。自然滑坡体的密实程度和均匀度远不如人工修筑的土坝，它能安全拦蓄湖水，主要凭借庞大的滑坡体积，形成较高较宽的坝体。滑坡滑动的速度要快，在自重压力和冲击力作用下，滑坡坝体才会有较大的密实度并完全堵塞沟道，坝体的稳定性就较高。

29处滑坡堰塞湖大都位居小流域沟道的上游，滑坡体庞大，堰塞湖容积大，汇水面积小，径流泥沙少。所以，这些堰塞湖能够长存，成为黄土高原上的明珠。

滑坡堰塞湖的开发利用是一个很重要的问题。将滑坡体加以人工整修成为拦洪土坝，有费用省、效果好的特点。1953年西峰水保站曾指导群众整修了13处堰塞湖的滑坡体，共用工日2 568个，完成土方9 177 m^3，增加蓄水容积2.44×10^6 m^3，平均每立方米土增加蓄水容积266 m^3，是人工修筑坝库每立方米土获得库容4.91 m^3的54倍，是堰塞湖每立方米滑坡体有蓄水容积0.42 m^3的633倍。可见，利用天然滑坡整修成蓄水坝库，是经济实惠、变害为利的好措施。如灵台县湫池沟水库（图10-88）。

图10-88　滑坡堰塞湖的改造与利用

滑坡堰塞湖的水土保持作用也很显著，在陇西黄土高原及陇南山区较为突出。地质历史上的许多堰塞湖拦蓄了大量泥沙，淤满后形成平坦的淤地，土质肥、水分条件好，是难得的土地资源（图10–89）。

图10–89　堰塞湖拦蓄水土与形成的良田

东乡县境内有多处干涸的滑坡堰塞湖，现已变为良田。其中以果园乡池滩沟干涸滑坡堰塞湖规模最大，形成长近4 km，宽200～400 m的平坦土地，其为沟口左岸大型滑坡堵塞沟道后长期淤积而成。但沟谷洪水已将滑坡体后缘切开，并在淤积区东侧形成深10～20 m的冲沟，又不断蚕食破坏淤平的土地（图10–90）。1654年礼县罗家堡地震滑坡堰塞湖区早已成为大片良田。

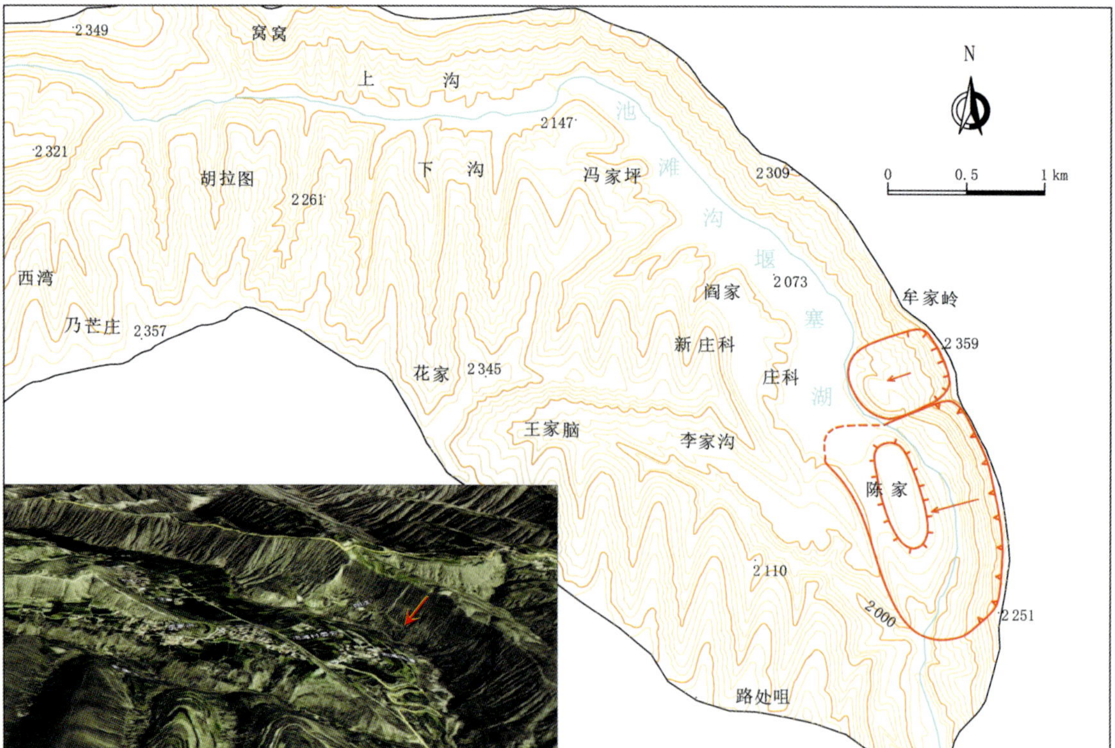

图10–90　东乡县池滩沟干涸滑坡堰塞湖及淤积土地

1995年9月1日，东乡县大房发生大型黄土滑坡，滑体堵塞前缘大房沟形成堰塞湖，其长近2 km，宽50～100 m，蓄水约2×10^6 m^3。2012年9月4日堰塞湖溃决（图10-91）。大量水体快速下泄，使下游穿越大房沟的甘西南输气管道悬空并严重变形。

由上可见，滑坡堰塞湖的安全性评价与加固维护、水土保持功能、淤积良田保护和利用是非常重要的研究课题。

图10-91　东乡县大房滑坡堰塞湖

第11章　主要城市与城镇滑坡灾害

甘肃东部的兰州市、天水市、陇南市、平凉市等主要城市和许多县城分别位于黄河、渭河、白龙江、泾河等河谷区，为典型的山间河谷型城市与城镇，周边山地环绕，地质环境条件差，滑坡、崩塌等地质灾害发育，严重威胁和影响城市、城镇建设，曾造成重大滑坡灾害损失。由于河谷狭窄，城市发展空间有限，随着城市与城镇建设的迅速发展，城区不断向山区延伸，各类工程建设中的挖方、填方规模也越来越大，人为作用引发的滑坡更加频繁，滑坡灾害和威胁程度有进一步加重的趋势。本章对滑坡灾害发育的兰州市、天水市、陇南市武都城区和舟曲县城等城市与城镇的滑坡灾害进行专门分析。

11.1　兰州市滑坡灾害

11.1.1　概述

兰州市是甘肃省的省会城市，既是甘肃省的政治、经济、文化中心，又是西北地区的交通枢纽，地理位置十分重要。随着西部大开发的持续推进，兰州市将成为西部大开发的基地和主战场，“一带一路”的重要节点城市，近年来城市建设发展迅速，规模不断扩大。

现代化城市需要良好的地质环境，而兰州市地处青藏高原与黄土高原交会部位的黄河谷地，南北两侧厚层黄土覆盖的山岭遥相对峙，高差300～600 m，城区东西长约40 km，南北宽1～7 km，是典型的长条状山间河谷盆地型城市（图11-1）。

图11-1　兰州市地形地貌

兰州也位于著名的天水—兰州地震带上，新构造运动强烈、地形起伏、沟壑纵横、谷深坡陡、黄土广布，气候干燥、降水集中、植被稀少，人口稠密、人为工程活动强烈。特殊的地质构造、地貌类型、岩土性质和气候条件，决定了城市地质环境条件较差，滑坡等地质灾害非常活跃，是我国地质灾害最为严重的省会城市之一（图 11–2）。

图 11–2　兰州市皋兰山滑坡群

滑坡灾害是严重威胁兰州市城市和人民生命财产安全、工农业生产建设、社会经济发展的重大环境地质问题。中华人民共和国成立以来，兰州市曾发生滑坡灾害 100 余起，造成了严重的经济损失和人员伤亡。例如：1986 年 11 月 12 日，白塔山 186# 大院发生 2 500 m^3 的黄土滑坡，造成 7 人死亡，压毁民房 10 间。2006 年 3 月 28 日，兰州九州开发区恒达小区发生体积不足 1 000 m^3 的滑坡，造成 1 人死亡（图 11–3）。2009 年 5 月 16 日，兰州石峡口小区发生体积 2×10^4 m^3 的黄土滑坡，摧毁 1 栋 6 层住宅楼和锅炉房，另外 1 栋 6 层住宅楼受损，造成 7 人死亡（图 11–4）。

图 11–3　城关区九州恒达小区滑坡

图 11–4　城关区石峡口小区“5·16”黄土滑坡

滑坡对兰州市周边农村的危害也较为严重。1978 年 11 月七里河区金沟乡常湾村发生体积达 2×10^7 m^3 的特大型滑坡，大量农田和房屋被毁，因发现及时，提早搬迁，才避免人员伤亡。1984 年 9 月 13 日七里河区阿干镇大水沟村发生体积约 3×10^6 m^3 的大型黄土–红层顺层滑坡，破坏大量农田和房屋，前缘堵塞大水沟（图 11–5）。

随着城市规模的扩大和经济的发展，人类工程建设活动对自然地质环境的作用强度和范围加大，由此引发的滑坡灾害不断增加。近年来，兰州市滑坡灾害愈加频繁发生，造成的经济损失和人员伤亡有总体上升的趋势。

图11-5　七里河区阿干镇大水沟黄土滑坡

11.1.2　滑坡类型

按滑坡体物质组成分类，兰州地区主要有黄土滑坡、黄土-泥岩滑坡、基岩滑坡和填土滑坡4种类型。

1.黄土滑坡

滑体主要由第四系黄土及黄土状土组成，是本区的主要滑坡类型，据统计，兰州市区附近有大小黄土滑坡150余处，约占滑坡总数的2/3。黄土滑坡的规模以中、小型为主，其变形明显，滑壁陡直，滑动速度快，具有崩塌性，因此造成的灾害也较严重。

2.黄土-泥岩滑坡

此类滑坡上部为第四系黄土，下部一般为新近系泥岩或白垩系砂岩、泥岩。黄土-泥岩顺层滑坡和黄土-泥岩切层滑坡均有发育，其规模较大，成群出现，造成的危害和损失也更为严重。

3.岩质滑坡

滑坡体由基岩或主要由基岩组成，此类滑坡主要为发育在皋兰群变质岩的破碎岩质滑坡，以及部分由侏罗系、白垩系红色泥岩、砂质泥岩组成的红层软岩滑坡，滑动形式主要受倾向坡外的层理和结构面控制，并沿其滑动。

4.填土滑坡

近年来，兰州市区周围削山造地、填沟等工程活动强烈，形成了大量人工填土边坡，填土固结程度低，力学性质差，在长期自重和降水入渗软化等作用下发生失稳滑动，形成中、小型填土滑坡，如桃树坪回填沟道形成的填土滑坡。

11.1.3　滑坡分布

就兰州市全区而言，滑坡主要分布于黄河、湟水河、庄浪河等大型河谷两侧和黄土梁区，北部黄土丘陵区、南部基岩山区不甚发育。分布上具有区域不均衡性、顺流延展性等特点，滑坡发育程度可分为4级，区域发育分布情况如图11-6所示。

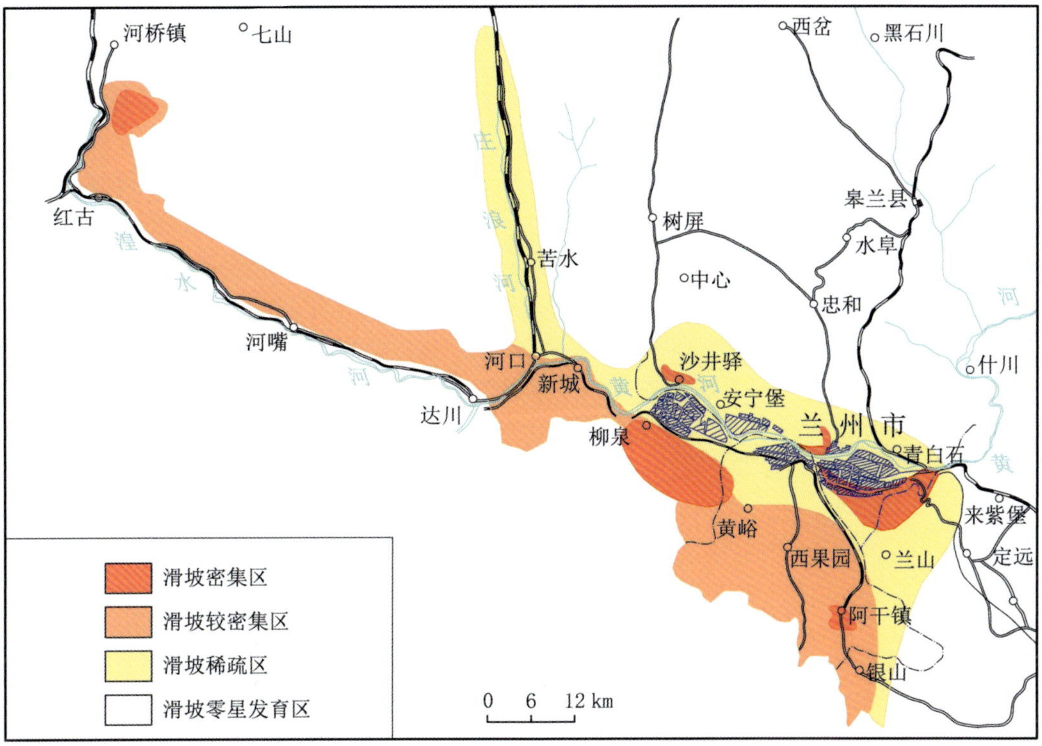

图11-6　兰州市主要滑坡发育区分布图

兰州市区周边滑坡较为发育，近年来发生频繁，对城市建设产生较大影响（图11-7）。

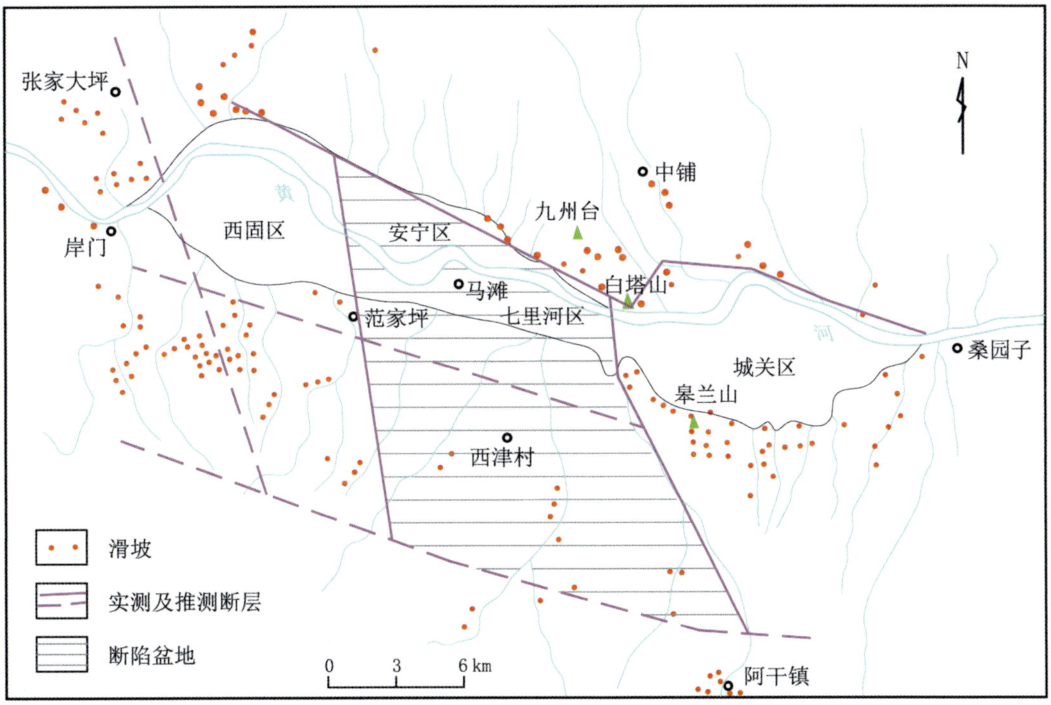

图11-7　兰州市区滑坡分布略图

1.滑坡密集区

主要分布于城关区五泉山—皋兰山、白塔山、西固区南部徐家大山—马耳山、安宁区沙井驿—李麻沙沟沟口、七里河区阿干镇和红古区窑街煤矿一带。

城关区五泉山—皋兰山、白塔山一带为挽近强烈上升区，沟谷切割深度大，斜坡高陡。如皋兰山北坡一带坡高达600 m，坡度达40°，发育10余处大型黄土-红层老滑坡（图11-8）。其中火车站南部老狼沟滑坡长约700 m，宽约530 m，据历史记载曾压埋3个村庄，堵塞了老狼沟沟道。其前缘紧邻市区且局部活动，目前仍是滑坡危险区（图11-9）。受断裂构造和人类工程活动等影响，白塔山一带近年来滑坡灾害发生频繁，相继发生了白塔山186#滑坡、兰州伊阿语学校滑坡和石峡口“9·17”“5·16”滑坡。

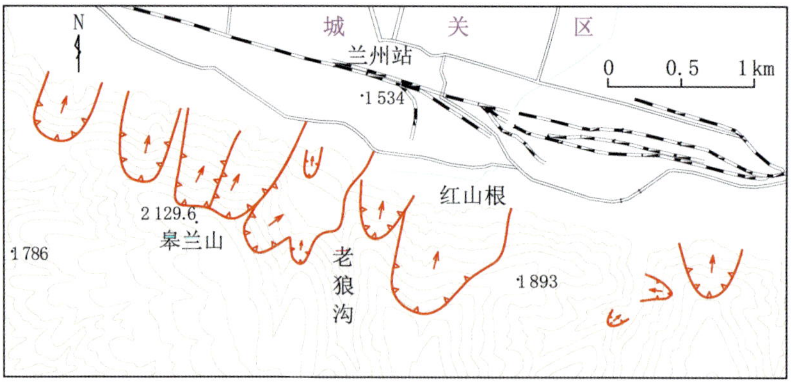

图11-8　兰州市皋兰山滑坡群

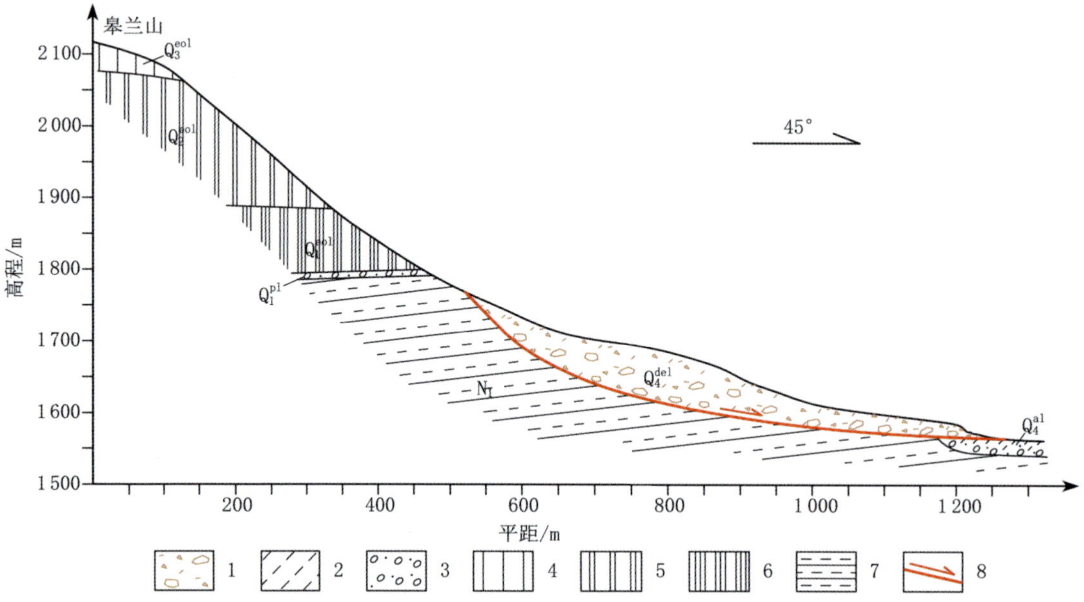

1—滑坡堆积物；2—黄土状粉土；3—卵石；4—马兰黄土；
5—离石黄土；6—午城黄土；7—泥岩；8—滑动面。

图11-9　兰州火车站南老狼沟滑坡剖面图

西固区南部徐家大山—马耳山一带的滑坡密集区分布面积较大，以大、中型黄土滑坡和黄土-红层滑坡为主，如池沟村滑坡长约600 m，平均宽400 m，体积近 $1\times10^7\ m^3$（图 11-10）。该区活动断裂也较发育，破坏了岩土结构，降低了斜坡稳定性，部分地段滑坡成群密集分布，坡头西滑坡、池沟村滑坡等都位于断裂带上。该区滑坡的形成可能与1125年兰州7级地震有关。

图 11-10　西固区寺儿沟左岸池沟村滑坡

安宁区沙井驿—李麻沙沟段山体高陡，受李麻沙沟断裂等影响，斜坡稳定性较低，发育报恩寺等多处老滑坡。近年来，削山造地、道路建设等人为活动引发了上洼子、报恩寺东、五矿场地等多处滑坡，造成严重经济损失（图 11-11）。

图 11-11　安宁区报恩寺东滑坡

七里河区阿干镇、红古区窑街滑坡发育区的滑坡主要由采煤活动引发。由于长期大量地下采煤形成的采空区首先引起地面塌陷，改变了上部斜坡的应力状态，导致山体普遍开裂和变形，再加上道路修建、场地平整和弃渣堆放，发生了大量滑坡（图 11-12）。

图 11-12　红古区窑街矿区山体开裂和滑坡

此外，在兰州市区黄河北岸徐家湾—十里店的前寒武系变质片岩中，由于断裂、节理发育，加上近年来的人为开挖和绿化灌溉，常发生一些小型滑坡、错落和落石。

2.滑坡较密集区

主要分布于兰州市南部青石台—西果园—榆中县银山一带的黄土梁区、湟水河北岸海石湾—达川段河谷高阶地前缘。

青石台—西果园—榆中县银山一带受南部关山—马啣山强烈隆起的影响，沟谷深切，地形起伏破碎，斜坡由白垩系砂质泥岩及新近系泥岩、砂质泥岩组成，其上覆盖黄土。由于本区降水量相对较大，局部地下水较为丰富，在地形低洼处出露成泉，长期软化斜坡岩土体，老滑坡较为发育，且有的长期缓慢活动，如榆中县银山塌洼子老滑坡于1994年9月发生大规模复活滑动。近年来，兰临高速公路等工程建设也引发了多处滑坡灾害和老滑坡的复活滑动。岸门口一带滑坡曾多次对兰新铁路和涩宁兰输气管道造成威胁。

湟水河海石湾—达川段河谷两侧滑坡较发育，多为黄土滑坡和黄土-红层滑坡。由于本区北快、南慢的掀斜式新构造运动，使得湟水河长期侧蚀南岸，河谷具有明显的不对称性，南岸高陡，北岸低缓且阶地发育。南岸多发生大、中型黄土-红层滑坡，有的为特大型，个别地段成群分布。北岸在高阶地前缘陡坎及大型冲沟中则发育一些中、小型黄土滑坡和黄土-红层顺层滑坡。湟水河两岸滑坡分布也具有明显的不对称性。西固区张家台因灌溉引发了文昌阁等多处滑坡。

3.滑坡稀疏区

主要分布于七里河区黄峪乡、安宁区北山、榆中县西部和平乡及庄浪河河口—红城子段河谷两侧。黄峪乡一带地处兰州第四纪断陷盆地沉降区，黄土覆盖较厚，沟谷相对切割较浅，斜坡相对稳定，只在个别沟谷底部的较陡处，发育一些中、小型黄土滑坡。安宁区北山斜坡主要由较坚硬的变质片岩和古近系砂岩组成，较为稳定，仅在受沟谷侵蚀的个别部位发育一些小型滑坡。榆中县西部和平乡一带分布有数处小型黄土滑坡。庄浪河红城子—河口段发育多处黄土-红层滑坡，西岸较东岸发育，且规模大，滑坡地层主要为白垩系砂质泥岩及第四系黄土（图11-13），可能与西岸发育近南北向的庄浪河断裂等有关。

图11-13　永登县苦水镇庄浪河西岸黄土-泥岩顺层滑坡

4.滑坡零星发育区

占全市区的大部分面积，主要分布在永登县大部地区、皋兰全县、榆中北山和马啣山区。北部黄土丘陵区滑坡不发育，主要是因为地形高差相对较小，降水稀少。马啣山、榆中北山等地，虽地形高差较大，但坡体主要由坚硬的变质岩、花岗岩组成，斜坡稳定性好，自然条件下滑坡不甚发育，仅在个别冲沟中零星分布一些小型黄土滑坡。

11.1.4　滑坡成因

兰州市的滑坡是在新构造运动强烈上升，地形起伏大，松软黄土、泥岩广布，植被稀疏和多暴雨的特定条件下发育形成。黄土和泥岩本身强度较低，抗水性差，遇水软化即可破坏，是滑坡发育的物质基础。本区属新构造运动强烈上升区，河流切割形成高陡的斜坡，为滑坡发生提供有利地形条件。1125年发生的7级地震曾引发了大量滑坡；1995年7月22日在永登七山乡发生的5.8级地震引发了多处滑坡，因地震死亡的10人中有6人被滑坡压埋。本区气候干旱，多年平均降水量仅为315.1 mm，但降水较为集中，7—9月降水量约占全年降水量的60%，且多暴雨，有4 h降水量150 mm的调查值（1964年7月20日，西固杏胡台）和1 h平均雨强达50 mm的记录。1964年7月20日，暴雨在西固洪水沟引发体积约4×10^5 m^3的黄土滑坡，堵塞沟道形成堰塞湖，溃决后形成大规模滑坡-泥石流灾害链，淹埋陈官营一带，伤亡200余人，破坏兰新铁路3.36 km。

兰州市区主要分布于狭长黄河谷地的Ⅰ、Ⅱ级阶地及部分高阶地区，人口密集，生产资料集中，生产力发达。受地形条件的制约和城市人口的增长，城市建设用地非常紧缺，生产建设活动不断向山区延伸。如伏龙坪、华林坪等缘山区居民非常密集，依坡临崖建房现象十分普遍（图11-14）。由于地质条件较差，加上建房过程中的强烈开挖和加载，以及水体渗漏等原因，滑坡灾害时有发生，最多一年发生8起，对居民的威胁十分严重。

图11-14　滑坡威胁兰州缘山区居民

随着生产力的发展，人类工程活动对自然环境作用的深度和广度迅速增强。盆地四周斜坡地带及各大支沟不断成为重点开发建设地带。大规模削山造地、道路建设、绿化灌溉等人类工程活动成为引发滑坡灾害的重要因素，也形成了许多稳定性较低的高陡边坡。近年来，兰州市发生的重大滑坡灾害中，有80%是由不合理人类工程活动引发，造成了严重人员伤亡和经济损失。

2001年7月1日，西固区吊岭沟因天然气管沟开挖引发5 000 m^3的滑坡，将正在运行的煤气管道推移1.54 m，造成重大险情，并严重影响市民的正常生活。

在罗锅沟九州开发区的建设及近年来兰州北部低丘缓坡区开展的多处大规模削山造地工程中，形成了多处高陡边坡并引发了许多滑坡，既影响造地工程，也威胁今后的开发利用（图11-15）。

图11-15　安宁区李麻沙沟左岸五矿场地滑坡

兰州北环路沿黄河北岸山坡修建，工程建设中对山体进行了开挖，降低了斜坡的稳定性。工程建设阶段虽然实施了大量的边坡治理工程，但滑坡灾害时有发生，其中上洼子等4处大、中型滑坡严重影响路基和九安隧道的施工（图11-16），滑坡治理投资成倍增加。道路建成后于2017年和2018年又发生两次滑坡，压埋道路，严重影响城市正常交通。2018年8月9日九州东侧北环路K7+590～940处发生黄土-红层滑坡，长75 m，宽370 m，体积约$6.6\times10^5\ m^3$，破坏道路、提水工程和边坡治理工程（图11-17）。

图11-16　兰州北环路上洼子滑坡

2008年4月，城关区徐家山森林公园西侧由于绿化灌溉引发长200 m，平均宽100 m，体积约$3\times10^5\ m^3$的黄土-红层顺层滑坡，破坏蓄水池、上水管道和植被（图11-18）。2015年12月，红古区北山建设的油煤化工项目由于场地平整时的大规模挖填活动，在场地东侧引发滑坡，破坏道路，威胁工程建设，投巨资采取了抗滑桩等工程治理（图11-19）。

图11-17　兰州北环路九州东滑坡

对于兰州这样一个人口密集的地质环境脆弱带和敏感带来说，近年来城市建设不断向周边斜坡和沟谷延伸，与沟、与坡争地现象严重，挖坡填方规模大，人工边坡分布广泛，滑坡危害范围和程度进一步增大。另外，现代城市生活和生产中，各部门之间的依赖性和关联性密切，成为一个有机的整体系统，其中一个环节由于灾害等原因发生故障，必然会涉及其他很多方面。因此，城市滑坡造成的直接经济损失和间接社会影响巨大。

图11-18　城关区徐家山森林公园滑坡

图11-19　红古区北山油煤化工场地滑坡

11.2　天水市区滑坡灾害

11.2.1　城市地质环境概况

天水市位于陇西黄土高原东南部渭河及支流耤河河谷地带，市区东西长约40 km，南北宽1～3 km，呈条带状展布，南北两侧黄土山梁连绵起伏，高差300 m左右，山体坡度10°～20°，为典型的带状山间河谷盆地型城市（图11-20）。南北两山主要为黄土披覆于泥岩之上组成的黄土-泥岩双层异质结构斜坡，稳定性差。天水地质构造复杂，处于南北地震带和兰州—天水地震带的交会部位，历史上地震频繁且强度高，地震动峰值加速度0.3 g。天水市年降水量在550 mm左右，最大816.2 mm（2003年，麦积区），主要集中在7—9月，且多连阴雨。因此，滑坡引发因素强烈，南北两山古、老滑坡非常发育，成群成带分布，是我国滑坡灾害严重的城市之一，曾造成严重的经济损失和人员伤亡。

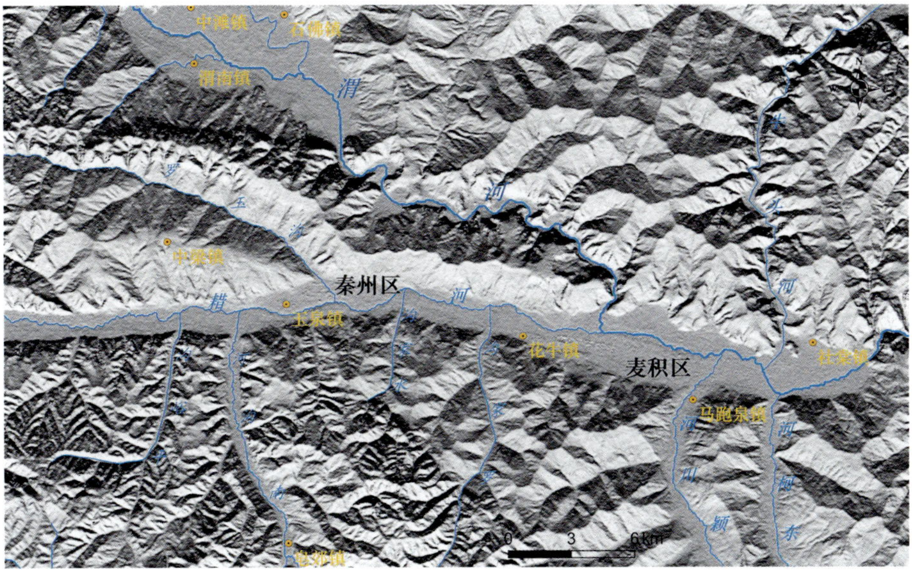

图11-20　天水市区DEM影像

由于建设用地紧缺，近30年来，随着城市建设发展和人口的增加，城市和工程建设不断向沟道和黄土梁区延伸，如天水机场等大型工程建在秦州区北部中梁黄土宽梁区，挖山填沟现象较为普遍，有的规模巨大，部分建设场地就在老滑坡体上，工程建设对斜坡、滑坡稳定性产生很大影响，城市和工程建设引发和加剧滑坡等地质灾害的问题更加突出，深入开展天水市滑坡灾害研究与防治具有重要的实际意义。

11.2.2　滑坡造成的危害

自古以来，天水市就深受滑坡之害，史料记载的较大滑坡灾害达300余次。如1938年9月30日，麦积镇吴家寺村后山滑坡，压死23人，毁房41间，损毁学校1所，压死牲畜百余头。中华人民共和国成立以来，特别是近40年来，市区也发生了一系列滑坡灾害。

1978年7月12日夜，伯阳公社南集大队北山发生滑坡、泥石流，埋没陇海铁路伯阳火车站、伯阳粮站仓库，毁房106间，压死7人，压死牲畜60头。

1984年秋季，降水较多，天水市及周围地区发生滑坡88处，40多个村庄安全受到滑坡直接威胁。另外，天水市境内的陇海铁路，G310、G316线也受到多处滑坡的严重危害，影响正常交通运营。

1990年8月11日，天水市区普降大暴雨，3 h最大降水量为113 mm，引发了20多处滑坡。其中天水锻压机床厂滑坡给该厂造成了毁灭性灾害，体积1.8×10^{6} m^{3}的黄土滑坡体在十几秒内突然快速滑动150余m，摧毁6个主体车间，压埋成品库、材料库、300 m铁路专用线、50 t龙门吊等重要生产设施，7人丧生，直接经济损失达2 067万元（图11–21），是天水市乃至甘肃省历史上直接经济损失最为严重的滑坡灾害之一。庆幸当时停电，近千名职工不在车间，才避免了不堪设想的重大人员伤亡。

1990年9月，秦州区北山椒树湾、泰山庙出现滑坡险情。后缘贯通性裂缝宽达30 cm，前部居民房屋开裂倒塌。危及下部14个单位，1 974户7 780人的生命财产安全。共投资600余万元，采用抗滑桩进行工程治理。2001年以来，秦州区北山王家半坡老滑坡多处局部复活，威胁到玉泉中学、市三中等单位和10户居民的安全（图11–22）。

图11–21　天水锻压机床厂滑坡破坏的锅炉房

图11–22　天水市秦州区玉泉中学滑坡

1995年7月1日凌晨3时，天水市秦州区北山玉泉砖瓦厂因降水引发小型黄土滑坡。滑距达150 m，压埋民工12人，毁坏砖坯数十万块。

2010年9月，位于天水市麦积区花牛镇的甘肃工业职业技术学院东南部斜坡中下部出现多条裂缝，最大宽度近1 m，滑坡迹象明显。2011年4月14日发生剧烈滑动，滑坡长130 m，宽110 m，体积约2×10^5 m^3，主滑方向正北，属中型黄土-红层接触面滑坡（图11-23）。滑坡损坏学生餐厅、平房和围墙，直接经济损失约210万元。滑坡发生后及时采取了后部削坡减载、前缘微型桩、铅丝石笼柔性挡土墙支挡和回填反压等应急治理工程，一定程度上缓解了滑坡险情。受2013年6月25日—7月25日连降暴雨的影响，该滑坡又发生复活滑动，滑坡体上出现多处裂缝和落水洞，前缘铅丝石笼柔性挡土墙也发生明显位移。最终采用了以抗滑桩为主的永久性治理工程。

图11-23　甘肃工业职业技术学院东南部滑坡

2014年9月，天水市秦州区特警支队附近羲皇大道南侧发生滑坡，严重威胁城市交通和该单位的正常出行（图11-24）。

图11-24　天水市秦州区特警支队滑坡

11.2.3　滑坡类型及特征

按斜坡地层岩性和滑动面发育位置，天水市区主要发育黄土层内滑坡、黄土-红层接触面滑坡、黄土-红层切层滑坡3类。

1.黄土层内滑坡

主要分布在高阶地前缘陡坎黄土较厚的部位，滑体由黄土组成，滑面位于黄土层中，后缘高陡，此类滑坡一般具有突发性和高速滑动性特点，如天水锻压机床厂滑坡、孟家山滑坡。多为中、小型滑坡。

2. 黄土–红层接触面滑坡

黄土–红层接触面滑坡在天水市区分布比较广泛，多集中连片发育，占滑坡总数的70%左右。滑体主要由黄土组成，下部带动1～3 m左右厚的新近系强风化泥岩层，多为大、中型滑坡。滑面位于易集水、易软化的黄土与泥岩的接触面附近。滑速一般较慢，滑距较短，多发生在雨季，复活性较强，如椒树湾、张家半山滑坡。

3. 黄土–红层切层滑坡

天水市区黄土–红层切层滑坡一般属大型或特大型。如耤河北岸水眼寨、周家山等连续分布的10余处大型、特大型滑坡群，南岸的石马坪、长仪厂滑坡等。

11.2.4　滑坡分布情况

天水市区滑坡非常发育，新老滑坡相互叠置、成群连片分布。据统计，市区南北两山斜坡破坏率在50%以上。滑坡主要发育在渭河、耤河南北两岸谷坡及南沟河、罗玉沟、水家沟、罗家沟、颍川河、东柯河等较大支流中，滑坡成群成带分布。据航片解译和实地调查，市区周围280 km^2的范围内有体积＞5×10^5 m^3的滑坡200余处（图11–25）。其发育分布

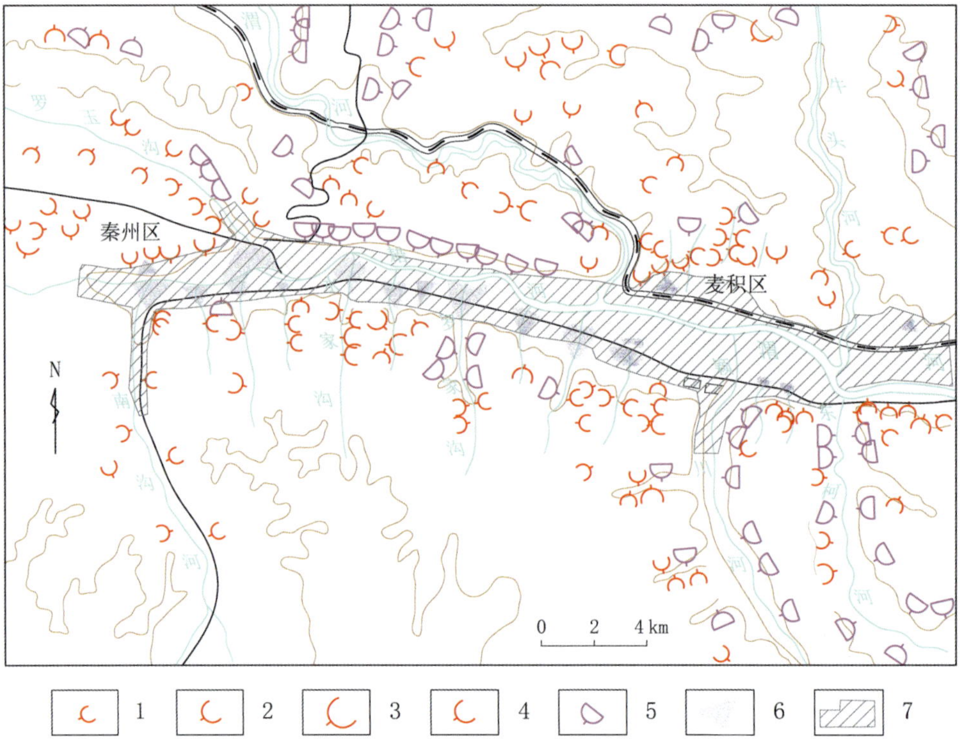

1—中型滑坡；2—大型滑坡；3—特大型滑坡；

4—黄土滑坡；5—黄土–红层滑坡；6—泥石流洪积扇；7—市区。

图11–25　天水市区滑坡分布略图

规律为：秦州区罗玉沟以西，滑坡主要连续分布于耤河南岸的南沟河—水家沟段，有长仪厂滑坡、石马坪滑坡、南廓寺滑坡等，给前缘的长仪厂、塑料厂、毛皮厂、海林厂南厂区等造成一定威胁。北侧有王家半坡—泰山庙滑坡，1990年、2001年雨季发生了较大范围的复活，对市区危害甚大（图11-26）。

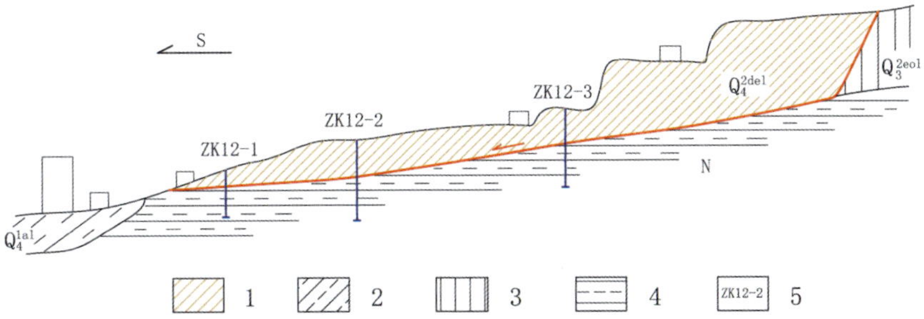

1—滑坡体；2—粉质黏土；3—马兰黄土；4—泥岩；5—钻孔及编号。

图11-26　天水市秦州区北山中和巷黄土-红层接触面滑坡剖面图

罗玉沟以东滑坡主要分布在耤河北岸，从秦州区周家山—麦积区水眼寨11 km的谷坡上连续发育有10余处大型、特大型黄土-红层切层老滑坡（图11-27～图11-28）。

图11-27　天水市秦州区耤河北岸滑坡群

图11-28　天水市麦积区耤河北岸滑坡群

麦积区渭河北岸滑坡主要发育在锻压机床厂—原麦积区砖瓦厂段，分布有黄土滑坡4处，如天水锻压机床厂滑坡；下曲湾一带的不稳定黄土边坡对铁路和公路构成危害；南岸胡家崖滑坡，綦滩、大沟滑坡等近年来也有局部复活滑动。

南沟河、罗玉沟、水家沟、罗家沟、颍川河、东柯河等支流内的滑坡对村镇也构成了一定威胁，其东岸滑坡一般较西岸发育，有的地段成群成带分布。

天水市区许多滑坡具有多次复活滑动的特点。如马跑泉镇韩家庄老滑坡长1 100 m，宽300 m，体积约5×10^6 m³，滑坡平均坡度10°。由于降水引发，1961年、1984年、2013年发生3次大规模复活滑动，每次滑动距离在20 m左右（图11-29）。

图11-29　复活滑动的马跑泉镇韩家庄老滑坡(2013年)

11.2.5　滑坡成因分析

天水市区南北两山切割强烈的黄土梁状地貌，海拔1 400～1 800 m，相对高差250～400 m，山坡平均坡度10°～20°，为滑坡发育提供了有利地形条件。广泛分布的第四系黄土、新近系泥质软岩中黏粒和黏土矿物含量较高，均为易滑地层，力学强度低，遇水易软化，是滑坡发育的物质基础（表11-1～表11-2）。上部黄土垂直节理、落水洞较发育，透水性较强，下部泥岩透水性弱，构成双层异质斜坡结构，有利于水体入渗。黄土斜坡区黄土潜水较为丰富，主要赋存于地势低洼部位的黄土层底部与强风化泥岩接触面一带，长期软化接触面处的黄土和下部强风化泥岩，降低其强度，地下水是黄土-泥岩接触面滑坡的重要内在因素。

表11-1　天水市区易滑地层黏土矿物X-射线衍射测试结果平均值统计表(据田尤)

岩性	<2 μm 黏粒含量 /%	黏土矿物相对含量/%				混层比 S,% I/S	黏土矿物绝对含量/%			
		I/S	I	K	C		I/S	I	K	C
黄土	9.7	37.0	36.0	10.3	16.8	41.3	11.0	10.7	3.0	5.0
弱风化泥岩	35.8	54.5	27.8	8.8	9.0	55.0	19.5	9.9	3.1	3.2
强风化泥岩	37.6	57.7	26.7	7.3	8.3	53.0	22.1	9.9	2.7	3.0

注：S—蒙皂石类；I/S—伊/蒙混层；I—伊利石；K—高岭石；C—绿泥石类。

表 11-2 天水市区易滑地层物理力学性质统计表

岩性	时代	物理性质			抗剪强度			
		含水率/%	天然重度/(kN/m³)	干重度/(kN/m³)	峰值		残余	
					c/kPa	φ/°	c_r/kPa	φ_r/°
干黄土	Q_3^{2eol}	10.1～18.2	14.3～15.4	12.8～13.9	24.5～52	25.3～31.7	5.0～12.3	22.0～27.5
湿黄土	Q_3^{2eol}	21.4～28.0	15.8～17.2	13.5～15.4	5.0～12.5	5.7～17.4	<5	7.0～15.5
弱风化泥岩	N_2	3.2～13.5	19.6～25.7	18.4～25.2	90～1 570	18.0～44.2	20.0～293	15.4～33.6
强风化泥岩	N_2	20.0～30.2	19.4～20.8	14.9～17.2	9.0～35.0	7.4～11.9	7.0～28	4.5～7.0

天水地区90%的滑坡由地震、降水引发。本区深大断裂发育，新构造运动强烈，又位于兰州—天水地震带和南北向地震带的交会部位，地震频繁且震级大，历史上经受了10余次破坏性地震，抗震设防烈度为Ⅷ度，地震动峰值加速度为0.3 g。大型黄土-泥岩滑坡主要由地震引发，也严重破坏了岩土体的结构完整性，斜坡稳定性变差。

天水市地处半湿润气候区，多年年均降水量510.9 mm，其中65%的降水量集中在6—9月。市区日最大降水量113 mm，多日连续最大降水量286 mm。近年来发生的滑坡主要由降水引发，1984年、1990年、2003年和2013年为丰水年或降水集中的年份，滑坡发生数量明显较多（图11-30）。特别是2013年7月的几次集中降水，在全市引发大、小滑坡450余处，伤亡25人，各类地质灾害造成的直接经济损失达82.75亿元。在植被良好的南部李子园森林地区引发的浅层滑坡密集分布；马跑泉镇大沟流滑型滑坡，远程滑动并压埋大量村民房屋（图11-31）。

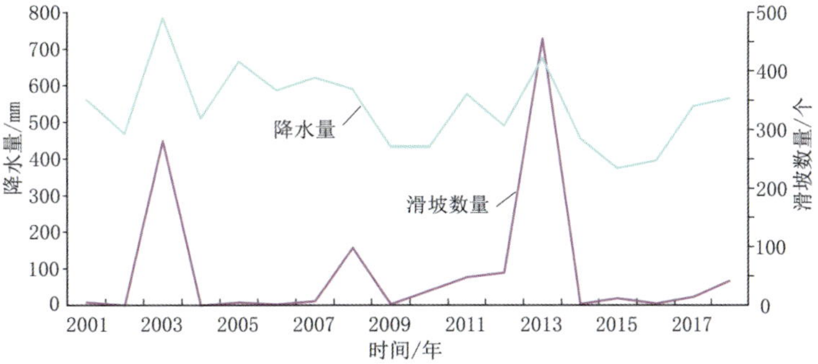

图 11-30 2001—2018年天水市降水量与滑坡关系图

图 11-31 天水市麦积区大沟滑坡压埋村庄

天水市区渭河、耤河河谷地形狭窄，建设用地有限且地质环境条件差，南北两山滑坡十分发育。近20年来，随着城市规模的发展，建设用地不断向斜坡地带和沟道区延伸，有些工程直接建在滑坡体上。工程建设中的滑坡灾害问题非常严重，大规模挖填活动及各类水无序排放等引发了多处滑坡灾害。人类工程活动已成为滑坡的主要引发因素。

迁建的天水机场位于北部较宽缓的中梁黄土梁顶区，基底为新近系泥岩，地下水较为丰富，地质环境条件非常复杂，其南北两侧共分布39处滑坡，其中大型滑坡6处，中型滑坡17处，小型滑坡16处（图11-32～图11-33）。以黄土-泥岩接触面滑坡为主，滑坡地形较缓，一般在15°左右，但滑体含水率高，稳定性差，雨季和丰水年多有复活滑动，可谓是“滑坡群绕，灾患隐藏”，是影响机场建设的主要工程地质问题。

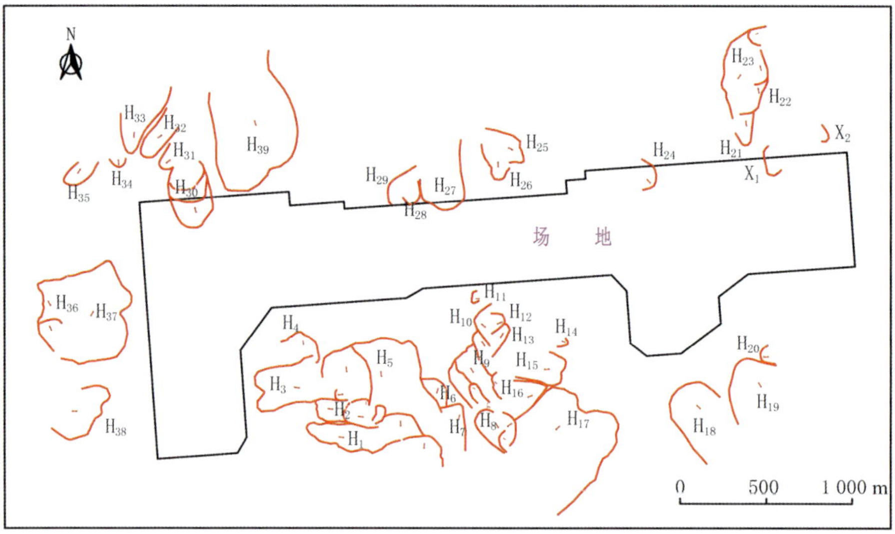

图11-32　天水市中梁机场滑坡分布略图

图11-33　天水市中梁南坡滑坡群

机场工程建设中，大部分地段需在滑坡体上进行大规模填方加载，滑坡严重影响填方边坡的稳定性，需首先对滑坡进行有效治理。2020年以来的试验段填方工程在清理高含水率滑坡体时，引发了多处新滑坡和老滑坡的复活，严重威胁工程顺利建设，影响工程进度，也增大了工程投资（图11-34）。

图11-34　天水市中梁机场试验段建设引发的滑坡

天水市区—三阳川新城区的两条隧道进口均位于耤河北岸老滑坡体上，天水—平凉高速出口位于罗玉沟老滑坡体前缘，工程开挖中都出现了滑坡复活问题，进行了专门的工程治理。秦州区羲皇大道南郭寺加油站建设时对老滑坡体进行了开挖，形成高陡边坡，由于坡顶排水渠开裂变形，雨水和生活废水长期渗漏并软化土体，于2020年冬季发生小型滑坡，破坏房屋设施，威胁加油站及上部道路安全（图11-35）。

图11-35　秦州区羲皇大道南郭寺加油站滑坡

2018年以来，前述1995年曾发生滑坡灾害的玉泉砖瓦厂场地开发为北山棚户区改造项目，为了扩大建设场地，对北部的黄土斜坡进行了大规模开挖，形成高约50 m，平均坡度35°的台阶状黄土边坡，并进行了以锚索框架为主的工程治理。2020年8月14日8时—17日12时秦州区出现连续降水，累计降水量达102.4 mm。17日12时30分，受长期降水影响，场地北部黄土边坡失稳滑动。滑坡南北长约107 m，宽60～140 m，平均厚13 m，体积约$1.23\times10^5\ m^3$，属中型中层黄土层内滑坡，滑动距离10～20 m。滑坡破坏了已有锚固工程，压覆坡脚南部建设场地，造成严重经济损失，增加了地质灾害治理投资并拖延了工期（图11-36）。

图11-36　秦州区北山棚户区改造项目场地滑坡

天水市地质环境条件特殊，黄土斜坡主要由上部渗透性较好的马兰黄土、下部隔水的新近系泥岩组成，二者接触面倾向坡外，构成双层异质斜坡结构，有利于水体的入渗，并在土岩接触面一带常赋存地下水，长期软化岩土体，力学强度低，形成软弱易滑结构面，是天水最易滑坡的斜坡地质结构。此类斜坡结构对降水、人工挖填活动反应敏感，即使斜坡坡度只有15°左右，也是本区黄土接触面滑坡大量发育的斜坡地段，且此类滑坡的复活滑动频繁。因此，今后天水市周边沿山沿沟地带的工程建设中，对此类易滑斜坡地质结构要给予高度重视，加强勘查评价，科学规划，尽量避开和减少扰动，并加强防治。

另一方面，为了解决城市发展和建设用地紧缺的实际问题，城区周边一些古、老滑坡体由于地理位置的优势，也逐步开发利用。如天水养老示范基地建在麦积区八槐古滑坡体上，花鸟市场建在闫家河古滑坡体上。这些滑坡一般为规模较大的特大型黄土-泥岩切层滑坡，地形较为平缓，前缘坡度一般为6°～8°，其形成可能与强烈的古地震有关，滑距较远，能量基本释放，并经历了后期多次强烈地震和大暴雨的考验，目前整体处于稳定状态。

天水养老示范基地建在麦积区东柯河右岸八槐古滑坡体中下部，滑坡长约1 300 m，平均宽1 100 m，厚15 m左右，体积约1.6×10^7 m^3，属特大型黄土-泥岩古滑坡（图11-37～图11-38）。据^{14}C测年资料，该滑坡形成年代为28.8 kaBP。滑坡体呈台阶状，中下部发育三级宽100～250 m的宽大平台。滑波体平均坡度6.5°左右，滑坡前缘呈散开状堆积于东柯河右岸河谷阶地上，临空面低，前缘滑体中有强烈的逆冲挤压现象，说明滑动过程剧烈，能量释放较为彻底。滑坡体及其上建筑无开裂、变形破坏迹象，整体处于稳定状态。经专门勘查评价和专家论证，可作为该项目的建设场地。

图11-37　古滑坡体上建设的天水养老示范基地

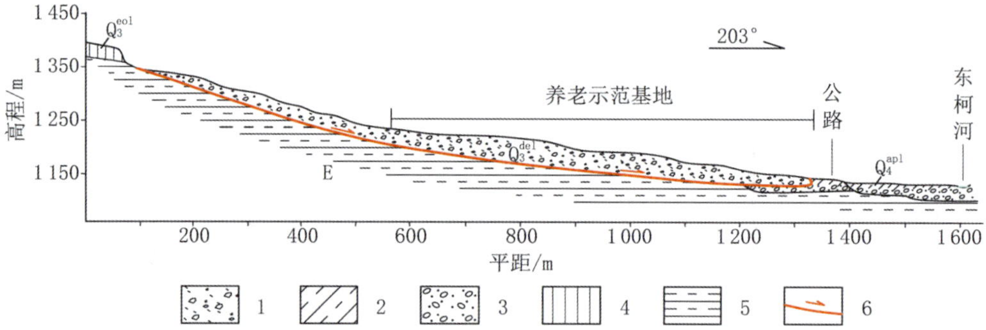

1—滑坡体；2—粉质黏土；3—卵石；4—马兰黄土；5—泥岩；6—滑动面。

图11-38　天水养老示范基地古滑坡剖面图

滑坡体作为建设场地的开发利用，在进行专门滑坡勘查和稳定性评价的基础上，除做好基本防治工程外，在以下方面要特别给予注意：一是建设工程规划布局要依坡就势分台阶开发利用，不设大平台和高陡边坡，避免大挖大填，而前缘适量反压有利于稳定滑坡。二是加强地表、地下排水，做好场地、周边截排水和给排水防渗工作，严格控制绿化用水，避免布置水体景观。三是工程规划布置上，重要工程和荷载大的工程尽量布置在滑体中前缘地区，滑体上部可布置广场、运动休闲场所等荷载小的工程设施。

11.3　陇南市武都城区滑坡灾害

11.3.1　滑坡发育背景

陇南市武都城区地处秦岭山地，长江流域嘉陵江支流白龙江中游，素有“巴蜀咽喉、秦陇锁钥”之称，是甘肃、陕西、四川三省的交通要道。市区沿白龙江两岸展布，周边为高中山环绕，西起两水镇泥湾沟，东至汉王镇佛堂沟，东西长26.5 km，南北宽约600 m，海拔890～1 120 m，是一个典型的狭长形山区河谷城市。

受用地条件限制，城市建成区多位于泥石流堆积扇上或滑坡影响区，部分甚至选址于滑坡体上，城市建设中向山、向沟要地的趋势非常明显。舟曲—武都断裂带自西北向东南穿越市区，受历次构造运动影响，境内构造复杂、断裂发育、地形陡峻，岩土结构不连续、不完整、不稳定，降水量大且集中，地质环境极为脆弱。陇南市也是一个多地震的区域，强震导致山体结构破碎，加之软弱岩土体广泛分布，再叠加降水、人类工程活动等因素，极易引发滑坡、泥石流灾害。白龙江流域是我国四大滑坡、泥石流发育区之一，陇南市也是我国滑坡、泥石流灾害最为严重的地级市之一（图11–39）。

图11–39　白龙江河谷中的陇南市武都城区与南山滑坡群

11.3.2　历史滑坡灾害概况

武都城区历史上曾发生过多次滑坡，灾害十分严重。据《武阶备志》记述：汉高后二年（公元前186年）正月乙卯武都道，地震山崩，压死760人。北宋雍熙三年（公元986年）岂曰福津县（今武都区大安庙附近）有大山飞来，白龙帝峡涌江水逆流，高十丈许，坏民田数百里。上述史书记载表明，陇南市武都区滑坡灾害的历史很悠久。

1879年武都南8级地震在武都城区引发了多处滑坡，造成巨大破坏和严重的人员伤亡。据武都城关清真寺的光绪九年《永垂不朽》碑记载，光绪五年五月十二日黎明，地忽大震，城外南山飞入城中，从寺旁经过，压埋坠门，非常之变，莫不悚然。《武都县志》记载，南山滑坡冲过了白龙江，冲决河堤，压埋西南城垣数十丈、居民二百余家，城中突起土阜周二里许。

1976年四川平武、松潘一带地震在武都区未造成大规模滑坡，但引发了大量的斜坡变形，灾后武都调查的536个滑坡中，有近50%的滑坡变形是由这次地震加剧。可见，地震对陇南市斜坡地质结构的破坏作用非常显著。

1984年8月1—3日，武都降水量182.3 mm，其中8月3日降水量76 mm，1 h最大降水量20 mm，10 min降水量10 mm。暴雨引发北山群发性滑坡、泥石流灾害，造成城区1/3被淹，经济损失巨大。由于白龙江洪水冲刷，高崖老滑坡复活，前缘发生大量崩塌，滑坡体上出现宽3～10 cm，长30 m的裂缝。烟台村大滑坡上缘裂缝也渐渐增大，发生复活滑动。甘家沟井头坪因暴雨引发滑坡缓慢滑动，堵塞沟道，直至冬季才停止滑动。可见，降水是引发滑坡的主要因素，且具有同发性及滞后性特征。

2008年“5·12”汶川8.0级地震在陇南市引发大量滑坡，武都城区郭家沟滑坡局部复活滑动，造成1户人家房屋被滑坡摧毁，2人死亡，1人受伤。陇南公路段、植物园、招待所、军分区家属院等地段均出现崩塌压埋房屋，毁埋上山道路，坡体碎裂的落土、落石进入居民院中等灾害现象，使上百间房屋被毁，所幸没有人员伤亡。其中市区范围引发11处滑坡，此外，尚有大量崩塌和斜坡变形，南北两山地表多处出现裂缝，可见地震引发的次生滑坡灾害非常严重。

2011年9月22日凌晨，由于连日阴雨，G212线K438+200～280段（武都区汉王镇阳坝村）发生滑坡，滑坡宽150 m、长18 m，前后缘高差30 m，体积约$1.08\times10^4\ m^3$。滑体和两个大油罐横到公路上，阻断交通。

图11-40　2016年武都公路总段滑坡

2016年10月2日上午7时30分左右，武都区城关镇西关社区公路总段南坡发生滑坡灾害（图11-40），体积约800 m^3，造成2户居民自建住宅楼倒塌。现场共搜救出5人，其中4人经医院抢救无效后死亡，1人受伤。

2017年，赵坝泄流坡滑坡出现复活险情，威胁下部城区加油站及附近居民安全。为防治滑坡险情，对其进行了应急监测和勘查，工程治理费用共计1 800万元。

2020年8月13—17日，受强降水影响，武都城区郭家沟内道路、清水沟至王家庄段道路、G75高速公路出口处灰崖子段、黑坝至石坪路段、东江镇仲雷公路等处发生多处塌方、滑坡，堵塞公路，致使车辆绕行。

11.3.3　滑坡类型与特征

按岩土类型，武都城区滑坡以土质滑坡为主，有少量岩质滑坡。可分为黄土碎石土复合滑坡、堆积层滑坡和岩质滑坡。其中黄土碎石土复合滑坡主要分布在北山一带，滑坡物质组成上部为黄土、下部为残坡积碎石土，滑带多位于残坡积碎石土中，滑床为微风化的基岩。这类滑坡往往具有坡度较陡、错落式滑动的特征，后缘常形成多级陡坎，如郭家沟滑坡、王沟滑坡等。堆积层滑坡在南北两山均有分布，滑坡由残坡积土组成，滑坡面位于残坡积土和滑床的接触面上，滑床为微风化的板岩、千枚岩，滑坡规模较大，如灰崖子滑坡、半山里滑坡等。岩质滑坡主要分布在北峪河下游右岸一带。

11.3.4　滑坡分布特征

区内滑坡较为发育，受白龙江断裂带控制，多成群成带分布（图11-41～图11-43）。特别是城区南山、灰崖子一带，黄家坝对面以及两水镇一带，多以滑坡群出现。在泥湾沟、东江水沟、张家咀沟、燕儿沟、甘家沟等泥石流沟道内，滑坡成群连片分布，成为泥石流的主要物质来源，从而形成滑坡-泥石流灾害链，对市区威胁巨大。市区一带分布29处滑坡隐患点，其中28处位于城区，另一处为马街乡红土坡滑坡，历史上多次堵塞北峪河后溃决，再转化为泥石流，对下游城区钟楼滩一带造成危害。区内滑坡多分布于白龙江南、北岸地形陡峻处，其中北岸分布滑坡13处，南岸分布滑坡16处，以大型和特大型滑坡居多。

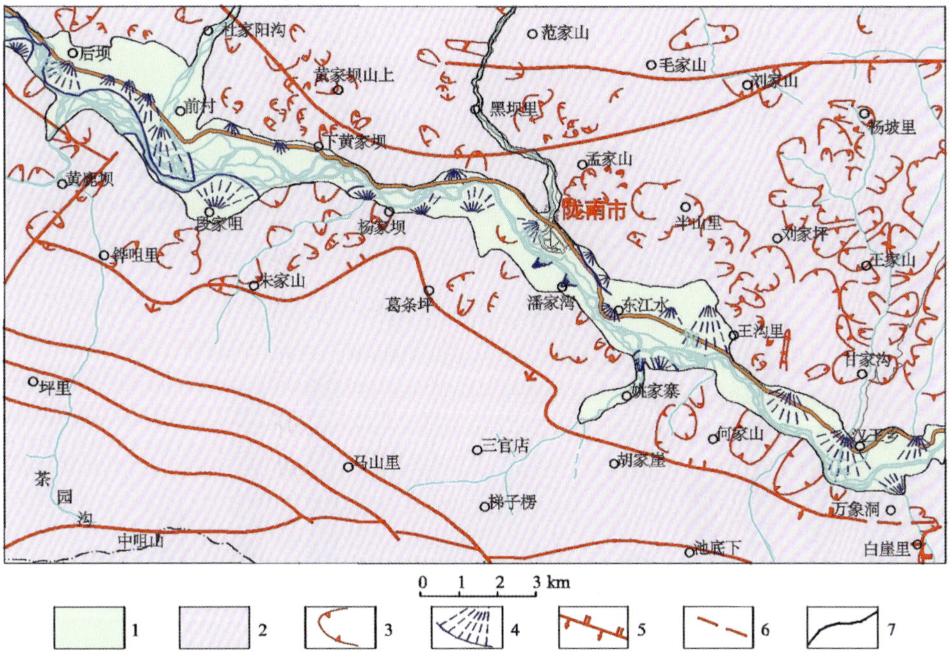

1—河谷平原；2—高中山；3—滑坡；4—泥石流堆积扇；
5—实测逆断层；6—推测性质不明断层；7—地貌分区界线。

图11-41　陇南市武都城区地貌与地质灾害分布图

图 11-42　陇南市武都区城郊滑坡与密集的房屋

图 11-43　陇南市武都城区北山滑坡

11.3.5　滑坡成因

武都城区总地势特点为两山夹一谷，西北高，东南低。区内沟谷发育、切割强烈、山势陡峻。市区沿白龙江呈北西—南东展布，海拔 890～1 120 m，两侧山体相对高差 600～1 400 m，坡度 35°～50°。根据武都区调查的 427 处滑坡中有 339 处发生在 10°～30°的斜坡上，占滑坡总数的 79%，88 处发生于 30°以上的斜坡，占滑坡总数的 21%（图 11-44）。坡高 0～200 m 之间的滑坡数量最多，共 196 处，占 45.9%；坡高 200～400 m 之间的滑坡 174 处，占 40.7%（图 11-45）。

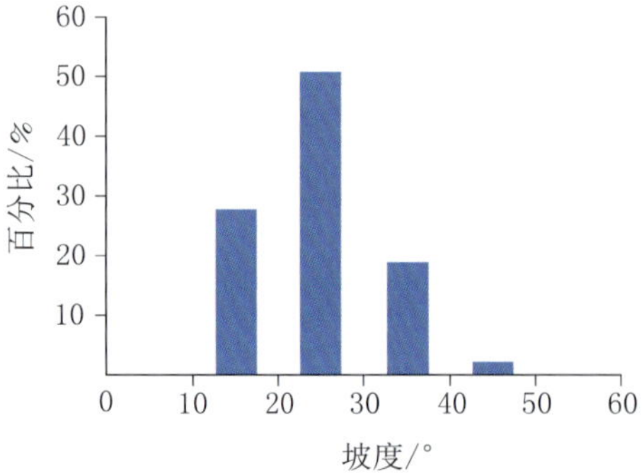

图 11-44　不同坡度区间滑坡的比率图

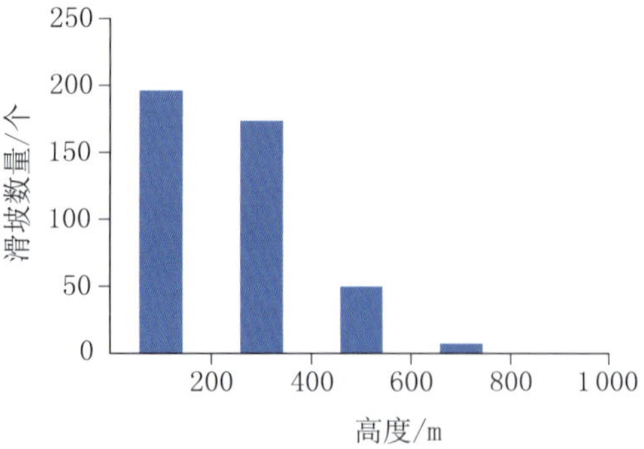

图 11-45　不同坡高区间滑坡数量图

本区属于西秦岭地层区，主要出露志留系、泥盆系的千枚岩、板岩、页岩、砂岩、灰岩等，第四系冲洪积物、残坡积及黄土。其中志留系、泥盆系的千枚岩、页岩、板岩等属于易滑地层，抗风化能力差，具有亲水性、崩解性，遇水易软化和泥化，抗剪强度显著降低，易形成软弱滑带。本区大部分堆积层滑坡也发育在此类地层分布区。

赵坝泄流坡滑坡属于典型千枚岩形成的高位老滑坡（图 11-46）。滑坡平面呈倒沙漏形，由上至下分别为滑源区、滑通区和堆积区。斜坡上部滑源区大量残坡积物和马兰黄土间歇性长期蠕动下滑，近期剧烈活动的滑坡体总长约 700 m，体积 $1.38\times10^6\ m^3$。

图 11-46　赵坝泄流坡滑坡影像

赵坝泄流坡滑坡历史上多次滑动，2008 年“5·12”地震后再次复活，2009 年实施前缘挡土墙、滑坡体后缘及两侧截排水渠等简单治理工程。2018 年，滑坡滑通区上部锁口处出现小面积局部滑动，滑体堆积于下部坡体之上，未对坡脚建筑物构成威胁。2019 年，受强降水影响，滑坡由 2018 年破坏处向下延伸，形成条状槽型溜塌地形，并伴有滚石现象，对坡脚修理厂、垃圾转运站造成危害。受 2020 年 8 月 13 日暴雨影响，滑坡整体发生滑移，周界明显，后缘滑床裸露，侧缘错坎明显，并在坡面流水冲刷切蚀作用下形成 V 形冲沟，坡面支离破碎，由拉张、挤压作用形成的裂缝遍布坡体，提灌设施损毁，排水渠错断，树木成醉汉林状。

陇南市武都城区在构造上受白龙江复式背斜及白龙江—舟曲断裂等影响。新构造运动非常强烈，自上新世以来振荡上升了 2 700～3 200 m，第四纪以来河谷下切了约 360 m。强烈的新构造运动使得地层岩性极为破碎，为滑坡的形成奠定了基础。

灰崖子滑坡群为受断层影响的断层破碎岩滑坡（图 11-47），地层主要为泥盆系灰岩、志留系白龙江群千枚岩、板岩及断层破碎岩。白龙江断裂带北支从滑坡区通过，受断层作用，岩体裂隙发育，结构极为破碎。滑坡区地形陡峻，共发育H特大型老滑坡和H_1～H_4 5处滑坡，其中H_1、H_4滑坡对水泥厂和灰崖子社区形成严重威胁，H_2、H_3滑坡是灰崖子沟泥石流的主要物源补给区。

图11-47　武都城区灰崖子滑坡群

根据现场调查，灰崖子老滑坡中上部及两侧冲沟段共有H_1、H_2、H_3滑坡，均处于不稳定状态，变形迹象明显，造成盘山公路错断、隆起，约1 333m^{2}橄榄林地受损，直接经济损失约90万元。灰崖子滑坡群在降水等不利条件影响下，有可能发生整体滑动，同时也会转化为泥石流，形成滑坡-泥石流灾害链。将直接威胁坡脚灰崖子村、G212线、陇南祁连山水泥厂等地的安全，威胁人员3 800余人，潜在经济损失达1.8亿元，险情属特大型。灰崖子滑坡群目前仅有监测手段，建议政府部门重点关注该滑坡的动态。

武都区年降水量较大，多年平均降水量487.2 mm，降水分配很不均匀，主要集中在5—9月，占全年降水量的75%～85%。降水常以连阴雨和暴雨的形式出现，暴雨年均2.5次，近年来多次出现50年及100年一遇的大暴雨及特大暴雨。降水的另一特点是：连阴雨时间长，尤其以5月、7月、9月三个月居多。降水是引发滑坡的主要因素，对陇南1 000多处滑坡调查统计资料表明，95%以上的滑坡发生在雨季。引发滑坡的临界降水量相对较小，当前期降水量>80 mm，小时降水量>20 mm，即可引发滑坡。连阴雨对区内滑坡、崩塌的作用较大，可直接引发滑坡、崩塌。连阴雨加暴雨则容易引发群发性浅层滑坡，形成俗称的“猫抓脸”现象（图11-48）。

图11-48　两水镇一带降水引发的浅层滑坡

陇南市处于南北地震带，临近的勉略断裂带属发震断裂。1879年发生的武都8.0级地震曾引发大量滑坡。“5·12”地震对当地山体稳定性的影响也非常巨大。地震使本来较为松散的黄土、残坡积碎石土等覆盖层更加松散，促发滑坡、崩塌；也使基岩中原有的裂隙进一步扩大并产生新的裂隙，为地表水提供入渗通道，引发或加剧滑坡；也使原本较稳定的老滑坡、古滑坡的力学平衡遭到破坏，进而复活滑动。据资料统计，区内80%的大型滑坡由地震引发。

武都油橄榄基地滑坡群是典型的地震加剧型滑坡群。自北向南从桥子沟东侧至教场梁，顶部宽315 m，高差123 m，斜坡坡度40°～45°，坡脚为居民和单位建筑密集区。共计发育3处滑坡，位于斜坡的北部及中部（图11-49）。该区域历史上就是滑坡、崩塌的多发地带，1962年和1973年发生了两次滑坡灾害，共计造成直接经济损失16万元，其中1973年滑坡共造成2人死亡。坡脚有陇南市消防支队、世博林橄榄公司等单位和居民共1 600多人，威胁财产达2亿元。2008年“5·12”地震引发其变形进一步加剧，灾后重建中采取了以锚固为主的工程治理。

图11-49　武都油橄榄基地滑坡

陇南市区主要分布在白龙江狭长的河谷地带，城市用地条件差，建筑物密集。受用地条件的制约，城市建设不断向山区延伸。如旧城区，沿北山一带居民十分密集，依坡临崖建房现象十分普遍。由于地质条件较差，加上建房过程中的强烈开挖和加载，以及水体渗漏等原因，滑坡灾害时有发生，最多一年发生过8起，对居民的威胁十分严重。

郭家沟滑坡位于武都城区清水沟左岸（图11-50），北山公路穿过滑坡前缘。由2008年“5·12”汶川地震引发，造成坡脚一户居民房屋被毁，1人伤亡。该滑坡属黄土-碎石土复合型滑坡。滑坡长108 m，上部宽12 m，中部宽49 m，下部宽55 m，相对高差30 m，面积1 008 m^2，厚度3～12 m，体积约1×10^4 m^3，主滑方向16°。该滑坡形成的主要因素为北山公路修建时的人为切坡，汶川地震（市区属Ⅷ度区）加剧了滑坡变形，在后期降水作用下滑坡加速滑动，导致坡脚公路、房屋被破坏，并造成人员伤亡。

图11-50　郭家沟黄土-碎石土复合型滑坡

11.4　舟曲县城滑坡灾害

11.4.1　滑坡发育背景

舟曲县素有“藏乡江南”之称，曾以山清水秀闻名于世。区内山系和主要河流基本呈东南—西北方向延伸，山高沟深、地形起伏强烈、褶皱断裂发育、岩体结构破碎、软岩分布广泛，成为孕育滑坡、泥石流等地质灾害的“温床”（图 11-51）。

图 11-51　舟曲县城主要滑坡与泥石流

舟曲县城地处青藏高原东北缘白龙江中游的高山峡谷地带，属典型的“两山夹一谷”地形，翠峰山和南山北南对峙，白龙江、坪定—化马活动断裂带穿城而过，地质环境极为脆弱。城区白龙江以北部分位于三眼峪、罗家峪、寨子沟等泥石流堆积扇及锁儿头、罗家峪等滑坡体上，白龙江以南部分位于南山滑坡群之上。舟曲县城处于我国南北地震带的影响范围内，1879 年武都 8.0 级地震曾引起大范围滑坡。舟曲一带降水集中、强度大，易引发滑坡、泥石流等地质灾害。随着人类社会生产活动的加剧，工程活动强度和范围持续加大，水土流失日趋严重，由此引发的滑坡、泥石流灾害时有发生。

11.4.2　历史滑坡灾害概况

据舟曲县志记载，从明嘉靖三十四年（1555 年）至清光绪十年（1884 年）地震引发的滑坡、崩塌有 10 多次。近年来，随着人类工程活动的加剧和地质环境的恶化，舟曲滑坡、崩塌等地质灾害日益频繁，给当地人民生命财产安全造成严重威胁。

1998 年 1 月 21—23 日，县城南部南山村发生滑坡，体积约 $1.2\times10^6\ m^3$，其前缘大部分滑体堆积加载在下部体积达 $7\times10^6\ m^3$ 的河南村老滑坡的后部，推挤其复活滑动（图 11-

52)。本次滑坡使两村72户群众房屋开裂变形，其中南山村有5户被滑坡彻底摧毁，共涉及群众350人，房屋610间，牲畜163头（只）。1 300 m长的35 kV高压输电线路受损，毁坏人畜饮水管道860 m，闭路电视线路1 720 m，防洪堤800 m，乡间道路1.8 km，破坏耕地 $1.2\times10^5\ m^2$，直接经济损失约244万元。因发现及时并疏散灾区群众，未造成人员伤亡。2020年，因大规模开挖河南村滑坡舌部土体，引发复活滑动，破坏公路。

图11–52　1998年舟曲县南山村、河南村滑坡

2010年10月6日，舟曲县江盘乡龙江新村一带发生滑坡，3户居民房屋倒塌，4户居民房屋受到不同程度损坏，紧急疏散受威胁居民20户。同时威胁江盘上山公路及过往行人车辆的安全（图11–53）。

2010年10月7日，县城白龙江南岸雷崖石陡崖段发生崩塌，体积1 500 m^3。压埋滨河南路约35 m，造成交通中断（图11–54）。

图11–53　2010年10月龙江新村滑坡

图11–54　2010年10月白龙江南岸雷崖石崩塌

2011年9月18日，舟曲县城西白龙江南岸老滑坡前缘局部发生复活滑动，圈椅状滑坡后壁明显，下错3～5 m，严重威胁前部居民安全（图11–55）。

图11–55　2011年舟曲县城西白龙江南岸滑坡

11.4.3　滑坡分布特征

据调查，舟曲县城及周边地区共分布滑坡15处（图11–56），其中北岸分布滑坡

8处，南岸分布滑坡7处。滑坡类型主要为堆积层滑坡、断层破碎岩滑坡，也发育小型岩质崩塌。

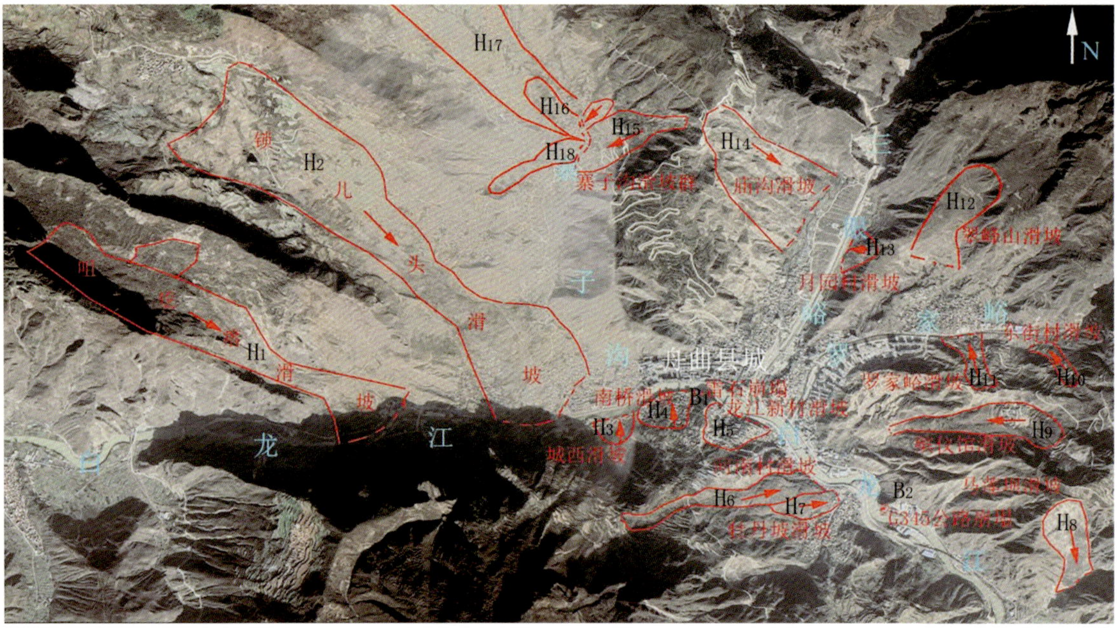

图11-56　舟曲县城滑坡分布图

11.4.4　滑坡成因

舟曲县位于西秦岭构造带，光盖山—迭山断裂带自西向东横穿舟曲北部，总体走向近EW。坪定—化马断裂为其主要的支断裂，自西向东穿城而过，整个城区处于断裂带影响范围内。该断裂带属第四纪活动断裂，晚第四纪以来的垂直滑动速率为0.49±0.08～1.15±0.28 mm/a，左旋滑动速率为0.51±0.13 mm/a。县城南北两山发育的断层破碎岩滑坡均受其控制，滑坡在空间上主要沿断裂走向和基本垂直于断裂走向展布。例如，咀疙瘩、锁儿头等滑坡均是沿断层形成的槽状地形展布，而南山滑坡群、河南村滑坡则是基本垂直于断层走向展布。

锁儿头滑坡是沿坪定—化马断裂带走向分布的断裂带破碎岩滑坡，位于舟曲县城上游1 km的白龙江左岸锁儿头村（图11-57）。滑坡平面形态呈哑铃形，长3 300 m，宽80～700 m，平均宽350 m，长宽比接近10。滑坡上段滑体最厚78 m，平均厚60 m左右；中段滑体最厚100 m，最薄处仅20 m，平均厚65 m左右；下段滑体最厚82 m，平均厚60 m左右。滑坡体积约7.285×10^7 m^3，属特大型断裂带破碎岩滑坡。锁儿头滑坡体主要由两层岩土组成（图11-58），上部表层为黄土状土及杂色、灰色碎石土；下部为断层破碎带的灰黑色炭质板岩、炭质千枚岩碎石土。滑带物质由炭质板岩、炭质千枚岩泥化后的灰黑色黏性土夹少量碎石构成的灰黑色含角砾、粉质黏土组成，极滑腻，呈饱和-软塑状。滑床为泥盆系中统西汉水群古道岭组上段中风化碎裂状炭质板岩、炭质千枚岩。

白龙江锁儿头滑坡前缘的河床狭窄，比降大，江水特别是汛期，对锁儿头滑坡前缘侵蚀冲刷强烈，中、小型滑坡时有发生，从而影响该滑坡的整体稳定性。

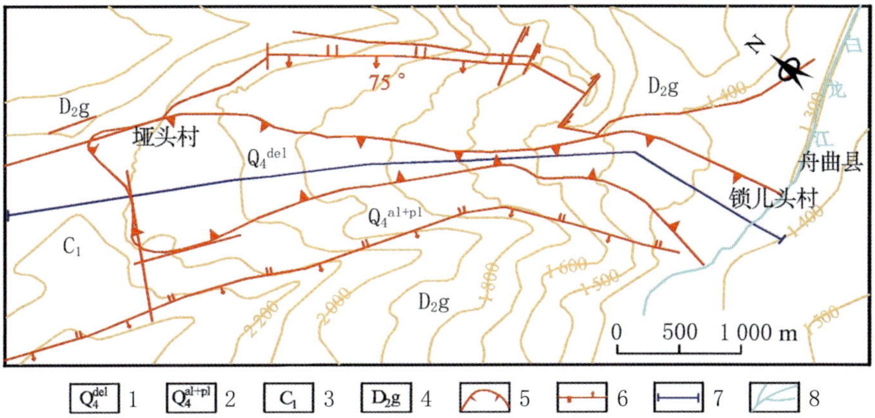

1—第四系滑坡堆积物；2—第四系冲洪积物；3—下石炭统灰岩；
4—中泥盆统古道岭组炭质板岩、灰岩；5—滑坡周界；
6—断层；7—剖面线；8—河流。

图 11–57　锁儿头滑坡平面图

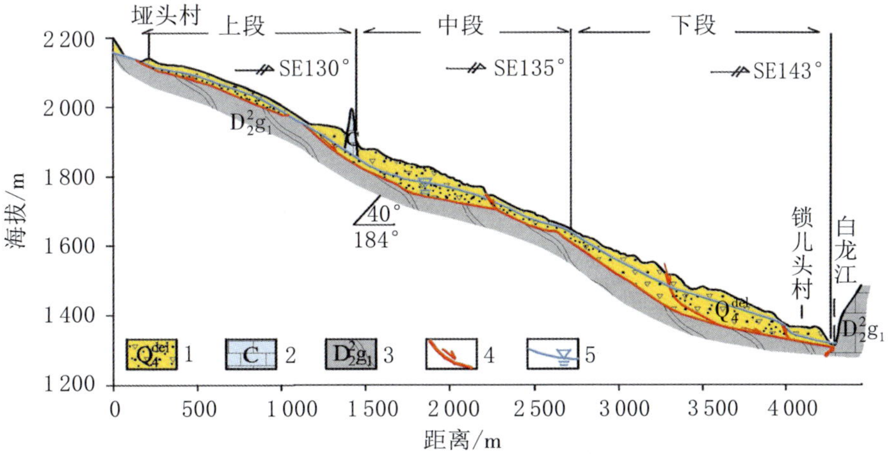

1—滑坡堆积物；2—石炭系灰岩；3—中泥盆统古道岭组炭质板岩、灰岩；
4—滑动面；5—地下水位线。

图 11–58　锁儿头滑坡剖面图

锁儿头滑坡长期处于缓慢蠕滑状态，滑坡整体失稳剧滑的危害包括直接危害和堵江间接危害两方面。直接危害是滑坡体上居住的 4 个行政村、643 户、2 718 名群众和滑体前缘对岸的锁儿头电站。近年来，锁儿头滑坡前缘东侧活动较为强烈，滑体上的房屋、公路和挡土墙经常开裂，前缘挡土墙位移 2 m，破坏居民住宅楼（图 11–59）。最危险的情况是滑坡可能堵江和溃坝给上下游造成的危害。

咀疙瘩滑坡位于锁儿头滑坡西侧的白龙江左岸，也称大小湾滑坡（图 11–60）。滑坡平面形态呈长条形，也沿坪定—化马断裂带展布，滑坡舌部呈扇形，前缘直抵白龙江左岸。滑坡主滑方向 112°，东西长 2 963 m，东西宽 400 m，面积约 1.45 km^2，滑体平均厚 40 m，体积约 4.143×10^7 m^3，为特大型滑坡。滑体岩性主要为碎石土、炭质板岩、千枚岩、粉砂岩。与锁儿头滑坡相隔一个山梁，二者基本平行展布，也属断层破碎岩滑坡。

图 11-59 锁儿头滑坡前缘破坏的房屋

图 11-60 咀疙瘩滑坡

咀疙瘩滑坡也长期缓慢蠕滑，前缘变形明显，受上部坡体的加载、推挤和前部白龙江侧向侵蚀的影响，滑坡前缘挡土墙和原G345路面发育大量鼓胀裂缝及拉张裂缝，路面多处错断，其中滑坡西侧边界处道路在10 a左右的时间里向外最大位移5 m，公路外侧发生多处次级滑坡（图 11-61）。根据最新的卫星雷达变形监测和野外调查结果显示，最快变形速率达200 mm/a，中部变形最为剧烈，超过300 mm/a（图 11-62）。咀疙瘩滑坡的现状稳定性很差，在中后部次级滑坡不断加载和前缘白龙江侵蚀的情况下，滑坡前缘可能在强降水等引发下发生大规模复活滑动，存在直接冲毁前缘原G345公路和村庄，堵塞白龙江，形成滑坡-堰塞湖-洪水链式灾害的风险，严重威胁下游舟曲县城安全。

图 11-61　咀疙瘩滑坡前缘变形情况

软弱岩层为滑坡提供了物质基础。白龙江流域主要分布板岩，千枚岩，炭质页岩，黄土、残坡积层等易滑地层。同时，沿断裂带分布的断层破碎岩属于特殊岩层，主要为断层糜棱岩以及千枚岩、炭质板岩碎屑及其风化形成的灰褐色、黑色黏土等组成，宽 150～1 500 m，厚 150 m 以上。断裂带破碎岩也是滑坡发育的物质基础。

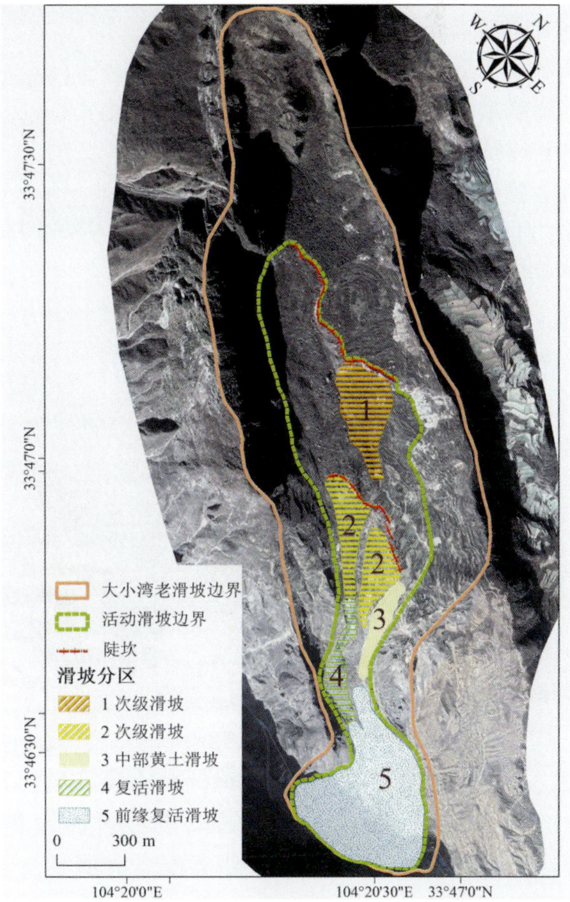

图 11-62　咀疙瘩滑坡变形特征图

南桥滑坡是白龙江右岸的老滑坡，坡体主要组成物质为厚度不等的黄土和碎石土，滑带为灰黑色含砾粉质黏土，滑床为板岩及千枚岩地层。历史上该滑坡曾多次复活，1997 年以来一直有变形滑动迹象。在地貌上呈圈椅形，中后缘发育二级平台，长条形，因变形形成二级台阶。滑坡主滑方向 5°，纵轴长约 600 m，底宽约 180 m，中部宽约 170 m，上部宽约 100 m，面积约 9.7×10^4 m^2，滑体厚度不均匀，一般为 5～15 m，局部厚度＞20 m，总体积约 2.16×10^6 m^3。滑坡后缘高程 1 558 m，前缘高程 1 336 m，相对高差 222 m。1998 年 1 月 30 日凌晨 3 时 20 分，滑坡以 1 m/h 的速度运动，当日下滑方量约为 5.85×10^5 m^3。“5·12”地震后，南桥滑坡滑体上发育多处不稳定斜坡和次级滑坡，局部有明显变形迹象，产生新的张拉裂缝，滑体中部居民房屋开裂严重。

舟曲县属西秦岭构造侵蚀中高山地，白龙江干流自北西向东南穿过县境。山体上部较陡，山坡坡度30°～45°，局部为陡崖。海拔一般为1 500～2 500 m，最高处2 638.5 m，山坡坡脚前缘地带海拔1 320 m，最大相对高差达1 318.5 m，陡峻的地形为滑坡提供了势能条件。舟曲特大型滑坡均位于断层形成的槽状或洼地中。这种负地形有利于降水汇流，从而使地下水富集，形成相对独立的滑坡区水文地质单元。滑坡体上泉水普遍出露，且生长芦苇等亲水植物。例如咀疙瘩、锁儿头等滑坡均出露多处泉点。

通过调查，近年来的滑坡多由降水引发。锁儿头、泄流坡等滑坡的观测资料表明，降水对深层滑坡的影响具有滞后性，其滞后约2个月左右，反映出降水入渗转化为地下水富集于滑带，对滑带的软化作用需要一定的时间。

人类工程活动也直接影响着滑坡的形成。破坏植被，垦荒造地，修建房屋、道路等，不断开挖坡脚，破坏了斜坡的固有状态，临空面增大，造成斜坡应力再调整导致失稳滑坡。由于建设用地十分紧缺，在舟曲县城周边，滑坡上建筑加载现象非常普遍。例如，锁儿头滑坡居住近3 000人（图11-63）；龙江新村滑坡建筑物十分密集（图11-64），建筑加载、生活废水的长期渗漏加剧了滑坡变形与复活。

图11-63　锁儿头滑坡上的建筑

图11-64　龙江新村滑坡建筑加载

龙江新村滑坡位于白龙江南岸，平面形态呈不规则扇形。滑坡后壁圈椅状地形明显，高差约60 m，坡度35°左右，由泥盆系中统古道岭组灰黑色炭质板岩组成。滑坡前后缘高差210 m，主滑方向NE35°。滑体长约470 m，前缘宽约590 m，后缘宽约120 m，平均宽约360 m，面积约$1.78\times10^5\ m^2$，总体积约$1.575\times10^6\ m^3$。滑体经人类活动改造，形成约11级宽20～30 m，长70～110 m的平台和陡坎（图11-65）。据钻孔、探井等勘探揭示，滑体主要为灰黑色炭质板岩、含炭板岩、千枚岩、褐色粉砂质板岩碎屑及少量黄土组成，成分混杂，滑带为含砾黑色、黄褐色粉质黏土，滑床物质主要为泥盆系中统古道岭组灰黑色炭质板岩、含炭板岩、千枚岩、褐色粉砂质板岩。滑带埋深10～56 m不等，滑动面为碎石土和基岩接触面。

由图11-65可知，龙江新村滑坡前缘被白龙江Ⅰ级阶地冲积物覆盖，埋深达15 m，证明该滑坡为老滑坡。目前，宏观变形迹象不明显，整体较为稳定。经计算，一般工况下稳定系数为1.28～1.64，地震工况下均>1.11。滑坡体上发育多处不稳定斜坡和次级滑坡，其稳定性差，加上人类工程活动的强烈影响，局部复活的可能性大。老滑坡西侧坡体出现变形破坏，发生局部复活滑动的可能性大，严重威胁区内600余人的生命财产安全。

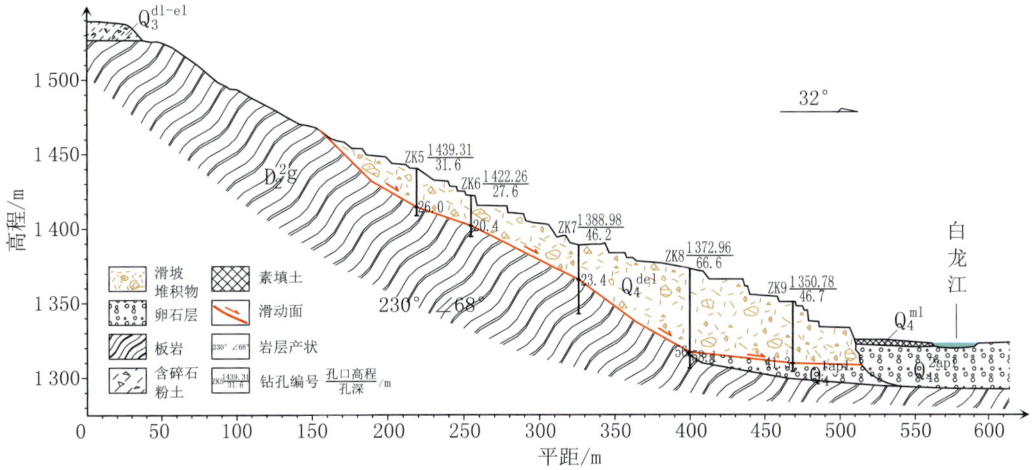

图11-65　龙江新村滑坡剖面图

由于建房开挖、弃土堆放、生活废水和降水的长期入渗软化作用，龙江新村滑坡西部于2010年10月和2013年5月发生局部复活滑动，大量房屋、道路被毁（图11-66）。

图11-66　龙江新村滑坡局部变形破坏特征

河南村滑坡位于白龙江右岸（图11-67）。滑坡平面形态为自西南向东北开口的长条形，滑坡后壁呈弧形位于南山公路一带，主要由软弱破碎的泥盆系炭质板岩碎块及风化物组成，滑坡前缘延伸到白龙江边。滑坡长850 m，平均宽410 m，平均厚20 m，体积约7×10^6 m^3。滑坡基本垂直于坪定—化马断裂带南支断裂，主滑方向75°。滑体前后缘高差220 m，平均坡度约15°，发育3～4级平台，前缘为15～30 m高的陡坎。滑体物质组成岩性为断层破碎岩及残破积碎石土，为大型断层破碎岩滑坡。受断裂带影响，滑坡后壁一带软弱破碎的泥盆系炭质板岩经常发生小型滑坡，滑体堆积不断加载在河南村滑坡体的后部，降低其稳定性。

图11-67　河南村滑坡2020年前缘复活体影像

多年来，河南村滑坡前缘北部人为开挖取土活动较为强烈，对其稳定性产生较大影响，滑体长期蠕动变形。2020年县城道路建设中，对滑坡前缘北部约200 m长的范围进行了大规模开挖，引发了滑坡前缘复活滑动，对已建高速公路连接线和居民造成严重威胁。采取抗滑桩、反压回填等措施进行了工程治理，应引以为戒。

第12章　交通干线滑坡灾害

公路、铁路是重要的线状工程，穿越于不同的地貌单元。甘肃省是一个以高原山地为主的省份，长期以来，山区的公路、铁路等交通设施遭受了滑坡的严重威胁和危害。滑坡常毁坏道路、中断交通，造成重大损失，影响正常的社会经济秩序。近20年来，随着山区高速公路、高速铁路等高等级建设工程的增多，加强了地质选线和勘查工作，科学避绕了一些滑坡发育地段，但由于地质环境条件差，加上工程建设中挖方、填方等规模的增大，公路、铁路建设中也遭受和引发了一些滑坡灾害，造成建设和维护成本增高、工期延长，甚至造成断道。本章对甘肃公路工程建设和运营中的重大滑坡灾害进行分析。

12.1　G30宝天高速街亭滑坡群

12.1.1　工程概况

G30宝天高速街亭滑坡群位于甘肃省东南部天水市麦积区麦积镇，G30宝（鸡）天（水）高速和S25庄（浪）天（水）高速交会处。宝天高速公路是连霍高速G30在甘陕境内的重要路段，是甘肃省干线公路网“四纵四横四重”主骨架的组成部分，于2009年建成通车。S25庄天高速是甘肃省“十三五”综合交通发展规划的建设项目，全线于2019年10月开工建设。

2017年开展S25庄天高速公路前期工作，其终点接线方案受天水市城市规划、麦积山自然保护区和街亭滑坡群的影响，设计方案几易其稿，经多方论证研究及审查后确定，终点设置在街亭滑坡群上以桥梁的形式通过，并增加终点立交专项技术设计对通过滑坡群方案进行深入研究，最终确定的滑坡治理方案费用达1.3亿元。

该滑坡群位于秦岭北缘断裂带附近，地质条件复杂，地震活动频繁，滑坡多期次发育，又位于两条高速的交会处，滑坡区内高速公路互通立交以桥梁和路基的形式通过，是甘肃高速公路最为复杂、最为危险的地段。

12.1.2　滑坡群发育的地质环境

1.气候环境特征

滑坡区地处暖温带亚湿润大陆性气候区，降水集中在6—9月，一次最大降水量88.1～

169.7 mm，多年平均降水量503.2 mm。属黄河流域渭河水系，区内主要地表河流为渭河南岸一级支流东柯河。

2.地形地貌

滑坡群位于西秦岭山地与陇西黄土高原过渡带丘陵区，属于剥蚀-堆积黄土丘陵区，区内滑坡成群发育，滑坡地貌随处可见。地形坡度15°～45°，相对高差250～350 m。滑坡群发育在东柯河北侧河谷阶地后缘坡体，高程在1 200～1 650 m，沟梁相间，侵蚀切割强烈。山坡相对高差250～350 m，坡度15°～45°，局部可达35°～60°。

3.地层岩性

区域出露地层主要有第四系全新统滑坡堆积、上更新统马兰黄土、新近系和古近系。

（1）黄土状土（Q_4^{del}）：为滑坡堆积物，淡黄色-褐黄色，松散-稍密，结构较为破碎，岩性以黄土状粉质黏土为主。

（2）粉质黏土（Q_4^{del}）：为滑坡堆积物，淡红色夹青灰色薄层，可塑-硬塑，土质不均，局部夹杂泥岩团块，结构较杂乱。

（3）马兰黄土（Q_3^{eol}）：浅灰黄色，土质均一，质地疏松，主要分布在梁顶区。

（4）泥岩（N）：以泥岩、泥质砂岩为主，底部岩性为红色、砖红色厚层块状泥岩夹砂岩，含有大量的钙质结核；中部为砂砾岩夹砾岩；上部为棕红色砂质黏土夹砂砾岩。产状为40°∠5°～7°，结构面发育，岩体较为破碎，呈全风化-中风化，天然抗压强度0.16～1.75 MPa，浸水易软化。

（5）泥质砂岩（E）：以泥质砂岩夹泥岩为主，局部夹砂岩，泥钙质胶结。产状为332°∠12°，结构面发育，岩体较为破碎，浸水易软化。

4.地质构造与地震

滑坡群位于秦岭纬向构造，祁、吕、贺山字形构造前弧西翼两大构造体系的复合部位，地质构造十分复杂。同时位于青藏高原东北缘地震区兰州—天水地震带和南北地震带的叠加部位，地震活动频繁，地震动峰值加速度为0.3 g，地震动反应谱特征周期为0.40 s。区域内滑坡多为地震引发。

5.水文地质条件

滑坡群所在区域地下水较为丰富，其类型主要有第四系松散岩类孔隙水和碎屑岩类孔隙裂隙水。滑坡区地下水与地表水联系密切，坡面地表水、大气降水补给地下水，地下水以泉的形式排泄于沟道。

12.1.3　滑坡群发育的特征

街亭滑坡群为地震引发的多期次、多区段滑动，为黄土-泥岩老滑坡群，主要由12个大型、特大型滑坡体组成，其空间分布如图12-1所示。

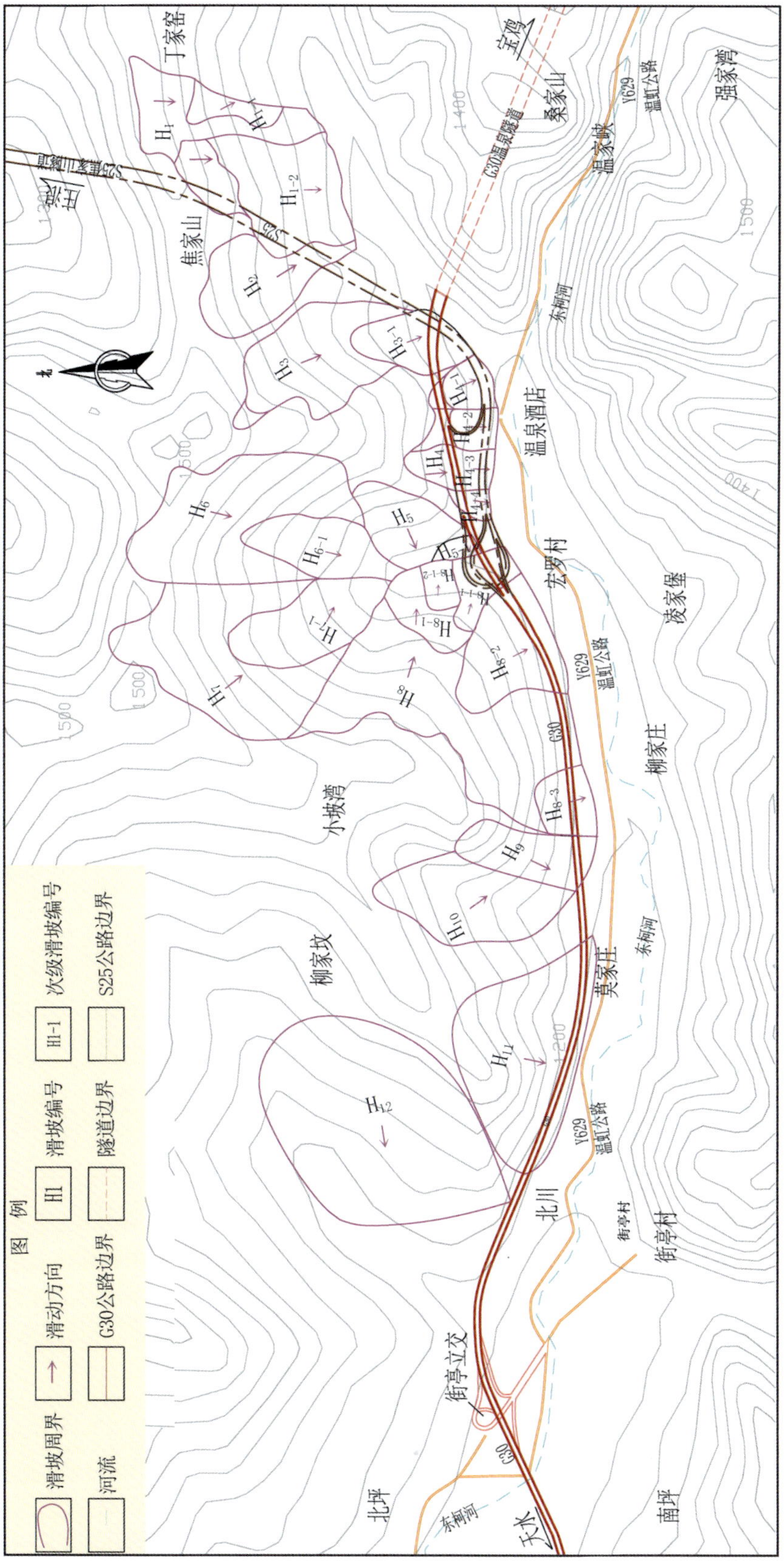

图12-1　G30宝天高速街亭滑坡群分布图

1.滑坡类型

街亭滑坡群按滑体物质组成可分为两类：一类为黄土滑坡，该类滑坡的滑动面发育于黄土层内或下伏基岩顶面，平均厚度<20 m，H_4～H_9滑坡和各次级滑坡均为此类。另一类为黄土-泥岩滑坡，该类型滑坡的滑动面主要发育于泥岩内部，滑体规模巨大，平均厚度>30 m，H_1～H_3和H_{10}～H_{12}滑坡均为此类。

2.发育特征

滑坡均发育于东柯河北侧斜坡，呈带状分布，滑动方向总体由北向南。滑坡发育集中，在4 km路段内沿公路发育有大小滑坡21处（包括9处复活滑动的次级滑坡）。

3.形态特征

滑坡地貌特征明显，平面形态总体上呈不规则簸箕形、心形和舌形。滑坡群所在斜坡地形北高南低，整体上呈上陡-中缓-下陡之势，总体地表形态较为平缓，坡度约15°～20°。滑坡后缘多位于斜坡陡缓相间之处，滑坡后壁为泥岩陡壁，前缘多至东柯河河谷阶地。滑坡的发生改造了原斜坡的地表形态，斜坡岩土体发生解体，产生了大量的平台以及小型冲沟。

4.稳定特征

H_1～H_{12}滑坡体整体稳定，次级滑坡体欠稳定，在暴雨、地震或人类活动作用下可能产生局部滑动。坡体中前部发育的浅、中层次级滑坡体坡面在持续降水作用下出现浅表溜滑和溜塌现象，坡面整体呈波状起伏，陡坡段地表裂缝发育，现有农道变形较大，最大垂直错动距离达6～7 m，其后壁及陡坎处多分布泉点。

对G30宝天高速公路和S25庄天高速公路影响较大的滑坡特征见表12-1。

表12-1　街亭滑坡群各滑坡基本特征表

编号	长/m	宽/m	厚/m	体积/m^3	对公路的危害及工程措施
H_1	1 000	450～700	20～35	1.68×10^7	滑坡位于S25高速公路焦家山隧道洞身左侧，洞身位于滑面以下50 m，滑坡对隧道主体工程无危害
H_2	780	50～400	10～50	6×10^6	滑坡位于S25高速公路焦家山隧道洞身右侧，洞身位于滑面以下50 m，滑坡对隧道主体工程无危害
H_3	1 147	350～500	20～50	1.8×10^7	H_{3-1}滑坡滑动后易引发H_3滑坡失稳，对公路危害中等。滑坡前后级分界沟谷设置排水沟
H_{3-1}	530	305	22	3.6×10^6	公路挖方路基及桥涵施工破坏滑坡前缘阻滑段，危害严重。公路右侧设置抗滑桩，即G30线温泉大桥桩基靠山侧设置预加固抗滑桩

续表12-1

编号	长/m	宽/m	厚/m	体积/m^3	对公路的危害及工程措施
H_4	400	700	10～35	7×10^6	G30高速公路以挖方路基的形式从滑坡中后部通过，2013年7月受强降水及地震作用引发滑坡，H_4滑坡体公路靠山侧局部复活，采用抗滑桩治理，现运营良好；S25线宏罗立交匝道以桥梁自滑坡中前部通过，桥梁段靠山侧设置抗滑桩
H_5	450	200～400	15～30	3.5×10^6	位于G30线白家沟大桥及S25宏罗立交匝道上游沟谷东侧，前缘H_{5-1}滑坡滑动后易引发滑坡中后部失稳，堵塞桥梁上游沟谷，危害中等
H_{5-1}	150	150～200	15～20	6.5×10^5	G30线白家沟大桥及S25宏罗立交A、B匝道沿滑坡主滑方向跨越滑坡；2013年白家沟大桥东侧桥台受滑坡蠕滑影响发生变形；为确保S25线匝道桥梁安全，采取滑坡前缘沟谷回填反压的处置措施
H_6	1 200	600	20～35	2×10^7	位于G30线白家沟大桥及S25宏罗立交A、B、D匝道桥梁上游沟谷东侧沟脑处，滑坡整体稳定，工程对该滑坡无扰动，危害较轻
H_{6-1}	700	300	15～25	4×10^6	为H_6滑坡前缘次级滑坡，滑坡整体稳定，工程对该滑坡无扰动，危害较轻
H_7	850	900	20～35	2.2×10^7	位于G30线白家沟大桥及S25宏罗立交A、B、D匝道桥梁上游沟谷西侧沟脑处，滑坡整体稳定，工程对该滑坡无扰动，危害较轻
H_{7-1}	500	400	15～25	4.5×10^6	为H_7滑坡前缘次级滑坡，滑坡整体稳定，工程对该滑坡无扰动，危害较轻
H_8	900	1 500	10～35	3.5×10^7	前缘发育多级次老滑坡，自东向西主要为3个次级滑坡区（H_{8-1}～H_{8-3}）；G30白家沟大桥及挖方路基段自滑坡中部通过，S25宏罗立交A、B、D匝道自滑坡前缘通过；滑坡中后部整体稳定，降水及地震作用下前缘次级滑坡易失稳，危害严重
H_{8-1}	400	600	10～30	4.8×10^6	多级次滑坡，自南向北主要为2个次级区（H_{8-1-1}～H_{8-1-2}）；G30线白家沟大桥及挖方路基段自滑坡前缘通过，S25宏罗立交A、B、D匝道自滑坡前缘通过；滑坡中后部整体稳定，降水及地震作用下前缘次级滑坡易失稳，危害严重

续表 12-1

编号	长/m	宽/m	厚/m	体积/m³	对公路的危害及工程措施
H_{8-1-1}	400	100～300	5～15	8×10^5	G30线白家沟大桥自滑坡前缘向中部跨越，S25宏罗立交A、B、D匝道自滑坡前缘及中部通过；降水及地震作用下易引发滑坡失稳，危害严重；为确保S25匝道桥梁安全，滑坡前缘沟谷回填反压，桥梁靠山侧设置抗滑桩支挡的综合处置措施
H_{8-1-2}	250	150	10～15	5×10^5	位于G30线白家沟大桥及S25宏罗立交A、B、D匝道上游沟谷西侧，工程对该滑坡无扰动，危害较轻
H_{8-2}	500	550	10～20	4.2×10^6	G30线及S25宏罗立交B匝道挖方路基通过滑坡前缘，降水及地震作用下易引发滑坡失稳，危害严重；2013年7月G30线挖方路基段受强降水及地震作用引发滑坡，经2016—2017年采用抗滑桩支挡工程加固并设置滑坡动态监测，现运营良好；S25宏罗立交B匝道挖方路基段靠山侧设置抗滑桩支挡工程
H_{8-3}	250	300	10～20	1.2×10^6	G30线挖方路基通过滑坡前缘，降水及地震作用下易引发滑坡失稳，危害严重；2013年7月G30线挖方路基段受强降水及地震作用引发滑坡，经2016—2017年采用抗滑桩支挡工程加固并设置滑坡动态监测，现运营良好；S25宏罗立交B匝道挖方路基段靠山侧设置抗滑桩支挡工程
H_9	600	200	15～25	2.4×10^6	G30线路基及桥梁通过滑坡前缘，2009年建成通车后运营至今滑坡稳定，降水及地震作用下可能引发滑坡失稳，危害较严重
H_{10}	650	400	15～30	6.5×10^6	G30线北侧支沟上游西侧，公路主体工程未穿越该滑坡，降水及地震作用下可能引发滑坡失稳堵塞公路上游沟谷，危害中等
H_{11}	600	1 100	15～30	1.6×10^7	G30线填方路基通过滑坡前缘，2009年建成通车后运营至今滑坡稳定，降水及地震作用下可能引发滑坡失稳，危害较严重
H_{12}	1 000	900	15～35	2.3×10^7	G30线填方路基及桥梁通过滑坡南侧边缘，2009年建成通车后运营至今滑坡稳定，降水及地震作用下可能引发滑坡失稳，危害较严重

12.1.4 滑坡变形及治理

1. 滑坡变形

2013年7月中旬，天水地区出现持续强降水，7月22日岷漳地震波及天水，7月24日，宝天高速公路出现多处滑坡、溜塌以及压埋推移公路的险情，其中街亭滑坡群险情最为严重，H_4和H_8滑坡体局部复活，滑坡推移导致G30路基最大隆起高度达2 m（图12-2～图12-3），影响路段长达2.3 km，行车中断，造成较大的社会影响。采取滑坡上部卸载和坡脚反压的应急处置措施后，坡体于7月30日停止变形。

图12-2　H_{8-3}滑坡前缘剪出变形

图12-3　H_{8-3}滑坡前缘G30公路变形

2. 滑坡物质结构特征

H_{8-2}滑坡体平面形态呈舌形，坡度约15°～20°，滑坡长150 m，宽450 m，平均厚25 m，体积1.6×10^6 m³。滑体主要由粉质黏土和碎石土组成，上层粉质黏土：灰黑色、黑褐色，稍湿-饱和，软塑-可塑；下层碎石土：碎石含量60%～80%，稍密-中密，结构松散，母岩成分为砖红色强风化泥岩、泥质砂岩。滑带位于下伏泥岩强风化层，主要成分为泥岩碎块，含少量棱角状角砾，可见挤压揉搓迹象。

3. 滑坡治理

结合地质环境和公路工程特征，对该段线路可能的改线方案进行了研究，改线方案工程投资3～7亿元，经综合技术经济比较后采取滑坡治理方案，滑坡治理方案工程投资1.1亿元。滑坡治理采用桩板墙+卸载+坡面防护+截排水的综合方案，共设计抗滑桩165根，卸载土石方2.6×10^5 m³，仰斜式排水孔4 550 m，输水隧洞330 m，地表截排水沟7 385 m，渗沟2 068 m，挡土墙7×10^3 m³。治理工程于2017年7月完工，工后进行了为期3年的滑坡动态监测和治理效果评估，处置效果良好。

12.1.5 滑坡群成因分析

引发滑坡群的因素：地形地貌是基本条件，地层岩性是物质基础，连续的强降水与地震的双重叠加效应是最重要也是最直接的原因。

1. 地形地貌因素

滑坡群位于天水—礼县盆地边缘，是天水地区地质灾害易发区。滑坡区位于剥蚀堆积黄土丘陵区。山坡相对高差250～350 m，坡度15°～45°，局部可达35°～60°，坡体临河，早期河流冲刷侵蚀作用强烈，易形成坡体临空失稳，坡顶地表多为居民区、耕地及果园，地形相对较平坦，雨水不易排出，给降水入渗提供了有利条件。

2. 地层岩性等物质条件因素

滑坡群地层岩性为新近系中新统甘泉寺组（Ng_1），以泥岩、泥质砂岩为主，上覆黄土状土、粉质黏土。该特殊的地层结构特征极易形成黄土-泥岩滑坡。

3. 降水影响因素

滑坡区属于湿润区，降水相对集中，依据天水气象观测资料，滑坡区自2013年6—7月连续强降水，累计降水量达229.6～423.5 mm，从而引发滑坡区G30段的边坡区滑坡。

4. 地震影响因素

滑坡区属于强震区，有记载以来，区内地震频发，地震作用极易使得滑坡体地质结构破坏甚至滑坡复活。“7·22”岷漳6.6级地震加剧了复活滑动。

5. 其他影响因素

地表水流通不畅、坡体开挖破坏岩土体平衡状态等也是引发滑坡变形破坏的因素之一。

12.2　十(堰)天(水)高速胡家河至西峡段滑坡

十天高速属于国家高速公路网中的横向连接线，东起湖北十堰市，西至甘肃天水市，总里程750 km。其中，甘肃段起自徽县，经成县，于天水市皂郊镇接连霍高速，全长约189 km，是甘肃省重要的东南出口公路。

胡家河至西峡段（K556+000～K600+000）位于成县及徽县境内，沿徽成盆地南缘低山丘陵区布线，主要以桥梁和挖方路基形式通过。在施工及运营期间工程滑坡频发，共发生15处工程滑坡，治理总费用约1.6亿元。

12.2.1　滑坡概况

十天高速胡家河至西峡段已发生的15处滑坡中有13处位于挖方路基段落，属于典型的堆积层-红层工程滑坡。滑坡区地层岩性主要为第四系堆积层（冲洪积、崩积和坡积）和新近系红层（泥岩、砂质泥岩、泥质砂岩和砂岩）。该段路基开挖深度10～20 m，滑坡前缘剪出口位于路堑边坡坡脚附近，滑坡发生的时间多集中于路基开挖后的1年内，因此，边坡开挖是该段边坡产生滑坡的主要引发因素。滑坡体积一般$<3\times10^5\ m^3$，属于中、小型

滑坡。滑动面深度一般<20 m，属于浅层-中层滑坡。滑动面主要发育于岩土交界面及其附近的软弱夹层中，滑床一般为块石土或红层。十天高速胡家河至西峡段工程滑坡分布如图12-4所示。

12.2.2 气象水文

工程区地处西秦岭余脉，地势呈西北高，东南低，高程750～2 377 m，为南北过渡性暖温带半湿润气候，降水主要集中在6—8月，月最大降水量437.7 mm，多年平均降水量650 mm。属长江流域嘉陵江水系，区内主要发育的河流为青泥河、南河和洛河，属于嘉陵江的支流。

12.2.3 滑坡区地质环境

1.地形地貌

胡家河至双河口段（K556+300～K563+300），高程1 000～2 300 m，相对高差200～600 m。受地形影响，流水侵蚀，气候制约，多构成北西向或近南北向的深谷和相间的山地，山体陡峭。水系呈树枝状或平行状，谷深坡陡，呈V字形。根据地貌成因类型和形态特征，本段属于构造侵蚀剥蚀中山山地地貌。双河口至牛家山段（K563+300～K578+300）路线位于徽成盆地南缘的山前斜坡地带，属于构造侵蚀剥蚀低山丘陵地貌之红层丘陵，局部为洛河侵蚀堆积河谷地貌。牛家山至西峡段（K578+300～K599+700）路线主要经过东河及其支流南河、甘沟，为侵蚀堆积河谷地貌、构造侵蚀剥蚀低山丘陵地貌，局部为低中山地貌。

2.地层岩性

滑坡所在区地层主要由第四系冲洪积、崩坡积物，新近系、古近系、三叠系和石炭系组成。

（1）第四系冲洪积物（Q_4^{al+pl}）：由砖红色黏土、砂土和青灰色卵石、砂砾石组成，岩性复杂，厚度变化大。主要分布于河谷及其支沟的漫滩阶地和谷坡。

（2）第四系崩坡积物（Q_4^{col+dl}）：由青灰色块石、碎石、角砾和砖红色角砾、黏性土组成，土石混杂、结构松散，呈架空、镶嵌和充填状，层厚30 m。主要分布于陡崖下部或狭窄河（沟）谷两侧。

（3）黄土状粉质黏土（Q_{2-3}^{eol}）：浅黄、黄褐色黄土状粉质黏土，含钙质结核和砾石，质地均一，具大孔隙，垂直节理发育，遇水易崩解。

（4）新近系泥岩、砂岩（N）：橘红色、红褐色中厚层泥岩、泥质砂岩和砂岩，具水平层理，岩石干抗压强度6.8～14.9 MPa，遇水易软化，软化系数0.12～0.28，易风化。内聚力0.04～0.36 MPa，内摩擦角23.2°～34°。

（5）古近系砂岩、砾岩（E）：褐红色泥岩、砂岩和砾岩，具层理构造，节理发育，泥质含量高，泥钙质胶结。岩石干抗压强度21.5～60.0 MPa，软化系数0.5～0.89。主要分布

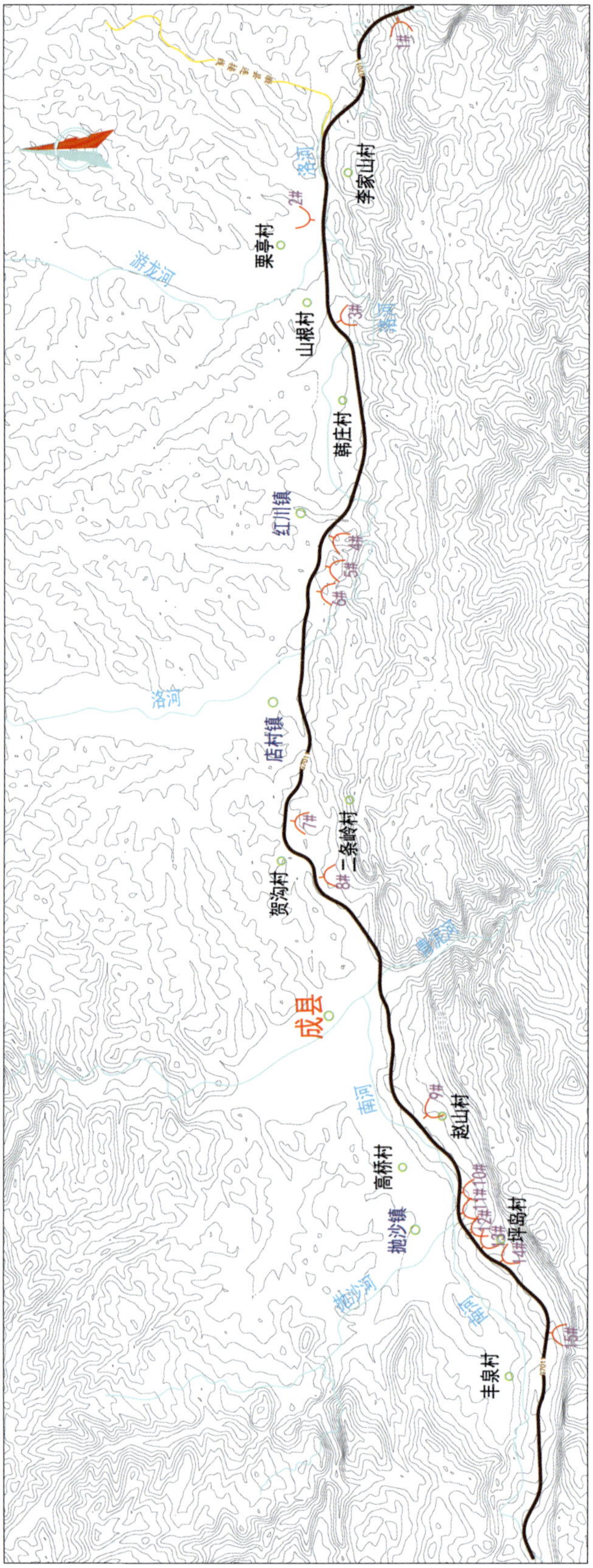

图 12-4　十天高速胡家河至西峡段滑坡分布图

于石峡南库根新村一带。

（6）三叠系留凤关群灰岩（T_{lfg}）：灰色、灰黄色钙质板岩，灰色薄层泥质条带灰岩和薄层板状灰岩，夹中厚层角砾状灰岩及少量黄褐色石英砂岩、炭质板岩。薄层板状灰岩中夹极薄的泥砂质条带，层面平直，界线清楚，小褶皱发育。

（7）石炭系灰岩（C_{2+3}）：灰白色中厚层-块状灰岩、深灰色中薄层燧石灰岩，局部夹有少量板岩。分布于成县沙坝、小川、凤泉一带，其中姚家坝、大河店一带岩层下部岩性为砂质页岩、炭质页岩夹含铁质薄层砂岩，多与三叠系及志留系呈断层接触。

3.地质构造

工程区位于徽成盆地，受盆地构造控制。徽成盆地地处西秦岭造山带内，是南、北秦岭分界，受侏罗纪-白垩纪伸展断陷和强烈挤压隆升控制形成东西向走滑拉分盆地。盆地构造沉降和沉积充填过程主要受控于盆地北缘徽-凤断裂，盆地南部抬升与盆地边缘断层的活动密切相关。徽成盆地及盆地边缘被新近系红层覆盖，红层沉积受盆地及其边缘构造的控制明显，岩层倾向盆地中心，倾角一般为3°～15°，局部有平缓的小挠曲。

4.地震

工程区处于南北地震带的和政—武山—天水地震亚带和舟曲—武都地震亚带，地震动峰值加速度为0.20 g，地震动反应谱特征周期为0.40 s。工程区及邻区地震活动频繁，有历史记载以来发生过多次地震，1900年以后地震活动频率低。2008年5月12日，汶川发生8.0级地震，对工程区影响较大，部分房屋出现轻微裂缝，发生一系列小型崩塌、滑坡。

5.水文地质条件

滑坡所在区域地下水较为丰富，其类型主要有松散岩类孔隙水、碳酸盐岩类岩溶裂隙水和碎屑岩类孔隙裂隙水。滑坡区地下水与地表水相互转化，坡面地表水补给地下水，地下水以泉的形式排泄于沟道形成地表水。

（1）松散岩类孔隙水：主要分布于较大河流及其支流的河谷地带及各级阶地，局部分布于梁峁区。可分为河（沟）谷松散岩类孔隙水和黄土孔隙裂隙水。

（2）碳酸盐岩类岩溶裂隙水：赋存于上石炭统的中厚层灰岩和碎屑岩中，单泉流量10～20 L/s，径流模数3～6 L/s·km²，矿化度<0.5 g/L，水化学类型以HCO_3-Ca-Mg型水为主。接受大气降水补给，地下水赋存、运移于溶隙、溶洞及众多裂隙等构成的复杂地下通道中，径流速度快，多以泉的形式排泄，转化为地表水。

（3）碎屑岩类孔隙裂隙水：主要分布于中山丘陵区，地下水主要赋存于砂岩、砾岩及砂砾岩的风化和构造裂隙及孔隙中，弱-中等富水。其主要接受大气降水和上覆第四系潜水的补给，地下水由山梁向沟谷径流，以泉的形式排泄。单泉流量0.01～3.6 L/s，枯水期地下径流模数<1 L/s·km²。

12.2.4　滑坡发育特征

对已发生的15处滑坡经地质调绘和研究分析，发现该段发生的15处工程滑坡具有以下几点共同特征：

（1）滑坡发育于崩积体边缘的崩坡积粉质黏土或碎石土中；

（2）滑坡大多位于挖方路基段内，剪出口一般位于挖方边坡坡脚附近；

（3）滑坡区自然坡度<20°；

（4）滑坡的发生具有一定的时间规律，主要集中在坡体开挖至坡脚后和连续暴雨过后的一段时间内；

（5）滑坡体内地下水丰富，常处于过湿或饱和状态；

（6）滑坡体长度一般为1～3倍坡体挖方深度。

根据滑坡体物质结构成分，滑坡可分为黏性土滑坡、土石混合滑坡和岩质顺层滑坡。黏性土滑坡主要发育于第四系坡、冲、洪积粉土和粉质黏土层内，根据滑动面位置又可分为两个亚类，一类是滑动面位于崩坡积块碎石土与上覆粉质黏土交界面（图12-5），滑坡体为坡洪积粉质黏土，滑床为块碎石土，该类型滑坡为浅层、小型滑坡，一般采取重力式挡墙和截排水工程进行治理；另一类是滑动面位于土岩界面（图12-6），滑坡体为冲洪积粉土和粉质黏土，滑床为新近系红层，是接触面滑坡，该类型滑坡为中层、中型滑坡，一般采取桩板墙和截排水工程进行治理。

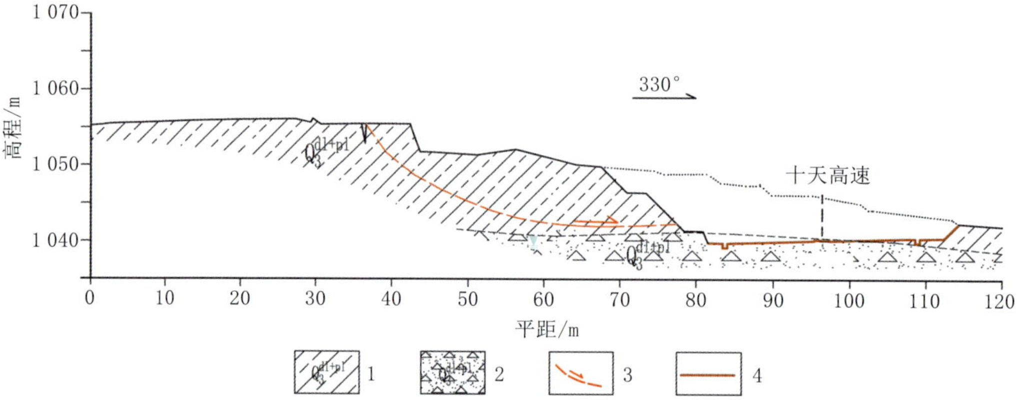

1—粉质黏土；2—碎石土；3—滑面；4—公路。

图12-5　浅层黏土滑坡剖面图

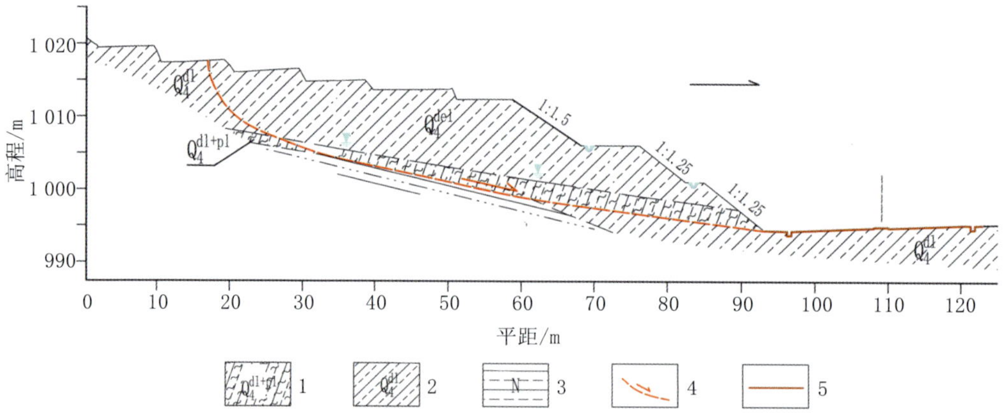

1—滑带土；2—粉质黏土；3—砂质泥岩；4—滑面；5—公路。

图12-6　深层黏土滑坡剖面图

土石混合滑坡滑动面位于土岩界面处（图12-7），滑坡体为第四系冲洪积粉质黏土和崩坡积块碎石土，滑床为新近系红层，该类型滑坡为中层、中型滑坡，一般采取卸载、桩板墙或锚索框格梁配合截排水工程进行治理。

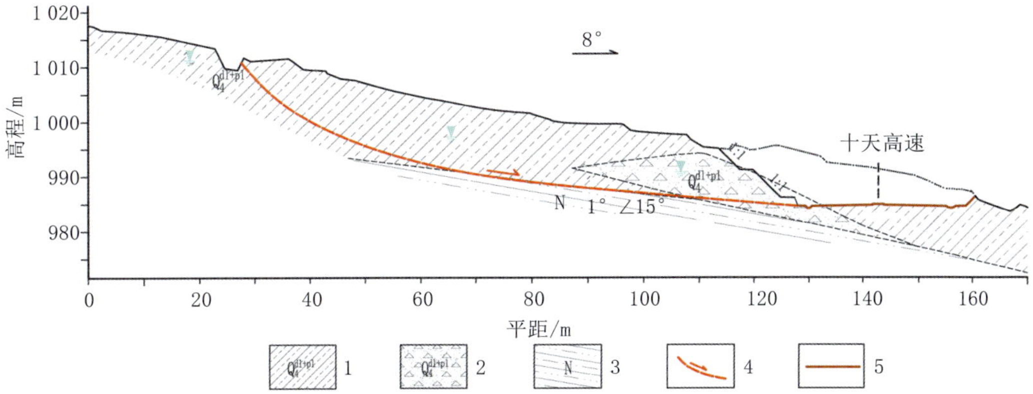

1—粉质黏土；2—碎石土；3—砂质泥岩；4—滑面；5—公路。

图12-7　土石混合滑坡剖面图

岩质顺层滑坡滑动面位于岩层层面或软弱夹层（图12-8），该类型滑坡为中层、中型滑坡，采取卸载或桩板墙工程进行治理。

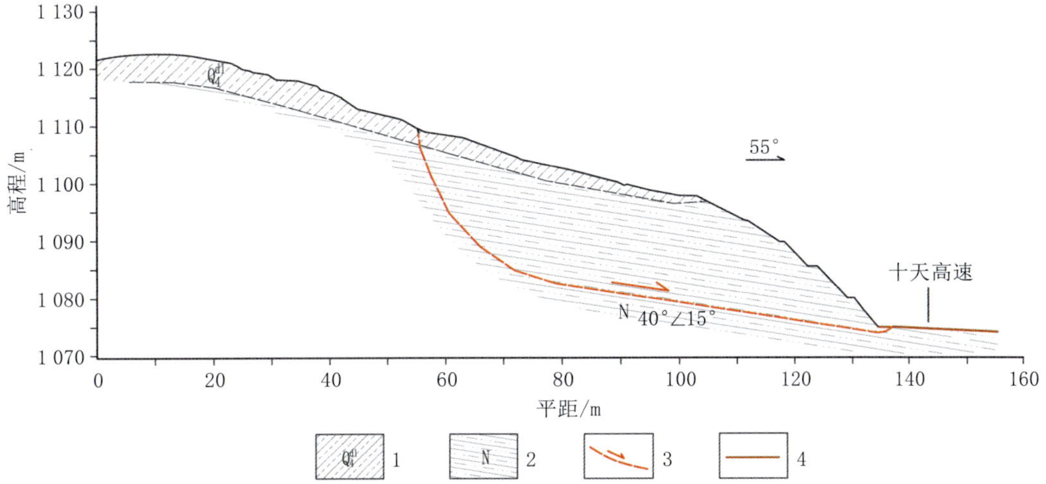

1—粉质黏土；2—砂质泥岩；3—滑面；4—公路。

图12-8　岩质顺层滑坡剖面图

十天高速胡家河至西峡段已发生的15处工程滑坡其发育的地质条件、滑坡发育基本特征和滑坡治理措施总结于表12-2。

表 12-2　胡家河至西峡段滑坡发育特征及治理方案一览表

编号	起讫桩号	地质条件	基本特征	照片	治理方案
1#	ZK555+980～ZK556+050	低山丘陵地貌。自然坡度15°～18°，地层岩性：上层为全新统崩坡积粉质黏土；中层为稍密-中密角砾层，局部夹块石；下伏为F6断层与石炭系灰岩接触带	滑坡位于路线左侧，以桥梁形式从滑坡前缘通过，滑坡主滑方向与路线斜交约65°。滑坡主滑方向99°，滑体长60 m，宽25 m，厚6～8 m，面积1 338 m^2，体积5 500 m^3，属于中层小型堆积层滑坡。滑体主要为全新统崩坡积含砾粉质黏土，多呈可塑-硬塑状；滑动面为灰黑色可塑-软塑粉质黏土；滑床为全新统崩坡积角砾层		采用支挡+防排水方案。在滑坡前缘平缓处设置12根抗滑桩，坡脚设置挡土墙
2#	K562+640～K562+785	低山丘陵地貌。地层岩性：上层为第四系全新统残坡积粉质黏土，层厚2.0 m；中层为新近系泥质砂岩，层厚2～4 m；下层为三叠系灰岩、灰质板岩，薄层-中厚层，中风化-微风化，岩体完整性较好	滑塌位于路线右侧。滑塌厚3.2 m，高16 m，属于浅表层溜塌。施工过程中已开挖成型的边坡在连续降水条件下雨水沿结构面破碎节理面入侵岩体，岩体崩解，导致该段一级挖方边坡坡体局部出现滑塌		采用清方+锚固+防排水方案。在一、二级边坡设置锚索框格梁，锚索共计192根
3#	K565+630～K565+720	低山丘陵地貌。地层岩性：上层为第四系全新统粉质黏土，层厚9.4 m，可塑-硬塑；下伏新近系泥质砂岩、砂砾岩夹泥岩，中厚层，易风化，遇水易软化，属软岩-较软岩	变形坡体位于路线左侧。挖方边坡在通车运营期间，因2017年8—10月持续的强降水，导致挖方边坡表层坡体软化，路基边坡变形，部分防护、排水设施挤压开裂		采用支挡+渗沟+防排水方案

续表12-2

编号	起讫桩号	地质条件	基本特征	照片	治理方案
4#	K571+970～K572+030	低山丘陵地貌。地层岩性：上层为第四系全新统粉质黏土，可塑-硬塑，土质不均，表层较为松散；下伏新近系泥质砂岩，易风化，遇水易软化或崩解，属软岩-较软岩	滑坡位于路线左侧，挖方路基中桩最大挖深22.58 m，边坡最大挖高36.48 m。滑体长30 m，宽25 m，体积7 500 m^3，属于浅层小型滑坡。通车运营期间，2018年7—11月连续强降水导致坡体上部粉质黏土长期处于过湿或饱水状态，抗剪强度低，并产生沿岩土交界面的滑塌		采用清方+放坡+防排水方案。清理滑塌体，放缓坡率，修复第三级断裂的锚杆框格梁
5#	K572+700～K573+100	低山丘陵地貌。地层岩性：上层为第四系残坡积粉质黏土，饱和，可塑，层厚0.5～3.0 m；下层为新近系砖红、紫红色泥质砂岩、砂岩、砾岩，厚层状，节理裂隙不发育，岩体完整，岩质软弱，属极软岩-软岩。岩层产状40°∠15°，与坡体呈同向顺层结构	滑坡位于路线左侧。滑坡体厚20 m，体积1.8×10^5 m^3，属于中层中型滑坡。通车运营阶段，降水作用下引发的沿基岩层面滑动的顺层滑坡。滑坡后缓拉张裂缝发育在边坡坡口线外20～50 m，坡脚鼓胀变形，坡面防护、排水工程变形破损严重		采用临时反压+卸载+支挡防护+防排水方案。第一级平台设置全埋式抗滑桩，48根
6#	K573+500～K573+850	低山丘陵地貌。地层岩性：上层为第四系坡洪积粉质黏土，层厚0.5～9.0 m；下层为新近系泥质砂岩、砂岩、砾岩，节理裂隙不发育，岩体完整，属极软岩-软岩，岩层产状8°∠18°，与坡体呈同向顺层结构	滑坡位于路线左侧。滑坡体厚19 m，体积8 400 m^3，属于中层小型滑坡。通车运营阶段，降水作用下引发的沿基岩层面滑动的顺层滑坡。原边坡采用锚杆框格梁防护，锚杆长10 m。挖方边坡出现下错，坡脚鼓胀，坡面防护破坏，天桥锥坡鼓起等变形，严重威胁公路安全		采用坡脚反压+坡顶卸载+排水的临时措施以及锚索框格梁+支挡+防排水的永久治理措施。第二级平台设置全埋式抗滑桩33根

续表12-2

编号	起讫桩号	地质条件	基本特征	照片	治理方案
7#	K580+250～K580+427	低山丘陵地貌。地层岩性：上层为第四系全新统滑坡堆积层，粉质黏土，上部硬塑-可塑，下部为可塑-软塑状，层厚10～15 m；下层为新近系泥质砂岩，岩质软弱，属极软岩-软岩	路线以低填浅挖形式从滑坡中部通过。滑坡体长200 m，宽120 ～250 m，厚8～15 m，体积约2.6×10^5 m^3，属于中型中层滑坡。滑面基本为岩土分界面上侧的软塑状粉质黏土，滑床为风化的泥质砂岩		采取反压+支挡+排水方案。滑坡前缘设置抗滑挡土墙
8#	K582+270～K582+490	低山丘陵地貌，自然坡度10°～15°。地层岩性：上层为粉质黏土，硬塑，层厚10～13 m，局部夹碎石，稍湿-湿，稍密，层厚0～4.0 m；下层为新近系泥质砂岩夹砂砾岩，泥质弱胶结，具层理，产状18°∠15°，岩体软弱，遇水易软化。地下水埋深10～21 m，多富集于岩土界面处	滑坡位于路线左侧，以路堑形式从滑坡前缘通过，最大挖方高16.5 m。滑坡主滑方向341°，长80 m，影响路线宽170 m，厚10 m，体积7 400 m^3，属于中层小型堆积层滑坡。滑体主要为全新统坡积粉质黏土，可塑-硬塑；滑带位于岩土交界面上侧粉质黏土，湿-饱和，可塑-软塑，厚1.1～2.6 m，主滑段滑面倾角20°，滑床为强-中风化泥质砂岩。滑坡为施工过程降水和路堑开挖引发		采用放缓边坡+支挡+防排水方案。ZK582+300～ZK582+380段第三级平台设置抗滑桩16根，ZK582+385～ZK582+440段边坡开挖线附近设置抗滑桩12根
9#	K590+210～K590+310	低山丘陵地貌，自然坡度13°。地层岩性：上层为晚更新统坡洪积粉质黏土，湿，可塑，层厚3～5 m；中层为块石土夹角砾，层厚3～6 m；下层为新近系泥质砂岩，具层理，产状1°∠15°，岩体软弱，遇水易软化。地下水埋深4.3～18.6 m，多富集于岩土界面处块石角砾中	滑坡位于路线左侧，以路堑形式从滑坡前缘通过，最大挖方高18 m。滑坡主滑方向319°，长80 m，影响路线宽100 m，厚6～8 m，滑坡前缘从坡脚以上2～4 m剪出，滑坡面积6 559 m^2，体积4.6×10^4 m^3，属于浅层小型堆积层滑坡。滑体为粉质黏土和块石土；滑面为块石土及岩土交界面处的粉质黏土夹层，滑床为块石土及泥质砂岩。滑坡为施工过程降水和路堑开挖引发		采用放缓边坡+支挡+防排水方案。坡脚设置挡土墙，路基左边缘设置抗滑桩15根

续表12–2

编号	起讫桩号	地质条件	基本特征	照片	治理方案
10#	K592+750～K593+080	低山丘陵地貌，自然坡度10°～13°。地层岩性：上层为晚更新统坡洪积粉质黏土，湿，可塑，厚9.8～18.9 m，局部夹有块石土透镜体；下层为新近系泥质砂岩，具层理，产状1°∠15°，岩体软弱，遇水易软化。地下水埋深1.6～15.5 m，多富集于岩土界面处	滑坡位于路线左侧，以路堑形式从滑坡前缘通过，最大挖方高度13.6 m。滑坡主滑方向4°，滑体长100 m，影响路线宽155 m，厚6～10 m，滑坡面积约13 644 m^2，体积约1.26×10^5 m^3，属于浅层中型堆积层滑坡。滑体物质主要为粉质黏土夹块石，粉质黏土可塑-硬塑，潮湿，含水量较大；滑带为粉质黏土中软弱夹层，一般接近于岩土交界面；滑床为泥质砂岩。滑坡为施工过程降水和路堑开挖引发		采用放缓边坡+支挡+防排水方案。在滑坡体中间位置设置抗滑桩30根
11#	K593+079～K593+380	低山丘陵地貌。地层岩性：上层为第四系晚更新统洪坡积粉质黏土，湿-饱和，可塑，层厚6～16 m；下层为新近系砂岩、泥质砂岩夹泥岩，中厚层状，表层2～5 m为风化层，属软岩-较软岩。地下水埋深1.1～1.5 m，局部泉水出露	滑坡位于路线左侧低缓丘陵区。滑坡厚度16 m，滑坡前缘从挖方边坡坡脚剪出，体积1.8×10^5 m^3，属于中层中型滑坡。滑面位于岩土交界面处的粉质黏土软弱带；滑床为砂岩。滑坡为通车运营阶段降水作用下引发的低缓边坡沿岩土交界面滑动的堆积层滑坡		采用支挡+排水方案。K593+079～K593+200坡脚处设置悬臂式抗滑桩13根；K593+300～K593+340段第三级平台设置抗滑桩20根
12#	K593+420～K593+600	低山丘陵地貌，自然坡度9°。地层岩性：上层为晚更新统坡洪积粉质黏土，湿，可塑为主，层厚9.2～11.7 m；中层为碎石土，厚1 m左右；下层为新近系泥质砂岩，具层理，产状1°∠15°，岩体软弱，遇水易软化。地下水埋深8.7～9.7 m，多富集于岩土界面碎石层之中	滑坡位于路线左侧，以路堑形式从滑坡前缘通过，最大挖方高14 m。滑坡主滑方向334°，滑体影响路线宽180 m，厚5～7 m，后缘张拉裂缝距边坡坡口线外8～10 m，剪出口位于坡脚处，为浅层小型堆积层滑坡。滑面位于岩土交界面处的洪坡积软弱带内，滑床为泥质砂岩。滑坡为施工过程降水和路堑开挖引发		采用放缓边坡+支挡+排水方案。路基左侧碎落台外缘设置抗滑挡墙

续表12-2

编号	起讫桩号	地质条件	基本特征	照片	治理方案
13#	K593+800～K594+070	低山丘陵地貌，自然坡度14°。地层岩性：上层为上更新统坡洪积粉质黏土，可塑-软塑，厚度约8～11.6 m；中层为碎石，稍湿-湿，稍密，层厚4.0 m；下层为新近系泥质砂岩，泥质弱胶结，具层理，产状253°∠22°，岩体软弱，遇水易软化。地下水埋深1.8～2.0 m	滑坡位于路线左侧，以路堑形式从滑坡前缘通过，最大挖方高17.9 m。滑坡主滑方向323°，长60 m，滑体影响路线宽160 m，平均厚6～8 m，滑坡面积约9 600 m^2，体积约6.72×10^4 m^3，属于小型浅层堆积滑坡。滑体主要为上更新统坡积粉质黏土，可塑-硬塑状；滑带位于碎石层上部粉质黏土层之中，湿-饱和，可塑-软塑；滑床为强-中风化泥质砂岩。滑坡为施工过程降水和路堑开挖引发		采用放缓边坡+支挡+排水方案。坡脚设置抗滑桩板墙，抗滑桩共计55根
14#	K594+600～K594+860	低山丘陵地貌，自然坡度3°～4°。地层岩性：上层为上更新统坡洪积粉质黏土，可塑-软塑，层厚8～16.2 m；中层为碎块石，稍湿-湿，稍密，层厚4.0～9.0 m；下层为新近系泥质砂岩，泥质弱胶结，具层理，产状1°∠15°，岩体软弱，遇水易软化。地下水埋深12.2～14.1 m	滑坡位于路线左侧，以路堑形式从滑坡前缘通过，最大挖方高12.7 m。滑坡主滑方向123°～130°，长40 m，滑体影响路线宽180 m，平均厚6～8 m，剪出口多位于坡脚，滑坡面积约7 369 m^2，体积约3.3×10^4 m^3，属于小型浅层堆积滑坡。滑动面为碎、块石土与上覆粉质黏土交界面及粉质黏土层中软弱夹层，滑床为块石土和泥质砂岩。滑坡为施工过程降水和路堑开挖引发		采用放缓边坡+支挡+排水方案。K594+600～K594+860段左侧挖方坡脚设置抗滑挡土墙
15#	K597+390～K597+690	低山丘陵地貌，自然坡度为12°～25°。地层岩性：上层为上更新统坡洪积粉质黏土，湿，可塑，层厚3～5 m；中层为块碎石土，由灰岩碎块和粉质黏土混杂堆积，中密为主；下层为新近系泥质砂岩夹砾岩及泥岩，岩体软弱，遇水易软化。地下水埋深2～5 m	滑坡位于路线左侧，以路堑形式从滑坡前缘通过，最大挖方高31.8 m。滑坡长40 m，影响路线宽30 m，平均厚3 m，后缘最大错距3 m，滑体体积7 300 m^3，属于浅层小型堆积层滑坡。滑体为粉质黏土，滑床为块石土。滑坡为施工过程降水和路堑开挖引发，在连续降水条件下发生表层滑塌		采用放缓边坡+支挡+锚（杆）索+排水方案

12.2.5　滑坡成因分析

十（堰）天（水）高速胡家河至西峡段公路路堑边坡施工期间出现有挖必滑的现象，与该工程位于徽成盆地南缘断裂带北侧低山丘陵区这一特殊的地质背景紧密相关。

1.地形地貌

工程区位于徽成盆地南侧，盆地呈东西向延伸，形成以北秦岭山地、中部盆地、南秦岭山地为主的地貌形态，并以嘉陵江的三条支流罗家河、洛河、青泥河流域为中心，分割成成县、伏镇—栗川和徽县3个盆地。由于北秦岭中段山岭普遍较低，因此第四纪期间有大量风成黄土越岭南下堆积于盆地内的红层之上。遭受后期河流下切，黄土和新近系红层均已成为高数十至数百米的丘陵。十天高速主要从盆地南缘低山丘陵区通过，高程在1 000～2 300 m之间，地形相对较为平缓，平均坡度在10°～20°之间。

2.地质构造

工程区位于西秦岭褶皱带，在次级构造上属徽成断陷盆地三级构造单元。徽成盆地地处西秦岭造山带内，是南、北秦岭分界线，受侏罗纪-白垩纪伸展断陷和强烈挤压隆升控制形成东西向走滑拉分盆地。盆地构造沉降和沉积充填过程主要受控于盆地北缘徽凤断裂，盆地南部抬升与盆地边界断层的活动密切相关。工程区主要受盆地南缘断裂控制，断裂两侧地形高差约900 m，在构造抬升侧的山体曾发生过多期次崩塌活动，盆地边缘形成阶梯状崩积地貌，以崩坡积块碎石土为主的三级宽阔平台为坡脚滑坡的孕育创造了独特的地质和水文地质条件。

3.地层岩性

滑坡所在区域岩性表层主要为崩坡积块碎石土、坡积砂质粉质黏土、冲洪积卵砾石、砂土、黄土状粉质黏土，下部为新近系砖红色、紫红色厚层状泥岩、砂质泥岩、砂岩夹砾岩等。在构造活动、崩塌、地下水潜蚀、坡面侵蚀和河流堆积作用的耦合下，形成了从坡体由上而下依次为崩积块碎石、崩坡积粉质黏土夹块石和坡洪积粉质黏土组成的颗粒呈由粗到细的带状分布和竖向上为堆积层-红层的这一特殊的坡体结构。该特殊的地层结构特征极易发生滑坡。

4.降水及地下水

滑坡所在区域属于半湿润气候，降水量较大，连续的强降水使土体含水率增加，土体重度增加，抗剪强度降低，极易导致滑坡产生。以崩、坡积块碎石土为主的三级宽阔平台为降水入渗形成有利条件，雨水可快速入渗，并在崩坡积体内运移至坡脚粉质黏土层排出，导致坡体含水率长期处于较高甚至饱和状态，且与降水密切相关，呈周期性变化。

5.边坡开挖

原始坡体在渗流场和应力场耦合作用下形成平衡，斜坡自然坡度5°～12°，当路堑边坡开挖后打破了原有平衡状态，发生应力场和渗流场的重新调整直至坡体重新平衡。在这过程中，坡体的位移场也相应产生变化，出现较大位移就会发生局部破坏，随着时间的推移，破坏区扩展形成宏观的破坏面，坡体产生滑动破坏。

12.3　临渭高速水泉凼滑坡群

12.3.1　工程概况

临渭高速公路是兰州至海口国家高速公路临洮至渭源段，也是连霍高速公路与兰海国家高速公路的联结路段。路线起点临洮县，终止渭源县。水泉凼滑坡群位于渭源县城北侧、禹王河南岸的渭河Ⅳ级阶地斜坡地带，滑坡群内路线以深挖路堑的形式通过。

12.3.2　滑坡区地质环境

1. 地形地貌

渭源为黄土高原边缘与西秦岭地槽西端两大地质构造单元的交会地带，属多旋回构造运动地区，地势西南高而东北低，以渭河为界，分南北两大地质构造类型。滑坡区处于北侧构造单元，山脊走向为北东45°，地势总体西南高而东北低，高程2 210～2 245 m，斜坡最大高差145 m，一般坡度10°～35°，呈台阶状陡缓地形。滑坡区位于渭河高阶地，因此，地貌类型属于河流堆积侵蚀地貌。

路堑边坡位于渭河上游与支流禹王河交汇处的高阶地区，禹王河南岸的斜坡地带，由禹王河后期侵蚀形成，山体由四级基座阶地组成。从山体两侧阶地发育情况对比，发现山体两侧阶地发育不对称，地貌类型不同，山脊西侧分别在高程2 080 m、2 120 m和2 150 m发育Ⅰ、Ⅱ和Ⅲ级阶地，为典型的河流阶地地貌；山脊东侧为上陡下缓的斜坡，阶地地貌形态消失，呈斜坡地貌（图12-9）。

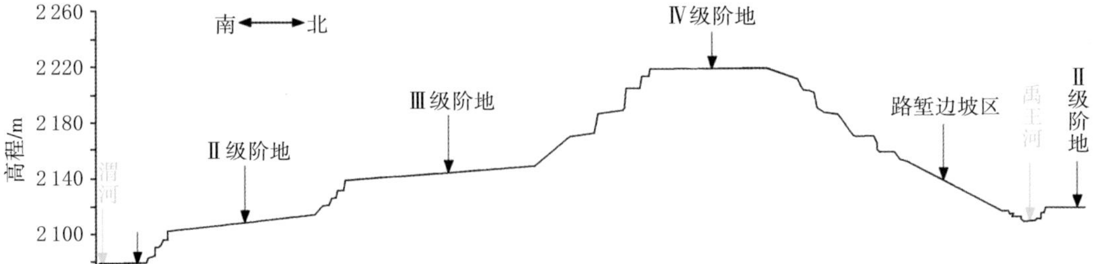

图12-9　阶地地形剖面图

2. 地层岩性

滑坡区地层由第四系全新统冲洪积物、滑坡堆积物，第四系上更新统风积黄土、冲积物和新近系泥、砂岩组成。

1）第四系全新统冲洪积物（Q_4^{al+pl}）

主要由粉质黏土和细砂组成。

（1）粉质黏土：黄褐色，稍湿，硬塑状，土质不均，多夹细砂，层厚8.4 m，厚度变化较大。

（2）细砂：灰黄色，稍湿，稍密，颗粒均匀，局部夹粉质黏土薄层，层厚2.8～4.9 m。

2）第四系全新统滑坡堆积物（Q_4^{del}）

主要由粉质黏土和圆砾组成。

（1）粉质黏土：浅黄色，稍湿，可塑-硬塑，松散-稍密，层厚3.7～10.5 m。

（2）圆砾：颜色杂乱，呈褐红色、青灰色，中密，稍湿，局部弱胶结呈团块状，层厚0.7～2.5 m，在露头处断续分布，砾石呈定向排列，长轴方向与滑动方向一致。

3）第四系上更新统风积黄土（Q_3^{2eol}）

淡灰黄色，质地疏松而均匀，覆盖在渭河Ⅳ级阶地冲积粉质黏土顶部，分布高程2 185～2 220 m，一般厚15 m，最大厚35 m。

4）第四系上更新统冲积物（Q_3^{al}）

主要由冲洪积粉质黏土和卵砾石组成。

（1）粉质黏土：黄褐色，密实，稍湿，土质均匀，呈水平层理状分布，分布高程2 168～2 185 m，厚约10～17 m。

（2）卵砾石：青灰色，中密-密实，磨圆较好，分选较差，颗粒呈次圆状-圆状，平均粒径2～5 cm，最大粒径＞10 cm，分布高程2 155～2 170 m，层厚10～15 m。

5）新近系泥、砂岩（N）

由泥岩、泥质砂岩和砂岩组成，浅紫红色，呈互层状，以泥质砂岩为主，层状构造，泥质胶结。

（1）砂岩：青灰色，夹条带状泥化层，中粗粒结构，胶结程度差，质地松散，透水性强，湿水后强度急剧下降，厚度变化大，局部呈透镜体。

（2）泥岩：红褐色，厚度较小。

3. 地下水

滑坡区地下水主要为第四系松散岩类孔隙水和碎屑岩类孔隙裂隙水。滑坡体内主要是松散岩类孔隙水，受大气降水影响和控制。水质分析成果表明，侵蚀CO_2含量9.74～24.24 mg/L，地下水对混凝土结构具弱腐蚀性，对混凝土结构中的钢筋具微腐蚀性。

1）第四系松散岩类孔隙水

分布于坡麓平缓处、第四系滑坡堆积物和河谷漫滩及阶地中，孔隙发育，地下水赋存条件好，接受大气降水及地表水补给，径流途径短，含水层较薄，分布范围较小，水量不丰富。滑体接受的大气降水入渗补给量有限，受黏性土夹层或下伏泥岩阻隔，仅在其局部形成上层滞水，水位不连续，24个钻孔中，仅有2个孔有地下水。坡体中下部有泉眼，为当地居民饮水点，流量随季节变化较大。

2）碎屑岩类孔隙裂隙水

地下水主要赋存于新近系砂岩和泥质砂岩的风化裂隙中。主要接受大气降水和上覆第四系潜水的补给，地下水由地形高处向地形低处径流，以泉的形式排泄。单泉流量0.01～3.6 L/s，枯水期地下径流模数<1 L/s· km²，在边坡开挖过程有零星渗出。

4.地质构造和地震

1）地质构造

滑坡区位于祁连褶皱系东南端，秦岭褶皱系西北缘，是祁连褶皱系与西秦岭褶皱系的交接地段，在中生代和新生代陷落为渭源—漳县—武山陇中内陆盆地，沉积了厚逾千米的甘肃红层，经喜马拉雅期陇山运动而隆起。几次大的构造运动对本区均有很大的影响，特别是前震旦纪，阿森特—加里东旋回的构造运动表现甚为剧烈，使前震旦纪及震旦纪、奥陶纪地层产生强烈褶皱，断裂甚发育，并伴随有广泛的岩浆岩活动，使古生代以前的各纪地层间出现角度不整合。燕山、喜马拉雅旋回的构造运动，使中-新生代地层产生少量的断层和舒缓状褶皱。新构造运动表现为大面积的升降运动，随着河流下切在地貌上形成多级阶地。滑坡区位于尧甸—渭源—陇西—榜罗大断裂的南侧，距断层较远。

2）新构造运动与地震

本区新构造运动总体以振荡性上升运动为主，挽近期特别是第四纪以来，本区总体处于抬升阶段，流水侵蚀作用加剧，渭河及其他沟谷深切、残塬缩小，并形成基座阶地，各阶地间高差也相对较大，这些均是区域性升降运动的体现。工程区抗震设防烈度为Ⅶ度，地震动峰值加速度为0.15 g，动反应谱特征周期值为0.45 s，滑坡区属于抗震不利地段。

12.3.3　滑坡群基本特征

1.地形地貌特征

滑坡区山脊走向为北东45°，地势总体呈南高北低，最高高程2 178 m，最低高程2 122 m，坡体最大高差56 m。由于坡体发育滑坡由4块不同类型的微地貌组成，各块之间冲沟发育，把坡体切割成条块状，坡体地形较缓，表面发育台阶，平均坡度约10°。坡体向东北、北和西北向呈放射状展布，滑坡区位于渭河高阶地，后在重力和流水作用下，改造成斜坡，因此，地貌类型属于河流堆积侵蚀地貌。

2.分布与形态特征

通过工程地质调绘和勘查，结合坡体地貌特征、地层结构特征和地层沉积结构错断、卵砾石异常定向排列、摩擦镜面和泥包粒眼球状构造等滑坡典型特征及其分布（图12-10），判断路堑边坡所处Ⅳ级阶地斜坡地带为一滑坡群，共发育H_1～H_7等7个滑坡，临渭高速公路从H_1～H_4滑坡中部分别以桥梁和挖方路基的形式通过，H_5～H_7滑坡距离线路较远，对线路无影响。路线影响范围内的H_1～H_4滑坡特征描述如下：

图 12-10　水泉屲滑坡群全貌

H_1滑坡分布于 K138+880～ K139+000 段，路线以挖方路堑和桥梁的形式从滑坡体中前部通过，最大挖方深度 12 m。滑体自然地面坡度前部 8°，后部 12°，平均坡度 11°。后缘以错台为界，前缘剪出口以河流堆积物为界，滑坡长 220 m，宽 80～200 m，面积 2.2×10^4 m²，厚约 5～10 m，体积约 1.6×10^5 m³，主滑方向约 25°。滑体主要由粉质黏土和卵砾石组成，滑体后部以卵砾石为主，平均厚约 10 m，前部以粉质黏土为主，平均厚约 5 m。属中层中型滑坡。

H_2滑坡分布于 K138+740～K138+880 段，路线以挖方路堑的形式从滑坡体中部通过，最大挖方深度 13 m。滑体自然地面平均坡度约 7°，后缘以错台为界，前缘剪出口以河流堆积物为界，滑坡长 280 m，宽 100～170 m，面积 3.4×10^4 m²，厚约 5～20 m，体积约 4.1×10^5 m³，主滑方向约 360°。滑体主要由粉质黏土和卵砾石组成，滑体后部以卵砾石为主，平均厚约 15 m，前部以粉质黏土为主，平均厚约 6～8 m。属中层中型滑坡。

H_3滑坡分布于 K138+560～K138+740 段，路线以挖方路堑的形式从滑坡体后部通过，最大挖方深度 40 m。滑体自然地面平均坡度约 10°，后缘以现有农道错台为界，前缘剪出口以河流堆积物为界，滑坡长 260 m，宽 50～100 m，面积 2.1×10^4 m²，厚约 5～20 m，体积约 3.2×10^5 m³，主滑方向约 350°。滑体主要由粉质黏土、卵砾石和砂泥岩组成，滑体后部以黄土状粉质黏土和卵砾石为主，平均度约 20 m，前部主要为砂卵砾石层和泥砂岩，平均厚约 20 m。属中层中型滑坡。

H_4滑坡分布于 K138+380～K138+560 段，路线以挖方路堑和桥梁的形式从滑坡中下部通过，最大挖方深度 12 m。滑体自然地面平均坡度约 10°，滑坡后缘以两平台间陡坎为界，高程 2 178 m，两侧以冲沟和山梁为界，前缘剪出口以河流堆积物为界，高程 2 122 m，滑坡长 340 m，高差 56 m，宽 200 m，面积 6.8×10^4 m²，厚约 3～10 m，体积约 6×10^5 m³，主滑方向约 330°。滑体主要由粉质黏土组成，含部分圆砾。属中层中型滑坡。

3.滑坡物质结构特征

1）滑体

为第四系全新统滑坡堆积层（Q_4^{del}），主要由粉质黏土和卵砾石组成。粉质黏土，浅黄色，稍湿，可塑-硬塑，松散-稍密，该层厚度约3.7～10.5 m；卵砾石，青灰色，松散-中密，零星含漂石，该层厚度约5～10 m；临空面以上的泥砂岩及其强风化层，一般层厚约5～10 m，最大15 m。

2）滑带土

主要为粉质黏土和粉质黏土混杂圆砾及泥砂岩强风化层。粉质黏土，浅黄色，稍湿，稍密，可塑，干强度较大，断面较光滑。土体颜色杂乱，土质不均匀，有黄褐色斑点和红褐色团块，团块为泥岩和砂岩碎屑，发育光滑面，面有明显擦痕。粉质黏土混杂圆砾及卵石粒径约0.2～5 cm，磨圆较好，分选较差，含量约占25%～40%，圆砾呈定向排列趋势，长轴方向和滑动方向一致，在滑坡体后缘和中部露头处均有出现（图12-11～图12-12）。在钻孔HPZK3-07中揭露（图12-13～图12-14），其厚度约2.5 m。基岩内滑带土为泥砂岩层间接触面以及泥质砂岩层间薄夹层，这两种接触带上为泥化层，地下水下渗至该处后，由于该层为隔水层，阻止了地下水的下渗路径，使地下水改变运移方向，沿该层顶面顺倾向流动，软化该接触带后形成滑带土。

图12-11　滑坡体中前部滑带土

图12-12　滑坡体中部滑带土

图12-13　HPZK3-07钻孔中揭露的滑带土

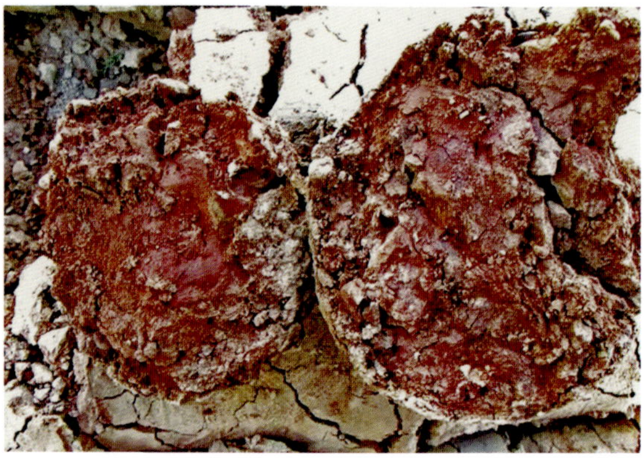

图12-14　HPZK3-07钻孔中揭露的滑面

3）滑床

为新近系砂岩和泥质砂岩（N），褐红色，青灰色，泥质结构，层状构造，薄层-厚层状，锤击易碎，声喑哑，遇水易软化，暴晒易龟裂，岩芯多呈短柱状。

4.变形特征

老滑坡变形迹象和特征保存比较完整，后缘发育滑坡壁，滑坡壁两侧竖向错距约14 m（图12-15）。前缘发育滑坡舌和剪出面，剪出面位于岩土交界面，滑面以上土体中包裹泥岩团块，结构较为杂乱（图12-16）。

图12-15　滑坡后缘边界

图12-16　滑坡前缘剪出口

12.3.4　滑坡变形过程及治理

1.初次变形

2015年6月路堑边坡开始土方施工，开挖至第一级坡面顶时，K138+630～K138+655段路堑边坡面产生拉张变形裂缝，坡体产生滑塌，开挖线外坡面产生拉张裂缝，裂缝断续长约30 m，宽约5～15 cm。10 d后K138+600～K138+655段坡面也产生滑塌，后缘下错位移达1～1.5 m，裂缝宽约50～120 cm（图12-17～图12-18）。

图12-17　路堑边坡滑塌全貌

图12-18　坡体中后部拉张变形

2.初次治理

根据地质勘查综合成果（图12–19），结合路堑边坡物质结构和变形特征，制定了以抗滑桩支挡为主的综合治理方案（图12–20）。对滑塌体及变形体进行卸载清除，在边坡第三级平台设置一排截面为2 m×1.5 m的抗滑桩共77根，桩长16～26 m，桩中心距6 m。分别在第一、二和三级边坡坡面设置窗孔式护面墙、锚杆框格梁和框格梁防护。为排除坡体地下水，土岩交界面上30 cm处坡面设一排仰斜式排水孔，排水孔长40 m，水平间距5 m，共21眼。

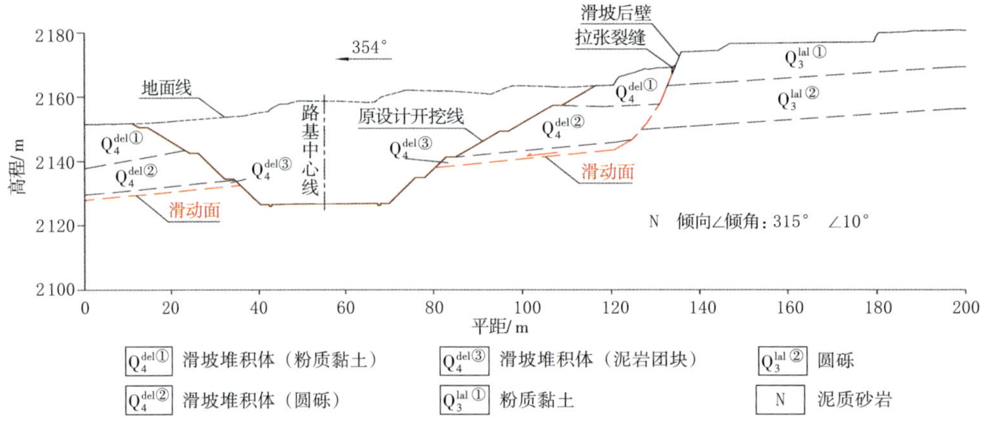

图12–19　路堑边坡地质剖面图

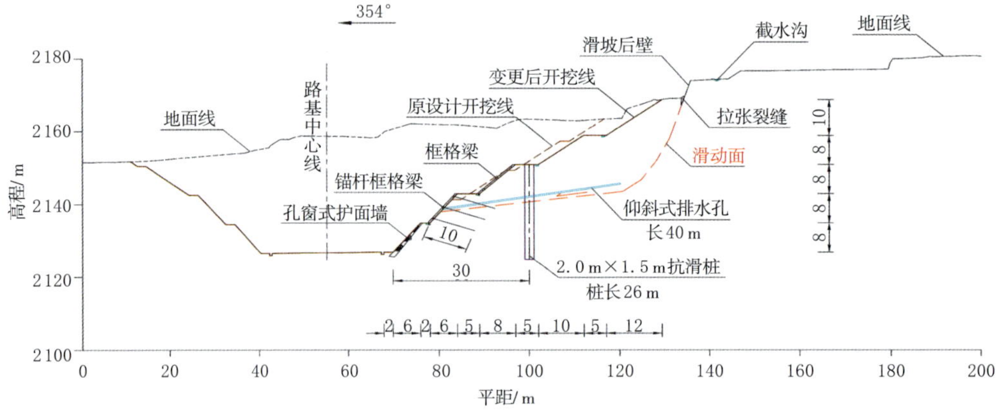

图12–20　治理工程设计剖面图

3.二次变形

2016年初—5月8日完成90%抗滑桩桩体浇筑工作，60#～69#抗滑桩完成桩孔开挖工作，受村民阻挡桩体浇筑工作停滞，于6月25—30日完成剩余10根抗滑桩桩体浇筑。阻工期间，5月13日晚降水量约15 mm，5月14日上午发现第四、五级坡面发生开裂和变形，第三级平台抗滑桩锁口周边发生裂缝。随后边坡开始了长达三个半月的变形过程，直至8月29日路堑边坡整体失稳。变形期间路堑边坡后缘边界、坡体中部抗滑桩桩周和坡体前部都有显著的变形迹象（图12–21）。

（a）2016年4月抗滑桩施工期边坡全貌

（b）2016年8月12日突变后桩前土体下错

（c）2016年8月18日突变后边坡全貌

（d）2016年8月29日突变后边坡全貌

图12–21 路堑边坡中部变形发展过程

坡体变形主要有以下4个明显的变形节点或区间：

（1）2016年5月中旬连续降水后，K138+560～K138+725（32#～60#抗滑桩）段边坡三级平台出现开裂变形后，采取在边坡三级平台以上卸载的应急措施，三级平台宽度由8 m渐变增加到15 m；K138+685～K138+710（53#～57#抗滑桩）段二级边坡存在渗水现象，渗流量较大，对应边坡的二级平台上出现微裂缝，存在局部失稳变形的可能，其余段落边坡未见变形迹象。

（2）2016年8月10日，K138+645段以NW95°∠86°陡倾角结构面为本次滑塌小桩号边界，开裂至K138+640（45#抗滑桩）段，在K138+675段以NW332°～342°∠85°陡倾角结构面为本次滑塌大桩号边界，两边界交会于边坡二级平台，这个三角楔形体首先滑塌至路床；受到该楔形体的牵引，在三级平台K138+610～K138+720段出现一道平行于路线的拉张裂缝，最大下错7.5 m；在边坡坡口抗滑桩里侧K138+740～K138+800段出现一道平行于路线的拉张裂缝，宽度5 cm；并且沿滑坡后缘出现弧形拉张裂缝，自K138+640～K138+845段，最大下错1 m，缝宽从0.5 m变至1 m；路床剪出口在K138+645～K138+745段，在K138+705段左侧8 m为最远剪出口，剪出面反翘30°。坡面有渗水现象，局部呈线状，渗流量较大，随着时间推移滑坡边界向两侧有所延伸。

（3）2016年8月12日，K138+650～K138+880段滑坡体出现后缘下错，桩前土滑动，路堑内有4道明显的剪切裂缝，于8月18日14时，K138+632～K138+680（44#～52#抗滑桩）段桩前土体快速下错，土体滑落至路床内。K138+650～K138+880段滑坡后缘出现圆弧状拉张裂缝，裂缝宽2～30 cm，下错1～60 cm；K138+650～K138+740段前缘剪出口在路堑一级边坡和路床内，于K138+707段左8 m剪出，反翘30°；K138+650～K138+880段滑体民房砖墙上裂缝宽0.1～1 cm，桩板墙背后一级边坡上出现剪切裂缝。

（4）2016年8月29日0—2时，K138+656（48#抗滑桩）～K138+775（68#抗滑桩）段共21根抗滑桩发生断裂和严重倾斜；K138+656～K138+710段后缘下错3～8 m；K138+740～K138+780段桩板墙右侧0～25 m范围内出现3道拉张裂缝，下错1.5 m，桩板墙开裂；K138+710～K138+790段滑坡体上原裂缝继续变大变宽，后缘陡坎下错0.4 m，台地上裂缝下错0.6 m；K138+656（48#抗滑桩）～K138+685（53#抗滑桩）段滑坡体推移到路床；K138+685（53#抗滑桩）～K138+750（63#抗滑桩）段从路床剪出，离左侧坡脚最近处3 m。之后，滑坡仍处于变形发展状态。

12.3.5　滑坡监测

1.监测设计

为监测滑坡变形、验证治理效果，在48#抗滑桩桩身内14 m、16 m和17 m截面4角安装12个振弦式钢筋应力计，在桩体中心安装4个振弦式固定测斜传感器。为监测抗滑桩桩身不同深度拉应力变化，在桩身受拉侧布置3个监测截面，受压区布置1个监测截面。为监测坡体破坏深度、位移和速率以及抗滑桩桩顶位移变化，在滑面上下各布置一个固定测斜监测点。设置数据采集频率为1次/3 min，边坡破坏过程的有效监测期为2016年7月19日—9月15日。采用综合数据分析法对原始数据进行处理，剔除无效数据、温度异常数据和标定系数异常数据，数据有效率为57.3%。

2.应力分析

由48#抗滑桩桩体应力监测的应力-时间曲线分析边坡破坏过程（图12-22），抗滑桩应力变化过程可以划分为恒定、匀速递增、加速递增和波动等4个阶段。

（1）恒定阶段：7月19日—8月4日，该阶段内各应力传感器监测应力值为零，应力未随时间变化，但是该阶段内坡体地表已发生明显的宏观变形迹象，说明桩体的应力变化滞后于坡体的位移变化。

（2）匀速递增阶段：8月

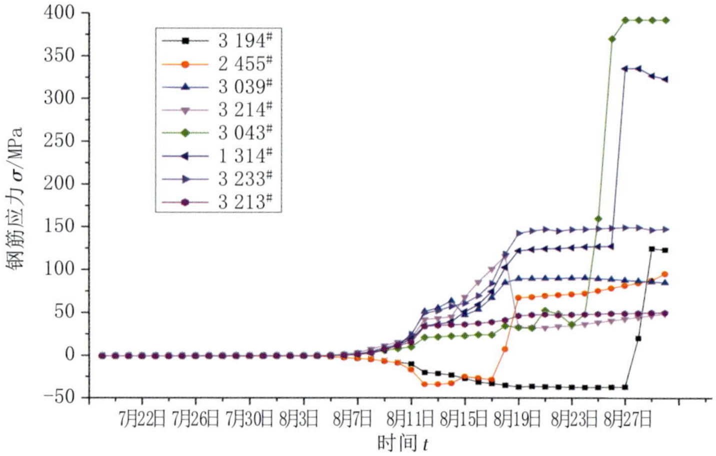

图12-22　48#抗滑桩应力-时间曲线

4—10日，该阶段内各应力传感器监测应力值匀速递增，拉、压应力同时递增，该阶段为匀速变形期。

（3）加速变形阶段：8月10—18日，该阶段内各应力传感器监测应力值呈加速递增，拉应力加速增加，增加幅度不同，压应力增加趋势减缓，突变为拉应力。

（4）波动阶段：8月18—30日，该阶段应力变化整体趋稳呈小幅波动，部分传感器监测数据发生突变，突变后也呈小幅波动。

3.深部测斜分析

由48#抗滑桩桩内固定测斜监测转角-时间曲线分析（图12-23），抗滑桩滑面上、下固定测斜的转角随时间呈阶段性变化，其变化过程可划分为3个阶段。

（1）7月19日—8月4日为第一阶段，该阶段内固定测斜转角围绕初始值呈波动形增加，最大波动幅度为0.12°。6 m处固定测斜（1 743#）*X*向转角在-0.10°～0.01°之间变化，*Y*向转角在-0.03°～0.02°之间变化；11 m处固定测斜（1 723#）*X*向转角在0.01°～0.09°之间变化，*Y*向转角在0°～0.12°之间变化。

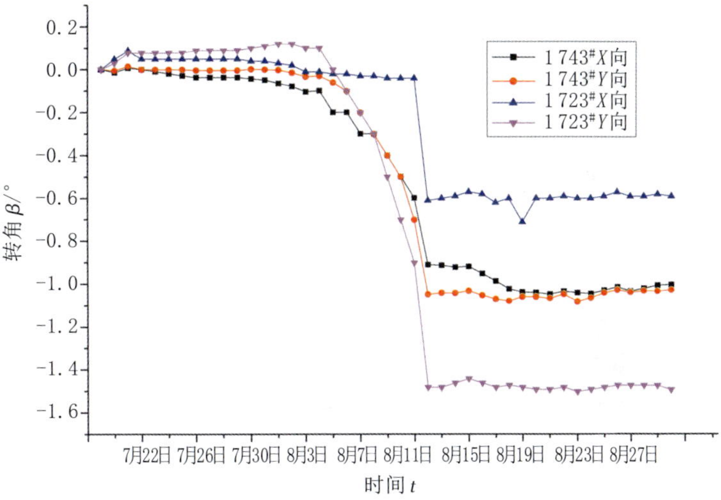

图12-23　48#抗滑桩固定测斜曲线

（2）8月4—12日为第二阶段，该阶段内固定测斜转角呈加速增大，且增加速率随时间递增。6 m处固定测斜（1 743#）*X*向转角由-0.10°增长至-0.91°，*Y*向转角由-0.03°增长至-1.05°；11 m处固定测斜（1 723#）*X*向转角由-0.01°增长至-0.61°，*Y*向转角由0.10°增长至-1.48°。

（3）8月12—30日为第三阶段，该阶段内固定测斜转角呈稳定趋势，且小幅波动。

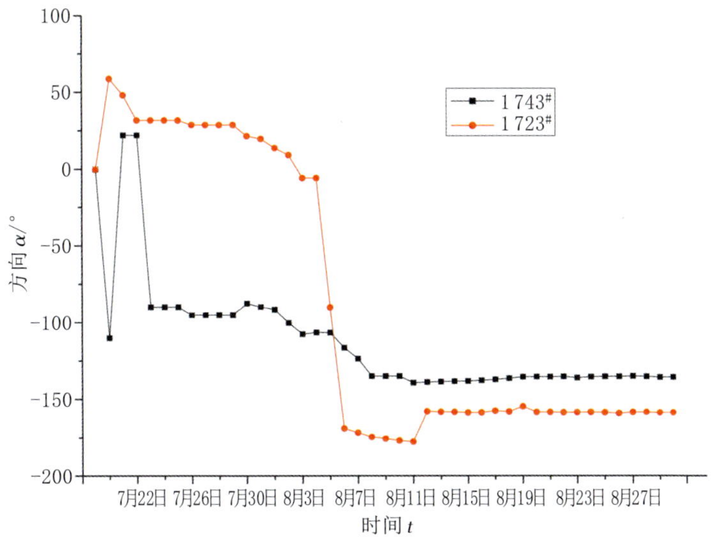

图12-24　48#抗滑桩位移方向变化曲线

由48#抗滑桩桩内固定测斜监测方向-时间曲线分析（图12-24），抗滑桩受土体推力的方向随时间呈阶段性变化，不同深度的位移方向不一致，受力方向随时间发生阶段性变化。数据显示，7月19—23日抗滑桩受力方向变化较大，呈不规则波动变化，且6 m处振幅较11 m处振幅大；7月23日—8月4日抗滑桩受力方向呈单向缓变；8月4—12日抗滑桩受力方向呈单向剧变，6 m处受力方向转向角约为45°，11 m处受力方向转向角约为160°；8月12—30日抗滑桩受力方向稳定，且6 m和11 m处受力方向趋于一致。

12.3.6　成因分析

经工程地质调绘、地质勘探、变形监测综合勘查和数据分析，边坡发生再次失稳的主要原因有以下4个方面：

（1）老滑坡的存在是发生坡体变形的背景因素，路堑边坡位于老滑坡体内，老滑坡规模较大，具多期次活动性，发育多层、级贯通性好的滑动带。

（2）特殊的坡体地层结构是发生坡体变形的根本原因，主要有以下几点：

①该段山体整体为渭河上游高阶地上沉积风积黄土形成，坡体地层结构为阶地堆积层（粉质黏土和砂卵砾石）+缓倾红层（泥、砂岩互层）组成的典型易滑结构。

②岩体共发育4组结构面，其组合极不利于坡体稳定。其中一组结构面为岩层层面，产状为NW315°～317°∠6°～10°，岩层走向与公路走向呈小角度夹角，且顺倾向高速公路；另一组为缓倾角节理面，产状为NW300°～342°∠17°～19°，也顺倾向高速公路；其余两个节理面为一组X形构造节理面，产状分别为SE95°∠86°（发育在K138+645处）、NW332°～342°∠85°（发育在K138+675处）。X形构造节理引起K138+645～ K138+675段抗滑桩锚固段桩后岩体失去水平抵抗力，是该段抗滑桩倾斜的主要因素。

③路堑边坡位于渭河阶地边缘老滑坡体内，遭受多次滑动破坏，卵砾石原始沉积结构被破坏，呈松散体，土拱效应较差，当桩体产生位移时，土拱效应消失，桩间土产生溜塌现象。

④锚固段岩体呈顺层结构，质软，易软化、易风化，具崩解性和膨胀性，泥砂岩互层，且砂岩弱胶结，遇水解体呈散体状，导致锚固段岩体长期强度变化大，不能提供有效的水平抗力。

（3）地下水和降水的双重软化作用，是坡体变形的引发因素。工程治理过程中滑坡区经历多次降水，尤其是8月23—29日，滑坡区连续7 d降水。一方面，降水入渗、运移至泥岩顶面，浸泡软化泥岩导致滑面抗剪强度降低；另一方面，抗滑桩成孔后未能及时浇筑，地下水通过桩孔穿过隔水层运移至疏松砂岩内，导致疏松砂岩软化解体呈散体状。

（4）路堑边坡位于老滑坡体内，路堑边坡开挖切断老滑坡体，形成新的连续临空面，致使老滑带在第二～第三级坡面出露。由于路堑开挖坡体应力重新分布，在坡脚处剪应力相对集中，老滑坡滑带附近岩土体进一步劣化发生蠕变，导致路堑边坡前缘产生大变形，牵引老滑坡体复活滑动。

第13章 水利水电工程中的滑坡灾害

甘肃地处西北内陆干旱-半干旱地区，兴修水库、水利灌溉和水力发电工程是工农业发展的重要保障措施。但在刘家峡、九甸峡、巴家咀、碧口、瓦房城等一些水库的库岸，水库建设和蓄水引发的滑坡时有发生，造成严重灾害。永靖黑方台、兰州西固区达家台等黄土台塬区，农业灌溉也引发了严重的滑坡灾害。本章对九甸峡水库、静宁县田堡调蓄水池和文县中路河白水江林业局水电站工程的滑坡灾害进行了分析探讨。

13.1 九甸峡水库滑坡灾害

九甸峡水利枢纽工程位于卓尼县藏巴哇乡境内，水库总库容 $9.43\times10^8\ m^3$，最大坝高132 m，正常蓄水位2 202 m，回水长约54.36 km，2007年12月31日开始下闸蓄水。九甸峡水库是甘肃引洮工程的取水口，主要解决甘肃省中部干旱地区定西、白银、天水和平凉11个县区的450万城镇和农村人民群众的生活用水，以及部分工业用水、生态环境用水，兼有农业灌溉、发电、防洪、养殖等综合功能，在甘肃社会经济发展中发挥着非常重要的作用。库区近南北向展布，为河谷型水库。由于地质环境复杂，滑坡灾害较为严重（图13-1）。

图13-1 九甸峡水库库区地貌景观

13.1.1 库区地质环境概况

九甸峡水库位于高原大陆性高寒半湿润性气候区，年平均温度5.8 ℃，最高温度29.5 ℃，最低温度-18.8 ℃，多年平均降水量596 mm，主要集中在7—9月，占降水量的60%左右，日最大降水量66 mm。洮河干流全长673 km，流域面积25 527 km^2，多年平均流量121.3 m^3/s，年径流量 $3.825\times10^9\ m^3$，年输沙量 2.92×10^7 t。

水库地处甘南高原、陇南山地与陇西黄土高原的交会地带，地势总体呈西高东低，南北高、中间低之势。主要有河谷地貌和山地地貌。

洮河河谷呈蛇曲状深嵌于山地之中，总体呈南北走向。上游马莲滩—洮砚段河谷较开阔，发育多级阶地，宽600～1 500 m，维新一带最大宽2 500 m，比降2.5‰左右。洮砚—柳林段为峡谷地形，谷底宽30～200 m，两侧岸坡陡峻，坡度38°～60°，部分呈直立陡壁，比降4‰～10‰。两岸发育羊沙河、宣家河等支沟，沟口形成大小不等的洪积扇。

山地地貌可分为3个亚区。低中山亚区：位于马莲滩—洮砚。洮砚以南山岭海拔一般为2 000～3 000 m，高差＞500 m，山间分布多处中新生代断坳盆地。高中山亚区：位于洮砚—燕子坪大部区域，山岭呈尖峰、鱼脊状，海拔＞3 000 m，高差500～1 000 m。中高山亚区：位于燕子坪下游段，属西秦岭山脉莲花山—白石山主峰区，山势雄伟，地形陡峻，山顶海拔＞3 500 m，相对高差＞1 000 m。

库区出露的地层岩性主要有：石炭系下统（C_1）石英砂岩夹砂质板岩、页岩，集中分布在洮砚—燕子坪段；中、上统（C_2～C_3）中厚-巨厚层块状灰岩、结晶灰岩及矽质灰岩、页岩，分布于九甸峡峡谷上游地段。二叠系下统（P_1）灰岩、砂岩、板岩、页岩及砾岩，分布于洮砚以上地段和九甸峡中下游峡谷段，与下伏石炭系呈断层接触。古近系（E）暗红色砂岩、砾岩，在维新一带零星分布。第四系（Q）主要有冲积、洪积、风积、重力堆积等，分布较广泛。

九甸峡水利枢纽区位于柴达木—华北板块及羌塘—扬子—华南板块一级构造单元交界部位，也即秦岭北麓区域性深大断裂附近，地质构造复杂，断裂、褶皱发育。主要发育尖山—红崖堡、柏林口—洮砚—下拉地、冶力大山—羊沙、车厂—杨家河等压性断裂带，长均达数十千米，破碎带一般宽20～30 m，局部达50～100 m，走向多为NW270°～285°，倾向北，倾角60°～85°。断裂带两侧发育次一级北东向、北西向的压扭性或扭压性断裂，一般长3～10 km。褶皱主要为新堡—力士山复式背斜，其轴线位于寺下川一带，呈NW275°～300°舒缓波状展布，两翼形成一系列平行连续排列的平缓短轴式背向斜。

新构造运动以振荡性抬升为主，表现为山地强烈隆升，河流急剧下切，形成典型的高山峡谷地形，山体海拔多在2 000～3 500 m，相对高差在500 m以上。洮河两岸发育多级阶地。此外，新构造运动表现为部分断裂的继承性活动，其北部车厂—杨家河断层错断Ⅲ级以上阶地基座和砂砾层。

九甸峡水库地处南北地震带中段的天水地震带和松潘地震带的交接部位，地震活动较为频繁，历史上曾发生多次6.0级以上地震。地震动峰值加速度0.2 g，地震设防烈度Ⅷ度。

区内地下水主要为基岩裂隙水和松散岩类孔隙水。洮砚以上基岩裂隙水和松散岩类孔隙水均有分布，下游主要为基岩裂隙水，一般水位埋深30～100 m。

13.1.2 库区滑坡发育分布情况

1.滑坡空间分布

九甸峡水库自九甸峡峡谷入口坝址至岷县维新乡马莲滩村库尾，库区全长54.36 km。水库深嵌于崇山峻岭之中，滑坡灾害频繁。其前段坝址区至洮砚为峡谷区，水深库窄，多为岩质库岸；后段洮砚至马莲滩，为河谷型库区，两岸阶地发育，水浅库宽，多为土质库岸，滑坡较发育，塌岸、浸没问题相对突出。

据甘肃省水电勘测设计研究院2022年最新调查资料显示，库区两岸发育滑坡48处，其中，41处为水库初步设计勘测阶段已调查发现的滑坡，7处为水库蓄水后新发生的滑坡（图13–2）。按物质组成可分为强风化层岩质滑坡、碎石土滑坡和土质滑坡3类，其中强风化层岩质滑坡35处，占库区滑坡总数的72.9%；碎石土滑坡9处，占18.8%；土质滑坡4处，占8.3%。按照滑坡体积规模，特大型滑坡5处，占库区滑坡总数的10.4%；大型滑坡15处，占31.2%；中型滑坡21处，占43.8%；小型滑坡7处，占14.6%（表13–1）。滑体厚度一般15～35 m，个别>40 m。

滑坡发育分布的地带性较为明显，主要分布于软弱岩石出露、第四系覆盖较广的洮砚—库尾段，该段共有滑坡34处，占库区滑坡总数的70.8%；坚硬岩石出露的洮砚—坝址段共有14处滑坡，占总数的29.2%。

2.滑坡形成条件

坝址—洮砚段河谷两岸为中、高山地，高程2 900～3 500 m，相对切割深度800～1 300 m，为峡谷型河谷，两岸坡度35°～65°；洮砚—库尾段为低中山与山间盆地区，河谷两岸坡度25°～40°。高陡的斜坡为滑坡的形成造就了地形条件。

库区两岸大面积分布灰岩、砂岩、板岩、砂质页岩、炭质页岩互层状岩体，软硬相间，风化强烈，裂隙发育，结构破碎，软弱夹层遇水易软化，控制斜坡稳定性，易发生变形破坏和滑坡（图13–3）。如规模较大的徐家寨、蔡家崖、石旗崖、白崖脑岩质滑坡都发育于软硬相间的岩层中。广泛分布的冲洪积、坡积碎石土，结

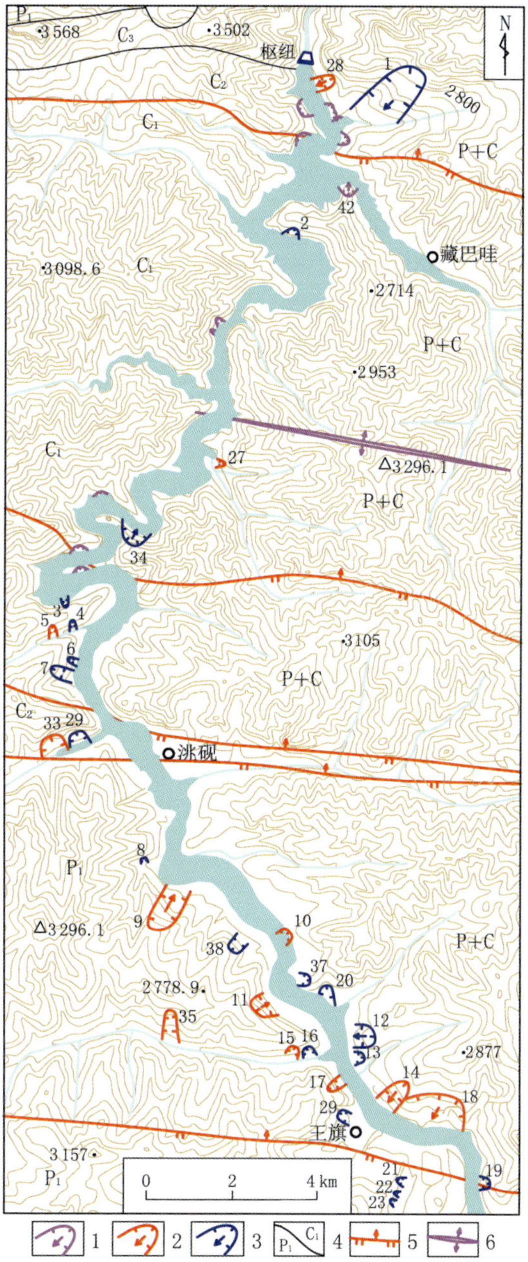

1—蓄水后滑坡；2—原不稳定滑坡；3—原较稳定滑坡；4—地层界线；5—逆断层；6—背斜。

图13–2　九甸峡水库库区滑坡分布略图

表13–1　库区滑坡类型与分布特征统计表

类型	物质组成			规模/m³				分布特征	
	岩质	碎石土	土质	小型 $<1\times10^5$	中型 $1\times10^5\sim1\times10^6$	大型 $1\times10^6\sim1\times10^7$	特大型 $>1\times10^7$	库尾—洮砚	洮砚—枢纽
数量/处	35	9	4	7	21	15	5	34	14
比例/%	72.9	18.8	8.3	14.6	43.8	31.2	10.4	70.8	29.2

构松散，是上游段滑坡发育的原因之一。坝址区上游右岸的$28^{\#}$滑坡就发生在坡积、洪积碎石土中。

区内新构造运动抬升强烈，河流长期下切，沟壑纵横，谷深坡陡。为滑坡的形成造就了地形条件，规模较大的几处滑坡均发育在洮河凹岸高陡谷坡处。滑坡的主要引发因素有地震、降水和人类工程活动等，特大型、大型滑坡主要由地震引发。

图13-3　岩体中的软弱夹层

大部分滑坡体在长期河水和冲沟洪水的冲蚀切割下，不稳定部分被搬运，剩余部分基本处于稳定状态。2003年1月13日发生库尾岷县堡子乡的5.2级地震，震中距库尾右岸徐家寨北侧的$30^{\#}$、$31^{\#}$滑坡群不足4 km，也仅造成了滑体上个别陡坎、松动块石的坍塌与坠落，并未引发滑坡体的大面积复活。2013年7月22日的岷漳地震，库尾区地震烈度达Ⅶ～Ⅷ度，库岸滑坡也未发生大规模复活滑动。因此，在库区基本地震烈度为Ⅷ度的背景条件下，库区内绝大多数滑坡的稳定性较好。

九甸峡水库形成长53.4 km，面积约22.1 km^{2}的淹没区，库水长期浸润软化岸坡岩土体，降低强度，并产生静水、动水压力作用，改变滑坡的力学平衡条件，可能加剧滑坡的复活滑动。蓄水后大部分滑坡位置高于正常蓄水位，受库水影响而复活滑动的可能性小。只有$2^{\#}$、$6^{\#}$、$7^{\#}$、$9^{\#}$、$10^{\#}$、$11^{\#}$、$17^{\#}$、$28^{\#}$、$30^{\#}$、$38^{\#}$、$39^{\#}$、$42^{\#}$、$44^{\#}$、$45^{\#}$等14个滑坡，前缘高程在2 110～2 210 m之间，水库蓄水将使滑坡体下部不同程度被淹没，因而存在局部复活的可能。特别是$7^{\#}$、$9^{\#}$、$10^{\#}$、$11^{\#}$、$17^{\#}$、$28^{\#}$、$42^{\#}$、$44^{\#}$、$45^{\#}$等现状活动性滑坡，复活滑动的可能性很大。

水库蓄水以来，$9^{\#}$、$11^{\#}$、$17^{\#}$等滑坡局部发生了较大规模的复活滑动，这些滑坡主要集中在王旗北部接近库尾的左岸地带，严重破坏道路，影响交通。

$17^{\#}$滑坡位于库区左岸，距大坝44.4 km，属基岩强风化层岩质滑坡群，滑坡长20～240 m，宽200～400 m，厚17～20 m，滑坡体积约9.56×10^5 m^3。滑体主要为碎石土组成，上覆少量黄土，属基岩风化层的滑动。前缘高程2 190 m，后缘高程2 320 m，高差约130 m，主滑方向54°（图13-4）。

$17^{\#}$滑坡区斜坡坡度30°～40°，表层覆盖1～4 m厚的马兰黄土，下部为二叠系下统（P_1）砂岩、页岩，产状303°∠37°，软硬相间，岩性软弱，岩体较破碎，上部风化强烈，强风化厚度5～10 m，坡脚零星出露基岩。$17^{\#}$滑坡的形成是由于岸坡地形较陡，坡体岩性软弱，变形严重，洮河长期侧蚀坡脚所致。滑坡稳定性差，属活动性滑坡，特别是北侧滑体每年雨季都

图13-4　九甸峡水库库区左岸$17^{\#}$滑坡（李长虹提供）

要发生规模不等的滑动。2002年7月13日暴雨引发17#滑坡局部滑动，与对岸底旗沟泥石流共同形成高4～6 m的堰塞体，堵塞洮河20余min，回水长2.2 km。

水库蓄水后，17#滑坡前缘有9～13 m浸于水下，2/3的滑体在库水位以上。在库水的浸润、浮托力和水位升降产生的动水压力作用下，可能加剧该滑坡整体复活，估算滑体入库方量约为5×10^5 m^3，滑动方式以缓慢滑动为主，造成的涌浪一般不会影响水库的正常运行。2020年4月沿滑坡体中部的X091县道进行了削坡、减荷并设置浆砌石挡墙，但该滑坡仍在蠕动，还有再次局部滑坡的可能，严重威胁道路的安全运营。

13.1.3 水库蓄水引发的滑坡灾害

九甸峡水库库岸总长约126 km，其中基岩岸坡累计长30.1 km，占库岸总长的23.9%；由滑坡堆积、阶地冲洪积、崩坡积等第四系松散物质组成的库岸总长95.9 km，占76.1%。水库蓄水以来库水位最大变幅为28.94 m，2017年最大年变幅为25.25 m，2015年最小年变幅为8.65 m。在库水长期浸润软化作用，库水位升降产生的静水、动水压力作用下，不但出现岸边坍塌再造，部分地段引发滑坡的可能性也很大。据调查，水库运行10多年来，大坝—新堡沟口近坝库岸段是蓄水引发滑坡的主要地段，其中右岸发育4处，左岸发育2处（图13-5）。

图13-5 大坝—新堡沟口段蓄水引发的滑坡

（1）水库右岸古马窝沟口以北段发育高阶地，宽50～150 m，阶面高程约2 245 m，高出正常蓄水位43 m，前缘陡坎坡度45°左右，其上部由40～50 m厚的黄土和黄土状土组成。在库水的浸泡和浪蚀等作用下，引发了4～5处小型黄土滑坡，连续分布，形成滑坡群。滑坡总宽约420 m，顶部滑落宽5～15 m，滑坡总体积约2.5×10^5 m^3（图13-6）。滑坡后部拉张裂缝密布，下错0.2～1.0 m，还将继续滑动。另外，古马窝沟口左右两侧各发育1处小型碎石土滑坡，其中南侧1处滑坡使S230省道路基长期下错、路面开裂。

图13-6 九甸峡水库库区右岸古马窝北段黄土滑坡群

（2）在新堡沟口左岸蓄水引发了1处典型的岩质顺层滑坡，距大坝4.4 km，编号为42#（图13-7）。斜坡上缓下陡，水面以下斜坡高约100 m，坡度45°，水面以上平均坡度约32°，地形上为一向北凸出的山嘴，三面临空。斜坡由石炭系下统（C_1）中厚层砂岩夹泥岩组成，产状350°∠36°，层理发育，构成顺向坡（图13-8）。滑坡后缘周界明显，平面呈扇形，水面处宽度约300 m，后缘高出正常库水位约100 m，下错3～8 m，滑动方向约350°，滑坡西侧明显可见滑动面沿层面发育并向水下延伸，东侧沿滑面附近发育小型滑塌。滑坡顶部弧形拉张裂缝发育，一般宽0.5～1 m，下错0.5～2 m，沿原引洮渠平台修建的X441县道路面变形开裂，估算滑坡总体积约1.8×10^6 m³。

图13-7　九甸峡水库库区新堡沟口左岸岩质顺层滑坡

该滑坡目前还处在不断蠕动变形状态，威胁X441县道。滑坡水上部分规模较大，中部滑体结构整体较好，其斜坡地质结构和滑坡特征与20世纪60年代初发生的湖南柘溪水库的塘岩光灾难性滑坡类似。前部库水深近100 m，受地震、暴雨、库水位快速升降等特殊外部动力因素作用，有可能进一步失稳后发生大规模整体快速滑动并产生涌浪，其滑坡东侧的涌浪将沿不足200 m宽的新堡沟狭长库区传播，对2 km处库边藏巴哇镇地势较低的地段威胁较大，应引起有关方面的高度重视。

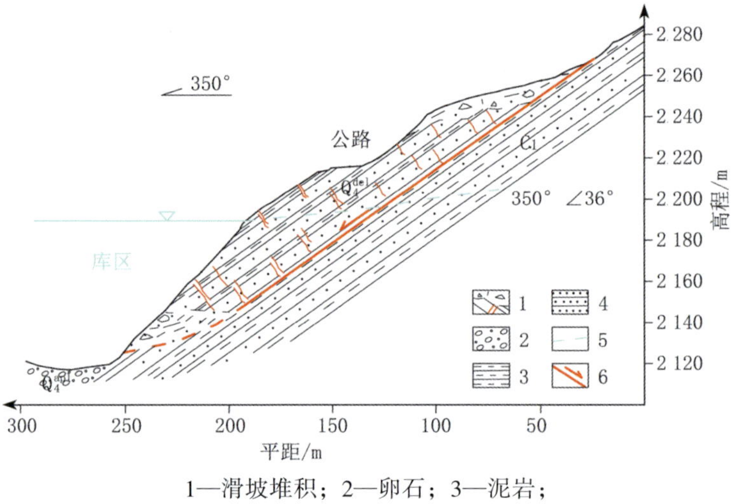

1—滑坡堆积；2—卵石；3—泥岩；
4—砂岩；5—地下水位；6—滑动面。

图13-8　九甸峡水库库区新堡沟口左岸42#岩质顺层滑坡剖面图

（3）水库左岸发育2处堆积层滑坡，后缘拉张裂缝明显，滑坡周界清晰。其中距大坝较近的一处滑坡发育在凹形岸坡下部，距大坝2 km。岸坡坡度30°左右，上部以马兰黄土为主，厚10～15 m。下部为坡崩积碎石土，含大块石。该滑坡最早出现于2014年8月，滑坡后缘拉张裂缝发育连续，高出正常库水位100 m，滑坡水面以上长180 m，水面处宽约250 m，水面以上体积6×10^5 m³左右，为中型牵引式堆积层滑坡（图13-9）。该滑坡自形成以来长期缓慢蠕滑发展，到2020年4月，后壁已下错6～9 m，前缘小型滑塌时有发生。可见，该滑坡稳定性差，前缘受库水的浸泡、动水压力等作用，暴雨时上部山坡的大面积汇水也可沿后缘拉张裂缝灌入，在其共同作用下发生整体失稳滑动的可能性很大。

水库蓄水可能引发滑坡的另一地段为洮砚以上河段的洮砚、小湾、唐旗、下尕、维新等地。如蓄水不久的洮砚乡政府一带岸坡出现滑坡迹象，即刻进行了工程治理（图13-10）。

图13-9　九甸峡水库库区左岸滑坡（李长虹提供）

图13-10　九甸峡水库洮砚乡一带岸坡

13.1.4　28#燕子坪滑坡

1. 滑坡基本特征

28#滑坡处于近大坝上游右岸，水库修建前的1990年7月9日9时许发生大规模滑动，体积达$6.21\times10^6\ m^3$。该滑坡稳定性差，长期蠕动，曾再次大规模复活滑动，且距坝轴线仅960 m，对工程建设、运行有较大影响和潜在威胁，受到高度重视和广泛关注。1993年起陆续对其进行了一系列勘测和专题研究工作。

28#滑坡位于洮河右岸燕子坪以南，滑坡平面形态呈长舌状，上窄下宽，平均宽约400 m，长640 m（图13-11），滑体前部厚15～25 m，中部厚50～65 m，上部厚6～12 m，平均厚25 m，体积约$6.21\times10^6\ m^3$，主滑方向243°。1990年7月连续7 d的降水，引发该滑坡的大规模滑动。据访问资料，滑坡发生的前3 d有大小石块不时从山坡滚落。7月9日9时许，石块滚落中伴随有轰鸣声，接着引洮平台以下坡体整体急剧滑动，并牵引上部坡体向下滑落，滑坡摧毁沿洮河的公路，造成洮河断流数分钟。滑动历时7～15 min，中上部滑距25～30 m，滑速2 m/min左右。属于非高速滑动的大型碎石土滑坡。

图13-11　九甸峡水库库区右岸28#滑坡

2003年，由于修建施工道路、办公楼，对高程2 240 m以上的滑体进行削坡、河床部分压脚等人为活动，破坏了2 240 m高程以上滑体的稳定状态，导致此高程以上滑坡东北侧变形加剧和复活。滑坡后缘向上和东北部水平扩展了80～130 m，后缘高程增加了20～40 m，滑坡范围扩大，体积增加了约1.04×10^6 m^3，总体积达到7.25×10^6 m^3（图13-12）。

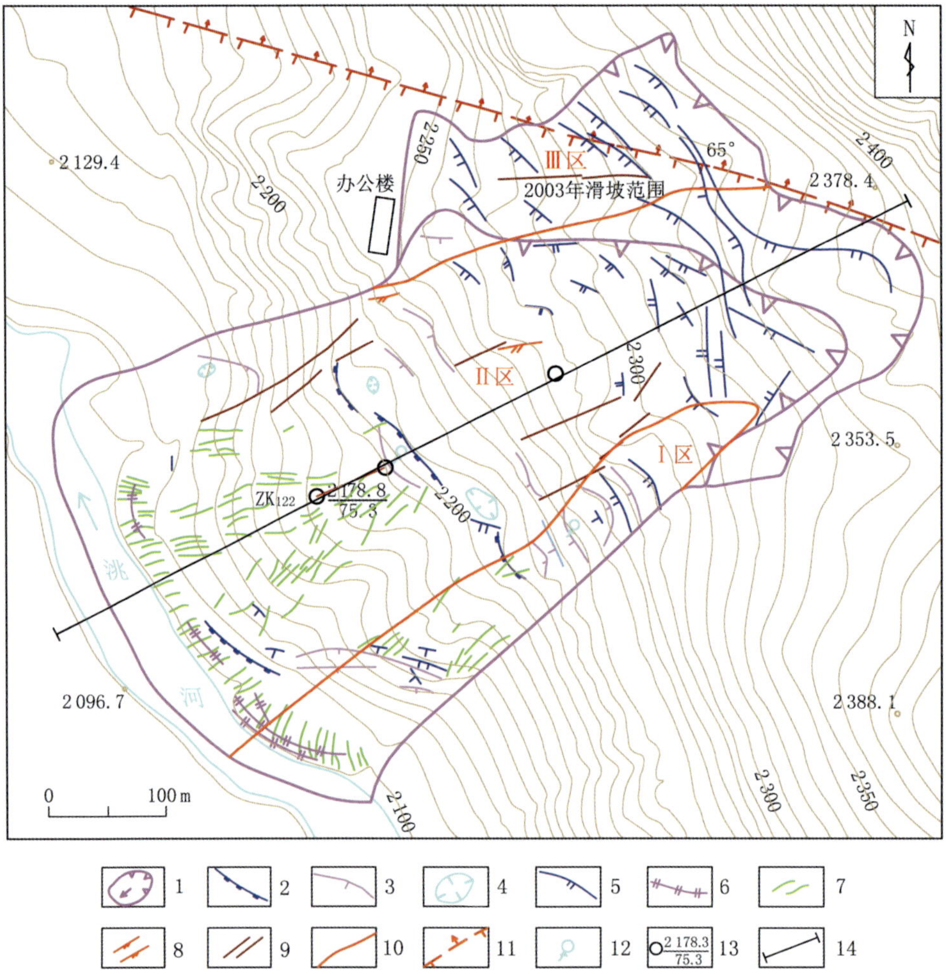

1—滑坡；2—滑坡平台；3—次级滑壁；4—滑坡洼地；5—拉张裂缝；

6—鼓胀裂缝；7—扇状裂缝；8—羽状裂缝；9—剪切裂缝；10—分区界线；

11—推测逆断层；12—下降泉；13—钻孔；14—剖面线。

图13-12　九甸峡水库库区右岸28#滑坡平面图

滑坡分布高程2 095～2 410 m，前后缘高差约315 m，后缘高出正常蓄水位约208 m（图13-13）。滑体平均坡度20°～30°，2 270 m高程以下滑坡的中前部相对较陡，坡度40°左右；2 270 m高程以上地形较缓，坡度20°～30°，且发育多级小平台。滑坡后壁呈圈椅状，高5～15 m，最高处达33 m，发育多条次级弧形滑壁，长40～60 m，高2～4 m，局部呈反坡状（图13-14）。滑体上拉张裂缝、剪切裂缝、鼓胀裂缝遍布，结构破碎。前部发育滑坡鼓丘，2 203 m高程分布有两个滑坡洼地，呈椭圆形，内有积水。本段是Ⅰ级侵蚀堆积阶地基座和后缘分布区，且发育次级滑动面。

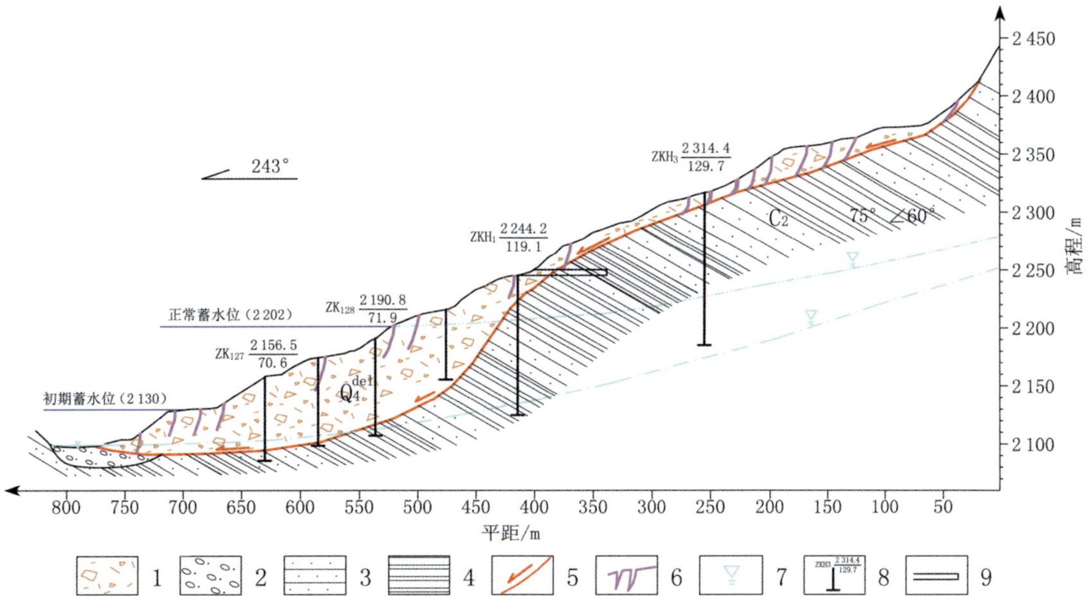

1—滑坡堆积物；2—卵石；3—砂岩；4—页岩；

5—滑动面；6—拉张裂缝；7—水位；8—钻孔；9—平硐。

图13-13　九甸峡水库库区右岸28#滑坡剖面图

图13-14　滑坡后缘弧形滑壁及多级错动

滑体由块石、碎石和黄土类土组成，结构松散。其分布具明显的分带性：2 190 m高程以下滑体以黄土类土为主，含块石、碎石，下部有阶地砂砾卵石；2 300 m高程以上滑体以大块石为主，块径多在0.8～2.5 m；中间滑体由混杂无序的块石和黄土类土组成。

滑体中赋存地下水，接受大气降水和基岩裂隙水补给，向河流排泄；中部和后缘因黏性土夹层隔水，局部形成上层滞水，受降水及地下径流补给，沿滑体泄入洮河。丰水季节，2 200 m、2 240 m、2 262 m高程有泉水分布，流量0.5～1.5 L/s，枯水季节消失。

据甘肃省水利水电勘测设计研究院勘查资料显示，28#滑坡的滑动面形态较为特殊，总体为中部陡、上下缓的S形，中部倾角35°，上部20°，下部5°～15°，前缘剪出口略微反翘，主要受基岩面的起伏控制，滑面上滑坡擦痕较为清晰。滑带物质主要是含少量碎石的灰黑色黏性土，为滑床页岩、泥岩风化形成的残积物，厚0.3～0.8 m。其主要特征有：颗粒细，粉粒和黏粒含量约78%～82%，塑性指数14～17；天然含水率多在塑限附近，水敏性强，失水固结后很坚硬，抗剪强度较高，遇水易软化，抗剪强度锐减，渗透性弱，渗透系数一般为7.94×10^{-7}～9.34×10^{-5} cm/s，为相对隔水层，与滑体物质有显著差异。在平硐中对滑带土进行的原位直剪试验结果如图13-15所示。

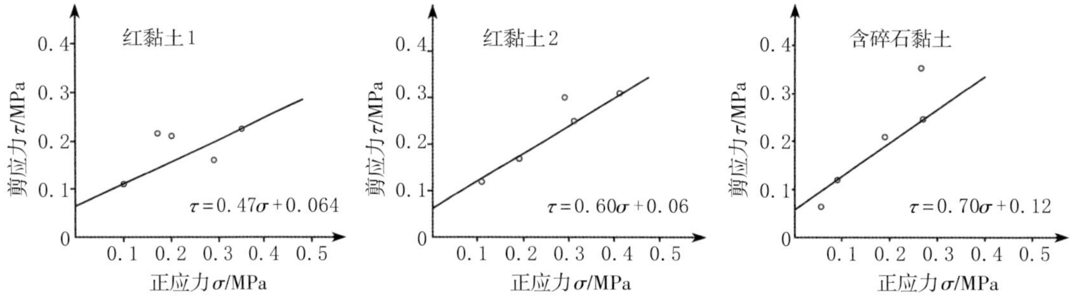

图13-15　28#滑坡平硐滑带土原位直剪试验剪应力-正应力曲线(据张亚丹修编)

2.滑坡影响因素与成因

九甸峡28#滑坡是在特殊的地质环境条件下孕育形成的，其滑坡东北部为高陡雄伟的西秦岭莲花山—白石山山脉部分，高差>900 m，上陡下缓，上部600 m山体陡峭，平均坡度45°，呈圈椅状地形，由石炭系上统（C_3）坚硬厚层灰岩组成，产状275°～295°∠30°～40°；下部300 m山体较缓，平均坡度25°，为石炭系中统（C_2）软硬相间的页岩、板岩、砂岩，表层覆盖第四系崩坡积碎石土和风积黄土。西侧为近南北向的洮河深切河谷，形成良好的临空面，两套地层的接触部位发育规模较大的F_2断层（如图13-12），产状25°∠65°，破碎带宽30～120 m。强烈的构造作用使岩体中发育多组节理裂隙，结构破碎，为崩塌等重力地质作用造就了良好条件。上陡下缓的圈椅状地形有利于上部陡坡段崩塌物在下部缓坡区聚集，也有利于大气降水的汇集和入渗补给地下水，又为滑坡的发育创造了条件。

据有关资料，该滑坡早在1986年雨季就发生过滑动，1988年甘肃省水利水电勘测设计院三总队在库区工程地质调查时，确定为28#滑坡。1990年的滑动，是在1986年滑动的基础上，其滑坡范围进一步向后缘扩展的结果。可见，该滑坡在重力作用下具有较长的发育形成过程。吕鸿图等根据燕子坪东北部圈椅状基岩陡坡和下部台阶状混杂碎石土等地质地貌现象，认为燕子坪一带发育范围存在更大的古、老滑坡。

滑坡形成的原因主要有：(1）东北侧上部圈椅状高陡山坡区地质历史时期不断发生崩塌，堆积加载于下部缓坡区，不但增大了堆积物的规模，也增加了坡体的下滑力，是促发滑坡的主要因素。(2）洮河长期侧蚀坡脚，降低抗滑力。(3）降水引发，库区附近藏巴哇镇多年平均降水量596 mm，其中2013年降水量多达815 mm，7月、8月、9月三个月降水量达556.8 mm，且多为强降水。燕子坪滑坡体结构松散，渗透性好，雨水可以很快渗入滑坡体，而且还接收滑坡后部汇水面积0.4 km^{2}的基岩山坡的大量水体渗入，赋存于滑体与基岩接触带即滑带附近，长期软化滑带土和基岩顶面页岩、板岩，并可产生一定的动水压力。1986年、1990年和1994年的3次较大规模滑动均发生在7月、8月，且滑动前均有连续降水。1986年滑动前连续10 d降水；1990年7月连续7 d降水，引发该滑坡发生大规模滑动。2003年9月雨季之后，上部滑体蠕滑加速，垂直下错>50 cm，水平位移64.8 cm。(4）2003年在滑体上修建施工道路、办公楼的削坡开挖等人为活动，降低了上滑体的稳定状态，产生复活滑动并使滑坡范围和规模扩大。

28#滑坡属大型深层碎石土滑坡，其上下部变形破坏的力学模式有一定差异，在2 250 m

高程以下为推移滑动，前缘形成明显的鼓丘，是主滑段；2 250 m高程以上基岩面（滑面）相对平缓，受下部滑动的牵引，发生多级滑动，为牵引式滑动。本滑坡的整体滑动方式为下部推移、上部牵引式的滑动。

3. 滑坡稳定性与危害性

28#滑坡发生以来一直处于缓慢蠕滑状态，1986年、1990年和1994年发生了剧烈滑动。1992年12月，滑坡后壁前部滑体出现长约200 m，宽1～5 cm，下错3～10 cm的拉张裂缝。

为了掌握28#滑坡的动态和变形特征，1999年9月以来，甘肃省水利水电勘测设计研究院先后多次对该滑坡进行了监测工作。1999年9月—2003年11月为施工前监测，监测结果显示，JC02测点位移最大，达66.6 cm；滑坡上部位移大、下部小，位移随季节变化明显，每年雨季位移明显增大。2004年2月—2005年2月为水库施工初期监测，滑坡位移量总体是前缘小、中后部较大，后部JC21测点的位移量最大为91.43 cm，其中2004年7月进入雨季后位移量开始大幅度增加，到2004年10月J21测点位移量增加了43.9 cm。2006年12月—2007年11月的施工中期监测时段资料显示（图13-16），滑坡中后部位移较大，2006年12月—2007年5月滑坡位移呈缓慢增加趋势，JC06测点最大位移为9 cm；2007年6月雨季后，滑坡中上部位移明显增大，位移较大的JC03、JC06测点达105 cm、110 cm。

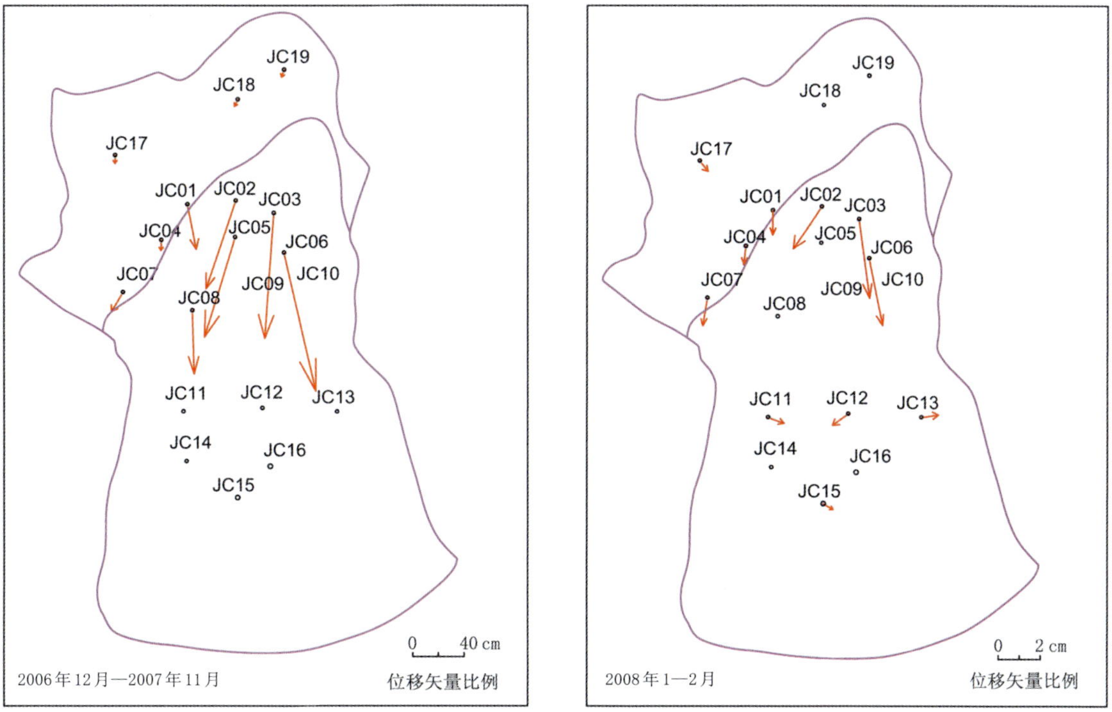

图13-16　蓄水前不同时段28#滑坡位移矢量图

2007年12月31日水库蓄水，初期蓄水位约2 130 m。到2008年2月底资料显示，各测点位移过程曲线较为平缓，位移增量较小，总体延续了蓄水前各测点的变形趋势，中部JC03测点位移量最大为3.5 cm，其次JC06测点位移量为2.9 cm。

28#滑坡距大坝较近，水库建成后大量滑体淹没于水库之中，当正常蓄水位为2 202 m

时，滑坡的水上方量约为总方量的1/3，水下方量约为总方量的2/3，该滑坡不同工况条件的稳定性对九甸峡水库的建设和运行尤为重要。甘肃省水利水电勘测设计研究院对28#滑坡的稳定性评价结论是：自然条件下，28#滑坡整体的稳定系数为1.04，处于基本稳定状态；大坝施工围堰建成后，回水高2 118 m，滑坡段河水位抬高23 m，由于水的作用，稳定系数降为1.0，滑坡处于极限平衡状态。复活后破坏方式以分块、解体滑动为主，由于一次下滑量有限，可能形成缓慢的分块错落滑动而压缩河床，对围堰可能造成危害或影响。库水达到正常蓄水位2 202 m时，近2/3的滑坡体位于水下，稳定系数1.07，滑坡处于稳定状态，发生整体性滑动的可能性小，但滑坡表面裂缝发育，具多条块特征，在高水位及动水压力作用下，滑坡局部仍有可能产生滑动，但不会产生大的涌浪。所以，28#滑坡不会影响水库的正常运行。

据2020年定期检查资料，28#滑坡横向可分3个块区（如图13-12）。其中Ⅰ区为滑坡南块区，宽60～95 m，上窄下宽，呈窄长条状，滑坡上游侧边界发育小冲沟，一直延伸至滑坡后缘部位，为现状不稳定区域。Ⅱ区为中间条块，是滑坡的原中部主体区，宽160～295 m，上窄下宽，呈宽长条状，为现状较稳定区域。Ⅲ区为滑坡北块区，即办公楼后部区，宽90～206 m，上下宽中间窄，为现状稳定区域。以S230省道所在高程2 244 m为界，将滑坡分为上部滑体和下部滑体。上部滑体受水库蓄水的直接影响小。

现场调查及监测资料表明，该滑坡20多年来一直处于蠕滑变形状态，受连续降水影响有过多次突变，后缘裂缝下错明显，滑体变形与解体迹象显著。其蠕变速率受外界因素影响而有增减，整体仍表现为中上部变形速率大、下部小的“推移式”特征，大气降水和人类工程对其影响最为敏感。

图13-17为蓄水后2012年以来的监测资料。南部Ⅰ区滑体蠕动最强烈，位移量最大，JC12-9监测点最大位移量3.80 m，其余两个点也达2.08 m和2.83 m；Ⅱ区滑体除2014年3月以前位移较快外其后时段均较慢，JC12-15监测点最大位移量1.90 m，其余监测点位移量0.69～1.59 m；Ⅲ区滑体位移相对较小，仅邻近Ⅱ区、Ⅲ区边界处的JC12-7监测点为1.02 m，其余两个监测点分别为0.27 m和0.54 m。最大日速率20.6 mm/d（2013年10月）。

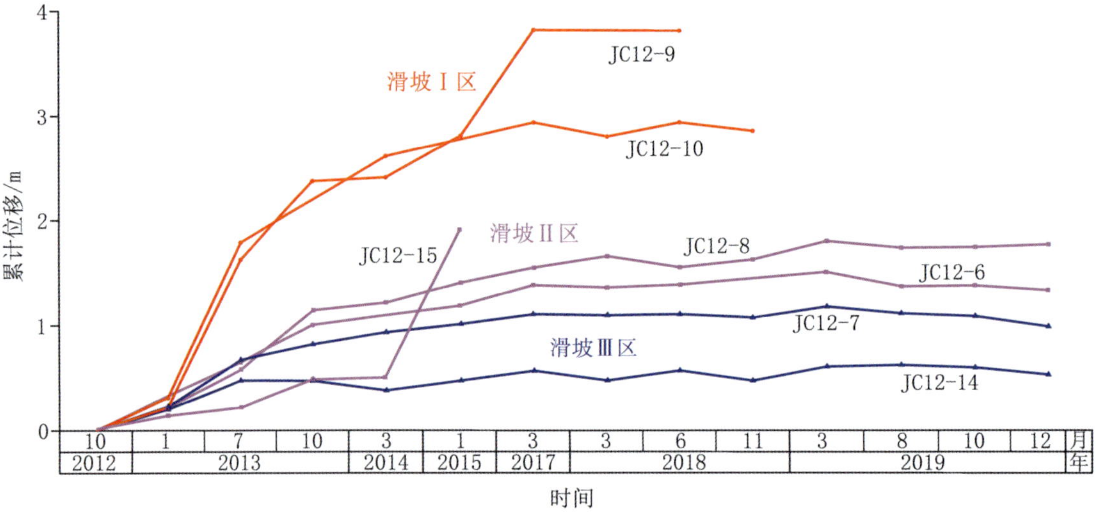

图13-17　2012—2019年28#滑坡位移曲线

滑坡位移较大的时段多在库水位持续下降阶段，库水位上升阶段位移较小，其主要原因是在库水位下降阶段，滑坡体内部残留水体增加滑体自重，并在排泄时产生动水压力，且减少了库水对滑体的顶托力，均降低了滑坡的稳定性。28#滑坡对降水和水库库水变幅敏感度较高。

2022年甘肃省水电勘测设计研究院滑坡稳定性复核结果表明，28#滑坡现状环境下总体处于临界稳定状态，在暴雨或地震工况下将相继失稳，Ⅰ区S230省道以上滑体很可能最先失稳，这与监测资料、Ⅰ区现状道路等长期变形的情况基本吻合（图13-18）。目前滑体表部长大裂缝遍布，变形迹象显著，其破坏模式保持缓慢、解体的变形特性，以局部分块滑动为主，由于一次性滑动规模有限，坝前涌浪高度一般在1 m左右，对水库运行影响较小。但对Ⅲ区前缘办公区和S230省道的潜在威胁较大，需做好监测预警工作。办公区后部Ⅲ区滑体在暴雨或地震工况下将局部失稳，危及该区人员和建筑，风险较高，应采取必要的工程治理措施。

图13-18　28#滑坡Ⅰ区长期蠕滑变形

13.2　静宁县田堡调蓄水池滑坡灾害

静宁县位于陇西黄土高原东部，为引洮供水二期工程的覆盖地区，其中配套建设田堡调蓄水池，设计库容3×10^5 m^3，主要功能是解决引洮供水工程检修期间静宁县西部10个乡镇的人民生活用水问题。调蓄水池位于静宁县西部四河镇田堡村一带的席家河中上游河谷区，工程于2020年3月20日开工建设，主要工程建设内容有坝区表土剥离、坝基开挖、北岸边坡开挖、临河侧坝体填筑等。蓄水池北岸坡脚大量开挖过程中，于2020年5月中旬其西北侧发生局部滑坡；9月17日，调蓄水池北部山体大范围出现裂缝；9月18日10时，巡查发现裂缝宽度逐渐扩大并伴有局部滑落现象，裂缝呈加速发展趋势，14时山体整体发生滑动，体积4.85×10^5 m^3，滑坡破坏已开挖的边坡和公路路基，严重威胁和影响田堡调蓄水池的正常建设（图13-19）。

图13-19　田堡调蓄水池滑坡

13.2.1　工程概况与地质环境条件

1. 工程概况

田堡调蓄水池为引洮供水二期配套工程，位于静宁县西部的四河镇田堡村，距静宁县城约36 km，地理坐标：105°26′49″E，35°24′32″N。田堡调蓄水池布设于席家河河谷区，为半挖半填的注入式水池，平面形状近似椭圆的多边形，池顶轴线长1 005 m，池底长约300 m，宽约80 m，设计库容3×10^5 m^3。其中南侧为人工筑填土堤，高10 m，顶宽5 m，迎水面边坡1：2.75，背水面边坡1：2.0。工程建设将对北侧斜坡进行大量开挖，形成人工开挖边坡，设计坡率下部1：2.75，中部1：1.5，上部1：1.25。另外还有供水管网系统、河道和道路改造等工程。

2. 地质环境条件

静宁县属于冷温带干湿润、半干旱气候区，多年平均气温7.4 ℃；年最大降水量689.6 mm（2013年），年最小降水量286.3 mm（1995年），多年平均降水量453.3 mm，多年平均蒸发量1 512 mm，为降水量的3.34倍。

静宁县地处陇西黄土高原东部，总体属黄土低中山梁状地貌区，海拔1 600～2 245 m，相对高差一般250～300 m。由于水流长期侵蚀切割，地形破碎，沟壑纵横，黄土丘陵间镶嵌着多个带状、串珠状河谷川台地，呈现出黄土山梁与沟谷相间的地貌景观。工程所在的席家河，为葫芦河的二级支流，近东西向展布，河谷宽200～600 m，发育Ⅰ～Ⅱ级阶地，局部有Ⅲ级阶地，河谷两岸斜坡不对称，北岸斜坡较陡，坡度15°～20°，老滑坡发育；南岸相对较缓，坡度10°～15°。另外，斜坡区发育黄土落水洞等微地貌。

本区地层结构较为简单，基底主要是巨厚的新近系砖红色泥岩夹灰白色砂岩（N），产状近于水平，岩性软弱，分布广泛，在部分冲沟中下部有出露。马兰黄土（Q_3^{eol}）广泛披覆于黄土梁区，岩性为粉土，浅黄色，质地疏松，具有湿陷性，一般厚度3～8 m，最厚达15 m左右。河谷区发育上更新统、全新统冲洪积物（Q_3^{apl}、Q_4^{apl}），岩性以黄土状粉质黏土为主，底部为砾石层。另外还发育全新统滑坡堆积物（Q_4^{del}），主要为扰动的马兰黄土和泥岩，结构破碎，成分混杂，主要分布在席家河北岸和冲沟内。斜坡区地下水总体贫乏，只在汇水条件较好的地势低洼部位有少量黄土潜水。

席家河一带地质构造较为简单，断裂不发育，新构造运动以整体上升为主，地震动峰值加速度为0.20 g，相应的地震基本烈度为Ⅷ度。

13.2.2 滑坡特征

1.滑坡形态特征

滑坡位于席家河北岸斜坡地带，平面形态呈不规则四边形，南北平均长180 m，东西宽240 m，面积4.32×10^4 m²，滑体厚3.0～18.0 m，平均11.2 m，体积4.85×10^5 m³，滑坡主滑方向191°（图13-20）。滑坡后缘高程1 900～1 908 m，东侧前缘高程1 842 m，西侧高程1 850 m左右，前后缘高差约58 m，平均坡度15.8°（图13-21）。受南北向分布的小冲沟等地形影响，滑坡后壁形态很不规则。实际上，该滑坡后壁是由4～5个相对独立的次级滑坡的后壁组合而成，高3～6 m，坡度50°～60°，其上擦痕较为清晰。

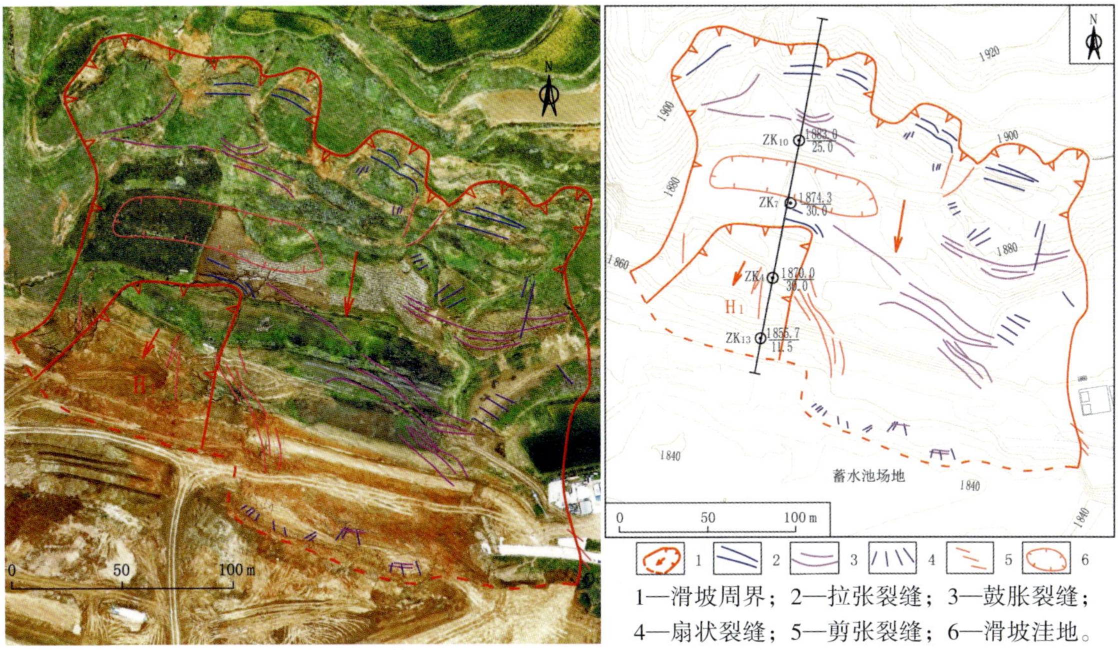

图13-20 田堡调蓄水池滑坡正射影像与平面图

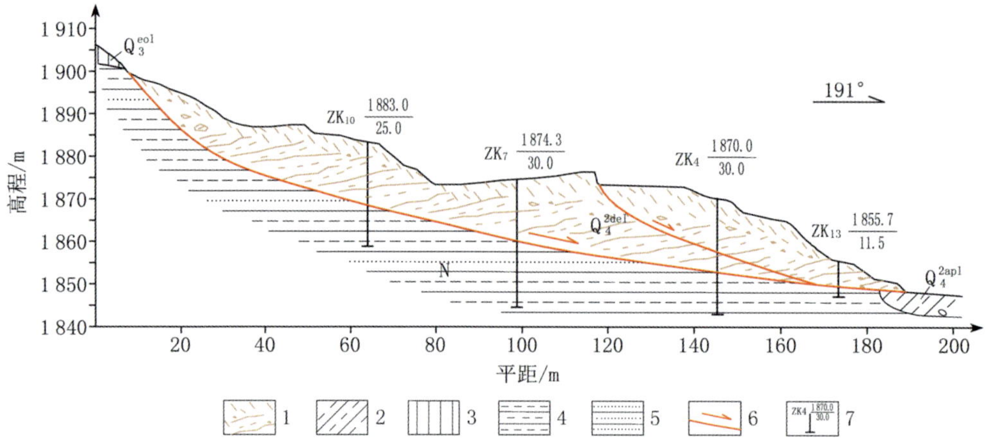

1—滑坡堆积；2—粉质黏土；3—马兰黄土；4—泥岩；5—砂岩；6—滑动面；7—钻孔。

图13–21　田堡调蓄水池滑坡剖面图

剖面上滑坡总体呈多级台阶状。最上部为后壁滑落形成的高12 m左右、坡度约25°的堆积坡体，其下部为宽20～40 m的平台，东西两侧较宽，中间窄，分布高程1 882～1 888 m。中部为宽大的滑坡主平台，宽40～75 m，分布高程1 866～1 878 m，整体略为反坡，中部发育长100 m、宽15～30 m、深约3 m的洼地。主平台前部为人工开挖形成的高10～15 m、坡度35°～45°的陡坡。滑坡前缘东侧为长约100 m、宽30～40 m、坡度16°左右的滑舌，已伸入拟建库区，分布高程1 842～1 854 m。

滑坡西侧前部发育H_1次级滑坡，平面形态呈簸箕状，南北长75 m，东西宽50～80 m，体积约5×10^4 m^3，主滑方向200°。H_1次级滑坡实际上是2020年5月中旬已滑动的部分，9月整体滑坡时为相对独立且滑动剧烈的块体，地势相对低洼，其后部范围有所扩大。

2. 滑体岩土结构与滑动面特征

滑坡区地层结构总体较为简单，新近系红层组成斜坡骨架，上覆5～10 m厚的马兰黄土。因此，滑体的岩土组成和结构也较为简单，由于老滑坡的发育，前缘一带的滑体岩土结构略显复杂。据现场调查和勘探资料，调蓄水池滑坡的滑体主要为原老滑坡体物质，岩性为滑动后的红层和黄土，结构相对完整，层序扰动轻微，滑体表部主要为黄土，厚3～6.7 m，中部主平台一带厚度较大且连续分布；下部滑体主要为红层。滑坡后壁主要由红层组成。前缘滑体岩土成分与结构相对混杂，夹有较多席家河冲洪积形成的青灰色粉质黏土。

9月18日发生的调蓄水池滑坡是老滑坡的大规模复活滑动，滑动面基本继承了老滑动面，后部滑动面倾角45°、中部20°～11°、前部6°左右，滑带土主要是棕红色粉质黏土，稍湿-湿，可塑-软塑状，局部可见滑动擦痕和光亮面，滑床为新近系红层。后部滑体厚3～9 m，中部厚8～18 m，前部厚3～12 m，平均厚11.2 m，属于中层中型滑坡。

3. 滑坡变形与滑移特征

调蓄水池滑坡体上各种裂缝非常发育，滑坡后部对应各次级滑坡后壁发育拉张裂缝、侧缘剪切裂缝和鼓胀裂缝。滑坡中部主平台区东侧前部发育鼓胀裂缝，走向与滑动方向垂直，规模较大，裂缝前部滑体普遍鼓起2 m左右，表现出前部滑体受后部滑体的强烈推挤而鼓起（图13-22）。滑坡东侧剪张裂缝发育，道路、护坡被剪断；H_1次级滑坡东侧边界一带剪张裂缝及后部拉张裂缝较为发育。滑坡东侧前缘剪出口向南突出，伸入河谷区已开挖的场地内，较西侧剪出口前移30 m左右，滑坡剪出口一带连续鼓起1 m左右，鼓胀裂缝和放射状裂缝普遍发育（图13-23）。

图13-22　滑坡平台区东侧前部鼓胀裂缝

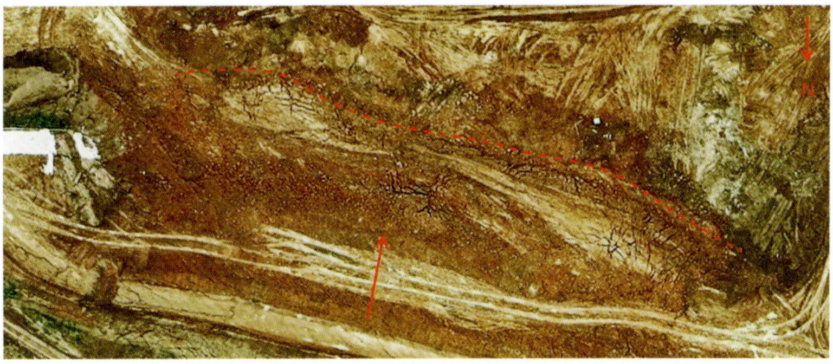

图13-23　滑坡东侧前部剪出口与鼓胀裂缝

通过现场调查和正射影像分析，调蓄水池滑坡的滑动具有一定差异性，后缘部位的滑距较大，一般水平滑距6～9 m，下错3～5 m；前缘水平滑距多为1～3 m，东侧大部分拱起1～2 m。H_1滑坡是前缘滑动相对剧烈的部位。

13.2.3　滑坡成因分析

静宁县田堡调蓄水池滑坡的形成具有特殊的内在地质环境条件和外部引发因素。老滑坡的存在是地质基础，大规模的前缘开挖和大量而集中的降水共同引发了复活滑动。

1.老滑坡是本次滑坡的地质基础

静宁县是甘肃滑坡发育的县份之一，据调查，近东西向展布的席家河河谷北岸斜坡较陡，坡度20°～25°，老滑坡较为发育。田堡调蓄水池北侧老滑坡发育，其主要表现为斜坡区圈椅状滑坡地形明显、地形零乱（图13-24），前缘发育混杂的滑坡堆积体和滑动面（图13-25），并根据水库下游200 m席家河北岸15 m高的Ⅱ级阶地前缘堆积物中夹有混杂滑体（图13-26，如图4-116），由此可以确定老滑坡形成时代为全新世早期。可见，老滑坡三方面的特征要素齐全。老滑坡破坏了斜坡地质结构和稳定性，其滑动面是后期进一步复活滑动的有利结构面。

图 13–24　调蓄水池北侧老滑坡影像

图 13–25　滑坡前缘混杂的老滑体与滑面

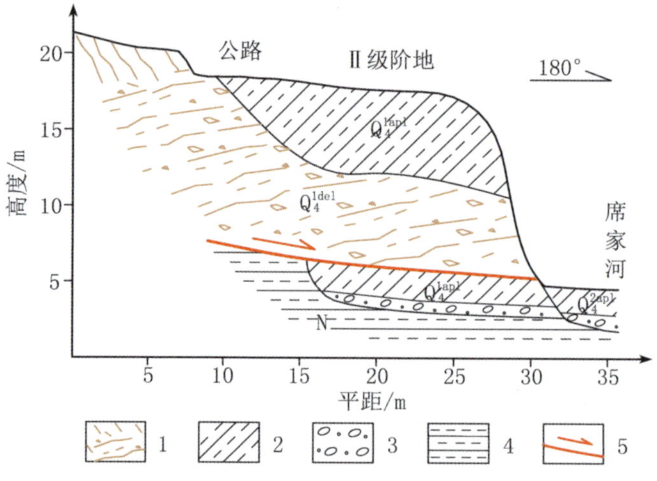

1—滑坡堆积；2—粉质黏土；3—卵石；4—泥岩；5—滑动面。

图 13–26　老滑坡前缘滑体与Ⅱ级阶地关系剖面图

2. 前缘工程开挖

由于席家河河谷狭窄，调蓄水池建设场地空间有限，因此，工程建设主要对北侧老滑坡前部进行了大量开挖（图13-27）。开挖宽50～60 m，平均深8 m左右，即老滑坡前部每延米的平均开挖量约450 m^3/m，总开挖量1.08×10^5 m^3，占老滑坡总体积的15%左右，大幅降低了老滑坡前部的抗滑能力和稳定性。相对斜坡区坡脚开挖和坡顶加载而言，坡脚开挖更容易改变斜坡应力分布，降低斜坡稳定性而引发滑坡。因此，前部工程开挖是引发本次老滑坡复活滑动的主要原因。

图13-27　调蓄水池工程开挖老滑坡前缘

3. 降水的不利影响

根据气象资料显示，静宁县2018—2020年连续3年为丰水年，降水量分别达518.9 mm、578.9 mm和647 mm，为多年平均降水量的114.5%～142.7%。降水集中且多为暴雨形式，2018年7—9月降水量占全年的58.5%，每月的降水量均在100 mm以上。特别是2020年的降水更加集中在5月、6月、8月三个月内，均在月平均降水量的2倍以上（图13-28）。6月降水量166.5 mm，其中6月25—26日降水量达142.2 mm，8月降水量达188.8 mm。大量降水沿落水洞、裂缝下渗至坡体内，软化土体，导致调蓄水池工程施工过程中的9月18日老滑坡发生复活滑动。

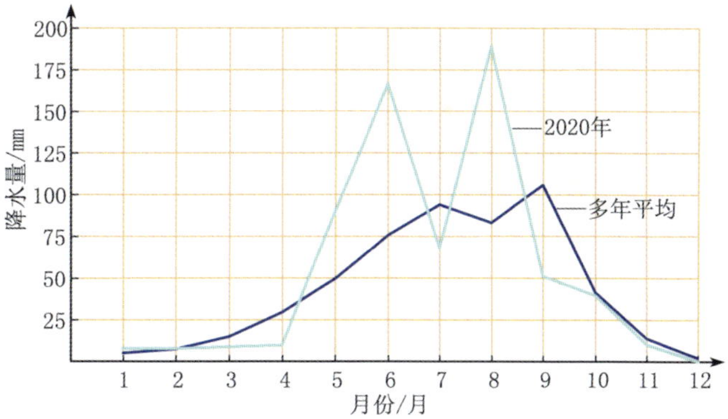

图13-28　静宁县2020年与多年平均逐月降水量曲线

由上述可知，田堡调蓄水池北侧老滑坡复活滑动的主要原因是工程开挖降低滑体前部的抗滑力。该滑坡属于前部首先失稳滑动，再牵引后部滑动的牵引式滑坡。但从滑坡后部的滑距明显较前部大、前缘拱起，且主平台区东侧前部鼓胀裂缝侧前部滑体普遍鼓起2 m左右的实际情况来看，该滑坡表现出前部滑体受后部滑体的强烈推挤而鼓起的推移式滑动的性质和特点。

实际上，滑坡的滑动形式往往存在牵引式与推移式之间的相互转化。大规模工程开挖降低调蓄水池北侧老滑坡前部的抗滑力，老滑坡前部产生蠕动变形及H_1滑坡，在后部滑体较薄和滑动面较陡的部位可能产生拉张裂缝和应力松弛，大量降水沿落水洞、裂缝渗入滑体，降低抗剪强度，由于后部滑动面较陡，后部滑体首先发生大规模滑动，又推挤前部滑体整体失稳。

13.2.4　滑坡稳定性与治理工程

田堡调蓄水池北侧老滑坡的复活滑动，给该工程建设带来严重危害和损失。监测资料显示，9月18日滑坡后滑体变形较为微弱，趋于暂时稳定状态。但蓄水池北侧还未到达设计要求，滑坡前缘需要继续开挖，将进一步降低滑坡的稳定性。另外，滑坡体上地形起伏，裂缝发育，暴雨时将有大量水体渗入，引发滑坡再次复活滑动，对田堡调蓄水池建设和安全运营的威胁依然存在。

在全面勘查的基础上，根据滑坡发育特征和蓄水池工程布局，经治理方案比选，采取以后部削方减载、前部抗滑桩支挡为主，并附以地表排水、裂缝回填和土地整理的综合治理措施，进行了永久性工程治理（图13-29～图13-30）。其中，削方减载约1×10^5 m^3，抗滑桩布设在改建公路北侧，截面尺寸1.8 m×2.4 m，桩中心距5 m，共48根，地面以上悬臂段6 m，抗滑桩嵌固段进入滑面以下8～10 m。其中，西部Ⅰ型桩22根，桩长18 m；东部Ⅱ型桩26根，桩长20 m。

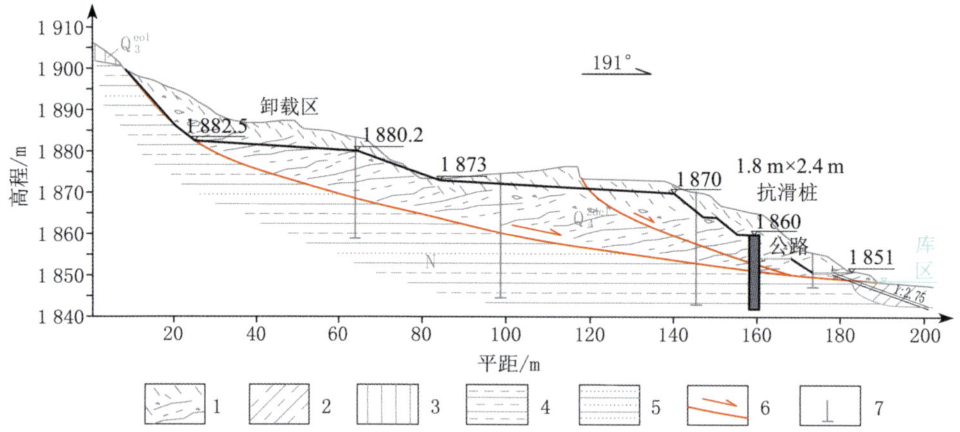

1—滑坡堆积；2—粉质黏土；3—马兰黄土；4—泥岩；5—砂岩；6—滑动面；7—钻孔。

图13-29　田堡调蓄水池滑坡治理工程剖面图

图13-30　治理后的田堡调蓄水池滑坡

田堡调蓄水池老滑坡的复活滑动造成了严重的经济损失，也拖延了工期，且治理工程投资较大。深刻的经验教训进一步说明，在山区工程场地选址和勘查过程中，要重视场地周围地质环境条件，特别是老滑坡等地质灾害的调查判别，深入分析研究工程活动与老滑坡的相互作用可能引起的复活滑动和对工程的危害，优化工程布局并采取相应的防治措施，以保证工程的顺利建设和安全运营。

13.3 文县中路河白水江林业局水电站滑坡灾害

2011年11月4日，陇南市文县白水江北岸支流中路河正在建设的白水江林业局水电站引水隧洞出口段发生滑坡，体积约2.3×10^5 m^3，滑坡破坏引水隧洞50 m、前池、压力管道、35 kV输电线路等，潜在威胁发电厂房、道路，造成严重损失和危害。引水隧洞洞身开挖导致隧洞上方发生强烈冒顶陷落，使坡脚抗滑支撑能力减弱，是该滑坡的主要引发因素，具有一定的典型性和代表性。

13.3.1 地质环境与水电站工程概况

1.地质环境条件

水电站位于文县西北部的中路河中寨镇南部。属北亚热带湿润向半湿润过渡的季风气候区，多年平均气温10.6 ℃，多年平均降水量471.9 mm，降水空间分布不均，上游多于下游。同时降水在年内分配不均，多以连阴雨和暴雨的形式出现。

中路河属长江流域白水江北岸的一级支流，由北向南径流，在文县石鸡坝附近汇入白水江。流域面积964 km^2。多年平均流量11.6 m^3/s，多年平均径流量3.66×10^8 m^3，河床比降1/50，水能资源较为丰富。

中路河流域地处青藏高原与南秦岭山地过渡区的构造-剥蚀中山区，山大沟深，地势由北向南倾斜，中部为南北向展布的中路河河谷，盆地与峡谷呈串珠状相间分布。水电站所处的河谷段较为平坦开阔，宽200～800 m。河谷两侧山岭连绵，地形陡峻，山顶海拔1 500～2 000 m，相对高差多在200～600 m，一般山坡坡度25°～45°。

两侧山体主要由大面积出露的三叠系（T）组成，为海相陆源碎屑岩，岩性主要为薄层砂质板岩，夹少量薄层砂岩和灰岩。产状多变，总体倾向北东，水电站一带产状为60°∠40°～50°。第四系主要有分布于河谷区的冲洪积物和山坡区表层的残坡积物。

文县地处秦岭纬向构造带和武都山字型构造体系复合部位的南部，地质构造复杂，新构造运动强烈。工程区无断裂构造，但受区域构造影响，岩层结构破碎，揉皱、节理裂隙极为发育。区内地震活动强烈，具有频率高、强度大的特征。1879年文县与武都区的交界地带发生8级地震，造成1万余人死亡。文县是“5·12”汶川地震的重灾县。地震设防烈度为Ⅷ度，地震动峰值加速度为0.20 g。

特殊的地质环境条件，使得文县滑坡、泥石流非常发育，灾害发生频繁，是甘肃地质灾害的高易发区。

2.水电站工程概况

水电站位于中路河东岸，白水江林业局中路河林场东南侧，地理坐标：104°24′59.8″E，33°9′38.2″N。由白水江林业局开发建设，为小型引水式发电站，设计装机容量2 000 kW，引水流量9 m³/s，引水隧洞为净宽2.6 m、高2.9 m的城门洞形。原设计为素混凝土衬砌，施工时受隧洞冒顶等影响，出口段采用钢筋混凝土进行加固。

13.3.2　滑坡特征与危害

1.滑坡总体特征

该滑坡位于中路河东岸基岩山坡上，平面形态呈不对称的梯形，滑坡周界清楚，滑坡体长160 m，后缘宽100 m，前缘宽150 m，平均宽120 m，滑坡区面积1.9×10^4 m²，滑体厚度变化较大，前缘中部引水隧洞洞口一带最厚达30 m左右，向两侧及上部滑体厚度变薄，一般为5～15 m，平均厚12 m，体积约2.3×10^5 m³，滑体主要由破碎的三叠系砂质板岩、砂岩组成，为中型破碎岩质滑坡（图13-31～图13-32）。

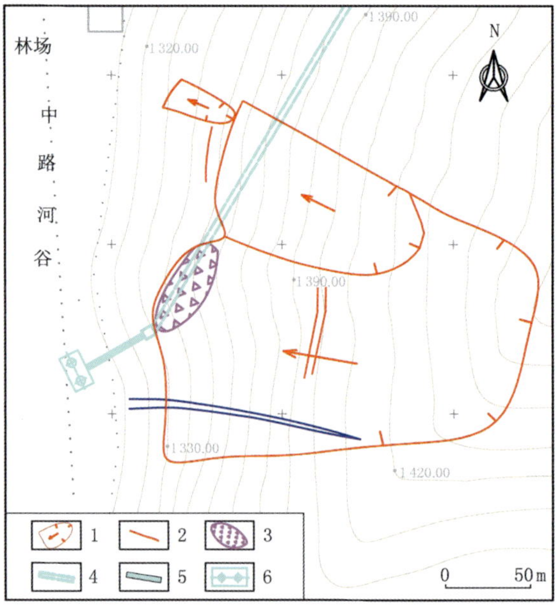

1—滑坡；2—裂缝；3—塌陷区；
4—隧洞；5—压力管道；6—电站厂房。

图13-31　水电站滑坡平面图

滑坡主滑方向290°，与隧洞方向基本垂直。滑坡后壁呈不规则圈椅形，整体下错4～5 m，倾角55°，较为平整光滑，擦痕较明显，两侧边界下错1 m左右，滑坡体上各种裂缝纵横分布，较为发育。以中前部山嘴为界，滑坡剪出口高程南北有一定差异，南部位于引水隧洞出口一带，高出坡脚处发电厂房21 m，滑坡前后缘相对高差140 m；北部剪出口高出坡脚43 m，挤压变形特征明显。

图13-32　滑坡全貌与分块特征

2.滑坡分级分块特征

该滑坡体的分块特征较为明显。首先，分为南、中、北3个滑坡块体，其中，中部滑体为主滑部分，厚度大，规模大，长160 m，宽60～80 m，前部最厚处约30 m左右，滑动方向285°。以裂缝为界，中部滑体还可分为前、后两级，前级临近隧洞开挖区，临空条件好，首先变形滑动，进而牵引后部滑体变形滑动（图13-33）。

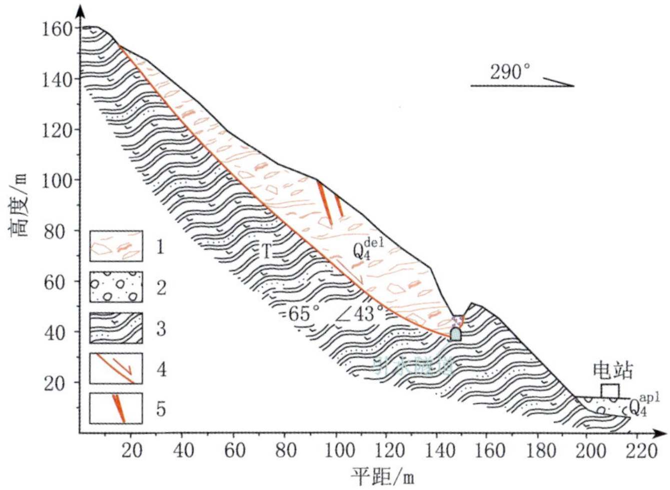

1—滑坡堆积；2—卵石；3—板岩夹砂岩；
4—滑面；5—裂缝。

图13-33　水电站滑坡剖面图

北部滑体位于山嘴的北侧，受中部主滑体滑动时的侧向挤压作用而发生。滑体长110 m，宽35～60 m，滑体厚度较薄，一般为5～10 m，滑动方向300°，剪出口较中部主滑体部位的剪出口高23 m，与中部主滑体有较大差异。受北部滑坡的滑动推挤，在剪出口以下坡体发生局部滑落和裂缝。

以滑坡体上的小冲沟为界，南部为南滑坡块体，呈长条状，规模较小，受中部主滑体滑动时的侧向牵引作用而发生，变形与滑移相对微弱。滑体长60 m，宽15～25 m，滑体厚度较薄，平均5 m左右。

3.滑坡造成的危害和威胁

该滑坡的危害主要由滑动面较深的中部主滑块造成，使位于该滑块前缘的引水隧洞洞口段50 m钢筋混凝土衬砌段严重变形破坏，特别是靠山侧洞墙中部外鼓，混凝土被剪断，钢筋弯曲外露，临时安放的支撑槽钢弯曲变形（图13-34）。前池开裂变形、压力管道位移10 cm，使水电站不能按时投产发电。同时，位于中部主滑段上部的一处35 kV输电线路电杆倾斜，威胁该输电线路的安全供电。

图13-34　滑坡挤压引水隧洞变形破坏

该滑坡体稳定性较差，一旦大规模复活滑动，将使引水隧洞、前池和压力管道受到毁灭性破坏，同时也威胁到前部发电厂房、道路等的安全。

13.3.3　滑坡成因及稳定性分析

1.滑坡成因分析

（1）滑坡区斜坡地形高陡，相对高差约150 m，平均坡度38°，上缓下陡，下部最陡处45°左右，总体为凸形坡，临空条件好，是滑坡形成的有利地形。

（2）组成斜坡的地层以三叠系薄层砂质板岩为主，夹少量砂岩及薄层灰岩，岩层层理、节理和揉皱极为发育，结构非常破碎，呈碎块状，风化强烈，岩性软弱，强度低，是滑坡形成的物质基础。

（3）引水隧洞围岩为软弱破碎的Ⅴ类岩体，自稳性差，加上支护措施不当，洞身开挖导致隧洞上方岩体发生强烈冒顶，清理冒顶体的同时又不断发生冒落，范围不断扩大，最后在斜坡下部沿隧洞方向形成长45 m，宽5～20 m，平均深8 m的倒梯形冒顶陷落坑，冒顶方量约4 000 m^3，在斜坡坡脚内侧形成高8～20 m的陡壁，也截断了前部山嘴与后部斜坡之间的联系，使斜坡更加临空、坡脚的抗滑支撑能力大幅减弱，导致上部斜坡产生应力松弛，开裂变形不断发展，是该滑坡的主要引发因素（图13-35～图13-36）。

图13-35　隧洞开挖引起的坡脚冒顶陷落坑

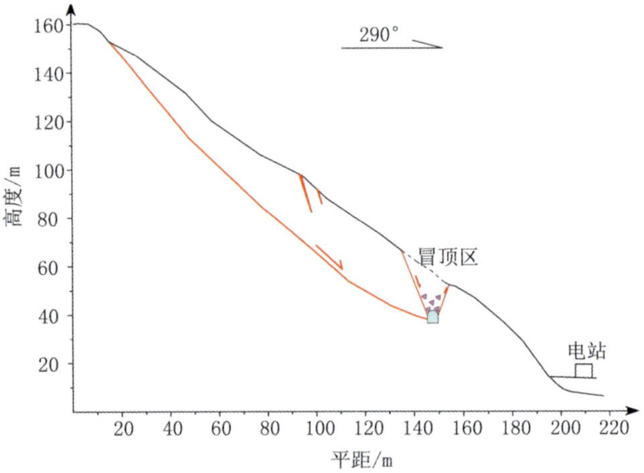

图13-36　隧洞冒顶陷落与滑坡的关系图

（4）文县属北亚热带与北温带气候的过渡区，多年平均降水量471.9 mm。2011年文县降水较往年多，特别是秋季降水时间长、降水量大，斜坡区大量降水沿节理裂隙渗入斜坡深部，对该滑坡发生有一定影响。

（5）文县地质构造复杂，历史上的多次强烈地震对斜坡地质结构的完整性有重要影响。其中，1879年武都南8级地震的震中距水电站约40 km，距发震断裂更近；距“5·12”汶川地震震中250 km，烈度为Ⅶ度，均破坏了斜坡岩体的结构完整性。2011年11月1日5时58分，四川省广元市青川县与甘肃省陇南市文县交界处（105.3°E，32.6°N）发生5.4级地震，震源深度20 km。震中距水电站95 km，工程区震感较强烈，对该滑坡的发生也有一定促发作用。

2. 稳定性及发展趋势

自 2011 年 11 月初明显滑动以来，该滑坡还在不断地缓慢蠕动，滑坡壁高度逐渐增大，前缘隧洞中补做的支撑钢梁严重弯曲变形，滑体上的裂缝也在不断扩大和增多。以上现象都说明该滑坡体还不稳定，能量还未彻底释放。由于滑坡体上裂缝发育，降水更加容易渗入，软化滑坡岩土体，增大滑体重量，加之滑坡的剪出口位置高，临空条件好，因此，在降水、地震等外部因素的影响下，可能进一步大规模滑动，对水电站等造成更大的破坏和威胁。

近年来，陇南极端天气过程频繁，2015 年、2018 年和 2020 年雨季，文县地区均出现大范围暴雨和长历时降水，引发了严重的滑坡泥石流灾害。另外，2017 年 8 月 8 日 21 时 19 分，四川省北部九寨沟县发生 7 级地震（103.82°E，33.20°N），震源深度 20 km，震中距水电站约 56 km。由不同时期卫星影像对比可以看出，稳定性较差的水电站滑坡遭受了上述频繁而强烈的外部因素作用，使其不断发生明显的整体滑动，周界更加清楚，滑体更加破碎，稳定性进一步降低，威胁和危害更加严重（图 13-37）。

图 13-37　2024 年水电站滑坡影像

13.3.4　结论与认识

（1）水电站滑坡长 160 m，平均宽 120 m，面积 1.9×10^4 m^2，滑体厚 5～30 m，平均厚 12 m，体积约 2.3×10^5 m^3，为中型破碎岩质滑坡。滑坡体分为南、中、北 3 块，中部为主滑块体，南北两块为牵引、挤压带动部分。主滑方向与引水隧洞基本垂直。

（2）斜坡地形高陡，临空条件好，岩层结构破碎，风化强烈，岩性软弱，强度低，是滑坡形成的地质基础。引水隧洞洞身开挖导致强烈冒顶陷落，使坡脚抗滑支撑能力减弱，是该滑坡的主要引发因素。降水、地震等因素也有一定影响。

（3）该滑坡对水电站工程等造成严重破坏和威胁，目前仅进行了简单的处理，险情依然存在。建议在全面勘查的基础上，滑坡上部采取削方卸载，下部分块采取锚索抗滑桩或锚索框架以及回填冒顶塌陷坑和裂缝、地表排水等措施综合治理。治理的重点是中部主滑块及北部滑块。

（4）建议隧洞勘察设计时，重视高陡斜坡稳定性和坡脚洞室开挖影响的研究，合理选择隧洞线路位置和衬砌措施，加强隧洞开挖引发斜坡变形破坏的监测，防止大规模冒顶陷落引发斜坡变形和滑坡灾害。

第14章　矿山工程中的滑坡灾害

甘肃矿产资源丰富，具有悠久的开采历史，矿业是重要的经济支柱，全省有各类矿山5 100余处。大规模的矿山开发建设活动中不可避免地出现了滑坡灾害问题，如白银铜矿、金昌镍矿露天矿边坡高达300 m左右，开采过程中曾经常发生滑坡，有的规模很大。窑街、华亭、靖远、阿干镇等煤矿因地下采空形成大规模地面塌陷的同时，也引发了严重的山体变形和滑坡。矿山工业广场、油井钻采平台等场地建设中也发生过滑坡，对矿山造成了严重威胁和损失。本章将对甘肃矿山建设、开采中的重大滑坡灾害进行分析。

14.1　窑街煤矿滑坡灾害

14.1.1　滑坡灾害概述

窑街矿区地处甘青两省交界处，红古区的最北端，祁连山支脉哈拉古山东北麓。境内矿产资源丰富，素有“八宝川”“冶金谷”的美称。窑街矿区煤田面积36.21 km^2，属中生代侏罗纪内陆湖沼相沉积煤系地层，共含5层煤，主采2层煤平均厚22～24 m。历史上民间长期进行浅部开采，1958年开始大规模工业化井工开采。而多年来长期煤矿开采、采石、道路修建等工程活动，在矿区范围内形成11.19 km^2的采煤沉陷区和0.94 km^2的滑坡威胁区，为采煤引发滑坡灾害高发区（图14-1～图14-2）。滑坡严重威胁矿区的正常运营和居民的生命财产安全，造成直接经济损失1.2亿元以上，引起了社会广泛关注。

图14-1　窑街矿区采煤引发的地面塌陷与滑坡

图14-2　窑街矿区采煤引发的山体变形与滑坡

据相关资料，矿区自20世纪80年代以来，发生滑坡、崩塌灾害40余起，造成了较为严重的损失。

1996年8月4日，窑街煤电公司三矿办公楼后东山发生滑坡，面积1.704×10^4 m^2，平均厚度10 m，体积1.704×10^5 m^3，滑坡体主要由黄土、坡积物、煤矸石等组成。

1997年8月27日，窑街煤电公司二矿二一风井口北侧山体滑坡，面积3.73×10^4 m^2，体积4.39×10^5 m^3。滑体主要成分为黄土、黏土岩、砂质泥岩、煤矸石等。破坏6 kV供电线路、防洪坝、二矿风井井口设施及居民住宅，经济损失1 561万元。

2001年4月5日，窑街煤电公司一矿工业广场山体滑坡，滑坡面积7 144 m^2，体积7.4×10^4 m^3，滑体主要由黄土、次生黄土、坡积物组成。

2005年9月6日，窑街镇下窑村煤矿发生滑坡，该滑坡长约550 m，平均宽340 m，滑体厚10～30 m，体积约3.6×10^6 m^3。严重破坏当地煤矿生产设施、供电线路和供水管线等，并威胁人员安全。

2006年11月1日，窑街矿区德顺煤矿发生滑坡，体积约1.2×10^5 m^3（图14-3）。滑坡摧毁矿区地表建筑和设施，破坏井口和浅部井巷，16名矿工被困在井下，经及时营救成功脱险。

图14-3　窑街矿区德顺煤矿滑坡

2010年9月，下窑村三矿区红山发生崩塌，造成经济损失约5万元。2011年7月，下窑村三矿区红山再次发生崩塌，造成经济损失约2万元。

14.1.2　矿区地质环境条件

大地构造上，窑街煤矿位于中祁连陆块，褶皱和断层等地质构造发育，新构造运动强烈（图14-4～图14-5）。

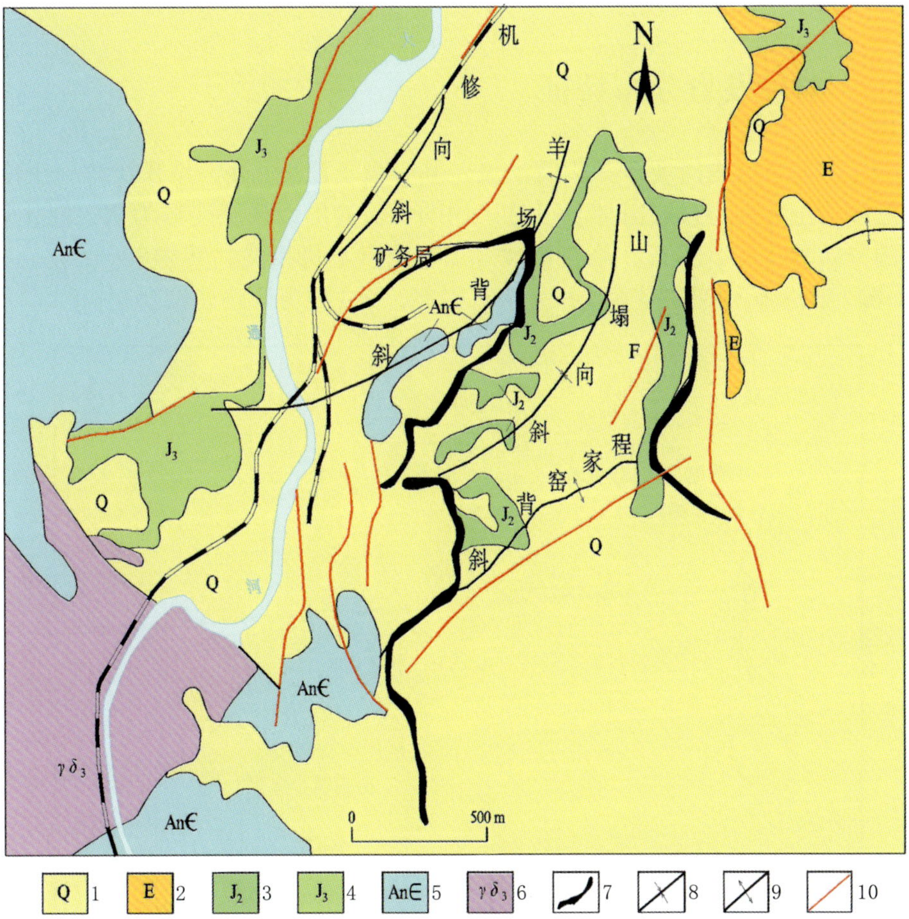

1—黄土；2—古近系；3—侏罗系中统；4—侏罗系下统；5—前寒武系；
6—石英闪长岩；7—煤层；8—向斜；9—背斜；10—断层。

图14-4　窑街煤矿区地质略图

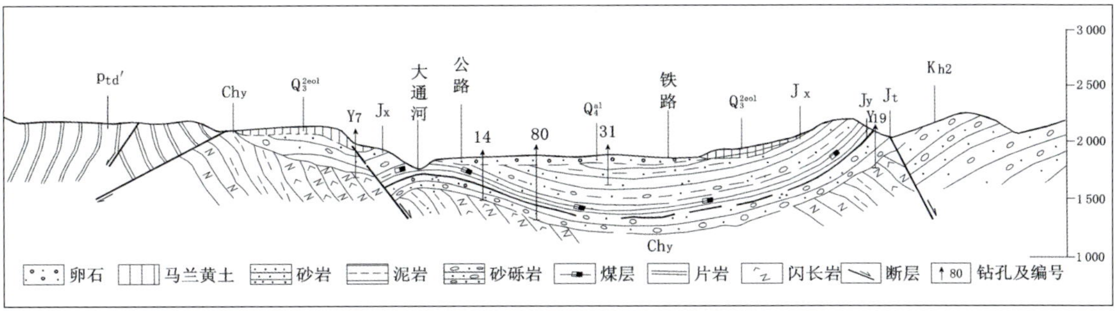

图14-5　窑街煤矿区地质剖面图

矿区地表大部分被黄土覆盖，基岩主要出露在峡谷、冲沟中或山脚地带，出露的地层分属前寒武系片岩、闪长岩，中生界侏罗系砂岩、砂质泥岩，白垩系砾岩，新生界古近系红层和第四系黄土。其中出露面积最广的是中生界下白垩统河口群、新生界古近系红层和第四系黄土。窑街镇地处大通河下游河谷区，东面依山，西侧临水，地势东高西低，自东向西逐渐倾斜，海拔1 805～2 227 m。受大通河的影响，山梁多近东西向展布，梁峁重叠，沟壑纵横，地形较复杂。

14.1.3　滑坡发育分布特征

按照物质组成，区内滑坡多为土质滑坡，其中黄土滑坡4处，堆积层碎石土滑坡6处；按照滑体厚度，主要为中浅层滑坡。可见区内的斜坡变形以浅层变形为主，滑体规模也不大。滑坡的分布和采矿、采石、修路切坡等工程因素直接相关。其中8处滑坡分布在塌陷区（图14-6），由采矿引起，其余1处为采石引起，另1处为修路切坡引起。

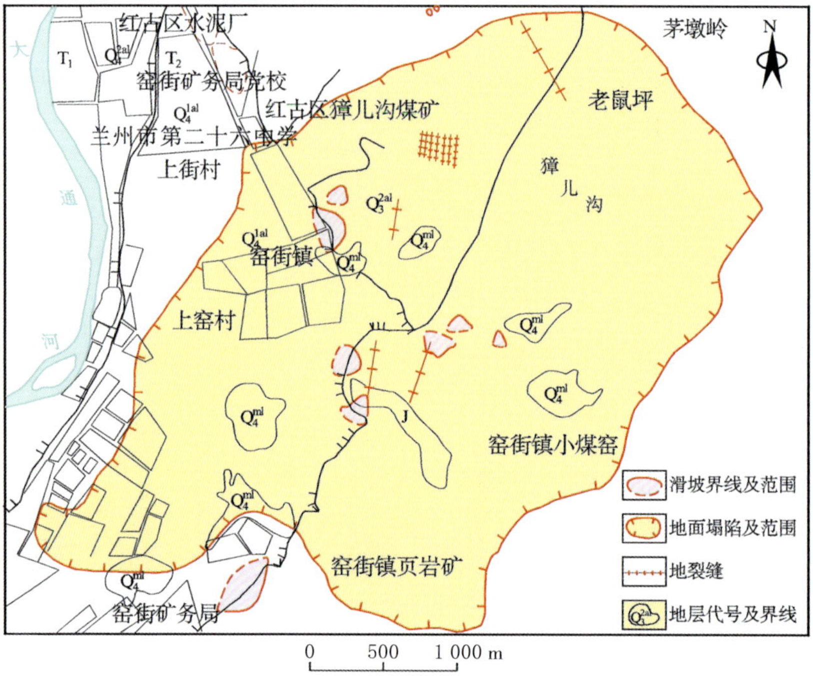

图14-6　窑街煤矿区滑坡分布图

同时，由于采空区塌陷在山区地表出现多处裂缝，破坏山体的连续性和稳定性，并在此基础上部分逐渐演化为滑坡。

14.1.4　滑坡形成机制

采空区滑坡的形成机制较一般滑坡更为复杂。窑街煤矿区面积和煤层厚度大，高强度、长时间的集中开采，地下采空区的空间范围大，在地表形成了大面积的塌陷裂隙带和塌陷坑。塌陷坑呈坑盆状和漏斗状，地表最大下沉值21.2 m，最大水平移动值10.8 m，最大倾斜变形值300 mm/m，最大水平变形值-134.13 mm/m和+147.60 mm/m，裂缝最大宽度达1.0 m，深度达20～30 m。严重破坏了斜坡岩土体和地表的整体性，同时也改变了地表径流条件，裂隙和塌陷坑为降水提供了流入地下的宏观通道，在软弱面上汇聚软化岩土体，降低坡体的稳定性。

采空区一旦形成，其上部顶板则产生应力调整，进而引起顶板围岩变形，并沿节理裂隙产生变形裂缝。顶板围岩的变形包括：采空区中部以竖直向下的沉陷变形为主和采空区外侧岩体向采空区变形。这种变形将导致采空区顶板塌陷、冒落，顶板变形体裂缝向上不断发展，岩层中的裂缝范围越来越大，顶板围岩岩体沿深大裂缝下错，中部沿弯曲后倾向坡外的层面与陡倾节理组合形成阶梯状滑动面，斜坡区地表普遍开裂下错，推动前缘碎裂岩体产生剪切变形，最终形成贯通的滑动面，在斜坡外侧煤层和软弱部位形成剪出口。因此，缓倾煤层采空区上覆山体滑坡形成机制可以概括为：由采空区顶板变形引发的阶梯状蠕滑-拉裂-剪切滑移式滑坡。

14.1.5　下窑村煤矿滑坡

2005年9月6日上午9时左右，窑街煤矿区下窑村煤矿发生大型滑坡，平均长550 m，宽340 m左右，面积1.943×10^5 m^2，体积约3.6×10^6 m^3（图14-7）。

图14-7　窑街煤矿区下窑村煤矿滑坡

滑坡使煤矿3个生产井口埋入数十米深的滑坡体中，破坏生产主井巷60 m有余，房屋倒塌百余间，输水管道被毁，矿井设备、设施全部被埋，无一剩余，被迫停产数十天，造成了严重的经济损失（图14-8～图14-9）。

1.滑坡区工程地质条件

下窑村煤矿滑坡位于大通河左岸，区内及周边地区地形比较复杂，北部为黄土梁峁、台地区，南部和西部为河谷地区，地势西北高、东南低。山坡延伸方向近北东—南西向，倾向310°，山坡相对高差约600 m，平均坡度15°左右，滑坡上部山坡较陡，可达30°～50°，另外还有黄土陡崖。在滑坡区南、北两侧发育小型冲沟，切割深度10～20 m。黄土地带有落水洞发育，一般直径3～5 m，大者有10 m，多沿小冲沟沟底呈串珠状发育。上部黄土山体呈浑圆状，坡面较为完整；斜坡中下部有滑坡发育，滑坡圈椅状后壁及滑坡堆积等地貌较为明显，大面积采煤、修路等人为活动对地面的挖填改造作用强烈，地表破碎。

图14-8 滑坡主滑面及破坏的矿硐

图14-9 滑坡破坏的输水管道与设施

下窑村煤矿所在的斜坡主要由侏罗系窑街群、第四系上更新统马兰黄土、全新统滑坡堆积物和近代人工堆填土组成。

（1）侏罗系窑街群（J_y）：以灰黄、褐黄色砂质泥岩、页岩为主，夹砂岩和煤层，层理非常发育，为薄层状构造，底部为紫红色砂质泥岩，成岩作用差，强度低，遇水易软化，为强风化状，向下风化作用逐渐减弱，岩体相对完整。窑街群是组成该山体的骨架地层，产状300°∠10°～25°，与坡面倾斜方向基本一致，上陡下缓，为向斜构造的东翼。总体来说，该斜坡为基岩顺向坡，有利于滑坡发育。

（2）第四系上更新统马兰黄土（Q_3^{2eol}）：浅灰黄色，质地均匀，疏松多孔，大孔隙和垂直节理发育，厚10～20 m。干燥-稍湿，具有强自重湿陷性。在人为活动较弱的上部山梁区广泛连续分布。

（3）全新统滑坡堆积体（Q_4^{del}）：厚约1～15 m，由原马兰黄土、侏罗系泥岩、砂岩等组成。成分混杂，结构破碎，分布在黄土山梁的中下部位。

（4）近代人工填土（Q_4^{ml}）：主要是采煤、修路和工业场地建设时堆放的弃土和弃渣。以黄土、泥岩和煤矸石等为主，混杂，分布在斜坡中下部。厚3～15 m。

下窑村煤矿滑坡位于下窑村东侧的黄土山梁中部，地势较高，由于本区降水量较小，蒸发强烈，地下水补给来源有限。因此，该斜坡区地下水不甚发育，也未发现泉水等地下水露头。

2.滑坡基本特征

1）形态特征

滑坡平面形态呈不规则长条状（图14-10），滑坡长550 m，平均宽340 m，厚10～30 m，体积约3.6×10^6 m^3。前缘高程1 990 m，后缘高程2 172 m，高差182 m。滑动方向300°，滑体地表坡度一般为15°～40°，上部较陡，可达30°～50°。滑坡壁较陡直，高52 m，坡度53°，由侏罗系窑街群砂质泥岩组成，滑坡壁上附有厚2～5 cm的灰黑色黏性土物质，含水率较高，较为平整光滑，滑坡后壁沿已有结构面发育。其上可见清晰、顺直的滑动擦痕，深2～3 cm，延伸长达20～30 m，擦痕指向310°。滑壁后部发育多条与滑坡边界近于平行的拉裂缝。南侧边缘部位可见大量的雁行状剪切裂缝和挤压破碎带。

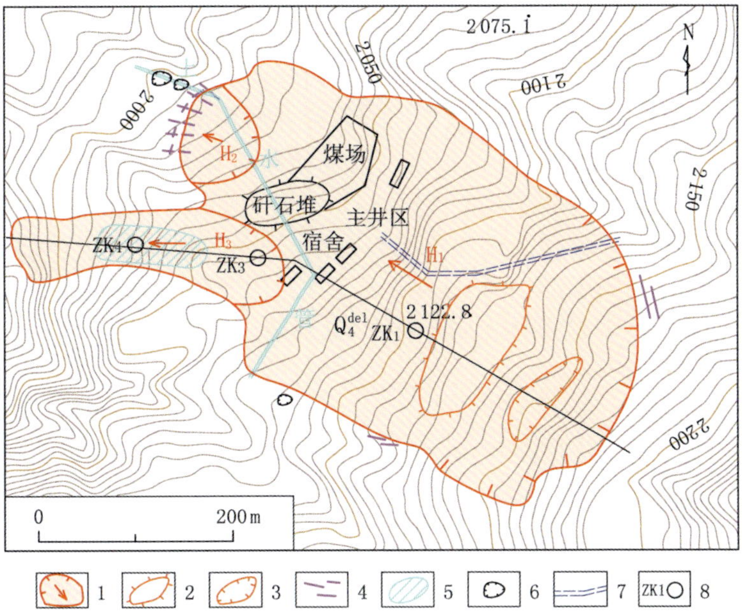

1—滑坡；2—鼓丘；3—洼地；4—裂缝；
5—饱和区；6—落水洞；7—井巷；8—钻孔。

图14-10 下窑村煤矿滑坡平面图

滑体的分级分块特征较为明显。依据边界特征、滑动方向和滑移距离等，可划分为H_1、H_2和H_3 3个块体。

（1）H_1滑块位于下窑村煤矿滑坡上部，平均长400 m，平均宽340 m，最大厚31.8 m，平均厚25 m，体积3.42×10^6 m^3，占下窑村煤矿滑坡总体积的95%，为下窑村煤矿滑坡的主体部分，主滑方向310°。滑块前后缘相对高差145 m，发育两级平台，滑坡体地表波状起伏，各类裂缝发育，错台密布；后部滑坡洼地深约5 m。中后部滑坡平台台面反倾坡内，中前部地面鼓胀隆起。滑坡体主要由原第四系马兰黄土和侏罗系泥岩、砂质泥岩、炭质页岩等组成。根据位于滑坡体上一条简易公路滑动前后的位置，判断H_1滑块后部至少向西北方向滑动了40 m，根据滑坡体上养兔舍滑动前后的位置，判断H_1滑块中前部向西北滑动了20～30 m。滑坡破坏了煤矿主要设施。

（2）H_2滑块位于下窑村煤矿滑坡前缘西北部，平均长90 m，宽80 m，上部呈圈椅状，由于受第一级滑坡块体H_1的影响，圈椅状已经不是很明显，其下部张开呈簸箕状。主滑方向309°，前后缘相对高差38 m，滑体最厚达18.1 m，平均厚15 m，体积$1×10^5$ m^3，占下窑村煤矿滑坡总体积的3%。滑坡地面坡度30°，中下部15°，前部放射状裂缝发育。滑体主要由人工填土、黄土等组成。H_2滑块主要是受H_1滑块的推动，仅向前滑动了数米。

（3）H_3滑块位于下窑村煤矿滑坡前缘西南部，沿一条较宽浅的黄土冲沟滑动，平面呈舌形，平均长200 m，最宽90 m，最窄40 m，平均宽60 m，其上部小，下部大，中部高，两侧低，形似舌状；主滑方向275°，滑坡体前缘高程1 760 m，后缘高程1 840 m，相对高差80 m，平均厚8 m，滑动面后部倾角为35°，中部为20°，总体积$8×10^4$ m^3，占下窑村煤矿滑坡总体积的2%，滑体岩性主要有黄土、煤层，泥岩碎块等。H_3滑块向前滑动150 m左右，是本次滑坡滑动距离最远、最特殊的块体，破坏了上水管道及工房。

2）滑动面特征

据钻孔和探井资料分析，下窑村煤矿滑坡的滑动面大部分位于倾向坡外的侏罗系岩层中，由于层理非常发育，滑面沿数个软弱层面发育并剪切滑移，其层面之间的薄层岩体沿节理拉裂。受岩层产状和应力条件的控制，滑面倾角后部为35°～25°，中部为25°～15°，前部在破坏的矿硐口处为11°左右（如图14-8）。滑面平直光滑，擦痕清晰。滑带厚度一般为2～5 cm，物质成分以灰黄色、褐灰色泥岩为主，含水率高，受滑动挤压作用影响，结构较为致密。前缘部分位于高含水率的马兰黄土中。因此，按滑坡地层结构与滑动面发育位置的关系，下窑村煤矿滑坡整体上属于黄土-红层顺层滑坡（图14-11）。

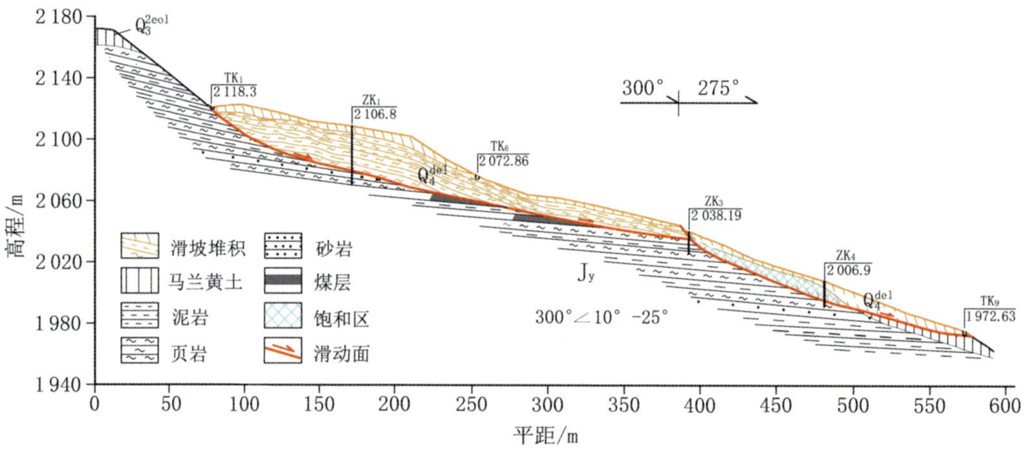

图14-11　下窑村煤矿滑坡剖面图

3）滑坡变形过程

下窑村煤矿滑坡有较明显的变形现象和过程。据煤矿工人介绍，在滑坡前缘西北部开挖坡脚和输水管线开始大面积破损漏水以后不到半个月（大约8月初），坡体表面、房屋就出现裂缝，其中H_3滑坡后部最早变形且最为严重。滑坡后缘裂缝进一步加宽并渐趋贯通，两侧边界一带出现羽状裂缝，前部也出现明显的鼓胀裂缝。后来坡体上的房屋出现掉土现象，煤矿井口出现挤胀裂缝。

9月6日早上9时，早有预兆的滑坡急剧发生大规模滑动，伴随着一声声发自地下的轰轰声，最上部的滑体突然脱离母体，在不到1 h内滑动几十米。后部H_1滑块的大规模滑动进而推动下一级的H_2、H_3两个滑坡块体向不同方向滑动。

3.滑坡成因分析

下窑村煤矿滑坡位于相对高差近200 m、坡度20°左右的黄土斜坡区，坡体主要由第四系马兰黄土、侏罗系窑街群砂质泥岩、煤层等层理发育，遇水易软化的软岩组成。且其岩层倾向与坡面倾斜方向基本一致，为岩土质顺向坡，此类坡体结构的稳定性差，有利于滑坡发育和形成，是滑坡发育的地质基础，历史上曾发生过老滑坡。

长期以来，煤矿开采过程中的地下采空、地表开挖和弃渣堆放以及水体渗漏，均改变着斜坡的应力状态和岩土体强度，引发滑坡灾害发生。下窑村煤矿滑坡的成因和引发因素明显与上述采矿活动有关。具体表现在以下几个方面：

1）早期浅层煤矿开采，改变了坡体结构和应力分布

在下窑村滑坡的前部一带有浅层煤层分布，从地表形态和有关资料等分析，历史上该区曾进行过采煤活动，浅层煤矿的开采无疑改变了坡体的结构和其应力分布，破坏了自然斜坡稳定性，并且可能引发过滑坡及老滑坡的复活。

20世纪中期，煤矿开采方式转入深部井工开采，下窑村煤矿所在的山坡一带是主要的煤矿工业场区，山体中下部开挖了大量的通向采煤区的平硐通道，延伸几千米长，不同方向、不同高程的平硐通道较为密集，平硐开挖改变了斜坡内部的原始应力状态，引起应力的调整和重分布，对浅部斜坡施加一定的挤压力，向临空方向位移蠕动，在坡面产生深大的裂缝，滑坡区东部山体上明显分布着由此形成的多条长数百米、下错和开裂2～4 m的裂缝，有利于降水入渗和坡体进一步变形和解体，使其逐渐向滑坡演化。

2）爆破、加载

煤矿建设及开采中，经常进行爆破，爆破振动使斜坡岩土体发生松动，甚至开裂，长期而频繁的爆破对斜坡稳定性有一定影响，加快了自然斜坡向不稳定方向的发展。另外，地下采煤挖出的弃渣、煤矸石在斜坡上大量堆放，增加了斜坡的载荷，也促进了斜坡向不稳定方向的发展。

3）前缘南部管道渗漏

20世纪70年代初期，窑街煤电有限责任公司一矿在滑坡区下部修建了一条灌浆输水管道，钢管直径317 mm。由于使用时间长，管道老化，经常破损漏水。滑坡发生后，经调查了解到：20世纪90年代初期就发生过破损漏水事故，1998年左右对部分管道进行了更换，破损漏水情况得到缓解。但是到2003年，管道又出现破裂现象，每年都要泄漏2～3次。2005年初，管道破裂现象更加频繁，到7月时，几乎每隔2～3 d就要发生一次破裂，经常冲起20～30 m高的水柱。滑坡发生前几天，平均每天破损2～3次，当地工人戏称"人工降雨"。有的渗漏水体潜蚀和软化管道一带的土体，常形成大量落水洞，使水体更容易入渗到斜坡深部并大范围软化土体（图14-12）。

在H_3滑坡区的TK_{15}、TK_{16}等探坑周围存在明显的大面积连续分布的饱水软化土体带（图14-13）。平均宽50 m，长120 m，厚3～5 m不等。位于滑坡发生后的地表以下1.5 ～6 m左右，与管道敷设深度一致。

天然状态下，本区黄土的含水率一般为10%左右，具有较高的强度。管道渗漏水渗入黄土层中，使部分黄土的含水率明显增高，达到20%以上，是本区天然黄土含水率的2倍，为近饱和的软塑-流塑状，使黄土内聚力和内摩擦角降低，特别是内聚力达50%以上（表14-1）。

图14-12　上水管道与落水洞

图14-13　H_3滑坡中饱水软化土体

表14-1　黄土物理力学性质试验成果表

取样位置	天然重度 $\gamma/(kN/m^3)$	含水率 $w/\%$	饱和度 $S_r/\%$	孔隙比 e	塑限 $w_p/\%$	液限 $w_L/\%$	内聚力 c/kPa	内摩擦角 $\varphi/°$	定名
南侧壁干1	14.9	10.1	28.42	0.963	17.0	27.1	31.0	26.8	粉质黏土
南侧壁干2	15.29	9.7	29.14	0.899	17.0	27.0	29.4	27.0	粉土
南侧壁干3	15.58	9.7	30.22	0.870	17.1	27.3	32.7	26.3	粉质黏土
TK_{15}(湿)	20.09	20.5	94.28	0.587	16.5	25.6	13.9	25.0	粉土
TK_{16}(湿)	19.01	23.5	88.27	0.719	16.6	25.8	9.0	24.2	粉土

饱水软化土体带的存在使前部斜坡土体强度降低，稳定性变差，是下窑村煤矿滑坡形成的重要引发因素。H_3滑坡块体最早发生蠕动滑移，蠕动使后部H_1滑块失去支撑，抗滑力降低，进而发生大面积滑动。H_1滑块大规模滑动后又推动前部的H_2和H_3滑块的大滑动。由于H_3滑块区大面积分布着含水率高、强度低的黄土，滑动时发生了滑动液化，滑带土的摩擦力进一步降低，使其滑距达150余m，是本次滑动最为剧烈、持续时间最长的特殊滑块。

4）前缘北部开挖坡脚

滑坡发生前两个月，某私人煤矿老板在滑坡前缘北部挖土数千立方米，挖煤数百吨，开挖深度10～15 m，沟槽方向与滑动方向垂直，严重破坏了稳定性本来就很差的斜坡的抗滑段，加剧了下窑村煤矿滑坡的发生，本次滑坡北部的剪出口位于挖方区一带。另外，经调查访问得知，滑坡体上建筑变形开始时间与其开挖时间基本吻合，从而说明前缘北部开挖坡脚是下窑村煤矿滑坡发生的又一重要引发因素。

5）大气降水

工作区属陇中温带半干旱气候区，多年平均降水量349.6 mm。2005年本区降水较多。根据邻近的青海民和回族土族自治县气象局提供的滑坡发生前半个月的降水资料（表14-2）可以看出：

表14-2　滑坡发生前半个月降水资料（2005年）

时间	8月											9月				
	21	22	23	24	25	26	27	28	29	30	31	1	2	3	4	5
降水量/mm	0	0.3	0.4	0	0	0	1.3	0	0	0.2	11.7	0	0	3.4	17.7	4.7
降水历时/min	0	55	104	0	0	0	125	65	10	20	565	18	0	240	810	45

9月4日20时开始降水，降水累计量17.7 mm，降水历时13.5 h；9月5日20时开始降水，累计降水量4.7 mm，历时0.75 h，多为降水强度很低的蒙蒙细雨。由于滑坡区地表干燥的非饱和黄土厚度达10 m左右，9月4日和9月5日的降水基本被包气带黄土吸收，很难产生地表径流并通过落水洞、裂隙等宏观通道渗入斜坡深部，软化滑带土。而滑坡后壁以上山体基本无黄土覆盖，因此，部分降水可能易沿裂缝和结构面渗入基岩中，使结构面上下的地层岩土物理、力学性质发生变化，形成软弱带，抗剪强度降低。而且降水被地表土体吸收后，增加坡体的自重，降低斜坡稳定性。所以，9月4日和9月5日的长历时降水对下窑村煤矿滑坡的发生也有一定影响。

总之，下窑村煤矿斜坡具有滑坡发育形成的坡体地质结构和易滑动的岩土体条件，在前缘南侧上水管道漏水、前缘北部坡脚开挖和大气降水等因素的综合作用下引发，沿着基岩层面发生滑动，造成严重的滑坡灾害。从滑坡开始明显变形与管道频繁漏水、前缘北部坡脚开挖时间的相关性判断，这两种因素对该滑坡发生所起的作用更大。

14.2　海石湾矿井山上工业广场滑坡灾害

海石湾矿井山上工业广场（以下简称工业广场）位于兰州市红古区海石湾镇北3 km，地理坐标：102°53′37.6″E，36°22′22.3″N。自海石湾镇沿喇嘛沟上塬，在捷路沟西岸分布着数处大型老滑坡，工业广场位于其中的一个规模较大的老滑体上部，占地面积约6×10^4 m^2，于1993年12月7日动工建设。1994年8月12日凌晨的暴雨引发该老滑坡发生大面积复活滑动，不仅使工业广场部分建、构筑物受到破坏，而且严重威胁整个工业广场的稳定性，影响海石湾煤矿的如期建成，投资近3 000万元进行了工程治理。2018年4月9日，该滑坡再次大规模复活滑动，破坏工业广场、绿地，无人员伤亡，投资7 000余万元进行了综合治理。

14.2.1　地质环境条件概况

海石湾矿井山上工业广场位于构造侵蚀黄土丘陵地貌区的捷路沟西岸，捷路沟由北向南发育，沟谷狭窄，切割较强烈，海拔1 880～2 070 m，相对高差约190 m。山坡坡度15°～30°，局部为陡崖。

区内出露地层较为简单，主要有白垩系、第四系。

（1）白垩系河口群（K_{hk}）：以红褐色中厚层泥岩为主，夹少量砂岩，层理较发育，表部2～10 m风化强烈，产状120°∠12°～16°。

（2）第四系上更新统马兰黄土（Q_{2-3}^{eol}）：分布于捷路沟两侧沟坡上部，呈浅黄色，土质均匀，结构疏松，厚20～40 m。其中上部马兰黄土厚10～17.5 m，为Ⅳ级自重湿陷性黄土。

（3）第四系全新统滑坡堆积物（Q_4^{del}）：发育于斜坡中下部，岩性主要为扰动的黄土和泥岩碎块，岩性破碎，结构混杂，厚度15～30 m。

另外，工业广场东部有大量人工填土，南部成分较为杂乱，主要为浅黄色粉土，部分为碎石；北部主要为青灰色煤矸石弃渣。厚度3～15 m。

白垩系红层中发育两组节理：第一组产状125°∠76°，贯通较好，无充填，表面较平整；第二组产状195°∠85°，延伸长度约5 m，无充填，表面较平整。

红古区地处半干旱气候区，多年平均降水量349.6 mm，工业广场地势较高，沟谷发育，地表径流强烈，地下水补给条件差。根据1994年滑坡勘查报告，滑坡区基本无地下水。但2018年滑坡勘查显示，滑坡区地下水较丰富，下部滑体含水率很高，大部分呈饱和状态，地下水水位埋深5～26 m。说明矿井投入使用后，滑坡区水文地质条件发生了明显的变化，是2018年滑坡再次复活滑动的重要引发因素。

14.2.2　老滑坡概况与工业广场布置

工业广场老滑坡外部形貌较为明显，高差60 m左右的圈椅状滑坡后壁保留较完好，主要由第四系黄土组成（图14-14）。

老滑坡体东西长550 m，南北宽450 m，高程1 880～2 000 m。从工业广场至沟底高差达110 m，平均坡度15°～17°，滑坡体发育有大小六级平台。滑体平均厚度约25 m，滑坡体积约500×10^4 m^3。滑坡南、北、东三侧临沟，东侧前缘为捷路沟，切入泥岩10～20 m，从老滑坡两边的谷坡上亦可看出，滑坡两侧的白垩系红层出露较高，岩层产状120°∠12°～16°，其岩层倾向与斜坡坡向基本一致，即为黄土-红层顺层结构斜坡。据原钻探资料，滑床为白垩系褐红色泥岩及夹砂岩，老滑坡体下伏泥岩顶面较低，为一凹槽，滑体主要由扰动的黄土和泥岩组成，滑体上部以扰动黄土为主，下部多为泥岩和

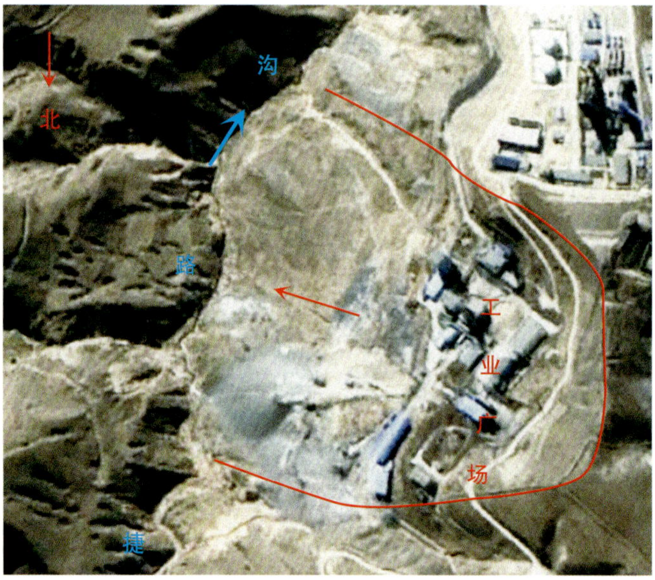

图14-14　海石湾矿井山上工业广场老滑坡

黄土的混杂物。由此分析判定该老滑坡为沿泥岩层面滑动的大型黄土-泥岩顺层滑坡，滑动方向为100°～110°。滑动面上部滑壁段的倾角60°左右，牵引段25°～40°，主滑段11°～16°，前缘抗滑段7°左右。根据滑坡地表形态和前缘捷路沟深切泥岩等情况，该老滑坡形成时代较为久远，其成因可能与捷路沟的长期侵蚀下切和地震有关。

工业广场选址时已发现这是一处老滑坡，并对其稳定性进行了评价，认为该老滑坡是稳定的，且地形相对平缓，有利于进行工程建设活动，因此，决定在该老滑坡体上部建设工业广场。最上一级平台布置有压风机房、变电所等，二级平台为主井、副井、风井平台，三级平台有锅炉房、灌浆水池等设施，四～六级平台为荒地。各级平台间有7～10 m高的陡坎。

14.2.3　1994年滑坡特征与滑动原因

1994年滑坡复活范围主要是老滑坡的中下部，东西长约350 m，南北宽300 m，厚10～30 m，体积约2×10^6 m^3。滑坡后壁位于老滑坡体二、三级平台交界处，下部三～六级平台整体滑移8～26 m，滑坡北部滑移距离较大，滑动方向107°（图14-15～图14-17）。

图14-15　1994年海石湾矿井山上工业广场滑坡

滑坡后部地面下错6～10 m，形成明显的滑坡后壁和滑坡洼地，导致平整好的广场的1/4场地随滑坡塌落下滑，进入广场的公路中断，正在施工和已竣工的主井绞车房、稳车群、锅炉房、充电房等多项建筑物和施工设施随之滑落，建筑物被毁，设备损坏，主井井壁裸露，井架一腿悬空。三级平台东侧形成抬升数米的垅岗，四、五级平台有多条近南北向的裂缝和错台，裂缝一般宽30～100 cm，最宽处250 cm。六级平台上鼓胀裂缝和放射状裂缝十分密集，土体破碎，前缘坍塌。上述现象表明新滑坡为推移式滑坡，即后部推移前部产生滑动。滑坡前缘直达捷路沟对岸，将近南北向的捷路沟堵塞，3处聚水成潭。

1994年8月12日凌晨0—3时降水量26 mm。2时30分—3时坡体开始滑动，滑坡的滑动及变形调整持续了6 h。由于滑动速度缓慢，未造成人员伤亡。看守炸药库的2人被连续的狗吠声惊醒，发现“山动”；另有父子2人发现房屋掉土开裂，随即逃离危险区。

本次滑坡的形成，内因是自身具有滑坡发育的基本地质条件，老滑坡的存在和周边深切冲沟造成的临空面都是不利的客观地质条件；外因是上部填方加载和暴雨。老滑体三级平台上平场填方和弃碴、土石堆载约7×10^4 m^3，增加了该段的下滑力。在建的工业广场区的截、排水系统尚不完善，生产、生活用水，尤其是降水不能及时排出，致使大量水体渗入滑坡体内，局部软化土体，降低抗滑力。6月、7月的连阴雨和8月12日凌晨的大暴雨是本次滑坡灾害的直接引发原因，锅炉房烟囱基础7个井桩，深34 m（挖入基岩2 m），井径1～1.6 m，已开挖1个多月，由于种种原因不能及时灌注，长期淋雨软化井壁，尤其是12

日凌晨的暴雨注入而跨落，使大量水体进入滑带，严重软化局部土体，坡体上连通两侧的横向冲沟，从而控制了滑坡的后缘边界线。

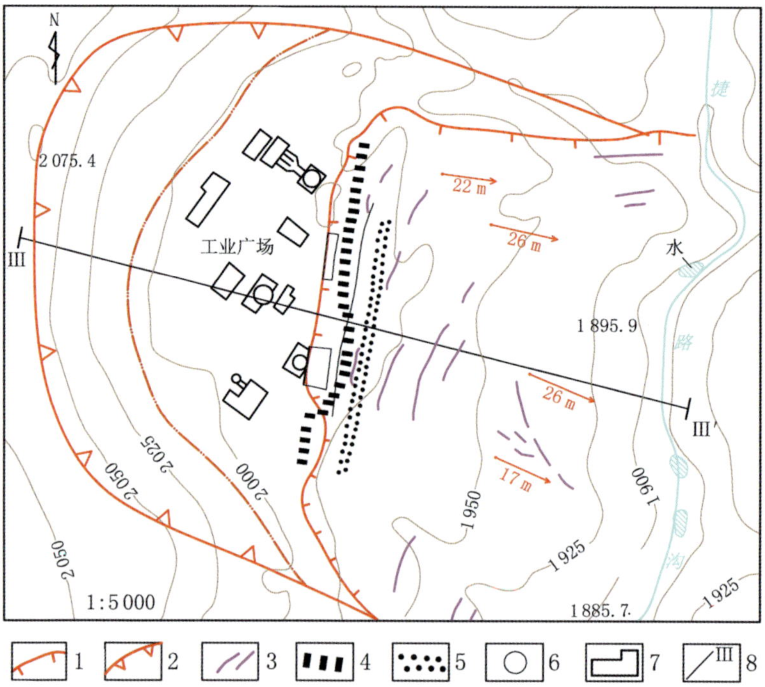

1—新滑坡边界；2—老滑坡边界；3—裂缝；4—抗滑桩；
5—抗滑键；6—竖井井筒；7—建筑物；8—剖面线及编号。

图14-16　1994年滑坡及治理工程平面略图（据关继英修编）

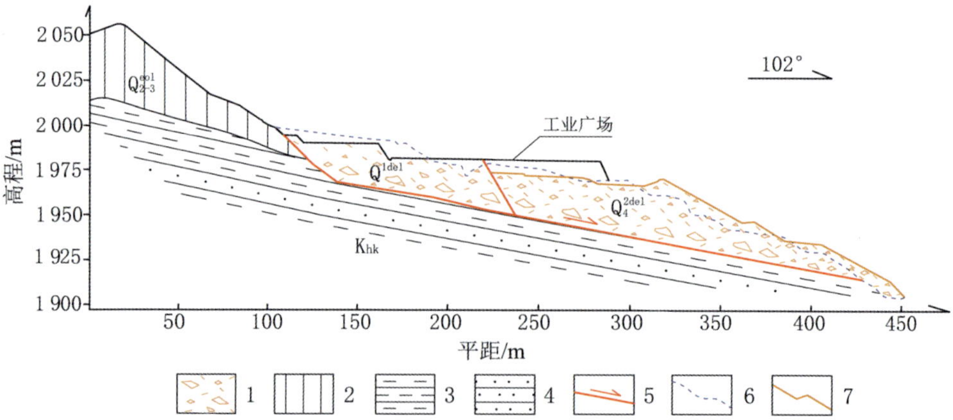

1—滑坡堆积；2—马兰黄土；3—泥岩；4—砂岩；5—滑动面；6—原地面线；7—滑坡地面线。

图14-17　1994年滑坡Ⅲ-Ⅲ′剖面图（据兰州煤矿设计院修编）

本次滑坡的滑动是老滑坡体沿原滑动面的大面积复活，在滑体上部堆方加载、乱排生活生产用水等不合理人为活动，以及暴雨成为主要引发因素。

1994年滑坡发生复活滑动后，通过专门勘察设计和论证，进行了工程治理。主要治理措施有：在上工业广场东侧的场地边缘处设置一排抗滑桩，共计36根；桩前20 m处设置一排抗滑键，抗滑键与桩间采用灰土挤密桩进行处理；同时进行地表排水。

14.2.4　2018年滑坡特征与滑动原因

2018年4月9日13—16时，工业广场滑坡前部又发生大规模复活滑动，滑坡破坏矿区广场、绿地，也直接威胁工业广场安全和矿井正常生产（图14-18～图14-21）。由于滑坡的滑速低，未造成人员伤亡。同时，滑坡体堵塞捷路沟，直接受沟道水流冲刷，成为集中补给泥石流的主要物源，加剧泥石流灾害，间接威胁捷路沟口城区居民安全。

图14-18　2018年滑坡全景

图14-19　2018年滑坡南部滑体及堵塞捷路沟

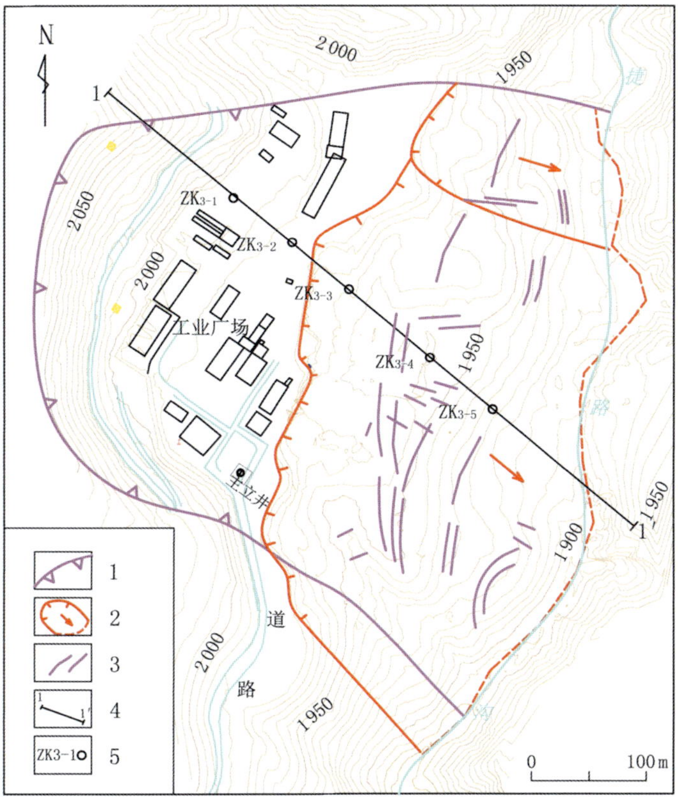

1—老滑坡；2—2018年滑坡；3—裂缝；4—剖面线；5—钻孔及编号。

图14-20　2018年滑坡平面图

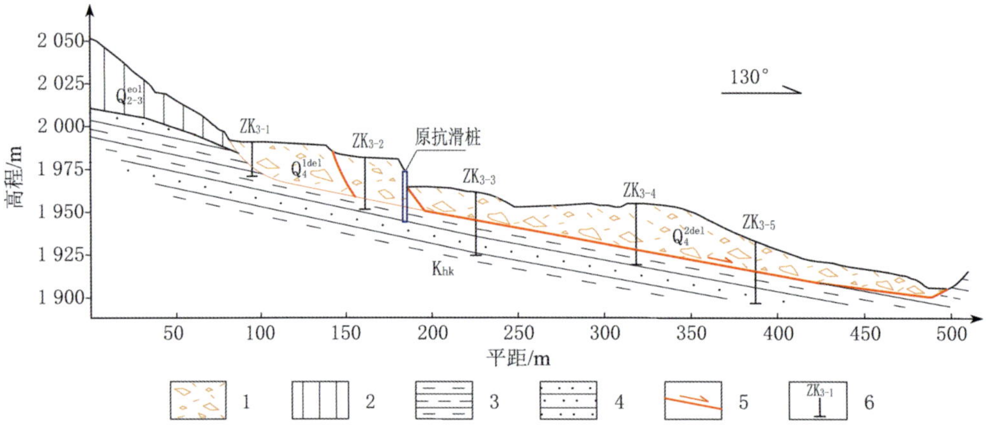

1—滑坡堆积；2—黄土；3—泥岩；4—砂岩；5—滑面；6—钻孔及编号。

图14-21　2018年滑坡1-1′剖面图

1.滑坡特征

2018年4月9日发生的滑坡主要是工业广场以东下部滑坡体的复活滑动，历时约3 h，一般滑距为10～20 m，较为缓慢。滑体东西长约250 m，南北宽约520 m，平均厚度约25 m，体积3×10^6 m^3。依据滑坡体的地貌形态、变形迹象、滑动范围和裂缝特征，将该滑坡分为北块滑体和南块滑体两部分，南块滑体首先滑动，进而牵引带动北块滑体滑动。

北块滑体长约180 m，宽约100 m，体积约4×10^5 m^3。滑体成分主要为煤矸石，底部有黄土，主滑方向107°。滑坡后缘呈明显圈椅状，下错2～3 m，倾角约70°，拉张裂缝贯通发育，延伸长度约90 m，张开10～30 cm。前缘沟底鼓胀隆起明显，隆起高度超过0.5 m，鼓胀裂缝发育，延伸长度超过5 m，宽约5 cm，滑距>2 m，局部反翘剪出，原渣堆底部埋设的泄水涵洞断裂。右侧与南块滑体交织，左侧界沿山坡自然冲沟发育，侧界裂缝明显，宽10～20 cm，可见深度约0.5 m，延伸长度>10 m，走向80°。

南块滑体长约250 m，宽约420 m，体积约2.6×10^6 m^3。上部为宽100 m、长260 m的平台，局部为洼地。前部因坡度较陡且直临捷路沟，局部发生次级滑动。主滑方向130°。滑体上各种滑坡裂缝较发育，宽10～30 cm，下错约20～50 cm，延伸长度30～60 m。滑体前缘至捷路沟对岸，北部沟底鼓胀隆起明显，隆起高度超过1 m，鼓胀裂缝发育，长度超过10 m，宽约10～20 cm，局部反翘剪出。滑坡后壁沿原有抗滑桩前部分布，北侧1#～9#桩桩前下错约10 m，南侧17#～28#桩桩前下错约25 m，滑坡后壁擦痕清晰，产状130°∠75°，抗滑桩后部分饱和土体沿桩间临空面挤出。9#～17#桩桩前保留部分土体，但与抗滑桩之间形成贯通性拉张裂缝，宽5～20 cm。滑体主要由老滑坡扰动的黄土和泥岩组成，表部及上部以扰动黄土为主，深部及下部多为高含水率扰动泥岩和黄土的混杂物，在几个钻孔中均发现二者呈互层状。

滑坡上部工业广场受抗滑桩等治理工程的保护，未出现明显滑动。但前部滑坡滑动使抗滑桩前抗力减小且饱和土体沿桩间挤出，引起部分建筑物墙体、伸缩缝、水渠、地坪出现开裂和变形，裂缝长度约20～50 m，宽约3～5 cm，下沉量约5 cm，出现一些变形迹象。但本次滑坡已造成抗滑桩呈悬臂状，桩顶位移7.6～46.7 mm，前部抗滑键因滑动可能已失效，桩前土的抗力损失较大，进一步发展可能造成抗滑桩的抗滑能力丧失，威胁工业广场安全。

2.复活滑动原因

工业广场老滑坡在建设初期即出现复活滑动，受当时经济等条件限制，治理工程仅考虑了对工业广场安全的保护，只在工业广场东侧设一排抗滑桩，并在桩前设抗滑键，抗滑桩前大部分滑体未进行工程治理，仅设地表排水措施。据调查访问和不同时段卫星影像资料，20多年来桩前滑体一直处于蠕动变形状态。2018年4月9日工业广场滑坡前部大规模的复活滑动，也是在老滑坡的基础上，由各类生产用水长期渗漏软化滑体、滑坡体中上部堆放的煤矸石、弃土加载和前部捷路沟洪水侵蚀作用等共同引发。

1）水体长期入渗软化

本区气候干旱、地形破碎，地下水贫乏，1994年勘探时滑坡区无连续的地下水分布。然而工业广场长期存在生活、生产用水及地表水的渗漏问题，调查发现有7个明显渗漏区，主立井、副井地面以下20～37 m渗水严重。场地区为滑坡扰动的黄土，土体结构疏松，裂隙发育，水体容易入渗到滑坡体中，使滑体含水率增大甚至饱和。据勘查资料，滑坡后部广场平台区地下水埋深9～23 m，多数钻孔在施工过程中缩径现象严重，水体向地势较低的滑坡下部渗流，本次滑坡区地下水埋深一般为5～26 m。抗滑桩之间饱水土体呈塑流状挤出和流滑（图14-22）。渗漏水体长期软化整个滑体，降低抗剪强度，减小抗滑力。另外，水体渗漏也增大了滑体自重和下滑力，并产生侧压力，是本次滑坡复活滑动的主要因素。

图14-22　2018年滑坡从桩间挤出的塑流状滑体

同时，滑床上部泥岩由于滑坡向下的推挤和牵动破坏作用，形成裂隙或使原有节理张开，水分可继续向深部下渗；使滑面下一定深度范围的泥岩软化和抗剪强度降低，滑面向深部发展；使原有抗滑键失效，起不到应有的抗滑作用；也使滑坡的厚度和体积增大。

2）煤矸石场堆载

北块滑体原地貌为一沟槽，煤矿生产过程中，长期不断地将煤矸石、弃土就近堆放于沟槽内，弃渣堆放量约5×10^5 m^3。在南块滑体后部也堆载了部分煤矸石，增大了滑坡的下滑力，也是本次滑坡复活滑动的重要引发因素之一。

3）前缘洪水冲刷

滑坡前缘受沟内季节性流水的侵蚀，形成陡立的临空面，也是本次滑坡滑动的主要引发因素之一。滑坡区以上捷路沟流域面积约5.6 km^2，沟道狭窄，比降7%左右，暴雨期间产生的洪水流速快，冲刷能力强，滑体前缘直接受洪水强烈冲蚀，松散滑体抗冲刷侵蚀差，由此在滑坡前缘也经常引发小型滑坡（如图14-14），从而减小滑坡前缘抗滑段滑体的体积和抗滑力，降低滑坡的整体稳定性。

14.2.5　滑坡治理工程概况与经验教训

1994年滑坡治理工程主要在上工业广场东侧设一排抗滑桩，共36根，其中截面2 m×3 m的5根，2.5 m×4 m的4根，3 m×4.5 m的13根，4 m×4.5 m的10根，4.5 m×5 m的4根。桩前20 m处设置了一排抗滑键，抗滑键与桩间采用灰土挤密桩进行处理。同时，也进行了地表排水、局部减载等措施，治理工程投资近3 000万元。

2018年滑坡发生后，进行了综合治理。分为应急治理和永久性治理工程。应急治理工程首先对1994年滑坡治理工程的抗滑桩采取预应力锚索+钢梁、钻孔桩+支撑梁进行加固，桩间采用锚钉+挂网喷砼，以保证抗滑桩的抗滑作用，保护上部工业广场的安全。利用已有竖井施工仰斜排水孔，降低地下水位，并完善地表排水系统。永久性治理工程主要是对滑坡前缘回填反压和局部削坡减载，防止捷路沟洪水冲刷，以保证滑坡的整体稳定性。在捷路沟中回填高度5～15 m，长度约930 m，回填反压区设排导渠，上下游设挡土坝（图14-23）。治理工程投资近7 000余万元。

图14-23　治理后的工业广场滑坡

海石湾矿井山上工业广场建在老滑坡体上，在20多年的矿山建设和运营过程中，该老滑坡体发生了两次大规模复活滑动，造成了严重的经济损失，影响煤矿正常建设和生产，并投入巨资进行工程治理。其经验教训值得深刻总结，第一，工业广场选址建设初期，虽认识到了老滑坡的存在并对现状稳定性进行了评价，但对老滑坡的类型和特征认识不清，该老滑坡为黄土-红层顺层滑坡，稳定性较低，对外部引发因素和人类工程活动反应非常敏感，易复活滑动，一般情况下不宜直接将其作为建设场地开发利用。第二，对矿山建设和运营过程中煤矸石、弃土加载和各种水体渗漏软化等作用对滑坡稳定性的影响认识不足、重视不够，成为老滑坡复活滑动的重要引发因素。另外，1994年滑坡治理工程未完全消除滑坡隐患和不利影响因素，在捷路沟洪水冲刷等影响下，抗滑桩前滑体长期缓慢蠕滑变形，且地表排水渠等工程后期养护维修不到位，破损后渗漏严重，排水功能失效。

14.3　长庆油田滑坡灾害

14.3.1　油田滑坡灾害概况

长庆油田地处鄂尔多斯盆地，横跨陕、甘、宁、内蒙古、晋五省区，是我国重要的能源基地。自20世纪70年代以来，已有50多年勘探开发历史。

陇东庆阳黄土高原是长庆油田主要的油气探采区，各种井场、站场在黄土梁峁残塬区星罗棋布。由于地形起伏，黄土分布广泛且厚度大，地质环境条件差，滑坡等地质灾害发育。油田开发建设过程中，滑坡灾害时有发生，影响正常的生产。如2011年5月位于合水县板桥镇柳沟村的庄二联合储油站场地建设中，由于开挖坡脚，引发黄土滑坡，危及储油站安全（图14-24）。2024年1月8日，位于环县罗山川乡山水湾村的长庆油田第七采油厂德5-05井场西侧发生滑坡，滑坡长250 m、宽100～300 m，平均厚35 m，体积约1.65×10^6 m^3。滑坡使部分井场下错约23 m，破坏1#油井、光伏板桩基、输油管线和道路等，直接经济损失约350万元，前缘还严重堵塞沟道（图14-25）。环县秦团庄乡附近的几处井场均受到滑坡的严重威胁（图14-26），其中，以2009年5月20日发生的华池县五蛟镇邹家沟陈16-10井场滑坡灾害最为典型和严重。

图14-24　合水县庄二联合储油站滑坡

图14-25　环县罗山川乡第七采油厂德5-05井场滑坡

图14-26　环县秦团庄乡井场滑坡

14.3.2　邹家沟陈16-10井场滑坡地质环境

华池县属冷温带半干旱区，年平均气温8 ℃，降水量493.5 mm，年最大降水量663.2 mm（1988年），年最小降水量311.1 mm（1972年）。年际、年内降水分配不均匀，7—9月的降水量占年降水量的71.8%。大雨、暴雨频繁，日最大降水量达143.5 mm（1977年7月5日），1 h最大降水量66.7 mm，30 min最大降水量62.9 mm，10 min最大降水量30.5 mm，均出现在1999年8月17日。暴雨常引发滑坡和泥流灾害。

邹家沟属黄河流域马莲河中游一级支流柔远河上游元城川左岸的小型支沟，流域面积约3.5 km^2。自然植被覆盖率仅为20%左右，耕地利用率达70%，水土流失严重。

华池县地处陇东黄土高原东北部，五蛟镇一带为典型的黄土梁峁沟壑区，黄土梁多呈长条状，梁顶宽度一般为100～500 m。两侧斜坡坡度较陡，一般为25°～30°，梁间沟谷发育，横剖面上部多呈开阔的U形，下部呈狭窄的V形。黄土峁由黄土梁继续侵蚀而成，呈圆形或椭圆形，峁顶呈穹形，宽约500～1 000 m，一般长1 000～2 000 m。峁之间常成鞍状地形，相对高差20～40 m。沟谷切割深度40～80 m，相对高差150～200 m。滑坡、落水洞等微地貌较为发育。

区内出露地层主要有白垩系、新近系及第四系。

（1）白垩系环河华池组（K_1^h）：蓝灰色、紫红色与紫褐色泥质岩夹砂岩，层理发育，砂岩多为中厚层，单层厚0.5～1.0 m。铁钙质胶结，较为致密坚硬。沿河谷及沟底呈树枝状分布，产状近于水平。邹家沟底出露厚10 m左右。

（2）新近系上新统（N_2）：砖红色、浅棕红色泥岩和砂质泥岩，厚层状，成岩程度低，厚10～60 m，分布于斜坡中下部。

（3）第四系主要有：

①中更新统离石黄土（Q_2^{eol}）：广泛披覆于黄土梁峁中上部，为灰黄色粉土，夹多层褐红色古土壤和钙质结核，较为疏松、土均质匀，厚30～80 m。

②上更新统马兰黄土（Q_3^{eol}）：广泛披覆于黄土梁峁表部，为浅灰黄色粉土，疏松多孔、土均质匀，厚10～20 m。

③全新统滑坡堆积（Q_4^{del}）：主要为黄土滑坡、崩塌体，结构破碎，厚度变化大，零星分布于沟谷两侧。

华池县位于鄂尔多斯盆地中南部，总体构造变动极为微弱，地层产状非常平缓。新构造运动在本区以长期大面积整体性隆起为特征，河流沟道强烈下切，形成侵蚀河谷、沟壑地貌及重力地貌。全新世以来侵蚀速度加快，沟道深切，部分沟段形成“一线天”峡谷，谷底狭窄，基岩裸露，两侧滑坡、崩塌发育，沟头溯源侵蚀强烈。本区地震活动较弱，历史上的地震灾害多为邻区所波及，地震动峰值加速度为0.1 g。

14.3.3　邹家沟陈16-10井场滑坡特征

邹家沟陈16-10井场位于华池县五蛟镇蒋源村邹家沟近沟口北侧的黄土斜坡中部宽缓平台区，地理坐标：107°51′55″E，36°26′28.3″N。陈16-10井场计划钻井6口，其中1口注水井、5口采油井，当时已完井3口，建井周期为每口井16 d。2009年5月20日5时第4口井开钻，10时10分钻至65 m时发生大面积山体滑坡（图14-27）。滑坡使已经完成的3口油井全部报废，整个场地完全损毁，迫使在附近另选场地重建，经济损失达上千万元。

图14-27　邹家沟陈16-10井场滑坡全貌（彭建兵提供）

陈16-10井场地处近东西向黄土梁的西端南坡，东部与黄土峁衔接，西部自然尖灭。黄土梁蜿蜒狭长，东宽西窄，东高西低，西南部为邹家沟。邹家沟流域面积约3.5 km²，该冲沟切割深约90 m，上部较为宽缓，山坡坡度15°～25°，下部狭窄，沟底宽度不足10 m，沟坡陡立，坡度>45°～60°，局部地段直立，呈V形，沟岸两侧出露白垩系，可见厚度2～10 m。沟底有小溪，下游沟床比降2%左右，洪水下切侵蚀作用较为强烈。

邹家沟滑坡周界明显，滑坡平均长260 m，宽400 m，滑体厚10～45 m（油井45 m处错断），体积约2.5×10^6 m³，滑体主要由扰动的黄土和砖红色泥岩碎块组成，属大型黄土-红层切层滑坡。主滑方向220°，滑距6～12 m（图14-28～图14-29）。滑坡壁后缘高程1 360～1 380 m，东高西低，前缘高程1 280～1 290 m，前后缘高差80～90 m，斜坡平均坡度17°～20°。前缘东南部较陡，坡度达35°～45°，高30～40 m。滑坡后部为宽缓的平台，坡度10°左右，宽50～120 m，井场所在的东南部较宽，最宽处近200 m。滑坡后壁高10～15 m，坡度50°～60°。

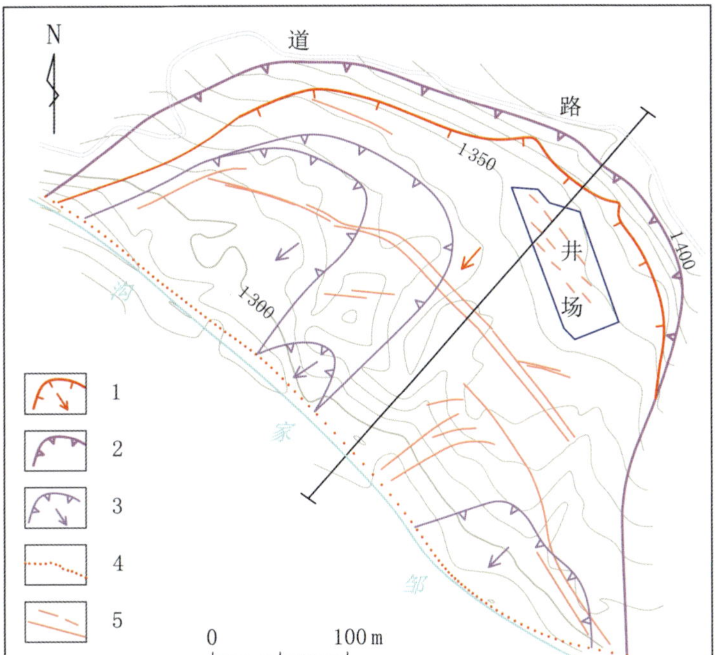

1—新滑坡；2—老滑坡；3—次级老滑坡；
4—滑坡前缘；5—裂缝。

图14-28　邹家沟陈16-10井场滑坡平面图

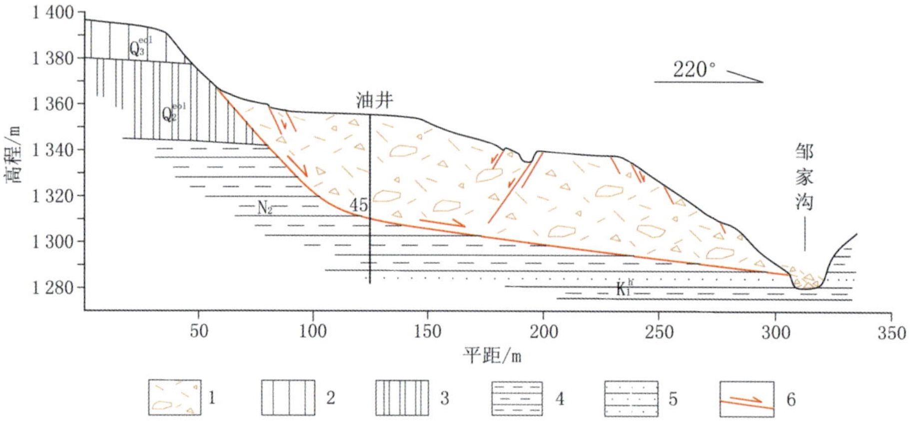

1—滑坡堆积；2—马兰黄土；3—离石黄土；4—泥岩；5—砂岩；6—滑动面。

图 14–29　邹家沟陈 16–10 井场滑坡剖面图

滑坡剪出口位于白垩系顶部，高于沟底 1～10 m，局部受滑坡推挤带动下部白垩系滑落，高陡坡段滑落较为严重，前缘滑体堵塞邹家沟沟道，堆积厚度 5～10 m，长约 200 m（图 14–30）。

图 14–30　滑坡前缘堵塞邹家沟

滑坡体上各种滑坡裂缝发育，中后部裂缝走向大致垂直于滑动方向，呈北西向或近东西向延伸，以拉张裂缝为主。前部受冲沟等微地貌影响，分布较为杂乱。特别是在滑坡平台中前部形成了明显呈北西和东西向大规模且连续的拉张凹陷带，宽 10～20 m，深 3～8 m，延伸长度 300 m 以上，其前部高于后部，在钻井平台下部一带最为明显，表现出井场所在平台区呈地堑状的整体下错（图 14–31）。

图 14–31　滑坡平台区裂缝（彭建兵提供）

14.3.4　邹家沟陈 16–10 井场滑坡成因分析

邹家沟滑坡的形成首先是具有滑坡发育的自然地质条件，实际上，场地区属地形较为平缓的老滑坡，由于邹家沟受洪水长期侵蚀和降水的影响，其整体稳定性较差，曾多次复活滑动，受石油钻井工程中泥浆渗漏、加载等作用，引发了本次大规模复活滑动。

（1）发育老滑坡是本次滑坡的地质基础和根本原因。据区域滑坡调查资料，地质历史上华池地区古老滑坡较为发育。根据滑坡前遥感影像和现场调查分析，邹家沟沟口北岸发育一处大型老滑坡，其圈椅状的外部形态特征明显，滑坡壁高20～30 m，坡度约50°，其上发育小型冲沟。东西两侧老滑坡侧边界也较清晰。老滑坡长290 m，宽440 m，体积在$3\times10^6\ m^3$以上，滑体地表波状起伏，地形破碎，冲沟和落水洞发育（图14-32）。其范围和规模均大于2009年滑坡的范围和规模，属大型黄土-红层切层老滑坡。滑坡破坏了斜坡岩土体的完整性，结构破碎，裂隙发育，老滑坡的滑距较短，能量释放不彻底，滑体的稳定性较差，是后期复活滑动的地质基础和根本原因。

（2）洪水侵蚀使老滑坡曾多次复活滑动。在邹家沟洪水的长期强烈侵蚀下，该老滑坡前缘滑体逐步被大量侵蚀搬运，形成高30～40 m、坡度35°～45°的陡坡临空面，并发育多条小型冲沟，使老滑坡抗滑段的抗滑力大为减小，再加上滑坡后部平台区大量降水汇集并沿冲沟底部发育的落水洞入渗滑体深部，软化滑带土体，不仅降低了抗剪强度，还进一步降低了老滑坡体的稳定性，发生了多次复活滑动。从地表形态分析，历史上邹家沟老滑坡主要是西部滑体的复活，西部滑体上嵌套有次级圈椅状地形，地表高程低于东侧滑体20 m左右，地面更加破碎，从影像资料判断出后期已至少发生过2～3次大规模复活滑动。次级滑坡后壁高度近于10 m，滑坡体长190 m，宽200 m，总体积约$1\times10^6\ m^3$。前缘的小型滑动更为频繁，当地老乡所说的20世纪90年代曾发生的滑坡也可能是其前部的小规模滑动。

图14-32　邹家沟老滑坡影像(2004年3月)

图14-33　滑坡体上的泥浆池(彭建兵提供)

（3）至2009年5月20日滑坡复活滑动，该井场已进行了长达50 d的钻井作业，泥浆池位于滑坡体后缘，呈东西向长条形分布（图14-33）。泥浆池和钻孔在钻井过程中有泥浆渗漏，推测其沿老滑坡体中的裂隙广泛渗流扩散，大面积软化滑体，特别是钻孔中泥浆渗至滑动面一带土体，降低其抗剪强度，从而引发大范围复活滑动。另外，钻探设备及附属设施堆载于坡顶，荷载量约1 500 t，以及滑坡后部平台区道路修建和场地平整的少量挖填方活动，虽是不利因素，但相对于体积达$2.5\times10^6\ m^3$的滑坡来说，其作用微不足道。

陈16-10井场位置选择在平台较为宽大、稳定性相对较好的邹家沟老滑坡体的西部，在其上50 d的工作中并未发现明显的地表变形等滑坡迹象。滑坡复活滑动发生于非雨季的5月20日，现场照片也未反映出前期暴雨在地表的径流痕迹。由上述分析可见，泥浆渗漏可能是引发本次复活滑动的特殊的新因素，由于其作用于地下，而未引起足够重视。

泥浆在老滑坡后部平台区的渗漏软化作用，使后部平台区一带的滑带土抗剪强度降低，滑体稳定性降低，产生巨大的滑坡推力，推挤前部滑体并带动两侧滑体，使老滑坡大范围沿原有滑动面产生复活滑动。因此，从滑坡力学性质上讲，本次复活滑动属推移式滑坡。受前部巨大的阻滑力影响，后部滑体向前滑动后又产生向后的下错或反滑动，滑落后形成拉裂凹陷槽。本次滑坡的滑距总体较短，一般6～12 m，后部大于前部。

本次滑坡有约$2\times10^4\ m^3$的滑体滑落至邹家沟，堵塞沟道。2022年11月调查发现，上游沟底已淤积了长约700 m的泥沙（图14-34）。邹家沟流域面积约3.5 km^2，50年一遇洪水流量约38 m^3/s。由于该堰塞滑体结构松散，规模小，未采取拦挡和稳固措施，暴雨期间直接遭受强烈洪水的冲蚀，堰塞体溃决的可能性较大，连同上游沟底淤积物可集中转化为泥石流，且高陡滑坡前缘的稳定性也很差，局部再发生小型滑坡为泥石流提供更多物源，形成滑坡-堰塞湖-泥石流灾害链的风险高，威胁沟口32户130名居民的生命和财产安全。

图14-34　滑坡堵塞沟道形成的淤积

由上可见，邹家沟滑坡复活滑动的范围和规模大，造成了意想不到的严重灾害，今后类似的老滑坡体上的钻采工程活动中应引起高度重视。另外，该滑坡的主滑动面较缓，根据油井45 m深处井管断裂和剪出口高程推算，前部滑面倾角只有8°左右，泥浆渗漏引发了如此大规模且缓倾角的滑坡，也需进一步加强成因和机理方面的研究。

第15章　滑坡灾害防治体系建设

由于特殊的地质环境条件，甘肃滑坡等地质灾害十分发育，发生频繁、分布广泛，长期以来对人民生命财产造成了严重威胁和危害，制约着社会经济发展。改革开放以来，随着社会发展和经济实力的不断增强，特别是2004年国务院《地质灾害防治条例》实施的20多年来，滑坡等地质灾害防治问题日益得到各级政府和社会各界的重视。滑坡灾害调查研究、监测预警、灾害应急处置、工程治理方面投入的人员、资金都是空前高涨，形成了以预防为主，防治结合的地质灾害防治管理和工作体系，有效保护了人民生命财产安全，为社会经济建设保驾护航，取得了丰硕的成果。

15.1　滑坡灾害防治组织体系

滑坡灾害防治工作主要包括调查评价、监测预警、工程治理、避险搬迁和应急响应等，涉及科学技术、社会经济等多方面。因此，滑坡灾害防治是一项十分复杂而长期的系统工作，需要在各级政府的统一领导和组织下，有相关部门、科研机构和专业技术单位、工矿企业和广大人民群众等多方面的参与和支持，构建全面系统和长效的滑坡灾害防治管理和组织体系，主要包括行政管理、科技支撑、社会公众和工矿企业四大方面。

15.1.1　行政管理

行政管理体系是滑坡等地质灾害防治的组织保障。甘肃滑坡灾害防治是一项点多面广且动态变化的长期而艰巨的工作，充分发挥着社会主义制度的优越性，依法组织和管理滑坡灾害防治的各项工作，实现人民至上，生命至上的宗旨。滑坡等地质灾害的防治需要在各级政府和自然资源管理部门的统一领导下，按照《地质灾害防治条例》等法律法规的要求，将滑坡灾害防治工作纳入社会经济发展规划，建立滑坡等地质灾害防治的行政管理体系，形成新时代防灾减灾的政府职能和长效机制。

1.加强组织领导，保障滑坡防治工作顺利进行

地质灾害防治工作涉及社会、经济等诸多方面，省、市州、县区各级人民政府是地质灾害防治的责任主体。有效减轻地质灾害损失，需要各级政府的统一组织和协调管理。本着对人民生命、财产安全高度负责的态度，省、市州、县区各级人民政府要统一领导、统一组织、统一管理，全面掌握滑坡等地质灾害的分布与动态变化，确定危险区域和地质灾害隐患点。按照事权划分，全面落实和加强地质灾害调查评价、监测预警、宣传培训、避险搬迁、排危除险、工程治理和运行维护等工作。

统一领导，利于自然资源、应急、气象、城建、水利等各部门密切配合、通力合作、互通情报信息，及时掌握地质灾害的发生发展和造成的损失情况，为制订地质灾害防灾预案和防治措施提供可靠依据。统一管理，不仅便于思想上的统一认识，而且可指导地质灾害监测预防、应急救灾工作，在人员、资金、物资设备等方面给予充分保障，为防灾减灾工作创造必要的条件。

2.开展地质灾害调查，编制地质灾害防治规划

查清滑坡等地质灾害发育分布和危害情况，研究滑坡灾害的成因、致灾规律，编写地质灾害防治规划和年度方案，是进行滑坡灾害防治的基础，具有指导意义，十分重要。在已有工作的基础上，适时开展滑坡灾害动态调查，系统掌握滑坡灾害的发育分布和隐患点数量，对居民、工程设施的危害情况以及动态变化，建立并实时更新地质灾害防治信息系统。在此基础上，根据地质灾害防治的投入水平，编制地质灾害防治规划和年度方案，指导各项地质灾害防治工作。按照滑坡灾害的危害程度、轻重缓急，对滑坡等地质灾害隐患点适时进行监测预警、避险搬迁、排危除险、工程治理和运行维护等工作，建立各类地质灾害防治工程项目库，积极申请各级地质灾害防治资金，分批分期安排治理，使滑坡灾害防治工作能够有序进行，以取得最大的防灾减灾效果。

3.普及地质灾害防治知识，提高全民防灾意识

提高全民地质灾害预防意识和知识水平是重要而有效的防灾减灾途径，通过广播、电视、微信、宣传材料、宣传栏、防灾明白卡和培训班等方式，加大滑坡等地质灾害防治基本知识的宣传和普及力度，提高群众的防灾减灾能力和增强地质环境保护意识。各级管理部门应每年开展地质灾害避险演练、模拟地质灾害发生的情景，从实战角度进行地质灾害防治知识、避险、救灾和应急响应等方面的综合培训，演练地点一般选择在滑坡等地质灾害隐患地区，效果非常明显。地质灾害风险调查工作中要求，对隐患点的居民开展地质灾害防治知识培训和现场演练。近年来，以文艺晚会形式开展的地质灾害防治知识宣传也是一种创新。在中小学设立包括滑坡灾害内容的自然灾害预防课程，也是普及和提高全民防灾意识的有效措施和途径。

4.加强群测群防和监测预警系统建设

群测群防工作和监测预警系统在滑坡灾害预防中发挥着重要作用，近年来取得了良好的防灾减灾效果。在今后的群测群防和监测预警系统建设的工作中，进一步明确群测群防员的工作职责，完善工作装备，落实工作报酬，形成群测群防的长效工作机制。加强监测仪器设备的维护和更新，使其处于正常工作状态并发挥应有的灾害预警作用。

5.完善应急救灾制度，提高应急处置能力

滑坡灾害多具有突发性的特点，会造成财产损失和危害生命安全。因此，各级政府要结合本地实际制订突发性地质灾害应急预案，落实各项职责。建立和完善汛期地质灾害防治值守驻守、险情巡视、隐患排查和灾情速报等制度。及时掌握和上报险情、灾情信息，

提高防灾救灾能力。

一旦出现滑坡灾害险情和灾情，快速组织抢险救灾、灾民安置、灾害调查与防治、重建家园等工作，以减轻滑坡灾害损失，逐步变被动救灾为主动防灾。

根据国家对有关部门管理职能的调整，当前地质灾害防治是由自然资源管理部门牵头“防”、应急管理部门牵头“救”、有关部门协作、技术力量支撑、社会力量参与的地质灾害防治组织体系。而地质灾害防治是一项具有延续性的工作，救灾只是其中的一个工作阶段。从2019年7—8月舟曲牙豁口滑坡应急处置现场工作实际来看，前期由自然资源管理部门牵头开展地质环境调查、滑坡动态监测和灾情分析研判等工作，后期由应急管理部门牵头进行滑坡堵江处置等工作。要根据牵头单位的转换和职能的不同，加强滑坡发展动态、危害状况等方面的会商和协调，提高拟采取的应急处置措施、投入人力和设备方面的科学合理性，并在今后的类似工作中进一步总结改进和提高。

6. 加强建设工程的地质灾害防治，减少人为引发滑坡灾害

甘肃省山地广布，地质构造复杂，生态地质环境脆弱，工程建设活动多位于地质灾害易发区，遭受滑坡等地质灾害威胁的可能性大。同时，人类工程建设活动对地质环境的改造作用强烈，大规模的挖山、填方易引发和加剧滑坡灾害。近年来，山区道路、厂矿、城镇和新农村建设中滑坡灾害时有发生，损失严重。

鉴于过去地质灾害的深刻教训和经验，认真做好建设工程的地质灾害危险性评估工作非常重要。有可能引发和加剧滑坡等地质灾害发生的工程建设项目和在地质灾害易发区内进行工程建设，在申请建设用地之前，按照《地质灾害防治条例》的规定，必须进行地质灾害危险性评估。存在地质灾害隐患的建设场地必须同时进行专门的治理工作，防止地质灾害的发生。

城市、县城和乡村振兴布局与规划中，要重视和加强地质灾害防治工作，将地质灾害防治规划作为城市、县城和乡村振兴总体规划必备的组成部分，提高地质环境的适宜性和安全性。

按照“谁引发，谁治理”的原则，地质灾害防治主管部门要加强各类工程建设中地质灾害防治工作的协调和指导，及时监督和查处引发和加剧滑坡灾害的行为。在地质灾害易发区内从事各类生产和建设活动，应采取必要的防治措施，防止引发滑坡灾害。城建、交通、水利等部门要加强对本行业工程建设项目和工矿企业的安全检查，及时制止和整改一切可能引发滑坡灾害的行为，消除隐患，确保人民生命财产和建设工程的安全。

7. 将地质灾害经费纳入政府财政预算

滑坡灾害严重制约和威胁着甘肃社会经济发展和人民生命财产安全。防治地质灾害、保护地质环境，避免和减轻地质灾害造成的经济损失，维护人民生命和财产安全，对甘肃社会经济发展、乡村振兴和生态文明建设有促进与保护作用，是十分必要和迫切的工作。近年来，各级政府已逐步将地质灾害防治工作列入国民经济和社会发展规划，在年度财政预算中安排了一定数量的地质灾害防治专项资金，为地质灾害防治提供了重要的资金支持，确保了地质灾害调查、应急、治理等工作的及时、顺利进行。由于甘肃经济相对落后，目前市州和县区两级财政对地质灾害防治的投资还较缺乏，应逐步改善和加强。

15.1.2　科技支撑

科学技术是滑坡灾害防治的必由之路，依靠科技进步才能达到科学有效地预防和治理滑坡灾害的目的。科学防治滑坡灾害，必须具备强大的专业技术队伍，丰富的防治经验，先进的防治理论、技术手段和仪器设备，以形成强有力的科技支撑体系。在滑坡灾害调查、预防、应急响应和工程治理等全方位、多方面发挥科技支撑防灾、减灾、救灾、治灾的重要作用。

1. 加强科技防灾队伍建设

地质灾害的发生在时空分布上很不均匀，具有突发性、集中性等特点，使得地质灾害防治任务也有其相应的特殊性。地质灾害防治专业技术队伍除了做好日常监测预警、调查评价等工作外，也要做好应对突发性、集中群发性地质灾害的各种准备，做到“平战结合”。

甘肃省自然资源厅地质灾害防治技术指导中心是省内地质灾害防治技术支撑的专业牵头单位，在日常和特殊时期的地质灾害防治工作中肩负着重要职责和科技支撑作用，负责全省地质灾害防治信息系统的管理维护和升级更新、地质灾害形势研判和监测预警信息制作、地质灾害险情和灾情的调查与处置、各种地质灾害调查成果的汇总和集成、有关技术工作的统筹与协调，以及地质灾害防治科学研究和宣传培训等工作。其他从事地质灾害防治的国有地勘单位和科研院所，在开展本单位正常生产业务和科研工作的基础上，根据省内地质灾害发生情况和各级自然资源管理部门的需要，积极支持和参与地质灾害调查、宣传培训和应急处置工作，特别是参加暴雨、地震引发的区域性、群发性地质灾害的调查、排查和应急处置等。科研院所要发挥科研优势，结合甘肃滑坡灾害防治的实际需要，开展滑坡机理、监测预警、防治技术和防治效果等研究，解决重大技术问题，提高地质灾害防治能力和科技水平。

目前，全省地质灾害防治的科技防灾队伍建设，已初具规模并且具有较高的技术水平，在地质灾害防治工作中发挥着重要的科技支撑作用。但主要的科技防灾力量多集中在省会兰州，而其他市州、县区两级的科技支撑能力较为薄弱，难以满足及时有效处置地质灾害险情和灾情的要求。正在推进的国有地勘单位汛期驻守值班，支撑市州、县区突发地质灾害防治的模式和程度在各地也不尽相同，尚未形成以政府采购为主要模式的技术支撑工作机制，需要出台相关的指导政策，根据地质灾害发育的地区差异，建立相应的规模化、规范化的技术支撑模式，进一步提高基层防灾技术能力和水平。同时，要加强市州、县区自然资源管理部门地质灾害防灾减灾专业技术人员的配置，增强自主防灾减灾能力。

专家团队也是地质灾害防治的重要科技支撑力量。目前，老中青结合的地质灾害防治专家团队初步建立，发挥各自的专业技术优势和长期积累的成功经验，在地质灾害防治工作中进行各方面的科技咨询和把关，解决地质灾害调查评价、险情灾情处置和工程治理等地质灾害防治工作中存在的急、难、险、重问题。

滑坡等地质灾害治理工程施工环境差，地形和工程结构较为复杂，施工难度大，需要掌握各项治理工程要领并且具备丰富施工经验的能工巧匠才能顺利完成。特别是治理工程的边角和转折等特殊部位，常出现工程设计与现场实际难以很好吻合的情况，在保证工程治理效果的前提下，需要根据现场地质环境，对局部工程布设进行适当合理地调整和优化，达到相互协调和美观的目的，这也是地质灾害防治技术支撑的重要方面。

2. 提高科技和装备水平

中央财经委员会第三次会议指出：实施自然灾害监测预警信息化工程，提高多灾种和灾害链综合监测、风险早期识别和预报预警能力。滑坡等地质灾害发育在高山峡谷区，形成条件和影响因素复杂，具有很强的隐蔽性。不同地区、不同类型的滑坡，有着不同的形成机理和演化过程，至今仍不能完全认识和掌握。仅凭常规的地面调查和勘探方法，有时难以查明滑坡特征，不能满足地质灾害防治工作的需要。随着科学技术的发展，大量新技术、新方法和新设备不断涌现和应用，提高仪器设备和装备水平，是提高地质灾害防治水平和工作效率的有效途径，也是地质灾害防治工作现代化的重要标志。

进一步利用高分辨率遥感影像、InSAR资料、无人机和机载雷达摄影测量、地面探测技术，构建“空天地”一体化的地质灾害调查系统，适时开展区域性滑坡调查和研究、滑坡隐患点早期识别和变形动态分析。同时，结合甘肃滑坡发育特征，开展人工智能、影像识别等新技术、新方法在区域滑坡调查中的应用，不断提高调查精度和隐患点识别水平。

利用性能稳定、性价比高、适宜性强的多参数专业监测仪器，普及专群结合的地质灾害监测，对稳定性差、危害性大的滑坡进行实时监测，加强预警阈值和预报方法研究，提高监测预警和预报水平。利用无人机、激光雷达、激光三维扫描仪进行滑坡险情、灾情的非接触式监测和调查，迅速准确地获取滑坡灾害动态信息，为滑坡灾害应急响应提供科技支撑。基于网络系统的地质灾害防治信息系统、车载应急通信系统，进行重大滑坡等地质灾害的远程会商、应急指挥，提高决策水平和处置效果。

在滑坡灾害治理工程勘查中，应用无人机获取正射影像、三维立体图像，更为精准地分析滑坡整体形态特征、变形差异和分级分块特征；利用生物胶泥浆材料、深部位移监测等技术，提高滑动面判别和确定的准确性；应用原位大剪试验等合理确定滑带土抗剪强度参数；推广应用微型桩群、排水抗滑桩、纤维增强复合材料（FRP）锚杆、加筋土和生态护坡等新技术，以及土工格室、柔性排水管等新材料，提高滑坡灾害勘查质量和治理效果。

15.1.3　社会公众

社会公众体系是开展滑坡灾害防治的社会基础，在政府管理部门的统一组织和协调下，发扬“一方有难、八方支援”的传统美德，社会公众全方位、多角度的有序参与和支持，才能更好、更快地实现滑坡等地质灾害防治的预期目标，有效保护人民生命财产安全和社会经济稳步发展。社会公众体系主要包括广大人民群众、社会公益救灾组织。

1. 公众参与

甘肃滑坡等地质灾害分布面积广，危害严重，具有突发性、群发性和不确定性等特点，地质灾害防治任务艰巨、点多面广。地质灾害危险区的人民群众既是地质灾害的威胁和危害对象，也是地质灾害防治的中坚力量。通过参加各种地质灾害防治知识的宣传培训和演练，掌握地质灾害险情的识别方法、上报途径、避险转移路线和场所，以及自救互救知识，组织开展群测群防工作，建立防灾减灾为人民，防灾减灾依靠人民的牢固基础。

地质灾害威胁山区居民的自身安全，周围居民由于防灾责任心较强，又熟悉村庄周围的地质环境且经常在此活动，能够及时发现地质灾害险情前兆和变化情况。一旦发现地质灾害前兆，第一时间进行避险转移和自救工作，可以最大限度地避免或减轻人员伤亡和财产损失。若发生地质灾害，周围居民也可在第一时间开展自救互救，特别是在生命营救的有限黄金时段发挥重要作用，最大限度地营救受灾人员，做到自我识别、自我监测、自我预报、自我防范、自我应急和自我救治。当发生严重地质灾害时，也可为地质灾害应急处置、应急救援提供场地、基本生活条件等方面的保障。

2.社会公益组织

近年来，随着社会经济的发展，各级民政部门成立防灾、减灾、救灾和应急救援业务的社会公益组织，以及各级红十字会组织，是一种重要的地质灾害抢险救援的补充性力量，特别是在群发性地质灾害应急救援、物资运输和科普宣传等方面具有重要的作用。在应急救援现场，各社会公益组织要服从统一管理和调度，分工协作，有序开展应急救援活动。

抢险救援工作多处于地质灾害危险区，救援人员要掌握地质灾害防治和施救作业的基本知识，增强自我保护意识和措施，仔细查看现场环境，加强风险防范，科学施救，保证抢险救援工作顺利进行。

15.1.4　工矿企业

1.工矿企业

水利、交通和采矿等工程活动多位于山区，常面临滑坡等地质灾害的威胁，负有周边地质灾害防治的职责。在工程选址、规划设计、建设和运营各阶段，要重视和加强地质灾害和地质环境的调查评价工作，合理避让和治理重大地质灾害隐患，加强监测预警和宣传培训工作，编制防灾预案，提高预防和治理能力，保证企业的自身安全。

同时，具有挖掘机、装载机、运输车辆等装备的各类工程建设、采矿企业，也是重要的地质灾害抢险救援的补充性力量。在重大滑坡等地质灾害应急处置和救援中，工矿企业服从政府就近调配，及时组织各种机械装备和人员，参与致灾体的排危除险工程、人员财产抢救中的土石方挖运、堰塞湖疏通、道路修建、人员转移和物资运输等工作。由于抢险救援的机械装备和人员多处于地质灾害危险区，救援人员要掌握地质灾害防治和施工作业的基本知识，增强自我保护意识和措施。

2.自然灾害保险

自然灾害保险作为转移和分散灾害风险、提供损失补偿的有效手段，是世界上许多国家自然灾害防治和风险管理体系的重要组成部分。目前，我国防灾减灾的经费投入主要以政府投入为主，随着社会经济的不断发展，保险在现代自然灾害防治和风险管理中将成为一种日益重要的方式。充分利用保险实现灾害保障，形成以灾害保险为主体，政府灾害救济为重要力量，其他多种形式为补充的灾害保障体制，将成为政府、社会和公众共同努力的方向。

滑坡等突发性地质灾害，一般都会造成严重的甚至是毁灭性的人员伤亡和财产损失，公民和企业参加滑坡等自然灾害保险，使保险在减灾救灾、恢复生产中起到巨大作用，政府在救灾和灾后恢复重建工作中的角色转变，即政府由以往的赈灾救济拨款转变为政府与社会共同承担的灾害保险补偿。这不但减轻了政府的压力，更重要的是使受灾单位和个人可以及时得到宝贵的补偿资金，帮助恢复生产、重建家园。此外，保险公司也可参与和资助滑坡、泥石流风险调查评价和防治工作，这对减轻全社会的灾害损失（包括降低灾害保险赔偿）来说，是更加积极的一面。

目前，自然灾害保险工作还比较滞后，应结合我国灾害特点和社会发展实际，修订完善灾害保险相关法律法规，建立和创新国家灾害保险体系，为灾害保险工作的推进落实奠定基础。加强不同区域、不同自然灾害的风险模型、保险费率等研究，加大自然灾害保险覆盖面，丰富产品供给。提高自然灾害保险产品设计的科学性、专业性，提高民众自然灾害保险意识、保险知识素养。宣传鼓励公民和企业参加保险，充分发挥保险对自然灾害损失的经济补偿和转移分担功能。

15.2　滑坡灾害调查评价

15.2.1　滑坡灾害调查评价工作现状

开展滑坡灾害调查评价，查清滑坡区域分布和发育特征，是滑坡灾害防治与研究的重要基础工作。甘肃滑坡灾害分布广泛、数量众多，长期以来“家底不清”，滑坡灾害调查评价的任务十分艰巨。随着社会经济发展和地质灾害防治工作的迫切需要，2000年以来，陆续开展了1：10万县（市）地质灾害调查与区划和1：5万地质灾害详细调查和风险调查，通过十多年分阶段、递进式的地质灾害调查工作，基本查清了甘肃滑坡灾害类型、发育分布的总体状况，并建立了地质灾害信息数据库。

但在地质灾害防治的实际工作中，发现滑坡灾害调查的准确率较低，对已发生的滑坡灾害点的调查研究资料较为系统全面，而对未来可能发生滑坡灾害的隐患区早期识别不够；对滑坡灾害的孕灾地质条件、引发因素和发育规律认识不足，缺少极端条件下滑坡灾害的危险性评价；对全省滑坡灾害总体情况的总结分析和评价不够，调查评价的精度、广度、深度尚不能满足防灾减灾和国土空间规划的要求。使得滑坡灾害监测预防工作以“盯点防守”为主，从而出现大量的意外“漏网之点”，许多滑坡灾害发生在隐患监测点之外，这种现象在甘肃乃至全国普遍存在。其主要原因有：

（1）受调查比例尺、调查方法、技术水平和经费投入等限制，过去地质灾害调查的重点和评价都侧重于已有滑坡复活的可能性上，未能对潜在滑坡灾害隐患进行全面的早期识别。滑坡不像泥石流那样确定性地在某些沟道间歇性重复发生，也并不是所有滑坡都会发生复活滑动，实际发生的滑坡多为不稳定斜坡演化而来的新生滑坡。已发生的滑坡从外形易于识别，潜在滑坡的稳定性难于研判，从而会导致发生的滑坡灾害常常不在滑坡隐患点之列，监测的滑坡隐患点往往没有变化。

（2）早期的1：10万县（市）地质灾害调查的指导思想是突出“以人为本”，调查方式主要根据群众报险线索和已掌握的情况，逐一进行现场调查。由于群众识别滑坡灾害隐患点的水平有限，且滑坡的发生具有动态变化性，漏报、漏查现象在所难免。

（3）滑坡是山区地质环境发育的复杂地质现象，影响因素众多，变形破坏过程和形成机理多样，具有隐蔽性、复杂性和不确定性等特点。面对这样的调查评价对象，需要调查者全面了解区域地质环境条件，具有丰富的滑坡理论知识和工作经验，以及先进的技术设备，才能对每一个滑坡隐患进行识别、调查和分析评价，取得真实可靠的第一手资料，进而综合分析研究滑坡灾害与地质环境条件的关系，找出滑坡灾害的主控因素与发育分布规律，评价预测潜在滑坡发育的区段、稳定状态与可能造成的危害等，才有可能把滑坡灾害调查评价工作做到精准。

15.2.2　滑坡灾害调查评价工作需重视的方面

国家对滑坡等地质灾害防治工作提出了更高的要求，近年来，随着地质灾害风险管理理念的引入，又在进一步开展1：5万和1：1万山区城镇地质灾害风险调查与评价工作。应充分利用InSAR、LiDAR、三维激光扫描、无人机航测、深部位移监测、引发因素监测等新技术、新方法，进一步提高地质灾害调查精度和早期识别水平，摸清危险区和隐患点风险底数，夯实地质灾害防治的工作基础，对危险区和隐患点进行风险双管控，精准提升地质灾害风险防范能力，逐步实现从灾后救助向灾前预防转变、从减少灾害损失向减轻灾害风险转变。发现不了地质灾害隐患和风险，就是地质灾害防治工作的最大隐患和风险。今后的调查评价工作需要在以下方面给予加强：

1.重视滑坡灾害发育的地质环境条件调查

滑坡、潜在滑坡是在一定地质环境条件下发育的地质作用和现象，其类型、特征、成因和空间发育分布等与地质环境条件密切相关。区域滑坡灾害调查评价，必须首先重视调查区地质环境条件的调查，递进式地质灾害调查工作精度的提高，需要以与之相适应的地质环境资料为支撑，过去的地质环境资料不能全面满足更高精度地质灾害调查工作的需要，在充分研究已有资料和补充调查的基础上，掌握并建立区域地质环境条件的空间概念模型，深入分析区域地质环境与滑坡形成的关系及控制作用。否则，将影响地质灾害调查工作的精度和认识水平。

2.加强滑坡发育特征与形成机理研究

不同地质环境条件孕育不同类型的滑坡，不同类型的滑坡有不同的形态和结构特征，有不同的形成机理、滑移特征、稳定性和复活特点、致灾范围和致灾特征。甘肃滑坡灾害分布广泛，孕灾条件和影响因素差异较大，决定了滑坡发育分布、成因、活动特征与稳定性的区域差异。如位于陇西黄土高原西部的兰州地区以黄土滑坡、黄土-红层切层滑坡为主，坡度多在30°左右；而天水地区多发育黄土-红层接触面滑坡，常发育在地势相对低洼，汇水条件好，地下水发育，坡度15°左右的斜坡区，且易复活滑动。因此，不同区域滑坡易发性评价中坡度因素的分级标准和权重取值应根据实际情况确定并有所差异。深入调查滑坡类型和特征，通过解剖典型，对比分析，深化认识，全面掌握滑坡的特殊性与差异性，提高区域滑坡特征、形成机理认识，有助于潜在滑坡的判识，易发性和风险评价。同时，还要加强滑坡灾害链和次生灾害的调查研究。

滑坡影响因素要根据实际调查结果具体分析，并突出主要因素。如黄土地区降水入渗和引发滑坡的方式有多种，有的通过落水洞局部入渗和软化，有的是面状入渗整体软化。有的滑坡成因分析中过分强调一般的机械振动影响，却忽略了更重要的挖填方活动，甚至水体渗漏软化斜坡等引发滑坡的不利因素和作用。

3. 加强斜坡地质结构调查，合理划分斜坡评价单元

斜坡稳定性、滑坡类型与发育分布主要是由斜坡地质结构控制。不同地质结构的斜坡其稳定性差异较大，孕育的滑坡类型也不同；相同地质结构的斜坡其稳定性相近，孕育的滑坡类型一致。斜坡地质结构包括水文地质条件的调查研究和分类，是非常重要的基础工作，要通过斜坡结构类型与滑坡的相关性分析，来评价不同地质结构斜坡的稳定性，确定潜在滑坡的类型和易发性。同时，加强区域不同斜坡地质结构对斜坡稳定性、滑坡发育的综合分析，进而依据斜坡地质结构类型差异及影响因素，划分斜坡评价单元，确定评价因子和权重，使滑坡易发区和隐患点的评价结果更具合理性和正确性。

4. 重视滑移特征的调查统计和分析

滑坡的滑速、滑距等滑移特征是确定滑坡危害范围的重要参数，直接影响风险评价结果和防灾预案的制定。滑坡滑移特征是当前世界性的难题和研究热点，而风险评价工作中要求确定暴雨、地震等不同工况下的风险范围，并给出相关计算公式。但这方面的认知还很不成熟，分析结果常与实际不符，如许多计算在时间不足10 s、滑距不到100 m的滑程中，滑坡如过山车般突然加速和突然制动，最大滑速达20 m/s以上。有的不论什么类型的滑坡均按2倍高差简单地计算滑距。从现有滑坡资料来看，不同类型滑坡的滑移特征，新生滑坡与复活滑坡的滑移特征差异很大。重视已发生滑坡实际滑移特征的调查和资料积累，通过分类统计和分析，获得不同类型滑坡滑移特征的统计预测公式，是一条较为可行的途径，有助于提高风险范围的合理确定。在今后的工作中，特别是新发生的滑坡调查中应该加以重视，积累基础资料。

5. 充分利用新技术和社会经济大数据

滑坡等地质灾害发育的地质环境和影响因素复杂，具有很强的隐蔽性和动态变化，常规的地面调查方法难以查明全部滑坡灾害隐患。区域滑坡灾害调查应充分利用遥感影像、InSAR、LiDAR、无人机航测资料和设备，构建“空天地”一体化的地质灾害调查系统，从不同视野开展区域性滑坡调查和研究，甄别滑坡隐患点和变形动态分析，提高调查精度、隐患点早期识别水平和工作效率。滑坡风险评价中，承灾体调查是一项复杂而重要的工作，工作量巨大，要充分利用社会经济大数据、三调等资料，提高数据的准确性，减轻不必要的重复工作量。

15.2.3　滑坡隐患早期识别

滑坡隐患早期识别是解决滑坡在哪里的问题，是滑坡灾害预防的基础和前提，非常重要。但由于滑坡具有很强的隐蔽性和动态变化性等原因，有时滑坡隐患识别难度很大。近年来，InSAR技术已广泛应用于滑坡早期识别和监测预警，其基本工作步骤可分为InSAR面域变形识别-光学遥感特征识别-地面核查（图15-1）。

InSAR识别的滑坡隐患点只是面域变形信息，需利用卫星和航空遥感影像进一步更直观地识别滑坡范围和部分要素特征。目前的影像资料多为数字格式且影像更加清晰，解译判识也计算机化，其应用逐渐从单一的遥感资料向多时相、多数据源的复合分析发展，从静态地质灾害辨识形态分析向地质灾害变形动态观测过渡。通过滑坡不同时期的形态进行对比和分析，有利于滑坡动态变化过程和形成机理的研究。随着AI技术的发展，近年来利用卫星和航空影像对滑坡隐患的智能化、自动化快速识别工作发展迅速并不断改进，可进一步提高滑坡隐患识别的准确性和工作效率。

对滑坡隐患点还可进一步利用无人机摄影判识，最好现场同时获取倾斜摄影、三维立体图、正射影像，满足不同方面滑坡隐患特征分析对影像资料的需要。

最后，对新发现的滑坡隐患要进行现场人工核查，核查的重点包括滑坡形态特征、微地貌、岩土结构和变形特征、影响因素和危害对象等方面。

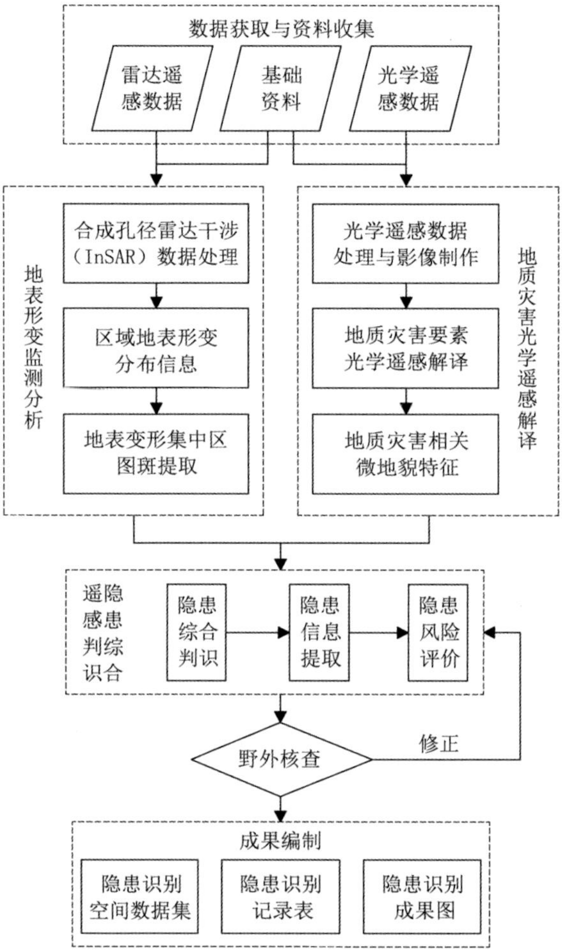

图15-1　“空天地”一体化核查技术流程图

近年来，基于InSAR的“空天地”一体化的多源立体观测体系在滑坡隐患早期识别方面不断应用和发展，在省内也取得了较好的应用效果。

1.白龙江流域滑坡隐患识别

基于PSInSAR和SBAS-InSAR技术，计算得到白龙江流域视线方向地表变形（图15-2）。

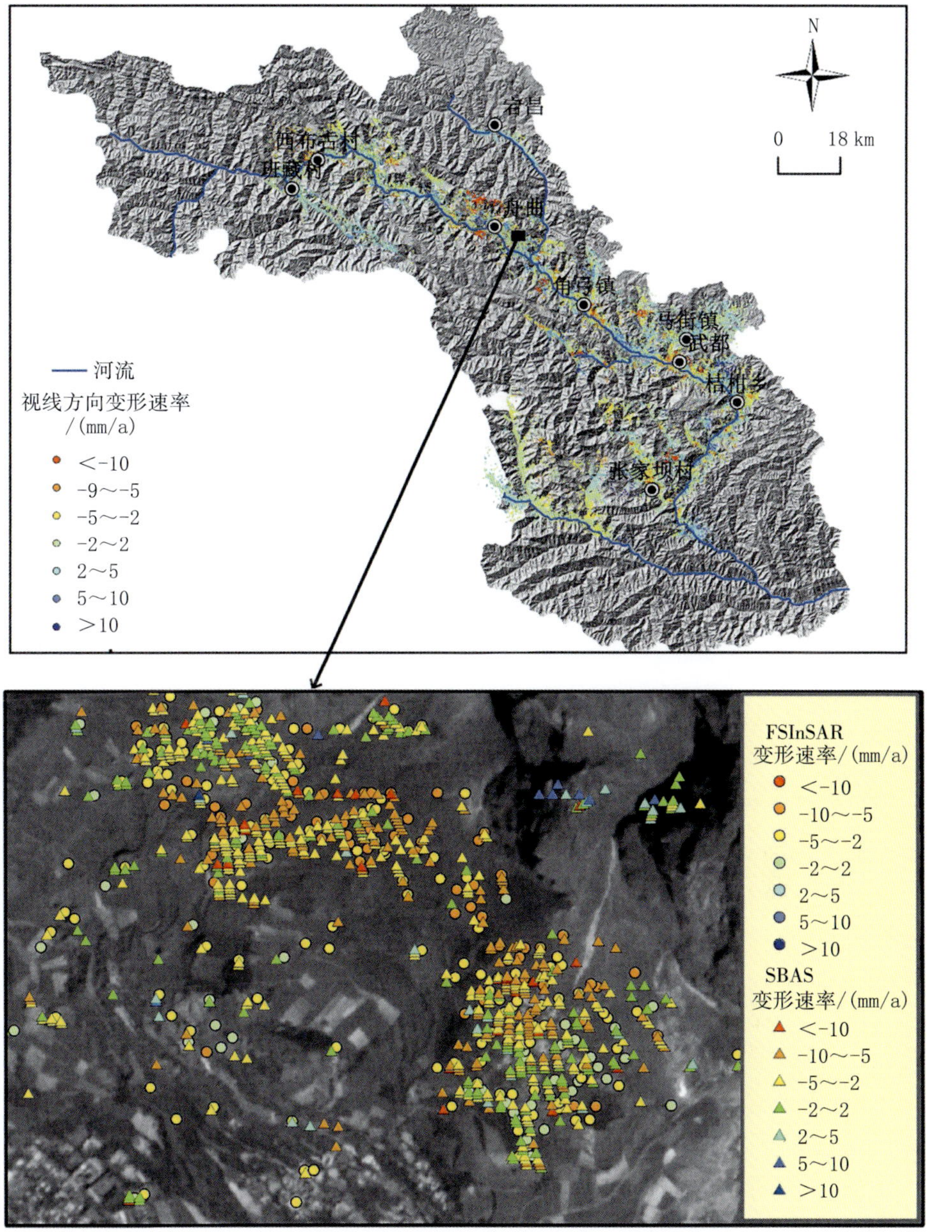

图15-2　白龙江流域典型区域InSAR技术地表变形监测结果（据张毅）

由地表变形速率图可知：地表变形区主要涉及白龙江流域主要城镇及周边地区。尤其是在白龙江上游迭部县班藏村、西布古村和舟曲县城，白龙江中游武都城区、角弓镇、马街镇和白龙江支流拱坝河流域，白龙江下游武都区桔柑乡、文县张家坝村等白龙江流域重点城镇及周边地区，出现了较大的变形速率。

对锁儿头滑坡分别采集了夏季（2009年8月5日和2009年9月20日）和冬季（2009年12月21日和2010年2月5日）的两幅干涉图进行DInSAR处理，提取整个滑体的地表变形（图15-3）。根据滑体宏观变形特征，可将锁儿头滑坡划分为两级滑动：第一级滑动为滑坡后壁到滑坡中部堆积区，第二级滑动为整个滑坡体的前缘。

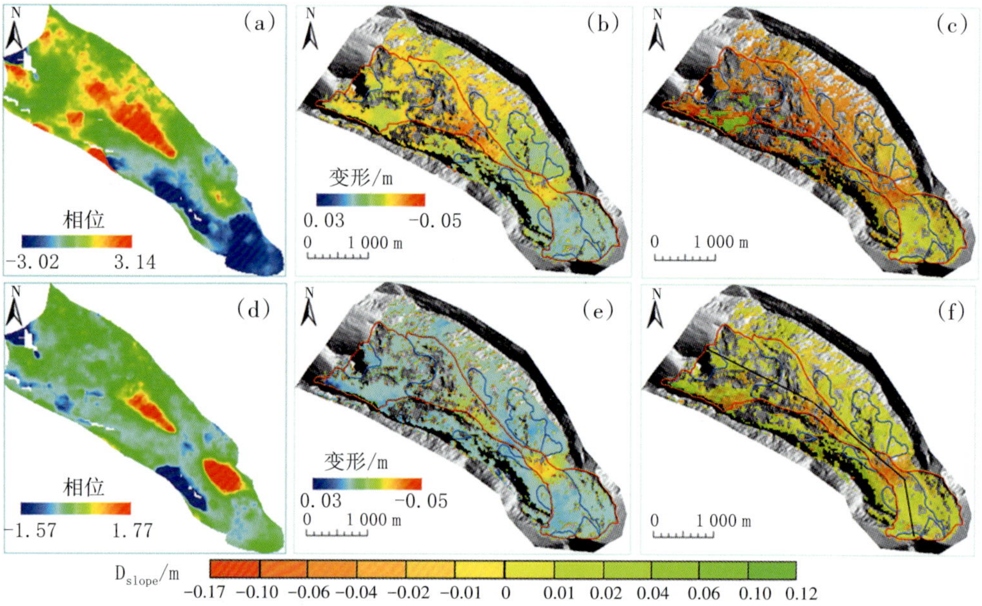

图15-3　锁儿头滑坡夏季和冬季干涉和变形分布图

注：(a)～(c)为干涉相对（2009年8月5日和2009年9月20日）的干涉图、视线方向变形和斜坡方向变形；(d)～(f)为干涉相对（2009年12月21日和2010年2月5日）的干涉图、视线方向变形和斜坡方向变形。

2.兰州市主城区滑坡隐患识别

利用2019年9月—2020年3月ALOS-2合成孔径雷达卫星SBAS-InSAR时序形变数据，对兰州市主城区滑坡灾害隐患进行了早期识别（图15-4）。共识别变形点59处，其中滑坡27处，效果较好。

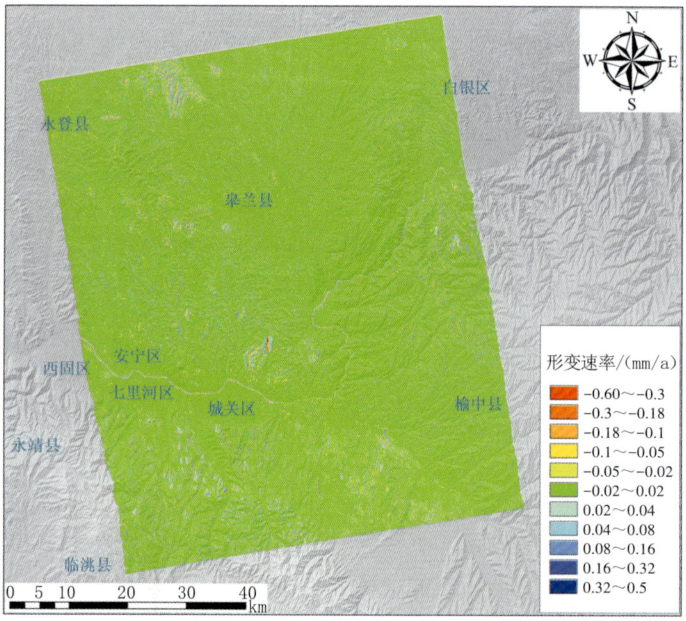

图15-4　兰州市主城区滑坡隐患早期识别图

图15-5、图15-6为忠和镇北普兰太电光源有限责任公司办公楼南侧山坡InSAR监测变形图，6个月累计监测最大形变量达16.3 cm。实地核查发现斜坡中上段发育多处裂缝和落水洞，裂缝长4～50 m，宽5～20 cm，深0.3～2.2 m，下错1～20 cm，延伸方向65°～150°（图15-7）。其中，办公室南侧斜坡裂缝最为发育，贯通呈圈椅状，裂缝最深2.2 m，最宽0.32 m，最大下错0.21 m，延伸长度52 m，实地调查变形结果与监测数据吻合。

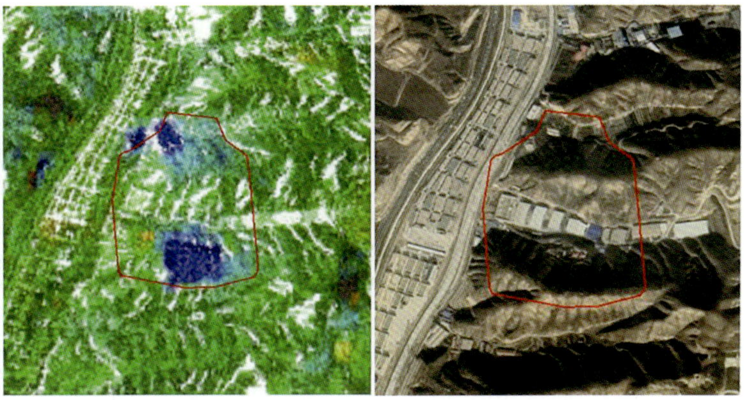

图15-5　普兰太滑坡形变区InSAR变形速率及位置示意图

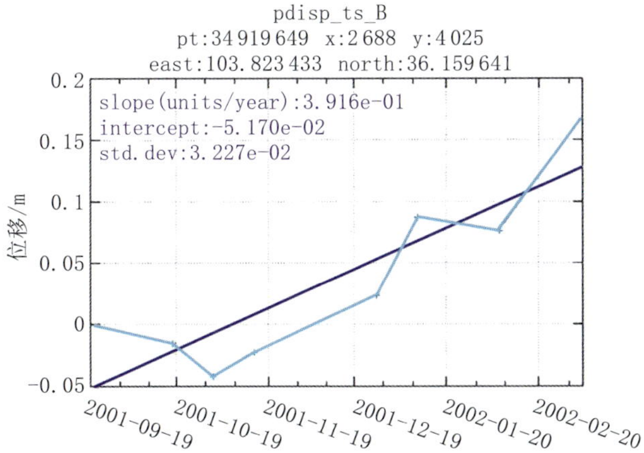

图15-6　普兰太滑坡形变区中心点累计变形折线图

图15-7　普兰太滑坡后缘拉张裂缝

15.3　滑坡灾害监测和预警预报

目前，我国地质灾害防治工作坚持预防为主、避让与治理相结合的原则。因此，滑坡灾害监测预警是滑坡灾害防治的重要措施和手段（图15-8）。滑坡监测主要手段有专业监测、群测群防，滑坡预警则有基于降水的区域滑坡气象风险预警、基于专业仪器监测的预警和基于群测群防的预警3种基本模式。近20年来，甘肃群测群防监测体系基本达到全覆盖，重要隐患点基本监控，专业和普适性仪器监测工作正在逐步建设。

地质灾害气象风险预警的精度不断提升，地质灾害监测预警信息系统基本完善并运行。多次成功预警、预报了单体滑坡灾害和区域群发性滑坡灾害，在减轻滑坡等地质灾害方面发挥了重要作用。

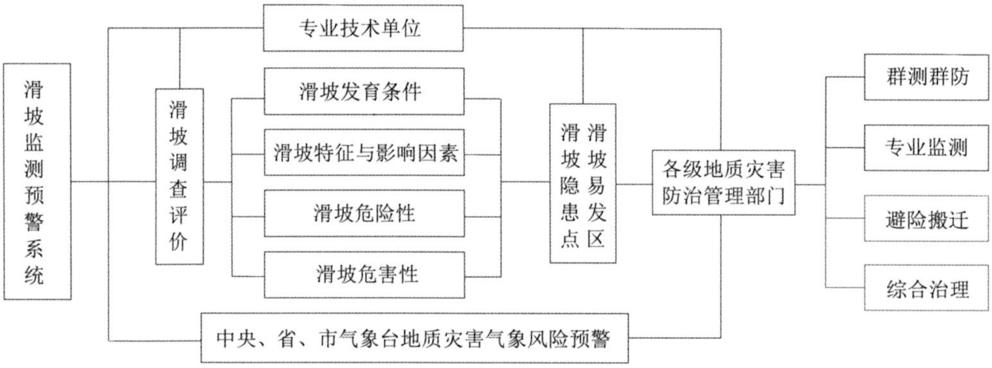

图15-8　滑坡监测预警系统框图

15.3.1　滑坡灾害监测

滑坡灾害监测预警系统主要由以简易观测为主要手段的群测群防系统和以各种先进、普适性仪器设备为主要手段的专业监测系统组成。

1. 群测群防

大多数滑坡的发生具有一定的孕育发展过程，并表现出地表出现裂缝、房屋建筑开裂等宏观前兆，为及时发现滑坡险情并进行监测预警提供了可能。历史上甘肃有许多根据滑坡前兆预警而成功避险的事例，如“乾隆二十一年（1756年）秦州北乡熊家寨山溃，先数日山鸣有声，居人多避之，故免于难”。这是我国最早应用地声等滑坡前兆，成功预警滑坡灾害，避免人员伤亡的实例。

1983年7月9日和10日，甘肃白银公司露天矿边坡发生滑坡，体积达1×10^6 m^3，由于提前3天发布书面正式预警，并果断采取停产、撤退人员和设备、切断高压线路等措施，避免了恶性人身财产损失的发生。

1988年11月5日，兰州市城关区青白石乡发生长540 m的黄土滑坡，毁坏农田2 hm^2，破坏提水管道450 m，直接经济损失10余万元。由于群众有滑坡基本知识，在1987年出现滑坡变形迹象时，乡政府采取果断措施，将危险区的7户50余人搬迁到安全区。在滑坡发生前出现明显的前兆时，还未搬迁的3户9人迅速逃离现场，避免了人员伤亡。

滑坡隐患区的居民熟悉周围长期生活的自然环境，可以及时发现其异常变化，且滑坡灾害直接威胁自身生命财产安全，有一定的自主预防意识。因此，开展滑坡灾害群测群防工作是预防和减轻滑坡灾害的有效途径。

通过20多年的建设，甘肃滑坡等地质灾害隐患点的群测群防监测工作已基本全覆盖。基本做到了隐患点“两表一卡”全覆盖，编制了防灾预案，落实了监测预防责任人，实现了分级管理、层层负责、责任到人，建立了隐患点入库，发放了明白卡，开展了宣传培训和汛前、汛期、汛后三查等制度。已发现的隐患点均建立了技术档案，并纳入全省地质灾害防治信息系统。对新发现的隐患点及时补充调查，安排群防员和监测预防责任人，对隐患点信息系统进行动态管理和更新。

群测群防工作成功预警了2004年8月18日发生的兰州市安宁区枣树沟76#滑坡、2021年10月22日发生的西和县姜席镇李山村一社滑坡、2022年7月13日发生的武都区枫相乡麻地湾村李子坪社滑坡等多次滑坡灾害，避免了重大人员伤亡和财产损失，在减轻滑坡等地质灾害方面发挥了重要作用。

2023年4月21日，陇南市武都区安化镇槐树下村阳坡三组发生滑坡，体积约3×10^5 m^3，损毁农田和输电线路（图15-9）。由于预警及时，对受威胁的58户240余人避险转移，未造成人员伤亡。

图15-9　陇南市武都区安化镇槐树下村阳坡三组滑坡

该滑坡属老滑坡的复活滑动。4月20—21日，安化镇境内出现强降水。20日9时，群防员李志锋在日常巡查排查过程中发现，斜坡上部原有裂缝出现向两侧延伸、变宽等现象，随即上报险情；11时，陇南市自然资源局武都分局工作人员与甘肃省自然资源厅地质灾害防治技术指导中心专家赶赴现场应急调查和研判险情；13时，当地政府将受直接威胁的8户居民临时转移安置至安全区域，并开展实时监测预警。21日13时33分，群防员发现滑坡变形快速增大，经有关专家会同市、区两级自然资源管理部门研判，滑坡处于临滑状态，随即撤离58户受威胁群众；13时42分，滑坡整体发生剧烈滑动。

实际上，该滑坡不是群测群防隐患点，其预警避险成功进一步体现了群防员的业务素质和责任心，也体现出群测群防工作的重要性，为正在建设的地质灾害隐患点和风险区双管控工作提供了典型成功案例。

滑坡隐患群测群防作为一种有效的防灾手段，今后还将继续发挥重要作用，要不断加强和完善组织与管理工作，并在以下方面给予高度重视。

（1）随着地质灾害隐患点和风险区双管控工作的实施，以各种形式开展加强群测群防人员、管理人员和广大群众地质灾害防治和管理知识的培训，进一步提高隐患识别、监测预警、避险转移和现场处置能力。

（2）单一的群测群防监测预警逐步向专群结合的监测预警转变，提高监测预警科技水平和能力，减轻劳动强度。加强各种现场情景的预警判据、预警阈值的研究与制定，提高预警的准确率和防灾减灾效率。“宁可十防九空”是预防灾害、保护生命财产安全的决心和意志，提高预警的准确率是科技防灾的奋斗目标和方向。

（3）进一步明确基层群防员的工作责任和要求，落实相应的工作报酬，达到责权利的协调统一。同时，逐步改善其基本工作装备和防护设施，保证艰险环境下的自身安全。

（4）地质灾害应急避险场所一般是事先选择群众周知的、就近的地质环境安全且通行和生活方便的临时场所，当发生灾害时紧急征用并给予合理补偿。在某一村庄居民区，滑坡等地质灾害一般是几十年，甚至上百年出现的偶然事件，应急避险场所的利用率很低，在规划建设永久性应急避险场所的基础上，每一个隐患点应确定临时应急避险场所。

（5）近年来，甘肃山区农村经常发生规模仅数十至数百立方米的滑坡、崩塌，会造成较严重的人员伤亡和经济损失，其原因主要为临坡建房或切坡建房。山区农村这类滑坡隐患星罗棋布，防治难度很大。要加强地质灾害防治和地质环境保护知识宣传，提高村民自我防灾意识，同时加强山区农村建房的规划和管理工作，减少此类滑坡灾害发生。

2. 专业监测

滑坡隐患点专业监测预警运用各种先进、普适性监测设备，科技水平和自动化程度高，可准确地、及时地连续观测和自动传输、储存数据，并自动进行预警。

滑坡专业监测的目的是掌握滑坡变形特征和趋势，分析和研判滑坡稳定性，为滑坡预警、预报和应急处置提供可靠依据。根据滑坡变形特征、形成机理和影响因素，以及滑坡形成过程中的相关物理现象，滑坡专业监测一般包括变形位移、相关因素、宏观前兆等监测内容，以及相应的监测指标、监测手段和预警指标（表15–1）。

表15–1　滑坡主要监测手段及预警指标

监测内容	监测项目	监测手段	预警指标
驱动力	降水量、水位、应力（水压力、土压力、支挡结构应力、滑坡推力）等	雨量计、水位计、孔压计、土压力计、钢筋应力计等	临界降水量、水位、孔压、应力等
外在变形	位移速率、累计位移、加速度、倾角等	全站仪、裂缝计、GNSS系统、InSAR、钻孔测斜仪、多点位移计、测斜仪、光纤等	切线角、加速度、裂缝分期配套特性等
内部破裂	微震、次声、声波等	地震仪、次声探测仪、声波仪等内部破裂观测等	弹性波、次声波频谱特性、能量特性
临滑前兆	变形、地下水位、泉水、微震和声波等前兆信息	变形、裂缝、水位、泉水流量观测等	前兆异常信息，如位移急剧增加，持续不断的小崩小落

甘肃滑坡灾害专业监测预警工作起步较早，20世纪90年代以来，甘肃省水利厅水土保持局对省内长江流域的舟曲县泄流坡、锁儿头，西和县西山等9处滑坡进行了近20年的专业监测，积累了宝贵资料和经验。中铁西北科学研究院通过监测对1995年1月30日发生的永靖县黑方台黄茨滑坡进行了准确的临滑预报，开创了甘肃滑坡科学监测预报的先例。

“5·12”汶川地震和“8·8”舟曲泥石流灾后重建时，先后在陇南、舟曲布设了专业监测点47处。2012年以来，建立了兰州、陇南2个国家级地质灾害监测预警示范区，建立了天水、临夏、定西和张掖4个省级地质灾害监测预警示范区，全省已建成了317处重大灾害专业监测点。2020年以来，以普适性专业监测设备为主要措施的专群结合的地质灾害监测点建设迅速，截至2023年初已建成4 901处。滑坡专业监测已成功预警各类地质灾害144起，避险转移4.05万人，避免经济损失7.64亿元，取得了显著的防灾减灾效果。

总结多年来滑坡灾害专业监测预警的经验，今后工作中应重视和加强以下方面：

（1）对拟确定开展专业监测或专群结合监测的滑坡隐患点，要进行详细的现场调查，基本查明滑坡的类型、特征、稳定性和影响因素、可能的变形破坏范围和方式等。有针对性地选择监测项目和适宜的监测设备，有效监测滑坡的动态变化，为滑坡灾害预警提供可靠资料。如黄土地区降水呈面状入渗，过程缓慢且最大深度仅1～2 m，选择浅层土体含水率监测滑坡似乎作用不大。深部位移的量测精度可达毫米级，在滑坡初期变形阶段即被剪断失效，对确定滑面的位置非常有用，但对滑坡发生时间预警意义不大且成本高。

（2）深入研究滑坡、潜在滑坡的平面形态和分级分块特征，确定可能变形的重点部位和块体，有针对性地合理布置监测设备，对其进行有效控制和监测，才能获取最具代表性和典型性的滑坡变形-时间序列资料。有的监测设备对最可能发生变形的危险范围没有合理有效地控制。如漳县武当乡刘家里村潜在滑坡专群结合监测点在近山顶部位安装了多套监测设备，而坡体下部最陡、最危险的部位却没有安装监测设备（图15-10）。2022年6月13日坡体下部出现滑坡迹象，圈椅状滑壁明显整体下错，而监测系统未能发挥监测预警的作用。

图15-10 漳县武当乡刘家里村专群结合监测点与滑坡

（3）利用专业监测等监测资料进行滑坡灾害预警，其决定预警准确性的关键因素之一是预警阈值的科学设定。目前安装的GNSS系统、裂缝计、位移计、雨量计等监测设备和倾角、加速度等监测项目较多，但各类监测项目的预警阈值在设定时还普遍存在较多的问题，由于有的预警阈值存在设置偏小等原因，近年来出现了许多监测设备报警，但实地查看却无滑坡迹象的情况。科学设定预警阈值是一项难度很大的复杂性技术工作，如常年变形的泄流坡等滑坡，每月的位移达数十厘米，这对其他滑坡来说则是严重险情，因此，要针对不同类型的滑坡开展专门的预警阈值研究。这项工作需要加强专业监测资料的挖掘分析，对不同监测项目的典型滑坡变形-时间序列资料统计和对比，确定不同滑坡、不同类型设备的预警阈值，并随监测资料的增加不断改进和完善。

（4）多参数、多功能的设备具有更好的监测效果。近年来，集裂缝-位移、倾角、加速度、降水量等项目的多参数多功能一体化监测设备，监测内容多、适用性广，且减少了安装工作量，成本低，使用广泛。但各类设备出现误报的情况较多，甚至在一天内出现上百次报警的情况，可能与设备和系统的稳定性有关，因此，设备和系统的观测精度和性能稳定性还需进一步提高。

（5）设备维护与监测工作的连续性。滑坡的发生具有较长的孕育过程，监测设备均在野外安装，工作环境较差，出现故障的可能性较大，特别是降水较多的汛期，而汛期也是地质灾害监测预警的关键时段。因此，加强设备维护检修，保证正常运行是一项非常重要的技术保障工作。另外，监测设备具有一定的使用寿命，对到期的设备及时进行更新，可以保证监测预警工作的连续性和长效性。

15.3.2　滑坡气象风险预警

降水是滑坡的重要引发因素，甘肃约70%的滑坡由降水引发。因此，滑坡灾害气象风险预警是滑坡灾害监测预警体系的重要手段和组成部分，具有可靠性较高、覆盖面大、发布及时、受众面广、预警响应体系较为完善的特点。如天水“7·25”、临夏“7·18”、陇东南“8·13”大范围降水引发的群发性地质灾害，因气象风险预警工作及时准确，提早采取避险转移等防范工作，避免了大量人员伤亡，取得了显著的防灾减灾成效，也凸显了地质灾害气象风险预警工作的重要性。因此，进一步加强地质灾害气象风险预警具有十分重要的意义。

随着降水预报模型向精细化发展，气象部门已基本实现了5 km×5 km的网格化预报，并通过专线将预报结果和实时降水数据推送到自然资源管理部门。气象、水利、自然资源管理部门在全省建立了4 000余处降水量监测点，在重点预防区达到每15 km^{2}即有一个降水量监测点。气象部门测雨雷达技术为短时临近强降水的预报提供了技术支持。通过多年努力，建立了多渠道信息发布通道，政府部门、公众对气象风险预警响应机制也逐步完善，具有较好的工作基础。

1.降水型滑坡区域气象风险预警模型

1）基本模型

滑坡灾害危险性是指降水引发地质灾害的可能性及其涉及的范围，其计算公式为：

$$H_{ri} = R_{Li}Q_i \tag{15-1}$$

式中：H_{ri}为第i单元降水引发滑坡灾害的危险性指数；Q_i为第i单元降水引发滑坡灾害的潜势度指数；R_{Li}为第i单元临界降水系数。

2）易发性指数计算

选择滑坡发育度、潜势度作为易发性评价的一级指标。发育度是历史滑坡的发育强度，可以采用历史时期发生的滑坡点密度、频次和规模等指标表征；潜势度是孕灾地质环境条件组合特征导致滑坡发生的可能性，可以选取岩土强度、断裂带规模、山坡高差、坡度、植被覆盖度、路网密度等因子作为评价指标（表15-2）。

表15-2　滑坡易发性评价指标

一类指标	二类指标	具体量化指标
发育度	规模	滑坡/（$\times10^4$ m^3/km^2）
	频次	滑坡/(次/10年)
	密度	滑坡/(处/10 km^2)
潜势度	活动构造	断裂带规模/(km/km^2)
	岩土体	岩土强度/MPa
	地貌	山坡高差/m
		山坡坡度/°
	森林植被	植被覆盖率/%
	线性工程	路网密度/(km/km^2)

易发性由历史滑坡强度（F）和滑坡潜势度（Q）来表征。其数学模型可表征为：

$$Y_i = a\Sigma F_i\alpha_i + b\Sigma Q_i\alpha_i \tag{15-2}$$

式中：Y_i为易发性指数；F_i为历史滑坡强度指数；Q_i为潜势度指数，分别为新构造运动、岩土性质、地貌类型、山坡坡度、植被覆盖度等孕灾条件因子；α_i为因子对应的权重；a为系数，根据调查数据和实际发生的滑坡数量的一致性取值，河西取0.5，中东部取0.4；b为系数，河西取0.5，中东部取0.6。

因子属性提取主要是通过GIS平台来实现。经过软件处理所得滑坡的规模、频次、分布密度等要素参数；各单元的岩土强度、断裂带规模、山坡高差、山坡坡度、植被覆盖度、路网密度等属性均通过GIS的空间分析功能来提取。发育度以滑坡点密度、面积密度和体积密度按照表15-3划分等级，并赋予相应的评判值。

表15-3　降水型滑坡发育度因子及指标分级表

项目	判别指标	0	0.5	1.0	1.5
规模	滑坡/（m^3/km^2）	$<1\times10^2$	1×10^2～1×10^5	1×10^5～1×10^6	$>1\times10^6$
频次	滑坡/(次/10年)	无灾害记录	1	5～20	>20
密度	滑坡/(处/10 km^2)	0	1～2	3～5	>6

滑坡潜势度选择活动构造、岩土体性质、地貌类型、山坡坡度、森林覆盖率、人类工程活动（路网密度）来表征滑坡灾害的发育度。根据表15-4划分因子对滑坡的影响程度。

表15-4　滑坡潜势度因子及指标分级表

形成条件	极不充分	不充分	较充分	充分
	0	0.5	1.0	1.5
活动构造	构造变形十分微弱，烈度Ⅵ度以下	构造变形较弱，烈度Ⅵ～Ⅶ度	构造变形较明显，烈度Ⅶ～Ⅷ度	构造变形强烈，烈度Ⅷ度以上
岩土体性质	结构完整的坚硬岩	结构较完整、较坚硬岩	较破碎岩	易滑岩土、结构破碎岩体不完整
相对高差/m	＜100	100～500	500～1 000	＞1 000
山坡坡度/°	＜10	10～25	＞60	25～60
森林覆盖率/%	＜10	＞60	40～60	20～40
路网密度/(km/km^2)	＞0.01	0.01～0.1	0.1～1.0	＞1.0

根据以上划分方法，按其发育程度将全省划分为降水型滑坡高易发区、中易发区、低易发区和不易发区（图15-11）。

降水型滑坡高易发区面积2.82×10^4 km^2，中易发区面积3.06×10^4 km^2，低易发区面积1.552×10^5 km^2，不易发区面积2.118×10^5 km^2。高、中易发区主要集中在河东区域，低易发区在中东部和河西地区均有分布。

2.模型构建

借鉴国内外研究成果，建立基于综合有效累计降水量的24 h滑坡趋势预警模型和基于实时降水量的滑坡实时预警模型。区域预警模型基于GIS采用网格化节点计算，每个网格面积为5 km×5 km。

1）24 h滑坡趋势预警模型

24 h滑坡趋势预警模型的建立是基于气象局给出的24 h预报降水量，并考虑前期有效降水量的影响，以24 h临界降水量系数来表征：

$$R_{L24}=(r_{ai}+r_{fi})/r_{24i} \tag{15-3}$$

式中：R_{L24}为临界降水量系数；r_{ai}为综合有效累计降水量；r_{fi}为24 h预报降水量；r_{24i}为24 h预警阈值。r_{ai}可参考北美地区岩土体有效降水量的经验公式（Bruce.J.P等，1966）：

$$r_{ai}=kr_1+k^2r_2+k^3r_3+\cdots+k^nr_n \tag{15-4}$$

式中：r_n为前期第n d的降水量；k为有效降水量系数，一般取0.84。这一公式在国内研究中证明是有效的。甘肃省有效降水量考虑前期15 d降水量。

24 h降水滑坡预警等级划分为红色、橙色、黄色、蓝色4个等级（表15-5）。

表15-5　24 h滑坡预警等级划分

预警等级		R_{L24}	危险性	发生情况
一级	红色	1.10～1.15	可能性大	区域群发性滑坡
二级	橙色	1.05～1.10	可能性较大	多点分散性滑坡
三级	黄色	1.00～1.05	可能性较小	零星小规模滑坡
四级	蓝色	0.95～1.00	可能性很小	基本无滑坡发生

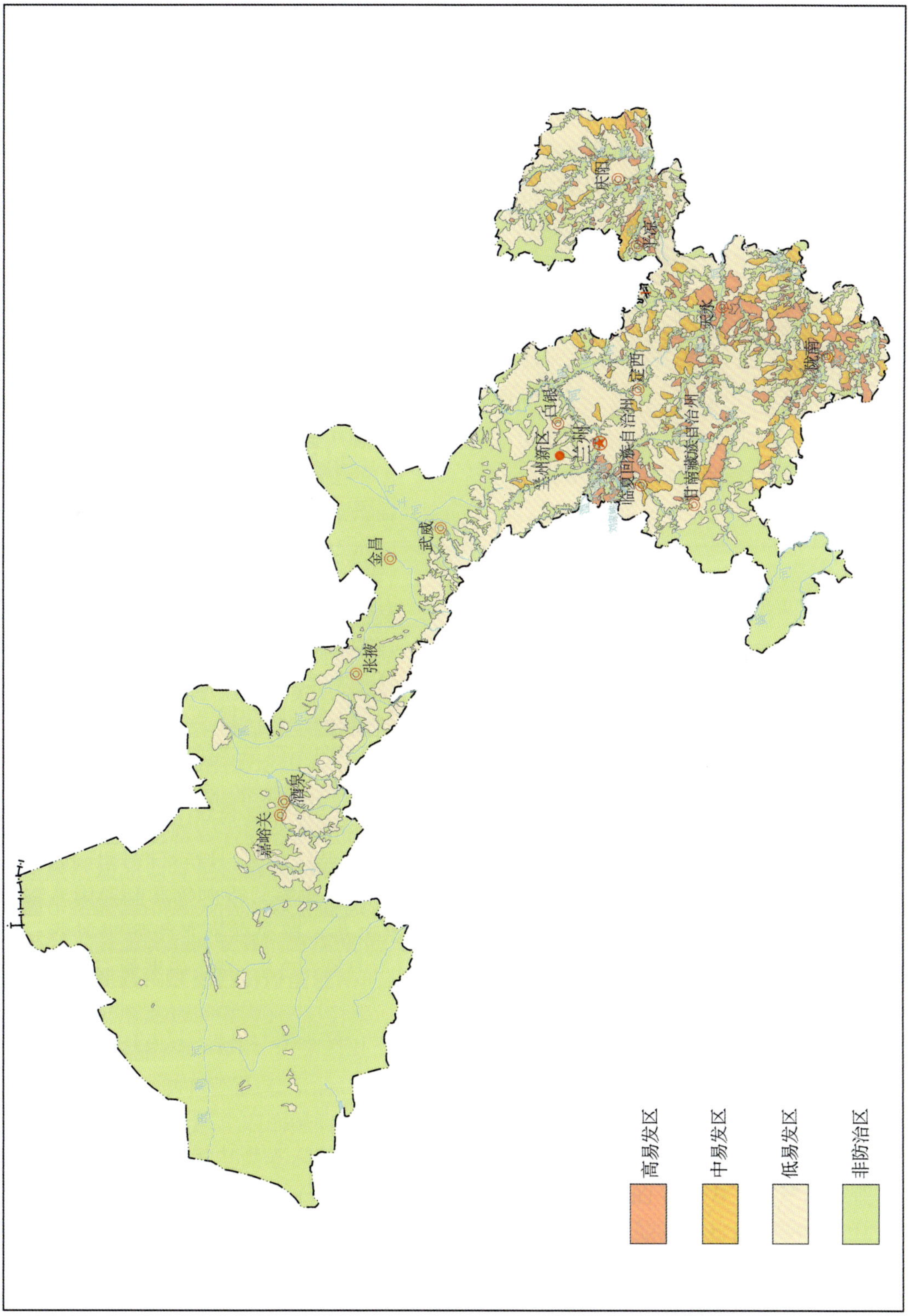

图15-11　甘肃降水型滑坡易发分区图

2）基于实时降水量的滑坡短临模型

采用临界降水量系数来表征：

$$R_H = C\ (r_0+r_1)\ /r_T \quad (15\text{-}5)$$

$$r_H = C\ (r_0+r_6)\ /r_T \quad (15\text{-}6)$$

$$r_H = C\ (r_0+r_{24})\ /r_T \quad (15\text{-}7)$$

式中：r_H为滑坡临界降水量系数；C为前期降水量影响系数，取1.0～1.2；r_0为当日降水的初始强度，采用10 min降水量表示，当10 min降水量>3 mm时开始计算；r_1为1 h临界降水量；r_6为6 h临界降水量；r_{24}为24 h临界降水量，包括当日最新实况降水量（i=0～4）；r_T为不同历时暴雨，可根据24 h最大暴雨求取。

$$r_T = ST^{\,n-1} \quad (15\text{-}8)$$

式中：S为雨力系数（T=1的降水强度）；T为降水历时；n为降水衰减指数。

$$n = 1 + 1.29\lg r_1 / r_6 \quad (15\text{-}9)$$

$$n = 1 + 1.66\lg r_6 / r_{24} \quad (15\text{-}10)$$

式（15-9）适用于1 h、3 h、6 h降水量计算；式（15-10）适用于12 h和24 h降水量计算。

基于实时降水的滑坡预警等级见表15-6：

表15-6　滑坡危险性气象预警等级划分

预警等级		R_H	危险性	发生情况
一级	红色	1.10～1.15	可能性大	区域群发性滑坡
二级	橙色	1.05～1.10	可能性较大	多点分散性滑坡
三级	黄色	1.00～1.05	可能性较小	零星小规模滑坡
四级	蓝色	0.95～1.00	可能性很小	基本无滑坡发生

3. 区域预警阈值

甘肃省平均12 h降水量占24 h降水量约84%，6 h降水量占24 h降水量的63%～83%，3 h降水量占24 h降水量的60%～65%，1 h降水量占24 h降水量的43%左右，前人统计24 h降水量约占3 d降水量的70%～90%，充分论证了甘肃省降水量集中在短历时时段内。根据收集到的84个站点的240次滑坡降水特征值，计算并绘制6 h、24 h滑坡临界降水量分布图（图15-12～图15-13）。

假设区域内有S个降水量站，共发生N次滑坡灾害，分别统计6 h、12 h和24 h成灾最小降水量则为临界降水量初值。计算公式如下：

$$R_{N临界} = \min(R_{tij}) \quad (15\text{-}11)$$

相同时段不同站点临界降水量具有明显的差异性，因此，需要计算区域内各站点同一时段的临界降水量平均值：

$$\overline{R} = \frac{\sum_{i=1}^{S}\left(R_{ti临界}\right)}{S} \quad (15\text{-}12)$$

统计最小值：　$R_{t\min} = \min(R_{ti})\quad i=1,2,\cdots,n \quad (15\text{-}13)$

统计最大值：　$R_{t\max} = \max(R_{ti})\quad i=1,2,\cdots,n \quad (15\text{-}14)$

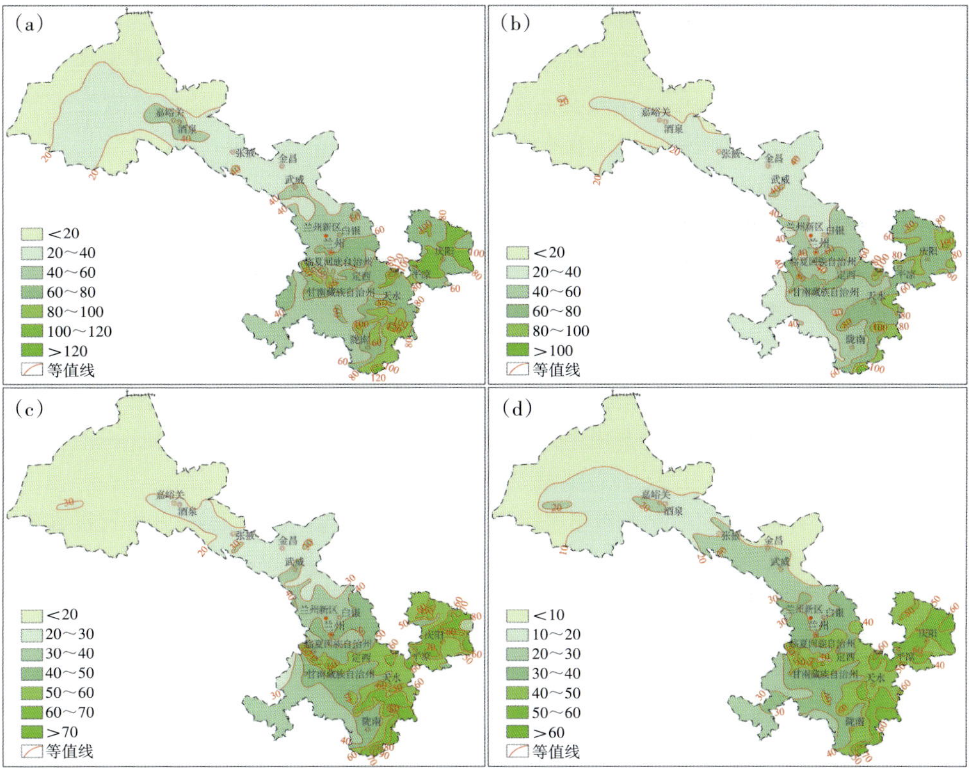

图15-12　滑坡6 h临界降水量分布图[(a)红色;(b)橙色;(c)黄色;(d)蓝色]

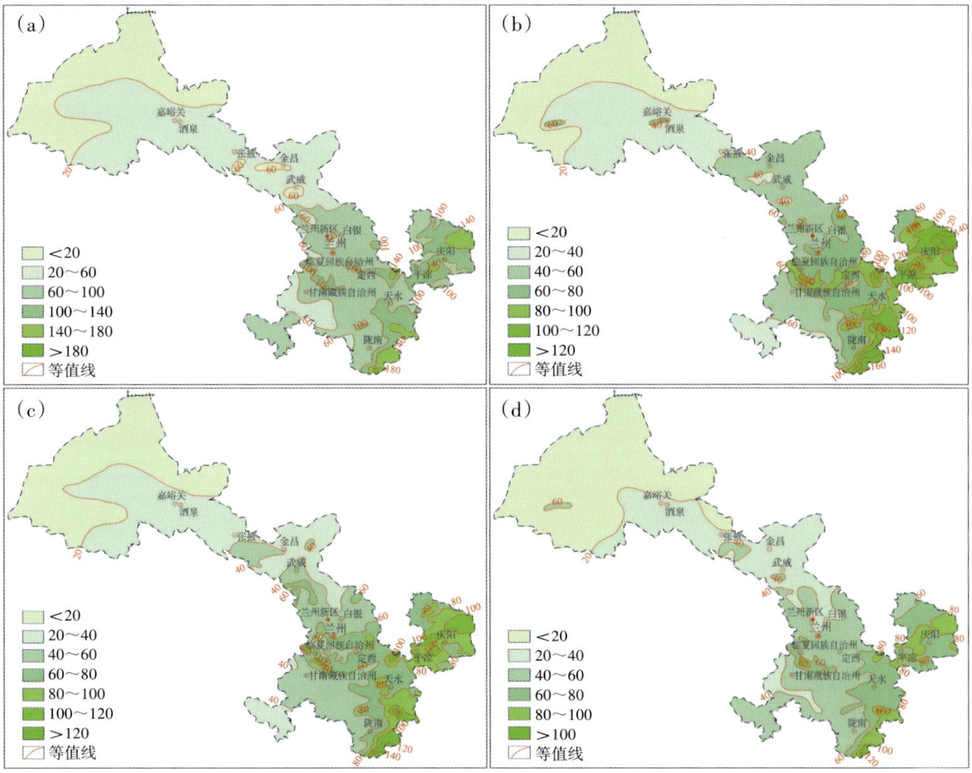

图15-13　滑坡24 h临界降水量分布图[(a)红色;(b)橙色;(c)黄色;(d)蓝色]

统计区域内与历次滑坡灾害对应的各时段最大平均面降水量，假设区域内有n个降水量站，发生N次滑坡灾害，共统计t个时段面降水量，R_{tj}为t时段第j次滑坡灾害对应降水量过程中最大面平均降水量，则区域内有N个最大平均面降水量，统计N次滑坡灾害最大面平均降水量的最小值，即为各时段区域滑坡临界降水量。

$$R_t = \max(R_{tj}) \tag{15-15}$$

4.预警响应措施

根据不同地质灾害气象风险预警等级，各级自然资源管理部门会同相关部门采取相应预防措施（表15-7）。

表15-7　地质灾害气象风险预警响应措施

等级	响应措施
红色	应急、气象、水利、自然资源管理部门实时对雨情、水情监测和会商，并及时发布预警信息；县级政府启动防御响应方案，组织受威胁群众避灾转移，实施危险区域管控，停止集会、上课、户外作业，关闭景区；工矿企业接到预警信息后，要及时启动防灾预案，必要时停工停产，将危险区职工撤离。发生灾情后，县级人民政府应及时启动应急预案与应急指挥系统，组织应急救援队伍开展抢险救灾工作
橙色	应急、气象、水利、自然资源管理部门加密对雨情、水情、灾情的监测和会商；县级应急管理、自然资源部门组织开展辖区内滑坡隐患点巡查监测，关注监测仪器信息变化；乡镇、村组、工矿企业、事业单位等做好受威胁群众避险疏散准备，景区等可以暂停营业，停止一切户外作业；政府及相关部门按照职责做好防御工作，必要时县级人民政府启动应急预案
黄色	应急、气象、水利、自然资源管理部门加强对雨情、水情的动态监测和会商；县级政府组织自然资源等相关部门、企事业单位、景区等加强值班值守；应急管理部门、自然资源管理部门加强预警区的地质灾害巡查监测；应急管理部门指导相关单位做好应急救援准备
蓝色	加强值班值守，保持通信畅通；气象、水利等部门密切关注雨情、水情趋势，必要时向有关部门和单位通报；自然资源管理部门加强预警区内的重要致灾体、已有隐患的巡查监测；政府及相关部门、事业单位、工矿企业、景区等做好地质灾害防御准备

15.3.3　滑坡发生时间预报

1.滑坡发生时间预报概述

滑坡监测预警工作主要是对各种变形、降水等滑坡引发因素的监测，当其达到设定的阈值或实地巡查发现明显滑坡前兆时，发出预警信息，并开展相应的避险撤离等应对措施。目前的滑坡预警措施不能确定性给出滑坡何时发生。而滑坡发生时间预报主要是在变形-时间序列曲线等科学分析和处理的基础上，建立数学物理模型并进行计算，对滑坡发生时间做出较为准确的预报，进一步指导滑坡预防工作，既有防灾减灾的实际价值，也有重要的科学意义，是滑坡防治研究的重要内容之一。

由于坡体地质结构的复杂性、不均匀性和影响因素的随机性和不确定性，滑坡孕育过程十分复杂，准确预报滑坡发生时间是长期探索的科学难题。日本学者斋藤迪孝（M. Saito）通过大量的室内试验和现场滑坡位移监测资料分析，在1965年提出著名的斋藤滑坡剧滑时间预报的经验公式和图解法，并于1970年成功预报了日本高场山铁路隧道滑坡的发生，普遍认为这是滑坡预报研究工作的起点。此后，国内外学者提出了多种预报方法和模型，如E. Hoek 图解法、GM(1,1)模型、Verhulst模型、Pearl模型、刘家应方法、岳启伦方法、黄金分割法、突变模型、变形功率法等。近20年来，随着滑坡监测资料的大量增加，一些预报方法和模型得到了实际应用并取得了诸多预报成功的事例。

滑坡位移-时间曲线具有初始变形阶段、等速变形阶段和加速变形阶段（图15-14）。滑坡三阶段演化特征是目前滑坡发生时间预报的主要理论基础，并根据变形阶段划分为不同时间尺度的长期预报、中期预报、短期预报和临滑预报。其中，短期、临滑预报主要是利用滑坡进入加速变形阶段的位移-时间曲线资料进行的滑坡剧滑时间的预报，是目前关注和研究的重点。

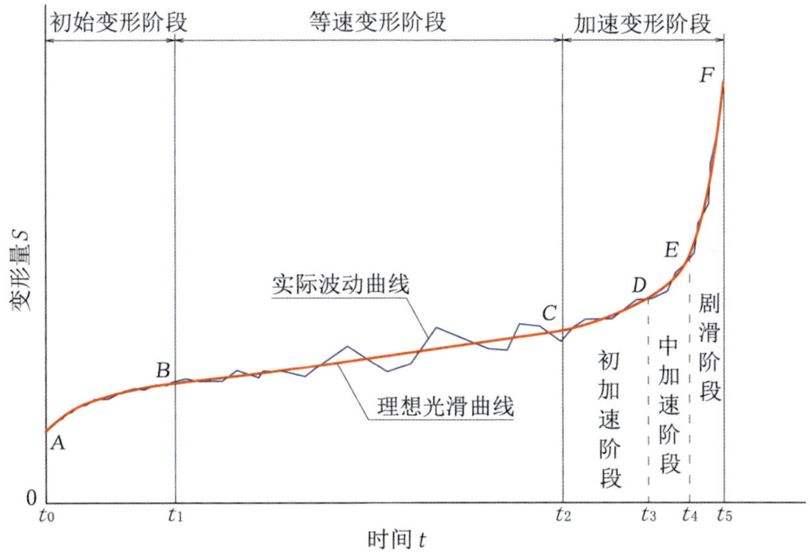

图15-14　滑坡位移-时间曲线

滑坡位移-时间曲线中的位移参数，主要是通过各种监测获取的位移量，也可以是反映滑坡动态的倾角、加速度等。由于不同滑坡地质结构和影响因素的差异性，滑坡临滑前这些参数的绝对量值及变化增加值的差异很大，如滑坡临滑前的位移量多在10～1 000 mm/d。因此，实际预报中这些参数很难有统一的阈值直接作为预报标准。由图15-14中滑坡加速变形阶段可知，滑坡位移-时间曲线的切线角（或斜率）不断增大，最终剧滑时趋于90°，是滑坡加速变形阶段位移-时间曲线的共同特点。因此，1988年陈明东等提出了位移-时间曲线切线角的滑坡临滑时间预报方法和判据。该方法得到许多学者的认可，近年来一些学者在多方面也进行了改进和完善。

2. 滑坡发生时间的GM(1,1)预报模型

由于滑坡孕育过程的复杂性和人们认识的局限性，尽管目前能够定性和定量地研究某些参数及其相互制约关系，但仍有很多因素的作用过程和影响程度不是十分清楚。因此，滑坡孕育过程系统仍是一个既含有已知信息，又含有未知信息的灰色系统。陈明东等最早利用滑坡位移-时间曲线的切线角，根据灰色系统理论建立滑坡预报的方法和判据。

1）滑坡剧滑时间判据

在滑坡位移-时间曲线的加速变形阶段，当曲线上某点的切线与时间横坐标轴的夹角（即切线角）成90°时，则认为滑坡剧滑，该点所对应的时间，则为滑坡剧滑时间。

2）数据选取和处理

在滑坡位移-时间曲线的加速变形阶段曲线上，利用相同时间间隔区间的各点的切线角作为建模的基本数据。数据间隔区间的选取，随预报的周期而变，周期愈短，数据间隔区间也愈小。在众多监测点中，选取能真正代表滑坡变形状态的关键点的监测时序资料进行预报，大多数滑坡后部监测点的资料一般更具代表性。

由于内外部各种因素的影响，滑坡实际的位移-时间曲线一般呈波动起伏状态，并不光滑。利用波动起伏的数据直接建模分析，则存在一定困难和精度低的问题。为了便于建模和提高模型精度，需对原始数据进行处理，消除系统的干扰因素，将波动起伏的曲线转变为等效的渐变光滑曲线，既可以反映滑坡的内在变形规律，也有利于数学模型的建立。可用累加生成（AGO）变换或均匀滤波法等进行处理。

累加生成（AGO）是灰色理论中一种数据预处理方法。对原始离散位移监测序列进行累加生成处理可带来两点明显的好处。第一，可使原始离散序列的随机干扰成分在通过AGO后得到减弱或消除。第二，可使原始离散序列中蕴含的确定性信息在通过AGO后得到加强。一个波动起伏的曲线，经过反复的累加以后，最终会变成一条光滑曲线（图15-15）。但在实际计算中，并不是累加次数愈多愈好，一般对原始离散序列进行1次AGO处理就能满足要求。

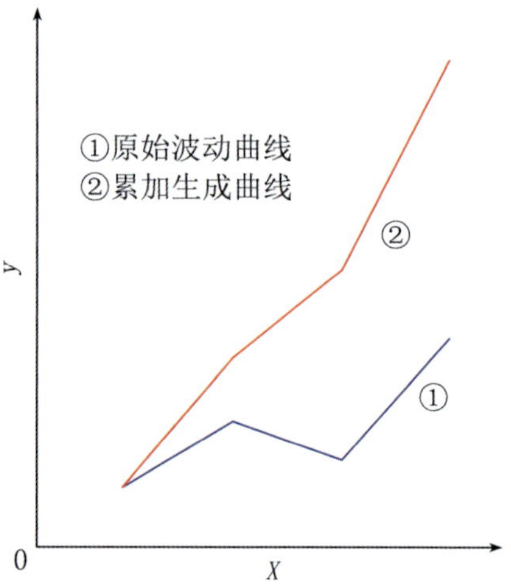

图15-15　波动曲线的AGO处理

设$I^{(0)}(i)$为系列原始位移观测数据，进行一次累加生成，其公式为：

$$I^{(1)}(i)=\sum_{i=1}^{n}I^{(0)}(i)\quad I^{(0)}(i)>0 \tag{15-16}$$

其中，n为原始数据的数目；$I^{(1)}(i)$为一次累加生成数据，上标括号中的数字表示累加次数；$I^{(0)}(i)$为非负的原始数据。

利用一次累加生成数据绘制新的滑坡位移-时间光滑曲线，求取数据观测点对应的切线角$X^{(1)}(i)$数据。其均值生成数据按下式计算：

$$Z^{(1)}(i)=\left[X^{(1)}(i)+X^{(1)}(i-1)\right]/2 \tag{15-17}$$

3）GM(1,1)预报模型

按照灰色系统理论建模方法，得到$X^{(1)}(t)$的一阶线性微分方程：

$$\frac{dX^{(1)}(t)}{dt}+aX^{(1)}(t)=u \tag{15-18}$$

解该方程得：

$$\hat{X}^{(1)}(t)=\left(X^{(0)}(1)-\frac{u}{a}\right)e^{-at}+\frac{u}{a} \tag{15-19}$$

当t取序号时，则式（15-19）的时间响应表达式变为：

$$\hat{X}^{(1)}(i)=\left(X^{(0)}(1)-\frac{u}{a}\right)e^{-a(i-1)}+\frac{u}{a},\ i=1,2,\cdots,n \tag{15-20}$$

$\hat{X}^{(1)}(i)$为$X^{(1)}(i)$的预报值。其中系数a、u可由下列式子求得：

$$\begin{bmatrix} a \\ u \end{bmatrix}=(B^TB)^{-1}B^TY_n \tag{15-21}$$

$$B=\begin{bmatrix} -Z(2) & 1 \\ -Z(3) & 1 \\ \cdots & \cdots \\ -Z(n) & 1 \end{bmatrix} \tag{15-22}$$

$$Y_n=[X^{(0)}(2),X^{(0)}(3),\cdots,X^{(0)}(n)]^T \tag{15-23}$$

当模型建立后，根据式（15-20），当$i=1,2,\cdots,n$时，可求出$\hat{X}^{(1)}(i)$，根据相应的原始累加生成数据求残差、相对误差和平均误差。

残差：
$$E^{(0)}(i)=X^{(1)}(i)-\hat{X}^{(1)}(i),\ i=1,2,\cdots,n \tag{15-24}$$

相对误差：
$$EP(i)=\left|\frac{E(i)}{X^{(1)}(i)}\right| \tag{15-25}$$

平均误差：
$$T=\frac{1}{n}\sum_{i-1}^{n}EP(t) \tag{15-26}$$

当平均误差$T\leqslant E$（E为某一限定值），则认为模型满足精度要求。

如果模型精度不满足要求，则需要建立残差模型，即将预报值$X^{(1)}(i)$与相应时间的原始累加值$X^{(1)}(i)$的差（残差）建立灰色模型，并将此残差的灰色模型的预报值加到原来的预报值上，从而提高预报精度。按式（15-24）求得的残差序列$\{E^{(0)}(i)\}$，经累加生成后会出现不满足灰色模型要求（非负性、递增性）的情况，则对残差序列施行一定的坐标变换，即：

$$G\{E^{(1)}(i)\}=\{E^{(1)}(i)+R\}=\{E^{(1)'}(i)\} \tag{15-27}$$

当$R\geqslant R_0$（R_0为某一限定值）时，序列$\{E^{(1)'}(i)\}$则变为非负序列，然后按新序列建立灰色模型，再由模型求出的新序列的预测值减去R，加到原来的预测值上。这样，反复运用残差建立模型，从而提高模型精度。

4）临滑时间预报

将滑坡剧滑时间作为判据，当切线角$X^{(0)}(i)=X^{(1)}(i)-X^{(1)}(i-1)\geqslant 90°$时，滑坡在［$i$-1，$i$］发生剧滑。$X^{(0)}(i)$都是取自相同间隔区分界点上的值，而剧滑点所对应的时间值一般在［i-1，i］内。在这种情况下，［i-1，i］内任意点$X^{(1)}(k)$的计算公式为：

$$X^{(1)}(k)=X^{(1)}(i-1)+\theta X^{(0)}(k) \tag{15-28}$$

其中：θ为折减系数，按下式进行计算：

$$\theta = \frac{X^{(0)}(k)}{X^{(1)}(i) - X^{(1)}(i-1)} = \frac{X^{(0)}(k)}{X^{(0)}(i)} \tag{15-29}$$

因为：$0 \leqslant X^{(0)}(k) \leqslant X^{(0)}(i)$，所以$0 \leqslant \theta \leqslant 1$。

当$X^{(0)}(k)=90$，k即为临滑时间，式（15-29）变为：

$$\theta = \frac{90}{X^{(1)}(i) - X^{(1)}(i-1)} = \frac{90}{X^{(0)}(i)} \tag{15-30}$$

当$X^{(0)}(k)=90$，将式（15-30）代入式（15-28），即可得到滑坡剧滑时对应的$X^{(0)}(k)$：

$$X^{(1)}(k) = X^{(1)}(i-1) + \frac{8100}{X^{(0)}(i)} \tag{15-31}$$

将式（15-31）代入式（15-20），解出剧滑时间序号k：

$$k = -\frac{\left[\ln \frac{X^{(1)}(k) - u/a}{X^{(0)}(1) - u/a}\right]}{a} + 1 \tag{15-32}$$

则临滑时间$t = k\Delta t$（Δt为位移时序平均间隔时间）。

最后，把k换算为所对应的滑坡临滑时间。

在实际应用中发现，因滑坡位移-时间曲线纵横坐标量纲不同，位移切线角的数值不确定。同一个滑坡的变形监测资料，采用不同的坐标尺度作出位移-时间曲线，其同一时刻的位移切线角将会不同，即直接采用位移-时间曲线的切线角存在不确定性等问题。许强教授等利用等速变形阶段位移变化量和速率的比值，提出了一种对滑坡加速变形阶段累计位移-时间曲线进行坐标变换，实现纵横坐标同量纲化，进而获得确定切线角的新方法，并利用改进的切线角，给出了滑坡加速变形阶段进一步细分为3个亚阶段的定量划分标准，提出切线角为85°的滑坡临滑预报判据。在黑方台黄土斜坡变形过程和滑坡发生时间的监测预报研究中，主要利用位移-时间曲线和改进的切线角方法取得了7次成功临滑预报，为滑坡监测预报提供了典型的成功范例。可见，改进的切线角及滑坡预报判据在滑坡预报中具有较大的实用价值和发展前景。

3. 今后工作需要加强的方面

（1）滑坡加速变形阶段，滑坡的下滑力逐步取得主导地位，变形持续加速，滑坡位移-时间曲线的切线角不断加大，波动性也逐渐减弱，更能反映滑坡发展的最新实际动态，有利于滑坡发生时间的短期和临滑预报精度的提高。因此，开发具有新陈代谢功能的GM(1,1)等滑坡预报模型，利用滑坡加速变形阶段最新监测数据，实时追踪、计算和修正预报结果，可以提高滑坡预报的准确性。

（2）近10年来，随着GNSS、裂缝计等高精度连续观测、数据自动采集和无线传输技术在滑坡隐患点监测中的广泛应用，积累了大量滑坡位移-时间的过程资料和曲线，以及各种图像识别、数据提取和分析处理技术的发展，为开展滑坡发生时间的预报提供了基础条件。要进一步加强滑坡预报模型、数据分析和曲线光滑处理方法的研究和软件开发，在地质灾害防治信息系统中嵌入适用于甘肃的滑坡预报模块，探索实时滑坡预报方法和途径，达到实时自动分析处理、自动划分预警预报级别和自动发送预警预报信息等功能，不断完善和提高滑坡预警预报的科技水平。

15.4　滑坡灾害应急响应

15.4.1　概述

滑坡灾害应急响应是对突发滑坡险情或灾情快速做出的各种防灾、减灾、救灾和控灾行动，是滑坡灾害防治工作的重要措施和环节。

根据《地质灾害防治条例》《国家突发公共事件总体应急预案》的规定，当发生滑坡灾害或险情时，按照滑坡的灾情或险情等级，上报滑坡灾害信息的同时，由当地政府实时启动相应等级的滑坡灾害应急预案和响应，组织应急、自然资源、水利、交通、卫生、民政等相关部门、专业技术单位和社会公众力量等，按照统一指挥、分工负责、信息共享、公众参与、共同协作的方式实施完成。其目标是快速有效地处置突发的滑坡险情或灾情，保护人民生命财产安全，最大限度减轻滑坡灾害损失或滑坡灾害风险。

随着社会经济发展，党和国家不断加强地质灾害防治工作，各项管理法规和制度不断健全，地质灾害调查、防治工作投入不断加大，对地质灾害应急工作也提出了专门要求。各级地方政府建立健全管理体系，编制地质灾害应急预案，落实相关部门责任并组织协调，保证地质灾害应急响应工作顺利有序地进行，逐步走向法治化、规范化、程序化和科学化。区域地质灾害调查工作和地质灾害防治信息系统可为地质灾害应急处置提供其基本信息和地质环境资料。地质灾害防治科技队伍的发展壮大和专业化，防治知识和经验的不断积累，地质灾害探测、监测技术的进步和广泛应用，加上专家组的指导，为滑坡等地质灾害应急响应提供了有力的技术保障和支撑。地质灾害群测群防、宣传培训和演练，使民众和基层管理人员的地质灾害防治知识和管理水平提高，并在地质灾害应急响应中发挥重要作用。应急施工机械、设备、信息传输技术的进步和普及为地质灾害应急响应提供了基础保障。

滑坡灾害应急响应的情况复杂多变、差异较大。按照滑坡的发生情况，滑坡灾害应急响应分为单体滑坡应急响应和地震、降水引发的群发性滑坡灾害应急响应。按照滑坡的发育阶段，分为滑坡灾情应急响应和滑坡险情应急响应。

滑坡灾害应急响应是针对滑坡险情或灾情采取的紧急减灾行动，灾害应急现场一般情况危急且不断变化，客观实际要求快速应对和处置。刘传正研究员将其总结为8个“快”，即快启动、快调查、快监测、快定性、快论证、快决策、快实施和快总结。

滑坡灾害应急响应是多部门参与的、突发的特殊紧急公共安全事件的应对，时间紧迫。要求统一组织、集中调配各种力量和资源，在尽可能短的时间内完成滑坡险情或灾情处置任务，突出快速简捷和安全高效，是滑坡灾害防治的速决战、突击战，不能为长时间跨度的持久战。对于滑坡险情若有足够的应对时间，那就是一般的滑坡灾害防治问题，则由主管部门组织，在做好监测预警和防灾预案的前提下，按照有关规范和规程的要求，由专业技术单位正常有序地进行勘察设计、工程治理和避险搬迁等工作。

15.4.2　滑坡灾害应急响应技术支撑要点

滑坡灾害应急响应（特别是大型和特大型滑坡灾害）是一项复杂且不断变化的特殊地质灾害防治过程，滑坡是致灾动力源和应急处置的主要对象，且应急响应工作多在复杂危险的地质环境中进行，必须在专业技术单位和专家组的指导下，才能快速高效地完成和达到预期目标。因此，专业技术支撑工作在滑坡灾害应急响应过程中扮演着技术参谋的重要角色和职责。

接到滑坡险情、灾情报告后，地质灾害防治管理部门和相关专业技术支撑单位对滑坡险情、灾情进行及时会商研判，根据滑坡灾害情况，成立由专业技术人员及相关专家组成的技术专家组，第一时间到达滑坡灾害现场，在现场应急指挥部的统一领导下，根据现场实际情况和应急响应工作的需要，尽快开展相关应急技术支撑工作。

1.快速查明滑坡基本特征，掌握滑坡发展动态

在充分收集研究现有资料的基础上，利用无人机、三维激光扫描、InSAR、地面调查等设备和方法快速获取和查明滑坡范围和规模、结构和类型、成因和稳定性及危害的基本状况。调查周围地质环境条件及变化，是否存在其他潜在滑坡隐患，形成堰塞湖、泥石流等链式灾害的可能性，为滑坡险情研判、滑坡灾害抢险施工和应急处置等提供基础资料和图件。随着工作的需要继续深入调查，逐步补充细化。滑坡的成因分析有时还涉及滑坡灾害事故责任的认定，一定要集体讨论、综合分析、实事求是、科学准确。

采用无人机、GNSS、裂缝计、全站仪和激光测距仪等对滑坡体及周围危险地段进行监测。及时整理和分析各种监测资料，掌握滑坡的变形动态与发展趋势，判断滑坡的稳定状态、险情大小，新隐患的位置和危害范围及可能的发生时间，为抢险救灾、会商决策、处置方案论证和紧急避险提供依据。另外，还要开展调查访问和群测群防工作，进一步掌握滑坡成因、滑动和致灾特征，及时发现新的变形迹象并进行监测。

这里特别强调，滑坡发生后周围地质环境条件也发生变化，可能出现新的滑坡隐患。如形成高陡的滑坡后壁且发育裂缝，稳定性差，短期内可能还会发生二次滑坡灾害，甚至造成应急人员伤亡，这类情况在国内外均有发生。因此，滑坡“灾情应急”调查和监测工作中往往还有“险情应急”调查和监测的任务。

2.及时会商论证，尽快提出应急处置方案

技术专家组在集体会商滑坡调查监测资料、风险分析和综合研判的基础上，尽快论证和提出科学、可行、合理的应急处置方案或避险搬迁方案，供政府尽快决策和实施。应急处置方案的工程措施及部署，以快速控制滑坡形变，基本消除当前存在的隐患，保证应急抢险工作安全进行为目的，并为后续工程治理创造条件。应急处置工程的具体措施主要有简单易行、合理有效、见效很快的削坡减载，坡脚反压，滑坡裂缝、落水洞夯填，主、被动网，截排水工程等。

应急处置工程的针对性和目的很明确，就是把握好黄金时间营救生命和保护威胁对象，尽快消除或减轻危害、恢复生产生活秩序，只有行动快速才能取得最大防灾减灾效益。因此，应急处置阶段难以全面及时地在滑坡危险区开展钻探、试验等工作，现有资料不能满足设计和相关计算的要求，通常应急处置的设计阶段被简化。这时要依靠技术专家组集体的智慧和经验，充分利用现有资料，进行综合判断和整体把握，快速协调集成应急处置工程的总体方案和结构形式，做到科学有效、安全快速。由于滑坡多处于不断发展变化之中，应急处置工程“边设计、边施工、边调查、边优化”的动态特征更加明显。因此，应急处置施工现场技术人员、专家的指导、调查和信息收集工作也非常重要。

避险搬迁方案的主要工作是合理计算并划定危险区，落实搬迁工程规模和新建场址选定。滑坡危险区的确定主要取决于滑坡发育范围、滑移范围和边缘影响地带的界定，滑坡滑移范围的确定非常重要，但难度很大，不能简单靠各种计算给出结果，要从不同类型滑坡的滑移特征、周围已有同类滑坡的滑移情况和地质环境条件等方面综合研究确定。有些情况下危险范围还要考虑滑坡活动可能造成的堵江、溃坝等灾害链淹没区。新建场址选定时，地质环境安全性是决定性因素，要对新场址周边地质环境开展详细调查和论证，并分析后期各种人类活动的不利影响。同时，还要考虑交通、水源等基本生活条件。

3.加强滑坡险情发展动态和趋势的调查研判

近年来，由于群测群防、滑坡监测预警工作的加强和滑坡防治知识的普及，大多数滑坡险情被及时发现并上报，同时启动相应的滑坡险情应急响应工作。

不同类型的滑坡具有不同的变形破坏行为和过程，与岩土体蠕变过程类似，滑坡的形成过程也就是斜坡岩土体在重力及外部因素作用下的蠕变过程。因此，滑坡变形–时间曲线与岩土体蠕变试验曲线具有很好的对应性和可比性（图15–16）。滑坡的变形–剧滑过程差异很大，有的滑坡发现变形后发展速度很快，变形–剧滑时间过程很短；有的滑坡发现变形后，发展速度非常缓慢，变形–剧滑时间过程很长，需要根据监测资料实时研判发展趋势。

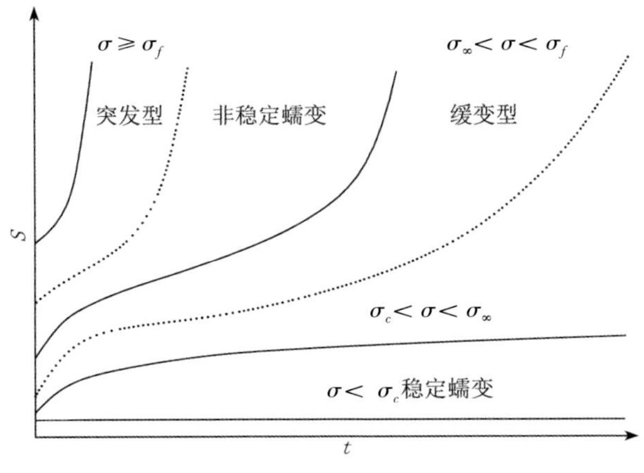

σ_c—岩土体流变下限；σ_∞—岩土体长期强度；σ_f—岩土体峰值强度。

图15–16 岩土体蠕变曲线簇及形成条件

出现险情的滑坡将来究竟表现出何种变形行为和发展趋势？在滑坡变形宏观迹象调查分析的基础上，需及时开展应急监测工作，通过滑坡变形–时间曲线进行动态和发展趋势分析研判。实际上，滑坡发生时间也就成了险情应急中关注的主要问题，决定着今后各项应急响应工作的部署。如果滑坡变形迹象明显，前后缘和侧界均已出现裂缝，监测资料显示变形量和变形速率不断增大和加速，说明滑坡短期内即将剧滑，险情紧急，应尽快对危险区居民避险撤离。如果滑坡仅出现后缘裂缝等局部变形迹象，监测资料显示变形量和变形速率变化较小，对坡度较缓的大型堆积层滑坡和复活滑动的滑坡短期内剧滑的可能性较小，尚有一定的应对时间，应在继续加强监测预警、做好防灾预案的基础上，尽快开展治理工程勘察设计和危险区居民避险搬迁安置方案，以提高防灾工作的科学性。近年来，舟曲县立节北山、磨里滑坡险情的应急响应均属此类。同时，还要考虑季节性降水等因素的不利影响。

4.重视滑坡致灾范围的统计研究

滑坡致灾范围预测和划定也是滑坡险情应急中非常重要的问题，它决定着避险搬迁的数量，也是应急现场必须尽快确定的问题。

致灾范围划定过小，滑坡发生时危及未避险搬迁的居民和单位，造成人员和财产损失；致灾范围划定过大，则产生不必要的搬迁工作量，增加政府的安置压力。滑坡的滑速、滑距差异很大，有的滑坡滑速1 m/d左右，滑距仅数米至数十米，有的滑坡滑速达10 m/s以上，滑距达数百米，甚至上千米。目前尽管有诸多滑距预测方法和数值模拟软件，但大多还是对已发生滑坡情况的拟合，成功应用于滑坡险情致灾范围预测的还很少。可见，滑坡致灾范围的预测和划定仍非常棘手。

从前述研究可知，甘肃滑坡的滑动特征与滑坡类型之间有一定关系，黄土层内滑坡、黄土-红层切层滑坡和岩质滑坡的滑速和滑距一般较大，滑体能量释放较彻底，但高陡后壁有二次失稳滑动的可能；黄土-红层接触面滑坡、黄土-红层顺层滑坡、堆积层滑坡和复活滑动的滑坡的滑速和滑距一般较小，滑体能量释放不彻底，有再次复活滑动的可能。可见，在正确研判滑坡类型、滑覆区地质环境条件和调查周围同类滑坡滑动特征的基础上，再预测和划定滑坡致灾范围也是一种有效途径。由于目前统计资料不足，此方法还难以定量预测。因此，应急响应中调查已发生滑坡的滑距，为不同类型滑坡的滑距统计积累资料，建立相应的统计预测方法，对滑坡致灾范围的确定很有实用价值。

15.4.3　滑坡灾害应急响应典型实例

甘肃滑坡灾害应急响应工作伴随滑坡灾害和险情处置工作实际需要和国家对地质灾害防治工作的要求实时开展和不断总结完善。特别是《地质灾害防治条例》实施以来，滑坡灾害应急管理制度、责任进一步落实，应急技术更加先进，在防灾、减灾和救灾工作中发挥了重要作用。以下论述甘肃10处不同时期、不同情景的滑坡灾害应急响应典型实例，总结经验和教训，供今后类似情况借鉴和参考。

1.天水市伯阳菜子沟流滑型黄土滑坡

1978年7月12日，天水市伯阳菜子沟发生流滑型黄土滑坡，压埋陇海铁路。应急处置期间的7月16日21时，滑壁又发生体积5×10^4～6×10^4 m^3的黄土滑坡。其强烈冲击挤压停留在沟底的饱和滑体，滑体远距离滑动至沟口时，加载和推挤原滑坡堆积体复活滑动，使前缘应急处置开挖面突然破裂，从滑体内喷发出饱和滑体，将来不及躲避的抢险工人连同架子车等一起冲到数十米以外，并再次埋没铁路。说明当时的抢险救灾工作中只顾及了清理抢通铁路，而忽视了滑坡区存在再次滑坡的隐患调查和监测预警工作，再次发生的滑坡造成了二次灾害。

2.东乡县洒勒山滑坡

1983年3月7日发生著名的东乡县洒勒山滑坡，早在1979年其山顶就出现了裂缝，1982年春季长已达数十米，宽20 cm，滑坡前兆明显。东乡县派有关部门查看后，决定给每户发放搬迁费，将山上的7户村民搬到山下，但未撤离出危险区，结果仍被后来发生的滑坡掩埋。由于当时滑坡灾害预防知识非常缺乏，管理措施和防治经验严重不足，也没有专业技术人员和专家现场调查指导，对十分明显的前兆重视不够，对滑坡的规模和高速远程滑动的致灾范围更是预料不及，也未及时上报险情和采取科学合理的应急方案和处置措施，最终人员伤亡惨重。

滑坡发生后的灾民安置工作中，许多专家一致认为，洒勒山滑坡的滑动距离达1 000 m左右，能量释放彻底，滑体整体处于稳定状态，灾后重建的村址就选择在滑坡体中部相对平缓的地带，在短期内顺利实现家园重建，安置了受灾群众，恢复了基本生活与生产。

3.天水市椒树湾滑坡

天水市椒树湾滑坡位于秦州区北山，1985年雨季后缘出现拉张裂缝，长期蠕动变形；1990年8月11日，大暴雨使该滑坡加速发展，各种变形迹象明显；1990年9—10月，滑坡平均位移3～4 mm/d，最大达17 mm/d，而此时正值雨季，滑坡险情严峻。

为防止滑坡发生剧滑，确保滑坡危及的14个住宅单位和6个居民委员会、1 974户居民7 780人的生命财产安全。依据初步勘查资料，提出应急工程措施。具体包括：①在滑坡前缘剪出口位置实施刚柔结合的干砌片石挡墙反压工程，片石挡墙截面积45.06 m^2，长110 m。②夯填滑坡区内地表裂缝，避免地表水入渗，总长500 m。③排水工程，在滑坡体后缘裂缝外5～10 m，设置浆砌片石排水渠，在滑体中前部挖小型集水井8眼，用人力或水泵将水排至滑体以外，以提高滑坡稳定性。该方案于1990年11—12月实施后，滑坡的日变形量由原来的4～6 mm，减缓到0～1 mm，有效控制了险情的进一步发展，暂时稳定了滑坡，为勘探、设计和永久整治工程的实施争取了时间。

天水市椒树湾滑坡属黄土-红层接触面滑坡，由于当时对此类滑坡滑速慢、滑距短、威胁范围小的特点认识和研判不足，滑坡威胁范围和威胁对象估计过大。

4.永靖县黑方台焦家滑坡

1992年3月，永靖县黑方台焦家一带台缘发育贯通性弧形拉张裂缝，长120 m，宽10～45 cm，下错10～50 cm，险情严重。政府随即实施削坡减载工程的应急处置方案，并搬迁下部8户村民。施工期间，该滑坡于5月13日突然发生整体高速滑动，滑动距离达300 m左右，下部危险区提早搬迁的8户村民的院落被压埋。庆幸当时施工人员回家吃饭不在现场，才避免了重大伤亡事故。可见，对应急处置过程中可能发生滑坡的风险认识不足，施工期间疏忽了对坡体稳定性和变形的监测预警。

5.永靖县黑方台黄茨滑坡

1994年5月，群众发现了永靖县黑方台黄茨滑坡险情并及时上报，甘肃省政府立即组织有关单位到现场开展滑坡险情应急处置工作。黄茨滑坡属典型的黄土-泥岩顺层滑坡，滑动面已基本贯通，稳定性很差，有随时滑动的可能，威胁黄茨村371户、1 838人的生命财产安全，险情严重。而滑坡体积达3.6×10^6 m^3，治理工程投资巨大且时间难以保证。因此，果断采取了避险搬迁措施，加之后期开展了长期监测和成功的临滑预报，1995年1月30日凌晨2时许，黄茨滑坡发生剧滑，未造成人员伤亡，使滑坡灾害损失降到了最低程度，是甘肃滑坡险情处置和监测预报的典型成功案例。

黄茨滑坡灾害的成功应急处置是政府、科研单位和当地群众各方面共同努力的结果，主要有：①黑方台地区滑坡发生频繁，群众有滑坡灾害与防治的基本知识，1994年5月发现滑坡活动迹象后及时上报，为应急处置赢得了时间。②政府高度重视，通过专家现场会商，果断决定采取避险搬迁措施。③中铁西北科学研究院开展长期监测和科学研究，对黄茨滑坡的剧滑时间做出了成功的临滑预报。④甘肃省科学院地质自然灾害防治研究所通过现场调查，确定黄茨滑坡属黄土-泥岩顺层滑坡，此类滑坡不同于黑方台频繁发生的高速远程黄土层内滑坡，科学分析认为黄土-泥岩顺层滑坡的滑速低、滑距短、危害范围小，合理确定了避险搬迁范围，使灾害损失降到了最低程度。同时，也指出此类滑坡的稳定性差，滑体易发生复活滑动，应加强预防措施。

以上有关黄土-泥岩顺层滑坡致灾特征的认识，在西固文昌阁等同类滑坡的险情应急处置中也发挥了很好的科技支撑作用。

6.兰州市西固区吊岭沟煤气管道滑坡

2001年7月1日，涩北—西宁—兰州输气管线兰州市西固区吊岭沟上山段管沟开挖过程中引发黄土-红层顺层滑坡（图15-17）。下部滑体首先沿软弱泥岩层面发生剧烈滑动，体积约5 000 m^3，滑距15 m。滑体强烈挤压与滑动方向近于平行的正在输气的兰州市煤气管道，最大变形量1.54 m。上部陡坡段黄土坡体后缘出现宽0.2～0.4 m、下错0.3 m的弧形裂缝，稳定性很差（如图10-58）。可见，导致煤气管道破坏的致灾风险源自两方面，一是已经发生的滑坡体继续对煤气管道产生推挤和变形；二是上部变形的潜在滑坡失稳滑动对煤气管道产生剧烈推挤和冲击。一旦煤气管道断裂将可能发生爆炸和火灾，现场人员和财产损失严重。同时，兰州市的煤气供应将中断，影响市民正常生活，险情后果十分严重。

图15-17　兰州吊岭沟煤气管道滑坡应急工程

地质灾害防治、管道、材料力学等方面的专家和兰州市政府、煤气公司、管道公司等部门的领导通过现场调查，在全面分析滑坡特征和原因、管道变形情况和危险性、明确应急处置责任的基础上，提出在降低煤气管道的输气压力，保证市民基本生活的前提下，须尽快采取简单有效的应急措施消除滑坡隐患，解除煤气管道险情。主要应急处置措施有：

①回填已开挖的管沟，在部分回填土缝隙中灌入水泥砂浆，提高回填土的密度和支挡能力，防止滑坡向前滑动引起煤气管道的继续变形，此方法见效快，应立即实施。②利用垂直全黏结锚杆对下部岩质滑体锚固，锚杆采用Φ32钢筋、长度6 m和9 m两种，锚固段进入下部稳定砂岩的一定深度，间距2～3 m，钻孔中注入速凝水泥砂浆。③当时正值雨季，在滑坡上部做截排水渠，并适时对滑体裂缝进行覆盖和回填，防止降水入渗引发滑动。④待滑坡加固见效后，对煤气管道变形严重段的表层土体适当清理，解除滑坡对管道施加的应力，减小变形。⑤对滑坡上部变形坡体顶部适当削坡减载，并回填下部拉裂的凹槽。⑥监测与安全措施。主要是滑坡和管道变形监测，施工安全、防止煤气管道断裂等的各项应对措施和预案，在应急处置过程中发挥了非常重要的保障作用。

通过精心组织和科学安排，快速、顺利实施了以上各种措施，有效处置了滑坡险情，保证了煤气管道的安全。

7. 兰州市伏龙坪黄土滑坡

2001年9月29日晚8时许，兰州市伏龙坪发生小型黄土滑坡，压埋1名小学生和房屋。作者作为专家参与抢险救灾工作，发现20余m高陡的滑坡后壁稳定性较差，且坡顶发育宽2～3 cm的拉张裂缝，有再次发生滑坡的可能。滑坡发育在居民密集的半坡地带，机械不能到达现场，只能人工挖方救援，60余名公安和武警官兵在拥挤的场地和狭窄通道内夜间施工，一旦发生二次滑动，对施救人员造成伤害的风险极大。为此，提出两点建议，一是派2～3名人员到坡顶监视坡体稳定性和裂缝变化情况，出现险情及时报告。二是将救援人员分为两班轮流施工，以便出现紧急情况时迅速撤离。保证了抢险救灾过程的安全。

8. 兰州市石峡口“5·16”滑坡

2009年5月16日下午7时许，兰州市石峡口住宅小区南部山体出现滚石和溜土现象，居民杨开义发现后便上山查看，发现山坡开裂且变形严重，滑坡灾害随时可能发生，情况紧急，马上通知了小区物业部门。小区物业人员迅速到达现场核实后，立即组织滑坡前部4#住宅楼5、6两个单元的30户居民尽快撤离。晚上9时许滑坡剧烈滑动，摧毁了该住宅楼，大部分居民成功避险，但7名因各种原因未撤离或私自返回家中的居民丧生，1人受伤，另外一栋楼房一角受损。发生滑坡的山体高陡，再次滑坡的可能性较大，对下部进行夜间抢险救灾的人员有很大风险。为此，专家组提请派10名技术人员上山巡查监视，出现险情及时报告，该工作伴随下部施工，一直坚持到天亮，保证了抢险救灾工作的安全。地质灾害群测群防工作在本次滑坡灾害防治工作中发挥了重要作用，由于提早发现险情和及时组织撤离，避免了不堪设想的更多人员伤亡。

考虑到楼房安全和临近其他边坡再发生滑坡，政府将一角受损的另一栋楼房的居民安置到宾馆暂住，以安抚小区住户和维护社会稳定。楼房经鉴定整体安全，专家组也开展边坡现场调查和讨论，排除了近期滑坡的风险，政府决定让临时安置的居民返回小区，尽快恢复正常生活，减轻了政府的救灾压力。

9. 舟曲县牙豁口滑坡

2019年7月16日，舟曲县牙豁口滑坡上段发生缓慢复活滑动，总滑动历时约50 d，滑动过程中不断推动前部堆积物，滑体规模不断扩大。7月20日，应急技术单位到达现场开展调查、无人机测量、延时摄影和GNSS监测等工作（图15-18），为滑坡动态和发展过程分析提供了实时资料。1989年7月，该滑坡曾滑动堵塞岷江，而本次缓慢滑动的滑坡前缘当时距岷江还有1 000余m，前部为总体坡度15°的缓坡，且其上部还有宽约200 m、坡度11°的缓平台，缓慢滑动的滑坡是否继续滑动，堵塞1 000 m以外的岷江，根据当时的监测资料和滑动状态还难以研判。

图15-18 GNSS滑坡监测设备

2019年7月23日，滑坡现场一位近60岁的当地村民目睹了30年前滑坡发生的情况并参与了疏通岷江的抢险工作，他根据经验认为：如果这次滑坡的前缘达到缓平台中部，滑坡若继续向前缓慢滑动可到达岷江边并堵塞岷江。1989年7月滑坡堵江的程度不是很严重，50人左右的民兵抢险队以人工开挖和配合少量爆破的方式完成了疏通河道的任务。这次若堵江，用1～2台挖掘机就可应对。这为我们进行下一步滑坡险情灾情研判和应急工作部署提供了重要参考。这次滑坡后来的实际发生发展情况与这位村民的认识高度一致，于8月8日堵塞了岷江。以上事实说明，尽管当前滑坡调查、监测技术和手段非常先进，但看似落后的传统现场调查访问工作也非常有用，很有参考和借鉴作用，应予以重视。

另外，据卫星影像资料研判，2014年9月牙豁口滑坡上段北支滑块的上部滑体已滑移约100 m，下部滑体上的X414县道已滑移约20 m；2014年9月与2017年8月两期卫星影像资料对比，3年间北支滑块上部滑体又滑移约95 m，X414县道又滑移约35 m，平均每年滑移12～32 m，上部滑距大于下部滑距。对于城市、大江大河干流和重要交通干线，加强卫星影像资料判识和不同时段卫星影像对比，对早期发现滑坡隐患效果明显。如2018年发生两次滑动的金沙江白格滑坡，其实在早期的卫星影像上变形迹象和外部轮廓就很明显，如提前发现和处置，灾害损失将大幅降低。

10. 舟曲县立节北山滑坡

2021年1月14日，舟曲县立节北山滑坡出现大范围复活迹象，坡体多处出现裂缝和错落，通村硬化道路局部变形错断，车辆通行困难。舟曲县自然资源局接到群测群防员报告后，立即组织技术支撑单位开展调查和监测预警工作。19日，甘肃省自然资源厅地质灾害防治技术指导中心等单位技术人员赶赴舟曲，开展险情应急处置工作，进一步调查滑坡特征及危害范围并提交了应急调查报告。甘南州自然资源局、舟曲县自然资源局开展防灾避险工作。同时，邀请相关专家赶赴舟曲，进行技术指导与灾情研判工作。自然资源部、甘肃省委省政府也非常重视，有关领导及时深入现场指导应急处置工作。

立节北山属高中山地貌，山体高陡，山顶高程 2 780 m，相对高差 1 270 m。白龙江断裂从山体中部通过，地质构造复杂。立节北山滑坡区位于山体的中上部，分布高程 2 547～1 742 m，立节北山滑坡实际上是由多个滑坡组成的滑坡群（图 15-19，表 15-8）。自上而下依次发育古、老、新三级滑坡，相对高差 805 m，山体平均坡度 30°，下部达 37°。古滑坡体主要由灰岩等碎块石组成，发育宽度 100～180 m、坡度 15°的缓坡平台，其表层覆盖马兰和离石黄土，黄土结构完整，古土壤分布连续稳定，可见，古滑坡的形成历史久远。受后期新构造运动抬升和白龙江、沟谷的长期强烈侵蚀，古滑坡的外形和周界已很不清楚。据现场调查访问，古滑坡未发生变形和滑动，整体稳定性好。老滑坡发育在古滑坡体前缘中部，圈椅状地形明显，地势较为低洼，2021 年出现了大范围复活迹象。新滑坡位于老滑坡下部较陡的斜坡区，共发育 6 处小型滑坡，主要分布于 2 条小型坡面冲沟的两侧沟坡部位，长期处于缓慢蠕滑变形状态。

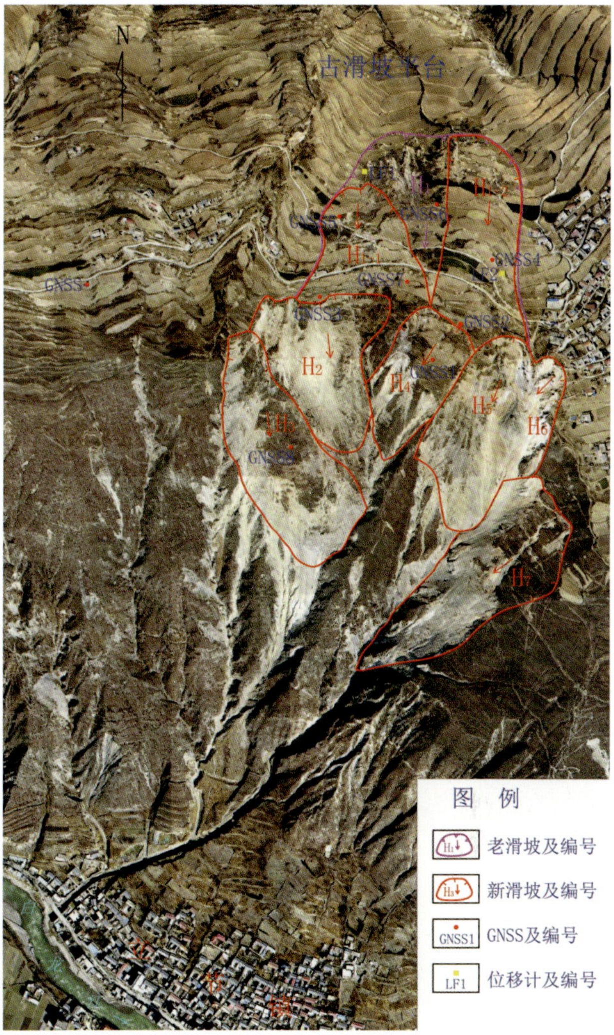

图 15-19　立节北山滑坡群及监测点分布图

表 15-8　立节北山滑坡群基本特征一览表(后期勘查资料)

编号	长度/m	宽度/m	平均厚度/m	体积/m³	主滑方向/°	前缘高程/m	后缘高程/m	规模
H_1	391	362	17	2.406×10^6	203	2 223	2 432	大型
H_2	244	152	6.5	2.411×10^5	176	2 068	2 245	中型
H_3	173	132	4	9.13×10^4	176	1 934	2 174	小型
H_4	109	120	6	7.85×10^4	221	2 131	2 248	小型
H_5	443	110	4	1.95×10^5	192	1 860	2 270	中型
H_6	210	107	3	6.74×10^4	223	2 197	2 269	小型
H_7	420	130	3.5	1.911×10^5	241	1 890	2 104	中型
合计				3.27×10^6				

近40年来，立节北山滑坡多次出现变形和滑动，其中1979年老滑坡的复活滑动，滑坡体上部100多户居民房屋受损，被迫搬迁至滑坡区外的两侧山梁。近年来主要是中部新滑坡活动较为频繁和剧烈（图15-20）。1982年、1984年、1992年、2010年和2018年造成较为严重的险情和灾情。2020年8月在暴雨作用下，新滑坡大范围缓慢变形和前缘滑落，部分滑体转化为黏性泥石流灾害链，堵塞1/2白龙江。

图15-20　不同时期的立节北山新滑坡

立节镇位于滑坡下方的白龙江河谷区，最低高程1 508 m。滑坡前缘高出下部立节镇约590 m。长期以来立节北山滑坡像是悬在立节镇上方的达摩克利斯剑，居高临下，一旦发生大规模滑动，将威胁152户、751人和1.433 8亿元财产的安全，险情等级为特大型。

立节北山滑坡长期受到关注，有关专家领导多次深入现场调查咨询，曾于2012年、2014年实施治理工程，局部采取锚索框架、抗滑桩等进行了工程治理。

2021年1月，立节北山老滑坡的复活，与2020年8月暴雨期间前部新滑坡的强烈活动有关，是立节北山滑坡群整体稳定性可能进一步恶化的开始。在现场应急响应会商会上，有两个问题最为重要，一是滑坡的变形发展趋势与危害性问题，二是避险搬迁与工程治理问题。

根据现场调查、监测和历史资料分析认为：立节北山滑坡主要由既相对独立又相互影响的老滑坡和新滑坡两大部分组成，其各有不同的变形、滑动和致灾特点。新滑坡位置相对较低，总体积也较小，且受沟道分割等影响分为6个体积为7×10^4～25×10^4 m^3的相对独立的滑坡，多年来呈分块状长期活动，但未发生整体剧烈滑动，未造成大的灾害。因此，新滑坡以整体失稳的方式剧烈滑动的可能性小，且坡脚前部与居民区之间有宽200 m，坡度16°左右的缓坡为缓冲地带，新滑坡的直接危险相对较小。老滑坡位于最上部，体积达2.406×10^6 m^3，规模大，其前缘高出立节镇约600 m，势能大。2020年雨季后老滑坡出现大范围变形、复活的迹象，并且后期还在不断发展。老滑体厚度大，滑体内部裂缝不甚发育，地势相对平缓，整体性和稳定性相对较好。但老滑坡下部地形高陡，失稳后还要推挤下部新滑坡和刮铲斜坡表层强风化破碎岩土体一同滑动，对下部立节镇存在严重的威胁和危害。一般大型老滑坡的复活滑动需要能量的长期积累，有较长的变形发展过程，且复活滑动的滑速一般较低。2021年1月14日以后裂缝发展速度较为缓慢，判断还未进入加速变形阶段，且当时非雨季，引发因素较弱，滑坡距临滑灾变还有较长时间，突然失稳滑动的可能性也较小。上述分析和研判对下一步立节北山滑坡应急处置工作的方向和部署很有指导意义。

对立节北山滑坡险情是进行避险搬迁还是工程滑坡治理，当时也存在不同认识。长期以来立节北山多次出现滑坡险情，对下部立节镇的危害一直是当地政府和群众的心头大患，鉴于滑坡规模大，治理难度大且投资高等方面的原因，当地政府倾向于避险搬迁，一劳永逸消除滑坡灾害隐患。自然资源部地质灾害防治管理的有关领导稳定现场考察后认为，位于白龙江河谷区的立节镇有一定的规模且商业比较繁华，是当地相对较好的地方，作为集镇也方便周边群众的生产生活。若能在可接受的投资范围内对立节北山滑坡进行有效治理，消除隐患，保护立节镇安全，治理工程的防灾效果和社会、经济效益将非常显著。

根据以上会商情况，政府和相关部门做出对立节北山滑坡险情应急工作的决定和部署。主要有：①采取专群结合的方式，全面加强滑坡变形动态监测和发展趋势的研判，做好监测和预警工作。②进一步做好避险撤离和安置预案、宣传动员、培训、各项撤离准备和组织等工作，一旦收到预警信息，及时将危险区群众撤离到安全地带。③尽快开展滑坡勘查工作，在此基础上提出治理方案和治理工程设计。④加强组织领导和部门协作，强化应急值班值守工作，维护社会稳定，保证信息畅通和及时发布。

根据上述工作部署，在滑坡区安装GNSS监测站8处，基准站1处，裂缝监测2处，同时布设地基SAR1处，对滑坡进行连续监测。监测结果显示老滑坡变形速度较小，位移量为0.01 m/d，且总体处于较为均匀的等速变形状态（图15-21）。下部新滑坡变形较大，H_4滑坡为最新发生的滑坡，位于其前缘的GNSS1监测地表位移量最大，33 d累计水平位移量0.765 m，位移速率0.026 m/d，累计垂向位移量0.913 m，位移速率0.03 m/d，总体处于较为均匀的等速变形状态和阶段（图15-22）。与会商时专家的分析研判结果基本一致，为立节北山滑坡应急处置工作提供了有力的科技支撑，使各项工作科学有序进行，发挥了良好的作用。一是高效规范地完成了滑坡详细勘查工作，查明了滑坡的总体特征，特别是在8个钻孔中进行了深部位移监测，5 d时间就确定了处于蠕动状态的滑坡的滑面位置（图15-23），解决了碎石土滑坡的滑动面鉴定困难问题，为滑坡治理工程设计提供了可靠的地质依据；二是避险搬迁工作更加科学有序，使2020年经历了新冠疫情和暴洪灾害的居民在家过了一个祥和的春节，身心得到休养。同时，使复杂的避险安置工作有了较为充足的时间，减轻了政府避险安置等各方面的压力。

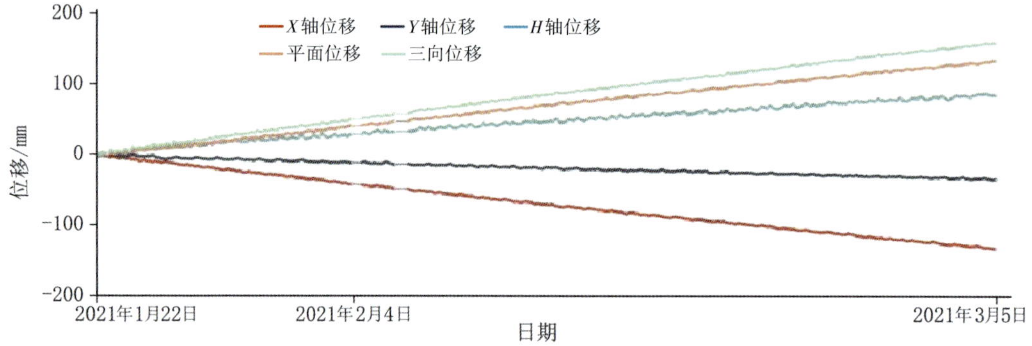

图15-21　1月20日—3月5日H_1老滑坡GNSS7位移变化曲线

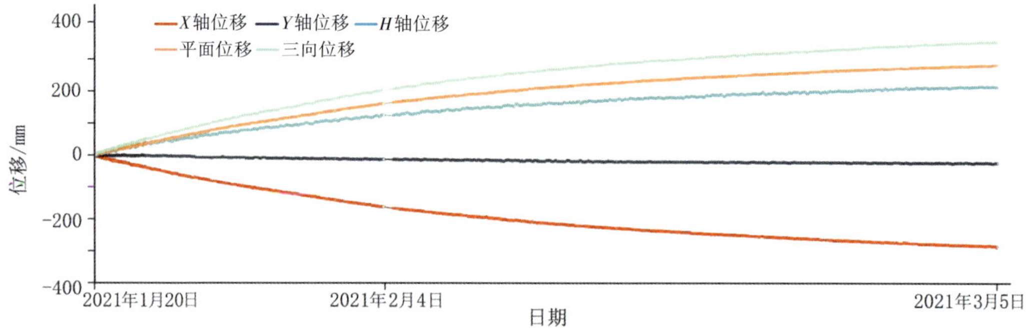

图15-22　1月20日—3月5日H_4新滑坡GNSS3位移变化曲线

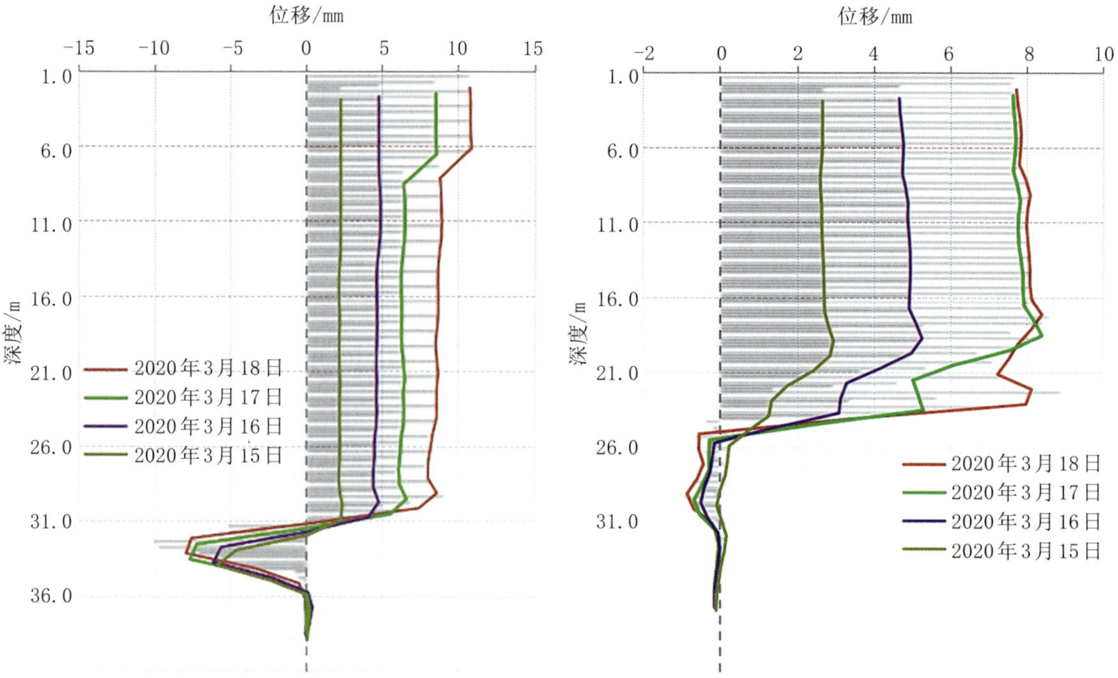

图15-23　舟曲县立节北山滑坡ZK_3、ZK_{17}钻孔深部位移监测资料

在国家、甘肃省的大力支持下，对2021年复活的立节北山老滑坡采用矩形抗滑桩、小口径圆形组合桩等措施进行了治理。2023年治理工程完工后的监测资料显示，老滑坡的变形基本得到控制，整体稳定性提高。这里要特别指出，长期活动较强烈的下部6处新滑坡目前还未进行治理，其继续不断变形和小规模滑动，存在剧烈滑动造成灾害的可能。滑坡前缘的频繁滑落，使大量松散滑体堆积在沟道内且直接受洪水冲刷，暴雨期间可能形成滑坡-泥石流链式灾害，威胁立节镇的安全，并有可能堵塞白龙江。因此，建议对立节北山下部6处新滑坡和泥石流尽快进行治理，形成系统完整、综合有效的地质灾害防治工程体系，进一步消除立节北山的地质灾害隐患。

上述事例仅是滑坡灾害应急响应方面的论述，所涉及滑坡的其他内容可参考本书第7～9章。

目前，滑坡等地质灾害主要是按照危害程度、可能造成的损失大小等确定应急响应等级，而缺少滑坡变形发展状态、紧急程度方面的考虑，有时影响应急响应工作的正常进行，今后应加强这方面的研究。

滑坡应急场景差异很大且十分复杂，滑坡应急处置科技支撑工作不但要求具有系统完备的滑坡理论知识和防治工程知识，更要有实际复杂场景中各种应急响应的经验积累，综合分析和灵活应用能力。利用AI人工智能技术，建立专家系统和典型应急响应案例数据库，供今后滑坡灾害应急响应参考和借鉴。

15.5　滑坡灾害治理与避险搬迁工程

滑坡灾害治理与避险搬迁是滑坡灾害防治的重要手段。随着社会经济的发展和防灾减灾的实际需要，甘肃省先后治理了上千处滑坡和潜在滑坡隐患点。近年来，对规模较大、成因复杂的滑坡实施了避险搬迁工程，总体发挥了良好的防灾效能，有效保护了人民生命财产和建设工程，也在甘肃滑坡灾害防治方面积累了较丰富的经验。

15.5.1　滑坡防治的基本措施

随着科学技术的进步，滑坡防治技术在不断发展，施工设备和技术也在不断更新和改进。目前，滑坡防治常用的基本技术措施见表15-9。

表中滑坡防治措施各具特色和一定的使用条件，一般根据滑坡的特征、成因、环境地质条件和保护对象的重要性，按照相关规范要求，通过技术可行、经济合理和施工条件等方面的论证和比选，科学合理地选取和布设有关治理措施，形成可靠有效的滑坡综合治理方案和施工图设计。

有关各类滑坡防治措施的专门论著较多，不再赘述，本节结合前人长期滑坡防治工作实践中总结的经验，仅对滑坡灾害治理方面需注意的重点问题结合实际进行论述。本书第16章列举了近年来甘肃较为典型和成功的滑坡应急处置和综合治理的事例，讨论了有关滑坡治理方案和措施，可供参考。

表15-9 滑坡防治常用的基本技术措施简表(据王恭先等,略修改)

绕避措施	排水措施	力学平衡措施	滑带土改良措施
1.避险搬迁 2.改易场地 3.隧道避开滑坡 4.用桥跨越滑坡	1.地表排水 (1)滑体外截水沟 (2)滑体内排水沟 (3)自然沟防渗 2.地下排水 (1)截水盲沟 (2)排水盲(隧)洞 (3)仰斜孔群排水 (4)垂直孔群排水 (5)井群抽水 (6)虹吸排水 (7)支撑盲沟 (8)边坡渗沟 (9)洞-孔联合排水 (10)电渗排水	1.减重工程 2.反压工程 (1)土堤(护道) (2)片石垛 3.支挡工程 (1)抗滑挡墙 (2)挖孔抗滑桩 (3)钻孔抗滑桩 (4)锚索抗滑桩 (5)排架桩 (6)刚架桩 (7)刚架锚索桩 (8)抗滑键 (9)微型桩群 (10)锚杆框架 (11)锚杆挡墙 (12)锚杆肋板墙 (13)锚索框架 (14)锚索地梁(墩) (15)锚索肋板墙 (16)支撑盲沟	1.滑带注浆 2.旋喷桩 3.石灰桩 4.石灰砂桩 5.焙烧

15.5.2 滑坡灾害治理需注意的重点问题

1.加强勘查工作,正确认识滑坡灾害

滑坡治理是一项特殊的地质工程或岩土工程,正确认识滑坡特征、成因和发育的地质环境是滑坡工程治理的基础。根据不同类型滑坡的特点和其发生发展的基本规律,在现场测量、调查和分析的基础上,有针对性地利用各种有效勘查方法,系统开展勘探、岩土试验和测试工作,全面查明滑坡类型、性质、规模、机理、稳定性、变形动态和影响因素。特别是采取单动双管、生物胶泥浆护壁等钻探技术和深部位移监测等有效方法,提高滑坡关键要素-滑动面判别和确定的准确性,并取得滑带土抗剪强度等参数。在此基础上进行综合分析,合理评价和计算不同工况的稳定性、剩余下滑力,并预测发展趋势和危害性。如同医生治疗疾病一样,只有准确诊断病情,才能对症下药,药到病除。只有对滑坡灾害建立全面正确的认识和地质概念模型,才能制定出科学有效、针对性强、经济合理的治理措施和方案,并顺利实施,达到预期治理目标。

加强勘查工作,正确认识滑坡灾害是滑坡治理的关键,否则将出现重大工程隐患和事故,或造成不必要的浪费。如舟曲县河南村滑坡前部次级滑坡治理工程,因确定前缘设桩部位滑动面的深度较浅，导致部分抗滑桩倾斜。肃南县白泉门某碎石土滑坡，原确定的滑体厚度只有7～8 m，而补充勘查时通过钻孔测斜确定的滑体厚度达14 m（图15-24），及时避免了对滑动面深度确定不准可能造成的治理工程失效。天水黄土-红层接触面滑坡的滑动面一般位于黄土与红层界面的下部，而过去有的滑坡勘查误将滑动面确定在黄土层中，造成滑坡机理分析的困难，以其为依据的治理工程也存在风险。滑动面的确定要根据钻探、深部位移监测资料，在滑坡区的坡体地质结构、水文地质条件和滑坡类型调查的基础上，综合分析确定。

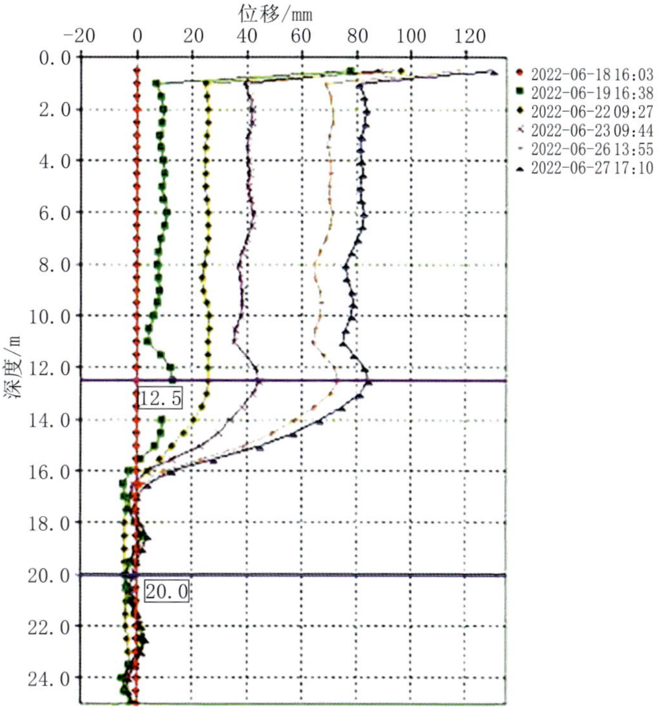

图15-24　肃南县白泉门滑坡深部位移监测资料

有的治理工程对滑坡规模、深度等认识和勘查不清，或抗剪强度参数取值很低，计算剩余下滑力很大，仅出于安全考虑，采取抗滑桩、锚索抗滑桩等进行过度治理。

实际上，历史地震引发或高速远程滑动的大型、特大型滑坡，能量释放较彻底，地形较为平缓的滑体一般具有超稳性，通过勘查评价和专家论证，在充分认识滑坡特征和采取科学合理的防护措施的前提下，可开发为宝贵的建设用地。如天水养老示范基地建设场地为历史地震引发的特大型黄土-泥岩切层滑坡体，滑坡体坡度缓，稳定性高，可作为建设场地。洒勒山特大型高速远程滑坡的滑动距离达1 000 m左右，能量释放彻底，1983年灾后重建的村庄就选择在滑坡体中部。天水锻压机床厂滑坡的滑距为150 m，厂区灾后重建时，将前缘滑体清除了60 m，滑坡体仍然保持较高的稳定性。这些工作都体现了老一辈滑坡防治工作者对滑坡的科学认识水平和实事求是的工作精神。而目前地质灾害防治工作中有一种倾向，只要是斜坡，不管坡度多缓，有无变形，都认为是不稳定斜坡。凡是滑坡，不管稳定与否，就得治理或避让，甚至把洒勒山这样公认的稳定滑坡体作为专群结合监测的隐患点，进行专门监测。

2. 加强滑坡发展趋势分析，治早治小、防患于未然

滑坡的发生和发展是一个由小到大逐渐变化的过程，滑坡治理最好是将其消灭在初始阶段和萌芽状态。如滑坡处在蠕动挤压阶段，虽然后缘张拉裂缝已贯通或有下错，但整个滑动面尚未贯通，滑带土强度也未完全达到其残余强度，抗滑段还有较大抗力，整体稳定系数>1。若在此阶段治理滑坡，充分利用土体自身强度，支挡工程量小，可节约工程投资。有些滑坡具有牵引（后退）扩大的特点，尤其是牵引式滑坡，即前部滑动后，后部因失去支撑力被牵引滑动，滑坡范围和规模扩大。若及时进行工程治理，稳定了前级滑坡，就不会向后部发展、扩大，因为前级滑坡范围小，治理投资低，否则等滑坡发展扩大后再治理，其难度和工程量均大幅增加。因此，加强滑坡前期变形特征、发展趋势和危害性的分析判别，提早进行治理十分必要。

不稳定斜坡即潜在滑坡的治理就体现了治早治小、防患于未然的思想。滑坡要治早治小的道理虽然简单，但在滑坡变形的初期阶段，或因资料不充分，或对滑坡特征和发展趋势认识不统一，以及经费投资等原因，难以下决心及时进行治理，常常延误了治理的最佳时机，甚至造成重大损失。

近年来，铁路、高速公路等部门采取的坡体预加固措施值得借鉴。如临洮—康乐高速公路ZK6+700～ZK6+900左侧挖方边坡高度27 m，为马兰黄土和新近系泥岩组成的顺向坡，岩层产状45°∠7°，地下水沿层面呈面状渗出。开挖后虽然对边坡进行了加固，但还是沿层面发生顺层滑移，沿路堑半坡最大剪出10 cm，延伸近200 m，后缘裂缝有向后牵引发展的趋势（图15-25）。拟采用以锚索抗滑桩为主的工程治理，防止滑坡进一步扩大，以保证道路安全。

图15-25　临洮—康乐高速公路ZK6+700～ZK6+900左侧滑坡

3.坚持一次根治，不留后患

滑坡治理的最基本原理就是降低下滑力和不利影响因素，增大抗滑力和有利影响因素，使抗滑力大于下滑力，达到力学平衡并有一定的安全储备。重大滑坡灾害治理必须坚持一次根治，不留后患。首先是对滑坡特征和地质环境条件等有较充分的认识，为治理工程设计提供可靠的地质资料和计算参数。其次是在滑坡治理措施上可靠有效，在满足规范要求的同时，充分考虑可能出现的不利影响因素。以往的一些滑坡治理工程，或因对滑坡特征认识不足，或受投资限制，治理后仍不稳定，治理工程被破坏，滑坡继续扩大和恶化，隐患依然存在，结果多次治理的总投资远大于一次根治的费用，而且久治不愈的间接损失和影响更大。如天水市秦州区北山片区棚户区改造项目的场地北部，因大规模开挖，形成高约50 m、平均坡度40°的台阶状黄土边坡。为了节省投资，2020年施工的锚索框架治理工程的锚固力不足。受连续降水影响，2020年8月17日中午，已治理的西侧部分黄土边坡失稳滑动，体积约1.23×10^5 m^3。滑坡破坏已有锚固工程，压覆坡脚南部建设场地（图15-26）。后期又投资约

图15-26　天水市秦州区北山片区棚户区改造场地滑坡

2 000万元进行二次全面治理和加固，严重拖延了工期。教训值得各方深思，在今后的治理工程立项、勘查和设计各阶段都要给予足够认识和高度重视。

4.综合治理

滑坡一般是在多种因素共同作用下发生，而具体到每个滑坡又有其不同的地质环境、主控因素和引发因素。因此，单一治理措施往往不能达到治理效果，滑坡的治理要针对主控因素采取主要的工程措施消除或控制影响，同时辅以其他措施进行综合治理，才能取得良好的治理效果（图15-27）。因此，加强滑坡治理方案比选，提高治理方案和工程布局的科学合理性，是非常重要的工作内容。

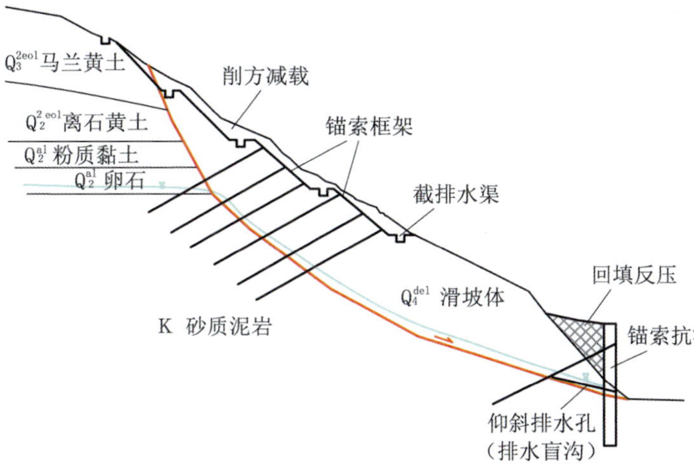

图15-27　滑坡综合治理工程一般布设模式图

治理方案的制定首先是消除主要影响因素，再考虑次要影响因素。其中，地表排水系统对大多数滑坡的治理都不可缺少。当地下水是滑坡形成的主要因素时，应首先考虑地下排水工程，如支撑盲沟、截水盲沟、仰斜排水孔等，降低地下水位和孔隙水压力，提高滑带土抗剪强度，减小剩余下滑力和支挡工程量，能达到事半功倍的效果。如G316线天水市秦州区沿川子滑坡，地下水丰富，前期治理工程的抗滑挡墙和框架在雨季常缓慢变形滑移，挤占路面。后期实施了仰斜排水孔，有效排泄了滑体内的地下水，稳定了滑坡，治理效果良好。河流冲刷、人工开挖或堆载引发的滑坡，应以防冲刷、支挡或减载、反压等力学平衡措施为主。

大型滑坡厚度大，剩余下滑力大，尤其是在高地震烈度区，有条件时应采取上部减载、前缘反压措施，减小剩余下滑力和支挡工程量，既经济又便捷，且见效快。舟曲江顶崖、立节北山等滑坡治理中，均对滑坡上部进行了大量减载。这里特别强调，滑坡上部减载有时可能影响到后部斜坡或上级滑坡的稳定性；前缘反压对下部斜坡是加载作用，可能引发下部斜坡失稳滑动。2023年8月，天水中材水泥有限责任公司关子水泥用大理岩矿南侧矿帮边坡出现滑坡，随后在中部1 740、1 755平台堆载土方约$1.1\times10^4\ m^3$，进一步降低了下部边坡的稳定性，结果于2024年6月整体下滑约20 m，也使上部边坡变形加剧，范围进一步扩大（图15-28）。兰州石峡口“9·17”滑坡应急削方减载施工中，由于大量土方堆载在下部较陡的滑体上，引发其复活滑动，体积达$6\ 000\ m^3$。舟曲江顶崖、立节北山等滑坡上部进行大量减载的同时，也在滑坡后壁采取了大规模的锚固工程。因此，滑坡上部减载、前缘反压措施要根据实际情况合理应用。一般在滑坡上部减载10%～15%，即可控制滑坡的蠕滑变形。

5.全面规划，分期治理

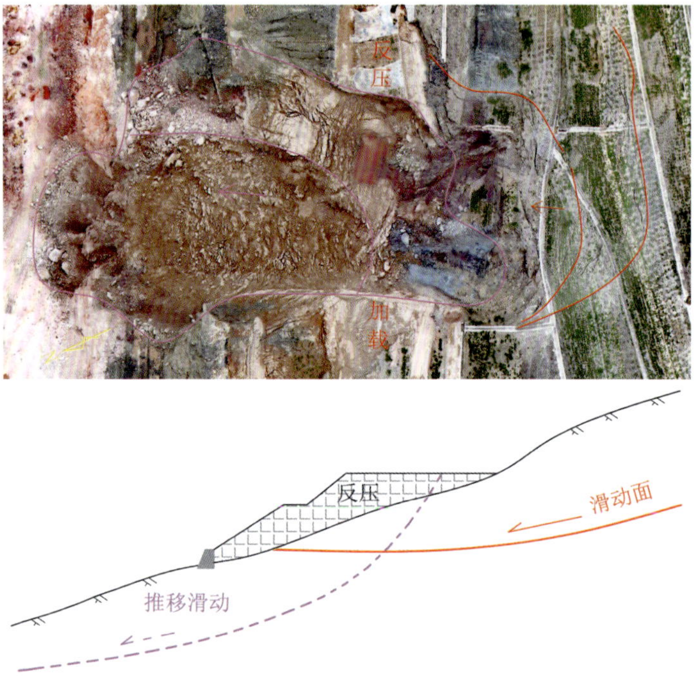

图15-28　反压加载引发的下部斜坡变形滑动

对于规模巨大、性质复杂，短期内难以查清其特征，治理投资特别昂贵，且变形缓慢，短期内不会造成灾害的滑坡。为了满足工程建设和防灾减灾的需要，应在地质调查、滑坡分级分块和综合分析的基础上，按照轻重缓急作出整体规划，逐步勘查、分期治理。首先抓住重点，解决主要矛盾和问题。大型滑坡治理是一项较复杂的系统工程，从监测、勘查、设计、施工到运行是密切联系的一个整体，应全面建立动态监测预警系统，在预防灾害的同时，为进一步认识滑坡提供了依据。随着勘查工作和认识的加深，对防治规划和方案不断进行优化，逐步进行科学设计和有效治理。

舟曲县锁儿头滑坡规模巨大，成因复杂，进行了分期治理方面的尝试。第1期对前缘变形强烈的次级滑坡采取了以锚固为主的治理工程，保证了公路的畅通；第2期在滑坡前缘采取抗滑桩、中部布设地下排水隧洞和地表排水系统。由于滑坡规模巨大且复杂，受认识水平、投资及施工等的影响，其治理效果和效益还有待进一步探讨。日本亀之濑滑坡数十年分期治理的经验可为借鉴。

有的滑坡险情需要尽快开展应急处置工程，防止滑坡恶化、险情加剧或造成灾害。在初步调查滑坡特征、成因和综合研判的基础上，布设见效快且简单可行的措施，消除滑坡引发因素。如地表排水，裂缝夯填，减重、反压和滑坡动态监测预警等。当滑坡达到基本稳定和险情基本消除后，在详细勘查的基础上，开展永久治理工程，如地下排水和支挡工程等。各期治理工程应有统一考虑和规划，互相衔接、互为补充，形成合理有效的滑坡治理工程系统。兰州石峡口两次滑坡均是在应急治理的基础上进行永久治理工程。舟曲县立节北山滑坡群也分为3期进行综合治理。

6.技术可行，经济合理

任何一项工程都应要求技术上可行，经济上合理，对滑坡治理工程来说也不例外，在保证滑坡稳定性满足相关规范要求的前提下，应尽量节约投资。所谓技术上可行，即结合滑坡的具体特征、地质环境条件和保护对象的重要性，提出多个治理方案进行比选，其措施应是技术先进、可靠有效、方便施工、就地取材和经济合理。

一般来说，地表排水工程造价低，但不起控制作用。截水隧洞、截水盲沟、支撑盲沟、仰斜孔排水等地下截排水措施，应根据滑坡的具体水文地质条件、地下水在滑坡形成中的作用以及施工条件综合确定和选用。当地下水比较发育时，地下截排水工程常起到稳定和预防滑坡的效果。抗滑挡墙、抗滑桩、预应力锚索抗滑桩、预应力锚索框架（或桩板墙）等支挡工程，以及减重、反压工程等，稳定滑坡的作用和效果良好，但造价比较高。一般来说，滑坡上部减重、前部反压比较经济有效，有条件时应优先采用。当无减重、反压条件时，只能采用支挡工程。由于支挡工程造价高，更应多方案精心比选，包括支挡工程布设位置、排数、结构类型选择等。中、小型滑坡一般可用锚杆（索）框架、抗滑挡土墙或支撑盲沟等；大、中型滑坡则主要采用锚索框架、抗滑桩和预应力锚索抗滑桩，有较好锚固条件时，预应力锚索桩可节约30%左右的投资。

近年来，一些滑坡的治理措施在可靠性、有效性方面存在一些问题，如在一些高含水率黄土滑坡、边坡治理中，有的采用锚固工程，难以发挥预期的锚固作用；又如某浅层黄土-红层接触面滑坡，地下水丰富，滑体表面普遍蠕动变形，治理方案在前缘采用单排抗滑桩，可能存在越顶问题，实际上采取盲沟等地下排水为主的治理措施更为有效。有的还在滑坡前缘或不稳定斜坡坡脚进行大量不必要的开挖卸载后，再进行支挡工程，既不科学，也不经济。立节北山滑坡体下部以块石、碎石土为主，治理工程中，设计了直径500 mm的钻孔排桩，虽然技术先进且可靠有效，但施工中发现现有设备难以成孔，不得不变更设计，影响工期。

随着科技进步，泡沫轻质土、新型土工格室，排水软管，生态混凝土等新材料不断出现，具有各自的优点和先进功能，要在治理工程设计中推广使用。

另外，随着施工设备技术的发展和国家对安全文明施工的要求，滑坡治理工程施工中，喷射混凝土框架、矩形抗滑桩机械成孔等施工技术已成功应用（图15-29）。作为新技术、新工艺，在实际中要推广应用，并不断改进和完善。

图15-29　矩形抗滑桩机械成孔

7. 重视生态环境保护和绿化美化

随着社会经济的发展，生态文明建设日益受到重视。滑坡也对生态环境造成严重破坏，进行滑坡治理在消除灾害隐患的同时，也要贯彻习近平生态文明思想，重视生态环境保护和绿化美化工作，尤其是城镇、景区、重要交通干线的滑坡治理。加强滑坡区绿化，提高植被覆盖率，既美化环境，也防治坡面冲刷和水土流失，对保证工程治理效果、提高坡体稳定性具有积极的作用。

近年来，甘肃滑坡和边坡治理工程逐步重视生态环境保护和绿化美化工作，采取了多种形式实施绿化工程。主要为框架内种草、充填植生袋和六棱砖等，但也存在一些问题，主要有坡面被大量框架分割或六棱砖充填，人工痕迹明显；植生袋易被风化，植被还没有长好，植生袋已破损，影响美观；造价也较高。

土工格室、新型高强度土工格室等已在坡面绿化与防护工程中广泛应用。具有施工方便、耐久性长、适用范围广、环境协调性好等特点。新型高强度土工格室可满足1：0.75较陡坡率的坡面绿化要求，而且可节省造价30%左右。甘肃交通运输部门在道路边坡绿化中使用较多（图15-30），其他地质灾害治理工程、生态环境修复工程中也可推广应用。

图15-30　土工格栅坡面防护绿化技术

甘肃大部分地区气候干旱，植被生长困难，且代价高。滑坡和边坡工程的绿化也是一项特殊环境的绿化，要合理使用保水剂，科学选择耐旱植物，严格控制养护期灌溉用水，达到坡体稳定和生态环境美化的协调统一。同时，也要做好坡面截排水工程。

有的滑坡治理工程，如肋板墙等虽然防灾作用明显，但工程外观与环境的协调性差，大面积混凝土上寸草不生，造成环境“白化”[图15-31（a）]。天水养正图书馆是一座国内首家具有先进生态环保理念的零碳图书馆，而其西侧发育高15 m的黄土陡崖，采取锚索肋板墙进行治理。为了使边坡治理工程与主体建筑的生态环保功能相协调，在肋板墙上设计了绿化种植花槽结构，花槽内填置有机土并与斜坡土体相接，再种植爬山虎等攀藤类植物，对肋板墙墙面进行绿化美化。2022年施工完成，生态环境效果良好[图15-31（b）]。

肋板墙绿化种植花槽结构是一种新的生态环保型支挡结构，在边坡生态环境保护和绿化美化方面具有良好的效果。其结构形式如图15-32所示，已取得国家实用新型专利。种植的植物类型可根据工程区气候和当地优势植物种类选取，除常用的爬山虎外，还有蔷薇、凌霄、紫藤、金银花、迎春花和柠条等。这种结构也可应用于框架边坡的绿化。

图15-31　普通肋板墙与绿化槽肋板墙的环境效果差异

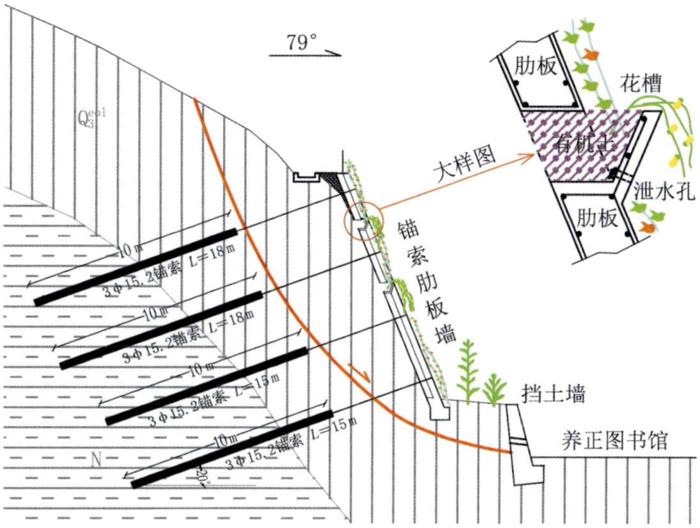

图 15-32　肋板墙花槽绿化设计图

8. 科学施工，保证安全

滑坡灾害治理工程结构较为复杂，施工环境差，施工难度大。再好的设计若无科学有序和高质量的施工，将会影响治理工程的顺利实施，也难以有效治理滑坡，甚至引发或加剧滑坡灾害。

治理工程施工主要项目负责人、技术负责人必须具有较丰富的滑坡灾害防治专业知识和施工经验，熟悉相关规范和技术要求。在前期准备阶段，要深入现场仔细调研，了解施工环境条件、滑坡特征，对照图纸，全面研究治理工程类型布设和施工要点，分析可能存在的问题和风险，做好解决方案。在此基础上，有针对性地编制施工组织设计，合理施工现场布局、施工顺序和工法，明确各类施工要点、质量、安全要求和应急处置预案，合理配置各类人员、设备和材料。加强技术、质量和安全、环保等方面的培训和管理。滑坡治理一般要首先做好地表排水工程和夯填滑坡裂缝，坚决实行跳槽开挖、分段施工，严禁影响滑坡稳定性的全面开挖和坡顶加载。对缓慢活动的滑坡一般首先从下滑力小的两侧施工抗滑桩等工程，最后再施工下滑力大的中部工程。根据地质条件与气候变化情况，科学调整施工内容、顺序和方法。同时应加强滑坡动态监测预警，保证施工安全。

由于地形复杂，治理工程的边角和转折等特殊部位，常出现工程设计与现场实际难以完全吻合的情况，施工后治理区边缘与两侧斜坡不能平顺衔接，视觉观感差。在保证治理工程效果的前提下，施工放线和施工过程中要根据现场地形和地质环境，对削坡、坡面整理等工程局部，及时提出合理调整和优化的意见，达到相互协调和美观。当然，工程设计时应仔细考虑上述情况，精心设计，尽量做到科学合理、符合实际。

天水某边坡治理工程在锚索肋板墙与锚杆框架工程的交界处，施工后两类工程的坡面在顶部形成了 2 m 的错位，影响治理后的斜坡景观（图 15-33）。实际上，肋板墙施工时，按照斜坡地形和锚杆框架坡面的具体情况，将锚杆框架附近的锚索肋板墙的坡率适当调整变缓，与锚杆框架坡面平顺衔接，保持一致，既达到了合理美观，也减少了肋板墙顶部填方和侧向支护工程，边坡也更加安全。

9. 动态设计，信息化施工

滑坡是复杂的地质现象，尤其是大型复杂滑坡，受各种条件和因素的限制，仅通过以点带面的钻孔、探井勘探，还很难全面查清和掌握滑坡深部的实际情况。治理工程施工中大截面抗滑桩开挖，可以更清楚地揭示滑坡的地质情况和特征，特别是滑动面的位置，根据开挖情况及时调整优化或变更设计，这就是动态设计。如抗滑挡土墙和抗滑桩的施工，第一批基坑开挖就要做好现场地质编录，复核地质情况和滑动面位置、层数和滑动方向，或取滑带土样进行试验，必要时调整抗滑桩的尺寸和配筋。当挖出的滑面滑动擦痕方向与桩、墙的方向出入较大时，还应调整其受力方向（或后两批桩的方向），施工也应做相应的调整。排水隧洞的施工应先开挖检查井，以便依据实际的滑面位置和地下水分布调整洞的埋深和纵向坡度，以达到最好的排水效果。

图 15-33　不协调的坡面工程衔接

10. 重视和加强治理工程维修养护

滑坡等地质灾害治理工程一般置身于复杂险恶的野外环境，在与滑坡下滑力等地质作用坚持不断抗衡的同时，还要受到降水、河流冲刷等不利因素的随机影响和破坏，治理工程自身难免受到损伤或出现隐患。如2021年雨季，宁县县城锚杆框架因坡顶水体渗入而被大范围破坏（图15-34）。可见，滑坡等地质灾害的治理难以达到一劳永逸。应建立地质灾害治理工程竣工后运行期间的维修保养制度，重视并加强维修和养护，使其处于完整良好的工作状态。特别是地表和地下排水沟的清理疏通，各种裂缝的修补和夯填，滑坡

图 15-34　2021年雨季因坡顶水体渗入破坏的宁县县城锚杆框架

动态、地下排水效果及支挡建筑物变形监测等。

15.5.3　滑坡的开发式治理模式

滑坡的开发式治理模式是近年来滑坡治理所采取的新的模式之一，其理念是把滑坡治理、土地开发利用和生态环境整治结合起来，做到一举三得。既治理了滑坡灾害，又增加了土地利用面积，同时也改善了治理区的环境。

1. 东乡族自治县县城滑坡治理工程

东乡族自治县县城位于四周切割强烈的黄土梁顶，地质环境条件差，四周斜坡环绕，工程建设的挖填活动强烈，排水系统渗漏严重，滑坡灾害时有发生。2011 年 3 月 2 日，东乡县县城锁南镇撒尔塔文体广场发生黄土滑坡，方量约 $1.8\times10^5\ m^3$。大量松散土体堆积于体育场内，道路、商铺、通信、给排水、电力设施遭到严重毁坏（图 15-35～图 15-36）。

图 15-35　县城原貌

图 15-36　滑坡全貌

综合考虑县城区的地质环境条件、滑坡灾害特点和发展的实际，该滑坡治理贯彻“消除灾害隐患、土地整治开发、改善人居环境”的开发式治理模式。主要采取支挡、锚固、削方减载、回填反压、地下和地表排水等工程措施进行综合治理（图 15-37）。

图15-37　东乡县县城"3·2"滑坡治理后的景观

东乡县城"3·2"滑坡灾害治理是甘肃地质灾害"开发式"治理模式较为成功的范例。在消除滑坡隐患、美化生态环境的同时，增加建设用地0.404 km²，为东乡县县城灾后重建和县域经济可持续发展创造了条件。

2.灵台县南店子滑坡治理工程

2021年10月发生的灵台县南店子滑坡的治理方案，在综合分析滑坡特征、成因和稳定性的基础上，采取了上部削方减载、前缘回填反压，东部采用抗滑桩、锚固工程支挡，完善地表排水的综合治理方案。该治理方案以较小的投资有效治理了滑坡灾害，做到了经济合理，安全可靠。其中削方和回填工程将滑坡体整理为两级长450 m、宽50～80 m的宽平台（图15-38）。以后可规划开发为公园或绿化用地，为滑坡损毁土地的利用创造了条件，也是滑坡灾害开发式治理可供借鉴的模式和范例。

图15-38　治理后的灵台县南店子滑坡

15.5.4　避险搬迁与工程避让

滑坡是山区地貌演化过程中的地质作用和现象，破坏力非常巨大。从近年来的滑坡灾害工程治理实践中可以发现，由于滑坡灾害发生的地质环境条件复杂以及有的滑坡规模巨大，人类目前还不能全面地对其进行有效遏制和抗衡，现有技术措施有时难以对一些大型滑坡达到预期的治理效果，治理工程和后期维护的投资巨大，且保护对象有限，工程治理效益较低。甘肃山区受滑坡等地质灾害威胁的人口众多，从顺应山地自然演化和经济合理的角度出发，采取避险搬迁措施，使承灾体与致灾体有效分离，也是一种客观科学的防灾减灾措施，日益受到各方面的重视。

近年来，舟曲等地作为甘肃地质灾害防治的重点区，实施了许多治理工程，但滑坡等地质灾害依然频繁发生，有的规模巨大，工程治理困难。因此，从实际出发，采取避险搬迁措施，将舟曲县受滑坡等地质灾害威胁的大量居民易地搬迁到地势平坦的兰州新区等地，彻底摆脱地质灾害的威胁。近几年在全省实施的地质灾害避险搬迁工程，大多数县区的避险搬迁是在县域内进行，有的安置区还地处丘陵、山区。这里特别强调，要做好此类安置区的选址、地质灾害危险性评估和防治工作，防止从一个地质灾害危险区搬入另一个潜在隐患区。同时工程建设中要避免过度大挖大填，做好地表排水和上下水工程，防止挖填活动、各种水体入渗软化而引发滑坡灾害。

道路、水利工程、输电线路、油气管道、城市和乡村振兴建设中，在工程地质、地质灾害调查评价的基础上，对大型复杂滑坡首先采取安全避让措施，做好地质灾害预防工作，保证各类建设工程的顺利实施和安全运营。如秦安县陇城镇南部黄土-红层接触面滑坡成群发育，黄土地下水较丰富，近年来滑坡多有活动。宁夏—湖南 800 kV 特高压输电线路原设计的一处塔基位于一滑坡体的后缘部位，其上部坡体裂缝发育，存在滑坡隐患。勘查单位复核发现隐患后，邀请有关专家进行现场论证，最终将该塔基向南移动约 180 m，选择在地形相对较高、地表无变形、黄土仅 1～2 m 厚的相对稳定的平台区，避开了滑坡隐患（图 15-39）。

图 15-39　宁夏—湖南 800 kV 特高压输电线路某塔基处滑坡群

第16章　甘肃滑坡灾害治理工程实例

频繁发生的滑坡给甘肃人民生命财产和工程建设造成了严重危害和威胁，而滑坡治理是一项非常复杂且投资较大的特殊地质工程，过去主要是对威胁城市、交通、水利工程建设和运营的滑坡进行被动治理，随着社会经济的发展已逐步将滑坡等地质灾害防治工作纳入社会经济发展规划，逐步开展主动防治。特别是近10年来在国家的大力支持下，甘肃对危害性大的许多滑坡进行了工程治理，有效保护了人民生命财产安全和工程建设的顺利进行，取得了良好的防灾减灾效果和社会经济效益，防治理念和技术也在不断进步。本章介绍了不同类型滑坡的典型治理工程实例，供类似滑坡治理工程参考和借鉴。

16.1　天水椒树湾滑坡治理工程

1990年8月11日9时20分—11时50分，天水市突降百年不遇的大暴雨，降水量达113 mm，引发多处滑坡、泥石流灾害，造成22人死亡，直接经济损失约5 000万元。椒树湾滑坡是这次暴雨引发复活的滑坡灾害之一（图16-1）。由于该滑坡位于秦州区北山人口密集区，地理位置重要，危害和社会影响巨大，受到了甘肃省各级政府的关心和重视。因此，该滑坡成为甘肃省20世纪投入较大、成功进行综合治理的黄土滑坡范例之一。

图16-1　天水椒树湾滑坡

16.1.1　地质环境条件

椒树湾滑坡位于天水市秦州区北侧黄土梁—冯家山南侧黄土斜坡下部（图16-2），山坡临空面走向为NE67°，山顶海拔1 438 m，坡脚处耤河Ⅱ级阶地海拔1 178 m，相对高差260 m，山体坡度10°～30°。滑坡中东部为梯田，西部地势不仅低于中东部，也低于滑坡西侧的王家半坡，呈阶梯状洼地形态。

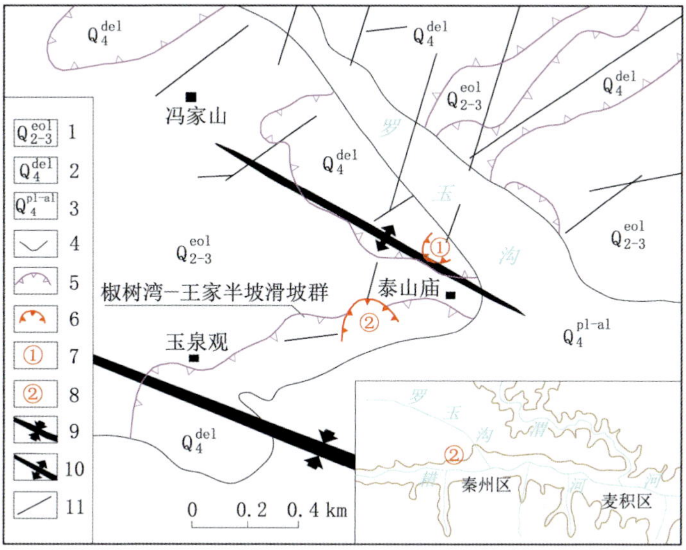

1—风成黄土；2—黄土状土；3—粉质黏土、砂砾层；4—地层界线；5—老滑坡；6—新滑坡；7—泰山庙滑坡；8—椒树湾滑坡；9—向斜；10—背斜；11—断层。

图16–2　椒树湾滑坡位置及地质略图

天水市属温带半湿润气候，年均气温10 ℃，年均降水量510.9 mm、蒸发量1 294 mm，降水多集中在6—9月，占全年降水量的65%。构造上位于西秦岭北缘断裂带，区内构造形迹复杂，构造运动强烈，地震频繁，地震动峰值加速度0.3 g。滑坡区地下水主要来源于大气降水入渗及北部、西北部黄土梁区地下水侧向径流，含水层为黄土，地下水位埋深5～15 m，水质良好，在洼地西侧及北侧共出露泉水6处，最大流量0.02 L/s，泉水流量较稳定，基本上不受大气降水的影响，说明其补给源较稳定。

滑坡区主要出露地层为：

（1）全新统滑坡堆积物（Q_4^{del}）：浅灰黄-褐黄色，主要为扰动的中、上更新统黄土，土质较均一，疏松，局部裂隙发育，结构破碎，厚度5～10 m。

（2）上更新统马兰黄土（Q_3^{eol}）：厚度10 m左右，浅灰黄-褐黄色，质地均一，疏松，具大孔隙和强湿陷性，天然重度17.5 kN/m³，天然含水率17%左右。

（3）中更新统离石黄土（Q_2^{eol}）：厚度5 m左右，位于马兰黄土之下，陡坎处节理、裂隙发育，夹数层棕红色古土壤及钙质结核，天然重度19 kN/m³，天然含水率19%左右。

（4）新近系泥岩（N）：红褐色、灰绿色泥岩，夹数层灰绿色-灰白色砂质泥岩，致密，较坚硬，成岩程度低。节理、裂隙发育，天然重度21.0 kN/m³，该层在区内分布较广、厚度大、属断陷湖盆沉积。其顶部普遍有一层厚约1～3 m的风化壳，多呈土状，遇水软化后，强度很低，常成为上覆黄土滑动的滑带物质。

16.1.2　滑坡特征

椒树湾滑坡系椒树湾—王家半坡老滑坡群的局部复活（图16–3），属黄土-泥岩接触面滑坡，滑体主要由黄土组成，下部带动了部分强风化泥岩，主滑面基本上沿新近系泥岩顶部发育而成，老滑体前缘脱离滑床后，覆盖在前部耤河的冲洪积阶地之上。

椒树湾滑坡长150 m，平均宽170 m，面积约2.3×10^4 m²，平均厚度12～14 m，体积约3×10^5 m³。滑坡前缘高程1 204 m，后缘高程1 247 m，相对高差43 m。滑坡后缘拉张裂缝、两侧羽状剪切裂缝，前缘地面隆起、反翘、放射状裂缝等变形迹象发育齐全。按照滑带（面）位置、滑动方向，该滑坡为整体性滑坡，但依据滑体各部位高程、物质组成、滑体厚度的差异及地形变化，该滑坡明显可分为三部分，即中部滑体、西侧洼地和东部滑体。其特征简述如下：

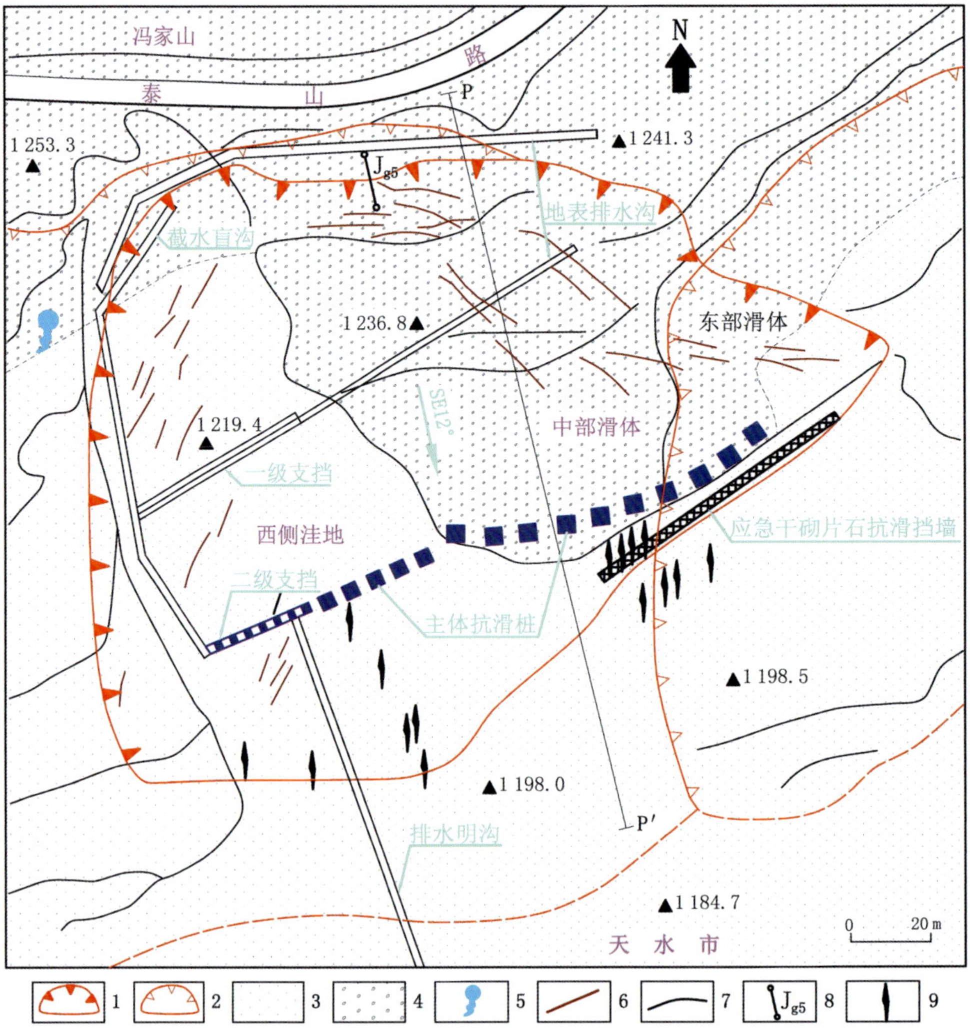

1—新滑坡；2—老滑坡；3—居民区；4—耕地；5—泉；
6—张、剪裂缝；7—陡坎；8—裂缝监测点；9—鼓胀裂缝。

图16-3　椒树湾滑坡与治理工程平面布置图

中部滑体：指滑坡中部地形较高的台阶状黄土斜坡，长115 m，平均宽85 m，平均坡度18°，平均厚度16 m，组成滑体的主要物质为黄土状粉土-粉质黏土，底部有厚1～5 m的受老滑坡扰动的新近系强风化破碎泥岩，其厚度由滑坡后部至前部逐渐增大（图16-4）。本次滑坡的主滑带正是位于这层强风化破碎泥岩之中，可见清晰的滑坡擦痕，指向168°，倾角13°，滑带土含水率20%～28%，部分地段沿滑带有渗水现象。据试验资料，滑带土残余内聚力为1.0～1.5 kPa，内摩擦角为10°～11°。中部滑体是椒树湾滑坡的主要下滑体，属主动下滑部分。

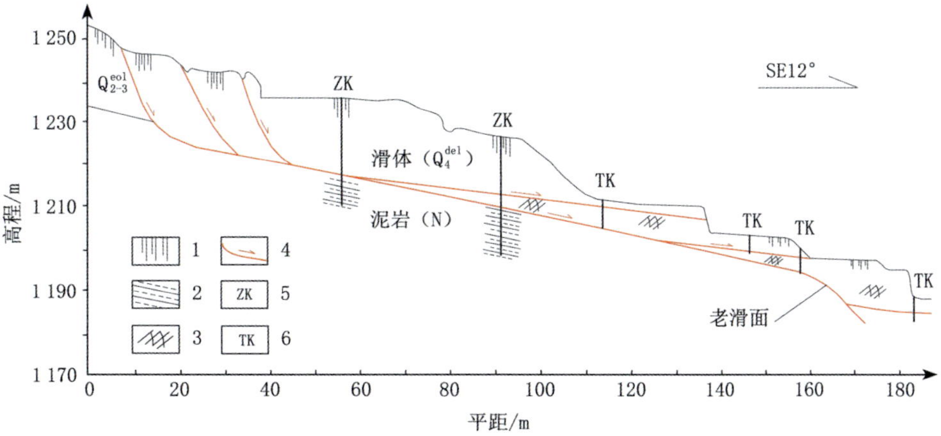

1—黄土；2—新近系泥岩；3—扰动破碎泥岩；4—滑动面；5—钻孔；6—探坑。

图16–4　椒树湾滑坡剖面图

西侧洼地：指滑坡西部地形低凹的洼地，低于东侧主滑体8～13 m，低于西侧王家半坡5 m左右，由于长期的人类活动（洼地原名砖窑）而形成，洼地长150 m左右，宽40～70 m，总体坡度12.5°，纵长走向160°。滑体平均厚度6 m，主要由人工填土、黄土状土及新近系强风化破碎泥岩组成。洼地区主滑面继承了椒树湾—王家半坡老滑坡的滑面，滑带特征与中部滑体主滑带一致，滑面上滑坡擦痕指向168°，倾角13°。洼地内储水条件较好并接受北西部泉水的补给，地下水丰富，滑带附近普遍有渗水。滑带土厚且均处于软-流塑状态。洼地内以NE-NNE方向呈雁状排列的剪切裂缝密集，显示出中部主滑坡对洼地区的牵引作用。

东部滑体：指滑坡东侧地形较低、呈近三角形的一块滑体。长50 m，平均宽40 m，平均坡度16°，平均厚度5 m，主要由黄土状土组成，底部有一层厚的1.5 m受老滑坡扰动的强风化新近系破碎泥岩。由于该块体位于两个老滑坡的交会部位，滑体结构破碎，三角形块体受本次中部滑体的侧向牵引，参与滑动，滑面上滑坡擦痕指向163°，倾角12°。滑带土含水率相对较低，呈可塑状，在地表也出现一系列羽状剪切裂缝。

总的来说，椒树湾滑坡体在地势上存在西低东高，在滑动顺序和力学性质上，中部滑体的滑动牵引带动了两侧滑体参与。就滑带而言，3块滑体均承袭了老滑坡滑动带，发生复活滑动，形成统一滑面的新滑坡。

16.1.3　滑坡成因及稳定性

天水地区黄土-泥岩接触面滑坡发育，秦州区北山王家半坡—罗玉沟口为黄土-泥岩接触面老滑坡群发区。在降水等因素的影响下，此类滑坡具有很强的复活性。

据调查，椒树湾滑坡自1985年雨季后，连续发生变形，后缘裂缝5年内下错0.7 m。1990年8月11日大暴雨造成了各种变形的加速发展，后缘裂缝逐日变化，形成了一条长达200 m、宽约0.3 m的弧形拉张裂缝，滑坡前缘出现地面隆起和放射状裂缝，滑坡两侧出现大量的羽状剪切裂缝。由此推断，滑坡正由局部变形向整体性变形的方向发展，并由蠕动阶段向微动阶段发展，接近于剧滑阶段。

椒树湾滑坡的形成原因与人类活动作用的逐渐积累也有很大关系。据访问，椒树湾一带自清代起就有人在此开挖取土、烧砖、修建城墙和房屋，20世纪70年代后期在滑坡前部大规模开挖，建造村落，造成滑坡抗力减弱。另外，在西侧洼地内，原有20多眼泉水出露，20世纪70—80年代因居民建房，将洼地修成阶梯状，并在每一阶梯陡坎部位修筑护墙，使原有地下水出口堵塞，排泄不畅，坡体内地下水相对增多。加之坡体本身地质环境条件脆弱，故在大暴雨的促发作用下，使本已处于临界稳定状态的老滑坡局部复活滑动，形成这次剧烈变形的新滑坡。

16.1.4　应急治理工程

椒树湾滑坡自1985年雨季时后缘出现拉张裂缝之后，每年雨季均有变形，处于蠕动变形阶段。1990年8月11日大暴雨促进了滑坡的加速发展，出现了各种明显的变形迹象，1990年9—10月，滑坡平均滑移速度为3～4 mm/d，日最大变形量达17 mm，有加速发展的趋势（图16-5）。而此时正值雨季，险情严峻。

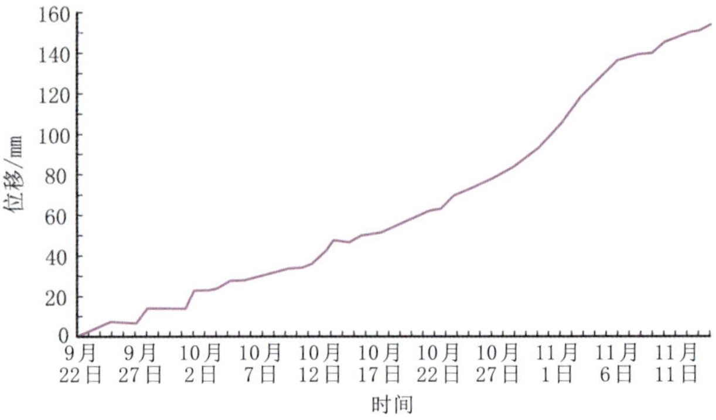

图16-5　椒树湾滑坡地表位移监测曲线（1990年）

为防止在勘查过程中或永久性工程实施前滑坡发生剧滑，确保滑坡危及的14个单位和6个居民委员会、1 974户居民7 780余人的生命财产安全，依据初步勘查资料，提出了应急治理工程措施，具体包括：

（1）干砌片石挡墙：在滑坡前缘剪出口位置设置刚柔结合的抗滑工程-干砌片石挡墙（图16-6～图16-7），片石挡墙长110 m，挡墙截面积45.06 m²。

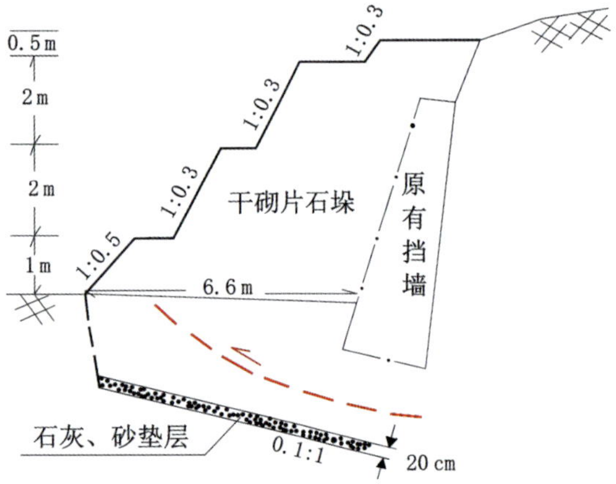

图16-6　干砌片石挡墙大样图

图16-7　干砌片石挡墙

（2）夯填裂缝：对滑坡区内的地表裂缝，及时夯填，避免地表水入渗，共夯填裂缝长500 m（图16-8）。

（3）地表排水：在滑坡体后缘裂缝外5～10 m，设置浆砌片石排水沟（图16-9），滑体中前部挖小型集水井8眼，用人力或水泵将水排至滑体外，达到提高滑坡稳定性的目的。

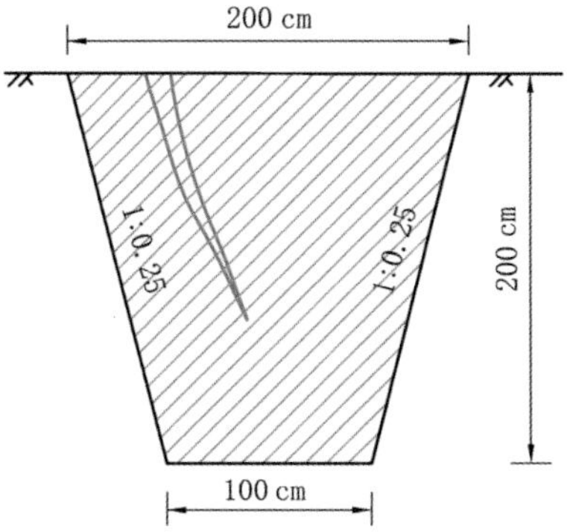

图16-8　夯填裂缝大样图

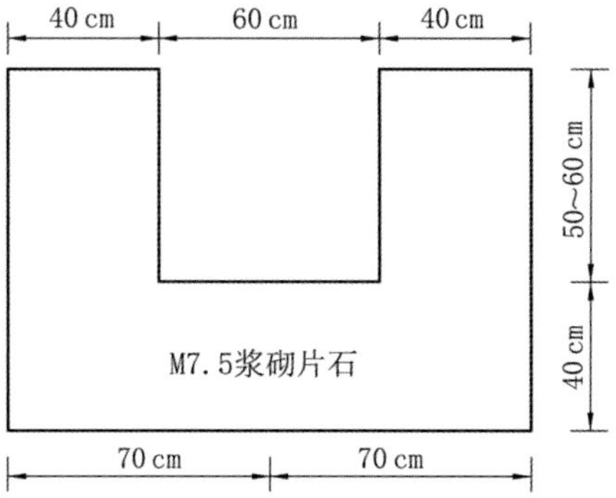

图16-9　排水沟设计大样图

该方案于1990年11—12月实施后，滑坡日变形量由原来的4～6 mm，减缓到0～1 mm，有效控制了险情的进一步发展，暂时稳定了滑坡，也为勘探、设计和永久治理工程的实施争取了时间。

16.1.5　综合治理工程

鉴于该滑坡变形的严重性、巨大的危害性，必须采取永久性的综合工程治理措施，确保滑坡稳定。

1.治理原则和方案

根据椒树湾滑坡的具体特征、成因及危害性，按滑坡防治的基本原则，确定了针对该滑坡综合治理的具体原则和方案：

（1）滑坡的主体——中部滑体是本次滑坡治理的关键，应在其前缘采用刚性支挡工程抗滑桩，同时，因天水地区属Ⅷ度地震烈度区，设计时应考虑地震影响。

（2）西侧洼地，由于地下水丰富，必须引排西侧坡体渗入洼地的地下水，并疏干洼地本身的地下水，宜采用截水盲沟工程，保证洼地及滑坡边缘的稳定。

（3）截排滑坡变形区的地表水，尽量减少大气降水渗入滑体。

（4）夯填处理已经出现的地表裂缝。

（5）东部滑体，因块体较小，且受中部滑体影响，可作临时干砌片石挡墙。如果主体滑坡治理后，该块体稳定，亦可把临时干砌片石挡墙作为永久工程留用。

2.治理工程措施

为了确保滑坡的长期稳定，必须进行永久性综合治理工程（如图16-3），具体包括：

（1）主体支挡工程：在中部滑体前缘（应急干砌片石挡墙上部），垂直滑动方向布设12根C20钢筋混凝土抗滑桩。其中8根截面2.5 m×4 m（东侧），桩长27 m；4根2 m×3 m（西侧），桩长22 m，桩间距（中-中）5～6 m。

（2）两级支挡（桩间墙）工程：因西侧洼地滑体有两级剪出口，故垂直沟走向设两级支挡工程，采用抗滑桩和挡墙结合进行整治。一级桩共12根，桩长12 m；二级桩共14根，为桩长8 m的钢筋混凝土抗滑桩，桩间做挡墙，桩截面均为1.25 m×1.75 m。抗滑桩典型截面如图16-10。

（3）地下排水工程：在西侧洼地，稳定体与滑动体之间做一条截面2 m×5 m，长129 m的截水盲沟（图16-11），将滑坡体外的地下水截堵排出。

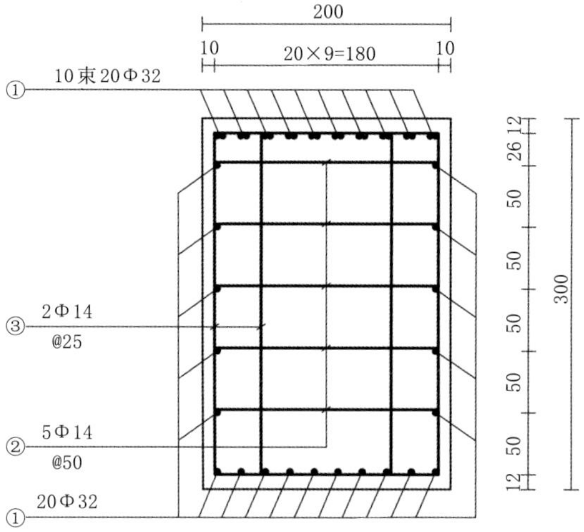

图16-10　抗滑桩构造横断面图(单位:cm)

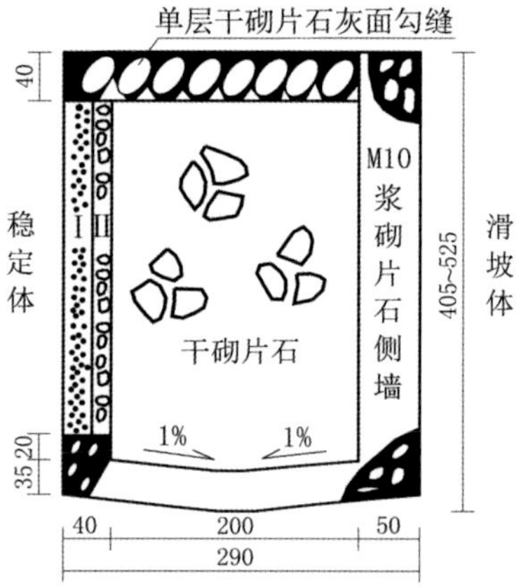

注：图中尺寸单位均以cm计；Ⅰ、Ⅱ为反滤层，各厚20 cm，分别为砾砂及小卵石。

图16-11　截水盲沟断面大样图

3.地表排水

利用应急工程阶段的地表排水系统，如果被滑动破坏，综合治理工程结束后修复。

4.裂缝处理

及时夯填滑体上的裂缝（如图16-8），长约500 m。

16.1.6　综合防治效果分析

1.工程变形分析

一般认为，滑坡治理工程本身从施工到竣工后一定时间内（即承受滑坡推力后）会发生一定量的变形，随后抗滑工程完全受力，最终使得滑坡体稳定，达到工程治理的效果。那么抗滑工程本身在承受滑坡推力后的变形量究竟达到多少才能使其自身稳定？设计中考虑了桩体的抗弯变形、抗剪强度等，但对不同的地质环境条件，桩的变形量尚无确切评价资料，本工程针对椒树湾滑坡进行了一些工后桩顶位移测量和研究。

在刚竣工的抗滑桩顶布点监测，监测历时约半年，得到图16-12～图16-13所示的桩顶位移监测曲线。

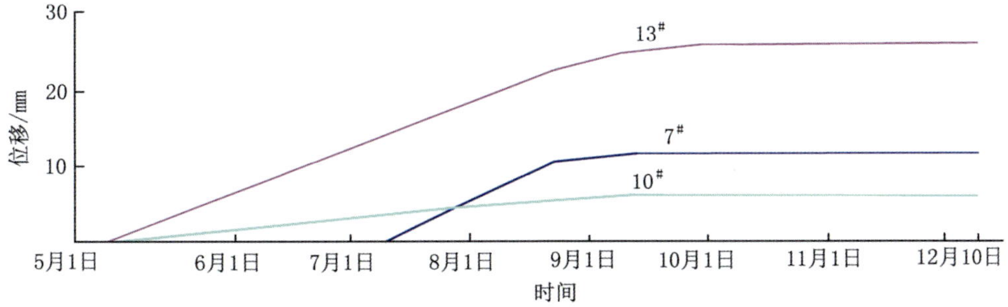

图 16-12　椒树湾滑坡主体抗滑桩监测曲线（1992 年）

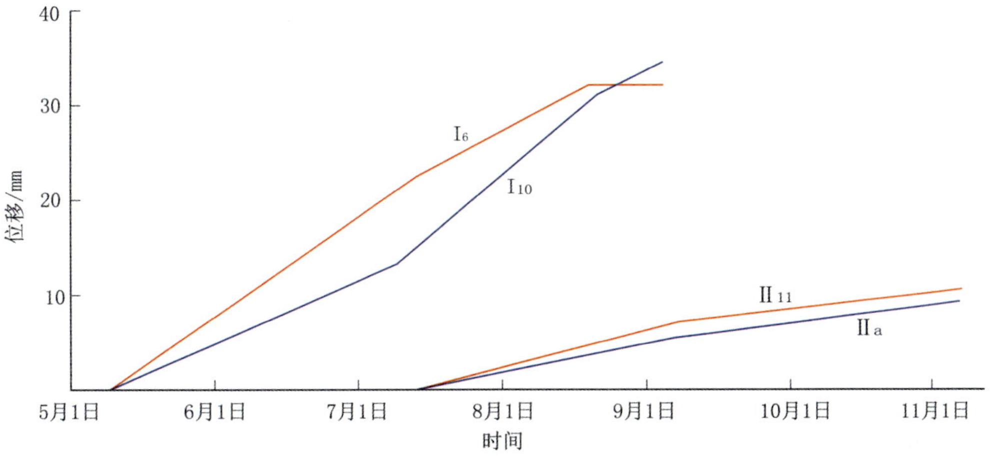

图 16-13　椒树湾滑坡西侧洼地一、二级支挡工程抗滑桩顶位移监测曲线（1992 年）

由图 16-12～图 16-13 可以看出，刚性抗滑桩在完工后逐步承受滑坡推力的 4 个月内，桩体发生了一定量的变形，桩顶最大位移近 4 cm，随后逐渐趋于稳定，或还有少量变形。桩体变形除与刚性结构物的变形有关外，也与桩周岩土条件有关，应视具体情况而定。

就椒树湾滑坡抗滑桩的实际情况，桩体稳定变形量与桩截面尺寸、桩长、桩位处岩土密度、含水状况、滑坡推力大小等因素有关，需做进一步研究。

2.防治工程效果分析

为了掌握和研究滑坡变形与抗滑工程的关系，在整个勘查、设计及施工过程中，对 Jg5#等滑坡主裂缝监测点进行了连续监测。大体可分 3 个阶段：第 1 阶段（1990 年 9 月 20 日—11 月 20 日），是滑坡工程地质勘查及应急工程竣工前的监测，主要对裂缝、滑坡体倾斜情况及滑坡体上建筑物裂缝进行监测；第 2 阶段（1990 年 11 月 20 日—1992 的 4 月 17 日），是应急工程竣工后到主体抗滑桩工程竣工后的监测，主要进行裂缝监测；第 3 阶段（1992 年 4 月 17 日—1992 年 11 月 6 日），是主体抗滑桩竣工到综合治理工程完工后的监测，主要进行裂缝变化及抗滑桩变形监测，其裂缝变化与降水量及各种防治工程进展之间的关系如图 16-14。

图 16-14 清晰地反映了抗滑工程施工与滑坡变形的关系：应急工程开工前，滑坡变形较快，应急工程的开工并未减小滑坡变形，反而加速了变形的速率（未按要求跳槽开挖，

而是通槽开挖)。从开始监测到应急工程竣工，总变形达175 mm，日均位移3.02 mm，按一般的滑坡时间预报，面临剧滑。然而，有效的(选位判断准确、工程形式合理)应急工程的竣工，滑坡速率明显得到控制。在勘查、设计阶段，滑坡始终处于缓慢变形中。主体抗滑桩工程开始，变形虽稍有加剧(桩孔开挖)，但未有明显大滑动迹象，从应急工程竣工到主体抗滑桩工程竣工，滑坡累计变形181 mm，日均位移0.351 mm，较前期位移速度降低了近1/10。在主体抗滑桩工程竣工后，其他附属工程的进一步施工过程中，滑坡变形非常缓慢，从主体工程竣工到综合治理工程全部完工后2个月，滑坡累计变形18 mm，日均位移0.089 mm，滑坡逐步趋于稳定。

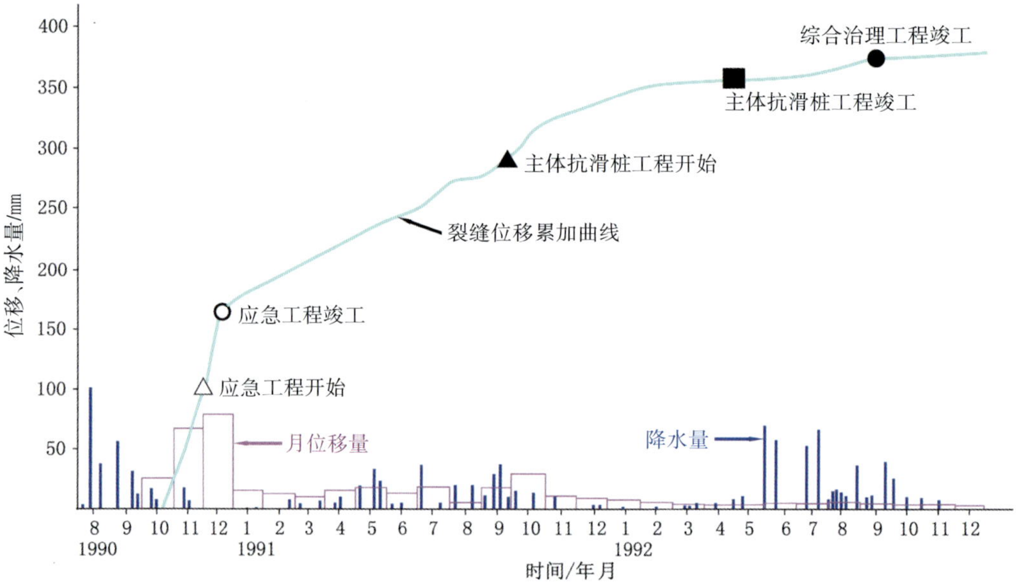

图16-14　滑坡变形与降水量及治理工程进度关系曲线

从以上Jg5监测点所反映的滑坡变形过程与工程进展的关系可以看出，椒树湾滑坡经过应急工程和永久工程的综合治理之后，滑坡变形已得到有效控制。治理工程完成后的30多年运行中，经历了2003年和2013年雨季等罕见降水的考验，保护了城市的安全，发挥了良好的治理效果。

16.2　兰州石峡口滑坡治理工程

兰州是我国地质灾害最为严重的省会城市之一。2007年9月17日和2009年5月16日兰州市城关区通往九州经济开发区咽喉要道的石峡口先后发生2次滑坡灾害(图16-15)，压埋九州大道，堵塞罗锅沟。其中，2009年5月16日的滑坡摧毁石峡口小区1栋住宅楼，造成7人死亡、1人受伤和严重的经济损失，是兰州近年来人员伤亡最严重的滑坡灾害，严重影响九州经济开发区居民的正常生产和生活。兰州石峡口滑坡灾害引起了党中央、国务院和各级政府、社会各界的高度关注，对抢险救灾和兰州市地质灾害防治工作做出了专门指示和批示。

图 16-15　兰州石峡口滑坡

16.2.1　石峡口地质环境条件

石峡口为罗锅沟在黄河北岸Ⅴ级阶地基础上侵蚀下切形成的深切峡谷，高程为 1 540～1 700 m，形成相对高差 100～150 m 的剥蚀-堆积低山丘陵地貌，现阶面残留部分南北宽 70～150 m，东西长 260 m 左右。其余地段受水流侵蚀切割影响，已失去原有河流阶地地貌的基本形态，以黄土梁为主，自西南向东北呈条带状展布。山坡上部均被马兰黄土覆盖，坡度 20°～30°，落水洞发育，直径一般在 1～2 m，可见深度 1～5 m；下部为皋兰群片岩，坡度较陡，高达 40°～50°。

罗锅沟为黄河北岸一级支沟，流域平面形态呈长条形，面积约 37 km^2，主沟道长 20 km，沟口为近东西向的石峡口峡谷，谷底宽 50～100 m，沟道宽约 12 m，沟槽深 4 m。

根据地质调查及钻孔资料，石峡口地区出露地层相对简单，从新到老分别为：全新统滑坡堆积物（Q_4^{del}），主要分布于滑坡的中部和前缘一带，岩性多为马兰黄土和皋兰群片岩滑动后的新堆积物；上更新统（Q_3^{eol}）主要为马兰黄土，分布较广泛，披覆于老地层之上，厚度 2～20 m；中更新统多埋藏于马兰黄土之下，在沟谷两侧和坡体前缘陡壁下部有零星出露，可分为两期，早期堆积物为冲洪积物（Q_2^{al-pl}），晚期堆积物为风积离石黄土（Q_2^{eol}），厚度 8～20 m；前寒武系皋兰群（An∈gl）岩性为黑云角闪片岩、黑云绢云片岩和片麻岩、夹薄层石英岩和酸性侵入岩岩脉，节理、裂隙较发育，主要分布于坡体的下部。

石峡口断裂位于石峡口附近，为高角度逆断层，走向 320°，倾向 230°，倾角 80°，西盘逆冲在东盘之上，断层破碎带宽约 3 m，分布有挤压透镜体和片理化岩石，两侧小断裂及褶皱较发育。

地下水主要有松散岩类孔隙水和基岩裂隙水两种类型。松散岩类孔隙水赋存于更新统黄土和碎石层中，受补给、赋存及排泄条件限制，地下水量贫乏。基岩裂隙水主要赋存于皋兰群变质岩的风化裂隙和构造裂隙中，补给来源主要是大气降水和绿化灌溉水的入渗，在坡脚有泉水分布。

修建九州大道和石峡口住宅小区时对坡体前缘局部进行过削坡、开挖坡脚，使坡脚向后退移约 10 m 左右，坡体变陡。另外，斜坡中上部有大面积绿化灌溉活动。

16.2.2 “9·17”滑坡特征与治理工程

1. “9·17”滑坡特征

2007年9月17日上午10时15分左右，兰州市城关区通往九州开发区咽喉要道的石峡口南部山体发生滑坡灾害（简称“9·17”滑坡），滑坡位于罗锅沟右岸石峡口斜坡中下部凸起的鼻状黄土山梁的东南侧，地形高陡，山体总高度140 m。滑坡平面呈扇形，滑坡体长75 m，后缘宽25 m，前缘宽95 m，滑坡前后缘高差近60 m，主滑方向为56°。滑坡体上部平均坡度约35°，下部平均坡度约43°。滑坡面积4 050 m^2，平均厚度13 m左右，总体积约6.2×10^4 m^3。其中，8×10^3 m^{3}左右的滑体已滑落至前部罗锅沟沟道，并压埋部分九州大道，在滑床上还滞留约5.4×10^4 m^{3}的滑体。滑体主要由原马兰黄土、离石黄土、强风化变质片岩破碎岩块组成，其中黄土约占80%，属小型黄土–岩质滑坡（图16–16）。

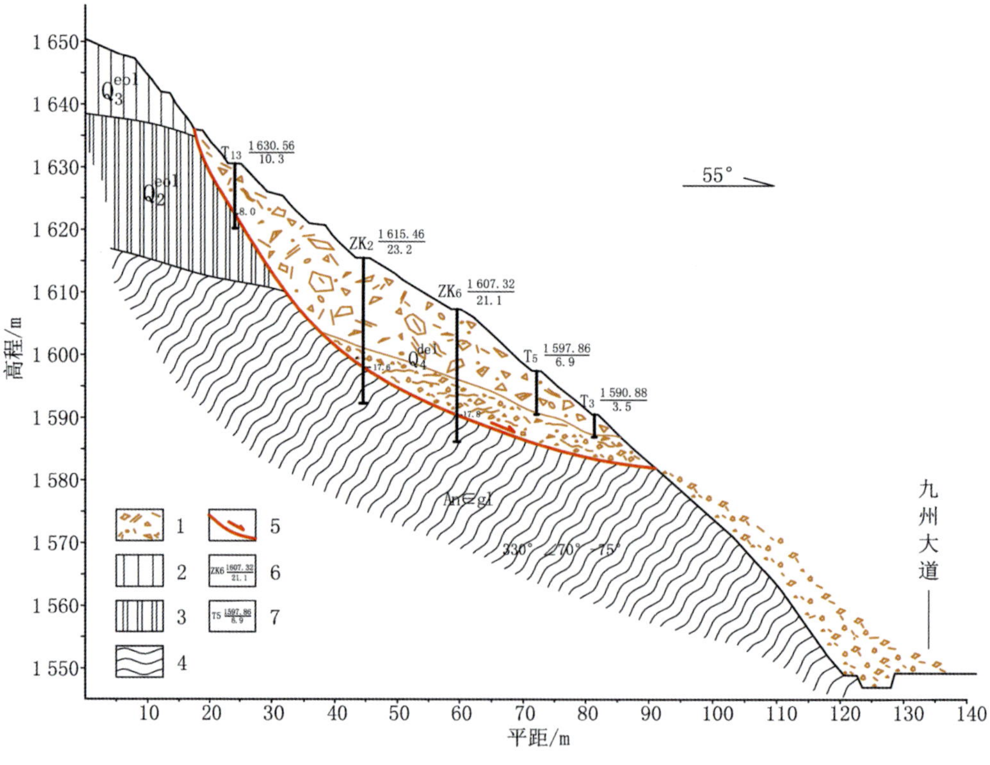

1—滑坡堆积；2—马兰黄土；3—离石黄土；
4—前寒武系片岩；5—滑动面；6—钻孔；7—探井。

图16–16 “9·17”滑坡剖面图

“9·17”滑坡后壁及侧界明显，呈不规则圈椅状，长110 m，顶部一带后壁高6～7 m，向两侧逐渐降低为2 m左右。上部滑动面发育在中、上更新统黄土中，下部滑动面发育在前寒武系皋兰群片岩中。因“9·17”滑坡剪出口位置较高且处于缓慢蠕滑状态，在滑坡前缘南部山坡上可看到很明显的剪出口，高程1 582 m左右（图16–17）。剪出口位于前寒武系变质片岩中，基岩顶面下6～8 m，呈波状起伏，剪出口高于前部的九州大道约30 m。总体来说，该滑坡的滑动面较陡，后壁一带滑动面倾角60°左右，最陡处达62°，向下逐渐变缓，倾角15°左右。

滑坡体地表裂缝较发育，多集中在滑坡的中前部，形成裂缝密集带，延伸方向与滑坡滑动方向基本垂直；滑坡后壁以上，即主破裂面以上斜坡区裂缝不发育。

“9·17”滑坡分级分块滑动特征较明显，以与滑坡滑动方向基本垂直的裂缝带为界，主要分为前、后两级滑体。后部滑体以黄土为主，基本上为整体滑动，是主滑部分，推动挤压前部滑体变形滑动，以致在前、后两滑体之间明显有因后部滑体向下推挤并插入下部滑体的现象（图16-18）。

图16-17　石峡口滑坡前缘剪出口

图16-18　石峡口滑坡后部裂缝与下错情况

前部滑体的物质成分主要为风化基岩和碎石，前缘受基岩面起伏、风化程度和结构面发育情况的影响，滑动状态和特征又有所差异，分为南、北、中3个滑块，其中南、北两块滑动较为剧烈。

2. “9·17”滑坡成因

“9·17”滑坡形成的内在因素有斜坡地形地貌、组成斜坡的岩土体工程地质性质、地质构造；外在因素归纳起来主要是水的作用和人类工程活动。该滑坡的滑动主要有以下3方面原因：

（1）石峡口南侧山坡地形高陡，山体总高度140 m左右，平均坡度35°左右，上缓下陡；上部坡度约45°，下部坡度60°～70°，局部呈直立或倒坡状，总体上为凸形坡，是滑坡发育的有利地形条件。

（2）不合理的人为活动对滑坡的发生有一定影响。据原1∶1万地形图和当地老人介绍，该滑坡区下部山体原为一凸出的基岩山咀，20世纪90年代九州大道修建时将此山咀削除，在下部形成高达20～30 m，近于直立的陡崖，削弱了斜坡前缘的支撑，降低了斜坡的稳定性。山坡上部的绿化灌溉，石峡口滑坡上部山体是兰州重点绿化区，灌水量较大，灌溉水和管道渗漏水长期渗入坡体，在滑坡前缘基岩陡崖部位有地下水渗出，因此，灌溉水和管道长期渗漏水对本次滑坡的发生也有重要的引发作用。

（3）降水是“9·17”滑坡滑动的主要引发因素。2007年，兰州市区降水较多，滑坡前一天即9月16日晚降水量11.3 mm，对滑坡的发生有一定的引发作用。

3. “9·17” 滑坡的稳定性与危害性

“9·17” 滑坡滑落的黄土和岩块压埋部分九州大道，并不时发生小规模塌落，使九州开发区当时唯一通往外界的道路交通中断，给九州开发区的5万居民、100多家单位的正常生活、生产造成了极大的不便。滑坡堵断罗锅沟主洪道，影响罗锅沟泄洪，流水外溢（图16–19）。同时，滑床上滞留的 5.4×10^4 m^3 滑体，结构破碎，稳定性很差，时有土石滑落，且剪出口高出九州大道30 m，一旦再次整体失稳滑动，将进一步压埋和破坏九州大道，也严重威胁对面武警甘肃总队油库的安全。

图16–19　石峡口“9·17”滑坡压埋九州大道并堵塞罗锅沟

4. “9·17” 滑坡应急处置工程

由上可见，“9·17” 滑坡发育位置高，稳定性差，势能释放不彻底，而且正值雨季，进一步失稳滑动致灾的可能性大，像是悬在兰州石峡口半空的一把利剑，严重威胁和影响九州大道的交通、罗锅沟的泄洪和武警油库的安全。因此，必须开展应急处置工程，以尽快控制滑坡险情，保证九州大道的基本畅通和缓解对武警油库的威胁；同时，也为“9·17” 滑坡的永久性工程治理创造条件。

在快速简易测量和调查分析的基础上，根据滑坡的特点、稳定性和危害性，经与有关主管部门和专家广泛讨论研究，确定的应急治理工程和措施主要包括削坡减重、清除危岩、设置临时防护墙和清理土方等，并在实施过程中现场进行优化调整。

（1）削坡减重为应急处置工程的主体，主要在1 599 m标高以上的滑坡区实施，共设7级（图16–20）。上部5级每级坡高5 m，坡率1：075～1：1，每级设1.5 m宽的卸荷平台；下部2级每级坡高8 m，坡率1：1.25，每级设

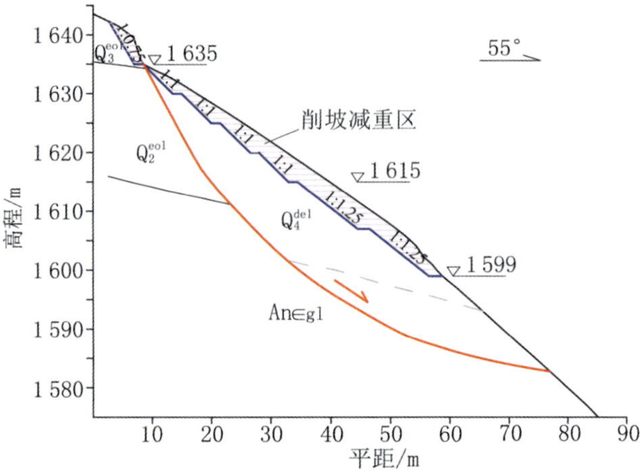

图16–20　“9·17”滑坡应急削方剖面图

2 m宽的卸荷平台。另外对滑坡后壁适当进行放坡处置。同时，在每级滑坡平台设临时截水沟。共计削方量约8 000 m³，占滑床上滞留滑体约15%。该削坡减重工程的关键点在于既要有效地减少滑坡下滑力，尽快提高滑坡稳定性，还不能在滑坡后缘区形成高陡边坡，影响后部坡体的稳定性。

（2）对前缘即将滑落的危岩和不稳定土体进行削除，并在滑坡体外围5～10 m处开挖土质排水沟，共计土方量1 000 m³。

（3）在滑坡主滑方向正对的九州大道中部修筑高2 m、宽2 m、长50 m的临时砂土袋防护墙。以阻拦滑坡前缘中部崩落的岩块，保护九州大道车辆、行人的安全。

（4）在罗锅沟靠近九州大道的一侧开挖深2 m、长90 m的沟槽，埋入直径0.8 m的水泥管，起到罗锅沟临时排水的作用。

（5）削坡期间每级削坡时布设5个观测点，对滑坡变形动态专门进行简易监测，发现险情及时预警。

（6）制定施工人员撤离路线、道路交通管制等安全和管理措施。

应急处置工程自2007年9月19日开始施工，至11月5日结束，历时48 d。施工期间受到连阴雨的影响，应急处置工作现场条件艰险，滑坡情况十分复杂且不断变化，滑坡险情频繁出现，随时有可能滑落。9月26日20时—27日17时，兰州市区降水量23.6 mm，滑坡前缘破碎岩块和松动孤石大量崩落，再次使九州大道交通短时中断，滑坡整体位移3.5 cm。9月30日夜间又开始降水并持续到10月1日上午，滑坡体出现了整体复活滑动且速度较快，10月1日上午9时，滑坡后壁下错达21.36 cm。在加强监测预警和安全措施的同时，加大削方减重的力度，快速减小下滑力，使复活滑动的速度得到了一定控制。10月22日凌晨1时40分，滑坡前缘北段出现羽状裂缝，并伴有少量块石滑落；3时10分，滑坡前缘西北部再次发生局部滑坡，滑体长30 m，宽40 m，平均厚度5 m，体积6 000 m³（图16-21）。

图16-21　10月22日前缘西北部滑坡

可见，“9·17”滑坡险情应急处置工作非常艰难，风险很大，可以说这是一次真正意义上的滑坡应急处置工作，对政府管理部门、应急专家组、设计和施工单位均是一场严峻的实战考验。经各部门的通力协作、精心组织、科学研判和艰苦细致的施工，最终完成了应急处置任务，达到了预期目标。

削坡减重使上部滑体的下滑力明显减小，用毕晓普法、传递系数法计算，滑坡一般工况的稳定系数由削坡减重前的0.98左右提高到1.05左右，总体控制了滑坡整体蠕动的状态和降水引发再次滑动的趋势。监测资料也表明，削方减重后滑体的蠕动速度明显变缓。各项应急工程的实施，有效控制了“9·17”滑坡险情，使其达到了暂时稳定状态，保证了九州大道的通行、罗锅沟的排水和武警油库的安全。

5.“9·17”滑坡永久治理工程

石峡口是九州开发区交通的咽喉要道，“9·17”滑坡的威胁和危害非常严重，在应急处置工程的基础上，还必须对其进行永久性工程治理。

1）设防等级与滑坡推力

“9·17”滑坡位于兰州市区，威胁九州大道的安全，按照《建筑边坡工程技术规范》（GB50330—2002）要求，工程设防等级为一级。一般工况下的安全稳定系数取1.25，地震和降水工况下的安全稳定系数取1.10。

“9·17”滑坡推力计算的有关岩土体物理力学参数是在试验资料的基础上，根据本滑坡的岩土体组成，参考兰州市黄土抗剪强度经验值，再以“9·17”滑坡处于蠕动状态的实际情况，运用参数反分析法，最后综合确定岩土体物理力学参数，具体参数见表16–1。降水条件下的滑坡稳定性计算方法还不成熟，本次计算中考虑兰州地区黄土斜坡上降水入渗一般不产生地下径流，主要是增加自重和软化部分土体的实际情况，将上部黄土的重度适当增加，并降低滑带土的c、φ值。兰州地区水平地震峰值加速度为0.2 g。

表16–1　“9·17”滑坡物理力学参数表

岩土层	重度γ/(kN/m³)	内聚力c/kPa	内摩擦角φ/°	工况
黄土	15.5	5	25	一般工况
强风化片岩	26.1	10	26	一般工况
黄土	15.9	4.6	22	降水工况
强风化片岩	26.1	8.0	24	降水工况

位于滑坡中轴线的2–2′剖面是“9·17”滑坡代表性主剖面。因此，以2–2′剖面作为滑坡推力计算的剖面，利用常用的滑坡推力计算公式，计算不同工况下滑坡的剩余下滑力。结果为：一般工况下为1 169 kN/m，降水工况下为1 014 kN/m，地震工况下为1 054 kN/m，剩余下滑力设计值取1 169 kN/m。

2）治理方案与治理工程设计

“9·17”滑坡位于斜坡的中部，地形陡峭，滑坡后壁以上还有近50 m高的斜坡，若采取削方减重措施，则影响到滑坡后壁以上坡体的稳定性，必然涉及很大的范围，大面积破坏植被。另外，滑坡剪出口高于前部罗锅沟30 m，前部斜坡坡度在50°以上，且表层岩体结构破碎，风化强烈，不利于抗滑桩工程的实施和效能的发挥。根据滑坡特征并结合所处的地质环境特点和施工的可行性，经过分析、计算和方案比选，采用预应力锚索框架作为主体治理工程，并辅以削方减重、地表排水和骨架护坡与植草等相结合的综合治理措施（图16–22），以达到稳定滑坡，保证九州大道畅通的目的。

（1）锚固工程

根据九州石峡口滑坡的岩土结构特点和滑坡推力大小，在滑坡剪出口以上采用三级锚索框架加固。其中下部第一级为KJ1型框架，设3排锚索，水平间距3.0 m，锚孔孔径ϕ130 mm，倾角20°，单孔设计拉力值600 kN。第二、三级为KJ2型锚索框架，每级设2排锚索，水平间距3.0 m，锚孔孔径ϕ130 mm，倾角20°，单孔设计拉力值500 kN。按照《铁路

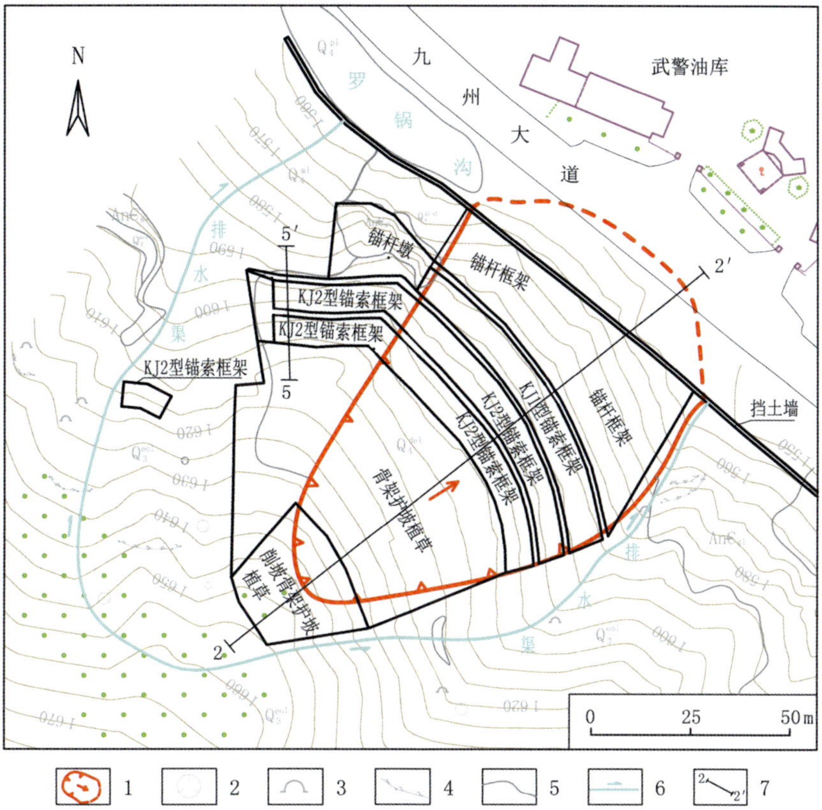

1—滑坡；2—垂直落水洞；3—水平落水洞；4—裂缝；5—地层界线；6—排水渠；7—剖面线及编号。

图16–22　“9·17”滑坡治理工程平面布置图

路基支挡结构设计规范》（TB10025—2006）的有关计算方法，计算本设计锚固工程（3 m宽）所提供的抗滑力T。

$$T=P_t\times[\lambda\times\sin(\alpha+\beta)\times\tan\varphi+\cos(\alpha+\beta)] \tag{16-1}$$

其中，锚索预应力在强风化变质片岩滑动面上产生的法向正应力折减系数（λ）取0.5，锚索与滑动面夹角处滑动面倾角（α）为15°，滑动面内摩擦角（φ）取26°。

$$\begin{aligned}T&=(3\times600+4\times500)\times[0.5\sin(15^\circ+20^\circ)\times\tan26^\circ+\cos(15^\circ+20^\circ)]\\&=3\,644(\text{kN})>1\,169\times3=3\,507(\text{kN})\end{aligned}$$

可见，设计锚固工程可达到预期治理目标。

按照当时的《建筑边坡工程技术规范》（GB50330—2002）的有关计算方法，计算钢绞线根数和锚固段长度。

锚索面积计算公式：

$$A\geqslant\frac{\gamma_0N_a}{\xi_2f_{py}} \tag{16-2}$$

边坡工程重要性系数γ_0取1.1，锚筋张拉工作系数ξ_2取0.69，预应力钢绞线抗拉强度设计值f_{py}取1 260 MPa，锚索轴向拉力设计值N_a分别为600 kN、500 kN。经计算，第一级KJ1型锚索框架的锚筋采用6ϕ15.2极限强度1 860 MPa的高强度低松弛预应力钢绞线制作；第二、三级KJ2型锚索框架的锚筋采用5ϕ15.2同样规格的钢绞线制作。

锚固段长度计算公式：

$$l_a = \frac{N_a}{\xi_1 \pi D f_{rb}} \tag{16-3}$$

锚固段主要设在强风化变质片岩中，锚固体直径D为0.13 m，岩石与锚固体黏结强度特征值f_{rb}取160 kPa，锚固体与地层黏结工作条件系数ξ_1取1.0。经计算，第一级框架的锚索锚固段长度为9.2 m，取10 m；第二、三级框架的锚索锚固段长度为7.7 m，取8 m。

根据上述计算和滑坡实际情况，在滑坡剪出口以上第一级边坡布设KJ1型预应力锚索框架总长108 m，单片框架长6 m，共18片。每片框架上设6孔锚索，分下、中、上3排，长度分别为15 m、17 m和21 m，锚固段长度10 m；锚索水平间距3.0 m，锚孔孔径ϕ130 mm，倾角20°，锚筋采用6ϕ15.2极限强度1 860 MPa的高强度低松弛预应力钢绞线制作，单孔锚索设计拉力600 kN。框架梁截面尺寸0.6 m×0.55 m，采用C25混凝土浇筑。

在滑坡剪出口以上第二、三级边坡采用KJ2型预应力锚索框架加固，长度分别为171 m和156 m，单片框架长6 m，分别为28.5片和26片，每片框架上设4孔锚索，分下、上2排，第二级的锚索长度分别为23 m、25 m，第三级的锚索长度分别为26 m、28 m，锚固段长度8 m；锚索水平间距3.0 m，锚孔孔径ϕ130 mm，倾角20°，锚筋采用5ϕ15.2极限强度1 860 MPa的高强度低松弛预应力钢绞线制作，单孔锚索设计拉力500 kN。框架梁截面尺寸0.6 m×0.5 m，采用C25混凝土浇筑（图16–23）。

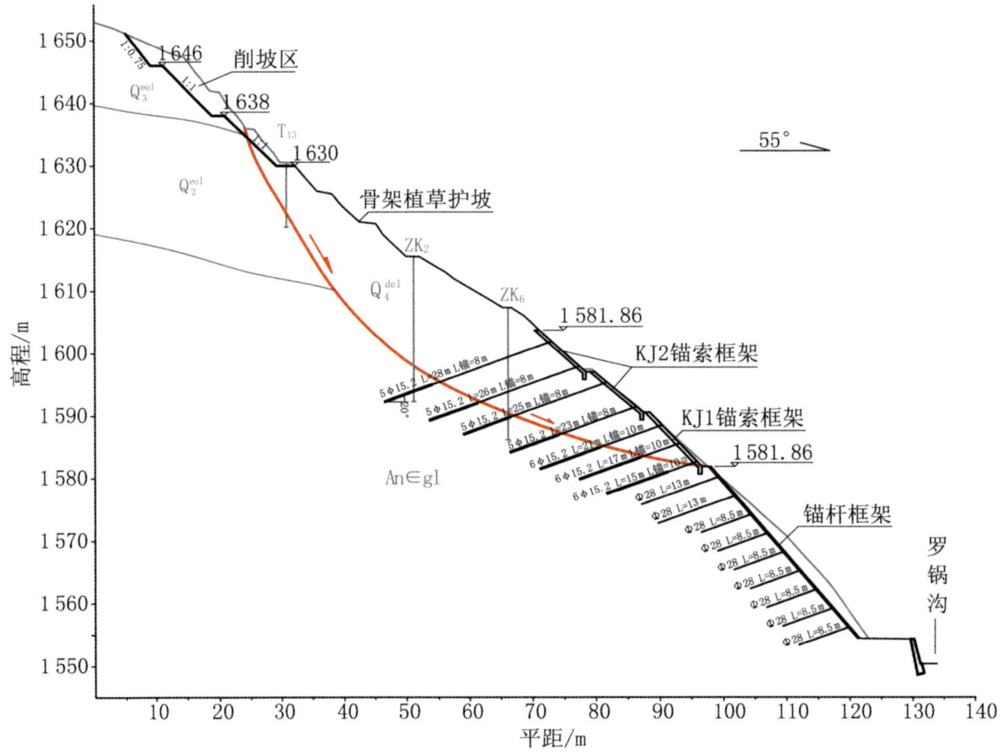

图16–23　“9·17”滑坡治理工程2–2′剖面布置图

坡脚挡墙墙顶至滑坡剪出口间边坡高近28 m，边坡高陡，岩体破碎，特别是滑坡剪出口以下部分坡面，因滑坡滑动推挤而松动变形严重，稳定性差，因而采用锚杆框架加固。

框架上设9排锚杆，水平间距3.0 m，锚孔孔径ϕ110 mm，倾角20°，锚筋采用Φ28HRB335钢筋制作，最上2排锚杆长度为13 m，其余7排长度均为8.5 m。框架梁截面尺寸0.3 m×0.3 m，采用C25混凝土浇筑。

对于北侧上游段突出危岩体，因地形变化复杂，框架难以施工，故采用锚杆墩加固。锚杆长度为8.5 m，锚杆间距2.5 m，锚孔孔径ϕ110 mm，倾角20°，锚筋采用Φ28HRB335钢筋制作。锚墩尺寸为0.3 m×0.3 m×0.2 m，采用C25混凝土浇筑。

由于石峡口"9·17"滑坡滑床中下部的前寒武系皋兰群变质片岩结构破碎、风化强烈，物理力学性质较差，强度低，因此，本工程的锚索均采用拉力分散型，锚固段设计为两个锚固单元（图16-24）。

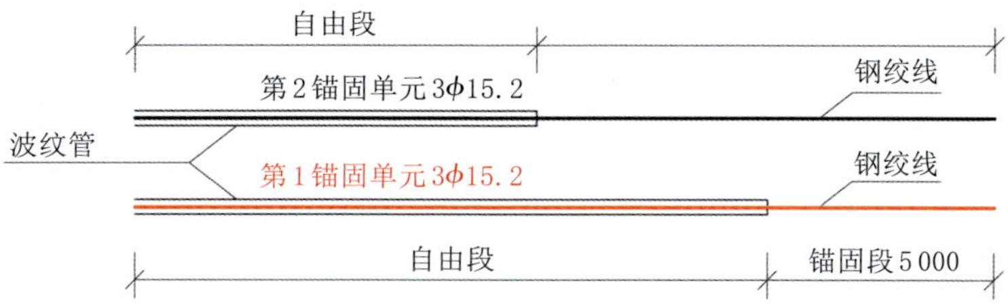

图16-24　KJ1拉力分散型锚索锚固段结构图（单位：mm）

构成锚索受力主体的钢绞线是弹性材料，受力时有一定的弹性变形，也就是在张拉作用下，自由段产生一定的伸长，其伸长量除与钢绞线的材料特性有关外，还与自由段的长度和拉力大小有关。

由上可知，对于拉力分散型锚索来说，由于同一束锚索中不同锚固单元锚索的自由段长度不同，在相同拉力P_p状态下，其伸长量不同。根据胡克定律（Hooke's law）可知：

第1锚固单元锚索自由段长度为L_1，伸长量为：

$$\Delta L_1 = \frac{P_p \times L_1}{A_p \times E_p} \tag{16-4}$$

第2锚固单元锚索自由段长度为L_2，伸长量为：

$$\Delta L_2 = \frac{P_p \times L_2}{A_p \times E_p} \tag{16-5}$$

ΔL_1、ΔL_2为第1、第2锚固单元锚索自由段伸长量（mm）；P_p为单根钢绞线设计拉力（N）；L_1、L_2为第1、第2锚固单元锚索自由段长度（mm），且$L_1>L_2$；A_p为钢绞线截面积（mm²）；E_p为钢绞线弹性模量（N/mm²）。

两个锚固单元自由段伸长量的差值：

$$\Delta L = \Delta L_1 - \Delta L_2 = \frac{P_p \times L_1}{A_p \times E_p} - \frac{P_p \times L_2}{A_p \times E_p} = \frac{P_p \times (L_1 - L_2)}{A_p \times E_p} \tag{16-6}$$

在同一设计锚固力的作用下，若同一束锚索的不同锚固单元钢绞线的自由段伸长量相同，则出现不同锚固单元钢绞线所承担的拉力不均匀，自由段短的锚固单元的钢绞线受力大，自由段长的锚固单元的钢绞线受力小。由于各锚固单元的钢绞线所分担的拉力不同，拉力将集中在自由段短的锚固单元的钢绞线上，而自由段长的锚固单元的钢绞线受力很小。当拉力达到一定程度后，拉力集中的锚固单元的钢绞线将首先发生破坏，接着拉力转移到另一个锚固单元的钢绞线，形成各个击破式的破坏，难以实现拉力分散型锚索不同锚固单元共同发挥锚固作用的预期目标。

要使同一束锚索中各锚固单元的钢绞线受力一致并共同发挥作用，则不同锚固单元钢绞线自由段的伸长量不同。因此，要对自由段相对较长的锚固单元的钢绞线先期进行一定的张拉，达到两个锚固单元自由段伸长量的差值ΔL后，再对所有单元钢绞线一同整体张拉达到设计荷载。先期张拉所施加的荷载称为补偿荷载P。则：

$$\Delta L=\frac{P\times L_1}{A_p\times E_p} \tag{16-7}$$

由式（16-6）、式（16-7）可得：

$$\frac{P\times L_1}{A_p\times E_p}=\frac{P_p\times(L_1-L_2)}{A_p\times E_p} \tag{16-8}$$

则补偿荷载为：

$$P=\frac{(L_1-L_2)}{L_1}\times P_p \tag{16-9}$$

按以上方法计算，KJ1型框架的下、中、上3排锚索第1锚固单元的补偿荷载分别为94 kN、125 kN和150 kN。类似地，也计算出KJ2型框架的各排锚索的补偿荷载。

拉力分散型锚索在锚固段岩土体物理力学性质较差、锚固力较低的条件下，使用较为普遍。这里要特别强调补偿荷载问题，在设计和施工中，要注意锚索下入锚孔之前一定对长度较长、需施加补偿荷载的单元的钢绞线外端头进行明确标记和区分。锚索张拉锁定时，对标记的需施加补偿荷载的钢绞线一定要施加补偿荷载，再进行整体张拉。否则，如果不施加补偿荷载或施加补偿荷载的钢绞线单元错误，将会出现不同锚固单元钢绞线受力状况和松紧程度差异更大的现象，造成严重的应力集中，使单孔锚索的锚固作用大打折扣，达不到设计目标和意图。

（2）削方减载工程

分三级对1 630 m高程以上的滑坡壁上部进行局部削方减载，每级高度8 m，下两级的削方坡率为1∶1，最上一级的削方坡率为1∶0.75。最下一级削方平台宽3 m，上部两级削方平台宽2 m。

在坡体西北侧标高1 585 m以上按三级边坡局部削方减载，危岩体以上下部两级削方坡率为1∶1，每级高度7 m，最上一级的削方坡率为1∶1.25，下一级削方平台宽2.5 m，上部两级削方平台宽2 m；危岩体以西下部两级削方坡率为1∶0.75，每级高度7 m，最上一级的削方坡率为1∶1.25，三级削方平台宽均为1.5 m。

（3）地表排水工程

本滑坡区排水工程主要以地表排水系统为主，在有框架的削方平台上设U形预制混凝土排水沟，其他削方平台设截面尺寸为0.3 m×0.3 m的M7.5浆砌片石排水沟，滑坡后缘以外设一道截水沟（天沟），两侧自然沟布设吊沟，各级平台排水沟接入吊沟。以上排水沟与坡脚排洪道共同形成排水系统，以截排滑坡和滑坡两侧斜坡区的地表水。

（4）坡脚挡土墙

为了支挡和保护坡脚，并疏通罗锅沟洪道，防止冲刷，在坡脚设挡土墙一道。长214 m，墙顶宽0.6 m，墙高5.5 m，地上4 m，基础深1.5 m，胸坡1∶0.25，背坡1∶0.15。墙身材料为C20混凝土。其中，下游20 m因坡脚处发育小滑坡，沿墙高设两排锚杆，锚杆长8.5 m。为了满足罗锅沟百年一遇的洪水泥石流过流的需要，经计算，坡脚挡墙与对岸已有九州大道护墙之间的洪道宽度为12.8 m。

（5）骨架护坡与植草工程

滑坡滑动和应急工程施工后，滑坡区及周围的植被被大面积破坏，地表为裸露的疏松黄土，遇到大风天气时尘土飞扬，成为扬尘的新来源地，影响兰州市的大气环境和景观；遇到暴雨时则产生强烈的地表冲刷和侵蚀，既造成水土流失又影响坡体的稳定性。因此，锚索框架内和锚索框架及以上边坡采用三维网植草绿化和防护。

（6）裂缝、落水洞夯填

由于滑坡上部斜坡区有大量拉张裂缝和落水洞，为了防止地表水沿裂缝和落水洞入渗降低坡体稳定性，应对滑坡体上的裂缝和落水洞进行夯填。具体做法是沿裂缝走向全长挖槽，深度根据裂缝延伸情况，一般不小于1 m，采用黏性土夯填密实，对落水洞也要进行追踪开挖夯填。

同时，设计监测工程，监测时间从施工开始至工程完工后1年。“9·17”滑坡永久性治理工程于2008年9月完工，经过近1年的监测，滑坡总体处于稳定状态，治理效果良好。

16.2.3　“5·16”滑坡特征与治理工程

1. “5·16”滑坡特征

2009年5月16日21时5分左右，石峡口小区西侧山体又发生滑坡灾害，滑坡整体快速下滑，摧毁了石峡口小区4#住宅楼的5、6两个单元30户居民的住房和锅炉房，另外一个单元的楼角严重受损。该滑坡造成7人死亡、1人受伤，堵塞罗锅沟洪道约60 m，并压埋部分九州大道，直接经济损失达2 060万元（图16–25）。

图16–25　石峡口“5·16”滑坡滑前、滑后影像

“5·16”滑坡位于九州石峡口小区西南侧地形高陡的斜坡中部，斜坡总体高度约100 m，平均坡度35°，上陡下缓，最上部坡度40°，下部30°。斜坡主要由第四系中、上更新统马兰黄土，冲洪积黄土和前寒武系变质片岩组成，黄土呈披覆状分布于斜坡上部，自上向下厚度逐渐变薄。

"5·16"滑坡平面上呈不规则的哑铃形，滑坡体包括主体滑动部分和牵引变形部分，长160 m，后部滑源区和前部堆积区宽50～60 m，中间滑通区较窄，宽度35～40 m，面积约7 500 m^2，平均厚4 m，总体积约3×10^4 m^3，主体剧烈滑动部分约2×10^4 m^3，主滑方向18°。滑体主要由第四系风积和冲洪积黄土组成，前缘部位挤压铲动了少量的下部前寒武系皋兰群片岩强风化层。该滑坡属小型黄土滑坡。

滑坡后缘高程1 642 m左右，前缘高程1 550 m左右，前后缘高差92 m。滑坡后壁呈典型圈椅状，由马兰黄土和冲洪积黄土（夹砾卵石）组成，长约50 m，高15～20 m，坡度62°左右，较平直光滑，擦痕明显。滑坡剪出口位于黄土底部和皋兰群强风化片岩顶部，高程1 590 m左右，高出石峡口小区约40 m，剪出口以上的滑源区长约60 m，宽50 m，斜坡坡度约40°，由黄土组成。由于滑体重心和剪出口高，临空条件好，滑动势能大，使得该滑坡的滑动速度快，在10余s内，约2×10^4 m^3的土体剧烈滑动，大量堆积到坡脚处的石峡口小区和罗锅沟洪道内，滑体厚度5～8 m，剪出口以上残留滑体厚仅3 m左右，地形上形成勺形洼地。滑体最远到达九州大道，滑动距离达90余m。可见，"5·16"滑坡破坏力很强，摧毁了部分4#住宅楼，造成了严重的人员伤亡和财产损失。

"5·16"滑坡发生的前兆较为明显，5月16日19时许，杨开义老人发现自己居住的楼房对面山坡有土石不断坠落，于是立即上山查看情况，发现山顶出现20～30 cm宽的长大裂缝，便紧急通知小区物业人员和山下的住户。小区物业人员及时赶到现场，迅速组织受威胁住户撤离。19时40分许，石块和黄土不断地涌向坡脚的石峡口小区，数量和规模较40 min前都有所增大，此时绝大部分住户均已撤离受威胁的楼房。21时5分左右，山体整体下滑，约2×10^4 m^3的土体剧烈倾泻到坡脚的石峡口小区，轰隆隆的巨响声伴随着尘土弥漫，在几秒钟内滑坡就摧毁了石峡口小区4#住宅楼的5、6两个单元，致使不撤离和自行返回家中取东西的居民遇难或受伤。地质灾害群测群防工作在这次滑坡灾害中发挥了重要作用，由于提早发现险情和及时组织撤离，避免了更大的人员伤亡和经济损失。

2. "5·16"滑坡成因

"5·16"滑坡形成的地质环境条件与"9·17"滑坡类似，不再赘述。这里主要分析水的作用和人类工程活动的特殊影响。

"5·16"滑坡所在的山坡也是南北两山绿化区，长期进行绿化灌溉，滑坡壁后部平台上分布有4处直径0.4～0.8 m的落水洞，长期的绿化灌溉水和前期的降水沿黄土落水洞和垂直节理渗入斜坡体深部。滑坡发生的第2天能看到滑坡壁下部1 620 m高程一带的土体非常潮湿，此后的几天因蒸发在滑壁潮湿处形成白色盐斑；但在多日无降水的情况下，5月26日滑坡壁下部又出现2处更湿的土体，局部有水渗出。在滑体剪出口以上滑源区布置的3个钻孔中均发现，下部黄土滑体呈软塑-饱和状，含水率高达20%左右，远高于兰州地区斜坡地带黄土10%左右的天然含水率（图16-26）。可见，绿

图16-26　滑坡底部高含水率土体

化灌溉水长期大量入渗增加了斜坡土体含水率和重度，降低了抗剪强度，是“5·16”滑坡的主要引发因素。

另外，石峡口小区建设过程中，对场地南部斜坡坡脚进行了较大规模的开挖，一定程度上削弱了斜坡前缘的支撑作用，引起了斜坡应力调整，降低了斜坡的稳定性。限于当时地质灾害风险的认识水平和经济能力，未引起足够的重视和必要的工程治理，埋下了重大灾害隐患。

3. “5·16”滑坡的稳定性与危害性

“5·16”滑坡主滑体的滑动能量释放较彻底，滑坡体的整体稳定性较高。但滑坡区两侧受到明显牵引和影响，特别是滑坡东侧1 590 m高程上下坡体变形明显，影响宽度10～15 m，长50 m左右，出现了数条宽20～40 cm的羽状张扭裂缝，地表十分破碎，后部主裂缝基本贯通，稳定性差，在降水等影响下可能再次滑动，直接威胁石峡口小区的安全（图16-27）。

滑坡后壁呈典型圈椅状，由马兰黄土和冲洪积黄土（夹砾卵石）组成，长约50 m，高15～20 m，坡度62°左右，较平直光滑，擦痕明显。由于前部滑体大量滑走，滑坡后壁以上斜坡失去支撑，临空条件更好，稳定性变得更差，还有可能向后牵引发展，出现再次失稳发生大规模滑坡的可能，对石峡口小区4#住宅楼、九州大道等的威胁和危害依然存在(图16-28)。

另外，滑坡又一次堵塞罗锅沟排洪道，对汛期防洪有重大影响，威胁下游两岸的安全。

图16-27　滑坡东侧牵动的坡体

图16-28　高陡的滑坡壁

4. “5·16”滑坡应急处置工程

“5·16”滑坡造成了严重人员伤亡和经济损失，滑坡在石峡口小区和周围居民中产生了较大的心理恐慌。虽然滑体总体较为稳定，但形成了较为高陡、稳定性差的滑坡后壁，及东侧变形体。滑坡发生后采取的应急处置工程和管理措施主要有：

（1）削方减载，填埋裂缝。对高陡滑坡后壁区实施削方减载，分两级，上级坡比为1∶1.25，下级坡比为1∶1.0，之间为1.8 m宽的平台，削方主要在东侧部位，削坡不能影响西侧上部斜坡的稳定性。清除土方量约3 000 m^3。同时，填埋滑坡体及外围的裂缝和落水洞，防止降水的集中入渗而再次引发滑坡。

（2）疏通沟道。清理滑坡体前缘罗锅沟沟道内的滑坡堆积土体，长约60 m，清除方量约7 200 m^3。

（3）加强监测。在专业技术人员的指导下，对滑坡区及危险区24 h实时监测，发现险情及时向指挥部报告，并发出地质灾害预警，采取及时撤离等措施。

（4）加强管理。将滑坡周边50 m区域设置为滑坡灾害危险区，限制人员活动。暂停和控制滑坡区及周围的绿化工作，防止引发新的滑坡灾害。

5.“5·16”滑坡永久治理工程

“5·16”滑坡剧烈滑动后，滑体的整体稳定性较高，但堆积于前部罗锅沟和石峡口小区滑体的大量清理物，对上部滑体的稳定性将产生一定的影响。另外，滑坡区两侧牵引变形的坡体稳定性差，对石峡口小区具有较大威胁，也影响小区的环境景观。因此，在应急处置工程的基础上，采取微型桩、挡土墙、裂缝夯填、坡面植草绿化等措施对“5·16”滑坡进行永久性工程治理（图16-29～图16-30）。主要治理工程有：

（1）微型桩支挡工程。在剪出口以上地形较平缓的地段及下部设微型桩，共3排，每排长29 m，对滑坡体和变形坡体分级进行支挡。每排由3行微型桩组成，微型桩的行间距1 m，列间距1.5 m，桩径15 cm，长9 m，桩内布设3Φ28钢筋束，注浆材料为1∶1水泥砂浆。桩顶设C25连系梁和扶壁式挡土墙，连系梁截面尺寸0.3 m×0.3 m，将微型桩连为一体，挡土墙高1.5～2 m，宽0.3 m，扶壁间距3 m，内配钢筋，挡土墙底部与连系梁用钢筋连为一体。用滑壁区的削方弃土部分填平上部滑坡洼坑，减小上部滑壁的高度，并且可稳定滑坡体东侧因牵引严重开裂的坡体。

（2）滑坡后壁锚固工程。在应急削方减载的基础上，对高陡的滑坡后壁坡体进一步平顺整理，在西侧高陡后壁段下部设预应力锚索框架。锚索水平间距3 m，孔径150 mm，倾角20°，共3排锚索，单孔设计拉力500 kN，采用5Φ15.2高强度低松弛预应力钢绞线制作。锚固段地层为前寒武系变质片岩，长10 m，锚索长度为15～18 m。

（3）清理土方，疏通沟道。进一步全面疏通滑坡体前缘罗锅沟沟道内的滑坡堆积土体，疏通长度约40 m，厚度5 m左右，同时清理挡土墙工程区的滑体。

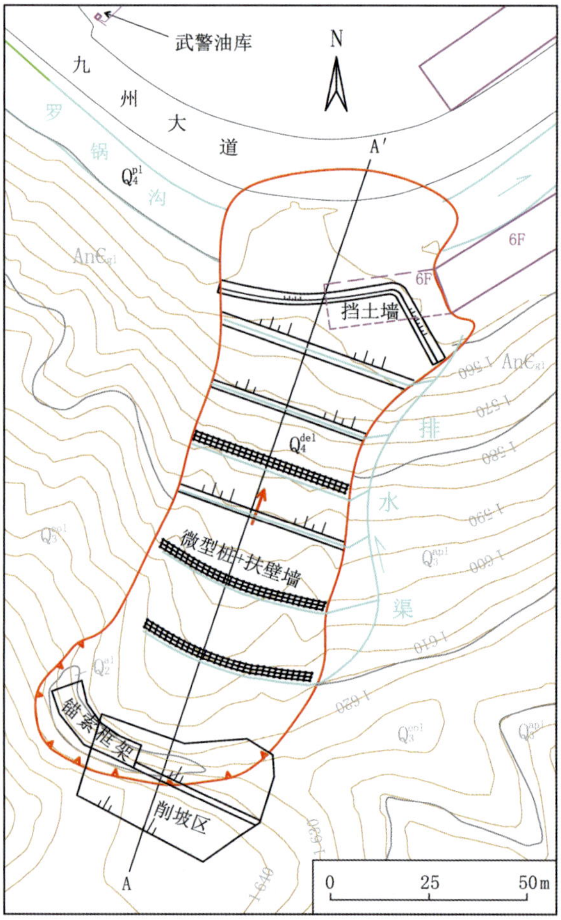

图16-29　“5·16”滑坡治理工程平面布置图

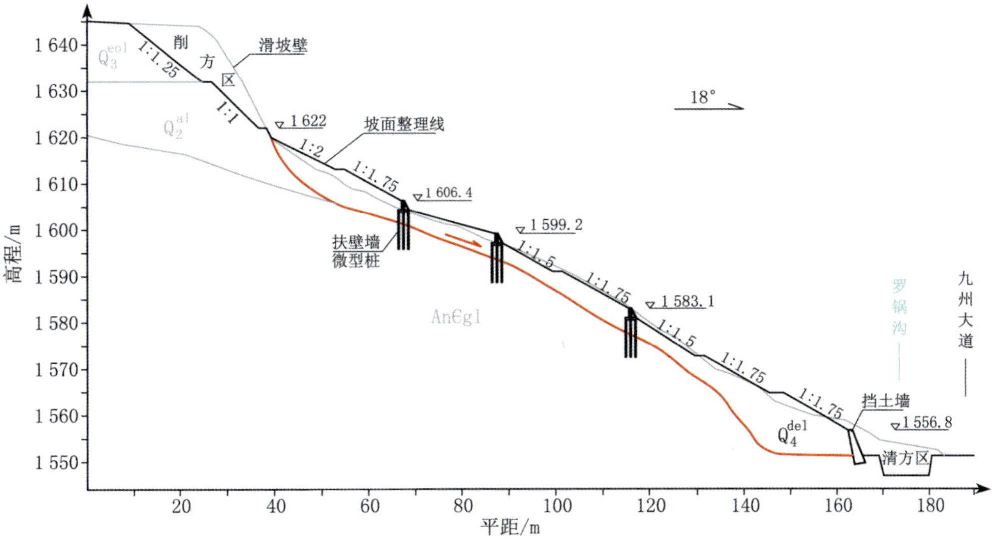

图16–30　“5·16”滑坡治理工程剖面布置图

（4）挡土墙。在滑坡体前缘修筑M10浆砌石挡土墙，长64 m，墙顶宽1 m，高7 m，基础埋深1.5 m。挡土墙距4#住宅楼侧墙7 m，距罗锅沟排导沟最近处2 m。内坡比1∶0.2，外坡比1∶0.4，墙底为1∶0.1的反坡，以利于抗滑稳定性。墙体上设直径10 cm的泄水孔，外倾5%，墙后泄水孔处设砂砾反滤层，泄水孔水平和垂直间距均为2 m。挡土墙每10 m左右设1道伸缩缝，宽2 cm，用沥青麻丝充填。

（5）平整起伏的滑体坡面。对起伏不平的滑体坡面分台阶状平整，每级高8 m左右，设2 m宽平台，下部一级平台宽3 m，坡比为1∶1.5～1∶1.75，随坡就势，坡面要平整平顺，填土分级压实。

（6）夯填裂缝，完善排水系统。“5·16”滑坡体上土体非常疏松，将有一个长期缓慢的沉降过程，所以，本次在滑坡区设计简易的排水沟，即开挖成底宽0.3 m，深0.4 m，坡比为1∶1的土沟，夯实沟底和沟壁，在表面铺压两层防渗土工膜。

（7）坡面植草绿化。“5·16”滑坡使地表植被造成很大破坏，影响城市环境和景观。同时，滑体疏松也是扬尘的来源，距住宅区很近，影响人居环境。为此，在坡体平整后，设计采用生物菌绿化技术进行植草绿化，该技术具有两年养护期后不再浇水、自然生长的特点，有利于斜坡稳定，可减少因斜坡区绿化灌溉而降低的斜坡稳定性或引发的滑坡灾害。该技术已应用于兰州的白塔山、东出口、南出口的边坡绿化，效果较好。

兰州石峡口地段地质环境条件差，近年来，滑坡灾害频繁发生且造成了严重的人员伤亡和经济损失。“5·16”滑坡灾害治理时，对其两侧威胁石峡口小区、长江小区和九州大道的不稳定斜坡采取削坡减载、锚索框架和地表排水等措施进行了较为全面系统地治理，有效地保护了人民生命财产安全，取得了良好的防灾减灾效果（图16–31）。总结兰州石峡口滑坡灾害和防治工作的经验教训，绿化灌溉在兰州南北两山生态环境建设中发挥着重要作用，但由此引发了一些滑坡等地质灾害，也破坏了生态环境，因此，改变绿化灌溉方式并加强管理，使生态环境建设和地质灾害防治工作达到和谐统一。

图 16–31　石峡口“9·17”“5·16”滑坡治理工程

16.3　陇南市武都三家地滑坡治理工程

陇南市武都区是“5·12”汶川地震的重灾区，地震引发了大量崩塌、滑坡灾害。武都三家地滑坡位于陇南市武都区汉林乡三家地村，地理坐标 104°53′42″E，33°28′16″N，该滑坡为巨型老滑坡，三家地村位于老滑坡后部的滑坡平台上（图 16–32）。“5·12”汶川地震在老滑坡前缘引发了连续分布的 3 处滑坡，体积分别为 1.026×10^6 m^3、2.15×10^5 m^3 和 8.26×10^5 m^3，并堵塞前部沟道 1 000 m，是“5·12”汶川地震在甘肃省境内引发的规模最大的地震滑坡。同时，老滑坡体上出现了多条大规模贯通裂缝，严重影响滑坡体上三家地村 396 户 1 732 人的生命财产安全和灾后原地重建工作的决策。

图 16–32　武都三家地滑坡全貌

为了保证三家地居民生命财产安全和灾后重建工作的顺利进行，“5·12”汶川地震灾后重建中对该滑坡进行了专门勘查、评价和工程治理。

16.3.1　滑坡区地质环境

三家地滑坡位于汉林新近纪断陷盆地西南部，地貌类型属构造侵蚀、剥蚀的低中山地。总体地势西高东低，区内海拔最高点1 938.8 m，最低点1 260 m，相对高差近680 m。汉林沟西侧支沟陈李沟自西往东从滑坡前缘通过，沟道侵蚀切割强烈，沟底狭窄，地形破碎。汉林沟出露地层主要有：志留系中上统白龙江组（$S_{2+3}bl$）、新近系（N_b）和第四系（Q）。志留系主要分布于南部草山梁一带，新近系构成盆地基底，第四系中更新统为零星分布于宽缓山梁区的离石黄土，上更新统主要为马兰黄土、古滑坡堆积物、泥石流堆积物以及少量湖积物。全新统也主要为滑坡堆积物、泥石流堆积物。

汉林沟地质构造复杂，断裂构造十分发育，主要发育有NWW和NEE向两组区域性断裂带。地处会宁—武都南北地震带，并受邻近松潘—平武地震带的强烈影响，属地震多发区，仅有文字记载的7级以上强震达15次，是该地区大型滑坡、崩塌形成的主要动力。2008年“5·12”汶川地震强烈波及该区，在区内产生了众多的滑坡、崩塌及裂缝，是地震重灾区。滑坡区地震烈度为Ⅷ度，地震动峰值加速度为0.20 g。

在强烈新构造运动、频繁地震以及沟道长期下切侵蚀等内外动力地质作用下，汉林盆地内滑坡非常发育，整个三家地及周围不同规模、不同时期的滑坡彼此相连，相互叠置，成群成带分布，岩土结构破碎混杂，并受后期强烈侵蚀，使得一些古老滑坡的边界模糊难辨，以致过去有些资料上将三家地及周围地区6.75 km^2的范围整体定为一个巨型滑坡群。据调查，该地区共发育大小滑坡57处。如陈李沟北岸的长楞梁为扰动后的泥岩、黄土碎块和青灰色粉质黏土组成的古滑坡体，混杂的滑体上普遍覆盖有马兰黄土，且混杂的青灰色粉质黏土含大量古树木，保存完好，^{14}C测定年龄为42～44.8 kaBP。

16.3.2　三家地老滑坡特征

三家地老滑坡平面呈不规则的四边形，轴部长约1 095 m，后缘宽312 m，前缘宽约810 m，滑坡面积约0.45 km^2，平均厚度50 m左右，总体积约$2.29\times10^7\ m^3$（图16-33）。滑坡前后缘高差287 m，平均坡度14.7°，主滑方向58°（图16-34）。后壁较为明显，平面呈M形，由马兰黄土和离石黄土组成，厚度>25 m。由于三家地老滑坡历史久远，受雨水侵蚀改造强烈，滑坡的细部特征已不很明显。以学校沟为界分为东、西两大条块，东、西滑坡条块的地形地貌、岩土体结构特征和裂缝发育情况有较明显差异，分级分块特征明显，其中，东侧滑体在“5·12”地震中变形较为剧烈。

西侧滑体平面呈长条形，滑体长616 m，后缘宽116 m，前缘宽351 m，面积$1.012\times10^5\ m^2$，滑体平均厚度约43 m，总体积约$4.35\times10^6\ m^3$，主滑方向48°，滑坡体主要由扰动的马兰黄土、离石黄土、新近系泥岩和砂质泥岩组成。在滑体右侧学校沟沟脑附近出露3处泉水。西侧滑体前缘在“5·12”地震中没有发生大规模滑动，滑体其他部位也无大规模变形开裂迹象。

东侧滑体平面也呈长条形，滑体长1 095 m，后缘宽196 m，前缘宽459 m，面积$3.5\times10^5\ m^2$，滑体平均厚度约为53 m，总体积$1.855\times10^7\ m^3$，是三家地老滑坡的主体部分。滑坡区斜坡形态总体为后部陡，中部平缓，前缘较陡，滑体两侧沟道侵蚀比较强烈。东侧瓦家沟沟深30～65 m，西侧学校沟沟深20～40 m。根据地形地貌、岩土体结构和滑坡变形情况，将东侧滑体自上而下分为3级：

Ⅰ级滑体有明显的后壁和周界，该部分为1879年武都8级大地震引发的老滑坡后壁失稳滑动，滑体覆盖在三家地老滑坡后部平台区。该级滑体长216 m，宽约228 m，滑坡面积 $4.62\times10^4\ m^2$，平均厚度约15 m，体积约 $7\times10^5\ m^3$，主滑方向71°，滑坡体主要由原马兰黄土、离石黄土和新近系泥岩组成。

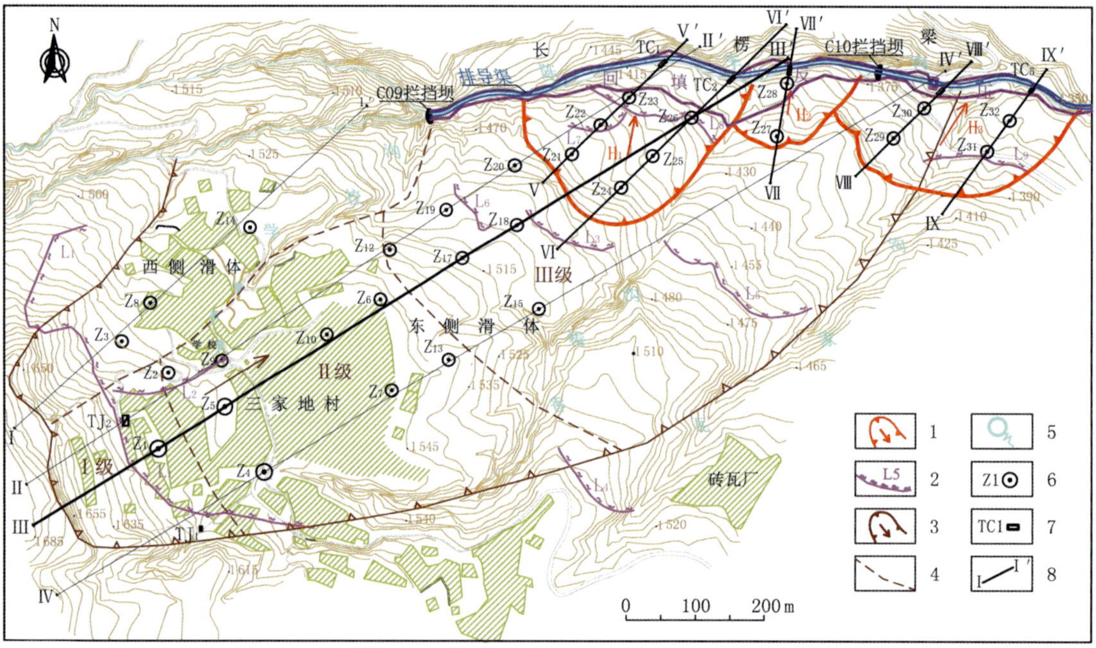

1—“5·12”地震滑坡；2—“5·12”地震裂缝；3—老滑坡；
4—老滑坡分级界线；5—泉；6—钻孔；7—探槽；8—剖面线。

图16-33　三家地滑坡平面图

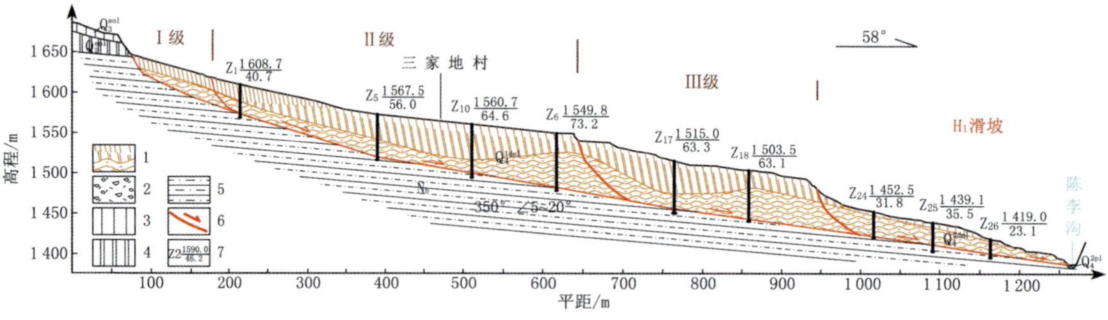

1—滑坡堆积物；2—洪积物；3—马兰黄土；4—离石黄土；5—砂质泥岩；6—滑动面；7—钻孔。

图16-34 三家地滑坡Ⅲ-Ⅲ′剖面图

Ⅱ级滑体为三家地村村庄所在地。滑体长约341 m，宽约410 m，滑坡面积 $1.612\times10^5\ m^2$，平均厚度61 m，体积 $9.83\times10^6\ m^3$，主滑方向58°。Ⅱ级滑体上部为原马兰黄土、离石黄土覆盖较厚，下部为橘红色泥岩，层序相对稳定，东侧瓦家沟、西侧学校沟切割20～65 m。“5·12”地震时除部分房屋倒塌和震裂外，其他变形迹象不明显，整体较为稳定。

Ⅲ级滑体后缘位于三家地村村庄下部的陡坎，后壁长350 m，高约20 m，滑坡体长约556 m，宽约358 m，滑坡面积1.426×10^5 m^2，平均厚度约56 m，体积8.02×10^6 m^3，主滑方向56°。由于两侧坡体长期活动，瓦家沟和学校沟下游的切割深度仅为10 m左右，较上游沟道深度明显变浅，滑体物质和结构更加混杂破碎，地表起伏零乱。由此分析认为Ⅲ级滑体的稳定性差，在前缘陈李沟的侵蚀等作用下，三家地老滑坡后期又经过了多次复活滑动。该级滑坡前部在“5·12”地震中变形破坏严重，发生剧烈滑动，前缘堵塞沟道，并出现多条拉张裂缝。

16.3.3　地震引发的滑坡及裂缝特征

“5·12”汶川地震在三家地老滑坡区作用强烈，在地震作用下引发了前缘强烈的滑动和大量的裂缝，主要包括前缘的H_1、H_2和H_3 3处规模较大的地震滑坡。

图16-35　H_1滑坡全貌

1. H_1滑坡特征

H_1滑坡位于三家地老滑坡东侧Ⅲ级滑体的下部，后壁及侧界明显呈不规则的M形，高3～6 m（图16-35）。H_1滑坡长256 m，后缘宽约195 m，前缘宽约352 m，面积约5.13×10^4 m^2，滑体厚度16～23 m，滑坡体积约1.026×10^6 m^3，主滑方向48°。剪出口位于陈李沟沟底附近，随沟底地形而变，西高东低，滑体将前部陈李沟完全堵塞，部分逆冲到对岸（图16-36）。滑体主要物质为黄土与破碎泥岩块体，各种滑坡裂缝发育，滑体结构非常破碎而混杂。主滑带位于破碎泥岩底部，基本沿袭了老滑坡的滑动带。滑带厚5～20 cm，主要由橘红色、红褐色泥岩混杂组成。一般滑距3～5 m。

图16-36　H_1滑坡前缘逆冲并堵塞沟道

2. H_2滑坡特征

H_2滑坡与H_1滑坡相邻，也位于三家地老滑坡东侧Ⅲ级滑体的下部，后壁和侧界明显（图16-37）。滑坡长150 m，后缘宽约91 m，前缘宽约240 m，滑坡前后缘高差近45 m，面积约1.43×

图16-37　H_2滑坡全貌

10^4 m^2，滑体平均厚度约15 m，体积约2.15×10^5 m^3。H_2滑坡后壁平面上呈V形，高8～12 m，滑坡后壁中部最大下错约10 m，两侧下错3～6 m，坡度约71°，其上擦痕清晰，指向13°～21°。后部滑距为5～12 m，滑体上次级滑坡壁发育，形成4处反坡洼地，其中最大的一处位于滑坡后缘区，长约50 m，宽约35 m，滑坡剪出口位于陈李沟沟底附近。

另外，滑坡上部距滑坡后壁3～5 m的田地内发育一条牵引性裂缝带，裂缝为弧形分布，宽10～25 cm，间距4 m左右，共5条，走向55°～85°，长20～40 m。延伸方向与H_2滑坡后壁大体一致。

3. H_3滑坡特征

H_3滑坡紧邻H_2滑坡，位于H_2滑坡的东侧，也是老滑坡前缘的复活滑动（图16-38）。滑坡后壁和侧界比较明显，长502 m，高3～5 m，坡度64°左右，其上擦痕不甚明显，顶部高程1 399 m。滑坡平面上呈半椭圆形，滑坡长约170 m，后缘宽约246 m，前缘宽约427 m，前后缘高差近55 m，面积约5.16×10^4 m^2，滑体平均厚度约16 m，体积约8.26×10^5 m^3，主滑方向35°，剪出口位于陈李沟沟底附近，随沟床的高低变化，总体西高东低。滑体下部的道路向前推移了5～12 m，跨越陈李沟的涵洞因受挤压而变形。

图16-38　H_3滑坡全貌

4. 地震形成的裂缝

“5·12”汶川地震在三家地老滑坡体上形成了大量裂缝，规模较大的有10条，长100～500 m，宽20～150 cm，下错30～300 cm，最大下错450 cm。地震裂缝主要集中在三家地滑坡的后部和前部，尤其以三家地滑坡前部裂缝最为发育，多为滑坡裂缝。三家地村庄上部发育一条地震裂缝L_1，裂缝长520 m，宽0.3～1.8 m，最大下错1.2 m，呈不规则圆弧形（图16-39），走向总体151°。该裂缝错断、错裂了大量民房、窑洞、道路和农田。从L_1裂缝的位置和走向判断，应为继承了老滑坡的后缘裂缝。据村民委员会主任讲述，该裂缝在地震发生后的3 d内逐渐发展形成，之后安装的裂缝监测仪再未报警，说明该地震裂缝出现后再没有大的变形。

其他裂缝主要发育在老滑坡前部的Ⅲ级滑坡体上，“5·12”汶川大地震引发的3处滑坡后壁以上的坡体区，与各地震滑坡后壁相对应，一般呈平行坡面的弧形展布。

图16-39　地震形成的裂缝

16.3.4　滑坡稳定性及危害性

1. 稳定性定性分析

由上述资料分析可知，三家地老滑坡体不同部位的稳定性有一定差异，主要是东侧滑体的Ⅲ级滑体下部的稳定性较差，在陈李沟的长期侵蚀作用下，老滑坡前缘经常发生复活滑动。2008年5月12日汶川地震在前缘引发了H_1、H_2和H_3 3处滑坡，其前缘受到陈李沟洪水泥石流的强烈侵蚀冲刷。2009年7月，经调查发现，一年多的时间内滑舌最大下切达3～4 m，形成新的临空面，使抗滑力降低。另一方面，地震后滑体上裂缝也很发育，尤其是三家地老滑坡前部的3处地震滑坡的滑体特别松散和破碎，暴雨更容易沿裂缝大量渗入到滑体内，增加坡体自重和软化降低土体强度，在暴雨等作用下再次发生失稳滑动的可能性很大。其后部滑体也将失去前部的抗滑支撑作用，可能进一步降低三家地老滑坡体的整体稳定性，逐级向后牵引发展，引起整体蠕动变形或失稳滑移。

2. 稳定性定量计算

三家地老滑坡长度大，滑动面为折线型。故滑坡稳定性定量计算采用传递系数法计算其在一般、降水和地震3种工况下的稳定性计算。在三家地老滑坡上布设了4条勘探线，在H_1滑坡上布设了2条勘探线，在H_2滑坡上布设了1条勘探线，在H_3滑坡上布设了2条勘探线，共计9条滑坡剖面，分别计算各剖面不同工况的稳定系数。

滑坡计算的有关力学参数是在试验资料统计分析的基础上，根据本滑坡的岩土体组成，并参考当地岩土抗剪强度经验值，再根据滑坡“5·12”汶川地震后稳定状况反算分析而综合确定的（表16-2）。

三家地老滑坡、3处地震新滑坡的9条滑坡剖面在一般、降水和地震不同工况下的稳定系数计算结果见表16-3。

表16-2　三家地老滑坡岩土体参数表

岩土层	一般工况			降水工况		
	重度 γ/(kN/m³)	内聚力 c/kPa	内摩擦角 φ/°	重度 γ/(kN/m³)	内聚力 c/kPa)	内摩擦角 φ/°
滑体	20.7	20	12.5	21.8	16	10.5
滑带	21.3	18	11	21.9	15	10
滑床	25	970	34	25	970	34

表16-3　三家地老滑坡稳定性计算结果

滑坡编号	剖面编号	计算工况		
		一般	降水	地震
老滑坡	Ⅰ-Ⅰ′	1.318	1.087	1.042
	Ⅱ-Ⅱ′	1.315	1.081	1.040
	Ⅲ-Ⅲ′	1.300	1.079	1.020
	Ⅳ-Ⅳ′	1.360	1.093	1.047
H_1	Ⅴ-Ⅴ′	1.076	0.921	0.875
	Ⅵ-Ⅵ′	1.065	0.913	0.856
H_2	Ⅶ-Ⅶ′	1.037	0.901	0.854
H_3	Ⅷ-Ⅷ′	1.041	0.906	0.857
	Ⅸ-Ⅸ′	1.055	0.910	0.882

从稳定性计算结果可以看出，一般工况下，H_1、H_2和H_3滑坡的稳定系数为1.037～1.076，处于临界稳定状态，老滑坡的整体稳定系数为1.300～1.360，处于整体稳定状态。降水工况下，H_1、H_2和H_3滑坡的稳定系数为0.901～0.921，处于不稳定状态，老滑坡的整体稳定系数为1.079～1.093，接近临界稳定状态。地震工况下H_1、H_2和H_3滑坡的稳定系数为0.854～0.882，处于失稳滑动状态，老滑坡整体稳定系数为1.020～1.047，接近临界稳定状态。计算结果与“5·12”汶川地震时滑坡体前缘产生剧烈滑动、后缘产生贯通裂缝破坏的实际情况相一致。从中可以进一步看出，地震对三家地特大型老滑坡的影响作用非常明显，地震作用下稳定系数大幅降低，这符合大型滑坡对地震反应敏感，多由强烈地震引发和控制的一般规律。

上述计算结果可见，一般工况下，三家地老滑坡的稳定性较好，暴雨工况下也基本稳定。其前缘因“5·12”汶川地震引发的3处滑坡的稳定性较差，处于临界稳定状态，松散滑体的前缘直接受陈李沟洪水泥石流的冲刷和下切，使抗滑力不断降低，同时滑体上裂缝更有利于降水入渗，软化滑带并降低抗剪强度，3处地震滑坡将长期复活滑动和逐步向后牵引发展，长期作用的结果降低老滑坡的稳定性，威胁到三家地村村庄的安全。另外，3处地震滑坡前缘堵塞陈李沟的长度约1 km，成为汉林沟泥石流松散固体物质的集中补给地段，增大了泥石流的发生频率、规模和危害性。

16.3.5　滑坡综合治理工程

本次治理的重点对象是“5·12”汶川地震时前部滑动剧烈的三家地老滑坡，为特大型黄土-泥岩顺层滑坡，属于牵引式滑坡。由上述分析可知，“5·12”汶川地震仅引发其前级部分滑体滑动，后级只出现了裂缝，整个滑体在一般工况和降水工况下还有较高的稳定性。按照以往此类滑坡的治理经验，只要及时治理前级滑坡，使其保证稳定，就会扼制其向后发展，从而也可保证滑坡的整体稳定性。根据三家地老滑坡的地质结构特征、稳定性、影响因素和形成机理、破坏方式，以及对三家地村的危害和威胁情况，若采用抗滑桩，平均桩长 30 m，截面尺寸 2 m×3 m，共需约 150 根，再加地表排水、裂缝夯填等措施，估算总投资在 5 000 万元左右，存在施工难度较大、投资高且工期长的缺点。

综合考虑三家地滑坡的坡体结构特征、滑坡成因、目前稳定性以及对三家地村的危害和威胁情况，通过技术经济比较和专家会商，确定充分利用前部陈李沟沟道狭窄和对面长楞梁整体较为稳定的有利地形条件，三家地滑坡以前缘回填反压为主，排水和裂缝回填相结合的治理方案。具有工艺简单、工期短、见效快和投资低的优点。工程治理后滑坡的稳定系数一般工况下达到 1.20 以上，地震工况下达到 1.05 以上。主要治理工程有：

1. 回填反压工程

三家地滑坡属牵引式滑坡，老滑坡的Ⅱ级和Ⅰ级滑体目前没有太大的变形，天然条件下处于稳定状态，要确保滑坡上部的长期稳定必须保证前部Ⅲ级滑坡的稳定，因此治理的重点为 H_1、H_2 和 H_3 3 处滑坡。在陈李沟主沟段至沟口采用回填反压的方法，增加滑坡的抗滑力和防止沟道下切，起到同时治理滑坡和泥石流的双重效果，回填反压为三家地滑坡治理的最主要工程措施（图 16-40）。

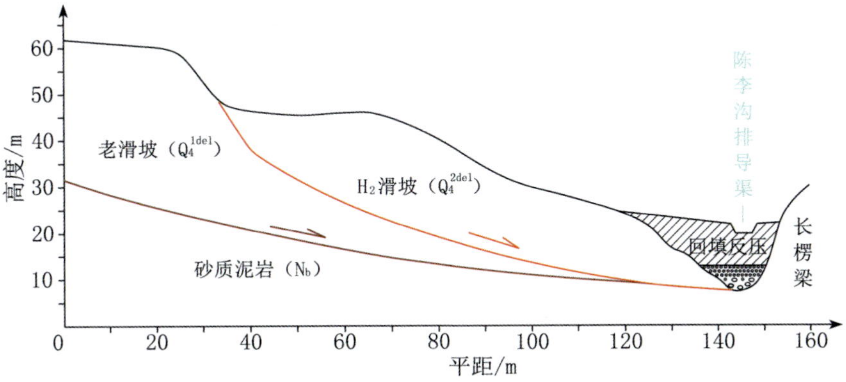

图 16-40　滑坡前缘回填反压工程示意图

回填土提供的抗滑力应满足：

$$W \times \tan\varphi \geqslant E \tag{16-10}$$

$$E_p = \frac{1}{2}\gamma H^2 \tan^2(45^\circ + \frac{\varphi}{2}) \geqslant E \tag{16-11}$$

式中：W 为单宽回填土重量（kN/m）；φ 为回填土综合内摩擦角（°）；γ 为回填土重度

(kN/m³)；H为回填土高度（m）；E_p为填土产生的被动土压力（kN/m）；E为滑坡推力（kN/m）。据击实试验，细粒土填土的最优含水率为15.8%，最大干密度为18 kN/m³。

回填反压土体将和对岸的长楞梁山体连为一体，一同产生巨大的抗滑力，足以抵抗三家地滑坡的推力。因此，本回填工程只按式（16-11）检算回填土提供的被动土压力是否大于滑坡推力，即滑坡是否沿回填土剪出滑动，其计算参数和计算结果见表16-4。根据稳定滑坡要求和地形条件，陈李沟回填反压工程的设计高度在H_1滑坡前缘为7～13.5 m、H_2滑坡前缘为8～12.5 m、H_3滑坡前缘为5～12.7 m，治理工程满足稳定滑坡的要求。

表16-4　回填反压工程抗滑效果计算表

滑坡及剖面		H/m	γ/(kN/m³)	φ/°	被动土压力 E_p/(kN/m)	滑坡推力E/(kN/m)	
						一般工况	地震工况
H_1	Ⅴ-Ⅴ′	10.7	18	30	3 091.2	1 713.1	2 457.2
	Ⅵ-Ⅵ′	12.5	18	30	4 218.8	2 877.2	4 057.3
H_2	Ⅶ-Ⅶ′	12.0	18	30	3 887.8	1 176.3	1 702.0
H_3	Ⅷ-Ⅷ′	7.4	20	32	1 936.9	1 581.2	1 845.9
	Ⅸ-Ⅸ′	10.0	18	30	2 700.2	2 003.7	2 256.0

回填反压工程起点从H_1滑坡以上的C09拦挡坝开始，终点为陈李沟与香椿沟的交会处，总长1 050 m（图16-41），回填坡降主要受不同部位回填反压厚度的控制。在与主沟交会处设护坦，下游并受汉林沟泥石流治理工程H_1拦挡坝的保护。

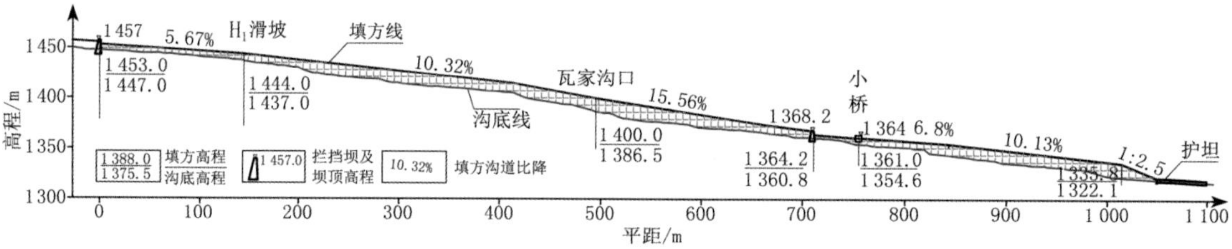

图16-41　三家地滑坡前缘回填反压工程纵断面图

在回填反压工程下部用碎石土回填、上部用黏性土回填，并在底部设渗水盲沟，以有效排除沟道中的地下水（图16-42）。不同深度的回填土要求达到设计压实度。

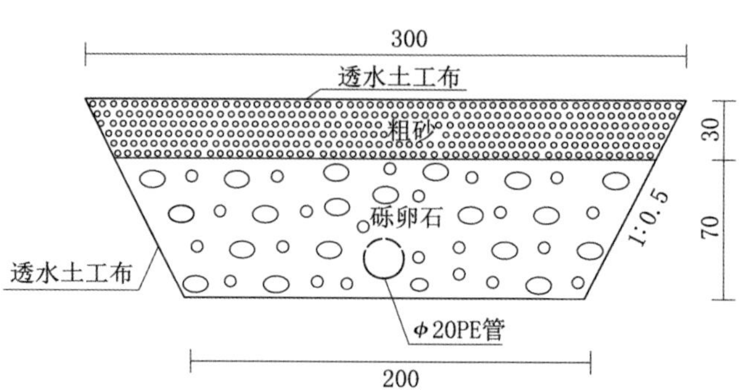

图16-42　沟道底部排水盲沟设计图(单位:cm)

2.地表排水工程

滑坡的产生和发展与地表水有密切联系，通过设置排水系统排出地表水来治理滑坡能够取得明显的效果。

为防止陈李沟泥石流对回填土体的侵蚀下切，在该段修筑排导渠，使泥石流有固定的排导沟道，达到保护滑坡长期整体稳定性，同时也是治理泥石流沟的主要工程措施之一。通过布设拦挡治理工程，沟谷中上游的松散物质补给被有效拦截，泥石流将变成重度14 kN/m³的含泥沙洪水或稀性泥石流，排导渠按治理后50年一遇的流量进行设计，陈李沟主沟流量为30 m³/s。

采用糙率系数法计算泥石流的流速：

$$V_c = M_c \times H_c^{2/3} \times I_c^{1/2} \tag{16-12}$$

式中：V_c为泥石流流速（m/s）；M_c为糙率系数，取15；H_c为水力半径或泥深（m）；I_c为沟床坡降，以小数计。

滑坡前缘段陈李沟沟道回填反压后的比降为10.3%～15.6%，按式（16-12）计算泥石流的流速为5.2～5.8 m/s，所需过流断面面积不小于5.8 m²，安全超高取0.5 m。因此，设计排导渠底宽3.2 m，顶宽5.2 m，深2.0 m，排导渠外坡比1：0.5，背面坡比1：0.4。陈李沟排导渠长1 014.1 m。采用C20混凝土制作，为防止回填土的不均匀沉降，在渠底配钢筋，底部设水泥土垫层（图16-43）。

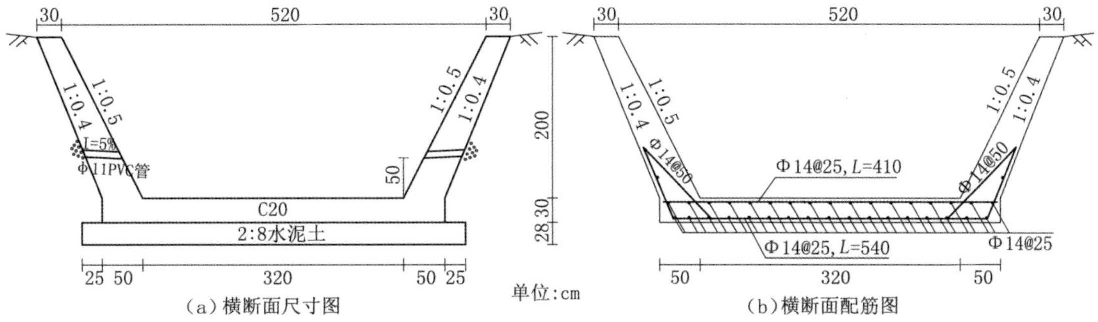

图16-43 排导渠横断面设计图

3.夯填裂缝和落水洞

对滑坡区的落水洞和裂缝进行回填和夯实，消除不利于斜坡稳定、引发滑坡的潜在因素，减少地表水的入渗和对土体的软化作用，使斜坡区土体保持较低的含水状态和较高的强度，提高斜坡的稳定性，以防止滑坡灾害发生。

夯填土以30 cm为一层分层夯填，压实度达到0.9以上。夯填层位于地表下0.5 m，一般夯填厚度0.5 m，裂缝宽度＞1.0 m的下部2：8水泥土厚度增大为1.0 m；填土要拌合均匀，不得有凝结成块的现象。回填后的地表高出周围0.3 m左右。裂缝、落水洞开挖、夯填时，若有延伸要追踪开挖和夯填，必要时采取临时支护措施。

按上述治理工程治理后，已经过10余年的运行，三家地滑坡的治理效果总体良好（图16-44）。

图16-44　滑坡前缘陈李沟回填反压效果

16.4　渭武高速公路白鹤桥隧道进口滑坡治理工程

渭（源）—武（都）高速公路白鹤桥隧道位于陇南市武都区角弓镇白鹤桥村后白龙江右岸，与G212线隔江相望，该隧道为一座左、右线分离的四车道高速公路隧道（图16-45）。隧道起讫桩号右线YK378+682～YK379+246，长564 m；左线ZK378+758～ZK379+266，长508 m。

图16-45　白鹤桥隧道进口滑坡全貌

2017年9月15日，在建隧道洞口段坡体产生局部溜塌现象，9月25日—10月8日期间工程区出现连续降水，隧道进口端YK378+660～K378+780（ZK378+652～ZK378+772）段右侧坡体发生滑坡，滑坡范围内的隧道洞身初期支护变形，局部段落初期支护变形侵入二次衬砌限界。

16.4.1 地质环境条件概况

白鹤桥隧道位于秦岭山脉西延部分的陇南山地，路线总体走向由北向南，气候上属温暖气候带。隧道所在区域为低山丘陵地貌，属白龙江残留高阶地，地势起伏较大，相对高差120 m。隧道进出口山坡坡度较陡，一般为45°～60°。

隧道进口段坡顶覆盖上更新统马兰黄土（Q_3^{eol}），斜坡区域上部覆盖全新统坡积角砾土（Q_4^{dl}），以稍密-中密粉质黏土充填，坡脚下伏全新统冲洪积角砾土（Q_4^{al+pl}），以下下伏第四系上更新统冲洪积卵石土（Q_3^{al+pl}），其主要地层特征如下：

（1）角砾土（Q_4^{dl}）。灰黄色，稍湿，松散-稍密，亚圆及次棱角状，分选性较差，黏性土充填约占30%，主要基于上部冲洪积卵石层滑塌堆积所致，分布于斜坡中下部地带；滑坡体（Q_4^{del}）主要为该层土体。

（2）角砾土（Q_4^{al+pl}）。褐黄色，稍湿，稍密-中密，次棱角状，分选性差，骨架成分以全、强风化千枚岩碎屑为主，2～20 mm颗粒约占50%，黏性土充填占40%，含有碎石，成分为灰岩，最大120 mm，厚5～10 m；滑坡体（Q_4^{del}）前缘底部部分为该层土体。

（3）卵石土（Q_3^{al+pl}）。灰黄色，稍湿，中密，亚圆状，分选性差，骨架成分以灰岩、板岩碎屑为主，20～60 mm颗粒约占60%，最大130 mm，黏性土及细纱充填约占20%～40%，局部含中密状圆砾、细砂及零星大漂石，分布于坡体内、洞身及出口段。

隧址区大地构造位置位于舟曲—武都复背斜核部南翼，地层呈单斜状。该褶皱构造线密集，褶皱紧密，走向断层发育，褶轴自西而东、由北西渐转为北东，呈向南凸出的弧形，两翼北陡南缓，倾角40°～70°。现场调查隧址区未见断裂等构造现象，属构造相对稳定地段。隧址区地震动峰加速度为0.20 g，地震反应谱特征周期为0.4 s，相当于地震基本烈度Ⅷ度区。

隧址区地表水不发育，多为季节性小冲沟，无常流水，暴雨可形成短暂性流水。地下水主要为第四系松散岩类孔隙潜水、基岩裂隙水，钻孔资料显示洞身段无稳定水位。

16.4.2 坡体变形与滑坡特征

1.坡体变形情况

隧道右线进口半套拱于2017年9月初施工完成，洞口侧坡及洞顶边坡进行了喷射混凝土防护，洞内及洞顶右侧进行了注浆加固。洞口路基侧抗滑桩人工开挖浇筑施工，施工中坡体未见明显变形滑塌迹象。

2017年9月15日，左线洞口长约30 m段坡体发生局部滑塌现象。9月25日—10月8日武都区持续小到中雨，特别是9月29日—10月2日连降大雨。10月9日，坡体变形发育形成一条长约70 m，宽约20 cm的环向弧形裂缝。后缘坡体有明显下错，最大下错高度约2 m（图16-46）。右线隧道洞顶喷射混凝土坡面坡脚见有明显的剪出口，最大剪出量约5 cm，沿坡脚走向水平延展，大里程段坡脚剪出口不明显（图16-47）。

图16-46　后缘拉张裂缝

图16-47　坡脚剪出口位置

隧道右侧进口半套拱段支护结构施工过程中变形较小，坡体滑塌变形后，对已施工隧道进口段洞身进行了变形观测。9月29日夜间开始，右线洞内拱顶有不同程度沉降，且沉降速度呈加速状态，截至10月3日，最大累计下沉量34 cm，最小累计下沉量28 cm，初支轮廓侵入二次衬砌的限界内。其中长约11 m段初支出现裂缝，且裂缝发展速度快，最大裂缝宽度为7 mm，裂缝两侧有明显错台，错台高度3 mm。为了保证隧道施工安全，防止工程事故，10月3日浇筑了变形段二次衬砌，并对坡脚进行回填反压，采用临时支撑进行加固。左线洞内已施工的衬砌结构完好，变形量在正常可控范围之内，无变形侵入建筑限界等情况。

2.滑坡特征

白鹤桥隧道进口滑坡位于白龙江右岸斜坡中下部，山体地形高陡，相对高差120 m。坡体自9月15日开始变形蠕滑，10月9日滑坡后壁及侧界发育明显。滑坡体呈不规则的圈椅状，南北长82 m，后缘东西宽85 m，前缘东西宽120 m，滑坡前后缘高差近62 m，主滑方向为358°。滑坡体上部平均坡度约42°，下部平均坡度约22°。滑坡面积7 390 m^2，平均厚度约21 m，滑体由坡积角砾土组成，中部最大厚度约36 m，总体积约1.522×10^5 m^3（图16-48），属中型土质滑坡。

地质调绘发现滑坡体地表裂缝较发育，多集中在滑坡的前、后缘及侧界位置，滑坡后壁以上坡体，即主破裂面以外地区裂缝不发育。滑坡后缘拉张裂缝基本贯通并有明显的下错，滑坡体两侧有羽状裂缝出现，但前缘剪出口裂缝未贯通，仅在右线开挖洞顶标高（喷射混凝土范围）局部发育。

该滑坡体土层主要为角砾土，根据现场地形地貌、变形开裂情况、地质调绘、钻孔揭示及稳定性分析等确定滑坡的滑面。具体为：结合后缘张拉裂缝位置、前缘剪切裂缝位置及深部位移监测确定滑坡体浅层滑面；结合后缘张拉裂缝位置、深部位移监测、隧道洞身变形部位及前缘可能发生剪出的位置（台地坎脚处），确定滑坡体中层滑面；结合后缘张拉裂缝位置及前缘可能发生剪出的位置（坡脚处），经稳定性验算搜索最不利滑面确定滑坡潜在滑面。滑面均为弧形，后缘滑面陡峭，倾角65°～74°；前缘浅层滑面平缓，倾角5°，中层及深层潜在滑面稍反翘，倾角7°～15°。

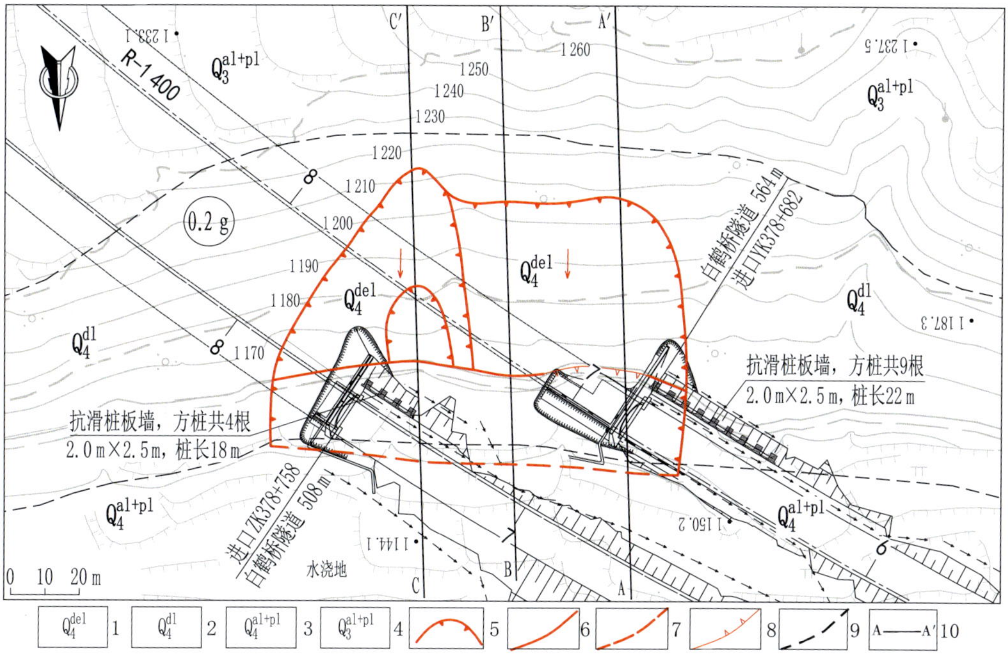

1—滑坡堆积体；2—坡积角砾；3—冲洪积角砾；4—冲洪积卵石；5—滑坡边界；
6—剪出口（部分已剪出）；7—推测剪出口；8—剪切裂缝；9—地层界线；10—剖面线。

图16-48　白鹤桥隧道进口滑坡平面形态图

16.4.3　滑坡成因与稳定性

1.滑坡成因

根据现场调查、查阅地质勘探资料，初步分析边坡发生变形的主要原因有以下几个方面：

1）基本条件

（1）地形地貌。在建隧道为低山丘陵地貌，属白龙江残留高阶地，地势起伏较大，相对高差120 m。洞口段坡体为高阶地卵砾石组成，表层覆盖阶地坍塌后形成的坡积角砾堆积体，隧道进口山坡坡度较陡，平均坡度约为45°，为边坡变形提供了有利条件。

（2）特殊的岩土结构。隧道进口处坡体主体为第四系上更新统冲洪积卵砾石层，表层覆盖全新统坡积角砾层；下部卵砾石层以中密为主，砂土充填，稳定性较好；上部角砾层以稍密为主，粉质黏土充填，含量约30%～40%，稳定性相对下部卵砾石较差。

2）引发因素

（1）降水。项目区连续降水入渗坡体，一方面，使坡体自重增大，导致边坡下滑力逐渐增大；另一方面，下渗的雨水软化土体，致使土体抗剪强度降低。在这双重作用下，坡体自重增大，土体强度降低，导致坡体的下滑力增大，抗滑力减小，是引发坡体变形失稳滑动的直接原因。

（2）坡脚开挖。隧道进口地层较为松散，浅埋，自稳性差，并存在一定程度的偏压，洞口开挖易坍塌并可能引起坡体变形。针对该地质特点，原设计洞门处挖方边坡采用桩板墙防护，以提高洞门开挖后的边坡稳定性，同时建议洞门开挖在旱季进行施工。但随着隧道掘进工程保障，洞口工程无法避免雨季施工。截至变形及滑坡发生时白鹤桥隧道进口端路堑已开挖至路基设计高程，右线桩板墙9根桩已浇筑完成4根，其余5根已成孔，左线4根桩已成孔；白鹤桥隧道左线已掘进26.5 m，右线已掘进92 m。坡脚开挖引起坡体应力重新分布，坡体应力向坡脚集中，形成应力集中区，受连续降水的影响，坡脚土体失去支撑能力，导致坡体向临空侧产生变形和滑移。

2.滑坡稳定性

根据调查，坡体后缘拉张裂缝基本贯通并有明显下错，坡体两侧有羽状裂缝出现，但前缘剪出口裂缝未贯通，仅在右线开挖洞顶标高局部发育。从以上坡体的宏观变形破坏形式、范围及强烈程度，判断目前滑坡整体处于蠕滑阶段（图16-49）。

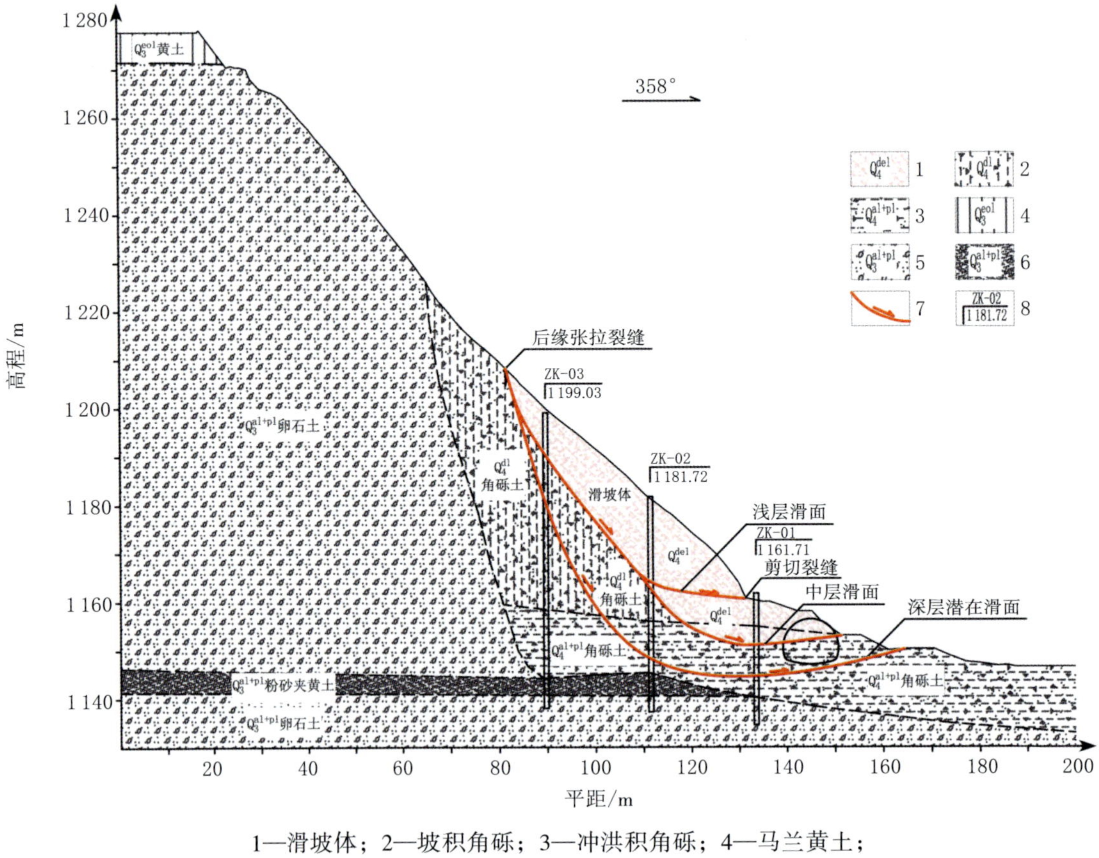

1—滑坡体；2—坡积角砾；3—冲洪积角砾；4—马兰黄土；
5—冲洪积卵石；6—冲洪积粉砂；7—滑动面；8—钻孔。

图16-49　白鹤桥隧道进口滑坡A-A′剖面图

根据坡体变形现状选取3条剖面、3种工况进行稳定性计算，计算方法采用摩根斯坦-普赖斯法进行计算，用传递系数法进行校核，剩余下滑力则采用传递系数法进行计算。其中坡体现状变形最严重的断面A-A′为控制断面，对浅层滑面在降水工况下稳定系数取0.99，中层滑面取1.02左右进行反算。根据滑带土的土性与作用特征分段，再依照滑体厚度与内聚力的经验关系，以及室内试验成果确定c值的大概范围，然后反算φ值，最终确定滑坡稳定性计算参数值见表16-5，深层潜在滑面按中层滑面反算参数取值。

表16-5　滑坡稳定性计算参数综合取值表

滑面位置	工况	砾质土(阻滑段)		砾质土(主滑段)		砾质土(牵引段)	
		内聚力 c/(kPa)	内摩擦角 φ/°	内聚力 c/kPa	内摩擦角 φ/°	内聚力 c/kPa	内摩擦角 φ/°
浅层	一般	20	28.5	13	24	0	35
	降水	15	27.5	10	23	0	34
中层	一般	20	31	13	27	0	35
	降水	20	30	10	25.6	0	34

根据公路等级和相关规范，稳定系数及安全系数取值见表16-6，按上述计算工况及参数取值对边坡的稳定性分别进行3种工况下的稳定性及剩余下滑力计算，其中地震工况下稳定性计算地震作用综合系数取0.25，水平向地震系数取0.2，地震重要性修正系数取1.7，不同工况下滑坡的稳定性和剩余下滑力计算结果见表16-6。

表16-6　A-A′剖面稳定性计算及剩余下滑力计算结果一览表

滑面位置	计算工况	稳定系数	安全系数	剩余下滑力/(kN/m)	稳定状态
浅层	一般	1.08	1.30	509.7	基本稳定
	降水	0.99	1.15	660.0	不稳定
	地震	0.97	1.10	689.0	不稳定
中层	一般	1.10	1.30	1 006.6	基本稳定
	降水	1.02	1.15	1 149.7	欠稳定
	地震	1.02	1.10	1 154.3	欠稳定
深层潜在	一般	1.31	1.30	—	稳定
	降水	1.16	1.10	—	稳定
	地震	1.21	1.15	—	稳定

计算结果表明，滑坡在一般条件下处于基本稳定状态；降水条件、地震条件下浅层滑裂面为不稳定状态，中层滑裂面为欠稳定状态；深层潜在滑面在所有工况条件下稳定系数均满足规范要求的安全系数。

3.坡体变形发展趋势及危害性预测

根据坡体的变形破坏范围及强烈程度，特别是坡体滑塌范围发展变形情况，以及引发变形的主要因素，初步判断该坡体变形主要为中层中型滑坡，整体处于欠稳定状态，如遇强降水等极端不利气候条件，坡体可能继续变形乃至整体失稳下滑，对坡脚前方白鹤桥隧道构成直接威胁。

16.4.4　应急处置工程

1.应急处置方案

根据坡体变形发展情况，且遇不利天气情况有突然滑动的危险。为保护既有路线隧道安全以及控制坡体变形破坏趋势，根据现场初步勘查情况以及分析结果，采取以下应急方案：

（1）夯填裂缝。对坡体张拉裂缝采用5%水泥稳定土进行夯填处理，防止雨水下渗加速边坡变形。

（2）临时截排水。在变形坡体中部、现有裂缝上坡侧不小于5 m处坡面，各开挖一条临时截水沟，以拦截坡面汇水，临时排水构造物开挖后在沟底铺设防水土工布。

（3）回填反压。为防止隧道洞顶及左侧反压土方产生压力，对隧道结构产生不利影响，对右线已施工隧道洞内进行回填。在保证作业高度的情况下，洞内回填高度不低于起拱线2 m。洞内回填完成后，于坡脚左线路基和右线隧道间范围采取回填土方进行反压，反压范围长70 m，宽约35 m，最大回填高度10 m，对应右线桩号YK378+682～YK378+752段。反压土方边坡坡率1∶1.5。第1级边坡高6 m，平台宽2 m；第2级边坡高4 m，反压后右侧隧道洞顶覆土厚度为3 m。

（4）布设警戒线。划定滑塌影响区为警戒区并立即停工，禁止人员进入，防止坡体突然加速下滑造成人员伤亡。

2.变形监测

为掌握坡体变形趋势以及滑移对构造物的影响，对变形坡体、已浇筑的抗滑桩、隧道洞身布设位移监测点并定期监测，发现异常变形及时上报。同时，安排专人对坡面定期进行巡视，掌握边坡变形趋势。

根据滑坡现场具体情况，在坡体中部、中上部、坡脚以及后缘坡体部位共计设置18个地表位移监测点。为进一步掌握滑坡深部变形情况，在3个剖面布设5个深度30 m的钻孔测斜监测点，采用移动式测斜仪，监测滑坡深部位移变化，确定滑裂面的准确位置。根据典型剖面A-A′钻孔ZK-02处布设的测斜监测点测斜曲线，相对初始最大位移值出现在孔深17 m处，且该孔深处沿孔底累计位移出现拐点，故初步判定该部位的滑面位于孔深17 m处（图16-50）。

根据地表位移监测数据分析：滑坡在2017年10月25日应急处置坡脚回填开始以后整体变形趋缓。坡体变形速率最大期为10月28—30日，11月3日后，地表累计变形位移值-时间曲线近水平状。根据深部位移监测结果显示，截至2017年10月31日，相对初始最大位移值为1.16 mm。沿孔底累计位移量2.85 mm，11月3日后，深部相对位移-时间曲线及累计位移值-时间曲线近水平状。

从地表及深部监测数据判断，应急处置后该边坡的急剧变形已得到有效控制，边坡处于缓慢变形阶段。

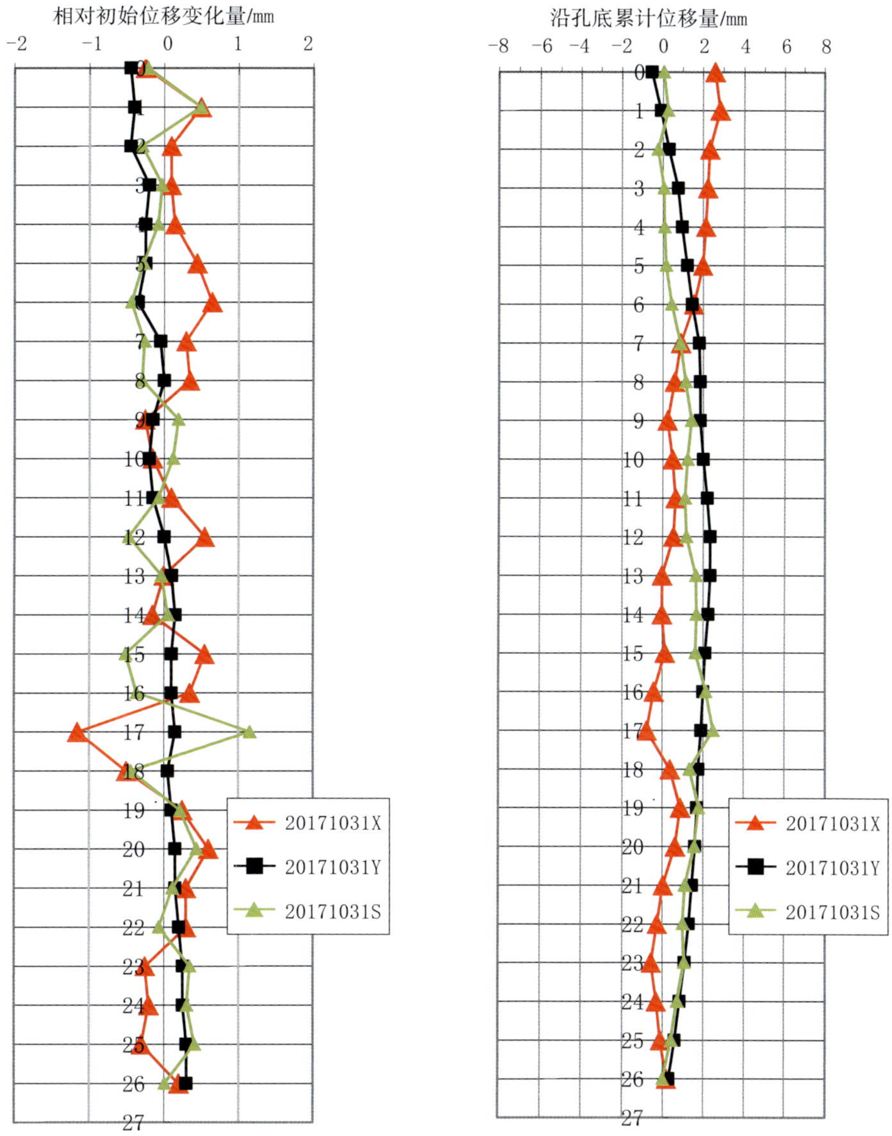

图16-50　ZL-02钻孔深部位移变形曲线

16.4.5　综合治理工程

根据坡体变形与滑坡发育情况，对滑坡影响范围内的隧道洞外坡体及隧道洞身采用针对性的措施进行治理，隧道外坡体采用抗滑桩+反压+防排水的综合治理措施，洞内对滑坡影响区段洞身衬砌结构进行加强设计。

1.滑坡治理

隧道外坡体采用抗滑桩+反压+截排水的综合治理措施，具体方案为：

（1）抗滑桩。左线右侧已有桩板墙向大桩号方向新增6根C30钢筋混凝土抗滑桩，截面尺寸2 m×1.6 m，桩长26 m，桩中心间距5 m，桩底高程为左线路基设计线以下14 m；右线右侧已有桩板墙向大桩号方向新增10根C30钢筋混凝土抗滑桩，抗滑桩与主滑方向垂直设置，截面尺寸2.5 m×2 m，桩长22～32 m，桩中心间距5 m，抗滑桩采用埋入式，桩底高程为右线路基设计线以下12 m。根据隧道、抗滑桩与滑坡体的相对空间关系，结合设桩后滑坡体稳定性验算及抗滑桩结构计算综合拟定桩顶高程。桩顶高程以上挖孔部分需在桩检测合格后方可进行回填压实，桩孔顶部设置80 cm厚黏土封层，其上采用20 cm厚C15现浇混凝土进行封面处理。

（2）反压。由于隧道进口端路线与坡体斜交，为降低工程造价，根据现场实际地形，左右线错位设置分离式洞门以缩短左线隧道长度，右线隧道洞口长70 m段为左线填挖路基段，为确保该段落滑坡体中前部稳定及右线隧道结构安全，对该段落右线左侧坡脚进行回填反压。具体为：左线路基段距离设计线11 m处设置5～6 m高的护脚挡土墙，其上按照1：1.5放坡至1 166 m高程（根据滑坡体稳定性满足规范要求确定），设计坡高8 m，坡顶再按照3%的横坡放坡至与原山体相交。回填反压平台顶部设置50 cm厚黏土封层，以防止雨水渗入反压体。回填反压边坡及坡顶均采取草灌结合方式进行绿化。

（3）截排水。为防止后缘坡面降水汇水积聚渗入坡体，在滑坡体裂缝后缘外≥5 m处设置1道截水沟及坡体中部设置2道排水沟，将水引入排水沟排出；反压平台顶面即高程为1 166 m平台横坡下游布设平台排水沟，截水沟及平台排水沟内汇水通过排水沟、急流槽排出。

各项滑坡治理工程平面布置如图16-51。

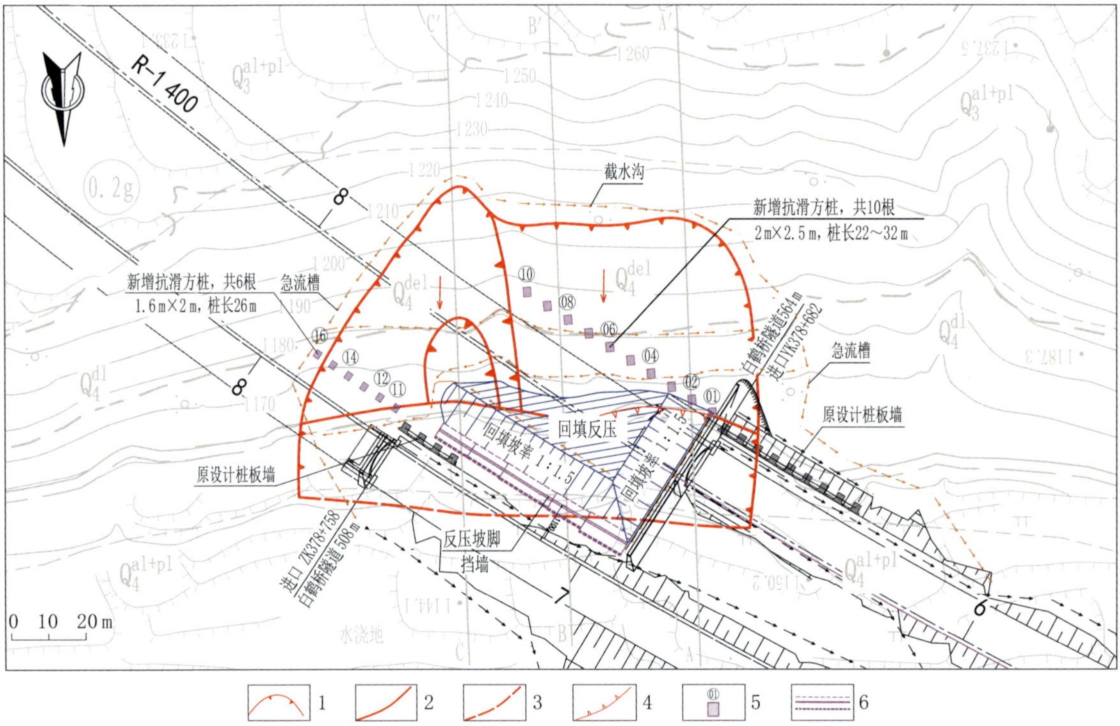

1—滑坡边界；2—剪出口（已部分剪出）；3—推测剪出口；4—裂缝；5—抗滑桩及编号；6—挡墙。

图16-51　滑坡治理工程平面布置图

2.抗滑桩计算

该滑坡拟采用坡脚反压等应急处置措施后，分段于右线隧道洞口段靠山侧及左线隧道靠山侧分别设置1排埋入式抗滑方桩支挡。

右线隧道靠山侧采用埋入式抗滑桩加固，由下滑力计算结果，地震工况为控制工况，下滑力为1 154.3 kN/m，拟采用设计下滑力1 155 kN/m，设置2.5 m×2 m矩形抗滑桩，桩背侧纵筋为3排钢筋束，每排10束，每束由3根Φ32钢筋组成。对抗滑桩进行受力分析及配筋验算结果如图16-52和表16-7，均满足规范要求。

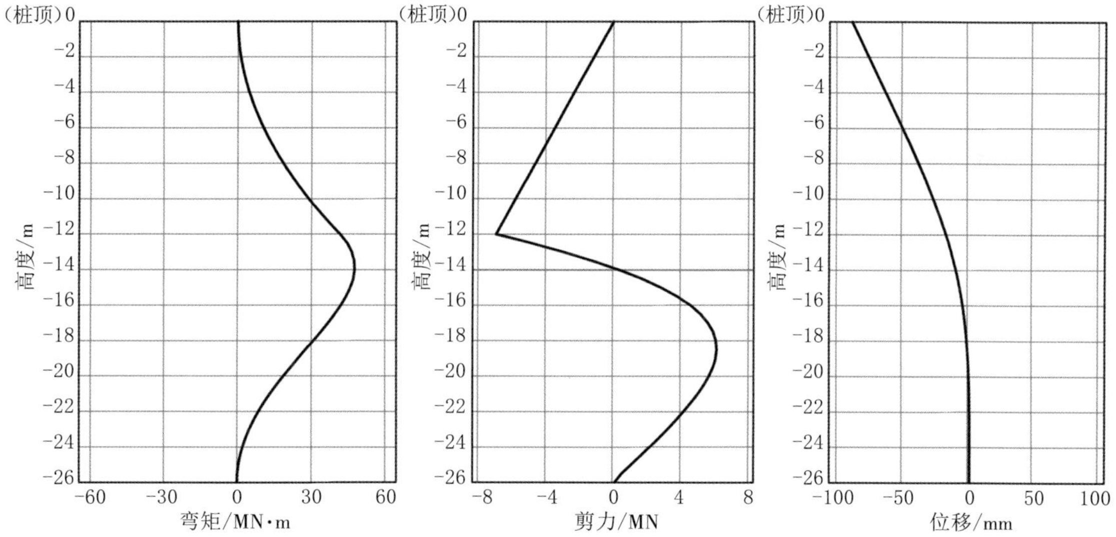

图16-52　抗滑桩弯矩、剪力、位移图

表16-7　抗滑桩配筋计算结果表

剖面	项目	计算值	规范要求及抗滑桩设计图要求	结果
A-A′	位移/mm	87.88	≤100 mm(1%悬臂>10 cm)	满足要求
	背侧纵筋/mm^2	69 822	≤72 360(30束,每束3根Φ32钢筋)	满足要求

3.洞内处置

白鹤桥隧道进口端受洞顶变形影响区段的隧道暗洞结构进行加强设计，针对隧道暗洞所受洞顶山体变形影响的不同，对隧道进行分段加强、分段处理，具体处理段落及洞内处理方案如下：

（1）原设计采用SVd型衬砌结构洞口62 m段，在原设计的基础上对未施工及初期支护变形侵入二次衬砌限界换拱段初支结构进行加强。加强初支型钢拱架，由I20a调整为I22a型钢拱架支护；喷射C25混凝土厚度由原设计26 cm调整为28 cm；加强二衬配筋，环向主筋由原设计Φ22钢筋调整为Φ25钢筋；对该段初支结构全环增设ϕ42×4 mm径向注浆小导管，对围岩进行注浆加固，径向注浆小导管长6 m，间距60 cm（纵）×100 cm（环）。

（2）原设计采用TVb型衬砌结构已施做二次衬砌10 m段，但由于初支变形导致二次衬砌厚度不足，对该段初期支护进行拆换，并对支护结构进行加强。隧道右侧（深埋侧）增设ϕ42×4 mm径向注浆小导管，对围岩进行注浆加固，径向注浆小导管长6 m，间距60 cm（纵）×100 cm（环）。环向主筋由原设计Φ22钢筋调整为Φ25钢筋。

（3）原采用TVb型衬砌结构42 m段，在原设计基础上对衬砌结构进行加强：隧道右侧（深埋侧）增设ϕ42×4 mm径向注浆小导管，对围岩进行注浆加固，径向注浆小导管长6 m，间距60 cm（纵）×100 cm（环）。环向主筋由原设计Φ22钢筋调整为Φ25钢筋。

16.4.6　治理效果评价

经应急工程和永久工程治理后，根据地表及深部位移跟踪监测，渭武高速公路白鹤桥隧道进口滑坡已得到有效控制，治理工程发挥了良好的治理效果，确保了渭武高速公路工程的顺利实施及按期交工运营。自2020年1月运营以来，该滑坡处隧道运营良好，高速公路运营安全畅通。

主要参考文献

[1] 安玉科,樊江,马建全.十天高速成县段路堑边坡失稳机理分析及治理方案[J].路基工程,2019(03):223-228.

[2] 安玉科,樊江,马胜午,等.堆积阶地古老滑坡识别方法及其在线状工程地质勘察中的应用[J].吉林大学学报(地球科学版),2020,50(06):1787-1794.

[3] 安玉科,吴玮江,张文,等.抗滑桩裂纹控制荷载结构设计法及工程应用[J].吉林大学学报(地球科学版),2017,47(1):171-178.

[4] 白云,谢雷,陈豪.祁连山黑河流域油葫芦段冻土区融冻泥流特征及其形成机理[J].资源信息与工程,2019,6(34):100-104.

[5] 畅益锋,李仁华.白龙江泄流坡滑坡变形特征及成因分析[J].中国地质灾害与防治学报,1999,10(1):93-95.

[6] 陈明,王运生,梁瑞锋,等.白龙江流域大型滑坡发育分布规律研究[J].工程地质学报,2018,26(2):325-333.

[7] 陈明东,王兰生.边坡变形破坏的灰色预测方法[C].第三届全国工程地质大会论文集,成都:成都科技大学出版社,1988.

[8] 陈永明,石玉成.中国西北黄土地区地震滑坡基本特征[J].地震研究,2006,29(3):276-279.

[9] 谌文武,赵志福,刘高.兰州—海口高速公路甘肃段工程地质问题研究[M].兰州大学出版社,2006.

[10] 成岗.白银露天矿一采场边坡研究与滑坡预报[C].中国典型滑坡.北京:科学出版社,1988.

[11] 程谦恭,彭建兵.高速岩质滑坡动力学[M].成都:西南交通大学出版社,1999.

[12] 邓龙胜,范文.宁夏海原8.5级地震诱发黄土滑坡的变形破坏特征及发育机理[J].灾害学,2013,28(3):30-37.

[13] 段钊,彭建兵,王启耀.泾阳南塬多序次黄土滑坡特征参数与成因[J].山地学报,2016,34(1):71-76.

[14] E.Ⅱ叶米里扬诺娃.滑坡作用的基本规律[M].铁道部科学研究院西北研究所滑坡室,译.重庆:重庆出版社,1986.

[15] 冯乐涛,吴玮江,刘兴荣,等.黄土高原降水入渗方式与引发滑坡研究——以甘肃黄土地区为例[J].科学技术与工程,2023,23(14):5937-5945.

[16] 冯绳武.甘肃地理概要[M].兰州:甘肃教育出版社,1989.

[17] 冯学才,郭安宁.我国地震滑坡的一般特征[C].滑坡文集:兰州滑坡会议论文选集.北京:中国铁道出版社,1988.

[18] 冯学才，田植甲．洒勒山滑坡的特征及其预报[J]．水土保持通报，1983(3)：75-81.
[19] 傅传元，刘光代．试论洒勒山滑坡机理[J]．水土保持通报，1983(3)：10-18.
[20]《甘肃省地图集》编纂委员会．甘肃省地图集[M]．北京：中国地图出版社，2021.
[21] 甘肃省地震局．甘肃省历史地震史料[M]．北京：地震出版社，1986.
[22] 甘肃省地质调查院．中国区域地质志：甘肃志[M]．北京：地质出版社，2021.
[23] 关继英．海石湾矿井山上工业场地滑坡灾害及抗滑治理[C]．第三届全国环境工程地质学术研讨会论文集．兰州：甘肃民族出版社，1995.
[24] 郭长宝，任三绍，李雪，等．甘肃舟曲南峪江顶崖古滑坡发育特征与复活机理[J]．现代地质，2019，33(1)：206-217.
[25] 郭富赟，孟兴民，黎志恒，等．天水市"7·25"群发性地质灾害特征及成因[J]．山地学报，2015，33(1)：100-107.
[26] 郭富赟，宋晓玲，刘明霞．黄河流域甘肃段地质灾害发育特征[J]．中国地质灾害与防治学报，2021，32(5)：130-136.
[27] 郭富赟，宋晓玲，谢煜，等．甘肃地质灾害气象预警技术方法探讨[J]．中国地质灾害与防治学报，2015，26(1)：127-133.
[28] 郭涛，曾思伟．武都红土坡滑坡结构特征及其演变的空间过程[J]．兰州大学学报，1992，28(S1)：197-203.
[29] 国家地震局兰州地震研究所，宁夏地震局．一九二〇年海原大地震[M]．北京：地震出版社，1980.
[30] 国家地震局兰州地震研究所，甘肃省计划委员会．甘肃省地震危险性区划研究[M]．兰州：兰州大学出版社，1993.
[31] 韩朝君，李国营，吴玮江，等．静宁县田堡调蓄水池滑坡成因及稳定性分析[J]．中国地质灾害与防治学报，2023，34(6)：13-19.
[32] 郝飞．洮河九甸峡水利枢纽燕子坪滑坡的长期稳定性研究[D]．成都理工大学，2009.
[33] 侯燕军，周小龙，石鹏卿，等．"空-天-地"一体化技术在滑坡隐患早期识别中的应用——以兰州普兰太公司滑坡为例[J]．中国地质灾害与防治学报，2020，31(6)：12-20.
[34] 胡广韬，文宝萍，等．铜川市缓动式低速滑坡的动态规律[J]．中国地质灾害与防治学报，1991，2(4)：34-44.
[35] 胡广韬．滑坡动力学[M]．北京：地质出版社，1995.
[36] 胡厚田，刘永江，等．高速远程滑坡流体动力学理论的研究[M]．成都：西南交通大学出版社，2003.
[37] 胡铁夫．泄流坡滑坡的调查研究和整治[C]．滑坡文集：兰州滑坡会议论文选集．北京：中国铁道出版社，1988.
[38] 黄润秋，邓荣贵，等．高边坡物质运动全过程模拟[M]．成都：成都科技大学出版社，1993.
[39] 黄润秋，李为乐．汶川大地震触发地质灾害的断层效应分析[J]．工程地质学报，2009，17(1)：19-28.
[40] 黄润秋，许强．工程地质广义系统科学分析原理及应用[M]．北京：地质出版社，1998.
[41] 黄晓，杨为民，张春山，等．舟曲泄流坡滑坡变形特征及其形成机理[J]．地质力学学报2013，19(2)：178-187.

[42] 蒋树,文宝萍,黎志恒,等.甘肃舟曲锁儿头滑坡活动特征分析[J].水文地质工程地质,2016,43(2):69-74.

[43] 蒋秀姿,文宝萍,蒋树,等.甘肃舟曲锁儿头滑坡活动的主控因素分析[J].吉林大学学报(地球科学版),2015,45(6):1798-1807.

[44] 蒋秀姿,文宝萍.缓慢复活型滑坡滑带土的蠕变性质与特征强度试验研究[J].岩土力学,2015,36(2):495-501.

[45] 金艳丽,戴福初.饱和黄土的静态液化特性试验研究[J].岩土力学,2008,29(12):3293-3298.

[46] 金艳丽,戴福初.灌溉诱发黄土滑坡机理研究[J].岩土工程学报,2007(10):1493-1499.

[47] 靳泽先,韩庆宪.黄土高原滑坡分布的“群体性”[C].全国滑坡学术讨论会文集.成都:四川科学技术出版社,1989.

[48] 康来迅,王建荣.昌马断裂带地震滑坡的展布特征[J].山地研究,1995,13(1):35-41.

[49] 雷祥义.中国黄土的孔隙类型与湿陷性[J].中国科学(B辑),1987(12):1309-1316.

[50] 黎志恒,文宝萍,贾贵义,等.甘肃省白龙江流域滑坡分布规律及其主控因素[J].兰州大学学报(自然科学版),2015,51(6):768-776.

[51] 李滨,殷跃平,吴树仁,等.多级旋转黄土滑坡基本类型及特征分析[J].工程地质学报,2011,19(5):703-711.

[52] 李海军.滑坡与岩土蠕变[C].全国滑坡学术讨论会文集.成都:四川科学技术出版社,1989.

[53] 李鸿琏,邓养鑫.甘肃滑坡概要[C].滑坡文集:兰州滑坡会议论文选集.北京:中国铁道出版社,1988.

[54] 李鸿琏,蔡祥兴,迟兴楣,等.洒勒山灾难性滑坡是地下水作用的恶果[J].水土保持通报,1983(3):54-56.

[55] 李坤.黄土滑坡的形成及分布规律[C].滑坡文集:兰州滑坡会议论文选集.北京:中国铁道出版社,1988.

[56] 李论基,姚青青,安玉科.老滑坡路段路堑开挖与超前支护效果[J].吉林大学学报(地球科学版),2018,48(6):1767-1777.

[57] 李淑贞,戴霜,王华伟,等.白龙江地区断裂构造与滑坡分布及发生关系[J].兰州大学学报(自然科学版),2015,51(2):145-152.

[58] 李树德,曾思伟.论泥石流的另一种类型—滑坡型泥石流——以甘肃刘家堡泥石流为例[J].水土保持学报,1988(4):66-71.

[59] 李同录,李颖喆,赵丹旗,等.对水致黄土斜坡破坏模式及稳定性分析原则的思考[J].中国地质灾害与防治学报,2022,33(2):25-32.

[60] 李同录,龙建辉,李新生.黄土滑坡发育类型及其空间预测方法[J].工程地质学报,2007,15(4):500-505.

[61] 李媛茜,张毅,孟兴民,等.活动构造断裂带巨型滑坡活动特性研究——以白龙江流域大小湾滑坡为例[J].兰州大学学报(自然科学版),2021,57(3):360-368.

[62] 李云峰.黄土渗透性与空隙性关系的研究[M].北京:地质出版社,1994.

[63] 刘传正.论崩塌滑坡—碎屑流高速远程问题[J].地质论评,2017,63(6):1563-1575.

[64] 刘传正.重大地质灾害防治理论与实践[M].北京:科学出版社,2009.
[65] 刘东生.黄土与环境[M].北京:科学出版社,1985.
[66] 刘广润,晏鄂川,练操.论滑坡分类[J].工程地质学报,2002,10(4):339-342.
[67] 刘金寿,袁虹,徐柏林,等.祁连山自然保护区林业地质灾害及防控[J].防护林科技,2013(1):46-49.
[68] 刘兴旺,袁道阳,邵延秀,等,甘肃迭部—白龙江南支断裂中东段晚第四纪构造活动特征[J].地球科学与环境学报,2015,37(5):111-119.
[69] 刘祖典.黄土力学与工程[M].西安:陕西科学技术出版社,1997.
[70] 卢育霞,石玉成,陈永明,等.地震诱发黄土滑坡的滑距估测[J].西北地震学报,2006,28(3):248-251.
[71] 卢肇钧,张惠明,陈建华,等.非饱和土的抗剪强度与膨胀压力[J].岩土工程学报,1992,14(3):1-8.
[72] 卢螽槱,吴其伟,黄大庭,等.受活动断层控制的滑坡实例[C].滑坡文集(第四集).北京:中国铁道出版社,1984.
[73] 吕鸿图,李学军,李万茂.九甸峡燕子坪滑坡特征及形成机理研究[J].兰州大学学报(自然科学版),1994,30(3):132-138.
[74] 孟兴民,陈冠,郭鹏,等.白龙江流域滑坡泥石流灾害研究进展与展望[J].海洋地质与第四纪地质,2013,33(4):1-15.
[75] 孟兴民,张世武.皋兰山三台阁滑坡特征及形成机理[J].甘肃科学(甘肃省科学院学报),1990,2(1):48-53.
[76] 穆鹏,董兰凤,吴玮江.兰州市九州石峡口滑坡形成机制与稳定性分析[J].西北地震学报,2008,30(4):332-336.
[77] 穆鹏,吴玮江,折学森.汶川地震重灾区陇南红土坡滑坡稳定性分析与防治对策研究[J].工程地质学报,2012,20(2):204-212.
[78] 穆鹏,吴玮江,王思长.兰州石峡口滑坡治理工程效果分析[J].水文地质工程地质,2010,37(4):87-91.
[79] 潘家铮.建筑物的抗滑稳定和滑坡分析[M].北京:水利出版社,1980.
[80] 彭建兵,林鸿州,王启耀,等.黄土地质灾害研究中的关键问题与创新思路[J].工程地质学报,2014,22(4):684-695.
[81] 彭建兵,吴迪,段钊,等.典型人类工程活动诱发黄土滑坡灾害特征与致灾机理[J].西南交通大学学报,2016,51(5):971-980.
[82] 彭建兵,王启耀,门玉明,等.黄土高原滑坡灾害[M].北京:科学出版社,2019.
[83] 彭建兵,王启耀,庄建琦,等.黄土高原滑坡灾害形成动力学机制[J].地质力学学报,2020,26(5):714-730.
[84] 彭建兵,兰恒星.略论生态地质学与生态地质环境系统[J].地球科学与环境学报,2022,44(6):877-893.
[85] 亓星,许强,彭大雷,等.地下水诱发渐进后退式黄土滑坡成因机理研究——以甘肃黑方台灌溉型黄土滑坡为例[J].工程地质学报,2017,25(1):147-153.
[86] 亓星,许强,朱星,等.甘肃黑方台陈家8#静态液化型黄土滑坡变形特征及成因机理[J].

地质科技情报,2018,37(5):234-239.
[87] R.L.舒斯特,R.J.克利泽克.滑坡的分析与防治[M].铁道部科学研究院西北研究所,译.北京:中国铁道出版社,1987.
[88] 森胁·宽.滑坡滑距的地貌预测[J].王念秦,译.铁路地质与路基,1989(3):42-47.
[89] 申润植.滑坡整治理论和工程实践[M].李妥德,等,译.北京:中国铁道出版社,1996.
[90] 单福聪.九甸峡库区滑坡的工程地质特征研究[J].甘肃水利水电技术,2007,43(4):287-289.
[91] 宋丙辉,谌文武,吴玮江,等.甘肃舟曲泄流坡滑坡滑带土的抗剪强度特性[J].兰州大学学报(自然科学版),2011,47(6):7-12.
[92] 宋丙辉,谌文武,吴玮江,等.舟曲锁儿头滑坡滑带土微结构的分形研究[J].岩土工程学报,2011,33(S1):299-304.
[93] 宋丙辉,谌文武,吴玮江,等.不同含水率下滑坡滑带土动力特性试验研究[J].地震工程学报,2017,39(4):744-749.
[94] 宋丹青,王丰,宋宏权.九甸峡库区地质灾害分布规律及发展趋势[J].水土保持研究,2017,24(1):365-369.
[95] 孙广忠.西北黄土的工程地质力学特性及工程地质问题研究[M].兰州:兰州大学出版社,1989.
[96] 孙建中.黄土学(上篇)[M].香港:香港考古学会,2005.
[97] 孙建中,吴玮江,田春声,等.黄土学(下篇)[M].西安:西安地图出版社,2011.
[98] 孙萍,祝恩珍,张帅,等.地震作用下甘肃天水地区黄土泥岩接触面滑坡机理[J].现代地质,2019,33(1):218-226.
[99] 铁道部第二勘测设计院.抗滑桩设计与计算[M].北京:中国铁道出版社,1983.
[100] 铁道部第一勘测设计院.路基[M].北京:中国铁道出版社,1995.
[101] 铁道科学研究院西北研究所.滑坡防治[M].北京:人民铁道出版社,1977.
[102] 唐家凯,吴玮江,刘韬,等.甘肃灵台县南店子滑坡活动特征及成因分析[J].中国地质灾害与防治学报,2023,34(6):20-29.
[103] 田尤.甘肃天水地区黄土/泥岩接触面(带)工程特性及灾害意义[D].中国地质大学(北京),2016.
[104] 王德贤.庆阳地区黄土滑坡堵塞湖及其利用[C].滑坡文集:兰州滑坡会议论文选集.北京:中国铁道出版社,1988.
[105] 王恭先,徐峻岭,刘光代,等.滑坡学与滑坡防治技术[M].北京:中国铁道出版社,2004.
[106] 王恭先.甘肃省永靖县黄茨滑坡的滑动机理与临滑预报[J].灾害学,1997,12(3):23-27.
[107] 王恭先.面向21世纪我国滑坡灾害防治的思考[C].兰州滑坡泥石流学术研讨会文集,1998.
[108] 王家鼎,肖树芳,张倬元.灌溉诱发高速黄土滑坡的运动机理[J].工程地质学报,2001(3):241-246.
[109] 王家鼎,王念秦.天水市椒树湾、泰山庙滑坡变形监测与分析[J].兰州大学学报,1992,28(S1):48-55.

[110] 王家鼎,张倬元.典型高速黄土滑坡群的系统工程地质研究[M].成都:四川科学技术出版社,1999.
[111] 王景荣,祁龙,蔡祥兴.甘肃省舟曲县南峪滑坡分析[J].水土保持通报,1994,14(1):57-60.
[112] 王来贵,黄润秋,王泳嘉,等.岩石力学系统运动稳定性理论及其应用[M].北京:地质出版社,1998.
[113] 王兰民,蒲小武,吴志坚,等.地震和降雨耦合作用下黄土边坡失稳滑移的振动台试验研究[J].岩石力学与工程学报,2017,36(S2):3873-3883.
[114] 王兰民,张振中,王峻,等.随机地震荷载作用下黄土动强度的试验方法[J].西北地震学报,1991,13(3):50-55.
[115] 王兰生,张倬元.斜坡岩体变形破坏的基本地质力学模式[C].水文地质工程地质论丛(1),北京:地质出版社,1985.
[116] 王念秦,张倬元,王家鼎.一种典型黄土滑坡的滑距预测方法[J].西北大学学报(自然科学版),2003,33(1):111-114.
[117] 王念秦,张倬元.黄土滑坡研究[M].兰州:兰州大学出版社,2005.
[118] 王谦.饱和黄土地震液化特征与新型抗震处理方法[D].兰州大学,2020.
[119] 王骑虎.甘肃红层工程地质特性与边坡稳定性研究[D].北京工业大学,2016.
[120] 王永焱,林在贯,等.中国黄土的结构特征及物理力学性质[M].北京:科学出版社,1990.
[121] 文宝萍.黄土地区典型滑坡预测预报及减灾对策研究[M].北京:地质出版社,1997.
[122] 吴玮江,王守颖.洒勒山滑坡机制[C].1987年全国滑坡学术讨论会滑坡论文选集,成都:四川科学技术出版社,1989.
[123] 吴玮江.洒勒山滑坡高速远程滑动机理[C].第三届全国青年工程地质大会论文集,成都:成都科技大学出版社,1993.
[124] 吴玮江,何琼,程建祥,等.甘肃省东部滑坡发育规律[J].中国地质灾害与防治学报,1993,4(3):73-78.
[125] 吴玮江,王念秦.甘肃滑坡灾害[M].兰州:兰州大学出版社,2006.
[126] 吴玮江,冯学才,王志荣,等.兰州市滑坡泥石流灾害与防治[J].西安地质学院学报,1996,18(3):43-50.
[127] 吴玮江,王得楷,冯学才.黄茨滑坡的特征与成因分析[J].甘肃科学学报,1996,8(S1):73-78.
[128] 吴玮江,王念秦.黄土滑坡的基本类型与活动特征[J].中国地质灾害与防治学报,2002,13(2):36-40.
[129] 吴玮江.国道G316线天水市稍子坡滑坡群成因分析[J].中国地质灾害与防治学报,2003,14(2):19-23.
[130] 吴玮江.甘肃省东部滑坡发育历史与分期[J].甘肃科学学报,1996,8(S1):49-54.
[131] 吴玮江.季节性冻结滞水促滑效应——滑坡发育的一种新因素[J].冰川冻土,1997,19(4):359-365.
[132] 吴玮江.季节性冻融作用与斜坡整体变形破坏[J].中国地质灾害与防治学报,1996,7

(4):59-64.

[133] 吴玮江.天水市滑坡泥石流灾害[J].水文地质工程地质,2003,30(5):75-78.

[134] 吴玮江.甘肃典型滑坡灾害影像[M].兰州:甘肃科学技术出版社,2016.

[135] 吴玮江,叶伟林,孟兴民,等.武都汉林沟流域古滑坡年龄的^{14}C厘定[J].地球科学进展,2011,26(12):1276-1281.

[136] 吴玮江,谌文武,宋丙辉,等.兰州原状Q_2黄土剪切试验研究[J].兰州大学学报(自然科学版),2012,48(6):21-25.

[137] 吴玮江.隧洞冒顶陷落引发的滑坡灾害[J].甘肃地质,2013,22(1):71-74.

[138] 吴玮江,穆鹏.汶川地震重灾区武都三家地滑坡治理工程效果分析[J].兰州大学学报(自然科学版),2014,50(5):633-638.

[139] 吴玮江,宿星,刘伟,等.黄土-泥岩接触面滑坡的特征与成因[J].冰川冻土,2014,36(5):1167-1175.

[140] 吴玮江,王国亚,任路滨,等.泥流型黄土滑坡的特征与成因[J].冰川冻土,2015,37(1):138-146.

[141] 吴玮江,叶伟林,姚正学,等.甘肃永靖黑方台4·29罗家坡黄土滑坡的特征[J].冰川冻土,2016,38(3):662-670.

[142] 吴玮江,宿星,叶伟林,等.饱和黄土滑坡形成中的侧压力作用——以甘肃黑方台为例[J].岩土工程学报,2018,40(S1):135-140.

[143] 吴玮江,宿星,冯乐涛,等.甘肃黑方台滑坡类型与活动特征研究[J].冰川冻土,2019,41(6):1483-1495.

[144] 吴玮江,王国亚,刘兴荣,等.甘肃舟曲县牙豁口滑坡发育特征与成因分析[J].冰川冻土,2021,43(2):544-554.

[145] 吴玮江,张彦林,杨涛,等.祁连山滑坡灾害初步研究[J].甘肃地质,2021,30(4):16-29.

[146] 吴玮江,宋丙辉,刘迪,等.黄土塬区包气带水分运移特征研究[J].水文地质工程地质,2023,50(3):12-22.

[147] 吴玮江,王国亚,张国信,等.甘肃岷县永光1#流滑型黄土滑坡的远程滑动特征[J].中国地质灾害与防治学报,2023,34(6):3-12.

[148] 吴心铭,张先平.巴谢河流域滑坡分布规律[C].滑坡文集:兰州滑坡会议论文选集.北京:中国铁道出版社,1988.

[149] 武彩霞,许领,戴福初,等.黑方台黄土泥流滑坡及发生机制研究[J].岩土力学,2011,32(6):1767-1773.

[150] D.希勒尔.土壤和水——物理原理和过程[M].华孟,叶和才,译.北京:农业出版社,1981.

[151] 谢正团,郭富赟,王思源,等.宝兰客运专线洪亮营隧道滑坡成因机制探讨[J].兰州大学学报(自然科学版),2015,51(6):815-822.

[152] 徐邦栋.黄土滑坡分析与防治[M].北京:中国铁道出版社,2001.

[153] 徐峻岭.略论高速远程型滑坡体运动[J].中国地质灾害与防治学报,1993,4(4):1-6.

[154] 徐峻岭.葡萄园1号滑坡力学机制分析[C].全国滑坡学术讨论会文集.成都:四川科学技术出版社,1989.

[155] 徐学祖，王家澄，等.冻土物理学[M].北京：科学出版社，2001.
[156] 许兵，李毓瑞.金川露天矿上盘西区滑坡倾倒滑移复合破坏类型的研究[C].中国典型滑坡.北京：科学出版社，1986.
[157] 许冲，徐锡伟，郑文俊，等.2013年甘肃岷县漳县6.6级地震触发滑坡及其构造分析[J].地震地质，2013，35(3)：616-626.
[158] 许领，戴福初，邝国麟，等.黑方台黄土滑坡类型与发育规律[J].山地学报，2008(3)：364-371.
[159] 许强.滑坡的变形破坏行为与内在机理[J].工程地质学报，2012，20(2)，145-151.
[160] 许强.滑坡监测预警的理论与实践[J].中国减灾，2022，19，34-37.
[161] 许强，彭大雷，亓星，等.黑方台黄土滑坡成因机理、早期识别与监测预警[M].北京：科学出版社，2020.
[162] 薛振勇，侯书云.人类活动诱发的地质灾害——天水锻压机床厂滑坡[J].中国地质灾害与防治学报，1991，2(4)：52-60.
[163] 薛振勇.地下水活动与柏树村大型滑坡[J].水土保持通报，1985，5(4)：34-37.
[164] 晏同珍，杨顺安，方云.滑坡学[M].武汉：中国地质大学出版社，2000.
[165] 杨为民，黄晓，张永双，等.甘肃南部坪定—化马断裂带滑坡变形特征及其防治[J].地质通报，2013，32(12)：1925-1935.
[166] 杨文治，邵明安.黄土高原土壤水分研究[M].北京：科学出版社，2000.
[167] 殷跃平，张永双，等.汶川地震工程地质与地质灾害[M].北京：科学出版社，2013.
[168] 殷跃平.中国滑坡防治工程理论与实践[J].水文地质工程地质，1998，25(1)：5-9.
[169] 余小龙，安玉科.甘肃徽-成盆地红层工程滑坡特征分析[J].中国地质灾害与防治学报，2015，26(3)：31-35.
[170] 俞晶星，郑文俊，袁道阳，等.西秦岭西段光盖山—迭山断裂带坪定—化马断裂的新活动性与滑动速率[J].第四纪研究，2012，32(5)：957-967.
[171] 袁道阳，雷中生，杨青云，等.1879年甘肃武都南8级地震的震灾特征[J].兰州大学学报(自然科学版)，2014，50(5)：611-621.
[172] 袁道阳，雷中生，王爱国.1654年甘肃天水南8级地震补充考证[J].地震工程学报，2017，39(3)：509-520.
[173] 张加桂，曲永新.工程开挖的结构效应与防治对策——以兰州西郊滑坡为例[J].工程地质学报，2003(1)：10-14.
[174] 张茂省，李同录.黄土滑坡诱发因素及其形成机理研究[J].工程地质学报，2011，19(4)：530-540.
[175] 张茂省，朱立峰，胡炜，等.灌溉引起的地质环境变化与黄土地质灾害——以甘肃黑方台灌区为例[M].北京：科学出版社，2017.
[176] 张明，殷跃平，吴树仁，等.高速远程滑坡-碎屑流运动机理研究发展现状与展望[J].工程地质学报，2010，18(6)：805-817.
[177] 张世武，王念秦，孟兴民.天水椒树湾滑坡的基本特征及其整治[J].甘肃科学学报，1996，8(S1)：55-60.
[178] 张世武，韩庆宪，白晓华.黄土落水洞初步研究[J].中国水土保持，1992(6)：22-24.

[179] 张晓超,黄润秋,许模,等.石碑塬滑坡黄土液化特征及其影响因素研究[J].岩土力学,2014,35(3):801-810.
[180] 张亚丹.九甸峡28号滑坡滑动面原位直剪试验研究[J].甘肃水利水电技术,2017,50(3):31-34.
[181] 张彦林,朱彦虎.甘肃省地貌分区研究[J].甘肃地质,2020,29(1~2):7-11.
[182] 张毅.基于InSAR技术的地表变形监测与滑坡早期识别研究——以白龙江流域中游为例[D].兰州大学,2018.
[183] 张永军,侯云龙,刘武.层次分析法和GIS空间分析法在兰州市区地质灾害易发性评价中的应用[J].甘肃地质,2009,18(4):84-88.
[184] 张永双,苏生瑞,吴树仁,等.强震区断裂活动与大型滑坡关系研究[J].岩石力学与工程学报,2011,30(S2):3503-3513.
[185] 张云峰.白龙江沙川坝坝址工程地质环境对河段开发的影响[C].第三届全国环境工程地质学术研讨会论文集.兰州:甘肃民族出版社,1995.
[186] 张振中.黄土地震灾害预测[M].北京:地震出版社,1999.
[187] 张倬元,王士天,王兰生.工程地质分析原理[M].北京:地质出版社,1985.
[188] 赵成.汶川地震甘肃省重灾区次生地质灾害及防治[J].甘肃地质,2009,18(2):53-57.
[189] 赵纪飞.灌溉引发的黑方台黄土滑坡-泥流形成机理研究[D].长安大学,2013.
[190] 赵黎明.灾害管理系统研究[D].天津大学,2003.
[191] 中华人民共和国质量监督检验检疫总局,中国国家标准化管理委员会.滑坡防治工程勘查规范:GB/T 32864—2016[S].北京:中国标准出版社,2016.
[192] 中国科学院黄土高原综合科学考察队.黄土高原地区自然环境及其演变[M].北京:科学出版社,1991.
[193] 中国科学院兰州冰川冻土研究所,甘肃省交通科学研究所.甘肃泥石流[M].北京:人民交通出版社,1982.
[194] 周德培,朱本珍.流动力学原理及其在黄土工程中的应用[M].成都:西南交通大学出版社,1995.
[195] 周飞,许强,巨袁臻,等.黑方台黄土斜坡变形破坏机理研究[J].水文地质工程地质,2017,44(1):157-163.
[196] 邹谨敞,邵顺妹,蒋荣发.古浪地震滑坡的分布规律和构造意义[J].中国地震,1994,10(2):168-174.
[197] ZHANG FANYU, PENG JIANBING, WU XIUGANG, et al. A catastrophic flowslide that overrides a liquefied substrate: the 1983 Saleshan landslide in China[J]. Earth Surface Processes and Landforms, 2021, 46(10): 2060-2078.
[198] ADRIAN E. Scheidegger. On the prediction of the reach and velocity of catastrophic landslides[J]. Rock Mechanics and Rock Engineering, 1973, 5(04): 231-236.
[199] B. VOIGHT. Correlation between atterberg plasticity limits and residual shear strength of natural soils[J]. Géotechnique, 1973(1): 62-68.
[200] C. I. MASSEY, D. N. PETLEY, M. J. MCSAVENEY, et al. Basal sliding and plastic deformation of a slow, reactivated landslide in New Zealand[J]. Engineering Geology, 2016,

208: 11-28.

[201] DEXUAN ZHANG, GONGHUI WANG. Study of the 1920 Haiyuan earthquake-induced landslides in loess(China)[J]. Engineering Geology, 2007, 94(01): 76-88.

[202] E. FATHI SALMI, M. NAZEM, M. KARAKUS. Numerical Analysis of a Large Landslide Induced by Coal Mining Subsidence[J]. Engineering Geology, 2017, 217: 141-152.

[203] EDWARD DERBYSHIRE, XINGMIN M. , TOM A. Dijkstra. Landslide in the thick loess terrain of north_west China[M]. England: John wiley & sons, LTD press, 2000.

[204] EISBACHER G H. Cliff Collapse and Rock Avalanches (Sturzstroms) in the Mackenzie Mountains, Northwestern Canada[J]. Canadian Geotechnical Journal, 2011, 16(2): 309-334.

[205] GIANFRANCO URCIUOLI, MARIANNA PIRONE, LUCA COMEGNA, et al. Long-term investigations on the pore pressure regime in saturated and unsaturated sloping soils[J]. Engineering Geology, 2016, 212: 98-119.

[206] GONGHUI WANG, DEXUAN ZHANG, GEN FURUYA, et al. Pore-pressure generation and fluidization in a loess landslide triggered by the 1920 Haiyuan earthquake, China: A case study[J]. Engineering Geology, 2014, 174: 36-45.

[207] HEIM ALBERT. Berg sturzund Menschenleben[M]. Zurich: Fretz & Was-muth Verlag, 1932.

[208] HUNGR O, MCDOUGALL S. Two numerical models for landslide dynamic analysis [J]. Computers&Geosciences, 2009, 35(5): 978-992.

[209] HUNGR O. A. Model for the Runout Analysis of Rapid Flow Slides, Debris Flows, and Avalanches[J]. Canadian Geotechnical Journal, 1995, 32(4): 610-623.

[210] HUTCHINSON J N, BHANDARI R K. A fundamental mechanism of mudslide and other mass movements[J]. Geotechnique, 1971, 21(4): 353-358.

[211] HVORSLEV M. J. Time Lag and Soil Permeability in Groundwater Observations. U. S. Army Engineer Waterways Experiment Station, Vicksburg, Miss[J]. Bulletin, 1951(36): 62-69.

[212] LEVEQUE R J, GEORGE D L, BERGER M J. Tsunami Modelling with Adaptively Refined Finite Volume Methods[J]. Acta Numerica, 2011, 20(20): 211-289.

[213] LI S. A New Numerical Method for DEM Block and Particle Model[J]. International Journal of Rock Mechanics & Mining Sciences, 2004, 41(3): 436-436.

[214] LO C M, LIN M L, TANG C L, et al. A Kinematic Model of the Hsiaolin Landslide Calibrated to the Morphology of the Landslide Deposit[J]. Engineering Geology, 2011, 123(1-2): 22-39.

[215] MEDINA V, BATEMAN A, HÜRLIMANN M. A 2D Finite Volume Model for Debris Flow and its Application to Events Occurred in the Eastern Pyrenees[J]. International Journal of Sediment Research, 2008, 23(4): 348-360.

[216] MEDINA V, HÜRLIMANN M, BATEMAN A. Application of FLATModel, a 2D Finite Volume Code, to Debris Flows in the Northeastern Part of the Iberian Peninsula [J]. Landslides, 2008, 5(1): 127-142.

[217] MIN SEOK KIM, YUICHI ONDA, TARO UCHIDA, et al. Effects of soil depth and subsurface flow along the subsurface topography on shallow landslide predictions at the site of a small granitic hillslope[J]. Geomorphology, 2016, 271: 40–54.

[218] MINGGAO TANG, QIANG XU, RUNQIU HUANG. Site monitoring of suction and temporary pore water pressure in an ancient landslide in the Three Gorges reservoir area, China[J]. Environmental Earth Science, 2015, 73: 5601–5609.

[219] MOGENSTERN N. R. . The Influence of Groundwater on Stability. In Stability in Open Pit Ming (Brawner C. O. , and Milligan V. eds.), Society of Mining Engineers, American Institute of Mining, Metallurgical and Petroleum Engineers[C]. New York, 1971: 65–81.

[220] NAKAMURA H. , TUNAKI R. , ISHIHAMA S. . Simulation model for debris movement of landslide. Proceedings of the Japan–China Symposium on Landslides and Debris Flow[C]. Niigata, 1989: 81–86.

[221] PENG JIAN–BING, FANZHONG–JIE, WU DI, et al. Heavy Rainfall Triggered Loess – Mudstone Landslide and Subsequent Debris Flow in Tianshui, China [J]. Engineering Geology, 2015, 186: 79–90.

[222] POESEN J. . Surface sealing as influenced by slope angle and position of simulated stones in the top layer of loose sediments[J]. Earth Surface Processes and Landforms, 1986(11): 1–10.

[223] POISEL R, PREH A, HUNGR O. Run Out of Landslides – Continuum Mechanics versus Discontinuum Mechanics Models[J]. Geomechanik Und Tunnelbau, 2008, 1(5): 358–366.

[224] Q. , V. MENCL. Landslide and Their Control [M]. Prague: Czechoslovakia academy of sciences press, 1969.

[225] SABATINO CUOMO, MANUEL PASTOR, VITTORIA CAPOBIANCO, et al. Modelling the space–time evolution of bed entrainment for flow–like landslides[J]. Engineering Geology, 2016, 212: 10–20.

[226] SASSA K. Special Lecture: Geotechnical Model for the Motion of Landslides[C]. Proc 5th International Symposium on Landslides, Lausanne, 10–15 July 1988 Publ. Rotterdam: A Balkema: 37–55.

[227] SASSA K. Draft of theme lecture for "Motion of landslides and dedris flows". [J]. Session 3A, XIIC–SMFE, San Fransisco, 1988.

[228] SCHEIDEGGER A E. On the Prediction of the Reach and Velocity of Catastrophic Landslides[J]. Rock Mechanics, 1973, 5(4): 231–236.

[229] SKEMPTON A. W. . Residual Strength of clays in landslide, folded strata, and the laboratory [J]. Geotechnique, London, 1985, 35(1): 3–18.

[230] SKEMPTON A. W. Long Term Stability of Slope[J]. Géotechnique, 1964, 14(2): 77–101.

[231] TER–STEPANIAN G. . Creep of a clay during shear and its theological model [J]. Géotechnique, 1975, 25(2): 229–320.

[232] TERZAGHI K. , PECK R. B. . Soil Mechanics In Engineering Practice[M]. New York: John Willey &Sons(2nd ED), 1967.

[233] TERZAGHI K. . Mechanism of landslides. In S. Paige (ed) Application of Geology to

Engineering Practice[M]. Geological Society of America, Berkey, 1950: 83–123.

[234] TERZAGHI. K, Stability of steep slope on hard unweathered rock[J]. Geotechnique, 1962, 12, 251–270.

[235] TUTUBALINA O V, CHERNOMORETS S S, PETRAKOV D A. Kolka Glacier before the 2002 Collapse: New Data[J]. Earth, 2005, 35(4): 62–71.

[236] WEN, B. P. , YAN, Y. J. . Influence of structure on shear characteristics of the unsaturated loess in Lanzhou, China[J]. Engineering Geology, 2014(168): 46–58.

[237] WENWU CHEN, BINGHUI SONG, WEIJIANG WU, et al. Direct and reversal shear behaviors of three kinds of slip zone soil in the Northwest of China [J]. Bulletin of Engineering Geology and the Environment, 2021(80): 3939–3952.

[238] WU WEIJIANG, SU XING, MENG XINGMIN. Characteristics and origin of loess landslides on loess terraces at Heifangtai, Gansu Province, China [J]. Applied Mechanics and Materials, 2014, 694: 455–461.